Bioprozesstechnik

Bioprozesstechnik

Einführung in die Bioverfahrenstechnik

2., neu bearbeitete Auflage

Herausgegeben von Horst Chmiel

Unter Mitwirkung von
Sebastian Briechle, Lutz Fischer, Lutz Hilterhaus, Michael Howaldt,
Ralph Kempken, Karl-Heinz Klempnauer, Andreas Liese,
Manfred Karl Otto, Thomas Röthig, Harald Schnepple,
Bernhard Sonnleitner, Eckehard Walitza, Franz Walz

Spektrum
AKADEMISCHER VERLAG

Zuschriften und Kritik an:
Prof. Dr.-Ing. Horst Chmiel, Haslangstr. 28, 80689 München, Tel.: 089/54 64 59 79, E-Mail: HorstChmiel@aol.com

Wichtiger Hinweis für den Benutzer
Der Verlag und der Autor haben alle Sorgfalt walten lassen, um vollständige und akkurate Informationen in diesem Buch zu publizieren. Der Verlag übernimmt weder Garantie noch die juristische Verantwortung oder irgendeine Haftung für die Nutzung dieser Informationen, für deren Wirtschaftlichkeit oder fehlerfreie Funktion für einen bestimmten Zweck. Der Verlag übernimmt keine Gewähr dafür, dass die beschriebenen Verfahren, Programme usw. frei von Schutzrechten Dritter sind. Der Verlag hat sich bemüht, sämtliche Rechteinhaber von Abbildungen zu ermitteln. Sollte dem Verlag gegenüber dennoch der Nachweis der Rechtsinhaberschaft geführt werden, wird das branchenübliche Honorar gezahlt.

Bibliografische Information Der Deutschen Bibliothek
Die Deutsche Bibliothek verzeichnet diese Publikation in der Deutschen Nationalbibliografie; detaillierte bibliografische Daten sind im Internet über http://dnb.ddb.de abrufbar.

Alle Rechte vorbehalten
2. Auflage 2006
© Elsevier GmbH, München
Spektrum Akademischer Verlag ist ein Imprint der Elsevier GmbH.

06 07 08 09 10   5 4 3 2 1 0

Das Werk einschließlich aller seiner Teile ist urheberrechtlich geschützt. Jede Verwertung außerhalb der engen Grenzen des Urheberrechtsgesetzes ist ohne Zustimmung des Verlages unzulässig und strafbar. Das gilt insbesondere für Vervielfältigungen, Übersetzungen, Mikroverfilmungen und die Einspeicherung und Verarbeitung in elektronischen Systemen.

Planung und Lektorat: Dr. Ulrich G. Moltmann; Imme Techentin-Bauer
Herstellung: Detlef Mädje
Umschlaggestaltung: SpieszDesign, Neu-Ulm
Titelfotografie: Wolfgang Klauke
Layout/Gestaltung: TypoStudio Tobias Schaedla, Heidelberg
Satz: Mitterweger & Partner, Plankstadt
Druck und Bindung: LegoPrint S.p.A., Lavis

Printed in Italy

ISBN 3-8274-1607-8

Aktuelle Informationen finden Sie im Internet unter www.elsevier.de

Preface

Processing of cells and proteins and materials produced by these biological agents is distinguished from conventional chemical processes by the special characteristics of these biological materials. This in turn has motivated development of processes and processing materials for use with cells and proteins which are substantially different from those involved in chemical processing. As a result, the need to educate engineers about the particular requirements and strategies for bioprocess engineering is clear.

The first modern textbook on biochemical engineering by Aiba, Humphrey and Millis showed the importance of knowing the major properties of the biological materials in undertaking systematic and quantitative engineering treatment of bioprocesses. This theme was retained and to some degree amplified in the textbook and its subsequent revision on biochemical engineering fundamentals written by Bailey and Ollis. That text included a self-contained treatment of highlights of microbiology, cell biology, protein chemistry, metabolism and genetics coupled to presentation of engineering principles and approaches.

The present text provides several important new perspectives while continuing the pedagogical tradition of biological and engineering education in an integrated framework. Special strengths of this book include its careful consideration of the physical processes and interactions involved in biological processing. Rheological concepts are systematically introduced and measurement methods presented. Subsequently the important rheological properties of several biological suspensions of industrial significance are considered, and this careful treatment of the constitutive mechanical properties of the suspensions is then extended into a summary of transport processes in biotechnological applications. The mechanical features of bioreactors are included here, as these are extremely important to construction and successful operation of bioprocessing equipment. Measurement methodology for monitoring bioprocesses is treated in detail, as are major concepts and typical process operations in downstream processing. The content and organisation of this book offer an excellent summary of principles combined with important practical or hardware considerations. This book is eminently well suited to the European approach to engineering education. Indeed, my colleagues and I in the United States will be anxiously awaiting an English translation so that all of us can fully benefit from the insights provided in this text.

Pasadena, 1991
James E. Bailey

Vorwort

Die große Nachfrage nach meinem vergriffenen Lehrbuch „Bioprozesstechnik" und die Ermunterung vieler meiner Fachkollegen es neu aufzulegen haben mich überrascht. Was ist die Ursache für die Aktualität eines 14 Jahre alten Fachbuches? Die einzige, schlüssige Erklärung: Für den deutschsprachigen Raum kam es zu früh.

Bis in die späten 90er Jahre beschränkte sich die Produkt orientierte Biotechnologie in Europa auf den Maßstab Schüttelkolben. Ausnahme bildete die Rote Biotechnologie. Die Produktion komplexer Wirkstoffe ist ex vivo nur mittels tierischer Zellkulturen möglich und erfolgte bereits im industriellen Maßstab; hier gelten aber besondere Vorschriften (z. B. Registrierung jedes batches). In beiden Fällen hat die von mir bereits in der ersten Auflage geforderte „Integration der Produktaufarbeitung in den Bioprozess" keine oder nur untergeordnete Bedeutung. Die Graue Biotechnologie (biologische Abwasser- und Abluftreinigung, Bodensanierung etc.) ist nicht Produkt orientiert.

Mit der Einführung der Weißen Biotechnologie – darunter soll im Folgenden die biotechnologische Massenproduktion von Bulk- und Feinchemikalien, Lebensmitteln und deren Zusatzstoffen, Pharmaka und Biotreibstoffen etc. verstanden werden – liegt das Buch „Bioprozesstechnik" voll „im Trend"; denn es soll dem Studenten der Biotechnologie das Rüstzeug für die Übertragung biotechnischer Prozesse vom Labor- in den industriellen Maßstab liefern. Deshalb steht die Weiße Biotechnologie im Zentrum der Neuauflage, während die Graue Biotechnologie nur noch am Rande behandelt wird.

Das einbändige Werk beginnt mit einer Einführung in die Zellbiologie und in die Biochemie. Der folgen je ein Beitrag zur Enzymkinetik und zur Kinetik der Mikroorganismen.

Lange Zeit wurde der Einfluss der viskoelastischen Eigenschaften von Biosuspensionen auf den Impuls-, Wärme- und Stoffaustausch nicht berücksichtigt. Kapitel 5 beschäftigt sich deshalb ausführlich mit den Fließeigenschaften von Biosuspensionen.

Deren Einfluss auf Transportvorgänge im Bioreaktor behandelt Kapitel 6. Dieses beginnt – wegen der besonderen Bedeutung für die Maßstabsübertragung – mit einer Einführung in dimensionslose Kennzahlen.

Mit diesem Rüstzeug folgen in Kapitel 7 Betrachtungen von Bioreaktoren.

Das Problem der Sterilität wird häufig unterschätzt, weshalb ihm ein eigenes Kapitel gewidmet wurde (Kapitel 8 Bioreaktorkonstruktion).

Wachsendes Interesse wird in der Biotechnologie der Mess- und Regeltechnik entgegengebracht. Sie wird in Kapitel 9 behandelt.

Mehr als die Hälfte der Kosten eines Bioproduktes entfallen auf die Aufarbeitung. Ihr wird in Kapitel 10 deshalb besondere Beachtung geschenkt; eingeschlossen sind Beispiele für die Integration der Bioproduktion.

Die Bioproduktion mittels höherer Eukaryoten oder Enzymen bedeutet einige verfahrenstechnische Besonderheiten, die je in einem eigenen Kapitel abgehandelt werden (Kap. 11 und 12).

Das Kapitel „Biodegradation" der ersten Auflage entfällt aus eingangs genannten Gründen (Fokussierung auf die Weiße Biotechnologie).

Ich habe mir erlaubt, das Preface meines leider viel zu früh verstorbenen Freundes James E. Bailey meinem Buch voran zu stellen, weil sich an den Grundaussagen nichts geändert hat.

Einige der ursprünglichen Autoren haben sich inzwischen beruflich verändert oder konnten ihr Kapitel nicht selbst überarbeiten, was die Zahl der Autoren erhöht hat. Umso anerkennenswerter ist, dass Herr Dr. Schnepple in seiner Freizeit nicht nur die Kapitel 8 und 9 überarbeitet, sondern sie mit einer Vielzahl sehr informativer, selbst erstellter Grafiken versehen hat.

Für die vielen fachlichen Anregungen und Hilfestellungen bedanke ich mich bei Prof. Dr. Ruth Freitag (Universität Bayreuth), Prof. Dr. Dirk Weuster-Botz (Technische Universität München) und für die Unterstützung aus meinem Hause (Gesellschaft für umweltkompatible Prozeßtechnik mbH und Lehrstuhl für Prozesstechnik an der Universität des Saarlandes) Prof. Dr. Valko Mavrov, Dr. Martin Kaschek, Dr. Bernhard Schlichter und Markus Mohrdieck.

Mein besonderer Dank gilt Frau Gabriele Terbahl für die Erstellung vieler Grafiken und meiner Sekretärin Frau Renate Klos für ihre Einsatzbereitschaft beim Schreiben und Korrigieren der Texte.

Saarbrücken, Mai 2005
Horst Chmiel

Verzeichnis der Autoren

Dipl.-Ing. Sebastian Briechle
Institut für Biotechnologie II
Technische Universität Hamburg-Harburg
Denickestraße 15
21073 Hamburg

Univ.-Prof. Dr.-Ing. habil. Horst Chmiel
Gesellschaft für umweltkompatible
Prozeßtechnik mbH (upt)
Im Stadtwald, Geb. 47
66123 Saarbrücken

Prof. Dr. rer. nat. Lutz Fischer
Universität Hohenheim
Fg. Biotechnologie /
Institut für Lebensmitteltechnologie
Emil-Wolff-Straße 14
70593 Hohenheim

Dipl.-Chem. Lutz Hilterhaus
Institut für Biotechnologie II
Technische Universität Hamburg-Harburg
Denickestraße 15
21073 Hamburg

Dr. Michael Howaldt
Schubertweg 4
88441 Mittelbiberach

Dr. Ralph Kempken
Boehringer Ingelheim Pharma GmbH & Co. KG
Birkendorfer Straße 65
88397 Biberach

Prof. Dr. Karl-Heinz Klempnauer
Westfälische Wilhelms-Universität
Institut für Biochemie
Wilhelm-Klemm-Straße 2
48149 Münster

Prof. Dr. Andreas Liese
Institut für Biotechnologie II
Technische Universität Hamburg-Harburg
Denickestraße 15
21073 Hamburg

Dr. Manfred Karl Otto
Biegenmühle 4
72119 Ammerbuch

Dr. Thomas Röthig
GKN Sinter Metals GmbH & Co. KG
Krebsöge 10
42477 Radevormwald

Dr. Harald Schnepple
Fraunhofer – IGB
Nobelstraße 12
70569 Stuttgart

Prof., PD, Dr. techn. Dipl.-Ing.
Bernhard Sonnleitner
Zürcher Hochschule Winterthur
Abteilung Chemie u. Biologische Chemie
Technikumstrasse 9
CH-8401 Winterthur

Prof. Dr. Eckehard Walitza
Ludwigstraße 32
73430 Aalen

Dr. Franz Walz
Boehringer Ingelheim Pharma GmbH & Co. KG
Birkendorfer Straße 65
88397 Biberach

Inhalt

1 Einführung in die Zellbiologie 1
Lutz Fischer, Horst Chmiel
1.1 Die Zelle als kleinste lebende Einheit ...1
1.2 Verschiedene Zelltypen, Viren und Phagen 7
1.3 Fortpflanzung und Evolution 16

2 Einführung in die Biochemie 23
Karl-Heinz Klempnauer, Lutz Fischer, Manfred Karl Otto
2.1 Bausteine der Zelle 23
2.2 Stoffwechsel 41
2.3 Regulation zellulärer Vorgänge 49
2.4 Gentechnik 58

3 Enzymkinetik 67
Andreas Liese, Lutz Hilterhaus, Michael Howaldt, Horst Chmiel
3.1 Aktivität und Stabilität 68
3.2 Reaktionsmechanismen enzymatischer Ein-Substrat-Reaktionen 69
3.3 Einfluss der Umgebungsbedingungen ..73
3.4 Bestimmung der kinetischen Konstanten 78
3.5 Lineare und nicht-lineare Regression ..81
3.6 Effektorkinetik 84
3.7 Reversible Enzymreaktionen 89
3.8 Allosterie und Kooperativität 91
3.9 Enzymreaktionen mit zwei Substraten 95

4 Wachstum: Kinetik und Prozessführung 99
Bernhard Sonnleitner, Horst Chmiel
4.1 Ideale Prozesse zur Messung der Kinetik 102
4.2 Grundlegende Bioprozessmodelle: Bilanzen und Kinetik 105
4.3 Das Monod-Modell 106
4.4 Lösung des Prozessmodelles für den Satzbetrieb (batch) 109
4.5 Lösung des Prozessmodelles für kontinuierlichen Betrieb 114
4.6 Lösung des Prozessmodelles für Zulaufverfahren (fed-batch) 129
4.7 Verfahren mit Zellrückhaltung 131
4.8 Erweiterungen und Modifikationen des Monod-Modells 133
4.9 Methoden der Medienentwicklung ...141
4.10 Populationsdynamik in Konkurrenzsituationen 144
4.11 Umsatz in auto-katalytischen Reaktionen 146

5 Rheologie von Biosuspensionen ..149
Horst Chmiel, Eckehard Walitza
5.1 Die parallele Schichtenströmung 149
5.2 Viskosimeterströmungen inkompressibler viskoelastischer Flüssigkeiten 151
5.3 Mathematische Modellierung der stationär ermittelten Fließkurve 157
5.4 Repräsentative Viskosität 158
5.5 Das Rührer-Rheometer 160
5.6 Die instationäre Scherströmung viskoelastischer Fluide 161
5.7 Dehnströmungen 164
5.8 Das Fließverhalten von Fermentationsbrühen 165

6 Transportvorgänge in Biosuspensionen 173
Horst Chmiel, Eckehard Walitza
6.1 Zur Maßstabsübertragung 173
6.2 Leistungseintrag beim Rühren von Flüssigkeiten 177
6.3 Zum Stofftransport in Biosuspensionen 180
6.4 Zum Wärmeübergang im Bioreaktor ..188

7 Bioreaktoren 195
Horst Chmiel
- 7.1 Definition eines Bioreaktors 195
- 7.2 Mischer 195
- 7.3 Reaktortypen 196
- 7.4 Schaumprobleme 211
- 7.5 Hochdurchsatzverfahren für die Bioprozessentwicklung 213

8 Sterilisation und Steriltechnik 217
Harald Schnepple
- 8.1 Die thermische Resistenz von Mikroorganismen 217
- 8.2 Das Verhalten einer Population unter Hitzeeinwirkung 218
- 8.3 Die Quantifizierung des Sterilisationsgrades 219
- 8.4 Die Auslegung des Sterilitätskriteriums für einen Sterilisationsablauf 221
- 8.5 Kontinuierliche Sterilisationsverfahren 221
- 8.6 Die Sterilisation durch Filter 223
- 8.7 Die Steriltechnik 224
- 8.8 Der Aufbau von gerührten Laborreaktoren 224
- 8.9 Die Funktion von Autoklaven (Dampfsterilisatoren) 225
- 8.10 Der Aufbau von *in situ* sterilisierbaren Reaktoren 225
- 8.11 Stutzen für Messwertgeber 226
- 8.12 Die Abtrennung des Reaktorinhaltes von peripheren Leitungsbereichen ... 226
- 8.13 Die Sterilisation der Zuluftstrecke 228
- 8.14 Die Rührwellenabdichtung 230

9 Mess- und Regeltechnik an Bioreaktoren 235
Harald Schnepple
- 9.1 Die Betriebsarten Sterilisation und Fermentation 235
- 9.2 Messung und Regelung von Zustandsgrößen im Reaktor 237
- 9.3 Analytik außerhalb des sterilen Bereichs 251
- 9.4 Messungen in der Gasstrecke des Bioreaktors 252

10 Aufarbeitung (Downstream Processing) 259
Horst Chmiel
- 10.1 Zellernte 260
- 10.2 Zellaufschluss 265
- 10.3 Produktisolation, -konzentrierung und -reinigung 269
- 10.4 Bioprozesse mit integrierter Produktaufarbeitung 314

11 Kultur von Tierzellen 323
Michael Howaldt, Franz Walz, Ralph Kempken
- 11.1 Eigenschaften von Tierzellen 323
- 11.2 Zellcharakterisierung 331
- 11.3 Die Umgebung von Zellen in Kultur .. 336
- 11.4 Zell-Kultivierungsmethoden 340
- 11.5 Prozessführung bei Säugerzellkulturen 344
- 11.6 Großtechnische biopharmazeutische Produktion 348

12 Enzymatische Prozesse 361
Sebastian Briechle, Michael Howaldt, Thomas Röthig, Andreas Liese
- 12.1 Mathematische Beschreibung idealer Reaktortypen 362
- 12.2 Technischer Einsatz von freien und immobilisierten Enzymen 373
- 12.3 Prozessvarianten 374
- 12.4 Stofftransportlimitierung bei trägerimmobilisierten Enzymen 376
- 12.5 Membranreaktoren 380
- 12.6 Nicht konventionelle Reaktionsmedien 385
- 12.7 Prozessbeispiele 399

Symbolverzeichnis 409

Sachregister 413

1 Einführung in die Zellbiologie*

Alle Lebewesen auf unserer Erde haben ungeachtet ihrer immensen Vielfalt von zigmillionen verschiedener Arten grundlegende strukturelle Gemeinsamkeiten. So ist die kleinste selbst organisierte Einheit, aus der ein komplexes Lebewesen wie der Mensch, eine Kuh oder ein Baum aufgebaut ist oder aus dem die einfachsten Lebewesen wie die Mikroorganismen bestehen, die Zelle. In jeder Zelle laufen chemische Reaktionen ab, die Materie aus der Umgebung aufnehmen und die diese „Rohstoffe" zur Selbsterhaltung und Vermehrung nutzen.

Aus naturwissenschaftlicher Sicht ist die einzelne Zelle eine (bio-)chemische Fabrik, die den Prinzipien der Thermodynamik sowie allen anderen naturwissenschaftlichen Grundgesetzen unterliegt. Wenn wir uns daher die enorme stoffliche und energetische Leistungsfähigkeit von Zellen zur Herstellung von Produkten oder dem Abbau von Abfallstoffen zu Nutze machen wollen – und dies ist das Ziel der Bioprozesstechnik – dann müssen wir die grundlegenden molekularen Abläufe in einer Zelle verstehen. Dominiert werden diese Abläufe durch das Zusammenspiel von in jeder Zelle vorkommenden Biopolymeren: der DNA (engl. *desoxyribonucleic acid*), der RNA (engl. *ribonucleic acid*) und den Proteinen. Mit dem molekularen Aufbau, der Organisation, dem Informationsfluss in der Zelle und der Zellvermehrung beschäftigt sich dieses Kapitel 1.

1.1 Die Zelle als kleinste lebende Einheit

Naturwissenschaftlich betrachtet ist „Leben" durch definierte Mindesteigenschaften charakterisiert. Diese sind ein eigener Stoffwechsel (Metabolismus), die Fähigkeiten zur Vermehrung (Replikation) und die Möglichkeit der Anpassung an die Umwelt durch Veränderung der individuellen Erbanlagen (Mutation). Dabei spielt sich alles auf der Ebene der Moleküle ab. „Leben" ist folglich an eine Abgrenzung (Kompartimentierung) von der Umgebung gebunden, da nur dadurch die für das Leben notwendige molekulare Ordnung aufrechterhalten werden kann.

Die kleinste Einheit, die in der Lage ist, die molekulare Ordnung für Metabolismus, Replikation und Mutation zu gewährleisten, ist die Zelle. Sie stellt energetisch ein „offenes System" dar, das in einem ständigen Stoff- und Energieaustausch mit seiner Umgebung steht (s. Abb. 1.1). Die Aufgabe der selektiven Kompartimentierung von Molekülen wird bei jeder Zelle von einer flexiblen Membran – der Plasmamembran – mit einer 6–10 nm dicken Lipiddoppelschicht-Struktur übernommen, die zu einem großen Teil aus amphiphatischen Phospholipiden besteht. Die Fähigkeit einer Zelle, den ständigen Stoff- und Energieaustausch mit der Umgebung durch die Regulation der molekularen Vorgänge in einem inneren Fließgleichgewicht zu halten, wird als **Homöostase** bezeichnet.

Die meisten Lebewesen sind Einzeller und werden aufgrund ihrer Abmessungen in der Größenordnung von ca. 1–10 μm als Mikroorganismen bezeichnet. Höhere Lebewesen des Tier- und Pflanzenreiches sind hingegen grundsätzlich vielzellig und bestehen aus verschiedenen Zellgruppen, die auf bestimmte Funktionen spezialisiert sind und oft unterschiedlich aussehen. Die Erbsubstanz der unterschiedlichen Zellgruppen eines Organismus ist jedoch identisch. Die **Zelldifferenzierung** der höheren Lebewesen vollzieht sich während ihres Wachstums über ein komplexes molekulares Kommunikationssystem zwischen den Zellen und beruht letztlich auf

* Autoren: Lutz Fischer, Horst Chmiel

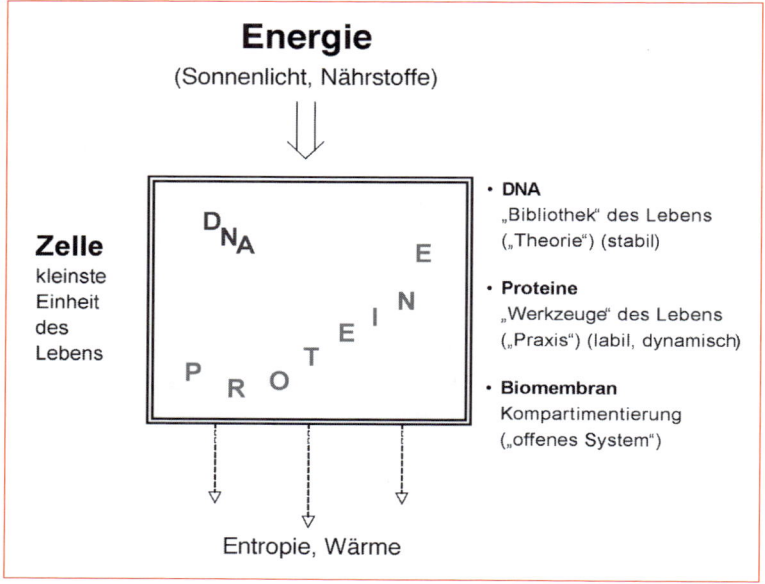

Abb. 1.1 Stark vereinfachte, schematische Darstellung des „offenen Systems" Zelle

dem dauerhaften An- bzw. Abschalten funktioneller Teilbereiche der Erbsubstanz, also dem gezielten Ablesen bzw. Blockieren von Genen. Die genauen molekularen Zusammenhänge, die zur Zelldifferenzierung eines Organismus führen, sind Thema der Entwicklungsbiologie. Es sei an dieser Stelle bereits erwähnt, dass nicht nur Mikroorganismen zur Stoffproduktion in einem Bioreaktor kultiviert werden können, sondern auch speziell präparierte Zellen von Pflanzen oder Tieren. Man spricht dann von Zellkulturen bzw. Zellkulturtechnik.

Trotz der enormen Unterschiede in Form, Größe und Komplexität folgen alle Zellen von Lebewesen den gleichen molekularen Grundprinzipien und bestehen aus den gleichen Grundbausteinen. Dies wollen wir im Folgenden näher betrachten.

1.1.1 Erbinformation wird in Desoxyribonucleinsäure (DNA) gespeichert

Die Desoxyribonucleinsäure (DNA) ist ein helicales, doppelsträngiges Biopolymer und bildet die Erbsubstanz – das Genom – eines Organismus (s. Abb. 1.2). Die Monomereinheit der DNA heißt Desoxyribonucleotid und besteht aus zwei Teilen: einem Zucker (Desoxyribose) mit gebundener Phosphatgruppe und einer Base, die entweder eine **Purinbase A**denin (A), **G**uanin (G) oder eine **Pyrimidinbase C**ytosin (C), **T**hymin (T) sein kann. Die Desoxyribonucleotide der DNA sind über ihre Zuckerphosphatgruppen (Phosphodiesterbindungen) kovalent zu linearen Polydesoxyribonucleotidsträngen kondensiert. Die beiden Polydesoxyribonucleotidstränge der DNA lagern sich komplementär über spezifische Wasserbrückenbindungen ihrer einzelnen Basen an. Dabei bildet A mit T zwei und C mit G drei spezifische **Wasserstoffbrückenbindungen** aus.

Obwohl diese Bindungen einzeln betrachtet relativ schwach und labil sind, ergibt sich durch die Gesamtsumme aller Bindungen zwischen zwei komplementären DNA-Strängen eine genügend hohe Stabilität. Bei dem kleinsten heute bekannten Genom eines Lebewesens, dem parasitären Bakterium *Mycoplasma genitalium*, beträgt die Anzahl der Basenpaare (engl. *base pairs*; bp) in seinem DNA-Doppelstrang beispielsweise 580 070 bp. Dementsprechend ergeben sich theoretisch je nach Gehalt an A, T bzw. C, G in der DNA zwischen mindestens 1 160 140 (bei 100 % A,T) und höchstens 1 740 210 (bei 100 % C,G) Wasserstoffbrückenbindungen.

1.1 Die Zelle als kleinste lebende Einheit

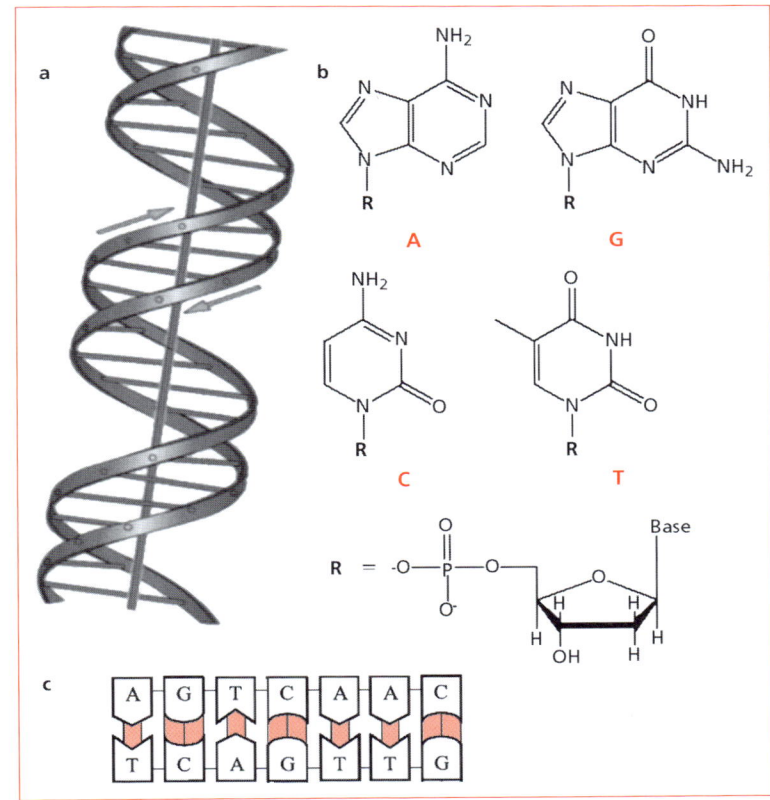

Abb. 1.2 (a) Die Desoxyribonucleinsäure (DNA) als Doppelhelix, (b) ihre monomeren Bausteine, die Desoxyribonucleotide Adenosinphosphat [A], Guanosinphosphat [G], Cytidinphosphat [C] und Thymidinphosphat [T] und (c) die Komplementarität der Basenpaare (schematisch)

Die Informationen zum Bauplan, Stoffwechsel und der Vermehrung von Zellen sind bei allen Lebewesen einheitlich aus den vier verschiedenen „chemischen Buchstaben" der Basen A, T, C und G der DNA geschrieben. Diese vier „chemischen Buchstaben" werden wiederum von allen Lebewesen bei der Proteinbiosynthese in einen „Drei-Buchstaben-Code" (Triplett) verschlüsselt. Es ergeben sich $4^3 = 64$ verschiedene Kombinationsmöglichkeiten für ein Triplett an Nucleotiden, das als **Codon** bezeichnet wird.

Die meisten Codons codieren bei einer späteren Proteinbiosynthese für eine bestimmte Aminosäure des zu bauenden Proteins, das chemisch ein großes Polypeptid aus meist mehr als 100 Aminosäure-Einheiten darstellt. Dabei ist zu beachten, dass es für einige Aminosäuren mehrere Codons gibt, für andere hingegen nur eins. Beispielsweise codieren für die Aminosäure Serin (Ser) die vier DNA-Codons AGT, AGA, AGG, AGC, für das Tryptophan indessen nur ein einziges Codon ACC. Ein besonderes Codon ist das Startcodon (**Initiationscodon**; ATG). Es zeigt den Beginn eines Gens, das für ein Protein codiert, an. Drei andere Codons bestimmen das Ende eines Gens (**Terminationscodons**; TAA, TAG, TGA). Auf diese Weise ist die DNA in viele funktionelle Informationseinheiten, die man als Gene bezeichnet, gegliedert.

Gene sind definierte Abschnitte auf der DNA. Sie codieren für eine einzelne Polypeptidkette, wenn die Gensequenz für die Proteinbiosynthese bestimmt ist. Einige Gene codieren hingegen für spezielle Ribonucleinsäuren (RNA) oder für die Regulation von anderen Genen. Wenn ein Gen für eine Polypeptidkette oder eine RNA codiert, nennt man es Strukturgen.

Bei der Zellteilung – der Vermehrung (Replikation) von Zellen – ist der erwähnte komplementäre Aufbau der DNA von entscheidender Bedeutung. Der Doppelstrang der Polydesoxyribonucleotidketten wird von Enzymen (Prote-

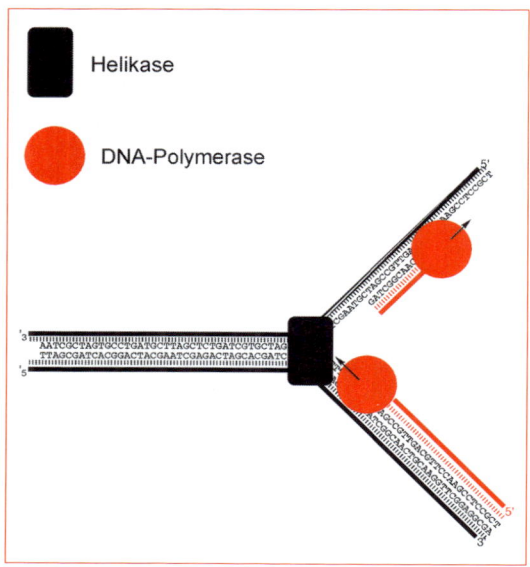

Abb. 1.3 Enzymatische Replikation von DNA (vereinfachte Version, schematisch). Weitere wichtige Enzyme sind in dem Schema nicht berücksichtigt (Details siehe Voet & Voet 2002).

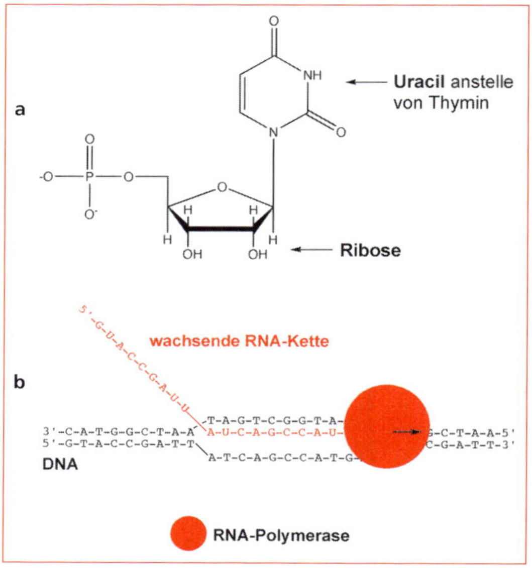

Abb. 1.4 (a) Das Ribonucleotid Uracil (U) mit Ribose als Zuckerbaustein der RNA und (b) die Komplementarität von RNA zur DNA bei der RNA-Synthese (schematisch)

in; s. u.) aufgebrochen, und beide Einzelstränge dienen anderen Enzymen als Matrize für die Synthese eines neuen komplementären Polydesoxyribonucleotidstranges, der dem „alten" Strang identisch ist (Abb. 1.3). Auf diese Weise ist die DNA einer fiktiven Mutterzelle verdoppelt (repliziert) und kann auf die beiden neu entstehenden Tochterzellen verteilt werden. Die Weitergabe aller Erbinformationen an die Nachkommen ist gesichert. Die Möglichkeiten und Folgen von Kopierfehlern bei diesem Vorgang werden unter 1.3.3 behandelt.

1.1.2 Die makromolekulare Mindestausstattung einer Zelle

Neben der DNA mit den Erbinformationen, den Genen, benötigt eine lebende Zelle weitere Biopolymere: die **Ribonucleinsäuren** (RNA) und die Proteine. Erst durch das Zusammenspiel dieser drei Polymerklassen kann „Leben" stattfinden. Genau wie bei der DNA kommen RNA und Proteine ubiquitär in den Zellen aller Organismen

unserer Erde vor und sind jeweils aus den gleichen Bausteinen aufgebaut. Polysaccharide und Lipide sind weitere Makromoleküle in der Zelle, die durch den Stoffwechsel entstehen und für die folgenden Betrachtungen nicht maßgeblich sind. Auf die Bedeutung der Lipide als Hauptbestandteil einer notwendigen Plasmamembran ist bereits hingewiesen worden.

Die RNA ist wie die DNA aus kondensierten Nucleotiden zusammengesetzt. Es gibt jedoch einige entscheidende Unterschiede (Abb. 1.4). Das Zucker-Phosphat-Gerüst der RNA enthält Ribose anstelle von Desoxyribose, statt der Pyrimidinbase Thymin (T) wie in der DNA ist immer die Pyrimidinbase **U**racil (U) eingebaut und die RNA liegt nicht in komplementären Doppelsträngen sondern als individueller Einzelstrang vor, der viel kürzer als ein kompletter DNA-Einzelstrang ist. Im Gegensatz zur DNA unterliegt die RNA einem ständigen Auf- und Abbau in der Zelle. Die wichtigsten Aufgaben der RNA werden unter 1.1.3 erläutert.

Die **Proteine** sind die eigentlichen „Macher" einer Zelle. Sie übernehmen die für das Leben einer Zelle so bedeutenden Funktionen wie beispielsweise die Katalyse von chemischen Reaktionen (Enzyme), den selektiven Transport von Molekülen durch die Membranen (Transportproteine), die Fortbewegung (kontraktile Proteine), die Signalweitergabe zur Zellkommunikation (Rezeptorproteine) oder die Formgebung (Strukturproteine). Proteine sind allgemein aus 20 unterschiedlichen, monomeren Bausteinen, den Aminosäuren, aufgebaut (s. Kapitel 2). Die Aminosäuren sind untereinander über eine Amidbindung (Peptidbindung) kovalent verknüpft und geben einem Protein aufgrund ihrer chemischen sowie sterischen Eigenschaften eine individuelle dreidimensionale Struktur und eine spezifische biologische Funktion.

Eine herausragende Stellung innerhalb der Proteine nehmen die biokatalytisch aktiven **Enzyme** ein. Sie ermöglichen den gesamten Stoffwechsel einer Zelle (**Metabolismus**), der aus abbauenden, oftmals Energie freisetzenden Stoffwechselwegen und -reaktionen (**Katabolismus**), und aus aufbauenden, syntheseorientierten Stoffwechselwegen und -reaktionen (**Anabolismus**) besteht. So werden ebenso die Replikation von DNA bei der Zellteilung sowie die ständig notwendigen RNA- und Proteinsynthesen einer Zelle – bis auf eine Ausnahme (Ribosom, s. u.) – durch selektive Kondensationsreaktionen von speziellen Enzymen realisiert.

1.1.3 Der Informationsfluss in der Zelle (Proteinbiosynthese)

Der vielseitige Einsatz der Bioprozesstechnik zur Herstellung von Produkten wie – um nur einige exemplarisch aufzuführen – technische Enzyme für die Waschmittel-, Pharma- oder Lebensmittelindustrie, Pharmaproteine (Faktor VIII u. a.), Insulin, Interferone, Antikörper oder Stoffwechselprodukte wie Ethanol, Zitronensäure, Xanthan, Antibiotika u. v. m. ist immer, direkt oder indirekt, abhängig von einem effektiven und optimalen Ablauf der Proteinbiosynthese in den kultivierten Zellen. Die dabei zellulär erzeugten Enzyme katalysieren aus einfachen Nährstoffen wie beispielsweise Glucose und Ammoniumsalz komplexe Wertstoffe unseres Alltags. Es ist daher eminent wichtig, die für alle Zellen gültigen, grundlegenden Zusammenhänge der Proteinbiosynthese zu verstehen.

Die DNA stellt sinnbildlich eine Art stabile, organismusspezifische molekulare „Gebrauchsanweisung" für die Form, Struktur und Lebensaktivitäten einer Zelle dar. Ihre funktionellen Informationseinheiten – die Gene – müssen aber zuerst in RNA abgeschrieben (transkribiert) bzw. in Proteine übersetzt (translatiert) werden, bevor sie der Zelle aktiv nutzen. Diese Vorgänge sind stark energieabhängig, und deshalb werden durch molekulare Regulationsmechanismen nur Gene transkribiert, die für die aktuelle Umgebungssituation für die Zelle vorteilhaft sind.

Stark vereinfacht und zusammenfassend ausgedrückt sind die genetischen Informationen auf der DNA in Gene unterteilt, die in einem ersten Schritt durch enzymatische Aktivitäten in komplementäre RNA-Fragmente transkribiert werden (Abb. 1.5). Für die Informationsweitergabe zur Synthese eines Proteins nach Bauplan eines Strukturgens ist die **mRNA** zuständig. Sie wird in einem komplexen Translationsvorgang, an dem **tRNA**, **rRNA** und Proteine beteiligt sind, als Matrize zur Proteinbiosynthese verwendet. Für jedes Protein existiert somit eine eigene mRNA, die mehrmals als Matrize benutzt werden kann, bis sie enzymatisch wieder abgebaut wird.

Die Transkription eines Gens in RNA erfolgt durch das gleiche Prinzip der Basenkomplementarität wie bei der Replikation (s.o.). Nur ist hier ein anderes Enzym (RNA-Polymerase) beteiligt, welches anstelle der Desoxyribonucleotide die Ribonucleotide komplementär anordnet und über Phosphodiesterbindungen kondensiert. Da bei der RNA die Base Thymin (T) durch die Base Uracil (U) ersetzt ist, entstünde folglich aus einem Genfragment mit der Sequenz ATGC-CATGGTCAACA die komplementäre RNA mit der Sequenz **UACGGUACCAGUUGU**.

Die RNA nimmt je nach Sequenz – also der genauen Reihenfolge ihrer Ribonucleotidmonomere – verschiedene Aufgaben in der Zelle wahr (Abb. 1.5). Sie ist oftmals für die Übertragung der genetischen Informationen von der DNA an die Orte der Biosynthese, dies sind die Ribosomen (s. u.), verantwortlich. Diese RNA wird aufgrund ihrer „Kuriertätigkeit" als Boten-RNA bezeichnet (engl. *messenger* RNA; mRNA).

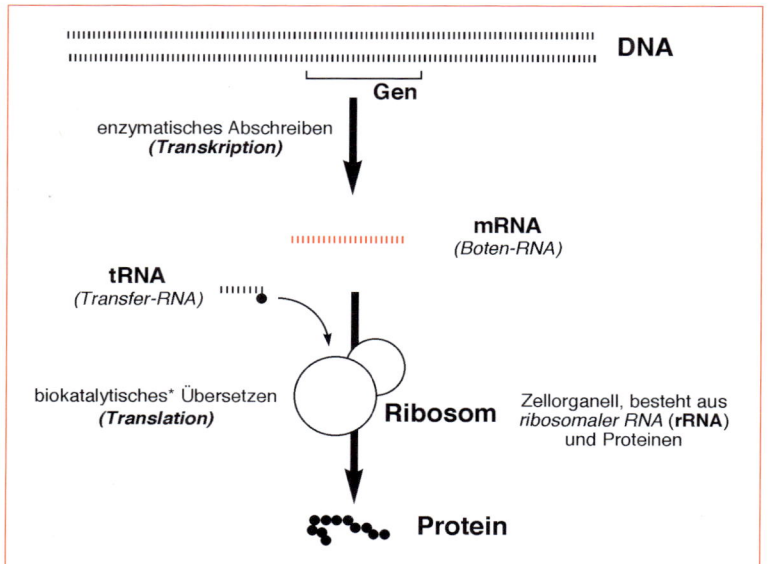

Abb. 1.5 Schematischer Informationsfluss in der Zelle (Details siehe Text)

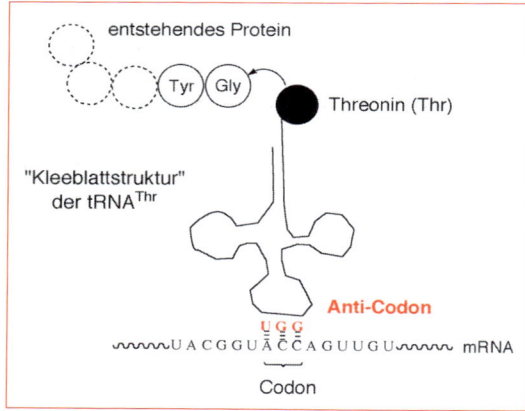

Abb. 1.6 Schematische Struktur der tRNA am Beispiel der tRNA^{Thr} und komplementäre Bindung an das Codon der mRNA (Vorgang am Ribosom)

rigen Aminosäure beladen (Abb. 1.6). So wird beispielsweise die für die Aminosäure Threonin verantwortliche t-RNA als t-RNA^{Thr} bezeichnet und ist mit dem Anti-Codon UGG, das mit dem Codon ACC der mRNA komplementär ist, ausgestattet.

Eine weitere Aufgabe übernimmt RNA in der Zelle durch die Beteiligung an der Bildung von sehr großen dimeren RNA-Protein-Komplexen, die die Orte der Proteinbiosynthese sind und die als Ribosomen bezeichnet werden. Dementsprechend wird diejenige RNA, die aufgrund ihrer Sequenz für ein Ribosom bestimmt ist, als ribosomale RNA angesprochen (engl. *ribosomal RNA*, rRNA).

Im Jahr 1982 entdeckte man auch katalytisch aktive RNA-Moleküle, so genannte **Ribozyme**, die einfache aber wichtige Spaltungs- und Ligationsreaktionen an RNA- und DNA-Molekülen durchführen. Eine rRNA katalysiert – wahrscheinlich als rudimentärer Teil einer „RNA-Welt" der frühen Erdgeschichte – sogar die Peptidbindungen bei der Proteinbiosynthese am Ribosom. Proteinkatalysatoren, die Enzyme, besitzen somit kein Monopol bei der Biokatalyse, sind aber aufgrund ihres wesentlich komplexeren (bio-)chemischen Aufbaus aus 20 unterschiedlichen Aminosäuren viel besser für die vielseitigen Aufgaben im Stoffwechsel geeignet.

Des Weiteren ist RNA entscheidend bei der Translation des genetischen Codes in die dazugehörige Proteinsequenz am Ribosom beteiligt. Die hierfür zuständige RNA heißt allgemein Transfer-RNA (tRNA), besitzt an exponierter Stelle im Molekül mit einer typischen Kleeblattstruktur je eine spezifische Codon-Erkennungsstelle (Anti-Codon) und ist mit der dazugehö-

1.2 Verschiedene Zelltypen, Viren und Phagen

In dem vorangegangenen Abschnitt haben wir uns mit den für alle lebenden Zellen geltenden Grundprinzipien beschäftigt. Jetzt soll auf die wichtigsten Besonderheiten der heute existierenden Zelltypen eingegangen werden, die prokaryotische und die eukaryotische Zelle. Neben diesen selbst organisierten, lebensfähigen Zellen, die zur Homöostase befähigt sind, gibt es noch andere DNA oder RNA enthaltende Vesikel in der Natur: Viren und Phagen. Sie können sich nicht selbstständig vermehren, besitzen auch keinen Stoffwechsel und sind durch eine Proteinhülle und manchmal eine zusätzliche Membran geschützt. Sie werden folglich wissenschaftlich nicht als Lebewesen betrachtet.

Dennoch sind Viren und Phagen manchmal hilfreiche Werkzeuge in der Gentechnik. Durch ihre Fähigkeit, DNA oder RNA in Organismen einzuschleusen, den Organismus zu „infizieren", zwingen sie den „Wirtsorganismus" seine Stoffwechselleistung nach dem Fahrplan des Viren- bzw. Phagen-Erbguts umzustellen. Dieses Viren-/Phagen-Prinzip lässt sich gentechnisch gezielt zum Einschleusen von gewünschten Genen in einen Wirtsorganismus nutzen. Auf der anderen Seite muss man die Viren-/Phagen-Thematik ebenfalls kennen, wenn man sich mit der Kultivierung von Zellen beschäftigt, da eine Infektion von Zellen in einem Bioprozess unter allen Umständen vermieden werden muss.

1.2.1 Prokaryoten

Die prokaryotische Zelle (Prokaryot) stellt die ursprünglichste Form der heutzutage lebenden Organismen dar. Zu den Prokaryoten gehören alle Bakterien, die in zwei große Gruppen, die **Bacteria** (frühere Bezeichnung Eubacteria) und die **Archaea** (oder Archaebacteria), unterteilt werden (Abb. 1.7). Sie leben meist als unabhängige Einzelzellen.

Prokaryoten sind im Vergleich zu Eukaryoten wesentlich einfacher aufgebaut. Die große ringförmige DNA der Prokaryoten – das Bakteriengenom – liegt frei im Cytoplasma der Zelle, die wenig kompartimentiert ist und keine distinkten membranumschlossenen Zellorganellen besitzt (Abb. 1.8). Neben dem Bakteriengenom besitzen viele Bakterien ein oder mehrere **Plasmide**, das sind sehr kleine ringförmige DNA-Moleküle, die

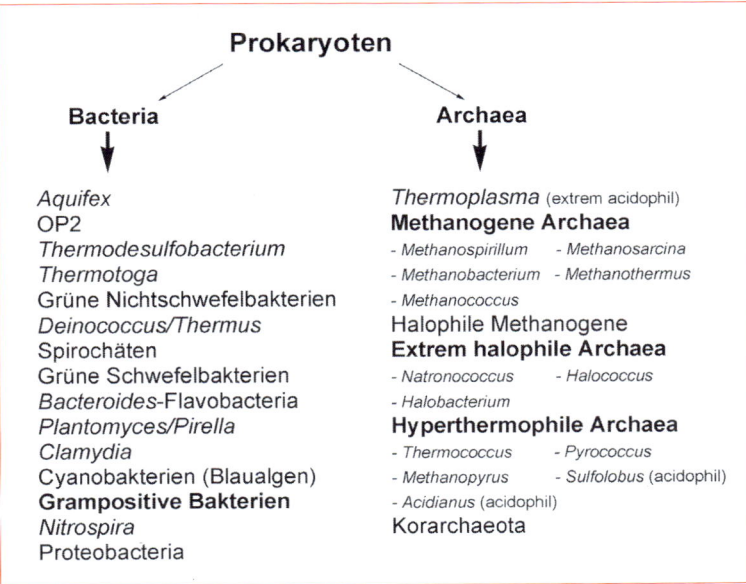

Abb. 1.7 Einteilung der Prokaryoten nach phylogenetischen Kriterien (Sequenzvergleich der 16S-rRNA) (modifiziert nach Madigan et al. 2001)

sich unabhängig vom Genom vermehren und zwischen den Bakterien übertragen werden können (bei der Konjugation). Sie tragen nur wenige Gene, beispielsweise für Fertilitätsfaktoren (F-Faktoren) oder Resistenzfaktoren (R-Faktoren) und sind für die prinzipielle Lebensfähigkeit des Prokaryoten entbehrlich. In der Gentechnik spielen Plasmide als Transportvehikel für rekombinante DNA eine wichtige Rolle.

Die chemische Energiegewinnung in Form der Biosynthese von Adenosintriphosphat (ATP), das eine in allen Lebewesen vorkommende universelle „Energiewährung" darstellt, findet an der **Zellmembran** (Cytoplasmamembran) statt. Die Zellmembran besteht aus einer bimolekularen Schicht von amphiphatischen Phospholipiden, deren hydrophobe Molekülteile nach innen und hydrophile (polare) Molekülteile nach außen gerichtet sind. In die Lipiddoppelschicht sind Proteine integriert, die für den selektiven Transport von Substanzen in und aus der Zelle verantwortlich sind (Transportproteine). Eingeschlossen von der Zellmembran ist das **Cytoplasma**. Es enthält den gesamten Inhalt einer Zelle, außer den nur bei Eukaryoten vorkommenden Zellkern. Zum Cytoplasma gehören das wässrige **Cytosol** mit den gelösten Proteinen, RNA, verschiedene Salze und Metabolite (Stoffwechselprodukte), die Ribosomen, Plasmide und die Speicherstoffe einer Zelle.

Die Ribosomen der Prokaryoten sind vom 70S-Typ und aus zwei unterschiedlich großen Untereinheiten aufgebaut, die zusammen aus 55 Proteinen und rRNA (5S-, 16S- und 23S-rRNA) bestehen. Das S ist eine **Svedberg-Einheit** und gibt an, mit welcher Sedimentationsgeschwindigkeit ein Teilchen in einer Ultrazentrifuge wandert. Die mRNA wird bei der Biosynthese eines Proteins an der Schnittstelle beider Untereinheiten des Ribosoms gebunden. Jede Zelle von *Escherichia coli*, ein Gram-negatives Bacterium, enthält beispielsweise ca. 15 000 oder mehr Ribosomen.

Die Bakterienzelle ist meist von einer stabilen Zellwand aus Peptidoglykan (**Murein**) umgeben, das bei den Archaeen und Eukaryoten nicht vorkommt. Man unterscheidet je nach Aufbau der Zellwand, die durch die so genannte Gram-Färbung – eine seit 1884 von dem dänischen Bakteriologen H. C. J. Gram eingeführte Färbemethode für Bakterien – einfach untersucht werden kann, zwischen Gram-positiven und Gram-negativen Bakterien. Gram-positive Bakterien besitzen eine dickere Zellwand mit mehrschichtigem Mureinnetz. Die Gram-negative Zellwand besteht hingegen aus einem einschichtigen Mureinnetz, das jedoch nochmals von einer zweiten äußeren Membran aus Lipopolysacchariden, Lipoproteinen und Phospholipiden umgeben ist. Diese zweite Membran ist von großen Poren durchsetzt, die

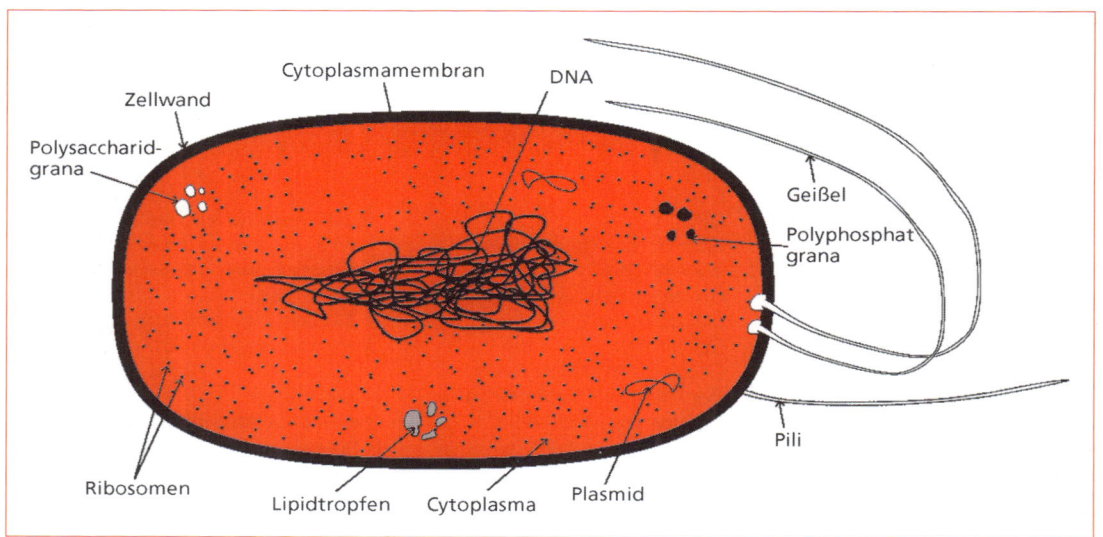

Abb. 1.8 Schematisches Längsschnittbild einer prokaryotischen Zelle (Bakterienzelle)

1.2 Verschiedene Zelltypen, Viren und Phagen

Moleküle von ca. $M_r < 6000$ frei passieren lassen. Die Zellwand ist das mechanische Schutzskelett der Bakterien und verhindert das Platzen bei osmotischem Stress.

Viele Bakterien bilden unter bestimmten Stressbedingungen hitzetolerante **Endosporen** (Überdauerungsformen) aus. Bei einer Endospore ist die Zellwand zusätzlich von einer „Rinde" aus vernetzten Glycopeptid-Polymeren und einer dicken, stark proteinhaltigen Sporenhülle umgeben. Das „aufkonzentrierte" Cytoplasma nimmt nur noch ein geringes Gesamtvolumen ein, und es werden keine nennenswerten Stoffwechselaktivitäten festgestellt. Dieser mögliche Zustand einer Bakterienzelle sollte insbesondere bei der Sterilisation von Fermentern, Rohrleitungen, Ventilen, Messsonden etc. besonders beachtet werden.

Eine Sonderstellung innerhalb der Prokaryoten nehmen die **Cyanobakterien**, auch Blaualgen genannt, ein. Sie sind zur Photosynthese fähig und somit in der Lage, CO_2 mit Hilfe von Lichtenergie und einem Elektronendonor zu reduzieren und organische Verbindungen für das Wachstum aufzubauen. Cyanobakterien verwenden – wie grüne Pflanzen und Algen – Wasser als Elektronendonator, im Gegensatz zu photosynthetisierenden Bakterien, die stärker reduzierende Verbindungen wie H_2S benötigen. Unter den Cyanobakterien findet man die genügsamsten Organismen, die zur Zeit leben. Da sie CO_2 und auch N_2 „fixieren" können, sind sie praktisch in der Lage, von Wasser, Licht und Luft zu leben.

Für das Anwendungspotenzial der Gentechnik (*genetic engineering*) ist die „direkte" und im Vergleich zu den Eukaryoten (s. u.) einfachere Art und Weise der Genexpression bei Prokaryoten von großem Vorteil. Genexpression bedeutet die Erzeugung eines zu beobachtenden Phänotyps durch ein Gen, also die Realisierung der genetischen Information durch Transkription, Translation und ggf. nachgeschaltete Modifikationen der Proteine. Am ausführlichsten ist die Genexpression bei *E. coli* untersucht, welches neben anderen Mikroorganismen im menschlichen Darm vorkommt und der erste „klassische" Modellorganismus der Molekularbiologen war.

Bei der Genexpression der Prokaryoten können die RNA- und Proteinbiosynthese gleichzeitig ablaufen, da sich die DNA frei als Doppelstrang im Cytosol befindet und sich die Ribosomen

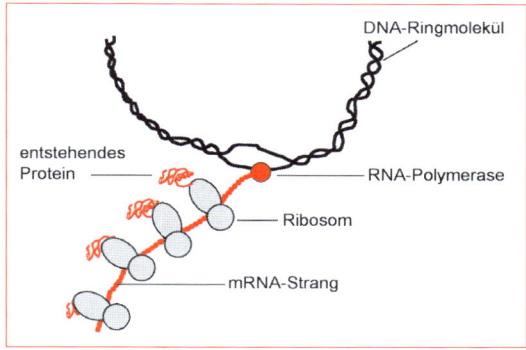

Abb. 1.9 Genexpression bei einem Prokaryoten (schematischer Ausschnitt des Cytosols einer Zelle)

an die an der DNA entstehenden mRNA anlagern (Abb. 1.9). Außerdem befinden sich oftmals die Gene eines gesamten Stoffwechselweges unmittelbar hintereinander auf der DNA, und die Genexpression wird von einer gemeinsamen Regeleinheit kontrolliert. Die in solch einem Fall transkribierte mRNA codiert gleich für mehrere Proteine – sie ist **polycistronisch** – und am Ribosom werden folglich mehrere Proteine gleichzeitig translatiert. Diese „direkte", schnelle Genexpression verleiht den Prokaryoten eine enorme Produktivität (Stoffumsatz pro Zeit) und eine schnelle Adaptation an sich verändernde Umgebungsbedingungen. Beides sind wichtige Kriterien für die Bioprozesstechnik.

Die Fähigkeit zur Nutzung jeder ökologischen Nische und praktisch jedes organischen Moleküls als Nahrung, sowie die verschiedenen Formen der Energiegewinnung, haben im Laufe der Evolution eine ungeheure Vielfalt an Prokaryoten hervorgebracht. Eine kleine exemplarische Auswahl von ihnen ist in Tabelle 1.1 dargestellt. Prokaryoten besitzen im Vergleich zu den Eukaryoten eine weit größere biochemische Diversität und Anpassungsfähigkeit.

Die Gruppe der Archaeen wurde zuerst als Bewohner extremer Standorte, wie heiße Quellen, Salzseen, Tiefseegeysire oder Kläranlagen entdeckt. Archaeen kommen aber auch in Böden, Seen und dem Wiederkäuermagen vor. Sie werden von den Bacteria aufgrund eines etwas anderen Ribosomen- sowie Zellwandaufbaus, besonderer Stoffwechselwege (u. a. Methanbildung) und besonderer Coenzyme unterschieden.

Tab. 1.1 Kleine Auswahl an technisch interessanten Prokaryoten und deren Produkte

Bakterienname	Charakteristische Eigenschaften	Technische Nutzung/Produkte
Methanosarcina barkeri	Gram-positiv oder Gram-negativ, Stäbchen, Kokken, obligat anaerob	zweite Stufe der anaeroben Abwasserreinigung: Methan
Acetobacter aceti	Gram-negativ, Stäbchen, begeißelt, säuretolerant Schleimbildner, aerob	Essigsäure
Lactobacillus spec.	Gram-positiv, Stäbchen, homo- u. heterofermentativ	Milchsäure
Propionibacterium	Gram-positiv, Stäbchen, anaerob	Propionsäure
Clostridium acetobutylicum	Gram-positiv, Stäbchen, sporenbildend, anaerob	Butanol, Aceton, Buttersäure
Zymomonas mobilis	Gram-negativ, Stäbchen, fakultativ anaerob	Ethanol
Pseudomonas aeruginosa	Gram-negativ, Stäbchen, polar begeißelt, aerob	Rhamnolipide
Xanthomonas campestris	Gram-negativ, Stäbchen, polar begeißelt, aerob	Xanthan
Corynebacterium glutamicum	Gram-positiv, Stäbchen, aerob	Aminosäuren
Bacillus amyloliquefaciens	Gram-positiv, Stäbchen	Exoenzyme, Amylase
Streptomyces tendae	Mycelbildner, Lufthyphen mit exogenen Sporen, aerob, Gram-positiv	Nikkomycin
Escherichia coli	Gram-negativ, Stäbchen, fakultativ anaerob	„Arbeitstier" des Biotechnikers (Genetik), Herstellung gentechnisch gewonnener Produkte (z. B. Insulin)

Die Archaebakterien sind mit hochinteressanten Enzymen ausgestattet, die unter extremen Bedingungen (pH, Ionenstärke, Temperatur) stabil und aktiv sind. Beispielsweise ist dem Archaebakterium *Thermus aquaticus* der Durchbruch und die enorme Verbreitung der Polymerasekettenreaktion (PCR; engl. *polymerase chain reaction*) in der Molekularbiologie zuzuschreiben, da es eine hitzestabile DNA-Polymerase (*Taq*-Polymerase) besitzt, die heute von vielen Wissenschaftlern zur *in vitro* Vermehrung (Amplifikation) von DNA im Labor eingesetzt wird.

1.2.2 Eukaryoten

Im Vergleich zu den prokaryotischen Zellen sind eukaryotische Zellen wesentlich komplexer in ihrem zellulären Aufbau und bei der Gen-expression. Viele Eukaryoten bilden vielzellige Organismen, die einen von prokaryoten unerreichbaren Komplexitätsgrad besitzen. Zu den Eukaryoten gehören alle Pilze (inkl. der einzelligen Hefen) sowie alle Organismen des Tier- und Pflanzenreichs (Abb. 1.10).

Es gibt gute wissenschaftliche Belege, dass die Ur-Eukaryoten (von griech. *eu* = richtig, *karyon* = Kern) bereits zu einem frühen Zeitpunkt der Evolution aus den Ur-Prokaryoten hervorgegangen sind und einige Ur-Eukaryoten „räuberisch" lebten (siehe 1.3.3). Die partiell eigenständigen Zellorganellen der heutigen Eukaryoten – die Mitochondrien (Bestandteil aller Eukaryoten) und die Chloroplasten (nur Pflanzenreich) – waren vermutlich einmal aerobe bzw. photosynthetisch aktive Bakterien, die, nachdem sie von einer räuberischen Ur-Eukaryotenzelle eingefangen wurden, eine dauerhafte Endosymbiose mit ihrem Räuber eingegangen sind (**Endosymbionten-Hypothese**).

1.2 Verschiedene Zelltypen, Viren und Phagen

Tab. 1.2 Wichtige Unterschiede zwischen Eukaryoten und Prokaryoten

Merkmal	Prokaryoten	Eukaryoten
Zellaufbau	einfach	komplex
DNA	kovalent geschlossener DNA-Ring, frei im Cytosol (Plasmide vorhanden)	Chromosomen im membranumschlossenen Zellkern (Plasmide selten)
Zellorganellen	nein	ja
Ort der Energiegewinnung	Cytoplasmamembran	Mitochondrien
Zellwand aus Peptidoglycan	ja (nicht Archaea)	nein
Ribosomen	70S-Typ	80S-Typ
Introns in den meisten Genen	nein	ja

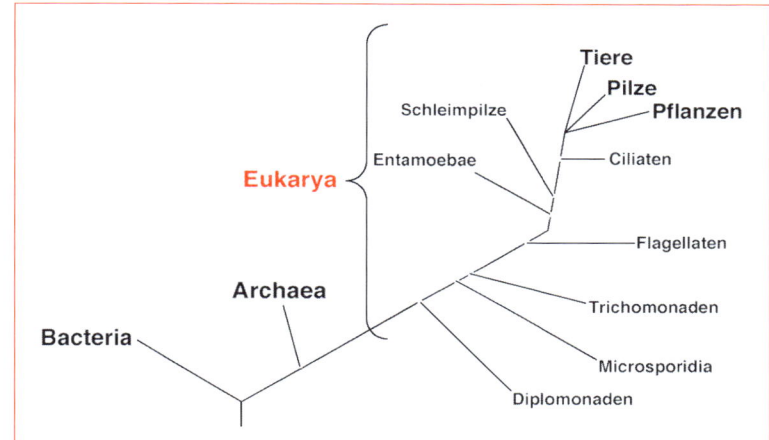

Abb. 1.10 Einteilung der Eukaryoten in einen universellen phylogenetischen Stammbaum (Basis ist ein Sequenzvergleich der rRNA; modifiziert nach Madigan et al. 2001.)

Eine typische Eukaryotenzelle (Abb. 1.11) ist mit einem mittleren Durchmesser von ca. 10–30 μm viel größer als die meisten Prokaryotenzellen (ca. 1–3 μm) und besitzt ein 1 000- bis 10 000-mal größeres Volumen. Dadurch kommt es im Vergleich zur Prokaryotenzelle, die ein wesentlich größeres Oberfläche/Volumen-Verhältnis aufweist, zu einem Nachteil, wenn es um die Stofftransportgeschwindigkeit von Nährstoffen aus der Umgebung bzw. der Abgabe von Stoffwechselprodukten an die Umgebung geht. Dies ist mit ein wesentlicher Grund, weshalb Prokaryoten eine höhere Wachstums- und Stoffwechselgeschwindigkeit als die komplexeren Eukaryoten zeigen. Tabelle 1.2 stellt weitere Unterschiede zwischen beiden Zelltypen dar.

Das charakteristische Merkmal der Eukaryotenzelle ist der von einer Kernhülle aus zwei Membranen umgebene **Zellkern** (Nucleus), der das **Genom** enthält (Abb. 1.11). Die beiden Membranen der Kernhülle sind durch einen engen Zwischenraum getrennt, an einigen Öffnungen – den Kernporen – jedoch vereint und mit dem endoplasmatischen Reticulum (ER), einem speziellen Membranlabyrinth der Eukaryotenzelle, verbunden. Die DNA bildet im Zellkern zusammen mit speziellen Proteinen, insbesondere basischen Histonen, ein spiralförmiges Grundgerüst, das **Chromatin**. Bei der Zellteilung verdichtet sich das Chromatin so stark, dass es zu kompakten Stäbchenstrukturen – den **Chromosomen** – kondensiert, die unter dem Lichtmikroskop sichtbar sind. Geringe Mengen an DNA befinden sich auch in **Mitochondrien** und **Chloroplasten**. Im Zellkern befindet sich außerdem der **Nucleolus**, ein speziell für die rRNA-Synthese verantwortlicher Bereich. Der Nucleolus stellt eine Art „Ribosomen-Fabrik" dar.

Die Mitochondrien zählen ebenso wie der Zellkern zu den **Zellorganellen** eines Eukaryoten. Sie haben etwa die Größe und Form eines Prokaryoten, besitzen eine eigene ringförmige DNA, 70S Ribosomen und eine Doppelmembran, vermehren sich durch Zweiteilung und sind speziell für die oxidative Phosphorylierung – also die Energiegewinnung – verantwortlich. All diese Befunde stützen die oben erwähnte Endosymbionten-Hypothese.

Analoges gilt für die nur bei zur Photosynthese fähigen Eukaryoten vorkommenden Chloroplasten. Sie betreiben Photosynthese auf nahezu die gleiche Weise wie Cyanobakterien, nämlich durch Absorption des Sonnenlichts im membrangebundenen Chlorophyll. Es spricht einiges dafür, dass Algen und Pflanzen aus der Symbiose mit Cyanobakterien hervorgegangen sind.

Das bereits oben erwähnte **endoplasmatische Retikulum** (ER) gehört wie der **Golgi-Apparat**, die Kernhülle und die kleinen Vesikel wie **Lysosomen** und **Peroxisomen** zu einem dynamischen, labyrinthartigen Membransystem der Zelle. Dieses Membransystem unterliegt einem ständigen Wandel, und es schnüren sich permanent Membranvesikel der einen Struktur ab, um sich zu einer anderen zu bewegen und mit ihr zu verschmelzen.

Das ER wird in glattes und raues ER unterschieden, beide stehen in Verbindung. Das **glatte ER** ist der Ort der Lipidsynthese und einer Reihe anderer wichtiger Stoffwechselvorgänge. Das **raue ER** verdankt seinen Namen und sein Aussehen den Ribosomen, die an ihm haften. Am rauen ER werden die Proteine synthetisiert, die anschließend aus der Zelle exportiert werden sollen. Die anderen Proteine, die in der Zelle verbleiben, synthetisieren die cytosolischen Ribosomen.

Der Golgi-Apparat wird aus verbundenen Dictyosomen (charakteristisch angeordnete Membranvesikel) gebildet. Man erkennt ihn meist als Stapel abgeflachter Membranzisternen mit kleinen kugelförmigen Vesikeln an den Enden. Der Golgi-Apparat ist asymmetrisch aufgebaut und hauptsächlich für die Verteilung und Sortierung von Proteinen und Enzymen innerhalb der Zelle und nach draußen verantwortlich. In den Lysosomen befinden sich hydrolytische Enzyme, die wie eine Art „Zell-Recycling-System" den katalytischen Abbau von komplexen Molekülen (Proteine, Lipide, Polysaccharide, RNA) in ihre Monomere realisieren. In den Peroxisomen fin-

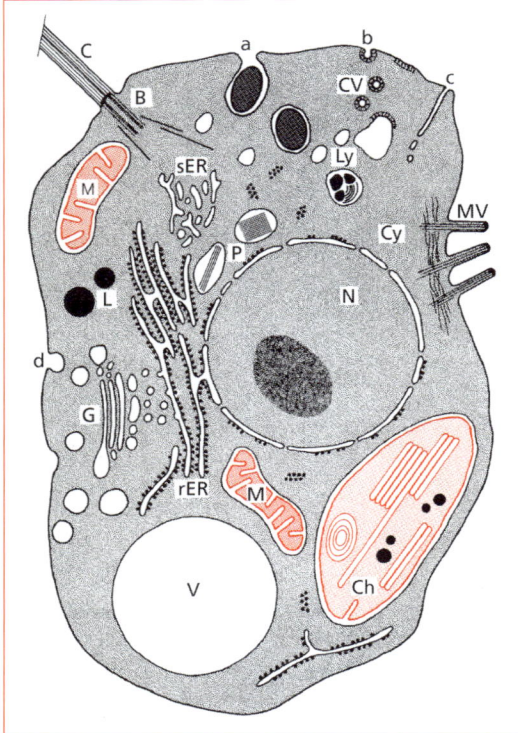

Abb. 1.11 Schematische Darstellung eines Eukaryoten (Kleinig und Sitte 1986); N = Zellkern mit Nucleolus, Cy = Cytoplasma mit einigen freien Polysomen, Ch = Chloroplast mit Thylakoiden, Stärkekorn und Lipidglobuli, M = Mitochondrien, sER = glattes Endoplasmatisches Reticulum, rER = raues ER, Polysomenbesatz, G = Golgi-Apparat (Dictyosom), V = Vakuole, Ly = Lysosomen, CV = Coated Vesicles, P = Peroxisomen mit Proteinkristallen, L = Lipidkörper (Oleosomen), C = Cilie oder Geißel, B = Basalkörper, MV = Mikrovilli, a,b,c = Endocytoseformen: a = Endocytose von Partikeln (Phagocytose); b = rezeptorvermittelte Endocytose über Coated Pits und Coated Vesicles; c = Endocytose gelösten Materials (Pinocytose); d = Exocytose. Miteinander mischbare Plasmen (Cytoplasma und Karyoplasma) grau; die mit anderen Plasmen nicht mischbaren Plasmen (Mitoplasma und Plastoplasma) farbig. Nicht-plasmatische Phasen weiß, Lipidphasen schwarz. Kern- und Cytoskelett sind nicht berücksichtigt, außer Actinfilamenten der Mikrovilli, die in einem Terminalgeflecht verankert sind, und einigen Mikrotubuli in Nähe der Geißelbasis.

den stattdessen „geschützt" Oxidationsreaktionen zum Abbau von Aminosäuren und Fetten statt, bei denen freie Radikale und Wasserstoffperoxid (H_2O_2) entstehen. Das hochreaktive, „schädliche" Wasserstoffperoxid wird sofort von Katalase, das in großen Mengen in den Peroxisomen vorkommt, zu Wasser und Sauerstoff gespalten.

Eine weitere Besonderheit der Eukaryotenzelle ist das aus einem Proteinfilament-System (Mikrotubuli, Actin- und Intermediärfilamente) bestehende **Cytoskelett**. Es stabilisiert die Zellform, strukturiert das Cytoplasma und sorgt für die Bewegung von Zellorganellen und Cytosol. Das Cytoskelett ist nicht etwa starr, sondern es kann sich drastisch umordnen. Der externe Bewegungsapparat, die **Cilien** und **Flagellen**, ist über das Cytoskelett mit der Zelle befestigt und ermöglicht die gerichtete Fortbewegung der Zelle.

Pflanzen- und Pilzzellen besitzen meist zusätzlich flüssigkeitsgefüllte Vesikel, die **Vakuolen**. Sie machen typischerweise mehr als ein Drittel, manchmal bis zu 90 %, des Zellvolumens aus und sind sehr vielseitige Zellorganellen. Sie enthalten hydrolytische Enzyme und dienen je nach Organismus als Speicherorganell (Nähr-, Abfall-, Giftstoffe) und als Regulator des pflanzlichen Turgordruckes (osmotischer Druck, der die Zellform stabilisiert). Die Vakuolenmembran wird als **Tonoplast** bezeichnet.

Die Ribosomen der Eukaryoten (außer den bakterienähnlichen Ribosomen der Mitochondrien und der Chloroplasten) sind vom größeren und komplexeren 80S-Typ und ebenfalls aus zwei Untereinheiten aufgebaut. Das 80S-Ribosom besteht insgesamt aus über 80 verschiedenen Proteinen und verschiedenen rRNAs (5S-, 5,8S-, 18-S und 28S-rRNA).

Die Genexpression des Eukaryotengenoms verläuft wesentlich komplexer als bei den Prokaryoten (Abb. 1.12). Es gibt bei der Transkription der Gene und der Translation der mRNA, die immer getrennt stattfinden, zusätzliche Schritte, die letztlich die Variations-, Regulations- und Reparaturmöglichkeiten der Synthese eines Merkmals wesentlich erhöhen.

Die Strukturgene der Eukaryoten enthalten im Allgemeinen codierende und nicht-codierende Desoxynucleotidsequenzen. Der codierende Teilbereich eines Gens wird als **Exon**, der nicht-codierende als **Intron** bezeichnet. Bei der Transkription eines Strukturgens im Zellkern wird enzymatisch zuerst eine prä-mRNA („unreife" RNA) synthetisiert, die sowohl Exons als auch Introns enthält. Die Introns werden anschließend aus der prä-mRNA herausgeschnitten, und die Exons werden zu einer „reifen" mRNA verknüpft. Man spricht von **Spleißen** der prä-mRNA. Bei den Eukaryoten wird die mRNA an ihren Enden noch zusätzlich prozessiert (5´-Cap = Methylguanosin-Rest; 3´-Polyadenylat-Schwanz). Im Unterschied zu den Prokaryoten ist die mRNA **monocistronisch**, das bedeutet, von einer prä-mRNA leitet sich immer nur ein Typ mRNA und daraus dann ein Polypeptid ab.

Nach der Translation der mRNA an den Ribosomen in ein Polypeptid bzw. Protein finden bei den Eukaryoten oft noch weitere (bio-)chemische Modifikationen der Proteine statt. Zu den bei Eukaryoten typischen posttranslationalen Modifikationen gehören insbesondere die Glycosylierungen von Proteinen. Aus diesem Grund ist die korrekte rekombinante Herstellung von eukaryotischen Glycoproteinen wie beispielsweise den Immunglobulinen (Antikörpern) in einem prokaryotischen Wirtsorganismus nicht möglich. Antikörper werden daher mit eukaryotischen Zellkulturen produziert.

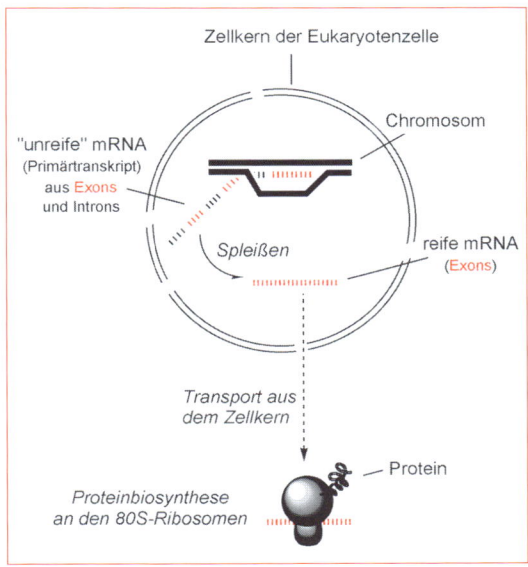

Abb. 1.12 Wichtige Schritte der Genexpression bei den Eukaryoten (schematisch)

1.2.3 Viren und Phagen

Fast alle Viren bestehen aus zwei Komponenten, einem Kern (Core) mit der Nucleinsäure (doppel- oder einzelsträngige DNA oder RNA) und einer Hülle aus gleichartigen Proteinuntereinheiten, die das Core umgibt und schützt. In manchen Fällen ist die Hülle von einer weiteren Hülle aus Lipiden umschlossen.

Phagen (griech. phagein = essen) oder auch **Bakteriophagen** genannt sind Viren, die sich auf Bakterien spezialisiert haben. Die chemische Zusammensetzung, Symmetrie und Struktur der Viren sind die Grundlage für die Einteilung in verschiedene Gruppen (Tab. 1.3). Viren sind zwischen 30 bis 200 nm groß.

Außerhalb einer Zelle handelt es sich bei Viren, wie unter 1.2 bereits erwähnt, einfach um unbelebte Partikel, die als **Virionen** bezeichnet werden. Trifft solch ein Virion jedoch auf seine spezifische Wirtszelle, so kann es sich an der Oberfläche anheften und durch Verschmelzen seiner Hülle mit der Zellmembran seine Nucleinsäure in die Zelle entlassen. Die Zelle ist „infiziert", und der Zellstoffwechsel folgt jetzt den genetischen Informationen des Virengenoms, das um Größenordnungen kleiner ist als das Wirtsgenom. Viren sind Zellparasiten. Sie nutzen die Enzyme und Ribosomen der Zelle so, dass sie nicht mehr ihre eigentlichen Aufgaben erfüllen, sondern viele neue Virionen herstellen. Die Virionen werden dann üblicherweise über Knospen an der Zellmembran freigesetzt. Die Virusproduktion geht dabei stundenlang weiter.

Manche Bakteriophagen besitzen **lytische Proteine**, die aktiv die Lysis (Auflösung) der Wirtszelle (Bakterienzelle) bewirken. Für den Phagen ist es entscheidend, dass er die Synthese oder Funktion dieser lytischen Proteine solange blockiert, bis er ein sehr spätes Stadium seines Vermehrungszyklus erreicht hat und die korrekte Zusammensetzung des Viruspartikels gewährleistet ist. Ein besonders interessanter Fall liegt bei dem Phagen **Lambda** vor. Lambda ist ein lysogener Phage des Bakteriums E. coli, der über ein halbes Jahrhundert eingehend untersucht wurde. Er hat gelernt, in und mit seinem Wirt zu leben. Seine doppelsträngige DNA besteht aus ca. 45000 bp und codiert für ca. 45 Proteine. Dagegen besitzt E. coli etwa 3 Millionen bp und ca. 5000 verschiedene Proteine.

Wenn sich Lambda an die E. coli-Wirtszelle anheftet und seine DNA einschleust, kann das Virus zwei verschiedenen Fortpflanzungswegen folgen (Abb. 1.13). Entweder es lässt von E. coli die frühen Virusproteine synthetisieren, die eigene DNA replizieren, lässt beides zusammensetzen und lysiert die Zelle nach ca. 20 min (das ist der lytische Vermehrungsweg), oder es exprimiert

Tab. 1.3 Einteilung von Viren nach Nucleinsäure und Symmetrie (modifiziert nach Levine, 1991)

Name des Virus (Zuordnung)	Nucleinsäure	Symmetriestruktur des Capsids
T7 (Bakteriophage)	doppelsträngige DNA	Kopf: kugeliger Ikosaeder Schwanz: spiralig, mit „Spikes"
M13 (Bakteriophage)	einzelsträngige, ringförmige DNA	spiraliger Stab
Lambda (λ) (Bakteriophage)	doppelsträngige, lineare DNA (48.502 bp)	Kopf: ikosaedrisch (64 nm) Schwanz: helical (150 nm)
Tabakmosaikvirus (Pflanzenvirus)	einzelsträngige, gestreckte DNA (+)	spiraliger Proteinstab
Epstein-Barr-Virus (Tier: Herpesvirus)	doppelsträngige, gestreckte DNA (120 000–200 000 bp)	Ikosaeder; Proteinmantel und Lipidhülle (150–200 nm)
Affenvirus 40 (SV40) (Tier: Papovavirus)	doppelsträngige, ringförmige DNA (5 000–8 000 bp)	Ikosaeder; Proteinmantel (45–55 nm)
Poliovirus (Tier: Picornavirus)	RNA-(+)-Stränge, 7 000 Nucleotide	Ikosaeder; Proteinmantel (28 nm)

nur ein einziges Gen, dessen Protein das gesamte Virusgenom ruhig stellt, und die infizierende DNA wird in das Bakteriumgenom eingebaut (lysogener Vermehrungszyklus). Das Virusgenom wird dann normal mit dem Bakteriumgenom vermehrt. Welcher dieser beiden Wege eingeschlagen wird, hängt von den physiologischen Bedingungen in der Zelle und einem Wettlauf zwischen der Expression zweier Virusgene ab.

Analoge Wege findet man auch bei der Virusvermehrung in Eukaryoten. So ist bei den Affen bereits in den 50er Jahren ein **Poliomavirus** („SV 40") entdeckt worden, das sich ebenfalls über einen **lytischen Zyklus** in infizierten Affenzellen vermehren kann. Ein weiteres Beispiel ist das Epstein-Barr-Virus, das den Menschen infiziert. Von diesem Virus werden bei seinem lysogenen Vermehrungsweg einige Gene exprimiert, und die dabei entstehenden Proteine induzieren in der Wirtszelle ein abnormales Zellwachstum, das als Krebstumor erkennbar wird. Das Epstein-Barr-Virus gehört somit zu der Gruppe der DNA-Tumorviren.

Die Viren und Phagen sind von den Bioverfahrenstechnikern besonders gefürchtet, da sie zu klein sind, um bei der Sterilfiltration von Medien zurückgehalten zu werden. Deshalb kann es zu einer unerfreulichen Infektion von insbesondere tierischen oder pflanzlichen Zellkulturen kommen, die zu einem Abbruch der Kultivierung und einem Ausfall der Produktion führt.

Die allgemein übliche Hitzesterilisation von Medien für die Kultivierung von Mikroorganismen inaktiviert hingegen Viren und Phagen.

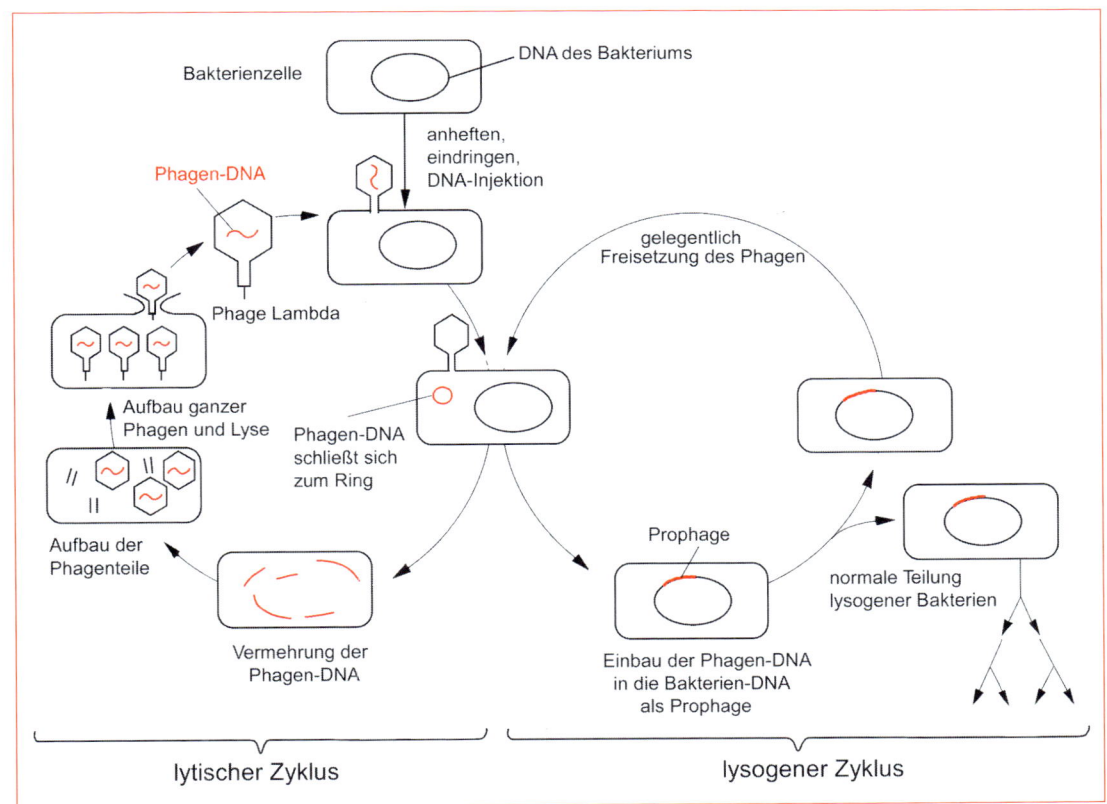

Abb. 1.13 Die Vermehrung des Phagen Lambda: Nach der Injektion der Phagen-DNA in das Wirtsbakterium setzt entweder die Vermehrung der Phagen-DNA ein (lytischer Zyklus) oder es entsteht durch Einbau der Phagen-DNA in die Bakterien-DNA ein lysogenes Bakterium, das sich vermehren kann; so entstehen viele lysogene Bakterien.

1.3 Fortpflanzung und Evolution

Der Inbegriff des Lebens ist die Fähigkeit eines Organismus, sich selbst präzise replizieren und energieökonomisch organisieren zu können. Die Replikation besteht aus der Verdopplung der Erbanlagen, der annähernden Verdopplung der Zellbestandteile durch Genexpression und Stoffwechsel und aus der sich daran anschließenden Zellteilung. Die molekularen Grundlagen, wie in jeder Zelle DNA repliziert wird, sind bereits unter 1.1.1 (Abb. 1.3) erläutert worden. Bei diesem Replikationsschritt gibt es jedoch naturbedingte Fehlermöglichkeiten, die Veränderungen bzw. Weiterentwicklungen der Organismen (Evolution) erst ermöglicht haben und die für die heute auf der Erde anzutreffende Artenvielfalt verantwortlich sind.

1.3.1 Vermehrung von Zellen durch Zellteilung (asexuelle Fortpflanzung)

In der Bioprozesstechnik kommen oft Einzelzellen, pelletartige Zellverbände oder Mycelien von Pro- und Eukaryoten zum Einsatz, die sich asexuell durch direkte Zellteilung fortpflanzen. Die Vermehrungsrate der Zellen hängt von artspezifischen inneren und durch die Umgebung (Medium) bestimmten äußeren Faktoren wie Nährstoffangebot, Temperatur, pH-Wert und Sauerstoffkonzentration ab. Unter optimalen Bedingungen verdoppeln sich viele Bakterienzellen alle 20 bis 30 min durch einfache **Zellteilung** (Abb. 1.14), nachdem die Replikation des ringförmigen Bakteriengenoms durch die DNA-Polymerase abgeschlossen ist.

Bei eukaryotischen Einzellern beträgt die Verdopplungszeit hingegen zwischen 2 bis 50 Stunden. Die Ursachen liegen zum einen in ihrem größenbedingten ungünstigeren Oberfläche/Volumenverhältnis sowie der wesentlich komplexeren Genexpression (s.o.). Zum anderen ist aber auch die Replikation des Genoms im Zellkern viel aufwändiger und durchläuft mehrere Phasen, die als **Zellzyklus** angesprochen werden (Abb. 1.15).

Der Zellzyklus dauert von einer **Mitose** (Kernteilung) bis zur nächsten Mitose und umfasst alle dabei notwendigen Zwischenschritte, durch die eine Zelle ihren Inhalt verdoppelt und sich zweiteilt. Die Periode zwischen zwei Mitosen und somit die längste Periode eines Zellzyklus nimmt die **Interphase** ein, die die G_1-Phase, S-Phase und G_2-Phase umfasst. Die M-Phase besteht aus der Teilung des Zellkerns, der Mitose, und der anschließenden Teilung des Cytoplasmas, der **Cytokinese**.

In der Interphase muss eine Zelle ihren gesamten Zellinhalt verdoppeln, jedoch ist die (Synthese) S-Phase, in der die DNA in Form von Chromosomen im Zellkern repliziert wird, klar von den anderen Vorgängen abgrenzbar. Die G_1-Phase (G von engl. *gap* = Lücke) dient zur Vorbereitung der DNA-Synthese und die G_2-Phase als Vorbereitung für die Mitose und Cytokinese. Die M-Phase ist die Verteilung der seit der S-Phase doppelt vorhandenen Chromosomen auf zwei Zellkerne (Mitose) und die Verteilung des Cytoplasmas mit seinen Organellen auf zwei Zellen (Cytokinese). Das sind aufwändige mechanische Vorgänge, deren fehlerfreie Umsetzung einen komplizierten Zellapparat voraussetzt. Die Mitose umfasst einzelne Abschnitte, die als Prophase, Prometaphase, Metaphase, Anaphase und Telophase angesprochen werden. Hierzu wird auf die einschlägige Literatur verwiesen, insbesondere auf Alberts et al. (2004).

Ein weiterer Aspekt bei der Zellteilung ist die Kopplung von Zellgröße und Vermehrung. Bei der Hefe *Saccharomyces cerevisiae* besitzen Mutter- und Tochterzelle unterschiedliche Größen. Die kleinere Tochterzelle, die als „Knospe" aus der Mutterzelle hervorgeht, benötigt eine längere Zeit (G_1-Phase) als die Mutterzelle, um das „Abschnürungsereignis" zu bewältigen und um selbst zu einer Knospung in der Lage zu sein. Man vermutet als Ursache eine konzentrationsabhängige Regulation des Zellzyklus durch zelleigene Substanzen.

Alle Zellen können in einen stationären Zustand übergehen. Die Dauer dieses Zustandes ist bei einzelligen Organismen hauptsächlich von den Umgebungsbedingungen abhängig, beispielsweise bei der Limitierung eines Nährstoffes. Bei vielzelligen Organismen wie den höheren Pflanzen und Tieren kommen weitere organismusabhängige Faktoren hinzu. Man unterscheidet hier zwischen endogenen und exogenen Faktoren, je nachdem ob

1.3 Fortpflanzung und Evolution

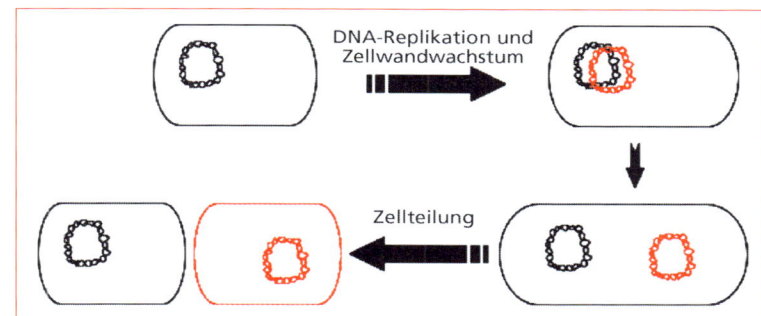

Abb. 1.14 Vorgang der Zellteilung bei einem Bakterium (schematisch)

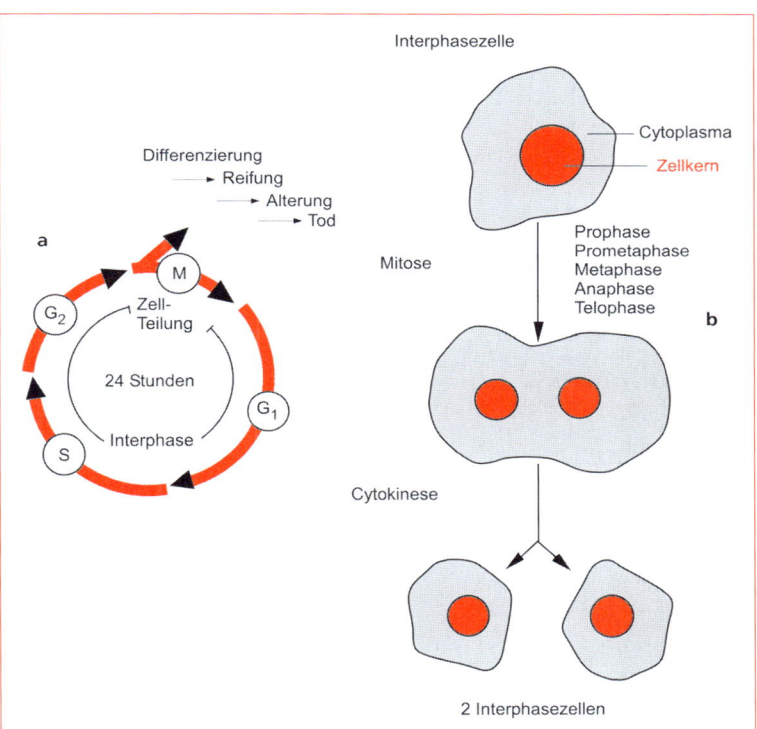

Abb. 1.15 Vorgang der Zellteilung bei einem Eukaryoten (schematisch, nach Alberts et al. 2004)
a) Zellzyklus (Interphase und Mitose) reicht von einer Zellteilung bis zur nächsten (bei Säugerzellen etwa 24 h). Die Cytokinese beendet die Mitosephase und markiert den Beginn der Interphase. Die Interphase besteht zunächst aus einer Zeit ohne DNA-Synthese (G_1-Phase, von Gap:Pause), dann die Phase der DNA-Synthese (S-Phase) und schließlich vor der nächsten Teilung eine weitere Phase ohne DNA-Bildung (G_2-Phase)
b) Auch die Mitosephase (Kernteilung) besteht aus verschiedenen unterscheidbaren Einzelphasen, an deren Ende die Cytokinese (Cytoplasmateilung) steht.

die Faktoren der zelleigenen Genexpression entstammen oder von außerhalb der Zelle, z. B. Hormone oder Wachstumsfaktoren, aufgenommen wurden. Ein spezieller endogener Kontrollmechanismus liegt bei dem programmierten Zelltod von differenzierten Säugerzellen vor (**Apoptose**), der nach ca. 60–70 Zellteilungen einsetzt und nicht zu vermeiden ist. Apoptose ist ein normaler Vorgang, der in vielzelligen Organismen häufig vorkommt und bei der Zellkulturtechnik eine Rolle spielt.

1.3.2 Die sexuelle Vermehrung

Neben der asexuellen Zellteilung vermehren sich viele Eukaryoten und einige Prokaryoten auf sexuellem Wege, das heißt die Genome zweier Individuen werden vermischt. Die Nachkommen der asexuellen Vermehrung besitzen das gleiche Genom wie ihr Elter (s.o.), die der sexuellen Vermehrung sind sowohl untereinander als auch von beiden Eltern genetisch verschieden. Der evolutive Vorteil der Sexualität ist die Neukombination von Genen, das bei sich ändernden Umweltbedingungen einen Wettbewerbsvorteil bietet bzw. die Überlebenswahrscheinlichkeit eines Organismus erhöht.

Die sexuelle Vermehrung eines Eukaryoten basiert grundsätzlich auf einem Wechsel in der Anzahl seiner Chromosomen. Durch Zelldifferenzierung können aus einer eukaryotischen Zelle mit einem doppelten Genom (**diploide Zelle**; doppelter Chromosomensatz) Zellen mit einem einfachen Genom (**haploide Zellen**; einfacher Chromosomensatz) entstehen. Wenn anschließend zwei haploide Eukaryotenzellen miteinander verschmelzen (fusionieren), ergibt sich wieder eine diploide Zelle (Abb. 1.16). Durch Zyklen der Haploidie, Zellfusion, Diploidie und Meiose werden somit neue Genkombinationen geschaffen.

Der Vorgang, bei dem aus einer diploiden Eukaryotenzelle in der Regel vier haploide Tochterzellen entstehen, nennt man **Meiose**. Diese spezielle Form der Zellteilung einer diploiden Zelle fängt mit einem DNA-Replikationsschritt an, der die DNA verdoppelt. Dann folgen nacheinander zwei Zellteilungen und es entstehen vier haploide Tochterzellen (Keimzellen). Die haploiden Keimzellen heißen **Gameten**. Es werden üblicherweise zwei Sorten von Gameten gebildet: die einen sind weiblich (Oocyten), die anderen männlich (Spermien) und auf das Auffinden des

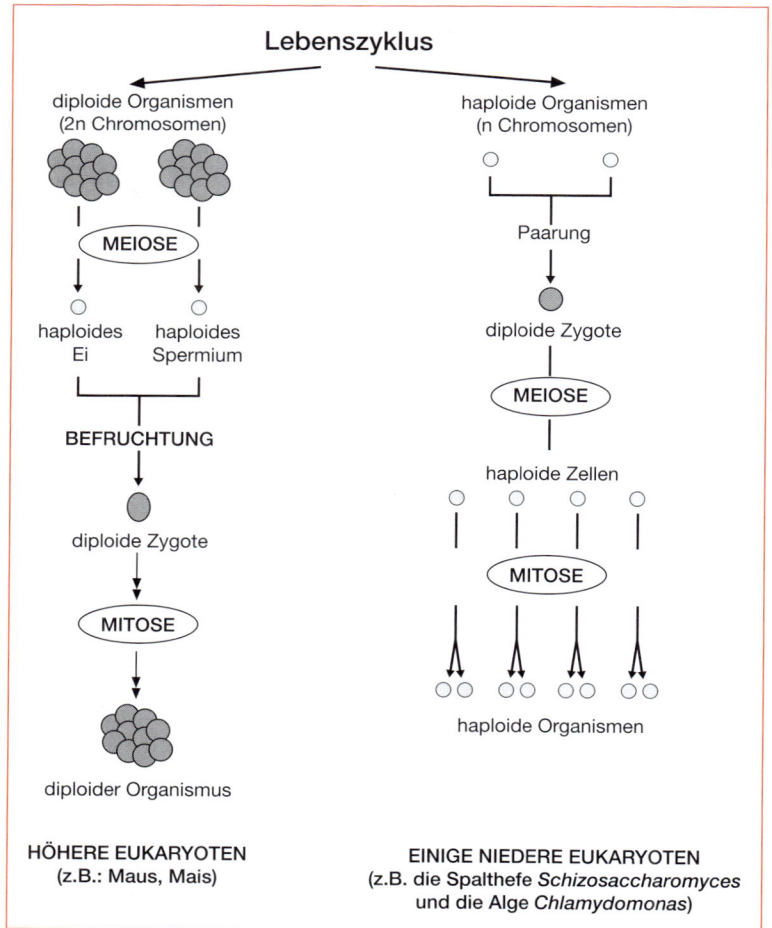

Abb. 1.16 Lebenszyklen von haploiden und diploiden eukaryotischen Zellen (modifiziert nach Alberts et al. 2004)

anderen weiblichen Gameten spezialisiert. Je eine Oocyte (Eizelle) vereinigt sich mit einem Spermium zu einer befruchteten Eizelle, der Zygote.

Die diploide Zygote vermehrt sich bei den höheren Eukaryoten (den meisten Pflanzen und vielzelligen Tieren) durch normale mitotische Teilungen, und die entstehenden diploiden Zellen differenzieren sich und bilden verschiedene Gewebe bzw. Organe aus. Lediglich bei der Differenzierung in die haploiden Geschlechtszellen (Keimzellen) findet Meiose statt. Diese Organismen leben in einer komplexen, langen diploiden Phase. Andersherum ist es bei einigen primitiven Organismen, wie den Spalthefen. Sie leben überwiegend als haploide Zellen, da sich bei ihnen die diploiden Zellen sofort nach ihrer Entstehung durch Meiose wieder in haploide Zellen teilen. Die haploiden Spaltpilze vermehren sich dann mitotisch.

Die Neukombination der Gene erfolgt bei der sexuellen Vermehrung aber nicht nur durch die Verschmelzung der zwei haploiden Elternzellen, obwohl allein dabei bereits 2^n verschiedene Gameten erzeugt werden, wenn n die Zahl der Chromosomen pro haploider Zelle ist. Tatsächlich ist die genetische Variabilität jedoch noch wesentlich größer, weil es während der Teilung 1 der meiotischen Zellteilung zu einem so genannten Überkreuzen (engl. *crossing over*) der homologen, eng aneinander liegenden Chromosomen im Zellkern kommen kann. An den Überkreuzungspunkten der Chromosomen brechen die DNA-Doppelhelices kurzzeitig auf und werden nach dem Zufallsprinzip wieder zusammengefügt. Der komplette Vorgang wird als homologe genetische Rekombination bezeichnet, und man hat Enzyme isoliert, die einen oder mehrere Schritte der homologen Rekombination katalysieren.

Bei den Bakterien, die selbstverständlich keine Meiose durchlaufen, findet homologe Rekombination entweder bei der **Konjugation** zweier Zellen statt, oder sie tritt innerhalb einer einzelnen Zelle auf, wenn die ringförmige DNA gerade repliziert wurde und die homologe Kopie und das Original noch dicht aneinander liegen. Als Konjugation wird ein Vorgang zwischen zwei eng aneinander liegenden Bakterienzellen beschrieben, die zeitweise über eine Cytoplasmabrücke (Sex-Pili) miteinander verbunden sind und genomische DNA bzw. Plasmide austauschen.

1.3.3 Prinzipien der Evolution

Im Jahr 1858 publizierten Charles Darwin und Alfred Russel Wallace erstmals die Hypothese, dass die natürliche Selektion für die Entstehung von neuen phänotypischen Organismusvarianten und letztlich neuen Arten verantwortlich ist. Ein Jahr später lieferte Darwin in „Origin of Species" eine lange Liste an Befunden, die diese Hypothese eindrucksvoll untermauerten. Darwin trug damit bahnbrechend zur heutigen, wissenschaftlich unbestrittenen Akzeptanz der Abstammungslehre (Evolutionstheorie) in den Biowissenschaften bei.

Die **Evolutionstheorie** besagt, dass alle heutigen Lebewesen auf der Erde im Verlauf der erdgeschichtlichen Entwicklung aus primitiven, organisierten Vorfahren entstanden sind, die sich entsprechend den Umweltbedingungen angepasst und unabhängig weiterentwickelt haben. Über die Entstehung des Lebens sagt sie nichts.

Hierfür gibt es wiederum andere wissenschaftliche Hypothesen, die von einer „chemischen Evolution", die der biologischen vorausgegangen ist, ausgehen (Geibel 1987). Bei der chemischen Evolutionstheorie sind auf der Erde vor ca. 4,5 Milliarden Jahren unter den Bedingungen der Ur-Atmosphäre (partiell hohe Temperaturen und hoher Druck, UV-Licht, CO_2, N_2 und H_2) biologisch bedeutsame Substanzen wie Aminosäuren, Carbonsäuren, Zucker und Fettsäuren entstanden. Die Entstehung dieser Moleküle unter imitierten Ur-Atmosphäre-Bedingungen konnte vielfach experimentell bestätigt werden.

Aufgrund der mittlerweile diversen Fossilienfunde von Mikroorganismen, die durch moderne Isotopenstudien erdgeschichtlich eingeordnet werden konnten, lässt sich nachweisen, dass es **Ur-Prokaryoten** bereits vor 3,5 Milliarden Jahren auf der Erde gab (Kutschera und Niklas, 2004). Weitere Fossilienfunde belegen die Existenz von Ur-Cyanobakterien vor 2,7 und ersten einzelligen **Ur-Eukaryoten** vor 1,9 Milliarden Jahren. Die ersten fossilen, sich sexuell vermehrenden, mehrzelligen Ur-Eukaryoten (Rot-Algen) existierten bereits vor 1,2 Milliarden Jahren. Durch die unglaublich hohen genetischen Rekombinationsmöglichkeiten bei der sexuellen Vermehrungsform von Zellen scheint dann in der Evolution ein Durchbruch stattgefunden zu haben, der die Entstehung der höheren Pilze, Tiere und Pflanzen vor ca. 0,5–0,6 Milliarden Jahren ermöglichte.

Die Prinzipien der biologischen Evolution basieren auf dem Wechselspiel zwischen Vermehrung eines Organismus, natürlicher Veränderung seines Erbguts durch Fehler bei der Replikation (**Mutationen**) oder genetischer **Rekombination** (s.o.) und der **Selektion** zufällig vorteilhafter genetischer Veränderungen durch die Umwelt (Abb. 1.17). Die Umwelt ist dabei der Sammelbegriff für verschiedenartigste Einflüsse auf den Makro- und Mikrokosmos des Organismus wie Klima, Atmosphäre, Sonnenenergie, Nährstoffangebot, Konkurrenten, Feinde, pH-Wert, Temperatur, Druck und vieles mehr. Evolution bewirkt Anpassung von Lebewesen an die aktuell gegebenen, realen Bedingungen. Die „besten und stärksten" Organismen überleben (engl. survival of the fittest) und sind an eine bestimmte ökologische Nische angepasst. Dabei sollte man beachten, dass erfahrungsgemäß die meisten zufälligen Mutationen nachteilig, oft sogar letal sind und die wenigsten Mutationen einen Vorteil für den Organismus bedeuten.

In diesem Zusammenhang sollten wir einige Ursachen für die natürlichen, unvermeidbaren Mutationen bei der Replikation von DNA diskutieren, die in der frühen Entwicklungsgeschichte des Lebens der Motor für die Evolution gewesen sein müssen und die auch heute und in der Zukunft eine ständige Fortführung der Evolution garantieren. Die durch sexuelle Vermehrung gewährleistete Veränderung des Erbguts, die selbstverständlich keine Mutationen darstellen, wurde bereits unter 1.3.2 angesprochen.

Die DNA und die Nucleotide werden zeit- und umgebungsabhängig aufgrund spontaner chemischer Reaktionen wie Tautomerien, Desaminierungen, Oxidationen oder Methylierungen an den Basen geschädigt. Bei der komplementären Anlagerung der Basen während der Replikation von DNA kommt es dann zu Fehlpaarungen. Damit ist in der Tochterzelle die DNA-Sequenz verändert, man spricht von Mutation. Dies kann, wenn das „veränderte" Codon später für den Einbau einer anderen Aminosäure in ein Protein verantwortlich ist, zu einer Eigenschaftsveränderung des Proteins führen. Mehrere solcher Mutationsereignisse in einer Generation oder/und in den Folgegenerationen ergeben eine zunehmende Abweichung der DNA-Sequenzen innerhalb einer Verwandtschaftslinie. Es resultieren abweichende Eigenschaftsmerkmale, die nachteilig, neutral oder vorteilhaft für den Organismus sein können. Die vorteilhaften Mutationen werden von der Umwelt positiv selektioniert.

Eine weitere, wenn auch viel geringere, Fehlermöglichkeit bei der Replikation der DNA liegt in der enzymatischen Reaktion, die von DNA-Polymerasen katalysiert wird. Dieser Vorgang ist sehr komplex und läuft dennoch mit einem hohen Grad an Zuverlässigkeit ab, da es mehrere Typen von enzymatischen DNA-Reparaturmechanismen in der Zelle gibt, die im Übrigen auch die bereits oben genannten chemischen DNA-Schäden oftmals reparieren können. Bei der DNA-Polymerase des Bakteriums E. coli tritt beispielsweise bei nur jedem 10^9–10^{10}-ten einpolymerisierten Nucleotid ein Fehler auf. Dennoch kommt es zu Fehlern, die eine natürliche Mutationsquelle darstellen. Insgesamt schätzt man die Wahrscheinlichkeit eines unbeabsichtigten natürlichen Mutationsereignisses in Abhängigkeit vom Organismus auf 10^{-5} bis 10^{-9} pro Zellteilung.

Mutationen können auch „vorprogrammiert" sein. Sowohl bei Eukaryoten (z. B. Mais, Hefe) als auch bei Prokaryoten (Bakterien) sind transponierbare genetische Elemente (**Transposons**) in der genomischen DNA und den Plasmiden gefunden worden, die an verschiedenen Stellen im Genom enzymatisch zufällig ein- und ausgebaut werden. Diese „springenden" Elemente können sehr kurze, einfache Sequenzen besitzen, die beim Einbau in ein Gen eine Mutation auslösen.

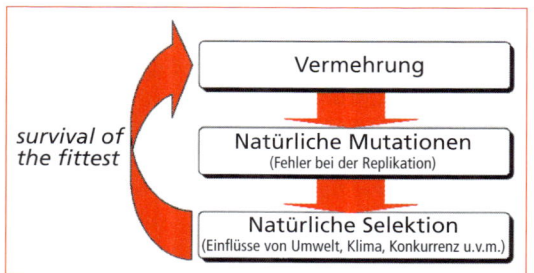

Abb. 1.17 Prinzip der Evolution

Bestimmte Umweltfaktoren, wie diverse chemische Agenzien (u. a. Alkaloide, Ethylmethansulfonat), UV-, Röntgen- oder Ionenstrahlung, lösen ebenfalls durch Schädigung der DNA verstärkt Mutationen aus, die für den Organismus gesundheitsschädlich oder tödlich sind. Nichtsdestotrotz hat sich der gezielte Einsatz von mutagenen Agenzien oder UV-Strahlung in Züchtungsverfahren bei Pflanzen und Mikroorganismen seit über einem halben Jahrhundert bewährt (**klassische Mutagenese**). Längst bevor die modernen Methoden der Gentechnik zur Verfügung standen, wurden Antibiotika- oder Zitronensäure-Produktionsstämme wie die Pilze *Penicillium chrysogenum* bzw. *Aspergillus niger* durch vielfach wiederholte klassische Mutagenese und Selektion im Labor in den technisch gewünschten Biosyntheseleistungen um Größenordnungen verbessert. Aufgrund der heutigen Möglichkeiten der Gentechnik und der Bioanalytik werden die Prinzipien der Evolution auf molekularer Ebene immer besser verstanden und gezielt und erfolgreich für die Züchtung von Mikroorganismen zur Steigerung der selektiven Stoffproduktion eingesetzt.

In dieser Einführung in die Zellbiologie wurden die Unterschiede zwischen Prokaryoten und Eukaryoten als Ergebnis verschiedenartiger Evolutionsstrategien dargestellt. Sie beschränkt sich bewusst auf die Sachverhalte, die Voraussetzung für die Behandlung der späteren Kapitel sind. Sie muss insbesondere im Zusammenhang mit dem folgenden Kapitel gesehen werden, wo auf die Bausteine und den Stoffwechsel der Zelle, sowie die Regulation zellulärer Vorgänge eingegangen wird.

Literatur

Alberts, B., Johnson, A., Lewis, J., Raff, M., Roberts, K., Walter, P. (2004): Molekularbiologie der Zelle. Wiley-VCH Verlag GmbH & Co. KGaA, Weinheim

Geibel, K. (1987): Chemische Evolution. In Siewing, R. (Hrsg.) Evolution. Gustav Fischer Verlag, Stuttgart

Kleinig, H., Sitte, P. (1986): Zellbiologie. Gustav Fischer Verlag, Stuttgart

Kutschera, U., Niklas, K. J. (2004): The modern theory of biological evolution: an expanded synthesis. Naturwissenschaften 91, 255–276

Levine, A. J. (1991): Viren. Spektrum Akademischer Verlag, Heidelberg

Madigan, M. T., Martinko, J. M., Parker, J. (2001): Mikrobiologie. Spektrum Akademischer Verlag, Heidelberg

Nelson, D., Cox, M. (2001): Lehninger Biochemie. Springer-Verlag, Berlin

Voet, D., Voet, J. G. (2002): Lehrbuch der Biochemie. Wiley-VCH Verlag GmbH & Co. KGaA, Weinheim

2 Einführung in die Biochemie*

Von außen betrachtet gleicht unsere Erde annähernd einer Kugel, die auf ihrer Oberfläche in einer sehr dünnen Schicht Leben hervorbringt. Ermöglicht wird das Leben erst durch eine permanente Energieversorgung, die ursächlich von den Kernreaktionen der Sonne ausgeht. Der Erfolg einer bestimmten Lebensform in diesem Lebensraum Erde ist maßgeblich von der Fähigkeit der Organismen abhängig, die zur Verfügung stehende Energie bestmöglich zu nutzen. Im ersten Kapitel ist die Formenvielfalt der Lebewesen, die immer aus Zellen mit gleichen makromolekularen Bausteinen bestehen (DNA, RNA, Proteinen, Membranen) und gleiche Informationsübertragungsmechanismen und Stoffwechselwege besitzen, angesprochen worden (s. Kapitel 1). Die Anzahl und Art der im Stoffwechsel umgesetzten Substanzen ist mannigfach und dennoch auf die gleichen Ausgangsverbindungen wie Glucose oder Aminosäuren zurückführbar.

In diesem Kapitel werden die wesentlichen Bausteine und die Verknüpfungsregeln, z. B. zum Aufbau eines Proteinmoleküls aus den Aminosäuren, vorgestellt. Wie die dabei entstehenden Proteinstrukturen am Beispiel der biokatalytisch aktiven Enzyme zu selektiven Katalysatoreigenschaften führen, wird ebenfalls beschrieben.

Das Zusammenspiel verschiedener Enzyme in Stoffwechsel-Reaktionsketten, z. B. bei Reaktionen, die für die chemische Energiegewinnung der Zelle verantwortlich sind, zeigt, in welch vielfältigem Ausmaß jede Zelle zu Stoffwechselvorgängen fähig ist. Diese Vielfalt möglicher Enzymreaktionen wird in der Zelle auf mehreren Ebenen geregelt und gesteuert, um das optimale Überleben unter verschiedensten Umgebungsbedingungen zu gewährleisten. Die wichtigsten dabei beobachteten Regelmechanismen werden in diesem Kapitel angesprochen.

Die modernen Methoden der Gentechnik benutzen in der Natur entdeckte molekulare Werkzeuge (Restriktionsenzyme, Plasmide, Ligasen u. a. m.), mit denen wir heutzutage biochemische Mechanismen und Stoffwechselvorgänge im Detail untersuchen und gezielt verändern können. Dies eröffnet eine Vielzahl neuer Anwendungsmöglichkeiten von Biokatalysatoren in technischen Prozessen. Die Grundprinzipien der Gentechnologie (engl. *genetic engineering*) werden abschließend behandelt.

2.1 Bausteine der Zelle

2.1.1 Größenverhältnisse

Die Dimensionen, die beim Aufbau einer Zelle aus ihren Bausteinen relevant sind, zeigt Abb. 2.1. Die wohl kleinste biologisch relevante Dimension ist die Länge von Atombindungen, z. B. die Länge einer einfachen C-C-Bindung von 1,54 Å (Å = Ångström, Längeneinheit 1 Å = 10^{-10} m = 0,1 nm). Moleküle, in denen mehrere Atome verknüpft sind, z. B. monomere Zuckermoleküle oder Aminosäuren, sind mehrere Ångström groß. Proteine oder Polysaccharide, polymere Strukturen aus diesen Bausteinen, sind eine Größenordnung größer, z. B. Hämoglobin, ein Protein, welches beim Menschen den Sauerstofftransport im Blut bewirkt. Die im vorigen Kapitel vorgestellten Ribosomen (Protein-/RNA-Aggregate) besitzen eine Größe von ca. 300 Å (30 nm) und die Zellorganellen, z. B. Mitochondrien oder Membrankompartimente sind ca. 0,3–5 µm groß. Letztere werden bereits im Lichtmikroskop gut erkannt.

---

* Autoren: Karl-Heinz Klempnauer, Lutz Fischer, Manfred Karl Otto

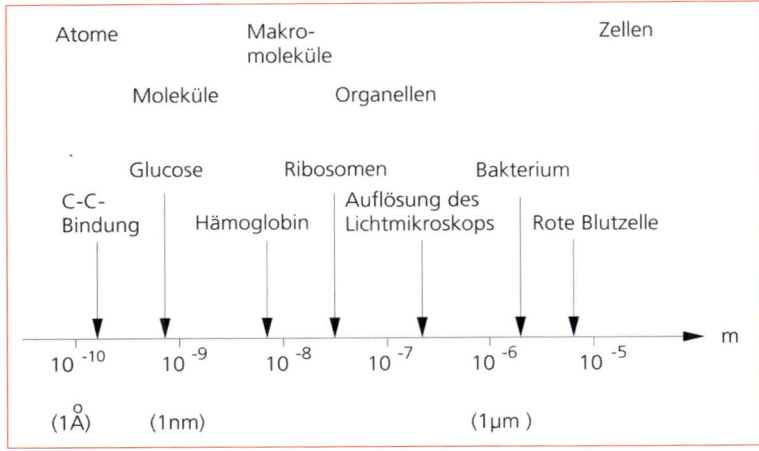

Abb. 2.1 Charakteristische Größen von Zellbausteinen und Zellen (nach Stryer et al. 2003).

Die Größe von prokaryotischen Bakterienzellen liegt im Bereich von Mikrometern (ca. 1–3 µm); rote Blutkörperchen sind etwa 3–7 µm und eukaryotische pflanzliche oder tierische Zellen ca. 5–100 µm groß. Aus diesen Dimensionsbetrachtungen lassen sich bereits Diffusionsstrecken, der bei der Synthese von Zellstrukturen umgesetzten Substanzen, und ungefähre Zeitkonstanten für diffusionskontrollierte Reaktionen abschätzen. Die quantitative Beschreibung erfolgt in späteren Kapiteln.

2.1.2 Die Bedeutung des Wassers

Eine Beschreibung der biochemischen Vorgänge in lebenden Zellen muss auch eine Betrachtung der besonderen Eigenschaften des Wassers einschließen. Organismen bestehen zum größten Teil aus Wasser (ca. 70 % im Falle des menschlichen Körpers und ebenso bei dem Bakterium *E. coli*); Wasser ist daher das häufigste Molekül in lebenden Systemen und spielt aus verschiedenen Gründen eine zentrale Rolle. Die dreidimensionale (räumliche) Struktur von Biomolekülen, und damit auch ihre Funktion, ergibt sich im Zusammenspiel mit den physikalischen und chemischen Eigenschaften des sie umgebenden Wassers. Die herausragende Eigenschaft der Wassermoleküle ist ihr Dipolcharakter und, damit einhergehend, die Fähigkeit, **Wasserstoffbrückenbindungen** untereinander oder mit anderen

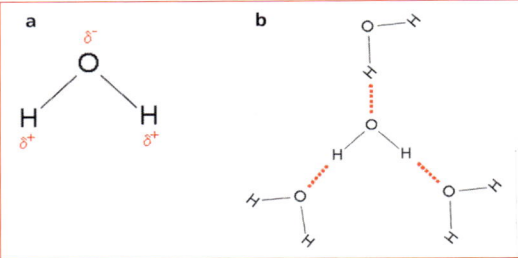

Abb. 2.2 Struktur und Ladungsverteilung des Wassermoleküls (a); über Wasserstoffbrückenbindungen (punktierte Linien) interagierende Wassermoleküle (b).

Molekülen einzugehen (Abb. 2.2). Einzelne Wasserstoffbrückenbindungen sind relativ schwach (ca. 20 kJ/mol) und daher wenig stabil. Dennoch reicht die darauf basierende Oberflächenspannung des Wassers aus, um beispielsweise ein Insekt wie den Wasserläufer (*Gerris lacustris*) zu tragen. Man kann sich Wasser als ein schnell fluktuierendes, dreidimensionales Netzwerk untereinander über Wasserstoffbrückenbindungen interagierender Moleküle vorstellen. Die Löslichkeit von Substanzen im Wasser hängt von ihrer Fähigkeit zur Interaktion mit den Wassermolekülen ab. Moleküle mit polaren Gruppen oder ionischem Charakter sind sehr gut in Wasser löslich (diese Moleküle werden als **hydrophil** bezeichnet), im Gegensatz dazu sind apolare Substanzen wasserunlöslich und werden als **hydrophob** bezeichnet. Löslichkeitsunterschiede zwischen polaren und apolaren Bereichen spielen eine fundamentale Rolle bei der räumlichen Strukturierung und Stabilität von Biomolekülen wie z. B. Proteinen oder bei der Zusammenlagerung von Molekülen zu größeren Aggregaten (wie z. B. Lipidmembranen). Die Bildung dieser für die Funktionen lebender Systeme essenziellen Strukturen ist nur im Zusammenspiel mit dem Wasser erklärbar.

Von seinen Eigenschaften als Lösungsmittel abgesehen, spielen Wassermoleküle bzw. ihre Dissoziation in Wasserstoff-Ionen H^+ (Protonen) und Hydroxid-Ionen OH^- als Reaktionsteilnehmer bei vielen biochemischen Reaktionen eine wichtige Rolle.

Das Ionenprodukt des Wassers ist die Grundlage der pH-Skala, die einen Bereich von pH 0 bis pH 14 für eine wässrige Lösung umfasst. Dabei beschreibt der Begriff pH (lat. potentia hydrogenii) definitionsgemäß den negativen dekadischen Logarithmus der Wasserstoff-Ionenkonzentration ($-\log[H^+]$) einer wässrigen Lösung. Ein pH-Wert von 0 bzw. 14 besagt beispielsweise, dass die H^+-Ionenkonzentration $10^0 = 1$ mol l^{-1} bzw. 10^{-14} mol l^{-1} beträgt. Bei einem pH-Wert von 7,0 sind die H^+-Ionen und die OH^--Ionen in jeweils gleicher Konzentration von 10^{-7} mol l^{-1} vorhanden, die wässrige Lösung ist „neutral". Eine Lösung mit pH < 7,0 ist acid (H^+-Ionenüberschuss), mit pH > 7,0 basisch (OH^--Ionenüberschuss).

Schließlich stellt die oxidative Spaltung des Wassers zu O_2 und die Bindung des Wasserstoffs an Kohlendioxid bei der oxygenen Photosynthese ein Grundprinzip der Umwandlung der Energie der Sonnenstrahlung in chemisch nutzbare Energieformen wie Zucker (Kohlenhydrate) dar. Die Nutzung dieser chemisch gebundenen Energie führt letztlich wieder zur Reduktion von Sauerstoff zu Wasser.

2.1.3 Vom Grundbaustein zur Zellstruktur

Die in den Zellen auftretenden Strukturen werden von verschiedenen Typen von Makromolekülen gebildet, die ihrerseits aus charakteristischen Bausteinen zusammengesetzt sind. Eine Auswahl der wichtigsten zellulären Makromoleküle und ihre molekularen Bausteine ist in Tabelle 2.1 aufgeführt.

Die einzelnen Makromoleküle haben ganz unterschiedliche Aufgaben in der Zelle; entsprechend sind ihre Strukturen sehr unterschiedlich. Nucleinsäuren fungieren als Speicher genetischer Informationen und wurden bereits in Kapitel 1 genauer beschrieben. Die aus einzelnen Zuckermolekülen aufgebauten Polysaccharide dienen als Energiespeicher, wie das in Abb. 2.3 schematisch dargestellte Glykogen, oder als Strukturelemente beispielsweise in pflanzlichen (Cellulose) oder bakteriellen (Murein = Peptidoglucan) Zellwänden. Wichtige Funktionen als kompakte Energiespeicher haben ebenfalls die in Abb. 2.3 gezeigten, durch Verknüpfung von Glycerin mit drei Fettsäuren gebildeten Fette. Die einzelnen Fettsäurereste können unterschiedliche Länge haben und sich durch das Fehlen (gesättigte Fettsäuren) oder Vorhandensein (ungesättigte Fettsäuren) von Doppelbindungen unterscheiden. Im Gegensatz zu den Speicherfetten sind die nur zwei Fettsäureketten und eine hydrophile „Kopfgruppe" tragenden Phospholipide Hauptbestandteile zellulärer Biomembranen. Aufgrund ihres amphipatischen Charakters bilden sie in wässriger Umgebung spontan so genannte Lipiddoppelschichten (s. Abb. 2.3), die die Grundstrukturen von Biomembranen darstellen. Die anschließend genauer besprochenen Proteine schließlich bilden eine enorm wichtige Klasse

Tabelle 2.1: Beispiele zellulärer Makromoleküle und deren Bausteine.

Zellstruktur	Beispiel	Bausteine
Protein	Enzyme	Aminosäuren
Polysaccharid	Stärke	Zuckermonomere
Nucleinsäuren	mRNA	Zucker, Phosphat, Purin- und Pyrimidinbasen
Fette	Speicherfette	Glycerin, Fettsäuren
Membranen	Plasmamembranen	Lipide, Phosphat, Cholesterin, Proteine, Polysaccharide

von Makromolekülen, die Stoffwechselreaktionen katalysieren (Enzyme), maßgeblich den Stofftransport durch Biomembranen realisieren (Transportproteine), eine Vielzahl von regulatorischen Funktionen wahrnehmen (Regulatorproteine) oder als Strukturelemente fungieren (Strukturproteine).

2.1.4 Aufbau der Proteine

Wie in Tab. 2.1 gezeigt, sind Proteine aus **Aminosäure-Bausteinen** zusammengesetzt. Natürlich vorkommende Proteine enthalten in der Regel 20 verschiedene Aminosäuren (Abb. 2.4). Mit Aus-

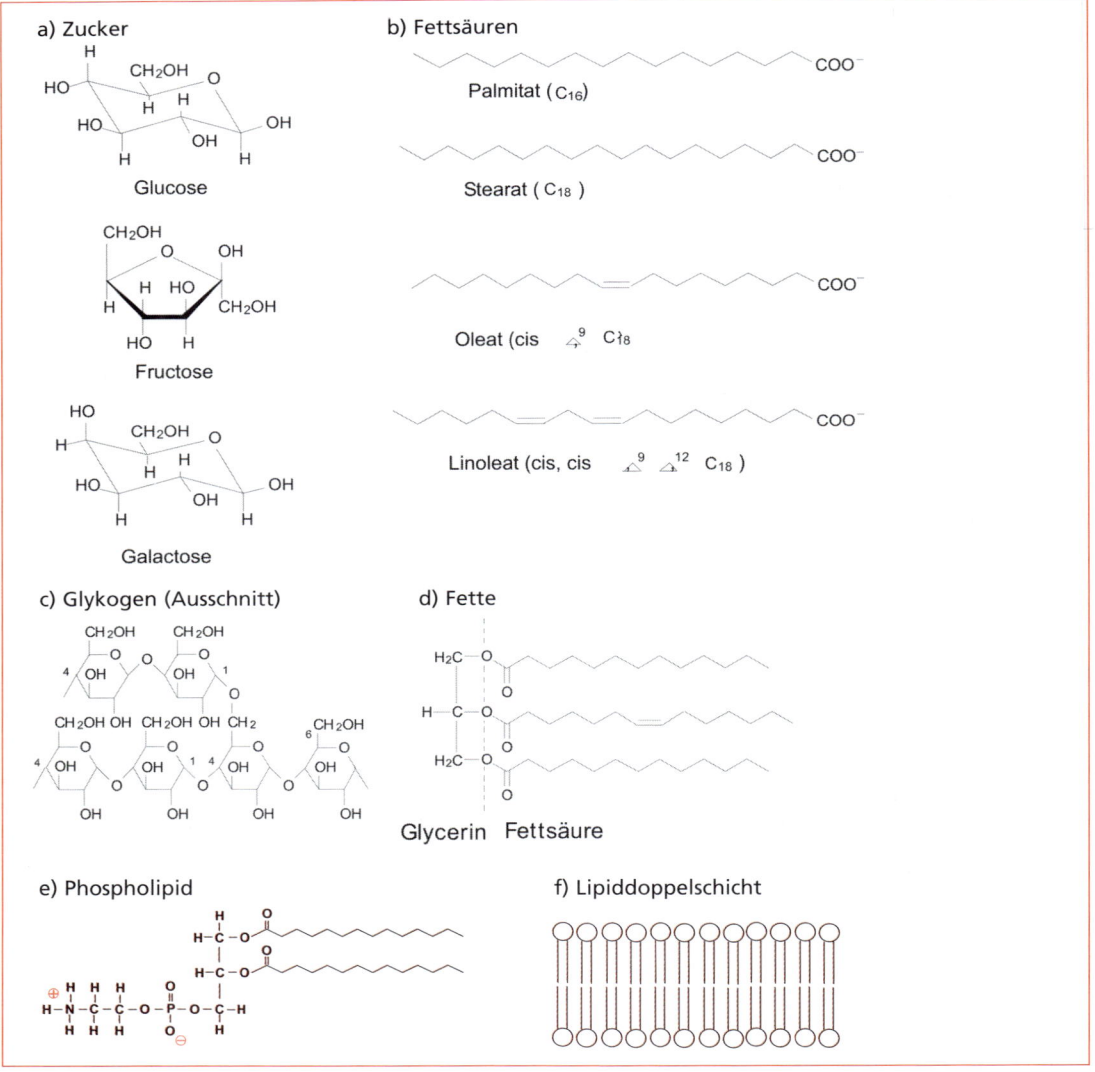

Abb. 2.3 Kohlenhydrate und Lipide. (a) Beispiele von monomeren Zuckern sowie (b) von gesättigten und ungesättigten Fettsäuren. (c) Ausschnitt aus der Stuktur des Glykogens, einem in tierischen Zellen vorkommenden Polymer der Glukose. (d) Struktur eines durch Veresterung von 3 Fettsäuremolekülen mit Glycerin gebildeten Neutralfettes. (e) Struktur eines Phospholipids. Der Phosphatrest mit dem damit veresterten Alkohol bildet die hydrophile „Kopfgruppe" des Phospholipids, die beiden Fettsäurereste stellen den hydrophoben Teil des Moleküls dar. (f) Zusammenlagerung von Phospholipiden zu einer Membran (Lipiddoppelschicht). Die hydrophilen Kopfgruppen weisen nach außen (zum wässrigen Medium), die hydrophoben Fettsäurereste bilden das Innere der Membran.

2.1 Bausteine der Zelle

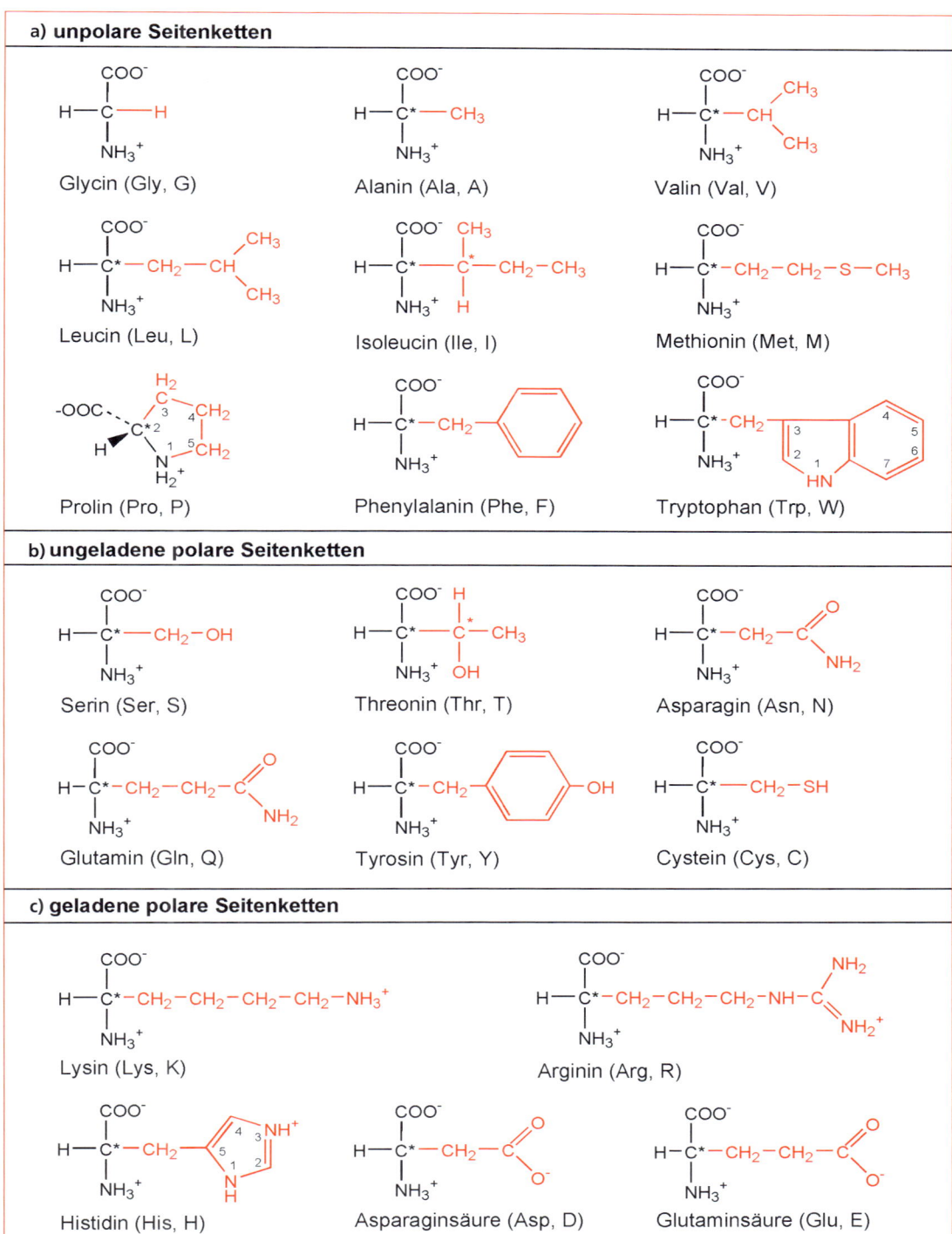

Abb. 2.4 Aminosäuren, die bei der Biosynthese von Proteinen am Ribosom kondensiert werden (a) unpolare (hydrophobe), (b) ungeladene, polare (hydrophile) und (c) geladene, polare (saure, basische) Aminosäuren. Es ist jeweils der Name und der international übliche Drei- bzw. Einbuchstaben-Code angegeben.

nahme von Glycin sind alle Aminosäuren optisch aktiv (chiral), wobei die in Proteine eingebauten Aminosäuren ausschließlich die L-Konfiguration besitzen. Die gemeinsamen Strukturelemente sind die namengebende Amino- und Carbonsäure-Funktion am C_α-Atom (s. Abb. 2.4). Die in rot markierten Reste der Aminosäuren sind chemisch verschieden. Es gibt unpolare (hydrophobe), ungeladene polare (hydrophile) und geladene polare (saure, basische) Seitenketten. Prolin stellt eine Besonderheit dar, da es das aminofunktionale Strukturelement in einer Ringstruktur als Iminogruppe (sekundäres Amin) enthält und – eingefügt in eine Peptidkette – die strukturelle Flexibilität von Proteinen einschränkt. Neben den beschriebenen 20 Standardaminosäuren können Proteine weitere „ungewöhnliche" Aminosäuren enthalten, die durch eine nachträgliche (posttranslationale) enzymatische Modifikation der Polypeptidkette entstehen. Solch ungewöhnliche Aminosäuren sind beispielsweise das 4-Hydroxyprolin oder 5-Hydroxylysin von Proteinen in Pflanzenzellwänden bzw. des Faserproteins Collagen im Bindegewebe.

Die kettenförmige Verknüpfung der Aminosäuren erfolgt in Form so genannter **Peptidbindungen**, bei der die Carbonsäuregruppe (Carboxylgruppe) der einen Aminosäure mit der Aminogruppe der anderen Aminosäure formal unter Wasserabspaltung reagiert (Abb. 2.5 a). Die Peptidbindungen sind auf Grund des Resonanzeffektes (Doppelbindungscharakter) starr und planar und können sich nicht frei drehen, was für die spätere räumliche Anordnung der Polypeptidketten bedeutsam ist.

In Abb. 2.5 b ist exemplarisch der *N*-terminale Bereich der Aminosäuresequenz – die Abfolge der einzelnen Aminosäuren in einer Polypeptidkette – eines fiktiven Proteins dargestellt. Die Zählung beginnt per Definition jeweils bei der Aminosäure mit freier Aminogruppe. Das entspricht ebenfalls der Syntheserichtung eines Proteins am Ribosom. Die untereinander kovalent verknüpfte Aminosäuresequenz wird als **Primärstruktur** des Proteins bezeichnet. Die dreidimensionale Anordnung der Atome (Konformation) der Aminosäuresequenz führt zu Bereichen mit **Sekundärstrukturen**. Dies sind üblicherweise helicale Bereiche, so genannte α-Helices, oder β-Faltblattstrukturen innerhalb einer Proteinkette, die durch „Haarnadelschleifen" (engl. *beta-turns*) oder zufällige Knäuel (engl. *random coils*) verbunden sind. Die übergeordnete und vollständige Anordnung der aufgezählten Sekundärstrukturen einer kovalent gebundenen Polypeptidkette zu einem dreidimensionalen Makromolekül wird als **Tertiärstruktur** bezeichnet und stellt den möglichen „Endzustand" eines Proteins dar (monomeres Protein, besteht aus nur einer Polypeptidkette).

Da die spontane „korrekte" Faltung eines Proteins – und nur die ist biologisch aktiv – thermodynamisch höchst anspruchsvoll ist, gibt es für viele Proteine „Helferproteine" (Chaperone), die bei ihrer Entstehung am Ribosom die korrekte Faltung unterstützen.

Besteht ein Protein aus zwei oder mehreren völlig gefalteten Polypeptidketten, so wird die korrekte dreidimensionale Anordnung der einzelnen Polypeptidketten zu biologisch aktiven dimeren oder multimeren Aggregaten als **Quartärstruktur** eines Proteins bezeichnet (multimeres Protein, besteht aus mehreren einzelnen Peptidketten). Ein tetrameres Protein wie beispielsweise das menschliche Hämoglobin besitzt dementsprechend eine Quartärstruktur und ist aus vier Untereinheiten (vier Polypeptidketten) zusammengesetzt, von denen jeweils zwei identisch sind (2 α-Ketten, 2 β-Ketten). Das intakte Hämoglobin stellt somit einen $\alpha_2\beta_2$-Proteinkomplex dar.

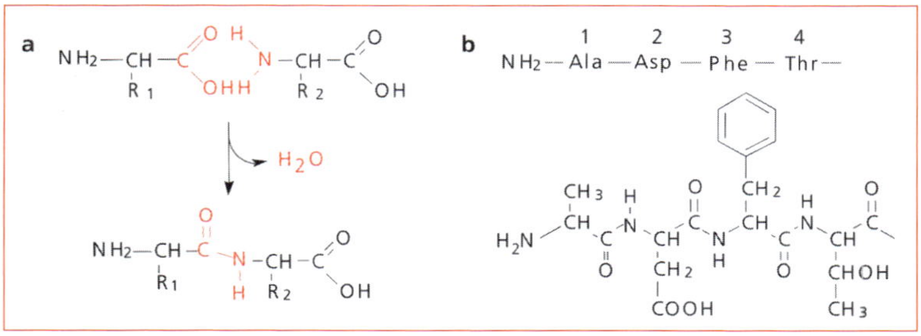

Abb. 2.5 (a) Verknüpfung von Aminosäuren über eine Peptidbindung; (b) Sequenzausschnitt eines Proteins

Durch Röntgenstrukturanalyse von Proteinkristallen oder Untersuchungen löslicher Proteine mittels NMR-Spektroskopie sind inzwischen von vielen Proteinen die relativen Raumkoordinaten sämtlicher Atome und damit ihre Tertiär- (bei monomeren Proteinen) bzw. Quartärstruktur (bei multimeren Proteinen) bestimmt worden.

Die spezifische dreidimensionale Proteinstruktur wird durch eine Reihe von Wechselwirkungen herbeigeführt und stabilisiert. Einen bedeutenden Beitrag leistet hierbei der sog. „**hydrophobe Effekt**". Bei der Assoziation hydrophober Aminosäureseitengruppen im Protein werden die polaren Wassermoleküle aus der Grenzschicht verdrängt. Als Konsequenz sind bei gelösten Proteinen die hydrophoben Seitenketten meist nach innen zueinander ausgerichtet, die hydrophilen Seitenketten dagegen nach außen zum umgebenden Wasser hin. Im Inneren der Proteinstruktur sind nur wenige Wassermoleküle vorhanden. Des Weiteren spielen unterschiedliche Typen elektrostatischer Interaktionen eine Rolle. Die nur über sehr kurze Distanzen wirkenden **Van der Waals Interaktionen** sind zwar sehr schwach, sie spielen jedoch im dicht gepackten Inneren von Proteinen oder bei der Interaktion eines Proteins mit einem Liganden (s. 2.1.5) nach dem „Schlüssel-Schloss" Prinzip (z. B. Antikörper – Antigen) eine wichtige Rolle. **Wasserstoffbrückenbindungen** verknüpfen benachbarte Aminosäuren über die einsamen Elektronenpaare von Sauerstoff- bzw. Stickstoff-Atomen und einem Wasserstoffatom. Für den Sauerstoff ergeben sich beispielsweise die Wasserstoffbrückenbindungsmöglichkeiten von R = O • • • H – N – R oder R = O • • • H – O – R-Ketten. Eine einzelne Wasserstoffbrückenbindung führt zu einer im Vergleich zur kovalenten Verknüpfung geringfügigen Stabilisierung. Da aber enorm zahlreiche solcher Bindungen in einem Proteinmolekül auftreten, kann die Stabilisierung beträchtlich sein (vergleiche Aufbau der DNA, Kapitel 1). So gibt es repetitive Wasserstoffbrückenbindungen zwischen den starren Peptidbindungen des Proteinrückgrats, die zu stabilen geordneten Strukturen, den α-Helices und β-Faltblattstrukturen, führen (s. o.). Ferner treten **ionische Interaktionen** zwischen entgegengesetzt geladenen Aminosäureresten (Salzbrücken) im Protein auf und bestimmen die Struktur mit. Neben hydrophoben und elektrostatischen Interaktionen spielen bei diversen Proteinen außerdem **chemische Quervernetzungen** eine bedeutende Rolle. Disulfidbrücken sind kovalente Schwefel-Schwefel-Verknüpfungen zwischen zwei Cysteinresten (zwei

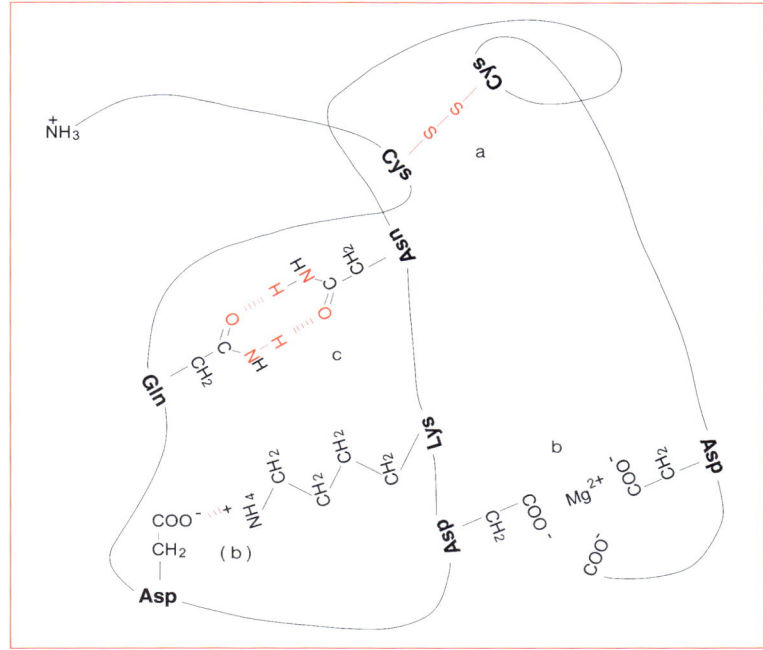

Abb. 2.6 Beispiele von Wechselwirkungskräften innerhalb einer Proteinkette (a) Disulfidbrücken; (b) ionische Wechselwirkungen; (c) Wasserstoffbrücken

oxidierte Cysteinreste = dimeres Cystin) der Proteinsequenz. Weiterhin können insbesondere Histidin- und Cysteinreste über Metallionen (Cofaktoren, s. u.) stabile, für die Struktur des Proteins essenzielle Quervernetzungen bilden. Abb. 2.6 zeigt schematisch einige der erwähnten Interaktionen.

2.1.5 Zusammenhang zwischen Proteinstruktur und Funktion

Jedes Protein ist ein dynamisches Makromolekül und besitzt eine ihm eigene dreidimensionale Struktur (Konformation, s. o.), die für seine Funktion maßgeblich ist. Proteine sind bewegliche Moleküle. Die Funktionsweise eines Proteins basiert fast ausschließlich auf Wechselwirkungen (Interaktionen) mit bestimmten anderen Molekülen, den **Liganden**, die einen gezielten Einfluss auf die dreidimensionale Struktur und damit auf die Proteinfunktion ausüben. Liganden sind beliebige Moleküle – es können auch andere Proteine sein – die **reversibel** an das Protein binden. Entscheidend für die Interaktion von einem Liganden und einem Protein ist ihre strukturelle Komplementarität. Liganden verursachen eine Konformationsänderung am Protein, die ***induced fit*** (engl.) oder induzierte Anpassung genannt wird. Im Folgenden werden zwei Beispiele von Liganden-Protein-Wechselwirkungen besprochen, die intensiv erforscht und verstanden sind und an denen sich viele Aspekte der Funktionsweise von Proteinen zeigen lassen. Die biokatalytisch aktiven Enzyme sind ein Spezialfall der Proteinfunktion, technologisch äußerst bedeutend und werden anschließend ab 2.1.6 näher behandelt.

Myoglobin und Hämoglobin sind Proteine, die den Sauerstoff im Gewebe höherer Tiere transportieren. Myoglobin kommt besonders reichlich in den Muskeln von tauchenden Säugetieren (Robben, Walen) und sogar in einigen einzelligen Organismen vor, ist ein monomeres Protein aus einer Polypeptidkette (153 Aminosäuren) und besitzt einen Cofaktor (s. u.), eine Häm-Gruppe (Porphyrinringsystem) mit einem Fe^{2+}-Atom im Zentrum. Die reversible Bindung des Sauerstoffs (Ligand, L) an das Myoglobin (Protein, P) erfolgt über die Häm-Gruppe, die in einer inneren „Proteintasche" aus α-Helices im Inneren des Proteins liegt. Die biologische Aufgabe des Myoglobins besteht nun in der Bindung des O_2 in sauerstoffreicher Umgebung und Abgabe des O_2 in sauerstoffarmer Umgebung. Es wird durch die einfache Gleichgewichtsbeziehung **P + L ⇆ PL** ausgedrückt. Diese Reaktion ist durch eine charakteristische Gleichgewichtskonstante K_d = [P][L] / [PL] beschrieben, die die Einheit einer molaren Konzentration (M = mol l^{-1}) trägt und die genau die Konzentration des Liganden angibt, bei der 50 % des Liganden am Protein binden. Oder anders ausgedrückt: K_d ist die Konzentration eines Liganden, bei der die Hälfte aller verfügbaren Ligandenbindungsstellen am Protein besetzt sind. Je kleiner also K_d, um so höher ist die Affinität des Liganden zum Protein. Durch die spezielle dreidimensionale Struktur von Myoglobin ist K_d von O_2 so niedrig, dass erst bei geringen O_2-Konzentrationen in der Umgebung die O_2-Moleküle abgegeben werden und dadurch das Gewebe ausreichend mit Sauerstoff versorgt wird.

Mit dem Hämoglobin, das für den Sauerstofftransport im Blut verantwortlich ist und in den roten Blutzellen (Erythrocyten) vorkommt, verhält es sich ähnlich. Allerdings ist es ein tetrameres Protein aus vier Untereinheiten (2 α- und 2 β-Untereinheiten; quartäre Struktur), besitzt also 4 Hämgruppen. Das Besondere ist jetzt, dass sich die Untereinheiten in ihrer Bindung zum O_2 gegenseitig beeinflussen. Hat eine Untereinheit ein O_2-Molekül gebunden, so ändert sich seine Konformation und dies beeinflusst direkt die Konformation der benachbarten Untereinheiten, die dann weitere O_2-Moleküle leichter aufnehmen können und somit eine höhere Affinität zu O_2 besitzen (K_d wird kleiner). Beim Hämoglobin ist die K_d für Sauerstoff der einzelnen Untereinheit also abhängig davon, ob die anderen Untereinheiten bereits O_2 gebunden haben oder nicht. Die Beeinflussung einer Ligandenbindung auf die Bindung anderer Liganden an einer anderen Stelle eines Proteins wird **Allosterie** genannt. Im Fall von Hämoglobin ist dieser allosterische Effekt unter den Untereinheiten positiv kooperativ, das heißt, weitere Bindungen der Liganden werden erleichtert. Die Ursache für den allosterischen Effekt liegt also in den durch eine Ligandenbindung verursachten Konformationsänderungen bei einem multimeren Protein. Allosterische Effekte spielen bei einigen Enzymen im Stoffwechsel eine besondere Rolle, da im Fall der Enzyme nicht nur die Bindungseigenschaften von Liganden sondern auch die Katalysegeschwindigkeit (Reaktionsgeschwindigkeit) positiv oder negativ beeinflusst werden kann (s. Kapitel 3).

Mit die niedrigsten Dissoziationskonstanten (K_d) zwischen Proteinen und ihren Liganden sind für Antikörper (Y-förmige Immunglobuline der Wirbeltiere) und ihre Antigene bekannt. Die Werte liegen zwischen K_d von 10^{-8} bis 10^{-12} mol l^{-1}. Die biologische Funktion der Antikörper besteht gerade in der spezifischen, „festen" Bindung von für den Körper fremden Molekülen, den Antigenen. Hier ist das bereits erwähnte „Schlüssel(Antigen)-Schloss(Antikörper)-Prinzip gut zutreffend, nur dass man dabei bedenken sollte, dass die Antikörper (Schloss) aktiv die Antigene (Schlüssel) suchen und binden, um sie für den Organismus unschädlich zu machen.

Eine der stärksten nicht-kovalenten Wechselwirkungen in der Biochemie ist für das Protein Avidin (Bestandteil im Eiweiß) mit dem Coenzym Biotin (Ligand) von K_d 10^{-15} mol l^{-1} beschrieben. Biotin ist ein für enzymatische Carboxylierungen essenzielles Coenzym und das Avidin im Eiklar scheint als eine Art molekularer Abwehrmechanismus gegen bakterielles Wachstum zu wirken.

Andere, in der Zelle vorkommende Möglichkeiten der reversiblen Strukturveränderung von Proteinen ist die **kovalente Modifikation** von bestimmten Aminosäureseitenketten, beispielsweise durch die Phosphorylierung von Serin-, Threonin- oder Tyrosinresten. Diese reversible Reaktion wird von speziellen Enzymen, den Proteinkinasen, durchgeführt. Durch die Phosphorylierung (d. h. Einfügen zusätzlicher negativ geladener Gruppen) an den Aminosäureresten werden zusätzliche elektrostatische Interaktionen ermöglicht, die einen gezielten Einfluss auf die Struktur und die Eigenschaften der Proteinfunktionen ausüben. Die Reversibilität der Modifikation wird durch weitere Enzyme (Phosphatasen) erreicht, die die Phosphatreste wieder entfernen. Neben Phosphorylierungen existieren auch noch andere Modifikationen (z. B. Acetylierungen, Methylierungen), die jeweils durch spezifische Enzyme eingeführt bzw. wieder entfernt werden.

Manchmal werden Proteinstrukturen auch durch hydrolytische Abspaltung (Proteolyse) einer oder mehrerer Polypeptidstücke gezielt **irreversibel** verändert, damit das dann erzeugte verkürzte Protein sich umfaltet und überhaupt erst biologisch aktiv wird. So werden beispielsweise die proteolytischen Verdauungsenzyme Pepsin und Chymotrypsin als inaktive Vorstufen (Zymogene) Pepsinogen und Chymotrypsinogen in den sekretorischen Zellen des Magens bzw. des Pankreas gebildet. Nach Transport dieser Zymogene an ihren Wirkort (Magen, Dünndarm), der u. a. einen niedrigeren pH-Wert aufweist, erfolgt die enzymatische bzw. autokatalytische Abspaltung definierter Aminosäuresequenzen. Es ordnen sich wesentliche Bereiche der Proteinstruktur um, und die Proteine werden biologisch aktiv. Durch diese Art „Regulations-Prinzip" wird ein Selbstverdau der Gewebe, die die proteolytischen Enzyme herstellen, vermieden.

Es gibt auf Grund der oben dargestellten, bewiesenen Aspekte einen unbestrittenen, klaren Zusammenhang zwischen Proteinstruktur und Funktion. Wird allgemein die natürliche dreidimensionale Struktur von Proteinen zerstört, beispielsweise durch Erhitzen, stärkere Änderungen des pH-Wertes oder die Anwesenheit von chemisch reaktiven Agenzien, gehen die biologischen Funktionen dauerhaft verloren und man spricht von **Denaturierung**.

Aus diesem Grund wählt man bei der technologischen Aufreinigung und Isolierung von Proteinen nach Möglichkeit Bedingungen, die ihre Struktur und damit ihre biologische Aktivität erhalten. Dazu gehört allgemein das Arbeiten bei niedrigen Temperaturen (+4 °C bis +10 °C) und das Einstellen eines pH-Wertes in der Proteinlösung in der Nähe des pH-Optimums des Proteins (pH-Wert, an dem die maximale biologische Aktivität vorliegt).

2.1.5.1 pH-Abhängigkeit der Proteinfunktion

Der pH-Wert einer wässrigen Flüssigkeit bestimmt die Ladungseigenschaften der sauren bzw. basischen Seitenketten der Proteine. Dieses hat einen direkten Einfluss auf die Struktur und damit die Funktion eines Proteins. Abb. 2.7 a zeigt die Ladungsänderung einiger Aminosäureseitenketten in Abhängigkeit vom pH-Wert der umgebenden Lösung. Bei einem niedrigen, sauren pH-Wert sind die freien Carbonsäure- und Aminogruppen protoniert, d. h. neutral bzw. positiv geladen (z. B.

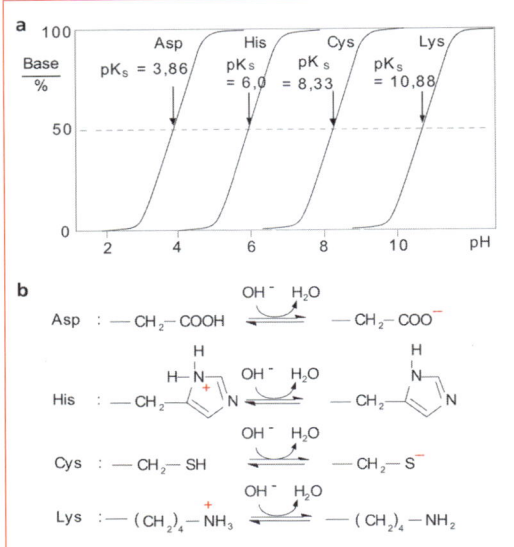
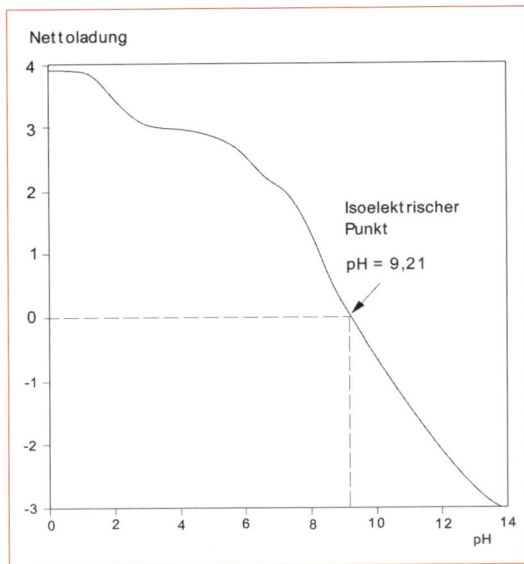

Abb. 2.7 (a) Abhängigkeit der Ladung von bestimmten Aminosäureseitenketten vom pH-Wert des Milieus und (b) dabei stattfindende Reaktionen der Seitenketten. Die basischen Formen stehen auf der rechten Seite.

Abb. 2.8 Nettoladung eines Proteins in Abhängigkeit vom pH-Wert des Milieus. Der isoelektrische Punkt (IP) dieses Proteins liegt bei pH 9,21.

R-COOH und R-NH$_3^+$). Mit steigendem pH-Wert werden von den Carbon- und Aminosäuregruppen H$^+$-Ionen abgespalten, dabei nimmt der Anteil der basischen Formen, d. h. die Anzahl negativ bzw. neutral geladener Aminosäureseitenketten, zu (z. B. R-COO$^-$ und R-NH$_2$). Die Teilreaktionen, die bei steigendem pH-Wert stattfinden, sind in Abb. 2.7 b angegeben. Ist der pH-Wert gleich dem angegebenen pK$_s$-Wert der dargestellten Aminosäureseitenketten, so liegen gleich viel protonierte und deprotonierte Moleküle vor.

Diese pH-abhängige Änderung der Ladung von Seitenketten in einem Protein und die damit einhergehende Änderung der Proteinstruktur ist der Grund für die pH-Abhängigkeit der Proteinaktivität. Deshalb ist eine optimale Proteinaktivität oftmals nur in einem relativ engen pH-Bereich gegeben.

Je nach Gesamtanzahl an ionisierbaren Aminosäureseitenketten in einem Protein und in Abhängigkeit des pH-Werts der umgebenden Lösung ergibt sich die Gesamtnettoladung eines Proteins. Der pH-Wert, bei dem ein Proteinmolekül gleich viel negative und positive Ladungen trägt, insgesamt also keine Nettoladung trägt, wird als **isoe**lektrischer Punkt (IP) bezeichnet (Nettoladung = 0). Bei diesem charakteristischen pH-Wert für ein Protein findet folglich keine Wanderung in einem elektrischen Feld einer Gelelektrophorese, einer häufig verwendeten analytischen Methode zur Proteincharakterisierung, statt. Ist die Sequenz eines Proteins bekannt, so kann der isoelektrische Punkt aus den Daten der einzelnen Aminosäureseitenketten berechnet werden. Abb. 2.8 zeigt die Berechnung der Nettoladung eines basischen Proteins mit einem isoelektrischen Punkt von pI=9,21. In der Regel ist die Löslichkeit eines Proteins an seinem isoelektrischen Punkt am geringsten. Diese Eigenschaft kann bei der Aufreinigung von Proteinen durch eine fraktionierte Fällung genutzt werden.

2.1.5.2 Temperaturabhängigkeit der Proteinfunktion

Neben der eben angesprochenen pH-Abhängigkeit ist die Proteinstruktur und damit seine Funktion ebenso temperaturabhängig. Dies lässt sich am eindrucksvollsten bei den für die Katalyse verantwortlichen Proteinen, den Enzymen,

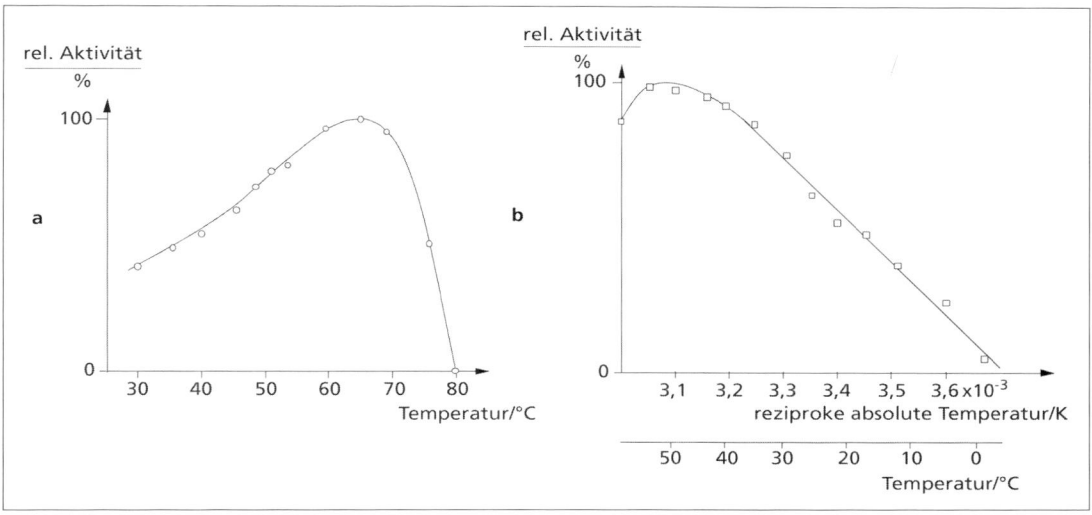

Abb. 2.9 (a) Temperaturabhängigkeit der katalytischen Aktivität eines Enzyms; (b) Darstellung der Temperaturabhängigkeit von β-Galactosidase (Lactase) nach Arrhenius (nach Hartmeier 1986)

zeigen (Abb. 2.9). Mit zunehmender Temperatur nimmt die enzymatische Reaktionsgeschwindigkeit zunächst, wie erwartet, zu. Mit steigender Temperatur tritt jedoch ebenfalls eine verstärkte Rotations- und Schwingungsanregung der Molekülketten im Protein auf, die die geordnete Proteinstruktur beeinflusst und ab einem gewissen Punkt zerstört. Wie bereits erwähnt spricht man im Fall der Zerstörung der Struktur von Denaturierung des Proteins, die einen irreversiblen Verlust der biologischen Aktivität zur Folge hat.

Die **aktivierende Wirkung** der Temperatur auf die enzymkatalysierte Reaktion lässt sich analog zu den durch chemische Katalysatoren katalysierten Reaktionen in einer Darstellung nach Arrhenius analysieren (Abb. 2.9 b). Die Aktivität der Enzyme, logarithmisch über der reziproken absoluten Temperatur aufgetragen, ergibt bei niedrigen Temperaturen eine Gerade, aus deren Steigung die Aktivierungsenergie für die Reaktion erhalten werden kann. Diese liegt bei den meisten technisch eingesetzten hydrolytischen Enzymen im Bereich von 10 bis 100 kJ/mol. Aus der Steigung der durch den abfallenden Kurvenzweig bei hohen Temperaturen gelegten Geraden lässt sich entsprechend eine „Inaktivierungsenergie" des Proteins berechnen, die typischerweise bei 200–400 kJ/mol liegt.

Am Scheitelpunkt der Kurve, dem Temperaturoptimum, findet oftmals bereits eine merkliche **Inaktivierung** des Enzyms statt, d. h. die für ein enzymatisches Verfahren optimale Temperatur ist meist niedriger und richtet sich nach der Temperaturstabilität des Proteins und der erforderlichen Einsatzdauer. Die Stabilität von Enzymen kann entscheidend durch eine Immobilisierung an einen Träger erhöht werden, da die Proteinstruktur stabilisiert wird. Abb. 2.10 zeigt beispielhaft die Inaktivierungskinetik eines auf einem Träger immobilisierten Enzyms bei 40 °C bzw. 50 °C. Der Stoffumsatz im Reaktor ist durch die Fläche unter der Kurve gegeben. Bei kurzer Dauer der Reaktion (< 10 h) ist die höhere Temperatur günstiger, bei längerer Versuchsdauer sind 40 °C günstiger. Mit Hilfe des bei verschiedenen Temperaturen gewonnenen Inaktivierungskoeffizienten kann der optimale Umsatz und damit die für den Prozess optimale Temperatur abgeschätzt werden.

Die **irreversible Denaturierung** von Proteinen bei hohen Temperaturen führt zur Abtötung von Zellen und wird bei der Hitzesterilisation von Kulturmedien verwendet. Dabei ist zu beachten, welche Organismen in einem bestimmten Medium zu erwarten sind. Wie bereits in Kapitel 1 erwähnt, können thermotolerante Bakterien bzw. Archaeen aus heißen Tiefseequellen noch bis 115 °C leben. Ferner sind die Sporen einiger Bakterien ebenfalls hitzeresistent und werden erst bei über 120 °C völlig abgetötet.

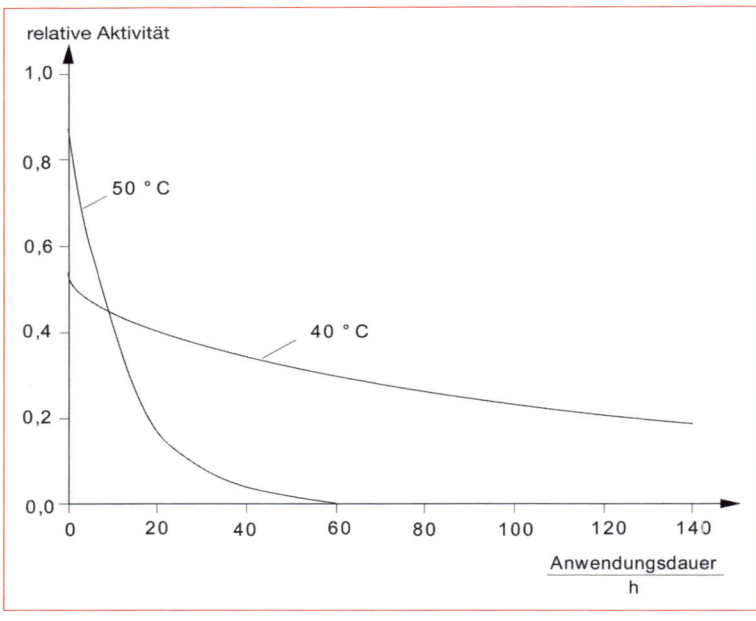

Abb. 2.10 Aktivität einer immobilisierten Glucoamylase über der Anwendungsdauer (nach Hartmeier 1986)

2.1.6 Proteine als Biokatalysatoren (Enzyme)

Die meisten in der lebenden Zelle vorkommenden Proteine fungieren als makromolekulare Biokatalysatoren und sind von essenzieller Bedeutung für alle Stoffwechselvorgänge. Katalytisch aktive Proteine werden, wie bereits zuvor mehrfach erwähnt, als **Enzyme** bezeichnet und sind an fast allen chemischen Reaktionen in den Zellen beteiligt (**intrazelluläre Enzyme**). Dies bedeutet, dass Tausende von enzymkatalysierten Reaktionen gleichzeitig und nebeneinander in jeder Zelle ablaufen. Zusätzlich können Enzyme – häufig die für Abbaureaktionen verantwortlichen Enzyme wie die „Hydrolasen" – mittels spezieller Transportproteine aus der Zelle ausgeschleust werden, um in der Umgebung der Zelle Reaktionen zu katalysieren (**extrazelluläre Enzyme**). So werden beispielsweise von diversen Mikroorganismen Cellulasen oder Proteasen ausgeschieden, um Cellulose oder Proteinaggregate in der Zellumgebung in ihre monomeren Bausteine Glucose bzw. Aminosäuren zu zerlegen. Diese Bausteine werden dann wiederum über andere Transportproteine in die Zelle aufgenommen und dienen der Zelle als wertvolle Energie- und Nährstoffe für die Lebenserhaltung, das Wachstum und die Vermehrung.

Enzyme sind, wie die anderen Proteine auch, an die Bedingungen des Lebens angepasst. Das bedeutet, dass sie je nach Lebensraum der einzelnen Organismen bei −20 °C bis zu +100 °C, bei pH-Wert 1 bis 12 in wässriger Lösung und bei Atmosphärendruck katalytisch aktiv sein können. Da die meisten Organismen mesophil zwischen +10 °C bis +50 °C und um die pH 5 bis 8 leben, sind auch die meisten Enzyme an diese Bedingungen angepasst. Die Archaebakterien besiedeln jedoch auch extreme Standorte (s. Kapitel 1) und besitzen deshalb an diese Bedingungen speziell angepasste Enzyme. Eine zuckerspaltende β-Glycosidase des thermophilen Archaebakteriums *Pyrococcus furiosus* ist beispielsweise bei 70 °C – 100 °C hoch aktiv und über mehrere Tage stabil, da dies der „natürliche" Lebenstemperaturbereich dieses Organismus ist, der u. a. im Schlamm von Geysiren anzutreffen ist. Die Enzyme des Menschen sind hingegen an konstante ca. 37 °C angepasst, zwischen ca. 25 °C bis 42 °C aktiv und sehr labil bei Temperaturen oberhalb von 40 °C.

Die **Bezeichnung eines Enzyms** richtet sich nach der von ihm katalysierten Reaktion und den beteiligten Substraten. Ein Enzym, das Glucose oxidiert, wird mit Trivialnamen Glucoseoxidase genannt; ein Enzym, das Phosphat abspalten kann, mit Trivialnamen Phosphatase usw. Die Trivialnamen von Enzymen sind jedoch zu unpräzise. Die wissenschaftlich korrekte Nomenklatur für Enzyme ist durch die Enzymkommission international festgelegt (International Union of Biochemistry and Molecular Biology; IUBMB). In Tab. 2.2 sind die sechs Hauptklassen der Enzyme aufgeführt. Jedem Enzym ist eine EC-Nummer zur eindeutigen Kennzeichnung zugeordnet. Die erste Ziffer gibt eine der sechs Hauptklassen an, d. h. den übergeordneten Reaktionstyp. Unterschieden werden Oxidoreduktasen, Transferasen, Hydrolasen, Lyasen, Isomerasen und Ligasen. Die zweite und dritte Zahl definieren die katalysierte Reaktion genauer, und die letzte Zahl ist die laufende Nummer des Enzyms innerhalb der Unterklasse. So wird die oben genannte Glucoseoxidase (Oxidoreduktase) unter EC 1.1.3.4 geführt und wird mit dem systematischen Namen „β-D-Glucose:Oxygen 1-Oxidoreduktase" bezeichnet. Man sollte daher in wissenschaftlichen Berichten u.Ä. immer zu Beginn die korrekte EC-Nummer des Enzyms nennen. Dieselbe EC-Nummer wird für die gleichen Enzyme aus verschiedenen Organismen und mit verschiedenen Eigenschaften (Aminosäuresequenz, Substratspektrum, pH-Optimum, Temperaturoptimum etc.) vergeben, z. B. für die Glucoseoxidase aus *Aspergillus niger* oder *Saccharomyces cerevisiae*. Entscheidend ist, dass die Enzyme die gleiche Reaktion katalysieren. Es ist deshalb unbedingt notwendig, die „Herkunft" (Quelle) des Enzyms mit anzugeben, d. h. den Organismus, aus dem das Enzym stammt, isoliert und untersucht wurde.

Neben den Proteinen können prinzipiell auch andere Biomoleküle katalytische Eigenschaften zeigen, wie die in Kapitel 1 angesprochenen Ribozyme, die aus RNA-Molekülen bestehen (s. 1.1.3). Der Begriff „Biokatalysator" bezeichnet in der Technologie nicht immer nur ein „Enzym". Es können auch biokatalytisch eingesetzte ganze Zellen, Zellfragmente oder immobilisierte Zellen bzw. Enzyme damit gemeint sein.

Tabelle 2.2: System zur Klassifizierung der Enzyme, festgelegt durch die internationale Enzymkommission (IUBMB) (modifiziert nach Kula, in Präve et al. 1987). Es gibt sechs Hauptklassen, die weiteren Unterklassen sind nicht vollständig aufgeführt (s. Text).

1.	**Oxidoreduktasen** – katalysieren Oxidations-Reduktionsreaktionen durch Übertragung von Wasserstoff und/oder Elektronen
1.1	für -CH-OH Gruppen
1.2	für -C=O „
1.3	für -CH=CH- „
1.4	für -CH-NH$_2$ „
1.5	für -CH-NH- „
1.6	für NADH; NADPH
2.	**Transferasen** – katalysieren die Übertragung von funktionellen Gruppen
2.1	Gruppen mit einem C-Atom
2.2	Aldehyd- oder Keton-Gruppen
2.3	Acylgruppen
2.4	Glycosylgruppen
2.7	Phosphatgruppen
2.8	Schwefel enthaltende Gruppen
3.	**Hydrolasen** – katalysieren hydrolytische Reaktionen
3.1	Ester
3.2	Glycosidische Bindungen
3.4	Peptidbindungen
3.5	andere C-N-Bindungen
3.6	Säureanhydride
4.	**Lyasen** – katalysieren Abspaltungs-Reaktionen auf nicht-hydrolytischem Wege unter Zurücklassung einer Doppelbindung bzw. die Anlagerung von Gruppen an Doppelbindungen
4.1	-C=C-
4.2	-C=O
4.3	-C=N-
5.	**Isomerasen** – katalysieren reversible Umwandlungen isomerer Verbindungen
5.1	Racemasen
6.	**Ligasen** (Synthetasen) – katalysieren die kovalente Verknüpfung zweier Moleküle unter Spaltung einer energiereichen Verbindung (ATP)
6.1	C-O
6.2	C-S
6.3	C-N
6.4	C-C

2.1.7 Enzymkatalyse

Enzyme sind „echte" Katalysatoren. Sie gehen aus der von ihnen katalysierten Reaktion unverändert hervor und stellen in extrem kurzer Zeit das thermodynamische Gleichgewicht einer Reaktion her (s. u.). Enzyme beschleunigen die Geschwindigkeit einer von ihnen katalysierten Reaktion um einen Faktor zwischen 10^8 bis 10^{20} und dies unter moderaten pH- und Temperaturbedingungen. Die Moleküle, die mit den Enzymen interagieren (wechselwirken) und dabei chemisch verändert werden, bezeichnet man als **Substrate** und nicht wie ansonsten allgemein bei Proteinen üblich Liganden.

Besonders bemerkenswerte und herausragende Eigenschaften der Enzyme sind ihre **Selektivitäten**. Jedes Enzym katalysiert in der Regel nur einen Reaktionstyp (**reaktionsselektiv**) an einer bestimmten Stelle des Substratmoleküls (**regioselektiv**), auch wenn mehrere gleichreaktive Gruppen im Substratmolekül vorkommen. Und Enzyme sind **stereoselektiv**, d. h. sie unterscheiden zwischen der enantiomeren D- und L-Form der Aminosäuren und Zucker bzw. der *R*- und *S*-Form anderer chiraler Substanzen (*R,S* ist die allg. Nomenklatur für Enantiomere nach der Cahn-Ingold-Prelog Regel). Zudem muss ein Substratmolekül eine partielle, strukturelle Komplementarität zum **aktiven Zentrum** des Enzyms – das ist die Stelle am Protein, an der das Substrat bindet und die Reaktion abläuft – aufweisen, da es ansonsten nicht als Substrat akzeptiert wird (**substratselektiv**).

Die strukturelle Toleranz, die ein Enzym für seine Substrate besitzt, kann je nach Herkunft und Aufgabe des Enzyms variieren. Man spricht demgemäß von einem breiten oder engen **Substratspektrum**. So setzt beispielsweise die Hexokinase (EC 2.7.1.1; ATP:D-Hexose 6-Phosphotransferase; erstes Enzym in der Glykolyse, s. Abb. 2.20) von *E. coli* strukturell ähnliche Substrate wie D-Glucose, D-Fructose und D-Mannose mit ATP zu den entsprechenden D-Hexose-6-Phosphaten um. Die Aspartase (EC 4.3.1.1; L-Aspartat:Ammonium-Lyase) von *E. coli* akzeptiert hingegen nur L-Aspartat als Substrat, es ist somit spezifisch für ein einziges Substratmolekül.

Die enorme Selektivität von Enzymen ermöglicht in wässriger Lösung gezielte Reaktionen in komplexen Reaktionsgemischen und ohne die Bildung unerwünschter Nebenprodukte. Enzyme sind auf Grund all dieser Eigenschaften für biotechnologische Anwendungen in Bioreaktoren von größtem Interesse. Im Folgenden soll das allgemeine Prinzip der Enzymkatalyse erläutert werden.

Bei jeder chemischen Reaktion muss zuerst eine Energiebarriere überwunden werden, damit bestehende Bindungen an einem Molekül aufgebrochen und neu verknüpft werden können und die Reaktion abläuft. Die dafür notwendige Energie wird als **Aktivierungsenergie** ($\Delta G^{\#}$) bezeichnet (s. Abb. 2.11 a). Der Punkt mit dem höchsten Energiewert kennzeichnet den labilen Übergangszustand [S$^{\#}$] des reagierenden Moleküls bei der entsprechenden Reaktion (S → P), der erreicht werden muss, damit sich aus einem Edukt S ein Produkt P bilden kann. Bei der hydrolytischen Spaltung einer Peptidbindung (Amidbindung), die wir als Beispiel betrachten wollen, ist der **Übergangszustand** der Reaktion beispielsweise durch ein tetraedrisches C-Atom gekennzeichnet (s. Abb. 2.12). Es müssen drastische Reaktionsbedingungen gewählt werden, damit die Peptidbindungen in Proteinen chemisch hydrolysiert werden (6 M HCl, 100 °C, mehrere Stunden).

Beachtet werden muss zudem, dass aus thermodynamischen Gründen eine Reaktion nur dann spontan ablaufen kann, wenn das Energieniveau des entstehenden Produktes (P) niedriger ist, als das des Eduktes (S). Bei solch einer Reaktion wird Energie freigesetzt, es resultiert ein negatives ΔG ($-\Delta G$) und die Reaktion ist **exergon**. Wäre hingegen das Energieniveau des Produktes höher als das des Eduktes, würde man für die Reaktion Energie benötigen. Es resultierte ein positives ΔG ($+\Delta G$) für die Reaktion, die **endergon** wäre und ohne Energiezufuhr nicht spontan ablaufen würde. Das ΔG einer Reaktion hängt von den Bedingungen (Temperatur, Druck, Konzentrationen) ab und wird durch die Ableitung der Gibbs-Funktion beschrieben.

$$\Delta G = \Delta G^{0\prime} + RT \cdot \ln \frac{[\text{Produkte}]}{[\text{Edukte}]}$$

(Ableitung der Gibbs-Funktion)

Dabei beschreibt $\Delta G^{0\prime}$ die biologisch verfügbare Energie der Reaktion unter Standardbedingungen (25 °C, 1 bar Druck, pH 7,0, 1 *M* der Stoffe), *R* die Gaskonstante, *T* die Temperatur und [Produkte] bzw. [Edukte] die Konzentrationen der Stoffe zu Beginn der Reaktion. Befindet sich die Reaktion im Gleichgewicht, ist $\Delta G = 0$.

Der Wert für ΔG einer Reaktion erlaubt somit eine Aussage darüber, ob diese Reaktion thermodynamisch möglich ist, sagt jedoch nichts über ihre Geschwindigkeit aus. Ein negativer ΔG-Wert zeigt an, dass eine Reaktion spontan ablaufen könnte, aber nicht, ob sie tatsächlich mit einer wahrnehmbaren Geschwindigkeit vonstatten geht. Die Verbrennung des Papiers dieses Buches zu CO_2 und H_2O ist beispielsweise eine stark exergone Reaktion, offensichtlich findet sie jedoch spontan nicht statt, sondern dazu bedarf es einer Aktivierung (z. B. durch ein brennendes Streichholz). Die tatsächliche Geschwindigkeit einer Reaktion hängt von der bereits erwähnten freien Aktivierungsenergie $\Delta G^\#$ ab, die der Differenz der freien Energie zwischen dem Substrat und dem Übergangszustand ($S^\#$) entspricht (s. Abb. 2.11 a). Reaktionen mit einer hohen Aktivierungsenergie laufen spontan nicht oder nur sehr langsam ab.

Enzyme beeinflussen nicht den Wert für ΔG einer chemischen Reaktion, d. h. sie sind nicht in der Lage, eine thermodynamisch unmögliche Reaktion zu ermöglichen. Enzyme beschleunigen jedoch thermodynamisch mögliche Reaktionen, indem sie die Aktivierungsenergie $\Delta G^\#$ der betreffenden Reaktion herabsetzen und die Einstellung des Gleichgewichts der Reaktion enorm beschleunigen (Faktor zwischen 10^8 bis 10^{20}).

Die entscheidende Herabsetzung der Aktivierungsenergie einer Reaktion durch ein Enzym ($\Delta G_E^\# <<< \Delta G^\#$) resultiert aus der **Stabilisierung des Übergangszustandes** am Substratmolekül ($ES^\#$) (s. Abb. 2.11 b). Enzyme sind im aktiven Zentrum deshalb nicht präzise komplementär zu ihren Substraten – dann wären es „Antikörper" und würden die bestehende Substratstruktur thermodynamisch zusätzlich stabilisieren – sondern sie sind optimal komplementär zur instabilen Übergangszustandsgeometrie ihrer Substrate bei der Reaktion (Kirby, 1996).

Abb. 2.11 Übergangszustandsdiagramm einer (a) chemischen und (b) enzymatischen Reaktion (G = freie Enthalpie; E = Enzym; S = Substrat; $S^\#$ = Substrat im Übergangszustand; P = Produkt; $\triangle G^\#$ = freie Aktivierungsenthalpie/-energie, nicht katalysiert; $\triangle G_E^\#$ = freie Aktivierungsenthalpie/-energie, enzymkatalysiert)

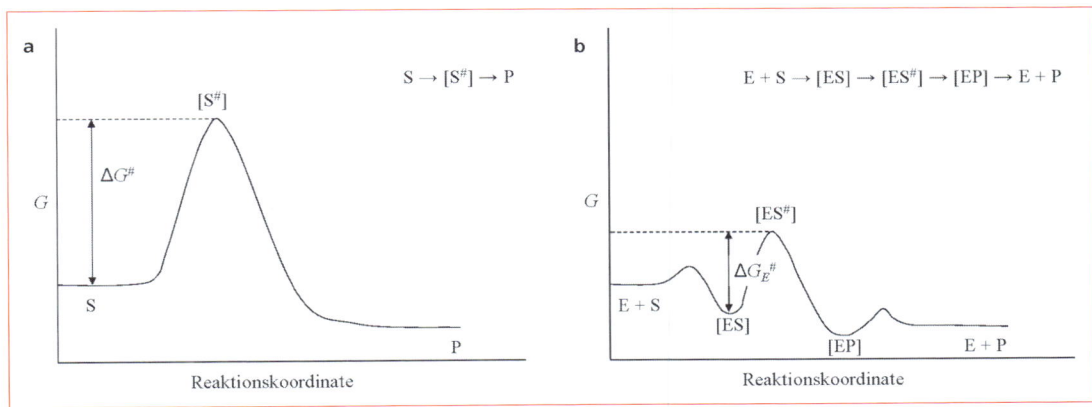

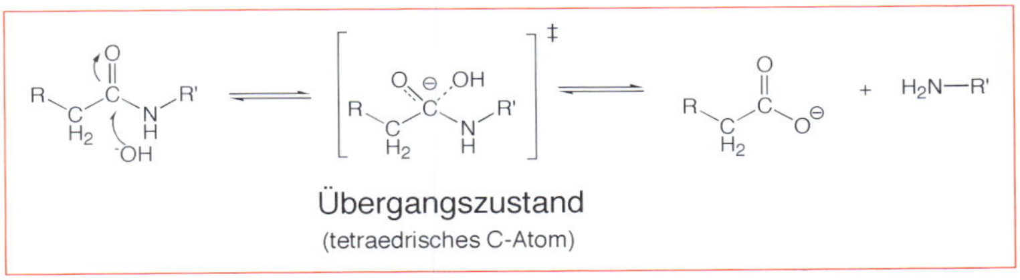

Abb. 2.12 Hydrolytische Spaltung einer Peptidbindung (Amidspaltung) und instabiler Übergangszustand der Reaktion

Zuerst wird das Substrat über **statische Bindungen** im aktiven Zentrum des Enzyms gebunden [ES]. Nach der Substratbindung kommen auf Grund der Enzymstruktur weitere **dynamische Bindungen** im aktiven Zentrum ins Spiel, die mit dem Substrat wechselwirken und es in seinen Übergangszustand überführen [ES#]. Das Substrat im Übergangszustand kann jetzt in das energieärmere Produkt abreagieren [EP] und Produkt wird freigesetzt.

Die bereits in Abb. 2.12 angesprochene hydrolytische Peptidspaltung (exergon; $\Delta G^{0\prime}$ je nach Seitengruppen der Aminosäuren zwischen ca. −10 bis −15 kJ mol^{-1}) wird enzymatisch beispielsweise von Verdauungsenzymen wie Chymotrypsin katalysiert, für das der Reaktionsmechanismus detailliert aufgeklärt ist (Voet & Voet, 2002). Chymotrypsin hat eine hydrophobe Bindungstasche im aktiven Zentrum, die selektiv hydrophobe aromatische Reste von bestimmten Aminosäuren (L-Trp, L-Phe, L-Tyr) in Peptiden bzw. Proteinen als Substrate erkennt, bindet und in die richtige Position bringt. Hier spielen die statischen Bindungen zwischen Enzym und Substrat die entscheidende Rolle. Es folgt über das Wechselspiel mehrerer dynamischer Bindungen ein nucleophiler Angriff des Serinrestes vom Chymotrypsin (Serin-Protease) im aktiven Zentrum auf das C-Atom der zu spaltenden Peptidbindung unter Bildung des kurzlebigen tetraedrischen Übergangszustandes [ES#]. Dieser nucleophile Angriff wird durch das Zusammenspiel einer **katalytischen Triade** (Ser ⇔ His ⇔ Asp) ermöglicht und der tetraedrische Übergangszustand wird durch ein „Oxianionen-Loch" im aktiven Zentrum stabilisiert (Abb. 2.13). Es folgen Umlagerungen am tetraedrischen C-Atom, die zur Spaltung der Peptidbindung, Freisetzung des Aminorestes und Bildung eines Acyl-Enzym-Zwischenproduktes führen (Abb. 2.14). Dann lagert sich an Stelle des freigesetzten Aminorestes ein Wassermolekül im aktiven Zentrum an, das aktiviert durch einen Histidinrest erneut nucleophil das C-Atom des Acyl-Enzym-Zwischenproduktes angreift, wiederum in einen tetraedrischen Übergangszustand überführt [E-Acyl#], der nach erneuten Umlagerungen den Carboxylrest der Peptidbindung freisetzt. Chymotrypsin ist in seinen ursprünglichen Zustand versetzt und die Peptidbindung wurde in mehreren Teilschritten hydrolysiert.

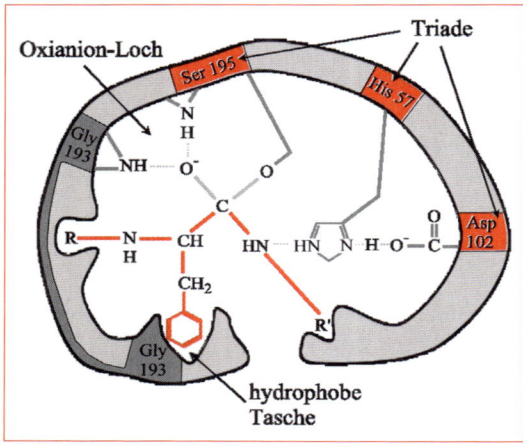

Abb. 2.13 Schematische Darstellung des aktiven Zentrums von Chymotrypsin mit dem „Oxianionen-Loch" (Details s. Text)

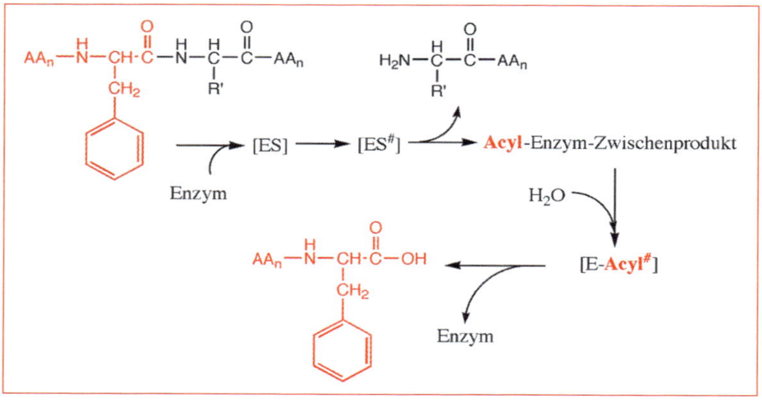

Abb. 2.14 Zweistufiger Reaktionsmechanismus von Chymotrypsin (schematisch)

Als ein weiteres Beispiel wird – ohne nochmals auf die Bildung von Übergangszuständen näher einzugehen – die Umsetzung von 3-Phosphoglycerinaldehyd am aktiven Zentrum der Glycerinaldehyd–3-phosphat-Dehydrogenase (GAP-DH), einem wichtigen Enzym der Glykolyse, dargestellt (Abb. 2.15). Hierbei handelt es sich um eine Oxidation unter Mitwirkung des Coenzyms Nicotinamid-Adenin-Dinucleotid (NAD$^+$), das dabei reduziert wird.

Zuerst bindet das Substrat, 3-Phosphoglycerinaldehyd, im aktiven Zentrum der GAP-DH, in dem bereits auch NAD$^+$ gebunden vorliegt. Die erste Teilreaktion ist eine kovalente Thiohalbacetalbindung des Substrates an die SH-Gruppe eines Cysteins. Im zweiten Schritt wird das Substrat durch NAD$^+$ oxidiert, d.h. eine OH-Gruppe unter gleichzeitiger Reduktion des Coenzyms zu einer Carbonyl-Funktion umgewandelt. Es entsteht ein reaktiver Thioester. Im dritten Schritt wird das reduzierte NADH gegen oxidiertes NAD$^+$ aus der Lösung ausgetauscht. Im letzten Schritt wird das kovalent gebundene oxidierte Substrat durch Phosphat phosphorolytisch gespalten (Angriff durch P$_i$). Das nunmehr vorliegende Produkt, 1,3-Diphosphoglycerat, wird aus dem Enzym-Produkt-Komplex entlassen, sodass neues Substrat am aktiven Zentrum binden kann; die Reaktion kann von neuem beginnen.

Die Aldehydoxidation im zweiten Schritt der Reaktionssequenz, eine exergone Reaktion, treibt die Synthese des energiereichen 1,3-Diphosphoglycerats an. Die durch die Oxidation gebildete energiereiche Thioesterverbindung kann che-

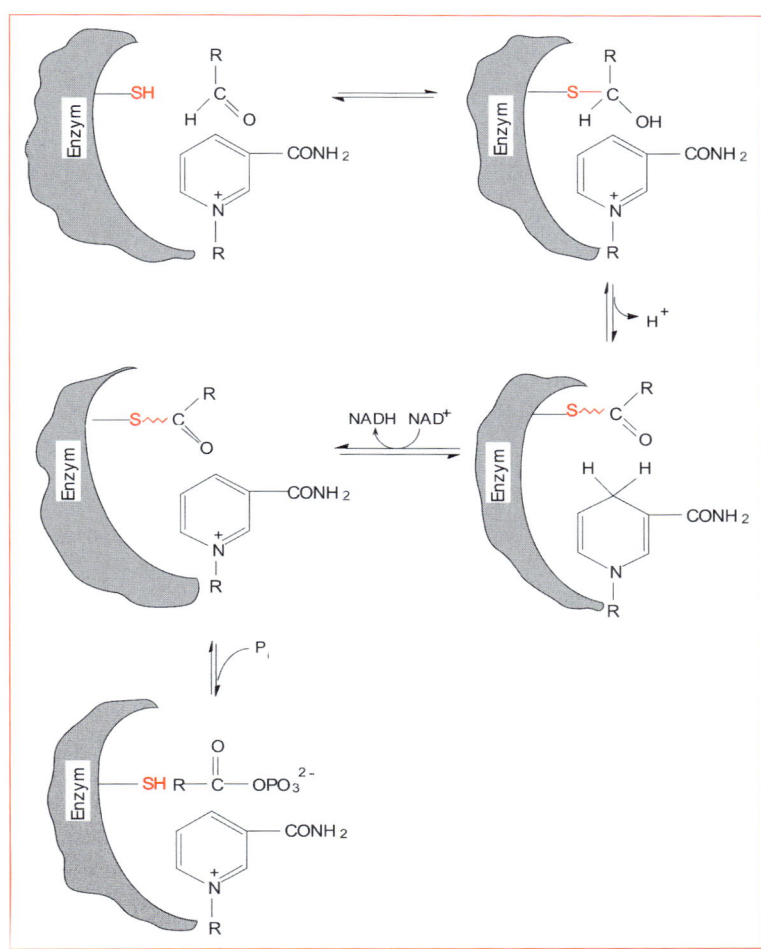

Abb. 2.15 Teilreaktionen der Glycerinaldehyd-3-Phosphat-Dehydrogenase (nach Stryer et al. 2003)

misch außer durch Phosphat auch durch andere nucleophile Verbindungen (z. B. Wasser, Amine) gespalten werden. Dies wären im Sinne der Enzymreaktion unerwünschte Nebenreaktionen. Durch die Proteinstruktur des aktiven Zentrums wird aber selektiv nur einem Phosphatmolekül der Zugang ermöglicht.

Anhand dieser beiden Beispiele wird das Prinzip der Enzymkatalyse sichtbar. Eine Reaktion verläuft schrittweise, in mehreren Teilreaktionen. Erst werden die Reaktanden im aktiven Zentrum zusammengebracht, dann folgen durch aktivierte Seitenketten des Enyzms (nucleophile bzw. acide oder basische Seitenketten) Angriffe auf spezielle Bereiche der Reaktanden, die die jeweiligen Übergangszustände der Reaktion stabilisieren. Die energiereicheren, reaktionsfähigen Zwischenprodukte werden dabei durch die Proteinstruktur im aktiven Zentrum so abgeschirmt, dass keine Nebenreaktionen stattfinden können.

2.1.8 Coenzyme und Cofaktoren

Bei der Umsetzung von 3-Phosphoglycerinaldehyd durch die NAD^+-abhängige Oxidoreduktase GAP-DH (s. Abb. 2.15) und beim Speichern bzw. Transport von O_2 durch Myoglobin bzw. Hämoglobin (s. Kapitel 2.1.5) haben wir bereits zwei wichtige Beispiele kennengelernt, wie Proteine ihr chemisches Potenzial zur Ausübung ihrer Funktion weiter steigern können, nämlich durch die Beteiligung von Coenzymen bzw. Cofaktoren. Sind die Coenzyme bzw. Cofaktoren an das Protein assoziiert, liegt ein **Holoprotein** vor, sind diese Moleküle dissoziiert wird das Protein als **Apoprotein** bezeichnet (aktives Holoprotein ⇆ inaktives Apoprotein + Cofaktor).

Als Coenzyme werden organische Moleküle wie Nikotinamid-Adenin-Dinucleotid (NAD^+) bzw. das phosphorylierte Derivat ($NADP^+$), Flavin-Adenin-Dinucleotid (FAD), Flavinmono-Nucleotid (FMN) oder auch Adenosintriphophat (ATP) bezeichnet, die am Enzym binden und stöchiometrisch bei der Reaktion umgesetzt werden. Sie müssten aus diesem Grund eigentlich – wie manchmal auch praktiziert – präziser als Cosubstrate angesprochen werden, da sie nicht unverändert aus einem Reaktionszyklus hervorgehen, sondern erst in einer weiteren Reaktion, meist von anderen Enzymen im Stoffwechsel, wieder regeneriert werden müssen. Die Coenzyme leiten sich in der Regel von Vitaminen ab, aus denen sie in der Zelle biosynthetisch erzeugt werden. Die erstgenannten Coenzyme NAD^+, $NADP^+$, FAD, FMN sind besonders bei diversen Oxidoreduktase-katalysierten Reaktionen notwendig, da sie als Redoxkomponenten leicht reduziert bzw. oxidiert werden können. Die reduzierte Form dieser Coenzyme stellt zudem einen „chemischen Energiespeicher" für die Zelle dar (s. Kapitel 2.2.1). Die für die Oxidoreduktionsreaktionen relevanten Molekülreste von FAD bzw. FMN sowie NAD^+ bzw. $NADP^+$ sind in Abb. 2.16 a, b dargestellt.

Das ATP oder andere Nucleotidtriphosphate sind energiereiche Coenzyme, die direkt für das Übertragen von Phosphatgruppen genutzt werden und die die durch Spaltung der Phosphoestergruppe(n) frei werdende Energie

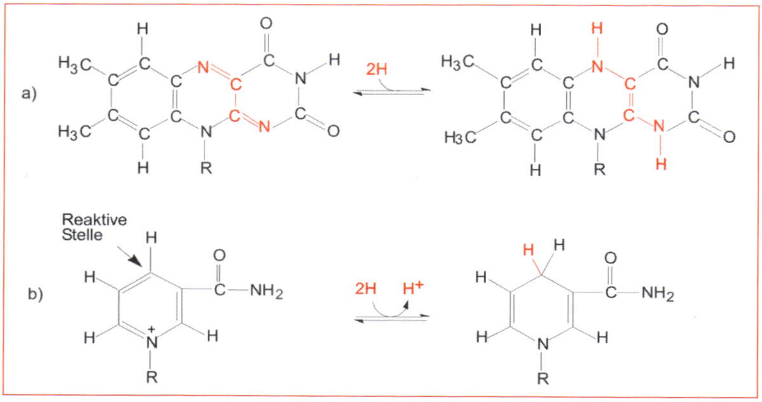

Abb. 2.16 Zwei häufig auftretende Cofaktoren für die Enzymkatalyse von Redoxreaktionen; (a) Flavinanteil von FAD bzw. FMN; (b) Nikotinamidanteil von NAD bzw. NADP

Tabelle 2.3: Beispiele von Enzymen, die Metall-Ionen als Cofaktoren besitzen.

Ion	Enzym
Ca^{2+}	α-Amylase; Kollagenase Lipase; Mikrokokken Nuklease
Co^{2+}	Glucose Isomerase (*Bacillus coagulans*)
Cu^{2+} (Cu^+)	Galactose Oxidase Tyrosinase
Fe^{2+} oder Fe^{3+}	Katalase Cytochrome; Peroxidasen
Mg^{2+}	Desoxyribonuklease (Schweinepankreas)
Mn^{2+}	Arginase
Na^+	Plasmamembran-ATPase (benötigt noch K^+ und Mg^{2+})
Zn^{2+}	Alkoholdehydrogenase alkalische Phosphatase Carboxypeptidase

(exergone Reaktion) für gekoppelte endergone Reaktionen zur Verfügung stellen.

Wenn organische Cofaktoren wie beispielsweise die Häm-Gruppe (Porphyrin-Ringsystem) von Myoglobin bzw. Hämoglobin entweder kovalent am Protein gebunden sind oder auf Grund sehr hoher nicht-kovalenter Bindungskräfte nicht ohne Denaturierung vom Protein getrennt werden können, bezeichnet man sie als **prosthetische Gruppe**.

Anorganische Cofaktoren wie die in Tab. 2.3 dargestellten Metallionen, können bei diversen Proteinen ebenfalls die Funktion von Cofaktoren ausüben. Metallionen nehmen beispielsweise als Redoxpartner an manchen Enzymreaktionen teil, oder sie sind speziell zur besseren Stabilisierung der Proteinstruktur erforderlich.

2.2 Stoffwechsel

Wie im ersten Kapitel gezeigt wurde, sind lebende Zellen in der Lage, aus einfachen Substanzen komplizierte, fortpflanzungsfähige, lebendige Systeme aufzubauen. Eine solch komplexe Zellstruktur enthält in der Zelle zwischen verschiedenen Membrankompartimenten Konzentrationsgradienten, pH-Differenzen und andere, damit verbundene Ungleichgewichte. Nach dem zweiten Hauptsatz der Thermodynamik, der eine Entropievermehrung bei jedem Vorgang fordert, muss ein so hochorganisiertes System die Ordnung – oder was gleichbedeutend ist, einen Zustand konstanter, geringer Entropie (Unordnung) – durch Energiezufuhr von außen erkaufen, d. h. einer konstanten Entropie im Bereich der metabolisch aktiven Zelle entspricht eine Entropiezunahme des Systems Zelle plus Umwelt. Mit der Umwelt werden dabei Stoffe und Energie ausgetauscht. Ein solches offenes System befindet sich in einem so genannten **Fließgleichgewicht**, gekennzeichnet durch Stoffdurchsatz bei konstanter Entropie. Während ein geschlossenes System bei konstanter Entropie keine Arbeit zu leisten vermag, kann ein offenes System auch im Fließgleichgewicht Arbeit leisten und über vielfältige metabolische Reaktionen komplexe Zellstrukturen erhalten oder bei der Zellvermehrung neu aufbauen. Als **Stoffwechsel** wird also der Stoffaustausch zwischen Zelle und Umgebung und die Stoffumsetzung in der Zelle bezeichnet. Dabei werden der Abbau von komplexen Biomolekülen in die Grundbausteine (**Katabolismus**) und die Synthese von in der Zelle benötigten Biomolekülen aus einfachen Vorläufern (**Anabolismus**) unterschieden.

2.2.1 Grundmechanismen des Stoffwechsels und der Energiegewinnung

Wie im vorstehenden Abschnitt beschrieben, können Enzyme nur thermodynamisch mögliche Reaktionen beschleunigen, d. h. Reaktionen, die durch eine Verringerung der **freien Energie** der Endprodukte im Vergleich zu den Ausgangsprodukten (d. h. bei -ΔG-Wert) charakterisiert sind. Die Erhaltung der Ordnung in der Zelle und der Aufbau von zelleigenen Substanzen, die für Wachstum und Zellerneuerung gebraucht werden, sind Reaktionen, die endergon verlaufen (d. h. der ΔG-Wert ist positiv). Dies bedeutet, dass diese Reaktionen, trotz der Beteiligung von Enzymen, nur unter Energiezufuhr stattfinden können. Die zum Ablauf dieser Reaktionen nötige freie Energie stammt meist aus einer gekoppelten exergonen Reaktion wie der Spaltung einer Phosphoestergruppe im ATP oder einer Oxidation von reduzierten Coenzymen (s. o.). Diese chemisch gebundene Energie können Organismen aus unterschiedlichen Quellen gewinnen. **Autotrophe Organismen** (griechisch: *autos*, selbst + *trophos*, Nahrung) können freie Energie durch den Prozess der Photosynthese aus dem Sonnenlicht oder durch Oxidation anorganischer Substanzen, wie z. B. NH_3, H_2S oder Fe^{2+} gewinnen – man bezeichnet diese Organismen als „photoautotroph" bzw. „chemolithotroph". Im Gegensatz dazu beziehen **heterotrophe Organismen** (griechisch: *heteros*, der andere von beiden) die chemisch gebundene Energie aus der Oxidation organischer Verbindungen wie Kohlenhydraten, Lipiden und Proteinen; sie sind daher letztlich von autotrophen Organismen abhängig.

Wasserstoff spielt im Stoffwechsel eine zentrale Rolle. Autotrophe Organismen nutzen die ihnen zur Verfügung stehende Energie (z. B. Strahlungsenergie) um Wasser in Sauerstoff und Wasserstoff zu spalten und letzteren durch Bindung an Kohlenstoff in einen „aktivierten" Zustand zu überführen und in Form von Kohlenhydraten und anderen organischen Verbindungen zu speichern. Umgekehrt nutzen heterotrophe Organismen die Potenzialdifferenz zwischen Wasserstoff und Sauerstoff als Energiequelle, indem sie den Wasserstoff aus der Kohlenstoffbindung lösen und ihn mit Sauerstoff unter Energiegewinn freisetzen. Die Oxidation des Wasserstoffs erfolgt dabei stufenweise, wobei die jeweils freiwerdende Energie in biochemische Energie umgewandelt und benutzt wird, die Funktionen des Organismus aufrecht zu erhalten.

Wie kann die freie Energie einer exergonen Reaktion benutzt werden, um eine endergone Reaktion zu ermöglichen? Ein wichtiges Prinzip hierzu ist die Kopplung von chemischen Reaktionen in **Reaktionsketten**, d. h. die Produkte einer ersten Reaktion werden als Substrate der nachfolgenden Reaktion umgesetzt, dabei entstehende Produkte in einer Folgereaktion wiederum umgesetzt usw. Sehr oft werden endergone und exergone Reaktionen auf diese Weise stofflich miteinander gekoppelt. Da sich die freie Energie gekoppelter Reaktionen additiv aus den freien Energien der Einzelreaktionen zusammensetzt, kann eine exergone Reaktion eine mit ihr gekoppelte endergone Reaktion antreiben, sofern die Gesamtreaktion exergon ist.

Ein zweites wichtiges Prinzip des Stoffwechsels ist die Möglichkeit, die freie Energie exergonischer Reaktionen in energiereichen Verbindungen zwischenzuspeichern und an anderer Stelle in der Zelle zu nutzen. Die meisten katabolen Stoffwechselwege verlaufen exergonisch, wie z. B. die Oxidation von Kohlenhydraten zu Wasser und Kohlendioxid bei der Zellatmung. Die Bruttogleichung für diese Reaktion lautet:

$C_6H_{12}O_6 + 6\ O_2 \rightarrow 6\ CO_2 + 6 H_2O$ $\Delta G^{0\prime} = -2871$ kJ/mol (–686 kcal/mol)

Die in energiereichen „Carriermolekülen" gespeicherte freie Energie dieser Reaktion kann dann benutzt werden, um den in der Regel endergonisch verlaufenden anabolen Stoffwechsel zu ermöglichen.

Die wichtigste Substanz, mit der chemische Energie in der Zelle übertragen wird, ist das bereits mehrfach erwähnte „Coenzym" **Adenosintriphosphat,** (ATP), die „Energiewährung der Zelle" (Abb. 2.17 a).

Unter Bedingungen des Zellmilieus tragen die Phosphatreste des ATPs negative Ladungen. Durch die Ladungsabstoßung von drei benachbarten Phosphatgruppen verhält sich das Molekül wie eine gespannte Feder. Bei der Abspaltung der ersten oder zweiten Phosphatgruppe wird Energie frei, die auf andere Reaktionspartner übertragen werden kann. Die Abspaltung eines Phosphatrestes führt zu Adenosindiphosphat (ADP) und liefert unter Standardbedingungen $\Delta G^{0\prime} = -30{,}5$ kJ/mol (–7.3 kcal/mol). Legt man entsprechend der Ableitung der Gibbs-Funktion (s. 2.1.7) typische zelluläre Bedingungen zu Grunde, so liegt der tatsächliche Wert für ΔG bei etwa –50 kJ/mol (–12 kcal/mol). In verschiedenen katabolen Stoffwechselreaktionen, wie z. B. der Zellatmung, wird ADP wieder zu ATP phosphoryliert. Abb. 2.17 b zeigt schematisch, wie die exergone Spaltung von ATP in ADP und einen Phosphatrest mit der endergon verlaufenden Verknüpfung zweier Moleküle gekoppelt werden kann.

Aus der biochemischen Aufgabe von ATP wird verständlich, dass es fortlaufend gebildet und zu ADP und Phosphat abgebaut wird. Der Umsatz an ATP im menschlichen Körper ist beträchtlich und beträgt pro Tag ca. 40 kg. Bei körperlicher

Höchstleistung wird der Umsatz bis zu 20-fach gesteigert. Dabei müssen die ATP-liefernden Reaktionen sehr schnell ansprechen, da die ATP-Menge, die in einer Zelle vorhanden ist, nur für wenige Sekunden zur Versorgung der Zelle ausreicht.

Neben ATP existieren noch andere wichtige als Zwischenspeicher freier Energie bzw. Carrier energiereicher Gruppen genutzte Moleküle. Beispiele sind die bereits erwähnten Cofaktoren NAD$^+$ und NADP$^+$. Diese Verbindungen können zu NADH und NADPH reduziert werden und fungieren in diesem Zustand als Speicher für „energiereiche" Hydrid-Ionen (zwei Elektronen plus ein Proton), die sie auf andere Moleküle übertragen können. Dies spielt bei reduktiven Biosyntheseschritten des Anabolismus, bzw. bei der oxidativen Phosphorylierung in der Atmungskette eine große Rolle (s. u.).

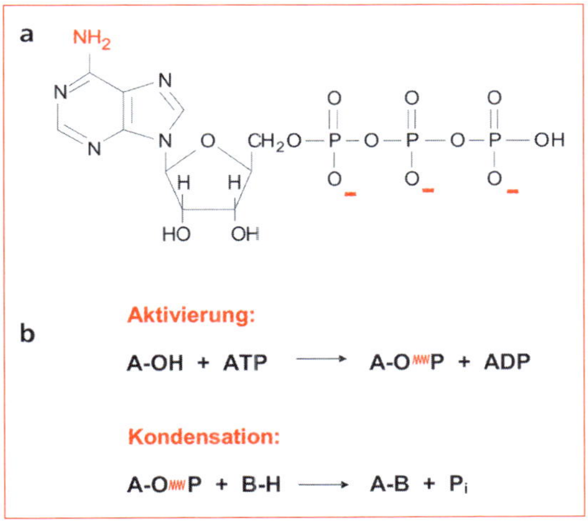

Eine Energieskala für verschiedene biologisch relevante Energien ist in Abb. 2.18 dargestellt. Für die Umrechnung von geläufigen kcal-Werten in kJ-Werte wird 1 kcal = 4,185 kJ zugrunde gelegt. Um thermische Schwingungen in einem Molekül anregen zu können sind ca. 2,5 kJ/mol (0,6 kcal/mol) erforderlich. Dazu reicht z. B. die Raumtemperatur aus. Um schwache Bindungen, wie sie bei der Stabilisierung eines Proteins auftreten, zu spalten sind etwa 15 kJ/mol (ca. 3,5 kcal/mol) erforderlich. Die Spaltung einer Phosphatgruppe aus ATP liefert ca. 50 kJ/mol (12 kcal/mol). Sichtbares Licht kann diese Energie bereitstellen, wie dies bei der Photosynthese geschieht. Grünes Licht hat einen Energiegehalt von ca. 239 kJ/mol (57 kcal/mol). Zur Spaltung stabilerer C-C-Bindungen sind 347,5 kJ/mol oder 78 kcal/mol, d. h. energiereicheres UV-Licht erforderlich. Der Energiegehalt eines ganzen Moleküls, etwa von Glucose, entspricht mehr als 1500 kJ/mol.

2.2.2 Kataboler Stoffwechsel

Die Nutzung der chemischen Energie von Nahrungssubstanzen, z. B. von Kohlenhydraten, Fetten und Proteinen erfolgt in Reaktionen des katabolen Stoffwechsels. Hierbei wird, wie bereits angedeutet, der in diesen organischen Molekülen durch Bindung an Kohlenstoff in einem „aktivierten" Zustand gespeicherte Wasserstoff schrittweise freigesetzt und auf Sauerstoff übertragen. Die wichtigsten Reaktionsketten, die beim Abbau dieser Substanzen beteiligt sind, sollen kurz dargestellt werden.

Zunächst werden die polymeren Substanzen, die z. B. als Energiespeicher in der Zelle oder aus der Nahrung zur Verfügung stehen, enzymatisch

Abb. 2.17 (a) Adenosintriphosphat, die molekulare Energieübertragersubstanz in der Zelle. (b) Kopplung der Spaltung von ATP mit der Kondensation der Moleküle A und B

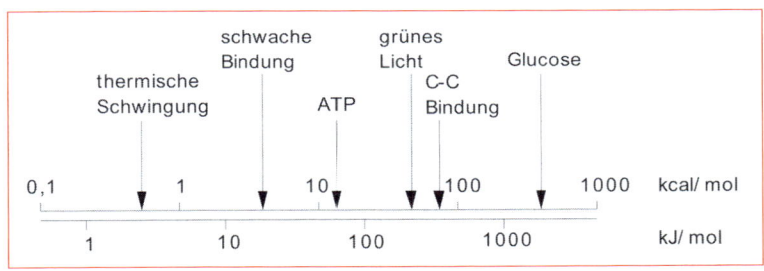

Abb. 2.18 Energiebeträge biologisch wichtiger Energien (nach Stryer et al. 2003).

in ihre Grundbausteine (z. B. Zucker, Fettsäuren, s. Abb. 2.3, Aminosäuren, s. Abb. 2.4) zerlegt. Liegen diese Bausteine bereits separat in der Nahrung vor, so erfolgt die direkte Umsetzung. Diese Grundbausteine werden in charakteristischen Stoffwechselwegen in C_3- oder C_2-Verbindungen umgesetzt, die dann in den nachfolgenden Stoffwechselreaktionen weiter oxidiert werden (Abb. 2.19).

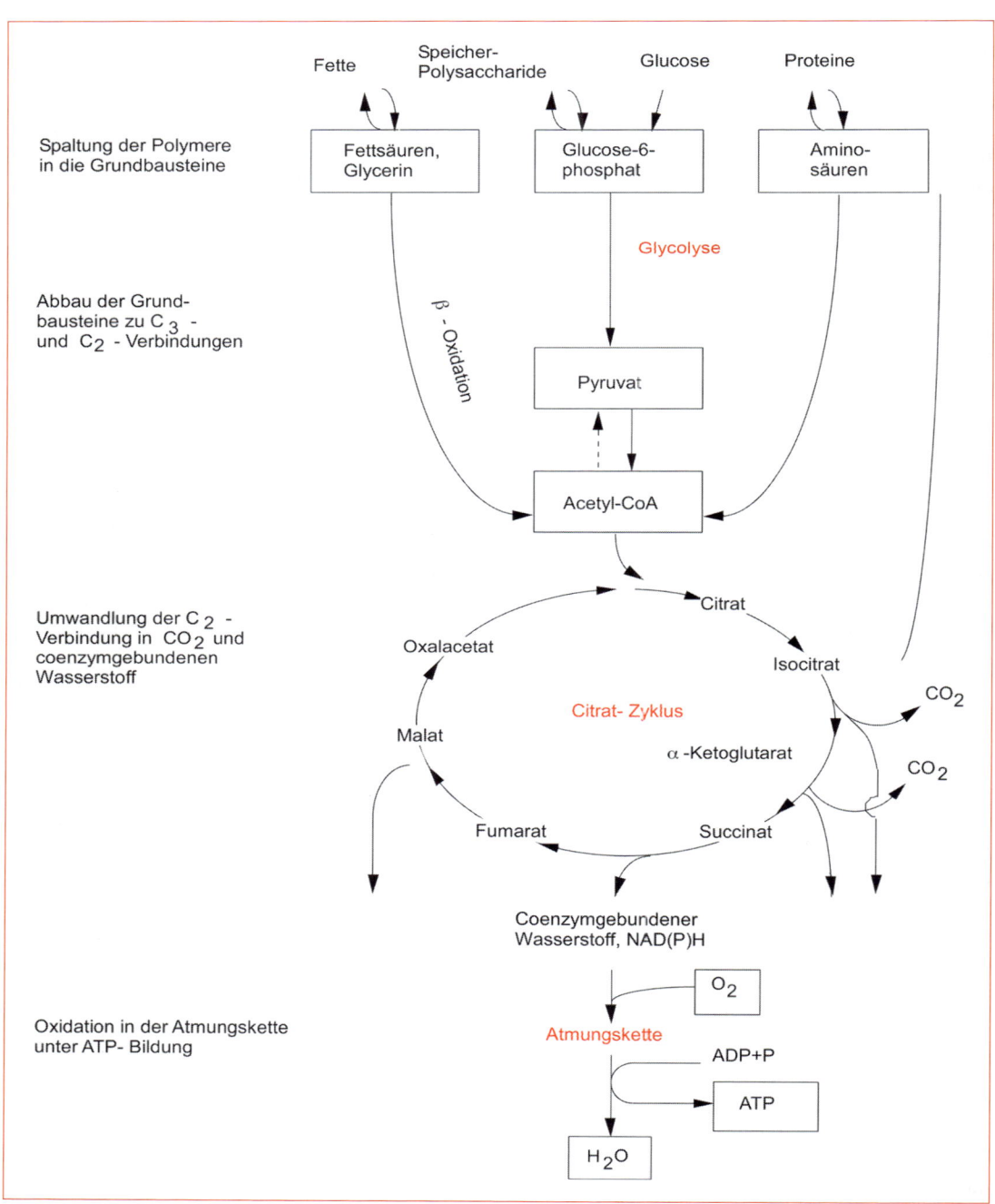

Abb. 2.19 Übersicht über die wichtigsten Abbauwege (katabole Stoffwechselwege)

Der **Abbau von Glucose** in der Zelle erfolgt über die **Glykolyse** zu Pyruvat (Synonyme: Brenztraubensäure, α-Ketopropionsäure) und zum Acetyl-CoA (Synonyme: S-Acetyl-Coenzym A; „aktivierte Essigsäure"). Der Acetylrest von Acetyl-CoA wird im **Zitronensäurezyklus** zu Kohlendioxid oxidiert, welches als Endprodukt der Kohlenstoffoxidation aus den Zellen entweicht. Der von der Glucose stammende Wasserstoff liegt nun an Coenzymmoleküle (NADH, $FADH_2$) gebunden vor. In der **Atmungskette** erfolgt dann die schrittweise Oxidation mit Hilfe von Sauerstoff unter Bildung von Wasser und Adenosintriphosphat (ATP).

Der katabole Stoffwechsel ist eng an den anabolen (aufbauenden) Stoffwechsel gekoppelt. Anabole Reaktionsketten gehen von Bausteinen aus, die als Zwischenprodukte der abbauenden Reaktionswege zur Verfügung stehen. Die Substanzen, die in der Glykolyse und im Zitronensäurezyklus vorliegen, werden in vielfältiger Weise für den Aufbau zelleigener Bausteine genutzt. Z. B. wird aus Oxalacetat, einem Zwischenprodukt des Zitonensäurezyklus, Asparaginsäure gebildet, die wiederum Ausgangspunkt für die Biosynthese von Lysin, Methionin, Threonin und Isoleucin ist. Einige dieser anabolen Reaktionen führen zu Substanzen, die auch im technischen Maßstab biotechnologisch hergestellt werden. Zum genaueren Studium dieser Stoffwechselwege wird auf die weiterführenden Lehrbücher der Biochemie verwiesen.

2.2.3 Glykolyse

Im biologischen Kohlenstoffkreislauf ist ein großer Anteil des Kohlenstoffs in Form polymerer Zucker, z. B. als Cellulose oder Stärke, gebunden. Der biologische Umsatz dieser Verbindungen übertrifft die Menge aller technisch produzierten Substanzen um mehrere Größenordnungen. Die Biosynthese dieser Verbindungen – z. B. mit Hilfe der Photosynthese – und der biologische Abbau verlaufen über Glucosederivate. Deshalb sind Stoffwechselwege, die Glucosederivate umsetzen können, wie die Glykolyse, in fast allen Zellen vorhanden. Weitere Möglichkeiten, Glucose für die Zelle metabolisch zu nutzen sind der Pentosephosphatweg, der Glucose über C_5- bzw. C_4-Verbindungen metabolisiert, oder ein bei Prokaryoten aufgefundener Abbauweg, der Glucose vor der Spaltung in C_3-Einheiten in C_1-Stellung oxidiert.

Die Glykolyse soll stellvertretend für zahlreiche solcher metabolischen Reaktionsketten näher betrachtet werden (Abb. 2.20).

Beim Eintritt in die Zelle wird Glucose von Hexokinase zu Glucose-6-phosphat phosphoryliert und damit aktiviert. Glucose-6-phosphat wird dann zu Fructose-6-phosphat isomerisiert, einem Zucker, der ebenfalls sechs Kohlenstoffatome enthält, aber keine Aldose, sondern eine Ketose ist. Fructose-6-phosphat wird im nächsten Schritt von Phosphofructo-Kinase, einem regulatorischen, allosterischen Enzym, zu Fructose-1,6-diphosphat phosphoryliert. Für die Übertragung des Phosphatrestes wird, wie beim ersten Phosphorylierungsschritt der Glykolyse, ATP benötigt und hydrolysiert, um das Gleichgewicht der Reaktionen auf die Seite der Produkte zu verschieben. Im nächsten Schritt wird Fructose-1,6-diphosphat in zwei C_3-Verbindungen aufgespalten, die über Triosephosphat-Isomerase miteinander im Gleichgewicht stehen. Das 3-Phosphoglycerinaldehyd wird durch 3-Phospho-Glycerinaldehyd-Dehydrogenase ständig abgezogen und über die angegebenen Schritte Pyruvat gebildet.

Die **ATP-Bilanz** dieser Reaktionskette sieht folgendermaßen aus: Für die Phosphorylierung der Glucose und des Fructose-6-phosphats wird jeweils ein Molekül ATP benötigt. Bei den Umsetzungen einer von zwei C_3-Verbindungen werden 2 Moleküle ATP gebildet. Als Gesamtbilanz werden also im Verlauf der Glykolyse eines C_6-Moleküls zwei ATP-Moleküle freigesetzt. Die Glykolyse ist insgesamt exergon, Teilreaktionen dieser Sequenz sind zwar unter Standardbedingungen ($\Delta G^{0/}$) endergonisch, z. B. die Umwandlung von Dihydroxyacetonphosphat in 3-Phosphoglycerinaldehyd, laufen jedoch unter den tatsächlichen, dynamischen Konzentrationsbedingungen der Zelle ab ($-\Delta G$).

Der Reaktionsmechanismus der Phosphorylierung von 3-Phosphoglycerinaldehyd zu 1,3-Diphosphoglycerat wurde bei der Einführung der Enzyme bereits genauer vorgestellt (s. Abb. 2.15). Diese Phosphorylierung erfolgt im Unterschied zu den anderen Phosphorylierungen, die ATP benötigen, mit freiem Phosphat. Dazu wird die Redox-Reaktion von NAD^+ zu $NADH + H^+$ benötigt. Als Zwischenprodukt bildet sich eine energiereiche, am Enzym kovalent gebundene Zwischenstufe,

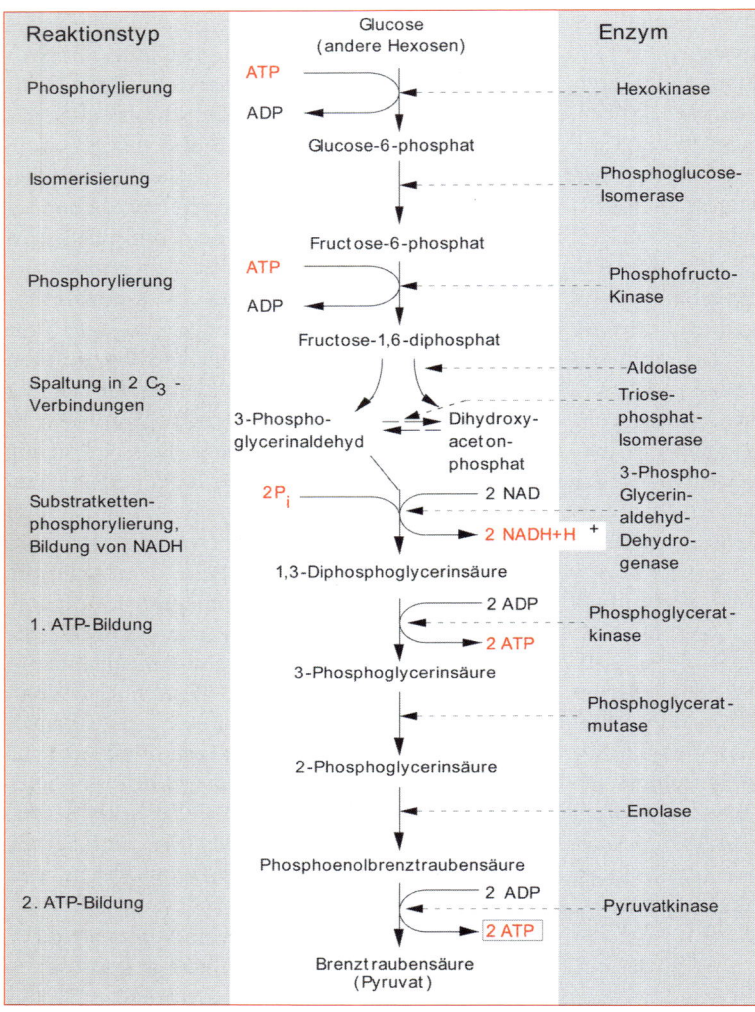

Abb. 2.20 Glykolyse

die durch Phosphat gespalten wird. Die Energie, die in 1,3-Diphosphoglycerat gespeichert ist, wird in den nachfolgenden Schritten auf ADP unter ATP-Bildung übertragen. Diese Art der Phosphorylierung, ausgehend von freiem Phosphat unter Nutzung von Redox-Energie, wird **Substratkettenphosphorylierung** genannt.

2.2.4 Zellatmung

Biochemiker und Zellbiologen benutzen oftmals den Begriff „Zellatmung" und beziehen dies im engeren Sinne auf die molekularen Prozesse, durch die aerobe Zellen O_2 verbrauchen und CO_2 produzieren. Diese Prozesse sind in drei wichtige Abschnitte untergliedert:

1. Organische Moleküle wie Zucker (z.B. Glucose, Glykolyse s. o.), Aminosäuren und Fettsäuren werden zu C_2-Molekülen in Form von Acetyl-CoA oxidiert.
2. Die Acetyl-CoA-Moleküle werden in den Zitronensäurezyklus eingeschleust und enzymatisch weiter zu CO_2 oxidiert. Die durch die Oxidation freigesetzte Energie wird in Form von reduzierten Energiecarriern, NADH und $FADH_2$, konserviert.

3. Die in den Energiecarriern gespeicherte Energie wird durch Re-Oxidation der Coenzyme freigesetzt, in dem diese Protonen (H$^+$) und Elektronen an membrangebundene Proteine abgeben. Die membrangebundenen Proteine, die so genannte Atmungskette, geben die Elektronen an den endgültigen Akzeptor O$_2$ weiter, und es entsteht unter Einbeziehung freier Protonen (H$^+$) Wasser (H$_2$O). Die durch die Atmungskette freigesetzte Energie wird in Form von ATP konserviert.

Der Quotient von bei der Zellatmung produziertem Kohlendioxid und verbrauchtem Sauerstoff in einem Kultivierungsprozess wird als **respiratorischer Quotient** (*RQ*) bezeichnet. Er kann z. B. als Stoffverhältnis von gebildetem CO$_2$ zu verbrauchtem O$_2$ bestimmt werden.

Bei der Umsetzung der Zucker werden aus sechs O$_2$ Molekülen sechs CO$_2$ Moleküle gebildet, d.h. der Quotient ist 1. Bei Fetten und Proteinen beträgt der Quotient 0,71 bzw. 0,8. Bei der Veratmung sauerstoffreicher Säuren, die häufig in Pflanzen auftreten (z. B. Weinsäure, Apfelsäure), ist der respiratorische Quotient größer 1. Wird Schimmelpilzen gleichzeitig Kohlenhydrat und Fett im Wachstumsmedium angeboten, dann bleibt der Quotient zunächst 1, bis das Kohlenhydrat verbraucht ist und sinkt dann auf den Wert für die Fettsäure ab. Vom respiratorischen Quotienten kann also näherungsweise auf die Art der Substratverwertung geschlossen werden.

In der eukaryotischen Zelle erfolgen die sich an die Glykolyse anschließenden Oxidationsschritte des Zitronensäurezyklus (Synonym: Citratzyklus) und der Atmungskette in den **Mitochondrien**, den Kraftwerken der Zelle. Hierzu wird das bei der Glykolyse gebildete Pyruvat in die Mitochondrien transportiert und über das intermediär gebildete Acetyl-CoA in den Citratzyklus eingeschleust und dort zu CO$_2$ oxidiert. Der bei diesen Schritten anfallende, an Coenzyme (NADH, FADH$_2$) gebundene Wasserstoff wird dann, wie bereits eingangs erläutert, über verschiedene Redoxreaktionen der membrangebundenen Enzyme der **Atmungskette** auf Sauerstoff übertragen. Weiterhin wird der im Cytoplasma bei der Glykolyse gebildete, an NADH gebundene Wasserstoff an den Mitochondrien von Trägersubstanzen übernommen und ins Innere der Mitochondrien transportiert und dort ebenfalls in die Atmungskette eingespeist; dies führt zur Regenerierung des für die Substratkettenphosphorylierung essenziellen NAD$^+$ im Cytoplasma. Die Redoxreaktionen, d.h. die Übertragung des Wasserstoffs auf den Sauerstoff, führen zum Aufbau eines Protonengradienten über der inneren Membran der Mitochondrien. Dieser Gradient treibt ATP-synthetisierende Enzyme an (ATP-Synthasen), die sich ebenfalls in der inneren Membran der Mitochondrien befinden. Diese Art der Phosphorylierung von ADP wird **oxidative Phosphorylierung** genannt und liefert 32 ATP-Moleküle pro Glucosemolekül. Durch den Citratzyklus in den Mitochondrien kommen noch 2 Moleküle Guanosintriphosphat (GTP) dazu, die ebenfalls ADP zu ATP phosphorylieren können. Zusammen mit den aus der Glykolyse gebildeten 2 Molekülen ATP werden also insgesamt 36 Moleküle ATP pro Glucosemolekül erzeugt. Der Wirkungsgrad der Energieübertragung beträgt bei Standardbedingungen 38 %, liegt aber bei den realen Konzentrationsverhältnissen der Zelle höher.

In prokaryotischen Zellen finden die membrangebundenen Reaktionen der Atmungskette und der ATP-Synthese an der Zellmembran statt.

Bei reichlichem Nahrungsangebot werden neben ATP makromolekulare Energiespeichermoleküle in den Zellen synthetisiert. Für die Langzeitspeicherung werden meist Zuckerpolymere, z. B. Stärke oder Glykogen, als unlösliche Speichergranula angesammelt. Bei Bedarf werden diese Substanzen wieder in die monomeren Bausteine gespalten und im Stoffwechsel umgesetzt.

2.2.5 Gärungen

Unter anaeroben Bedingungen, die eine vollständige Oxidation von Kohlenhydraten zu CO$_2$ und Wasser nicht erlauben, erfolgt in vielen Organismen ein **teilweiser Abbau**. Man bezeichnet diese Prozesse als Gärungen. Im Vergleich zur oben beschriebenen vollständigen Oxidation von Glucose ist die ATP-Ausbeute der Glykolyse mit 2 Molekülen ATP gering. Diese Möglichkeit der ATP-Bildung durch Substratkettenphosphorylierung ist für Organismen, die keine Atmungskette besitzen, wie etwa die obligaten Anaerobier, die einzige Möglichkeit zur ATP-Synthese. Sie dient auch bei manchen ansonsten aerob lebenden Organismen bei Sauerstoffmangel zur Aufrechterhaltung von Zellprozessen. Das in der Glycolyse gebildete Pyruvat wird dabei über Folgereaktionen, z. B. bei der alkoholischen Gärung über die in Abb. 2.21 aufgezeigte Ethanolbildung, umgesetzt.

Für die Bruttogleichung der Alkoholgärung durch Hefen ergibt sich:

Glucose → 2 Ethanol + 2 CO_2
$\Delta G^{0\prime}$ = – 234,3 kJ/mol (–56 kcal/mol)

Unter Berücksichtigung der ATP-Synthese ergibt sich als Nettoreaktion der alkoholischen Gärung:

Glucose + 2 P_i (Phosphat) + 2 ADP →
2 Ethanol + 2 CO_2 + 2 ATP + 2 H_2O.

Bei der Gärung entsteht ein verhältnismäßig **energiereiches Produkt** wie Ethanol, das in der Regel ausgeschieden wird. Weitere Beispiele für Produkte, die bei Gärprozessen gebildet werden, sind Milchsäure (Lactat), Propionsäure (Propionat), Ameisensäure (Formiat), Buttersäure (Butyrat) und Essigsäure (Acetat). Abb. 2.22 zeigt bekannte Stoffwechselwege, die bei Gärungsreaktionen beobachtet werden. Allen Folgereaktionen ist gemeinsam, dass sie zur Re-Oxidation des NADH zu NAD^+ führen – in Abb. 2.22 als Aufnahme von [2H] dargestellt – welches für den Ablauf der Glykolyse zur Substratkettenphosphorylierung benötigt wird (Abb. 2.20). Ohne diese Regenerierung von NAD^+ durch die Folgereaktionen würde die Glykolyse und da-

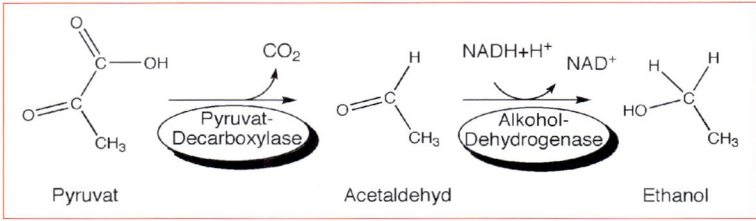

Abb. 2.21 Enzymkatalysierte Reaktionen in Hefen bei der Umwandlung von Pyruvat zu Ethanol (Gärung)

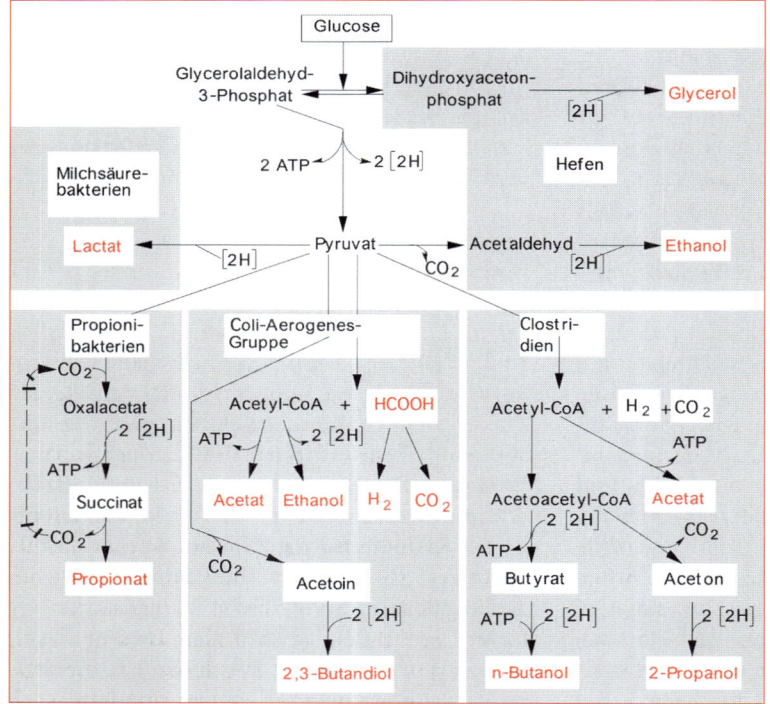

Abb. 2.22 Produkte aus der Vergärung von Glucose durch die wichtigsten Gruppen der Gärorganismen (nach Wartenberg 1989)

mit die ATP-Produktion schnell zum Erliegen kommen.

Wie bereits erwähnt, können **anaerobe Organismen** Sauerstoff als Elektronenakzeptor nicht nutzen, da sie über keine der Atmungskette vergleichbaren Enzymsysteme verfügen. Stattdessen werden die Reduktionsäquivalente, wie [2H] auch genannt werden, von organischen Molekülen aufgenommen. Entsprechend der geringeren ATP-Ausbeute ist das Wachstum und die Zellausbeute bezogen auf das Nährsubstrat gegenüber aeroben Mikroorganismen drastisch geringer. Ähnlich den beschriebenen Gärungsreaktionen bilden Anaerobier dabei für die biotechnologische Nutzung interessante Substanzen, z. B. Ethanol oder Methan (Biogas), die aus der Zelle ausgeschieden werden.

Diese Eigenschaften der Anaerobier werden bei der anaeroben Reinigung belasteter Abwasserströme genutzt. Im Vergleich zu aeroben Organismen entstehen nutzbares Biogas und wesentlich geringere Mengen an Klärschlamm.

2.3 Regulation zellulärer Vorgänge

Eine grundlegende Eigenschaft aller Lebewesen ist die Fähigkeit, ihren Stoffwechsel sowie ihre sonstigen Aktivitäten den äußeren Bedingungen anzupassen. Diese **Fähigkeit zur Anpassung** beruht auf einer äußerst komplexen sensorischen und regulatorischen Maschinerie, deren Grundbausteine bereits vorgestellt wurden und deren Zusammenspiel in diesem Kapitel näher betrachtet werden soll.

Die Mechanismen der Stoffwechsel-Steuerung sind auch für die Bioprozesstechnik sehr wichtig. Im Verlauf einer **Kultivierung von Zellen** im Rührkessel wird die eingesetzte Kohlenstoff- und Energie-Quelle (z. B. Glucose) verbraucht, und die Zellzahl nimmt während einer Kultivierung um mehrere Größenordnungen zu. Jede Zelle ist also einer Konzentrationsabnahme der Nährstoffe und zunehmender Konkurrenz um Gelöstsauerstoff im Medium ausgesetzt. Selbst bei kontinuierlichen Verfahren sind lokale Änderungen der Reaktionsbedingungen im Bereich der Zudosierung von Medium nicht auszuschließen. Bei Produktions-Bioreaktoren (ca. > 1 m³) treten, z. B. auf Grund von Geschwindigkeitsgradienten zwischen Rührelement und Reaktorgehäuse, Reaktionskompartimente mit verschiedenen Reaktionsbedingungen auf (s. Kap. 7), denen die Zellen ausgesetzt sind. Je nach den dabei auftretenden Konzentrationsgradienten und Zeitkonstanten wird eine Zelle auf solche Änderungen reagieren. Das Verständnis der dabei zugrunde liegenden Regulationsmechanismen ist für die Optimierung und Modellierung biotechnologischer Verfahren essenziell.

2.3.1 Biologische Zeitkonstanten

Der Zeitbedarf für biologische Reaktionen ist aus Abb. 2.23 ersichtlich. Die schnellsten Vorgänge in biologischen Systemen laufen im Bereich von Picosekunden ab, z. B. der Primärvorgang beim Sehen. Die gezielte Bewegung von Molekülen hängt von deren Größe ab, z. B. verlaufen Knickbewegungen von Proteinen in mehreren Nanosekunden. Die Entspiralisierung doppelsträngiger Desoxyribonucleinsäure (DNA), einem sehr großen Molekül, erfordert Mikrosekunden. Richtwert für den Zeitbedarf einer enzymatischen Reaktion sind Millisekunden. Er hängt stark von der Anzahl der Reaktionsschritte ab. Die schnellsten enzymatischen Umsetzungen verlaufen im Bereich von Mikrosekunden.

Carboanhydrase, ein Enzym, das die Hydratisierung von CO_2 und damit den Austausch zwischen wässriger und gasförmiger Phase, z. B. in den Gefäßen der Lunge, katalysiert, setzt in einer Sekunde 1 000 000 Moleküle um ($k_{cat}=1{,}0 \times 10^6$). Dies ist 10-millionenfach schneller als die unkatalysierte Reaktion und entspricht der theoretisch möglichen Umsatzgeschwindigkeit, die sich aus den Diffusionsstrecken am Enzym ergeben.

Mehrstufige Reaktionen, mit mehreren Reaktionspartnern, z. B. Redoxreaktionen, können bis zu 1/2 Sekunde für den Umsatz eines Moleküls benötigen. Die Synthese eines Proteins, welches die Kondensation von vielen Aminosäuren erfordert, braucht einige Sekunden. Dies sind auch Zeitkonstanten, die für Regelprozesse, die molekulare Änderungen erfordern, mindestens zu

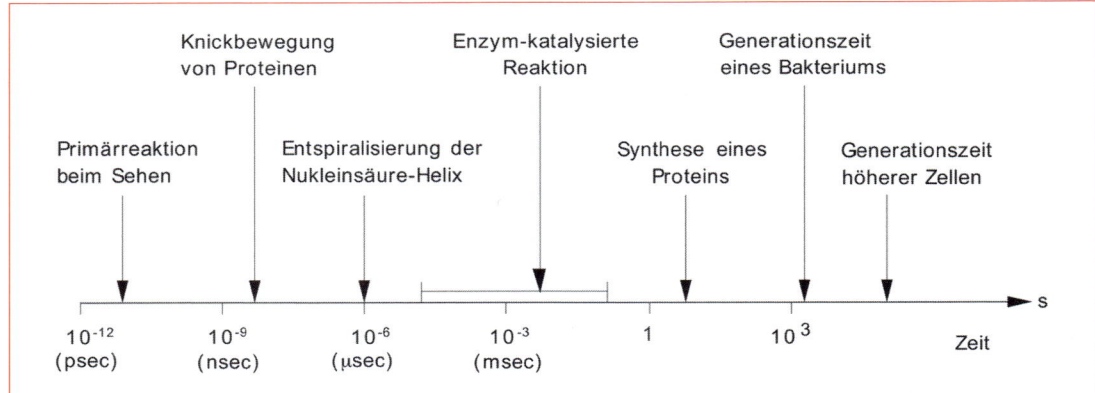

Abb. 2.23 Typische Zeitkonstanten biologischer Reaktionen (nach Stryer et al. 2003)

veranschlagen sind. Die Verdopplungszeit eines Bakteriums, z. B. von dem bereits mehrfach erwähnten *Escherichia coli*, einem „Arbeitspferd" der Biotechnologen, beträgt unter günstigen Wachstumsbedingungen ca. 20 Minuten. Die Zellen der Eukaryoten, die einen komplexeren Stoffwechsel aufweisen, benötigen zur Verdopplung der Zellzahl in der Regel wesentlich länger, z. B. mehrere Stunden bis zu Tagen.

2.3.2 Grundmechanismen der Regulation

Als Reaktion eines lebenden Systems auf Veränderungen der Umwelt werden Stoffwechselvorgänge an- und abgeschaltet, d. h. die Aktivitäten von Emzymen gezielt verändert. Dies ist durch Änderung der Aktivität der bereits synthetisierten Enzyme oder durch Änderung der Expression (*de novo*) von Enzym-Molekülen möglich. Die Regulation dieser Prozesse erfolgt durch eine Vielzahl von Mechanismen, von denen einige in Abb. 2.24 schematisch dargestellt sind.

2.3.2.1 Regulation auf der Ebene der Nucleinsäuren

Wie bereits in Kapitel 1 beschrieben, ist die genetische Information einer Zelle als Abfolge von Basen auf der Desoxyribonucleinsäure (DNA) festgelegt. Dieser Zentralspeicher der Information, das Genom des Organismus, ist in jeder Zelle vorhanden und einer großen Bibliothek vergleichbar. Die in der DNA enthaltene Information ist in funktionellen Einheiten (den Genen) organisiert, die in den meisten Fällen die Information für die Synthese eines Proteins beinhalten. Die Zahl der Gene eines Organismus hängt von seiner Komplexität ab. Prokaryoten besitzen in der Regel einige Tausend Gene, während die Genome hochentwickelter Eukaryoten einige Zehntausend Gene umfassen.

Zur Realisierung der Information eines Gens (man bezeichnet dies als Genexpression) wird der Bereich der DNA, der die Information zur Synthese eines Proteins trägt, in so genannte **messenger RNA** (**mRNA**) überschrieben (weitere Details s. auch Kapitel 1.1.3 und Abb. 1.5). Diesen Vorgang bezeichnet man als Transkription. Die Bildung der mRNA wird durch die RNA-Polymerase katalysiert, die sich an den Beginn eines Gens (den Promotor) anheftet, das dem Gen entsprechende DNA-Stück abfährt und dabei die zum DNA-Strang komplementäre RNA-Sequenz synthetisiert. Diese messenger RNA gelangt durch Diffusion (Prokaryoten) oder spezifische Transportprozesse (Eukaryoten) zu den Ribosomen, die gemäß dem genetischen Code die Nucleinsäuresequenz in eine Aminosäuresequenz übersetzen (Translation) und so ein Protein synthetisieren. Die in einer Zelle insgesamt vorhandenen mRNA-Moleküle bilden ein Maß für die Proteinausstattung und damit letztlich für die metabolische Aktivität der Zelle. Bildlich ge-

2.3 Regulation zellulärer Vorgänge

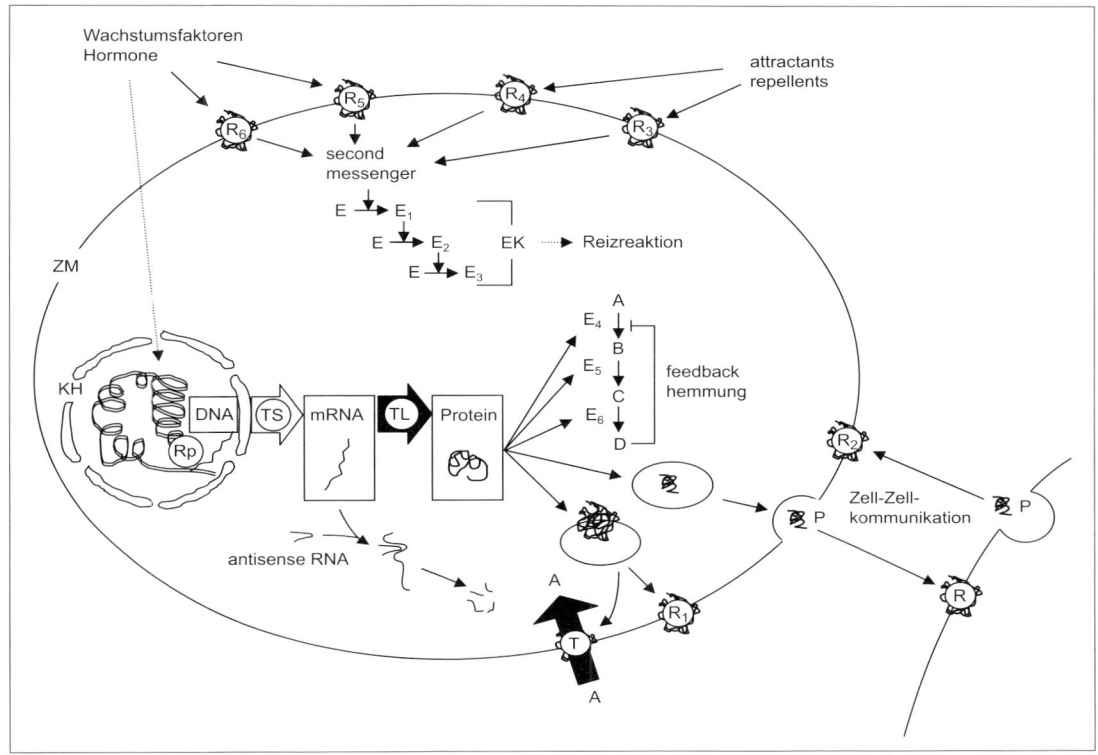

Abb. 2.24 Beispiele für biologische Regelkreise einer Zelle. E,E_1,E_2,E_3,.. Enzyme; R,R_1,R_2,R_3,.. Rezeptoren; Rp, RNA-Polymerase; T, Transportprotein; P, als Hormon wirkendes Peptid; EK, Enzymkaskade; KH, Kernhülle (bei Eukaryoten); ZM, Zellmembran; TS, Transkription; TL, Translation; **A,B,C,D**, Substanzen des Stoffwechsels

sprochen wird aus der Zentralbibliothek ein Satz von Bauplänen für ganz bestimmte, gerade benötigte Proteine kopiert und per Bote zur Proteinfabrik gebracht. Dort wird anhand der Baupläne nach genau festgelegten Regeln die Synthese der entsprechenden Proteine durchgeführt.

Mit modernen molekularbiologischen Methoden ist es heute möglich, in einem Schritt Informationen über die Expression einer Vielzahl von Genen in einer Zelle zu erhalten. Man verwendet hierzu sog. DNA-Chips, die auf kleinstem Raum Sonden für sehr viele Gene des betreffenden Organismus tragen. Durch Auswertung der Reaktion der verschiedenen Sonden mit der Gesamtpopulation zellulärer mRNA kann auf das Vorhandensein der mRNA der jeweiligen Gene geschlossen und ein umfassendes Expressionsprofil der Zelle abgeleitet werden. Vergleiche der Expressionsprofile von Zellen unter unterschiedlichen metabolischen Bedingungen bzw. von normalen und krankhaft veränderten Zellen sind ein wichtiges Hilfsmittel, um die an den jeweiligen Veränderungen beteiligten Gene zu identifizieren.

Bei Prokaryoten erfolgt die **Regulation der Genexpression** hauptsächlich durch Kontrolle der Transkription. Oftmals wird hierbei der Promotor eines Gens durch die Bindung eines Repressorproteins blockiert, so dass die nachfolgende DNA-Sequenz durch **RNA-Polymerase** nicht mehr abgelesen werden kann. Gene, die die Enzyme für die verschiedenen Schritte eines Biosynthese- oder Abbauweges kodieren, sind oftmals in einer funktionellen Einheit, einem **Operon**, zusammengefasst. Die Gene des gesamten Operons werden dann von der RNA-Polymerase in einem Stück abgelesen und die resultierende mRNA anschließend in die verschiedenen Proteine translatiert. Dies ermöglicht auf relativ einfache Weise die koordinierte Regulation der betreffenden Gene. Diese Art der Regulation wird in Abschn. 2.3.3.2. am Beispiel des Lactose-Operons genauer beschrieben.

Bei Eukaryoten sind die Mechanismen der Regulation der Genexpression sehr komplex und vielschichtig. Eukaryotische DNA ist in der Zelle mit den sog. Histonproteinen assoziiert, wodurch das Ablesen der DNA-Sequenzen erschwert wird. Zur Expression eines Gens sind in der Regel so genannte Transkriptionsaktivatoren notwendig, Proteine, die an den Promotor bzw. weitere Kontrollbereiche des Gens binden, dort gezielte Veränderungen der Histonmoleküle induzieren und das Ablesen des Gens erlauben. Bei Eukaryoten wird die Kontrolle der Genexpression auf der Ebene der Transkription durch weitere Regulationsmechanismen ergänzt. Eukaryotische mRNA wird nach ihrer Transkription durch zusätzliche Reifungsschritte verändert und muss aus dem Zellkern in das Cytoplasma transportiert werden – diese Schritte können ebenfalls durch Regulationsmechanismen beeinflusst werden. Schließlich kann die Effizienz der Translation von mRNA-Molekülen durch Bindung regulatorischer Proteine an die RNA moduliert werden. In der Summe tragen all diese Mechanismen zur Regulation der Expression des betreffenden Gens bei.

2.3.2.2 Regulation auf der Ebene der Proteine

Veränderungen des Stoffwechsels einer Zelle erfolgen nicht nur durch Regulation der Genexpression und damit der Menge bestimmter Enzyme; in vielen Fällen wird auch die katalytische Aktivität der vorhandenen Enzyme beeinflusst. Dies geschieht durch eine Reihe unterschiedlicher Mechanismen.
1. **Allosterische Konformationsänderungen** können durch reversible Bindung kleiner Moleküle an das Protein oder durch Interaktion mit anderen Proteinen induziert werden und führen oftmals zu Veränderungen der Aktivität eines Proteins (s. 2.1.5). Allosterische Effekte werden beispielsweise zur Koordination vieler Stoffwechselwege durch **Feedback-Hemmung** ausgenutzt (Abb. 2.25). In dem hier gezeigten schematischen Beispiel wird aus der Ausgangssubstanz A über mehrere enzymatische

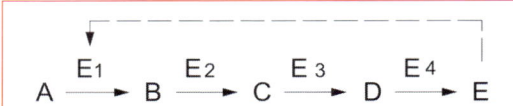

Abb. 2.25 Schematische Darstellung der Feedback Regulation (Endprodukt-Hemmung). A bis E = Substrate eines Stoffwechselwegs, E_1 bis E_4 = Enzyme des Stoffwechselwegs, E_1 = allosterisches Enzym (Schrittmacher-Enzym).

Reaktionsschritte das Endprodukt E gebildet. Liegt genügend E vor, so dass eine weitere Synthese unerwünscht ist, so wird nicht nur der letzte Schritt der Synthese, sondern die ganze Synthesekette abgeschaltet. Dies erfolgt z. B über eine allosterische Hemmung des ersten Enzyms (E_1) durch die Substanz E, dem Endprodukt der Synthesekette. Auf diese Weise kann die Aktivität der gesamten Synthesekette graduell den Bedürfnissen der Zelle angepasst werden. Allosterische Effekte führen oftmals, ähnlich wie bei der Signalverarbeitung eines Computers, zu zwei „Schaltzuständen" eines Proteins, wobei das betreffende Protein dann als molekularer Schalter fungiert. Beispiele für **allosterische Schaltmoleküle** sind membrangebundene „7-Helix"-Hormonrezeptoren, die die Bindung eines Hormonmoleküls über die Zellmembran hinweg ins Innere der Zelle melden (Abb. 2.26). An der Signalübertragung sind mehrere Proteine beteiligt, die allosterisch miteinander wechselwirken. Die Bindung des Hormons verändert die Konformation des Rezeptorproteins R und eines GTP/GDP-bindenden Proteins G, sodass G für GTP eine erhöhte Affinität erhält. Bindet GTP an G so wird die Adenylatcyclase, ein Enzym, welches die Umsetzung von ATP zu zyklischem AMP (cAMP) katalysiert, aktiviert. Freigesetztes cAMP aktiviert eine Proteinkinase, wodurch die Phosphorylierung von Proteinen ausgelöst wird und letztlich deren Aktivität reguliert wird. Der Rezeptorkomplex kann das Hormonsignal auch abschalten. Dies erfolgt über das G-Protein, welches in einer langsamen Reaktion gebundenes GTP zu GDP spaltet. Sobald GDP an G gebunden vorliegt, wird die Adenylatcyclase in Umkehrung der Aktivierungsreaktion abgeschaltet.

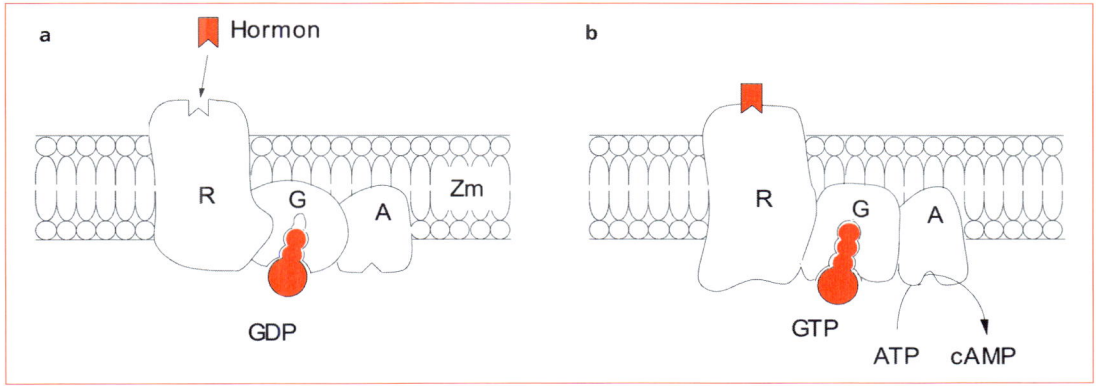

Abb. 2.26 Hormonrezeptoren als Beispiel allosterischer molekularer Schalter. (a) R = Rezeptorprotein frei, G = GTP/GDP-bindendes Protein besitzt schlechte Affinität zu GTP, (b) Rezeptor bindet an R und beeinflusst Konformation von G (hohe Affinität für GTP), die A = Adenylatcyclase ist jetzt aktiviert und synthetisiert cAMP (*second messenger*).

Das als Folge der Hormonbindung in der Zelle gebildete cAMP wird als **second messenger**, als zweite, zellinterne Signalsubstanz des Hormonsignals, bezeichnet. Außer cAMP fungieren noch weitere Moleküle als second messenger in Zellen, z. B. cGMP, Calciumionen und Abbauprodukte von bestimmten Membranlipiden wie Diacylglycerol und Inositolphosphate.

2. Neben allosterischen Effekten stellen **reversible kovalente Modifikationen** von Proteinen einen grundlegenden Mechanismus zur Regulation ihrer Aktivität dar. Eine der häufigsten Modifikation dieser Art ist die Phosphorylierung spezifischer Aminosäurereste eines Proteins. Zum Beispiel wird die Glykogenphosphorylase, die Zuckereinheiten aus dem Energiespeicher Glykogen freisetzt, durch Phosphorylierung eines spezifischen Serinrestes aktiviert (siehe auch Abschnitt 2.1.5). Die Phosphorylierung von Proteinen wird durch spezifische Proteinkinasen katalysiert, wobei ATP als Donor der Phosphorylgruppe dient. Proteinphosphorylierungen sind reversibel, da die Phosphatreste hydrolytisch durch Proteinphosphatasen entfernt werden können. Phosphorylierungen von Proteinen spielen ebenfalls bei Signalweiterleitungsprozessen in der Zelle eine extrem wichtige Rolle. Die betreffenden Proteine verhalten sich dabei wie molekulare Schalter, die zwischen dem phosphorylierten und dephosphorylierten Zustand wechseln können.
3. Ein weiterer Mechanismus der Regulation der Aktivität eines Enzyms ist die **proteolytische Aktivierung**. Hierbei wird durch Hydrolyse einer oder weniger Peptidbindungen ein inaktives, als **Proenzym** oder **Zymogen** bezeichnetes, Enzym aktiviert. Im Gegensatz zu den vorher beschriebenen Regulationsmechanismen ist diese Aktivierung irreversibel. Beispiele für diesen Regulationsmechanismus sind die Aktivierung von Verdauungsenzymen wie Trypsin oder Chymotrypsin oder der Enzyme der Blutgerinnungskaskade. Diese Prozesse können, anders als die Proteinphosphorylierungen, auch außerhalb der Zelle stattfinden, da hierzu keine Energiequelle (ATP) benötigt wird.

2.3.3 Komplexe zelluläre Regelkreise

Bei der Anpassung von Organismen an veränderte Umweltbedingungen spielen oft komplexe Regelkreise eine Rolle, wobei die beschriebenen Regulationsmechanismen variieren und in unterschiedlicher Weise kombiniert sein können. Die Anpassung von Organismen an veränderte Umweltbedingungen setzt die Aufnahme und

Verarbeitung von Informationen bzw. Signalen aus der Umwelt voraus. Hierbei spielen zumeist selektive Rezeptoren auf der Zelloberfläche eine Rolle, die mit spezifischen Substanzen in der Umwelt wechselwirken und – als Folge dieser Wechselwirkung – ein entsprechendes Signal in der Zelle auslösen. Man findet solche Signalerkennungs- und -verarbeitungsmechanismen sowohl bei Bakterien als auch bei Zellen höherer Organismen. Bakterienzellen können beispielsweise Konzentrationsgradienten verschiedener chemischer Substanzen wahrnehmen und ihre Schwimmrichtung zu diesen Substanzen hin (positive Chemotaxis) oder von ihnen weg (negative Chemotaxis) ändern. Zellen höherer Organismen besitzen extrem diversifizierte Signaltransduktionsmechanismen, die sowohl der Wahrnehmung von Reizen aus der Umwelt als auch der Kommunikation zwischen den Zellen eines Organismus dienen. Im Folgenden soll auf einige Beispiele komplexer Regelkreise eingegangen werden.

2.3.3.1 Anpassungen im Wachstumsverhalten

Ein Mikroorganismus kann alternativ auf einer Vielzahl **verschiedener Kohlenstoff- und Energiequellen** wachsen. E. coli verwertet z. B. Glucose, Fructose, Mannose, Galactose, Arabinose, Xylose, Rhamnose, Maltose, Lactose, Acetat, Succinat, Glycerol, Mannitol, Dulcitol, Sorbitol u. a. m. Die meisten dieser Substanzen können nicht in ausreichendem Maße durch die Zellmembran ins Innere der Zelle gelangen. Die Zelle verfügt für diese Substanzen über genetische Informationen zur Synthese spezifischer Transportproteine bzw. -systeme sowie für geeignete Enzyme zur Substratverwertung, welche bei Bedarf, d. h. Anwesenheit der betreffenden Substanz im Wachstumsmedium, in der Zelle synthetisiert werden.

Eine E. coli-Zelle nimmt bei schnellem Wachstum z. B. pro Sekunde bis zu 200 000 Moleküle Glucose auf, die zu Zellbausteinen und ca. 10^6 Molekülen ATP pro Sekunde umgesetzt werden. Die Proteinbiosynthese wird an etwa 20 000 Ribosomen pro Zelle durchgeführt. Dies entspricht etwa 40 % der Trockenmasse des Bakteriums. Pro Sekunde werden etwa 15 Aminosäuren am Ribosom zur Proteinsynthese umgesetzt und dabei 3 energiereiche Moleküle (1 ATP, 2 GTP) pro Aminosäurekopplung benötigt. Dies entspricht ebenfalls einem Umsatz von ca. 10^6 Molekülen ATP pro Sekunde und Zelle, d. h. die meiste Energie wird bei schnellem Wachstum zur Proteinsynthese – insbesondere auch zur Vermehrung der Ribosomen – gebraucht.

Beim Übergang von einem nährstoffreichen in ein armes Medium wird die Proteinsynthese in E. coli abrupt angehalten. Das in der Zelle vorhandene ATP wäre innerhalb von Sekunden aufgebraucht, wenn die Proteinsynthese unvermindert weiterlaufen würde. Hierbei spielen Alarmsubstanzen („Alarmone"), wie das ungewöhnliche Nukleotid ppGpp, eine wichtige Rolle. ppGpp wirkt als intrazellulärer Botenstoff und inhibiert in koordinierter Weise die Synthese neuer Ribosomen-Komponenten und die Synthese von Enzymen für die DNA-Replikation. Gleichzeitig werden die Gene für die Aminosäurebiosynthese aktiviert. Als Folge des Mangels von Nährstoffen nimmt die Verdopplungszeit der Zellen dabei von 20 Minuten bis auf 10 Stunden und mehr zu.

2.3.3.2 Das Lactose-Operon

Die Regulation des Lactose-Operons von E. coli ist ein sehr gutes Beispiel dafür, wie die Anpassung an eine neue Kohlenstoff- und Energiequelle (Lactose) im Medium durch eine veränderte Genexpression erfolgt. Das Lactose-Operon ist in Abb. 2.27 schematisch dargestellt. Zwei der insgesamt drei Strukturgene des Operons kodieren für Proteine, die für die Aufnahme (Lactose-Permease) und die Hydrolyse (β-Galactosidase) von Lactose notwendig sind. Das dem Operon unmittelbar benachbarte Regulatorgen kodiert für ein Repressorprotein, welches die Ablesung der genetischen Information des Lactose-Operons durch Bindung an den sog. Operator, dies ist eine funktionelle DNA-Sequenz, kontrolliert. In Abwesenheit von Lactose im Medium bindet das permanent synthetisierte Repressorprotein an den Operator und blockiert dadurch fast vollständig die Transkription der Strukturgene durch die RNA-Polymerase. Diese Blockade wird aufgehoben, wenn das Bakterium im Medium Lactose vorfindet.

Die wenigen Lactose-Permease- (Transportprotein für Lactose in der Zellmembran) und β-Galactosidase-Moleküle, die trotz Repressor-

2.3 Regulation zellulärer Vorgänge

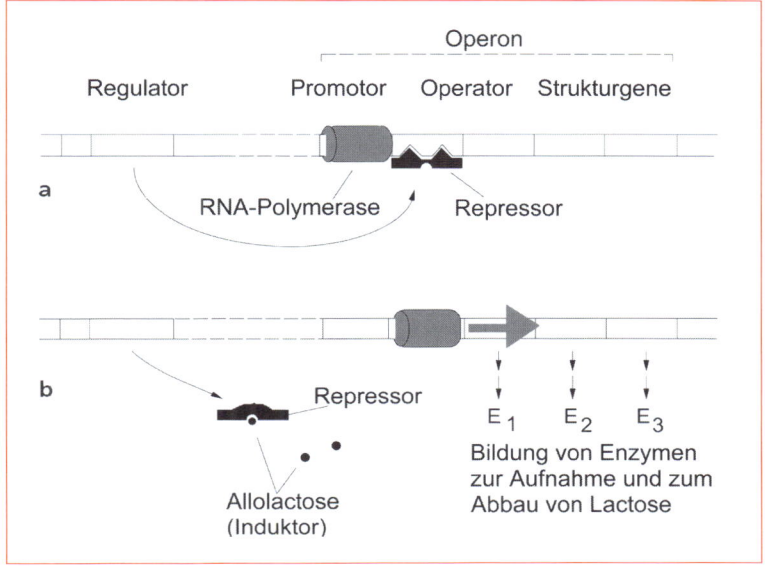

Abb. 2.27 Das Lactose-Operon in *E. coli*. Schema der negativen Regulation des Lactose-Operons (*lac*-Operon). Das Auftreten von Allolactose (Nebenprodukt bei der Lactosespaltung durch β-Galactosidase) in der Zelle hebt die negative Kontrolle auf. Allolactose induziert die Aktivierung der Gene E_1, E_2 und E_3, die für die Verwertung von Lactose benötigt werden. (a) Ohne Lactose im Medium. Vom Regulatorgen ausgehend werden durch Proteinbiosynthese (nicht dargestellt) Repressorproteine gebildet. Ein Repressorprotein verschließt den Operator. Die RNA-Polymerase kann an den Promotor binden, jedoch nicht die Strukturgene transkribieren. (b) Mit Lactose im Medium. Das enzymatische Nebenprodukt Allolactose (Induktor) bindet an das Repressorprotein, dieses dissoziiert aufgrund einer Konformationsänderung vom Operator, und die RNA-Polymerase kann über den nunmehr offenen Operator die Strukturgene transkribieren.

protein gebildet werden können, sorgen für das Einschleusen der Lactose in die Zelle und für ihre Spaltung in Galactose und Glucose. Bei der enzymatischen Spaltung entsteht durch zufällige Transglycosylierung in geringen Mengen **1,6-Allolactose**, ein Lactoseisomer, das der **physiologische Induktor** für das Lactose-Operon ist. Die Allolactose bindet mit hoher Affinität an das Repressorprotein und verursacht eine allosterische Konformationsänderung des Repressors, der infolgedessen nicht mehr an die DNA, den Operator, binden kann. Die Folge ist, dass die RNA-Polymerase den dahinter liegenden Bereich der DNA, die Strukturgene, nun ständig ablesen kann, die entsprechende mRNA bildet und die Synthese von Lactose-Permease und β-Galactosidase am Ribosom erfolgt. Lactose wird jetzt effektiv metabolisiert, und die Zellen können sich bei ausreichender Konzentration anderer essenzieller Nährstoffe im Medium optimal vermehren.

Ist Lactose im Medium verbraucht, wird keine Allolactose mehr gebildet. Das Repressorprotein nimmt in Abwesenheit des Induktors seine ursprüngliche Konformation wieder an, bindet jetzt wieder an den Operator und blockiert dadurch die RNA-Polymerase fast vollständig. Durch dieses Prinzip der negativen Regulation wird verhindert, dass die Enzyme, die zur Verwertung von Lactose benötigt werden unnötigerweise synthetisiert werden. Oft wird bei *in vitro*-Untersuchungen zum Lactose-Operon (*lac*-Operon) ein **künstlicher Induktor**, das **Isopropylthiogalactosid (IPTG)**, verwendet, der strukturell der Allolactose ähnelt und deshalb ebenfalls effektiv an das Repressorprotein bindet, aber nicht enzymatisch von der β-Galactosidase abgebaut werden kann.

Neben dieser negativen Kontrolle durch das Repressorprotein wird die Expression des *lac*-Operons durch einen weiteren Mechanismus reguliert. Bei näherer Untersuchung zeigte sich nämlich, dass beim Vorhandensein mehrerer Kohlenstoffquellen im Medium, z. B. Glucose neben Lactose, die erwartete Induktion der Lactoseverwertung so lange unterblieb, bis Glucose vollständig verbraucht war, d. h. Glucose kann die Lactoseinduktion aktiv unterdrücken. Im Wachstumsverhalten der Zellen tritt bei der Umstellung von der einen Energiequelle (Glucose) auf die andere (Lactose) ein zeitweiliger Wachstumsstillstand auf, so dass die Zunahme der Zellzahl in zwei Phasen erfolgt. Dieses Phänomen wird als **Diauxie** bezeichnet und spiegelt die Optimierung des Stoffwechsels der Zellen im Hinblick auf größtmögliche Effizienz wider. Da Glucose direkt in der Glykolyse abgebaut werden kann, ohne dass die Proteine des *lac*-Operons synthetisiert werden müssen, ist es ökonomisch sinnvoll, Lactose nur dann zu verwerten, wenn Glucose verbraucht ist.

Verantwortlich für die Inhibition des *lac*-Operons durch Glucose, der so genannten **Katabolit-Repression**, ist das **CAP-Protein** (engl. *catabolite activator protein*). Das CAP-Protein muss an den Lactose-Promotor binden, damit das *lac*-Operon effektiv von der RNA-Polymerase abgelesen werden kann. Das CAP-Protein wird durch einen Liganden, **zyklisches AMP (cAMP)**, allosterisch reguliert. In Abwesenheit von Glucose ist die cAMP-Konzentration in der Zelle hoch, cAMP bindet an das CAP-Protein, welches als cAMP-CAP-Protein jetzt an den Lactose-Promotor bindet, und im Gegensatz zum Lactose-Repressor, die Transkription des Operons durch die RNA-Polymerase stimuliert (positive Kontrolle). Ist gleichzeitig Lactose und damit der Induktor Allolactose vorhanden, gibt der Lactose-Repressor den Operator frei, was dann zur Expression der Strukturgene führt. In Gegenwart von Glucose ist die cAMP Konzentration jedoch niedrig. CAP kann dann nicht an den Promotor binden; folglich unterbleibt die Stimulation der RNA-Polymerase. D. h. selbst wenn Lactose vorhanden ist und der Repressor den Operator freigegeben hat unterbleibt die Expression der Strukturgene durch das Fehlen des CAP-Proteins nahezu vollständig.

Durch ähnliche Mechanismen, wie die hier am Beispiel des *lac*-Operons beschriebenen, wird auch die Expression der Enzyme für andere Stoffwechselwege kontrolliert.

2.3.3.3 Hormone, Wachstumsfaktoren

Bei höheren Zellen sind Signalsubstanzen, z. B. Hormone oder Wachstumsfaktoren, für die Steuerung komplexer Reaktionsabläufe, z. B. bei der Differenzierung von Zellen im Körper oder in Zellkultur von Bedeutung. Bei diesen Vorgängen sind an mehreren Stellen molekulare Schalter beteiligt.

Als Beispiel wird die **Umschaltung** von Glykogensynthese auf Glykogenabbau bei einer Stresssituation durch das Hormon Adrenalin in Muskelzellen näher betrachtet. In der Zelle liegen die Enzyme für Abbau und Aufbau nebeneinander vor, durch die Regulation der Aktivität beider Enzymsysteme wird ein verhängnisvoller Kurzschluss vermieden. Bei einer plötzlich auftretenden Gefahr wird der Stoffwechsel durch einen Adrenalinstoß sehr schnell auf Energieerzeugung für eine bevorstehende Flucht umgestellt. Durch den Adrenalinstimulus wird Glykogen, ein Speicherpolysaccharid, in der Zelle zu Glucose-1-phosphat-Bausteinen abgebaut, die über Glykolyse und oxidative Phosphorylierung zur ATP-Synthese umgesetzt werden.

Adrenalin bindet dabei an Zellrezeptoren und aktiviert als Folge der damit verbundenen allosterischen Konformationsänderung an der Innenseite der Zellmembran ein Enzym, das die Bildung zellinterner Signalsubstanzen, so genannter second messenger (siehe Abb. 2.24), veranlasst. In diesem Fall ist dies die Adenylat-Cyclase, die die Bildung von zyklischem AMP (cAMP) als second messenger aus ATP katalysiert. cAMP aktiviert allosterisch eine Proteinkinase, die sowohl die Glykogen-abbauenden Enzyme als auch die Enzyme, die für die Glykogen Synthese zuständig sind, phosphoryliert. Durch die Phosphorylierung werden die abbauenden Enzyme in die aktive Form umgeschaltet. Im Gegensatz dazu werden die Glykogen Syntheseenzyme durch die Phosphorylierung inaktiviert. Bei einer Umkehrung der Situation werden beide Enyzmsysteme durch Proteinphosphatasen dephosphoryliert. Die glykogenspaltenden Enzyme werden dadurch inaktiviert und die synthetisierenden Enzyme aktiviert, d. h. der Organismus auf mögliche Neusynthese von Speichermolekülen umgestellt.

Ein Grundprinzip bei diesem und vielen anderen **Signaltransduktionswegen** ist die Verstärkung des Signals. Im Falle der Glykogen-Mobilisierung wird dies durch eine Enzymkaskade erreicht, durch die eine um mehrere Größenordnungen verstärkte Reaktion durch wenige Signalmoleküle ausgelöst wird.

2.3.3.4 Regulation der Glykolyse

Ein Beispiel für die Steuerung komplexer Enzymnetzwerke durch allosterische Feedback-Regulation ist die Glykolyse, deren Einzelreaktionen bereits betrachtet wurden. Die Grundaufgaben der Glykolyse sind der Abbau von Glucose zur ATP-Gewinnung und die Bereitstellung von C_2- und C_3-Bausteinen für Aufbaureaktionen, z. B. für die Biosynthese einiger Aminosäuren. Meist sind die Kontrollpunkte einer Reaktionskette diejenigen Reaktionen, die ATP verbrauchen und daher thermodynamisch meist irreversibel sind und am Anfang einer Reaktionskette stehen. In der Glykolyse sind dies die Reaktionen, die durch Hexokinase und Phosphofructokinase katalysiert werden.

Der Hauptkontrollpunkt für die Regulierung der Glykolyse ist die tetramere **Phosphofructokinase (PFK)**. Bei hohem ATP-Gehalt der Zelle, gleichbedeutend mit ausreichend „chemischer Energie" in der Zelle, wird Phosphofructokinase gehemmt, indem ATP als Ligand an das Enzym bindet und dabei allosterisch die Konformation des Enzyms verändert. Dies setzt die Katalysegeschwindigkeit der PFK herab. Wird die Energie aus ATP in Zellvorgängen verbraucht und dabei vermehrt Adenosindiphosphat (ADP) bzw. Adenosinmonophosphat (AMP) gebildet, so können ADP bzw. AMP die ATP-Hemmung aufheben, sie wirken als Aktivatoren.

Werden wenige C_2- oder C_3-Bausteine aus der Glykolyse für Biosynthesen abgezogen, so kommt es zu einer Anreicherung von Pyruvat und Citrat in der Zelle. Erhöhte Citratkonzentrationen führen ebenfalls zur Hemmung der Glykolyse, indem die ATP-Hemmung der Phosphofructokinase in Gegenwart von Citrat allosterisch verstärkt wird.

Die Grobregelung der Glykolyse durch Phosphofructokinase lässt sich also folgendermaßen zusammenfassen: Ist in der Zelle Bedarf für ATP und Synthesebausteine, so ist die Aktivität der Phosphofructokinase maximal, ist beides im Überfluss vorhanden, so geht die Enzymaktivität durch allosterische Hemmung von ATP und Citrat fast gegen Null zurück.

Steht genügend Energie zur Verfügung, so wird durch die Hemmung der Phosphofructokinase Fructose-6-phosphat und das im Gleichgewicht befindliche Glucose-6-phosphat angehäuft. Wenn keine Verwertung der Zuckerphosphate möglich ist, wird durch allosterische Produkthemmung der Hexokinase die Glucoseverwertung gehemmt.

Wird daher Zellen, die unter Sauerstoffmangel kultiviert werden, plötzlich Sauerstoff angeboten, so geht die Glucoseverwertung schlagartig zurück. Diese als **Pasteur-Effekt** bezeichnete Umstellung des Stoffwechsels ist aus den genannten Gründen sofort verständlich. Unter anaeroben Bedingungen wird die Glykolyse zur ATP-Synthese benutzt, d. h. der Glucosedurchsatz ist wegen der geringen Effektivität der ATP-Bildung hoch. Wenn Sauerstoff zugegen ist, steigt aufgrund der sehr viel effektiveren ATP-Synthese durch oxidative Phosphorylierung der ATP-Spiegel rapide an, was zur Hemmung der PFK und damit der Glykolyse bzw. des Glucosedurchsatzes führt.

Manche Zellen können eine günstige Versorgungslage mit Energie (ATP) durch Synthese von **Speichermolekülen**, z. B. Stärke oder Glycogen, nutzen, indem das akkumulierte Glucose-6-phosphat für deren Synthese abgezogen wird. Signal für die Umstellung von Energieerzeugung auf Energiespeicherung ist das ATP/AMP-Verhältnis in der Zelle und relativ hohe Konzentrationen an phosphorylierter Glucose.

Bei der späteren Nutzung der „Glucosespeicher" aufgrund von Energiemangel werden phosphorylierte Glucosemoleküle gebildet, die in die Glykolyse eingespeist werden können. Die Speicherung ist sehr effizient; die Energieverluste bei einem Speicherzyklus, ausgehend von Glucose-6-phosphat über die Polysaccharidform und zurück zum Glucose-6-Phosphat, betragen nur ca. 3 %, d. h. fast 97 % der gespeicherten Energie stehen wieder zur Verfügung.

Die an diesem Beispiel dargestellten Mechanismen verdeutlichen die Bedeutung von **zentralen Kontrollpunkten** für die Regulation komplexer Enzymnetzwerke. Die Phosphofructokinasereaktion stellt eine zentrale Schaltstelle im Stoffwechsel dar, durch die der Umsatz der Glykolyse und die Umstellung von Energieerzeugung und -speicherung in weiten Grenzen reguliert wird. Die Kenntnis solch zentraler Kontrollpunkte und ihrer regulatorischen Parameter ist für die Modellierung und Optimierung biotechnologischer Prozesse von großer Bedeutung.

2.4 Gentechnik

Die in der DNA eines Organismus gespeicherte genetische Information ist letztlich für sämtliche Aspekte der Struktur und Funktion des Organismus verantwortlich. Dabei umfasst die genetische Information sowohl die Bauanleitungen sämtlicher Proteine und RNA-Moleküle des Organismus als auch Informationen über deren zeitliche und räumliche Expression. Ausgehend von der Aufklärung der **Doppelhelix-Struktur der DNA** durch Watson und Crick im Jahr 1953 wurden die Vorgänge der Informationsweitergabe und -umsetzung detailliert untersucht. Das Verständnis dieser Vorgänge bildet die Basis der modernen Methoden der Gentechnik, die in diesem Abschnitt erläutert werden sollen. Durch gentechnische Verfahren ist es möglich, nahezu beliebige zellfremde DNA in eine Zelle einzuführen und dort zu exprimieren. Diese zusätzliche genetische Information wird in der Zelle wie die eigene DNA behandelt, d. h. die Zelle benutzt die zellfremde DNA zur Synthese der von ihr codierten Proteine. Hierdurch ergeben sich enorme Möglichkeiten für die Synthese und Gewinnung von Enzymen oder anderen Proteinen, die mit herkömmlichen Methoden nur mit großem Aufwand in größeren Mengen zu gewinnen sind. Ein klassisches Beispiel ist die genetische Modifizierung von Bakterien zur Synthese des Peptid-Hormons Insulin.

Eine mit enormem Potenzial für die Gentechnik verbundene Entwicklung der letzten Jahre stellen die so genannten Genomprojekte dar, deren Ziel die Aufklärung der vollständigen Nucleotidsequenzen der Genome verschiedener Organismen ist. Eine anschauliche Vorstellung der dabei anfallenden Informationsmengen ergibt folgender Vergleich: Würde man die gesamte Sequenz des menschlichen Genoms (ca. 3×10^9 Basenpaare) als kontinuierlichen Text niederschreiben, so würde dies in der Schriftgröße dieses Buches eine Strecke von ca. 5000 km ergeben (was in etwa der Entfernung London – New York entspricht). Die Gewinnung dieser gewaltigen Informationsmengen ist eng mit der Entwicklung effizienter und weitgehend automatisierter Verfahren der Nucleotidsequenzanalyse gekoppelt. Mittlerweile wurden die vollständigen Genome von vielen verschiedenen Bakterienspezies und einer Reihe von Eukaryoten, u. a. des Menschen, ermittelt. Die Bedeutung dieser Genomprojekte liegt darin, dass durch die Verfügbarkeit der kompletten Sequenz des Organismus im Prinzip jedes seiner Gene zugänglich ist und mit gentechnischen Methoden weiter untersucht werden kann. Hierin steckt ein enormes Potenzial, das zum Verständnis komplexer Prozesse, wie z. B. der Zelldifferenzierung oder der Entstehung von Krankheiten, der Entwicklung von Medikamenten oder der biotechnologischen Produktion spezifischer Proteine und Enzyme genutzt werden kann.

Die Analyse kompletter Genomsequenzen erlaubt auch wichtige Rückschlüsse über den Aufbau von Genomen. So hat sich beispielsweise gezeigt, dass Genome der Prokaryoten und relativ „einfacher" Eukaryoten, wie z. B. das der Bäckerhefe *Saccharomyces cerevisiae*, sehr ökonomisch aufgebaut sind; der größte Teil der DNA dieser Organismen wird von den Genen des Organimus eingenommen. Im Gegensatz dazu besteht die DNA höherer Eukaryoten, wie z. B. die des Menschen, zum größten Teil aus nichtcodierenden und oftmals repetitiven Sequenzen, während die eigentlichen Gene hier nur einen verhältnismäßig kleinen Teil (ca. 5 %) des gesamten Genoms darstellen. Die Bedeutung dieser oftmals als *junk*-DNA bezeichneten, anscheinend nutzlosen Anteile des Genoms ist noch nicht geklärt; vermutlich spielen sie eine wichtige Rolle in der Evolution der Organismen. Erst kürzlich wurden molekulare Hinweise entdeckt, die den nichtcodierten Sequenzen eine Bedeutung für die Regulation der Genexpression bescheinigten. Hier wird es durch die aktuelle Forschung in den nächsten Jahren wohl noch zu weiteren erstaunlichen Erkenntnissen kommen.

2.4 Gentechnik

2.4.1 Enzyme als Werkzeuge in der Gentechnik

In der Gentechnik spielt eine Vielzahl von Enzymen eine Rolle, mit deren Hilfe DNA Moleküle gezielt verändert werden können. Die wichtigsten dieser Enzyme, die gewissermaßen die „Werkzeuge" des Gentechnikers darstellen, werden nachfolgend beschrieben.

2.4.1.1 Restriktionsenzyme

„Restriktionsenzyme", genauer gesagt **Restriktionsendonukleasen**, werden von vielen Bakterienarten und -stämmen gebildet und stellen in diesen Organismen einen Abwehrmechanismus gegen das Eindringen fremder DNA (z. B. der DNA eines Bakteriophagen) dar. Diese Enzyme erkennen eine kurze Nukleotidsequenz auf der DNA (meistens 4 bis 8 Basenpaare) und durchtrennen (hydrolysieren) die DNA an dieser Stelle. Hierdurch wird die Fremd-DNA in biologisch unwirksame Fragmente gespalten. Die zelleigene DNA wird durch spezifische Methylasen an diesen Erkennungssequenzen methyliert, so dass keine Spaltung der zelleigenen DNA durch das eigene Restriktionsenzym erfolgt. Zur Zeit sind mehrere Hundert Restriktionsenzyme bekannt, die jeweils spezifische Sequenzmotive erkennen und die DNA in definierter Weise schneiden. Die Häufigkeit der Schnittstellen für ein bestimmtes Restriktionsenzym hängt von der Basenzahl der Erkennungssequenz ab. Bei 4 möglichen, statistisch gleichverteilten Basen und 4 Basenpaaren als Erkennungssequenz kommt diese Sequenz jeweils alle 256 (4^4), bei 6 Basenpaaren alle 4096 (4^6) Positionen vor.

Charakteristisch für viele Restriktionsenzyme ist eine palindromartige Anordnung der Basen in der Erkennungssequenz, d. h. in Richtung der Pfeile gelesen ergibt sich für beide Stränge dieselbe Basenfolge (Abb. 2.28).

Die entstehenden Spaltstücke haben Einzelstrang-Endstücke (überlappende Enden), die sich aufgrund der Basenpaarung mit den komplementären Enden anderer Spaltstücke spontan zusammenlagern können („sticky ends"), ohne dass die Doppelstränge dabei kovalent verknüpft sein müssen. Im Prinzip kann jedes nach „Verdau" (Spaltung) mit einem bestimmten Restriktionsenzym entstehende Fragment mit beliebigen anderen, mit dem gleichen Enzym gebildeten Fragmenten über die komplementären Enden verknüpft werden.

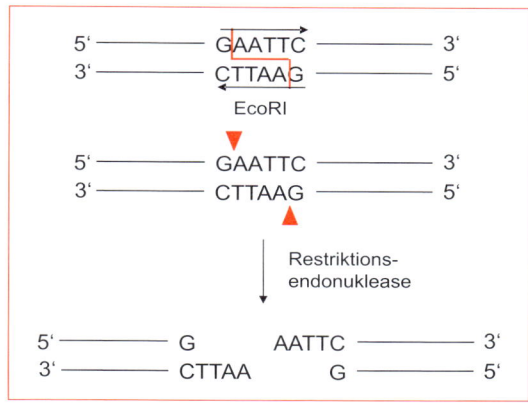

Abb. 2.28 Fragmentierung (Hydrolyse) von DNA durch eine Restriktionsendonuklease aus *E. coli*. Die Bezeichnung „*Eco*RI" richtet sich nach dem Organismus aus dem die Restriktionsendonuklease isoliert wurde.

2.4.1.2 DNA – Ligasen

DNA-Ligasen sind Enzyme, die nicht kovalent assoziierte DNA-Sequenzen – z. B. die in Abb. 2.28 gezeigten, sich aufgrund der komplementären Basen spontan zusammenlagernden Enden von Restriktionsfragmenten – in kovalent verknüpfte Doppelstränge überführen können. Diese Enzyme gehören zum natürlichen enzymatischen DNA-Reparatur-System der meisten Zellen. Das durch die Restriktionsenzyme ermöglichte Schneiden von DNA-Molekülen an spezifischen Stellen und die durch DNA-Ligasen ermöglichte Verknüpfung von Restriktionsfragmenten sind die wesentlichen Grundlagen bei der Erstellung rekombinanter (d. h. neukombinierter) DNA.

2.4.1.3 Polymerasen

Polymerasen synthetisieren den zu einem einzelsträngigen Matrizenstrang komplementären Gegenstrang (Abb. 2.29). Je nach Art der dabei synthetisierten Nucleinsäure unterscheidet man DNA-Polymerasen und RNA-Polymerasen.

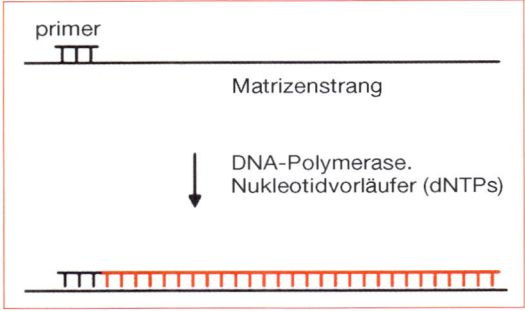

Abb. 2.29 Wirkungsweise der DNA-Polymerase (Details s. Text)

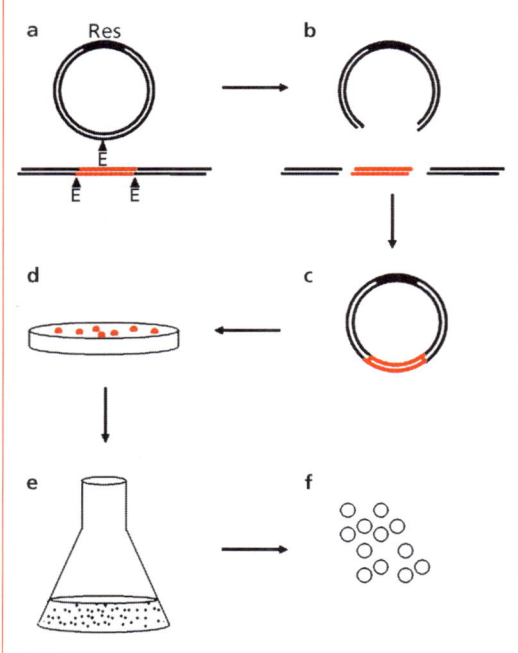

Abb. 2.30 Klonierung eines DNA-Fragmentes in einen Plasmidvektor. (a, b) Durch Verdau mit einer Restriktionsendonuklease (E) wird das Plasmid an einer definierten Stelle geöffnet und das zu klonierende DNA-Fragment freigesetzt. (c) Anschließend wird das DNA-Fragment mit dem Plasmid mittels DNA-Ligase kovalent verknüpft. (d) Nach Transformation der ligierten DNA (Plasmid) in Bakterien und Kultivieren auf einem Antibiotika-haltigen Nährboden bilden nur diejenigen Bakterien Kolonien, die aufgrund des in dem Plasmid vorhandenen Resistenzgens (Res) gegenüber dem Antibiotikum resistent sind. (e) Nach Vermehren der Bakterien einer Kolonie in Flüssigkultur kann (f) das rekombinante Plasmid aus den Bakterien isoliert werden.

Polymerasen spielen in einer Vielzahl gentechnischer Anwendungen wichtige Rollen, beispielsweise bei der Bestimmung der Nucleotidsequenz von DNA-Molekülen oder bei der Polymerasekettenreaktion (siehe Abschnitt 2.4.3).

Für die praktische Anwendung von DNA-Polymerasen ist zu beachten, dass sie einen so genannten „Primer" benötigen, d. h. ein kurzes Stück einzelsträngiger DNA (oder RNA) mit einer zu dem zu kopierenden Matrizenstrang komplementären Basenfolge. Der Primer bindet an die entsprechende Stelle des Matrizenstranges und stellt dadurch einen Ansatzpunkt – eine Art „Startsubstrat" – für die Kettenverlängerung durch die DNA-Polymerase dar. Durch die Wahl eines geeigneten Primers kann daher vorherbestimmt werden, welcher Bereich eines DNA-Stranges kopiert wird. Dies ist beispielsweise bei der im Abschnitt 2.4.3 beschriebenen Polymerasekettenreaktion von Bedeutung.

2.4.2 Die Klonierung eines Gens

Durch die Klonierung eines Gens ist es möglich, den zugrunde liegenden DNA-Abschnitt beliebig zu vermehren und mit molekularbiologischen Methoden in allen Einzelheiten zu untersuchen. Das klonierte Gen kann ferner in einen geeigneten Wirtsorganismus eingebracht werden, etwa um das von ihm codierte Protein gentechnisch zu erzeugen. Die Nucleotidsequenz des klonierten Gens – und damit auch die Aminosäuresequenz des betreffenden Proteins – kann durch Mutagenese gezielt verändert werden; dies ermöglicht die gentechnische Produktion von Biokatalysatoren (Enzymen) mit maßgeschneiderten Eigenschaften. Grundlage dieser Verfahren ist der Einbau der Gensequenz in einen Klonierungsvektor. Der Vektor fungiert dabei als „Vehikel", welches es erlaubt, die eingebaute DNA-Sequenz in einem Organismus (z. B. in Bakterien) zu vermehren.

Organismen, deren Genom durch die Methoden der Gentechnik verändert wurden, bezeichnet man als GVOs (gentechnisch veränderte Organismen). Der Umgang mit diesen Organismen zu Forschungs- oder kommerziellen Zwecken ist an strenge gesetzliche Auflagen geknüpft. Je nach der Art des verwendeten Empfängerorganismus und der Herkunft der in ihn eingeführten Fremd-DNA unterscheidet man verschiedene gentechnische Risiko- bzw. Sicherheitsstufen und damit einhergehende Anforderungen an die Ausstattung des Gentechniklabors oder einer Produktionsanlage.

Die meisten Vektoren leiten sich von bakteriellen **Plasmiden** ab, ringförmigen DNA-Molekülen, die in Bakterien neben der zelleigenen DNA koexistieren können und meist spezifisch zwischen Zellen einer Art übertragen werden. Neben den Plasmiden spielen von Bakteriophagen abgeleitete Vektorsysteme eine Rolle, deren Bedeutung u. a. darin liegt, dass man mit ihnen relativ große DNA-Fragmente klonieren kann. Die meisten Klonierungsvektoren sind so beschaffen, dass sie nur in einem bestimmten Wirtsorganismus (z. B. dem Bakterium E. coli) benutzt werden können; mittels genetischer Methoden wurden jedoch auch Plasmide konstruiert, die in mehreren Zelltypen verwendet werden können, beispielsweise in E. coli und in Hefezellen. Solche „shuttle"-Vektoren werden oft benutzt, wenn das einklonierte Gen in vitro verändert werden soll. Dies wird in der Regel in dem einfacher zu handhabenden E. coli-System gemacht, bevor der Vektor nach Fertigstellung und Vermehrung in den eigentlichen Zielorganismus eingeführt wird.

Die Schritte bei der Klonierung eines Gens in einen Plasmid-Vektor sind in Abb. 2.30 dargestellt. Um einen DNA-Abschnitt zu klonieren wird die Vektor-DNA und der betreffende DNA-Abschnitt mit dem gleichen Restriktionsenzym geschnitten, so dass lineare DNA-Stücke mit den gleichen überstehenden Endstücken entstehen. Diese Segmente assoziieren statistisch und bilden lineare oder zyklische Assoziate, die mit Ligasen kovalent verknüpft werden. Mit diesem DNA-Gemisch werden die Wirtszellen „transformiert". Die Zellen werden vermehrt und anschließend auf den Gehalt an gewünschter DNA untersucht. Allerdings ist es normalerweise so, dass nur ein kleiner Anteil der Zellen überhaupt DNA aufnimmt. Diese Zellen müssen aus dem Zellgemisch mit verschiedenen Methoden selektioniert werden. Hierzu bedient man sich eines Selektionsmarkers. Das Ausgangsplasmid enthält beispielsweise die Information für ein Enzym, welches ein Antibiotikum spalten kann und der Zelle damit Resistenz gegen dieses Antibiotikum vermittelt. In Gegenwart des Antibiotikums können daher nur Zellen wachsen, die dieses Enzym und somit auch das Plasmid enthalten. Die Selektion der Bakterien findet auf einem festen Nährmedium statt, so dass sich einzelne Kolonien bilden. Die Bakterien einer Kolonie stellen einen „Klon" dar und enthalten das gleiche Plasmid, da sie alle von einer Zelle abstammen. Um dieses Plasmid zu gewinnen legt man eine Kultur an, die man mit Bakterien aus der betreffenden Kolonie animpft. Durch Verdau der aus dieser Kultur isolierten Plasmid-DNA mit dem bei der Klonierung verwendeten Restriktionsenzym kann dann überprüft werden, ob der Vektor das angebotene DNA-Fragment tatsächlich aufgenommen hat. Als Ergebnis stehen nun Zellen zur Verfügung, die das gewünschte Gen auf einem Vektor enthalten.

Aus biotechnologischer Sicht von sehr großer Bedeutung sind die so genannten **Expressionsvektoren**, die die Bildung eines von dem klonierten Gen kodierten Proteins, beispielsweise eines Enzyms, in dem Wirtsorganismus gestatten. Mit Hilfe solcher Vektoren ist es möglich, nahezu beliebige Proteine in großen Mengen herzustellen und z. B. als Biokatalysatoren für technische Synthesen zu verwenden. Expressionsvektoren besitzen zusätzliche Signale (Promotoren, Translationsstartstellen) die die Transkription und Translation des klonierten DNA-Abschnitts und damit die Expression des betreffenden Proteins ermöglichen. Als Wirtsorganismen für Expressionsvektoren kommen nicht nur Bakterien (prokaryotische Expressionsvektoren), sondern auch eukaryotische Zellen, wie z. B. Hefe- oder Gewebekulturzellen, in Frage (eukaryotische Expressionsvektoren).

Expressionsvektoren sind oftmals so aufgebaut, dass sie die Synthese des gewünschten Proteins als „Fusionsprotein" erlauben, d. h. das betreffende Protein trägt am Amino- oder Carboxylende eine zusätzliche Aminosäuresequenz. In der Regel verwendet man hier Aminosäuresequenzen die eine Affinität zu einem bestimmten Liganden (z. B. einem Antikörper oder durch einen Poly-Histidin-Schwanz, ein so genannter His-Tag, zu einer Metallchelat-Matrix) aufweisen. Dies ermöglicht die schnelle und effiziente Reinigung des exprimierten Proteins durch eine entsprechende Affinitätschromatographie.

Außerdem kann eine Sequenz angefügt werden, die die Proteine als „extrazelluläre Proteine" kennzeichnet und für ein Sezernieren aus der Zelle sorgt. Diese zusätzlichen Sequenzen sind oftmals so konzipiert, dass sie eine Erkennungsstelle für eine spezifische Protease aufweisen und bei Bedarf nach der Affinitätsreinigung des Proteins durch die Protease abgespalten werden können.

2.4.3 Polymerasekettenreaktion

Die Herstellung ausreichender Mengen eines bestimmten DNA-Fragments für die oben beschriebene Klonierung in einen Vektor ermöglicht effektiv die **Polymerasekettenraktion** (PCR, *polymerase chain reaction*). Mit dieser Methode kann ein spezifischer DNA-Abschnitt aus einem DNA-Gemisch selektiv und effektiv im Reagenzglas vermehrt (amplifiziert) werden. Das Grundprinzip der Polymerasekettenreaktion ist in Abb. 2.31 dargestellt. Ausgehend von wenigen DNA-Molekülen werden diese durch Erhitzen in Einzelstränge aufgetrennt. Anschließend kann jeder Einzelstrang dann mit den zugesetzten komplementären Oligonucleotiden (Primern) assoziieren. Durch spezielle Verfahren ist es möglich Oligonucleotide mit beliebiger Basensequenz synthetisch herzustellen – man wählt die Sequenz der zugesetzten Oligonucleotide so, dass sie den Bereich, den man vermehren möchte, flankieren. Anschließend werden die Oligonucleotide durch DNA-Polymerase zum Doppelstrang vervollständigt, d. h. die Oligonucleotide fungieren als „primer" für die Polymerase (siehe 2.4.1.3). Dem Ansatz müssen selbstverständlich alle für die Reaktion notwendigen Komponenten, wie beispielsweise die aktivierten DNA-Monomere (Desoxyribonucleotidtriphosphate), Mg^{2+} und Pufferlösung zugegeben werden. Die drei Schritte – Denaturierung der Doppelstränge, Anlagern der Primer und Synthese der komplementären Stränge – werden bei verschiedenen Temperaturen durchgeführt und bilden einen Reaktionszyklus. Pro Zyklus (Dauer ca. 5–10 Minuten) wird die Zahl der Doppelstrang-DNA dabei jeweils verdoppelt, d. h. durch eine Abfolge mehrerer Zyklen (in der Regel beträgt die Zykluszahl n = 30–40) wird die gewünschte DNA exponentiell vervielfältigt (2^n).

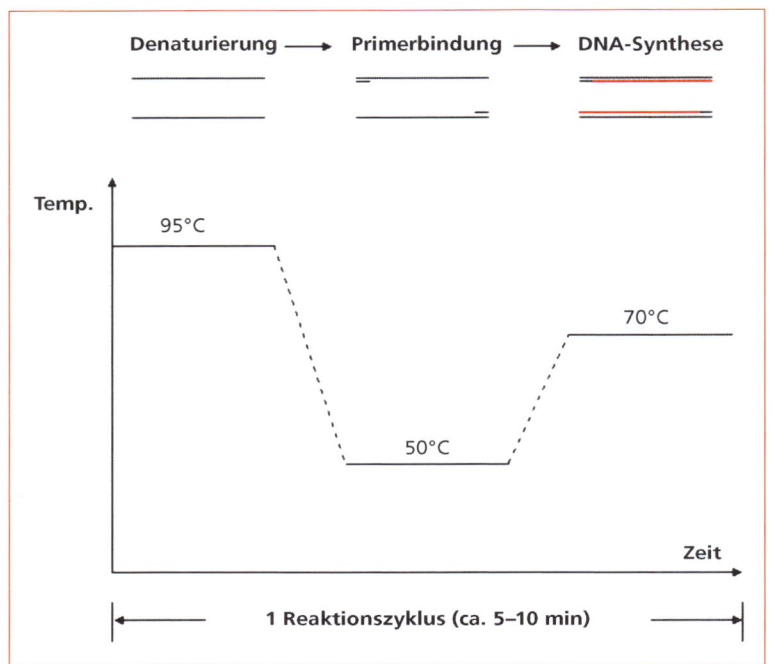

Abb. 2.31 Ein Reaktionszyklus bei der Polymerasekettenreaktion (PCR)

Die PCR-Technologie hat heute sehr weite Verbreitung erfahren. Ermöglicht wurde dies u. a. durch die Verfügbarkeit von speziellen, hitzestabilen DNA-Polymerasen, die trotz der z. T. hohen Reaktionstemperaturen ihre Aktivität über viele Reaktionszyklen behalten – eine solche hitzestabile DNA-Polymerase wurde beispielsweise aus dem in heißen Quellen vorkommenden Archaebakterium *Thermus aquaticus* isoliert („Taq-Polymerase"). Durch Verwendung von „PCR-Geräten", d. h. von programmierbaren Thermostaten, die die erforderlichen Erhitzungs- und Abkühlungsschritte durchführen, können die Reaktionen weitgehend automatisiert werden. Hierdurch können DNA-Sequenzen schnell und nahezu beliebig vermehrt werden. Eine gewisse Einschränkung bei der Anwendung der PCR besteht darin, dass zumindest die flankierenden Basensequenzen der zu amplifizierenden DNA bekannt sein müssen, damit spezifische Oligonucleotidprimer synthetisiert werden können. Diese Informationen sind jedoch häufig aus Datenbanken zugänglich – durch die Fortschritte im Bereich der Genomik (s. o.) ist es heute beispielsweise möglich, nahezu jeden beliebigen Abschnitt des menschlichen Genoms in kürzester Zeit zu vervielfältigen.

Ein wesentliches Merkmal der Polymerasekettenreaktion ist ihre hohe Empfindlichkeit: Da die Vermehrung des von den Oligonucleotiden flankierten DNA-Bereichs exponentiell erfolgt, ist es möglich, die gewünschte Ziel-DNA zu amplifizieren, auch wenn nur extrem geringe Ausgangs-DNA-Mengen zur Verfügung stehen; es muss dann nur die Zahl der Reaktionszyklen erhöht werden. Hierdurch erschließt die PCR-Technologie neue Anwendungsgebiete, die mit herkömmlichen Klonierungsverfahren nicht oder nur mit großem Aufwand zugänglich sind. Als Beispiel sei der in der Kriminalistik eingesetzte „genetische Fingerabdruck" einer Person genannt, der aus äußerst geringen DNA-Spuren erstellt werden kann. Ebenso kann aus den Überresten verstorbener Personen oder aus Museumsmaterial ausgestorbener Tiere DNA isoliert und durch PCR amplifiziert werden. Auf diese Weise konnten z. B. die genetischen Verwandtschaften von Pharaonen nachträglich festgestellt oder das Mammut in den Stammbaum der Elefanten eingeordnet werden.

2.4.5 Proteindesign (*protein engineering*)

Für die Biotechnologie sind Verfahren von großer Bedeutung, durch die die Aminosäuresequenz (und damit einhergehend die Eigenschaften) von Proteinen gezielt verändert werden können. Durch Proteindesign (engl. *protein engineering*) ist es beispielsweise möglich, die Substratspezifität eines Enzyms zu verändern und dadurch neue biokatalytische Anwendungen zu erschließen. Will man einen gezielten Aminosäureaustausch (z. B. Phenylalanin gegen Tyrosin) an einer vorherbestimmten Stelle eines Proteins erreichen, so verwendet man in der Regel synthetische Oligonucleotide, in denen die Basensequenz in der gewünschten Weise verändert ist (in dem obigen Beispiel wird die für Phenylalanin kodierende Basensequenz „TTC" durch die für Tyrosin kodierende Sequenz „TAC" ersetzt). Setzt man diese Oligonucleotide in einer PCR Reaktion ein, so entstehen überwiegend DNA-Produkte mit der veränderten („mutierten") Sequenz (Abb. 2.32). Durch Einklonieren in einen Expressionsvektor kann dann das Enzym mit der mutierten Aminosäuresequenz gewonnen werden. Strategien, bei denen das Protein in gezielter Weise verändert wird, setzen normalerweise voraus, dass bereits detaillierte Informationen über das Protein, beispielsweise über seine räumliche Struktur oder sein aktives Zentrum, vorliegen.

Eine interessante und erfolgreiche Alternative zu dieser gezielten Vorgehensweise stellt das Prinzip der **Zufallsmutagenese** dar (evolutives Proteindesign). Hierbei wird das Gen für das betreffende Enzym zunächst ungerichtet an unterschiedlichen Stellen mutiert. Dies kann z. B. dadurch erreicht werden, dass man den für das Enzym kodierenden DNA-Bereich in einer PCR-Reaktion unter sub-optimalen Bedingungen amplifiziert und anschließend in einen Expressionsvektor kloniert. Die Fehlerhäufigkeit der hitzestabilen DNA-Polymerase wird dadurch erhöht und es werden falsche Basen eingebaut. Da diese Fehler mehr oder weniger zufällig verteilt sind, erhält man nach Klonierung der erzeugten „Gen-Bank" in Bakterienzellen auf diese Weise eine Sammlung von Zufallsvarianten des Enzyms, von denen viele einen oder mehrere Aminosäureaustausche haben. Die einzelnen Varianten werden nun unter den gewünschten Eigenschaftsbedingungen auf ihre enzymatischen Fähigkeiten (z. B. erhöhte Temperaturstabilität, verändertes Substratspektrum, höhere Enantioselektivität etc.) untersucht, um die Kandidaten mit den „verbesserten" technologischen Eigenschaften zu finden. In der Regel haben die meisten Mutationen negative Auswirkungen auf die Aktivität eines Enzyms, es ist daher notwendig, eine entsprechend große Zahl (meist Tausende) von Varianten zu testen. Mit entsprechend konzipierten automatisierten Hochdurchsatzverfahren ist dies jedoch ohne weiteres möglich. Diese Hochdurchsatzverfahren werden im Englischen als **high throughput screening (HTS)** bezeichnet. Durch mehrere aufeinander folgende Zyklen von Zufallsmutagenese und Aktivitäts-Screening der erhaltenen Mutanten ist es möglich, die Eigenschaften eines Enzyms sukzessive in der gewünschten Richtung zu optimieren.

Eine verwandte Strategie ist das als **exon shuffling** bekannte Verfahren. Dieses Verfahren ist ebenfalls den natürlichen Evolutionsmechanismen nachempfunden. Bei den meisten Genen der Eukaryoten liegen die proteinkodierenden DNA-Bereiche nicht in einem zusammenhängenden Stück vor, sondern sie sind in einzelne Teilbereiche aufgeteilt („Exons"), die erst auf RNA-Ebene durch Entfernen („splicing") der Zwischenbereiche („Introns") zu einer funktionellen Einheit zusammengefügt werden. Die einzelnen Exons codieren oftmals für funktionelle Teilbereiche („Domänen") des betreffenden Proteins. Die Zahl der Exons kann je nach Gen sehr unterschiedlich sein und bis zu mehrere Dutzend betragen. Man nimmt an, dass die Organisation der Gene in getrennten Stücken einen Vorteil in der Evolution darstellt. Durch Rekombinationsprozesse ist es relativ leicht möglich, Exons verschiedener Gene neu miteinander zu kombinieren und dadurch neue Gene mit neuen Proteinfunktionen zu erzeugen. Bei der Methode des *exon shuffling* versucht man diesen evolutionären Prozess im Reagenzglas nachzuvollziehen – man spricht daher hierbei auch von *protein evolution*. In Abb. 2.33 ist dies schematisch dargestellt. Ausgehend von mehreren Proteinen mit unterschiedlichen funktionellen Domänen werden durch PCR mittels geeigneter Oligonucleotidprimer die den einzelnen Proteindomänen entsprechenden DNA-Bereiche amplifiziert. Die hierbei benutzten Oligonucleo-

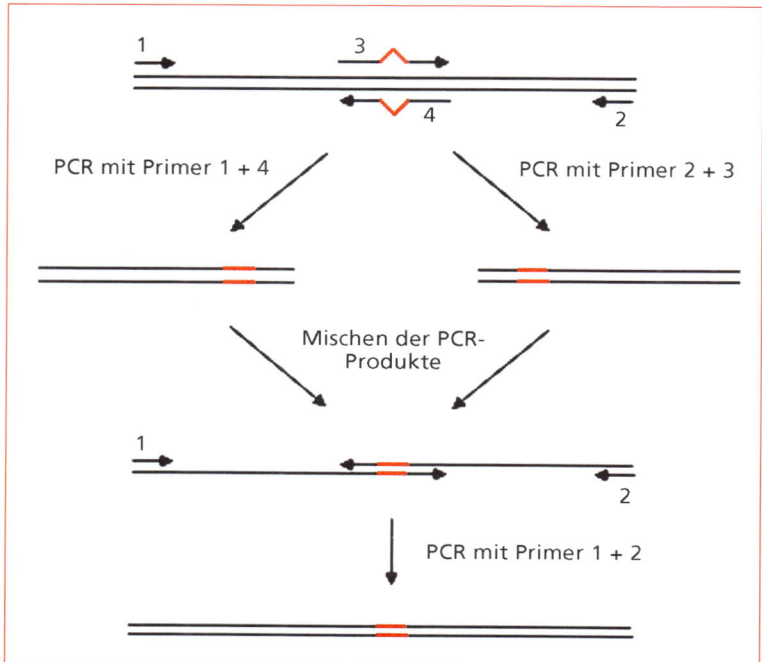

Abb. 2.32 Oligonukleotidgesteuerte Mutagenese mittels Polymerasekettenreaktion (PCR). Primer 3 und 4 sind so konzipiert, dass sie die gewünschte Nukleotidsequenz (roter Bereich) enthalten.

tide sind so konzipiert, dass die jeweiligen Enden der resultierenden Domänen komplementär sind – mischt man nun die verschiedenen Domänen zusammen und führt weitere PCR Reaktionen durch, so ergeben sich zufällige Neukombinationen der eingesetzten Domänen. Kloniert man das resultierende PCR-Gemisch in einen Expressionsvektor erhält man letztlich eine Sammlung neuartiger Proteine, die wiederum durch Screeningverfahren auf das Vorhandensein gewünschter Eigenschaften untersucht werden können. Das hier geschilderte Grundprinzip kann in vielfacher Weise abgewandelt werden. Beispielsweise können die Domänen einander entsprechender Proteine verschiedener Organismen durch *shuffling* neu gemischt werden. Alternativ können Domänen verwandter Proteine eines Organismus oder vollkommen unterschiedlicher Proteine neu kombiniert werden. Durch den Einsatz der PCR-Technologie bei den einzelnen Schritten erfolgt gleichzeitig eine Zufallsmutagenese, so dass zusätzlich auch die Aminosäuresequenz der einzelnen Domänen variiert wird.

Anhand verschiedener Beispiele wurde erläutert, dass durch *directed protein evolution* beispielsweise die Stabilität, die Substrat- oder die Enantio-Selektivität von Enzymen verändert werden kann. Für Enzyme, die in biotechnologischen Prozessen eingesetzt werden, sind solche Verbesserungen der Eigenschaften von extrem großem Interesse, da hierdurch bestehende Herstellungsverfahren optimiert bzw. neue Anwendungsgebiete erschlossen werden können.

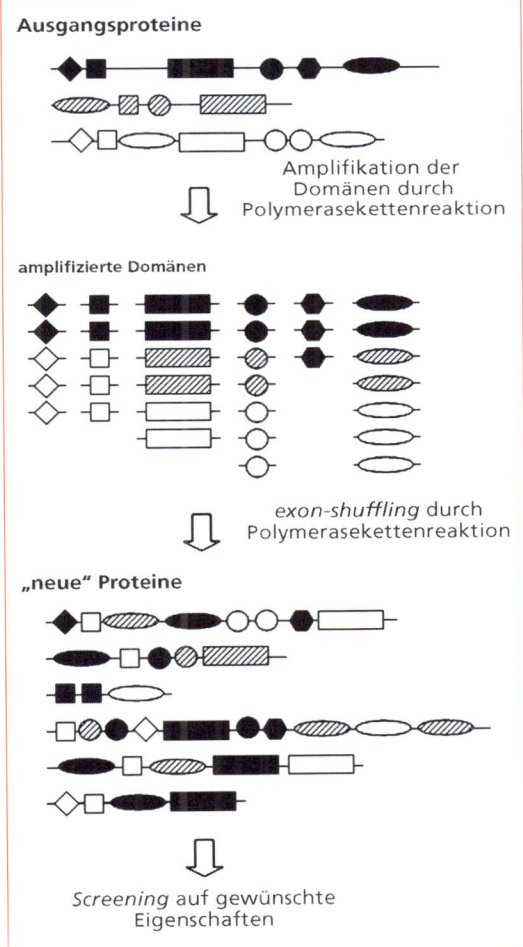

Abb. 2.33 *Exon shuffling* (weitere Erklärungen siehe Text)

Literatur

Alberts, B., Bray, D., Johnson, A., Lewis, J., Raff, M., Roberts, K., Walter, P. (2001): Lehrbuch der Molekularen Zellbiologie. Verlag Wiley-VCH

Brown, T.A. (2002): Gentechnologie für Einsteiger, Spektrum Akademischer Verlag

Gassen, H.G., Martin, A., Bertram, S. (1987): Gentechnik. Gustav Fischer Verlag, Stuttgart

Hartmeier, W. (1986): Immobilisierte Biokatalysatoren. Springer Verlag, Heidelberg

Kirby, A. J. (1996): Enzyme – Mechanismus, Modellreaktion und Mimetika. Angew. Chem. 108: 770–90

Präve, P., Faust, U., Sittig, W., Sukatsch, D.A. (Hrsg.) (1987): Handbuch der Biotechnologie. Oldenbourg Verlag, München

Stryer, L., Berg, J.M., Tymoczko, J.L. (2003): Biochemie. Spektrum Akademischer Verlag

Voet, D., Voet, J.G., Pratt, C.W. (2002): Lehrbuch der Biochemie, Verlag Wiley-VCH

Wartenberg, A. (1989): Einführung in die Biotechnologie. Gustav Fischer Verlag, Stuttgart

3 Enzymkinetik[*]

In Kapitel 2 wurde bereits die besondere Rolle der Enzyme hervorgehoben, die nicht nur katalytische, sondern auch regulatorische Aufgaben wahrnehmen. Vor allem die katalytische Aktivität von Enzymen ist für den Biotechnologen von Bedeutung, wobei die Kenntnis der Enzymkinetik es ermöglicht, mit Hilfe der linearen und nicht-linearen Regression aus einzelnen Messwerten ein kinetisches Modell zu erstellen. Diese Modellvorstellungen gestatten es, innerhalb enzymtechnologischer Prozesse eine Voraussage über den zu erwartenden Umsatz und beispielsweise optimale Enzymkonzentrationen zu treffen (Abb. 3.1). Auch beim Einsatz von ganzen Zellen zur Katalyse beeinflusst das Wechselspiel der Enzyme in der Zelle die metabolische Aktivität und damit das Verhalten der Zellpopulation. Für die Auslegung und Analyse eines solchen Reaktionssystems wird eine mathematische Funktion benötigt, welche das Verhalten der Enzyme in Abhängigkeit von den Reaktionsbedingungen beschreibt. Auch ein Bioreaktor ist ein solches Reaktionssystem, dessen mathematische Beschreibung eine Optimierung ermöglicht, die eine erhöhte Produktivität zum Ziel hat. In den folgenden Abschnitten werden verschiedene Geschwindigkeitsgleichungen abgeleitet und der Einfluss von Zusammensetzung, Druck, Temperatur, Ionenstärke und pH-Wert der Reaktionsmischung auf die Enzymkinetik beschrieben. Die Grundvoraussetzung, dass überhaupt irgendeine chemische Reaktion ablaufen

[*] Autoren: Lutz Hilterhaus, Michael Howaldt, Andreas Liese, Horst Chmiel

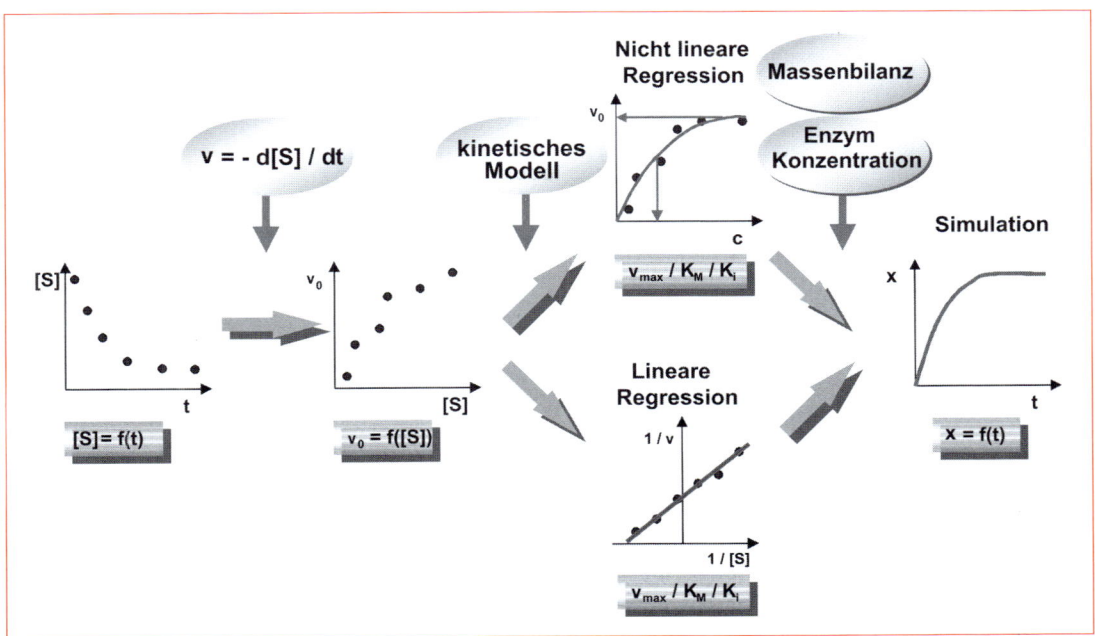

Abb. 3.1 Schematische Darstellung der Bestimmung kinetischer Parameter

kann, liegt jedoch in den thermodynamischen Parametern der Reaktion begründet, was vor allem bei reversiblen Reaktionen von besonderem Interesse ist. Auf diese speziellen thermodynamischen Parameter kann innerhalb dieses Kapitels nicht weiter eingegangen werden.

3.1 Aktivität und Stabilität

Lösungen von Ionen erfüllen das Massenwirkungsgesetz nicht exakt. Auf Grund ihrer Ladungen beeinflussen die Ionen sich gegenseitig, und zwar umso stärker, je höher die Gesamtionenkonzentration in der Lösung ist. Die zwischen entgegengesetzt geladenen Ionen wirkenden Anziehungskräfte führen zu einer vermeintlich geringeren Zahl an dissoziierten Ionenpaaren innerhalb der Lösung. Das Massenwirkungsgesetz kann nichtsdestotrotz auch bei größeren Konzentrationen angewendet werden, wenn die Konzentration c eines Stoffes j jeweils mit einem Korrekturfaktor f, dem Aktivitätskoeffizienten, multipliziert wird:

$$a_j = f_j \cdot c_j \quad (3.1)$$

Anstatt der Konzentration c wird jeweils die Aktivität a in das Massenwirkungsgesetz eingesetzt. Der Aktivitätskoeffizient f hat Zahlenwerte zwischen 0 und 1. Er ist umso kleiner, je größer die Gesamtkonzentration der Ionen, einschließlich der an der Reaktion unbeteiligten Ionen, ist. Eine größere Ionenladung der Teilchen führt ebenfalls zu kleineren Werten des Aktivitätskoeffizienten f. Je verdünnter eine Lösung ist, umso näher liegen die Aktivitätskoeffizienten bei 1, d. h. das Massenwirkungsgesetz ist in einem solchen Fall bei Verwendung von Konzentrationswerten erfüllt. Bei schwachen Elektrolyten kann das Massenwirkungsgesetz ohne Berücksichtigung von Aktivitätskoeffizienten bis zu Konzentrationen von 0,1 M verwendet werden.

Die Enzymmenge wird normalerweise über ihre katalytische Aktivität ausgedrückt. Die Einheit der katalytischen Aktivität ist nach Empfehlung der IUB (International Union of Biochemistry) das **Katal**. 1 Katal (Abkürzung kat) ist diejenige Enzymmenge, die unter den für dieses Enzym gewählten Bedingungen bei 30 °C 1 mol Substrat pro Sekunde katalysiert. Eine andere häufig verwendete Einheit ist die *unit of activity* (d. h. Aktivitätseinheit oder auch nur *unit*, Abkürzung U), die aus dem Englischen übernommen worden ist. 1 U entspricht der Enzymmenge, die unter definierten Reaktionsbedingungen 1 µmol Substrat pro Minute umzusetzen vermag (d. h. 1 kat = $6 \cdot 10^7$ U). Diese Reaktionsbedingungen sind in der Regel für verschiedene Enzyme unterschiedlich definiert. Bei der Angabe der Enzymaktivität in Units muss daher genau geprüft werden, welche Reaktionsbedingungen eingesetzt wurden.

Die Aktivität eines Enzyms entspricht der Anfangsgeschwindigkeit der katalysierten Reaktion, d. h. dem initialen Substratumsatz pro Zeiteinheit. Man misst entweder die Abnahme der Konzentration eines Substrates (-d[S]/dt) oder die Zunahme der Konzentration eines Produktes (d[P]/dt) unter genau definierten Reaktionsbedingungen wie pH, Temperatur, Ionenkonzentration usw. Die Geschwindigkeit einer enzymkatalysierten Reaktion ist von der Konzentration des Substrates abhängig. Erhöhung der Substratkonzentration steigert die Reaktionsgeschwindigkeit bis zu einem Maximalwert (v_{max}). Die Aktivität eines Enzyms wird in der Regel bei maximaler Geschwindigkeit, d. h. im Bereich der Substratsättigung, bei optimalen Cosubstrat- und Effektorkonzentrationen, bei optimalem pH und bei einer willkürlich festgesetzten Temperatur bestimmt.

Die Wechselzahl (engl. *turnover frequency*) gibt die Frequenz – also die Anzahl der Umsetzungen pro Zeiteinheit – an, mit der das Enzym einen Reaktionsschritt katalysiert.

$$\text{turnover frequency} = \frac{\text{umgesetzte Ausgangssubstanz [mol]}}{\text{Zeit [s]} \cdot \text{Stoffmenge Enzym [mol]}} \ [s^{-1}] \quad (3.2)$$

Im Vergleich zur Wechselzahl gibt die dimensionslose maximale Zykluszahl (engl. *total turnover number*) das Verhältnis zwischen der Menge Produkt bezogen auf die Menge des eingesetzten Enzyms wieder. Die Wechselzahl ist ein Maß für die Effizienz des Enzyms. Kinasen, Dehydrogenasen und Aminotransferasen haben Wechselzahlen in der Größenordnung von 10^3. Enzyme wie z. B. die Superoxiddismutase haben Wechselzahlen von bis zu 10^6. Weiterhin kann die maximale Zykluszahl auch auf die eingesetzte Menge an Cofaktor bezogen werden:

$$\text{total turnover number} = \frac{\text{Stoffmenge Produkt [mol]}}{\text{Stoffmenge Enzym oder Kofaktor [mol]}} \quad [-] \quad (3.3)$$

Die maximale Zykluszahl ist somit ein Maß für die Stabilität von Enzymen und erlaubt damit Vergleiche verschiedener Enzyme bezüglich ihrer Stabilität und Anwendbarkeit. Zu beachten ist, dass die *unit of activity* die Einheit [µmol/min] besitzt, wohingegen die Einheit der Wechselzahl [s^{-1}] beträgt:

$$U = \left[\mu mol \cdot min^{-1}\right] = 1{,}67 \cdot 10^{-8} \left[mol \cdot s^{-1}\right] \neq$$
$$\text{turnover frequency} = \left[\frac{mol}{s \cdot mol}\right] = \left[s^{-1}\right] \quad (3.4)$$

Für industrielle Biotransformationen muss die Wechselzahl hoch sein, besonders dann, wenn teure Katalysatoren eingesetzt werden, um die finalen Produktionskosten zu senken. Anstelle der Wechselzahl kann alternativ auch die Desaktivierungsrate und der Enzymverbrauch angegeben werden.

3.2 Reaktionsmechanismen enzymatischer Ein-Substrat-Reaktionen

Enzyme können sowohl Ein-Substrat- wie auch Mehr-Substrat-Reaktionen katalysieren. In den folgenden Abschnitten werden am Beispiel einer Ein-Substrat-Reaktion die grundlegenden Prinzipien der Reaktionsmechanismen und die Herleitung der Geschwindigkeitsgleichungen erläutert. Abschnitt 3.9 behandelt den komplexeren Fall der Mehr-Substrat-Reaktionen.

Allgemein kann jede chemische Reaktion und damit auch jede enzymkatalysierte Reaktion durch folgende Gleichung dargestellt werden:

$$|v_A|A + |v_B|B \rightarrow |v_C|C + |v_D|D \quad (3.5)$$

Wobei die v_i die stöchiometrischen Faktoren sind. Für einen differenziellen Umsatz gilt dann

$$v_A^{-1} dn_A = v_B^{-1} dn_B = v_C^{-1} dn_C = v_D^{-1} dn_D = d\xi \quad (3.6)$$

Da die stöchiometrischen Faktoren der Edukte negativ, die der Produkte positiv sind, ergeben sich automatisch die richtigen Vorzeichen. Durch die Beschreibung des Fortgangs der Reaktion mit Hilfe der Stoffmengen von A, B, C oder D, also mit dn_A, dn_B, dn_C oder dn_D werden, entsprechend den stöchiometrischen Faktoren, zahlenmäßig unterschiedliche Ergebnisse erhalten.

Die Definition der Reaktionslaufzahl ξ, erlaubt eine eindeutige Beschreibung des Reaktionsfortgangs. Unter der Reaktionsgeschwindigkeit wird die Geschwindigkeit $d\xi/dt$ der Zunahme der Reaktionslaufzahl verstanden, die über

$$\frac{d\xi}{dt} = v_j^{-1} \frac{dn_j}{dt} \quad (3.7)$$

mit der Geschwindigkeit der Änderung der Stoffmenge n_j der Komponente j verknüpft ist. Die Definition der Reaktionsgeschwindigkeit $d\xi/dt$ ist unabhängig von der Wahl der Substanz und der Reaktionsbedingungen.

3.2.1 Mathematische Herleitung der Michaelis-Menten-Gleichung

Die Geschwindigkeit einer einfachen enzymatischen Umsetzung eines Substrates S in ein Produkt P kann durch die Michaelis-Menten-Kinetik beschrieben werden. Zur Herleitung der Reaktionsgeschwindigkeit einer enzymkatalysierten Reaktion wird von der folgenden, einfachen Reaktionssequenz ausgegangen, bei der das Substrat S in das Produkt P umgewandelt wird:

$$E + S \underset{k_{-1}}{\overset{k_1}{\rightleftharpoons}} ES \overset{k_2}{\rightarrow} E + P \quad (3.8)$$

wobei E das Enzym, S das Substrat, P das Produkt und ES den **Enzym-Substrat-Komplex** darstellt. Zunächst bindet das Substrat an das Enzym und bildet den Enzym-Substrat-Komplex, und dieser Komplex zerfällt dann in das Produkt und freies

Enzym. Die zentrale Bedeutung, die der Enzym-Substrat-Komplex für die Selektivität und die katalytische Wirkung der Enzyme besitzt, wurde bereits ausführlich in Kapitel 2 erläutert (Abb. 2.15 und 2.16). Gleichung (3.8) beschreibt eine irreversible Reaktion, d.h. aus dem freien Enzym E und dem Produkt P soll kein Substrat entstehen können.

Die zu Gleichung (3.8) gehörigen Massenbilanzen lauten:

$$\frac{d[S]}{dt} = -k_1 \cdot [E] \cdot [S] + k_{-1} \cdot [ES] \qquad (3.9a)$$

$$\frac{d[P]}{dt} = k_2 \cdot [ES] \qquad (3.9b)$$

$$\frac{d[E]}{dt} = -k_1 \cdot [S] \cdot [E] + (k_{-1} + k_2) \cdot [ES] \qquad (3.9c)$$

$$\frac{d[ES]}{dt} = k_1 \cdot [S] \cdot [E] - (k_{-1} + k_2) \cdot [ES] \qquad (3.9d)$$

Die Geschwindigkeitskonstanten k_i der Einzelreaktionen in Gleichung (3.9) besitzen positive Indizes im Falle von Hinreaktionen und negative Indizes bei Rückreaktionen. Da das Enzym entweder in freier Form oder als Komplex vorliegt, gilt nach dem Gesetz der Massenerhaltung:

$$[E]_0 = [E] + [ES] \qquad (3.9e)$$

$$[S] + [P] + [ES] = [S]_0 \qquad (3.9f)$$

wobei $[E]_0$ die Enzymkonzentration zur Zeit t = 0 und $[S]_0$ die anfängliche Substratkonzentration ist. Dieses Gleichungssystem kann nicht analytisch gelöst werden. Um zu einer geschlossenen Lösung zu gelangen, wird sich der so genannten **Steady-State-Annahme** bedient, die häufig in der chemischen Reaktionstechnik verwendet wird und erstmals 1914 von Max Bodenstein formuliert wurde. Diese Annahme besagt, dass sich nach einer im Vergleich zur gesamten Reaktionsdauer kurzen Anlaufzeit die Konzentration der Reaktions-Zwischenprodukte nicht mehr wesentlich ändert. Angewendet auf die Reaktionsgleichung 3.8 ergibt sich für die Konzentration des Enzym-Substrat-Komplexes:

$$\frac{d[ES]}{dt} = 0 \qquad (3.10a)$$

Mit Gleichung (3.9e) folgt für die Konzentration des freien Enzyms:

$$\frac{d[E]}{dt} = 0 \qquad (3.10b)$$

Es muss hervorgehoben werden, dass durch die Steady-State-Annahme ein so genanntes Fließgleichgewicht beschrieben wird, das nicht mit dem Gleichgewicht der Reaktion A + B ⇌ C gleichzusetzen ist. Der Unterschied zwischen diesen beiden Gleichgewichten ist in Abb. 3.2 dargestellt.

Das thermodynamische Gleichgewicht einer Reaktion – in Abb. 3.2 ist die Reaktion A + B ⇌ C dargestellt – stellt sich in einem geschlossenen System ein, wenn die Zeit t → ∞ geht und die Reaktion unter den gewählten Bedingungen ablaufen kann. Ein geschlossenes System ist dadurch charakterisiert, dass es mit seiner Umgebung keine Materie austauscht, während ein offenes System Materie mit seiner Umgebung austauschen kann. In einem offenen System stellen sich zeitlich konstante Substrat- und Produktkonzentrationen ein. Dieses Fließgleichgewicht wird von der Reaktionskinetik, der Durchströmung des Systems und dem chemischen Gleichgewicht bestimmt.

Gleichung (3.9c) bzw. (3.9d) und Gleichung (3.9e) lassen sich mit Gleichung (3.10a) bzw. (3.10b) [ES] und [E] als Funktionen von [S] und $[E]_0$ ausdrücken:

$$[ES] = \frac{k_1 [S][E]_0}{k_1 [S] + k_{-1} + k_2} \qquad (3.11a)$$

$$[E] = \frac{(k_{-1} + k_2)[E]_0}{k_1 [S] + k_{-1} + k_2} \qquad (3.11b)$$

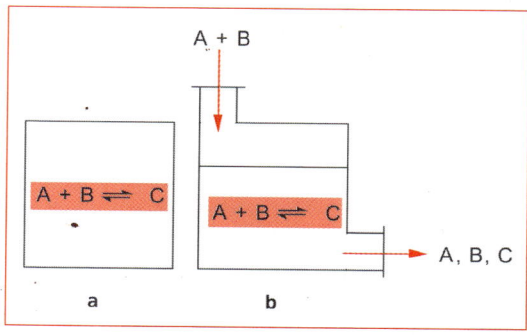

Abb. 3.2 Darstellung a) eines geschlossenen und b) eines offenen Systems

3.2 Reaktionsmechanismen enzymatischer Ein-Substrat-Reaktionen

Die zeitliche Änderung der Konzentration von ES ist gegeben durch:

$$\frac{d[ES]}{dt} = k_1([E]_0 - [ES]) \cdot [S] - k_{-1}[ES] - k_2[ES] \quad (3.12)$$

Im quasi-stationären Zustand ist d[ES]/dt = 0, es gilt also:

$$k_1([E]_0 - [ES]_{st})[S] = k_{-1}[ES]_{st} + k_2[ES]_{st} \quad (3.13a)$$

$$\frac{[S]([E]_0 - [ES]_{st})}{[ES]_{st}} = \frac{k_{-1} + k_2}{k_1} = K_m \quad (3.13b)$$

Die zusammenfassende Konstante K_m heißt **Michaelis-Konstante**. Mit ihr lässt sich die Konzentration an Zwischenverbindungen im quasi-stationären Zustand als Funktion der Substratkonzentration ausdrücken:

$$[ES]_{st} = \frac{[E]_0 \cdot [S]}{K_m + [S]} \quad (3.14)$$

Mit Gleichung (3.11a) und (3.11b) können [E] und [ES] aus Gleichung (3.9b) eliminiert werden. Es entsteht eine Gleichung, die außer den Geschwindigkeitskonstanten nur die eingesetzte Enzymkonzentration [E]$_0$ sowie die Substratkonzentration [S] enthält. Für die Reaktionsgeschwindigkeit v gilt dann:

$$v = \frac{d[P]}{dt} = -\frac{d[S]}{dt} = \frac{k_1 k_2 [S][E]_0}{k_1[S] + k_{-1} + k_2} \quad (3.15)$$

Dies ist die von Briggs und Haldane im Jahre 1925 hergeleitete Beziehung. Durch Zusammenfassen der Konstanten wird die übliche Form der **Briggs-Haldane-Gleichung** erhalten, die auch als Michaelis-Menten-Gleichung bezeichnet wird:

$$v = \frac{d[P]}{dt} = -\frac{d[S]}{dt} = \frac{v_{max}[S]}{K_m + [S]} \quad (3.16a)$$

mit

$$K_m = \frac{k_{-1} + k_2}{k_1} \quad ; \quad v_{max} = k_2 \cdot [E]_0 \quad (3.16b)$$

v_{max} ist die Maximalgeschwindigkeit der Hinreaktion, und K_m wird allgemein als Michaelis-Konstante bezeichnet. Dies ist nicht ganz korrekt, denn in der ursprünglichen Herleitung von Michaelis und Menten im Jahre 1913 wurde die Geschwindigkeitskonstante k_2 in der Definition von K_m nicht berücksichtigt. Michaelis und Menten hatten nicht die Steady-State-Annahme verwendet, sondern die so genannte **Rapid-Equilibrium-Annahme**. Auf diese Annahme wird ausführlicher im Abschnitt über allosterische Enzyme eingegangen. Sie besagt, dass die Geschwindigkeitskonstanten k_1 und k_{-1}, die für die Ausbildung des Enzym-Substrat-Komplexes verantwortlich sind, wesentlich größer sind als die Geschwindigkeitskonstante k_2, die für die Produktbildung verantwortlich ist. Dadurch vereinfacht sich die Beziehung für K_m zu:

$$K_m = \frac{k_{-1}}{k_1} \quad (3.17a)$$

$$k_1 \gg k_2 \; ; \; k_{-1} \gg k_2 \quad (3.17b)$$

In dieser Form stellt K_m die wahre Dissoziationskonstante des Enzym-Substrat-Komplexes dar. Gleichung (3.16a) wird dennoch (aus historischen Gründen) als Michaelis-Menten- und nicht als Briggs-Haldane-Gleichung bezeichnet. Unabhängig davon, ob die Steady-State-Annahme oder die Rapid-Equilibrium-Annahme getroffen wird, ergibt sich Gleichung (3.16a). In Gleichung (3.18) ist eine weitere häufig verwendete Größe eingeführt: k_{cat} entspricht k_2 in der hier verwendeten Nomenklatur.

$$v_{max} = k_2 [E]_0 = k_{cat} [E]_0 \quad (3.18)$$

k_{cat} ist die Geschwindigkeitskonstante für die Umwandlung des Enzym-Substrat-Komplexes in das Produkt. Je höher der Wert von k_{cat} umso größer ist der Umsatz der Reaktion. Die Michaelis-Menten-Konstante K_m erlaubt hingegen nur eine Aussage über die Bindungsaffinität des Substrats zum Enzym. Beide Werte für sich haben einen nicht allzu großen Informationsgehalt. Ein hoher Wert für k_{cat} bedeutet eine hohe Arbeitsgeschwindigkeit des Enzyms, aber über die notwendige feste Bindung zur Umsetzung des Substrates wird keine Aussage gemacht. Ein hoher Wert für K_m steht für diese feste Bindung des Substrats an das Enzym, doch die Quantität der Umsetzung bleibt außen vor. Nur eine Kombination beider Werte gibt nützliche Informationen über die Reaktion.

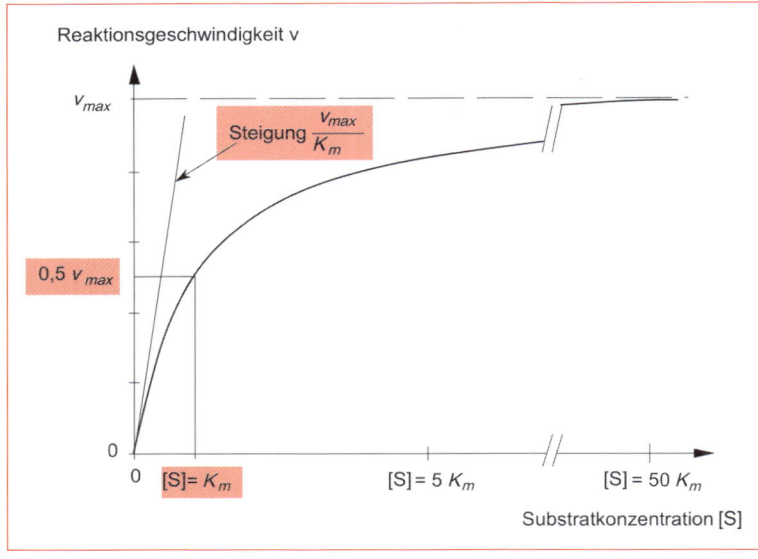

Abb. 3.3 Grafische Darstellung der Michaelis-Menten-Gleichung (3.16a) und der Parameter v_{max} und K_m

In Abb. 3.3 ist die Michaelis-Menten-Gleichung (3.16a) grafisch wiedergegeben. Die Funktion ist hyperbolisch und strebt mit zunehmender Substratkonzentration der maximalen Reaktionsgeschwindigkeit v_{max} zu. K_m hat die Einheit einer Konzentration und gibt diejenige Substratkonzentration an, bei der die Reaktionsgeschwindigkeit der halben Maximalgeschwindigkeit v_{max} entspricht. Mathematisch lässt sich dies leicht nachvollziehen, indem in Gleichung (3.16a) [S] = K_m gesetzt wird.

Die zeitliche Änderung der Konzentration einer Komponente sei gegeben durch die Beziehung:

$$\frac{dx}{dt} = k \cdot [A]^a \cdot [B]^b \ldots \quad (3.19)$$

Wobei es sich bei k um die Geschwindigkeitskonstante handelt. Die Exponenten a,b,... werden die Ordnung der Reaktion im Bezug auf die Komponenten A, B,... genannt. Die Summe:

$$n = a + b + \ldots \quad (3.20)$$

bezeichnet die Ordnung der gesamten Reaktion.

Bei hohen Substratkonzentrationen ([S] >> K_m) ist die Reaktion 0ter Ordnung, d.h., eine Erhöhung der Substratkonzentration bewirkt keine weitere Zunahme der Reaktionsgeschwindigkeit, da alle aktiven Zentren (engl. *active sites*) der Enzyme besetzt sind. Bei niedrigen Substratkonzentrationen ([S] << K_m) hingegen ist die Reaktionsgeschwindigkeit direkt proportional zur Substratkonzentration, es liegt also eine Reaktion 1ter Ordnung vor. In mathematischer Form lauten diese beiden Feststellungen:

$$\lim_{[S] \to \infty} v = v_{max} \quad (3.21a)$$

$$\lim_{[S] \to 0} v = \frac{v_{max}}{K_m} \cdot [S] \quad (3.21b)$$

Als weitere Folgerung aus Gleichung (3.16a) ergibt sich, dass eine Verdopplung der Enzymkonzentration zu einer Verdopplung der Reaktionsgeschwindigkeit führt, da ja die maximale Reaktionsgeschwindigkeit v_{max} das Produkt aus der Geschwindigkeitskonstante k_2 und der Enzymkonzentration $[E]_o$ ist (s. Abb. 3.4).

Gleichung (3.16a) wurde unter der Annahme hergeleitet, dass der Enzym-Substrat-Komplex direkt in Produkt und freies Enzym zerfällt. In vielen Fällen stellt diese Annahme eine Vereinfachung der realen Situation dar, in der verschiedene Umlagerungen des Enzym-Substrat-Komplexes auftreten, bevor das Produkt entlassen wird (Abb. 2.15):

$$E + S \rightleftarrows ES \rightleftarrows EX_1 \rightleftarrows EX_2 \rightleftarrows \ldots EX_i \ldots \longrightarrow E + P \quad (3.22)$$

3.3 Einfluss der Umgebungsbedingungen

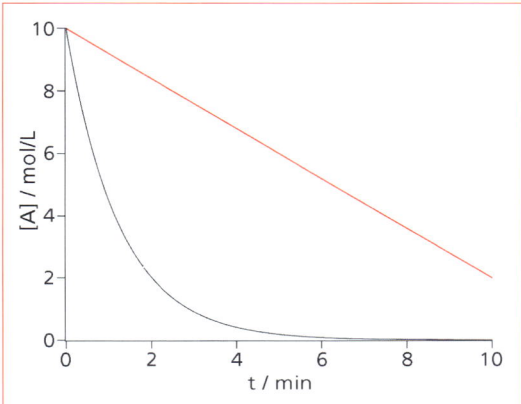

Abb. 3.4 Rot: Bei hohen Substratkonzentrationen ([S] $\gg K_m$) ist die Reaktion 0ter Ordnung: ([A] = $-k_0 t$ + [A]$_0$); Schwarz: Bei niedrigen Substratkonzentrationen ([S] $\ll K_m$) hingegen ist die Reaktionsgeschwindigkeit direkt proportional zur Substratkonzentration, es liegt also eine Reaktion 1ter Ordnung vor: ([A] = [A]$_0 \cdot \exp(-k_1 t)$).

Diese Zwischenkomplexe machen sich jedoch in der Regel in der Geschwindigkeitsgleichung nicht bemerkbar, da sie nicht geschwindigkeitsbestimmend sind.

3.3 Einfluss der Umgebungsbedingungen

Enzyme erhalten ihre Spezifität aufgrund ihrer räumlichen Struktur, wobei diese Anordnung im Wesentlichen auf Wechselwirkungen wie kovalente, ionische, van der Waals, hydrophobe und hydrophile Bindungen innerhalb des Moleküls beruht. Diese erzeugen die Sekundär- und Tertiärstruktur, wohingegen Interaktionen zwischen den Molekülen die Quartärstruktur ausbilden. Viele der einzelnen Wechselwirkungen sind schwach, und erst durch die Vielzahl der schwachen Bindungen erhält das Molekül seine Stabilität. Eine Veränderung der Umgebungsbedingungen, beispielsweise die Veränderung der Temperatur, der Ionenstärke, des pH-Wertes oder des Druckes, kann dieses Gleichgewicht stören und damit die räumliche Struktur und die Aktivität des Enzyms beeinflussen. Außerdem ist eine Veränderung der Konformation des Enzyms durch Aktivatoren und Inhibitoren zu beobachten, die die Enzymaktivität mittels Veränderung der Struktur des Enzyms beeinflussen

In der Regel haben Enzyme ihre größte Stabilität unter den Bedingungen, die denen ihrer natürlichen Umgebung entsprechen. Heutzutage werden verstärkt Enzymreaktionen unter extremen Bedingungen untersucht und genutzt. Dies können hohe Temperaturen und hohe Drücke sein, aber auch Reaktionen in wasserarmen Umgebungen bzw. in organischen Lösungsmitteln. Die PCR (*polymerase chain reaction*) ist ein solches Verfahren, bei dem als thermophiles Enzym eine DNA-Polymerase zum Einsatz kommt. Reaktionen unter wasserarmen Bedingungen sind hingegen von großem Interesse, wenn wasserunlösliche Substrate umgesetzt werden sollen oder Substrate, die unter Reaktionsbedingungen instabil sind. Weiterhin können Reaktionen, die aus thermodynamischen Gründen nur unvollständig in Wasser ablaufen, wie beispielsweise Kondensationsreaktionen mit dem Produkt Wasser, in organischen Lösungsmitteln durchgeführt werden. Diese andersartige Umgebung führt bei vielen Enzymen zu neuartigen katalytischen Eigenschaften: Neue Substrate werden akzeptiert, und die Geschwindigkeitskonstanten ändern sich. Für einen Überblick s. Kap. 12, für eine detailliertere Beschreibung wird auf die Fachliteratur verwiesen (Brink 1988, Bisswanger 2002).

Bei der Verwendung von Enzymen in organischen Lösungsmitteln ist es von großer Bedeutung, für einen optimalen Wassergehalt in der organischen Phase zu sorgen. Im Allgemeinen gilt, dass bei zu geringem Wassergehalt die Reaktionsrate der Enzyme geringer ist oder die Aktivität sogar ganz erlischt. Ist hingegen zuviel Wasser im organischen Medium vorhanden, so kann ein Absinken der Reaktionsrate auf Grund der Bildung von Hydrolyseprodukten beobachtet werden. Die Wasseraktivität a_w ist in Relation zu reinem Wasser definiert; bei konstanter Temperatur und konstantem Druck ist sie also in Wasser gleich 1 gesetzt. In der Gasphase ist die Wasseraktivität annähernd gleichbedeutend mit der relativen Feuchtigkeit. Diese spiegelt das Verhältnis des Partialdrucks des Wasserdampfes über dem organischen Medium zum Partialdruck über reinem Wasser bei konstantem Druck und konstanter Temperatur wider. Auf Grund der Tatsache, dass es sich um eine thermodynamische Aktivität handelt, ist sie in allen Phasen nach Einstellung des Gleichgewichtes *per definitionem* gleich, was eine einfache Bestimmung der vorhandenen Wassermenge ermöglicht. (Khmelnitsky 1988, Halling 1989).

3.3.1 Temperaturabhängigkeit der Reaktionsgeschwindigkeit

In Abschnitt 2.1.5.2 wurde bereits qualitativ die Veränderung der Enzymaktivität als Funktion der Temperatur beschrieben (Abb. 2.9). Um die Temperaturabhängigkeit der Reaktionsgeschwindigkeit zu bestimmen, wird die Geschwindigkeitskonstante k einer Reaktion mit der Temperatur über die **Arrhenius-Gleichung** in Beziehung gebracht:

$$k = b \cdot \exp\left[\frac{-E_a}{RT}\right] \quad (3.23a)$$

wobei E_a die Aktivierungsenergie, R die ideale Gaskonstante, T die absolute Temperatur und b einen Häufigkeitsfaktor darstellt. Durch Logarithmieren ergibt sich:

$$\ln k = \ln b - \frac{E_a}{R} \cdot \frac{1}{T} \quad (3.23b)$$

Zur Bestimmung der Aktivierungsenergie wird *ln k* gegen 1/T aufgetragen und aus der Steigung der resultierenden Geraden dieses so genannten Arrhenius-Diagramms die Aktivierungsenergie ermittelt. In der Praxis wird nicht k, sondern v_{max} verwendet.

Die Arrhenius-Gleichung hat einen weiten Geltungsbereich. Sinnvoll ist ihre Anwendung jedoch nur bei einfachen Reaktionsschritten, zumal wenn weitergehende Schlüsse gezogen werden sollen. Es gibt zahlreiche Fälle, in denen eine völlig andere Temperaturabhängigkeit beobachtet wird, als sie aus der Arrhenius-Gleichung folgt (Abb. 3.5 a). Diese wird bei Enzymreaktionen (Abb. 3.5 b) und bei heterogenen katalytischen Reaktionen sowie bei Anwesenheit vorgelagerter Gleichgewichte (Abb. 3.5 c) beobachtet.

3.3.2 pH-Wert und Ionenstärke

Enzyme bestehen aus Aminosäuren, von denen einige neben den zur Ausbildung der Peptidbindung benötigten Amino- und Carboxylgruppen weitere geladene Gruppen besitzen (vgl. Abb. 2.7 und 2.8), d. h., Enzyme sind **Polyelektrolyte**. Die geladenen Gruppen können im aktiven Zentrum lokalisiert und direkt an der Katalyse beteiligt sein, sie können aber auch an anderen Stellen des Enzyms auftreten und durch ionische Wechselwirkungen zur Ausbildung der Tertiärstruktur beitragen. Veränderungen des pH-Wertes oder der Ionenstärke können deshalb gravierende Auswirkungen auf die Aktivität und Stabilität eines Enzyms haben. Diese Veränderungen können reversibel oder irreversibel sein. Im Allgemeinen gilt, dass kleine Abweichungen vom Optimum des pH-Wertes bzw. der Ionenstärke reversibel sind, während große Änderungen zu irreversiblen Denaturierungen führen können.

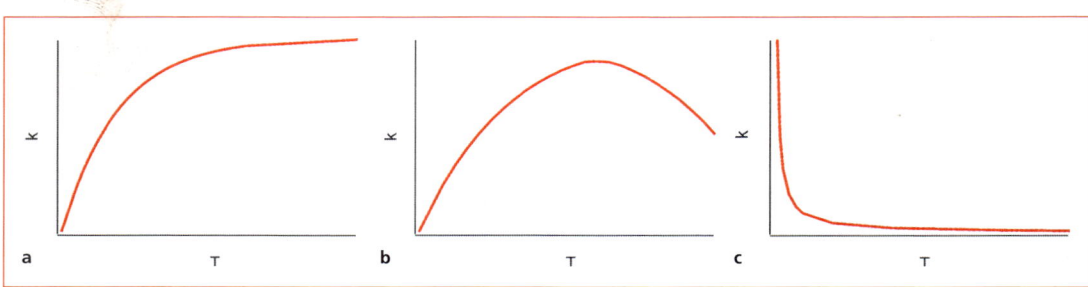

Abb. 3.5 Verschiedene Typen der Temperaturabhängigkeit der Geschwindigkeitskonstanten a) Arrhenius-Gleichung; b) Enzymatische Reaktion; c) heterogen katalysierte Reaktion

3.3 Einfluss der Umgebungsbedingungen

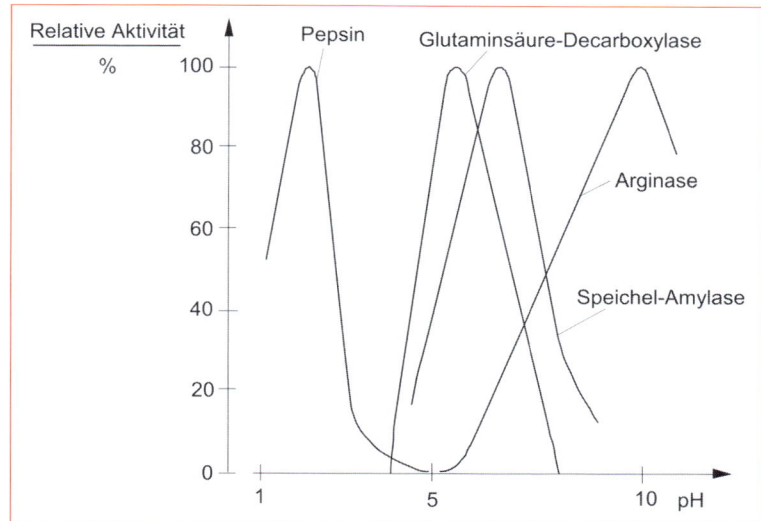

Abb. 3.6 Die Enzymaktivität als Funktion des pH-Wertes für verschiedene Enzyme (nach Fruton und Simmonds 1953)

Wenn nur eine ionische Gruppe die Enzymaktivität bestimmt, dann gleicht die Aktivitätskurve als Funktion des pH-Wertes einer Titrationskurve (vgl. Abb. 2.7). Für viele Enzyme ergeben sich jedoch glockenförmige Aktivitätskurven (Abb. 3.6), was auf mehrere ionische Gruppen schließen lässt.

Im allgemeinen Fall zweier geladener Gruppen lässt sich das Verhalten durch das folgende einfache Schema beschreiben:

$$E \underset{+H^+}{\overset{-H^+}{\rightleftharpoons}} E^- \underset{+H^+}{\overset{-H^+}{\rightleftharpoons}} E^{2-} \qquad (3.24a)$$
$$\quad K_1 \qquad\qquad K_2$$

Hier wurde davon ausgegangen, dass nur die einfach geladene Form E^- enzymatisch aktiv ist und dass die drei unterschiedlich geladenen Enzymformen miteinander im Gleichgewicht stehen. Für die Gleichgewichtskonstanten K_1 und K_2 gilt:

$$K_1 = \frac{[H^+][E^-]}{[E]} \quad ; \quad K_2 = \frac{[H^+][E^{2-}]}{[E^-]} \qquad (3.24b)$$

Zusammen mit der Massenerhaltung

$$[E]_0 = [E] + [E^-] + [E^{2-}] \qquad (3.25)$$

ergibt sich damit:

$$\frac{[E^-]}{[E]_0} = \frac{1}{1 + \frac{[H^+]}{K_1} + \frac{K_2}{[H^+]}} \qquad (3.26)$$

wobei $[E^-]/[E]_0$ der aktive Anteil der gesamten Enzymmenge ist.

Ausgehend davon, dass nur die enzymatisch aktive Form $[E^-]$ Substrat binden kann, ergibt sich der Einfluss des pH-Wertes auf v_{max} dadurch, dass k_2 nicht mit der gesamten Enzymkonzentration $[E]_0$, sondern mit $[E^-]$ multipliziert wird:

$$v_{max} = k_2 \cdot [E^-] = \frac{k_2 [E]_0}{1 + \frac{[H^+]}{K_1} + \frac{K_2}{[H^+]}} \qquad (3.27)$$

Wenn der pH-Wert nicht nur v_{max}, sondern auch K_m beeinflusst, dann muss Schema 3.24 erweitert werden. Eine Veränderung des K_m-Wertes tritt im Allgemeinen jedoch nur dann auf, wenn das Substrat und/oder das Produkt geladen sind.

Die Ionenstärke I gibt die effektive Konzentration der elektrischen Ladungen in der Lösung an und hängt also von der Elektrolytkonzentration ab. Die Ionenstärke ergibt sich zu:

$$I = \frac{1}{2} \sum_i M_i z_i^2 \qquad (3.28)$$

wobei M_i die Molarität der Ionen und z_i deren absolute Wertigkeit ist.

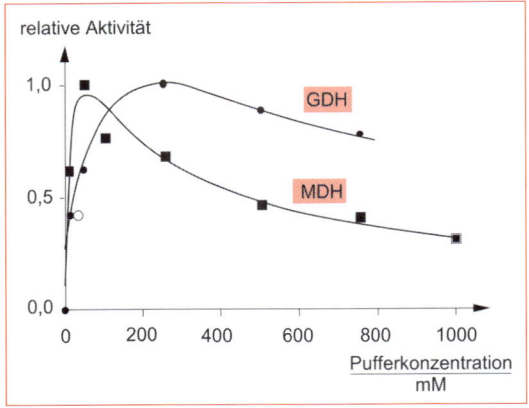

Abb. 3.7 Abhängigkeit der Enzymaktivität von der Ionenstärke. Die Aktivität beider Enzyme wurde in Phosphatpuffer gemessen. MDH = Mannitol-Dehydrogenase, GDH = Glucose-Dehydrogenase (nach Howaldt 1988)

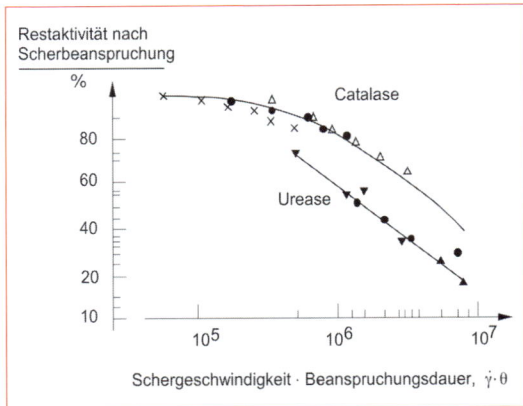

Abb. 3.8 Abnahme der Enzymaktivität als Folge unterschiedlicher Scherbeanspruchung (nach Charm und Wong 1970 sowie Tirrell und Middleman 1975).

In Abb. 3.7 ist der Einfluss der Ionenstärke am Beispiel zweier Dehydrogenasen dargestellt. Für beide Enzyme steigt die Aktivität mit zunehmender Ionenstärke zunächst an, um nach dem Durchlaufen eines Maximums bei weiterer Erhöhung der Ionenstärke wieder abzunehmen. Die optimale Ionenstärke kann für unterschiedliche Enzyme stark variieren und muss in der Regel experimentell bestimmt werden.

3.3.3 Stabilität der Enzyme

Für die technische Anwendung von Enzymen ist deren Stabilität von Bedeutung. Dies ist besonders wichtig beim Langzeiteinsatz wie z. B. in kontinuierlichen Reaktoren mit Enzymrückhaltung. In einem solchen Fall kann die Wirtschaftlichkeit eines Prozesses von der Lebensdauer des Enzyms abhängen. In den vorhergehenden Abschnitten sind bereits verschiedene Parameter diskutiert worden, die die Enzymaktivität beeinflussen. Neben den bereits erwähnten Einflussgrößen können auch mechanische Kräfte (Schub-, Normal- und Grenzflächenspannungen), chemische Substanzen und Bestrahlung (Licht, Schall, ionisierte Strahlen) die Enzymstabilität beeinflussen.

In Tab. 3.1 sind eine Reihe physikalischer und chemischer Parameter aufgelistet, die zu einer Proteindenaturierung führen können. Dabei ist zu berücksichtigen, dass nicht die genannten Einzelfaktoren, sondern deren Kombination die Geschwindigkeit der Enzyminaktivierung bestimmen.

Mechanische Kräfte können die chemische Struktur des Enzymmoleküls in einem solchen Ausmaß ändern, dass das Enzym inaktiviert wird. Derartige Kräfte können beispielsweise durch strömende Flüssigkeiten erzeugt werden. Der Einfluss von **Schereffekten** auf die Enzymaktivität wurde in Kapillar- und Couette-Viskosimetern untersucht. Abb. 3.8 zeigt, dass die Kombination von Scherintensität und Einwirkungsdauer das Maß der Inaktivierung bestimmen. Weitere Experimente deuten darauf hin, dass nicht die Schergeschwindigkeit, sondern die Schubspannung die Inaktivierung bestimmt.

Diese Empfindlichkeit der Enzyme gegenüber mechanischer Beanspruchung ist bei der Auslegung von Bioreaktoren und den nachfolgenden Produktaufarbeitungsschritten zu berücksichtigen. Rühr-, Wirbelbett- und Membranreaktoren besitzen z. B. Orte besonders hoher Schubspannung (Propellerspitzen, Wirbelkörper, Membranporen), bei denen die zulässigen Werte nicht überschritten werden dürfen.

Eine andere mechanische Kraft, die häufig Proteindenaturierung und damit Enzyminaktivierung verursacht, ist die **Oberflächenspannung**.

Tabelle 3.1 Auflistung von Parametern, die zur Proteindenaturierung führen können (nach Schmid 1979).

Denaturierung durch	Angriffsstelle	Treibende Kraft	Endprodukt
Physikal. Einwirkung			
Hitze	Wasserstoffbrücken	Zunahme denaturierter Konformationen auf Grund erhöhter thermischer Bewegung und verringerter Lösungsmittelstruktur. Irreversible kovalente Modifikation (z. B. von Disulfidgruppen)	HU Aggregate
Kälte	Hydrophobe Bindungen Solvatisierte Gruppen	Geänderte Lösungsmittelstruktur Dehydratisierung	Aggregate, Inaktive Monomere
Mechan. Kräfte	Solvatisierte Gruppen Eingeschlossene Volumina	Änderung der Solvatisierung und des Einschlussvolumens; Scherkräfte	HU, Inaktive Monomere
Strahlung	Funktionelle Gruppen (z. B. cySH, Peptidbindungen)	Abnahme der strukturbildenden Wechselwirkungen nach Fotooxidation oder Angriff durch Radikale	Aggregate
Chem. Einwirkung			
Säuren	Verborgene ungeladene Gruppen (z. B. his, Peptidbindungen)	Abnahme der strukturbildenden ionischen Wechselwirkungen	RC
Alkali	Verborgene ungeladene Gruppen (z. B. tyr, cySH, cySH^2)	Abnahme der strukturbildenden ionischen Wechselwirkungen	RC
Organ. wasserstoffbrückenbildende Substanzen	Wasserstoffbrücken	Abnahme der strukturbildenden Wasserstoffbrücken zwischen Wasser und nativer Konformation	RC
Salze	Polare und nichtpolare Gruppen	Veränderung des Einsalz- und Aussalzverhaltens von polaren und nichtpolaren Gruppen in Lösungsmitteln mit erhöhter Dielektrizitätskonstante	HU
Lösungsmittel	Unpolare Gruppen	Solvatisierung nichtpolarer Gruppen	Hochgeordnete Peptidketten mit großen helikalen Bereichen
Detergentien	Hydrophobe Bereiche (alle Detergentien) und geladene Gruppen (ionische Detergentien)	Bildung partiell aufgefalteter Unterstrukturen einschließlich micellärer Bereiche	UD; große helikale Bereiche
Oxidantien	Funktionelle Gruppen (z. B. cySH, met, try u. a.)	Verringerung der strukturbildenden und/oder der funktionalen Wechselwirkungen	Inaktiviertes Enzym: manchmal ungeordnete Struktur
Schwermetalle	Funktionelle Gruppen (z. B. cySH, his u. a.)	Maskierung von Gruppen, die für Struktur und Funktion erforderlich sind	Inaktiviertes Enzym
Chelatbildner	Kationen, die für Struktur und Funktion wichtig sind	Ligandensubstitution oder Kationenabspaltung	Inaktiviertes Enzym
Biolog. Einwirkung			
Proteasen	Peptidbindung	Hydrolyse endständiger oder anderer Peptidbindungen	Oligopeptide, Aminosäuren

HU = Konformation hochgradig ungeordnet; UU = unvollständig ungeordnete Konformation; RC = *random coil* (vollständig denaturiert)

An der Grenzfläche zwischen Luft und Wasser treten Grenzflächenspannungen bis 8 N/m auf. Bei der Schaumfraktionierung – einer der möglichen Produktaufarbeitungstechniken – sind die Grenzflächenspannungen allerdings wegen der hohen Proteinkonzentration erheblich niedriger.

Weitere Faktoren, die zur Denaturierung führen können, sind Adsorption an festen Oberflächen, Dehnströmungen und Kavitation. Als allgemeine Regel kann gelten, dass ein Enzym dann *in vitro* am wenigsten an Aktivität verliert, wenn die umgebenden Bedingungen denen *in vivo* am nächsten kommen.

In den vorhergehenden Abschnitten ist bereits der Einfluss der Temperatur, der Ionenstärke und des pH-Wertes auf die Enzymaktivität diskutiert worden. Eine starke Abweichung von den idealen Bedingungen kann zu reversiblen oder irreversiblen Inaktivierungen führen, da die Struktur der Enzyme verändert wird. Dies kann sowohl die Quartär- als auch die Tertiärstruktur, seltener die Primär- oder Sekundärstruktur betreffen. Beispielsweise hängt die Sensitivität eines Proteins für Denaturierung durch erhöhte Temperaturen stark vom pH-Wert ab und umgekehrt (Abb. 3.9).

3.4 Bestimmung der kinetischen Konstanten

Nach dem heutigen Stand der Kenntnis ist es nicht möglich, die kinetischen Konstanten eines Enzyms aus seinem molekularen Aufbau vorherzusagen. Die Konstanten müssen daher experimentell über kinetische Messungen bestimmt werden. Um die K_m- und v_{max}-Werte zu ermitteln, bieten sich zwei unterschiedliche Verfahren an: die direkte Bestimmung der Geschwindigkeitskonstanten k, aus denen die K_m-Werte analog zu Gleichung (3.16b) berechnet werden, oder die Bestimmung der K_m- und v_{max}-Werte unter Verwendung der Steady-State-Annahme. Im Folgenden werden die Verfahren zur Ermittlung der Geschwindigkeitskonstanten schematisch erläutert und der Schwerpunkt der Herleitung auf die direkte Bestimmung der K_m- und v_{max}-Werte aus den Messwerten gelegt.

3.4.1 Die Geschwindigkeitskonstanten der Elementarreaktionen

Um die Differenzialgleichungen (3.9) numerisch lösen zu können, müssen die Geschwindigkeitskonstanten k der Elementarreaktionen bekannt sein. Zur Ermittlung dieser Konstanten, werden am häufigsten **Relaxationsverfahren** eingesetzt, die maßgeblich von dem Nobelpreisträger Manfred Eigen und seinen Mitarbeitern entwickelt wurden. Dieses Verfahren beruht darauf, dass ein im Gleichgewicht befindliches System durch eine plötzliche Änderung der Reaktionsbedingungen aus dem Gleichgewicht gebracht wird. Die daraus resultierende Antwort des Systems wird aufgezeichnet um daraus Rückschlüsse auf die Geschwindigkeitskonstanten zu ziehen.

Am gebräuchlichsten sind Änderungen der Temperatur, des Druckes oder der Feldstärke. Die beste Zeitauflösung von 1 ns wird bei Änderungen der Feldstärke erzielt, darauf folgen die Temperaturmethode mit 1 µs und die Drucksprungmethode mit 20 µs. Bei biologischen Systemen werden die stärksten Effekte mit der Temperatursprungmethode erzielt. Die erforder-

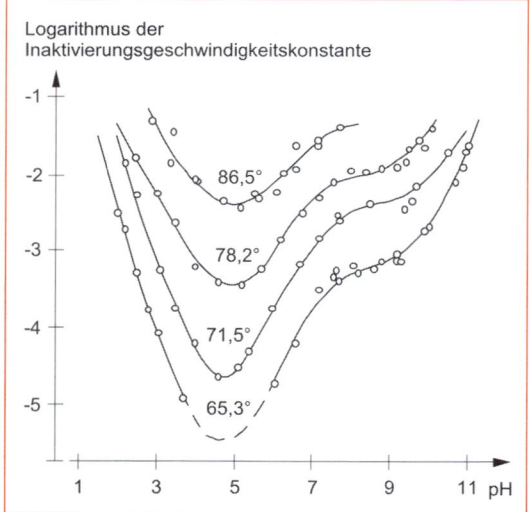

Abb. 3.9 Temperatur- und pH-Abhängigkeit der Inaktivierung von Ricin (nach Levy und Benaglia 1950)

lichen kurzen Aufheizzeiten werden durch die Entladung eines Hochvoltkondensators über eine Funkenstrecke erreicht. Für eine ausführliche Darstellung des Verfahrens wird auf die Fachliteratur verwiesen (Bisswanger 2002).

3.4.2 Experimentelle Bestimmung der Reaktionsgeschwindigkeit

Häufig wird die Reaktionsgeschwindigkeit über die Messung der **Anfangsreaktionsgeschwindigkeit** bestimmt. Dazu werden Enzym und Substrat(e) intensiv und schnell miteinander gemischt und dann die Veränderung der Substrat- oder Produktkonzentration verfolgt. Die Reaktionsgeschwindigkeit wird als Differenzenquotient $v = \Delta[S]/\Delta t$ ermittelt und sollte idealerweise über die Dauer der Messung konstant sein. Im Bereich hoher Substratkonzentrationen ($[S] \gg K_m$) ist diese Forderung leicht zu erfüllen, da die Reaktionsgeschwindigkeit nur unwesentlich von der Substratkonzentration beeinflusst wird. Wenn die Substratkonzentrationen im Bereich des K_m-Wertes und darunter liegen, dann kann eine konstante Reaktionsgeschwindigkeit nur dadurch erreicht werden, dass sich die Substratkonzentration während der Messung nur geringfügig ändert, d.h. $\Delta[S]/[S] \approx 0$ (Abb. 3.3). Falls diese Bedingung nicht erfüllt ist – d.h., die Reaktionsgeschwindigkeit ändert sich über die Dauer der kinetischen Messung – dann wird die Geschwindigkeit auf die Zeit t = 0 extrapoliert, indem die Tangente an die Kurve gelegt wird.

Zur Bestimmung der Anfangsreaktionsgeschwindigkeit wird idealerweise die Zunahme der entstehenden Produktkonzentration oder die Abnahme der Substratkonzentration direkt gemessen. Falls die Substratkonzentration gemessen wird, ist insbesondere bei höheren Konzentrationen die Auflösung schlecht, da kleine Änderungen vor einem hohen Hintergrundwert gemessen werden müssen. Deshalb ist die Messung der Produktkonzentration vorzuziehen, da hier die Änderung von der Konzentration null auf einen endlichen Wert beobachtet wird. In der Praxis werden bevorzugt optische Methoden, wie die Messung der Extinktion im Spektralphotometer, der Fluoreszenz im Fluoreszenzphotometer oder der Veränderung des Drehwinkels im Polarimeter eingesetzt, da diese Verfahren kurze Ansprechzeiten aufweisen und der Messwert damit der Konzentration direkt proportional ist.

Eine häufig verwendete direkt messbare Substanz ist das Coenzym NADH, das spezifisch bei 334 nm Licht absorbiert, während die oxidierte Form NAD$^+$ bei dieser Wellenlänge keine Absorption aufweist. Damit können alle durch Dehydrogenasen katalysierten Reaktionen direkt im Photometer verfolgt werden, da Dehydrogenasen NAD(H) als Cosubstrat benötigen und es in stöchiometrischen Mengen mit dem Substrat umsetzen.

Wenn das Produkt nicht online messbar ist, kann die Reaktion mit einer zweiten Reaktion gekoppelt werden, bei der die Konzentration des zweiten Produkts direkt verfolgt werden kann:

$$S \xrightarrow{E_1} P_1 \xrightarrow{E_2} P_2 \quad (3.29)$$

Die zweite Reaktion muss so schnell ablaufen, dass nahezu alles Produkt P_1 ohne Zeitverzögerung in Produkt P_2 umgesetzt wird. In der Praxis wird dies dadurch erreicht, dass das Enzym E_2 im Überschuss zugegeben wird und dass die zweite Reaktion so gewählt wird, dass das Gleichgewicht weit auf der Produktseite P_2 liegt.

Falls weder die online Messung der Reaktanden noch die Kopplung mit einer zweiten Reaktion möglich ist, dann kann die Reaktionsgeschwindigkeit auch aus einer Umsatzkurve als Funktion der Zeit ermittelt werden (Abb. 3.10). Dazu werden nach dem Start der Reaktion zu definierten Zeitintervallen Proben genommen, die anschließend in einem separaten Test analysiert werden. Aus der Umsatzkurve wird die Reaktionsgeschwindigkeit dadurch bestimmt, dass die Steigung der Kurve zu verschiedenen Zeiten ermittelt wird. Wenn genügend Messpunkte vorhanden sind, geschieht dies am besten durch numerische Differenziation. Bei der Verwendung der Umsatzkurve zur Bestimmung der Reaktionsgeschwindigkeit ist eine isolierte Betrachtung des Einflusses der Substrate und Produkte nur mit Einschränkungen möglich, da mit fortschreitender Reaktion immer mehr Produkt entsteht und entsprechend immer weniger Substrat vorliegt.

Die Umsatzkurve kann auch direkt zur Ermittlung der kinetischen Konstanten herangezogen werden, indem die integrierte Form der

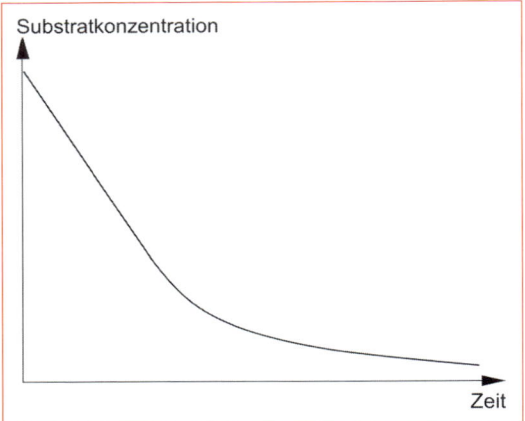

Abb. 3.10 Abnahme der Substratkonzentration in einer enzymatisch katalysierten Reaktion als Funktion der Zeit

Geschwindigkeitsgleichung eingesetzt und die Konstanten über eine nichtlineare Regression ermittelt werden. Für die einfache Michaelis-Menten-Gleichung (3.16a) ergibt die Integration:

$$v_{max} t = K_m \ln \frac{[S]_0}{[S]} + ([S]_0 - [S]) = \\ -K_m \ln(1-\chi) + [S]_0 \chi \quad (3.30)$$

wobei der Umsatz als

$$\chi_S = \frac{[S]_0 - [S]}{[S]_0} \quad (3.31)$$

definiert ist. Der Umsatz allein ist aber nicht entscheidend für die Beurteilung einer Reaktion. Viel wichtiger ist die Ausbeute eines Produktes [P], welche das Produkt aus Selektivität und Umsatz ist:

$$\eta_P = \chi_A \cdot \sigma_{SP} \quad (3.32)$$

Die Selektivität σ_{SP} einer Reaktion mit dem Produkt [P] bezogen auf das Substrat [S] wird durch folgende Gleichung beschrieben:

$$\sigma_{SP} = \frac{[P] - [P]_0}{[S]_0 - [S]} \cdot \frac{|v_S|}{|v_P|} \quad (3.33)$$

Wobei $v_{S,P}$ die stöchiometrischen Faktoren der Edukte bzw. Produkte darstellen.

Die Ausbeute des Produkts [P] bezogen auf das Substrat [S] ist dementsprechend definiert durch den Ausdruck:

$$\eta_P = \frac{[P] - [P]_0}{[S]_0} \cdot \frac{|v_S|}{|v_P|} \quad (3.34)$$

In Gleichung (3.30) wird die Substratkonzentration als Funktion der Zeit angegeben. Es werden also genau die Messgrößen verwendet, die bei der Ermittlung der Umsatzkurve vorliegen.

3.4.3 Grafische Ermittlung der K_m- und v_{max}-Werte

Bei der in diesem Abschnitt beschriebenen Auswertung wird davon ausgegangen, dass die experimentellen Daten als Wertepaare Reaktionsgeschwindigkeit-Substratkonzentration vorliegen. Die Michaelis-Menten-Gleichung in ihrer ursprünglichen Form (Gleichung (3.16a)) eignet sich nur schlecht, um aus experimentellen Werten die Kinetikparameter v_{max} und K_m über eine grafische Auswertung zu bestimmen. Wie Abb. 3.3 zeigt, können v_{max} und K_m nicht akkurat aus dem Diagramm v gegen [S] bestimmt werden. Durch eine einfache Umformung der Gleichung (3.16a) entstehen Ausdrücke, die sich besser für die grafische Auswertung eignen. Durch Auftragung des Kehrwertes von Gleichung (3.16a) ergibt sich die Darstellung nach **Lineweaver-Burk**:

$$\frac{1}{v} = \frac{1}{v_{max}} + \frac{K_m}{v_{max}} \cdot \frac{1}{[S]} \quad (3.35)$$

Aus der Auftragung von 1/v gegen 1/[S] (Abb. 3.11) resultiert eine Gerade mit der Steigung K_m/v_{max} und dem Ordinatenabschnitt $1/v_{max}$.

Die Multiplikation der Gleichung (3.35) mit [S] ergibt eine weitere lineare Beziehung:

$$\frac{[S]}{v} = \frac{K_m}{v_{max}} + \frac{1}{v_{max}} \cdot [S] \quad (3.36)$$

Der Auftrag von [S]/v gegen [S] wird als **Hanes-Woolf**-Darstellung bezeichnet (Abb. 3.12). Hier ist die Steigung durch $1/v_{max}$ und der Ordinatenabschnitt durch K_m/v_{max} gegeben.

3.5 Lineare und nicht-lineare Regression

Durch Multiplikation von Gleichung (3.35) mit $v_{max} \cdot v$ und Auflösen nach v ergibt sich:

$$v = v_{max} - K_m \cdot \frac{v}{[S]} \qquad (3.37)$$

Der Auftrag von v gegen v/[S] wird als **Eadie-Hofstee**-Darstellung bezeichnet (Abb. 3.13) und ergibt ebenfalls eine Gerade, deren Ordinatenabschnitt v_{max} und deren Steigung K_m entspricht.

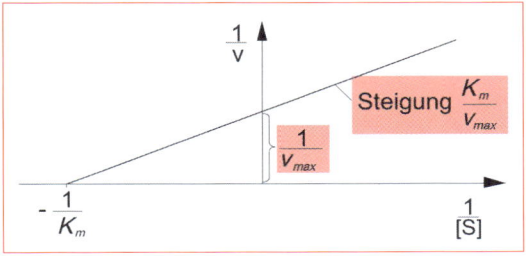

Abb. 3.11 Lineweaver-Burk-Darstellung der Michaelis-Menten-Gleichung

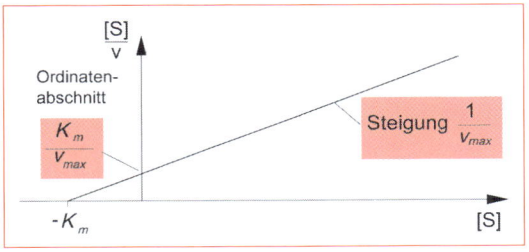

Abb. 3.12 Hanes-Woolf-Darstellung der Michaelis-Menten-Gleichung

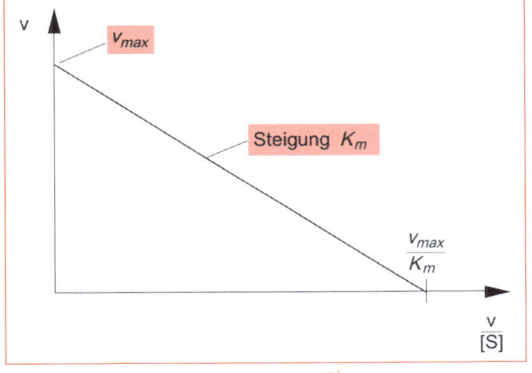

Abb. 3.13 Eadie-Hofstee-Darstellung der Michaelis-Menten-Gleichung

Jede der Gleichungen (3.35) – (3.37) beschreibt einen linearen Zusammenhang, so dass die Parameter über eine lineare Regression bestimmt werden können. Bei der Benutzung derartiger grafischer Darstellungen zur Bestimmung der kinetischen Parameter des Modells müssen jedoch eine Reihe von Punkten beachtet werden.

Bei der Lineweaver-Burk-Darstellung sind abhängige und unabhängige Variablen getrennt. Allerdings fallen die genauesten Messpunkte – große v- und [S]-Werte – alle in die Nähe des Ursprungs, während die ungenauesten Messpaare – kleine v- und [S]-Werte – den größten Einfluss auf die Steigung der Geraden haben. Bei der Hanes-Woolf-Gleichung kann zwar die Steigung $1/v_{max}$ genau bestimmt werden, jedoch fällt der Schnittpunkt mit der y-Achse meist in die Nähe des Ursprungs, so dass die Ermittlung von K_m mit großen Ungenauigkeiten behaftet ist. Beim Eadie-Hofstee-Plot werden ebenso wie beim Hanes-Woolf-Plot abhängige und unabhängige Variablen vermischt.

Wenn grafische Methoden zur Ermittlung der kinetischen Konstanten K_m und v_{max} angewendet werden, so sollten die Konstanten zumindest nicht nur aus einem Plot bestimmt werden. Eine mögliche Alternative ist die Bestimmung von v_{max} über einen Hanes-Woolf-Plot und die Bestimmung des K_m-Wertes über den normalen Michaelis-Menten-Auftrag v über [S]. Besser als die Ermittlung der kinetischen Konstanten über diese linearisierten Auftragungen ist die Bestimmung über nichtlineare Regressionsverfahren, auf die im folgenden Abschnitt eingegangen wird.

3.5 Lineare und nicht-lineare Regression

Seit den Anfängen der Enzymkinetik werden die im vorigen Abschnitt dargestellten Verfahren angewendet, um aus Messwerten die kinetischen Konstanten entweder durch grafische Auswertung oder durch lineare Regression zu bestimmen. Diese Verfahren haben den Vorteil, dass sie Rückschlüsse auf den Reaktionsmechanismus und die Art der Inhibierung erlauben. Allerdings entstehen Ungenauigkeiten beispielsweise durch eine ungleichmäßige Wichtung der Messwerte oder durch eine Aufhebung der Trennung von unabhängigen und abhängigen Variablen. Bei den linearen Verfahren werden die Konstanten sukzessive bestimmt, so dass sich die Fehler fortpflanzen und keine optimalen Parameter ermittelt werden, was ein weiterer gravierender Nachteil der Linearisierung ist. Bei Zuhilfenahme von Computern bietet sich die Bestimmung der kinetischen Parameter mit der Methode der nichtlinearen Regression an. Hier kann die ursprüngliche Reaktionsgleichung verwendet werden, d. h., es ist keine Transformation der Messwerte erforderlich.

Die Bestimmung unbekannter Konstanten oder Parameter A, B, C, ... in einer als bekannt vorausgesetzten Funktion, die zwei oder mehrere gemessene und damit fehlerbehaftete Größen miteinander verknüpft, soll hier aufgezeigt werden. Aus einer Theorie oder einer zu prüfenden Hypothese ist ein funktionaler Zusammenhang f bekannt. Es wird nun angenommen, dass n Sätze der Messgrößen: L, x, y, z, ... bestimmt worden sind (3.38). Die Zahl der Unbekannten sei u.

$$L = f(A, B, C, ..., x, y, z, ...) \quad (3.38)$$

Für den Fall, dass gerade n = u Sätze von Messungen ausgeführt worden sind, ist es möglich, die Funktion f n-mal zu formulieren. Da die Unbekannten nun eindeutig bestimmbar sind, lässt sich das Gleichungssystem lösen, wobei sich die Messfehler der gemessenen Größen gemäß dem Fortpflanzungsgesetz auf die Unbekannten übertragen. Diese Messfehler können aber mangels Daten nicht ausgeglichen werden.

Bei der Analyse einer kinetischen Messung tritt jedoch der nichttriviale Fall ein, dass mehr Sätze von Messgrößen als Unbekannte (n > u) bestimmt worden sind. Folglich wird ein überbestimmtes Gleichungssystem erhalten, das auf Grund der Messfehler widersprüchlich ist. Das Prinzip der kleinsten Fehlerquadrate (partial least square) ermöglicht es, statistische Bestwerte der Unbekannten zu berechnen und aus der Widersprüchlichkeit der Gleichungen die mittleren Fehler (Standardabweichung) der durch Ausgleichung erhaltenen Unbekannten zu bestimmen.

Die zugrunde liegende Beziehung kann oft derart umgeformt werden, dass eine lineare Auftragung resultiert. Die dafür notwendige Transformation einer oder beider Messgrößen führt in den meisten Fällen zu einer einfach- oder doppeltlogarithmischen Auftragung:

$$y = A + B \cdot x \text{ oder } A + B \cdot x - y = 0 \quad (3.39)$$

Der i-te Satz der Messgrößen x und y wird mit x_i und y_i bezeichnet, wobei der Index i über alle n Sätze von Messungen läuft. Ziel der Regressionsrechnung ist die Bestimmung der ausgeglichenen Werte der beiden Unbekannten A und B. Diese Ausgleichung kann nur dann stattfinden, wenn das Gleichungssystem überbestimmt ist (n > u; hier: n > 2). Weiterhin wird von einer Normalverteilung der Zufallsfehler von x und y ausgegangen.

Gleichung (3.39) wird aufgrund der Messfehler der Messgrößen im Allgemeinen nicht exakt erfüllt, wobei die Abweichungen vom Wert Null mit ε bezeichnet werden und in der Ausgleichsrechnung Fehler genannt werden. Die n gemessenen Wertepaare x_i, y_i führen somit auf n Fehlergleichungen:

$$A + B \cdot x_i - y_i = \varepsilon_i \text{ mit } i = 1, 2, ... n \quad (3.40)$$

Um mit kleineren Zahlen rechnen zu können, kann es sich lohnen Näherungswerte A_0 und B_0 für die Unbekannte einzuführen, die beispielsweise mit Hilfe grafischer Verfahren erhalten wurden (Kapitel 3.3.3). Aus den Definitionen:

$$A - A_0 = \xi \,;\, B - B_0 = \eta \,; \\ y_i - (A_0 + B_0 \cdot x_i) = l_i \quad (3.41)$$

folgen n reduzierte Fehlergleichungen:

$$\xi + \eta \cdot x_i - l_i = \varepsilon_i \quad (3.42)$$

Das Prinzip der kleinsten Quadrate verlangt nun, dass

$$\sum_{i=1}^{n} \varepsilon_i^2 = [\varepsilon\varepsilon] \quad (3.43)$$

ein Minimum ist.

Diese Bedingung wird dadurch erfüllt, dass Gleichung (3.43) nach jeder Unbekannten partiell differenziert wird und im einfachsten Fall die beiden (u = 2) Gleichungen gleich null gesetzt werden. Mit der Gaußschen Schreibweise für Summen über i = 1 bis n erhält man die folgenden Gleichungen, welche Normalverteilungen genannt werden:

3.5 Lineare und nicht-lineare Regression

$[\varepsilon] = \eta\,\xi + [x]\,\eta - [l] = 0$ (3.44a)

$[\varepsilon\,x] = [x]\,\xi + [xx]\,\eta - [xl] = 0$ (3.44b)

Durch Auflösen dieser Normalgleichungen nach den gesuchten Ausgleichswerten der beiden Unbekannten werden folgende Gleichungen erhalten:

$$\xi = \frac{[l][xx]-[x][xl]}{n[xx]-[x]^2} = \frac{\bar{l}[xx]-\bar{x}[xl]}{\left[(x_i-\bar{x})^2\right]} = A - A_0$$

$$\eta = \frac{n[xl]-[x][l]}{n[xx]-[x]^2} = \frac{n(\overline{(xl)}-\overline{xl})}{\left[(x_i-\bar{x})^2\right]} = B - B_0$$

(3.45ab)

Mit Hilfe der Korrelationsrechnung ist es nun möglich zu prüfen, ob die normalverteilten stochastischen Größen l_i und x_i gesetzmäßig miteinander in Beziehung stehen. Es wird so eine Wahrscheinlichkeitsaussage erhalten, ob zwischen den Messwerten eine Korrelation besteht. Im einfachen Fall einigermaßen genau gemessener x_i-Werte ist eine grafische Darstellung in der Lage, eine Gesetzmäßigkeit nachzuweisen. Die Korrelationsrechnung erweist sich jedoch gerade dann als nützlich, wenn die Streuung der l_i wegen zufälliger Fehler groß ist. In derartigen Fällen wird der systematische Gang $l(x)$ durch die Streuung der Messwerte verschleiert.

Um die Frage zu klären, ob zwischen den Größen l_i und x_i eine lineare Beziehung besteht, ob sich also eine Regressionsgerade ermitteln lässt, wird von $i = n$ gemessenen Wertepaaren (l_i, x_i) ausgegangen.

Um vertikale Abweichungen, also Abweichungen in l, der Messpunkte zu minimalisieren, wird eine Ausgleichsgerade $l = \eta \cdot x + \xi$ gesucht, wobei die x-Werte als genau angenommen werden. Falls zwischen x und l keine Korrelation besteht, d.h. falls l unabhängig von x ist, minimalisiert eine horizontal Gerade die vertikale Abweichung am besten. Also ist dann $\eta = 0$.

Alternativ wird, um horizontale Abweichungen, also Abweichungen in x, zu minimieren, eine Ausgleichsgerade $x = \eta' \cdot x + \xi'$ gesucht, wobei jetzt die l-Werte als genau angenommen werden. Bei fehlender Korrelation, also wenn x unabhängig von l ist, minimalisiert eine vertikale Gerade die horizontalen Abweichungen am besten. Es gilt in diesem Fall $\eta' = 0$.

$$\eta = \frac{n\cdot[xl]-[x]\cdot[l]}{n\cdot[xx]-[x]^2}$$ (3.46)

$$\eta' = \frac{n\cdot[xl]-[x]\cdot[l]}{n\cdot[ll]-[l]^2}$$ (3.47)

$$r \equiv \frac{n\cdot[xl]-[x]\cdot[l]}{\sqrt{n\cdot[xx]-[x]^2}\cdot\sqrt{n\cdot[ll]-[l]^2}}$$ (3.48)

Für den Fall einer vollkommenen linearen Korrelation, d.h. die Messpunkte liegen exakt auf einer Geraden, fallen die beiden zuvor bestimmten Ausgleichsgeraden zusammen, und es gilt $\eta = 1/\eta'$, d.h.:

$$r^2 = \eta\cdot\eta' = 1$$ (3.49)

Der Korrelationskoeffizient $r \equiv \sqrt{\eta\cdot\eta'}$ nimmt also im Fall der linearen Korrelation die Werte 1 oder −1 an und beim völligen Fehlen von Korrelation den Wert 0. Das Vorzeichen von r ist unbestimmt, da die Zuordnung von x und l willkürlich ist. Infolge der unvermeidlichen Messfehler ist in der Realität r auch bei völliger Korrelation etwas von 1 und bei völlig fehlender Korrelation etwas von 0 verschieden.

Falls zwischen x und l ein funktionaler aber nicht linearer Zusammenhang besteht bzw. überprüft werden soll, ist der lineare Korrelationskoeffizient r kein brauchbares Instrument ($r \approx 0$). Derartige nicht lineare Zusammenhänge können jedoch in analoger Weise mit der Methode der kleinsten Quadrate behandelt werden. Es werden dann die Konstanten komplizierterer Funktionen in gleicher Weise berechnet und ein Korrelationskoeffizient gebildet, der sich vom bisherigen linearen Korrelationskoeffizienten r unterscheidet.

Idealerweise sollten lineare und nichtlineare Verfahren gemeinsam eingesetzt werden. So sollten die linearen Verfahren verwendet werden, um zwischen unterschiedlichen Reaktionsmechanismen bei Zwei-Substrat-Reaktionen oder unterschiedlichen Inhibierungsmechanismen bei Ein-Substrat-Reaktionen zu unterscheiden. Sobald der Mechanismus gefunden ist, sollten die Parameter über eine nichtlineare Regression bestimmt werden. Daraufhin wird eine der transformierten linearen Gleichungen herangezogen und der angenommene Mechanismus durch einen Auftrag der Messwerte und der durch die Gleichung berechneten Werte überprüft. (Brandt 1981, Gränicher 1996)

3.6 Effektorkinetik

Enzyme treten häufig mit Substanzen in Wechselwirkung, die die Reaktionsgeschwindigkeit beeinflussen. Diese Substanzen – Effektoren genannt – sind meist niedermolekulare Verbindungen. Aktivatoren erhöhen die Reaktionsgeschwindigkeit, während Inhibitoren sie erniedrigen.

3.6.1 Inhibitoren

Irreversible Inhibitoren bilden im Allgemeinen eine kovalente Bindung mit dem Enzym. Es wird zwischen unspezifischen Inhibierungen, bei denen die Wechselwirkung außerhalb des katalytischen Zentrums stattfindet, und spezifischen Inhibierungen, bei denen der Inhibitor eine Affinität zum aktiven Zentrum besitzt und demzufolge die kovalente Bindung im katalytischen Zentrum stattfindet, unterschieden. Im Folgenden werden nur reversible Inhibierungen dargestellt.

Bei den durch Inhibitoren hervorgerufenen reversiblen Aktivitätsänderungen werden im Wesentlichen vier Typen unterschieden: die kompetitive, die nicht-kompetitive, die unkompetitive und die partiell-kompetitive oder gemischte Inhibierung. Die folgenden Gleichungen sind für die einfache Briggs-Haldane- bzw. Michaelis-Menten-Gleichung (3.16a) abgeleitet, die nur für Anfangsgeschwindigkeitsbedingungen gültig ist und die Rückreaktion vernachlässigt.

Kompetitive Hemmungen treten auf, wenn Substrat und Inhibitor miteinander um das aktive Zentrum konkurrieren. Sie werden meist bei Substanzen ähnlicher Struktur beobachtet. In Abb. 3.14 sind verschiedene Möglichkeiten, wie eine kompetitive Hemmung entstehen kann, bildlich dargestellt.

1. Möglichkeit:
   S und I konkurrieren um die gleiche Bindungsstelle
2. Möglichkeit:
   Nur S oder I können binden, da sie sich gegenseitig sterisch behindern
3. Möglichkeit:
   S und I haben eine zusätzliche, gemeinsame Bindungsstelle

All diese Möglichkeiten lassen sich durch folgende Reaktionsgleichung beschreiben:

$$E + S \underset{k_{-1}}{\overset{k_1}{\rightleftharpoons}} ES \overset{k_2}{\rightarrow} E + P$$

$$\Big\Updownarrow {}^{I}_{k_{-3}} \quad \Big\Updownarrow {}^{I}_{k_3}$$

$$EI \tag{3.50a}$$

Durch Aufstellen der Massenbilanzen und Anwenden der Steady-State-Annahme wird folgende Gleichung erhalten:

$$v = \frac{v_{max}[S]}{K_m\left(1+\frac{[I]}{K_3}\right)+[S]} \tag{3.50b}$$

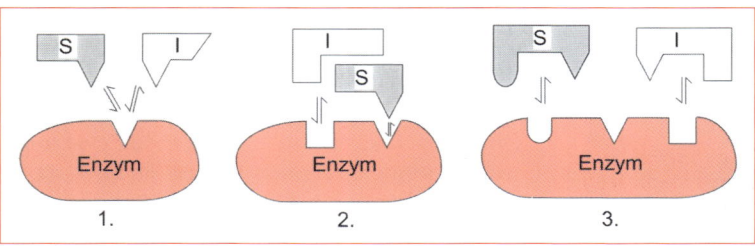

Abb. 3.14 Bildliche Darstellung unterschiedlicher Möglichkeiten der kompetitiven Inhibierung

3.6 Effektorkinetik

K_m ist wie in Gleichung (3.16b) definiert und K_3 ist die Dissoziationskonstante des Enzym-Inhibitor-Komplexes EI. Die Definition für K_3 ergibt sich aus der Massenbilanz für EI:

$$\frac{d[EI]}{dt} = k_3 \cdot [E] \cdot [I] - k_{-3} \cdot [EI] \qquad (3.50c)$$

Die Steady-State-Annahme liefert $d[EI]/dt = 0$, so dass sich die folgenden, gleichwertigen Definitionen für K_3 ergeben:

$$\frac{k_{-3}}{k_3} = \frac{[E][I]}{[EI]} = K_3 \qquad (3.50d)$$

Eine kompetitive Hemmung bewirkt formal eine Vergrößerung des K_m-Wertes. Abb. 3.15 veranschaulicht diesen Effekt. Für $s \rightarrow \infty$ ergibt sich jedoch der gleiche v_{max}-Wert wie bei der Michaelis-Menten-Kinetik ohne Hemmung.

Eine zwangsläufige Konsequenz aus der Reversibilität einer Reaktion ist die Hemmung jeder enzymkatalysierten Reaktion durch ihr Produkt: Das noch am Enzym haftende Produkt sowie die einsetzende Rückreaktion schließen eine simultane Bindung bzw. einen weiteren Umsatz des Substrates aus. Für eine vernachlässigbar geringe Geschwindigkeit der Rückreaktion sind Gl. (3.50b) und Gl. (3.58a) identisch (Abschnitt 3.7). Die Inhibitorkonstante K_3 entspricht in diesem Fall dem Quotienten K_P/K_m aus den Michaelis-Konstanten der Rück- und der Hinreaktion.

Obwohl die grafischen Methoden nicht sonderlich gut geeignet sind, um die kinetischen Konstanten zu bestimmen, sind sie doch sehr nützlich, um zwischen unterschiedlichen Inhibierungsmechanismen zu unterscheiden. In Abb. 3.16 ist eine Lineweaver-Burk-Darstellung von Gleichung (3.50b) wiedergegeben. Die korrespondierende Gleichung lautet:

$$\frac{1}{v} = \frac{K_m}{v_{max}}\left(1 + \frac{[I]}{K_3}\right)\frac{1}{[S]} + \frac{1}{v_{max}} \qquad (3.50e)$$

Aus der Steigung der Geraden kann also K_3 bestimmt werden, wenn K_m und v_{max} bekannt sind.

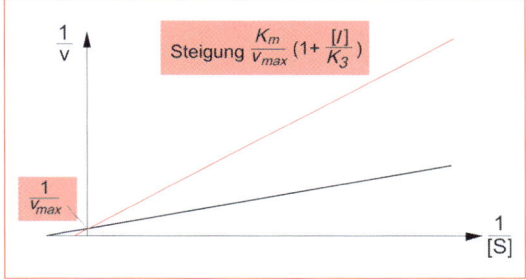

Abb. 3.16 Lineweaver-Burk-Auftragung bei der kompetitiven Hemmung. Schwarz: Michaelis-Menten-Gleichung. Rot: kompetitive Hemmung mit $K_3/K_m = 2$; $[I]/K_3 = 2$

Nicht-kompetitive Hemmungen treten auf, wenn der Hemmstoff sowohl an das freie Enzym als auch an den Enzym-Substrat-Komplex bindet. Abb. 3.17 zeigt bildlich eine solche Hemmung.

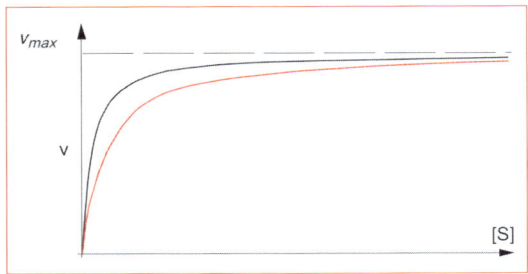

Abb. 3.15 Scheinbare Vergrößerung des K_m-Wertes bei der kompetitiven Hemmung. Schwarz: Michaelis-Menten-Gleichung. Rot: kompetitive Hemmung mit $K_3/K_m = 2$; $[I]/K_3 = 2$

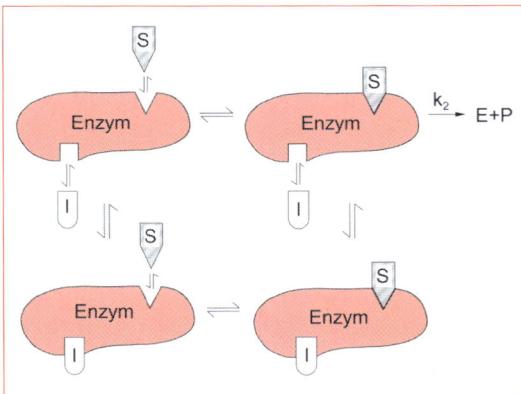

Abb. 3.17 Schematische Darstellung der nicht kompetitiven Inhibierung

Diese Hemmung lässt sich durch folgende Reaktionsgleichung beschreiben:

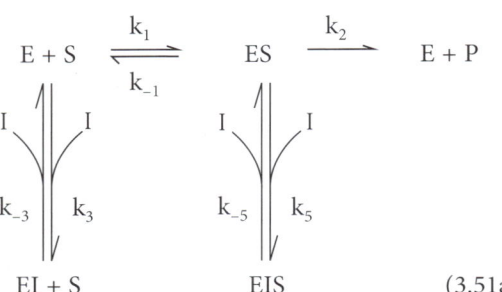

(3.51a)

Der Inhibitor konkurriert nicht direkt um die Bindungsstelle des Substrates, verhindert durch seine Bindung aber den Umsatz (Dead-End-Komplex). Formelmäßig lässt sich dieser Hemmtyp durch die Einführung zweier Inhibitorkonstanten beschreiben, die sowohl den K_m-Wert als auch den Substratterm vergrößern:

$$v = \frac{v_{max}[S]}{K_m\left(1+\frac{[I]}{K_3}\right)+[S]\left(1+\frac{[I]}{K_5}\right)} \quad (3.51b)$$

wobei K_m gemäß Gleichung (3.7b) definiert ist und weiterhin gilt:

$$K_3 = \frac{k_{-3}}{k_3} \quad ; \quad K_5 = \frac{k_{-5}}{k_5} \quad (3.51c)$$

Die dritte Dissoziationskonstante $K_4 = k_{-4}/k_4$ ist abhängig von den anderen drei Konstanten K_m, K_3 und K_5 und taucht deshalb nicht in Gleichung (3.51b) auf. Abb. 3.18 veranschaulicht die Veränderung des K_m- und des v_{max}-Wertes bei der nicht-kompetitiven Hemmung.

In der Lineweaver-Burk-Form lautet Gleichung (3.51b):

$$\frac{1}{v} = \frac{K_m}{v_{max}}\left(1+\frac{[I]}{K_3}\right)\frac{1}{[S]} + \frac{1}{v_{max}}\left(1+\frac{[I]}{K_5}\right) \quad (3.51d)$$

Aus der entsprechenden Lineweaver-Burk-Auftragung ergibt sich die Steigung der Geraden, die bei unterschiedlichen Inhibitorkonzentrationen resultieren, zu $K_m / v_{max} (1 + [I] / K_3)$ und der Ordinatenabschnitt zu $1 / v_{max} (1 + [I] / K_5)$ (Abb. 3.19).

Bei **partiell-kompetitiven Hemmungen** bindet der Hemmstoff ebenfalls an das freie Enzym und an den Enzym-Substrat-Komplex. Im

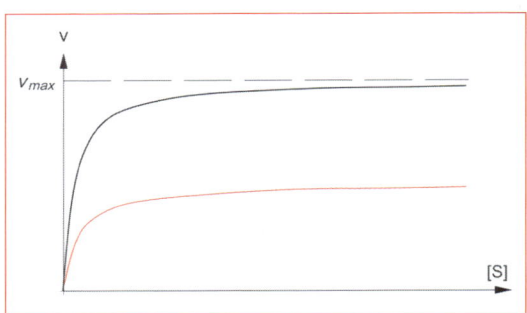

Abb. 3.18 Scheinbare Vergrößerung des K_m-Wertes und Verringerung des v_{max}-Wertes bei der nicht-kompetitiven Hemmung. Schwarz: Michaelis-Menten-Gleichung. Rot: nicht kompetitive Hemmung mit $K_3/K_m = 2$; $[I]/K_3 = 2$; $K_3/K_5 = 0{,}5$

Abb. 3.19 Lineweaver-Burk-Auftragung bei der nicht-kompetitiven Hemmung. Schwarz: Michaelis-Menten-Gleichung. Rot: nicht kompetitive Hemmung mit $K_3/K_m = 2$; $[I]/K_3 = 2$; $K_3/K_5 = 0{,}5$

Unterschied zur nicht-kompetitiven Hemmung beeinflusst der Hemmstoff die Katalyse nicht (Abb. 3.20), d.h., auch der Enzym-Substrat-Inhibitor-Komplex ist katalytisch aktiv und spaltet Produkt ab:

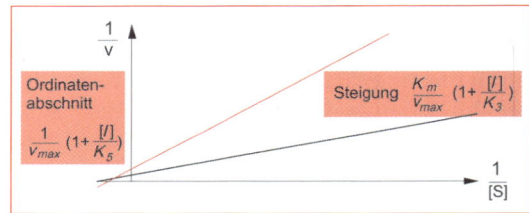

(3.52a)

Formelmäßig wird die partiell-kompetitive Hemmung durch Gleichung (3.52b) beschrieben, wo-

3.6 Effektorkinetik

bei die Dissoziationskonstanten die gleichen sind wie bei der nicht-kompetitiven Hemmung:

$$v = \frac{v_{max}[S]\left(1+\frac{[I]}{K_5}\right)}{K_m\left(1+\frac{[I]}{K_3}\right)+[S]\left(1+\frac{[I]}{K_5}\right)} \quad (3.52b)$$

In der Lineweaver-Burk-Form lautet Gleichung (3.52b):

$$\frac{1}{v} = \frac{K_m}{v_{max}} \cdot \frac{\left(1+\frac{[I]}{K_3}\right)}{\left(1+\frac{[I]}{K_5}\right)} \cdot \frac{1}{[S]} + \frac{1}{v_{max}} \quad (3.52c)$$

Eine Besonderheit dieses Hemmtyps liegt darin, dass nur für $K_3 < K_5$ eine Hemmung auftritt. Wenn gilt $K_3 = K_5$, dann kürzen sich die Inhibierungsterme, und es resultiert die einfache Michaelis-Menten-Kinetik. Für den Fall $K_3 > K_5$ tritt mit steigender Inhibitorkonzentration jedoch eine Aktivierung auf, die sich in einer scheinbaren Verringerung des K_m-Wertes äußert.

Im Lineweaver-Burk-Diagramm (Abb. 3.21) können kompetitive und partiell-kompetitive Hemmungen nicht voneinander unterschieden werden. Hier bietet sich das Dixon-Diagramm an, bei dem der Kehrwert der Reaktionsgeschwindigkeit gegen die Inhibitorkonzentration aufgetragen wird. In Abb. 3.22 ist diese Auftragung für die kompetitive und die partiell-kompetitive Hemmung dargestellt.

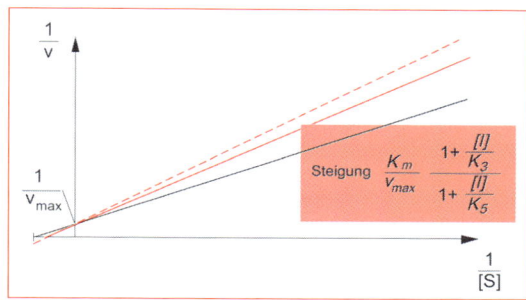

Abb. 3.21 Lineweaver-Burk-Auftragung bei der partiell-kompetitiven Hemmung. Schwarz: Michaelis-Menten-Gleichung. Rot: partiell kompetitive Hemmung mit $K_3/K_m = 2$; $[I]/K_3 = 1$; $K_3/K_5 = 0{,}5$. Rot, gestrichelt: partiell kompetitive Hemmung mit $K_3/K_m = 2$; $[I]/K_3 = 2$; $K_3/K_5 = 0{,}5$

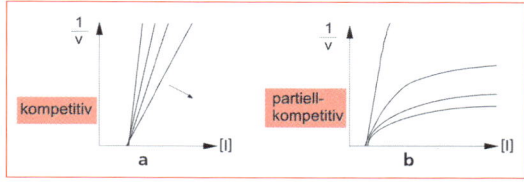

Abb. 3.22 Dixon-Auftragung bei der kompetitiven (a) und bei der partiell-kompetitiven (b) Hemmung. $K_3/K_m = 2$; $K_3/K_5 = 0{,}5$. $[S]/K_m = 0{,}1-0{,}2-0{,}5-1{,}0$

Bei **unkompetitiven Hemmungen** inaktiviert der Hemmstoff den Enzym-Substrat-Komplex, indem er an eine zweite Bindungsstelle am Enzym angreift. Abb. 3.23 zeigt bildlich diese Hemmung.

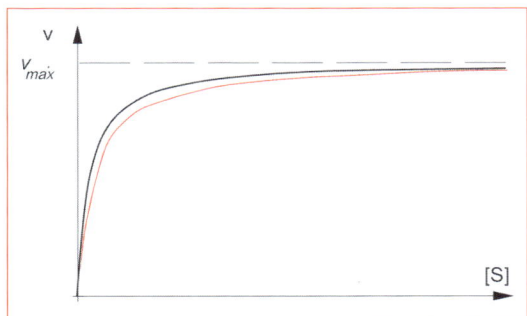

Abb. 3.20 Scheinbare Veränderung des K_m-Wertes bei der partiell-kompetitiven Hemmung. Schwarz: Michaelis-Menten-Gleichung. Rot: partiell kompetitive Hemmung mit $K_3/K_m = 2$; $[I]/K_3 = 2$; $K_3/K_5 = 0{,}5$

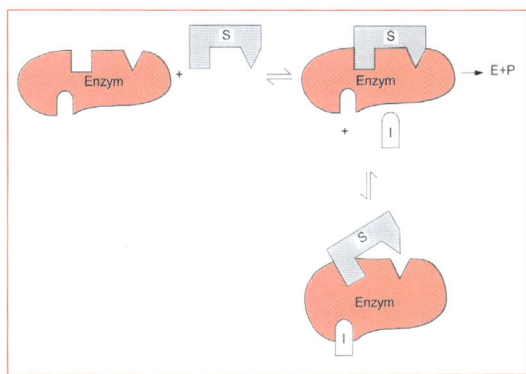

Abb. 3.23 Schematische Darstellung der unkompetitiven Inhibierung

Diese Hemmung wird durch folgendes Schema beschrieben:

$$E + S \underset{k_{-1}}{\overset{k_1}{\rightleftharpoons}} ES \overset{k_2}{\longrightarrow} E + P$$

$$\text{EIS} \quad (3.53a)$$

(mit I, k_{-5}, k_5)

Gleichung (3.53b) gibt die mathematische Abhängigkeit wieder, wobei K_5 durch Gleichung (3.51c) definiert ist. Die Verringerung der Reaktionsgeschwindigkeit wird in Abb. 3.24 deutlich.

$$v = \frac{v_{max}[S]}{K_m + [S]\left(1 + \frac{[I]}{K_5}\right)} \quad (3.53b)$$

In der Lineweaver-Burk-Auftragung (Gleichung 3.53c) bzw. (Abb. 3.25) ergibt sich für unterschiedliche Inhibitorkonzentrationen eine parallele Geradenschar, bei der die Steigung durch K_m / v_{max} und der Ordinatenabschnitt durch $1 / v_{max} (1 + [I] / K_5)$ gegeben ist.

$$\frac{1}{v} = \frac{K_m}{v_{max}} \cdot \frac{1}{[S]} + \frac{1}{v_{max}}\left(1 + \frac{[I]}{K_5}\right) \quad (3.53c)$$

Hohe Substratkonzentrationen können zu diesem Hemmtyp führen, so dass die Aktivität mit steigender Konzentration ein Maximum durchläuft und dann wieder abfällt (Abb. 3.26). Wenn das Substrat ein unkompetitiver Inhibitor ist, verändert sich Gleichung (3.53c) zu:

$$v = \frac{v_{max}[S]}{K_m + [S]\left(1 + \frac{[S]}{K_5}\right)} \quad (3.53d)$$

$$K_5 = \frac{k_{-5}}{k_5} \quad (3.53e)$$

wobei K_5 in diesem Fall eine Substratinhibierungskonstante ist.

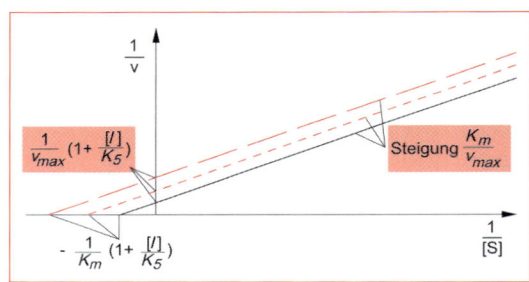

Abb. 3.25 Lineweaver-Burk-Auftragung bei der unkompetitiven Hemmung. Schwarz: Michaelis-Menten-Gleichung. Rot, kurz gestrichelt: unkompetitive Hemmung mit $K_5/K_m = 2$; $[I]/K_5 = 2$. Rot, lang gestrichelt: unkompetitive Hemmung mit $K_5/K_m = 2$; $[I]/K_5 = 4$

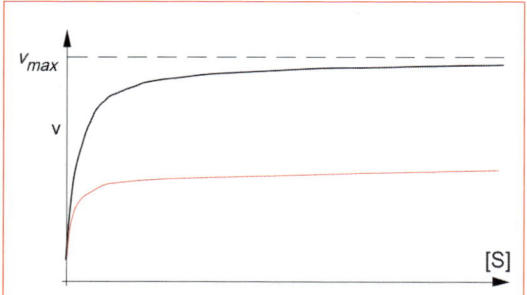

Abb. 3.24 Scheinbare Verringerung des v_{max}-Wertes bei der unkompetitiven Hemmung. Schwarz: Michaelis-Menten-Gleichung. Rot: unkompetitive Hemmung mit $K_5/K_m = 2$; $[I]/K_5 = 2$

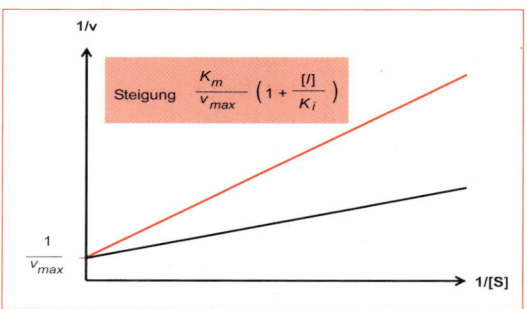

Abb. 3.26 Lineweaver-Burk-Auftragung bei der unkompetitiven Hemmung. Schwarz: Michaelis-Menten-Gleichung. Rot: Substrathemmung mit $K_5/K_m = 2$

3.7 Reversible Enzymreaktionen

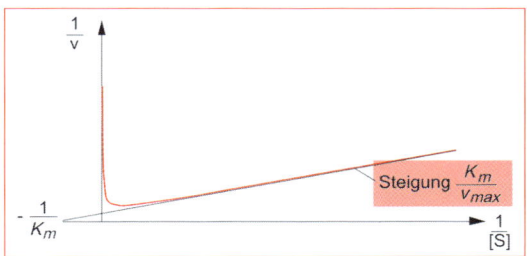

Abb. 3.27 Scheinbare Verringerung des K_m-Wertes und des v_{max}-Wertes bei der unkompetitiven Hemmung durch das Substrat. Schwarz: Michaelis-Menten-Gleichung. Rot: Substrathemmung mit $K_5/K_m = 2$

Auch der Lineweaver-Burk-Plot unterscheidet sich von Abb. 3.25, wenn der Inhibitor das Substrat ist (Abb. 3.27).

$$\frac{1}{v} = \frac{K_m}{v_{max}} \cdot \frac{1}{[S]} + \frac{1}{v_{max}}\left(1 + \frac{[S]}{K_5}\right) \quad (3.53f)$$

3.6.2 Aktivatoren

Die meisten Aktivatoren verändern die Konformation des Enzyms und erhöhen dadurch die Aktivität. Die Konformationsänderung kann durch kovalente Bindungen, beispielsweise Aktivierung von Thiol-haltigen Enzymen zur Ausbildung von Disulfidbrücken oder durch nichtkovalente Wechselwirkungen, beispielsweise Metallionen, stattfinden. Metallionen können entweder fester Bestandteil der Proteinstruktur, als so genannte Chelat-Komplexe in den Metalloenzymen, sein oder als Teil eines Komplexes gemeinsam mit dem Substrat und dem Enzym wirken. In einigen Fällen findet auch eine Aktivierung ohne Konformationsänderung statt, beispielsweise wenn Substrat und Aktivator komplexieren und der entstehende Komplex besser als das freie Substrat vom Enzym gebunden wird.

Im allgemeinen Fall kann die Aktivierung durch die Substanz A die Substratbindung und den katalytischen Schritt beeinflussen. Die unterschiedlichen Geschwindigkeiten der Produktbildung aus dem ES- und aus dem EAS-Komplex sind in Schema (3.54a) durch zwei unterschiedliche Geschwindigkeitskonstanten k_2 und k_2' dargestellt:

$$\begin{array}{ccccc}
E + S & \underset{k_{-1}}{\overset{k_1}{\rightleftharpoons}} & ES & \overset{k_2}{\rightarrow} & E + P \\
A \updownarrow & & A \updownarrow & & \\
k_{-3} \updownarrow k_3 & & k_{-5} \updownarrow k_5 & & \\
EA + S & \underset{k_{-4}}{\overset{k_4}{\rightleftharpoons}} & EAS & \overset{k_2'}{\rightarrow} & E + P
\end{array} \quad (3.54a)$$

Daraus ergibt sich die folgende Gleichung für die Reaktionsgeschwindigkeit:

$$v = \frac{\left(k_2 + k_2'\frac{[A]}{K_5}\right)[S][E]_0}{K_1\left(1 + \frac{[A]}{K_3}\right) + [S]\left(1 + \frac{[A]}{K_5}\right)} \quad (3.54b)$$

mit

$$K_1 = \frac{k_{-1}}{k_1} \; ; \; K_3 = \frac{k_{-3}}{k_3} \; ; \; K_5 = \frac{k_{-5}}{k_5} \quad (3.54c)$$

Eine Aktivierung ergibt sich, wenn die Bedingungen $K_3 \leq K_5$ und $k_2' > k_2$ erfüllt sind.

3.7 Reversible Enzymreaktionen

Enzymatisch katalysierte Reaktionen können reversibel oder irreversibel sein. Die irreversible Reaktion, die im vorhergehenden Abschnitt hergeleitet wurde, ist dabei ein Grenzfall der reversiblen Reaktion, d.h., die Geschwindigkeit der Rückreaktion ist vernachlässigbar gering gegenüber der Geschwindigkeit der Hinreaktion.

Für reversible Reaktionen lässt sich Gleichung (3.8) in leicht veränderter Form schreiben:

$$E + S \underset{k_{-1}}{\overset{k_1}{\rightleftharpoons}} ES \underset{k_{-2}}{\overset{k_2}{\rightleftharpoons}} E + P \qquad (3.55)$$

Im Unterschied zu Gleichung (3.8) kann jetzt Produkt P in Substrat S umgewandelt werden. Die dazugehörigen Massenbilanzen lauten analog zu (3.9):

$$\frac{d[S]}{dt} = -k_1 \cdot [E] \cdot [S] + k_{-1} \cdot [ES] \qquad (3.56a)$$

$$\frac{d[P]}{dt} = k_2 \cdot [ES] - k_{-2} \cdot [E] \cdot [P] \qquad (3.56b)$$

$$\frac{d[E]}{dt} = -(k_1 \cdot [S] + k_{-2} \cdot [P]) \cdot [E] + (k_{-1} + k_2) \cdot [ES] \qquad (3.56c)$$

$$\frac{d[ES]}{dt} = (k_1 \cdot [S] + k_{-2} \cdot [P]) \cdot [E] - (k_{-1} + k_2) \cdot [ES] \qquad (3.56d)$$

Unter Berücksichtigung der Massenerhaltung und unter Anwendung der Steady-State-Annahme (3.10a) ergibt sich für die Reaktionsgeschwindigkeit einer reversiblen enzymatischen Reaktion durch Lösen des Gleichungssystems (3.56):

$$v = \frac{d[P]}{dt} = \frac{(k_1 k_2 [S] - k_{-1} k_{-2} [P])[E]_0}{k_1 [S] + k_{-2} [P] + k_{-1} + k_2} \qquad (3.57)$$

Wie bei der irreversiblen Reaktion lassen sich die Geschwindigkeitskonstanten zu kinetischen Konstanten zusammenfassen:

$$v = \frac{v_{max}[S] - \frac{K_m}{K_P} v_{max,r}[P]}{K_m + [S] + \frac{K_m}{K_P}[P]} \qquad (3.58a)$$

mit

$$K_P = \frac{k_{-1} + k_2}{k_{-2}} \; ; \; v_{max,r} = k_{-1} \cdot [E]_0 \qquad (3.58b)$$

wobei K_P die Michaelis-Konstante für die Rückreaktion und $v_{max,r}$ die maximale Reaktionsgeschwindigkeit der Rückreaktion ist. K_m ist weiterhin durch Gleichung (3.16b) definiert. Reversible Reaktionen verlaufen bis zum Gleichgewichtsumsatz, bei dem die Reaktionsgeschwindigkeit gleich null ist. Die **Gleichgewichtskonstante K_{eq}** ergibt sich damit zu:

$$K_{eq} = \frac{[P]_{eq}}{[S]_{eq}} = \frac{v_{max} \cdot K_P}{v_{max,r} \cdot K_m} \qquad (3.59)$$

wobei $[P]_{eq}$ und $[S]_{eq}$ die Produkt- und Substratkonzentrationen im Gleichgewicht sind. Bei irreversiblen Reaktionen geht $k_{-2} \to 0$ bzw. $K_{eq} \to \infty$. Bezogen auf K_m und K_P bedeutet dies, dass K_{eq} sehr groß im Vergleich zu K_m ist. Hin- und Rückreaktion sind also miteinander gekoppelt, und die Reaktionsgeschwindigkeit nimmt ab, wenn der Umsatz sich der Gleichgewichtslage annähert. K_{eq} beschreibt die chemische Gleichgewichtslage; es handelt sich nicht um ein Fließgleichgewicht.

Abschließend soll noch auf die Geltungsbereiche der Gleichungen (3.16a) und (3.58a) eingegangen werden. Bei der Herleitung dieser Gleichungen wurde die Steady-State-Annahme (3.10a) getroffen; damit sind die Gleichungen nur in dem Bereich gültig, in dem die Konzentration des Enzyms und des Enzym-Substrat-Komplexes annähernd zeitlich konstant sind.

In Abb. 3.28 ist die numerische Lösung des Gleichungssystems (3.9) wiedergegeben. Die Re-

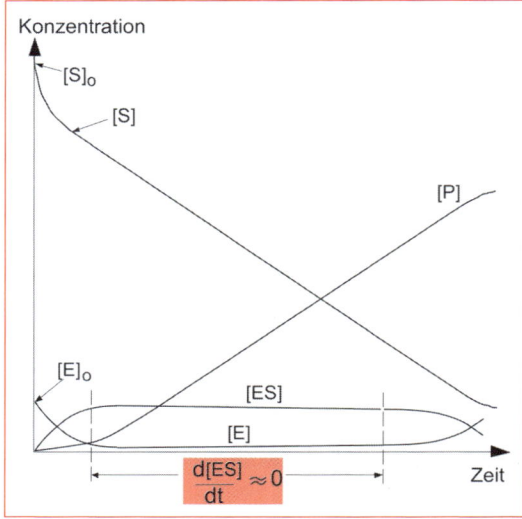

Abb. 3.28 Beispiel für die numerische Lösung des Gleichungssystems (3.9)

aktion lässt sich in drei Bereiche einteilen: den Pre-Steady-State-Bereich, den Steady-State-Bereich und den Bereich in der Nähe des vollständigen Umsatzes. Im Pre-Steady-State-Bereich baut sich der Enzym-Substrat-Komplex auf, im Steady-State-Bereich ändern sich die Konzentrationen des Enzym-Substrat-Komplexes [ES] und die Konzentration des freien Enzyms [E] nur unwesentlich mit der Zeit, und im Bereich des vollständigen Umsatzes baut sich der Enzym-Substrat-Komplex wieder ab, wobei freies Enzym entsteht. Damit gilt die Steady-State-Annahme weder in der Pre-Steady-State-Phase noch in der Nähe des vollständigen Umsatzes. Entsprechend können die Michaelis-Gleichungen für irreversible Reaktionen (3.16a) und für reversible Reaktionen (3.58a) nur im Steady-State-Bereich angewendet werden.

3.8 Allosterie und Kooperativität

Im Abschnitt 3.4 wurden die Regulationsmechanismen für hyperbolische Enzyme erläutert. Hyperbolische Enzyme sind Enzyme, deren kinetisches Verhalten durch eine hyperbolische Gleichung wie die Michaelis-Menten-Gleichung beschrieben werden kann. Die Aktivität wird zum einen durch die Substratkonzentration, zum anderen durch die Konzentration von Aktivatoren und Inhibitoren beeinflusst.

Im Unterschied zu hyperbolischen Enzymen weisen regulatorische Enzyme in der Regel eine sigmoide [S]-v-Kurve auf. Regulatorische Enzyme existieren meist als Oligomere, d.h., sie besitzen mehrere Untereinheiten. Sie treten im Allgemeinen an kritischen Stellen der Stoffwechselwege auf und katalysieren häufig irreversible Reaktionen. Das sigmoide Verhalten ist von großer Bedeutung für das Regelverhalten der Enzyme in der Zelle, da kleine Konzentrationsänderungen große Änderungen der Enzymaktivität hervorrufen. Ein sigmoides Verhalten kann auf Kooperativität oder auf Allosterie zurückzuführen sein.

Als **Kooperativität** wird das Verhalten bezeichnet, das die Bindung des Substrates an eine Untereinheit die Konformation und damit die Aktivität einer bzw. mehrerer anderer Untereinheiten beeinflusst. Positive Kooperativität äußert sich in einer Erhöhung der Affinität für das Substrat, während bei negativer Kooperativität die Affinität vermindert ist. Die Veränderung der Affinität kann sich sowohl in der Veränderung des K_m-Wertes wie auch in der Veränderung des v_{max}-Wertes äußern. Im ersten Fall wird von K-Systemen gesprochen, im zweiten Fall von V-Systemen. Nur die positive Kooperativität führt zur Kennliniensigmoidität.

Bei **allosterischen Enzymen** bewirkt die Bindung eines Effektors an einer Stelle des Enzyms, die nicht dem katalytischen Zentrum entspricht, eine Konformationsänderung des katalytischen Zentrums. Die Effektorbindungsstelle kann sogar auf einer anderen Untereinheit liegen, die keinerlei katalytische Aktivität besitzt. Wie bei den kooperativen Enzymen wird zwischen K- und V-Systemen unterschieden.

Das Phänomen der Kooperativität führte dazu, dass die Hypothese vom Schlüssel-Schloss-Prinzip (vgl. Kapitel 2) insofern erweitert wurde, dass das Bindungszentrum nicht mehr als starres Gebilde betrachtet wurde. Durch die Wechselwirkung zwischen Substrat und Bindungsstelle ändert sich die Konformation des Enzyms, und es resultiert daraus ein *induced fit*, also ein induziertes Zusammenpassen.

3.8.1 Die Hill-Gleichung

Im Jahr 1910 entwickelte A.V. Hill ein Modell, das den sigmoiden Bindungscharakter des Hämoglobins für Sauerstoff beschreiben sollte. Monod hat diesen Ansatz, der zunächst nur zur Beschreibung von Bindungsgleichgewichten gedacht war, auf enzymatische Reaktionen übertragen. Das folgende Reaktionsschema beschreibt den Ansatz:

$$E + hs \underset{k_{-1}}{\overset{k_1}{\rightleftharpoons}} ES_h \xrightarrow{k_2} E + P \qquad (3.60)$$

Dieses Reaktionsschema nimmt an, dass nur vollständig unbesetzte oder vollständig besetzte Enzymmoleküle existieren. Dies lässt sich so veranschaulichen, dass die Bindung des ersten Substrates die Affinität der anderen, noch nicht besetzten Untereinheiten so stark erhöht, dass diese Untereinheiten praktisch sofort ebenfalls Substratmoleküle binden. Der **Hill-Koeffizient h** gibt das Ausmaß der Kooperativität wieder, er ist nicht zwingend identisch mit der Anzahl der Bindungsstellen am Molekül.

Mit der Steady-State-Annahme ergibt sich:

$$\frac{[E][S]^h}{[ES]_h} = \frac{k_{-1} + k_2}{k_1} = K_m \qquad (3.61)$$

Das gesamte Enzym liegt entweder in freier [E] oder komplexierter Form [ES] vor:

$$[E]_0 = [E] + [ES]_h \qquad (3.62)$$

Daraus ergibt sich für den Enzym-Substrat-Komplex:

$$[ES]_h = [E]_0 \frac{\frac{[S]^h}{K_m}}{1 + \frac{[S]^h}{K_m}} \qquad (3.63)$$

und schließlich für die Reaktionsgeschwindigkeit v:

$$v = k_2[ES]^h = \frac{k_2[E]_0[S]^h}{K_m + [S]^h} = \frac{v_{max}[S]^h}{K_m + [S]^h} \qquad (3.64)$$

Zur Veranschaulichung der kooperativen Wirkung ist die Hill-Gleichung in Abb. 3.29 für verschiedene Hill-Koeffizienten h wiedergegeben. Für h=1 lässt sich die Kinetik durch einen Michaelis-Menten-Ansatz beschreiben. Für h>1 ergibt sich ein sigmoider Verlauf der v-S-Kurve. Im Fall negativer Kooperativität (h<1) wird die Affinität der anderen Untereinheiten für das Substrat vermindert, und die Steigung der v-S-Kurve nimmt ab.

3.8.2 Ein einfaches allosterisches Modell

Im vorigen Abschnitt wurde mit der Hill-Gleichung das einfachste Modell hergeleitet, das kooperative Phänomene beschreibt. Als Erweiterung des Hill-Modells sind eine Vielzahl detaillierterer Modelle entwickelt worden, von denen einige im Folgenden erläutert werden. Abbildung 3.30 zeigt ein einfaches Modell für ein dimeres Enzym, das zwei unterschiedliche Enzymzustände berücksichtigt.

Hier ist angenommen, dass das Enzym E in einer aktiven Form A und in einer inaktiven Form U auftritt, wobei das Gleichgewicht zwischen diesen beiden Formen durch die Konstante $L = [U]_0/[A]_0$ beschrieben wird. Der Index bei der aktiven Form A gibt an, wie viele Substratmoleküle an das Enzym gebunden sind. U_o und A_o sind im Gleichgewicht und U_o kann kein Substrat binden.

In Abschnitt 3.2.1 wurde die Steady-State-Annahme verwendet, um die Differenzialgleichungen analytisch lösen zu können. Für die Herleitung der Gleichungen, die allosterische Enzyme beschreiben, wird eine andere häufig eingesetzte Vereinfachung angewendet, die bereits im Abschnitt 3.2.1 erwähnt wurde: die **Rapid-Equili-**

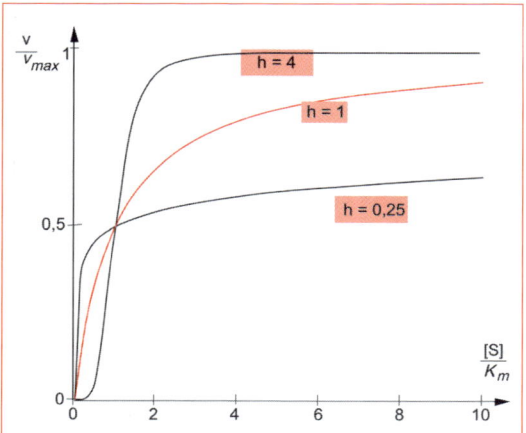

Abb. 3.29 Positive und negative Kooperativität am Beispiel der Hill-Gleichung

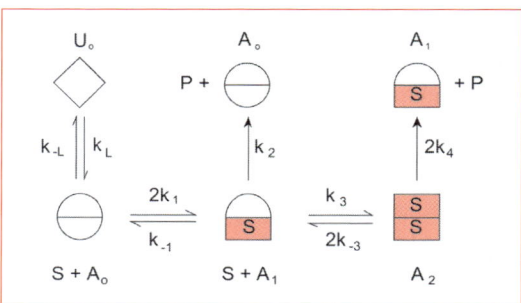

Abb. 3.30 Reaktionsfolge für ein allosterisches Enzym mit zwei Untereinheiten

3.8 Allosterie und Kooperativität

brium-Annahme. Wie der Name impliziert, wird eine sehr schnelle Gleichgewichtseinstellung bei der Komplexbildung und für die Übergänge zwischen Komplexen angenommen und die eigentliche Reaktion – die Dissoziation des Produktes vom Enzym-Substrat-Komplex – verläuft langsam im Vergleich zur Einstellung des Fließgleichgewichtes zwischen Enzym und Substrat.

Die Massenbilanzen für das in Abb. 3.30 dargestellte System lauten:

$$\frac{d[A]_0}{dt} = -k_L[A]_0 + k_{-L}[U]_0 - 2k_1[A]_0[S] + k_{-1}[A]_1 \quad (3.65a)$$

$$\frac{d[A]_1}{dt} = 2k_1[A]_0[S] - k_{-1}[A]_1 - k_3[A]_1[S] + k_{-3}[A]_2 \quad (3.65b)$$

$$\frac{d[A]_2}{dt} = k_3[A]_1[S] - 2k_{-3}[A]_2 \quad (3.65c)$$

$$\frac{d[U]_0}{dt} = k_L[A]_0 - k_{-L}[U]_0 \quad (3.65d)$$

$$[E]_0 = [A]_0 + [A]_1 + [A]_2 + [U]_0 \quad (3.65e)$$

$$\frac{d[P]}{dt} = k_2[A]_1 + k_4[A]_2 \quad (3.65f)$$

$$L = \frac{k_L}{k_{-L}} \quad ; \quad K_1 = \frac{k_{-1}}{k_1} \quad ; \quad K_3 = \frac{k_{-3}}{k_3} \quad (3.65g)$$

Hierbei ist zu beachten, dass ein Enzym mit zwei freien Bindungsstellen eine doppelt so hohe Reaktionswahrscheinlichkeit besitzt; deshalb der Faktor 2 in Abb. 3.30 und in den Gleichungen (3.65a und b). Gleiches gilt für den Enzymkomplex A_2, der zwei Substrat- bzw. Produktmoleküle gebunden hat (vgl. (3.65c)). Da die Rapid-Equilibrium-Annahme verwendet wird, sind die Produktbildungsschritte in den Gleichungen (3.65a) – (3.65d) vernachlässigt worden. Im Gleichgewicht sind die Ableitungen der Enzymterme gleich null, und die Gleichgewichtskonzentrationen ergeben sich zu:

$$[A]_0 = \frac{[E]_0}{N} \quad (3.66a)$$

$$[A]_1 = \frac{2\alpha_1[E]_0}{N} \quad (3.66b)$$

$$[A]_2 = \frac{\alpha_1\alpha_2[E]_0}{N} \quad (3.66c)$$

$$[U]_0 = \frac{L[E]_0}{N} \quad (3.66d)$$

mit

$$N = \frac{[E]_0}{1 + L + 2\alpha_1 + \alpha_1\alpha_2} \quad ; \quad \alpha_j = \frac{[S]}{K_j} \quad (3.66e)$$

Daraus folgt für die Reaktionsgeschwindigkeit:

$$v = \frac{2\alpha_1(k_4\alpha_2 + k_2)[E]_0}{N} \quad (3.67)$$

Für identische Geschwindigkeitskonstanten k_{2j} der Produktbildung (j = 1, 2, 3, ...) und identische Dissoziationskonstanten K_j (j = 1, 2, 3, ...) vereinfacht sich Gleichung (3.67) zu:

$$v = \frac{2k\alpha(1+\alpha)[E]_0}{L + (1+\alpha)^2} \quad (3.68)$$

Durch Erweitern der Abb. 3.30 auf n identische Untereinheiten ergibt sich:

$$v = \frac{nk\alpha(1+\alpha)^{n-1}[E]_0}{L + (1+\alpha)^n} \quad (3.69)$$

3.8.3 Die MWC- und KNF-Modelle

Die heute gebräuchlichsten allosterischen Modelle sind das Monod-Wyman-Changeux-Modell (MWC) und das Koshland-Nemethy-Filmer-Modell (KNF). In Abb. 3.31 ist das **MWC-Modell** für ein tetrameres Enzym dargestellt.

Tetramere Enzyme mit allosterischem Verhalten sind beispielsweise Phosphofructokinase aus *E. coli* und Glycerinaldehyd-3-Phosphat-Dehydrogenase (Abb. 2.15) aus Hefe. Diesem Mechanismus wurden die folgenden Annahmen zugrunde gelegt:
1) Das Enzym besteht aus n identischen Untereinheiten.
2) Das Enzym kann in zwei unterschiedlichen Konformationen vorliegen, einer entspannten R-Form (*relaxed*) und einer angespannten T-Form (*tense*).
3) Der Übergang zwischen R- und T-Form ist nur möglich, wenn kein Substrat an das En-

zym gebunden hat. Die beiden Formen befinden sich im Fließgleichgewicht.
4) Sowohl die R-Form wie auch die T-Form kann Produkt bilden, allerdings mit unterschiedlichen Geschwindigkeiten.

Analog zur Herleitung der Gleichung (3.69) sind in dem Schema die Geschwindigkeitskonstanten mit der Anzahl der potenziellen Reaktionsstellen multipliziert. Unter Zuhilfenahme der Rapid-Equilibrium-Annahme ergibt sich folgende Geschwindigkeitsgleichung:

$$v = \frac{k_4 \beta (1+\beta)^{(n-1)} + k_5 Lc\beta(1+c\beta)^{(n-1)}}{L(1+c\beta)^n + (1+\beta)^n}[E]_0 \quad (3.70a)$$

mit

$$L = \frac{k_1}{k_{-1}} \quad ; \quad \beta = \frac{[S]}{K_R} \quad ; \quad c = \frac{K_R}{K_T} \quad (3.70b)$$

$$K_R = \frac{K_{-2}}{K_2} \quad ; \quad K_T = \frac{K_{-3}}{K_3} \quad (3.70c)$$

Verschiedene Erweiterungen des MWC-Modells erlauben beispielsweise nicht nur den Übergang zwischen R_o und T_o, sondern auch zwischen teilweise besetzten Zuständen.

Das zweite häufig verwendete allosterische Modell ist das **KNF-Modell**, das in Abb. 3.32 dargestellt ist.

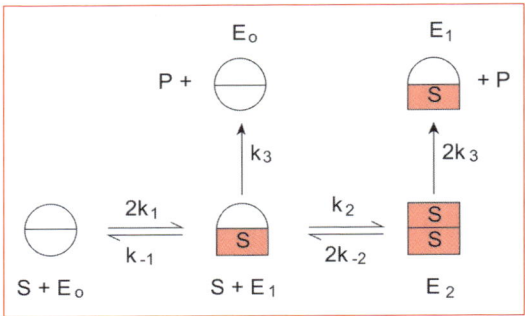

Abb. 3.32 Das Koshland-Nemethy-Filmer-Modell für ein dimeres Enzym

Die grundlegenden Annahmen dieses Modells lauten:
1) Jede Untereinheit kann in zwei unterschiedlichen Konformationen vorliegen.
2) Nur diejenige Untereinheit kann ihre Konformation ändern, die zuvor ein Substratmolekül gebunden hat.
3) Die Konformationsänderung einer Untereinheit beeinflusst ihre Wechselwirkung mit anderen Untereinheiten, indem die Substrat-Dissoziationskonstanten anderer Untereinheiten verändert wird.

Mit diesem Modell können sowohl positive wie auch negative Kooperativität beschrieben wer-

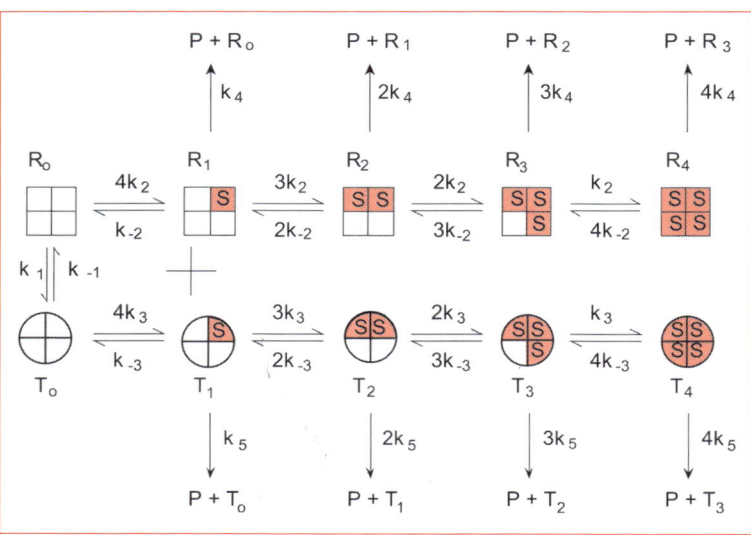

Abb. 3.31 Das MWC-Modell für ein tetrameres Enzym. Alle Untereinheiten besitzen unabhängig von der Anzahl der gebundenen Substrate die gleichen katalytischen Eigenschaften. Freies Substrat wird aus Gründen der Übersichtlichkeit nicht dargestellt.

den. Für ein dimeres Enzym ergibt sich folgende Geschwindigkeitsgleichung:

$$v = \frac{[S]\left(1+\frac{[S]}{K_{SS}}\right)}{K_S + [S]\left(1+\frac{[S]}{K_{SS}}\right)} 2k_3[E]_0 = \frac{[S]\left(1+\frac{[S]}{K_{SS}}\right)}{K_S + [S]\left(1+\frac{[S]}{K_{SS}}\right)} v_{max}$$

(3.71a)

wobei

$$K_S = \frac{k_{-1}}{k_1} \quad ; \quad K_{SS} = \frac{k_{-2}}{k_2}$$

(3.71b)

Der Fall $K_S/K_{SS} > 1$ entspricht positiver und der Fall $K_S/K_{SS} < 1$ negativer Kooperativität.

3.9 Enzymreaktionen mit zwei Substraten

Ein-Substrat-Reaktionen sind verhältnismäßig selten; es handelt sich meist um Isomerisierungen. An den meisten enzymkatalysierten Reaktionen sind zumindest zwei Substrate beteiligt, wobei häufig Wasser das zweite Substrat ist. In einer typischen Zellumgebung liegen die Substratkonzentrationen im Bereich von μmol/l bis mmol/l, d. h., die Wasserkonzentration ist während der Reaktion näherungsweise konstant. Damit kann die Reaktion als Ein-Substrat-Reaktion beschrieben werden. Beim Einsatz von isolierten Enzymen in technischen Prozessen werden wesentlich höhere Konzentrationen eingesetzt, und es muss im Einzelfall geprüft werden, ob die vereinfachende Annahme einer konstanten Wasserkonzentration gerechtfertigt ist.

In diesem Abschnitt werden Reaktionen behandelt, in denen zwei Substrate miteinander reagieren. Wichtige Beispiele hierfür sind Phosphotransferasen, Aminotransferasen und Oxidoreduktasen (vgl. Tab. 2.2). Für das Verständnis der Mechanismen und die kinetische Beschreibung der Reaktionen wird die weit verbreitete Terminologie von Cleland verwendet. Mit den Anfangsbuchstaben des Alphabetes A, B, C, ... werden die Substrate in der Reihenfolge ihrer Anlagerung an das Enzym bezeichnet, während die Endbuchstaben – beginnend mit P, Q, R, ... – die Produkte symbolisieren. Die Buchstaben I, J, ... stehen für Inhibitoren, und mit E, F, ... werden die unterschiedlichen Enzymformen bezeichnet.

In Abb. 3.33 sind verschiedene häufig auftretende Reaktionsmechanismen dargestellt. Als **Ping-Pong-Mechanismus** wird die Reaktionsfolge bezeichnet, in der zunächst das eine Substrat bindet, in sein Produkt umgewandelt wird und abdissoziiert. Danach lagert sich das zweite Substrat an und reagiert. Nach der ersten Teilreaktion liegt das Enzym in einer anderen Form F vor und wird erst durch die zweite Teilreaktion in seine ursprüngliche Form E überführt.

Beim **Random-Bi-Bi-Mechanismus** binden beide Substrate in beliebiger Reihenfolge, danach

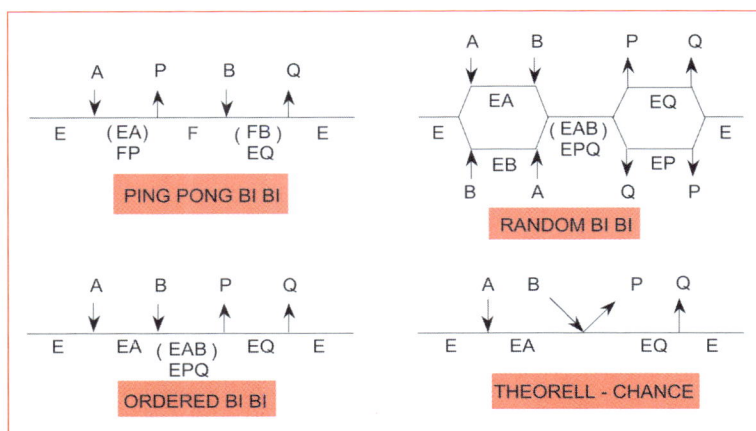

Abb. 3.33 Schematische Darstellung häufig auftretender Reaktionsmechanismen bei Zwei-Substrat-Reaktionen

verlassen beide Produkte ebenfalls in beliebiger Reihenfolge den Enzym-Substrat-Komplex. Die mathematische Beschreibung der Reaktionskinetik wird wesentlich vereinfacht, wenn die Umwandlung des Enzym-Substrat-Komplexes EAB in den Enzym-Produkt-Komplex EPQ als der geschwindigkeitsbestimmende Schritt angenommen wird, was für viele Reaktionen zutrifft und mit dem Begriff **Rapid-Equilibrium-Random-Bi-Bi-Mechanismus** bezeichnet wird.

Ein **Ordered-Bi-Bi-Mechanismus** liegt vor, wenn zunächst das eine Substrat binden muss, damit sich das zweite Substrat anlagern kann. Entsprechendes gilt für die Dissoziation. Dieser Reaktionsmechanismus ist häufig bei Dehydrogenasen anzutreffen, bei denen das Coenzym vor dem anderen Substrat bindet. Ein Sonderfall des Ordered-Bi-Bi-Mechanismus liegt vor, wenn die Dissoziation des ersten Produkts sehr rasch erfolgt, so dass der Enzymkomplex EAB/EPQ nur in vernachlässigbar geringer Konzentration vorhanden ist. Nach diesem **Theorell-Chance-Mechanismus** laufen beispielsweise die durch Alkohol-Dehydrogenase katalysierten Reaktionen ab.

Zur Herleitung der Steady-State-Geschwindigkeitsgleichungen werden analog zu den Ein-Substrat-Reaktionen die Differenzialgleichungen für die einzelnen Substanzen aufgestellt und gleich null gesetzt. Das resultierende Gleichungssystem kann beispielsweise mit Hilfe von Computerprogrammen gelöst werden, da durch die große Anzahl der Gleichungen die Lösung per Hand zeitaufwändig ist. Alternativ zu der Herleitung der Geschwindigkeitsgleichung über die Differenzialgleichungen kann das Verfahren von King und Altman verwendet werden. Hiermit kann die Geschwindigkeitsgleichung geschrieben werden, ohne dass ein System simultaner Gleichungen gelöst werden muss. Dazu wird das Reaktionsschema in einzelne Netzwerke unterteilt und die darin auftauchenden Geschwindigkeitskonstanten nach bestimmten Regeln zusammengefasst. Für eine genaue Erläuterung der **King-Altman-Methode** wird auf die entsprechende Fachliteratur verwiesen (Segel 1993, Fromm 1975).

Für den Ordered-Bi-Bi-Mechanismus ergibt die King-Altman-Methode unter Berücksichtigung der Reversibilität:

$$\frac{v}{[E]_0} = \frac{k_1 k_2 k_3 k_4 [A][B] - k_{-1} k_{-2} k_{-3} k_{-4} [P][Q]}{k_{-1} k_4 (k_{-2}+k_3) + k_1 k_4 (k_{-2}+k_3)[A] + k_2 k_3 k_4 [B] +}$$

$$+ k_{-1} k_{-4}(k_{-2}+k_3)[Q] + k_1 k_2 (k_3+k_4)[A][B] + k_1 k_{-2} k_{-3}[A][P] +$$

$$+ k_{-3} k_{-4}(k_{-1}+k_{-2})[P][Q] + k_2 k_3 k_{-4}[B][Q] + k_1 k_2 k_{-3}[A][B][P] +$$

$$+ k_2 k_{-3} k_{-4}[B][P][Q] \qquad (3.72)$$

Ähnlich wie beim Übergang von Gleichung (3.16) zu (3.17a) lassen sich die Geschwindigkeitskonstanten zu kinetischen Konstanten zusammenfassen:

$$v = \frac{v_{max}\left([A][B] - \dfrac{[P][Q]}{K_{eq}}\right)}{K_{ia}K_b + [A]K_b + [B]K_a + [A][B] + \dfrac{[A][B][P]}{K_{ip}} + \dfrac{[B][Q]K_a}{K_{iq}} +}$$

$$+ \frac{v_{max}}{v_{max,r} K_{eq}}\left([P]K_q + [Q]K_p + [P][Q] + \dfrac{[A][P]K_q}{K_{ia}} + \dfrac{[B][P][Q]}{K_{ib}}\right)$$

(3.73)

Wenn kein Produkt vorliegt, vereinfacht sich Gleichung (3.73) zu:

$$v = \frac{v_{max}[A][B]}{K_{ia}K_b + [A]K_b + [B]K_a + [A][B]} \qquad (3.74)$$

Die Konstanten K_a und K_b entsprechen den K_m-Werten für die beiden Substrate, und K_p und K_q sind die entsprechenden Konstanten der Rückreaktion. Die K_i-Konstanten beschreiben die Inhibierung durch die mit dem zweiten Buchstaben bezeichnete Substanz, und K_{eq} ist die Gleichgewichtskonstante der Reaktion. Für die genaue Definition der einzelnen kinetischen Konstanten sowie für die Geschwindigkeitsgleichungen für andere Mehr-Substrat-Mechanismen wird auf die entsprechende Fachliteratur verwiesen (Segel 1993, Fromm 1975).

Wird eines der beiden Substrate in konstanter Konzentration vorgelegt, dann ergibt sich mit Gleichung (3.74) für das andere Substrat eine Michaelis-Kinetik:

$$v = \frac{v'_{max}[B]}{K'_m+[B]} \quad ; \quad [A] = \text{konstant} \tag{3.75a}$$

$$v'_{max} = \frac{v_{max}[A]}{K_a+[A]} \quad ; \quad K'_m = \frac{K_b(K_{ia}+[A])}{K_a+[A]} \tag{3.75b}$$

Der v'_{max}- und K'_m-Wert in dieser Gleichung sind nicht konstant, sondern sie hängen von der Konzentration des nicht variierten Substrates ab.

3.9.1 Bestimmung der kinetischen Konstanten bei Mehr-Substrat-Reaktionen

Zur grafischen Auswertung der Daten von Ein-Substrat-Reaktionen werden die experimentellen Werte in linearisierter Form aufgetragen und aus den Ordinatenabschnitten und Steigungen die K_m-, K_i- und v_{max}-Werte ermittelt (Abschnitte 3.2.3 und 3.6).

Zur Analyse von Reaktionen mit mehreren konkurrierenden Substraten wird von einer Mehr-Substrat-Kinetik ausgegangen. Dabei wird mittels HPLC oder vergleichbarer Methoden die relative Konzentration aller Substrate innerhalb der Mischung beobachtet. Konstanten wie z.B. k_{cat} oder K_m können dann mit Hilfe der nichtlinearen Regression für alle Substrate berechnet werden (Abschnitt 3.5.2). Eine ausführliche Diskussion von Mehr-Substrat-Reaktionen ist in Fromm (1975) zu finden.

Literatur

Bailey, J.E. und Ollis, D.E. (1986): Biochemical engineering fundamentals. McGraw-Hill, New York

Bisswanger, H. (2002): Theorie und Methoden der Enzymkinetik. Verlag Chemie, Weinheim

Brandt, S. (1981): Datenanalyse. B.I.-Wissenschaftsverlag, Mannheim; Wien; Zürich

Brink, L.E.S., Tramper, J., Luyben, K.Ch.A.M., Van´t Riet, K. (1988): Biocatalysis in organic media. Enzyme Microb. Technol. 10, 736

Charm, S.E., Wong, B.L. (1970): Enzyme inactivation with shearing. Biotech. Bioeng. 12, 1103

Frobisher, M. (1968): Fundamentals of microbiology. W.B. Saunders Co., Philadelphia

Fromm, H.J. (1975): Initial rate enzyme kinetics. Springer Verlag, Berlin

Fruton, J.S., Simmonds, S. (1953) General biochemistry. John Wiley & Sons Inc., New York

Gränicher W.H.H. (1996): Messung beendet – was nun?.vdf Hochschulverlag, Zürich

Halling, P.J. (1989): Lipase-catalysed reactions in low-water organic media: effects of water activity and chemical modification. Biochemical Society transactions 17, 1142

Henley, J.P., Sadana, A. (1985): Categorization of enzyme deactivations using a series-type mechanism. Enzyme Microb. Technol. 7, 50

Howaldt, M. (1988): Reaktionstechnische Untersuchungen gekoppelter coenzymabhängiger Enzymsysteme in Membranreaktoren. Dissertation, Universität Stuttgart

Khmelnitsky, Y.U.L., Levashov, A.V., Klyachko, N.L., Martinek, K. (1988): Engineering biocatalysis systems in organic media with low water content. Enzyme Microb. Technol. 10, 710

Lasch, J. (1987): Enzymkinetik. Springer Verlag, Berlin

Levy, M., Benaglia, A.E. (1950): The influence of temperature and pH upon the rate of denaturation of ricin. J. Biol. Chem. 186, 829

Lim, H.C. (1973): On kinetic behaviour at high enzyme concentrations. Am. Inst. Chem. Eng. J. 19, 659

Schmid, R.D. (1979): Stabilized soluble enzymes. In Advanceds in Biochemical Engineering, Vol. 12, Springer Verlag, Berlin

Segel, H.J. (1993): Enzyme kinetics. Wiley Interscience Publication, New York

Tirrell, M., Middleman, S. (1975): Shear modification of enzyme kinetics. Biotech. Bioeng. 17, 299

Wedler, G. (1997): Lehrbuch der physikalischen Chemie. Wiley-VCH Verlag, Weinheim

4 Wachstum: Kinetik und Prozessführung[*]

Wenn lebensfähige Zellen in einer Lösung suspendiert werden, die zumindest alle essentiellen Nährstoffe enthält, die richtige Temperatur und den richtigen pH besitzt, dann wachsen oder produzieren die Zellen. Das Wachstum verläuft bei verschiedenen Zelltypen unterschiedlich:
- Einzel-zellig wachsende Organismen: Die Zunahme der Biomasse geht normalerweise mit einer Erhöhung der Zellzahl einher.
- In Aggregaten, sozusagen im „Zellverbund" wachsende Organismen: beim Wachstum z. B. von Pilzen nehmen Größe und Dichte des Myzels zu, aber nicht unbedingt die Zellzahl.

Ursächlich mit dem Zellwachstum (= Wirkung) verbunden ist die Aufnahme (= Ursache) von Stoffen aus der Umgebung der Zelle. Eine Folge des Stoffwechsels ist die Abgabe von metabolischen Zwischen- oder Endprodukten an die Umgebung. Das Wachstum der Zellpopulation soll zunächst in seiner allgemeinsten und damit auch kompliziertesten Form betrachtet werden. Im Anschluss daran sollen sinnvolle Vereinfachungen eingeführt werden.

In Abb. 4.1 sind einige Parameter, Phänomene und Interaktionen zusammengefasst, welche das physiologische Verhalten von Zellpopulationen beeinflussen. Generell müssen zwei miteinander wechselwirkende Systeme unterschieden werden, die biologische Phase – sie besteht aus der Zellpopulation – und die umgebende (abiotische) Phase – das (Wachstums-)Medium. Die Zellen konsumieren Nährstoffe und setzen Substrat aus der Umgebung in Produkt(e) um. Als **Substrat im weiteren Sinn** wird jede Komponente des Nährmediums verstanden; **im engeren Sinn** wird meist die Kohlenstoff- und Energiequelle (z. B. Glucose) als Substrat bezeichnet. Die Zellen erzeugen während des Wachstums und/oder der Produktbildung Wärme und werden umgekehrt von der Temperatur des Mediums beeinflusst. Mechanische Kräfte aus hydrostatischem Druck und Scherströmung wirken über das Medium auf die Zellen. Diese Effekte beeinflussen vor allem zellwandlose Organismen, z. B. animale Zellen, die bereits durch die Turbulenzen einer an der Oberfläche zerplatzenden Gasblase irreversibel geschädigt werden können. Konzentration und Morphologie von Zellen und die Konzentrationen von Substraten und Produkten wirken auf die Rheologie der Biosuspension, die wiederum für die Höhe der Scherkräfte verantwortlich ist.

Häufig produziert oder konsumiert eine Population Komponenten, die den pH-Wert des Mediums verschieben, was wiederum die Zellaktivität beeinflusst. Während des Verlaufs einer spontanen, unkontrollierten Bioreaktion ändern sich Konzentrationen, Temperatur, pH, Ionenstärke und die rheologischen Eigenschaften mit der Zeit. Durch Messung und Regelung (im geschlossenen Regelkreis) können einige dieser Variablen zu so genannten **Kulturparametern** gemacht werden.

Selbst die Einzelzelle ist ein kompliziertes Multikomponentensystem. Viele (bio-)chemische Reaktionen finden in einer Zelle simultan statt, von einem komplizierten internen Regelsystem kontrolliert. Während der Kultivierung einer Zellpopulation können sich spontane Mutationen ereignen (die mittlere Wahrscheinlichkeit liegt vermutlich in der Größenordnung von $1:10^6$). Von diesen Mutanten zeichnen sich wiederum nur wenige durch verbesserte Eigenschaften aus. Jedes Reaktorsystem übt auf Grund seiner Komponenten und/oder Betriebsweise einen Selektionsdruck auf die gesamte Population aus und kann somit einzelne Mutanten bevorzugen.

[*] Autoren: Bernhard Sonnleitner, Horst Chmiel

Diese würden in der Folge die ursprüngliche Population überwachsen (s. Abschnitt 4.10).

Neben der genetischen Inhomogenität besteht in einer wachsenden Zellpopulation auch eine signifikante Heterogenität von Zelle zu Zelle. Zu einem gegebenen Zeitpunkt und in einem Volumenelement unterscheiden sich die Zellen hinsichtlich ihres individuellen Alters und/oder ihrer (bio-)chemischen Aktivität. Diese Unterschiede sind bei prokaryotischen Kulturen meist unwesentlich, bei Eukaryoten hängen aber viele Stoffwechselleistungen von der aktuellen Position im Zellzyklus ab.

Unter diesen Umständen ist es praktisch sehr aufwändig, ein umfassendes und exaktes mathematisches Populationsmodell zu formulieren, das alle in Abb. 4.2 aufgeführten Details berücksichtigt: man müsste jede einzelne Zelle separat „agieren" lassen und die Population als Summe bzw. Mittelwert der Individuen berechnen. Im Folgenden sollen daher Approximationen geprüft werden, die ein vereinfachtes und doch für die industrielle Praxis brauchbares Modell der Zellpopulationskinetik liefern. Dabei sind erheblich einschränkende Randbedingungen zu beachten.

In einem Wachstumsmedium für industrierelevante Prozesse liegen meist alle Komponenten bis auf eine in so hoher Konzentration vor, dass deren Änderung die Gesamtgeschwindigkeit des Prozesses nicht beeinflusst, d.h., nur eine einzelne Komponente wird (im Satzbetrieb gegen Ende) geschwindigkeitsbestimmend. Genau diese Komponente ist eine **relevante Zustandsvariable** im Modell, die anderen Komponenten dagegen werden üblicherweise vernachlässigt. Nur in wenigen Fällen ist es notwendig, eine Multikomponentenbeschreibung in das Modell mit einzubeziehen, um den gewünschten Bereich des kinetischen Verhaltens zu repräsentieren.

Abb. 4.2 gibt einen konzeptionellen Überblick über die verschiedenen Perspektiven für populationskinetische Darstellungen. Sie klassifiziert die mikrobiellen Systeme nach der Zahl der Komponenten, die zur zellulären Darstellung gebraucht werden und ob die Zellen als heterogene Kollektion diskreter Einheiten angesehen werden (was sie in Wirklichkeit sind) oder ob eine Art „mittlere Zelle" gewählt wird, was dem Konzept der „Komponente in einer Lösung" entspricht. Zelluläre Systeme, die aus mehreren

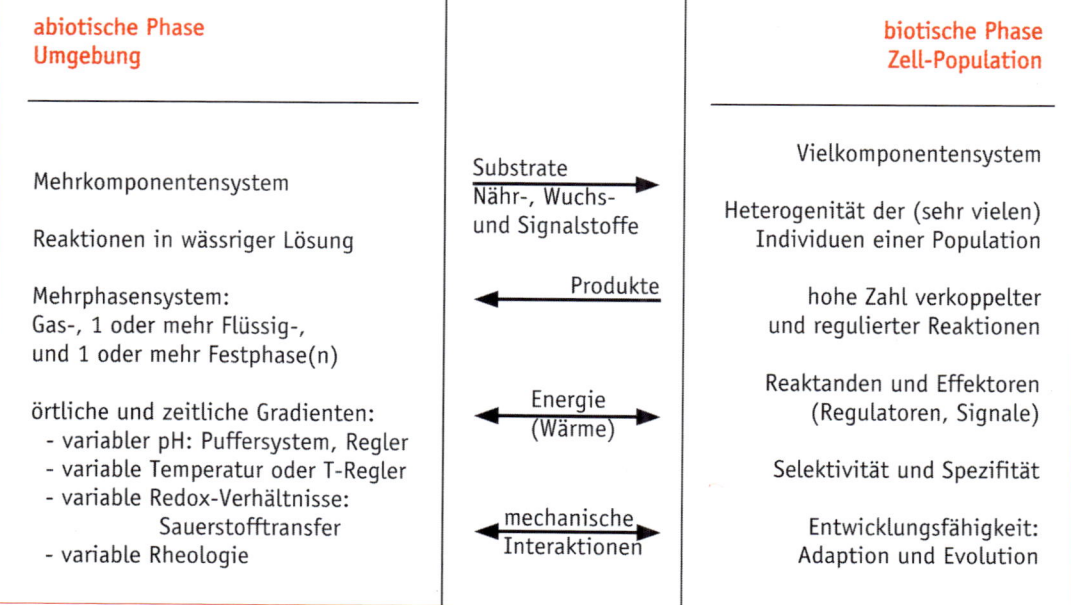

Abb. 4.1 Wichtige Einflussgrößen, Phänomene und Interaktionen, die die Zellpopulationskinetik bestimmen.

unterscheidbaren Komponenten bestehen, werden **strukturiert** genannt; erfolgt die Darstellung als eine Komponente, wird sie **unstrukturiert** genannt. Die Betrachtung diskreter, heterogener Zellen oder zumindest Subpopulationen bedeutet **segregiert**, während eine **unsegregierte** Betrachtungsweise bedeutet, dass die Zelleigenschaften als Mittelwert gesehen werden und nicht zwischen einzelnen Individuen unterschieden werden kann.

Wie in Abb. 4.2 gezeigt, ist die tatsächliche Situation die strukturierte, segregierte. Die biotische Phase muss durch eine Matrix beschrieben werden, die die Dimensionen Strukturelemente * Zellklassen hat. Wenn die Heterogenität von Zelle zu Zelle den kinetischen Prozess nicht wesentlich beeinflusst, dann kann man auf die segregierte Betrachtungsweise verzichten und die unsegregierte benutzen. In einem Wachstumsstadium, das „**ausgewogenes Wachstum**" (engl. *balanced growth*) genannt wird, sind alle Aktivitäten der Zellsynthese so koordiniert, dass die mittlere Zellzusammensetzung nicht von der Entwicklung der Population beeinflusst wird. In diesem Fall sind Modelle adäquat, die die Vielkomponentennatur von Populationen unberücksichtigt lassen. Die Zellmasse wird durch eine skalare Größe beschrieben.

Am häufigsten wird zur Beschreibung des Wachstums von Zellpopulationen das am stärksten idealisierte Modell, das unsegregierte und unstrukturierte benutzt. Bei Wachstum und Produktbildung in transienten Systemen, wie beispielsweise bei der konventionellen Satzkultur (engl. *batch*), bei der sich Zellzusammensetzung und Reaktionstypen während des Verlaufs des Prozesses erheblich ändern können, empfiehlt sich ein detailliertes Modell. Außerdem kann man bei der Anwendung eines strukturierten Modells bekannte Merkmale der biochemischen Reaktionen der Zelle (z. B. **metabolische Regulation**) in die kinetische Darstellung mit einbringen (Abb. 4.3 zeigt ein einfaches Beispiel für die Bäckerhefe *Saccharomyces cerevisiae*; es gibt nur zwei Strukturen: oxidativer und fermentativer Stoffwechsel). Ähnliches gilt für segregierte Modelle, wo bekannte Besonderheiten des Zellzyklus mit eingeschlossen werden können und auf diese Weise die Gültigkeit und der Anwendungsbereich eines kinetischen Modells erweitert werden

Abb. 4.2 Die verschiedenen Perspektiven für zellpopulationskinetische Darstellung. In horizontaler Richtung ändert sich die „Einsicht" in die einzelnen Zellen, in vertikaler Richtung der Individualcharakter der Zellen innerhalb der Population.

kann. In einem segregiert-strukturierten Modell sind Kinetik der Zellkompartimente und regulatorische Besonderheiten essenziell. In der Folge beschränken wir uns auf eine skalare Betrachtung der Zellen.

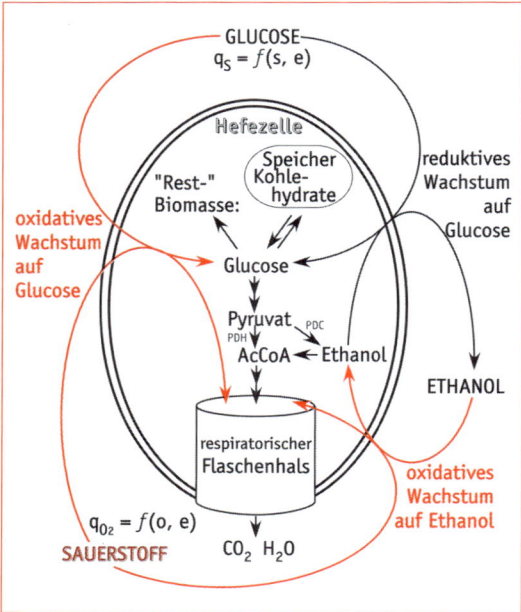

Abb. 4.3 Mechanistisches Modellkonzept für Hefen vom Typ *Saccharomyces* (nach Sonnleitner und Käppeli, 1986) als stark schematisierte Skizze über die Möglichkeiten, C-Quellen in Biomasse umzusetzen. Da der Sauerstoff für die aerobe Energiegewinnung essenziell ist, muss er ebenfalls als Substrat betrachtet werden. Es gibt daher 3 wesentliche abiotische Reaktionspartner: 1.) Glucose, welche über einen oxidativen oder einen reduktiven oder über beide Wege gleichzeitig umgesetzt werden kann, 2.) Sauerstoff, der eine energetisch optimale Glucosenutzung erlaubt, und 3.) Ethanol, der im Laufe des reduktiven Wachstums auf Glucose zwangsweise entsteht, und der ausschließlich unter Nutzung von Sauerstoff ebenfalls als Substrat verwertet werden kann, sofern Glucose nicht den „respiratorischen Flaschenhals" besetzt. Innerhalb der Zelle werden 3 grobe, aber kinetisch definierbare Strukturelemente unterschieden: 1.) die begrenzte respiratorische Kapazität (respiratory bottleneck), 2.) die Kohlehydratspeicherstoffe gesamthaft und 3.) die „restliche" Biomasse (alle nicht schon genannten Zellbausteine summarisch). Nur zwei Schlüsselenzyme sind lokalisiert: Pyruvatdehydrogenase (PDH) und Pyruvatdecarboxylase (PDC).

4.1 Ideale Prozesse zur Messung der Kinetik

Es ist schwierig, kinetische Informationen über eine mikrobielle Population von einem Reaktor zu erhalten, in dem die Bedingungen ortsabhängig sind. Es ist daher notwendig, die Untersuchungen in ideal durchmischten („idealen") Reaktoren durchzuführen. In der Biotechnologie finden verschiedene Arten der Reaktionsführung von Bioprozessen mehr oder weniger breiten Einsatz. Sie sollen im Folgenden grundsätzlich, also unabhängig von den zur Realisierung verwendeten Reaktortypen, besprochen werden (Abb. 4.4). Des Weiteren bleibt zu bedenken, dass wir eigentlich an den Parametern interessiert sind, wenn wir die Kinetik von Wachstum und Produktbildung ermitteln müssen. **Parameter** sind diejenigen Größen, die die Entwicklung eines (Bio-)Systems eindeutig bestimmen und festlegen. Die unabhängige Variable ist meistens die Zeit, es kann aber auch eine operative Größe wie die Verdünnungsrate oder das Rezirkulationsverhältnis sein. Der Verlauf der **Zustandsgrößen** oder **abhängigen Variablen**, z. B. der Konzentrationen von Zellen, Substraten und Produkten, wird also durch die Parameter determiniert, nur: die Parameter können wir nicht direkt messen; was wir messen können sind die Variablen, und aus deren Entwicklung müssen wir auf die Parameter zurückschließen (*reversed problem solution*; Kell und Sonnleitner, 1995).

4.1.1 Geschlossene Systeme

Solche Systeme sind technisch am einfachsten realisierbar, weil man lediglich ein geschlossenes Behältnis braucht, in dem ein spontaner Wachstums- oder Produktbildungsprozess abläuft. Es werden die notwendigen Substrate vorgelegt, bei axenischen (= „ohne Fremdorganismen") Prozessen wird sterilisiert, dann das Inokulum (Impfgut) eingebracht und nach Ablauf des Prozesses werden die Produkte gewonnen. Tatsächlich können jedoch die meisten dieser Spontanprozesse (man sagt auch „im **Satzbetrieb**" oder **batch**-Ansatz) nicht in einem vollkommen abgeschlossenen System durchgeführt werden, da gasförmige Substra-

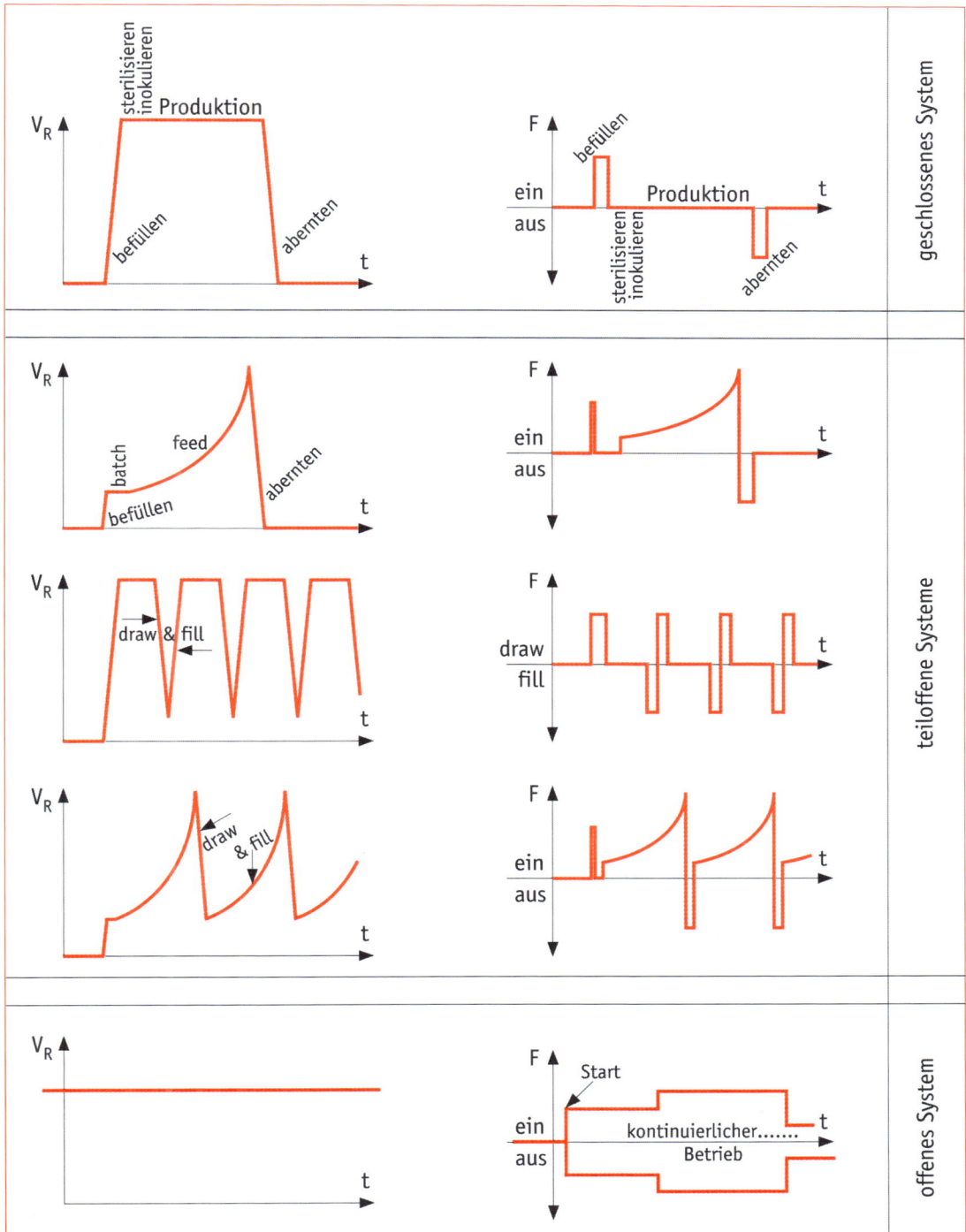

Abb. 4.4 Prinzipdarstellung verschiedener Möglichkeiten der Reaktionsführung. Im linken Teil ist jeweils der zeitliche Volumenverlauf für geschlossene, teiloffene und offene Systeme dargestellt. Im rechten Teil sind die dazu notwendigen Flüssigströme (F) aufgetragen: solche in das System hinein sind positiv, solche aus dem System heraus negativ dargestellt.

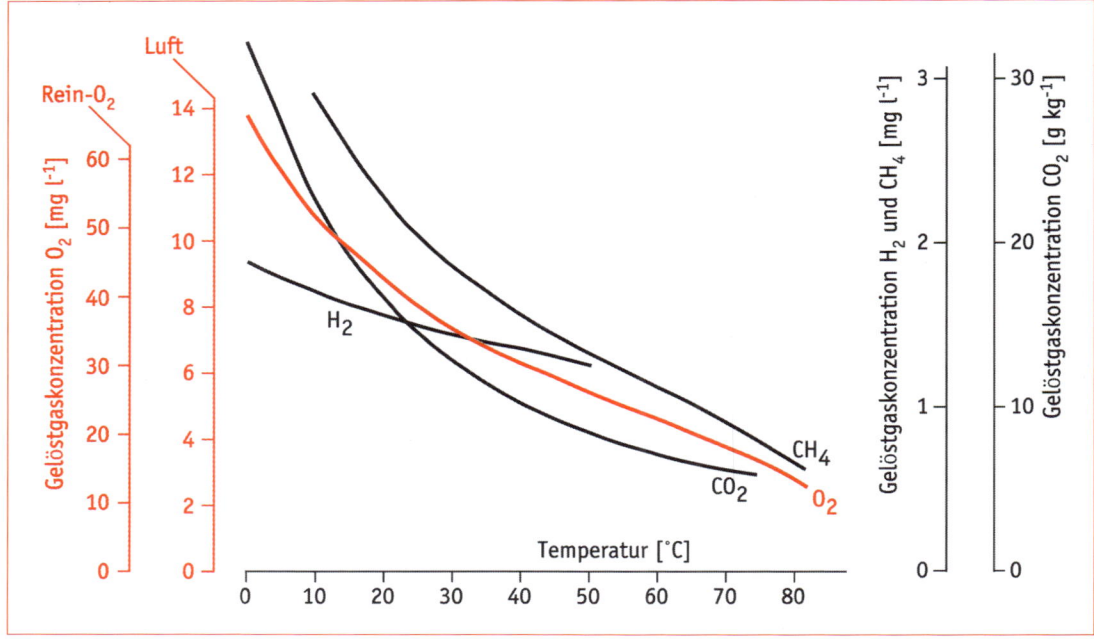

Abb. 4.5 Löslichkeiten biologisch relevanter Gase in reinem Wasser in Abhängigkeit von der Temperatur. Die beiden linken Skalen geben Sauerstoff an, wenn mit Luft (entspricht 0,21 bar, Skala links innen), bzw. wenn mit Reinsauerstoff bei 1 bar (Skala links außen) begast wird. Die zwei rechten Skalen beziehen sich auf Begasung je mit Reingas bei 1 bar Partialdruck (nach Sonnleitner 1983).

te aufgrund ihrer geringen Löslichkeit in Wasser (Abb. 4.5) nicht in genügender Menge vorgelegt, bzw. die bei den Stoffwechselvorgängen entstehenden Gase nicht abgeführt werden können. Daher ist man gezwungen, auch ein in Bezug auf die Flüssig- (und die darin als gelöst betrachtete Fest-) phase während der gesamten Züchtung scheinbar geschlossenes System in Bezug auf die Gasphase offen zu halten. Scheinbar deshalb, weil normalerweise geringe Mengen an pH-Korrekturmittel oder chemischem Entschäumer dosiert werden und Aliquote für analytische Zwecke sporadisch oder in regelmäßigen Abständen entnommen werden.

4.1.2 Offene Systeme

Im Gegensatz zu den oben besprochenen geschlossenen Systemen sind diese Systeme auch für die Flüssigphase ständig offen, d. h., es tritt laufend flüssiges Medium in das System ein, und es wird laufend durchwachsene Kulturflüssigkeit aus dem System abgezogen, sodass das arbeitende Flüssigvolumen konstant bleibt. Bezüglich der Gasphase werden offene Systeme natürlich ebenfalls offen gehalten.

Je nach dem Regelprinzip, nach dem der Durchtritt der Flüssigphase durch das System erfolgt, unterscheidet man Spezialfälle. Generell bezeichnet man sie mit dem Begriff **kontinuierliche Kultur**. Wenn man die Verdünnungsrate (D; engl. *dilution rate*) steuert oder regelt, so nennt man diese Anordnung **Chemostat**.

4.1.3 Teiloffene Systeme

Vor allem in industriellen Prozessen wird eine partiell kontinuierliche Betriebsführung (semikontinuierlich, *fed-batch*, **Zulaufverfahren**, ...)

immer dann eingesetzt, wenn entweder aufgrund metabolischer Regulation ein Satzbetrieb mit hohen Anfangskonzentrationen unerwünscht ist, oder wenn die Nachteile der Totzeiten im Satzbetrieb ökonomisch nicht tragbar sind, also bei Massenprodukten. Teiloffene Systeme können auf verschiedene Weise realisiert werden (s. Abb. 4.4):

Variante 1: Ein erster batch-Ansatz wird „normal" angefahren. Zur Erntezeit wird jedoch nicht der gesamte Reaktor entleert, sondern ein (sehr) kleiner Teil der Kulturflüssigkeit als Inokulum im Reaktor belassen. Der Abzug der Kulturflüssigkeit muss zu einem Zeitpunkt erfolgen, zu dem die Zellen physiologisch aktiv, also „noch brauchbar" sind, und die abgezogene Menge wird umgehend entsprechend durch frisches Medium ersetzt. Dieses System wird **repetitiv** betrieben, d. h. kurzzeitig, aber regelmäßig für die Flüssigphase geöffnet. Das Reaktorvolumen verändert sich während der Züchtung – wie auch im batch-Betrieb – praktisch nicht. Zu beachten ist die logistische Herausforderung, geschlossene Regelkreise entsprechend einzufrieren, wenn die zugehörigen Sensoren vorübergehend nicht repräsentative Werte liefern, z. B. eine nicht mehr in die Flüssigkeit eintauchende pH-Elektrode.

Variante 2: Ein batch-Ansatz wird mit nur teilweiser Reaktorfüllung angefahren, wobei das Anfangsvolumen vielleicht nur 20 % des nutzbaren Arbeitsvolumens sein kann. Mit einer bestimmten Rate wird dann anschließend an den zu Ende geführten batch frisches, eventuell extrem hochkonzentriertes Medium zugeführt, bis der Reaktor auf sein Nennvolumen gefüllt und zu dieser Zeit oder später die Züchtung abgeschlossen ist. Der Sinn dieser Prozessführung besteht im Niedrighalten der Konzentration(en) eines oder mehrerer Substrate, wenn diese auf Wachstum oder Produktbildung wesentlichen Einfluss haben. Kritisch ist dabei vor allem die Rate der Mediumszufuhr, weshalb diese geregelt und nicht nur gesteuert werden sollte. Der Name **Zulaufverfahren** (*fed-batch*) hat sich eingebürgert. Ein wichtiges Beispiel ist die Herstellung von Biomasse oder heterolog exprimierten Produkten mit Hefen oder Bakterien, die dem so genannten Glucose-Effekt unterliegen. Glucose-Effekt bedeutet, dass bei erhöhten Glucosekonzentrationen, wie sie in jeder produktionsorientierten Satzkultur vorliegen, neben dem erwünschten Produkt (z. B. Biomasse) auch noch ein unerwünschtes Nebenprodukt (Ethanol, Essig- oder Milchsäure) auftritt. Die Nebenproduktbildung bleibt aber bei limitierenden, d. h. jederzeit tiefen aktuellen Glucosekonzentrationen aus; diese lassen sich durch gezielte Mediendosierung (Zulauf) realisieren.

Variante 3: Eine Kombination der beiden oben beschriebenen Möglichkeiten, indem die Variante 2 repetitiv nach Abzug eines Großteils der Kultur wiederholt wird, würde man als **repetitives Zulaufverfahren** bezeichnen. Das Reaktorvolumen beschreibt dann annähernd eine zeitliche Sägezahnfunktion.

4.2 Grundlegende Bioprozessmodelle: Bilanzen und Kinetik

Bioprozesse lassen sich durch mathematische Modelle beschreiben. Dabei handelt es sich immer um kombinierte Modelle, deren einer Teil die Aspekte des Reaktors und deren anderer Teil die Aspekte der Kinetik beinhaltet.

Diese Modelle basieren prinzipiell auf **Massenbilanzen**. Die allgemeine Form in Gleichung 4.1 nimmt auf örtliche und zeitliche Konzentrationsgradienten Rücksicht. In der Folge sollen die Reaktoraspekte *nicht* diskutiert, also *Idealreaktoren* angenommen werden. Zur Formulierung eines praktisch brauchbaren Modelles müssen die relevanten **Zustandsgrößen** oder **abhängigen Variablen**, die das betrachtete System kennzeichnen können oder sollen (z. B. Biomasse- und Substratkonzentration, Volumen, etc.), festgelegt werden. Je nach Betriebsmodus lassen sich die Massenbilanzgleichungen mehr oder weniger vereinfachen. Zur expliziten Lösung fehlen dann „nur noch" die kinetischen Terme, die im Folgenden am Wachstumsmodell nach Monod vorgestellt werden.

$$\begin{bmatrix} \text{Änderung} \\ \text{der } \textit{Masse} \\ \text{einer} \\ \text{Komponente} \\ \text{im System} \\ \text{mit der Zeit} \end{bmatrix} = \begin{bmatrix} \text{dem System} \\ \text{mit der Zeit} \\ \textit{zugeführte} \\ \text{Masse einer} \\ \text{Komponente} \end{bmatrix} - \begin{bmatrix} \text{dem System} \\ \text{mit der Zeit} \\ \textit{entnommene} \\ \text{Masse einer} \\ \text{Komponente} \end{bmatrix} + \begin{bmatrix} \text{im System} \\ \text{mit der Zeit} \\ \textit{umgesetzte} \\ \text{Masse einer} \\ \text{Komponente} \end{bmatrix} \quad (4.1a)$$

oder mathematisch überspitzt formuliert:

$$\frac{d\left[\int c\, dV\right]}{dt} = F_{ein} \cdot c_{ein} - F_{aus} \cdot c_{aus} + \int r \cdot dV \quad (4.1b)$$

mit c = (molare oder Massen-) Konzentration einer Komponente im System oder im Zulauf (Index „ein") oder im Ablauf (Index „aus") Konzentrationen (oder Massen) im System sind die **abhängigen Variablen**
F = Volumenstrom des Zu- oder Ablaufes (ebenfalls indiziert, wenn ungleich)
das sind **operative Parameter** (nicht notwendigerweise konstant)
r = Reaktionsgeschwindigkeit
(positiv für Produkte; negativ für Substrate)
V = Reaktionsvolumen (d. h. Arbeits-, nicht Gesamtvolumen)
t = Zeit, die **unabhängige Variable**

4.3 Das Monod-Modell

Die ersten Überlegungen zum Verständnis der Kinetik des **Zellwachstums** sollen an diesem einfachen, unstrukturierten und unsegregierten Modell erfolgen, wo lediglich die Masse (X) oder die Konzentration (x) der Zellen die Biophase charakterisiert. Während des spontanen Wachstums auf einem Medium, das alle notwendigen Komponenten zunächst im Überfluss, jedoch in nicht inhibierender Menge enthält, wird eine direkte Proportionalität zwischen Wachstumsgeschwindigkeit (r_X) und der Biomassekonzentration (x) beobachtet, mit anderen Worten: das Wachstum ist eine **autokatalytische** Reaktion. Der Proportionalitätsfaktor (μ) heißt **spezifische Wachstumsgeschwindigkeit** oder, synonym, spezifische Wachstums**rate**:

$$r_X = \mu \cdot x \quad \text{oder} \quad \mu = \frac{r_X}{x} \quad (4.2)$$

Bevor Details der Wachstumsgeschwindigkeit als Funktion der Nährstoffversorgung diskutiert werden, soll ein kurzer Überblick über die Zusammensetzung von Nährlösungen (Medien) gegeben werden. Man unterscheidet zwei Arten von Medien.

Beim **synthetischen** oder **(chemisch) definierten** Medium ist die chemische Zusammensetzung sowohl qualitativ als auch quantitativ exakt definiert. In Tabelle 4.1 ist die Zusammensetzung zweier synthetischer Medien beispielhaft dargestellt. Beide besitzen die nötigen Kohlenstoff- und Energiequellen, Nährsalze und Spurenelemente. Dazu kommen in vielen Fällen noch Wuchsstoffe (Vitamine, Aminosäuren oder Hormone); bei Medien für pflanzliche oder animale Zellen können das sehr viele sein (z. B. > 50). Organismen, die ohne Wuchsstoffe auskommen, heißen „prototroph", solche, die auf Wuchsstoffe angewiesen sind, „auxotroph".

Wenn die Medien durch Autoklavieren sterilisiert werden, sollte die Glucose separat sterilisiert und aseptisch zugegeben werden. Wenn Zucker in Gegenwart anderer Inhaltsstoffe, speziell N-haltiger Substanzen bei nicht-saurem pH erhitzt werden, entstehen dunkel gefärbte Nebenprodukte (Melanoidine), die das Wachstum empfindlich stören können oder regulatorisch wirken.

Komplexe Medien (s. Tab. 4.1) enthalten zusätzlich Extrakte – etwa aus Hefen, pflanzlichem oder tierischem Material –, Peptone – das sind chemisch oder enzymatisch hydrolysierte Proteinquellen – oder Abfallstoffe aus anderen Industriezweigen – etwa Melasse – und sind daher qualitativ undefiniert. Die Zusammensetzung solcher Komponenten variiert üblicherweise von Lieferant zu Lieferant, kann aber auch von Charge zu Charge oder von Saison zu Saison erheblichen Schwankungen unterliegen.

Das allgemeine Ziel muss sein, die Zusammensetzung des Mediums so zu wählen, dass maximales Wachstum oder maximale Produktivität erzielt werden kann. Entgegen der Erwartung ist es aber

4.3 Das Monod-Modell

Tab. 4.1 Beispiele für definierte (synthetische) und komplexe Medien
Wenn die Medien durch Autoklavieren sterilisiert werden, sollte die Glucose separat sterilisiert und aseptisch zugegeben werden. Wenn Zucker in Gegenwart anderer Inhaltsstoffe, speziell N-haltiger Substanzen bei nicht-saurem pH erhitzt werden, entstehen dunkel gefärbte Nebenprodukte (Melanoidine), die das Wachstum empfindlich stören können oder regulatorisch wirken.

Substanz	definiertes Medium für Hefe	definiertes Medium für *Bacillus*	komplexes Medium für viele Mikroben	komplexes, technisches Medium
Glucose [g l^{-1}]	30	2	20	
Saccharose [g l^{-1}]				30
komplexe Nährstoffe [g l^{-1}]			Hefeextrakt (10) Pepton (10)	Baumwollsamenmehl (6)
$(NH_4)_2SO_4$ [g l^{-1}]	6	2,5		4
$(NH_4)_2HPO_4$ [g l^{-1}]	1,9			
KH_2PO_4 [g l^{-1}]		0,3		
$MgSO_4 \cdot 7H_2O$ [g l^{-1}]	0,45	0,05		
$CaCl_2 \cdot 2H_2O$ [g l^{-1}]	0,28	0,001		
$CaCO_3$ [g l^{-1}]				8
Spurenelemente [mg l^{-1}]	$CuSO_4$ aq (2,3) $FeCl_3$ aq (14,6) $ZnSO_4$ aq (9) $MnSO_4$ aq (10,5)	$FeSO_4$ aq (0,4) $MnCl_2$ aq (5) $ZnSO_4$ aq (0,1) H_3BO_3 (0,8) $CuSO_4$ aq (0,04) Na_2MoO_4 aq (0,04) $Co(NO_3)_2$ aq (0,08) (30)		$ZnSO_4$ aq
Vitamine [mg l^{-1}]	Ca-Pantothenat (30) m-Inosit (60) B1 (6), B6 (1,6) Biotin (0,03)	Biotin (0,01)		
Aminosäuren [g l^{-1}]		Methionin (0,15)		
Antischaummittel	PPG–2000 (0,05)			

nicht so, dass das Medium dann ideal zusammengesetzt ist, wenn die wesentlichen Nährstoffe nur im Überschuss vorhanden sind. Zum einen kann die exzessive Konzentration eines Nährstoffes regulatorisch, inhibierend oder sogar toxisch wirken; zum anderen ist die Überladung eines Mediums mit erheblichen ökonomischen und ökologischen Nachteilen verbunden (Mehrkosten für die Substanzen, Mehraufwand bei der Produktreinigung, unnötige Abfälle). Es ist daher die übliche Praxis, das Gesamtwachstum dadurch zu limitieren, dass man die Menge einer einzigen Komponente im Medium limitierend vorgibt (oft die Kohlenstoffquelle) und die restlichen Medienbestandteile in geringem Überschuss vorlegt. In der Kinetik heißt diese eine, als erste limitierend werdende Komponente **das limitierende Substrat**.

Ein formaler Zusammenhang zwischen der **spezifischen Wachstumsgeschwindigkeit** μ und der **Konzentration des limitierenden Substrates** – das ist diejenige Mediumskomponente, die im Satzbetrieb als Erste aufgebraucht wird – wurde vor über 60 Jahren von Monod vorgeschlagen. Er hat die gleiche Form (Gl. 4.3) wie die Adsorptionsisotherme nach Langmuir oder die Standardgleichung für enzymkatalysierte Reaktionen mit einem einzelnen Substrat nach Michaelis und Menten, und sollte rein als Formalismus und Analogie verstanden werden. Einer kausalanalytischen Prüfung kann dieser Ansatz allerdings nicht standhalten: vielmehr müsste die spezifische Substrataufnahmegeschwindigkeit als Funktion der verfügbaren Substratkonzentration formuliert werden, und erst danach das Wachstum als Folgereaktion der Substrataufnahme. Es soll zunächst aber aus verschiedenen Gründen bei der historisch etablierten Formulierung bleiben und erst später die „saubere" Formulierung der Ursache-Wirkungs-Kette realisiert werden.

$$\mu = \mu_{max} \cdot \frac{s}{s + K_s} \quad (4.3)$$

μ_{max} = maximale spezifische Wachstumsgeschwindigkeit h^{-1}
s = Substratkonzentration $g\ l^{-1}$
K_s = Sättigungs- oder Affinitätskonstante des Substrats $g\ l^{-1}$

μ_{max} ist ein **Parameter** des Monod-Modells: die maximal erreichbare spezifische Wachstumsgeschwindigkeit, wenn s sehr viel größer als K_s ist, keine Mediumskomponente inhibiert und die Konzentrationen aller übrigen essenziellen Nährstoffe (sehr) groß sind.

K_s – der zweite Modellparameter – hat den Wert derjenigen Konzentration des limitierenden Substrats, bei welchem die spezifische Wachstumsgeschwindigkeit die Hälfte ihres Maximalwertes erreicht. Für das Wachstum von *E. coli* kann man für Glucose als limitierendes Substrat z.B. $0{,}22 \cdot 10^{-4}$ mol und für Tryptophan $1{,}1\ \mu g\ l^{-1}$ in der Literatur finden. Je kleiner der Wert für K_s, desto größer ist die Affinität des Organismus zu diesem Substrat. Dieser Übergang von erster zu nullter Reaktionsordnung – nur bezüglich Substrat, aber nicht bezüglich Biomasse ! – mit steigender Substratkonzentration ist in Abb. 4.6 dargestellt.

Das Monod-Modell ist sicherlich zu stark vereinfachend, um experimentelle Daten immer zufriedenstellend zu beschreiben. So ist Gleichung 4.3 mit entsprechender Vorsicht zu benutzen. K_s ist oft sehr klein, sodass die Bedingung s sehr viel größer als K_s in der Regel erfüllt ist und der Term $s / (K_s + s)$ im Satzbetrieb fast über die gesamte Kultivationszeit praktisch gleich 1 ist (d.h., nullte Reaktionsordnung bzgl. der Substratkonzentration). Das bedeutet auch, dass das Modell bezüglich dieses Modellparameters kaum „sensitiv" ist.

Die aktuelle Substratkonzentration (s) ist die zweite Zustandsvariable im Monod-Modell. Sie muss noch mit der ersten – x – verknüpft werden. Dazu dient der dritte Modellparameter, nämlich der **Ausbeutekoeffizient Y** (vom engl. *yield*, oft auch als $Y_{X/S}$ ausgeschrieben), der das Verhältnis von Biomassewachstums- zu Substrataufnahme-

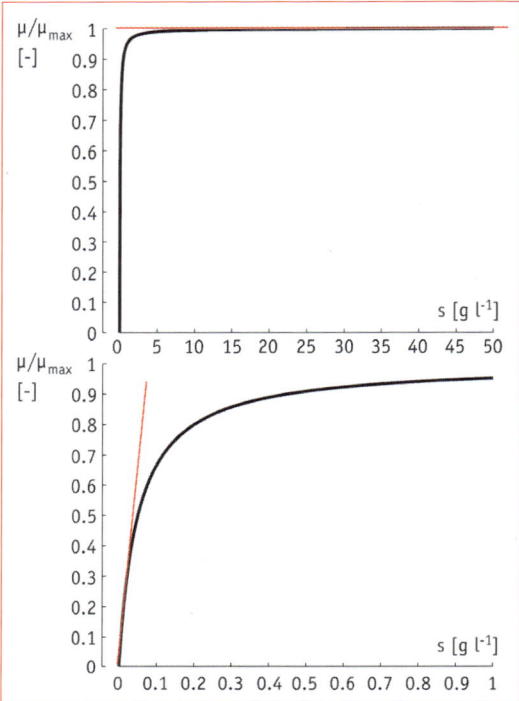

Abb. 4.6 Funktion der Abhängigkeit einer spezifischen Geschwindigkeit, hier z.B. der spezifischen Wachstumsgeschwindigkeit μ, von der Konzentration der limitierenden Komponente nach dem Monod-Modell. Bei hohen Konzentrationen (oberes Teilbild) wird asymptotisch nullte Reaktionsordnung bezüglich dem Substrat erreicht (dünne Horizontale). Bei tiefen Konzentrationen (unteres Teilbild) gilt mit guter Näherung erste Reaktionsordnung (dünne steile Gerade mit Anstieg K_s^{-1}). Die exakte Formulierung zeigt Gleichung 4.3

geschwindigkeit darstellt und zunächst als konstant angenommen wird:

$$Y_{X/S} = \left| \frac{r_X}{r_S} \right| \quad (4.4)$$

oder in vereinfachter Form:

$$Y_{X/S} = \frac{\text{Zuwachs an Zellen}}{\text{Verbrauch von Substrat}} = \frac{\Delta X}{\Delta S} = \frac{\Delta x}{\Delta s} \quad (4.5)$$

Der Ausbeutekoeffizient trägt immer ein positives Vorzeichen. Gemäß Gleichung 4.1 muss aber r_S ein negatives Vorzeichen tragen: das Substrat wird ja verbraucht, es verschwindet aus dem System, ist eine Senke; daher steht der Absolutbetrag in Gleichung 4.4. Bei der Verwendung von

Differenzen (Massen oder Konzentrationen; Gl. 4.5) setzt man intuitiv nur positive Werte ein. Die korrekte Einheit ist {Masse Zellen} pro {Masse limitierenden Substrates}, also z. B. g g^{-1}; vielfach wird hier formal, aber nicht ganz sauber gekürzt und $Y_{X/S}$ wird eine scheinbar dimensionslose Größe. Bei der Auswertung experimenteller Daten ermittelt man natürlich den Quotienten von Konzentrationen, da diese viel einfacher zu analysieren sind, als Gesamtmassen; da es sich um Konzentrationen im selben Volumen handelt, ist die Kürzung des Volumens „sauber".

4.4 Lösung des Prozessmodelles für den Satzbetrieb (batch)

In vielen biotechnologischen Prozessen läuft das Zellwachstum als Spontanprozess ab. Nachdem die Flüssigkeit, das **Medium**, mit einer Mindestmenge lebender Zellen, dem **Inokulum**, beimpft wurde, wird dieser wachsenden Kultur – mit Ausnahme von Gasen und kleinen Flüssigströmen zur pH-Korrektur, eventuell zur chemischen Schaumbekämpfung – nichts mehr zu- oder abgeführt. Typisch für einen solchen Prozess ist, dass sich mit fortschreitendem Wachstum die Konzentrationen aller benötigten Nährstoffe und von Zellen und Produkt(en) mit der Zeit ändern. Eine (molare) Stoffbilanz für die Komponente i zeigt, dass die zeitliche Änderung der Gesamtmenge der Komponente i im Reaktor (dem Reaktionsgefäß) gleich der Nettorate der durch die chemische Reaktion transformierten Komponente i sein muss, weil ja die Transportterme aus der Massenbilanzgleichung im Satzbetrieb wegfallen.

$$\frac{d(V \cdot c_i)}{dt} = V \cdot r_i \tag{4.6}$$

wobei V das Flüssigvolumen, c_i die (molare oder Massen-) Konzentration der Komponente i, und r_i die Reaktionsgeschwindigkeit sind:

$$r_i = \frac{\text{Masse der umgesetzten Komponente}}{\text{Reaktionsvolumen} \cdot \text{Zeit}} \tag{4.7}$$

Da Flüssigkeit weder zu- noch abgeführt wird und die Reaktionen praktisch Dichte- und Volumen-neutral verlaufen, ist V konstant und darf aus dem Differenzial herausgestellt (und gekürzt) werden, wodurch die in der Literatur übliche **Konzentrationsbilanz** entsteht:

$$\frac{dc_i}{dt} = r_i \tag{4.8}$$

Aus Gleichung 4.8 ist ersichtlich, dass die Messung der Konzentration einer jeden Komponente i als Funktion der Zeit es erlaubt, die Geschwindigkeit der Reaktion einer im Reaktor umgesetzten Komponente i zu bestimmen. Im Allgemeinen hängt diese **Produktbildungs-** oder **Substratverbrauchsgeschwindigkeit** (r_i) vom Zustand der Zellpopulation (Zusammensetzung, Morphologie, Altersverteilung etc.) und allen Eigenschaften der Umgebung, die Zellen und Medium beeinflussen, ab.

Um aber den aktuellen Zahlenwert der Konzentration einer jeden Komponente zu berechnen ist die Lösung des Differenzialgleichungssystems für alle (im Modell als relevant erachteten) Zustandsgrößen erforderlich. Im einfachsten Fall des Monod-Modells sind dies nur zwei, nämlich die Konzentration der Zellen (x) und die des limitierenden Substrates (s). Die Gleichungen sind gekoppelt und im Normalfall auch gemeinsam zu lösen. Nach Einsetzen der kinetischen Ausdrücke ergibt sich explizit:

$$\frac{dx}{dt} = r_X \tag{4.9a}$$

und wegen $r_X = \mu \cdot x$, und Gl. 4.3 weiter:

$$\frac{dx}{dt} = \mu_{\max} \cdot \frac{s}{s + K_s} \cdot x \tag{4.9b}$$

sowie analog für die Substratbilanz

$$\frac{ds}{dt} = r_S \tag{4.10a}$$

und weiter wegen $r_S = q_S \cdot x$, beziehungsweise

$$q_S = -\frac{\mu}{Y_{X/S}}:$$

$$\frac{ds}{dt} = -\frac{\mu_{\max}}{Y_{X/S}} \cdot \frac{s}{s + K_s} \cdot x \tag{4.10b}$$

In der täglichen industriellen Praxis ist die Lage aber so, dass eine Satzkultur mit einer relativ hohen Anfangskonzentration an Substrat gestartet wird – man möchte schließlich auch viel Biomasse erzielen. Das bedeutet aber, dass s für sehr lange Zeit wesentlich größer ist als K_s, und somit wird der Faktor

$$\frac{s}{s+K_s} \approx 1.$$

Solange diese Annahme gültig ist lässt sich die Differenzialgleichung für die Biomasse isoliert (d.h. entkoppelt) lösen, denn sie reduziert sich zu

$$\frac{dx}{dt} \approx \mu_{max} \cdot 1 \cdot x.$$

Nach Variablenseparation ist die Integration trivial und ergibt für den Zeitbereich von t_0 bis t und den zugehörigen Biomassebereich von x_0 bis x:

$$\ln(x) - \ln(x_0) = \ln\left(\frac{x}{x_0}\right) = \mu_{max} \cdot (t-t_0) \quad (4.11)$$

oder gleichbedeutend:

$$x = x_0 \cdot e^{\mu_{max} \cdot (t-t_0)} \quad (4.12)$$

Hieraus wird klar, dass das Wachstum von Zellen unter den bestmöglichen Bedingungen – keinerlei Limitation (und natürlich auch keine Inhibition) – exponenziell verläuft. Weiters folgt, dass der Substrat**verbrauch** ebenfalls exponenziell verlaufen muss, nämlich proportional mit dem Faktor

$$-\frac{1}{Y_{X/S}}:$$

$$r_S = -\frac{1}{Y_{X/S}} \cdot r_X \quad (4.13)$$

Da die Anfangssubstratkonzentration s_0 natürlich endlich groß sein muss wird schnell klar, dass das Substrat limitierend werden wird, dessen Konzentration also mit der Zeit gegen null läuft. Spätestens dann ist die oben getroffene Annahme – K_s sei gegenüber s vernachlässigbar klein – nicht mehr erfüllt. Die (spezifische) Wachstumsgeschwindigkeit nimmt gegenüber dem Anfangswert dramatisch ab und läuft mit S → 0 ebenfalls gegen null, das Wachstum kommt also zum Stillstand; natürlich ebenso auch der Substratverbrauch. Weil die Zahlenwerte von K_s üblicherweise sehr klein sind und beim „Limitierend-Werden" des Substrates zumindest in technischen Prozessen die Biomassekonzentration recht hoch ist, wird diese Phase, in der das Wachstum von exponentiellem Verlauf bis zum Stillstand kommt – auch Übergangsphase genannt – in sehr kurzer Zeit durchlaufen.

Das Monod-Modell beschreibt also das Wachstum von Zellen folgendermaßen: werden (lebens- und teilungsfähige) Zellen in eine Umgebung gebracht, in der alle essenziellen Mediumskomponenten „zur Genüge" vorhanden sind, dann wachsen sie zunächst **exponentiell** (und *nicht*, wie leider allzu oft behauptet: logarithmisch!). Nach dieser Phase durchlaufen sie eine kurze **Übergangsphase**, an deren Ende das Wachstum schließlich zum Stillstand kommt. Rein formal beschreibt das Monod-Modell auch die darauf folgende stationäre Phase (in der zwar die Zellkonzentration „stationär" bleibt aber natürlich das Wachstum gleich null ist), aber hier sind die Grenzen der Brauchbarkeit dieses Modells endgültig erreicht: das Modell sagt nämlich (implizit) voraus, dass nach erneuter (und ausreichender) Zugabe des vor beliebig langer Zeit verbrauchten limitierenden Substrates die Zellen unverzüglich wieder exponentiell weiter wachsen würden. Und das ist schon nach (fast beliebig) kurzer Zeit in der Realität einfach nicht der Fall: manche Zellen sterben ab und lysieren vielleicht, andere sporulieren (und können nach Auskeimung tatsächlich wieder wachsen), andere wiederum halten sich so recht und schlecht noch einige Zeit am Leben, indem sie früher eingelagerte Speicherstoffe verbrauchen und ihren Erhaltungsstoffwechsel decken.

Es ist sehr wichtig, sich jeder Zeit der Grenzen des Modells bewusst zu sein, denn Modelle sind immer nur begrenzte und vereinfachende Abbilder der Realität. Einige wichtige Grenzen des Monod-Modells sind in der Folge zusammengefasst:

- alle Zellen haben eine einzige „Eigenschaft": sie haben reaktionsfähige Masse
- alle Zellen sind unsterblich und immer absolut teilungsfähig
- alle Zellen können zu jeder Zeit mit maximaler Kapazität zu wachsen beginnen
- alle Zellen sind völlig identisch und von konstanter Zusammensetzung

4.4 Lösung des Prozessmodells für den Satzbetrieb (batch)

- die betrachtete Population ist sehr groß und ideal asynchron
- keine Zelle verbraucht Rohstoff für den Erhaltungsstoffwechsel
- keine Zelle wird durch irgendwelche Stoffe inhibiert

x_0 ist die Masse-Konzentration lebender und teilungsfähiger Zellen zu Beginn der exponentiellen Wachstumsphase. Daraus lässt sich die Zeit ableiten, die zur Verdopplung der Zellkonzentration notwendig ist, die Verdopplungszeit t_d. Man erhält sie, indem man in Gleichung 4.12 für $x = 2 x_0$ einsetzt:

$$t_d = \frac{\ln(2)}{\mu} \quad \text{bzw.} \quad t_{d,\text{minimal}} = \frac{\ln(2)}{\mu_{\max}} \quad (4.14)$$

Unter optimalen Bedingungen ist $\mu_{\max}$ eine für jeden Organismus spezifische Größe, welche letztendlich genetisch bedingt ist und sich daher von Spezies zu Spezies stark unterscheiden kann. Tabelle 4.2 gibt einige Beispiele für $\mu_{\max}$ und t_d.

Neben der Massekonzentration als quantitatives Maß für die Biophase hat sich auch die Zellzahl-Konzentration, N, etabliert; man erhält sie z. B. durch mikroskopisches oder bildanalytisches Auszählen von Zellen in einem bestimmten Volumen. Die äquivalenten Größen sind dann die spezifische Teilungsrate, ν, und die Generationszeit t_g. Nach n Generationen beträgt die Zellzahl-Konzentration das 2^n-fache:

$$N_t = N_0 \cdot 2^n \quad (4.15)$$

Die Zeit, die für eine Verdoppelung der Zellzahl gebraucht wird, heißt Generationszeit, t_g. Wenn nur die Zellzahl sehr groß ist und die Zellen sich (ideal) asynchron teilen, dann kann ein Kontinuummodell die zeitliche Entwicklung der Zellzahlkonzentration ebenso beschreiben wie oben die der Zellmassekonzentration; anders gesagt, n muss keine ganze Zahl sein:

$$N_t = N_0 \cdot 2^n = N_0 \cdot 2^{\left(\frac{t}{t_g}\right)} \quad (4.16)$$

wobei

$$2\log\left(\frac{N_t}{N_0}\right) = \frac{\ln\left(\frac{N_t}{N_0}\right)}{\ln(2)} = \left(\frac{t}{t_g}\right) \quad (4.17)$$

Daraus ergibt sich für den Zusammenhang zwischen der spezifische Teilungsrate und der Generationszeit:

$$t_g = \frac{\ln(2)}{\nu} \quad \text{bzw.} \quad t_{g,\text{minimal}} = \frac{\ln(2)}{\nu_{\max}} \quad (4.18)$$

sowie

$$N_t = N_0 \cdot e^{\nu \cdot t} \quad (4.19)$$

Die spezifische Teilungsrate – ν, basierend auf der Zellzahl(-Konzentration) – und die spezifische Wachstumsrate – μ, basierend auf der Zellmasse(-Konzentration) – sind für so genannte Standardzellen identisch. Standardzellen sind über die Zeit hinweg morphologisch, physiologisch und hinsichtlich ihrer Zusammensetzung konstant.

Die numerische Auswertung der beiden (möglicherweise identischen) Geschwindigkeiten erfolgt sinnvollerweise über die logarithmierten Versionen der Wachstumsgleichungen: der Praktiker erstellt eine „halblogarithmische Wachstumskurve", zeichnet also den Logarithmus der Zellmasse (-Konzentration) oder den Logarithmus der Zell-

Tab. 4.2 Beispiele für maximale spezifische Wachstumsgeschwindigkeit $\mu_{\max}$ und Verdopplungszeit t_d unter optimalen Bedingungen (Glucose als Kohlenstoff- und Energiequelle)

Organismus	optimale Temperatur °C	t_d h	$\mu_{\max}$ h^{-1}
Bacillus stearothermophilus	> 60	< 0,2	> 3
Escherichia coli	40	0,35	2
Bacillus subtilis	37	0,5	1,5
Saccharomyces cerevisiae	30	1,5	0,47
Chaetomium cellulolyticum	37	2,4	0,29
menschliche Melanoma-Zelllinie	37	22	0,03

zahl(-Konzentration) gegen die Zeit (linear) auf: der Anstieg der Geraden ist dann die (maximale) spezifische Wachstums- oder eben Teilungsrate, $\mu_{(max)}$ bzw. $\nu_{(max)}$. Dabei spielt es keine Rolle, ob die Zellmassekonzentration aus Trocken- oder Nassgewicht oder gar „nur" als Trübung (auch OD für Optische Dichte) bestimmt worden ist; die Hauptsache ist lediglich, dass diese Größen proportional zueinander sind. Der Proportionalitätsfaktor hat nämlich nur auf den Ordinatenabschnitt Einfluss, nicht aber auf die Steigung der Geraden: wenn $OD = k \cdot x$, dann kürzt sich k in:

$$\ln\left(\frac{x}{x_0}\right) = \ln\left(\frac{k \cdot x}{k \cdot x_0}\right) = \ln\left(\frac{OD}{OD_0}\right) = \mu \cdot t \quad (4.20)$$

Man hat weiterhin der Vorteil, zufällige analytische Fehler durch Regression zu gewichten und die Phase, in der die Zellen tatsächlich exponentiell wachsen, (optisch) zu ermitteln.

In der Praxis durchläuft das Wachstum nämlich mehrere charakteristische **Phasen**, die nicht alle vom Monod-Modell beschrieben werden (Abb. 4.7). Nach einer **Adaptions- oder „lag"-Phase** (I), in welcher kaum oder sogar „negatives"

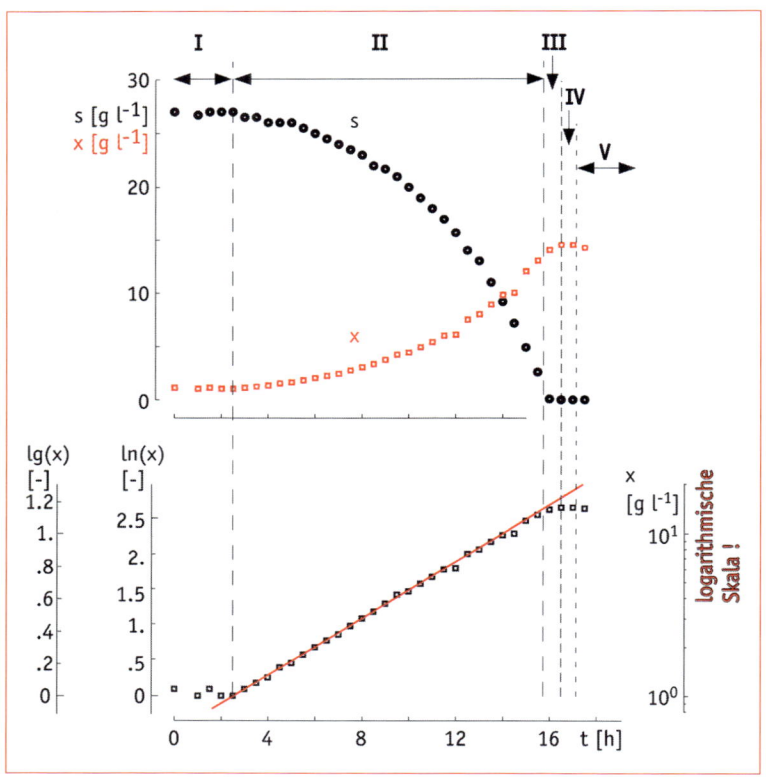

Abb. 4.7 „Wachstumskurve" in einer Satzkultur: experimentelle Daten (Konzentrationen von Biomasse, x, und Substrat, s, gegen die Zeit, t) sind als Einzelsymbole gezeichnet. Das obere Teilbild ist in allen Dimensionen linear, das untere Teilbild ist hingegen eine halblogarithmische Darstellung der Biomassekonzentration: auf den beiden linken Ordinaten sind der natürliche und der dekadische Logarithmus von x angegeben, die rechte Ordinate hat eine logarithmische Teilung (Skala); die Daten passen zu jeder dieser drei Ordinaten und alle drei Versionen sind daher gleichwertig. Im unteren Teilbild ist zusätzlich eine Gerade eingezeichnet, die viele – aber nicht alle! – der Messpunkte gut beschreibt. Ihre Steigung entspricht gemäß Gl. 4.11 und 4.12 der maximalen spezifischen Wachstumsgeschwindigkeit, μ_{max}. Die Phase, in der diese Regression „gut passt" (mit II bezeichnet) ist die Phase exponentiellen Wachstums mit $\mu = \mu_{max}$. Sie wird gefolgt von einer sehr kurzen Übergangsphase (III) in der μ vom Maximalwert nach null abfällt. Nur diese beiden Phasen werden vom Monod-Modell beschrieben. Zuvor wachsen die Zellen langsam oder gar nicht (Phase I), danach stagniert das Wachstum (Phase IV) oder die Zellen lysieren oder sporulieren sogar (Phase V).

Wachstum zu verzeichnen ist, folgt eine Phase sehr raschen Wachstums (II), in der die Zellzahl exponentiell zunimmt. Sie heißt somit auch **exponentielle** Wachstumsphase. In einem geschlossenen System können sich die Zellen jedoch nicht beliebig vermehren; es folgt daher – nach einer kurzen **Übergangsphase**, in der eine essenzielle Medienkomponente limitierend wird (III) – die **stationäre** Phase (IV). Zu dieser Zeit hat die Kultur ihre maximale Zellkonzentration erreicht. Daran kann sich eine **Absterbephase** (V) anschließen, in der die Zellkonzentration wieder abnimmt.

Wenn obligat aerobe Zellen in einem konzentrierten Medium angezogen werden, dann tritt meistens im Anschluss an die exponentielle Wachstumsphase eine Phase **linearen** Wachstums ein; sie ist leicht als Gerade in der doppelt-linear gezeichneten Wachstumskurve zu erkennen. Der Grund dafür ist, dass zunächst einmal eine Stoff-Transferlimitation eintritt: Sauerstoff kann nicht mehr genügend aus der Gas- in die Flüssigphase transportiert werden, wenn die Zellkonzentration hoch genug ist. Damit wird vorübergehen die Stofftransferleistung des Reaktors limitierend! Sauerstoff ist eben auch ein Substrat (für Aerobier) und kann nur in gelöster Form von den Zellen aufgenommen werden. Und wie für ein besser lösliches Substrat gibt es auch einen Ausbeutekoeffizienten für {Masse Zellen} pro {Masse limitierenden Sauerstoffes}

$$Y_{X/O_2} = \left|\frac{r_X}{r_{O_2}}\right| = \frac{\text{Zuwachs an Zellen}}{\text{Verbrauch von Sauerstoff}} \quad (4.21)$$

Die korrekte Einheit ist wieder g g^{-1}. Vielfach wird die Gelöstsauerstoffkonzentration aber in mg l^{-1} angegeben, Biologen „messen" ihn oft in mmol l^{-1}; Achtung: hier liegt viel Potenzial zum Missverständnis!

In der Massenbilanz für den gelösten Sauerstoff in einer Satzkultur lässt sich der Verbrauchsterm mit Hilfe des Ausbeutekoeffizienten $Y_{X/O2}$ auch als Funktion der Wachstumsgeschwindigkeit umschreiben:

$$\frac{do}{dt} = k_L a \cdot (o^* - o) + r_{O_2} = k_L a \cdot (o^* - o) - \frac{r_X}{Y_{X/O_2}}$$
(4.22)

Umformen und Auflösen der Gleichung nach r_X enthüllt schnell, warum des Wachstum bei Sauerstofflimitation, sprich Transferlimitation, bestenfalls konstant oder linear sein kann, denn die beiden Abzugsterme sind vernachlässigbar klein:

$$r_X = Y_{X/O_2} \cdot k_L a \cdot o^* - Y_{X/O_2} \cdot k_L a \cdot o - Y_{X/O_2} \cdot \frac{do}{dt}$$
$$\approx Y_{X/O_2} \cdot k_L a \cdot o^* = \text{konstant} \quad (4.23)$$

Jede Phase hat für die Auslegung des Bioprozesses ihre besondere Bedeutung. Zu beachten ist jedenfalls, dass durch das Monod-Modell lediglich die Phasen II (exponentielles Wachstum) und III (Übergang zum Wachstumsstillstand), nicht aber die lag-Phase (I), die stationäre (IV) oder gar die Absterbephase (V), aber auch keine Stofftransferlimitierte Phase beschrieben werden.

Wachsende Zellen, die als Impfgut in eine neue Umgebung transferiert werden, müssen sich daran eventuell adaptieren. Die Dauer der Adaptionsphase hängt vom Ausmaß der Verschiedenheit zwischen neuer und alter Umgebung ab sowie vom Alter und der Anzahl der lebens- und teilungsfähigen Zellen im Impfgut. Die Adaptionsphase kann unter anderem auf den Mechanismen der Enzyminduktion beruhen. Werden die Zellen beispielsweise in ein Medium transferiert, welches eine neue Kohlenstoffquelle enthält, so kann es sein, dass die Enzyme, welche deren Abbau ermöglichen, zunächst synthetisiert werden müssen.

Bei der bisherigen modellhaften Betrachtung wurde die Population vorwiegend als Ganzes betrachtet; man darf dabei aber die einzelne Zelle nicht vergessen. Eine Zellpopulation ist ja nie homogen. Die Verschiedenheit der individuellen Zellen wird besonders in der stationären und der Absterbephase deutlich. Schon in der stationären Phase teilen sich einige Zellen noch, während andere bereits absterben. Oft lysieren die toten Zellen (brechen auf) und geben ihre Inhaltsstoffe (Kohlenhydrate, Aminosäuren, usw.) frei. Diese dienen anderen Zellen unter Umständen wiederum als Nährstoffe („kryptisches Wachstum"). Derartige „kannibalische" Vorgänge können in der stationären Phase über eine gewisse Zeit zur Aufrechterhaltung einer konstanten Zelldichte dienen. Diese Phase ist jedoch nur ein Übergang zur Absterbephase. Zu letzterer liegen nur wenige Untersuchungen vor, da sie in den meisten industriellen Prozessen nicht von Interesse ist.

Wie früher erwähnt, benötigen viele Enzyme zur Entfaltung ihrer Aktivität kleine Moleküle (Vitamine, Cofaktoren, Aktivatoren), welche die Zellhülle im Allgemeinen gut passieren. Wird nun eine kleine Impfmenge (Inokulum) in ein großes Volumen an Medium gebracht, so können diese Moleküle durch die Zellmembran ins Medium diffundieren und stehen dem Zellmetabolismus vorerst nicht mehr zur Verfügung. Das Resultat ist wiederum eine lag-Phase. Sie dauert so lange, bis die Zellen die entsprechenden Moleküle wieder synthetisiert haben.

Das **Alter** der Vorkultur hat ebenfalls einen großen Einfluss auf die Dauer der lag-Phase. Stammt das Impfgut aus einer alten Vorkultur, in welcher die Organismen bereits in der stationären Phase sind, so müssen sich die Zellen zunächst durch Enzymsynthesen auf die neuen Wachstumsbedingungen einstellen. Maßgebend ist dabei die Zahl der teilungsfähigen Zellen. In einem sehr guten Impfgut sind immerhin 99 % der Zellen oder mehr teilungsfähig.

Bailey und Ollis (1986) schlagen daher folgende Kriterien für eine optimale Beimpfung vor:
- Das Impfgut sollte so aktiv wie möglich sein und vorzugsweise aus der exponentiellen Wachstumsphase stammen.
- Das Kulturmedium der Vorkultur sollte der zu beimpfenden Nährlösung möglichst ähnlich sein.
- Die Impfmenge sollte so groß sein – bewährt haben sich 5 % vom zu beimpfenden Volumen – dass größere Diffusionsverluste vermieden werden können (üblich: 1–10 %). Allerdings sind einige Firmen, die auf ihre Steriltechnik stolz sein können, mit auch nur 1 ‰ Inokulum erfolgreich.

Wenn die Konzentration des limitierenden Substrates bei Beginn des exponentiellen Wachstums gleich s_0 und die Inokulumsmenge x_0 vernachlässigbar klein ist, kann damit die minimale Prozessdauer einfach abgeschätzt werden, weil $\Delta x = s_0 \cdot Y_{X/S}$:

$$t = \frac{\ln(x_0 + \Delta x) - \ln(x_0)}{\mu_{max}} \approx \frac{\ln(s_0 \cdot Y_{X/S}) - \ln(x_0)}{\mu_{max}}$$

(4.24)

4.5 Lösung des Prozessmodelles für kontinuierlichen Betrieb

In Abb. 4.8 ist das verfahrenstechnische Ersatzschaubild für einen kontinuierlich durchströmten **Rührkesselreaktor** (**kRK**) – auch *continuous-flow stirred-tank reactor* (**CSTR**) genannt – abgebildet.

Für die folgenden Betrachtungen wird wiederum vorausgesetzt, dass der Mischvorgang so gut ist, dass jedes Flüssigkeitselement im Reaktor die gleiche Zusammensetzung hat. Diese „ideale Durchmischung" bedeutet auch, dass die Zusammensetzung der den Reaktor verlassenden Flüssigkeit identisch mit derjenigen im Reaktor ist ($c = c_{aus}$). Auch die Konzentration an gelöstem Sauerstoff ist in der flüssigen Phase des Reaktors an jeder Stelle gleich groß.

4.5.1 Lösung für das Fließgleichgewicht

Eine charakteristische Eigenschaft – und auch ein großer Vorzug – eines kontinuierlich geführten Prozesses ist, dass er in ein so genanntes Fließgleichgewicht gebracht werden kann. Das Bezeichnende daran ist, dass makroskopisch keine Zustandsänderungen beobachtbar sind: alle Konzentrationen bleiben konstant, alle Flüsse bleiben gleich, etc. Fließgleichgewicht wird daher auch „pseudostationärer" oder „quasistationärer Zustand" oder – englisch – *steady state* genannt. Man sagt auch, das System sei dann Zeit-invariant. Dieser Zustand hat aber überhaupt nichts mit der „stationären Phase" des Wachstums im Satzbetrieb zu tun.

Im Fließgleichgewicht reduziert sich für jede Komponente des Systems die Massebilanz folgendermaßen: die Akkumulationsterme oder Differenziale verschwinden:

4.5 Lösung des Prozessmodells für kontinuierlichen Betrieb

$$\begin{pmatrix} Akkumulation \\ einer \\ Komponente \end{pmatrix} \equiv 0 = \begin{pmatrix} dem\ System \\ zugeführte \\ Masse \end{pmatrix} - \begin{pmatrix} dem\ System \\ entzogene \\ Masse \end{pmatrix} \pm \begin{pmatrix} im\ System \\ umgesetzte \\ Masse \end{pmatrix} \quad (4.25a)$$

oder, mathematisch formuliert:

$$\frac{d(c \cdot V)}{dt} \equiv 0 = F_{ein} \cdot c_{ein} - F_{aus} \cdot c_{aus} \pm r \cdot V \quad (4.25b)$$

In Gl. 4.25b ist das ± durch ein einfaches + zu ersetzen, sofern man die Konvention akzeptiert, die Reaktionsgeschwindigkeiten für Produkte seien positiv, die für Substrate aber negativ. Wenn das Arbeitsvolumen konstant ist, dann müssen die Ströme der Flüssigphase ins System hinein und aus dem System heraus gleich groß sein, also $F_{ein} = F_{aus} = F$. Der spezifische Strom, also der auf das arbeitende Volumen bezogene Strom heißt Verdünnungsrate (Abkürzung D vom englischen *dilution rate*):

$$D = \frac{F}{V} \quad (4.26)$$

und hat die Einheit einer reziproken Zeit, z. B.: h^{-1}. Der Zahlenwert gibt an, wie oft das Volumen im Mittel pro Zeiteinheit durch frisches Medium ausgetauscht wird. Der Kehrwert entspricht im idealen Rührkesselreaktor der mittleren Verweilzeit:

$$\tau = \frac{1}{D} \quad (4.27)$$

Mit diesen Abkürzungen liest sich die Massenbilanz im steady state recht einfach:

$$r = D \cdot (c_{aus} - c_{ein}) \quad oder \quad \tau \cdot r = (c_{aus} - c_{ein}) \quad (4.28)$$

Die volumenbezogenen Reaktionsgeschwindigkeiten, r, (positiv für Produkte, negativ für Substrate oder andere Ausgangsmaterialien) können also durch Messung der zeitinvarianten Ein- und Austrittskonzentrationen bestimmt werden.

Für die **Biomassebilanz** vereinfacht sich die Bilanzgleichung unter der in den meisten technischen Prozessen gültigen Annahme, das Medium sei steril (d. h. $x_{ein} = 0$), und unter der weiteren Annahme, das Wachstum sei eine strikt autokatalytische Reaktion ($r_x = \mu \cdot x$), weiter zu:

$$\mu \cdot x = D \cdot x \quad (4.29)$$

Diese Gleichung hat 2 stabile Lösungen, die 2 stabilen Zustandsdomänen entsprechen:
1) $x = 0$ und μ ist undefiniert, D beliebig
2) $\mu = D$ und x nimmt einen eindeutigen, endlich positiven Wert an.

Die erste Lösung ist für die Bioprozesstechnik trivial, denn Bioprozesse ohne Biokatalysator (Zellen) sind unsinnig; diese Lösung ist daher zu vermeiden, aber sie ist real und kann nur allzu stabil sein!

Die zweite Lösung besticht dadurch, dass die physiologische Größe μ durch eine operative Größe D – innerhalb bestimmter Grenzen beliebig – eingestellt werden kann. Dies ist ein entscheidender Vorzug gegenüber dem Satzbetrieb!

Die Ausrüstung für kontinuierlich geführte Experimente ist zwar wesentlich teurer und aufwändiger als die für reine Satzexperimente und es dauert Stunden oder sogar Tage, bis ein Fließgleichgewicht erreicht ist. Auch Kontamination oder Mutation können zum Misserfolg führen. Dennoch ist die Beeinflussbarkeit der Physiolo-

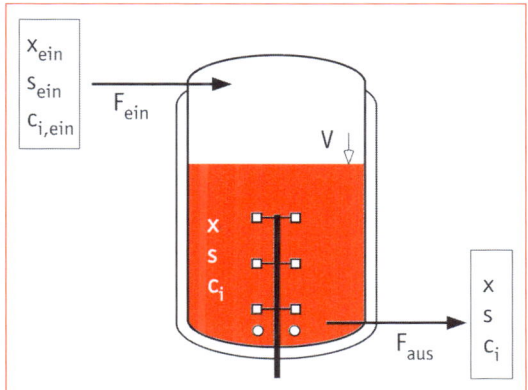

Abb. 4.8 Verfahrenstechnisches Ersatzschaubild für einen kontinuierlichen Rührreaktor. Bei konstantem Volumen, V, sind die Ströme F_{ein} und F_{aus} gleich groß. Der Reaktor ist als ideal angenommen, weil innerhalb des Reaktors keine Konzentrationsgradienten existieren und deshalb auch die einzelnen Konzentrationen (irgendwo) im Reaktor gleich denen unmittelbar am Ausgang sind.

gie nach der Gleichung $\mu = D$ in vielen Fällen die einzige Chance zum Erfolg:
- Untersuchungen der metabolischen Regulation (Physiologie)
- Produktion bei tiefen aktuellen Substratkonzentrationen (z. B. Züchtung auf inhibitorischen oder regulatorisch wirksamen Substraten; dies kann – allerdings unter erheblich höherem logistischen Aufwand – auch in Zulaufkulturen erreicht werden, jedoch nicht Zeit-invariant, sondern nur für begrenzt kurze Zeit).

Die **Massenbilanz für das Substrat** lautet für das Fließgleichgewicht (*steady-state*):

$$\underbrace{\frac{ds}{dt}}_{\text{Akkumulation}} \equiv 0 = \underbrace{D \cdot s_{ein} - D \cdot s}_{\text{Konvektion}} \pm \underbrace{r_S}_{\text{Reaktion}} \quad (4.30a)$$

oder, wenn die Konvention gilt, die Zahlenwerte einer Reaktionsgeschwindigkeit seien für Substrate (allgemein: für Senken) negativ:

$$r_S = D \cdot (s - s_{ein}); \quad (4.30b)$$

wenn Reaktionsgeschwindigkeiten ausnahmslos durch positive Zahlenwerte gekennzeichnet sind, muss in der Bilanzgleichung das '–' explizit geschrieben werden.

Über die Definition

$$Y_{X/S} = \left|\frac{r_X}{r_S}\right|,$$

sowie $r_X = \mu \cdot x$ und $\mu = D$ ergibt sich weiter ein einfacher Ausdruck für die Biomassekonzentration im Fließgleichgewicht:

$$x = Y_{X/S} \cdot (s_{ein} - s) \quad (4.31)$$

Die aktuelle Biomassekonzentration hängt also vom „biologischen Parameter" $Y_{X/S}$ sowie vom Betriebsparameter s_{ein} – der vom Experimentator vorgegeben und eingestellt wird – aber auch von der Zustandsvariablen s ab. Diese ist jedoch durch die zu Grunde liegende Kinetik bestimmt, da ja im Fließgleichgewicht $\mu = D$ gilt; sofern das Monod-Modell verwendet wird, ist die Abhängigkeit eineindeutig:

$$s = K_s \cdot \frac{D}{\mu_{max} - D} \quad \text{oder} \quad s = K_s \cdot \frac{D}{Y_{X/S} \cdot (-q_{S,max}) - D}$$

$$(4.32)$$

Die aktuelle Substratkonzentration hängt also von den Organismenkenngrößen μ_{max} und K_s, und vom Betriebsparameter D ab. Die grafische Darstellung der Zustandsvariablen x und s in Abhängigkeit von der Verdünnungsrate wird **x-D-Diagramm** genannt (Abb. 4.9); allerdings gilt dieser Ausdruck im Laborjargon auch für die Darstellung weiterer Größen wie der Produktivität oder verschiedener spezifischer Geschwindigkeiten in Abhängigkeit von D (das „x" ist dann nicht bloß als Biomassekonzentration sondern als „x-beliebige Größe" zu interpretieren). Man beachte zweierlei:
1. dass der Substratverlauf im x-D-Diagramm wirklich exakt eine Spiegelung der Abb. 4.6 ist, und
2. dass wegen der Zeitinvarianz der Fließgleichgewichte anstelle der Zeit hier die operative Größe D als unabhängige Variable auftritt.

Im x-D-Diagramm steigt die Substratkonzentration stetig mit steigender Verdünnungsrate. Das

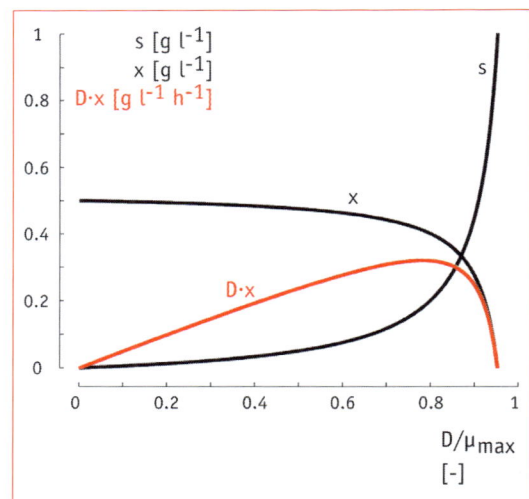

Abb. 4.9 „x-D-Diagramm": Zellkonzentration (x), Substratkonzentration (s) und Zell-Produktivität ($D \cdot x$) als Funktion der Verdünnungsrate D (d.i. die „neue" unabhängige Variable; allerdings normiert auf den Wert von μ_{max}, sodass das Nutzintervall nur zwischen 0 und 1 liegen kann) gemäß Monod-Modell. Dargestellt sind ausschließlich die nicht-trivialen Lösungen. Die Biomassekonzentration wird null bei der „kritischen Verdünnungsrate", D_c, und bleibt natürlich null bei allen höheren Werten (triviale Lösungen). Das Maximum der Produktivität liegt bei der „optimalen Verdünnungsrate", D_m.

4.5 Lösung des Prozessmodells für kontinuierlichen Betrieb

kann aber maximal bis zum Wert der Betriebsgröße s_{ein} realistisch sein, da ja Substrat definitionsgemäß nur verbraucht und nicht gebildet wird. Genau ab diesem Punkt muss die Zellkonzentration null sein, weil ja kein Substrat mehr umgesetzt wird: bei allen Verdünnungsraten, die größer oder gleich diesem Wert sind, gilt die stabile aber triviale Bedingung $x = 0$. Daher wird dieser kritische Wert auch als **kritische Verdünnungsrate**, D_c, bezeichnet; sie hat den Wert:

$$D_c = \mu_{max} \cdot \frac{s_{ein}}{s_{ein} + K_s} \quad \text{oder}$$

$$D_c = Y_{X/S} \cdot (-q_{S,max}) \cdot \frac{s_{ein}}{s_{ein} + K_s} \quad (4.33)$$

Wie man in Abb. 4.9 erkennt, ist der Prozess in der Nähe des Auswaschens sehr sensitiv für Änderungen von D. Schon eine geringe Änderung von D bedeutet beträchtliche Änderungen in x und s.

Diese Sensitivität muss man berücksichtigen, wenn Biomasseproduktion Ziel eines kontinuierlichen Prozesses ist. Die Produktionsrate an Zellen pro Volumeneinheit des Reaktors ist das Produkt aus $D \cdot x$. Deren Verlauf – der ebenfalls in Abb. 4.9 eingetragen ist – zeigt ein ausgeprägtes Maximum. Die Verdünnungsrate, bei der die maximale Produktivität erreicht wird, D_m, lässt sich berechnen aus der Bedingung

$$\frac{d(D \cdot x)}{dD} = 0 \quad (4.34)$$

und liegt bei

$$D_m = \mu_{max} \cdot \left(1 - \sqrt{\frac{K_s}{K_s + s_{ein}}}\right) \quad (4.35)$$

Wenn die Zulaufsubstratkonzentration sehr hoch liegt, also viel größer als K_s ist, dann nähert sich D_m gefährlich dem Wert von D_c. Dieser Tatbestand – in Abb. 4.9 demonstriert – sollte einen daran hindern, eine Anlage zur Biomasseproduktion ohne zusätzlichen Regelungsaufwand beim Maximalwert zu betreiben.

Für den Betrieb der kontinuierlichen Kultur im linken oder flachen Teil des x-D-Diagrammes hat sich das Kunstwort **Chemostat** eingebürgert. Es bedeutet, dass rein durch die Einstellung der Fluss- oder Verdünnungsrate, also durch das Dosieren einer **Chem**ikalie (des limitierenden Substrates im Medium) ein pseud**ostat**ionärer Zustand auch in der experimentellen Praxis eingestellt werden kann. Im rechten, steil abfallenden Teil des x-D-Diagrammes ist dagegen ein anderes Konzept zur Einstellung eines robusten Fließgleichgewichtes nötig, da bereits kleine Schwankungen der Verdünnungsrate zu massiven Variationen in den Zustandsgrößen führen. Es ist zweckmäßig, eine dieser Zustandsgrößen on-line zu messen und einen einfachen Regler auf die Fluss- oder Verdünnungsrate als manipulierte Variable wirken zu lassen. So kann etwa ein Sollwert für die Zellkonzentration vorgegeben werden; diese ist allerdings auch zu messen, damit der Regler den Soll-/Ist-Wert-Vergleich machen kann. Eine Option ist die Bestimmung der Trübung, oder Turbidität, denn dafür existieren (nicht sehr viele) kommerzielle Elektroden. Wenn die Regelung der **Turbid**ität zum Erhalt eines pseud**ostat**ionären Zustandes verwendet wird, spricht man vom **Turbidostaten**. Wenn die '**permitti**vity' gemessen, ein alternatives Konzept, und geregelt wird, spricht man vom **Permittistaten**. Manchmal hat man auch die Option, den limitierenden Nährstoff, englisch 'limiting **nutri**ent', on-line zu messen (chromatografisch, mit Massenspektrometer oder Fließinjektionsanalyse) und damit zu regeln; dann heißt das entsprechende Kunstwort **Nutristat**.

Ein Spezialfall ist der so genannte **pH-Auxostat**. Das Konzept geht von der Annahme aus, dass pro verbrauchtem Substrat ein konstanter Teil z. B. zur Versäuerung der Biosuspension beiträgt. Dem wirkt man üblicherweise mittels pH-Regler durch Titration mit einer Lauge entgegen. Sterilisierbare und zuverlässige pH-Elektroden gibt es schon seit Jahren und die pH-Regelung gehört seit langer Zeit zur akzeptierten und etablierten Ausrüstung eines Bioprozesses. Der Laugeverbrauch muss dann logischerweise dem Substratverbrauch proportional sein, und man kann durch strenge (physikalische) Koppelung von Lauge- und Substratdosierung erreichen, dass immer genügend, aber nicht zu viel Substrat zugeführt wird, also immer ein konstanter, aber kleiner Überschuss. Dieser Überschuss ermöglicht den Zellen mit hoher, fast maximaler Geschwindigkeit zu wachsen. Auch dieses Konzept ist geeignet, eine kontinuierliche Kultur stabil nahe μ_{max}, also mit hoher volumenbezogener Produktivität zu betreiben. Allerdings ist sicherzustellen, dass das Verhältnis zwischen Substratdosierung und Laugedosierung zeitlich gleich bleibt, was in der experimentellen Praxis nicht von vornherein gegeben ist. Sollte die Substratpumpe mit der Zeit immer weniger fördern, dann würde die Versäuerung abnehmen und ebenso die Titrationsleistung des pH-Reglers. Das führt in der Folge, wegen der strengen Koppelung, auch zu einer weiter verminderten Substratdosierung usw., bis die gesamte Dosierung zum Stillstand kommt („*stopped flow regime*"). Im anderen Fall kommt es zu einer Überdosierung von Substrat, das System läuft sicher weiter, aber unverbrauchtes Substrat akkumuliert im Überstand und wird verschwendet. Daher müssen auch hier separate Regler eingesetzt werden, damit die Koppelung wirklich strikt konstant bleibt.

Die Betriebsbedingungen ergeben sich aus einer Protonenbilanz:

$$\frac{dc_H}{dt} = \underbrace{\frac{F_M}{V} \cdot c_H + \frac{F_L}{V} \cdot c_H^L}_{Zulauf} - \underbrace{\frac{F_M + F_L}{V} \cdot c_H}_{Ablauf} + \underbrace{\frac{\mu \cdot x}{Y_{X/H}} - \frac{F_L}{V} \cdot c_{OH}^L}_{Reaktionen}$$

(4.36)

Darin bedeuten:

- c_H die Konzentration der Protonen im frischen Medium wie in der wachsenden Kultur; sie sind nicht bloß der Einfachheit halber identisch und werden deshalb nicht unterschieden: es ist wichtig, dass der pH-Regler nur biogene Protonen „entsorgen" muss und nicht ständig saures Frischmedium titriert
- c_H^L die Konzentration der Protonen in der Lauge; sie ist vernachlässigbar klein gegenüber c_H und der entsprechende Zulauf-Term wird nicht mehr weiter berücksichtigt
- c_{OH}^L die Konzentration der OH$^-$-Ionen in der Lauge; sie ist natürlich nicht vernachlässigbar
- F_M die Zulaufrate des Mediums und F_L die der Lauge
- $Y_{X/H}$ ist ein Ausbeutekoeffizient, der das Verhältnis, wie viel Zellen pro zu titrierender Säure entstehen, angibt; für Hefe beträgt der Zahlenwert etwa 130 g mol^{-1}

Durch Umstellen der Gleichung erhält man eine vereinfachte Form, in der das Differenzial wieder wegfallen muss, wenn der Regler seinen Zweck erfüllt, nämlich den pH konstant zu halten:

$$\frac{dc_H}{dt} = -\frac{F_L}{V} \cdot \left(c_H + c_{OH}^L\right) + \frac{\mu \cdot x}{Y_{X/H}} \overset{!}{=} 0 \quad (4.37)$$

Weiters gilt natürlich $F = F_M + F_L$, wobei beide Flüsse in einem konstanten Verhältnis (R, vom englischen '*ratio*') zueinander stehen:

$$\frac{F_M}{F_L} = R \quad (4.38)$$

Folglich gilt

$$D = \frac{F_M + F_L}{V} = \frac{(1+R) \cdot F_L}{V} \quad (4.39)$$

Mit dieser Substitution ergibt sich aus der nach x aufgelösten Protonenbilanz im Fließgleichgewicht:

$$x = \frac{D \cdot Y_{X/H} \cdot \left(c_H + c_{OH}^L\right)}{\mu \cdot (1+R)} \quad (4.40)$$

Darin lassen sich μ gegen D wegkürzen, sowie c_H vernachlässigen, weil $c_H \ll c_{OH}^L$, und man erhält

$$x \cong \frac{Y_{X/H} \cdot c_{OH}^L}{1+R} \quad (4.41)$$

Aus der Substratbilanz erhält man in analoger Weise für das Fließgleichgewicht:

$$\frac{\mu \cdot x}{Y_{X/S}} = \frac{F_M}{V} \cdot s_{ein} - \frac{F_M + F_L}{V} \cdot s \quad (4.42)$$

und weiter

$$s = \frac{R}{1+R} \cdot s_{ein} - \frac{x}{Y_{X/S}} \quad (4.43)$$

Hieraus kann man das kritische Verhältnis der beiden Ströme, R_c, ableiten. Es ergibt sich für den Grenzfall, dass s gegen null strebt:

$$R_c \cong \frac{Y_{X/H} \cdot c_{OH}^L}{Y_{X/S} \cdot s_{ein}} \quad (4.44)$$

Solange nur $R > R_c$ ist wird also immer Restsubstrat im Reaktor vorliegen und das System wird weiterhin „Lauge brauchen", also selbst stabilisierend weiter laufen (Abb. 4.10). Im gegenteiligen Fall stellt sich das System von selbst ab: die Flüsse stoppen.

4.5 Lösung des Prozessmodells für kontinuierlichen Betrieb

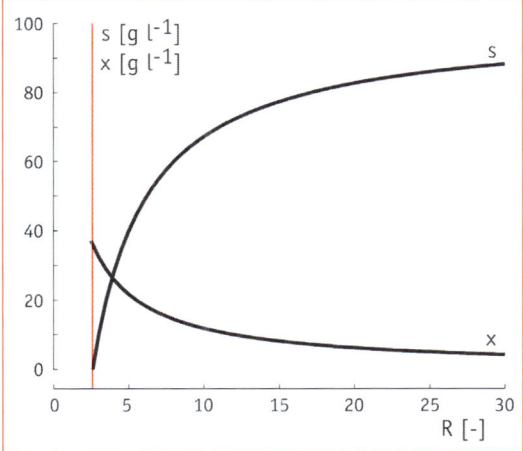

Abb. 4.10 x-R-Diagramm für einen pH-Auxostat. Hier ist das Verhältnis der Flüsse von Medium zu Lauge, R, die unabhängige Variable. Beim „kritischen Verhältnis" (rote vertikale Linie) ist zwar die Biomassekonzentration maximal, aber die Substratkonzentration wird null, sodass das Wachstum (und die Produktbildung) zum Stillstand kommen und keine Lauge mehr benötigt wird. Der pH-Regler steuert die Laugenpumpe nicht mehr an und damit auch die Substratpumpe nicht mehr: das System kommt zum Stillstand. Auch bei kleineren R-Werten funktioniert der pH-Auxostat nicht.

4.5.2 Lösung für transientes Verhalten

Fließgleichgewichte bestehen nicht einfach „von Anfang an", sie müssen eingestellt werden, und das braucht Zeit. Sie können gestört werden – absichtlich oder unerwünscht – und wieder braucht es Zeit, damit sich ein neues Fließgleichgewicht einstellen kann. Die Störungen können einmalig oder bleibend oder irregulär sein. Letztere sind im Betrieb sicher unerwünscht und man wird alles versuchen, sie durch Regler aller möglicher Größen minimal zu halten. Die beiden anderen Störungs-Typen lassen sich aber zum Guten ausnutzen.

Zum einen kann man eine **Zustandsgröße** einmalig stören = ändern; in der Praxis ist wohl nur die Erhöhung einer Konzentration relevant, denn das Herausnehmen ist praktisch nicht realisierbar. Das Zusetzen hingegen ist in relativ kurzer Zeit möglich, sodass ein Delta-Dirac-Stoß gut angenähert werden kann: man muss nicht unbedingt „Würfelzucker in den Bioreaktor werfen", eine konzentrierte Lösung der einen oder anderen Komponente lässt sich über ein Sterilfilter in wenigen Sekunden applizieren ohne die Sterilbarriere zu kompromittieren. Man spricht dann von einem **Puls**.

Zum anderen kann eine **Betriebsgröße** bleibend gestört = geändert werden; in der Praxis kann das eine Erhöhung oder eine Erniedrigung des Wertes bedeuten. So kann die Pumpleistung fürs Medium verstellt werden: damit wird die Verdünnungsrate bleibend – bis zur nächsten Störung – geändert. Oder es muss das frische Medium aus einem anderen Vorratsgefäß bezogen werden, weil der Vorrat eines jeden solchen Gefäßes endlich ist: damit wird eventuell (in der Praxis meist auch ohne diese erklärte Absicht, weil eine thermische Sterilisation üblicherweise Konzentrationen zumindest leicht verändert) die Zulaufkonzentration der limitierenden Komponente umgestellt. Ebenso können der pH-Wert, die Temperatur oder die Qualität des Mediums (bleibend bis zur nächsten Störung) verändert werden. Man spricht in diesem Fall von **shift**.

In jedem Fall reagiert das System auf die Störung und wird sich im Laufe der Zeit, sofern nicht eine neue Störung eintritt, so schnell wie möglich selbst stabilisieren, also wieder in ein Fließgleichgewicht zurückkehren. Damit ist aber *nicht* gesagt, dass es das *selbe* sein muss wie vor der Störung. Es ist auch nicht zwingend, dass das neue Fließgleichgewicht nicht-trivial sein muss.

In der experimentellen Praxis mögen solche „Störungen" zwar notwendig, aber doch störend sein, etwa in der Produktion; dann wird man versuchen, die Einstellzeit des neuen Fließgleichgewichtes zu minimieren. Die „Störungen" können aber auch gezielt gesetzt werden, weil die Auswertung und Interpretation des transienten Verhaltens unmittelbar nach der Störung – der „Antwort" (englisch *response*) des Systems – Aufschluss über bislang unbekannte Eigenschaften des Systems zu geben verspricht.

Die **Pulsmethode** kann beispielsweise zu einer positiven Identifikation der aktuell limitierenden Substanz oder einer Substanzgruppe führen. Sie kann auch qualitativ eindeutig über den inhibitorischen oder toxischen Charakter einer Substanz Auskunft geben. Beim Ausbleiben einer Antwort des biologischen Systems ist die Folgerung schlüssig, dass eben diese Substanz nicht limitierend wirkt (doch sie könnte bei einem hoch dotierten Puls in hohem Überschuss vorliegen, ist aber dann weder toxisch noch inhibitorisch).

Die *shift*-Methode ist unter anderem ein notwendiges Übel beim Anfahren einer kontinuierlichen Kultur (nach dem initialen batch). Als Methode zur Einstellung neuer Fließgleichgewichte erlaubt sie die hochpräzise Bestimmung von Ausbeutekoeffizienten einerseits und die Veränderung oder Anpassung des Mediums an erwünschte, aber nicht direkt erreichbare Konzentrationen andererseits. Die quantitative Modifikation ist im Zuge einer Medienentwicklung meist mehrmals notwendig, damit verdeckte Limitationen durch die Pulsmethodik identifiziert werden können. Nach positiver Identifikation eines essenziellen Bestandteiles von Komplexzusätzen erlaubt die shift-Methode die Reduktion oder gar Elimination des entsprechenden Komplexzusatzes aus dem Medium, wenn gleichzeitig die vorgängig positiv identifizierte Substanz dem Medium (meist als Reinsubstanz) bewusst zugefügt wurde.

4.5.3 Transientexperimente und praxisrelevante Aussagen

In der Folge werden wichtige Aspekte der Transienten eher qualitativ und anhand von Beispielsimulationen diskutiert.

Jede kontinuierliche Kultur muss angefahren werden. Minimalvoraussetzung ist die Vereinigung der Reaktanden – aller essenziellen Medienkomponenten mit mindestens einem (1) vermehrungsfähigen Keim. Diese Extremsituation in einem technischen Prozess einzusetzen wäre reine Zeitverschwendung, in der Natur hingegen kommen auf diese Weise viele funktionierende Systeme spontan zu Stande. Im technischen Umfeld geht es jedoch klar um die Minimierung der benötigten Zeit, einen geplanten Arbeitspunkt stabil und robust zu errei-

chen. Die optimale Lösung hierfür wäre, eine Satzkultur gerade solange laufen zu lassen, bis die Restsubstratkonzentration den für die kontinuierliche Kultur errechneten Gleichgewichtswert hat und zu diesem Zeitpunkt den Mediumszu- und Kulturablauf anzustellen. In der Praxis wird man aus verschiedenen Gründen weniger puristisch vorgehen und damit in jedem Fall Zeit verschenken. Bei zu früher Umstellung auf kontinuierlichen Betrieb wird Substrat verschwendet, bei zu später Umstellung läuft man Gefahr, dass die Zellen gestresst oder ausgehungert werden, im schlimmsten Fall sterben sie ab. Bei Sporenbildnern sollte die Umstellung keinesfalls zu spät erfolgen, da die Sporulation, sofern sie einmal eingeleitet wurde, irreversibel weiterläuft; erst nach vollständiger Sporulation können die Sporen wieder auskeimen, bevor die vegetativen Zellen wachsen können, aber auch dieser Vorgang braucht Zeit, sodass ein erheblicher Anteil an Biomasse durch Auswaschen (vorübergehend) verloren ginge.

Ein Puls des aktuell limitierenden Substrates – der Ausdruck wird hier in seiner allgemeinen Bedeutung verwendet, es kann also irgendein Medienbestandteil sein – hebt die Limitation des Wachstums vorübergehend auf. Wenn durch den Puls die Konzentration des limitierenden Substrates genügend erhöht wird, dann reagiert das biologische System mit der in Abb. 4.11 dargestellten Antwort. Die Pulsmenge darf dabei aber nicht übermäßig sein, damit in der Folge kein anderer Medienbestandteil soweit (mehr-)verbraucht wird, dass er selbst limitierend wirkt.

In der Phase direkt nach dem Puls ist jegliche extrazelluläre Limitation aufgehoben, da die aktuelle Substratkonzentration sehr viel größer als der entsprechende Sättigungsparameter ist. Das Monod-Modell nimmt nun an, dass daher die Zellen sofort mit ihrer maximalen Kapazität wachsen können – Vorsicht: in der Praxis kann eine „Gewöhnung" der Zellen an die vorgängige Periode limitierten Wachstums zu einer intrazellulären Limitation führen, etwa ein „Ausverdünnen" von Enzymen: ein Überschuss würde den Zellen bei limitiertem Substratangebot ohnehin nichts nützen. Doch möge es bei der Modellannahme bleiben. Das plötzliche Überangebot an Substrat führt zu einem Mehrverbrauch an (gepulstem) Substrat gegenüber den Gleichge-

4.5 Lösung des Prozessmodells für kontinuierlichen Betrieb

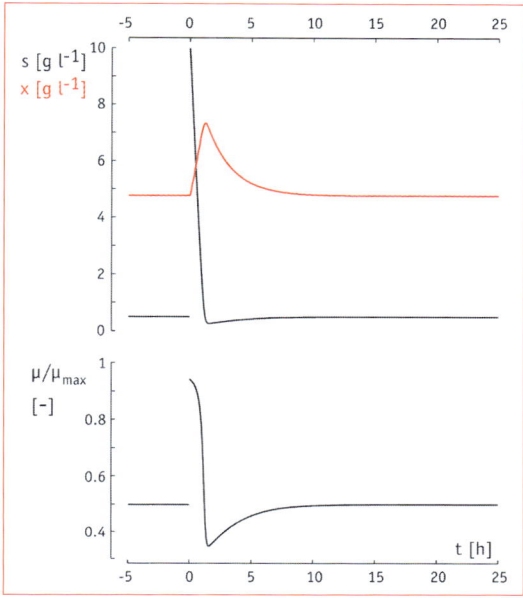

Abb. 4.11 Simulation eines Pulsexperimentes: Zu einer im Gleichgewicht befindlichen, kontinuierlich geführten Kultur wird bei $t = 0$ h das aktuell limitierende Substrat gepulst: Die Substratkonzentration s wird durch einen „Delta-Dirac"-Stoß auf 10 g l^{-1} erhöht. x = Biomassekonzentration, s = aktuelle Substratkonzentration. Simulationsgrundlagen: Monod'sches Wachstumsmodell mit folgenden Parametern:
$\mu_{max} = 1$ h^{-1}, $K_s = 0.5$ g l^{-1}, $Y_{X/S} = 0.5$ g g^{-1}, $D = \mu_{max}/2 = 0.5$ h^{-1}, $s_{ein} = 10$ g l^{-1}.

wichtsbedingungen und natürlich zu zusätzlichem Wachstum: μ wird größer als (das unveränderte) D, und daher dominiert der Wachstumsterm in der Biomassebilanz über den Auswaschterm. Die aktuelle Substratkonzentration sinkt ab, aber bei Erreichen der Gleichgewichtskonzentration liegt die Biomassekonzentration deutlich über deren Gleichgewichtskonzentration, sodass der Mehrverbrauch an Substrat zu einem weiteren Absinken der aktuellen Substratkonzentration führen muss. Das reduziert seinerseits die Wachstumsgeschwindigkeit drastisch, und zwar unter den Wert der Verdünnungsrate: μ wird kleiner als D und nun dominiert der Auswaschterm in der Biomassebilanz über den Wachstumsterm: Die Limitation ist nun stärker ausgeprägt als im Gleichgewicht, daher müssen Zellen ausgewaschen werden.

Damit mindert sich der Substratmehrverbrauch und die Substratkonzentration steigt langsam wieder an. Als Folge davon kann auch die spezifische Wachstumsgeschwindigkeit wieder langsam steigen und die Dominanz des Auswaschens der Zellen nimmt ab. Das System strebt schließlich auf den Gleichgewichtswert zu, der auch vor dem Experiment bestanden hatte.

Wird jedoch ein „übermäßig" konzentrierter Puls zugesetzt, fällt die Antwort verändert aus. Was übermäßig bedeutet, muss der Experimentator am Ergebnis erkennen.

Einerseits kann das Medium so zusammengesetzt sein, dass (eine) weitere essenzielle Komponente(n) in nur geringem Überschuss dosiert sind. Dies ist ökonomisch wünschenswert und daher vielfach ein Ziel einer Medienentwicklung. In diesem Fall führt ein Puls der limitierenden Komponente unmittelbar ebenfalls zur Relaxation der Wachstumslimitation und zu einem Anstieg der Biomassekonzentration. Was aber nun weiter passiert (Abb. 4.12), kann das einfache Monod-Modell nicht mehr beschreiben, denn es sieht ja lediglich ein (1) limitierendes Substrat vor. Dazu braucht es eine Modellerweiterung um eine zweite, potenziell limitierende Komponente, S_2. Die spezifische Wachstumsgeschwindigkeit möge nun von beiden Substratkonzentrationen, s_1 und s_2, folgendermaßen abhängen:

$$\mu = \mu_{max} \cdot \frac{s_1}{s_1 + K_{S,1}} \cdot \frac{s_2}{s_2 + K_{S,2}} \quad (4.45)$$

oder

$$\mu = \mu_{max} \cdot \text{MIN}\left(\frac{s_1}{s_1 + K_{S,1}}, \frac{s_2}{s_2 + K_{S,2}}\right) \quad (4.46)$$

In Gl. 4.46 bedeutet „MIN", dass jeweils der kleinste Wert aus der (in Klammern folgenden) Auswahlliste maßgebend ist.

Die Verkoppelung sieht so aus: das stringenter limitierende Substrat bestimmt, welche Biomassekonzentration erreichbar ist und diese Menge an Zellen nimmt sich soviel vom anderen Substrat, wie sie eben für diese Zellkonzentration gerade benötigt und bestimmt somit die Restsubstratkonzentration der anderen Komponente. Im konkreten Beispiel möge S_1 das Wachstum zunächst limitieren, also die erzielbare Biomassekonzentration diktieren, denn $x = Y_{X/S_1} \cdot (s_{1,ein} - s_1)$, und S_2 in (geringem) Überschuss vorliegen. Damit ist auch der Term

$$\frac{s_1}{s_1 + K_{S,1}}$$

deutlich kleiner als der Term

$$\frac{s_2}{s_2 + K_{S,2}},$$

welcher nahe bei 1 liegt. Wird nun durch einen Puls von S_1 die Konzentration s_1 plötzlich stark erhöht, dann wird der Term

$$\frac{s_1}{s_1 + K_{S,1}}$$

nahezu gleich 1, aber jedenfalls größer als

$$\frac{s_2}{s_2 + K_{S,2}},$$

da ja an s_2 keine Änderung vorgenommen wurde. Somit wird μ ebenfalls sprunghaft ansteigen und der Wachstumsterm in der Biomassebilanz den Auswaschterm übersteigen: es kommt zu einem Zuwachs der Biomassekonzentration. Da Wachstum und Substratkonsum aber verkoppelt sind, werden beide Substrate vermehrt verbraucht. Im Fall von S_1 führt das zunächst zu einer nicht relevanten Reduktion von s_1, nicht aber im Fall von S_2: s_2 war ja schon vor dem Puls nicht sehr groß und wird eben noch kleiner. In der Folge wird μ durch den Term

$$\frac{s_2}{s_2 + K_{S,2}}$$

dominiert. Es stellt sich vorübergehend ein Fließgleichgewicht ein, in dem die Biomassekonzentration vom restlichen verfügbaren S_2 diktiert wird: $x = Y_{X/S_2} \cdot (s_{2,ein} - s_2)$. Mittlerweile reduziert sich jedoch auch s_1 durch Mehrverbrauch und Auswaschen so weit, dass es wieder limitierend wird, also

$$\frac{s_1}{s_1 + K_{S,1}}$$

relevant abnimmt und μ zu reduzieren beginnt, denn weder $s_{1,ein}$ noch $s_{2,ein}$ wurden je verändert. Nun übersteigt der Auswaschterm in der Biomassebilanz den Wachstumsterm: es kommt zu einer Abnahme der Biomassekonzentration. Und das Experiment endet gleich wie der Puls mit nur einem einzigen limitierenden Substrat (vgl. Abb. 4.11) und läuft auf das ursprüngliche Fließgleichgewicht zu. Je nach der zufälligen experimentellen Situation kann der theoretisch beobachtbare Anstieg der Biomassekonzentration auf das durch $x = Y_{X/S_2} \cdot (s_{2,ein} - s_2)$ gegebene „Plateau" so gering ausfallen, dass er in der Praxis nicht signifikant erkennbar ist.

Andererseits kann das Übermaß auch mit inhibitorischen oder gar toxischen Eigenschaften der gepulsten Komponente zusammenhängen. Solche Experimente sind aber in der Medienentwicklung manchmal unumgänglich, da viele unbekannte Limitationen auf Spurenelemente zurückgehen. Diese sind aber bekannt für den oligodynamischen Effekt (in kleinsten Mengen essenziell notwendig, in größeren Dosen aber hemmend oder gar toxisch).

Die Reaktion auf Pulse mit steigender Menge, ausgehend vom stabilen Gleichgewicht, ist beispielhaft in Abb. 4.13 dargestellt. Bis zu einer bestimmten Pulskonzentration enden alle Experimente beim ursprünglichen, durch den Puls gestörten Fließgleichgewicht. Ab dieser Pulskonzentration werden die Zellen jedoch so weit ausgewaschen, dass die Kulturen nicht mehr in der Lage sind, das mit dem Medium zufließende

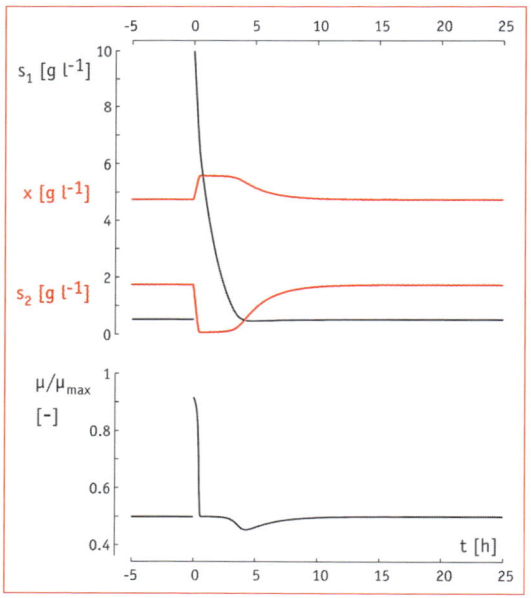

Abb. 4.12 Simulation eines Pulsexperimentes wie in Abb. 4.11, jedoch mit dem Unterschied, dass eine weitere essenzielle Medienkomponente, S_2, kurz nach dem Puls der im Gleichgewicht limitierenden Komponente S_1 ihrerseits limitierend wird.

– aber inhibitorische! – Substrat „wegzuschaffen" (zu verbrauchen): Diese Experimente enden fatal. Um die einzelnen Trajektorien zu verstehen braucht man eine andere Erweiterung des Monod-Modells: neben dem Limitationsterm ist für das (einzige limitierende) Substrat auch ein Inhibitionsterm zu formulieren, wobei K_i ein Inhibitionsparameter ist; je kleiner der Zahlenwert von K_i, desto ausgeprägter ist die Inhibition:

$$\mu = \mu_{max} \cdot \frac{s}{s + K_s} \cdot \frac{K_i}{s + K_i} \quad (4.47)$$

Diese Funktion steigt nicht mehr monoton an, sondern sie hat ein klares Maximum. Allerdings ist zu beachten, dass der Funktionswert an diesem Maximum kleiner ist als μ_{max}! In diesem Modell ist μ_{max} also nicht die experimentell beobachtbare maximale Geschwindigkeit! Aus der grafischen Darstellung (Abb. 4.13 oben) sieht man auch sofort, dass s keine eineindeutige Funktion von μ ist: bis auf den Maximalwert gibt es immer 2 verschiedene Substratkonzentrationen, die den selben Wert von μ ergeben. Diese Tatsache ist bedeutsam, weil ein Fließgleichgewicht ja durch $\mu = D$ charakterisiert ist: welche Substratkonzentration wird sich wohl einstellen? Bei welcher Substratkonzentration ist das Fließgleichgewicht stabil, bei welcher labil? Rund um das „linke" Gleichgewicht, also das bei der kleineren Substratkonzentration, nimmt μ mit s monoton zu, oder

$$\frac{\partial \mu}{\partial s} > 0.$$

Um das „rechte" Gleichgewicht bei der höheren Substratkonzentration gilt hingegen

$$\frac{\partial \mu}{\partial s} < 0.$$

In der Substratbilanz (s. Gl. 4.30a), vereinfacht formuliert: „*Akkumulation = Konvektion + Reaktion*", ist der Konvektionsterm immer größer oder gleich null, der Reaktionsterm jedoch negativ, nämlich

$$-\frac{\mu \cdot x}{Y_{X/S}}$$

(oder, im Extremfall, null). Im Gleichgewicht halten sich Konvektion und Reaktion die Waage. Wenn irgendein Gleichgewicht gestört wird,

muss die Substratkonzentration entweder steigen oder fallen.

Steigt die Substratkonzentration vom Gleichgewicht bei der kleineren Substratkonzentration aus irgend einem Grund an, verkleinert sich der Akkumulationsterm sofort – er wird sogar sicher negativ –, weil:
1. der positive Konvektionsterm kleiner wird – (s_{ein}-s) kann ja nur sinken – und
2. der negative Reaktionsterm betragsmäßig zunimmt, denn

$$\frac{\partial \mu}{\partial s} > 0.$$

Genau umgekehrt verhält es sich, wenn die Substratkonzentration sinkt. In jedem Fall hat der Akkumulationsterm das umgekehrte Vorzeichen wie die Störung, d.h. das System stabilisiert sich selbst.

Steigt die Substratkonzentration aber vom Gleichgewicht bei der größeren Substratkonzentration aus irgend einem Grund an, vergrößert sich auch der Akkumulationsterm, weil der negative Reaktionsterm wegen

$$\frac{\partial \mu}{\partial s} < 0.$$

betragsmäßig abnimmt, also der Substratverbrauch und das Wachstum ebenfalls zurückgehen. Die Zellen werden auswaschen und das System strebt zum trivialen Gleichgewicht $x = 0$. Fällt aber die Substratkonzentration vom Gleichgewicht bei der größeren Substratkonzentration, dann verstärkt sich aus den selben Gründen der Substratverbrauch und der negative Akkumulationsterm wird betragsmäßig noch größer, was (zunächst) zur sogar beschleunigten Substratabnahme führt. Das System strebt auf das stabile Gleichgewicht bei der kleineren Substratkonzentration zu. Das Gleichgewicht bei der größeren Substratkonzentration ist also labil (oder instabil).

Die Konsequenz für die Praxis ist daher, potenziell inhibitorische Substrate sehr vorsichtig zu pulsen, weil sonst die laufende Kultur aufs Spiel gesetzt wird; eine sehr zeitaufwändige Panne. Eine praktische Lösung, die sich gut bewährt hat, ist die Abschätzung von Organismenkenngrößen (wie die in der Legende von Abb. 4.13 angegebenen, etwa aus der Literatur) und die Prüfung der Erfolgschancen des Experimentes vorab in einer

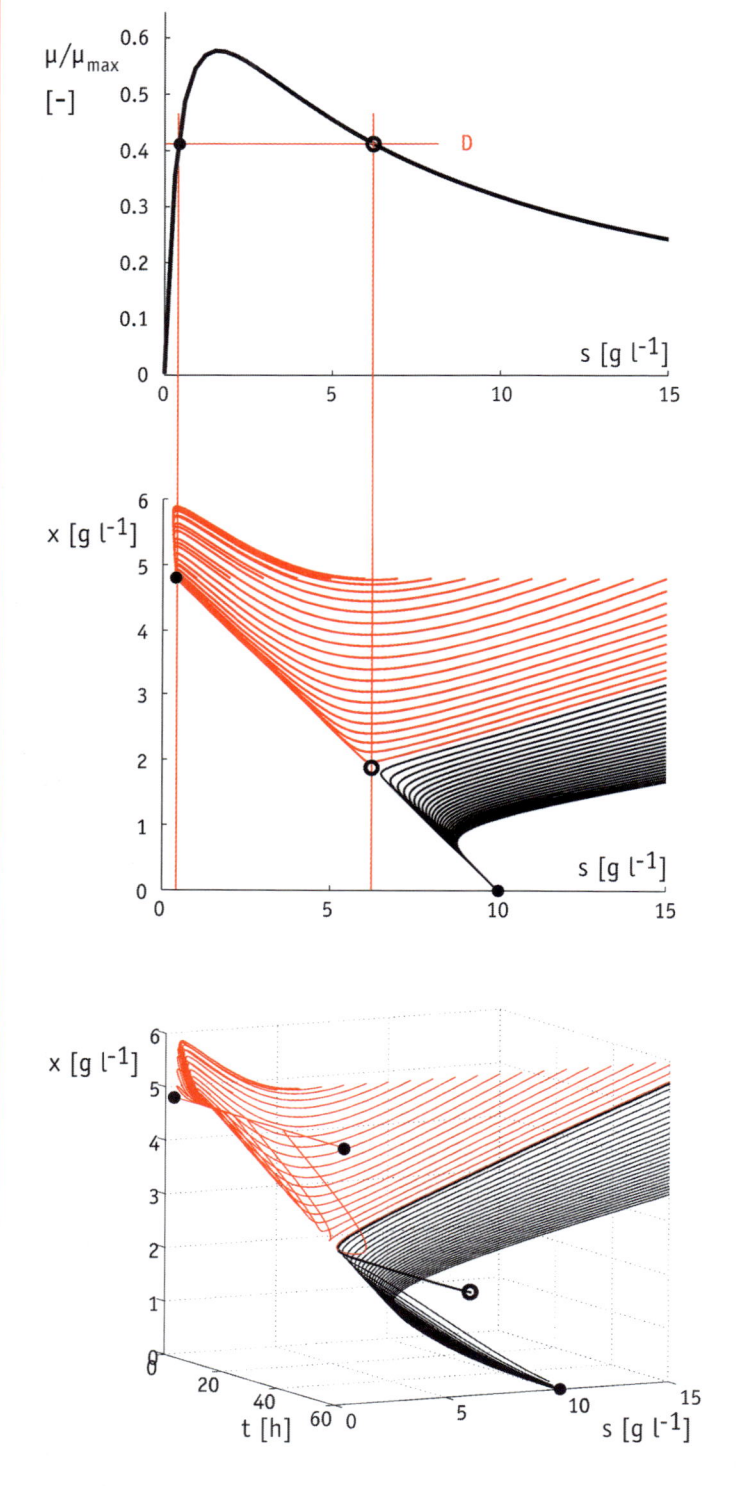

Abb. 4.13 Simulation einer Serie von Pulsexperimenten mit steigender Konzentration des Delta-Dirac-Stoßes wie in Abb. 4.11, jedoch mit dem Unterschied, dass das Substrat in höheren Konzentrationen das Wachstum inhibiert. Im unteren Teilbild sind die Trajektorien von x und s im Zeitbereich dargestellt. Der Übersicht halber wird oft die zeitliche Information weggelassen und die Trajektorien nur im Phasendiagramm (mittleres Teilbild) dargestellt. Das obere Teilbild zeigt den zugehörigen Verlauf der Funktion $\mu(s)$. Die Beispiele wurden bei $D = 0.413\ h^{-1}$ gerechnet; dieser Wert ist durch die Horizontale markiert. Die Schnittpunkte mit $\mu(s)$ ergeben zwei mögliche Arbeitspunkte: der stabile ist mit dem vollen Kreis und der labile mit einem offenen Kreis in allen Teilbildern gekennzeichnet. In den unteren Teilbildern ist auch der triviale, aber ebenfalls stabile „Arbeits"punkt (bei $x = 0$) eingetragen. Zusätzlicher Simulationsparameter: $K_i = 5\ g\ l^{-1}$.

Modellsimulation; erfahrungsgemäß genügt eine grobe Abschätzung, d. h. „nur" auf Größenordnungen genau.

Für das Verständnis von shift-Experimenten gelten die analogen Argumente, bloß dass sich anstelle der Zustandsvariablen operative Größen oder Parameter ändern.

Auf eine permissive Erhöhung der Verdünnungsrate (Abb. 4.14) reagiert eine Kultur wie folgt: Der Akkumulationsterm in der Biomassebilanz wird zunächst (geringfügig) negativ, weil sich der Konvektionsterm, $-D \cdot x$, sofort ändert, der Reaktionsterm, $+\mu \cdot x$, jedoch erst verzögert. Das ist dadurch bedingt, dass Substrat erst einmal akkumulieren muss, damit μ „nachziehen" kann. Das passiert auch, weil der Akkumulationsterm in der Substratbilanz durch den sofortigen Anstieg des Konvektionsterms, $+D \cdot s_{ein}$, und den verzögerten Anstieg des Substratverbrauches zunächst sicher positiv wird. Das neue Fließgleichgewicht stellt sich bei leicht höherer Substratkonzentration und proportional tieferer Biomassekonzentration ein, wie es auch aus dem x-D-Diagramm (Abb. 4.9) abzulesen ist.

Auf eine nicht-permissive Erhöhung der Verdünnungsrate, also das Einstellen von D größer als D_c, reagiert eine Kultur anders: Der Akkumulationsterm in der Biomassebilanz kann nie positiv werden, weil μ den Wert von D nie erreichen kann und somit (μ-D) immer kleiner oder gleich null sein muss. Das bedeutet Auswaschen der Kultur. Wenn man allerdings ein solches Experiment zeitlich begrenzt durchführt und sofort wieder eine permissive Verdünnungsrate einstellt, kann die kritische Verdünnungsrate (also annähernd μ_{max}) ermittelt werden. Die isolierte Lösung der Differenzialgleichung für die Biomassekonzentration wird unter der Annahme, die Substratkonzentration werde in kurzer Zeit so hoch, dass auch μ maximal wird, sehr einfach:

$$d\ln(x) = (\mu_{max} - D) \cdot dt \qquad (4.48)$$

Eine halblogarithmische Darstellung der Biomassekonzentration gegen die Zeit (Abb. 4.15) ergibt eine abfallende Gerade mit der Steigung $(\mu_{max} - D)$. Da die eingestellte Verdünnungsrate dem Experimentator bekannt sein sollte, kann μ_{max} leicht errechnet werden. Wenn der experimentelle Wert von D „vernünftig" gewählt wird, dann hat man in kurzer Zeit eine unabhängige Bestätigung des μ_{max}-Wertes aus der Satzkultur und kann die kontinuierliche Kultur durch Rücksetzen auf eine permissive Verdünnungsrate problemlos „retten", denn: Sinngemäß gilt für eine Erniedrigung der Verdünnungsrate jeweils das Umgekehrte.

Die Aneinanderreihung mehrerer oder vieler solcher D-shift-Experimente mit der Einstellung des jeweiligen Fließgleichgewichtes dient der experimentellen Ermittlung von x-D-Diagrammen.

Die Planung von shifts der Substratzulaufkonzentration ist ähnlich einfach. Wird von einem Medium mit niedriger Konzentration des limitierenden Substrates auf eines mit „mäßig" höherer umgestellt, dann ist ein (fast) proportionaler Anstieg der Biomassekonzentration zu erwarten, denn $x = Y_{X/S} \cdot (s_{ein} - s)$. Zunächst steigt der Akkumulationsterm in der Substratbilanz, weil der Zulaufterm, $D \cdot s_{ein}$, hochschnellt. Das führt zu einer Steigerung von μ über D, weshalb auch der Akkumulationsterm in der Biomassebilanz ansteigen muss. Dies wiederum resultiert in einem Mehrverbrauch von Substrat, da sowohl x als auch zunächst μ steigen, doch sinkt μ bald wieder wegen der auf Grund des Mehrverbrauches wieder sinkenden Substratkonzentration.

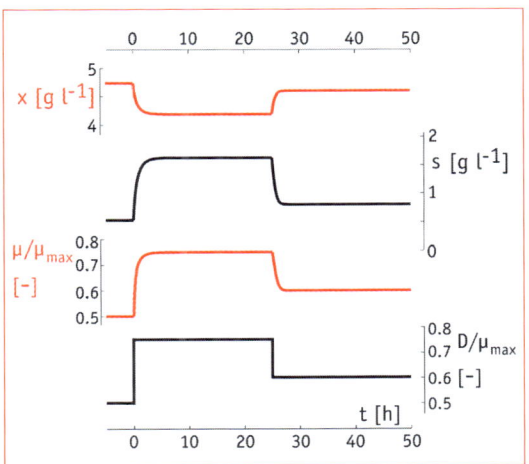

Abb. 4.14 Simulation zweier permissiver (d. h. D bleibt immer kleiner als μ_{max}) D-shifts: Bei $t = 0$ wird D erhöht, bei $t = 25$ abgesenkt (unterstes Teilbild). Simulationsparamter wie in Abb. 4.13

Schließlich stellt sich ein neues Fließgleichgewicht ein, das durch höhere Biomassekonzentration jedoch identische Substratkonzentration charakterisiert ist. Für ein Absenken der Substratzulaufkonzentration gilt sinngemäß das Umgekehrte (Abb. 4.16).

Sollte die Steigerung der Substratzulaufkonzentration jedoch nicht „mäßig" sein, sodass eine andere Medienkomponente limitierend wird, ist natürlich die erreichbare Biomassekonzentration durch deren Konzentration im Medium (und den entsprechenden Ausbeutekoeffizienten) festgelegt. Auch wird die Restkonzentration des übermäßig erhöhten Substrates auf einem entsprechend hohen Niveau zu liegen kommen. Die Aneinanderreihung vieler solcher shift-Experimente mit der Einstellung des jeweiligen Fließgleichgewichtes erlaubt die Konstruktion von Δx-Δs-Diagrammen, wie in Abb. 4.17 gezeigt. Aus diesen Darstellungen lässt sich der jeweilige Ausbeutekoeffizient mit hoher Genauigkeit und Zuverlässigkeit ermitteln.

Trickreicher kann die Angelegenheit werden, wenn ein inhibitorisches Substrat in höherer Konzentration eingesetzt werden soll. Methanol ist

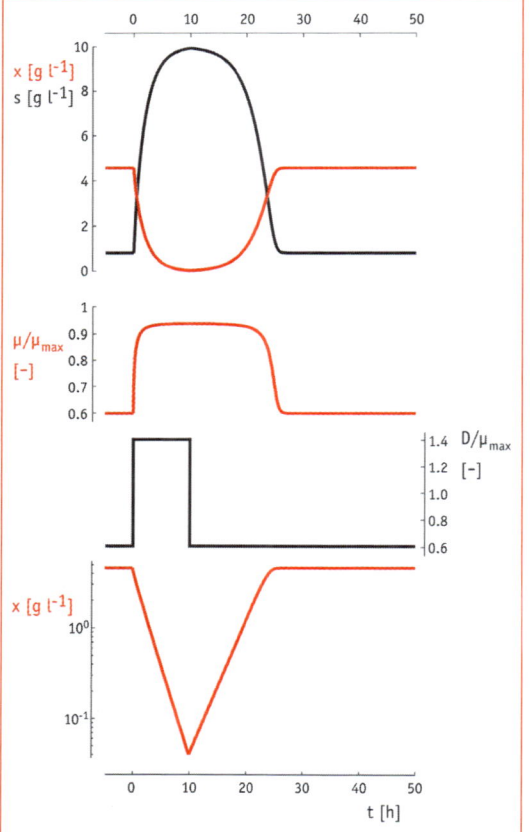

Abb. 4.15 Simulation eines nicht-permissiven und eines permissiven D-shifts: Bei $t = 0$ wird D über μ_{max} erhöht, bei $t = 10$ wieder in den permissiven Bereich abgesenkt (zweit-unterstes Teilbild). Simulationsparamter wie in Abb. 4.13. Der nicht-permissive D-shift führt zum Auswaschen (wash-out) der Kultur, was durch den zweiten shift unterbunden wird. Die unterste Teilgrafik (halblogarithmische Darstellung) legt nahe, dass die Zellen weitgehend mit konstantem μ wachsen. Die Simulationsparameter K_s und s_{ein} sind aber so gewählt, dass $\mu_{kritisch}$ kleiner als (nämlich ca. 95 % von) μ_{max} ist. Eine Auswertung der beiden exponentiellen Phasen durch Bestimmung der Steigungen würde also ($\mu_{kritisch} - D$) und nicht ($\mu_{max} - D$) ergeben.

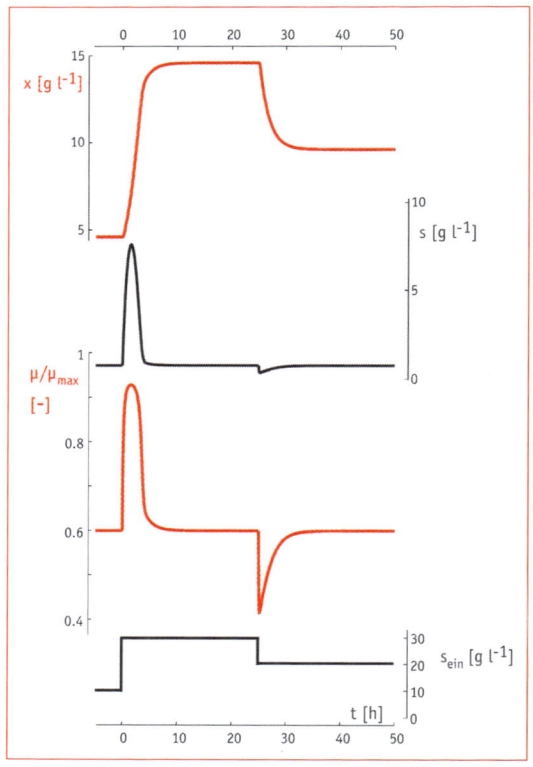

Abb. 4.16 Simulation zweier permissiver shifts der Substratzulaufkonzentration bei einer Verdünnungsrate $D = 60\,\%$ von μ_{max}. Da die Verdünnungsrate ja nicht geändert wird, muss der Gleichgewichtswert der Substratkonzentration ebenfalls konstant bleiben, obwohl sich die transienten Werte natürlich ändern.

durchaus ein industriell relevanter Kandidat für so einen Fall von kontinuierlicher Hoch-Zelldichte-Kultivation. Wie im Fall der Puls-Experimente auch kann beim shift die Substratkonzentration so hoch ansteigen, dass die Zellen das Medium nicht mehr genügend schnell „entgiften" können. In diesem Fall kommt es zum Auswaschen der Zellen. Um dies zu vermeiden dient ein einfacher Trick: man führt die Steigerung der Substratzulaufkonzentration zum erwünschten Wert nicht in einem, sondern in mehreren Schritten durch; dabei verliert man kaum Zeit, bleibt aber dafür immer auf „der sicheren Seite". Abb. 4.18 zeigt beispielhaft einen solchen Vergleich.

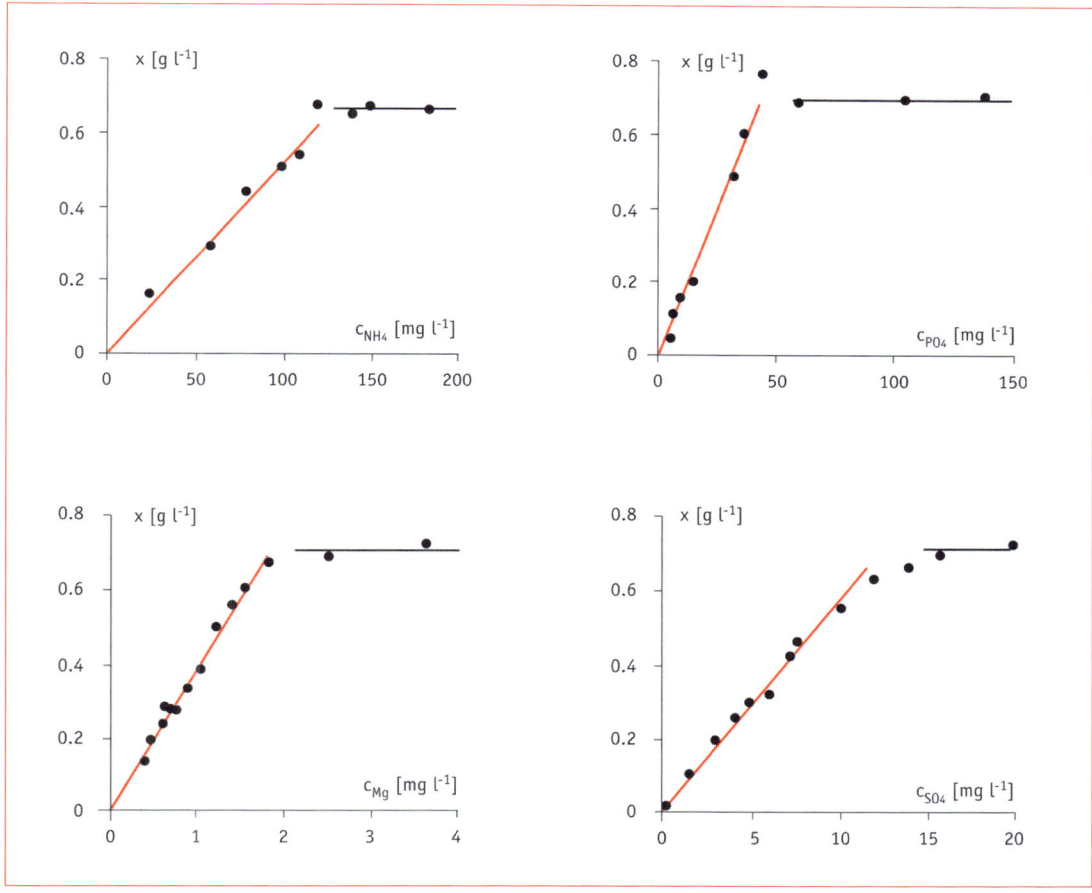

Abb. 4.17 Der Bedarf verschiedener Elementquellen wird durch Bestimmung der Ausbeute ermittelt. Die einzelnen Datenpunkte entsprechen jeweils einem Fließgleichgewicht, (experimentell zeitlich) dazwischen liegen shifts der entsprechenden Substratkonzentration im sterilen Medium. Aus der Krümmung des Übergangs zu einer anderen Limitation (vom ansteigenden Ast der Kurven (rot) in den horizontalen Verlauf (schwarz); hier nicht durchgezeichnet) lässt sich der erforderliche Überschuss abschätzen, um eine Doppellimitation auszuschließen. Nach Cometta et al. (1982). Folgende Ausbeutekoeffizienten wurden aus den Steigungen bestimmt, wobei die Genauigkeit von 2 signifikanten Stellen statistisch durch die hohe Anzahl unabhängiger Einzelexperimente gerechtfertigt ist:

Limitierende Komponente	Ausbeutekoeffizient [g g^{-1}]
Glucose · H$_2$O	0,33
NH$_4$Cl	1,7
KH$_2$PO$_4$	12
MgCl$_2$ · 6 H$_2$O	45
Na$_2$SO$_4$	34

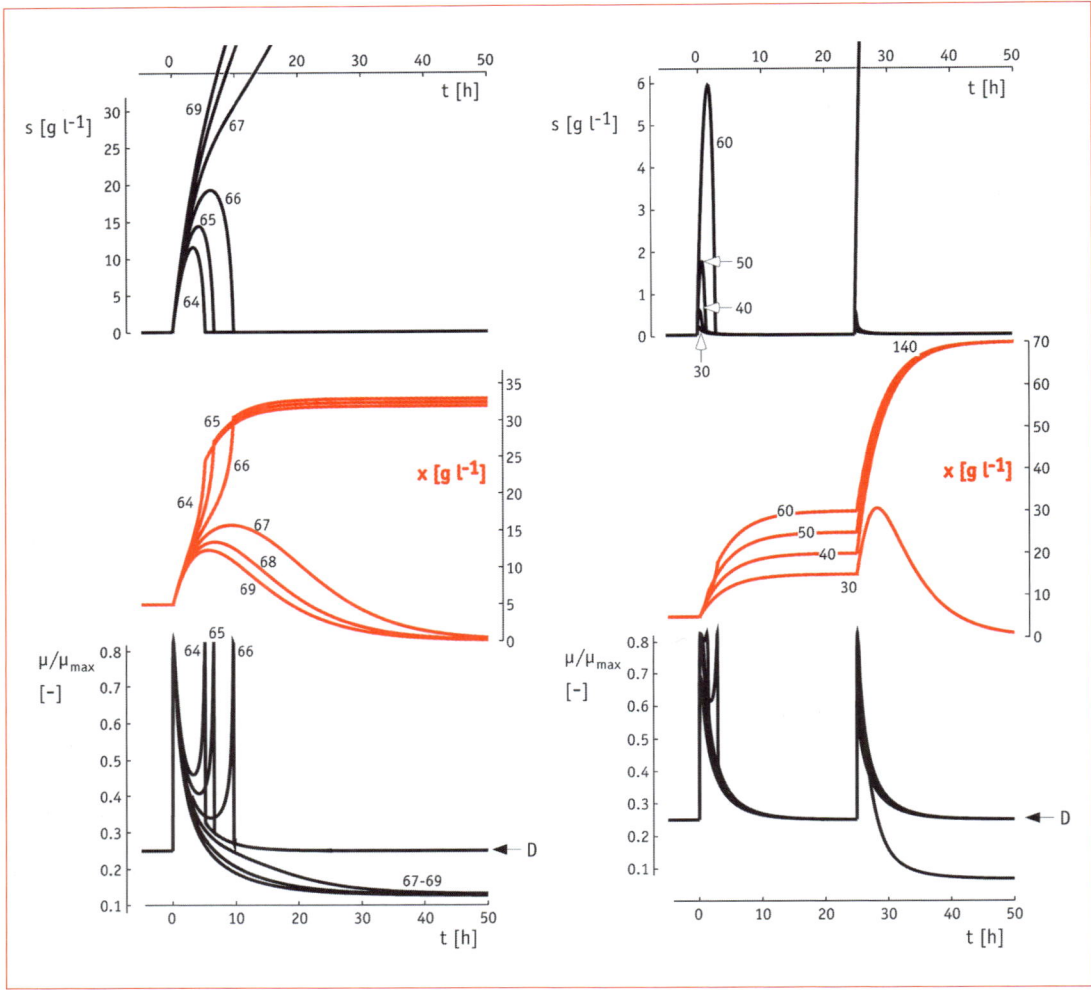

Abb. 4.18 Simulation verschiedener shifts der Zulaufkonzentration eines inhibierenden Substrates bei einer Verdünnungsrate D = 25 % von μ_{max}; μ_{max} ist hier reiner Modellparameter und nicht die maximale beobachtbare Wachstumsgeschwindigkeit (vgl. auch Abb. 4.22). Dieses Beispiel zeigt in der linken Hälfte, dass die Möglichkeiten, eine Kultur in einem Experiment von tiefer (s_{ein} = 10) auf hohe (s_{ein} = 64, 65, 66, 67, 68 und 69 g l^{-1}) Substratzulaufkonzentration umzustellen, beschränkt sind; ab dem Sprung auf knapp 67 überfordert die Zulaufsteigerung die Konsumkapazität der Zellpopulation und es kommt zum Auswaschen. Die rechte Hälfte zeigt aber, dass man durch geschickte Prozessführung zu wesentlich höheren Zulaufkonzentrationen und damit schlussendlich Zelldichten kommen kann: Man muss die Steigerung nur auf 2 (oder mehr) Schritte verteilen; in diesem Beispiel wird bei s_{ein} = 140 g l^{-1} eine Zelldichte von 70 g l^{-1} (fast immer) erreicht, indem zunächst auf ein „ungefährliches" Niveau (30 g l^{-1}: ist aber für den späteren großen Schritt dann doch „gefährlich"; 40, 50 und 60 g l^{-1}: permissiv) hochgestellt und erst im zweiten Experiment das endgültige Ziel erreicht wird. Einige Kurven sind mit den jeweiligen Werten von s_{ein} markiert. Simulationsparameter: Inhibitionsparameter nach Gl. 4.47 K_i = 10 g l^{-1}, K_s = 0,1 g l^{-1}, Y = 0,5 g g^{-1}, und s_{ein} im ursprünglichen Fließgleichgewicht (t < 0) 10 g l^{-1}.

4.6 Lösung des Prozessmodelles für Zulaufverfahren (fed-batch)

Da bei diesem Betriebsmodus das Volumen nicht konstant gehalten sondern variiert wird, kann nicht einfach von der Massen- zur Konzentrationsbilanz (wie bisher z. B. von Gleichung 4.6 zu 4.8) übergegangen werden. Das Volumen kommt als neue Zustandsvariable hinzu und im Zulaufverfahren (nur *Zu*-, aber *kein Ab*-Lauf) fällt auch der (konvektive) Ablaufterm wegen $F_{aus} = 0$ weg:

$$\frac{dM}{dt} = \frac{d(c \cdot V)}{dt} = c \cdot \frac{dV}{dt} + V \cdot \frac{dc}{dt} = F_{ein} \cdot c_{ein} + r \cdot V \tag{4.49}$$

wobei

$$\frac{dV}{dt} = F_{ein} \tag{4.50}$$

Das Zulaufverfahren hat deshalb so große Bedeutung, weil es erlaubt, die spezifische Substrataufnahmegeschwindigkeit unter einem kritischen Wert zu halten, respektive die spezifische Wachstumsgeschwindigkeit auf einen physiologisch optimalen Wert einzustellen (die beiden sind ja über den Ausbeutekoeffizienten verknüpft). Im Satzbetrieb ist dies grundsätzlich nicht möglich. In vielen industriellen Kultivationen ist man jedoch darauf angewiesen, beispielsweise um bei der Herstellung von Bäckerhefe den Kohlenstoff aus dem Substrat tatsächlich in Zellmasse umzuwandeln und nicht als Alkohol zu vergeuden, also die Überlaufreaktion zu vermeiden, welche die Zellen bei einem Überangebot an Substrat „anstellen" würden.

In diesen Fällen wird versucht, die spezifische Wachstumsgeschwindigkeit an einem optimalen Wert zu halten, oder, wenn dies nicht möglich ist, nach einem vorgegebenen Muster (einer Trajektorie) zu steuern oder zu regeln.

Die optimalen Werte sind oft nicht exakt bekannt oder sind nicht konstant. Sie sind nämlich keine Naturkonstanten sondern müssen experimentell und für jeden Stamm individuell ermittelt werden. Leider ist selbst in Forschungslaboren die analytische Methodik und Ausrüstung oft ungenügend, um klare und verlässliche Daten dazu zu erheben. Allerdings ist das Messen und Monitoring im Produktionsumfeld noch problematischer, sodass ein geschlossener Regelkreis für das zu limitierende Substrat nicht in Frage kommt. Daher legt man normalerweise die Sollwerte intuitiv oder auf Grund plausibler Schätzungen (*educated guess*) fest. Die entscheidende Zustandsvariable, in diesem Fall die Substratkonzentration, hängt zumindest von 2 wichtigen Größen ab: der (volumetrischen) Substratverbrauchsgeschwindigkeit und der Zulaufrate. Diese Größen stehen in der Massenbilanz:

$$\frac{d(s \cdot V)}{dt} = s_{ein} \cdot F + r_S \cdot V \tag{4.51}$$

worin s die Substratkonzentration ist – d. h. die Größe, die nicht routinemäßig gemessen werden kann – V ist das Volumen der Biosuspension (und eben nicht konstant im Zulaufprozess), s_{ein} ist die normalerweise gut bekannte Substratkonzentration im Zulauf (d. h. im sterilen Medium, das gefüttert wird), F ist die volumetrische Zulaufgeschwindigkeit und r_S die volumetrische Substratverbrauchsgeschwindigkeit (negativer Zahlenwert).

Die Konzentration an einem festen, vorgegebenen Sollwert zu halten bedeutet, dass das Differenzial $\frac{ds}{dt}$ null wird. Für ein Zulaufverfahren gibt das folgende Bedingung:

$$\frac{d(s \cdot V)}{dt} = s \cdot \frac{dV}{dt} + V \cdot \frac{ds}{dt} = s_{ein} \cdot F + r_S \cdot V \tag{4.52}$$

Darin ist $\frac{dV}{dt}$ bekannt, nämlich $= F$. Umformen und $\frac{ds}{dt}$ gleich null Setzen ergibt dann weiters mit der Verdünnungsrate, D, die gleich $\frac{F}{V}$ ist:

$$\frac{ds}{dt} \equiv 0 = s_{ein} \cdot \frac{F}{V} + r_S - s \cdot \frac{F}{V} = D \cdot (s_{ein} - s) + r_S \tag{4.53}$$

In anderen Worten: der Zufluss muss den Verbrauch exakt kompensieren. Nach einem denkbar einfachen kinetischen Modell hängt die volumetrische Substratverbrauchsgeschwindigkeit von der aktuellen Substratkonzentration, s – welche sich ja gemäß oben getroffener Annahme nicht ändert –, der Biomassekonzentration, x – das ist die zweite Zustandsvariable, die sich durchaus ändern kann – und der maximalen spezifischen Substratverbrauchsgeschwindigkeit $q_{S,max}$ ab, welche in erster Näherung als (hier ebenfalls negativer und konstanter) Parameter angesehen werden kann:

$$r_S = q_{S,\max} \cdot \frac{s}{s + K_S} \cdot x \qquad (4.54)$$

Wenn man nun die spezifische Wachstumsgeschwindigkeit, μ, als strikt proportional zur spezifischen Substratverbrauchsgeschwindigkeit annimmt – wie im Monod-Modell: $\mu = -q_S \cdot Y_{X/S}$ – dann lässt sich die notwendige Trajektorie für den erforderlichen Zulauf ableiten:

$$F(t) = \frac{-q_S}{s_{ein} - s} \cdot x_0 \cdot V_0 \cdot e^{(\mu \cdot t)} \qquad (4.55)$$

Darin bedeuten x_0 die Biomassekonzentration und V_0 das Volumen der Biosuspension zu Beginn des Zulaufes – und das ist am Ende der vorgängigen Satzkultur – wobei s im Vergleich zu s_{ein} vernachlässigbar wird.

Solche Überlegungen werden angestellt, um das praktisch schwierige Problem, die Zustandsvariable s zu regeln, auf das viel einfacher zu realisierende Problem herunterzubrechen, die operative Größe F zu regeln. Dies ist relativ einfach im geschlossenen Regelkreis möglich, sofern das Vorratsgefäß gravimetrisch überwacht wird. Allerdings darf man dabei nie vergessen, dass der hier skizzierte Umweg auf vielen Annahmen beruht, die für die Ableitung der F-Trajektorie verwendet wurden. Weiters müssen die Initialwerte, x_0 und V_0, möglichst genau bekannt sein, was für V_0 wesentlich einfacher als für x_0 ist. Dieses Risiko kann nur verringert werden, wenn die Annahmen experimentell verifiziert sind oder bessere Modelle zur Verfügung stehen.

Eine Ursache zwingt den Praktiker sehr schnell, von der oben abgeleiteten Trajektorie für den Zulauf Abstand zu nehmen: mit steigender Zellmasse (oder Zelldichte) wird schnell einmal die Sauerstofftransferkapazität des Reaktors ausgeschöpft. Wenn es nicht gelingt, durch geeignete Maßnahmen die Transferleistung zu steigern, etwa durch Umstellung auf Begasung mit Reinsauerstoff, Erhöhung des Druckes unter Berücksichtigung der Sicherheit oder allenfalls Zudosieren von H_2O_2, dann ist die Trajektorie auf konstante Verdünnung umzustellen. Der Grund hierfür ist einsichtig, wenn man folgende Analyse macht:

Sauerstoff ist ebenfalls ein „Substrat", das bei gleichbleibender Physiologie stöchiometrisch zum Kohlenstoffsubstrat verbraucht wird:

$$Y_{O_2/S} = \frac{r_{O_2}}{r_S} \qquad (4.56)$$

Dieser Wert lässt sich sogar theoretisch abschätzen, wenn man die Natur des Substrates und die Zusammensetzung der Zellen kennt. Angenommen, das Substrat wird in einer aeroben Bioreaktion mit Ammoniak als N-Quelle nur in Zellen, CO_2 und Wasser, aber kein weiteres Produkt umgewandelt, dann muss gelten:

$$\alpha \cdot S + \beta \cdot O_2 + \eta \cdot NH_3 \rightarrow X + \delta \cdot CO_2 + \varepsilon \cdot H_2O \qquad (4.57)$$

wobei die griechischen Buchstaben übliche (molare) stöchiometrische Koeffizienten sind. In diesem einfachen Ansatz wird weiters angenommen, dass alle Komponenten nur aus 4 chemischen Elementen zusammengesetzt sind, nämlich C, H, O und N. Die Massen der einzelnen Elemente müssen natürlich erhalten bleiben, da eine Bioreaktion keine Nuklearreaktion ist. Diese Information kann weiter genutzt werden. Hierfür werden die Zusammensetzungen der Reaktanden näher spezifiziert:

$$\alpha \cdot C_1 H_{SH} O_{SO} + \beta \cdot O_2 + XN \cdot NH_3$$
$$\rightarrow C_1 H_{XH} O_{XO} N_{XN} + \delta \cdot CO_2 + \varepsilon \cdot H_2O \qquad (4.58)$$

$C_1 H_{SH} O_{SO}$ bedeutet die chemische Formel für das Substrat, allerdings in der so genannten C-1-molaren Form angeschrieben, und $C_1 H_{XH} O_{XO} N_{XN}$ ist die „chemische Formel" für die Zellen, ebenfalls in der C-1-molaren Form. Die Subskripte bedeuten die molaren Anteile der einzelnen Elemente und sind entweder bekannt oder lassen sich aus der Elementaranalyse leicht bestimmen. Wenn man nun die einzelnen Elementarbilanzen analysiert, die keinen Akkumulationsterm und keinen Reaktionsterm enthalten dürfen, dann ergibt sich ein einfaches lineares Gleichungssystem:

$$\begin{array}{lllll}
\alpha & & = 1 & +\delta & \equiv C-\text{Bilanz} \\
\alpha \cdot SH & +3 \cdot XN & = XH & +2 \cdot \varepsilon & \equiv H-\text{Bilanz} \\
\alpha \cdot SO & +2 \cdot \beta & = XO & +2 \cdot \delta \;\; +\varepsilon & \equiv O-\text{Bilanz} \\
& XN & = XN & & \equiv N-\text{Bilanz}
\end{array}$$
$$(4.59)$$

Dieses hat wegen der Trivialität der N-Bilanz keine eindeutige Lösung, aber immerhin eine allgemeine:

4.6 Lösung des Prozessmodelles für Zulaufverfahren (fed-batch)

$$\alpha \cdot (4 + SH - 2 \cdot SO) - 4 \cdot \beta = 1 \cdot (4 + XH - 2 \cdot XO - 3 \cdot XN) \quad (4.60)$$

Die Klammerterme werden in der Literatur häufig als typische Kenngröße für eine Komponente als „genereller Reduktionsgrad", γ, bezeichnet. Damit ist die Anzahl Elektronen gemeint, die bei einer vollständigen Oxidation eines C-1-Mol einer Komponente transferiert werden müsste (gerichtet: + für die „Abgabe eines Elektrons", z. B. 4 für den einen Kohlenstoff, – für die „Annahme"). Somit ergibt sich ein einfacher Zusammenhang, nämlich:

$$\alpha \cdot \gamma_S - 4 \cdot \beta = \gamma_X \quad (4.61)$$

Der Zahlenwert von α ist direkt erhältlich, denn er ergibt sich aus dem experimentell relativ einfach zu bestimmenden Ausbeutekoeffizienten $Y_{X/S}$, wenn nur die „Molekulargewichte" von Substrat und Zellen bekannt sind, aber die ergeben sich direkt aus den „chemischen Formeln":

$$\alpha = \frac{1}{Y_{X/S}} \cdot \frac{MW_X}{MW_S} \quad (4.62)$$

Einheit von α ist:

$\left[\frac{mol}{mol}\right]$ „Substrat für Zellen", von $Y_{X/S}$: $\left[\frac{g}{g}\right]$ „Zellen pro Substrat".

Daraus ergibt sich der (molare) Sauerstoffbedarf für die Produktion eines „Mol" Zellen zu:

$$\beta = \frac{\alpha \cdot \gamma_S - \gamma_X}{4} \quad (4.63)$$

und analog der oben gebrauchte Ausdruck für $Y_{O_2/S}$ aus α und β.

Sauerstoffverbrauch (r_{O_2}, negativer Zahlenwert, weil Senke) setzt aber vorgängigen Sauerstofftransfer aus der Gas- in die Flüssigphase voraus. Die Flüssigphasenbilanz für den Gelöstsauerstoff besagt, dass

$$\frac{do}{dt} = OTR + r_{O_2} \quad (+ F_{ein} \cdot o_{ein} - F_{aus} \cdot o) \quad (4.64)$$

Dabei sind $OTR = k_L a \cdot (o^*-o)$ und $r_{O_2} = q_{O_2} \cdot x = r_S \cdot Y_{O_2/S}$; nach Substitution dieser Größen, Vernachlässigung des konvektiven Sauerstofftransfers – gelöst im flüssigen Medium – und Umformen der Gleichung sieht man, dass

$$\frac{do}{dt} = k_L a \cdot \left(o^* - o \right) + r_S \cdot Y_{O_2/S} \text{, oder} \quad (4.65)$$

$$-r_S = \frac{k_L a \cdot o^* - k_L a \cdot o - \frac{do}{dt}}{Y_{O_2/S}} \quad (4.66)$$

Dabei sind folgende Größen vernachlässigbar klein, wenn die Sauerstofftransferleistung des Reaktors ausgeschöpft und somit die aktuelle Gelöstsauerstoffkonzentration nahe null liegt: o selbst und seine Änderung mit der Zeit, $\frac{do}{dt}$; daraus folgt, dass die Substrataufnahmegeschwindigkeit praktisch nur vom Term $k_L a \cdot o^*$ bestimmt wird und konstant bleiben muss, sofern sich der $k_L a$ und die Sättigungskonzentration o^* nicht ändern (das ist aber insbesondere für $k_L a$ unwahrscheinlich, da das Volumen ja zuwächst und je nach Flutung der einzelnen Rührerblätter verschieden viel spezifischer Leistungseintrag herrscht). Weiters folgt, dass die Verdünnungsrate diesen Wert nicht übersteigen darf und somit (bestenfalls) konstant sein kann; andernfalls käme es zu einer Überlaufreaktion, aber nun auf Grund einer Sauerstofflimitation. Für die Zulaufrate gilt somit folgende Einschränkung:

$$F \leq \frac{-r_S \cdot V}{s_{ein} - s} \approx \frac{V}{s_{ein}} \cdot \frac{k_L a \cdot o^*}{Y_{O_2/S}} \quad (4.67)$$

4.7 Verfahren mit Zellrückhaltung

Die **volumetrische Produktivität** eines Prozesses ist nicht nur von der Leistungsfähigkeit des gewählten (Mikro-)Organismus, gekennzeichnet durch seine spezifische Produktbildungsgeschwindigkeit, sondern auch von der im System verfügbaren Biomassekonzentration abhängig. In vielen Fällen bleibt aber x in freien Kultursystemen klein (z. B. bei Anaerobiern oder Zellkulturen). Man möchte die Zellen nicht verlieren und versucht sie durch Immobilisierung oder Zellrückhaltesysteme länger zu nutzen als sie im freien System verfügbar wären. Vorteile und Limitierungen der verschiedenen Techniken zur Immobilisierung bzw. **Zellrückhaltung**, wie

z. B. das Aufwachsen der Zellen an rückhaltbare Trägermaterialien, Flotation, Sedimentation oder Membranen werden in späteren Kapiteln (insbesondere Kapitel 7, 10 und 11, Mikrofiltration und Perfusion) behandelt. Anhand der letztgenannten Methode sei die Wirkung einer solchen kurz angedeutet. Die Bilanzen für Biomasse und Substrat(e und Produkt) werden unterschiedlich, weil die Ausgangsströme der Biosuspension $F_{B,aus}$ und des Permeates $F_{P,aus}$ das Restsubstrat oder lösliche Produkt zwar gleichermaßen, die Biomasse jedoch unterschiedlich austragen (Abb. 4.19). Diese Ungleichheit wird am besten durch das Rücklauf- oder Rezirkulationsverhältnis R (englisch *recycle ratio*) widergespiegelt:

$$F_{M,ein} = F_{B,aus} + F_{P,aus} \quad \text{und} \quad D = \frac{F_{M,ein}}{V} \quad (4.68a,b)$$

wobei definitionsgemäß gilt:

$$R = \frac{F_{P,aus}}{F_{M,ein}} \quad (4.69)$$

und folglich:

$$F_{P,aus} = R \cdot F_{M,ein} \quad \text{und} \quad F_{B,aus} = (1-R) \cdot F_{M,ein} \quad (4.70a,b)$$

R = 1 bedeutet somit totale Zellrückhaltung, und R = 0 entspricht dem normalen Chemostatbetrieb.

Damit ergibt sich aus der Biomassebilanz für das Fließgleichgewicht:

$$r_X = \mu \cdot x = \frac{F_{B,aus}}{V} \cdot x = \frac{(1-R) \cdot F_{M,ein}}{V} \cdot x = (1-R) \cdot D \cdot x \quad (4.71)$$

oder, nebst der trivialen Lösung – $x = 0$ – die prozesstechnisch interessante:

$$\mu = (1-R) \cdot D \quad (4.72)$$

Daraus wird klar, dass bei totaler Zellrückhaltung das Wachstum gegen null gehen müsste, was unrealistisch ist. Totale Zellrückhaltung ist also keine prozessrelevante Option!

Wie gesagt, die Substratbilanz bleibt unverändert, wenn durch den gewählten Mikrofilter das Substrat nicht selektiv behandelt wird. Durch Zellrückführung wird die spezifische Wachstumsrate von der Verdünnungsrate entkoppelt,

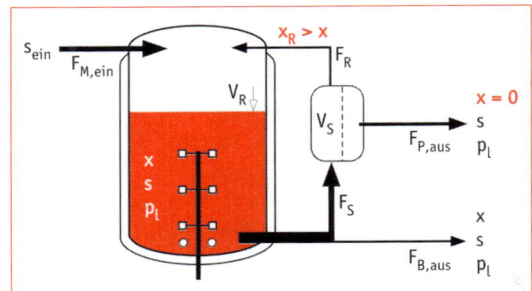

Abb. 4.19 Schematische Darstellung der Flüsse, Volumina und Konzentrationen in einem Chemostaten mit Zellseparator. V_R bezeichnet das arbeitende Flüssigvolumen des homogenen Bioreaktors, V_S das des inhomogenen Separators. x, s und p_l stehen für die Konzentrationen von Biomasse, Substrat und löslichem/n Produkt(en); in der Rückführleitung ist die Biomassekonzentration angereichert (x_R), im Permeat ($x = 0$) oder Sedimenterüberlauf ($x_{Sed} < x$) hingegen abgereichert und liegt im Ausgangsstrom der Biosuspension, $F_{B,aus}$, dazwischen. Bei konstanten Volumina, dem Normalfall, ergibt die Bilanzierung über das Gesamtsystem: $F_{M,ein} = F_{P,aus} + F_{B,aus}$, die Bilanzierung nur über den Reaktor: $F_{M,ein} + F_R = F_S + F_{B,aus}$, und die Bilanzierung nur über den Separator: $F_S = F_R + F_{P,aus}$.

und zwar so, dass im Vergleich zum freien System mit wesentlich höheren Verdünnungsraten gefahren werden kann. Dafür ist die erhöhte Biomassekonzentration ausschlaggebend:

$$x = Y_{X/S} \cdot \frac{s_{ein} - s}{1 - R} \quad (4.73)$$

Im gezeigten Fall der Zellrückführung mittels Mikrofilter wurde angenommen, die Reaktion spiele sich nur im Bioreaktor, nicht aber im Separator (hier = Filter) ab. Bei Verwendung von Querstromfiltration ist diese Simplifikation gerechtfertigt, da wegen der hohen Strömungsgeschwindigkeiten, die dort benötigt werden, die Aufenthaltszeiten im Separator meist vernachlässigbar kurz sind.

Durch eine überlegte Wahl des Betriebsparameters R lässt sich die Produktivität eines löslichen Produktes entscheidend – d.h. um 1 bis 2 Zehnerpotenzen – steigern. Dieses System kann aber auch angewandt werden, wenn das Produkt zellassoziiert ist und ein obligates, aber inhibitorisches und lösliches Nebenprodukt ausverdünnt werden soll.

4.8 Erweiterungen und Modifikationen des Monod-Modells

4.8.1 Produktbildung

Eine gravierende Schwäche des Monod-Modells ist, dass es bloß das Wachstum, nicht aber die Produktbildung beschreibt. Da die dominierende Mehrheit biotechnologischer Prozesse aber nicht die Produktion von Zellen, sondern die von Wertstoffen zum Ziel hat, müssen Erweiterungen des Monod-Modells diesen Bereich abdecken.

Die Bildung von Produkten in biotechnologischen Herstellungsverfahren kann verschieden mit dem Wachstum der Biokatalysatoren, d. h. der Zellen, assoziiert sein.

- Eine Gruppe von Produkten ist ganz streng mit allen primären Stoffwechselaktivitäten gekoppelt, etwa die Endprodukte des primären Energiestoffwechsels wie CO_2, Wasser, Ethanol, Methan, Milchsäure, Essigsäure, Aceton, Butanol, usw.
- Eine weitere Gruppe besteht aus Komponenten des primären Anabolismus, dazu gehören organische Säuren und Aminosäuren, etc. Auch bei diesen wird eine weitgehende Wachstumsassoziation festgestellt.
- Denen gegenüber stehen die so genannten Sekundärmetaboliten, wie Antibiotika oder Toxine, die von den Zellen üblicherweise nicht gebildet werden, wenn die Umgebungsbedingungen Wachstum erlauben, sondern erst, wenn es (am natürlichen Standort) ums Überleben geht.
- Eine weitere wichtige Gruppe von Produkten sind die Enzyme, deren Bildung normalerweise einer sorgsamen Regulation unterliegt und je nach physiologischem Bedarf der Zellen selbst an- oder abgestellt wird. Generell lässt sich nicht a priori sagen, wie die Wachstumsassoziation der Enzymbildung sein wird, es kommt auf deren spezifische Funktionen im Stoffwechsel der Zellen an.
- Eine letzte Gruppe stellen die reinen Transformationsprodukte dar, insbesondere sind Produkte aus Hydrolyse-, Synthese-, Redox-, Additions- und Isomerisationsreaktionen technisch bedeutsam. Sehr oft „funktionieren" solche Reaktionen einfach auch mit (völlig) unnatürlichen Ausgangsmaterialien. Dabei sind vor allem drei verschiedene Selektivitäten attraktiv: Chemo-, Regio- und Enantioselektivität. Neben Ganz-Zell-Systemen werden für die Herstellung dieser Gruppe von Produkten oft auch mehr oder weniger reine Enzymsysteme eingesetzt.

Die Kinetik der Produktbildung hängt daher massiv von der Bedeutung des einzelnen Produktes für den Stoffwechsel der entsprechenden Zellen ab. Stark generalisierend ergeben sich drei Typen, je nach dem Zahlenwert der Parameter A und B:

$$q_P = A + B \cdot \mu \quad bzw. \quad r_P = A \cdot x + B \cdot r_X \quad (4.74a,b)$$

Darin bedeutet q_P die spezifische Produktbildungsgeschwindigkeit und r_P die volumenbezogene.

Für vollständig mit dem Wachstum assoziierte Produkte ist A = 0 und B hat einen endlich großen Wert. Bei Produkten, die nur von nichtwachsenden Zellen hergestellt werden, ist es genau umgekehrt. Für die Mehrzahl technisch relevanter Produkte wurde allerdings eine partielle Wachstumsassoziation festgestellt; dann haben beide Parameter, A und B, einen endlich großen Wert (Abb. 4.20).

Analog zu $Y_{X/S}$ müssen weitere Ausbeutekoeffizienten eingeführt werden, so etwa $Y_{P/S}$ oder $Y_{P/X}$:

$$Y_{P/S} = \left| \frac{r_P}{r_S} \right| \quad oder \quad Y_{P/X} = \frac{r_P}{r_X} \quad (4.75a,b)$$

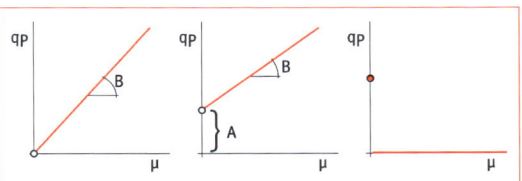

Abb. 4.20 Stark idealisiertes Schema der Varianten für Produktbildungskinetik: die spezifische Produktbildungsgeschwindigkeit q_P ist entweder der spezifischen Wachstumsgeschwindigkeit μ direkt proportional (links), oder teilweise (Mitte, wobei der Anstieg B auch negativ sein kann) oder hat im Extremfall nur bei Nullwachstum einen endlich großen Wert (rechts).

Die Modelle müssen durch mindestens eine weitere Bilanzgleichung, nämlich für das Produkt, erweitert werden:

$$\frac{d(p \cdot V)}{dt} = F_{ein} \cdot p_{ein} - F_{aus} \cdot p_{aus} + r_P \cdot V \quad (4.76)$$

Darin steht p für die Produktkonzentration im Reaktor. Wenn der Reaktor ein idealer Rührkesselreaktor ist, dann natürlich wieder $p = p_{aus}$. Und üblicherweise wird dem Reaktor wohl kaum Produkt mit dem Zulauf zugeführt, sodass meistens gilt: $p_{ein} = 0$. Je nach Prozessführungsmodus vereinfacht sich diese Gleichung weiter.

Weiters muss die Bilanzgleichung für das Substrat modifiziert werden, wenn ein und dasselbe Substrat das Ausgangsmaterial für sowohl Zellwachstum als auch Produktbildung darstellt; sollte das Produkt aus einer anderen Komponente entstehen als die Zellen, so ist für eben diese Komponente eine zusätzliche Bilanzgleichung (analog) zu erstellen.

$$\frac{d(s \cdot V)}{dt} = F_{ein} \cdot s_{ein} - F_{aus} \cdot s_{aus} + \underbrace{r_S \cdot V}_{\text{für [Wachstum + Produktbildung]}} \quad (4.77)$$

$$-\left(\frac{r_X}{Y_{X/S}} - \frac{r_P}{Y_{P/S}^*}\right) \cdot V$$

Zu beachten ist hier, dass $Y_{P/S}^*$ in diesem Ansatz (Gl. 4.77) exakt den Anteil an Substrat beschreibt, der ausschließlich in Produkt überführt wird. Experimentell ist dieser Wert kaum direkt zugänglich, weil dazu das Substrat markiert und diese Markierung im Produkt wieder zu finden sein müsste. Die Definition gemäß Gl. 4.75 beschreibt hingegen, wie viel Produkt aus dem gesamthaft konsumierten Substrat entsteht; dieser Wert ist analytisch einfach aus Konzentrationsmessungen von Produkt und Substrat zu bestimmen, nämlich als

$$Y_{P/S} = \frac{\Delta p}{\Delta s}.$$

Bei nicht streng wachstumsassoziierter Produktbildung verkomplizieren sich die Gleichungen sehr schnell, was den Rahmen dieses Kapitels sprengen würde. Dennoch sollen 2 wichtige Beispiele kurz behandelt werden, nämlich einerseits das von heterotrophen Organismen meist „zwangsweise" produzierte CO_2, das mittels Abgasanalyse relativ einfach und zuverlässig gemessen werden kann, und andererseits die Produkte aus so genannten „Überlaufreaktionen", wie z. B. Ethanol oder Essigsäure.

Nehmen wir zunächst an, dass die CO_2-Bildung strikt wachstumsassoziiert ist. Dann muss gelten: $q_{CO_2} = Y_{P/X} \cdot \mu$; wobei das Produkt eben CO_2 ist. Bei tiefem pH-Wert, etwa in einer Hefe- oder Pilzkultivation, löst sich das CO_2 im Wesentlichen nur physikalisch im Wasser und wir brauchen die Nebenreaktion, Chemisorption zu Hydrogencarbonat, nicht berücksichtigen. Für eine kontinuierlich Volumen (V_L)-konstant betriebene und begaste Bioreaktoranlage hat weiters die Massenbilanzgleichung für gelöstes CO_2 (aber ohne weitere chemische Reaktion!) folgende besondere Form:

$$\frac{d(V_L \cdot c_{CO_2})}{dt} =$$

$$\underbrace{F \cdot c_{CO_2}^{ein} - F \cdot c_{CO_2}^{aus}}_{\substack{\text{Konvektion} \\ \text{über Flüssigphase}}} + \underbrace{Y_{P/X} \cdot \mu \cdot x \cdot V_L}_{\substack{\text{biologische} \\ \text{Reaktion}}} - \underbrace{\{\text{Transfer in die Gasphase}\}}_{\substack{\text{physikalische} \\ \text{Reaktion}}}$$

$$(4.78)$$

Für eine Satzkultur fällt natürlich der Konvektionsterm weg, aber der Transferterm in die Gasphase (Ausgasen von CO_2) bleibt. Dieser Term ist für die Flüssigphase als Senke – minus-Vorzeichen – formuliert, und muss in der Gasphasenbilanz natürlich als identische Größe, aber mit positivem Vorzeichen – als Quelle – auftauchen, denn CO_2 wird beim Entgasen nicht umgewandelt. Diese Bilanz lautet:

$$\frac{d(V_G \cdot y_{CO_2})}{dt} =$$

$$\underbrace{MAFR^{ein} \cdot y_{CO_2}^{ein} - MAFR^{aus} \cdot y_{CO_2}^{aus}}_{\substack{\text{Konvektion} \\ \text{über Gasphase}}} + \underbrace{\{\text{Transfer in die Gasphase}\}}_{\substack{\text{physikalische} \\ \text{Reaktion}}}$$

$$(4.79)$$

Darin bedeutet V_G das Volumen der dispergierten Gasphase und y_{CO_2} den Molenbruch (Anteil, Gehalt) des Gases an CO_2. Abgas und dispergiertes Gas mögen in ihrer Zusammensetzung auch wieder identisch sein (ideal gemischte Gasphase). *MAFR* steht für MassenFlussRate des Gases (z. B. in mol Zeit^{-1} oder Norm-Liter Zeit^{-1}). Diese Einheit muss natürlich auch der Transferterm haben; dann müssen die Gelöstkonzentration an CO_2 in der Flüssigphasenbilanz in mol l^{-1} gerechnet und der Ausbeutekoeffizient $Y_{P/X}$ ebenfalls in mol g^{-1} eingesetzt werden. Wenn man nun weiter annimmt, dass für einen relativ kurzen Beobachtungszeitraum die Differenziale vernachlässigbar klein sind, also wegfallen, lässt sich die eine resultierende algebraische Gleichung in die andere substituieren und man erhält ein einfaches Verfahren, die CO_2-Produktionsrate der Zellpopulation aus der Abgasanalyse zu bestimmen:

$$\underbrace{Y_{P/X} \cdot \mu \cdot x \cdot V_L}_{\text{biologische Reaktion}} = \underbrace{-MAFR^{ein} \cdot y^{ein}_{CO_2} + MAFR^{aus} \cdot y^{aus}_{CO_2}}_{\text{Konvektion über Gasphase}} \quad (4.80)$$

Aus diesem Term „biologische Reaktion" lässt sich bei Kenntnis des Flüssigvolumens leicht die Transferrate und bei weiterer Kenntnis der aktuellen Biomassekonzentration auch die spezifische CO_2-Produktionsrate, q_{CO_2}, ermitteln. In vielen Fällen sind $MAFR^{ein}$ und $MAFR^{aus}$ gleich groß, nämlich dann und nur dann, wenn gleich viele mol CO_2 an die Abluft abgegeben werden wie O_2 aus der Frischluft konsumiert. Dann ist auch der so genannte Respiratorische Quotient, *RQ*, genau gleich 1,00. Er ist definiert als:

$$RQ = \left| \frac{q_{CO_2}}{q_{O_2}} \right| \quad (4.81)$$

und trägt definitionsgemäß die Einheit [mol mol^{-1}].

Für die Ermittlung des q_{O_2}-Wertes gelten natürlich die analogen Überlegungen.

Sollte aber der RQ einmal nicht gleich 1 sein, dann müssen trotzdem nicht beide Gasströme unabhängig gemessen werden. Es genügt anzunehmen, alle Komponenten des Gases außer O_2 und CO_2 seien inert, was für den Spezialfall zu verifizieren ist. Wenn wir nun O_2- und CO_2-Gehalte in Frisch- und Abluft kennen, dann ist der jeweilige Inertgasanteil damit eindeutig bestimmt: $y_{inert} = 1 - y_{O_2} - y_{CO_2}$. Wenn der Reaktor volumenkonstant und druckkonstant betrieben wird, was sehr häufig der Fall ist, dann müssen Inertgasstrom am Eingang und am Ausgang identisch sein und man kann den Frischluftstrom durch den Abluftstrom, oder umgekehrt, ausdrücken, z. B.:

$$MAFR^{aus} = MAFR^{ein} \cdot \frac{1 - y^{ein}_{O_2} - y^{ein}_{CO_2}}{1 - y^{aus}_{O_2} - y^{aus}_{CO_2}} \quad (4.82)$$

Produkte eines so genannten Überlaufmetabolismus sind dadurch gekennzeichnet, dass sie bei kleinen spezifischen Substrataufnahmeraten gar nicht und bei überkritischen Werten dafür vermehrt gebildet werden. Die Paradebeispiele sind Ethanolproduktion durch eine Glucose-sensitive Hefe wie *Saccharomyces cerevisiae* oder die Acetatproduktion von *Escherichia coli* bei hohem Glucoseangebot und, folglich, bei hoher Glucosekonsumrate. Modelltechnisch kann man die Kinetik der Überlaufproduktbildung so formulieren: Bei niedrigem (unterkritischem) Glucoseangebot verstoffwechseln die Zellen die Glucose nach einem rein respirativen Schema, das wegen der hohen Energieausbeute der oxidativen Phosphorylierung effizient und für die Zellen „attraktiv" ist:

$$a \cdot \text{Glucose} + b \cdot O_2 + c \cdot NH_3 \rightarrow X + d \cdot CO_2 + e \cdot H_2O \quad (4.83)$$

Wird nun aber so viel Glucose angeboten, dass die intrazelluläre Kapazität für diesen Stoffwechsel ausgeschöpft wird, dann schalten die Hefezellen einen weniger effizienten Stoffwechsel zu, um das „Überangebot" an Glucose bewältigen zu können:

$$g \cdot \text{Glucose} + f \cdot NH_3 \rightarrow X + g \cdot CO_2 + h \cdot H_2O + i \cdot C_2H_5OH \quad (4.84)$$

Dieser Stoffwechsel ist rein reduktiver Natur, und die darin verfügbare Substratkettenphosphorylierung ist weit weniger Energie-effizient – Reduktionsäquivalente, die nicht mit O_2 „verbrannt" werden können, müssen auf einen organischen Akzeptor überwälzt werden. Daher, und weil Kohlenstoff nicht neu geschaffen werden kann, muss auch der Biomasseausbeutekoeffizient deutlich kleiner sein; dafür hat der Produktausbeutekoeffizient jetzt einen endlich positiven Wert. Für beide „reine" Stoffwechsel sind auch all diese Koeffizienten konstant, aber für den Misch-Stoffwechsel – beide sind zugleich operativ – müssen die beobachtbaren Ausbeutekoeffizienten variabel sein und, je nach Anteil oder Verhältnis der einzelnen reinen Stoffwechsel am Gesamtstoffwechsel, zwischen den durch die reinen Stoffwechsel charakterisierten Grenzwerten liegen:

$$j \cdot Glucose + k \cdot O_2 + l \cdot NH_3 \rightarrow X + m \cdot CO_2 + n \cdot H_2O + o \cdot C_2H_5OH \quad (4.85)$$

Das Schema hierfür ist schon in Abb. 4.3 gezeigt, für weitere Details wird der interessierte Leser auf Originalliteratur verwiesen (Sonnleitner & Käppeli, 1986).

4.8.2 Erhaltungsstoffwechsel

Experimentell wurden in kontinuierlichen und in Zulaufkulturen für verschiedenste Zelltypen Verhalten beobachtet, die mit dem bisher gebrauchten Modell von Monod nicht erklärbar sind: Beispielsweise nimmt der beobachtbare Biomasseausbeutekoeffizient mit sinkender spezifischer Wachstumsgeschwindigkeit ebenfalls ab. Dieser Trend, der in Satzkulturen nicht beobachtet werden kann, weil die Zellen ja fast immer maximal schnell wachsen, lässt sich durch die Konzepte des „endogenen Metabolismus" oder des „Erhaltungsstoffwechsels" beschreiben. Leider war in der Vergangenheit deren Formulierung oft unsauber und inkonsistent. Dies wird am Beispiel des Erhaltungsstoffwechsels deutlich sichtbar:

Das Konzept geht davon aus, dass Zellen die zur Verfügung stehenden Rohstoffe und Energie nicht bloß für Wachstum einsetzen, sondern einen – in erster Näherung – konstanten Teil davon auch für andere „Tätigkeiten" aufwenden. Das kann die (Eigen-)Bewegung der Zellen oder die Aufrechterhaltung eines Konzentrationsgradienten, die Reparatur von geschädigter DNS oder falsch gefalteten Proteinen umfassen. Dann bleibt entsprechend weniger Substrat fürs Wachsen übrig. Damit kommt man mit der bisher verfolgten Praxis, die spezifische Wachstumsgeschwindigkeit als Funktion der Substratkonzentration zu formulieren, in folgenden Teufelskreis:

nur wenn die Substratkonzentration gegen null strebt kommt auch das Wachstum zum Stillstand, aber dann müsste immer noch der wachstumsunabhängige Erhaltungsstoffwechsel gedeckt werden, und zwar mit Substrat, das gar nicht vorhanden ist – ein *perpetuum mobile*? Wenn man aber den Ursache-Wirkungs-Mechanismus „sauber" formuliert

$$q_S = q_{S,max} \cdot \frac{s}{s + K_S} \quad (4.86)$$

(Gl 4.86 beschreibt nun die „Ursache" des Stoffwechsels), einen Teil von diesem Substratstrom, nämlich m_S, für den wachstumsunabhängigen Erhaltungsstoffwechsel „reserviert" und den Rest fürs Wachsen zur Verfügung stellt:

$$\mu = -(q_S - m_S) \cdot Y^*_{X/S} \quad (4.87)$$

erhält man die plausible und physikalisch vertretbare Vorhersage, dass der Erhaltungsstoffwechsel bei äußerst geringen Substratkonzentrationen nur zu Lasten der Zellmasse gedeckt werden kann. Wenn nun wegen $s \rightarrow 0$ auch $q_S \rightarrow 0$ geht, dann strebt $\mu \rightarrow m_S \cdot Y^*_{X/S}$, und das ist negativ, weil in dieser „sauberen" Schreibweise sowohl q_S als auch m_S als Senken negative Zahlenwerte tragen. Dieses „negative Wachstum" wird auch als „endogener Metabolismus" bezeichnet. $Y^*_{X/S}$ wird als „wahrer Ausbeutekoeffizient" bezeichnet und kann nicht direkt gemessen werden. Er wird üblicherweise durch lineare Regression ermittelt: die Auftragung von q_S im x-D-Diagramm ergibt nach dieser Modellerweiterung eine Gerade mit dem Anstieg $Y^*_{X/S}$ und dem Achsenabschnitt m_S (Abb. 4.21). Der beobachtbare, d. h. direkt messbare Ausbeutekoeffizient,

$$Y_{X/S} = \frac{\Delta x}{\Delta s},$$ entspricht hingegen dem reziproken Anstieg des Nullpunktvektors zum aktuellen q_S im x-D-Diagramm.

4.8.3 Alternative Formulierungen

Es wurden weitere mathematische Formulierungen für die Beschreibung spezifischer Geschwindigkeiten, in der Folge nur als „q" bezeichnet und nach Belieben entweder „klassisch unsauber" als μ oder „sauber" als q_S zu interpretieren, von

4.8 Erweiterungen und Modifikationen des Monod-Modells

der Substrat- oder Biomassekonzentration vorgeschlagen, z. B.

nach Blackman: $\dfrac{q}{q_{max}} = \begin{cases} B \cdot s; & s \leq A \\ 1; & s \geq A \end{cases}$ (4.88)

nach Moser: $\dfrac{q}{q_{max}} = \dfrac{s^n}{s^n + K}$ (4.89)

nach Contois: $\dfrac{q}{q_{max}} = \dfrac{s}{s + K \cdot x}$ (4.90)

nach Teissier: $\dfrac{q}{q_{max}} = 1 - e^{-\left(\frac{s}{K}\right)}$ (4.91)

nach Kargi & Shuler:

$\dfrac{d\left(\dfrac{q}{q_{max}}\right)}{ds} = K \cdot \left(\dfrac{q}{q_{max}}\right)^m \cdot \left(\dfrac{q_{max} - q}{q_{max}}\right)^n$ (4.92)

nach der logistischen Formel: $\dfrac{q}{q_{max}} = 1 - \dfrac{x}{x_{max}}$ (4.93)

Die letzte Gleichung geht davon aus, dass (irgendwelche) Ressourcen so beschränkt sind, dass im besten Fall eine maximale Biomassekonzentration x_{max} erreicht werden kann. Alle diese Varianten bringen nichts Substanzielles außer allenfalls die Vermehrung der Anzahl Modellparameter und dadurch eine vielleicht bessere Anpassung. Bessere Anpassung an experimentelle Daten sagt jedoch nichts über die mechanistische Gültigkeit des Modells aus! Einzig das Blackman-Modell besticht durch seine Linearität (d. h. es ist einfacher zu rechnen).

Sind mehrere Substrate simultan wachstumslimitierend, so kann einer dieser Ansätze verwendet werden:

$\dfrac{q}{q_{max}} = \dfrac{s_1}{s_1 + K_1} \cdot \dfrac{s_2}{s_2 + K_2} \cdot \dfrac{s_3}{s_3 + K_3} \cdot \ldots$ (4.94)

oder

$\dfrac{q}{q_{max}} = \text{MIN}\left(\dfrac{s_1}{s_1 + K_1}, \dfrac{s_2}{s_2 + K_2}, \dfrac{s_3}{s_3 + K_3}, \ldots\right)$ (4.95)

Da dies aber die spezifische Geschwindigkeit übermäßig reduzieren könnte, was vor allem in sehr verdünnten Medien nicht den Erfahrungen entspricht, wurde von Mankad und Bungay (1988) eine möglicherweise praxisnähere, gewichtete Formulierung präsentiert:

$\dfrac{q}{q_{max}} = \dfrac{s_1}{s_1 + K_1} \cdot \dfrac{\dfrac{s_1}{K_1}}{\sum_j \dfrac{s_j}{K_j}} + \dfrac{s_2}{s_2 + K_2} \cdot \dfrac{\dfrac{s_2}{K_2}}{\sum_j \dfrac{s_j}{K_j}} + \ldots$ (4.96)

4.8.4 Inhibition

Wird das Wachstum oder die Produktbildung durch Akkumulation eines giftigen Produktes, z. B. eines Toxins, verlangsamt, dann ist die spezifische Geschwindigkeit – unter anderen – durch folgenden Ansatz beschreibbar:

$\dfrac{q}{q_{max}} = f(s) \cdot (1 - b \cdot c_t)$ (4.97)

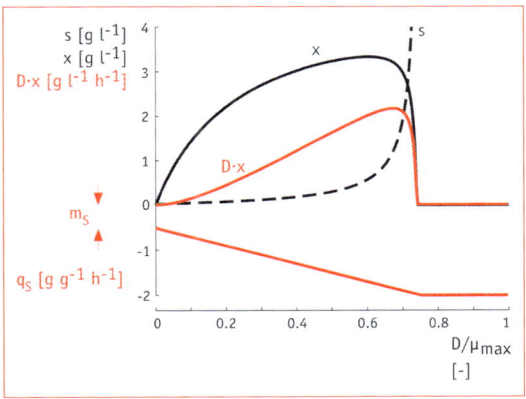

Abb. 4.21 x-D-Diagramm unter Berücksichtigung von signifikantem Erhaltungsstoffwechsel (maintenance). Neben x, s und Produktivität ist auch die spezifische Substratverbrauchsrate, q_S (ist negativ, weil Senke), eingetragen. Ihr Wert ist bei $D = 0$ selbst endlich groß, nämlich m_S (Ordinatenabschnitt, durch Extrapolation zu ermitteln, da $D = 0$ experimentell nicht realisierbar ist). Das verbrauchte Substrat wird nicht in Wachstum, d. h. Zellmasse, umgesetzt, daher bricht die Kurve $x(D)$ bei kleinen D-Werten ein. Für dieses Beispiel wurden folgende Parameter verwendet: $K_S = 0{,}1$ g l^{-1}, $Y = 0{,}5$ g g^{-1}, $q_{S,max} = -2{,}0$ g l^{-1} h^{-1}, $m_S = -0{,}5$ g l^{-1} h^{-1}, $s_{ein} = 10$ g l^{-1}.

Hier ist die Annahme getroffen, die Konzentration der toxischen Komponente, c_t, verringere die spezifische Geschwindigkeit linear. b ist ein empirisch zu bestimmender Modellparameter wobei das Wachstum (oder die Produktbildung) zum Stillstand kommt, wenn $b = 1/c_t = 1/c_{t,max}$ ist. Bei höheren Toxinkonzentrationen wäre allerdings nach dieser Formulierung sogar „negatives Wachstum", also Absterben die Folge – ein allenfalls durchaus plausibler Ansatz. Will man die Formulierung des Absterbens vermeiden, so ist folgender Ansatz mit der einschränkenden Maximum-Funktion (MAX) dienlich:

$$\frac{q}{q_{max}} = f(s) \cdot \text{MAX}\left(0, 1 - \frac{c_t}{c_{t,max}}\right) \quad (4.98a)$$

Zusätzlich kann eine Schwellenkonzentration, c_S, eingeführt werden, unterhalb derer der Inhibitionseinfluss vernachlässigbar ist:

$$\frac{q}{q_{max}} = f(s) \cdot \text{MAX}\left(0, 1 - \text{MAX}\left(0, \frac{c_t - c_S}{c_{t,max}}\right)\right) \quad (4.98b)$$

Nicht alle Substanzen sind aber toxisch; somit ist die Formulierung eines negativen oder Nullwachstums nicht immer sinnvoll. Geeignet sind dann Ansätze, die das Nullwachstum hyperbolisch annähern. Für den Fall der Substratinhibierung schlug z. B. Andrews bereits 1968 vor:

$$\frac{q}{q_{max}} = \frac{s}{K_S + s + \frac{s^2}{K_i}} \quad (4.99)$$

K_i ist ein Parameter, der die Inhibitionsstärke ausdrückt. Diese Formulierung entspricht formal einer „kompetitiven" Hemmung, denn der K_S-Wert wurde „variabel gemacht". Liegt Produktinhibierung vor, wie im Beispiel der Alkohol-Produktion, dann kann nach Aiba et al. (1968) auch folgende Formulierung hilfreich sein:

$$\frac{q}{q_{max}} = \frac{s}{s + K_S} \frac{K_i}{p + K_i} \quad (4.100)$$

Diese Formulierung entspricht formal einer „nicht-kompetitiven" Hemmung.

Abbildung 4.22 vergleicht einige der besprochenen Inhibitionsansätze. All diese Ansätze sind

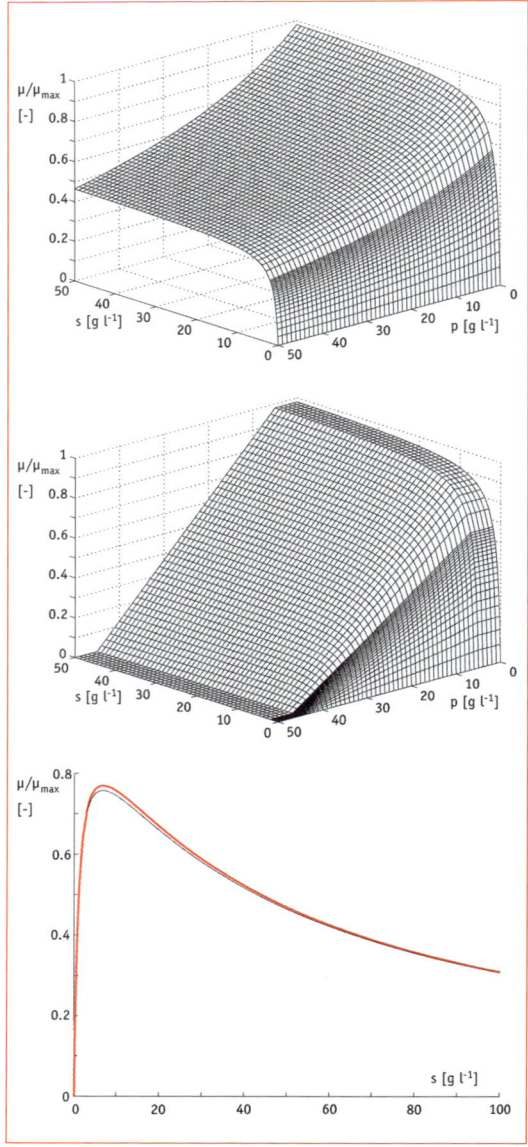

Abb. 4.22 Vergleich von Ansätzen zur Beschreibung der Inhibition: Produktinhibition nach Gl. 4.100 im oberen Teilbild, nach Gl. 4.98b im mittleren Teilbild, mit einem Schwellenwert bei $c_S = 5$ g l^{-1} (keinerlei Inhibition bis c_S); in der zweiten Dimension ist jeweils die Substratlimitation dargestellt; zwecks besserer Deutlichkeit sind die Isolinien in der s-Achse zwischen 0 und 2 g l^{-1} 10-mal dichter gezeichnet. Unten ist Substratinhibition gezeigt: die Versionen nach Gl. 4.47 (schwarz) und 4.99 (rot) unterscheiden sich nur unwesentlich. Eine experimentelle Diskriminierbarkeit ist aus Genauigkeits- und Reproduzierbarkeitsüberlegungen somit nicht zu erwarten.

seit langem bekannte Formalismen und plausible Analogien, die jedoch einer kausalanalytischen Prüfung nicht standhalten würden. Dazu braucht es systembiologische Ansätze aus dem „metabolic engineering", die alle relevanten (intrazellulären) metabolischen Reaktionen im regulatorischen Kontext einzeln beschreiben; s. z. B. Villadsen und Reuss (2003).

4.8.5 Effekte von Temperatur und pH

Für das ausgewogene Wachstum ist vor allem ein Parameter, nämlich die maximale spezifische Wachstumsgeschwindigkeit, μ_{max}, zur Charakterisierung der Wachstumskinetik einer Population meist sehr aussagekräftig. Deswegen wird μ_{max} auch häufig dazu benutzt, den Einfluss der Umgebung der Zelle auf deren Leistung zu beschreiben.

- *Einfluss der Temperatur:* Der Temperaturbereich, in dem Leben möglich ist, wird allgemein mit –5 °C bis zum Siedepunkt des Lösungsmittels – Wasser – angegeben. Heute sind Archaeen bekannt, die noch bei 115 °C (natürlich unter erhöhtem Druck) wachsen. Prokaryoten werden gemäß dem Temperaturbereich, in dem sie wachsen, klassifiziert (Tab. 4.3). Unterhalb des Minimums und oberhalb des Maximums kann die jeweilige Population nicht wachsen.

Abbildung 4.23 demonstriert den starken Einfluss der Temperatur auf die Verdopplungszeit (links oben) und die Wachstumsgeschwindigkeit (rechts und unten „Arrhenius-Darstellung", das Arrhenius-Modell taugt aber nur im Bereich suboptimaler Temperaturen). Die Ähnlichkeit in der Temperaturabhängigkeit zwischen Wachstumsgeschwindigkeit und Enzymaktivität ist nicht zu übersehen. Wird die Temperatur überschritten, bei der ein essenzielles Protein denaturiert, kann eine Zelle nicht mehr lebensfähig sein (außer sie hat vorher rechtzeitig sporuliert; dann ist die Maximaltemperatur durch die Denaturierung z. B. der in der Spore durch geringe Wasseraktivität geschützten Makromoleküle festgelegt). Dies konnte tatsächlich gezeigt werden, indem etwa durch Mutation eines einzelnen Gens die Temperaturtoleranz eines Mikroorganismus (beträchtlich) erweitert wurde.

- *Einfluss des pH:* Proteine sind geladene Makromoleküle. Daher müssen Konfiguration und folglich Aktivität von Proteinen pH-abhängig sein, daher auch die zellulären Transportvorgänge und biochemischen Reaktionen innerhalb von Zellen. Entsprechend ist eine ausgeprägte pH-Abhängigkeit der Wachstumsgeschwindigkeit zu erwarten. Die Wachstumsgeschwindigkeit hat bei vielen Mikroben ihr Maximum bei einem pH von 6,5 bis 7,5 (Abb. 4.24). Ausnahme bilden die acidophilen Bakterien, die bei einem pH von 2 oder noch tiefer wachsen. Hefen und fadenförmige Pilze haben einen (sehr) breiten Wachstumsbereich mit einem pH von >3 bis <7, wobei die Optima für viele Hefen bei pH 4 bis 5 und für fadenförmige Pilze bei pH 5 bis 7 liegen. Animale Zellen hingegen tolerieren lediglich einen sehr engen (neutralen) pH-Bereich. Alkalophile Bakterien, die bis pH 10,5 zu wachsen vermögen, sind bekannt.

Tab. 4.3 Stark schematisierte Klassifizierung von Prokaryoten nach dem Temperaturbereich, in dem sie wachsen

Gruppe	Temperatur [°C]		
	Minimum	Optimum	Maximum
Hyperthermophile	> 60	> 80	bis 115
Thermophile	40 bis 55	55 bis 75	60 bis 85
Mesophile	0 bis 20	30 bis 45	30 bis 50
Psychrophile	–5 bis 5	5 bis 18	< 22

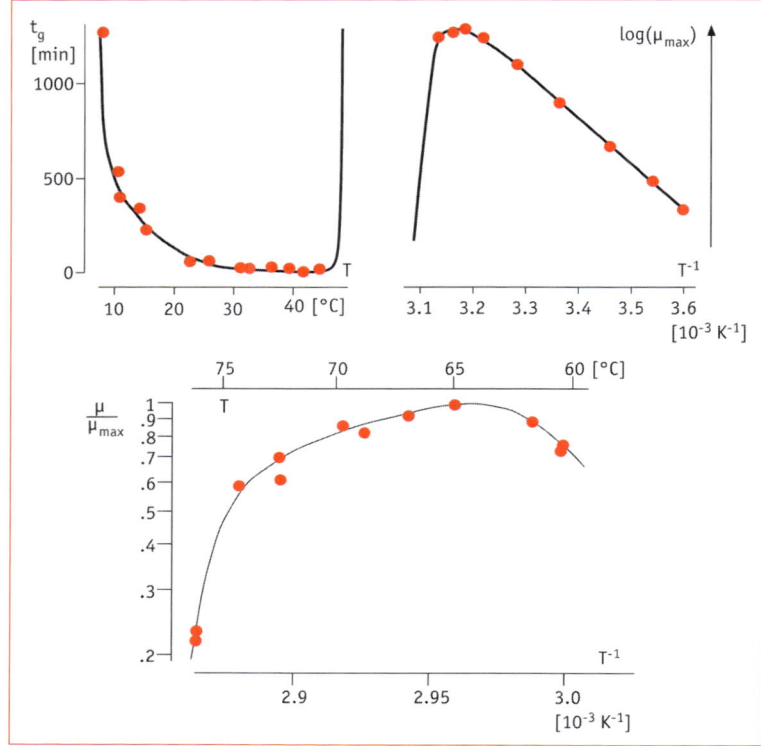

Abb. 4.23 links oben: Generationszeit als Funktion der Temperatur für *E. coli*; die spezifische Wachstumsgeschwindigkeit nimmt mit der Temperatur zu. Oberhalb einer kritischen, der „maximalen" Temperatur können die Zellen nicht mehr proliferieren. Rechts und unten: Arrhenius-Darstellung für *E. coli* (nach Stanier et al. 1970). Bei supraoptimalen Temperaturen gilt die Abhängigkeit nach Arrhenius nicht mehr, wie das Beispiel von *Thermoanaerobium brockii* zeigt (unten nach Sonnleitner et al, 1984).

4.8.6 Wachstum filamentöser Organismen

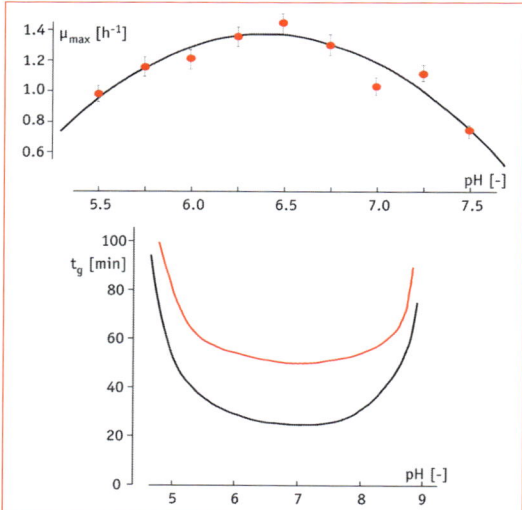

Abb. 4.24 Spezifische Wachstumsgeschwindigkeit eines *Streptococcus*-Stammes in Abhängigkeit vom pH: oben nach Rehor (1999).
Unten: Generationszeit als Funktion des pH-Wertes für *E. coli*. Parameter ist die Temperatur (27 °C (rot) und 37 °C (schwarz); nach Norris und Ribbons 1970).

Bei fadenförmigen Pilzen oder anderen **filamentösen** Organismen, bei denen die Morphologie sich mit fortschreitendem Wachstum ändert, wurde auch beobachtet, dass die Biomassezunahme dort nicht exponentiell, sondern etwa proportional t^3 erfolgt. Derartige Wachstumsmuster können sich auf zweierlei Weise äußern. Zum einen kann die Längenwachstumsgeschwindigkeit konstant sein, im anderen Fall wächst der Radius der so genannten **Pellets** (kugelförmige Zusammenballung der filamentösen Organismen) mit konstanter Geschwindigkeit. Dann kann man mit guter Näherung auf ein **sphärisches Pellet** extrapolieren, das submers wächst (nicht auf Trägern) und nimmt an, dass

$$\frac{dR}{dt} = k = \text{konstant} \qquad (4.101)$$

wobei R der Pelletradius ist. Da für die Biomasse M gilt

$$M = \frac{4}{3} \cdot \rho \cdot \pi \cdot R^3 \qquad (4.102)$$

ergibt sich daraus und weiter mit (4.101)

$$\frac{dM}{dt} = \frac{dR}{dt} \cdot 4 \cdot \rho \cdot \pi \cdot R^2 = k \cdot 4 \cdot \rho \cdot \pi \cdot R^2 \qquad (4.103)$$

Darin lässt sich mit (4.102) R eliminieren und man erhält

$$\frac{dM}{dt} = \gamma \cdot M^{(2/3)} \qquad (4.104)$$

mit

$$\gamma = k \cdot (36 \cdot \rho \cdot \pi)^{(1/3)} \qquad (4.105)$$

Die Integration von Gl. 4.104 unter Benutzung einer initialen Biomasse M_0 ergibt

$$M = \left(M_0^{(1/3)} + \frac{\gamma \cdot t}{3} \right)^3 \qquad (4.106)$$

Da M_0 im Vergleich zu M gewöhnlich relativ klein ist, lässt sich aus Gl. 4.106 unmittelbar ableiten, dass M proportional t^3 ist. Eine vollständige Analyse des Wachstums filamentöser Organismen sollte auch die Kinetik der Pelletbildung berücksichtigen. Bisherige Untersuchungen zeigten, dass viele Eigenschaften der Organismen und ihrer Wachstumsumgebung miteinander interagieren und dadurch die Pelletformation beeinflussen. Da die Mechanismen kompliziert sind, wurde bis heute kein generell gültiges kinetisches Modell für die Pelletbildung entwickelt. Wenn man das Wachstum bereits existierender Pellets betrachtet, muss das oben aufgezeigte Modell als eine grobe Näherung der Realität angesehen werden. Größe, Morphologie und innere Struktur des Pellets – von denen angenommen wird, dass alle drei die Pelletkinetik beeinflussen – werden durch Größen wie Rührintensität, Pelletkonzentration oder Mediumszusammensetzung bestimmt. Weitere Überlegungen zur Wachstumskinetik von Pellets und mikrobiellen Filmen finden sich z. B. bei Atkinson et al. (1974 und 1976).

4.9 Methoden der Medienentwicklung

In diesem Zusammenhang wird das Schlagwort *Optimieren* oft leichtfertig verwendet. Jede Optimierung verlangt, dass ein **Optimierungskriterium**, die **Zielfunktion**, exakt definiert ist, und zwar qualitativ wie quantitativ. Diese Bedingung ist oft nicht erfüllt oder sie kann wegen Kenntnislücken nicht erfüllt werden. In jedem Fall sind wir auf effiziente Methoden angewiesen, um das Ziel zu approximieren. Es gibt dafür strategische und mehr oder weniger empirische Wege, die alle ihre Berechtigung haben. Einige werden in der Folge gegenübergestellt.

4.9.1 Medienentwicklung – ein Analogieschluss

Organismen müssen zumindest die Elemente im Medium vorfinden, die sie zum Aufbau ihrer Biomasse und ihrer Produkte benötigen; entsprechend sind auch die Mengen der einzelnen Bestandteile vorgegeben (Tab. 4.4). Diese Folgerung ist schlüssig und führt bei prototrophen Organismen auch meistens geradlinig zum Ziel. Als Grundlage für die Berechnung genügen die Elementarzusammensetzungen der Biomasse, der Produkte, der qualitativ ausgewählten Medienbestandteile und die einzelnen Ausbeutekoeffizienten. Entsprechende Daten finden sich in der Literatur (z. B. Atkinson und Mavituna 1983). Bei Verwendung von Leitungswasser können die Spurenelemente normalerweise vernachlässigt werden; nur die Gehalte an Mg^{++}, Ca^{++} und Zn^{++} variieren meist (örtlich) so stark, dass eine Wasseranalyse vorgenommen werden sollte.

Mit dieser Analogieschlussmethode werden brauchbare Medien sehr schnell entworfen, wenn die Ansprüche des Organismus nicht hoch sind. Die Methodik hat den Nachteil, dass sie keinerlei Hinweise auf Art und Menge von Wuchsstoffen geben kann, da diese in kleinen Mengen benötigt und daher mit den üblichen Bilanzierungstechniken nicht erfasst werden. Wenn technische Kohlenstoff- und Stickstoffquellen verwendet werden sol-

Tab. 4.4 Teilübersicht über die elementare Zusammensetzung von Mikroorganismen

Komponente	% (w/w) der Trockensubstanz		
	Bakterien	Hefen	Pilze
Kohlenstoff	46–52	46–52	45–55
Stickstoff	10–14	6–9	4–7
Phosphor	2–4	0,8–2,6	0,4–4,5
Schwefel	0,2–1,0	0,01–0,25	0,1–0,5
Magnesium	0,1–0,5	0,1–0,5	0,1–0,3
Natrium	0,5–1,0	0,01–0,1	0,02–0,5
Calcium	0,01–1,1	0,1–0,3	0,1–1,4
Eisen	0,02–0,2	0,01–0,5	0,1–0,2
Mangan	0,001–0,01	0,0005–0,007	–
Molybdän	–	0,0001–0,0005	–

len, stört dieser Nachteil nicht, denn Wuchsstoffe finden sich darin meistens ohnehin ausreichend.

4.9.2 Medienentwicklung im Satzbetrieb (Integralmethodik)

Eine Alternative, die ein gezieltes Vorgehen erlaubt, basiert auf dem Vergleich vieler Einzelexperimente. Verschiedene Satzkulturen auf qualitativ und quantitativ unterschiedlichen Medien werden dabei auf die erreichbare Endausbeute untersucht. Übergangszustände und Geschwindigkeiten werden nicht erfasst (daher auch: „integrale" Methode). Die Experimente können eindimensional (pro Serie wird die Konzentration einer einzigen Substanz verändert) oder nach einem Faktoriellenplan (mehrere Substanzen werden als Variable festgelegt und ihre Konzentrationen gegenüber einem Bezugswert nach oben und unten variiert) ausgelegt werden. Alternativ können reine Suchalgorithmen (z. B. Simplex) oder genetische Algorithmen verwendet werden. Bei geschickter Abstufung der Konzentrationen einzelner Substanzen in einer Serie lassen sich die limitierende Konzentration und der Ausbeutekoeffizient leicht ermitteln. Üblicherweise sind bei dieser Methodik sehr viele Experimente erforderlich, was nicht unbedingt ein Nachteil sein muss. Wenn die nötige Infrastruktur vorhanden ist, führt diese Methode sicher zum Ziel; sie wird daher auch in der Industrie häufig eingesetzt. Viele Industrieprozesse sind ohnehin Spontanprozesse, folglich sind keine grundsätzlich unterschiedlichen Medieneffekte während der Maßstabsvergrößerung zu erwarten (außer der Sprung ist zu groß, weil die Experimente in Mikrotiter- oder deep-well-Platten durchgeführt werden).

4.9.3 Medienentwicklung im Chemostat (Differenzial- und Integralmethodik)

Die Zielfunktion einer Optimierung kann auch differenzielle Größen enthalten, wie die Geschwindigkeiten von Wachstum, Produktbildung oder regulatorischen Übergängen. Daher muss die Entwicklungsmethode zulassen, die zeitlichen Änderungen von Konzentrationen oder (Enzym-) Aktivitäten zu bestimmen und daraus Geschwindigkeiten zu ermitteln. Der klassische Ansatz wäre die Satzkultur, aus der in diskreten Zeitabständen Proben entnommen und analysiert werden. Nach numerischer Differenziation erhält man die differenziellen Größen. Eine leistungsfähige Variante besteht im Gegensatz zum Spontanprozess in der gezielten **Störung** einer im **Fließgleichgewicht** befindlichen kontinuierlich geführten Kultur. Die transienten experimentellen Methoden (s. 4.5.2) ermöglichen eine sehr effiziente und obendrein präzise Art, Medien maßzuschneidern.

4.9 Methoden der Medienentwicklung

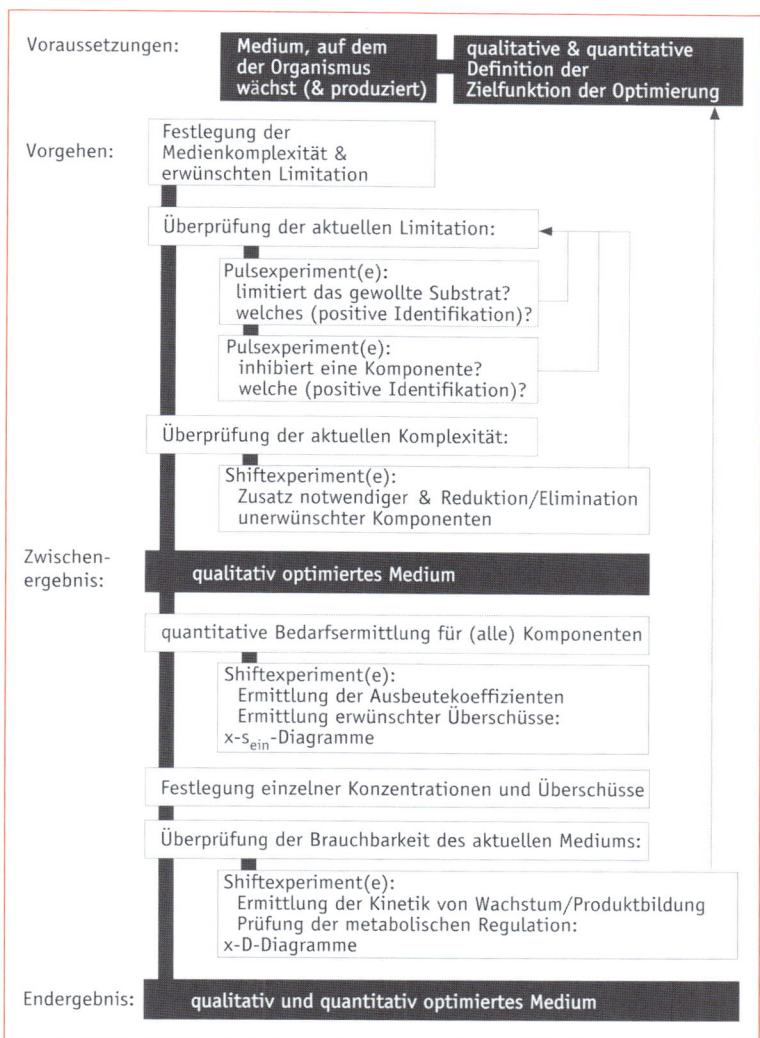

Abb. 4.25 Modularisiertes Schema für die Verkoppelung von Puls- und shift-Technik zur Medienentwicklung im Chemostaten.

Erst die Verkoppelung der Puls- und shift-Methoden, wie sie in Abb. 4.25 skizziert ist, führt zum Erfolg der Medienentwicklung. Prinzipiell lässt sich diese Vorgangsweise auch automatisieren. Allerdings gibt es bis heute erst Prototypen (Komenda, 2002); die Gründe sind offensichtlich, aber keineswegs prohibitiv: Das Personal muss die Chemostattechnik einwandfrei beherrschen, die Ausrüstung muss verfügbar sein und einem mehr als nur minimalen Qualitätsstandard entsprechen. Die relevanten Zustandsvariablen müssen on-line – direkt oder indirekt – mit genügend großem Signal/Rausch-Verhältnis messbar sein und in einem Prozessrechner on-line und fast in Echtzeit ausgewertet werden. Der Bedarf an Zeit und Verbrauchsmaterial kann somit minimiert werden. Trotz der enormen Kapazität und Effizienz, die diese Methode verspricht, darf nicht übersehen werden, dass biologische Kenntnisse und Erfahrung nicht ersetzt werden können. Die geschickte Auswahl der zu pulsenden Substanzen kann ein Roboter (heute noch) nicht treffen. Darin liegt zur Zeit noch die Kunst des Experimentators und die Gunst des Zufalls.

Wenn das limitierende Substrat unter einfachen Substanzen zu suchen ist, wie unter den

Salzen, Spurenelementen, Aminosäuren oder Vitaminen, dann ist die Anzahl der verschiedenen Substanzen eng begrenzt (50–70); durch orientierendes Pulsen von Gemischen von Substanzgruppen kann die Prozedur effizient abgekürzt werden. Zeitraubender wird die Methode dann, wenn nur indifferente oder sehr schwach positive Antworten des biologischen Systems gemessen werden. Eine reine Integralmethode, die auf paralleles Arbeiten abgestimmt ist, kann in diesen Fällen zeitgünstiger sein. Die Entscheidung zu ungunsten der Puls-shift-Methode ist rein subjektiv und nicht vorher abzusehen.

4.10 Populationsdynamik in Konkurrenzsituationen

Die Antwort auf die Frage der Dominanz des einen oder anderen Organismus lässt sich immer dann leicht geben, wenn das Substrataufnahmeverhalten der konkurrierenden Organismen bekannt ist – in der Praxis oft aber die Ausnahme. Am Beispiel einer einfachen Monod-Kinetik werden die grundsätzlichen Möglichkeiten deutlich; die Indizes 1 und 2 bezeichnen die zwei verschiedenen Organismen:

a) $\mu_{max,1} \leq \mu_{max,2}$ UND $K_{s,1} \geq K_{s,2}$
In jedem Fall hat der Organismus „2" Vorteile, wenn wenigstens eine Ungleichheit besteht: er kann entweder schneller wachsen als „1" oder hat höhere Affinität zum Substrat als „1". Daher wird Typ „2" den Typ „1" immer überwachsen. Wie schnell, das sagen die Gleichungen unten (4.107–4.109).

b) $\mu_{max,1} \leq \mu_{max,2}$ ABER $K_{s,1} \leq K_{s,2}$
Wenn zumindest eine Ungleichheit besteht, hat der Organismus „2" bei hohen Substratkonzentrationen zweifelsohne Vorteile gegenüber „1", weil er viel schneller wachsen kann als „1". Bei niedrigen Substratkonzentrationen wächst aber „1" schneller als „2", weil die höhere Affinität zum Substrat zeigt als „2" (kleineres K_s). Dann bezeichnet man Typ „2" auch als **r-strategist**, weil er sich nur aufgrund seines höheren Wachstumspotenzials (r von *rate*) durchzusetzen vermag, und Typ „1" auch als **K-strategist** (K vom K_s-Wert),

weil er sich aufgrund seiner Schnelligkeit bei wenig Substrat durchsetzt.
Im Schnittpunkt beider Funktionen $\mu(s)$ ist der (nur theoretisch) stabile Zustand gegeben, in dem beide Typen coexistieren können (Abb. 4.26). In der Praxis sind aber solche Zustände regeltechnisch kaum zu realisieren und daher als labil zu bezeichnen: Bei einer differenziell kleinen Abweichung vom Koexistenzpunkt wird immer einer der Organismen überlegen sein und beginnt, den jeweils anderen zu verdrängen. Wie schnell das **Überwachsen** eines Organismus durch den anderen abläuft (z.B. Abb. 4.27), bestimmen die kombinierten Bilanzgleichungen, die nun für 2 Organismen und 1 Substrat aufzustellen sind:

$$\frac{d(V \cdot x_1)}{dt} = F_{ein} \cdot x_{1,ein} - F_{aus} \cdot x_1 + V \cdot r_{X,1} \quad (4.107)$$

$$\frac{d(V \cdot x_2)}{dt} = F_{ein} \cdot x_{2,ein} - F_{aus} \cdot x_2 + V \cdot r_{X,2} \quad (4.108)$$

$$\frac{d(V \cdot s)}{dt} = F_{ein} \cdot s_{ein} - F_{aus} \cdot s + V \cdot r_S \quad (4.109)$$

wobei r_S negativ und auf den Verbrauch durch „1" UND „2" zurückzuführen ist, also: $r_S = r_{S,1} + r_{S,2}$.

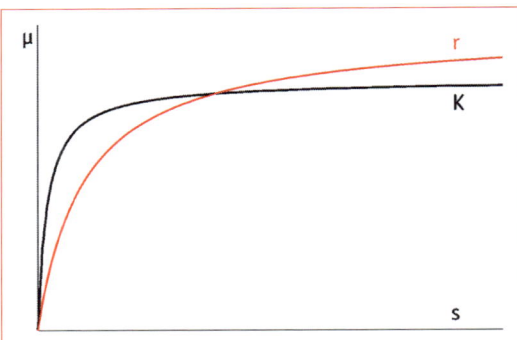

Abb. 4.26 Abhängigkeit der spezifischen Wachstumsraten, μ, zweier verschiedener Organismen von der Substratkonzentration s. Die Unterschiede sind: $\mu_{max,1} < \mu_{max,2}$ UND $K_{s,1} < K_{s,2}$ Daher müssen sich beide Kurven schneiden. Der Schnittpunkt entspricht der Koexistenzbedingung und ist nur von theoretischer Relevanz. Organismus 2 wird auch als „r-strategist" (r) bezeichnet, Organismus 1 als „K-strategist" (K). Für dieses Beispiel gilt:
$\frac{\mu_{max,2}}{\mu_{max,1}} = 1{,}2$, $\frac{K_{s,2}}{K_{s,1}} = 5$.

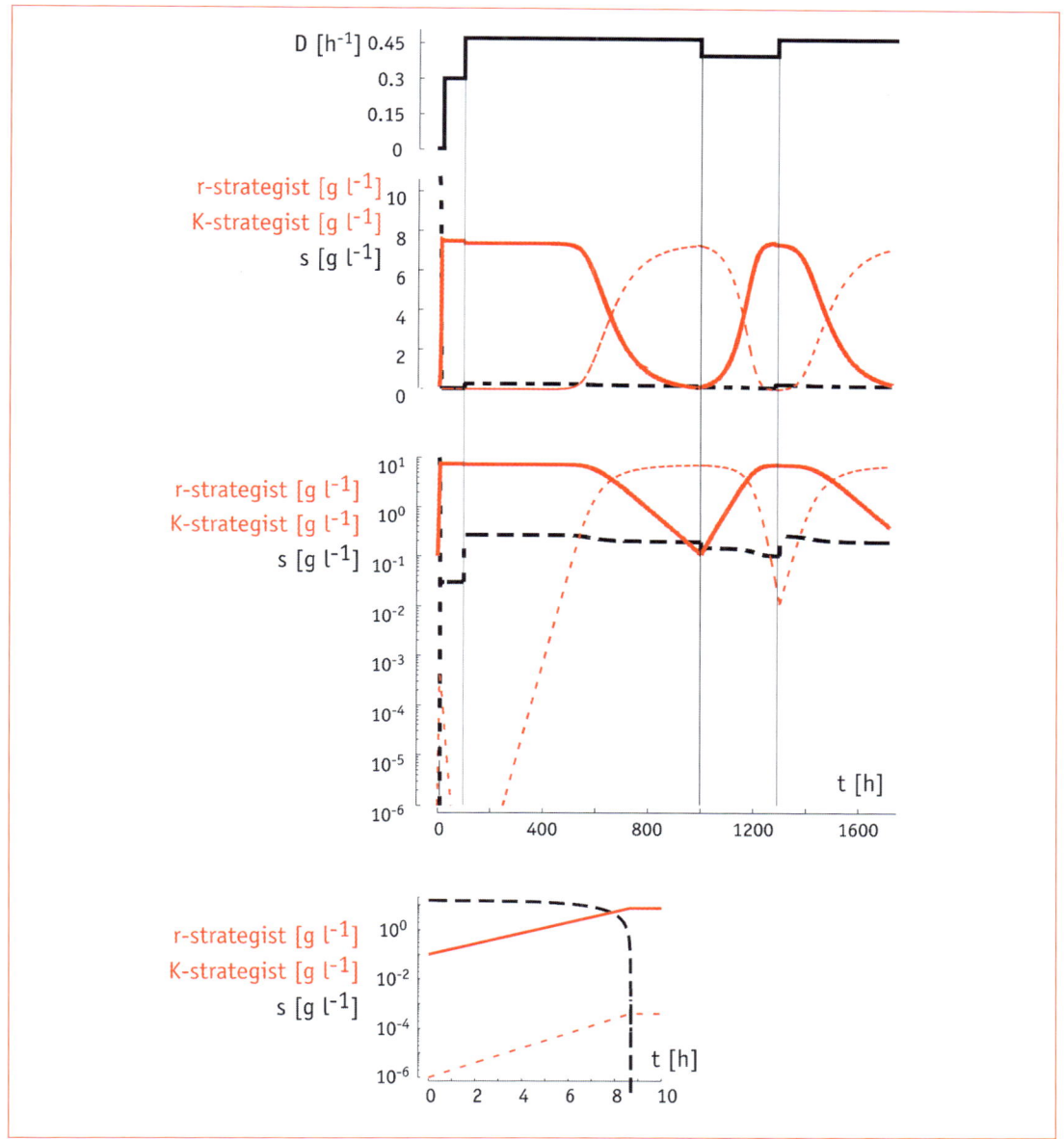

Abb. 4.27 Entwicklung einer Mischpopulation bestehend aus je einem r- und K-strategist. Bei anfänglich sehr unparitätischer Zusammensetzung (z. B. bei einer Kontamination zu Anfang der Satzkultur) wird bei kleinen Werten der Verdünnungsrate der K-strategist angereichert, nach Anheben der Verdünnungsrate über den entsprechenden Wert des Koexistenzpunktes (hier $D = 0{,}45\ h^{-1}$) wird hingegen der r-strategist angereichert. Im untersten Teilbild ist nur die anfängliche Satzkultur vergrößert dargestellt: Die Kontamination beträgt zwar nur gerade 10^{-5} von der Zielpopulation, würde aber selbst im batch dominieren, würde er länger dauern, denn diese Kontamination ist ein r-strategist. Danach wird eine Verdünnungsrate (oberstes Teilbild) eingestellt, die klar den K-strategist bevorzugt, und die Kontamination nimmt tatsächlich ab – nicht zu erkennen in der linearen Darstellung, aber deutlich in der halblogarithmischen (mittleres Teilbild). Erst nach Anhebung der Verdünnungsrate über den Koexistenzpunkt kann sich die Kontamination durchsetzen, etc. Dieses Beispiel zeigt auch, dass über hunderte von mittleren Verweilzeiten ein kontaminiertes System nicht axenisch werden kann/muss. Parameter der Simulation: K-strategist: $K_s = 0{,}02\ g\ l^{-1}$, $\mu_{max} = 0{,}5\ h^{-1}$, $Y = 0{,}5\ g\ g^{-1}$, $x_{(t=0)} = 0{,}1\ g\ l^{-1}$; r-strategist: : $K_s = 0{,}1\ g\ l^{-1}$, $\mu_{max} = 0{,}7\ h^{-1}$, $Y = 0{,}5\ g\ g^{-1}$, $x_{(t=0)} = 10^{-6}\ g\ l^{-1}$.

4.11 Umsatz in autokatalytischen Reaktionen

Der vollständige Umsatz eines Ausgangsmaterials ist im kontinuierlichen Prozess unrealistisch, etwa die vollständige Klärung eines Abwassers, weil für das Erreichen von $s = 0$ die Verdünnungsrate $D = 0$ oder die mittlere Verweilzeit unendlich lange sein müsste. Mit der Definition

$$U = \frac{s_{ein} - s}{s_{ein}} \tag{4.110}$$

für den Substrat-Umsatz (U) ergibt sich aus der Substratbilanz im Fließgleichgewicht folgender Zusammenhang zwischen gewünschtem Umsatz und dazu benötigter Verweilzeit, τ_{kRK}, im idealen kontinuierlich betriebenen Rührkesselreaktor:

$$\tau_{kRK} = s_{ein} \cdot \frac{U}{-r_S} \tag{4.111}$$

Im Rohrreaktor, der zwar selten gezielt für Bioprozesse zum Einsatz kommt – aber ein schmales und langes Klärbecken kommt dem schon recht nahe – ist die Lösung wegen der örtlichen Konzentrationsgradienten und der resultierenden Ortsabhängigkeit der Reaktionsgeschwindigkeit hingegen eine integrale Größe:

$$\tau_{kRR} = s_{ein} \cdot \int_{z=0}^{z=L} \frac{dU}{-r_S} \tag{4.112}$$

Die Ortskoordinate, z, läuft dabei vom Eingang, $z = 0$, bis zum Ausgang, $z = L$.

Mit einem entsprechenden kinetischen Modell lässt sich diese Gleichung explizit ausschreiben und macht die Einflüsse von betrieblichen und organismentypischen Größen auf die benötigte Verweilzeit in Abhängigkeit vom gewünschten Umsatz deutlich; hier für die Verwendung des „sauber formulierten" Monod-Modells:

$$\left| \frac{s_{ein}}{r_S} \right| = \frac{s_{ein} \cdot \left(1 - U + \frac{K_s}{s_{ein}}\right)}{q_{S,\max} \cdot (1 - U) \cdot (x_{ein} + U \cdot s_{ein} \cdot Y_{X/S})} \tag{4.113}$$

Aus der grafischen Darstellung dieses Terms gegen das Umsatz-Ziel geht klar hervor (Abb. 4.28),

dass schon einstufig betriebene Rührkesselreaktoren sehr hohe Umsätze bei kleiner Verweilzeit (entsprechend kleinem Volumen) erlauben, sofern der Organismus richtig gewählt ist. Bei kleineren Umsätzen sind vor allem die Kenngrößen maximale Umsatzgeschwindigkeit und Ausbeute maßgeblich; diese Parameter können recht einfach bestimmt werden. Bei sehr hohen Umsätzen wird die Affinität des Organismus zum limitierenden Substrat ausschlaggebend; zu diesem organismentypischen Parameter gibt es wenig präzise Daten (Owens und Legan 1987). Je nach Prozessziel (entweder hohe Produktivität oder bestmögliche Substratumsetzung) sind also bei der Wahl oder der Verbesserung des biologischen Systems verschiedene kinetische

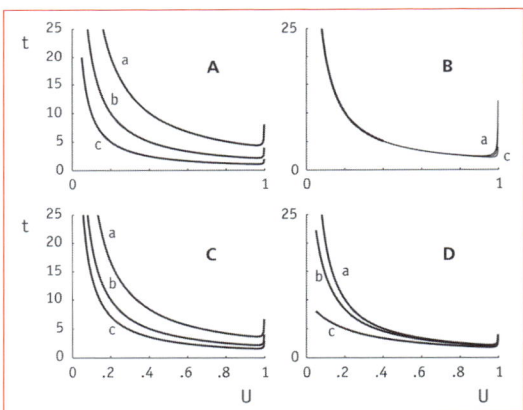

Abb. 4.28 Einfluss des gewünschten Umsatzes (U, Abszissen) einer Bioreaktion auf die benötigte mittlere Verweilzeit (Flächeninhalte je nach Reaktortyp: Für den kontinuierlichen Rührkesselreaktor (kRK) ist es die Rechteckfläche vom Koordinatenursprung zum Zielpunkt auf der Kurve. Für den kontinuierlichen Rohrreaktor (kRR) ist es die Fläche unter der gesamten Kurve zwischen $U = 0$ und dem gewünschten Umsatz). In den Teilbildern wird die Abhängigkeit von einzelnen kinetischen Leistungsmerkmalen gezeigt. Allgemeine Simulationsparameter: $q_{S,\max}$: –1,0 g g^{-1} h^{-1}, $Y_{X/S}$: 0,5 g g^{-1}, K_s: 0,1 g l^{-1}, x_{ein}: 0 g l^{-1}, und s_{ein}: 50 g l^{-1}.
In den Teilbildern A-D wurden folgende Parameter variiert:
A: maximale spezifische Substrataufnahmegeschwindigkeit ($q_{S,\max}$): a: –0,5, b: –1,0, c: –2,0 g g^{-1} h^{-1}
B: Sättigungsparameter (K_s steigt mit sinkender Affinität zum Substrat): a: 0,5, b: 0,3, c: 0,1 g l^{-1}
C: Ausbeutekoeffizient ($Y_{X/S}$): a: 0,3, b: 0,5, c: 0,7 g g^{-1}
D: Eingangszellkonzentration (x_{ein}): a: 0, b: 1, c: 5 g l^{-1}

Leistungsmerkmale entscheidend. Dagegen sind die Einflussmöglichkeiten über die betrieblichen Parameter gering. Selbst eine massive Zellrückführung bringt nur eine bescheidene Steigerung des Umsatzes, sehr wohl aber eine beträchtliche Steigerung der Produktivität.

Literatur

Aiba S, Shoda M, Nagatani M (1968): Kinetics of Product Inhibition in Alcohol Fermentation. Biotechnol Bioeng 10: 845–864

Andrews JF (1968): A Mathematical Model for the Continuous Culture of Microorganisms Utilizing Inhibitory Substrates. Biotechnol Bioeng 10: 707–723

Atkinson B, Daoud IS (1976): Microbial flocs and flocculation in fermentation process engineering. Adv Biochem Eng 4: 41–124

Atkinson B, Fowler HW (1974): The significance of microbial film in fermenters. Adv Biochem Eng 3: 221–277

Atkinson B, Mavituna F (1983): Biochemical engineering and biotechnology handbook, Macmillan Publ Ltd

Bailey JE, Ollis DF (1986): Biochemical Engineering Fundamentals. McGraw Hills, 2nd edition

Cometta S, Sonnleitner B, Fiechter A (1982): The growth behavior of *Thermus aquaticus* in continuous cultivation. Europ J Appl Microbiol Biotechnol 15: 69–74

Kell DB, Sonnleitner B (1995): GMP – Good modelling practice. TIBTECH 13: 481–492

Komenda M (2002): Züchtung von *Streptococcus* sp. Zur Gewinnung von Lipoteichonsäure. Diss ETH Z 14764

Mankad D, Bungay HR (1988): Model for microbial growth with mored than one limiting nutrient. J Biotechnol 7: 161–166

Norris JR, Ribbons DW (1970, eds.): Methods in Microbiology. Academic Press Vol. 2, New York

Owens JD, Legan JD (1987): Determination of the Monod substrate saturation constant for microbial growth. FEMS Microbiol Reviews 46: 419–432

Rehor A (1999): Steigerung der Zelldichte von submersen Streptococcen-Kulturen. Diplomarbeit, ETH Z

Sonnleitner B (1983): Biotechnology of thermophilic bacteria – growth, products, and application. Adv Biochem Eng/Biotechnol 28: 69–138

Sonnleitner B, Fiechter A, Giovannini F (1984): Growth of *Thermoanaerobium brockii* in batch and continuous culture at supraoptimal temperatures. Appl Microbiol Biotechnol 19: 326–334

Sonnleitner B, Käppeli O (1986): Growth of *Saccharomyces cerevisiae* is controlled by its limited respiratory capacity: Formulation and verification of a hypothesis. Biotechnol Bioeng 28: 927–937

Stanier RY, Dondoroff M, Adelberg EA (1970): The Microbial World. Prentice-Hall inc. Englewood Cliffs, M.J. 3rd edition

Villadsen J, Reuss M, (2003): Stoichiometry, rates and reaction kinetics – leading the modelling of bioreactions and bioreactors. In: Bioprocess Engineering (Berovic M, Kieran P, eds): 19–67

5 Rheologie von Biosuspensionen*

Unter Biosuspensionen seien im Folgenden suspendierte biogene Materialien verstanden. Sie bestehen aus Mikroorganismen und deren extrazellulären Stoffwechselprodukten suspendiert in einem wässrigen Nährmedium. Wegen ihres häufig komplexen Fließverhaltens – das wiederum starken Einfluss auf das Impuls-, Stoff- und Wärmeaustauschverhalten ausübt – müssen sie möglichst vollständig rheologisch charakterisiert werden. Den Grundlagen hierzu widmet sich dieses Kapitel.

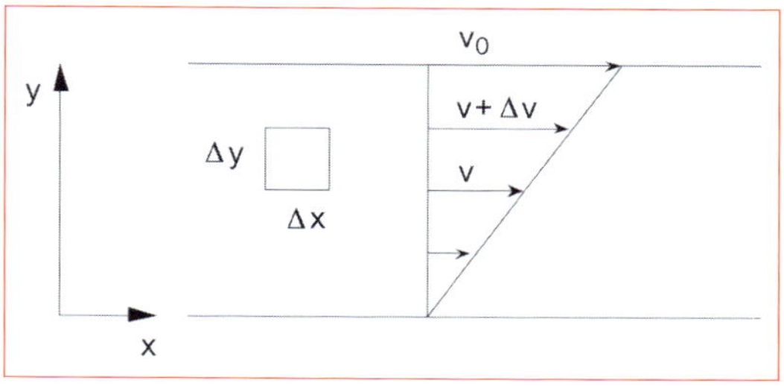

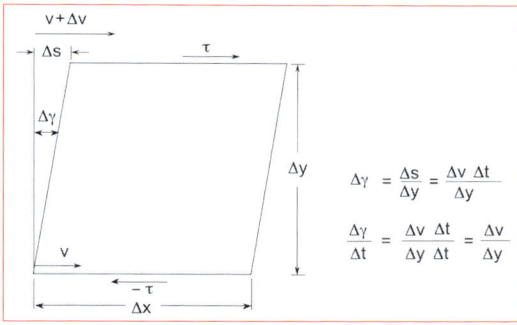

Abb. 5.1 Scherbeanspruchung einer Flüssigkeit zwischen zwei planparallelen Platten

5.1 Die parallele Schichtenströmung

Werden zwei planparallele Platten, zwischen denen sich eine Flüssigkeit befindet, mit konstanter Geschwindigkeit v_0 gegeneinander bewegt, so stellt sich unter der Voraussetzung, dass die Flüssigkeit an den Wänden haftet und Randeffekte vernachlässigbar sind, im stationären Zustand aufgrund innerer Kräfte in der Flüssigkeitsschicht ein lineares Geschwindigkeitsprofil analog Abb. 5.1 ein.

Newton fand 1723, dass die zur Verschiebung der beiden Platten notwendige Kraft pro Flächeneinheit, τ, proportional ist der Geschwindigkeitsänderung senkrecht zur Verschiebungsrichtung, dv/dy, d. h.:

$$\tau = \eta \frac{dv}{dy} \qquad (5.1)$$

η ist ein Proportionalitätsfaktor, die dynamische Zähigkeit oder auch Viskosität. Das Flüssigkeitselement wird aufgrund der angreifenden Schubspannung τ wie in Abb. 5.2 dargestellt, deformiert.

Abb. 5.2 Deformation eines Flüssigkeitselements in paralleler Schichtenströmung

Wie man sieht, ist im vorliegenden Fall der Geschwindigkeitsgradient dv/dy identisch mit der zeitlichen Änderung des Deformationswinkels γ, also $d\gamma/dt$. Letztere wird als Schergeschwindigkeit bezeichnet und mit $\dot\gamma$ abgekürzt. In komplizierten Strömungsformen, z. B. in der später noch zu behandelnden Zylinder-Couette-Strömung, ist die Schergeschwindigkeit nicht mehr mit dem Geschwindigkeitsgradienten dv/dy identisch, ist aber für das Newtonsche Gesetz die maßgebende Größe. Die Gleichung lautet daher

$$\tau = \eta \dot\gamma \qquad (5.2)$$

* Autoren: Horst Chmiel, Eckehard Walitza

Misst man die Schubspannung als Funktion der Schergeschwindigkeit, die sog. Fließkurve, dann ergibt sich bei Gültigkeit von (5.2) eine Gerade, die durch den Koordinatenursprung geht.

Derartige Fluide bezeichnet man als **Newtonsch**. Eine große Zahl von Flüssigkeiten zeigt jedoch eine gekrümmte Fließkurve. Es sind dies vor allem Polymerschmelzen, Lösungen von Hochpolymeren, Suspensionen elastischer Partikel und die hier besonders interessanten Biosuspensionen. Abb. 5.3 zeigt eine solche gekrümmte Fließkurve am Beispiel einer wässrigen Carboxymethylcellulose (CMC)-Lösung. Das Molekulargewicht des gelösten Polymers ist größer als 10 Millionen Dalton. Flüssigkeiten, die eine derartige nichtlineare Fließkurve besitzen, bezeichnet man als **nicht-Newtonsch**. Ihre sog. „variable Viskosität", definiert durch

$$\eta = \frac{\tau}{\dot{\gamma}}$$

ist keine Stoffkonstante mehr, sondern von der Beanspruchung abhängig.

Abb. 5.4 zeigt für die gleiche Polymerlösung die variable Viskosität als Funktion der Schergeschwindigkeit.

Der Kurvenverlauf ist typisch für derartige verdünnte Flüssigkeiten. Der bei verschwindender Beanspruchung vorhandene Anfangswert der Viskosität – er wird auch Nullviskosität genannt – bleibt zunächst im Rahmen der Messgenauigkeit in einem gewissen Schergeschwindigkeitsbereich konstant.

Mit zunehmender Beanspruchung nimmt die Viskosität stark ab. Die Kurve durchläuft – das ist nicht mehr in Abb. 5.4 dargestellt – einen Wendepunkt und nähert sich bei sehr hohen Schergeschwindigkeiten einem unteren Grenzwert.

Neben der gekrümmten Fließkurve unterscheiden sich die oben genannten Flüssigkeiten von den Newtonschen Flüssigkeiten rheologisch

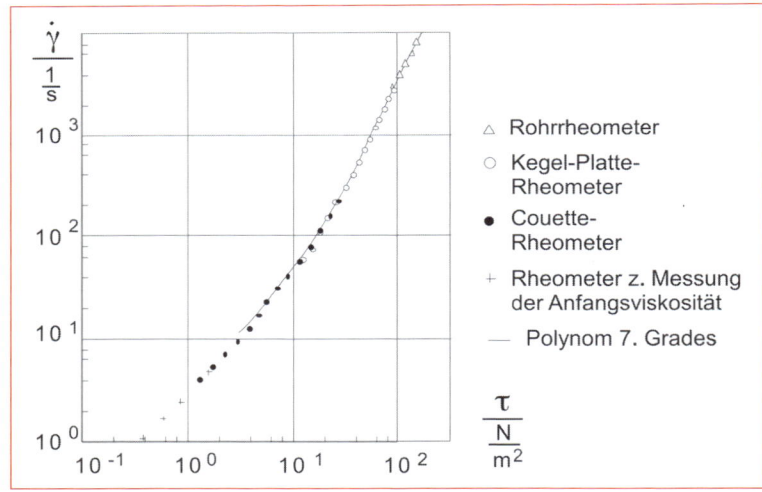

Abb. 5.3 Fließkurve einer CMC-Lösung, 0,6 %, 19,7 °C

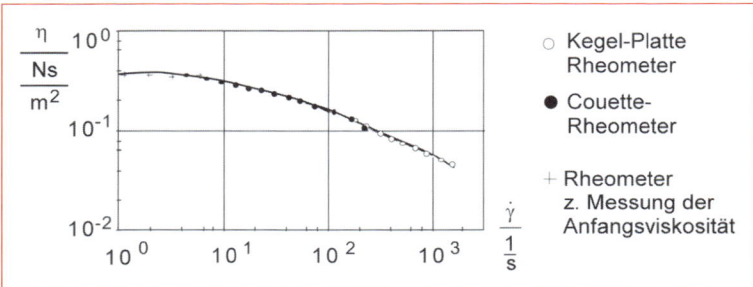

Abb. 5.4 Viskosität als Funktion der Schergeschwindigkeit für eine CMC-Lösung, 0,5 %, 19,7 °C

durch das Auftreten von elastischen Effekten. Deshalb werden sie häufig auch **viskoelastisch** genannt. In Abb. 5.5 ist das bereits diskutierte Flüssigkeitselement der parallelen Schichtenströmung räumlich dargestellt.

Neben der mit x bezeichneten Strömungsrichtung und der mit y bezeichneten Scherrichtung wird eine zusätzliche – in die indifferente Richtung weisende – Koordinate notwendig, die z genannt werden soll. Bei einer Newtonschen Flüssigkeit sind die in den drei Richtungen auftretenden Normalspannungen (s. Symbolverzeichnis) gleich, d. h.

$$\sigma_x = \sigma_y = \sigma_z = -p^+$$

Bei viskoelastischen Flüssigkeiten sind erfahrungsgemäß die drei Normalspannungen nicht gleich. Nimmt man an, die Spannung in z-Richtung sei $-p^+$, dann lässt sich das rheologische Verhalten viskoelastischer Flüssigkeiten im hier vorliegenden Sonderfall der parallelen Schichtenströmung durch folgende Stofffunktionen beschreiben:

$$\begin{aligned}
\tau &= F(\dot{\gamma}) \\
\sigma_x &= -p^+ + F_1(\dot{\gamma}^2) \\
\sigma_y &= -p^+ + F_2(\dot{\gamma}^2) \\
\sigma_z &= -p^+
\end{aligned} \qquad (5.3)$$

Es ist noch zu begründen, warum $-p^+$ auch in σ_y und σ_x auftritt und weshalb diese beiden Normalspannungen – abgesehen von $-p^+$ – Funktionen des Quadrates der Schergeschwindigkeit sind:

Das Erstere erscheint sinnvoll, wenn man bedenkt, dass die Normalspannungen den hydrostatischen Anteil mitenthalten, d. h., erhöht man den Druck bei gleichbleibender Schergeschwindigkeit, so erhöhen sich die drei Normalspannungen gleichermaßen. Dies wird durch den isotropen Anteil $-p^+$ berücksichtigt, der i. Allg. noch von $\dot{\gamma}$ abhängt, für $\dot{\gamma} = 0$ jedoch mit dem hydrostatischen Druck identisch ist. Das Zweite ist einzusehen, wenn man beachtet, dass die Normalspannungen σ_y und σ_x von dem Vorzeichen der Schergeschwindigkeit unabhängig sein müssen, was formal nur dann erfüllt ist, wenn die Funktionen F_1 und F_2 von der Schergeschwindigkeit mit geradem Exponenten abhängen. Die Normalspannungsfunktionen $F_1(\dot{\gamma}^2)$ und $F_2(\dot{\gamma}^2)$ sind durch Differenzbildung aus den Normalspannungen zu ermitteln.

$$\begin{aligned}
\sigma_x - \sigma_z &= F_1(\dot{\gamma}^2) \\
\sigma_y - \sigma_z &= F_2(\dot{\gamma}^2)
\end{aligned} \qquad (5.4)$$

Eine Ursache für das Auftreten elastischer Effekte ist die reversible Deformation der Partikel. Ein zweiter elastischer Anteil entsteht aus der Wechselwirkung zwischen Agglomeraten aus Einzelpartikeln und Trägerflüssigkeit der Art, dass die Agglomerate im Scherfeld eine reversible Strukturveränderung erfahren.

5.2 Viskosimeterströmungen inkompressibler viskoelastischer Flüssigkeiten

In den hier vorzustellenden Viskosimetern (Rohr-, Couette- und Kegel-Platte-Viskosimeter) geht man von der Voraussetzung aus, dass die Flüssigkeiten einer reinen Scherbeanspruchung ausgesetzt sind. Dies ist nicht die einzig mögliche Beanspruchungsform, was an den Beispielen Rohrkrümmer, konvergenter und divergenter Kanal gezeigt werden kann. Eine theoretische

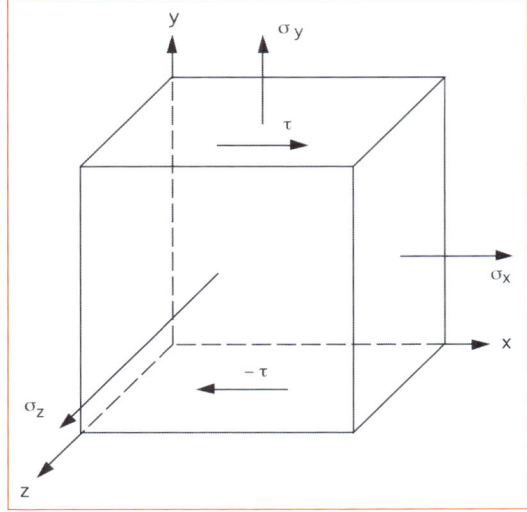

Abb. 5.5 Spannungen an einem Volumenelement in einer parallelen Schichtenströmung

Lösung dieser Strömungsprobleme ist allerdings im Fall der viskoelastischen Flüssigkeiten nur mit erheblichem mathematischen Aufwand möglich und soll hier ausgeklammert werden. Lediglich die reine Dehnströmung wird noch besonders angesprochen.

5.2.1 Die stationäre Rohrströmung

Zur rheologischen Beschreibung der stationären Schichtenströmung in einem Rohr bedient man sich eines Zylinderkoordinatensystems. Die Fließrichtung sei mit x, die Scherrichtung mit r und die indifferente Richtung mit φ bezeichnet. Die Stofffunktionen lauten dann:

$$\tau = F(\dot{\gamma})$$
$$\sigma_x - \sigma_\varphi = F_1(\dot{\gamma}^2) \quad (5.5)$$
$$\sigma_r - \sigma_\varphi = F_2(\dot{\gamma}^2)$$

Da weder σ_φ noch σ_x messtechnisch zu erfassen sind, muss man sich auf die Ermittlung der Fließkurve [$\tau = F(\dot{\gamma})$] beschränken. In einer stationären Rohrströmung können folgende Größen gemessen werden: der Volumenstrom $\dot{V}$ und der Druckverlust pro Längeneinheit $\Delta p/\Delta x$. Über eine Gleichgewichtsbetrachtung lässt sich die Schubspannungsverteilung über den Rohrquerschnitt ermitteln. Der Einfachheit halber soll die Ableitung hier für eine Newtonsche Flüssigkeit erfolgen; das Resultat ist jedoch ebenso für nicht-Newtonsche Flüssigkeiten gültig. In Abb. 5.6 ist ein zylindrisches Flüssigkeitselement mit den daran angreifenden Kräften dargestellt.

An der Stelle $x = x_0$ wirkt die Kraft $p\pi r^2$, an der Stelle $x = x_0 + \Delta x$ die Kraft $-(p - \Delta p)\pi r^2$. Daraus ergibt sich eine Resultierende in positiver x-Richtung der Größe $\Delta p \pi r^2$, die der an der zylindrischen Mantelfläche angreifenden Schubspannung das Gleichgewicht halten muss, derart, dass $\tau\, 2\pi\, r\Delta x = \Delta p \pi\, r^2$. Führt man noch $\Delta p/\Delta x = p'$ ein, so erhält man die Schubspannung als Funktion des Radius r

$$\tau = p' \frac{r}{2} \quad (5.6)$$

und für die Schubspannung an der Wand

$$\tau_w = p' \frac{R}{2}$$

d. h., die Schubspannung hängt linear vom Rohrradius ab, wie in Abb. 5.6 dargestellt. Es ist zu beachten, dass für Gleichung (5.6) keine Annahmen über das Fließverhalten getroffen werden müssen, es wird lediglich stationäre parallele Schichtenströmung verlangt. Der Volumenstrom einer laminaren Rohrströmung lässt sich bei Wandhaftung folgendermaßen berechnen:

$$\dot{V} = 2\pi \int_0^R v(r)\, r\, dr \quad (5.7)$$

Durch partielle Integration ergibt sich

$$\dot{V} = \pi \left[\left| r^2 v(r) \right|_0^R - \int_0^R r^2 dv(r) \right]$$

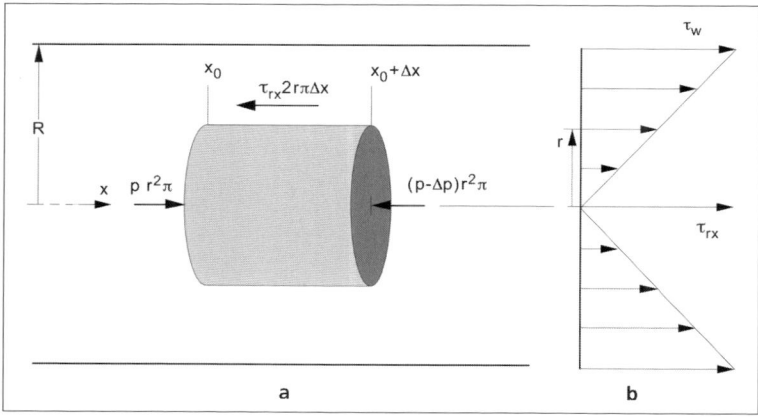

Abb. 5.6 Kräftegleichgewicht an einem zylindrischen Flüssigkeitselement und daraus resultierende Schubspannungsverteilung in einer stationären Rohrströmung

5.2 Viskosimeterströmungen inkompressibler viskoelastischer Flüssigkeiten

und mit der Randbedingung v(R) = 0, und der Beschränktheit von v(r = 0), d.h. v(0) ≠ ∞

$$\dot{V} = -\pi \int_0^R r^2 \frac{dv(r)}{dr} dr$$

Führt man $-\frac{dv(r)}{dr} = F(\tau)$ ein, dann erhält man unter Benutzung der Gleichungen (5.6) mit r = R τ/τ_w

$$\dot{V} = \frac{\pi R^3}{\tau_w^3} \int_0^{\tau_w} \tau^2 F(\tau) d\tau \qquad (5.8)$$

Mit der Abkürzung $\frac{\dot{V}}{\pi R^3} = \phi$

und Differenzieren nach τ_w geht (5.8) über in

$$\dot{\gamma}_w = F(\tau_w) = 3\phi + \tau_w \frac{d\phi}{d\tau_w} \qquad (5.9)$$

(5.9) ist unter dem Namen **Rabinowitsch-Mooney-Beziehung** bekannt. Mit ihrer Hilfe können Rohrrheometermessungen ausgewertet werden, da nun sowohl die Schubspannung als auch die Schergeschwindigkeit an der Wand aus den Messgrößen $\dot{V}$ und p' ermittelt werden können. Die Methode hat den Nachteil, dass der gemessene Zusammenhang $\dot{V} = f(\Delta p)$ differenziert werden muss. Im Sonderfall der Newtonschen Flüssigkeit wird der Term $\tau_w (d\phi/d\tau_w)$ gleich ϕ, was eingesetzt in (5.9) auf das **Hagen-Poiseuillesche Gesetz** führt.

$$\frac{\tau_w}{\eta} = \frac{4}{\pi} \frac{\dot{V}}{R^3} \qquad (5.10)$$

Für die Ermittlung der Fließkurve wurde parallele, stationäre Schichtenströmung vorausgesetzt. Bis sich diese Verhältnisse ausgebildet haben, bedarf es einer Anlaufstrecke. Bei viskoelastischen Flüssigkeiten kann erst nach etwa einer Länge von 150 d mit Sicherheit damit gerechnet werden, dass obige Bedingung ausreichend erfüllt ist. Daneben ergeben sich am Rohraustritt Endeffekte, die die Messergebnisse verfälschen. Diese Endeffekte können aber experimentell eliminiert werden. Ermittelt man nämlich für zwei Rohre gleichen Durchmessers, jedoch unterschiedlicher Rohrlänge, den Zusammenhang für $\dot{V}$ und Δp, so ergibt sich ein Verlauf, wie er in Abb. 5.7a schematisch dargestellt ist.

Für einen bestimmten Durchsatz $\dot{V}_1$ ist der Unterschied in den Druckdifferenzen, Δp_1, abzulesen und durch die Längendifferenz der beiden Rohre ΔL zu dividieren, $p'_1 = \Delta p_1 / \Delta L$. Mit Hilfe der Gleichungen (5.8) und (5.9) erhält man ein Wertepaar τ_1 und $\dot{\gamma}_1$ der Fließkurve (Abb. 5.7 b). Analog verfährt man mit den anderen Messpunkten.

Aus der Strömungsmechanik ist bekannt, dass für eine Newtonsche Flüssigkeit mit einer laminaren Rohrströmung nur bis zu einer Reynoldszahl Re = 2300 gerechnet werden darf. Die danach einsetzende Turbulenz bewirkt eine sprunghafte Erhöhung des Widerstandsbeiwertes f.

Viskoelastische Flüssigkeiten zeigen demgegenüber ein stark verändertes Turbulenzverhalten. Weitere Einzelheiten dazu werden in Kap. 6 angegeben. Hier sei nur erwähnt, dass unter

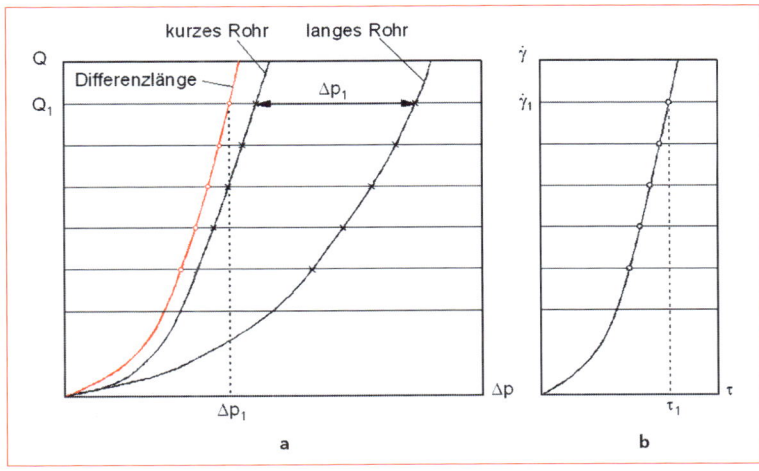

Abb. 5.7 Volumenstrom in Abhängigkeit der Druckdifferenz an Rohren verschiedener Länge einschließlich der Endeffekte

gewissen Bedingungen die „kritische Reynoldszahl", die Reynoldszahl bei der erstmals Turbulenz einsetzt, zu höheren Werten hin verschoben werden kann. Noch wichtiger ist aber die durch elastische Effekte ausgelöste **Widerstandsverminderung**.

In Abb. 5.8 ist der Zusammenhang zwischen dem Widerstandsbeiwert f und Re – er wird allgemein als Widerstandscharakteristik bezeichnet – für einige Polymerlösungen dargestellt. Die Widerstandsverminderung nimmt mit zunehmender Polymerkonzentration und abnehmendem Rohrdurchmesser (hier nicht dargestellt) stark zu.

An der Kurve der 1,5%igen PAA-Lösung wird besonders deutlich, welche Fehlerquellen hier möglich sind: Der Übergang von der laminaren zur turbulenten Strömung geschieht so gleitend, dass er bei der Ermittlung der Fließkurve leicht unbemerkt bleiben kann. Es empfiehlt sich daher, eine Abschätzung der Reynoldszahl durchzuführen, und grundsätzlich Re = 2300 nicht zu überschreiten, damit immer laminare Strömung vorliegt. Auf der anderen Seite liefert die turbulente Widerstandscharakteristik ein außerordentlich empfindliches Maß für die Ermittlung elastischer Effekte. Beispielsweise führen schon Konzentrationen von 0,01 % eines Hochpolymers (Molekulargewicht größer 10^7 Dalton) in Wasser in einem Rohr von 2 mm Durchmesser zu messbaren Widerstandsverminderungen.

5.2.2 Die Couette-Strömung

Als Couette-Strömung bezeichnet man eine Flüssigkeitsbewegung, die sich zwischen zwei konzentrischen Zylindern einstellt, wenn diese sich mit konstanter Winkelgeschwindigkeitsdifferenz Ω gegeneinander drehen.

In Abb. 5.9 wird der äußere Zylinder angetrieben, während am inneren Zylinder das Drehmoment gemessen werden kann, das sich aufgrund der Flüssigkeitsreibung einstellt. Abgesehen von Störungen am Boden und an der Flüssigkeitsoberfläche verläuft die Strömung stationär in konzentrischen parallelen Schichten.

In einem Couette-Rheometer können die Winkelgeschwindigkeitsdifferenz Ω und das Drehmoment M gemessen werden. Für eine gegebene Geometrie (r_a = Radius des äußeren Zylinders, r_i = Radius des inneren Zylinders und h = Höhe des mit Flüssigkeit gefüllten Ringspaltes) ist bei konstantem Ω das gemessene Drehmoment M ein Maß für die Viskosität der Flüssigkeit.

Die radiale Schubspannungsverteilung ergibt sich hier aus einer Gleichgewichtsbetrachtung der Drehmomente. Im Fall der stationären Strömung ist das Drehmoment konstant, d.h. vom Radius unabhängig. Gleichgültig welcher Zylinder angetrieben wird, gilt der Zusammenhang:

$$M = 2\pi h r^2 \tau = \text{constant} \tag{5.11}$$

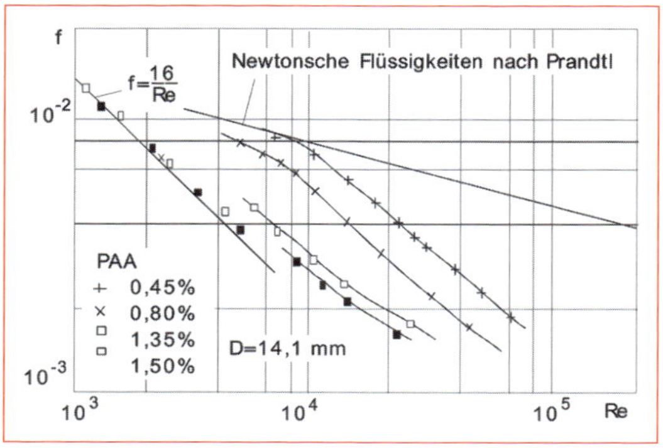

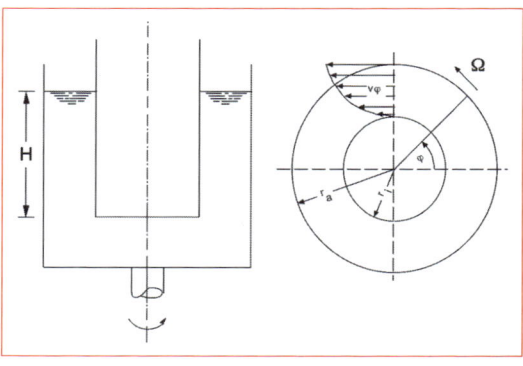

Abb. 5.8 Widerstandscharakteristik wässriger Polyacrylamid (PAA)-Lösungen verschiedener Konzentration

Abb. 5.9 Die Zylinder-Couette-Strömung

oder

$$\tau = \frac{M}{2\pi h r^2} \quad (5.12)$$

Die örtliche Schergeschwindigkeit im Couette-Spalt darf nicht – analog der ebenen Scherströmung – mit

$$\dot{\gamma} = \frac{dv_\varphi}{dr} \text{ berechnet werden.}$$

Die Beziehung

$$\frac{dv_\varphi}{dr} = \frac{d[r\omega(r)]}{dr} = \omega(r) + r\frac{d\omega}{dr}$$

enthält mit $\omega(r)$ die Rotation der Teilchen. Da die Schergeschwindigkeit aber definitionsgemäß ausschließlich die Deformation des Flüssigkeitselementes beschreiben soll, muss von dv_φ/dr die örtliche Winkelgeschwindigkeit $\omega(r)$ abgezogen werden. Es gilt daher im vorliegenden Fall

$$\dot{\gamma} = -r\frac{d\omega}{dr} \quad (5.13)$$

wegen $\dot{\gamma} = \tau/\eta$ folgt

$$d\omega = \frac{\tau}{\eta}\frac{1}{r}dr$$

Die Differenziation von (5.12) liefert $dr/r = -d\tau/2\tau$ und damit

$$d\omega = \frac{1}{2\eta}d\tau \quad (5.14)$$

Für den Newtonschen Fall ergibt die Integration von (5.14)

$$\omega = \frac{\tau}{2\eta} + c_1$$

Wird der äußere Zylinder angetrieben und ruht der innere Zylinder, so erlaubt die Randbedingung am inneren Zylinder, $r = r_i$; $\omega = 0$; $\tau = \tau(r_i)$, die Konstante c_1 zu bestimmen,

$$c_1 = -\frac{\tau(r_i)}{2\eta}$$

und aus der Randbedingung am äußeren Zylinder, $r = r_a$; $\omega = \Omega$; $\tau = \tau(r_a)$ folgt

$$\Omega = \frac{\tau(r_a) - \tau(r_i)}{2\eta} = \frac{\tau(r_i)}{2\eta}\left(\frac{\tau(r_a)}{\tau(r_i)} - 1\right).$$

Mit

$$\frac{\tau(r_a)}{\tau(r_i)} = \frac{r_i^2}{r_a^2} = \beta$$

wird schließlich

$$\Omega = \frac{\tau(r_i)}{2\eta}(\beta - 1) \quad (5.15)$$

Berechnet man beispielsweise Schergeschwindigkeit und Schubspannung am Innenzylinder, so liefern die Gleichungen (5.12) und (5.15) ein korrespondierendes Wertepaar

$$\tau(r_i) = \frac{M}{2\pi h r_i^2} \quad (5.16)$$

und $\dot{\gamma}(r_i) = \dfrac{2\Omega}{(\beta - 1)}$ \quad (5.17)

Abgesehen vom Vorzeichen erhält man das gleiche Ergebnis, wenn der Innenzylinder rotiert und der Außenzylinder ruht, und solange parallele Schichtenströmung vorliegt.

5.2.3 Die Kegel-Platte-Strömung

Zwischen einer horizontalen Platte und einem Kegel befindet sich eine Flüssigkeit. Damit die Kegelspitze die Platte nicht berührt, ist sie um etwa 50 µm abgeschnitten (Abb. 5.10). Dreht sich

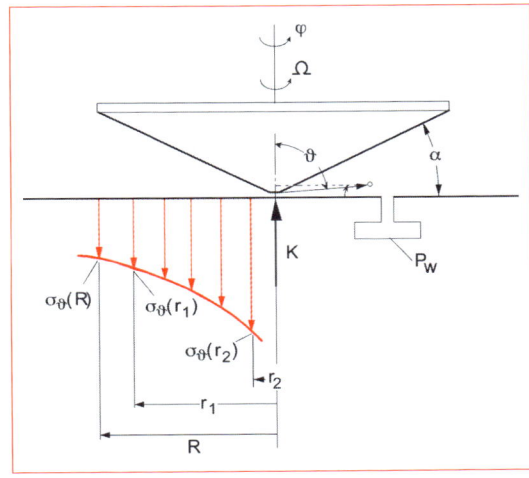

Abb. 5.10 Die Kegel-Platte-Strömung

der Kegel gegenüber der Platte mit konstanter Winkelgeschwindigkeit Ω, so stellt sich im Spalt näherungsweise eine stationäre parallele Schichtenströmung ein, wenn der Winkel α klein genug ist ($\alpha \approx 1°$).

Mit den Koordinaten φ als Fließrichtung, ϑ als Scherrichtung und r als indifferente Richtung, lauten die rheologischen Stofffunktionen:

$$\tau = F(\dot{\gamma})$$
$$\sigma_\varphi - \sigma_r = F_1(\dot{\gamma}^2) \qquad (5.18)$$
$$\sigma_\vartheta - \sigma_r = F_2(\dot{\gamma}^2)$$

Unter der bereits oben genannten Voraussetzung eines sehr kleinen Winkels ergibt sich für die Schergeschwindigkeit

$$\frac{v_\varphi}{h} = \frac{\Omega r \cos\alpha}{r \sin\alpha}$$

Das bedeutet, dass sie im gesamten Scherspalt konstant ist und aus der Winkelgeschwindigkeit Ω wie folgt berechnet werden kann:

$$\dot{\gamma} = \frac{\Omega}{\tan\alpha} \qquad (5.19)$$

Die zugehörige Schubspannung τ lässt sich aus dem gemessenen Moment ermitteln. Es gilt

$$M = \int_0^R \tau 2\pi r^2 dr \;;\; M = \frac{2\pi}{3} R^3 \tau$$

d.h. $\tau = \dfrac{3}{2}\dfrac{M}{\pi R^3}$ (5.20)

Beim Kegel-Platte-Rheometer kann demnach aus gemessenem Drehmoment und zugehöriger Drehzahl mit Gleichungen (5.19) und (5.20) auf einfache Weise ein Wertepaar der Fließkurve berechnet werden. Darüber hinaus ist auch die Ermittlung der Normalspannungsfunktionen $F_1(\dot{\gamma}^2)$ und $F_2(\dot{\gamma}^2)$ möglich (sie werden im weiteren Verlauf mit F_1 und F_2 abgekürzt). Auf die Theorie dazu soll hier nicht näher eingegangen werden; dafür wird das Lehrbuch von Bird et al. (1977) empfohlen. Es sei jedoch angeführt, dass die Summe der Normalspannungsfunktionen F_1 und F_2 sich durch die Messung des Bodendruckes p_w an radial verschiedenen Stellen der Platte (s. Abb. 5.10) über die folgende Gleichung bestimmen lässt:

$$p_w = -(\sigma_\vartheta)_w = -(F_1 + F_2) \ln\frac{r}{R} - \sigma_\vartheta(R) \qquad (5.21)$$

Aus (5.21) geht hervor, dass eine grafische Darstellung der Messergebnisse in der Form p_w über $\ln(r/R)$ Geraden liefert, deren Steigung gleich $(F_1 + F_2)$ ist. In Abb. 5.11 ist dies schematisch dargestellt, wobei die Schergeschwindigkeit als Parameter auftritt.

Die Differenz der Normalspannungsfunktion $(F_1 - F_2)$ lässt sich aus der Axialkraft K berechnen, die auf den Kegel ausgeübt wird. Da für r = R die Normalspannung am Boden in indifferenter, also in radialer Richtung, abgesehen vom Vorzeichen gleich dem Außendruck p_0 ist $[\sigma_r(R) = -p_0$ für $\vartheta = \pi/2]$, folgt – unter der Annahme, dass an dieser Stelle tatsächlich noch parallele Schichtenströmung herrscht – aus den Gleichungen (5.18) und (5.21)

$$p_w = -(F_1 + F_2)\ln\frac{r}{R} - F_2 + p_0$$

$$K = 2\pi \int_0^{R\cos\alpha} p_w r dr = \pi R^2 p_0 - \pi R^2 F_2 + \frac{\pi R^2}{2}(F_1 + F_2)$$

$$K = \pi R^2 p_0 + \frac{\pi R^2}{2}(F_1 - F_2) \qquad (5.22)$$

Wird die Axialkraft K und der Bodendruck an zwei radialen Positionen gemessen, dann lassen sich beide Normalspannungsdifferenzen bestimmen.

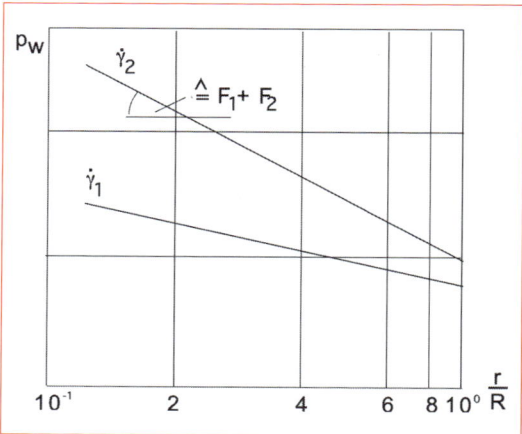

Abb. 5.11 Wanddruck p_w im Kegel-Platte-Rheometer als Funktion des Logarithmus von r/R mit der Schergeschwindigkeit $\dot{\gamma}$ als Parameter

Hat die 2. Normalspannungsdifferenz keine große Bedeutung, wie das häufig der Fall ist, so genügt eine der genannten Messungen um die 1. Normalspannungsdifferenz zu ermitteln. Auf weitere Rheometerströmungen soll hier nicht näher eingegangen werden. Vielmehr soll etwas später noch eine mehr praxisbezogene Methode, das Rührer-Rheometer, angesprochen werden.

5.3 Mathematische Modellierung der stationär ermittelten Fließkurve

Durch Aneinanderreihen von Messungen mit den verschiedenen im vorigen Abschnitt behandelten Rheometer-Typen ist man in der Lage, die Fließkurve $\tau(\dot{\gamma})$ einer Flüssigkeit in einem außerordentlich weiten Beanspruchungsbereich experimentell zu ermitteln. Der nächste Schritt ist der Versuch, die gefundenen Messwerte durch eine mathematische Funktion zu beschreiben. Dadurch wäre es möglich, andere Strömungsformen – beispielsweise die parallele Schichtenströmung in einem breiten Spalt – zu berechnen. Folgende Ansätze bieten sich dazu an: a) Potenzansätze, b) Polynome, c) der Ansatz nach Casson.

5.3.1 Potenzansatz

Lassen sich die Wertepaare τ und $(\dot{\gamma})$ einer gemessenen Fließkurve in einer doppeltlogarithmischen Auftragung durch eine Gerade annähern, so führt ein Ansatz der Form

$$\tau = k\dot{\gamma}^n \tag{5.23}$$

zum Ziel. Der Vorteil der Gleichung (5.23) liegt vor allem in dem sehr einfachen mathematischen Aufbau, der es gestattet, eine beliebige parallele Schichtenströmung analytisch zu behandeln. k wird der Konsistenz-, n der Fließindex genannt.

Betrachtet man jedoch die Abb. 5.3, so erkennt man, dass ein Potenzansatz nur kleine Bereiche der abgebildeten Fließkurve mathematisch beschreiben kann. Beispielsweise lässt sich der Bereich zwischen $\dot{\gamma} = 5 \cdot 10^2$ s^{-1} bis $\dot{\gamma} = 10^4$ s^{-1} in der vorliegenden doppeltlogarithmischen Auftragung ausreichend genau durch eine Gerade und damit mittels (5.23) darstellen. Der entscheidende Nachteil des Potenzansatzes wird jedoch in einer etwas anderen Schreibweise von (5.23) ersichtlich

$$\eta = \frac{\tau}{\dot{\gamma}} = k\dot{\gamma}^{n-1}$$

Für $n \neq 1$ und $\dot{\gamma} \to 0$ geht $\eta \to 0$, d.h. bei verschwindender Beanspruchung wird die mit (5.23) berechnete Viskosität Null. Ein weiterer Mangel ist, dass die Dimension von k vom Exponenten n abhängt.

Trotz dieser formalen Nachteile gibt es genügend Beispiele für eine sinnvolle Anwendung des Potenzansatzes. Beispielsweise lässt sich damit für nicht zu niedrige Schergeschwindigkeiten die Geschwindigkeitsverteilung in einem Couette-Spalt für nicht-Newtonsche Flüssigkeiten vorausberechnen.

5.3.2 Polynomansätze

Die Erfahrung lehrt, dass der Anfangsbereich der Fließkurve jeder nicht-Newtonschen Flüssigkeit ausreichend genau durch die folgende Gleichung erfüllt ist

$$\frac{\dot{\gamma}}{C} = \frac{\tau}{A} + \left(\frac{\tau}{A}\right)^3 \tag{5.24}$$

A, C sind Konstanten. Abb. 5.12 zeigt dies am Beispiel einer 0,8%igen wässrigen Polyacrylamidlösung (Molekulargewicht ca. 10^7 Dalton).

Für höhere Schergeschwindigkeiten ist jedoch, wie man sieht, ein Polynom 3. Grades nicht mehr flexibel genug. Aus Abb. 5.3 ist zu ersehen, dass ein Polynom 7. Grades der Form

$$\dot{\gamma} = c\left[\frac{\tau}{a} + \left(\frac{\tau}{a}\right)^3 + d\left(\frac{\tau}{a}\right)^5 + e\left(\frac{\tau}{a}\right)^7\right] \tag{5.25}$$

(durchgezogene Kurve) einen außerordentlich weiten Bereich der gemessenen Fließkurve mathematisch annähert (a, c, d, und e sind Konstanten).

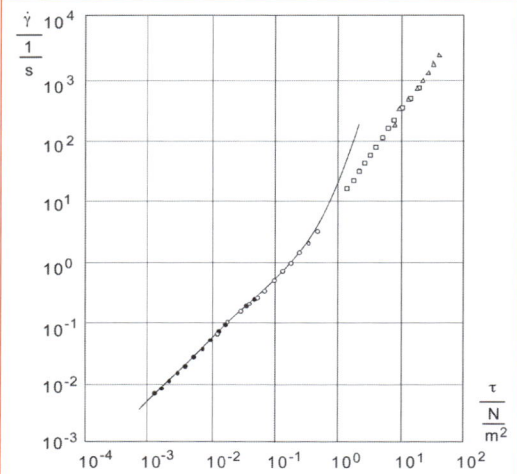

Abb. 5.12 Fließkurve einer 0,8%igen wässrigen Polyacrylamidlösung. Die eingezeichnete Kurve stellt ein Polynom 3. Grades dar, die unterschiedlichen Symbole deuten die Verwendung verschiedener Rheometertypen an.

5.3.3 Der Ansatz nach Casson

Für viele Suspensionen wird die Existenz einer Fließgrenze postuliert; d. h. erst oberhalb einer Mindestschubspannung τ_0 beginnt die Suspension zu fließen. Casson hat zur Beschreibung eines derartigen Fließverhaltens eine Beziehung der Form

$$\tau^{1/2} = (b\dot{\gamma})^{1/2} + \tau_0^{1/2} \qquad (5.26)$$

angegeben. b ist eine Konstante, die sich aus dem asymptotischen Verhalten für große $(\dot{\gamma})$ als η_∞ ergibt. (5.26) ist – wie später noch gezeigt wird – in einer modifizierten Form in der Lage, das stationäre Fließverhalten einer Reihe von Biosuspensionen in einem weiten Beanspruchungsbereich zu beschreiben.

5.4 Repräsentative Viskosität

Bei der experimentellen Bestimmung der Fließeigenschaften von Flüssigkeiten, sind die Zusammenhänge zwischen den Messgrößen und den Fließeigenschaften nur im Falle Newtonscher Flüssigkeiten auf einfache Weise aufzulösen. Im Fall nicht-Newtonscher Flüssigkeiten kommt neben der Messaufgabe die Aufgabe, die wahre Fließkurve zu ermitteln. Dafür sind verschiedene Methoden erarbeitet worden. Im Abschnitt 5.2.1 wurde am Beispiel des Rohrrheometers ein Weg gezeigt, bei welchem eine Differenziation des gemessenen Zusammenhanges $\dot{V} = \dot{V}(\Delta p)$ zur wahren Fließkurve führt. Da diese und andere exakte Methoden aufwändig sind, bestand der Bedarf an einer einfach durchzuführenden Auswertung. Als solche ist die Methode der repräsentativen Viskosität zu sehen. Dieser liegt der folgende Gedanke zugrunde: Man werte die Messergebnisse zunächst so aus, als ob es sich um ein Newtonsches Fluid handle. Die so gewonnene Viskosität kann als wahre Viskosität bei einer, der jeweiligen Geometrie entsprechenden, repräsentativen Schergeschwindigkeit interpretiert werden. Letztere bleibt dann zu bestimmen.

Für mehrere Stoffklassen konnte gezeigt werden, dass die repräsentative Schergeschwindigkeit $\dot{\gamma}_{rep}$ sich nur um einen nahezu konstanten Faktor von der für Newtonsche Fluide verwendeten Schergeschwindigkeit $\dot{\gamma}_{New}$ unterscheidet. So ist z. B. im Couette-Rheometer

$$\dot{\gamma}_{rep} = \xi\Omega = \xi^* \dot{\gamma}_{New} = \xi^* \frac{2\Omega}{(1-\beta)} \qquad (5.27)$$

Je nachdem ob man $\dot{\gamma}_{rep}$ auf $\dot{\gamma}_{New}$ oder auf Ω bezieht, erhält man unterschiedliche Proportionalitätskonstanten ξ oder ξ^*.

Das zunächst empirisch eingeführte Verfahren kann auch theoretisch begründet werden (Giesekus und Langer 1977). In der Abb. 5.13 ist $\dot{\gamma}_{rep}$, welches für den Polynomansatz (5.24) exakt errechnet wurde, über dem Radienverhältnis r_i/r_a bei konstanter Winkelgeschwindigkeit $\Omega = 1\ s^{-1}$ aufgetragen. Man erkennt, dass sich $\dot{\gamma}_{rep}$ für große Couette-Spalte, $(r_i/r_a) \to 0$, einem konstanten Wert annähert, d. h., es ist dann unabhängig von der Spaltweite. Schon für Radienverhältnisse von $r_i/r_a = 0,3$ liegt der Wert von $\dot{\gamma}_{rep}$ nur noch 10 % über dem konstanten Wert.

Weiterhin soll der **repräsentative Radius** r_{rep} angegeben werden. Er kennzeichnet die Stelle im Couette-Spalt, an der die repräsentative Schergeschwindigkeit mit der Schergeschwindigkeit eines Newtonschen Fluids übereinstimmt.

5.4 Repräsentative Viskosität

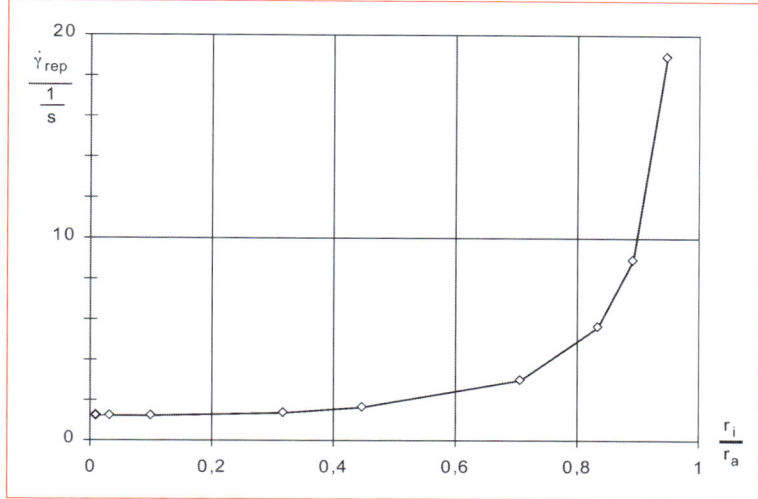

Abb. 5.13 Repräsentative Schergeschwindigkeit $\dot{\gamma}_{rep}$ in Abhängigkeit vom Radienverhältnis r_i/r_a des Couette-Systems, berechnet für den Polynomansatz 3. Ordnung, bei konstanter Winkelgeschwindigkeit $\Omega = 1 \text{ s}^{-1}$

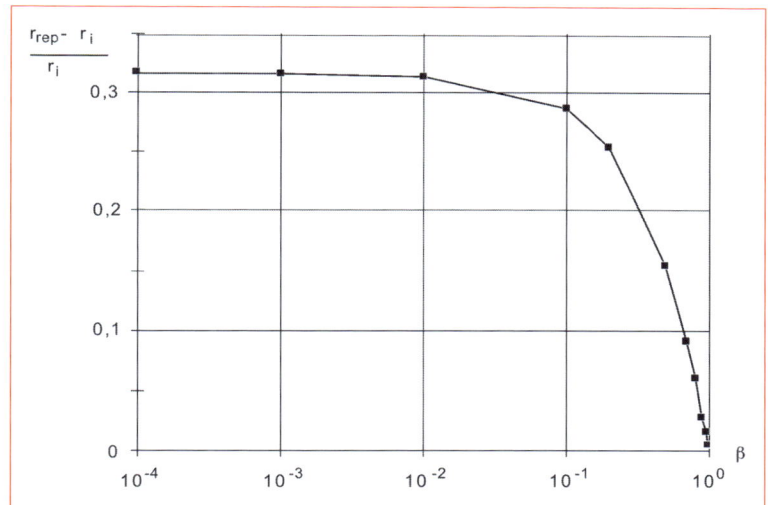

Abb. 5.14 Auf r_i bezogener r_{rep} in Abhängigkeit vom Quadrat des Radienverhältnisses r_i/r_a des Couette-Systems, berechnet für den Polynomansatz 3. Ordnung

$$\frac{r_{rep}^2}{r_i^2} = \frac{\dot{\gamma}_{New}}{\dot{\gamma}_{rep}} = \frac{2}{\xi(1-\beta)}$$

oder

$$\frac{r_{rep}}{r_i} = \sqrt{\frac{2}{\xi(1-\beta)}} \tag{5.28}$$

Abb. 5.14 zeigt den repräsentativen Radius in Abhängigkeit vom Radienverhältnis für den Polynomansatz. Für große Spaltweiten befindet sich der repräsentative Ort in konstanter Entfernung vom Innenzylinder. Für enge Spalte nähert er sich dem inneren Rand.

Analog dem Vorgehen für das Couette-Rheometer kann man für das Rohr oder andere Strömungsgeometrien verfahren. Man erhält für das Rohr die **repräsentative Schergeschwindigkeit**

$$\dot{\gamma}_{rep} = \frac{\dot{V}}{R^3} = \frac{\pi}{4}\dot{\gamma}_{New} \tag{5.29}$$

Die mit r_{rep} aus der wahren Fließkurve gewonnene repräsentative Viskosität η_{rep} hat den Vorteil, dass, wenn man mit ihr die in der Strömungstechnik für die Rohrströmung gebräuchliche Reynoldszahl bildet

$$\text{Re} = \frac{\overline{v} d \rho}{\eta_{rep}} \quad (5.30)$$

($\overline{v} = 4\dot{V}/(\pi d^2)$ ist die mittlere Strömungsgeschwindigkeit, d ist der Rohrdurchmesser, ϱ die Dichte der Flüssigkeit) und den Widerstandsbeiwert f

$$f = \frac{p' d}{2 \overline{v}^2} \quad (5.31)$$

mit ihr korreliert, der für die laminare Rohrströmung Newtonscher Flüssigkeiten gefundene Zusammenhang

$$f = \frac{16}{\text{Re}} \quad (5.32)$$

auch für nicht-Newtonsche Flüssigkeiten seine Gültigkeit behält.

5.5 Das Rührer-Rheometer

Die in den vorausgegangenen Abschnitten beschriebenen Rheometeranordnungen sind für die Verwendung von Fermentationsbrühen unter Umständen nicht geeignet. Dies liegt daran, dass die suspendierte Biomasse oft schnell sedimentiert und außerdem für die Spaltgeometrien zu große Teilchen enthält. Um diese Schwierigkeiten zu umgehen, kann man den inneren Zylinder eines Zylinder-Couette-Rheometers durch einen Rührer ersetzen (Bongenaar et al. 1973). Durch die Mischwirkung des Rührers kann die Sedimentation weitgehend vermieden werden; auch das Problem des engen Spaltes tritt nicht mehr auf. Für den laminaren Bereich wurde die folgende empirische Auswertemethode entwickelt, die nur solange gilt, wie elastische Effekte zu vernachlässigen sind.

Die Leistung P eines Rührers ergibt sich aus dem am Rührerschaft auftretenden Drehmoment M und der Drehzahl n zu

$$P = 2\pi n M \quad (5.33)$$

Andererseits hängt die Leistung im laminaren Bereich (Re < 10) bei Newtonschen Flüssigkeiten von den Rührerdimensionen und der Drehzahl ab, wie es in (5.34) angegeben ist.

$$P = \frac{C}{\text{Re}} \rho \, n^3 d^5 \quad (5.34)$$

C ist eine Konstante, die von der Geometrie des Rührers bestimmt wird. Re, die Reynoldszahl des Rührers für Newtonsche Flüssigkeiten, ist als

$$\text{Re} = \frac{\rho \, n \, d^2}{\eta} \quad (5.35)$$

definiert (s. auch Kap. 6). d ist der Rührerdurchmesser, ϱ die Dichte und η die Viskosität der Flüssigkeit.

Die Konstante C wird unter Verwendung eines Newtonschen Fluids mit bekannter Viskosität für den jeweiligen Rührer bestimmt. Mit den Gleichungen (5.34) und (5.35) kann man den Zusammenhang zwischen den Messgrößen M und n und der Viskosität herstellen:

$$M = \frac{C}{2\pi} \eta \, n \, d^3 \quad (5.36)$$

Verwendet man nicht-Newtonsche Flüssigkeiten im Rührerrheometer, dann befindet man sich in derselben Situation wie bei den im Vorausgegangenen behandelten Rheometerströmungen. Wegen der komplizierten Verhältnisse im Rührerrheometer lässt sich allerdings nicht einmal für ein Newtonsches Fluid das Geschwindigkeitsfeld berechnen, aus welchem man eine Schergeschwindigkeit ermitteln könnte.

Im Falle der nicht-Newtonschen Flüssigkeit ersetzt man wieder η durch η_{rep} und hat dann mit (5.36) eine Möglichkeit, eine Fließkurve anzugeben. Betrachtet man den aus (5.36) ermittelten repräsentativen Wert als einen Wert der wahren Fließkurve – die in diesem Fall als bekannt angenommen werden muss – so lässt sich der Drehzahl eine repräsentative Schergeschwindigkeit zuordnen.

Bei Untersuchungen mit verschiedenen nicht-Newtonschen Flüssigkeiten ergab sich, dass die repräsentative Schergeschwindigkeit proportional zur Drehzahl ist, wobei die Proportionalitätskonstante c von der Geometrie des Rührers abhängt.

$$\dot{\gamma}_{rep} = c \, n \quad (5.37)$$

Für einen Propellerrührer wurde z. B. c = 10, für einen Turbinenrührer c = 15 und für einen Wendelrührer c = 30 gefunden.

Wird das Rührerrheometer wie ein Rührkessel betrieben, kann man unter Verwendung von (5.36), der wahren Fließkurve und der repräsentativen Schergeschwindigkeit die notwendige Leistung vorausberechnen. Es sei nochmals betont, (5.36) gilt nur für laminare Strömung und inelastische Fluide. Der turbulente Bereich kann leicht an einem plötzlichen Anstieg der Leistungsaufnahme erkannt werden.

5.6 Die instationäre Scherströmung viskoelastischer Fluide

Wird eine viskoelastische Flüssigkeit – eine Flüssigkeit, die sowohl viskose, als auch elastische Eigenschaften hat – einer plötzlichen Deformation unterworfen, dann stellt sich der neue Spannungszustand, selbst wenn Trägheitseffekte vernachlässigt werden können, erst mit einer gewissen zeitlichen, für die Flüssigkeit charakteristischen Verzögerung ein. Verantwortlich dafür sind die bereits unter 5.1 aufgeführten Wechselwirkungen der im Fluid befindlichen Teilchen mit der sie umgebenden Flüssigkeit oder untereinander, die mit Desagglomeration / Agglomeration, elastischer Deformation und / oder Orientierung in der Scherströmung verbunden sind. Je nach der Größenordnung der zu erwartenden charakteristischen Zeiten bieten sich verschiedene Messverfahren an, wie z. B. das Aufbringen einer sprunghaften Änderung der Schergeschwindigkeit (Spannungsrelaxationsversuch), einer kontinuierlich mit der Zeit zu- und anschließend wieder abnehmenden Schergeschwindigkeit für große charakteristische Zeiten, oder das oszillierende Scherexperiment, auf das hier näher eingegangen werden soll. Die im Folgenden beschriebenen Oszillations-Messverfahren sind stets auf den linearen Bereich begrenzt, d. h. dass man sich bei realen Fluiden i. Allg. auf kleine Deformationen, bzw. Deformationsgeschwindigkeiten beschränken muss.

5.6.1 Das sinusförmig oszillierende Scherexperiment

Zur Bestimmung der sog. Materialfunktionen der linearen Viskoelastizität wird am häufigsten das sinusförmig oszillierende Scherexperiment mit kleiner Amplitude durchgeführt. Was in diesem Experiment bei einer viskoelastischen Flüssigkeit zu erwarten ist, erkennt man am besten, wenn man zunächst die idealen Fälle des Newtonschen Fluids und des Hookeschen Körpers betrachtet.

Für das **Newtonsche Fluid** mit der konstanten Viskosität η gilt, dass die Schubspannung τ proportional ist zur Schergeschwindigkeit, d. h. für eine sinusförmig oszillierende Schergeschwindigkeit folgt

$$\tau = \tau_0 \sin\omega t = \eta \dot{\gamma}_0 \sin\omega t \qquad (5.38)$$

Beim **Hookeschen Körper** mit dem konstanten elastischen Modul G ist die Schubspannung proportional der Scherung γ. Im Fall sinusförmig oszillierender Scherung gilt also

$$\tau = G\gamma_0 \sin\omega t \qquad (5.39)$$

Da die Schergeschwindigkeit um $\pi/2$ gegen die Scherung verschoben ist, bedeutet (5.39) auch, dass beim Hookeschen Körper die Spannung um $\pi/2$ gegen die Schergeschwindigkeit verschoben ist. Ein Fluid, welches sowohl viskose als auch elastische Eigenschaften besitzt und sich linear verhält, wird also auf eine sinusförmig oszillierende Schergeschwindigkeit mit einer ebensolchen Schubspannung antworten, wobei sich ein Phasenwinkel φ zwischen Schubspannung und Schergeschwindigkeit einstellt, der irgendwo (je nach Fluid) zwischen 0 und $\pi/2$ liegt.

$$\tau = \tau_0 \sin(\omega t + \varphi) = \tau_0 (\cos\varphi \sin\omega t + \sin\varphi \cos\omega t) \qquad (5.40)$$

Nachdem die Schergeschwindigkeit, die ja die zeitliche Ableitung des Scherwinkels γ ist, als

$$\dot{\gamma} = \dot{\gamma}_0 \sin\omega t$$

angesetzt war, gilt für die Scherung

$$\gamma = -\frac{\dot{\gamma}_0}{\omega}\cos\omega t = \gamma_0 \cos\omega t$$

Für (5.40) kann man deshalb auch schreiben

$$\tau = \frac{\tau_0 \cos\varphi}{\dot\gamma_0}\dot\gamma + \frac{\tau_0 \sin\varphi}{\gamma_0}\gamma = \eta'\dot\gamma + G'\gamma \qquad (5.41)$$

Kennt man also die Phasenverschiebung φ zwischen Schubspannung und Schergeschwindigkeit und die Amplituden der beiden Letzteren, dann lässt sich die Schubspannung nach (5.41) in einen der Schergeschwindigkeit und einen der Scherung proportionalen Anteil zerlegen. Die Proportionalitätskonstanten sind jeweils eine Viskosität η' und ein elastischer Schermodul G', die in (5.41) definiert sind. Beide zusammen bestimmen die Materialfunktion der linearen Viskoelastizität.

Eine andere Vorgehensweise, die Materialfunktion der linearen Viskoelastizität einzuführen, ist die Folgende: In Analogie zum stationären Fließen wird durch den Quotienten der sinusförmig oszillierenden Größen τ und $\dot\gamma$, ausgedrückt in komplexer Schreibweise durch τ* und $\dot\gamma$*, eine **komplexe Viskosität** η* definiert:

$$\eta^* = \frac{\tau^*}{\dot\gamma^*} = \frac{\tau_0 e^{i(\omega t - \varphi)}}{\dot\gamma_0 e^{i\omega t}} = \frac{\tau_0 e^{-i\varphi}}{\dot\gamma_0} = \frac{\tau_0(\cos\varphi - i\sin\varphi)}{\dot\gamma_0}$$

$$= |\eta^*|e^{-i\varphi} = \eta' - i\eta'' = \frac{\tau_0}{\dot\gamma_0}\cos\varphi - i\frac{\tau_0}{\dot\gamma_0}\sin\varphi \qquad (5.42)$$

η' der Realteil wird viskose, η'' der Imaginärteil wird elastische Komponente der komplexen Viskosität genannt. Diese Bezeichnungen leuchten ein, wenn man mit (5.41) vergleicht. Der Phasenwinkel φ wird auch viskoelastischer Phasenwinkel genannt. Bezieht man τ* auf γ*, so kann ein komplexer, elastischer Modul G* definiert werden:

$$G^* = \frac{\tau^*}{\gamma^*} = |G^*|e^{i\varphi} = G' + iG'' \qquad (5.43)$$

Wegen des Zusammenhanges $\dot\gamma^* = i\omega\gamma^*$, lässt sich G* in η* umrechnen. Es ist nämlich

$$\eta^* = \frac{\tau^*}{\dot\gamma^*} = \frac{\tau^*}{i\omega\gamma^*} = -i\frac{G^*}{\omega}$$

woraus folgt

$$G' = \omega\eta'' \quad ; \quad G'' = \omega\eta' \qquad (5.44)$$

Je nachdem, ob man sich mit mehr flüssigen oder mehr festen Stoffen beschäftigt, ist die Verwendung von η* oder G* angezeigt. Sie enthalten jedoch dieselbe Information. G' nennt man auch den Speichermodul und G'' den Verlustmodul.

Die experimentelle Ermittlung von η* und G* kann in den üblichen Messgeometrien durchgeführt werden, wobei je nach Fluid die eine oder andere besser geeignet ist. Die Schubspannung und die Schergeschwindigkeit sind dabei, wie schon bei den stationären Methoden gezeigt wurde, nicht direkt zugänglich, sondern sie müssen aus den messbaren Größen abgeleitet werden. Wie dies zu geschehen hat, soll am Beispiel der Kegel-Platte, der Zylinder-Couette und der Rohrgeometrie gezeigt werden.

5.6.2 Oszillierendes Scherexperiment in Rotationsviskosimetern

Das oszillierende Scherexperiment kleiner Amplitude im Kegel-Platte- oder im Zylinder-Couette-System wird i. Allg. so durchgeführt, dass eine der Flächen, die den Messspalt begrenzen, in sinusförmige Oszillationen versetzt wird. Durch das im Spalt befindliche Fluid wird ein Drehmoment auf die gegenüberliegende, starre Seite übertragen und kann dort leicht gemessen werden. Θ sei der Winkel, der die Position des bewegten Teiles des Messsystems von einem Bezugspunkt aus beschreibt und es gelte für die Schubspannung τ und die Scherung γ in komplexer Schreibweise der jeweils lineare Zusammenhang

$$\tau^* = eM^* \quad ; \quad \gamma^* = d\Theta^* \qquad (5.45)$$

Mit τ* = G*γ*
folgt dann

$$M^* = \frac{d}{e}G^*\Theta^*$$

d/e = b ist eine Konstante, die von der Geometrie des Messspalts abhängt. Sie lautet im Falle des Kegel-Platte-Systems

$$b = \frac{2\pi R^3}{3\alpha} \qquad (5.46)$$

worin R den Kegelradius und α den Winkel der Kegelmantelfläche gegen die Platte bedeuten. Für das Zylinder-Couette-System gilt

5.6 Die instationäre Scherströmung viskoelastischer Fluide

$$b = \frac{4\pi r_i^2 r_a^2 h}{\left(r_a^2 - r_i^2\right)} \tag{5.47}$$

mit r_i dem inneren, r_a dem äußeren Radius und h der Höhe des Messspaltes.

Die Messung von $|\Theta^*|$ und $|M^*|$ und des Phasenwinkels φ zwischen Θ^* und M^* erlaubt G^* bzw. η^* [s. (5.44)] zu bestimmen. Für die Komponenten des elastischen Moduls G^* ergibt sich

$$G' = \frac{1}{b}\frac{|M^*|}{|\Theta^*|}\cos\phi \tag{5.48}$$

$$G'' = \frac{1}{b}\frac{|M^*|}{|\Theta^*|}\sin\phi \tag{5.49}$$

5.6.3 Die oszillierende Rohrströmung

Bei der oszillierenden Rohrströmung als Rheometerströmung werden bei bekanntem Rohrradius R und bekannter Rohrlänge L der Druckverlust Δp und der Volumenstrom $\dot{V}$ in Betrag und Phase gemessen, woraus die Größen Δp* und $\dot{V}^*$ bestimmt werden können. Diese gilt es mit den Materialfunktionen der linearen Viskoelastizität in Verbindung zu bringen. Es wird in linearer Näherung vorausgesetzt, dass bei sinusförmigem Druckunterschied Δp*, durch welchen die Strömung angetrieben wird, die Geschwindigkeit v*(r,t) ebenfalls sinusförmig mit derselben Kreisfrequenz ω wie der Druck oszilliert. Die Bewegungsgleichung für das Fluid im Rohr lautet dann

$$-\frac{\partial p^*}{\partial x} + \eta^*\left[\frac{1}{r}\frac{\partial\left\{r\frac{\partial v^*}{\partial r}\right\}}{\partial r}\right] = \rho\frac{\partial v^*}{\partial t} \tag{5.50}$$

In dieser Gleichung bedeuten η^* die (hier konstante) komplexe Viskosität,

$$\eta^* = |\eta^*|e^{-i\varphi}$$

r die radiale, x die axiale Koordinate, ρ die Dichte des Fluids, v* die bei vollentwickelter Strömung

nur noch von r und t abhängige Geschwindigkeit. Der Druckgradient sei durch

$$\frac{\partial p^*}{\partial x} = -|\Delta p|e^{i\omega t}$$

gegeben.

Den genauen Lösungsweg kann man bei Fredrickson (1964) im Detail nachlesen; hier soll er nur grob skizziert werden. Ein Separationsansatz für v*(r,t) = g*(r)f*(t) eingesetzt in (5.50) führt auf die Besselsche Differenzialgleichung für g*(r) und somit auf die Lösung für v*(r,t). Durch Integration von v*(r,t) über den Rohrquerschnitt erhält man den komplexen Volumenstrom $\dot{V}^*$. Im Argument der Besselfunktion, die in $\dot{V}^*$ enthalten ist, erscheint kR, eine komplexe Größe, die durch (5.51) definiert ist.

$$k^2 = -\frac{i\omega\rho}{\eta^*} = -\frac{i\omega\rho}{|\eta^*|e^{-i\varphi}} \tag{5.51}$$

kR lässt sich nach Amplitude und Phase aufspalten

$$kR = Ye^{i\vartheta} \tag{5.52}$$

mit dem Betrag $Y = R(\omega\rho/|\eta^*|)^{1/2}$ und der Phase $\vartheta = \varphi/2-\pi/4$, wie man unter Verwendung von (5.51) findet. Y ist eine dimensionslose Kennzahl, die auch **Womersley Parameter** genannt wird. Y lässt sich wie folgt darstellen, wenn man $\bar{v}$ die mittlere Geschwindigkeit (Mittelwert aus der Wurzel des Quadrats der Geschwindigkeit) und t_0 die Schwingungsdauer (2π/ω) einführt.

$$Y = \frac{1}{2}\sqrt{\frac{2R\bar{v}\rho}{|\eta^*|}\frac{4R\pi}{\bar{v}t_0}} = \frac{1}{2}\sqrt{2\pi\,Re^+\,Str} \tag{5.53}$$

Durch entsprechende Zusammenfassung der beteiligten Größen treten somit Re^+, eine Reynoldszahl gebildet mit $|\eta^*|$, und die **Strouhalzahl**, Str, gebildet aus dem Verhältnis der zwei Systemzeiten $2R/\bar{v}$ und t_0 auf. Interpretiert man $|\eta^*|$ mit Hilfe eines Maxwell-Modells (Bird et al. 1977), für welches der Zusammenhang

$$\eta' = \eta_0\frac{1}{1+\lambda_m^2\omega^2} \qquad \eta'' = \eta_0\frac{\lambda_m\omega}{1+\lambda_m^2\omega^2}$$

gilt, mit λ_m der Spannungsrelaxationszeit, dann kann in Y noch die **Deborahzahl**, λ_m/t_0 (s. Kap. 6), eingeführt werden, so dass schließlich die Reynoldszahl Re, jetzt gebildet mit der Nullviskosität η_0, die Strouhalzahl Str und die Deborahzahl im Womersley-Parameter auftauchen.

$$Y = \frac{1}{2}\sqrt{2\pi \operatorname{Re} \sqrt{1 + 4\pi^2 De^2 Str}} \qquad (5.54)$$

Durch Definition einer Größe Z* als Quotient aus dem komplexen Druckverlust über der Rohrlänge L und dem komplexen Volumenstrom $\dot{V}^*$ kann die Zeitabhängigkeit eliminiert werden und man erhält

$$Z^* = \frac{|\Delta p| L}{\dot{V}_0^*} = \frac{i\rho\omega L}{\pi R^2} \frac{1}{1 - \frac{2 J_1(kR)}{kR J_0(kR)}} \qquad (5.55)$$

J_0 und J_1 sind die Besselfunktionen erster Art, nullter und erster Ordnung. Z* wird Impedanz genannt. Gleichung (5.55) ist der gewünschte Zusammenhang zwischen den Messgrößen und der gesuchten Größe η^*. Leider lässt sich daraus η^* nicht auf elementare Weise bestimmen. Führt man (5.52) in (5.55) ein und entwickelt die Besselfunktionen nur bis zum 2. Glied, das ist ausreichend genau, solange Y < 1, dann erhält man eine Näherung Z_0^* aus der η^* auf einfache Weise berechnet werden kann.

$$Z_0^* = \frac{\rho\omega L}{\pi R^2}\left\{\frac{8\cos(\varphi)}{Y^2} + i\left(\frac{4}{3} - 8\frac{\sin(\varphi)}{Y^2}\right)\right\} \qquad (5.56)$$

Aus (5.56) ergibt sich nach weiterer Umformung

$$\eta' = |\eta^*|\cos(\varphi) = \operatorname{Re}(Z_0^*)\frac{\pi R^4}{8L} \qquad (5.57)$$

und

$$\eta'' = -|\eta^*|\sin(\varphi) = -\operatorname{Im}(Z_0^*)\frac{\pi R^4}{8L} + \frac{\rho\omega R^2}{6} \qquad (5.58)$$

der direkte Zusammenhang zwischen der messbaren Größe Z* und den Materialfunktionen der linearen Viskoelastizität η' und η''. Re (Z_0^*) und Im(Z_0^*) sind der Real- und der Imaginärteil von Z_0^*. Der elastische Anteil η'' enthält einen reinen Trägheitsterm, $\rho\omega R^2 / 6$, der die durch Trägheit entstehende Phasenverschiebung zwischen Δp^* und $\dot{V}^*$ kompensiert. Es sei noch einmal darauf hingewiesen, dass (5.57) und (5.58) nur gültig sind, solange Y < 1, d. h. solange der Einfluss der Trägheit gering ist.

5.7 Dehnströmungen

Bisher wurden nur reine Scherströmungen betrachtet. In einem Bioreaktor aber ist die Strömung, welche die Sedimentation verhindern und den Stofftransport verbessern soll, keine reine Scherströmung, sondern es sind auch Dehnanteile vertreten. Der **Dehnviskosität** kommt damit derselbe Stellenwert wie der Scherviskosität zu. Bei kompliziertem Fließverhalten gibt es keine Möglichkeit aus dem Scherverhalten auf das Dehnverhalten zu schließen. Für eine vollständige rheologische Charakterisierung müssen also beide Größen bestimmt werden.

Während bei Festkörpern die Bestimmung der mechanischen Eigenschaften unter Dehnverformung weit entwickelt wurde, ist das bei Flüssigkeiten nicht der Fall. Ursache dafür ist, dass reine Dehnströmung, als Rheometerströmung bei Flüssigkeiten nicht so leicht zu erzeugen ist. Reine Dehnströmungen zeigen nur Veränderungen der Geschwindigkeitskomponenten in der jeweiligen Koordinatenrichtung. In kartesischen Koordinaten treten also nur die Deformationsgeschwindigkeitskomponenten $\partial v_x/\partial x$, $\partial v_y/\partial y$ und $\partial v_z/\partial z$ auf.

Wegen der Inkompressibilität der hier verwendeten Flüssigkeiten gilt auch div (v) = 0. Unter Berücksichtigung von div (v) = 0 kann man unterscheiden nach ebener oder planarer Dehnung

$$\partial v_x / \partial x = -\partial v_y / \partial y; \quad \partial v_z / \partial z = 0; \qquad (5.59)$$

einfacher monoaxialer Dehnung

$$\partial v_x / \partial x \neq 0; \quad \partial v_y / \partial y = \partial v_z / \partial z = -1/2 \partial v_x / \partial x$$

und zweifacher oder biaxialer Dehnung

$$\partial v_x / \partial x \neq 0; \quad \partial v_x / \partial x = \partial v_y / \partial y; \quad \partial v_z / \partial z = -2 \partial v_x / \partial x$$

Wegen der Inkompressibilität können nur Differenzen von Normalspannungen gemessen werden, und es treten somit höchstens zwei Normalspannungsdifferenzen auf. Mit Hilfe der einfachen monoaxialen Dehnung definiert man die Dehnviskosität η_d

$$\eta_d = \frac{2(\sigma_x - \sigma_y)}{\partial v_x / \partial x} \qquad (5.60)$$

η_d nennt man auch die Trouton-Viskosität. Sie ist beim Newtonschen Fluid das 3-fache der Scherviskosität.

In der Literatur sind nur wenige Dehnrheometer für Flüssigkeiten bekannt geworden. Zu nennen sind der 4-Rollen-Apparat nach Taylor (Bird et al. 1977), und weitere diverse Apparate, in denen Staupunktströmungen erzeugt werden. Bei Flüssigkeiten, aus welchen ein Faden gezogen werden kann, lässt sich über das Messen der Fadendicke und der Fadenspannung ebenfalls die Dehnviskosität in monoaxialer Beanspruchung bestimmen.

Dehnung kann genauso wie die Scherung oszillierend betrieben werden, und man erhält die entsprechenden viskoelastischen Materialfunktionen wie bei der Scherung.

Besondere Bedeutung hat die Dehnviskosität für die Begasung von Bioreaktoren, da die Prozesse der Blasenentstehung, des Dispergierens von Blasen und die Blasenkoaleszenz mit Dehnströmung verbunden sind, und zwar solange die Blasen groß sind gegenüber den Bestandteilen, die der Biosuspension die viskoelastischen Eigenschaften verleihen. Nur dann kann die extreme Zunahme der Dehnviskosität mit der Dehngeschwindigkeit, wie man sie bei viskoelastischen Stoffen findet, wirksam werden.

5.8 Das Fließverhalten von Fermentationsbrühen

Die meisten Literaturdaten zu rheologischen Untersuchungen an Fermentationsbrühen beschränken sich auf stationäre Messungen.

Goudar et al. (1999) fanden bei der batch-Fermentation von *Penicillium chrysogenum* mit dem Couette-Rheometer für Schergeschwindigkeiten oberhalb 1 s⁻¹ eine Fließkurve, die sich gut durch ein Potenzgesetz beschreiben lässt (s. Abb. 5.15). Parameter ist die Biomassekonzentration. Für den gleichen Mikroorganismus untersuchten Riley et al. (2000) den Einfluss der Morphologie. Sie fan-

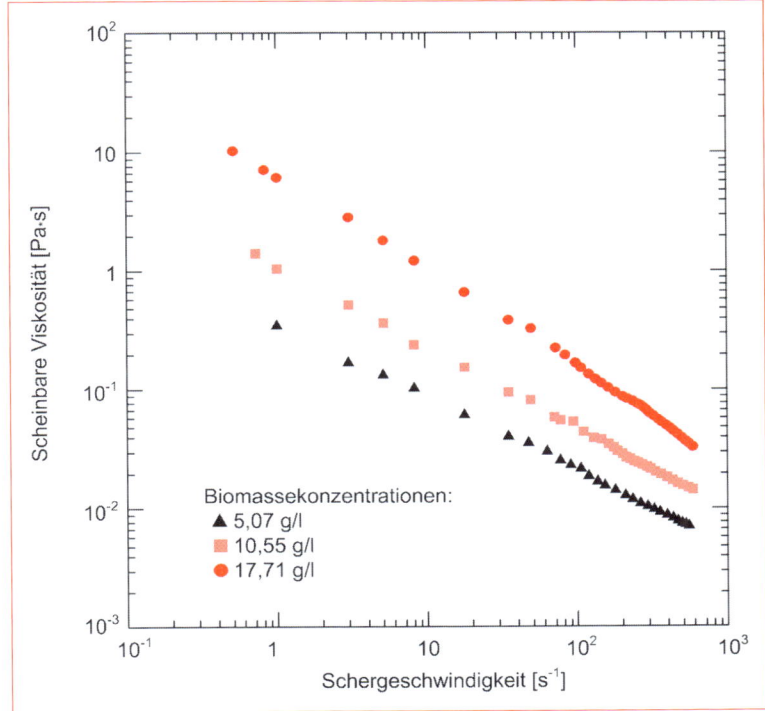

Abb. 5.15 Scheinbare Viskosität einer Biosuspension von *Penicillium chrysogenum* für verschiedene Biomassekonzentrationen nach Goudar et al. (1999)

den, dass sich die rheologischen Eigenschaften der Biosuspension während der Fermentation nicht nur in Abhängigkeit von Biomassekonzentration, sondern auch mit der Morphologie des *Penicillium chrysogenum* ändern.

Systematische rheologische Untersuchungen an Fermentationsbrühen, welche sowohl das stationäre als auch das instationäre Fließen zum Gegenstand haben, sind in der Literatur bisher nur spärlich bekannt geworden (z. B. Moheseni et al. 1997). Im Folgenden sollen aus eigenen Untersuchungen an einem speziellen Beispiel eines mycelbildenden Bakteriums aus der Gruppe der Actinomyceten, *Streptomyces tendae*, die variable Viskosität und die Viskoelastizität dargestellt werden.

5.8.1 Rheologisch relevante Parameter

Als die wichtigsten Parameter des Fließverhaltens von Fermentationsbrühen sind zu nennen: Die Viskosität der flüssigen Phase, die volumetrische Zellkonzentration, die Morphologie und die physikalischen Eigenschaften des Mycels.

Bei einer Messung mit einer der herkömmlichen, makrorheologischen Messmethoden, bei denen ein homogenes Kontinuum vorausgesetzt wird, bekommt man ein globales Bild des Fließverhaltens und der oben angeführten Parameter.

Um die Ergebnisse richtig interpretieren zu können, muss für die jeweilige Probe jeder der genannten Parameter bekannt sein. Die Viskosität der flüssigen Phase und die volumetrische Zellkonzentration sind relativ einfach zu bestimmen. Als Maß für die letztere kann die Biotrockenmasse verwendet werden. Schwieriger ist es bei der Morphologie. Hierbei handelt es sich nicht um eine einzige physikalische Größe, sondern um ein Phänomen, welches nur mit Hilfe mehrerer Größen beschrieben werden kann. Neben Form und Größenverteilungen – Abb. 5.16 zeigt eine typische Pelletgrößenverteilung einer im Schüttelkolben durchgeführten Fermentation von *Streptomyces tendae* – die ein „äußeres Bild" des Mycels abgeben, ist es auch wichtig die Struktur im Kleinen zu kennen. Ein geeignetes Maß dafür könnte eine Permeabilität und eine Porosität sein, wie man sie dem Mycel über eine

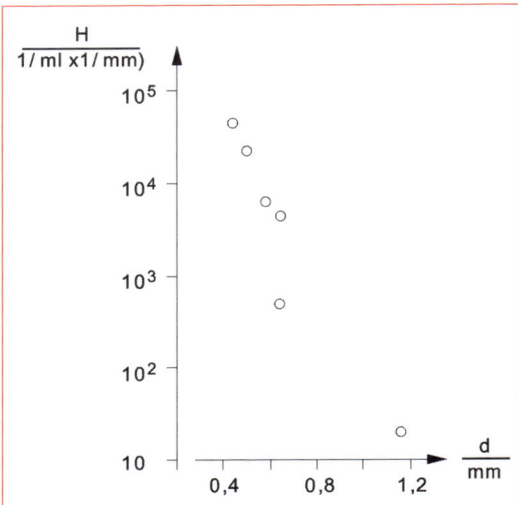

Abb. 5.16 Pelletgrößenverteilung von *Streptomyces tendae* aus einer Fermentation im Schüttelkolben. Aufgetragen ist die Anzahl der Pellets aus 1 ml Brühe, die in das Pelletdurchmesserintervall zwischen d und d+Δd fallen, pro Intervallbreite Δd.

hydraulische Permeation, z. B. realisiert in einer Kuchenfiltration, zuordnen kann.

Zur Bestimmung der physikalischen Eigenschaften des Mycels sind die sog. mikrorheologischen Methoden, wie sie z. B. in der Blutrheologie schon lange angewandt werden, angezeigt. Mit diesen Methoden versucht man Elastizitätsmoduli von Mycel direkt an einer Mycelflocke oder im noch kleineren Maßstab direkt an einer Hyphe zu bestimmen.

Die elastische Deformierbarkeit und die Permeabilität einer Mycelflocke sind von entscheidender Bedeutung für den intra-myceliären Stofftransport, da eine Flocke auf ihrem Weg durch den Reaktor lokal sehr unterschiedlichen Spannungen ausgesetzt wird, was entsprechend der jeweils daraus resultierenden Deformation zu Volumenverschiebungen aus dem Mycel in den umgebenden Raum und umgekehrt führen kann, wobei die jeweiligen Deformationsänderungen sich nur gemäß dem Relaxationsverhalten einstellen können. Im Falle reiner Diffusion werden die intra-myceliären Diffusionskoeffizienten durch die Porosität beeinflusst.

Bei einer vollständigen Bestimmung der oben angeführten Parameter müsste sich eine Stoffgleichung erstellen lassen, die allein daraus das Fließverhalten einer Fermentationsbrühe beschreiben könnte. Wegen der Komplexität der Morphologie und der physikalischen Eigenschaften wird man jedoch bei vertretbarem Aufwand immer auf die „Kontinuumsrheologie" angewiesen sein, so dass Mikro- und Makrorheologie sich ergänzen müssen.

Alle rheologischen Messungen, die im Folgenden gezeigt sind, wurden im konventionellen Zylinder-Couette-System mit 3 mm weitem Spalt durchgeführt.

5.8.2 Stationäres Fließen

In Abb. 5.17 ist die variable Viskosität in Abhängigkeit der Schergeschwindigkeit für verschiedene Zellmassekonzentrationen (in Gramm Trockenmasse pro Liter Fermentationsbrühe) dargestellt. Die unterschiedlichen Konzentrationen sind durch Abziehen bzw. Zugabe von flüssiger Phase hergestellt, wodurch dieselbe Partikelgrößenverteilung erhalten bleibt.

Für die Kurven mit den höheren Konzentrationen ist bei den kleinsten gemessenen Schergeschwindigkeiten eine starke Abhängigkeit von der Schergeschwindigkeit vorhanden. Dies und weitere Untersuchungen, auf die hier nicht weiter eingegangen werden soll, deuten auf das Vorhandensein einer Fließgrenze – darunter versteht man eine mit verschwindender Schergeschwindigkeit über alle Grenzen wachsende Viskosität bzw. die Möglichkeit, trotz $\dot{\gamma} = 0$ eine Schubspannung aufrecht erhalten zu können – hin. Bei der relativ kleinen Zellkonzentration von 1 g/l, erhält man bei kleinen Schergeschwindigkeiten eine konstante Viskosität. In diesem Fall ist die Zellmassekonzentration so klein, dass es zu einer Überbrückung des Messspaltes durch Mycelagglomerate und damit zur Ausbildung der Fließgrenze nicht kommen kann. Für einen Reaktor hat eine Fließgrenze insofern Bedeutung, als durch sie in Zonen mit entsprechend geringer Schubspannung jede Bewegung unterbunden wird. Bei den höchsten Schergeschwindigkeiten wird i. Allg. eine weitere Grenzviskosität, η_∞, asymptotisch erreicht. Diese deutet sich in Abb. 5.17 allerdings nur bei den Proben mit den kleinen Konzentrationen an.

Die Ursache für die Scherentzähung, d.h. die Abnahme der Scherviskosität mit zunehmender Schergeschwindigkeit, liegt vermutlich im Abbau von Mycelagglomeraten und anschließender Deformation und Ausrichtung der einzelnen Mycelgebilde in der Rheometerströmung. Hinweise hierauf ergeben sich aus der Beobachtung der gescherten Suspension – der äußere Zylinder des

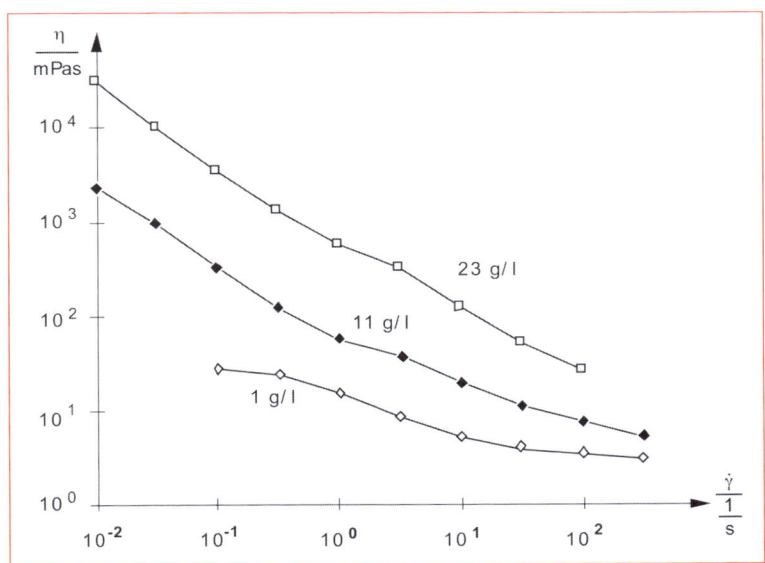

Abb. 5.17 „Scheinbare Viskosität" einer Suspension aus Pellets von *Streptomyces tendae* in Abhängigkeit der Schergeschwindigkeit für verschiedene Zellkonzentrationen (Trockenmasse in Gramm pro Liter Fermentationsbrühe)

Rheometers war aus Plexiglas gefertigt – und aus Analogien zu anderen biologischen Suspensionen, z. B. Blut, wo ein qualitativ ähnliches Fließverhalten gefunden wird.

Die Kurven mit großen Biomassekonzentrationen zeigen bei etwa $\dot{\gamma} = 3$ s^{-1} deutliche Steigungsänderungen. Diese Tatsache lässt auf Veränderungen der Vorgänge im Messspalt schließen, welche durch die folgenden Beobachtungen bei zunehmender Schergeschwindigkeit bestätigt werden.

Bei niedrigen Schergeschwindigkeiten bilden filamentöse Mycelgebilde bzw. Pellets ein Netzwerk, das den Messspalt überbrückt. Mit wachsender Schergeschwindigkeit tritt an der Wand Schlupf auf, und zwar zuerst innen, wo die höhere Spannung auftritt. Oberhalb $\dot{\gamma} = 3$ s^{-1} löst sich der Verband in Einzelgebilde bzw. –pellets auf. In diesem Schergeschwindigkeitsbereich kommt die Strömungsform derjenigen der parallelen Schichtenströmung am nächsten.

Die stationären Fließkurven der Abb. 5.17 lassen sich, wenigstens für die Volumenanteile φ, bei denen eine Fließgrenze zu erwarten ist, qualitativ gut mit einer Casson-Gleichung, wie sie in Abb. 5.18 gegeben ist, darstellen. η_0 ist dort die Viskosität der flüssigen Phase. Da der Volumenanteil der Biomasse (hier bestimmt aus dem Sedimentvolumen bei der Zentrifugation) die rheologisch relevante Größe ist, muss dieser in eine empirische Gleichung für die Viskosität eingehen.

5.8.3 Lineare Viskoelastizität

Wie schon beschrieben, wird die lineare Viskoelastizität am besten im sinusförmig oszillierenden Scherexperiment bestimmt. Es zeigt sich, dass Suspensionen von *Streptomyces tendae* stark viskoelastisches Verhalten haben. Anhand der Parameter der linearen Viskoelastizität η' und η'' ist dies in Abb. 5.19 und 5.20 im Vergleich zu wässrigen Polyacrylamid-Lösungen dargestellt. Man erkennt wieder die starke Konzentrationsabhängigkeit der rheologischen Größen.

Die Frequenzabhängigkeit von η' ist ähnlich der Schergeschwindigkeitsabhängigkeit der scheinbaren Viskosität. Ursachen für den elastischen – also energiespeichernden Anteil bei der oszillierenden Beanspruchung der Suspension – sind reversible Strukturveränderungen (Auf- und Abbau von Agglomeraten) und elastische Verformungen einzelner Mycelgebilde.

Am Spannungsrelaxations- oder am Retardationsverhalten kann man sich die Bedeutung der viskoelastischen Parameter klar machen. Hierzu müssen allerdings einfache rheologische Modelle (z. B. das phänomenologische Feder-Dämpfer-System) herangezogen werden. Für diese kann ein Zusammenhang zwischen den viskoelastischen Parametern und den Relaxationszeiten hergestellt werden. Beim Maxwell-Modell (Serienschaltung

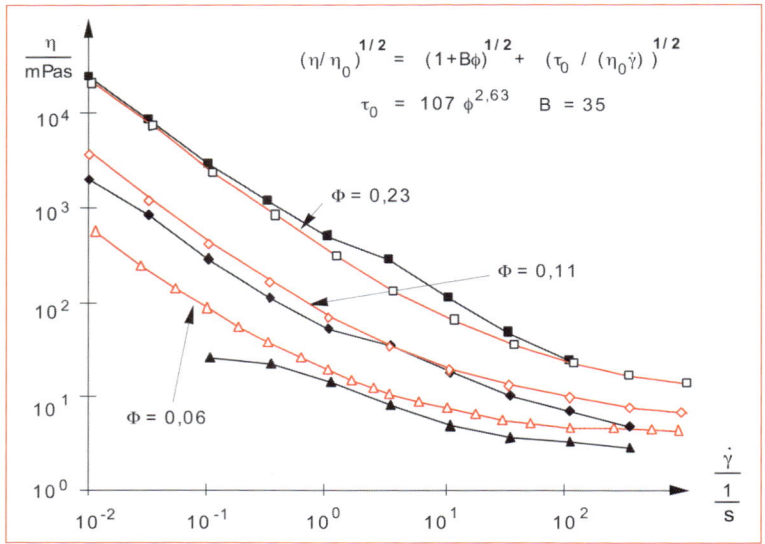

Abb. 5.18 Modellierung der „scheinbaren Viskosität" einer *Streptomyces tendae*-Suspension durch eine modifizierte Casson-Gleichung. Ausgefüllte Zeichen stellen Messwerte, leere Zeichen gerechnete Werte dar. φ, Volumenanteil der Zellen.

5.8 Das Fließverhalten von Fermentationsbrühen

eines Dämpfers und einer Feder) ergibt sich die Spannungsrelaxationszeit (auch Maxwell-Relaxationszeit genannt) aus dem Quotienten von η'' und G'. Aus dem Voigt-Modell (Parallelschaltung von Feder und Dämpfer), berechnet man aus dem Quotienten von η' und G' die Retardationszeit (auch Voigt-Relaxationszeit genannt).

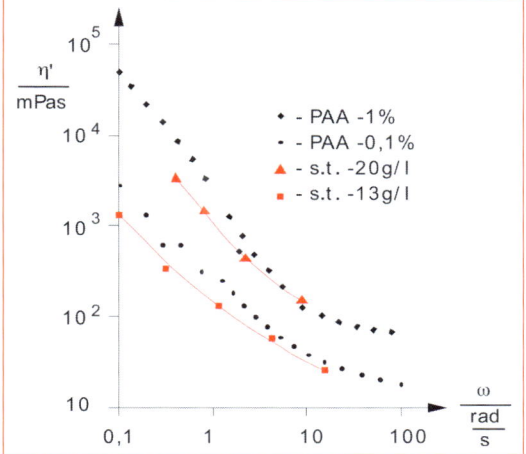

Abb. 5.19 Viskose Komponente der „komplexen Viskosität" von *Streptomyces tendae*-Suspensionen, in Abhängigkeit der Kreisfrequenz. Vergleich zu wässrigen Polyacrylamid-Lösungen.

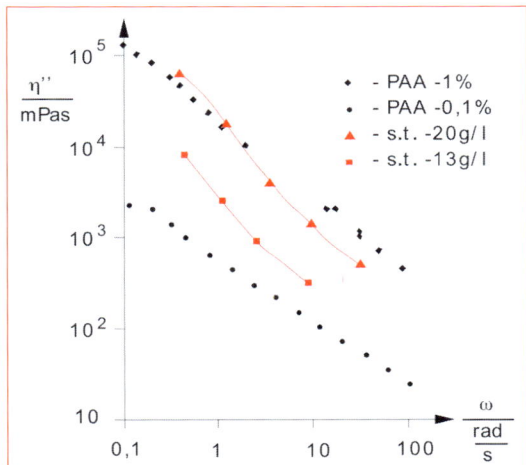

Abb. 5.20 Elastische Komponente der „komplexen Viskosität" von *Streptomyces tendae*-Suspensionen, in Abhängigkeit der Kreisfrequenz. Vergleich zu wässrigen Polyacrylamid-Lösungen.

Wenn eine Scherbelastung plötzlich aufgehoben wird, ist die Spannungsrelaxationszeit ein Maß für das Abklingen der Spannung, hingegen ist die Retardationszeit ein Maß für das Abklingen einer Deformation, wenn eine Spannung plötzlich aufgehoben wird. Ist die Ursache für das viskoelastische Verhalten eine Strukturveränderung im Fluid, so sind die Relaxationszeiten ein Maß für das Zeitverhalten der Strukturumbauvorgänge.

5.8.4 Fließverhalten im Verlauf einer Fermentation

Fermentationen werden überwiegend nichtkontinuierlich betrieben. Dabei bleibt weder die Zusammensetzung der flüssigen noch die der festen Phase der Fermentationsbrühe erhalten. Das Fließverhalten der flüssigen Phase variiert nur leicht, wenn keine weitere Änderung als die der Substratkonzentration auftritt, jedoch stark, wenn extrazelluläre Biopolymere entstehen, wie das z.B. bei der Produktion von Xanthan durch *Xanthomonas campestris* der Fall ist.

Das Wachstum der Mikroorganismen während der Fermentation hat speziell bei mycelbildenden Organismen einen großen Einfluss auf das Fließverhalten. Es ändert sich dabei nicht nur der Volumenanteil der Organismen am Gesamtvolumen der Suspension, ausgedrückt durch das Trockengewicht, sondern auch die Morphologie der Biomasse. Um das zu demonstrieren, seien begleitende Viskositätsmessungen zu einer Fermentation von *Streptomyces tendae* in einem 110-l-Schlaufenreaktor angeführt. In Abb. 5.21 ist die scheinbare Viskosität, wie sie mit einem Couette-System mit einer Spaltweite von 3 mm gemessen wurde, für drei Schergeschwindigkeiten über der Zeit aufgetragen. Zum Vergleich enthält das Diagramm auch den Verlauf des Trockengewichts TG während der Fermentation.

Die Viskosität steigt zu Beginn der Fermentation, in der exponentiellen Wachstumsphase, so wie man es vom Verlauf des Trockengewichts erwarten würde, erreicht jedoch das Plateau der stationären Phase früher als das Trockengewicht. Hier verändert sich trotz Zunahme des Trockengewichts um ca. 30 % die Viskosität nicht. Offensichtlich findet gleichzeitig eine Veränderung der Morphologie oder der mechanischen Eigenschaften des Mycels statt. In der stationären Phase verändert sich die Viskosität kaum, fällt jedoch im Verlauf der Absterbephase um eine Zehnerpotenz. Vergleicht man die drei Viskositätskurven, fällt auf, dass die Scherentzähung zum Ende der Fermentation kaum abnimmt.

Neben den stationären Viskositätsmessungen wurden während der oben erwähnten Fermentation im Schlaufenreaktor ebenfalls instationäre Messungen durchgeführt. Beispielhaft zeigt Abb. 5.22 den viskosen Anteil η' und den elastischen Anteil η'' der komplexen Viskosität einer oszillierenden Anregung mit der Schergeschwindigkeitsamplitude $\dot{\gamma} = 1\ s^{-1}$ und einer Kreisfrequenz von $\omega = 0{,}22\ s^{-1}$, wieder zusammen mit dem Trockengewicht. Die Periodendauer der ausgewählten Kreisfrequenz entspricht etwa der Umlaufzeit im Schlaufenreaktor.

Die Kurven η' und η'' ähneln den Kurven der stationären Viskosität in Abb. 5.21. Sie steigen zu Beginn mit dem Trockengewicht an und fallen zum Ende der Fermentationszeit wieder ab. Auffallend ist der relativ hohe elastische Anteil während der stationären Phase. Dies deutet auf ein stark verhaktes Mycel hin. Der deutliche Rückgang der Viskoelastizität nach der 50. Fermentationsstunde, ohne dass die Biotrockenmasse abnimmt, ist auf eine zu lange Wartezeit zwischen Probeentnahme und Messung zurückzuführen. Durch die fehlende Sauerstoffzufuhr

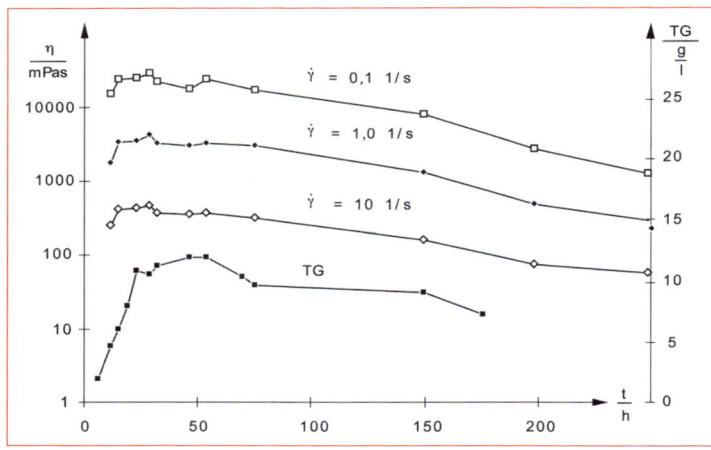

Abb. 5.21 Scheinbare Viskosität η bei verschiedenen Schergeschwindigkeiten und das Trockengewicht während einer Fermentation von *Streptomyces tendae* im 110 l-Schlaufenreaktor

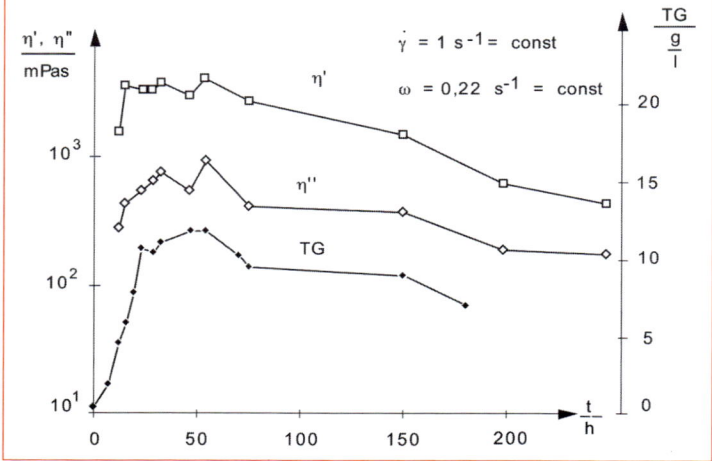

Abb. 5.22 Viskoser und elastischer Anteil der „komplexen Viskosität" und Trockengewicht während der Fermentation von *Streptomyces tendae* im 110 l-Schlaufenreaktor

werden die Hyphen offensichtlich weicher und weniger elastisch. Ansonsten liegt der elastische Anteil η" während der gesamten Fermentationsdauer niedriger als der viskose, er fällt jedoch insgesamt weniger ab. Dies trifft nur für sehr kleine Winkelgeschwindigkeiten ω zu, die zum stationären Fall tendieren. Bei größeren ω findet man umgekehrte Verhältnisse. Insgesamt verlaufen η' und η" ähnlich wie die Biotrockenmasse.

Rheologische Untersuchungen für die Fedbatch-Fermentation von *Glarea lozoyensis*, einem filamentös wachsenden Pilz im technischen Maßstab (19 m³ Reaktor) – wenn auch nur für stationäres Fließen – führten Pollard et al. (2002) durch. Die rheologischen Messungen erfolgten parallel mit Zylinder-Couette-, Kegel-Platte- und Rühr-Rheometer. Während die Ergebnisse der Messungen mit den beiden erstgenannten Rheometern gute Übereinstimmung ergaben, streuten diejenigen des letztgenannten stark, offensichtlich Folge von Entmischungseffekten.

Die Fließkurven zeigten den typischen Verlauf der abnehmenden Scherviskosität mit zunehmender Schergeschwindigkeit. Sie ließen sich nach Angaben der Autoren am besten durch ein Potenzgesetz beschreiben (s. Gl. 5.23). Eine starke Abhängigkeit der rheologischen Eigenschaften vom pH-Wert – mit einem Maximum bei pH 5,5 (s. Abb. 5.23) – wurde als rein physikalischer (d. h. nicht biologischer) Effekt gedeutet, eventuell Folge veränderter ionischer Ladungen an den Enden der Hyphen.

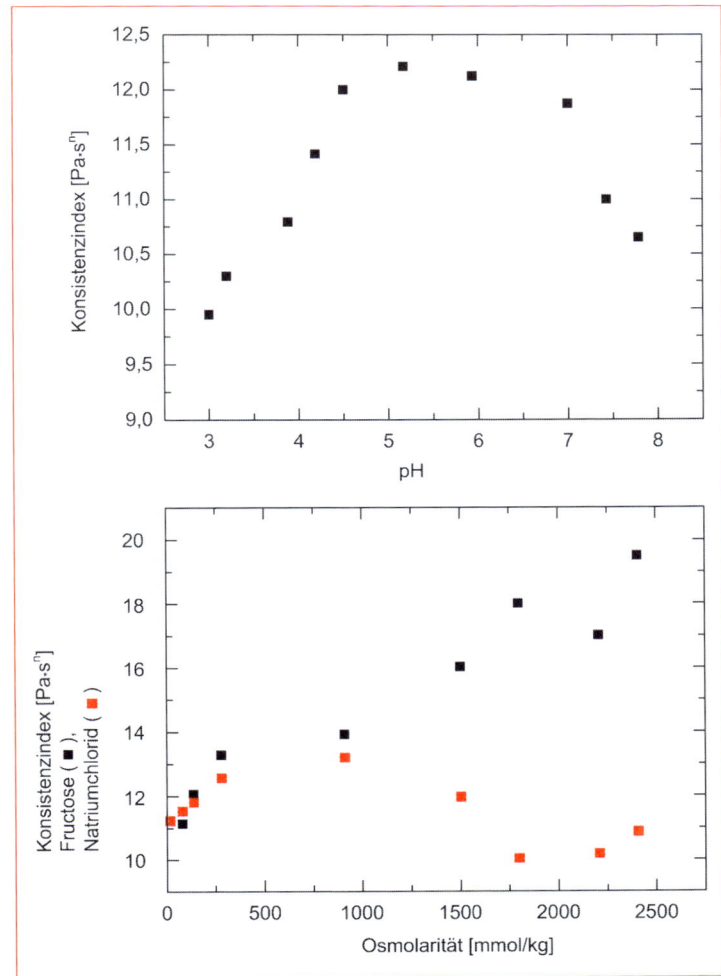

Abb. 5.23 Einfluss von pH und Osmolarität auf den Konsistenzindex *von Glarea lozoyensis* einer Fermentationsprobe aus einem 19 m³ Bioreaktor (nach Pollard et al. 2002)

Literatur

Bird, R.B., Armstrong, R.C., Hassager, O. (1977): Dynamics of polymeric liquids, Hohn Wiley & Sons, New York

Bongenaar, J.J.T.M., Kossen, W.W.F., Metz, B., Meijboom, F.W. (1973): A method for characterizing the rheological properties of viscous fermentation broths. Biotechnol. Bioeng. 15, 201

Fredrickson, A.G. (1964): Principles and applications of rheology, Prentice-Hall Inc., Englewood Cliffs

Giesekus, H., Langer, G. (1977): Die Bestimmung der wahren Fließkurven nicht-Newtonscher Flüssigkeiten und plastischer Stoffe mit der Methode der repräsentativen Viskosität. Rheologica Acta 16, 1–22

Goudar, C.T., Strevett, K.A., Shah, S.N. (1999): Influence of microbial concentration on the rheology of non-Newtonian fermentation broths, Appl. Microbiol. Biotechnol. 51, 310–315

Moheseni, M., Kautola, H., Grant, A.D. (1997): The viscoelastic nature of filamentous fermentation broths and its influence on the directly measured yield stress, J. Ferment. Bioeng. 83, 281–286

Pollard, D.J., Hunt, G., Kirschner, T.k., Salmon, P.M. (2002): Rheological characterization of a fungal fermentation for the production of pneumocandins, Bioprocess Biosyst. Eng. 24, 373–383

Riley, G.L., Tucker, K.G., Paul, G.C., Thomas, C.R. (2000): Effect of Biomass Concentration and Mycelial Morphology on Fermentation Broth Rheology, Biotechnol. and Bioengin., Vol. 68, No 2, 160–172

6 Transportvorgänge in Biosuspensionen*

6.1 Zur Maßstabsübertragung

Bei der Übertragung von Bioprozessen in den technischen Maßstab treten im Bioreaktor häufig Transportprobleme auf, die im Labormaßstab nicht beobachtet bzw. vernachlässigt werden konnten, nun aber prozesslimitierend sind. Ursache dafür ist eine nicht korrekte Maßstabsübertragung. Für eine richtige Vorgehensweise leistet die Ähnlichkeitstheorie gute Dienste (Pawlowski (1971), Zlokarnik (2001)). Dort werden **dimensionslose Kennzahlen** zur Beschreibung eines physikalisch-technischen Sachverhaltes verwendet, welche beim Übergang auf einen anderen Maßstab im Zahlenwert beizubehalten sind, damit die physikalische Ähnlichkeit erhalten bleibt.

Eine Möglichkeit zur Herleitung der dimensionslosen Kenngrößen bieten die systembeschreibenden Differenzialgleichungen. Unter Verwendung charakteristischer Größen des Systems werden zunächst die dimensionsbehafteten abhängigen und unabhängigen Variablen der Gleichungen in eine dimensionslose Form gebracht. Sodann kann man die sonst noch auftretenden Faktoren bzw. Faktorengruppen durch geeignete Multiplikationen ebenfalls dimensionslos machen, wodurch sich die entsprechenden dimensionslosen Kennzahlen ergeben. Am Beispiel der Navier-Stokes-Gleichung für die instationäre Rohrströmung soll diese Vorgehensweise demonstriert werden. Die systembeschreibende Differenzialgleichung lautet:

$$\rho \frac{\partial v}{\partial t} = -\frac{\partial p}{\partial x} + \eta \frac{1}{r} \frac{\partial \left(r \frac{\partial v}{\partial r} \right)}{\partial r} \quad (6.1)$$

Hier sind die Geschwindigkeit v, der Druck p, die Ortskoordinaten x und r und die Zeit t dimensionslos zu machen. Als systemspezifische Bezugsgrößen eignen sich dafür die mittlere Geschwindigkeit $\bar{v}$, der mittlere Staudruck $0{,}5\rho\bar{v}^2$, der Rohrdurchmesser d und t_0 eine Systemzeit (z. B. die Periodendauer, wenn eine oszillierende Anregung vorliegt, oder eine systemspezifische Länge des Systems dividiert durch die systemspezifische Geschwindigkeit). Führt man nun die Größen

$v^* = v/\bar{v}; \; p^* = p/(0{,}5\rho\bar{v}^2); \; x^* = x/d; \; r^* = r/d; \; t^* = t/t_0$

ein, nachdem man Gleichung (6.1) durch die systemspezifischen Größen an den entsprechenden Stellen erweitert hat, dann wird daraus

$$\frac{\rho \bar{v}}{t_0} \frac{\partial v^*}{\partial t^*} = -\frac{0{,}5\rho\bar{v}^2}{d} \frac{\partial p^*}{\partial x^*} + \frac{\eta \bar{v}}{d^2} \frac{1}{r^*} \frac{\partial \left(r^* \frac{\partial v^*}{\partial r^*} \right)}{\partial r^*} \quad (6.2)$$

Da die hervorgehobenen Terme schon dimensionslos sind, genügt es, einen von seiner Faktorengruppe zu befreien, wodurch die beiden anderen dadurch entstehenden Gruppen dimensionslos werden. Wird (6.2) also durch $\eta\bar{v}/d^2$ dividiert, so erhält man

$$\frac{\rho d^2}{t_0 \eta} \frac{\partial v^*}{\partial t^*} = -\frac{0{,}5\rho\bar{v}d}{\eta} \frac{\partial p^*}{\partial x^*} + \frac{1}{r^*} \frac{\partial \left(r^* \frac{\partial v^*}{\partial r^*} \right)}{\partial r^*} \quad (6.3)$$

Der dimensionslosen Faktorengruppe beim dimensionslosen Druckgradienten in (6.3), die das Verhältnis der Trägheits- zur Zähigkeitskraft angibt, hat man den Namen **Reynoldszahl**, Re, gegeben.

$$\text{Re} = \frac{\rho \bar{v} d}{\eta} = \frac{\text{Trägheitskraft}}{\text{Zähigkeitskraft}} \quad (6.4)$$

Die andere Gruppe entspricht dem im Kapitel 5 eingeführten **Womersley-Parameter**.

* Autoren: Horst Chmiel, Eckehard Walitza

Sind die systembeschreibenden Gleichungen in ihrer Gesamtheit explizit nicht bekannt, so wie es bei Problemstellungen aus der Biotechnik oft der Fall ist, dann bedient man sich der Dimensionsanalyse nach dem **Buckinghamschen π-Theorem**. Letzteres beinhaltet die grundsätzliche Darstellbarkeit von physikalischen Gesetzmäßigkeiten durch sog. **dimensionslose π–Größen**. Seine Bedeutung liegt nicht nur in der rationellen Darstellung – die Zahl der Einflussgrößen reduziert sich – sondern auch darin, dass jedem Zustandspunkt des π-Raumes unendlich viele physikalische Realisierungsmöglichkeiten entsprechen, was die Grundlage der Maßstabsübertragung bildet. Es soll nun ein Schema vorgeführt werden, mit dessen Hilfe man unter Benutzung des π-Theorems den relevanten Kennzahlensatz für einen physikalischen Sachverhalt ermitteln kann.

Als Beispiel sei zunächst der Stoffübergang an frei in einer Flüssigkeit aufsteigenden Gasblasen des Durchmessers d gewählt. Für den Fall einer Newtonschen Flüssigkeit lassen sich acht Einflussgrößen nennen, deren Dimensionen von den drei Grundeinheiten Länge (L), Zeit (T) und Masse (M) abhängen:

Stofftransportkoeffizient	k_1	[L/T]
Diffusionskoeffizient	D_{AB}	[L²/T]
dynamische Viskosität	η_1	[M/TL]
Dichte	ρ_1	[M/L³]
Dichtedifferenz	$\Delta\rho = (\rho_1 - \rho_g)$	[M/L³]
Erdbeschleunigung	g	[L/T²]
charakteristische Länge	d	[L]
Oberflächenspannung	σ	[M/T²]

wobei die Indizes 1 und g für Flüssigkeit und Gas stehen. Unter Verwendung des so genannten **Relationenpostulats** kann man annehmen, dass zwischen den m dimensionsbehafteten Einflussgrößen ein Zusammenhang

$$f(k_1, D_{AB}, \eta_1, \rho_1, \Delta\rho, g, d, \sigma) = 0 \qquad (6.5)$$

existiert, welcher nach dem π-Theorem gleichbedeutend ist mit $g(\pi_1, \pi_2, \ldots, \pi_{m-n}) = 0$.

Die Anzahl der π-Größen, gegeben durch m-n, mit n der Anzahl der Grundeinheiten, hat im Fall des gewählten Beispiels den Wert fünf. Die Argumentenliste von f wird auch die Relevanzliste des betrachteten Problems genannt.

Aus den m Größen der Relevanzliste und den n Grundeinheiten wird eine (n, m)-Matrix gebildet, deren Element i, j angibt, mit welcher Potenz die i-te Grundeinheit in der j-ten dimensionsbehafteten Größe vorkommt.

$$\begin{array}{c|ccc|ccccc} & k_1 & D_{AB} & \eta_1 & \rho_1 & \Delta\rho & g & d & \sigma \\ L & 1 & 2 & -1 & -3 & -3 & 1 & 1 & 0 \\ T & -1 & -1 & -1 & 0 & 0 & -2 & 0 & -2 \\ M & 0 & 0 & 1 & 1 & 1 & 0 & 0 & 1 \end{array} \qquad (6.5a)$$

Die Anordnung innerhalb der Relevanzliste ist zwar unerheblich, man kann dabei aber auch zielstrebig vorgehen, wie man am dargestellten Formalismus, der zu den dimensionsfreien π-Größen führt, erkennen wird. Dieser sieht so aus, dass mit Hilfe von erlaubten Zeile/Zeile- (bzw. Spalte/Spalte) Operationen für Matrizen, wie sie aus der linearen Algebra bekannt sind, die Matrix (6.5a) so transformiert wird, dass links eine (n,n) Einheitsmatrix und rechts die (n, n-m) Koeffizientenmatrix P_{ij} entsteht.

$$\begin{array}{ccc|ccccc} k_1 & D_{AB} & \eta_1 & \rho_1 & \Delta\rho & g & d & \sigma \\ 1 & 0 & 0 & 0 & 0 & 3 & -1 & 1 \\ 0 & 1 & 0 & -1 & -1 & -1 & 1 & 0 \\ 0 & 0 & 1 & 1 & 1 & 0 & 0 & 1 \end{array} \quad P_{ij} \quad (6.5b)$$

Man wird also die Reihenfolge der Größen in der Relevanzliste so wählen, dass links in der Matrix (6.5a) auf jeden Fall die linear unabhängigen Spaltenvektoren stehen und diese so, dass man schon vor den Umwandlungen möglichst nahe an die Einheitsmatrix kommt. Die linear unabhängigen π-Größen lassen sich nun aus folgender Beziehung gewinnen

$$\pi_j = x_j \cdot \prod_i y_i^{-P_{ij}} \quad j = 1,\ldots,m-n; \; i = 1,\ldots,n \qquad (6.6)$$

die wegen der Produktbildung den dimensionslosen Größen auch den Namen π-Größen gegeben hat. Dabei ist unter y der Vektor mit den Elementen (k, D_{AB}, η_1) und unter x der mit den Elementen (ρ_1, $\Delta\rho$, g, d, σ) zu verstehen. Angewandt auf obige Matrix (6.5b) erhält man

$$\pi_1 = \rho_1 \cdot k_j^0 \cdot D_{AB}^1 \cdot \eta_1^{-1} \quad = \rho_1 \cdot \frac{D_{AB}}{\eta_1} \qquad (6.7)$$

$$\pi_2 = \Delta\rho \cdot k_1^0 \cdot D_{AB}^1 \cdot \eta_1^{-1} \quad = \frac{\Delta\rho \cdot D_{AB}}{\eta_1} \qquad (6.8)$$

$$\pi_3 = g \cdot k_1^{-3} \cdot D_{AB}^1 \cdot \eta_1^0 \quad = \frac{g \cdot D_{AB}}{k_1^3} \qquad (6.9)$$

6.1 Zur Maßstabsübertragung

$$\pi_{\text{\tiny L}} = d \cdot k_1^1 \cdot (D_{AB})^{-1} \eta_1^0 \quad = \frac{d \cdot k_1}{D_{AB}} \quad (6.10)$$

$$\pi_5 = \sigma k_1^{-1} D_{AB}^0 \eta_1^{-1} \quad = \frac{\sigma}{k_1 \eta_1} \quad (6.11)$$

Daraus lassen sich direkt, bzw. durch Kombination, die 4 Kennzahlen **Grashofzahl** Gr (für Stoffübertragung), **Sherwoodzahl** Sh, **Schmidtzahl** Sc und die **Weberzahl** We definieren.

$$\pi_4^3 \pi_1 \pi_2 \pi_3 = \text{Gr} = \frac{g d^3 \rho_1 (\rho_1 - \rho_g)}{\eta_1^2} = \frac{\text{Auftrieb}}{\text{Zähigkeitskraft}} \quad (6.12)$$

$$\pi_4 = \text{Sh} = \frac{k_1 d}{D_{AB}} = \frac{\text{Ges. Stoffübergangskoeff.}}{\text{Diffusionskoeff.}} \quad (6.13)$$

$$1/\pi_1 = \text{Sc} = \frac{\eta_1}{\rho_1 D_{AB}} = \frac{\text{kin. Viskosität}}{\text{Diffusionskoeff.}} \quad (6.14)$$

Vernachlässigt man die Gasdichte gegenüber der Flüssigkeitsdichte, dann erhält man weiterhin

$$\text{Gr}^2/(\pi_5 \pi_4 \pi_2) = \text{We} = \frac{g^2 d^5 \rho_1^3}{\sigma \eta_1^2} = \frac{\text{Strömungsdruck}}{\text{Kapillardruck}} \quad (6.15)$$

Führt man über das Gleichgewicht von Stokesscher Reibungskraft und Auftrieb die Blasenaufstiegsgeschwindigkeit v ein und vernachlässigt ρ_g gegenüber ρ_1, so ergibt sich die gebräuchlichere Form der Weberzahl

$$\text{We} = \frac{v^2 d \rho_1}{\sigma} \quad (6.16)$$

Um zur Grashof- und zur Weberzahl zu gelangen, sind im vorgeführten Beispiel umständliche Umrechnungen aller hier gewonnenen π-Größen notwendig geworden. Bei einer jeweils anderen Reihenfolge in der Relevanzliste hätten sich beide Kennzahlen leichter erzeugen lassen.

Häufig findet man Beschreibungen des Stoffüberganges in Abhängigkeit der Reynoldszahl, die im Falle des obigen Beispiels die Blasenaufstiegsgeschwindigkeit v enthält. Da diese Geschwindigkeit von Δρ abhängt, könnte sie in der Relevanzliste dagegen ausgetauscht werden. Das hat zur Folge, dass man bei der Berechnung der π-Größen die Reynoldszahl statt der Grashofzahl erhält.

Weitere Kennzahlen lassen sich durch Kombinationen aus den bisher abgeleiteten erzeugen, wie z. B. die später noch zu verwendende **Froudezahl** Fr, die entsprechend (6.17) definiert ist.

$$\text{Fr} = \frac{v^2}{gd} = \frac{\text{Trägheitskraft}}{\text{Schwerkraft}} \quad (6.17)$$

Wenn wieder die Dichte des Gases gegenüber der Dichte der Flüssigkeit vernachlässigt wird, lässt sich Fr aus der Reynoldszahl und der Grashofzahl berechnen.

$$\text{Fr} = \frac{\text{Re}^2}{\text{Gr}} \quad (6.18)$$

Die Herleitung des obigen Formalismus ist bei Pawlowski (1971) sehr ausführlich beschrieben. Ihre Darstellung überschreitet aber den hier gesteckten Rahmen, denn sie verlangt Kenntnisse aus der Funktionalanalysis.

Im Folgenden soll dasselbe Verfahren auf das Rühren einer Newtonschen Flüssigkeit angewandt werden, um eine weitere für die Biotechnik interessante Kennzahl, die **Leistungskennzahl** Ne, auch **Newtonzahl** genannt, einzuführen. Die Relevanzliste lautet, mit P dem Leistungseintrag, v_1 der kinematischen Viskosität, ρ_1 der Dichte, n der Rührerdrehzahl und d dem Rührerdurchmesser

$$f(P, v_1, \rho_1, n, d) = 0 \quad (6.19)$$

Die Dimensionsmatrix ergibt sich zu

$$\begin{array}{c|ccc|cc}
 & d & n & \rho_1 & v_1 & P \\
L & 1 & 0 & -3 & 2 & 2 \\
T & 0 & -1 & 0 & -1 & -3 \\
M & 0 & 0 & 1 & 0 & 1
\end{array} \quad (6.19a)$$

und führt nach erlaubten Zeilenoperationen zu

$$\begin{array}{ccc|cc}
d & n & \rho_1 & v_1 & P \\
1 & 0 & 0 & 2 & 5 \\
0 & 1 & 0 & 1 & 3 \\
0 & 0 & 1 & 0 & 1
\end{array} \quad (6.19b)$$

woraus sich zwei π-Zahlen ableiten

$$\pi_1 = v_1 \cdot d^{-2} \cdot n^{-1} \cdot \rho_1^0 = \frac{v_1}{d^2 n} \quad (6.20)$$

$$\pi_2 = P \cdot d^{-5} \cdot n^{-3} \cdot \rho_1^{-1} = \frac{P}{d^5 n^3 \rho_1} \quad (6.21)$$

Damit werden die Rührer-Reynoldszahl Re und die Leistungskennzahl Ne definiert

$$\pi_1^{-1} = \text{Re} = \frac{nd^2}{\nu_1} \qquad (6.22)$$

$$\pi_2 = \text{Ne} = \frac{P}{d^5 n^3 \rho_1} \qquad (6.23)$$

Im Kapitel 5 wurde ausführlich auf die viskoelastischen Fließeigenschaften von Biosuspensionen hingewiesen. Dies ist gegebenenfalls bei den entsprechenden Stoffwerten in den jeweiligen Kennzahlen zu berücksichtigen. Dazu muss noch einmal auf die Viskoelastizität zurückgekommen werden. Die typischen Erscheinungen beim Fließen viskoelastischer Flüssigkeiten sind eine starke Abhängigkeit der Scherviskosität von der Schergeschwindigkeit, das Auftreten von Normalspannungsdifferenzen und eine Spannungsrelaxation im instationären Fall. Spannungsrelaxation bedeutet, dass die Spannungen auf plötzliche Veränderungen relevanter kinematischer Größen nur verzögert folgen, entsprechend der Spannungsrelaxationszeit. Letztere ist diejenige Zeit, nach der die Spannungsänderung zu (1–1/e) 100 % abgelaufen ist, wobei ein exponentieller Verlauf unterstellt wird. Dasselbe gilt im umgekehrten Fall für die kinematischen Größen, wenn die Spannung plötzlich verändert wird (Retardation). Normalspannungsdifferenzen machen sich in solchen Strömungsfeldern bemerkbar, wo die Strömung mehrere Geschwindigkeitskomponenten hat, wenn man von Wirkungen auf die Strömungsberandung absieht.

Für Transportvorgänge in strömenden viskoelastischen Flüssigkeiten ergeben sich deshalb neben der Reynoldszahl, für welche jetzt wegen der Schergeschwindigkeitsabhängigkeit eine repräsentative Viskosität zu verwenden ist (Kap. 5), noch mindestens zwei weitere dimensionslose Kennzahlen, die die soeben geschilderten Erscheinungen berücksichtigen. Es handelt sich um die **Deborahzahl** De

$$\text{De} = \frac{\lambda_m}{t_0} = \frac{\text{charakt. Materialzeit}}{\text{charakt. Systemzeit}} \qquad (6.24)$$

welche eine **charakteristische Materialzeit** λ_m (z. B. Spannungsrelaxationszeit) mit einer **charakteristischen Systemzeit** t_0 (z. B. Verweilzeit, Dauer eines periodischen Vorganges, usw.) vergleicht und um die **Weissenbergzahl** Wn

$$\text{Wn} = \frac{\sigma_1 - \sigma_2}{\tau} = \frac{1. \text{ Normalspannungsdifferenz}}{\text{Schubspannung}} \qquad (6.25)$$

welche die 1. Normalspannungsdifferenz mit der Schubspannung vergleicht. Im Falle einiger einfacher viskoelastischer Modellgleichungen wird Wn zu

$$\text{Wn} = \frac{\lambda_m v}{d} \qquad (6.26)$$

d ist dabei eine charakteristische Länge und v die mittlere Strömungsgeschwindigkeit.

Die Bestimmung der charakteristischen Materialzeit λ_m betreffend, sei ein kleiner rheologischer Exkurs eingeschoben. λ_m kann aus verschiedenen rheologischen Materialfunktionen bestimmt werden. Eine Möglichkeit besteht darin, den Schubspannungsverlauf nach einem Sprung in der Schergeschwindigkeit zu messen und daraus, wie oben beschrieben, λ_m zu bestimmen. Das impliziert einen exponentiellen Verlauf der Schubspannungsänderung, wie das beim phänomenologischen Modell eines Dämpfers (für die Materialeigenschaft Viskosität) in Serie mit einer Feder (für den elastischen Schubmodul), dem sog. Maxwell-Modell, der einfachsten viskoelastischen Modellgleichung, der Fall ist.

Bei der Verwendung anderer rheologischer Materialfunktionen für die Bestimmung von λ_m muss man ebenfalls viskoelastische Modelle voraussetzen, um eine Relaxationszeit zuordnen zu können. Am einfachsten ist es wiederum, das Maxwell-Modell oder das Voigt-Kelvin-Modell (eine Feder parallel zu einem Dämpfer) zu verwenden. Das Letztere ist bei Stoffen, die dem Festkörper näher stehen als der Flüssigkeit, angebracht.

Auf diese Weise kann man anhand der viskoelastischen Materialfunktionen η' und η" (bzw. G' und G") Materialzeiten wie die **Spannungsrelaxationszeit** λ_m oder die **Retardationszeit** λ_v bestimmen

$$\lambda_m = \frac{\eta''}{G''} = \frac{\eta''}{\eta' \omega} \quad \text{(Maxwell)} \qquad (6.27)$$

$$\lambda_v = \frac{\eta'}{G'} = \frac{\eta'}{\eta'' \omega} \quad \text{(Voigt-Kelvin)} \qquad (6.28)$$

In Abb. 6.1 ist die Retardationszeit, mit der das Abklingen der Deformation bei der abrupten Veränderung der Spannung beschrieben wird,

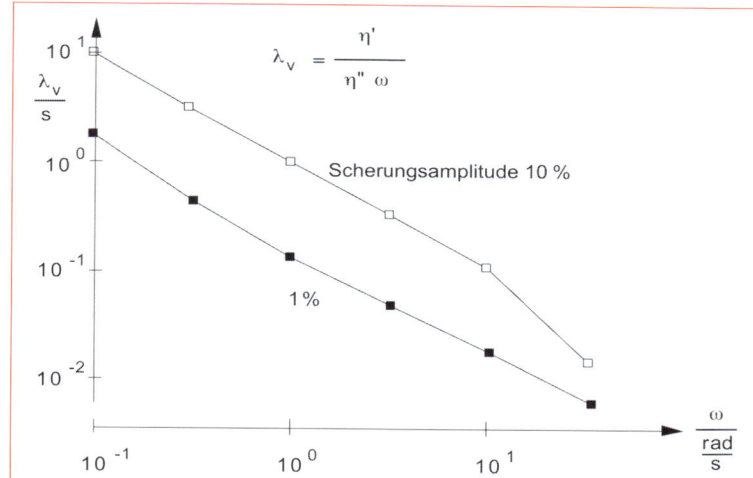

Abb. 6.1 Retardationszeit λ_v als Funktion der Frequenz, ermittelt aus der komplexen Viskosität, für zwei verschiedene Amplituden im oszillierenden Scherexperiment.

bestimmt aus η' und G', als Funktion der Frequenz bei zwei verschiedenen Amplituden der Scherung (Kap. 5) für eine Suspension von *Streptomyces tendae* dargestellt.

Offenbar hat man es nicht mit einer einzigen Retardationszeit zu tun, denn λ_v erweist sich als stark abhängig von der Frequenz und ist somit keine reine Materialeigenschaft mehr. Ursache dafür ist, dass ein so einfaches Modell wie das Voigt-Kelvin-Modell nicht in der Lage ist, so komplizierte Flüssigkeiten wie Biosuspensionen zu beschreiben.

Denkt man sich das Fließverhalten durch eine Superposition einer Vielzahl von in Serie geschalteten Voigt-Kelvin-Modellen zustande gekommen, so kann man dem Verlauf $\eta^*(\omega)$ ein **Spektrum von Retardationszeiten** zuordnen (Bird et al. 1977) und man erhält mit dem gesamten Spektrum wieder eine reine Materialeigenschaft. Bei einem breiten Spektrum kann das viskoelastische Verhalten in einem großen Bereich von Systemzeiten für Transportvorgänge im Bioreaktor eine Rolle spielen. Zur Verwendung in der Deborahzahl bietet sich die Retardationszeit an, die mit der höchsten Intensität im Spektrum auftritt.

Prinzipiell möglich, jedoch messtechnisch schwieriger zu realisieren, ist die Bestimmung von Wn, entsprechend (6.25), über Normalspannungsmessungen. Die Weissenberg- und die Deborahzahl lassen sich über die Dimensionsanalyse einführen, wenn man die Relevanzliste (6.19) um $\sigma_1 - \sigma_2$ und λ_m erweitert.

6.2 Leistungseintrag beim Rühren von Flüssigkeiten

Als Beispiel für Impulstransport sei das Rühren von Flüssigkeiten betrachtet. Die zum Rühren im stationären Fall erforderliche Leistung setzt sich zusammen aus der zum Dispergieren aufzubringenden Arbeit und der durch Reibung in Wärme umgewandelten kinetischen Energie des Mediums.

6.2.1 Leistungseintrag beim Rühren begaster und unbegaster Newtonscher Flüssigkeiten

Für die Leistungskennzahl Ne des Rührers gilt allgemein

$$Ne = f(Re, Fr, Q, We) \qquad (6.29)$$

Hier wird eine weitere dimensionslose Kennzahl, die Gasdurchsatzkennzahl Q

$$Q = \frac{q_G}{nd^3}$$

verwendet. q_G ist dabei der Gasvolumenstrom. Im unbegasten System, wenn Q = 0, und bei entsprechenden Einbauten, kann die Froudezahl vernachlässigt werden, so dass die Leistungskennzahl nur noch von der Reynoldszahl abhängt. In Abb. 6.2 ist für diesen Fall und eine

Reihe verschiedener Rührertypen die Leistungskennzahl Ne = f(Re) qualitativ dargestellt.

Man erkennt, dass im vollturbulenten Bereich die Leistungskennzahl von der Reynoldszahl unabhängig ist, während im laminaren Bereich für die Rührleistung P

$$P \sim n^2 d^3 \quad \text{oder} \quad Ne \sim \frac{1}{Re} \qquad (6.30)$$

gilt. Ein ähnliches Verhalten kennt man vom Druckverlust in der Rohrströmung. Die konstante Leistungskennzahl im Turbulenten und der Proportionalitätsfaktor im Laminaren hängen von der Art des Rührers ab.

In begasten Systemen ist im turbulenten Bereich mit zunehmender Gasbelastung eine Abnahme der eingetragenen Rührleistung zu beobachten (Abb. 6.3). Diese Abnahme wird zum Teil durch eine verringerte mittlere Dichte, aber auch durch Gaspolster verursacht, die sich hinter den Rührerblättern ausbilden und den Strömungswiderstand reduzieren.

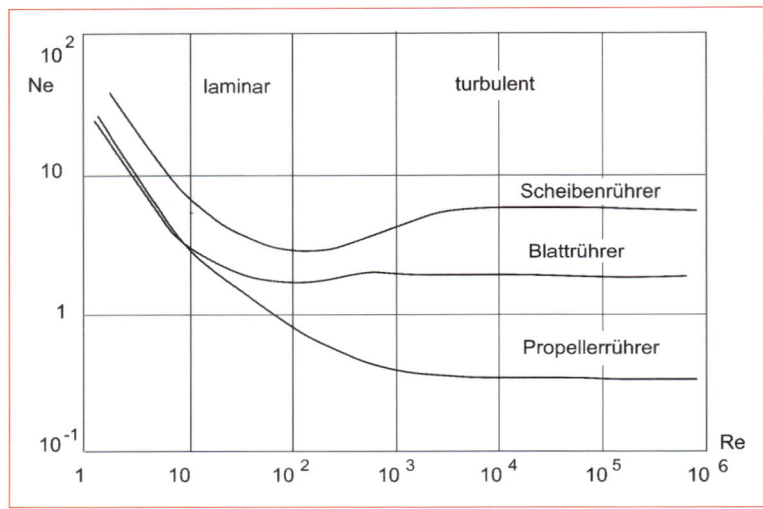

Abb. 6.2 Leistungskennzahl Ne als Funktion der Reynoldszahl für drei verschiedene Rührertypen (Bailey und Ollis 1986)

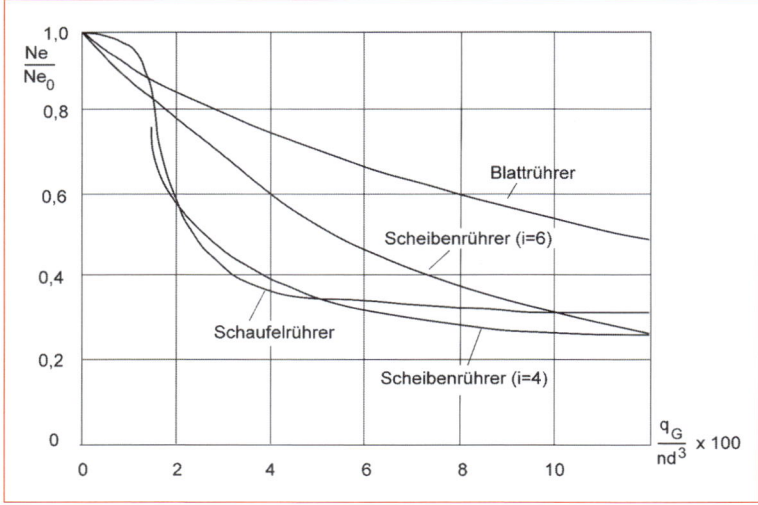

Abb. 6.3 Normierte Leistungskennzahl in Abhängigkeit von der Gasdurchsatzkennzahl Q für Newtonsche Fluide im turbulenten Bereich. Ne_0 ist die Leistungskennzahl für Q = 0 (Bailey und Ollis 1986)

6.2.2 Leistungseintrag beim Rühren begaster viskoelastischer Flüssigkeiten

Es ist zunächst daran zu erinnern, dass das viskoelastische Verhalten einer Biosuspension sowohl von der flüssigen Phase (Beispiel: Xanthan in wässriger Lösung), als auch von den Zellen, der dispersen Phase (Beispiel: *Streptomyces tendae*), herrühren kann. Aus den Abbildungen 5.16 und 5.17 geht hervor, dass sich wässrige Polyacrylamid-Lösungen und eine Fermentationsbrühe von *Streptomyces tendae* rheologisch qualitativ ähnlich sind; beide sind stark scherentzähend und verhalten sich viskoelastisch. Wässrige Polyacrylamid-Lösungen sind daher in Untersuchungen, in denen das Fließverhalten relevant ist, als Modellfluide für Biosuspensionen geeignet. Beispielsweise ist für die Widerstandscharakteristik von Biosuspensionen ein ähnlicher Verlauf zu erwarten, wie es in Abb. 5.8 für wässrige Polyacrylamid-Lösungen gezeigt wurde: eine drastische Widerstandsverminderung im turbulenten Bereich einer Rohrströmung als Folge einer gedämpften Turbulenz. Analoge Verhältnisse, die Turbulenz betreffend, wurden im Rührreaktor gefunden. Im Laminaren findet man aber im Rührreaktor auch schon Unterschiede, da wegen der Normalspannungsdifferenzen bei den viskoelastischen Flüssigkeiten andere Strömungsbilder entstehen als bei den Newtonschen oder rein viskosen. In Abb. 6.4 ist die Leistungskennzahl Ne als Funktion der Galileizahl für verschiedene wässrige Lösungen aufgetragen. Die **Galileizahl** ist definiert als

$$\text{Ga} = \frac{\text{Re}^2}{\text{Fr}} = \frac{gd^3}{\nu^2} \qquad (6.31)$$

und entspricht damit, wenn $\varrho_l \gg \varrho_g$, der schon definierten Grashofzahl. Im vorliegenden Fall ist Fr = 1 und damit wird Ga = Re². Die Reynoldszahl wird dabei, wie in Kap. 5 beschrieben, mit einer nach Metzner und Otto (1957) bestimmten repräsentativen Viskosität gebildet. Der Parameter in Abb. 6.4 ist die Gasdurchsatzkennzahl Q. Alle untersuchten Fluide sollten bei gleicher Galileizahl in den turbulenten Bereich übergehen, verbunden mit einem sprunghaften An-

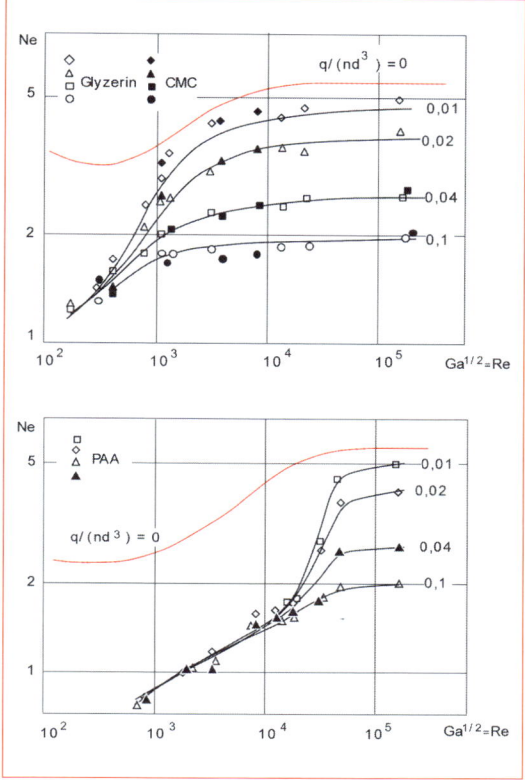

Abb. 6.4 Leistungskennzahl Ne als Funktion der Reynoldszahl beim Scheibenrührer für Newtonsche (Glycerin), schwach viskoelastische (CMC) und stark viskoelastische Fluide (PAA). Parameter ist die Gasdurchsatzkennzahl (Höcker und Langer 1977).

stieg von Ne. Tatsächlich erfolgt der Übergang in die Turbulenz bei der Polyacrylamid-(PAA) nahezu zwei Zehnerpotenzen später als bei der Glycerin/Wasser- und der Carboxymethyl-Cellulose-Lösung (CMC). Außerdem macht sich die mit wachsendem Q zunehmende Widerstandsverminderung beim PAA erst bei höheren Ga bemerkbar, kommt dann aber schneller zur vollen Wirkung. Für das vergleichbare Verhalten von Glycerin und CMC ist die Verwendung der repräsentativen Viskosität verantwortlich. Der Befund bei der PAA-Lösung ist Folge einer stark gedämpften Turbulenz und kann durch die repräsentative Viskosität offenbar nicht erfasst werden.

6.3 Zum Stofftransport in Biosuspensionen

Beim Stofftransport können vier Systeme unterschieden werden.

Gas/Flüssigkeit: Wegen der geringen Löslichkeit von Sauerstoff in wässrigen Lösungen muss bei allen aeroben Prozessen der Versorgung der Mikroorganismen mit Sauerstoff besondere Beachtung geschenkt werden. Auch als Substrat finden gering lösliche Gase, wie Methan und andere leichte Kohlenwasserstoffe, in Bioprozessen – z. B. bei der Produktion von Single-Cell-Proteinen – Anwendung.

Flüssigkeit/Flüssigkeit: Ist die Nahrungsquelle der Mikroorganismen ein flüssiger Kohlenwasserstoff oder wird als Produktaufarbeitungsverfahren die flüssig/flüssig-Extraktion angewandt, so verlaufen die entscheidenden Stoffübertragungsvorgänge an flüssigen Grenzflächen.

Flüssigkeit/Feststoff: In modernen Bioreaktoren wird der Biokatalysator häufig an festen Oberflächen fixiert (Kap. 7). Weiterhin gibt es eine ganze Reihe chromatographischer Produktaufarbeitungsverfahren (Adsorption, Gelchromatographie, Affinitätschromatographie). In allen genannten Fällen erfolgt der Stoffaustausch zwischen einer flüssigen und einer festen Grenzfläche.

Gas/Feststoff: Der Einsatz von Wirbelschichten ist aus vielen Anwendungen der Lebensmittelverfahrenstechnik, z. B. beim Trocknen und Instantisieren, bekannt. Ein ganz neuer Anwendungsbereich liegt in der Verwendung der Gas/Feststoff-Fluidisation für die Fermentation unter wasserreduzierten Bedingungen. Ein Beispiel ist die Erzeugung von Ethanol im Wirbelschichtfermenter mit der Hefe *Saccharomyces cerevisiae*.

Oft ist ausreichende Sauerstoffversorgung der Mikroorganismen im Bioreaktor nur durch zusätzlichen Leistungseintrag durch Rühren möglich. Der erhöhte Stofftransport durch starkes Rühren im Vergleich zur Konvektion als Folge der frei aufsteigenden Blasen hat folgende Ursachen:

1) Die hohe dynamische Beanspruchung an der Rührerspitze erzeugt örtlich sehr feine Blasen. Nimmt die Koaleszenzneigung nicht im gleichen Maße zu, so erhöht sich dadurch die mittlere spezifische Austauschfläche a'.
2) Im Fermentationsfluid befindliche Komponenten unterschiedlicher Dichte (z. B. Gasblasen, flüssige Kohlenwasserstoffe, Zellagglomerate etc.) werden durch den Rührvorgang dispergiert und bleiben auf diese Weise über das gesamte Reaktorvolumen gleichmäßig verteilt.
3) Die durch starkes Rühren erzeugte Turbulenz verringert den Blasendurchmesser und erhöht damit a'.
4) Die maximale Größe der Zellaggregate (Mycelien, Pellets etc.) wird durch Rühren vermindert. Andererseits beobachtet man häufig bei zu starker Scherung eine Verminderung der Produktivität, die ihre Ursache offensichtlich in einer mechanischen Schädigung von Zellen oder Enzymen hat.
5) Gelegentlich ist die Biosuspension so hochviskos, dass erst durch intensives Rühren eine Homogenisierung des Reaktorinhalts erzielt wird.

Die relevanten Kennzahlen sind Re, Fr, Sh, We, Wn, De und Sc. In ausreichend großen Reaktoren, bei denen durch entsprechende Einbauten die kontinuierliche Phase gut gemischt ist, ist der Einfluss der freien Oberfläche auf die Stoffübertragung (Fr) vernachlässigbar. Die Sherwoodzahl ist dann nur noch eine Funktion von Re, Sc, We, Wn und De.

6.3.1 Sauerstoffeintrag in Fermentationsbrühen

Das am häufigsten auftretende Problem bei der Auslegung von Bioreaktoren ist die Versorgung der Mikroorganismen mit Sauerstoff. Unter Gleichgewichtsbedingungen gilt an einer Phasengrenzfläche Gas/Flüssigkeit das **Henrysche Gesetz**

$$Hc_{li} = c_{gi} \qquad (6.32)$$

mit c_{li} und c_{gi} als Grenzflächen-Konzentrationen der Komponente in der Flüssigkeit bzw. im Gas und H als Henryschem Verteilungskoeffizient.

H ist erheblich von der Temperatur und den Medienbestandteilen abhängig. In Abb. 6.5 ist die Temperaturabhängigkeit der Löslichkeit von Sauerstoff in Form des Bunsenkoeffizienten α dargestellt. Der Bunsenkoeffizient entspricht dem auf 0 °C und 1 bar reduzierten Gasvolu-

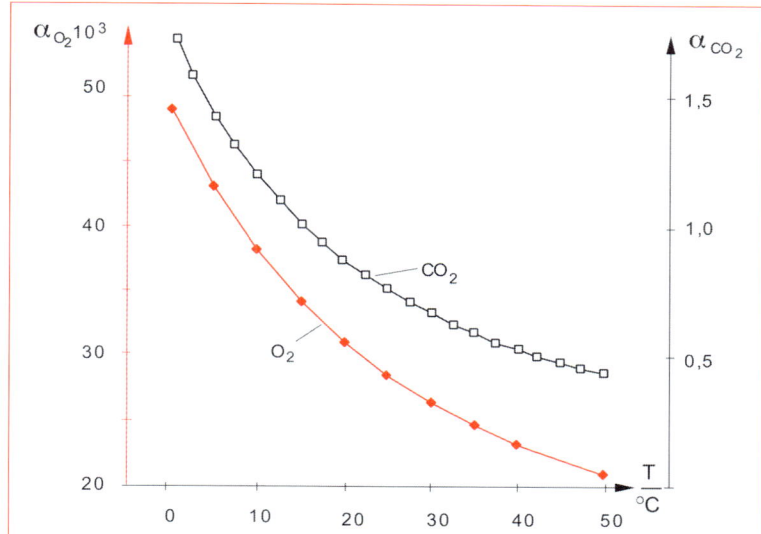

Abb. 6.5 Temperaturabhängigkeit der Löslichkeit von Sauerstoff in Wasser. Bunsenkoeffizient als Funktion der Temperatur (Schumpe und Quicker 1982)

men, welches von der Volumeneinheit des Lösungsmittels bei einem Gaspartialdruck von 1 bar gelöst wird.

Die Sauerstofflöslichkeit in Wasser bei 1 bar nimmt mit zunehmender Temperatur von 2,18 mmol/l bei 0 °C auf 1,03 mmol/l bei 40 °C ab. Elektrolyte bewirken ebenfalls eine Verringerung der Sauerstofflöslichkeit. Beispielsweise reduziert eine Konzentration an NaCl von 2 mol/l in Wasser die O_2-Löslichkeit bei 25 °C auf 60 % des Ausgangswertes. Andererseits benötigt eine aktive Hefe bei einer Populationsdichte von 10^9 Zellen/ml pro Stunde bei Raumtemperatur ca. 750 mal soviel O_2 wie in Sättigung gelöst ist. Bei Bakterien kann der Sauerstoffbedarf sogar bis zu 3000 ml/gh betragen. Die Versorgung der Mikroorganismen mit derart großen Mengen Sauerstoff ist nicht trivial, da wegen der geringen O_2-Löslichkeit und der damit verbundenen niedrigen Konzentrationsgradienten die treibenden Kräfte klein sind.

Abb. 6.6 zeigt schematisch den Stofftransport zwischen einer Gasblase (z. B. Sauerstoff enthaltende Luft) und einem Zellverband. Für einen Transport Flüssigkeit/Flüssigkeit gilt Analoges. Der Sauerstoff muss eine Reihe von Transportwiderständen überwinden, und zwar:

1. vom Kern der Gasblase zur Grenzschicht Gas/Flüssigkeit,
2. die Grenzschicht Gas/Flüssigkeit
3. das die Blase umgebende, nicht gemischte Flüssigkeitsgebiet,
4. das gut gemischte Flüssigkeitsgebiet
5. das den Zellverband umgebende, nicht gemischte Flüssigkeitsgebiet,
6. den Zellverband, das Mycel oder ein Feststoffpartikel,
7. die Zellmembran und intrazellulär zu den Reaktionsplätzen.

In Sonderfällen kann der eine oder andere Widerstand verschwinden. Mikroorganismen lagern sich gerne an Grenzflächen an, z. B. an der Gasblase, so dass der Widerstand 4 nicht vorhanden ist. Existiert die Zelle nicht im Verband, dann entfällt 6.

Drei Modellvorstellungen über den Stofftransfer sind weit verbreitet – die Zweifilmtheorie, das Penetrationsmodell und die Theorie der Oberflächenerneuerung.

Der **Zweifilmtheorie** liegen folgende Annahmen zugrunde: Auf jeder Seite der Grenzfläche gibt es einen Film, durch den der Stofftransport per Diffusion erfolgt. An der Phasengrenze soll sich die übergehende Komponente im Gleichgewicht mit der jeweiligen Phase befinden. An der Phasengrenze bleibt also die den Gleichgewichtskonzentrationen entsprechende Konzentrationsdifferenz erhalten. In den Phasenkernen sollen durch ständige Vermischung die Konzentrationen konstant bleiben.

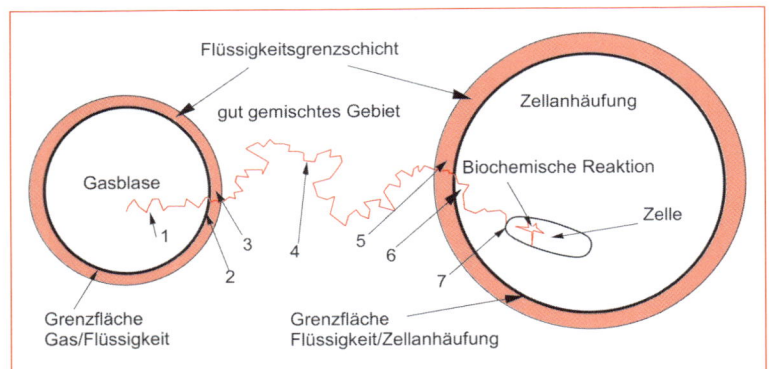

Abb. 6.6 Schematische Darstellung der Widerstände beim Transport von Sauerstoff von einer Gasblase in eine Zelle (Bailey und Ollis 1986)

Beim **Penetrationsmodell** findet der Stoffübergang zwischen laminar bewegten Phasen durch zeitlich begrenzte und instationäre Diffusion in eine räumlich unbegrenzte Phase statt. Ein Beispiel für diese Modellvorstellung liefert der Stoffübergang im Rieselfilm.

Die **Theorie der Oberflächenerneuerung** geht von einer ständigen Erneuerung der Volumenelemente an der Grenzfläche aufgrund turbulenter Bewegung aus. Die Austauschzeit wird durch eine Wahrscheinlichkeitsfunktion erfasst.

Die genannten Modelle berücksichtigen die realen hydrodynamischen Gegebenheiten nur unzureichend. Das Penetrationsmodell setzt ein falsches Geschwindigkeitsprofil voraus. Die Theorie der Oberflächenerneuerung arbeitet mit der Oberflächenerneuerungshäufigkeit, die zahlenmäßig nicht bekannt ist. Das Zweifilmmodell postuliert laminar strömende Filme, die experimentell nicht nachzuweisen sind. Dennoch soll das letztgenannte Modell wegen seiner einfachen Berechenbarkeit und seiner Anschaulichkeit im Folgenden angewandt werden.

Mit c_l und c_g als Konzentrationen im Kern von Flüssigkeit bzw. Gas müssen im stationären Zustand folgende Beziehungen für die Sauerstoffstromdichte gelten

$$q'_{O_2} = k_g (c_g - c_{gi}) \quad \text{(Gasfilm)}$$

$$q'_{O_2} = k_l (c_{li} - c_l) \quad \text{(Flüssigkeitsfilm)} \quad (6.33)$$

Da die Grenzflächenkonzentration gewöhnlich nicht gemessen werden kann, wird der Gesamtstofftransportkoeffizient K_l eingeführt und als „treibende Kraft" die Konzentrationsdifferenz $c_l^* - c_l$; c_l^* ist die Konzentration in der Flüssigphase, die im Gleichgewicht steht mit derjenigen im Kern der Gasphase (Abb. 6.7).

$$Hc_l^* = c_g \quad (6.34)$$

Die Sauerstoffstromdichte ist dann

$$q'_{O_2} = K_l (c_l^* - c_l) \quad (6.35)$$

Die Kombination der Gleichungen (6.33) bis (6.35) führt zu der Beziehung zwischen dem Gesamtstoffaustauschkoeffizienten K_l und den physikalischen Parametern des vorliegenden Zweifilm-Problems, k_g, k_l und H:

$$\frac{1}{K_l} = \frac{1}{k_l} + \frac{1}{Hk_g} \quad (6.36)$$

Für gering lösliche Gase ist H viel größer als 1; außerdem ist k_g beträchtlich größer als k_l. Unter diesen Umständen gilt näherungsweise $K_l = k_l$, d. h. der gesamte Stofftransportwiderstand liegt auf der Seite des Flüssigkeitsfilms.

Der Sauerstoffstrom pro Reaktorvolumen q_{O_2} sei definiert als

$$q_{O_2} = k_l \frac{A}{V} (c_l^* - c_l) \quad (6.37)$$

oder $q_{O_2} = k_l a' (c_l^* - c_l)$

wobei A die Oberfläche der Gasblasen, V das Flüssigkeitsvolumen und $a' = A/V$ dementsprechend die Gas/Flüssigkeitsgrenzfläche pro Volumeneinheit Flüssigkeit sind. Statt K_l wurde der Näherungswert k_l als Stofftransportkoeffizient gewählt. Das häufig in der Literatur zu findende a bezieht sich im Gegensatz zu a' auf das Gesamtvolumen im Bioreaktor (also Flüssigkeits- plus Gasvolumen). Es muss beachtet werden, dass q_{O_2} der örtliche Sauerstoffstrom ist, entsprechend dem

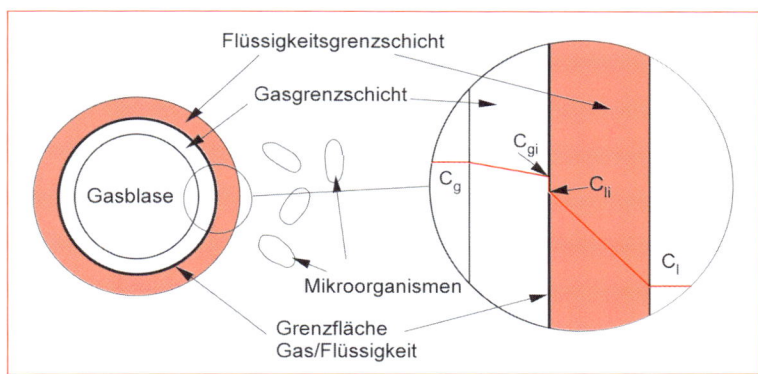

Abb. 6.7 Schematische Darstellung der Sauerstoffkonzentration als Funktion des Ortes vom Inneren einer Gasblase zum Flüssigkeitskern (Zweifilmtheorie)

Ort, an welchem die Konzentrationsdifferenz ($c_l^* - c_l$) vorliegt. Ein Mittelwert für den Sauerstoffstrom pro Reaktorvolumen $\bar{q}_{O_2}$ ergibt sich aus einer Mittelung über den gesamten Reaktor

$$\bar{q}_{O_2} = OTR = \frac{1}{V}\int_0^V q_{O_2} dV \qquad (6.38)$$

Man nennt diesen Wert auch die **Oxygentransferrate** OTR in Anlehnung an den englischen Sprachgebrauch. Er hängt ab von einer Vielzahl von Parametern, wie z. B. Leistungseintrag pro Volumeneinheit, Fließeigenschaften, Grenzflächeneigenschaften (Koaleszenzverhalten), Charakteristik des Sauerstoffeintrags und den Strömungsbildern im Reaktor. Auf die Messung lokaler Sauerstoffkonzentrationen wird in Kap. 9 eingegangen.

Zum Kohlendioxid, welches aus Fermentationsbrühen i. Allg. zu entfernen ist, sei angemerkt, dass es in der Flüssigkeit in 4 Formen gelöst vorliegt: als CO_2, H_2CO_3, HCO_3^- und CO_3^{2-}. Unterhalb pH = 5 ist nahezu ausschließlich CO_2 gelöst, während bei 7<pH<9 Bikarbonat und bei pH>11 Karbonat dominieren. Daher ist, je nach den Umständen, der geschwindigkeitsbestimmende Schritt der CO_2-Entfernung ein chemischer oder physikalischer.

6.3.2 Sauerstoffeintrag in viskoelastische Biosuspensionen

Unter Benutzung der repräsentativen Viskosität lässt sich die OTR in einem begasten Rührreaktor auch für nicht-Newtonsche, aber quasi unelastische Flüssigkeiten vorausberechnen, wenn man die für Newtonsche Fluide gefundenen Zusammenhänge verwendet. Bei viskoelastischen Flüssigkeiten dagegen versagt dieses Konzept. Im letzten Abschnitt war darauf hingewiesen worden, dass durch das viskoelastische Verhalten die Turbulenz gedämpft und damit der Leistungseintrag vermindert wird. Entsprechend muss sich auch der Stofftransport verschlechtern.

Dies konnten Ranade und Ulbrecht (1978) bei der $k_l a$-Bestimmung in einem mit CO_2 begasten Rührkessel anhand verschiedener wässriger Modell-Lösungen zeigen. Wenn nur die Sherwoodzahl [hier modifiziert als $k_l a d^2 / D_{CO_2} (\eta/\eta_w)^{-1,39}$, mit d dem Kesseldurchmesser und η_w der Viskosität des Wassers] gegen die Reynoldszahl aufgetragen wird, wie das in Abb. 6.8a getan ist, so zeigt die weniger elastische CMC-Lösung nicht dieselbe Abhängigkeit wie die stark viskoelastische PAA-Lösung. Zwar ist dabei in der Reynoldszahl schon eine für den Rührreaktor repräsentative Viskosität verwendet worden, aber offenbar liegt hier noch der Einfluss einer weiteren Größe vor. Wird die Deborahzahl in die empirische Korrelation mit aufgenommen, dann können alle Messwerte durch denselben Zusammenhang beschrieben werden (Abb. 6.8b). Schon ab Deborahzahlen >0,01 ist hier ein Effekt festzustellen.

Ein weiterer Nachweis für die Relevanz der Viskoelastizität ergibt sich, wenn man den Stoffübergang von der Oberfläche einer sich bewegenden Blase mit mobiler Oberfläche an die flüssige Phase betrachtet. Dieser kann mittels der folgenden Korrelation für die Sherwoodzahl, die von Baird und Hemielec (1962) abgeleitet wurde, berechnet werden,

$$\mathrm{Sh} = \frac{k_1 d}{D_{AB}} = \sqrt{\frac{2}{\pi}} \left(\int_0^\pi U_0(\theta) \sin^2 \theta \, d\theta \right)^{0,5} \mathrm{Pe}^{0,5} \quad (6.39)$$

wobei $U_0(\theta)$ die Geschwindigkeitsverteilung der Flüssigkeit an der Blasenoberfläche ist, die für die jeweilige viskoelastische Flüssigkeit noch zu bestimmen wäre, und die ganz anders aussieht als bei Newtonschen Flüssigkeiten, θ der entsprechende Winkel in einem Kugelkoordinatensystem und Pe die Pécletzahl (Pe = vd/D_{AB}). Die Tatsache, dass $U_0(\theta)$ jedenfalls vom Fließverhalten und zwar nicht nur von einer repräsentativen Viskosität allein, sondern auch von den Normalspannungsdifferenzen abhängt, macht auch hier deutlich, dass Kennzahlen wie Wn und De für den Stofftransport Bedeutung haben.

Bisherige Untersuchungen zum Einfluss des viskoelastischen Fließverhaltens auf den Stofftransport beschränken sich auf viskoelastische Modell-Lösungen. Bei Fermentationsbrühen ist sowohl über das rheologische Verhalten als auch über den Stofftransport berichtet worden, eine Korrelation von Viskoelastizität und Stofftransport für dieses Stoffsystem steht allerdings noch aus.

6.3.3 Einfluss des metabolischen Sauerstoffverbrauchs auf den Sauerstofftransport

Für den Stofftransport in Fermentationsbrühen ist zu beachten, dass durch die Existenz lebender Organismen lokale Quellen und Senken für Stoffe auftreten, die neben den Diffusions- und Konvektionsbeiträgen erheblichen Einfluss haben können. Der durch die Zelle aufgenommene Sauerstoff wird allgemein für die Energiegewinnung, für Synthesereaktionen, für den Zellmassenaufbau und den Erhaltungsstoffwechsel verbraucht.

Beschränkt man sich bei der Betrachtung des Sauerstoffbedarfs einer Zelle zunächst auf den Anteil zum Aufbau von Zellmasse, ergibt sich nach Kapitel 4 der maximale Sauerstoffverbrauch zu $x\mu_{max}/Y_{O_2}$, wobei x die Zellkonzentration und Y_{O_2} die gebildete Biomasse pro verbrauchtem Sauerstoff darstellen. Für $k_1 a'(c*-c_1) \gg x\mu_{max}/Y_{O_2}$ liegt der Hauptwiderstand beim mikrobiellen Metabolismus. Im umgekehrten Fall kann $c_1 \approx 0$ gesetzt werden; der Reaktor arbeitet dann transportlimitiert. Die reale Situation ist komplizierter.

Im stationären Zustand muss der absorbierte gleich dem konsumierten Sauerstoff sein:

$$k_1 a'(c_1 * - c_1) = \frac{x\mu}{Y_{O_2}} \quad (6.40)$$

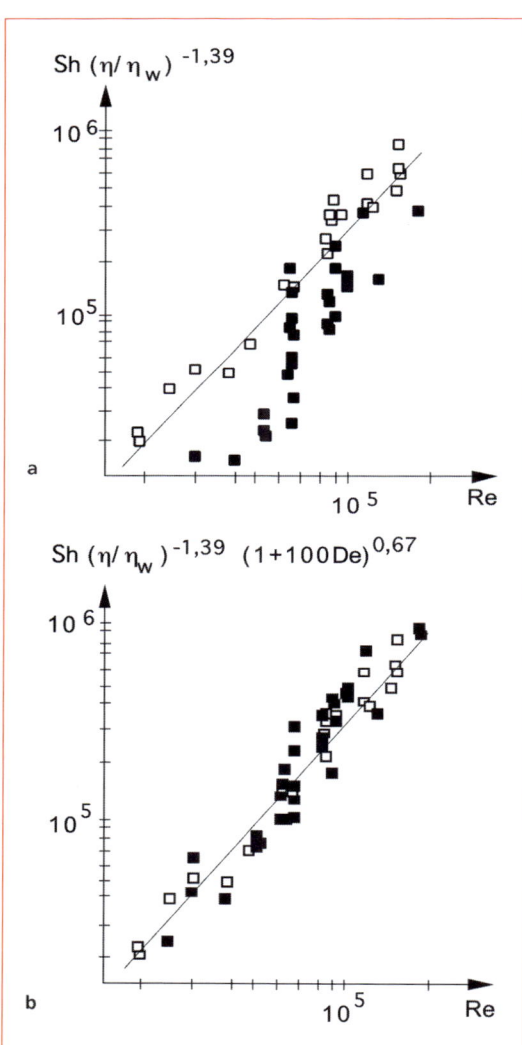

Abb. 6.8 Empirischer Zusammenhang zwischen Stoffübergang und Reynoldszahl im CO_2-begasten Rührkessel für verschiedene Modellflüssigkeiten, ohne (a) und mit (b) Berücksichtigung der Deborahzahl. □ – – CMC-, ■ – – PAA-Lösungen (Ranade und Ulbrecht 1978)

6.3 Zum Stofftransport in Biosuspensionen

Jeder Mikroorganismus benötigt eine bestimmte O_2-Mindestkonzentration $c_{O_2, kr}$. Für die meisten Mikroorganismen liegt $c_{O_2, kr}$ zwischen $3 \cdot 10^{-3}$ mmol/l und $50 \cdot 10^{-3}$ mmol/l, das bedeutet ca. 0,1 bis 1 % der O_2-Löslichkeit in Wasser. Ist $c_1 > c_{O_2, kr}$, dann liegt keine O_2-Limitation vor. Die Art der Kohlenstoffquelle beeinflusst den Sauerstoffbedarf besonders stark. Beispielsweise bewirken Paraffine oder Methan eine höhere Sauerstoffaufnahme durch die Zellen als Glucose.

Gleichung (6.40) ist die in der Biotechnik übliche Beschreibung des Sauerstofftransports und setzt voraus, dass der O_2-Verbrauch der Mikroorganismen den eindiffundierenden O_2-Strom nicht beeinflusst (1. Ficksches Gesetz). Wie eingangs erwähnt, ist bei vielen Fermentationen diese vereinfachte Betrachtungsweise auch ausreichend. Bei mycelbildenden Mikroorganismen jedoch muss der O_2-Transport durch zusätzliche Analyse der Transportwiderstände im Innern des Mycels unter Umständen aber auch durch den Transport an das Mycel ergänzt werden. Im Folgenden sei der Sauerstofftransport innerhalb eines Mycelteilchens, idealisiert als Diffusionsproblem mit Senken, näher betrachtet.

Unter Annahme einer kugeligen Gestalt des Mycels (Pellet) und einer in dieser Kugel gleichmäßig verteilten Biomasse, lautet die Bilanzgleichung des Sauerstoffs unter Berücksichtigung von Diffusion, Reaktion, aber keiner Konvektion

$$\frac{\partial c}{\partial t} = D_{eff} \left(\frac{\partial^2 c}{\partial r^2} + \frac{2}{r} \frac{\partial c}{\partial r} \right) - q_{O_2}^+ x' \qquad (6.41)$$

mit D_{eff} dem effektiven Diffusionskoeffizienten des Sauerstoffs im Mycel, c der örtlichen Konzentration des Sauerstoffs, $q_{O_2}^+ x'$ dem volumenbezogenen Reaktionsstrom des Sauerstoffs (Senke), $q_{O_2}^+$ der spezifischen Sauerstoffaufnahmerate der Zellen und x' der Konzentration der Biomasse im Pellet. Gleichung (6.41) vereinfacht sich für den stationären Zustand zu

$$D_{eff} \left(\frac{d^2 c}{dr^2} + \frac{2}{r} \frac{dc}{dr} \right) = q_{O_2}^+ x' \qquad (6.42)$$

Unter der Bedingung, dass der Widerstand für den Transport des Sauerstoffs aus dem Kern der Flüssigkeit an die Pelletoberfläche zu vernachlässigen ist, folgt als Randbedingung für die Oberfläche r = R, c = c_0 = const. Wegen der Symmetrie des Problems verschwindet der Konzentrationsgradient im Zentrum der Kugel, d. h. es wird dort dc/dr = 0.

Mit der dimensionslosen Konzentration $\bar{c}$

$$\bar{c} = c / c_0$$

und der dimensionslosen Ortkoordinate $\bar{r}$

$$\bar{r} = r / R$$

lautet Gl. (6.42) in dimensionsloser Form

$$\frac{d^2 \bar{c}}{d\bar{r}^2} + \frac{2}{\bar{r}} \frac{d\bar{c}}{d\bar{r}} = \frac{R^2 q_{O_2}^+}{c_0 D_{eff}} x' \qquad (6.43)$$

Führt man für den spezifischen Sauerstoffverbrauch eine Michaelis-Menten-Kinetik in der Form

$$q_{O_2}^+ = q_{O_2,max}^+ \frac{c}{K_M + c} \qquad (6.44)$$

ein, dann wird Gl. (6.43) zu

$$\frac{d^2 \bar{c}}{d\bar{r}^2} + \frac{2}{\bar{r}} \frac{d\bar{c}}{d\bar{r}} = \phi^2 \frac{\bar{c}}{1 + \bar{c} c_0 / K_M} \qquad (6.45)$$

mit

$$\phi = R \sqrt{\frac{q_{O_2,max}^+ x'}{D_{eff} K_M}} \qquad (6.46)$$

φ ist eine dimensionslose Kennzahl und wird als **Thielemodul** bezeichnet. Das Quadrat dieser Kennzahl entspricht dem Verhältnis eines Stoffstroms (Senke), hier resultierend aus einer Reaktion erster Ordnung, zu einem reinen Diffusionsstrom. Bei einem kleinen spezifischen Verbrauch und einem großen Diffusionskoeffizienten ist φ klein. Es stellt sich dann kein nennenswerter Gradient der Sauerstoffkonzentration im Pellet ein und die Biomasse kann überall bei der maximal möglichen Konzentration atmen. Im Extremfall sehr hohen spezifischen Verbrauchs und eines kleinen Diffusionskoeffizienten, das entspricht einem großen φ, wird der im Pellet vorhandene Sauerstoff sehr schnell verbraucht sein und die Diffusion kann nicht mehr genügend nachliefern. Im stationären Fall wird dann nur noch eine dünne Randschicht, innerhalb der die Sauerstoffkonzentration auf Null absinkt, am Gesamtverbrauch beteiligt sein. Bei kleinen φ ist offenbar das Pellet besser versorgt als bei großen. Nun ist der gesamte Sauerstoffverbrauch aus Kontinuitätsgründen durch folgende Größen bestimmt: Die Pelletoberfläche, das Pelletvolumen, den Diffusionskoeffizienten und den Konzentrationsgradienten an der Oberfläche, also durch den von der Oberfläche ins Pelletinnere gerichteten Diffusionsstrom. Bezieht man diesen auf den Verbrauch bei φ = 0, d. h. auf den Verbrauch bei dem die gesamte Biomasse bei maximaler Sauerstoffkonzentration c_0 atmet, dann erhält man ein Maß für die Versorgung des Pellets mit Sauerstoff, den sog. **Effektivitätskoeffizienten.** Um für den allgemeinen Fall Angaben über den Effektivitätskoeffizienten machen zu können, muss (6.43) numerisch gelöst werden (Bailey und Ollis 1986).

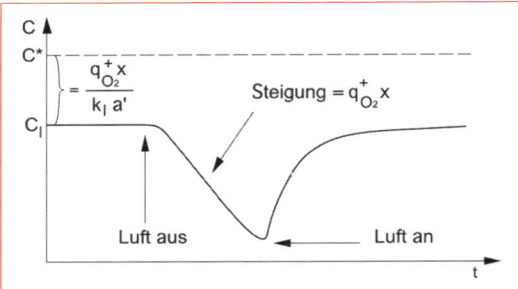

Abb. 6.9 Konzentration des gelösten Sauerstoffs als Funktion der Zeit bei der Bestimmung von $k_l a'$ und $q_{O_2}^+ x$ nach der dynamischen Methode

tet und die Sauerstoffkonzentration steigt auf den ursprünglichen Wert an. Eine ausführliche Beschreibung zur Bestimmung von $k_l a'$ nach dieser Methode findet man z. B. bei Moser (1981).

6.3.4 Die Bestimmung des Sauerstoff-Transportkoeffizienten $k_l a'$

Wie oben dargelegt, ist die Größe $k_l a'$ für die Versorgung einer Biosuspension mit Sauerstoff von großer Bedeutung. Sie eignet sich sowohl für den Vergleich verschiedener Belüftungssysteme bei sonst gleichen Parametern, wie Rührer- und Reaktorgeometrie, Grenzflächen- und rheologischen Eigenschaften der Biosuspension usw., als auch zum Vergleich unterschiedlicher Reaktorkonstruktionen bei gleichem Stoffsystem. Ihre experimentelle Bestimmung ist besonders unter realen Fermentationsbedingungen sinnvoll, aber mit erheblichem Aufwand – z. B. bei der Reaktoroptimierung – verbunden.

In Abb. 6.9 ist der Verlauf der Sauerstoffkonzentration während der Durchführung der so genannten „dynamischen Methode" zur Bestimmung von $k_l a'$ dargestellt.

In Phase I befindet sich der Reaktor im stationären Zustand. Dann wird die Sauerstoffzufuhr sprungartig ausgeschaltet und die Sauerstoffkonzentration fällt entsprechend dem Verbrauch durch die Biomasse. Zu Beginn von Phase III wird die Belüftung wieder eingeschal-

6.3.5 Bestimmung von $k_l a'$ mittels der Sulfit-Methode

Weil die Ermittlung von $k_l a'$ in Biosystemen mit einer Reihe von Schwierigkeiten verbunden ist (sterile Technik, Kosten für Inokulum und Medium, Probleme der Mess- und Regeltechnik), weicht man auf Modellsysteme aus. Als Modellsysteme kommen vor allem chemische Systeme zur Anwendung wie bei der Hydrazin-Methode oder der Sulfit-Methode. Bei letzterer wird eine Natriumsulfit-Lösung (oft 0,8 molar) belüftet. Durch den Luftsauerstoff wird Natriumsulfit unter katalytischer Wirkung von Metallionen (meist Co^{2+} oder Cu^{2+}) zu Natriumsulfat oxidiert. Dieser chemische Sauerstoffverbrauch soll also den bei der biologischen Fermentation vorliegenden ersetzen. Von Nachteil dabei ist, dass die so gefundenen $k_l a'$-Werte nicht übereinstimmen können mit denen, die sich in der realen Fermentation ergeben, da die Phasengrenzfläche von Grenzflächeneigenschaften des Systems stark beeinflusst ist. Trotzdem erlauben chemische Modellsysteme, wegen ihrer relativ einfachen Handhabung, eine schnellere Grundoptimierung als biologische Systeme.

6.3.6 Stoffübergang an einzelnen Blasen und Blasenschwärmen

Die örtliche Stoffstromdichte an der Grenzfläche Gas/Flüssigkeit einer Blase ist gegeben durch $-D_{AB}\left(\frac{\partial c}{\partial z}\right)_{(z=0)}$, wobei die z-Koordinate senkrecht zur Grenzfläche in die Flüssigkeit weisen möge. Der Stofftransportkoeffizient ist dann

$$k_1 = -\frac{1}{(c_1^* - c_1)} D_{AB} \left(\frac{\partial c}{\partial z}\right)_{(z=0)} \qquad (6.47)$$

oder dimensionslos

$$Sh = \frac{k_1 d}{D_{AB}} = -\frac{1}{1-c_1}\left(\frac{\partial c}{\partial z}\right)_{(z=0)} \qquad (6.48)$$

wenn d einen charakteristischen Blasendurchmesser und D_{AB} den Diffusionskoeffizienten des Gases in der Flüssigkeit bedeuten. An der Grenzfläche erhält man die dimensionslose Konzentration c über eine Lösung der Transportgleichung, die wie folgt aussieht

$$c = f(z, Sh, Sc, Gr) \qquad (6.49)$$

Benutzt man diesen Ausdruck zur Berechnung der Ableitung

$$\left(\frac{\partial c}{\partial z}\right)_{(z=0)}$$

in Gl. (6.48), so ergibt sich für die **Sherwoodzahl** Sh ein Zusammenhang

$$Sh = Sh(Sc, Gr) \qquad (6.50)$$

d.h., der dimensionslose Stofftransportkoeffizient Sh ist nur eine Funktion von Sc und Gr. In der Literatur findet man statt dessen gelegentlich dimensionslose Gruppen wie Reynoldszahl Re und Pécletzahl Pe (Verhältnis von konvektivem zu diffusivem Transport). Substituiert man aber die charakteristische Geschwindigkeit über die Dichtedifferenz $\Delta\rho = (\rho_1 - \rho_g)$, so erhält man wieder die Beziehung (6.50).

Der Stofftransport an einzelnen kugelförmigen Blasen mit starrer Oberfläche kann für den Fall Re « 1 und Pe » 1 (d.h. $\varrho_1 dv/\eta_1$ « 1 « vd/D_{AB}, was impliziert, dass $\eta_1/\varrho_1 D_{AB}$ = Sc »1) theoretisch berechnet werden. In wässrigen Fluiden ist die kinematische Zähigkeit $\nu_1 = \eta_1/\varrho_1$ ungefähr 10^{-2} cm²/s und D_{AB} liegt für Sauerstoff bei 10^{-5} cm²/s. Daraus ergibt sich eine Schmidtzahl von ca. 10^3. Für Reynoldszahlen von 10^{-1} bis 10^{-2} gilt dann

$$Sh = 1{,}01\, Pe^{1/3} = 1{,}01\, (vd/D_{AB})^{1/3} \qquad (6.51)$$

Bei derart kleinen Reynoldszahlen ist die Geschwindigkeit einer in der Flüssigkeit aufsteigenden kugelförmigen Blase im stationären Zustand

$$v = \frac{d^2 \Delta\rho g}{18\eta_1} \qquad (6.52)$$

Setzt man Gl. (6.52) in (6.51) ein, ergibt sich (6.53)

$$Sh = 1{,}01\left(\frac{d^3 \Delta\rho g}{18\eta_1 D_{AB}}\right)^{1/3} = 1{,}01\left(\frac{d^3 \rho_1 \Delta\rho g}{18\eta_1^2}\right)^{1/3}\left(\frac{\eta_1}{\rho_1 D_{AB}}\right)^{1/3}$$

$$Sh = 0{,}39\, Gr^{1/3} Sc^{1/3} \qquad (6.53)$$

also, wie erwartet, eine Beziehung Sh = F (Gr, Sc).

Für etwas größere Reynoldszahlen und einzelne kugelförmige Blasen mit starrer Oberfläche in laminarer Strömung gilt

$$Sh = 2{,}0 + 0{,}6\, Re^{1/2} Sc^{1/3} \qquad (6.54)$$

In vielen industriellen luftbegasten Reaktoren steigen die Gasblasen als Schwärme auf, so dass sich Hydrodynamik und Stofftransport deutlich von denen der Einzelblase unterscheiden. Calderbank und Moo-Young (1961) fanden in ihren Versuchen mit schwer löslichen Gasen in Flüssigkeiten bei chemischer Absorption zwei Bereiche. Für Blasen mit einem Durchmesser d ≤ 2,5 mm gilt

$$Sh = 0{,}31\, Gr^{1/3} Sc^{1/3} \qquad (6.55)$$

und für d > 2,5 mm

$$Sh = 0{,}42\, Gr^{1/3} Sc^{1/2} \qquad (6.56)$$

Daraus folgt, dass der Stofftransportkoeffizient k_1 (oder Sh), bei denselben Gr und Sc, bei Blasenschwärmen rund 20 % niedriger ist, als bei Einzelblasen mit starrer Oberfläche.

Ist mit einer der obigen Gleichungen k_1 berechnet worden, so ist noch die Austauschfläche pro Volumeneinheit a' zu bestimmen um $k_1 a'$ zu erhalten. Falls der mittlere Blasendurchmesser d (evtl. photographisch) und die Blasenverweilzeit im Reaktor t_b ermittelt werden kann, ist a' (Koaleszenz vernachlässigt) gegeben durch

$$a' = n_d q_{G,0} t_b \frac{\pi d^2}{\frac{\pi}{6}d^3} \cdot \frac{1}{V} = \frac{n_d q_{G,0} t_b}{V} \cdot \frac{6}{d} \qquad (6.57)$$

V ist dabei das Flüssigkeitsvolumen, $q_{G,0}$ der Gasstrom pro Düse und n_d die Anzahl der Düsen.

Tatsächlich ändert sich aber der Blasendurchmesser im Bioreaktor häufig als Folge der Wechselwirkungen zwischen örtlichen Fluidkräften und den Grenzflächenspannungen, denn Scher- und Normalspannungen brechen Blasen in kleinere auf, andererseits stabilisieren die Grenzflächenkräfte die Blasen in kugeliger Form (Minimierung der Grenzflächenenergie). Der größte stabile Durchmesser, der sich dabei ergeben kann, wird auch kritischer Blasendurchmesser genannt. Das Verhältnis zwischen den fluiddynamischen und den Einflüssen der Grenzflächenspannung beschreibt die Weberzahl We (6.16), die mit dem kritischen Blasendurchmesser gebildet, die kritische Weberzahl We_{kr} ergibt. Für ein reines Luft/Wasser-System hat We_{kr} ungefähr die Größe 1.

6.4 Zum Wärmeübergang im Bioreaktor

Verglichen mit dem Transport von Stoff und Impuls ist dem von Wärme in Bioprozessen bisher nur geringe Aufmerksamkeit geschenkt worden. Ein Grund dafür mag die Annahme sein, es könnten die bei Newtonschen Fluiden bekannten **Analogien zwischen den Transportvorgängen** für Impuls, Stoff und Wärme auch bei Fermentationsbrühen angewandt werden. Diese Annahme ist allerdings nur solange richtig, als die Fermentationsbrühen sich wie Newtonsche Fluide verhalten. Somit besteht noch ein Defizit an grundsätzlichen Untersuchungen zum Wärmeübergang, was insbesondere die stark viskoelastischen Fermentationsbrühen in begasten Bioreaktoren betrifft. Im Folgenden muss deshalb mehr als bisher auf andere Geometrien und auf Ergebnisse der chemischen Verfahrenstechnik zurückgegriffen werden.

Es gibt viele Gründe, warum einem Bioreaktor Wärme zu- oder abgeführt werden muss. Einige Beispiele sind die Hitzesterilisation, das Einstellen optimaler Arbeitstemperaturen (z. B. 55 °C – 66 °C bei thermophilen Bakterien), Wärmeabfuhr bei zu starker Wärmeproduktion beim Rühren oder durch exotherme Umsetzungsreaktionen oder das Trocknen von Zellsuspensionen durch Wasserabdampfen.

Die Wärmeübertragung kann auf verschiedene Weise realisiert werden, z.B. mit Hilfe eines Heiz- oder Kühlmantels, einer in den Reaktor getauchten Heiz- oder Kühlschlange, durch Abdampfen von Wasser etc. Wie bei der Stoffübertragung liegt auch bei der Wärmeübertragung der Haupttransportwiderstand in der Flüssigkeitsgrenzschicht unmittelbar an der Übertragungsfläche. Die den Wärmetransport bestimmende Flüssigkeitsgrenzschicht ist aber im Bioreaktor i. Allg. nicht identisch mit der den Stofftransport bestimmenden Grenzschicht. Schon deshalb können aus globalen Transportkoeffizienten, die am Reaktor gewonnen wurden, keine Analogieschlüsse gezogen werden.

Für die Bestimmung des Wärmestroms $\dot{Q}_W$, der in einer vorgegebenen Konfiguration auftritt, geht man von der folgenden Gleichung aus:

$$\dot{Q}_W = k_W A \Delta T \qquad (6.58)$$

Darin ist k_W der Wärmetransportkoeffizient, A die Austauschfläche und ΔT die treibende Temperaturdifferenz. Der Gesamtwärmewiderstand $1/k_W$ ist im Allgemeinen die Summe von Einzelwiderständen. Im Falle des Wärmedurchtritts durch eine ebene Schicht der Dicke d lautet er

$$1/k_W = 1/\alpha_1 + d/\lambda + 1/\alpha_2 \qquad (6.59)$$

wobei α_1 und α_2 die Wärmeübergangszahlen vor und hinter der Schicht und λ die Wärmeleitfähigkeit der Schicht bedeuten.

Wird die Wärmeübergangszahl jeweils durch λ und d dimensionslos gemacht, so erhält man mit

$$Bi = \frac{\alpha d}{\lambda} = \frac{\text{externer Wärmetransport}}{\text{interner Wärmetransport}} \qquad (6.60)$$

die **Biotzahl**. Handelt es sich bei dem Medium vor der Schicht um eine Flüssigkeit und macht man α durch λ_1, die Wärmeleitfähigkeit der Flüssigkeit, und d_1, die Dicke der Flüssigkeitsschicht, dimensionslos, so ergibt sich die **Nusseltzahl**

$$\text{Nu} = \frac{\alpha d_1}{\lambda_1} = \frac{\text{gesamter Wärmetransport}}{\text{Wärmetransport durch Leitung}} \quad (6.61)$$

In der englischen Literatur wird für die Darstellung der Wärmeübergangscharakteristik i. Allg. die **Stantonzahl** St oder die **Colburnzahl** j verwendet.

$$\text{St} = \text{Nu Re}^{-1} \text{Pr}^{-1} \quad (6.62)$$

$$j = \text{St Pr}^{2/3} \quad (6.63)$$

Die **Prandtlzahl**, die in diesen Beziehungen auftaucht, ist eine weitere dimensionslose Einflussgröße; sie wird nur aus Stoffgrößen gebildet

$$\text{Pr} = \frac{c_p \eta_1}{\lambda_1} \quad (6.64)$$

c_p ist dabei die spezifische Wärme bei konstantem Druck. Nimmt man noch die Reynoldszahl und im Falle der Rohrströmung zusätzlich das Verhältnis der Rohrlänge zum Rohrdurchmesser (L/d) hinzu, dann hat man einen Satz von Kenngrößen, der für viele Fälle ausreicht, den Wärmetransport an Hand von Nu dimensionslos zu beschreiben:

$$\text{Nu} = \text{Nu (Pr, Re)} \quad (6.65)$$

bzw.

$$\text{Nu} = \text{Nu (Pr, Re, L/d)} \quad (6.66)$$

Für Newtonsche Flüssigkeiten gilt beispielsweise für die turbulente Rohrströmung

$$\text{Nu} = 0{,}012 \, (\text{Re}^{0{,}8} - 280) \, \text{Pr}^{0{,}4} \left[1 + (d/L)^{0{,}666}\right]$$
$$(10^4 \leq \text{Re} \leq 1{,}2 \cdot 10^6; 1{,}5 \leq \text{Pr} \leq 500; L/d \geq 1) \quad (6.67)$$

Für den laminaren Bereich der Rohrströmung und rein viskose Flüssigkeiten gilt

$$\text{Nu} = \left[(3{,}66)^3 + 1{,}61^3 \, \text{Re Pr d}/L\right]^{1/3} \quad (6.68)$$

Im Rührkessel kann der Wärmeübergang mit einem der Gleichung (6.67) ähnlichen Typ beschrieben werden.

$$\text{Nu} = a \, \text{Re}^b \, \text{Pr}^c \left(\frac{\eta_1}{\eta_w}\right)^d \quad (6.69)$$

Unterschiede in den Koeffizienten a, b, c, d ergeben sich bei unterschiedlicher Strömungsart (laminar, turbulent), bei verschiedenem Rührertyp (Propeller-, Scheiben-, Ankerrührer) und bei unterschiedlicher Austauschfläche (Kühlschlange innen, Kühlschlange außen, Reaktorinnenwand usw.). (6.68) gilt auch für nicht-Newtonsche aber inelastische Fluide, wenn man an Stelle der Viskosität eine für den Rührer repräsentative Viskosität verwendet.

In den Standardlehrbüchern (Grigul 1963, Bird et al. 1976) und Handbüchern (z. B. VDI-Wärmeatlas 2002) zur Wärmeübertragung können die Zusammenhänge für die verschiedensten Wärmeübertragungssituationen, auch für Rührkessel, nachgesehen werden, solange mit Newtonschen oder rein viskosen Fluiden gearbeitet wird. Hier wird deshalb auf weitere Angaben dazu verzichtet. Es muss aber darauf hingewiesen werden, dass wegen des Temperatur- und des Geschwindigkeitsgradienten variable Stoffwerte auftreten. Je nach dem zu behandelnden Problem sind dementsprechend, effektive Stoffwerte zu verwenden. Wie die Letzteren aussehen, soweit es den Geschwindigkeitsgradienten betrifft, wird an einem Beispiel in 6.4.2 gezeigt. Den Temperaturgradienten betreffend, behilft man sich meistens mit einer mittleren Temperatur des jeweiligen Stoffes.

Im Folgenden wird noch auf zwei für Bioprozesse typische Besonderheiten eingegangen, die Beeinflussung des Wärmeüberganges durch Begasung und durch das viskoelastische Fließverhalten der Fermentationsbrühen.

6.4.1 Einfluss der Begasung auf den Wärmeübergang

Häufig ist die Stoffübertragung von einem Gas in eine Flüssigkeit, insbesondere die Sauerstoffübertragung in die Fermentationsbrühen, ein wichtiger Bestandteil eines Bioprozesses. In diesem Kapitel ist es deshalb interessant zu wissen, wie sich die Begasung auf den Wärmeübergang z. B. im Rührkessel auswirkt.

In der Literatur sind dazu etwas voneinander abweichende Ergebnisse angegeben worden. Eine Gruppe von Autoren fand eine Erhöhung des Wärmeübergangskoeffizienten bis zu einer bestimmten Rührerdrehzahl, ab welcher kein Einfluss des Gases mehr feststellbar ist. Die Wirkung des Gases, so wird argumentiert, besteht in einer zusätzlichen Zirkulationsströmung, die mit zunehmender primärer Turbulenz immer weniger wirksam wird. Andere Autoren fanden unterhalb einer kritischen Rührerdrehzahl ebenfalls eine Erhöhung der Wärmeübertragung mit zunehmender Begasung. Oberhalb der kritischen Drehzahl, wenn bei fester Rührerdrehzahl die Begasung verändert wurde, ergab sich bei abnehmendem Gasvolumenstrom eine Abnahme der Wärmeübertragung. Für Gasvolumenströme größer als ein kritischer Wert zeigte sich kein Einfluss. Ursache dafür könnte die Reduktion der Zirkulationsgeschwindigkeit sein, die sich auf Grund des reduzierten Leistungseintrags bei Begasung einstellt (Abb. 6.4).

Um hier Klarheit zu erlangen sind weitere grundsätzliche Untersuchungen notwendig. Soweit bisher bekannt, ist der Einfluss der Begasung auf die Wärmeübertragung mit 20–30 % bei Newtonschen Flüssigkeiten aber gering und hat vermutlich auch deshalb nur wenig Beachtung gefunden. Bei viskoelastischen Flüssigkeiten ist bisher nichts bekannt geworden. Hier könnte der Einfluss anders sein, und er verdient durchaus Beachtung.

6.4.2 Viskoelastizität und Wärmeübergang

Es wurde schon mehrfach darauf hingewiesen, dass viele Biosuspensionen sich rheologisch nicht-Newtonsch, vor allem viskoelastisch verhalten. Das macht sich natürlich auch beim Wärmetransport bemerkbar. Die Vorgänge, die hierbei wirksam werden, sind wie beim Impuls- und beim Stofftransport wieder fluiddynamischer Natur. Im Laminaren sind es i. Allg. die Sekundärströmungen, die zusätzlich zur Hauptströmung durch die bei viskoelastischen Fluiden auftretenden Normalspannungsdifferenzen erzeugt werden (Bird et al. 1977). Im Turbulenten ist es pauschal gesprochen der Einfluss der Elastizität auf die turbulenten Austauschmechanismen.

Für den Wärmeübergang ist die Grenzschichtdicke von besonderer Bedeutung. Sie ist bei viskoelastischen Fluiden erheblich dicker als bei nicht-Newtonschen aber inelastischen, und entsprechend ist der Wärmeübergang verschlechtert. Beispielsweise ist die Stantonzahl in einer turbulenten Rohrströmung für eine 1%ige wässrige PAA-Lösung je nach Rohrdurchmesser bis zu einem Faktor 3 kleiner als für eine Newtonsche Flüssigkeit gleicher effektiver Prandtlzahl. Ähnliches wurde im Rührreaktor für so genannte Bingham-Flüssigkeiten, das sind Flüssigkeiten mit einer Fließgrenze, beobachtet. Als Ursachen dieses Verhaltens werden der Einfluss der Elastizität auf die Charakteristika der Grenzschichten zwischen turbulentem Kern und der Wand und die Qualität der Turbulenzballen genannt. Die beteiligten physikalischen Mechanismen sind jedoch noch unklar.

Im Fall der vollentwickelten laminaren Rohrströmung verhalten sich viskoelastische Flüssigkeiten – die Wärmeübertragung betreffend – so, wie rein viskose oder auch Newtonsche Flüssigkeiten; in dieser Geometrie können nämlich keine von den Normalspannungsdifferenzen induzierten Sekundärströme auftreten. Anders ist es in Bioreaktoren, bei denen wegen ihrer i. Allg. komplizierten Geometrie das Auftreten von Sekundärströmen eher die Regel als die Ausnahme ist. Im Gegensatz zur turbulenten Strömung, wo eine Erniedrigung des Wärmeübergangskoeffizienten auftritt, ergibt sich im Laminaren mit Sekundärströmungen i. Allg. eine Erhöhung. Da für Bioreaktoren, soweit es den Autoren bekannt ist, keine systematischen Untersuchungen mit viskoelastischen Fluiden im Zusammenhang mit der Übertragung von Wärme durchgeführt wurden, sei zum Zweck der Demonstration die Strömung in Röhren mit rechteckigem Querschnitt angeführt. Diese Geometrie, mit einem Seitenverhältnis von 2 : 1, wurde von Hartnett und Xie (1989) unter Verwendung wässriger Carbopol-Lösungen (Carboxypolyethylen) untersucht. Wenn die obere und die untere Fläche beheizt wurden und die schmaleren Seitenflächen isoliert waren, ergab sich ein Zusammenhang zwischen der Nusselt- und der Reynoldszahl

$$Nu = CRe^{0,2} \qquad (6.70)$$

Die Konstante C zeigte sich von der Konzentration der Lösung abhängig und war bei 1000 ppm Gewichtsanteilen 6,0. Bei einer Reynoldszahl von 629 (die weiteren Parameter dazu sind: Pr = 126,

6.4 Zum Wärmeübergang im Bioreaktor

L = 640 cm und d_h = 1,2 cm) erhält man damit eine Nusseltzahl von 21,8. Re wird mit dem hydraulischen Durchmesser d_h und der repräsentativen Viskosität gebildet. Verwendet man statt (6.70) Gleichung (6.67), den für reinviskose Flüssigkeiten bekannten Zusammenhang, so findet man eine Nusseltzahl von 8,7, wodurch die starke Zunahme der Wärmeübertragung durch die Sekundärströmung verdeutlicht wird.

Beim turbulenten Wärmeübergang viskoelastischer Fluide kann man sich ebenfalls bisher nur auf die Ergebnisse der Rohrströmung stützen. Untersuchungen an Rührkesseln oder Bioreaktoren sind nur in sehr geringer Zahl erschienen.

Eine vielbeachtete Arbeit zum Wärmeübergang in turbulenter Rohrströmung mit Newtonschen Fluiden stammt von Reichardt (1951). Sie muss als Grundlage nahezu aller neueren Untersuchungen auf diesem Gebiet gewertet werden. Reichardt fand den folgenden Zusammenhang zwischen dem Wärmeübergang, welcher durch die Stantonzahl St beschrieben wird, und dem durch den Reibungsbeiwert f beschriebenen Druckverlust

$$\mathrm{St} = \frac{\alpha}{\overline{v}\rho c_p} = \frac{f/2}{1{,}2 + U_z^+(\mathrm{Pr}-1)\mathrm{Pr}^{-1/3}\sqrt{f/2}} \quad (6.71)$$

Darin ist U_z^+ eine für das turbulente Geschwindigkeitsprofil charakteristische Größe, nämlich die dimensionslose Geschwindigkeit ($U^+ = u/\sqrt{\tau_w/\rho}$) an der Grenze des turbulenten Kerns und $\overline{v}$ die mittlere Strömungsgeschwindigkeit. Die Voraussetzungen, die für die Herleitung der Beziehung (6.71) gemacht werden mussten sind Folgende:
- Wärme- und Impulsaustausch findet nur senkrecht zur Strömungsrichtung statt
- Thermisch und hydrodynamisch vollausgebildete Strömung
- Die turbulenten Austauschgrößen für Impuls und Wärme, sog. turbulente, kinematische Viskosität und turbulente Wärmeleitzahl (im Englischen *eddy diffusivities*) sind gleich

Gleichung (6.71) wurde von verschiedenen Autoren für viskoelastische Fluide erweitert. Unter Beibehaltung des Zusammenhangs (6.71) passte Chmiel (1971) die Größen f, U_z^+ und Pr an viskoelastische Flüssigkeiten an und zwar verwendete er für die in f vorkommende Reynoldszahl die in Kap. 5 für ein Rohr definierte repräsentative Viskosität, für Pr eine für die Grenzschicht effektive Viskosität η_e

$$\mathrm{Pr} = \frac{\eta_e c_p}{\lambda} \quad (6.72)$$

und für den dimensionslosen Geschwindigkeitsverlauf U^+ im Bereich der Übergangsschicht den üblicherweise für viskoelastische Flüssigkeiten verwendeten und experimentell verifizierten logarithmischen Verlauf

$$U^+ = a \ln Y^+ + b \quad (6.73)$$

a und b in (6.73) sind Konstanten, Y^+ ist der dimensionslose Abstand von der Wand ($y\sqrt{\tau_w/\rho}$).

Die effektive Viskosität η_e ist aus der Fließkurve für das jeweilige Fluid mit Hilfe der Schubspannung τ_e, die zwischen dem Übergangsbereich in den vollturbulenten Kern und der laminaren Unterschicht auftritt, zu bilden. τ_e wiederum wurde empirisch als das 1,08-fache der Wandschubspannung τ_w ermittelt. Im Reibungsbeiwert f steckt implizit der Einfluss der Elastizität. Bei viskoelastischen Fluiden kann f durch den folgenden Zusammenhang beschrieben werden

$$\frac{1}{\sqrt{f}} = \left(4 + \frac{E_1}{\sqrt{2}}\right)\log(\mathrm{Re}\sqrt{f}) - 0{,}394 - \frac{E_1}{\sqrt{2}}\log\frac{\sqrt{2}\,d\,E_2}{\nu}$$
$$(6.74)$$

E_1 und E_2 sind dabei von der Elastizität der Flüssigkeit bestimmte Parameter der Druckverlustcharakteristik, d ist der Rohrdurchmesser. Auf diese Weise kann man sich offenbar auf die Bestimmung der scheinbaren Viskosität beschränken, denn das viskoelastische Verhalten wird über den Druckverlust in die Gleichung (6.71) eingebracht.

Bei der soeben beschriebenen und mehreren anderen Erweiterungen von Gleichung (6.71) wurde angenommen, dass die turbulente, kinematische Viskosität ε_m und die turbulente Wärmeleitzahl ε_H einander gleich sind. Die Gültigkeit dieser Annahme ist auch Voraussetzung für die Gültigkeit einer Analogie zwischen der Impuls- und der Wärmeübertragung. ε_m und ε_H – das sei hier nur sehr kurz angemerkt, denn für Weitergehendes muss auf die Lehrbücher der Fluiddynamik verwiesen werden – sind Koeffizienten zu Beiträgen, die in den Transportgleichungen zusätzlich auftauchen (turbulente Spannungen und turbulente Wärmeströme), wenn man mit den zeitlich schwankenden Größen der turbulenten

Strömung in die sonst für laminare Strömungen geltenden Gleichungen eingeht und dann eine zeitliche Mittelung vornimmt.

Wann $\varepsilon_m = \varepsilon_H$ anzunehmen nicht mehr gerechtfertigt ist, wurde von Kwack und Hartnett (1984) gezeigt. Grundlage ihrer Untersuchungen waren Messungen des Reibungsbeiwertes, des Geschwindigkeitsprofils und des Wärmeübergangskoeffizienten in der turbulenten Rohrströmung viskoelastischer Flüssigkeiten. Das Verhältnis $\varepsilon_m/\varepsilon_H$ in der Nähe der Wand zeigte sich stark abhängig von der Weissenbergzahl Wn. Bei kleinen Wn ist $\varepsilon_m/\varepsilon_H$ ungefähr 1. Bei großen Wn – größer als eine kritische Weissenbergzahl Wn_{kr} – ist $\varepsilon_m/\varepsilon_H$ wieder konstant und ungefähr 10. Dazwischen steigt es monoton an. Weiterhin zeigte sich eine schwache Abhängigkeit von der Reynoldszahl. In dem Ergebnis der Untersuchungen von Kwack und Hartnett schlägt sich die Erfahrung nieder, dass sich mit zunehmender Elastizität einer Flüssigkeit der Wärmeübergang stärker verschlechtert als es der Abnahme des Druckverlustes entspricht, wenn man von einem analogen Verhalten ausgeht. Weiterhin dokumentiert sich eine maximale Weissenbergzahl oberhalb der es zu keiner weiteren Erniedrigung der Transportkoeffizienten kommt, was als die Asymptoten der maximalen Absenkung des Druckverlustes bzw. der Wärmeübertragung bekannt ist. Bei Polymerlösungen entspricht dies einer maximalen Konzentration, ab der keine weiteren Absenkungseffekte mehr feststellbar sind.

In der Abb. 6.10 sind Messungen der Colburnzahl j angegeben, die das eben gesagte belegen. Es wurde bei zwei verschiedenen Rohrdurchmessern (1,11 und 1,88 cm) gemessen, die verwendeten Flüssigkeiten sind wässrige Polyethylenoxid-Lösungen. Die Reynoldszahl wurde bei diesen Untersuchungen mit der Viskosität an der Wand gebildet. Zu kleinen Weissenbergzahlen hin bestimmt ein der Gleichung (6.66) sehr ähnlicher Zusammenhang die Asymptote der maximalen Wärmeübertragung, die unter Verwendung der Prandtlzahl von Wasser bei 20 °C in Abb. 6.10 eingetragen ist.

Eine Weiterentwicklung (6.75) von Reichardts Gleichung, ohne die einschränkende Voraussetzung gleicher turbulenter Austauschgrößen, wurde von Ghajar und Yoon (1989) gegeben.

$$St = \frac{f/2(1-FR)^{0,6}}{1,2+(Pr-1)\sqrt{f/2}(9,2\,Pr^{-0,258}+1,2\,Wn^{0,565}\,Pr^{-0,236})} \quad (6.75)$$

Hier ist FR das Verhältnis des Unterschieds ($f_p - f_s$) z. B. zwischen den Widerstandsbeiwerten einer Polymerlösung und ihrem reinen Lösungsmittel zum Widerstandsbeiwert des reinen Lösungsmittels f_s [FR = $(f_p - f_s)/f_s$]. Die Weissenbergzahl Wn ist aus der charakteristischen Materialzeit t_0 und einer Systemzeit gebildet. Letztere, als $d/\bar{v}$, wiederum aus dem Rohrdurchmesser d und der mittleren Geschwindigkeit $\bar{v}$. t_0 wurde ermittelt durch Anpassung der Fließkurve an das Powell-Eyring-Modell, welches durch den Zusammenhang

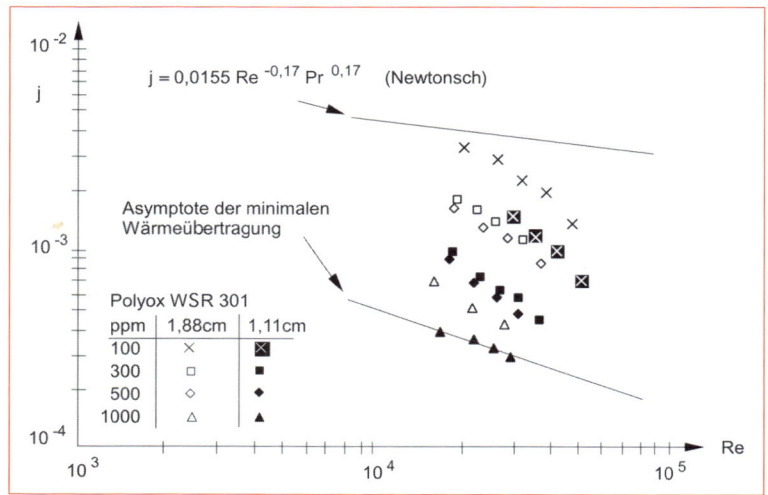

Abb. 6.10 Colburnzahl j für die Wärmeübertragung in Abhängigkeit der Reynoldszahl für wässrige Polyethylenoxid-Lösungen, gemessen in Rohren mit inneren Durchmessern von 1,11 und 1,88 cm (Ghajar und Yoon 1989).

$$\eta = \eta_\infty + \eta_0 - \eta_\infty \sinh^{-1}(t_0 \dot{\gamma})/(t_0 \dot{\gamma}) \qquad (6.76)$$

gegeben ist. Da hier ausschließlich die stationäre Fließkurve eingeht, kann die so ermittelte charakteristische Materialzeit nur als grobe Näherung betrachtet werden. Sowohl die Reynoldszahl (implizit in f auftretend) als auch die Prandtlzahl wurden mit der Viskosität an der Rohrwand gebildet. Man sieht, dass sehr unterschiedliche repräsentative Stoffwerte Verwendung finden. Für Fr = 0 und Wn = 0 sollte (6.75) in die Gleichung (6.71) für den Newtonschen Fall übergehen, was nur näherungsweise der Fall ist. Die in Abb. 6.10 gezeigten experimentellen Übergangskoeffizienten werden nach Angabe der Autoren jedoch gut durch (6.75) beschrieben.

Eine sehr gute Übersicht über dimensionslose Kennzahlen findet man in Zlokarnik (2001).

Literatur

Bailey, J.E., Ollis, D.F. (1986): Biochemical engineering fundamentals. McGraw-Hill, New York

Baird, M.H.I., Hemielec, A.E. (1962): Forced convection transfer around sheres at intermediate Reynolds numbers. Can. J. Chem.Eng., 40, 119

Bird, R.B., Stewart, W.E., Lightfoot, E.N. (1976): Transport phenomena. John Wiley & Sons, New York

Bird, R.B., Armstrong, R.C., Hassager, O. (1977): Dynamics of polymeric liquids. John Wiley & Sons, New York

Calderbank, P.H., Moo-Young, M. (1961): The continuous phase heat and mass transfer properties of dispersions. Chem. Eng. Sci. 16, 39

Chmiel, Horst (1971): Wärmeübertragung in der turbulenten Rohrströmung viskoelastischer Flüssigkeiten, Dissertation, Aachen

Ghajar, A.J., Yoon, H.K. (1989): A heat transfer correlation for viscoelastic turbulent pipe flows. Chem. Eng. Comm. 78, 167–177

Grigul, U. (1963): Die Gesetze der Wärmeübertragung. Springer Verlag, Berlin

Höcker, H., Langer, G. (1977): Power behaviour of gased stirrers in Newtonian and non-Newtonian fluids. Rheol. Acta 16, 400–412

Kwack, E.Y., Hartnett, J.P. (1984): Estimated eddy diffusivities of momentum and heat of viscoelastic fluids. Int. J. Heat Mass Transfer, 27 (9), 1525–1532

Hartnett, J.P., Xie, C. (1989): Influence of polymer concentration on laminar heat transfer to aqueous Carbopol polymer solutions in a 2:1 rectangular duct. AIChE Symp. Series, Heat Transfer Philadelphia, 454–459

Metzner, A.B., Otto, R.E. (1957): Agitation of non-Newtonian fluids. AIChE J. 3, 3

Moser, A. (1981): Bioprozeßtechnik. Springer Verlag, Wien, New York

Pawlowski, J. (1971): Die Ähnlichkeitstheorie in der physikalisch-technischen Forschung (Grundlagen und Anwendung). Springer Verlag, Berlin

Ranade, V.R., Ulbrecht, J.J. (1978): Influence of polymer additives on the gasliquid mass transfer in stirred tanks. AIChE J. 24, 796

Reichardt, H. (1951): Die Grundlagen des turbulenten Wärmeüberganges. Arch. Ges. Wärmetechn. 6/7, 127

Schumpe, A., Quicker, G. (1982): Gas solubilities in microbial culture media. In Advances in biochemical Engeneering, Bd. 24

VDI-Wärme-Atlas (2002), VDI-Verlag GmbH, Düsseldorf

Zlokarnik 2001: Scale-up, Modellübertragung in der Verfahrenstechnik, Wiley-VCH, Weinheim

7 Bioreaktoren*

Die industrielle Verwertung erfolgversprechender Bioreaktionen scheitert oft an der Übertragung der Ergebnisse vom Schüttelkolben in den m³-Maßstab. Der technischen Auslegung des hierfür notwendigen Reaktors sowie der Produktisolation und -reinigung sind deshalb die folgenden Kapitel gewidmet (7 bis 12).

7.1 Definition eines Bioreaktors

Unter einem Bioreaktor soll im Folgenden ein abgegrenzter Raum bzw. Apparat verstanden werden, in dem in Anwesenheit und unter Mitwirkung eines Biokatalysators eine Stoffumwandlung stattfindet.

In diesem Sinne ist der kleinste Bioreaktor eine Zelle, wie sie beispielsweise in Abb. 1.8 schematisch dargestellt ist. Die Abgrenzung ist in diesem Fall die Zellwand bzw. -membran. „Abgegrenzt" bedeutet nicht „abgeschlossen". Vielmehr findet in der Regel ein reger Stoff- und Wärmeaustausch mit der Umgebung statt. Substrat tritt durch die Membran in die Zelle, Metaboliten werden ausgeschleust. Handelt es sich um einen aeroben Mikroorganismus, so nimmt die Zelle außerdem O_2 auf und gibt CO_2 ab. Wegen der kurzen Diffusionswege existieren innerhalb der Zelle keine Stofftransportlimitierungen.

Anders ist dies in einem Bioreaktor im technischen Maßstab. Würde man den Reaktionsraum sich selbst überlassen, so würden sich als Folge lokaler Quellen und Senken (z. B. Eintrag von Nährmedium und Sauerstoff, Austrag von Metaboliten und CO_2, lokale Wärmequellen etc.) und Schichtungen durch Dichteunterschiede (z. B. Sedimentation der Mikroorganismen) bei mangelnder Durchmischung Zonen mit Konzentrationsüberhöhungen und solche mit Unterversorgung ergeben. Eine gute Durchmischung (**Homogenisierung**) des gesamten Reaktionsraumes ist Voraussetzung für eine hohe Umsatzrate. Die hierfür notwendigen Rührorgane (**Mischer**) müssen in der Regel noch weitere Aufgaben übernehmen wie z. B. Suspendieren eines Feststoffes, Emulgieren zweier ineinander nicht löslicher Flüssigkeiten oder Dispergieren eines Gases (z. B. O_2) in der Flüssigkeit.

7.2 Mischer

Unter Mischen versteht man das möglichst gleichmäßige Verteilen verschiedener Komponenten in einem abgegrenzten Volumen, wobei sich die Komponenten in wenigstens einer der folgenden Eigenschaften voneinander unterscheiden:
- chemische Zusammensetzung (einschl. Polymerisationsgrad)
- physikalische Eigenschaften (Aggregationszustand, Temperatur, Dichte, Farbe, Viskosität)
- Morphologie (Blasen-, Tropfen- und Partikelgröße, bzw. -form)

Ziel der Vergleichmäßigung (Homogenisierung) im Bioreaktor ist die Erhöhung des biologischen Umsatzes unter Wahrung der Produktqualität. In der Regel bedeutet dies eine Beschleunigung des Stoff- und Wärmeüberganges.

Die Vergleichmäßigung kann durch reine Molekularbewegung (Diffusion) und Konvektion erfolgen. Bei den hier betrachteten technischen

* Autor: Horst Chmiel

Mischern treten stets beide Mechanismen auf, wobei natürlich der Letztgenannte bei weitem überwiegt. Die Vorausberechnung der Mischvorgänge gelingt nur über zuvor gemessene Systemkennwerte, die man in Modelle überführt. Hierzu wird auf Kapitel 6 verwiesen. Die wichtigsten Systemkennwerte sind:
- Homogenisierungsgrad
- Mischzeitcharakteristik
- Leistungscharakteristik
- Strömungs-, bzw. Spannungsfeld
- Scale-up-Regeln
- Wärme- und Stoffaustauschverhalten
- Schaumbildung
- Reinigung und Sterilisation

mit Ausnahme des Letztgenannten, das in Kapitel 8 behandelt wird, soll auf diese Charakteristiken in Abschnitt 7.3 kurz eingegangen werden. Eine ausführliche Behandlung hierzu findet man bei Kraume (2002).

Je nach Art des Leistungseintrags können Mischer in folgende Kategorien unterteilt werden:
- Mischer mit rotierender Welle
  Das an der Welle befestigte Rührorgan (Blatt, Anker, Propeller, Impeller etc.) erzeugt im Reaktorraum eine Umlaufströmung (Abb. 7.1a).
- Vibrationsmischer
  Die Mischung erfolgt auf Grund einer translatorisch oszillierenden Bewegung der Welle, an der eine Siebplatte mit konischen Bohrungen befestigt ist (Abb. 7.1b).
- Hydraulische Mischer
  Eine in einem externen Kreislauf integrierte Pumpe erzeugt im Reaktorraum einen Freistrahl (Abb. 7.1c).
- Pneumatische Mischer
  Der Reaktorraum wird durch Eintrag von Gas (in der Regel Luft) zur Blasensäule (Abb. 7.1d).
- Statische Mischer
  Die Mischung erfolgt durch feststehende Einbauten, die angeströmt werden. Diese können z. B. integrierte, feststehende Einbauten (z. B. Wendel gem. Abb. 7.1e) oder Partikel mit auf Trägern fixierten Mikroorganismen (Abb. 7.1f) sein.

Aus dem oben Genannten wird klar, dass der Mischer das Herz eines Bioreaktors darstellt.

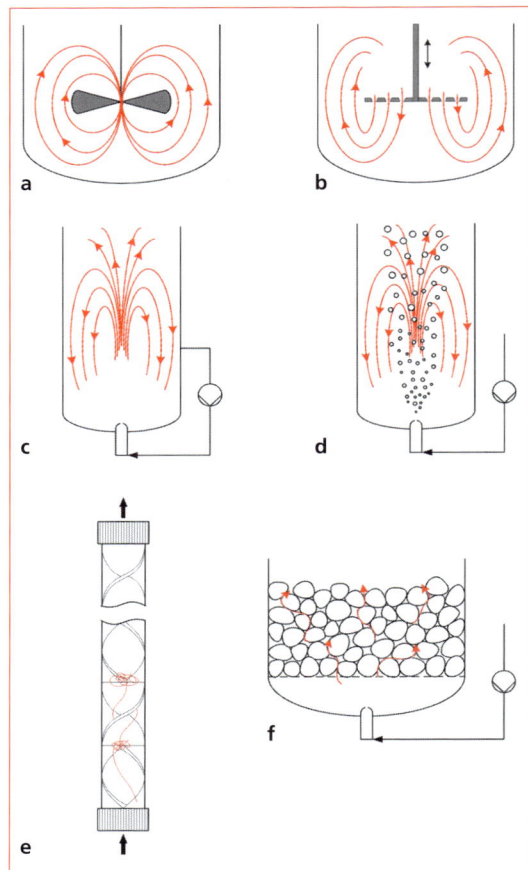

Abb. 7.1 Einteilung der Mischer nach Energieeintrag und Strömungsführung
a) rotierende Welle, b) Siebplatte, c) Freistrahl, d) Gaseintrag, e) statisch, f) Festbett

7.3 Reaktortypen

Im Folgenden sollen die verschiedenen Bioreaktoren und deren Auslegungskriterien vorgestellt werden, wobei im Mittelpunkt der Rührkesselreaktor (engl. *stirred tank reactor* STR) steht, da dessen Anteil an allen heute eingesetzten Bioreaktoren mehr als 95 % beträgt. Außerdem beschränken sich die folgenden Betrachtungen vorzugsweise auf die Biokatalysatoren **Bakterien** und **Pilze**, da den **tierischen Zellen** (Kap. 11) und **Enzymen** (Kap. 12) eigene Beiträge gewidmet sind.

7.3.1 Rührkesselreaktoren

Der Reaktor mit rotierender Welle (Abb. 7.1a), der so genannte **Rührkesselreaktor** (engl. *stirred tank reactor* **STR**) hat in der chemischen Industrie eine lange Tradition. Die daraus resultierenden umfangreichen Erfahrungen und das Vorhandensein von Auslegungsunterlagen für eine Vielzahl von Applikationen sind sicherlich Ursache für seine weite Verbreitung in der Biotechnologie.

Anders als in der Chemie, wo der so genannte Schlankheitsgrad s, das ist das Verhältnis Höhe H zu Durchmesser D des Reaktors, also

$$s = \frac{H}{D} \qquad (7.1)$$

in etwa 1 ist, wird s in der Biotechnologie zwischen 2 und 3 gewählt. Dies hat im Wesentlichen zwei Gründe:
- Der am Boden oder in der Nähe des Rührorgans eingetragene Sauerstoff hat eine längere Verweilzeit und kann dadurch besser genutzt werden.
- Wegen des größeren Verhältnisses Oberfläche zu Volumen, kann der Reaktorinhalt besser thermostatiert werden.

Wenn man von einer mittleren spezifischen Rührleistung von 5 KW/m³ Reaktorinhalt ausgeht, so wird klar, dass vor allem Wärmeabfuhrprobleme zu lösen sind.

Die Wärmeübertragung erfolgt in der Regel über einen Kühl-/Heizmantel. Dieser und die weiteren wesentlichen Komponenten eines Rührkessel-Bioreaktors sind schematisch in Abb. 7.2 dargestellt. Das Rührorgan besteht in diesem Fall aus drei Scheibenrührern. Dieser und andere gebräuchliche Rührertypen wurden von Zlokarnik (1999) untersucht und in Bezug auf Wirkung (induzierte Strömungsrichtung) und Einsatzbereich (Viskosität) eingeordnet (s. Abb. 7.3).

Wie der Vergleich in Abb. 7.4 zeigt, induziert beispielsweise der Scheibenrührer eine radiale Strömung, während der Propellerrührer eine axiale Strömungsrichtung erzeugt. Dass letztlich die Mischvorgänge ein ähnliches Muster haben, bewirken die Strömungsbrecher.

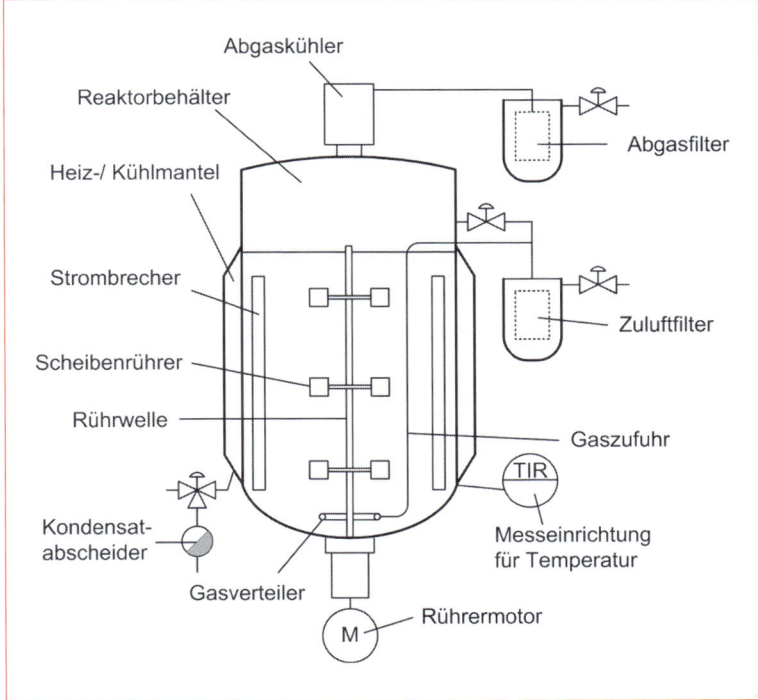

Abb. 7.2 Schema eines Rührkesselreaktors nach Sternad (1991)

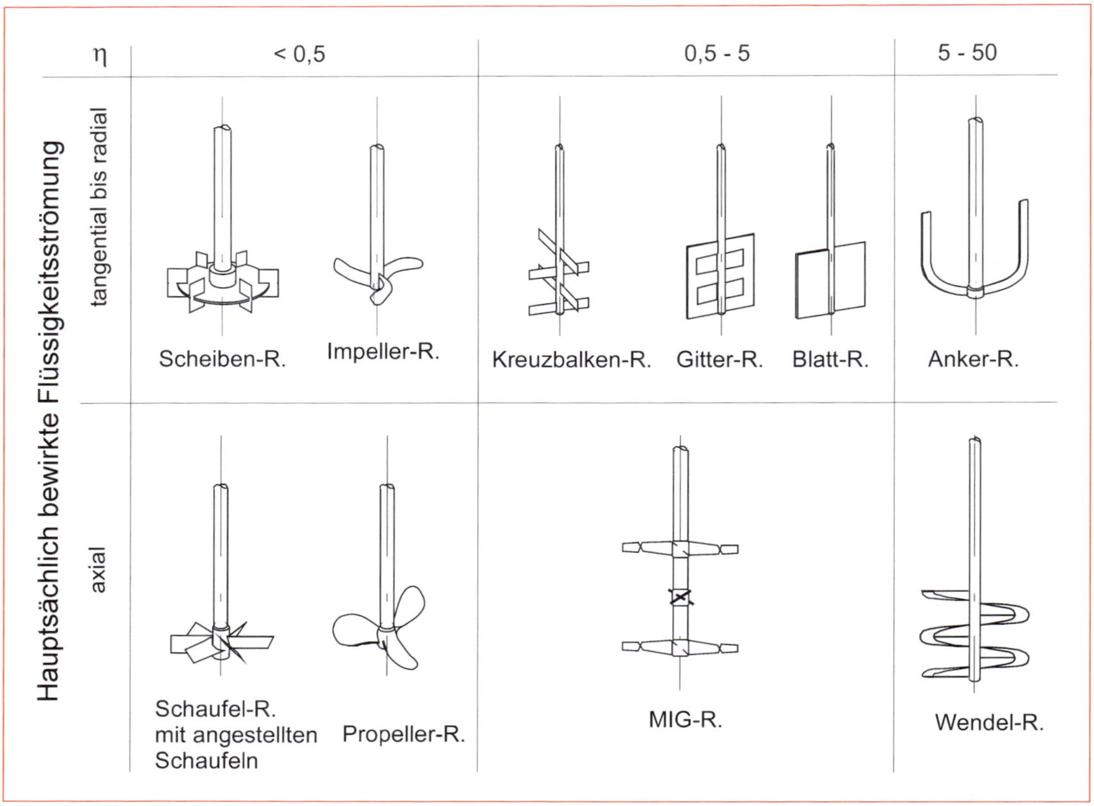

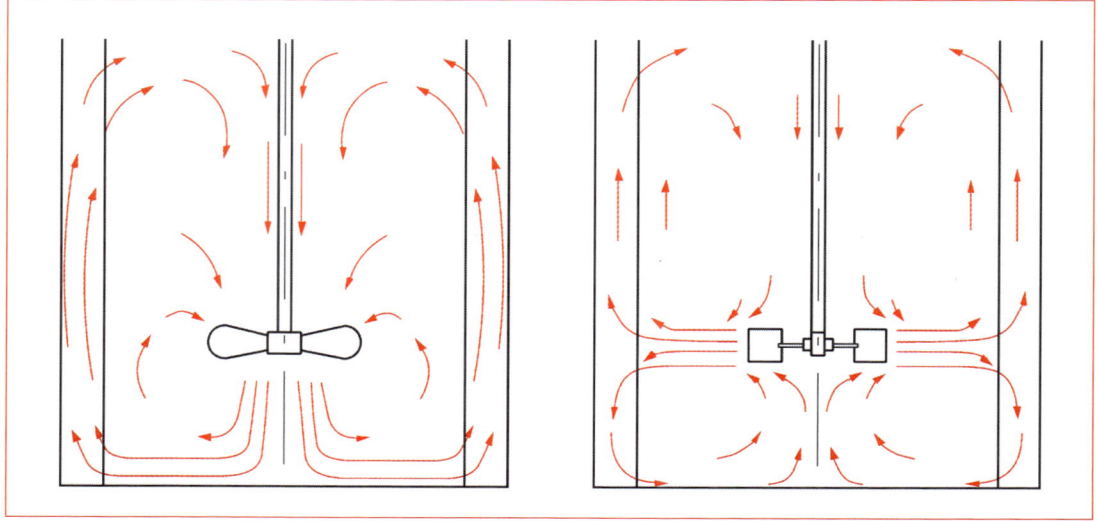

Abb. 7.3 In der Verfahrenstechnik gebräuchliche Rührertypen (nach Zlokarnik 1999)
η = Zähigkeit der Flüssigkeit [Pa s]

Abb. 7.4 Flüssigkeitsströmung im Rührkesselreaktor mit Strombrechern für axial fördernden Propellerrührer (links) und radial fördernden Scheibenrührer (rechts) (nach Zlokarnik 1999)

7.3.1.1 Mischgüte und Mischzeit

Für die Beurteilung eines Mischvorgangs werden u. a. die **Mischgüte** M und die **Mischzeit** Θ herangezogen. Mischzeitangaben sind nur in Verbindung mit der Mischgüte sinnvoll.

Hiby (1979) hat in diesem Zusammenhang auf die Problematik der Mischgüte- und Mischzeitbestimmung hingewiesen. Manna (1997) hat die verschiedenen Messmethoden, wie z. B. Sonden-Methode, Schlieren-Methode, chemische Methoden mit Farbumschlag oder Entfärbung miteinander verglichen.

Nach Kraume (2002) ist die Mischgüte wie folgt definiert:

$$M = 1 - \frac{\Delta c}{\Delta c_O} \qquad (7.2)$$

Hierbei ist Δc_O die Anfangskonzentrationsdifferenz, während Δc die zum Zeitpunkt t_c auftretende Konzentrationsdifferenz darstellt. Der Abbau der Konzentrationsschwankungen ist mit hinreichender Genauigkeit durch eine Exponentialfunktion mathematisch zu beschreiben:

$$\frac{\Delta c}{\Delta c_O} = k_o \cdot \exp\left(-\frac{\Theta}{t_c}\right) \qquad (7.3)$$

Dies ist in Abb. 7.5a dargestellt. Parameter der beiden Geraden ist die Rührerdrehzahl n, von der die Zirkulationszeit t_c abhängt. Diese ist im turbulenten Bereich der Drehfrequenz n umgekehrt proportional, so dass sich bei Auftragung über n · Θ gemäß Abb. 7.5b ein analoges Bild zu Abb. 7.5a ergibt.

In Abschnitt 7.2 war bereits darauf hingewiesen worden, dass die Homogenisierung in einem Mischer durch zwei überlagerte Mechanismen erfolgt, die erzwungene Konvektion und die molekulare Diffusion. Zlokarnik (1999) unterscheidet deshalb im Rührreaktor die **Mikromischung** von der **Makromischung**, von der nur die Letztgenannte durch den Rührer beeinflusst werden kann und damit maßstabsabhängig ist.

Geht man von vernachlässigbaren Dichte- und Zähigkeitsunterschieden aus, so hängt die Mischzeit Θ eines Rührers von der Drehzahl n, dem Rührerdurchmesser d und der kinematischen Viskosität ν ab. Das Produkt, d. h. $\Theta \cdot n = N_M$ nennt man die Mischzeitkennzahl. Die dimensionslose Größe gibt die Zahl der Rührerumdrehungen zur Erreichung einer vorgegebenen Mischgüte an. Trägt man N_M über der bereits in Kapitel 6 Gl. 6.22 definierten Reynoldszahl $Re = nd^2/\nu$ auf, so erhält man für jeden der in Abb. 7.3 aufgeführten Rührertypen eine Mischzeitcharakteristik. Wie aus Abb. 7.6 hervorgeht, zeigen – mit Ausnahme des Wendelrührers – alle Rührer im laminaren Bereich mit zunehmender Reynoldszahl einen Abfall von N_M. Oberhalb $Re = 10^4$ ist N_M näherungsweise konstant, d. h. keine Funktion der Reynoldszahl. Dies gilt allerdings nur für mit Strombrechern ausgerüstete Rührreaktoren. Beim Fehlen von Strombrechern, bzw. falscher Dimensionierung bildet sich – wie

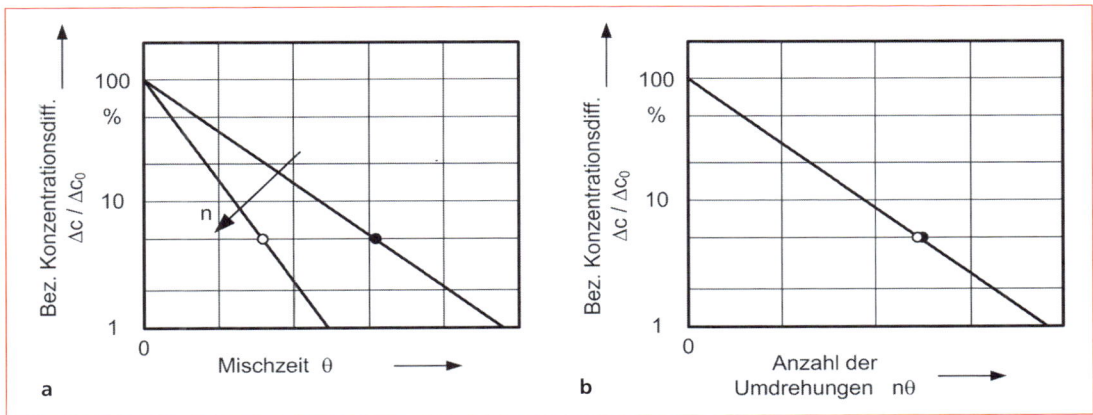

Abb. 7.5 Abhängigkeit der dimensionslosen Konzentrationsdifferenz $\Delta c/\Delta c_O$
a) von der Mischzeit θ, b) von der Anzahl der Umdrehungen nθ nach Kraume (2002)

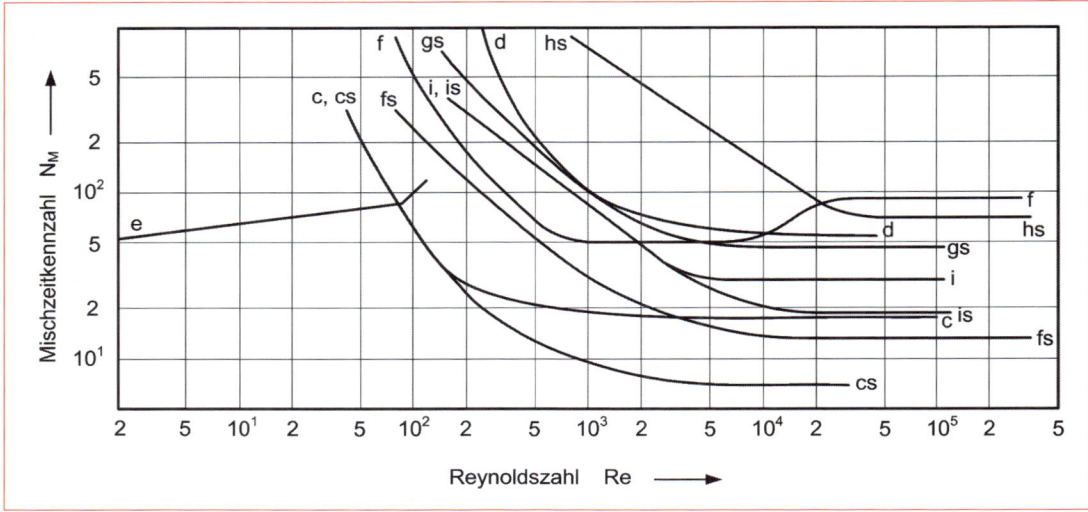

Abb. 7.6 Mischzeit-Charakteristiken der in Abb. 7.3 dargestellten Rührertypen (nach Zlokarnik 2000) Blattrührer c, cs; Ankerrührer d; Wendelrührer e; Propellerrührer hs; Impellerrührer i, is; MIG-Rührer f, fs; Scheibenrührer gs; Kreuzbalkenrührer a=1,8 c, as=1,8 cs; Gitterrührer b=1,25 c, bs=1,25 cs; s = mit Strombrecher

Henzler (1982) zeigen konnte – ein schlecht durchmischtes Kerngebiet aus, mit der Folge, dass die Mischzeitkennzahl – nach Durchlaufen eines Minimums – mit zunehmender Reynoldszahl wieder ansteigt. Daraus leitet sich die Bedeutung richtig dimensionierter Strombrecher ab.

7.3.1.2 Lokaler Leistungseintrag beim Rühren

In Kapitel 6 wurde bereits der Leistungseintrag für das Rühren von Flüssigkeiten behandelt und festgestellt, dass im turbulenten Bereich die Leistungszahl Ne nicht von der Reynoldszahl abhängt und im laminaren Bereich

$$P \sim n^2 d^3 \quad \text{und} \quad Ne \sim \frac{1}{Re} \tag{6.30}$$

sind.

Im Folgenden soll nun die lokale Wirkung der eingetragenen Leistung betrachtet werden. Die auf die Masse im Rührreaktor bezogene mittlere Leistung, also die mittlere Energiedissipation, berechnet sich zu

$$\overline{\varepsilon} = \frac{P}{V \cdot \rho} \quad \overline{\varepsilon} = \frac{Ne\, n^3\, d^5}{V} \tag{7.4}$$

Dabei ist V das im Reaktor befindliche Flüssigkeitsvolumen und ρ deren Dichte.

Für eine Beurteilung der Beanspruchung des Biokatalysators im Bioreaktor ist aber die **lokale Energiedissipation** maßgebend. Entsprechende Untersuchungen hierzu wurden von Geisler (1991) und Kresta et al. (1993) durchgeführt. Durch Messung der lokalen isotropen Turbulenzfelder lässt sich die lokale Energiedissipation ε berechnen. Das Verhältnis $\varepsilon/\overline{\varepsilon}$ gestattet die dimensionslose Darstellung gleich großer Energiedissipationsraten, so genannte **isoenergetische Linien**. Abb. 7.7 zeigt dies für den Scheibenrührer (links) und den Propellerrührer (rechts). Man erkennt, dass an den Spitzen des Scheibenrührers wesentlich höhere lokale Energiedissipation auftritt als beim Propellerrührer und dass dies durchaus zur Schädigung empfindlicher Mikroorganismen (insbesondere Mycel) führen kann. Die Konsequenz daraus ist, dass ein Rührer nicht nur unter dem Gesichtspunkt der Mischzeitcharakteristik ausgewählt werden kann.

7.3.1.3 Sauerstoffeintrag in Rührkesselreaktoren

Im Kapitel 6 wurden bereits der Sauerstofftransport in Bioreaktoren – insbesondere unter dem Aspekt der Sauerstoffversorgung der Mikroorganismen – behandelt.

7.3 Reaktortypen

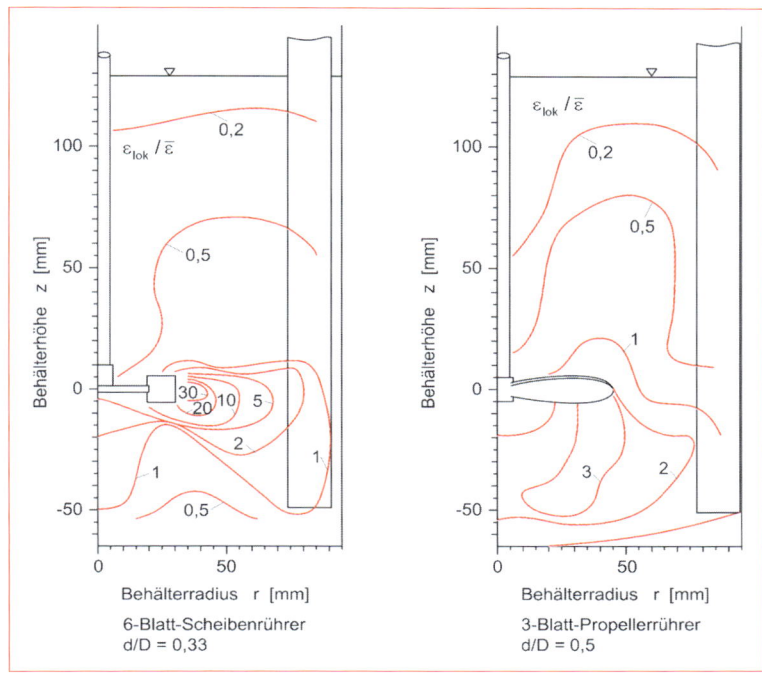

Abb. 7.7 Isoenergetische Linien $\varepsilon/\bar{\varepsilon}$ für verschiedene Rührertypen (für Re > 10^4; mit $\bar{\varepsilon} = P/\rho V$) (nach Geisler 1991)

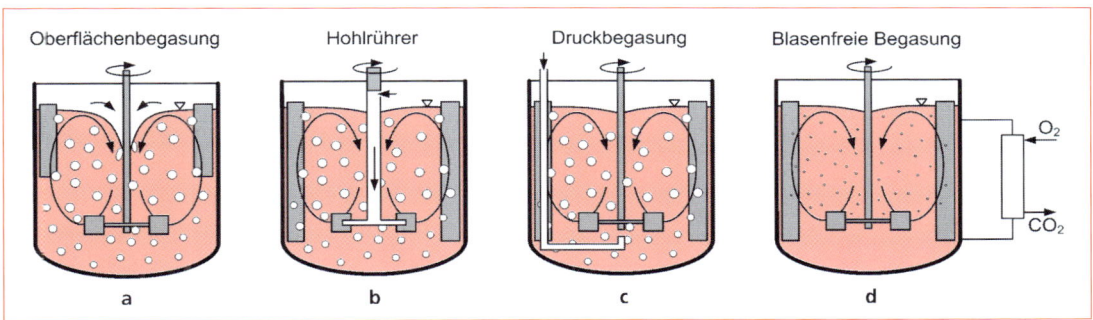

Abb. 7.8 Methoden zum Sauerstoffeintrag in Rührkesselreaktoren
a) Oberflächenbegasung, b) Hohlrührer, c) Druckbegasung, d) blasenfreier Sauerstoffeintrag (modifiziert nach Kraume 2002)

In diesem Abschnitt sollen technische Aspekte des Sauerstoffeintrags in gerührten Bioreaktoren im Vordergrund stehen. Abb. 7.8 zeigt schematisch vier verschiedene Möglichkeiten des Sauerstoffeintrags in Rührreaktoren. In Abb. 7.8a wird durch die beim Rühren sich bildende Trombe aus dem Raum oberhalb der Flüssigkeitsoberfläche Gas eingetragen (Oberflächenbegasung). Die auf diese Weise einbringbare Sauerstoffmenge ist allerdings begrenzt.

Für den in Abb. 7.8b dargestellten Fall des Sauerstoffeintrags über die **Hohlwelle** des Rührers hat Zlokarnik (2000b) experimentelle Untersuchungen und eine Dimensionsanalyse durchgeführt. Er erhielt über die Relevanzliste die gleichen Kennzahlen, wie in Kapitel 6 generell für den Leistungseintrag beim Rühren begaster Newtonscher Flüssigkeiten, nämlich

$$Ne = f(Re, Fr, Q, We) \tag{6.29}$$

Aus der grafischen Darstellung seiner Ergebnisse in der Form NeFr/Q über Fr (zur Erinnerung: Ne $\equiv P/d^3n^3\varrho_L$; Fr $\equiv n^2d/g$ und Q = q_G/nd^3) schließt er, dass **Hohlrührer** im technischen Maßstab zum Ansaugen großer Gasdurchsätze nicht geeignet sind.

Die **blasenfreie Begasung** (Abb. 7.8d) in einem externen Kreislauf über Membranen (diffusiver Sauerstoffeintrag über Löslichkeits- oder feinporöse Membranen; s. Kap. 10) ist zwar sehr schonend, der maximal mögliche Sauerstoffeintrag ist jedoch sehr begrenzt.

Aus den o. g. Gründen empfiehlt sich bei hohem Sauerstoffbedarf die Variante **Druckbegasung** (Abb. 7.8c). Die einzubringende Sauerstoffmenge kann hier durch die Parameter Druck, Sauerstoffpartialdruck und erzeugte Blasengröße beeinflusst werden. So bieten sich beispielsweise keramische Membranen mit Poren von wenigen µm für die Erzeugung sehr feiner Blasen an. Allerdings ist die Neigung zur Blasenkoaleszenz – darunter versteht man den Vorgang, dass kleine Blasen sich zu größeren zusammenschließen – immer vorhanden. Da diese Tendenz mit der Grenzflächenspannung abnimmt, empfiehlt Zlokarnik (1999) die Zugabe von die Grenzflächenspannung senkenden Substanzen. So vermindern Elektrolyte, aliphatische Alkohole und andere organische Tenside bereits in geringsten Konzentrationen die Blasenkoaleszenz. Gleichzeitig steigt allerdings die Neigung zur Schaumbildung, ein Problem, auf das in Abschnitt 7.4 näher eingegangen wird.

7.3.1.4 Maximaler Gaseintrag in Rührkesselreaktoren

Jeder Rührer kann bei der jeweiligen Drehzahl nur einen maximalen Gasdurchsatz q_{max} in der Flüssigkeit verteilen. Zuvor beobachtet man mit zunehmendem Gasdurchsatz eine Abnahme der benötigten Rührerleistung. Als Ursache hierfür wird in der Literatur (z. B. Kipke 1985b) die Ausbildung von Gaspolstern auf der Rückseite der Rührerblätter und damit einhergehend eine Reduzierung des Strömungswiderstands genannt. Daraus lässt sich aber auch ableiten, dass der Gaseintrag nicht beliebig gesteigert werden kann. Wird mehr Gas eingetragen als der Rührer dispergieren kann, so wächst das Gaspolster am Rührerblatt so lange, bis es das nächste Rührerblatt erreicht; der Rührer wird vom Gas **überflutet**. Das Strömungsbild ändert sich; die Strömungsrichtung kann sich sogar umkehren. Der kritische Wert der Durchsatzkennzahl Q_{max}

$$Q_{max} = \frac{q_{max}}{nd^3} \qquad (7.5)$$

darf nicht überschritten werden.

Judat (1976 und 1982) hat Q_{max} als Funktion der Froudzahl Fr für verschiedene Rührer experimentell bestimmt (s. Abb. 7.9). Dazu wurde bei jeweils konstant gehaltener Drehzahl der Gasdurchsatz langsam bis zur Überflutung gesteigert. Anschließend wurde der Gasdurchsatz so lange gedrosselt, bis die Dispergierwirkung des Rührers wieder eingesetzt hat ($\bar{q}_{max}$).

Aus Abb. 7.9 geht hervor, dass über einen großen Fr-Bereich eine direkte Proportionalität zwischen Q_{max} und Fr besteht. Darüber hinaus erkennt man, dass Scheibenrührer im Vergleich zu anderen Rührern am besten zum Dispergieren großer Gasmengen geeignet sind. Allerdings muss hierfür auch die höchste Rührleistung aufgebracht werden. Definiert man aber eine **Effizienz** (Zlokarnik 1999)

$$\frac{NeFr}{Q_{max}(D/d)} \equiv \frac{P}{q_{max}\, \rho \cdot g \cdot D} \qquad (7.6)$$

so stellt man fest, dass der Scheibenrührer auch bezüglich der Effizienz am besten abschneidet und zwar der 12-schauflige besser als der 6-schauflige Scheibenrührer.

Weitere wichtige Hinweise zur Auslegung und dem Scale up von STR findet man bei Kipke (1985a und b), Storhas (1994), Kraume (2002) und Krahe (2000).

7.3.2 Bioreaktor mit Vibrationsmischer

In Kap. 7.2 wurde als eine Variante von Mischern der **Vibrationsmischer** vorgestellt (Abb. 7.1b).

Durch die asymmetrische Form der Öffnungen in der Siebplatte wird eine ausgezeichnete Durchmischung des Reaktorraums erzielt (s. Abb. 7.10). Muss der Vibrationsmischer über die reine Mischung hinaus Aufgaben wie z. B. Dispergieren einer organischen Phase in Wasser (Emulsions-

7.3 Reaktortypen

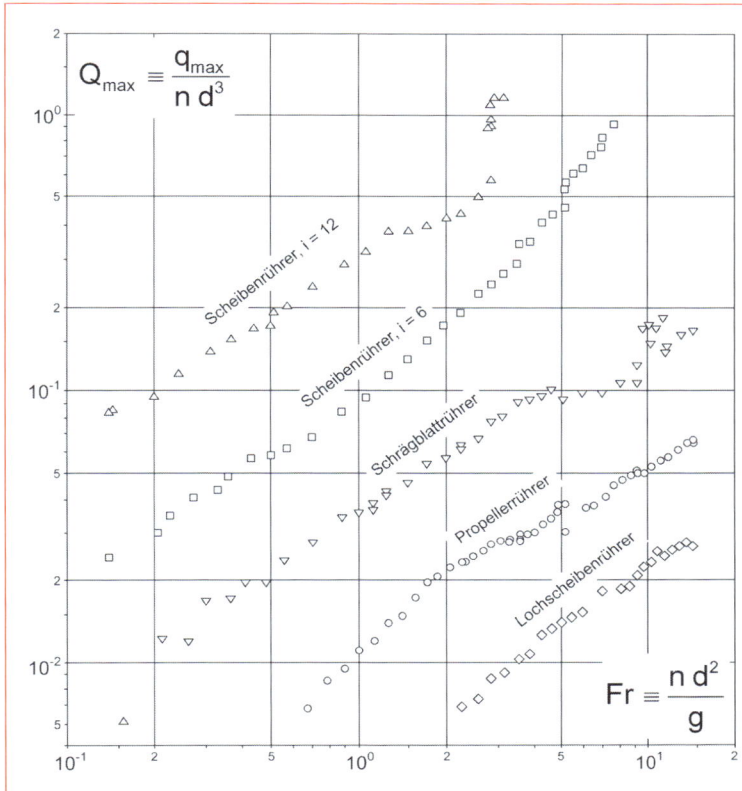

Abb. 7.9 Überflutungs-Charakteristik (nach Judat 1976) $Q_{max} = f(Fr)$ für fünf Rührertypen; Stoffsystem Luft/Wasser; $D/d = 5$; $H/D = 1$; i = Blattzahl des Scheiben-Rührers

Abb. 7.10 Vibro-Mixer; links in Ruhe, rechts in Mischbewegung

bildung) oder Erzeugung feiner Gasblasen bei Oberflächenbelüftung (Gasdispergierung) übernehmen, so schneidet er im Vergleich zum CSTR schlechter ab (unveröffentlichte Ergebnisse aus Vergleichsuntersuchungen im 2-l-Reaktor). Es empfiehlt sich in diesem Fall die Dispergierung über feinporöse Systeme (z. B. integrierte Membranen gemäß Kap. 10) vorzunehmen. Bei großen Bioreaktoren (> $1 m^3$) wird in der Praxis von einer erheblichen akustischen Emission berichtet; möglicherweise eine Folge von Biegeschwingungen des oszillierend bewegten Schafts des Mischers.

Naicker (1999) gibt einen guten Überblick über Anwendungen und Auslegungskriterien für Vibrationsmischer.

7.3.3 Schlaufenreaktoren (SR)

Wie aus dem Namen bereits hervorgeht, wird beim **Schlaufenreaktor SR** der Reaktorinhalt schlaufenförmig geführt. Dabei unterscheidet man zwischen internem und externem Umlauf (s. Abb. 7.11). Für die Erzeugung der Umlaufströmung kommen im Prinzip alle in Abb. 7.1 (a – d) angegebenen Energieeintragsmöglichkeiten in Frage, also rotierende Welle (Propellerschlaufenreaktor PSR), asymmetrische Siebplatte (Vibrationsschlaufenreaktor VSR), Freistrahl (Strahlschlaufenreaktor) und Gaseintrag (Air-Lift-Reaktor ALR).

Generell muss festgestellt werden, dass die SR die in sie in den 80er- und 90er-Jahren gesetzten Erwartungen bei weitem nicht erfüllt haben. In der einschlägigen Literatur gibt es praktisch keine Hinweise auf heute für die Bioproduktbildung im industriellen Maßstab betriebene Schlaufenreaktoren, mit Ausnahme des PSR.

Propellerschlaufenreaktor PSR

Trick et al. (1991) haben für die Produktion von Glutaminsäure mittels des aeroben Stamms *Corynebacterium glutamicum* den **Propellerschlaufenreaktor** (**PSR**, Abb. 7.12) mit dem STR (Abb. 7.2) verglichen. Abgesehen von der Größe (PSR 50 l, Bioengineering, Schweiz; STR 20 l, Fa. Biolafitte, Frankreich) unterschied sich der PSR vom STR nur durch das Strömungsrohr zur Ausbildung des internen Umlaufs.

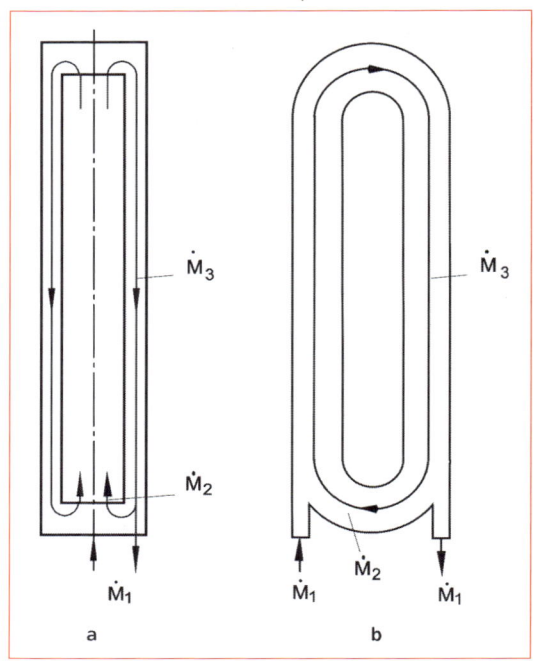

Abb. 7.11 Prinzipien von Schlaufenreaktoren (nach Blenke 1985)
a. mit innerem Umlauf; b. mit äußerem Umlauf

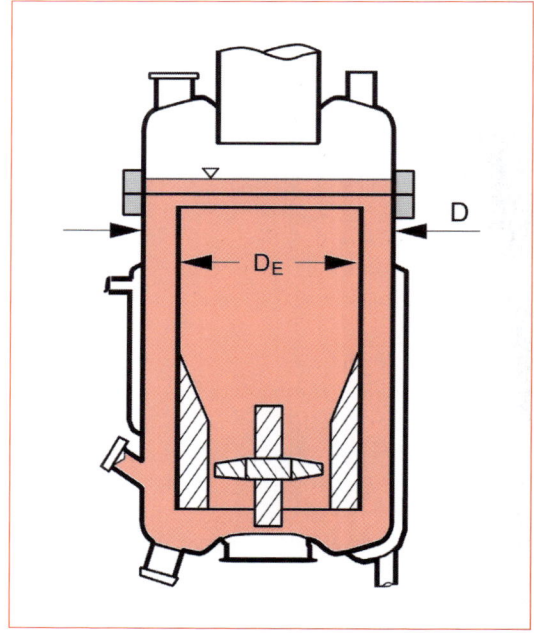

Abb. 7.12 Schema eines kompakten Propeller-Schlaufenreaktors (nach Trick et al., 1991)

In Abb. 7.13 sind spezifische Wachstumsrate dμ/dt, spezifische Produktivität π, spezifischer Glukoseverbrauch σ sowie Ausbeutekoeffizienten $Y_{P/S}$ und $Y_{X/S}$ des STR mit denen des PSR (gleich 1 gesetzt) verglichen. Man erkennt, dass in allen Belangen der STR dem PSR unterlegen ist. Hinzu kommt, dass das Schaumproblem beim PSR – als Folge des Zwangsumlaufs – geringer ist, als beim STR, bei dem während der Wachstumsphase durch Schaumflotation in erheblichem Umfang Biomasse ausgetragen wird.

Nun ist aber der PSR nicht der typische Vertreter eines Schlaufenreaktors. Er besitzt – wie der STR – Zonen hoher lokaler Energiedissipation und solche vergleichsweise geringer Durchmischung.

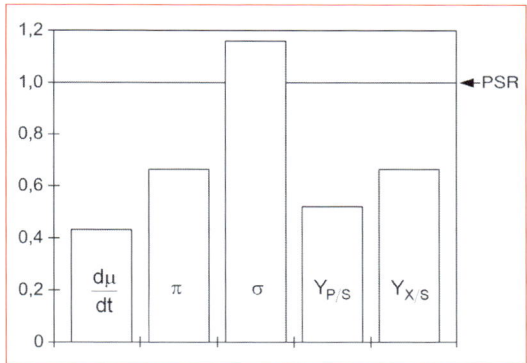

Abb. 7.13 Vergleich der Ergebnisse der Produktion von Glutaminsäure in einem STR gegenüber einem PSR in Bezug auf spezifische Wachstumsrate dμ/dt, spezifische Produktionsrate π, spezifischen Glukoseverbrauch σ sowie Ausbeutekoeffizienten $Y_{P/S}$ und $Y_{X/S}$

Air-Lift-Reaktor ALR

Für die aerobe Fermentation scherempfindlicher Mikroorganismen empfiehlt Weiland (1984) den **Air-Lift-Reaktor ALR** mit externer Schlaufe, da u. a.
- Zonen sehr hoher Energiedissipation, aber auch unkontrollierter bzw. stagnierender Strömung vermieden werden,
- eine gute Gasabtrennung im Kopfbereich der Schlaufe möglich ist,
- die Möglichkeit der Regelung der Flüssigkeitszirkulation durch Drosselorgane im äußeren Kreislauf gegeben ist,
- günstige Bedingungen für den Wärmeübergang vorliegen (großes Verhältnis Oberfläche/Volumen),
- bedingt durch die Rohrströmung wie Auf- und Abstrom, eine sichere Maßstabsübertragung möglich ist.

Allerdings wurde die überwiegende Zahl der veröffentlichten experimentellen Arbeiten am ALR mit interner Schlaufe und an sehr kleinen Reaktoren mit Modellflüssigkeit und daher mit geringer Praxisrelevanz durchgeführt. Lediglich Kolla (1984) verwendete Bakterien und Hefen.

Meusel (1989) diskutierte insbesondere die Frage, inwieweit ein Scale up für ALR mit externer Schlaufe auf der Basis von Modellversuchen möglich ist. Er untersuchte die Hydrodynamik und den lokalen Gasgehalt des ALR.

Die Hydrodynamik von ALR wird vor allem durch den sich – in Abhängigkeit von der Begasungsintensität, den rheologischen Eigenschaften sowie der Reaktorgeometrie – einstellenden relativen Gasgehalt bestimmt, da dieser den für die Flüssigkeitszirkulation verantwortlichen Dichteunterschied zwischen Auf- und Abströmsäule bewirkt. Dabei ist der relative Gasgehalt φ_G

$$\varphi_G = \frac{\dot{V}_{Auf}}{A \cdot v_{GS}} \tag{7.7}$$

$\dot{V}_{Auf}$: Volumenstrom in Aufströmsäule
A: Querschnittsfläche der Schlaufe
v_{GS}: Schwarmgeschwindigkeit der Blasen

bzw.

$$\varphi_G = \frac{\bar{v}_G}{v_{GS}^* + v_L} \tag{7.8}$$

$\bar{v}_G$: Gasleerrohrgeschwindigkeit
v_{GS}^*: Schwarmaufstiegsgeschwindigkeit in ruhender Flüssigkeit
v_L: Geschwindigkeit der Flüssigkeit

Damit wird deutlich, dass mit steigender Flüssigkeitsgeschwindigkeit der Gasgehalt im ALR abnimmt sowie bei $v_L = 0$ – der so genannten **Blasensäule** – einen Maximalwert erreicht. Die Flüssigkeitsgeschwindigkeit ergibt sich dabei im stationären Zustand als Folge der Druckdifferenz Δp zwischen Auf- und Abströmsäule mit

$$\Delta p = \rho_L \cdot g \cdot h_o \cdot \varphi_G \qquad (7.9)$$

(korrekt müsste hier $\Delta \rho = \rho_L - \rho_G$ eingesetzt werden, jedoch ist die Dichte des Gases ρ_G gegenüber der Dichte der Flüssigkeit ρ_L zu vernachlässigen) und des Gesamtdruckverlustes Δp_{ges}. Abb. 7.14 zeigt den Gasgehalt φ_G als Funktion der Leerrohrgeschwindigkeit $\bar{v}_G$ für unterschiedliche Verhältnisse der Querschnittsflächen $F_A = A_{Ab}/A_{Auf}$, mit A_{Ab}: Querschnitt Abströmsäule, A_{Auf}: Querschnitt Aufströmsäule.

Der Einfluss der Flüssigkeitsgeschwindigkeit auf φ_G bei konstanter Reaktorgeometrie ist in Abb. 7.15 gezeigt.

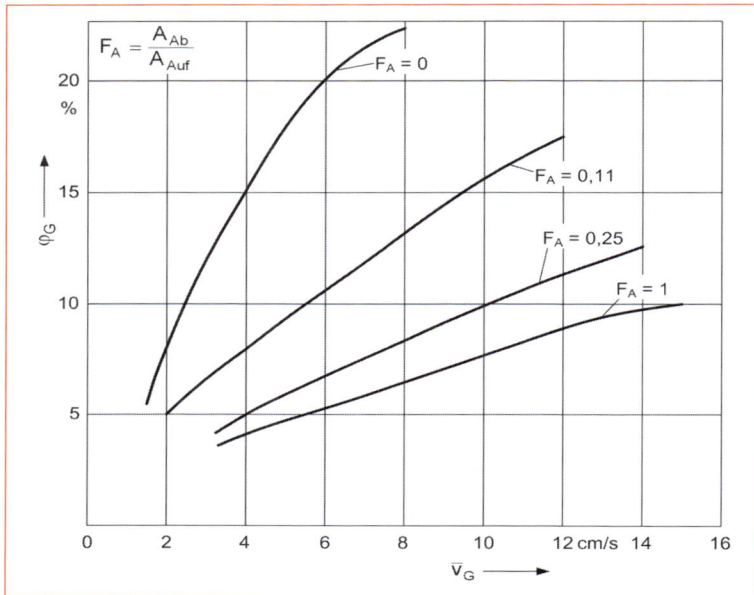

Abb. 7.14 Gasgehalt φ_G als Funktion der Leerrohrgeschwindigkeit $\bar{v}_G$ für unterschiedliche Verhältnisse der Querschnittsflächen $F_A = A_{Ab}/A_{Auf}$ (nach Meusel 1989)

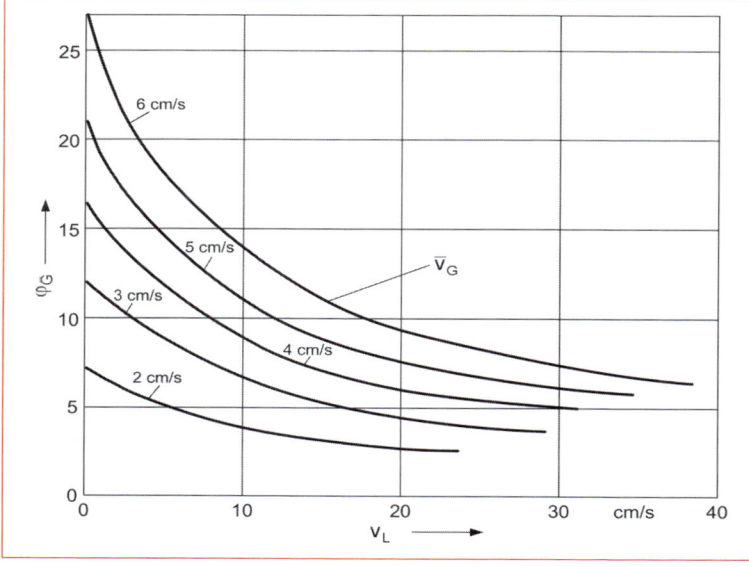

Abb. 7.15 Einfluss der Flüssigkeitsgeschwindigkeit v_L auf den relativen Gasgehalt φ_G in ALR mit äußerer Rückführung. Parameter ist die Gasleerrohrgeschwindigkeit $\bar{v}_G$ (nach Weiland 1984)

Mit zunehmender Flüssigkeitshöhe h_0 im Reaktor nimmt φ_G insgesamt ab, da in Folge des zunehmenden hydrostatischen Druckes das Gas stärker komprimiert wird und mit zunehmendem Aufstiegsweg die Koaleszenz und damit die Blasengröße zunimmt.

Meusel (1989) stellt außerdem fest, dass in der Schlaufe keine ideale Vermischung bezüglich der Gelöstsauerstoffverteilung vorliegt. Zur Beschreibung dieser Vorgänge ist daher die Ortsabhängigkeit zu berücksichtigen.

Er kommt zu dem Schluss, dass eine Maßstabsübertragung auf der Grundlage der Lösung der Erhaltungsgleichungen für Impuls, Stoff und Energie nur für einfache Fälle möglich ist.

Eine neuere Literaturrecherche ergab, dass ALR derzeit vor allem für Pflanzzellkulturen empfohlen werden (Yuan et al. 2001, Kintzios et al. 2004). Dabei ist aber zu beachten, dass diese Empfehlungen auf der Basis von Experimenten mit Laborfermentern (ALR mit 2,5 l) beruhen.

7.3.3.3 Strahlschlaufenreaktor SSR

Sternad und Blenke (1986) und Sternad (1988) haben umfangreiche Untersuchungen an **Strahlschlaufenreaktoren SSR** durchgeführt. Hier wird die interne Schlaufe wegen der besseren Abtrennbarkeit des an O_2 verarmten Gases bevorzugt (s. Abb. 7.11a).

Den Vorteil des SSR gegenüber dem ALR bei aeroben Prozessen sehen Sternad und Blenke in der Möglichkeit, durch den eingetragenen Flüssigkeitsstrahl $\dot{V}_{Li}$ und die damit neben dem Gasstrom zusätzlich eingetragene Leistung P_L die Umlaufgeschwindigkeit und die Dispergierwirkung (und damit den Gasgehalt) zu erhöhen.

$$P_L = \frac{8\rho_L \cdot \dot{V}_{Li}^3}{\pi^2 D_i^4} \qquad (7.10)$$

$\dot{V}_{Li}$: Volumenstrom durch die Düse; D_i: Durchmesser der Düse.

Sie weisen in diesem Zusammenhang allerdings darauf hin, dass bei niedrig viskosen und Koaleszenz gehemmten Flüssigkeiten wegen der sehr kleinen Blasen der Gehalt an Inert-Gas im Außenraum (also in der Abtriebssäule) zu hoch wird und daher Gegenmaßnahmen ergriffen werden müssen.

Je kleiner die Gasblasen, umso schneller geben diese ihren Sauerstoff in der Auftriebssäule an die Flüssigkeit ab und können dann im oberen Teil der Säule keinen Beitrag mehr zum Sauerstofftransfer leisten. Es gibt also in diesem Fall – der mit Luft begasten Säule – einen optimalen Blasendurchmesser.

Eine aktuelle Literaturrecherche gab keinen Hinweis auf neuere Anwendungen des SSR für die Bioproduktbildung im industriellen Maßstab.

7.3.4 Wirbelschichtreaktoren

Eine Reihe von Mikroorganismen neigen dazu sich auf Oberflächen anzusiedeln. Für die technische Anwendung fixiert man derartige Mikroorganismen auf (bevorzugt kugelförmigen) Partikeln, die ein hohes Verhältnis Oberfläche/Volumen besitzen. Beispiele für hierfür verwendete Materialien sind poröse Gläser, keramische Materialien, Polydextrane, Agarose, Cellulose und eine Vielzahl von Polymeren. Eine der beiden Möglichkeiten derartige **trägerfixierte Mikroorganismen** biotechnisch einzusetzen ist der **Wirbelschichtreaktor**, der im Englischen *fluidized bed reactor* genannt wird. Als besonderer Vorteil dieses Reaktors wird die Entkopplung der Biomasseverweilzeit von der Flüssigkeitsverweilzeit gesehen.

In Abb. 7.16 ist ein Wirbelschichtreaktor schematisch dargestellt. Der Reaktor besteht aus einem zylindrischen Rohr, das partiell mit den Partikeln gefüllt ist.

Um ein Wirbelbett im Reaktor zu erreichen, müssen die Partikel durch eine Aufwärtsströmung von Flüssigkeit und/oder Gas ihren Wirbelpunkt überwinden; sie schweben dann also im Reaktor. Verteilerböden oder eine Stahlkugelschüttung am Boden des Reaktors sorgen für eine über den Reaktorquerschnitt gleichmäßige Anströmung. Eine hohe Produktivität erfordert eine hohe Trägerkonzentration, denn die Dicke der Biomasseschicht auf dem Träger, die noch durch Nährstoffe und Sauerstoff versorgt wird, ist sehr begrenzt. Um unter diesen Umständen über die Höhe des Reaktors Nährstofflimitierung und Produktinhibierung zu vermeiden, sind hohe Anströmgeschwindigkeiten erforderlich. Die Strömungsgeschwindigkeit kann aber nur so weit gesteigert werden, dass keine Auswaschung der Partikel erfolgt.

Die Anströmgeschwindigkeit v_L (sie entspricht der Leerrohrgeschwindigkeit) muss also zwischen der maximal zulässigen Anströmgeschwindigkeit v_{Lm} und der so genannten Lockerungsgeschwindigkeit v_{Lo} – das ist die Anströmgeschwindigkeit bei der das Wirbelbett entsteht – gewählt werden. In Abb. 7.17 sind schematisch verschiedene Zustände einer Zwei-Phasen-Wirbelschicht dargestellt. Abb. 7.17a zeigt in einem Ausschnitt die Partikelbewegungen in einem voll entwickelten Wirbelbett. Abb. 7.17b gibt die Situation am Lockerungspunkt wieder ($v_L = v_{Lo}$; gesamte Schüttung ist als Paket in Schwebe). In Abb. 7.17c heben sich einzelne Partikel und Verbände aus der Schüttung heraus. Abb. 7.17d zeigt die Situation unmittelbar vor dem Auswaschen ($v_L = v_{Lm}$).

Diese nicht zu überschreitende Maximalgeschwindigkeit soll im Folgenden aus der so genannten Stokes'schen Sinkgeschwindigkeit eines kugelförmigen Partikels abgeleitet werden.

Für die Masse des Partikels gilt

$$m = \frac{\pi}{6} d_P^3 \cdot \rho_P$$

und für die Auftriebskraft nach Archimedes

$$F_a = \frac{\pi}{6} \cdot d_P^3 \rho_L \cdot g$$

daraus ergibt sich als Widerstandskraft $F_w = m \cdot g - F_a$

$$F_W = \frac{\pi}{6} d_P^3 (\rho_P - \rho_L) g \qquad (7.11)$$

und als Widerstandsdruck $P_W = F_W / A_P$

$$P_W = \frac{F_W \cdot 4}{\pi d^2} \qquad (7.12)$$

Der Widerstandsbeiwert ζ des sich in der Flüssigkeit mit der Relativgeschwindigkeit v_o bewegenden Partikels ist definiert als das Verhältnis von

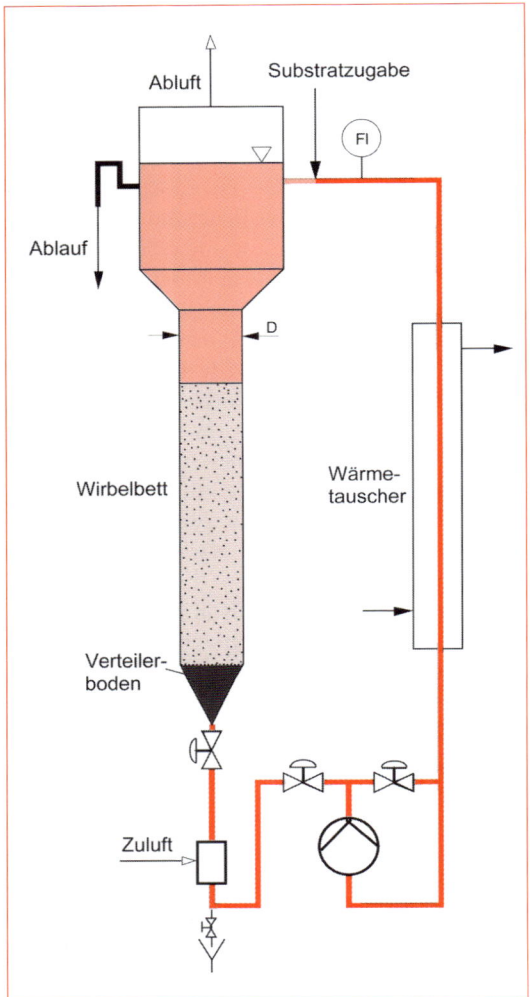

Abb. 7.16 Schema eines Wirbelschichtreaktors (nach Trick et al. 1989)

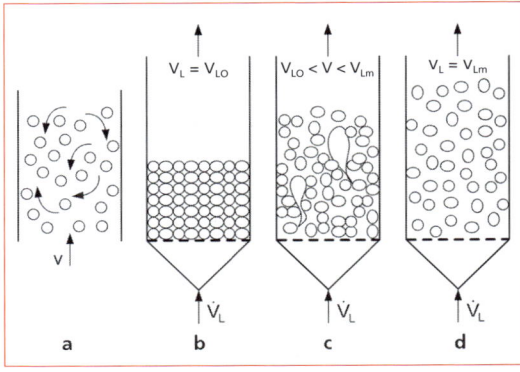

Abb. 7.17 Schematische Darstellung verschiedener Phasen eines Wirbelbettes nach Storhas (1994); a) Ausschnitt: Partikelbewegung in einem voll entwickelten Wirbelbett, b) Wirbelbett im Lockerungspunkt, c) einzelne Partikel und Verbände heben sich aus der Schüttung heraus, d) Situation unmittelbar vor dem Auswaschen

Widerstandsdruck p_W zur kinetischen Energie des Flüssigkeitselements $\rho_L \cdot v_o^2/2$, d.h.

$$\zeta = \frac{4d(\rho_P - \rho_L)}{3 v_o^2 \cdot \rho_L} g \qquad (7.13)$$

Die experimentelle Bestimmung des Widerstandsbeiwerts einer Kugel als Funktion der Reynoldszahl

$$Re = \frac{v_o \cdot d_P}{\nu_L} \qquad (7.14)$$

ergab einen Zusammenhang wie in Abb. 7.18 dargestellt.

Danach gilt für den laminaren Bereich für $Re < 1$

$$\zeta = \frac{24}{Re} \qquad (7.15)$$

Daraus lässt sich die Stokes'sche Sinkgeschwindigkeit berechnen:

$$v_o = \frac{d_P^2 (\rho_P - \rho_L)}{18 \eta} g \qquad (7.16)$$

Da es sich hierbei um eine Relativgeschwindigkeit v_o zwischen Partikel und Flüssigkeit im stationären Zustand handelt, ist es gleichgültig, ob die Kugel mit konstanter Geschwindigkeit sedimentiert, oder konstanter Anströmgeschwindigkeit in Schwebe gehalten wird. Theoretisch würde also für die maximal zulässige Anströmgeschwindigkeit im Wirbelbett gelten:

$$v_{Lm} = v_o \qquad (7.17)$$

Tatsächlich ist aber die Abweichung der Form des Partikels von der Kugel durch einen Faktor f <1 zu berücksichtigen, sodass für die maximale Anströmgeschwindigkeit im laminaren Bereich gilt:

$$v_{Lm} = f^2 \frac{d_P^2 (\rho_P - \rho_L)}{18 \eta} g \qquad (7.18)$$

Berücksichtigt man noch den Wandeinfluss d_P/D mit dem Reaktordurchmesser D und die Tatsache, dass das Partikel sich im Schwarm bewegt, (ε_L = Flüssigkeitsvolumen/Gesamtvolumen), so wird in der Literatur (Richardson und Zaki (1954) bzw. Richardson und Mirza (1979)) für

$$v_{Lm}^* = f^2 \cdot \varepsilon_L^n \cdot v_o \cdot 10^{-d_P/D} \qquad (7.19)$$

angegeben.

Für den turbulenten Bereich geben die gleichen Autoren für n Re-abhängige Beziehungen an, z. B.

$$n = \left(4{,}45 + 18 \frac{d_P}{D}\right) Re^{-0{,}1} \text{ für } 1 < Re \leq 200 \qquad (7.20)$$

$$n = 4{,}45 \, Re^{-0{,}1} \text{ für } 200 < Re \leq 500 \qquad (7.21)$$

$$n = 2{,}39 \text{ für } 500 < R \leq 7000 \qquad (7.22)$$

Für die Lockerungsgeschwindigkeit v_{Lo} schlägt Storhas (1994) folgende Beziehung vor:

$$v_{Lo} = \frac{1}{150} \frac{f^2 \varepsilon_L^3}{(1 - \varepsilon_L)} \frac{d_P^2 (\rho_P - \rho_L)}{\rho_L} g \qquad (7.23)$$

Die bisherigen Betrachtungen beschränken sich auf den Zwei-Phasen-Wirbelschichtreaktor (Partikel/Flüssigkeit). Dies trifft für anaerobe Prozesse zu. Hierfür erfolgten auch die ersten Anwendungen des Wirbelschichtreaktors in der Biotechnologie.

Für aerobe Prozesse hat man es jedoch mit einem Drei-Phasen-Wirbelbettreaktor (Partikel/Flüssigkeit/Luft) zu tun. Beispiele hierfür sind die kontinuierlich biotechnische Produktion von Pharmaka (Behie et al., 1987) und die kontinuierliche L-Glutaminsäureproduktion mit *Corynebacterium glutamicum* (Henkel 1992). Der letztgenannte Autor weist auf die besondere Bedeutung einer ausreichenden Sauerstoffversorgung hin, da die Glutamatproduktion nur unter strikt aeroben Bedingungen erfolgt.

Die experimentellen Untersuchungen zeigten aber eine im Vergleich zum Rührkesselreaktor

Abb. 7.18 Widerstandsbeiwert ζ einer Kugel als Funktion der Reynoldszahl in doppeltlogarithmischer Darstellung

begrenzte Sauerstoffeintragsleistung, was an der geringen einbringbaren Energiedichte im Wirbelbett liegt. Hinzu kommt, dass die Koaleszenzneigung auf Grund der mit zunehmendem Feststoffanteil steigenden scheinbaren Viskosität des Wirbelbetts ebenfalls steigt. Dadurch entstehende Großblasen haben eine hohe Aufstiegsgeschwindigkeit und können die Homogenität des Wirbelbetts empfindlich stören.

Eine Übersicht über die Anwendung der Wirbelschichttechnik findet man bei Schügerl (1989).

7.3.5 Festbettreaktoren

Wie der Name bereits vermuten lässt, unterscheidet sich der Festbettreaktor vom Wirbelschichtreaktor dadurch, dass die Partikel bzw. Träger auf denen der Biokatalysator fixiert ist, so eng gepackt sind, dass sie ein festes Bett bilden. Dabei kann die Packung zufällig oder geschichtet sein.

Während Wirbelschichtreaktoren immer von unten angeströmt werden müssen, können Festbettreaktoren sowohl von unten als auch von oben durchströmt werden. Da mit steigender Anströmgeschwindigkeit auch der Druckgradient p' = Δp/h ansteigt, geht das von unten durchströmte Festbett oberhalb des so genannten Lockerungspunktes in eine Wirbelschicht über.

Vorteile des Festbetts gegenüber dem Wirbelbett sind höhere Packungsdichte und damit Steigerung der Raumzeitausbeute sowie Vermeidung von Abriebsverlusten bei den Trägermaterialien. Außerdem sind keine besonderen Maßnahmen für den Produktaustrag erforderlich. Dem stehen als Nachteile inhomogene Durchströmung des Reaktors (Kanalbildung) und Verblocken der Hohlräume durch Schwebstoffe bzw. stark wachsende Biomasse gegenüber. Ein weiteres Risiko stellt das Ablösen und Auswaschen des Träger fixierten Biokatalysators dar. Wegen der starken Konzentrationsgradienten in Strömungsrichtung (Sauerstoff, Substrat und Produkt) und der Verblockungsgefahr, wird der Festbettreaktor vornehmlich für anaerobe Bioprozesse bei Schwebstoff freien Substraten verwendet (Beispiel: Produktion von Milchsäure aus Molke). Bei optimal eingestellten Betriebsbedingungen arbeitet der Festbettreaktor problemlos und kostengünstig.

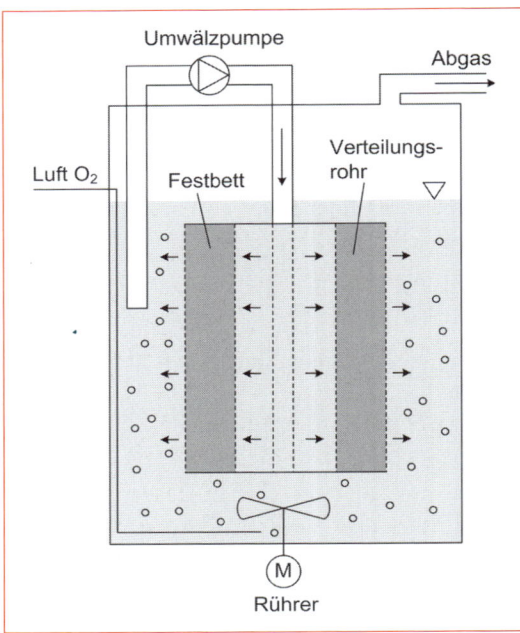

Abb. 7.19 Schema eines Bioreaktors mit zylindrischem Festbett nach Pörtner (1999)

Eine Sonderform stellt die radiale Durchströmung eines zylindrischen Festbettes dar (Abb. 7.19). Pörtner (1999) sieht den Vorteil u. a. in dem problemlosen Scale up durch Erhöhung des Festbettzylinders, wobei die durchströmte Festbettlänge wegen der ringförmigen Anordnung unverändert bleibt.

7.3.6 Membranbioreaktoren

Obwohl Membranen ausführlich erst in Kap. 10 behandelt werden, soll hier im Vorgriff die Membran – als flächiges Gebilde, das die einzelnen Komponenten einer Suspension oder eines Flüssigkeitsgemisches selektiv permeieren lässt – als im Bioreaktor integriert berücksichtigt werden.

Märkl et al. (1990) empfehlen für die Produktion extrazellulärer Enzyme in hoher Konzentration den so genannten Dialysefermenter. Wie in Abb. 7.20 gezeigt, wird der Bioreaktor durch eine Dialysemembran in zwei gerührte Kammern unterteilt. In Kammer 2 befinden sich die das extrazelluläre Enzym produzierenden Mikroorga-

7.3 Reaktortypen

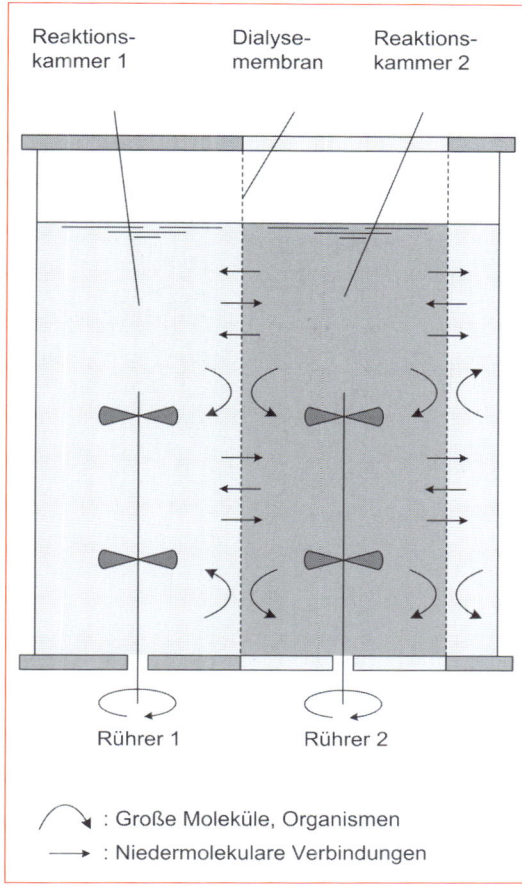

Abb. 7.20 Schema eines Dialysemembran-Reaktors nach Märkel et al. (1990)

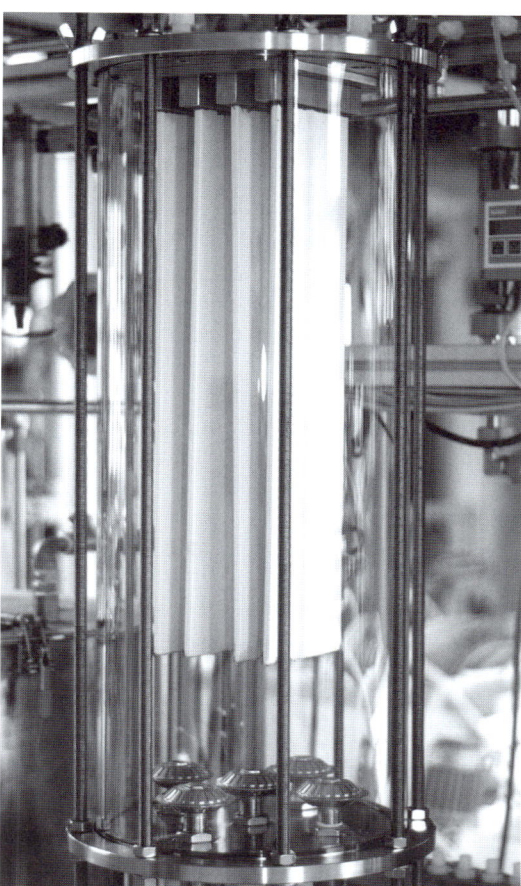

Abb. 7.21 Bioreaktor mit integrierten keramischen Mikrofiltrationsflachmembranen

nismen (*E. coli*). Sie werden aus Kammer 1 durch Diffusion mit niedermolekularen Nährstoffen versorgt. Die entstehenden – ebenfalls niedermolekularen – Metaboliten diffundieren ihrerseits von Kammer 2 in Kammer 1. Da das gewünschte Produkt sich in Kammer 2 anreichert, muss das entstehende Produkt über einen externen Kreislauf ausgetragen oder bei Erreichen einer Produktinhibition der Prozess abgebrochen werden.

In Abb. 7.21 sind deshalb im Bioreaktor keramische Mikrofiltrations-Flachmembranen integriert, die den kontinuierlichen oder zyklischen Produktaustrag ermöglichen. Diese Anordnung wurde erfolgreich für die Produktion von rekombinanten Lipasen mittels *Pichia pastoris* verwendet (s. Kap. 10).

7.4 Schaumprobleme

Bei vielen (bio-)chemischen Reaktionen bildet sich, je nach Gehalt an grenzflächenaktiven Substanzen, an freien Oberflächen beim Gasaustritt Schaum. Das wird verfahrenstechnisch genutzt, z. B. bei der Flotation und der Schaumfraktionierung (s. Kap. 10.3.2).

Meist ist die Schaumbildung jedoch nachteilig, denn im Schaum stellen sich andere Reaktionsbedingungen ein als die im Reaktionssystem gewünschten. Hinzu kommt, dass solcher Schaum einen beachtlichen Teil des Reaktorvolumens dem eigentlichen Nutzungszweck – der Bioreaktion – entzieht, in die Abgasleitung gelangt und schließlich den Abluftfilter verschmutzt.

Lohmann und Pahl (1993) fanden, dass Feststoffteilchen den Schaum stabilisieren. Das wird durch die Beobachtung bestätigt, dass Mikroorganismen sich in Zwickeln der Schaumlamellen ansammeln und so die Drainage der Flüssigkeit behindern. Der entstehende Schaum muss daher zerstört werden. Schaum lässt sich auf chemische, thermische und mechanische Weise bekämpfen. Chemische Entschäumer (in der Regel Öle mit begrenzter Löslichkeit) lassen sich im Bioreaktor dort einsetzen, wo sie weder den Biokatalysator noch das Produkt beeinträchtigen, bzw. es muss erhöhter Aufwand bei der Produktreinigung getrieben werden. Sie werden auf den Schaum aufgesprüht.

Die thermische Schaumzerstörung z. B. durch Dampf auf die Schaumlamellen ist im Bioreaktor wegen des damit verbundenen Energieeintrags nur in Ausnahmefällen möglich.

Die mechanische Schaumzerstörung basiert im Wesentlichen auf der Scherbeanspruchung der Schaumlamellen und der Druckwechselwirkung innerhalb des Schaumzerstörers. Zlokarnik (1984) hat sich mit den Mechanismen der Schaumzerstörung beschäftigt und Auslegungskriterien erarbeitet. In Abb. 7.22 ist der Kopf eines Bioreaktors mit einem mechanischen Schaumzerstörer dargestellt. Die Liquid-Phase wird von der Gasphase getrennt und in den Reaktorraum zurückgeführt. Die Wellendurchführung kann jedoch Sterilitätsprobleme aufwerfen (s. Kap. 8).

Ein weiterer Nachteil besteht darin, dass die installierten Leistungen für die mechanische Schaumzerstörung meist in der Größenordnung liegen, die beim STR für das Rührwerk zum Durchmischen und zur Gasdispergierung notwendig ist. Eine vergleichende Untersuchung verschiedener mechanischer Schaumzerstörer findet man bei Furchner (1988).

Eine Vermeidung von Schaum bei aeroben Bioprozessen als Folge der Umwandlung von O_2 in CO_2 wird von Gruber (1993) beschrieben. Der mit CO_2 beladene Reaktorinhalt wird über einen externen Kreislauf über einen CO_2-selektiven Membranmodul geführt (s. Kap. 10, Abb. 10.58). Die im Membranaußenraum als Spülgas verwendete Luft entfernt nicht nur nahezu das gesamte CO_2, sondern versorgt gleichzeitig partiell die Biosuspension mit Sauerstoff (ca. 25 % des Gesamtbedarfs). Wichtig ist, dass die Membran gegenüber allen Komponenten des Reaktorinhalts (z. B. Öl als Medium!) stabil und der Modul sterilisierbar ist.

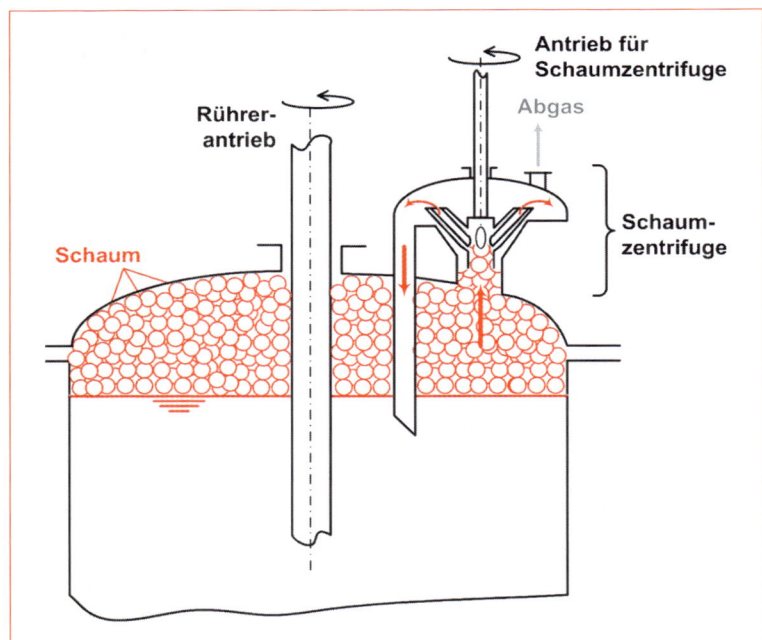

Abb. 7.22 Kopf eines Bioreaktors mit integriertem mechanischem Schaumzerstörer (Zentrifuge) nach Zlokarnik (1984)

7.5 Hochdurchsatzverfahren für die Bioprozessentwicklung

Für die Entwicklung eines biotechnologischen Produktionsprozesses sind in der Regel drei miteinander verknüpfte Aufgaben zu lösen:
- Biokatalysator Design (Screening, Charakterisierung, Modifizierung)
- Optimierung der Reaktionsbedingungen im Labormaßstab (Medium Design, Temperatur etc.)
- Bioprozessentwicklung im technischen Maßstab

Die Selektion aussichtsreicher Biokatalysatoren erfordert eine enorme Zahl von Parallelversuchen, die heute überwiegend in Schüttelkolben und der Mikrotiterplatte durchgeführt werden.

Die Optimierung der Reaktionsbedingungen erfolgt im Labormaßstab in der Regel ebenfalls im Parallelbetrieb in Satzreaktoren.

Der Trend in der 'Weißen Biotechnologie' geht jedoch zunehmend in Richtung Zulaufbetrieb (fed-batch-Betrieb). Für die Übertragung in den technischen Maßstab sind hierfür zuvor aufwändige Versuchsreihen unter kontrollierten technischen Bedingungen erforderlich. Geeignete Paralleltechniken könnten die Entwicklungszeiten erheblich verkürzen.

Puskeiler et al. (2005) stellen ein – an der TU München gemeinsam mit H+P-Labortechnik entwickeltes – Parallelreaktorsystem im ml-Maßstab vor. Bis zu 48 Bioreaktoren können parallel unter kontrollierten Bedingungen in einem Block steril betrieben werden (s. Abb. 7.23a).

Jeder dieser Reaktoren mit einem Inhalt von 10 ml (Durchmesser 20 mm, Höhe 76 mm) besitzt einen eigenen Rührer (s. Abb. 7.23b), der zentral von einem magnetisch-induktiven Antriebssystem in Rotation versetzt wird (Puskeiler und Weuster-Botz 2004). Die vollständige Durchmischung in den Bioreaktoren wird durch Strömungsbrecher unterstützt. Die sterile Sauerstoffversorgung erfolgt durch Ansaugung des hierfür mit entsprechenden Bohrungen versehenen Rührorgans (s. Abb. 7.23b). Der Sauerstoffeintrag steigt mit der Drehzahl. Im Drehzahlbereich zwischen 2200 und 3400 min^{-1} wird von einem $k_L a$ von 0,1–0,4 s^{-1} berichtet.

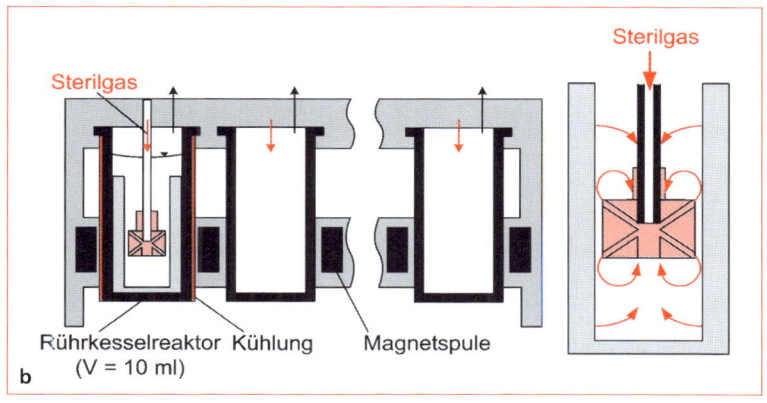

Abb. 7.23 Parallelreaktorsystem im ml-Maßstab; a: Parallelreaktorsystem. b: ml-Reaktor schematisch nach Puskeiler und Weuster-Botz (2004)

Fed-batch-Versorgung mit Glukose, Titration und Probenahme erfolgen automatisiert mit einem Laborroboter. pH-Wert und Biomassekonzentration werden automatisiert „at-line" gemessen. Die pO_2-Bestimmung erfolgt „online" durch Fluoreszenzmessung zuvor an der Bioreaktorwand immobilisiertem Fluorophor (Fa. Pre Sens).

Die Autoren glauben, mit diesem Reaktorsystem ein Instrument für das Hochdurchsatz Bioprozess Design geschaffen zu haben.

Literatur

Behie, L.A., Kalogerakis, N., Gaucher, G.M. (1987): The Application of Continuous Three Phase Fluidized Bed Bioreactors to the Production of Pharmaceuticals, In H. Chmiel; W.P. Hammes; J.E. Bailey (eds.): Biochemical Engineering. Gustav Fischer Verlag, Stuttgart

Blenke, H. (1979): Loop reactors. Adv. Biochem. Eng. 13, 121–214

– (1984): Strömung, Dispergierung und Stoffübertragung bei G-L-Systemen in Schlaufenreaktoren. Preprints „Technik der Gas-Flüssig- und der Dreiphasenströmung". GVC VDI-Gesellschaft Verfahrenstechnik und Chemieingenieurwesen

– (1985): Biochemical Loop Reactors. in Biotechnology Vol. 2, VCH Verlagsgesellschaft, Weinheim

– (1987): Process engineering contributions to bioreactor design and operation. In H. Chmiel; W.P. Hammes; J.E. Bailey (eds.): Biochemical Engineering. Gustav Fischer Verlag, Stuttgart

– (1988): Verfahrenstechnische Beiträge zur Entwicklung von Bioreaktoren. BTF Biotech-Forum 1, 5

Furchner, B. (1988): Die Zerstörung wässriger Tensidschäume durch rotierende Einbauten. Dissertation, Technische Universität München

Geisler, R. K. (1991): Fluiddynamik und Leistungseintrag in turbulent gerührten Suspensionen, Dissertation TU München

Gruber, T., Chmiel, H., Käppeli, O., Sticher, P., Fiechter, A. (1993): Integrated Process for Continuous Rhamnolipid Biosynthesis, Surfact.Sci.Ser., Vol. 48, Biosurfactants, 157–173

Henkel, H.J. (1992): Reaktionstechnische Untersuchung eines Dreiphasenfließbettreaktors ..., Dissertation Uni Stuttgart

Henzler, H.-J. (1982): Verfahrenstechnische Auslegungsunterlagen für Rührbehälter als Fermenter. Chem.-Ing.-Tech. 5, 461–476

Hiby, J. W. (1979): Definition und Messung der Mischgüte in flüssigen Gemischen. Chem.-Ing.-Tech. 7, 704–709

Judat, H. (1976): Zum Dispergieren von Gasen, Dissertation, Universität Dortmund

– (1982): Stoffaustausch Gas/Flüssigkeit im Rührkessel – eine kritische Bestandsaufnahme. Chem.-Ing.-Tech. 5, 520–521

Kintzios, S., Makri, O., Pistola, E., Matakiadis, T., Shi, H.P., Economou, A. (2004): Scale-up production of puerarin from hairy roots of *Pueraria phaseoloides* in an airlift bioreactor, Biotechnology Letters 26, 1057–1059

Kipke, K. (1985 a): Rührtechnische Auslegungsaspekte von Industriefermentern. Biotech-Forum 2, 65–72

– (1985 b): Auslegung von Industrierührwerken. Chem.-Ing.-Tech. 57 (1985) 10, 813–823

Kolla, M. (1984): Vergleich des Stoffübergangs beim Wachstum einer Hefe und eines Bakteriums im Airlift-Schlaufenfermenter, Dissertation, Universität Dortmund

Krahe, M. (2000) Biochemical Engineering, Ullmann's Encyclopedia of Industrial Chemistry

Kraume, M. (2002): Mischen und Rühren, Grundlagen und moderne Verfahren, Wiley-VCH Verlag, Weinheim

Kresta, S.M., Wood, P.E. (1993): The flow field produced by a pitched blad turbine, Characterization of the turbulence and estimation of the dissipation rate, Chem. Eng. Sci. 48, 1761–1774

Lohmann, T., Pahl, M.H. (1993): Mechanische Schaumzerstörung feststoffhaltiger Schäume, Chem.Ing.Techn. 11, 1362–1365

Märkl, H., Lechner, M., Götz, F. (1990): A New Dialysis Fermentor for the Production of High Concentrations of Extracellular Enzymes, Journal of Fermentation and Bioengineering, Vol. 69, No. 4, 244–249

Manna, L. (1997): Comparison between physical and chemical methods for the measurement of mixing times, Chem. Eng. J. 67, 167–173

Meusel, W. (1989): Beitrag zur Modellierung von Gas-Flüssigkeits-Reaktoren auf der Basis relevanter Mikroprozesse, Dissertation B, Ingenieurhochschule Köthen

Naicker, M. (1999): Design and commissioning of the oscillatory mixer, Thesis Report, Department of Chemical Engineering University of Queensland

Pörtner, R., Fassnacht, D., Märkl, H. (1999): Immobilization of Mammalian Cells in Fixed Bed Reactors, BIOforum International 4/99

Puskeiler, R., Kaufmann, K., Weuster-Botz, D. (2005): Development, parallelization, and automation of a gas-inducing milliliter-scale bioreactor for high-throughput bioprocess design (HTBD). Biotechnol Bioeng 89: 512–523.

Puskeiler, R., Weuster-Botz, D. (2004): Rührkesselreaktoren im mL-Maßstab: Kultivierung von Escherichia coli. Chem Ing Tech 76: 1865–1869

Richardson, J. F., Zaki, W. N. (1954): Sedimentation and fluidisation. Part I. Trans. Instn. Chem. Engrs. 32, 35–53

Richardson, J. F., Mirza, S. (1979): Sedimentation of suspensions of particles of two or more sizes. Chem. Engn. Sci. 34, 447–454

Schügerl, K. (1989): Biofluidization: Application of the fluidization technique in biotechnology. The Canadian Journal of Chemical Engineering 67, 178–184

Sternad, W. (1988): Beitrag zur Berechnung der Fluiddynamik von Mammut-Schlaufenreaktoren. Dissertation, Universität Stuttgart

– (1991): Kapitel Bioreaktoren in Bioprozeßtechnik, Hrsg. Chmiel, Fischer-Verlag

Sternad, W., Blenke, H. (1986): Untersuchung und Optimierung von Schlaufenreaktor-Varianten. Abschlußbericht zum AIF-Forschungsprojekt 5363, Stuttgart

– (1989): Zur Berechnung der Fluiddynamik von Mammut-Schlaufenreaktoren. Chem.-Ing.-Tech. 6, 479–482

– (1989): Hydrodynamische Schaumverhütung bei Gas-Liquid-Systemen. forum mikrobiologie 10, 465–473

Storhas, W. (1994): Bioreaktoren und periphere Einrichtungen. Vieweg Lehrbuch Biotechnologie

Trick, I., Schneider, W., Sternad, W., Henkel, H.J., Trösch, W. (1989): Abwasserreinigung mit immobilisierten Mikroorganismen unter Verwendung von porösen, kugeligen Sinterglasträgern. Dechema-Jahrestagung der Biotechnologen, Frankfurt

Trick, I., Sternad, W., Reuter, G., Johl, H.J., Gebicke, W., Trösch, W., Chmiel, H. (1991): Comparative investigations on the production of glutamic acid with *Corynebacterium glutamicum* in stirred tank and propeller loop reactors. In M. Reuss, H. Chmiel, E.D. Gilles, H.-J. Knackmuss; (eds.): Biochemical Engineering – Stuttgart, Gustav Fischer Verlag, Stuttgart

Weiland, P. (1984): Einfluß des Kernrohrdurchmessers auf das Betriebsverhalten von Airlift-Schlaufenreaktoren. Chem.-Ing.-Tech. 56, 64–65

Yuan, Y.-J., Wie, Z.-J., Wu, Z.-L., Wu, J.-C. (2001): Improved Taxol production in suspension cultures of *Taxus chinensis* var. *Mairei* by *in situ* extraction combined with precursor feeding and additional carbon source introduction in an airlift loop reactor, Biotechnology Letters 23, 1659–1662

Zlokarnik, M. (1978): Sorption Characteristics for Gas-Liquid Contacting in Mixing Vessels. Adv. Biochem. Eng. 8, 133–151

– (1984): Auslegung und Dimensionierung eines mechanischen Schaumzerstörers. Chem.-Ing. Tech. 11, 839–844

– (1985): Tower-shaped reactors for aerobic biological waste water treatment. In H.-J. Rehm and G. Reed (eds.): Biotechnology Vol. 2. VCH Verlagsgesellschaft, Weinheim

– (1999): Rührtechnik, Springer-Verlag, Berlin

– (2000a): Mixing, Ullmann's Encyclopedia of Industrial Chemistry, Verlag Chemie, Weinheim, 6. Auflage, Vol. B2, 25–1 / 25–33

– (2000b): Scale up; Modellübertragung in der Verfahrenstechnik, Wiley-VCH, Weinheim

8 Sterilisation und Steriltechnik*

Wie im letzten Kapitel gezeigt wurde, kennt man in der Biotechnologie eine ganze Reihe unterschiedlicher Bauformen für Bioreaktoren. Diese haben ihren Ursprung in der chemischen Verfahrenstechnik (s. Abb. 7.2). Man benützt die unterschiedlichen technischen Ausführungen um Gaseintrag, Mischzeitverhalten oder ganz allgemein Stoff- und Wärmetransport zu optimieren. In den meisten Fällen wird in Bioreaktoren mit Reinkulturen gearbeitet. Für diesen Anwendungsbereich haben diese Bauformen trotz ihrer Unterschiedlichkeit eine Reihe von gemeinsamen technischen Merkmalen, die für den sterilen Betrieb entscheidend sind. Der sterile Zustand für einen Bioreaktor bzw. eine Bioreaktoranlage ist dann gegeben, wenn innerhalb des, zur insterilen Umgebung abgegrenzten Produktbereichs, keine prozessfremden lebenden pro- und eukaryotischen Organismen oder Viren vorhanden sind. Oder anders ausgedrückt, eine Bioreaktoranlage muss so aufgebaut sein, dass sich einerseits durch Sterilisation prozessfremde Organismen eliminieren oder inaktivieren lassen und andererseits im Betrieb dieser Zustand erhalten bleibt, damit die für den Prozess eingebrachten Mikroorganismen störungsfrei kultiviert werden können. Für die Sterilisation gibt es verschiedene Verfahren; welches angewandt wird, hängt von der Beschaffenheit des zu sterilisierenden Gutes ab, z. B. Flüssigkeiten, Festkörper, Hohlräume, Oberflächen etc.. In der Biotechnologie werden hauptsächlich folgende verwendet:

- das Erhitzen unter Sattdampfbedingungen bei 121 °C und 1 bar Überdruck;
- das Erhitzen unter atmosphärischen Bedingungen bei 180 °C;
- die Sterilfiltration.

Für die Aufrechterhaltung des sterilen Betriebes gibt es, wie unten beschrieben wird, geeignete Techniken, um den Transfer von Mikroorganismen oder anderen biologisch aktiven Agenzien zu verhindern. Während es in den Anfängen der steril betriebenen Biotechnologie vor allem darum ging den Produktbereich von prozessfremden Organismen frei zu halten, gewinnt durch den Einsatz von pathogenen und rekombinierten Mikroorganismen der Schutz der Umgebung zunehmend an Bedeutung. Es muss also durch technische Maßnahmen der Transfer von biologischem Material sowohl in den Produktbereich als auch in die Umgebung wirksam verhindert werden.

8.1 Die thermische Resistenz von Mikroorganismen

Das Verhalten einer Mikroorganismenpopulation auf denaturierende Einflüsse ist – wie unten noch näher ausgeführt wird – entscheidend für die Auslegung der Sterilisationsparameter.

Geht es um thermische Inaktivierung, sind die **Sporenbildner** eine besondere Zielgruppe. Sporenbildner sind im Gegensatz zu anderen Mikroorganismen, die für ihren Fortbestand auf eine wässrige Umgebung und moderate Temperaturen angewiesen sind, in der Lage, auf Umgebungseinflüsse wie Trockenheit und Hitze reagieren zu können. Sie bilden Sporen aus, die dadurch gekennzeichnet sind, dass keine Stoffwechselaktivität nachweisbar ist, dass sie eine besonders aufgebaute Sporenhülle besitzen, dass ihr Wassergehalt und Enzymvorrat drastisch reduziert ist und dass sporenspezifische Substanzen vorhanden sind, die Schutzfunktion haben. Im Allgemeinen kann man davon ausgehen, dass die Überlebenschancen vegetativer Zellen vieler Mikroorganis-

* Autor: Harald Schnepple

menspezies bereits unter 100 °C (Pasteurisieren der Milch bei 70 °C) in wässriger und auch in trockener Umgebung drastisch verringert werden. Bei Sporen bedarf es bereits im wässrigem Milieu (bzw. Sattdampfbedingungen) wesentlich höherer Temperaturen; für *Bacillus stearothermophilus* müssen z. B. mindestens 120 °C, für *Bacillus circulans* mindestens 140 °C erreicht werden. Darüber hinaus spielt der Wassergehalt eine zusätzliche Rolle. In trockener Umgebung sind für Sporen längere Sterilisationszeiten und noch höhere Temperaturen erforderlich. Die „Abtötungsgeschwindigkeit" (siehe 8.2) von *Bacillus subtilis* bei 125 °C in trockener Luft ist $2,4 \times 10^{-3}$ sec^{-1} (Drummond und Pflug 1970), in Sattdampf dagegen bei 121 °C $5 - 9 \times 10^{-3}$ sec^{-1} (verschiedene Quellen). Man nimmt an, dass die Strukturen der Makromoleküle wie Proteine im hydratisierten Zustand leichter zerstört werden können.

8.2 Das Verhalten einer Population unter Hitzeeinwirkung

Mit der Nutzung steriler Produktionsverfahren im industriellen Maßstab, wo Behälterinhalte von einigen Kubikmetern zu sterilisieren sind, und entsprechend hohe Ausgangskeimzahlen vorhanden sind wurde die Quantifizierung des Sterilitätseffektes notwendig. Intensiv beschäftigten sich damit Deindoerfer (1957) sowie Deindoerfer und Humphrey (1958 und 1959). Die Grundlage ihrer Ausführungen bilden Experimente zur **Abtötungscharakteristik** einer Mikroorganismenpopulation. Man erhält, wenn man eine in Flüssigkeit suspendierte Reinkultur hohen, gleichbleibenden Temperaturen aussetzt, eine Kinetik 1. Ordnung:

$$-\frac{dN}{dt} = k \cdot N \tag{8.1}$$

und integriert:

$$\ln \frac{N}{N_0} = - k \cdot t$$

bzw.

$$\ln \frac{N_0}{N} = k \cdot t \tag{8.2}$$

dabei ist N die Anzahl der überlebenden Zellen und k eine Geschwindigkeitskonstante. Abb. 8.1 zeigt solche Experimente. Die Abtötungsgeschwindigkeit k kann bei halblogarithmischer Darstellung aus der Geradensteigung ermittelt werden, nach den Ergebnissen von Deindoerfer ist sie für B. stearothermophilus 0,00057 sec^{-1} bei einer Temperatur von 104 °C und 0,25 sec^{-1} bei 131 °C.

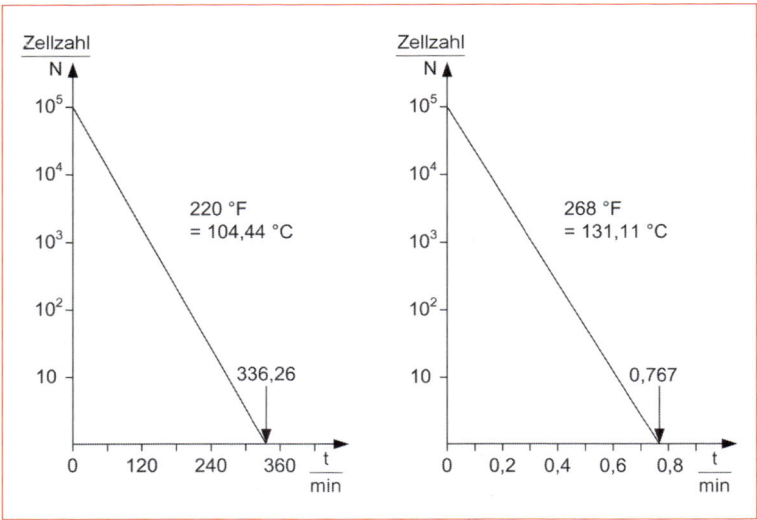

Abb. 8.1 Inaktivierung von *B. stearothermophilus* bei 2 verschiedenen Temperaturen; nach Deindoerfer (1957) modifiziert

8.3 Die Quantifizierung des Sterilisationsgrades

Aus der Betrachtung der Inaktivierungskinetik wird deutlich, dass das Verhältnis der Überlebenden zur Ausgangskeimzahl nie Null werden kann. Damit bleibt immer die Wahrscheinlichkeit einer Infektion, deren Maß durch die Sterilisationsparameter Temperatur, Zeit und Ausgangskeimzahl bestimmt wird.

Der Sterilisationsgrad $\frac{N}{N_0}$ von 10^{-5} wäre nach der Kinetik in Abb. 8.1 dann erreicht, wenn man eine Charge, die nur 1 Spore von B. stearothermophilus enthält, 46 sec lang einer Temperatur von 131 °C aussetzt. Die Wahrscheinlichkeit, dass sie überlebt, wäre dann 1 : 10^5.

Um Sterilisationszeiten für Anwendungsfälle berechnen zu können, benötigt man die Korrelation zwischen der Abtötungsgeschwindigkeit k und der Temperatur. Deindoerfer (1957) postulierte die Abhängigkeit der Absterbgeschwindigkeit von der Temperatur nach der Arrhenius-Gleichung:

$$k = A \cdot e^{-E_s/RT} \quad (8.3)$$

Dabei ist A eine Konstante (min^{-1}), E_s eine scheinbare Aktivierungsenergie (Joule/mol), R die allgemeine Gaskonstante und T die Temperatur in K.

Zur Bestimmung von E_s wird Gl. (8.3) logarithmiert:

$$\log k = \frac{E_s}{2{,}3RT} + \log A \quad (8.4)$$

und man erhält

$$\frac{E_s}{2{,}3R}$$

als Steigung wenn log k über $\frac{1}{T}$ aufgetragen wird (s. dazu Abb. 8.2). Rechnet man mit den oben angegebenen Daten, erhält man für

$$\frac{E_s}{2{,}3R}$$

einen Zahlenwert von 15106,9 und mit der allgemeinen Gaskonstante von $1{,}9852 \cdot 10^{-3}$ kcal/mol · K für E_s 68,98 kcal/mol. Er differiert etwas vom angegebenen Literaturwert (Deindoerfer

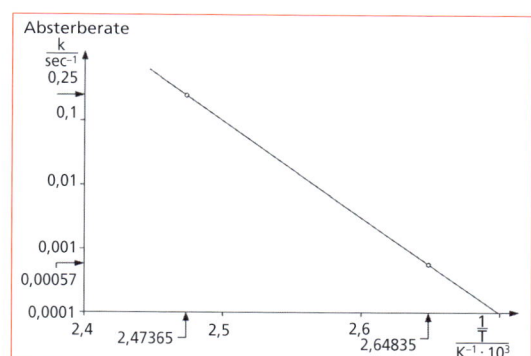

Abb. 8.2 Einfluss der Temperatur auf die Geschwindigkeitskonstante nach Deindoerfer (1957)

1957) mit 67,7 kcal/mol und einer Arrhenius Konstanten von $1 \cdot 10^{36,2}$ sec^{-1}.

Im praktischen Betrieb wird für die Sterilisation der Bioreaktor aufgeheizt, dann die Sterilisationstemperatur über einen bestimmten Zeitraum gehalten und dann wieder abgekühlt. Große Reaktoren haben technisch bedingte lange Aufheiz- und Abkühlphasen, die sich auf die Inaktivierung der Mikroorganismen auswirken. Deindoerfer und Humphrey (1959) beziehen deshalb für ihre Betrachtungen den gesamten Sterilisationsablauf mit ein und definieren so ein „**Sterilitätskriterium S_L**" als ein Maß für den Sterilisationseffekt:

$$S_L = \ln \frac{N_0}{N} = \int_0^t k \cdot dt \quad (8.5)$$

und erhalten mit 8.4:

$$S_L = A \int_0^t e^{-E_s/RT} \cdot dt \quad (8.6)$$

Für diese allgemeine Form erstellten sie Modellgleichungen für T, ausgehend von den Wärmetransportcharakteristiken unterschiedlicher Behälter. Für die praktische Anwendung vereinfachte Richards (1965) das Verfahren.

Er zeigte anhand von Literaturdaten, dass der Bereich unter 100 °C in der Aufheiz- bzw. Abkühlphase nur etwa 2 % vom gesamten Letalitätseffekt ausmacht und dass der Fehler sehr klein bleibt, auch wenn man den Temperaturverlauf von 100 °C bis zur Haltetemperatur als linear annimmt.

Richards integriert nun schrittweise um je 1 °C für eine Temperaturänderung von 1 °C/min

(d. h. linearer Temperaturverlauf) und erhält so Werte (siehe Tab. 8.1), die mit der gegebenen Aufheiz- bzw. Kühlgeschwindigkeit multipliziert die Sterilitätskriterien für die nichtisothermen Bereiche ergeben.

Das Sterilitätskriterium für den gesamten Sterilisationsablauf ist:

$$S_{L_{ges}} = S_{L_{Aufheizphase}} + S_{L_{Haltezeit}} + S_{L_{Abkühlphase}}$$

Rechenbeispiel:
Sterilisationszeiten des Reaktors:
Aufheizzeit   100 °C – 121 °C   15 min
Haltezeit   bei 121 °C   30 min
Abkühlzeit   121 °C – 100 °C   10 min
Tabellenwerte: k_{121} = 1,830
               $S_{L_{121}}$ = 9,385

$S_{L_{Aufheizphase}}$ = Aufheizgeschwindigkeit × $S_{L_{121}}$
  = 0,774 (°C/min) × 9,385 = 6,70
$S_{L_{Haltezeit}}$ = k · t = 1,83 min · 30 min = 54,90
$S_{L_{Abkühlphase}}$ = Abkühlgeschwindigkeit × s121
  = 0,476 (°C/min) × 9,385 = + 4,47
$S_{L_{ges}}$ = 66,07

Wie bereits gezeigt, ist die Zeit bis zum Erreichen eines vorgegebenen Sterilisationsgrades von der Ausgangskeimzahl N_0 abhängig, und somit von der Chargenmenge in einem Bioreaktor. Diese wiederum bestimmt sein Volumen V, es können also die Sterilitätskriterien unterschiedlich großer Bioreaktoren miteinander verglichen werden:

$$\frac{N_{0(1)}}{N_{0(2)}} = \frac{V_1}{V_2} \tag{8.7}$$

dabei sind $N_{0(1)}$ bzw. $N_{0(2)}$ die Ausgangsmengen der Sporen in den Volumina V_1 bzw. V_2, weiter gilt:

$$\frac{N_{0(1)}}{N} = \frac{N_{0(2)}}{N} \cdot \frac{V_1}{V_2} \tag{8.8}$$

logarithmiert:

$$\ln \frac{N_{0(1)}}{N} = \ln \frac{N_{0(2)}}{N} + \frac{V_1}{V_2} \tag{8.9}$$

mit Gl. 8.5:

$$S_{L_1} = S_{L_2} + \ln \frac{V_1}{V_2} \tag{8.10}$$

Tab. 8.1 Werte für k und S_L erstellt mit den Werten A = 1 · $10^{36,2}$ sec^{-1} und E_s = 67,7 kcal/mol (Richards 1965)

T[°C]	k[mins^{-1}]	S_L
100	0,013	–
101	0,017	0,030
102	0,023	0,053
103	0,030	0,083
104	0,036	0,119
105	0,048	0,167
106	0,062	0,229
107	0,083	0,312
108	0,109	0,421
109	0,135	0,556
110	0,163	0,719
111	0,193	0,912
112	0,234	1,146
113	0,302	1,448
114	0,412	1,860
115	0,540	2,400
116	0,653	3,053
117	0,810	3,863
118	1,002	4,865
119	1,210	6,075
120	1,480	7,555
121	1,830	9,385
122	2,440	11,825
123	3,075	14,900
124	3,675	18,665
125	4,570	23,235

bzw. mit dem dekadischen Logarithmus

$$S_{L_1} = S_{L_2} + 2{,}3 \log \frac{V_1}{V_2} \tag{8.11}$$

Mit der Zunahme des Reaktorvolumens um eine Zehnerpotenz (sehr häufig sind Bioreaktoren für ein Scale up so abgestuft), addiert sich also ein Betrag von 2,3 zum ursprünglichen Sterilitätskriterium.

8.4 Die Auslegung des Sterilitätskriteriums für einen Sterilisationsablauf

Da der Sterilisationsgrad bestimmt wird aus N_0 und N, müssen beide Größen bekannt sein. Der Endwert N wird festgelegt nach gegebenen Anforderungen. Erscheint z. B. ein Infektionsrisiko von 1 pro 1 000 Sterilisationen als tragbar, ist N = 10^{-3}. Die Ausgangskeimzahl kann entweder experimentell bestimmt werden in der zu sterilisierenden Charge, oder man legt eine bestimmte Sporenbelastung willkürlich fest. Cooney (1985) schlägt vor, von 10^6 Sporen/ml auszugehen, um einen Sicherheitsfaktor zu haben. Wie oben bereits ausgeführt wurde, geht man davon aus, dass die Ausgangskeimzahl dem Fermentervolumen proportional ist, und modifiziert Gleichung (8.5) zur Berechnung von S_L wie folgt:

$$S_L = \ln \frac{N_0}{N} = \ln \frac{N_i V}{N}$$

dabei ist N_i die Ausgangszahl der Sporen pro Volumeneinheit und V das Reaktorvolumen. Mit den Werten $N_i = 10^6$/ml und N = 10^{-3} wäre dann für einen 10-Liter-Reaktor einzusetzen:

$$S_L = \ln \frac{10^9 \frac{\text{Sporen}}{1}}{N} = 29{,}9$$

8.5 Kontinuierliche Sterilisationsverfahren

Die thermische Behandlung des Mediums inaktiviert nicht nur die Mikroorganismen, sondern wirkt sich zwangsläufig auf die Mediumsbestandteile aus. Komplexe Medien enthalten Substanzen, die unter Hitzeeinwirkung zersetzt werden oder miteinander reagieren können. Besonders nachteilig wirkt sich eine lange Aufheizzeit auf die Mediumsqualität aus, die bei größeren Reaktoren gegeben ist, weil das Verhältnis der für den Energieeintrag zur Verfügung stehenden Oberfläche zum Volumen des aufzuheizenden Inhalts mit der Maßstabsvergrößerung immer ungünstiger wird. Abb. 8.3 zeigt den Temperaturverlauf bei der Sterilisation eines 3 000-Liter-Bioreaktors und damit verbundene Änderung des pH-Wertes und der optischen Dichte.

Einsele (1985) zeigt durch Vergleich der Abtötung von Sporen mit der Inaktivierung von Thiamin (Abb. 8.4), dass es Bereiche gibt, die es erlauben, 99,99 % Sporen abzutöten und eine für den Prozess noch tragbare Vitaminkonzentration erhalten bleibt. Die dafür notwendigen Aufheizgeschwindigkeiten sind im Batch-Ansatz nicht realisierbar, deshalb setzt man kontinuierliche Verfahren zur Sterilisation des Mediums ein.

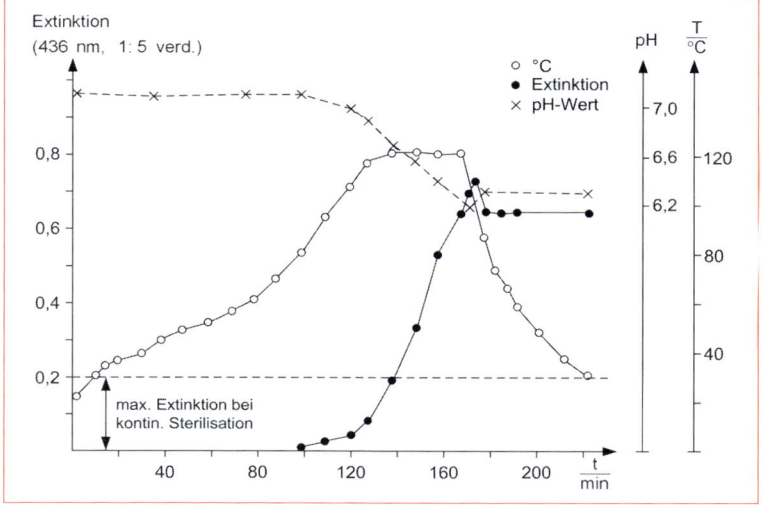

Abb. 8.3 Temperaturprofil und Nährbodenänderung bei einer Batch-Sterilisation im 3 000-l-Maßstab. o – o °C; • – • Extinktion; x – x pH-Wert (aus Crueger und Crueger 1989)

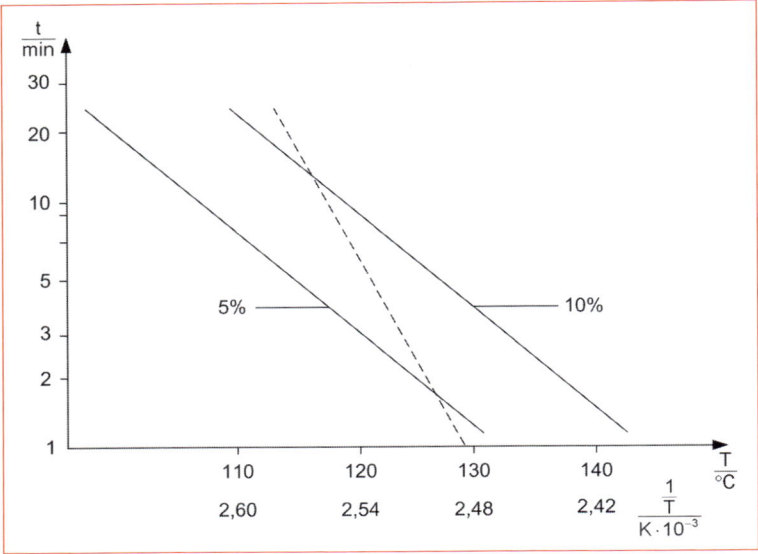

Abb. 8.4 Sterilisationszeit für 99,99 %ige Abtötung von Sporen bzw. 5–10 %ige Inaktivierung von Thiamin (aus Einsele et al. 1985)

8.5.1 Sterilisation durch Dampfinjektion

Bei diesem Verfahren (Abb. 8.5) wird gesättigter Wasserdampf bei einem Druck von 6–7 bar in das Medium injiziert und dieses durch die freiwerdende Kondensationswärme auf 140 °C erhitzt. Eine Heißhaltestrecke ist so dimensioniert, dass die dort aufgeheizte unter Druck stehende Flüssigkeit 2–3 min. verweilt. Anschließend wird sie dann in einen Entspanner eingeleitet, in dem eine dem gebildeten Dampfkondensat entsprechende Wassermenge abgezogen wird. Beim Entspannungsvorgang kühlt die Flüssigkeit wieder ab. Zur besseren Energieausnutzung kann dieses Prinzip mit einem Wärmetauscher ergänzt sein, in dem das kalte, insterile Medium durch das heiße, sterile aufgewärmt wird (Abb. 8.5).

Dieses Verfahren eignet sich vornehmlich für Flüssigkeiten, die dazu neigen, an Oberflächen anzuhaften. Medien, die beim Entspannungsvorgang aufschäumen (diese Eigenschaft haben viele, die in der Fermentation eingesetzt werden), lassen sich auf diese Weise nicht sterilisieren. Schwierigkeiten können auftreten bei der Regelung von Druck und Temperatur durch unterschiedliche Viskositäten des Mediums. Ein weiterer, sehr wesentlicher Nachteil ist, dass Dampf ins Medium eingetragen wird, der, falls er nicht durch aufwändige Filter gereinigt ist, die Mediumsqualität ändert.

8.5.2 Sterilisation durch Wärmetauscher

Dieses Verfahren vermeidet den direkten Kontakt mit Fremddampf. Die Wärmeübertragung auf das Medium erfolgt durch Platten- oder Spiralrohrwärmetauscher (Abb. 8.6). Diese sind miteinander so verschaltet, dass das Medium aus dem Vorratsbehälter im Wärmetauscher (2) durch das von der Heizhaltestrecke kommende vorgewärmt wird und letzteres sich dabei abkühlt. Zur Kühlung auf Betriebstemperatur ist dieser Anordnung der Wärmetauscher (3) mit Fremdkühlung nachgeschaltet. Im Wärmetauscher (1) wird auf Sterilisationstemperatur erhitzt. Das Wärmetauscherprinzip hat einen sehr guten Wirkungsgrad, von manchen Herstellern wird die Rückgewinnung der Energie mit 75 % angegeben. Der Einsatz solcher Apparaturen in der Biotechnologie ist nicht unproblematisch, vor allem bei hoher Beladung mit Feststoffen. Gegebenenfalls muss der Transfer von Medium für eine Reinigung der Anlage unterbrochen werden.

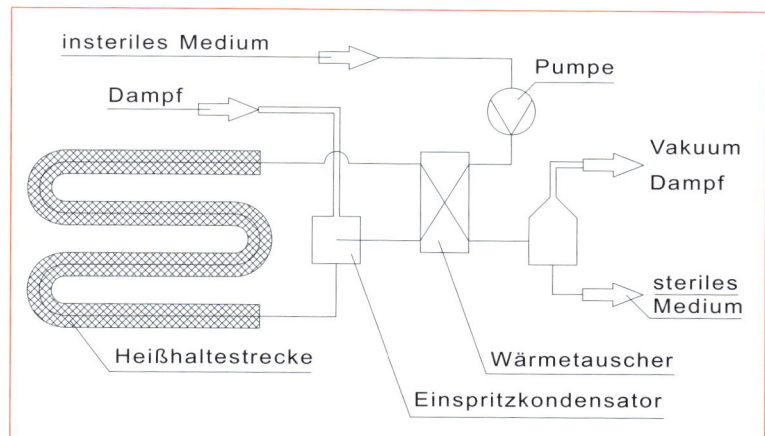

Abb. 8.5 Kontinuierliche Sterilisation von Flüssigkeiten durch Dampfinjektion mit vorgeschaltetem Wärmetauscher

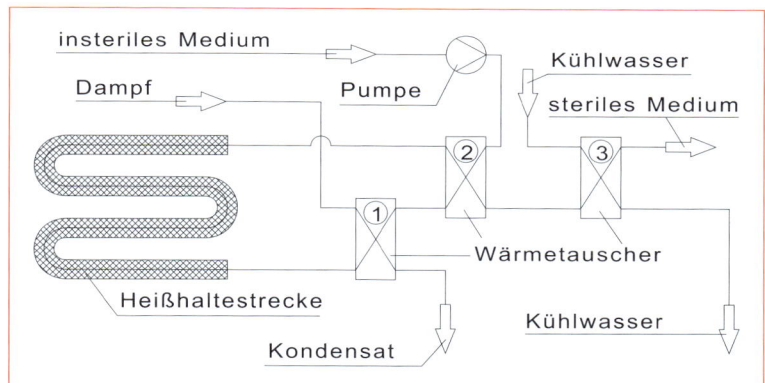

Abb. 8.6 Kontinuierliche Sterilisation nach dem Wärmetauscherprinzip

8.6 Die Sterilisation durch Filter

Mediumsbestandteile, die thermisch leicht denaturiert werden, wie z. B. Proteine, die aber für bestimmte Fermentationszwecke in ihrem nativen Zustand erhalten bleiben müssen, können nur durch Filtration keimfrei gemacht werden.

Die Filtrationstechnik wurde in den letzten Jahren so ausgereift, dass sie im technischen Maßstab eingesetzt werden kann. Heute ist sie vor allem Standard im Bereich der sog. Zellbiologie wo mit Eukaryotenzellen gearbeitet wird. Dort kommt in vielen Fällen Serum zum Einsatz, welches nur durch Filtration keimfrei gemacht werden kann. Man unterscheidet zwei Arten von Filtern:

- Membranfilter:
  Sie bestehen wir ihr Name besagt aus Membranen (meistens ein Kunststoffpolymer). Ihre Poren haben festgelegte Durchmesser, die nur in sehr engen Grenzen statistisch streuen, so können Teilchen entsprechend ihres maximalen Durchmessers ausgeschlossen werden.
- Tiefenfilter:
  Das Tiefenfilter ist ein Labyrinth, dessen freie Durchgänge bis 10-mal so groß sind wie der Durchmesser der abzuscheidenden Teilchen. Sein Abscheidevermögen erklärt man damit, dass auf die durch Reibungskräfte (Impulsaustausch) vom Fluidstrom (konvektive Bewegung) getragenen Teilchen noch weitere Kräfte wirken: z. B. Schwerkraft, Massenträgheit, Wechselwirkung mit dem Filtermaterial (Ad-

häsion bei Berührung, elektrostatische Kräfte), Reibung an nicht bewegten Fluidteilchen (in strömungsfreien Gebieten). Diese Kräfte führen in ihrer Summe dazu, dass die zu filtrierenden Teilchen ihre ursprüngliche mit dem Konvektionsstrom verlaufende Bahn verlassen und sich in geeigneten Gebieten an- oder ablagern.

8.7 Die Steriltechnik

Wie oben gezeigt wurde, kann durch geeignete Wahl von Temperatur und Zeit jeder beliebige Sterilisationsgrad erreicht werden, unter der Voraussetzung, dass die Sterilisation des Mediums in idealer Umgebung erfolgt.

Aus den oben beschrieben Betrachtungen bezüglich Temperaturverlauf, Ausgangskeimzahl, Umgebungsbedingungen, wie Anwesenheit von Luft sowie Hemmung des Mikroorganismentransfers, ergibt sich direkt die Aufgabenstellung für die Ausführung von Bioreaktoren und deren Komponenten. Das Ziel der herkömmlichen Apparateentwicklung ist die optimale technische Funktion, diese steht nicht immer im Einklang mit den Erfordernissen der Biotechnologie. Oft sind deshalb Lösungen, die Sterilitätskriterien gerecht werden sollen, aufwändig.

In den folgenden Abschnitten sollen Lösungen und Vorgehensweisen, die den sterilen Betrieb ermöglichen, vorgestellt werden.

8.8 Der Aufbau von gerührten Laborreaktoren

Laborreaktoren mit den Volumina zwischen 2 und 10 Litern sind hauptsächlich aus Glas gefertigte Behälter oder Rohre, die durch Edelstahldeckel verschlossen sind; Elastomere sorgen für die Abdichtung dieser Bauteile. In den Deckeln sind die für die Kultivierung von Mikroorganismen notwendigen Armaturen eingebaut (Abb. 8.7). In den Sterilbereich münden die Rohre für Be- und Entgasung, für Probennahme sowie die Stutzen zum Animpfen und für die Korrekturmittel und dem Einbau von sterilisierbaren Messwertgebern (s. Kap. 9). Falls ein späteres Ankoppeln von Leitungen notwendig wird, z. B. zum Animpfen des Reaktors mit in Flüssigkeit suspendierten Zellen

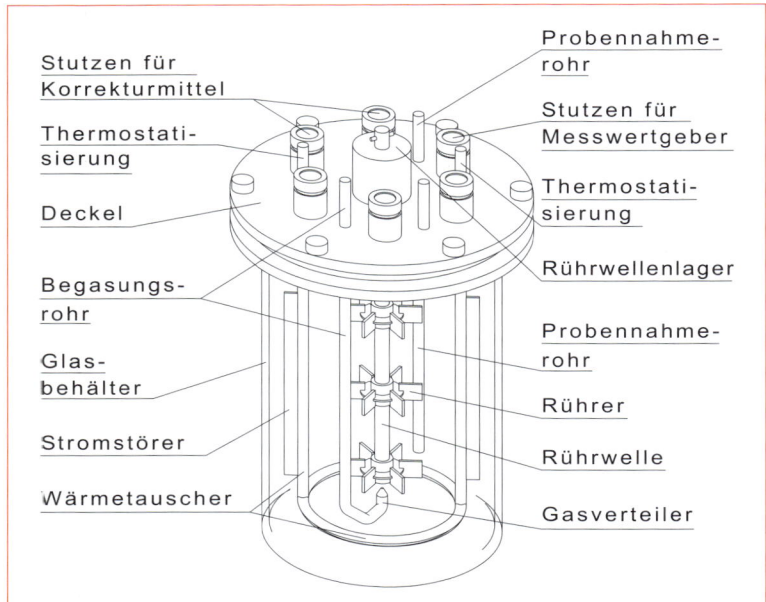

Abb. 8.7 Aufbau eines gerührten Laborfermenters. Der Antrieb ist für die Sterilisation abnehmbar.

(obligat), für die Zufuhr von Medium, das Abziehen von Proben, sowie das Anschließen von Korrekturmittelvorlagen für Säure, Lauge, chemischem Entschäumer, sind die Stutzen im Allgemeinen mit abflammbaren Gummisepten ausgerüstet. Diese Septen werden für den Transfer von Flüssigkeiten mit geeigneten sterilisierten Nadeln durchstochen.

Für die Sterilisation wird ein solcher Reaktor nach Möglichkeit so vorbereitet, dass zu den peripheren Behältern durch Schlauchleitungen eine geschlossene Verbindung besteht. Die Sterilisation solch einfach aufgebauter Geräteanordnungen erfolgt in der Sattdampfatmosphäre (der Motor wird dafür abgenommen) eines Autoklaven (siehe 8.9). Die Gefäße sind dabei dicht verschlossen; ein Gasaustausch (Wasserdampf gegen Luft) erfolgt über Sterilfilter. Da es sich hier um verhältnismäßig kleine Einheiten handelt, die allseitig von Dampf umgeben werden, kann man davon ausgehen, dass eine vollständige, gleichmäßige Erhitzung der Geräte und der Medien erfolgt. Mangelhafte Sterilisation ist deshalb selten die Ursache für Kontamination. Kritisch sind vor allem sämtliche Maßnahmen welche über die oben erwähnten Septen erfolgen müssen. Dort wird das Prinzip des permanenten Verschlusses des Produktraums durchbrochen und es besteht die Gefahr eines Mikroorganismentransfers. In 8.10 wird gezeigt, welche technischen Möglichkeiten sich durch die Sterilisation mit Dampf vor Ort (*in-situ*-Sterilisation) ergeben, um einen Abschluss des Produktbereichs zur Umgebung aufrecht zu erhalten.

8.9 Die Funktion von Autoklaven (Dampfsterilisatoren)

Autoklaven sind Druckbehälter, in denen eine Sattdampfatmosphäre erzeugt werden kann und die geeignete Armaturen für die Entgasung besitzen.

Im einfachsten Fall entsteht der Dampf im Druckbehälter selbst, indem Wasser im unteren Teil erhitzt wird. Die zu sterilisierenden Geräte befinden sich dann auf einem Zwischenboden. Moderne Geräte mit großem Fassungsvermögen (bis mehrere m³) arbeiten mit Fremddampf aus separaten Dampferzeugern. Sie sind mit Vakuumpumpen ausgerüstet, so dass bei Bedarf über einen programmierbaren Modus Aufheiz- und Evakuierungsphasen gesteuert werden um sicher zu stellen, dass das in den Autoklaven eingebrachte Gut vollständig entlüftet wird. Als Zusatz können auch Berieselungseinrichtungen für beschleunigtes Abkühlen des Sterilisationsgutes eingebaut sein. Im Zuge der Automatisierung gibt es auch solche, bei denen über Rechner der Sterilisationsgrad programmierbar ist.

8.10 Der Aufbau von *in situ* sterilisierbaren Reaktoren

Reaktoren erreichen beträchtliche Volumina, nicht selten sind es Produktionseinheiten mit über 200 m³, die nicht mehr allseitig von Dampf umgeben sein können. Für solche erfolgt die Sterilisation vor Ort mit Fremddampf. Im Regelfall werden Bioreaktoren über 10 l Rauminhalt *in situ* sterilisiert. Für besondere Zwecke werden auch Bioreaktoren mit einem Rauminhalt < 10 l als *in situ* sterilisierbare Geräte ausgeführt, z.B. dann, wenn der Wärmeeintrag in hochviskose Medien durch mechanisches Durchmischen unterstützt werden muss.

Das Aufheizen der Behälterinhalte erfolgt durch Doppelmantel (Abb. 8.8) bei Behältergrößen bis etwa 5–10 m³, darüber hinaus mit segmentierten Doppelmänteln, Halbrohrschlangen oder auch internen Rohrwärmetauschern, wobei letztere nach Möglichkeit vermieden werden, damit der Sterilbereich von unzugänglichen Stellen frei bleibt.

Abb. 8.8 zeigt die wichtigsten steriltechnisch kritischen Stellen eines Bioreaktors:
- statische Abdichtungen zur insterilen Umgebung,
- durch Armaturen begrenzte Schnittstellen zum peripheren Sterilbereich,
- dynamische Dichtungen zur insterilen Umgebung, z.B. an beweglichen Elementen in Armaturen oder bei der Rührwellenabdichtung.

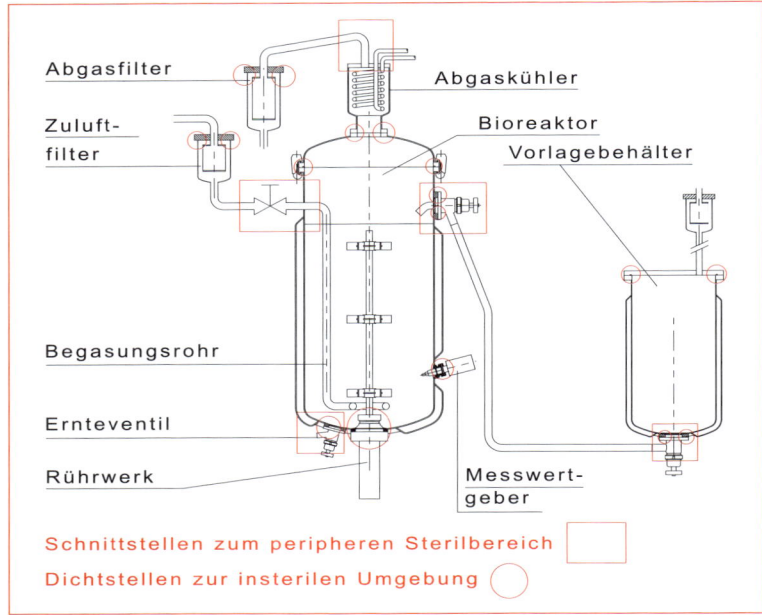

Abb. 8.8 Gerührter Bioreaktor mit Korrekturmittelvorlage

8.11 Stutzen für Messwertgeber

Reaktoren können mit verschiedenen Messwertgebern ausgerüstet sein (siehe Kap. 9). Einige davon sind mit Elektrolyten gefüllt und waren deshalb ursprünglich für eine senkrechte Lage vorgesehen.

Aus verschiedenen Gründen (Baugröße, Anströmung) werden sie heute hauptsächlich seitlich in die Behälterwand eingebaut, was eine Mindestneigung von 15° voraussetzt. Der Armaturenschaft dichtet mit einem o-Ring in einem geeigneten Stutzen (Abb. 8.9). Durch die Neigung des Stutzens kann der zum Produkt abdichtende O-Ring nicht mehr bündig mit der Behälterwand abschließen. Die Folgen sind Spalte, die groß genug für Mikroorganismen sind, auch wenn es sich um technisch einwandfreie Passungen handelt; z. B. bedingt eine Passung H7 auf f7 eine Spaltbreite von etwa 100–300 µm, die Abmessungen eines Bakteriums liegen in der Größenordnung von 0,5–10 µm. Abb. 8.9 zeigt eine Möglichkeit, wie der Sterilbereich bis zur Dichtstelle spülbar wird.

8.12 Die Abtrennung des Reaktorinhaltes von peripheren Leitungsbereichen

Periphere Leitungsbereiche sind gegeben durch Zuführungen aus der insterilen Umgebung zur Beschickung des Reaktors mit insterilem Substrat (vor der Sterilisation), oder durch Leitungen aus Impffermentern, Tanks für sterile Substrate oder Korrekturmittel. Die Abtrennung erfolgt durch Armaturen, so dass die Sterilisation des Mediums weitgehend unabhängig von der Peripherie erfolgen kann und dass außerdem diese keine Kontaminationsquelle für den Prozess ist. Sittig (1982) schlägt vor, periphere Leitungen aus der insterilen Peripherie streckenweise mit Dampf zu überlagern (Abb. 8.10).

Hier wird die Hauptleitung für das Produkt durch zwei Kugelhähne getrennt und der dazwischenliegende Abschnitt über getrennte Zu- und Ableitungen mit Dampf überlagert. Abb. 8.11 zeigt die Problematik der hier für große Leitungsdurchmesser verwendeten Kugelhähne. Die Kugelbohrung ist im geschlossenen Zustand ein nicht zugänglicher Totraum. Eine steriltechnisch

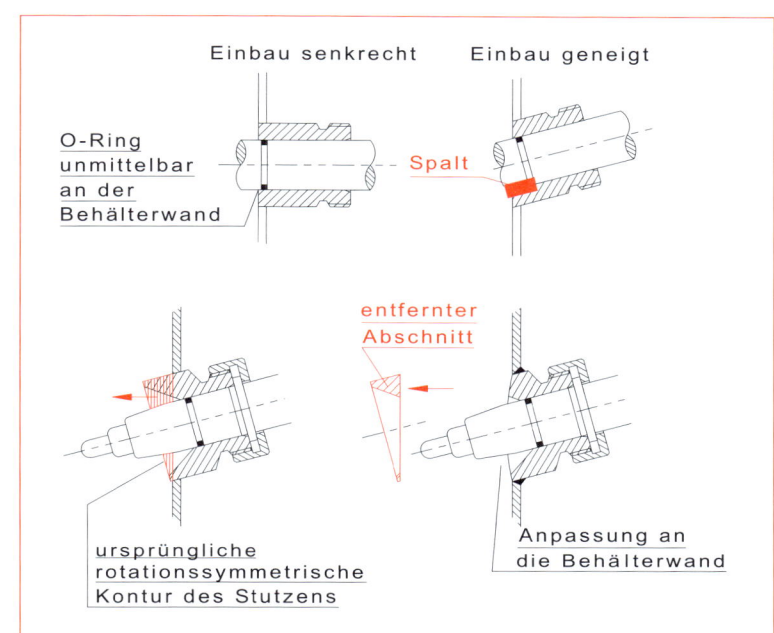

Abb. 8.9 Ausführungen von Stutzen für Messwertgeber

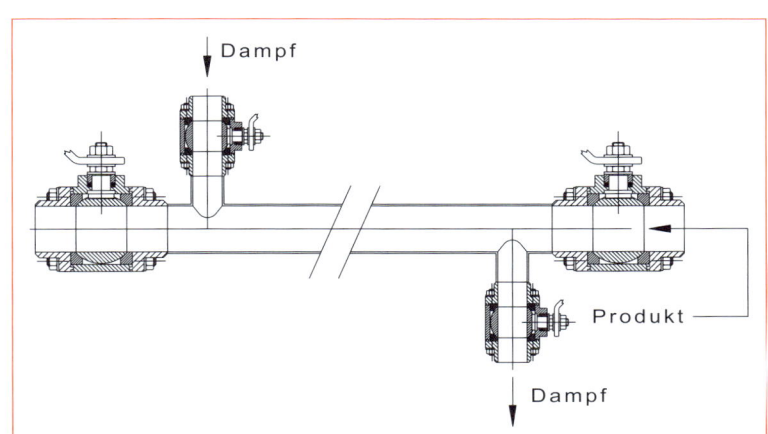

Abb. 8.10 Anordnung von Kugelhähnen zur Abtrennung der Peripherie vom Sterilbereich (Sittig 1982)

bessere Lösung bieten heute Membranventile für Rohrnennweiten bis etwa 100 mm. Die Membran trennt den Sterilbereich von der insterilen Umgebung. Toträume innerhalb der Ventile können vermieden werden durch Einschweißen eines kleineren Dampfventils, wie es in Abb. 8.12 dargestellt ist.

Eine der in Abb. 8.10 dargestellten Querbedampfung ähnliche Lösung stellt Samhaber (1983) vor, sie basiert auf Faltenbalgventilen. Als zusätzliche Einrichtung ist ein Filter zur Belüftung der peripheren Lüftung nach der Sterilisation integriert.

Bei den bisher vorgestellten Anordnungen ist der Einbau im submersen Bereich von Behältern kritisch. Die dafür eingesetzten Ventile haben einen konstruktionsbedingten Hohlraum zwischen dem Anschlussende des Ventilgehäuses und dem absperrenden Element (Abb. 8.11, 8.12, 8.13). An solchen Stellen ist der Wärmetransport kritisch,

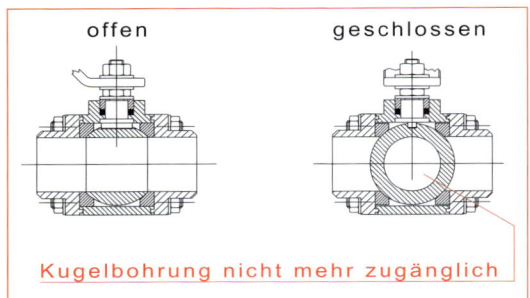

Abb. 8.11 Kugelhahn in offenem und geschlossenem Zustand

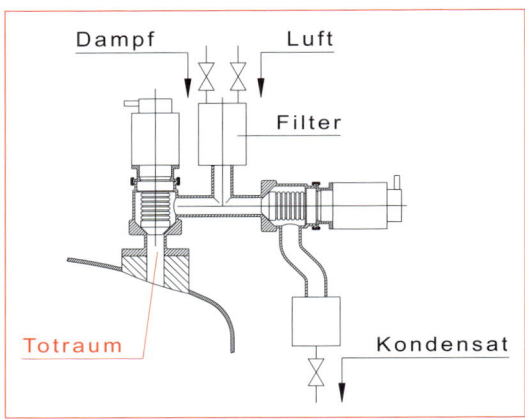

Abb. 8.13 Ventilanordnung zur Abtrennung der Peripherie (nach Samhaber 1983, verändert)

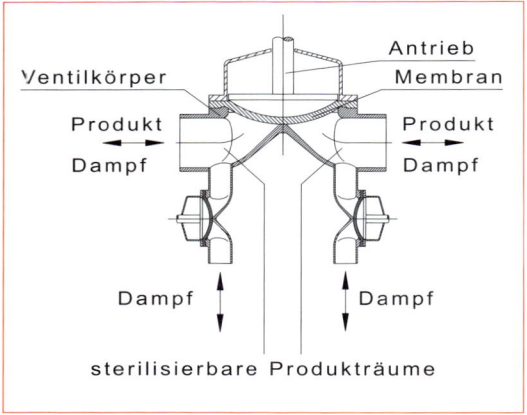

Abb. 8.12 Ventilkombination aus zwei Membranventilen

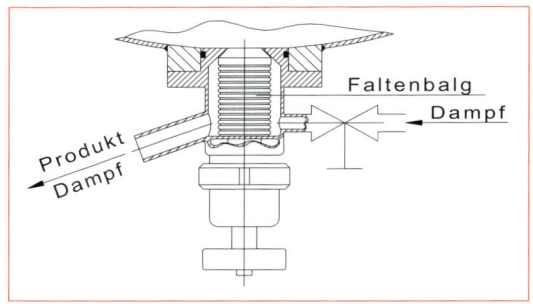

Abb. 8.14 Mit der Behälterwand abschließendes Ventil

da je nach Tiefe des Totraumes in Verbindung mit suspendierten Partikeln eine Durchmischung des Mediums bei der Sterilisation durch die bewegten Einbauten des Reaktors nicht mehr möglich ist.

Eine Lösung bieten Kegelsitzventile, die in die Behälterwand so einbaubar sind, dass der Ventilsitz dort bündig abschließt. Mit einer geeigneten Dampfversorgung lässt sich dann der dem Medium abgewandte Ventilbereich unabhängig vom Behälterinhalt sterilisieren.

Die in Abb. 8.14 dargestellte Ausführung arbeitet durch den Faltenbalg stopfbuchsenfrei und schaltet so eine Kontaminationsmöglichkeit aus der Umgebung aus. Beim Transfer mycelhaltiger Medien können sich allerdings die Vertiefungen des Faltenbalgs zusetzen.

8.13 Die Sterilisation der Zuluftstrecke

Bei den bisher vorgestellten Anordnungen endigten die peripheren Leitungen entweder im gasgefüllten Kopfraum des Reaktors, oder nur dann submers, wenn die trennende Armatur mit der Behälterwand abschloss.

Die Begasung der Reaktoren erfordert es, das vom Filter kommende Rohr ins Medium eintauchen zu lassen (Abb. 8.8). Dies hat zur Folge, dass der Bereich bis zur Schnittstelle mit Luft gefüllt ist (Abb. 8.15), die auch dann vorhanden wäre, wenn man ein bündig abschließendes Ven-

8.13 Die Sterilisation der Zuluftstrecke

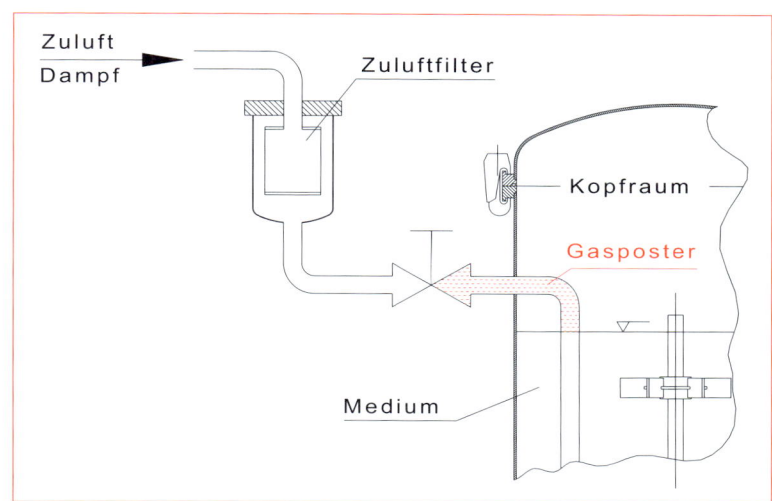

Abb. 8.15 Die direkte Einspeisung von Dampf ins Fermentationsmedium

til einsetzte. Die einfachste Lösung ist es, den zur Sterilisation des Filters verwendeten Dampf ins Medium weiterzuleiten und so das Luftpolster zu verdrängen (Abb. 8.15). Die Nachteile sind: Die Sterilisationszeit des Zuluftfilters beschränkt sich auf die Aufheizphase ab 100 °C und auf die Haltezeit. Das Medium wird verdünnt durch das Dampfkondensat. Mit dem Fremddampf können Stoffe eingetragen werden, die sich unter Umständen nachteilig auf den Stoffwechsel der Mikroorganismen auswirken. Es ist deshalb angebracht, aufwändigere Verfahren einzusetzen. Abb. 8.16 zeigt die Sterilisation des Filters im Gegenstrom. Über Ventil (1) wird Dampf in umgekehrter Richtung in das Zuluftfilter eingespeist, das Kondensat verlässt das Filtergehäuse am tiefsten Punkt über Ventil (2). Dieser Vorgang kann unabhängig von der Sterilisation des Mediums erfolgen. Ventil (3) muss nur zum Austreten des Gaspolsters während der Haltezeit geöffnet sein.

Bei geeigneter Drosselung des Ventils (3) wird der Kondensateintrag in den Reaktor auf ein Minimum reduziert. Der Nachteil ist, dass sich eine Anordnung mit einer nicht eindeutigen auf/zu-Stellung des Ventils für den fremdgesteuerten Betrieb schlecht eignet. Eine Lösung hierfür bietet ein System, wie es Abb. 8.17 zeigt.

Die für die Funktion entscheidende Armatur ist der Bypass über Ventil (3). Es öffnet den kritischen Bereich des Zuluftrohres in den Kopfraum

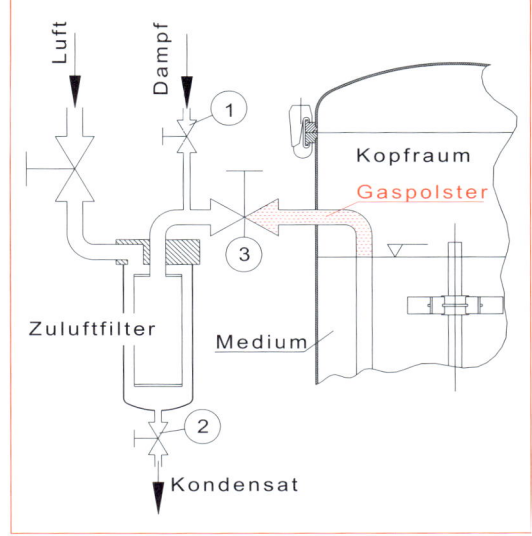

Abb. 8.16 Sterilisation des Zuluftfilters im Gegenstrom

des Bioreaktors. Damit herrscht an allen Stellen der gleiche Druck, eine Flüssigkeitsheberwirkung des ins Medium eintauchenden Zuluftrohres ist somit aufgehoben. Gesteuert durch den Kondensatentleerer strömt während der Haltezeit stets eine kleine Menge Dampf aus dem Kopfraum in den durch Ventil (2) begrenzten Leitungsbereich. Die peripheren Leitungen sowie das Zuluftfilter

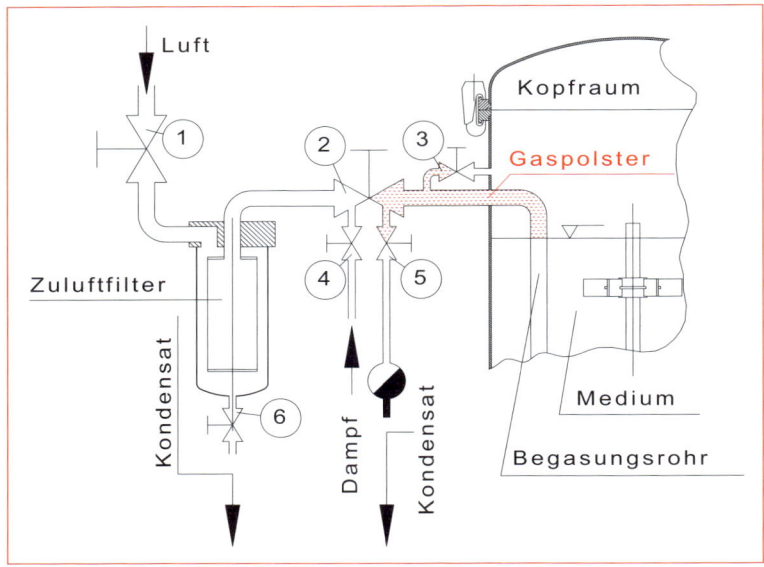

Abb. 8.17 Die vollständige Abtrennung des Zuluftfilters vom Produktbereich des Reaktors

werden unabhängig vom Produktbereich unter Dampf gesetzt. Die Ventile (2), (4) und (5) lassen sich als komplette, festverschweißte Baugruppe analog der Darstellung 8.12 fertigen.

8.14 Die Rührwellenabdichtung

Die bisher besprochenen Konstruktionen dienten dazu, den Sterilbereich so auszuführen, dass an allen Stellen eine thermische Inaktivierung der Mikroorganismen möglich wird. In diesem Abschnitt soll nun die Abdichtung im Grenzbereich zwischen Produkt- und Atmosphärenseite behandelt werden, von der ganz entscheidend die Aufrechterhaltung des sterilen Betriebes abhängt.

Axiale Bewegungen lassen sich, wie bereits am Beispiel der Ventile gezeigt, durch Membranen und Faltenbälge stopfbuchsenfrei übertragen. Bei einer rotierenden Bewegung liegt es nahe, die Kraftübertragung vollständig zu unterbrechen. Deshalb wurde in regelmäßigen Zeitabständen die Magnetkupplung immer wieder neu propagiert, denn sie erscheint zunächst als die sicherste Methode, eine Kontamination aus dem insterilen Bereich zu verhindern.

In sehr kleinen Laborfermentern, bei denen nur geringe Drehmomente zu übertragen sind, können für einen begrenzten Bereich von Anwendungen Stirndrehkupplungen sinnvoll sein. Es sind scheibenförmig aufgebaute, gegenüberliegend angeordnete Magnete, die der flache Fermenterdeckel oder -boden trennt. Die axial wirkenden Kräfte müssen durch geeignete Lager aufgenommen werden. Bei größeren Laborfermentern versucht man, die Kraftübertragung mit Zentraldrehkupplungen (Abb. 8.18) zu lösen. Die Nachteile sind leicht zu erkennen: Spalträume lassen sich konstruktiv nicht vermeiden, sie setzen sich mit Feststoffen zu und beeinträchtigen so die Sterilisierbarkeit. Lösungen mit elektrisch erzeugten Drehfeldern scheiden aus, weil sie die Signale von Messwertaufnehmern stören. Ein generelles Problem der magnetischen Kraftübertragung ist die Lagerung der beweglichen Teile im sterilen Bereich.

Sobald hohe Drehmomente gefordert sind, kann eine Kraftübertragung auf mechanischem Wege nicht umgangen werden, und damit sind die Lösungen in einer wirkungsvollen kontaminationssicheren Wellenabdichtung zu suchen.

Für weniger anspruchsvolle Fermentationen sind Obenantriebe geeignet. Nicht vom Produkt berührte Dichtungen sind in ihrem Aufbau verhältnismäßig einfach; es sind axial oder radial

8.14 Die Rührwellenabdichtung

wirkende elastische Lippendichtungen, die ein- oder mehrfach angeordnet sind, oder auch Stopfbuchsenpackungen.

Verschiedene Gegebenheiten biologischer Prozesse zwingen, die Wellendurchführung in den produktberührten Bereich zu legen, z. B. wenn mechanische Entschäumung erforderlich ist oder Pumpenantriebe verwendet werden, die in das Fermentermedium ragen oder im sterilen Bereich einer externen Schleife angeordnet sind. Alle ernstzunehmenden Vorschläge für steriltechnisch sinnvolle Lösungen basieren auf dem Prinzip der Gleitringdichtung. Im Gegensatz zu der bereits angesprochenen Lippendichtung mit elastischen Elementen arbeitet sie mit zwei harten, sehr glatten Flächen, die aufeinander gleiten (Abb. 8.19).

Auf der Produktseite ist der Gleitring angeordnet, der mit der Welle rotiert. Er kann auf verschiedene Weise kraftschlüssig sein. Im abgebildeten Fall geschieht dies durch einen „Stellring", dessen Mitnehmer als Klauen ausgebildet sind, die in die Außenkontur des Gleitringes greifen; Federn unterschiedlicher Konstruktion drücken den axial verschiebbaren Gleitring auf den Gegenring, der nicht beweglich in einem Flansch oder einem Gehäuse sitzt. Die Abdichtung zur Rührwelle oder zum Flansch übernehmen statische Elemente, die so genannten Sekundärdichtungen. In vielen Fällen handelt es sich um O-Ringe, es werden aber auch Faltenbälge, Manschetten- oder Profildichtungen eingesetzt. Die gebräuchlichsten Werkstoffe für die gleitenden Flächen sind: Hartkohle, CrNiMo-Stahl, Cr-Guss, Wolframkarbid, Siliziumkarbid und Aluminiumoxid-Keramik. Gängige Paarungen sind Hartkohle gegen Stahl, Cr-Guss oder Keramik. Wolframkarbid und Siliziumkarbid laufen oft gegen den gleichen Werkstoff. Das Prinzip einer Gleitringdichtung veranschaulicht Abb. 8.20.

Der Druck der umgebenden Flüssigkeit wirkt auf den Gleitringkörper. Durch die Formgebung resultiert eine mehr oder weniger starke Kraft in axialer Richtung, die den Gleitring auf den Gegenring presst. Das in den Dichtspalt gedrückte Medium bildet einen Flüssigkeitsfilm aus, der als Schmierung dient. Im idealen Zustand erfährt der Gleitring durch den im Dichtspalt befindlichen Flüssigkeitsfilm einen Auftrieb, so dass die Reibungskräfte und damit der Verschleiß der Gleitflächen drastisch verringert wird. Gelöste Substanzen, die im Dichtspalt ausfallen, können sich nachteilig auswirken. Man setzt deshalb sperrflüssigkeitsüberlagerte Mehrfachdichtungen ein.

Abb. 8.21 zeigt das Grundprinzip, bei dem die Gleitringe gegenständig angeordnet sind. Der Druck einer Sperrflüssigkeit wirkt sowohl in Richtung Produktseite als auch gegen die Atmosphärenseite. Für den Einsatz in Bioreaktoren verwendet

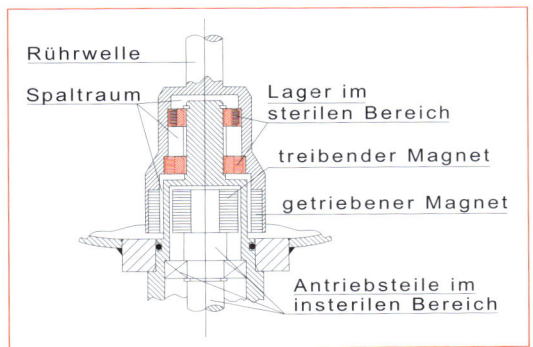

Abb. 8.18 Prinzip einer Magnetkupplung, wie sie bei einigen Kleinfermentern eingesetzt wird

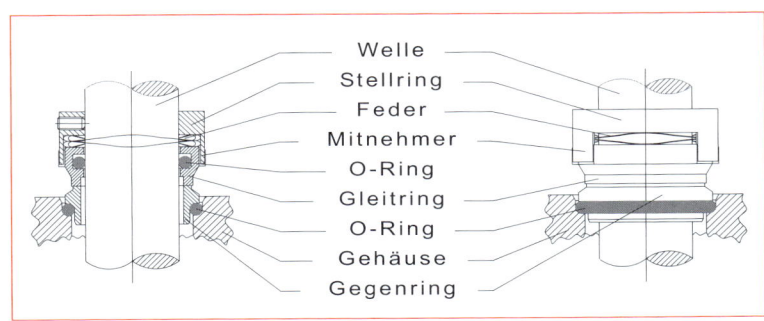

Abb. 8.19 Aufbau einer einfachen drehrichtungsunabhängigen Gleitringdichtung

man Dampfkondensat. Für die Sterilisation wird Dampf über einen kleinen Behälter, die „Kondensatvorlage" (Abb. 8.22) in das Dichtungsgehäuse eingeleitet. Anschließend wird der Ausgang des Dichtungsgehäuses gesperrt und der Dampf kondensiert. Kühlschlangen in der Kondensatvorlage unterstützen diesen Vorgang. Den notwendigen Druck in der Sperrflüssigkeit liefert sterile Luft, mit der das Kondensat beaufschlagt wird.

Auffällig bei der Anordnung in Abb. 8.21 ist der Spalt entlang der Rührwelle auf der Produktseite, der sich mit Partikeln zusetzen kann. Er ließ vermuten, dass die Sterilisierbarkeit der Gleitringe auf der Mediumsseite beeinträchtigt ist.

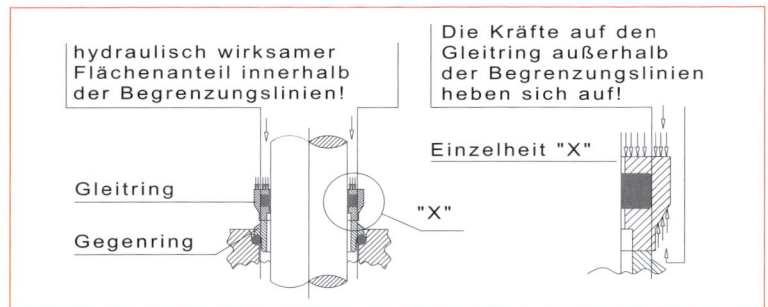

Abb. 8.20 Die Wirkungsweise einer Gleitringdichtung (kraftschließende Elemente und Befederung nicht gezeichnet)

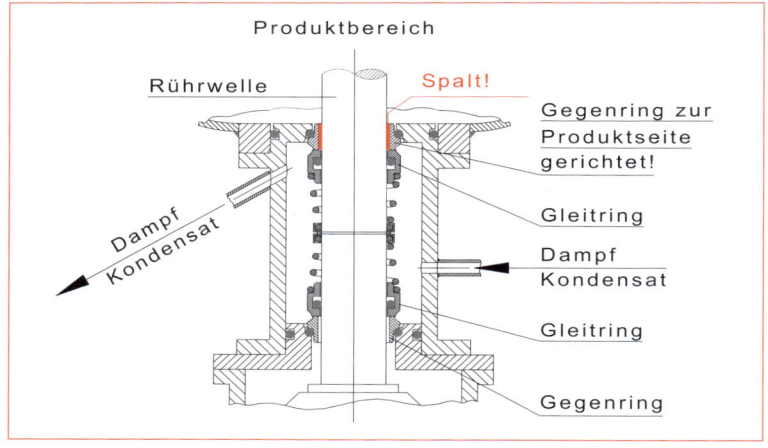

Abb. 8.21 Aufbau einer Rücken-an-Rücken-Dichtung

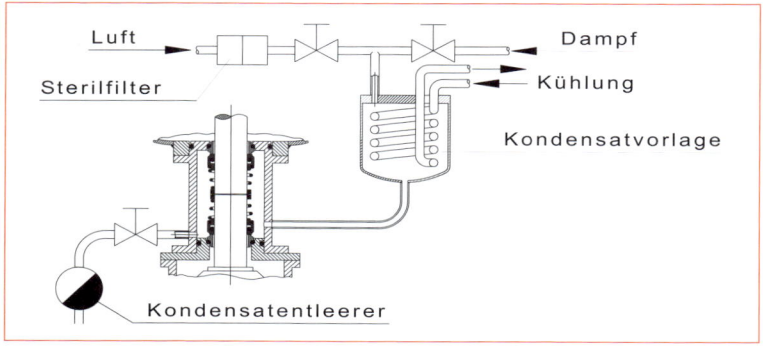

Abb. 8.22 Anordnung zur Drucküberlagerung einer Gleitringdichtung mit sterilem Kondensat

8.14 Die Rührwellenabdichtung

Wilson und Andrews (1983) untersuchten solche Anordnungen und verglichen sie mit der so genannten Tandem-Abdichtung (Abb. 8.23). Sie stellten unter den von ihnen vorgegebenen Bedingungen fest, dass letztere befriedigende Ergebnisse zeigte. Zwei negative Eigenschaften wurden von den Autoren nicht vermerkt:
1. Die Gleitringdichtung auf der Mediumsseite ist keineswegs konturenfrei. Die Einrichtungen für den Kraftschluss zu Welle, Stellring und Federn können sich mit Partikeln zusetzen.
2. Bei der Sterilisation wirken die hydraulischen Kräfte in entgegengesetzter Richtung auf den Gleitring der Produktseite, so dass dieser abheben kann. Höhere Sterilisationsdrücke können nur dann aufgenommen werden, wenn mit entsprechender Federvorspannung gearbeitet wird. Das bedeutet, das hydraulische, sich dem Systemdruck anpassende Dichtprinzip muss durchbrochen werden.

Bei modernen Reaktoren setzt man heute auf der Produktseite unterschiedliche Varianten von Sonderdichtungen ein, z. B. solche, deren Befederung gekapselt ist. Auf diese Weise werden hinterschnittene Konturen, in denen sich Partikel festsetzen können, vermieden.

Abb. 8.24 zeigt eine Möglichkeit, den Gleitring durch die Sperrflüssigkeit hydraulisch zu belasten, indem er als nichtrotierende, axial bewegliche Einheit ausgebildet wurde. Mit der Welle be-

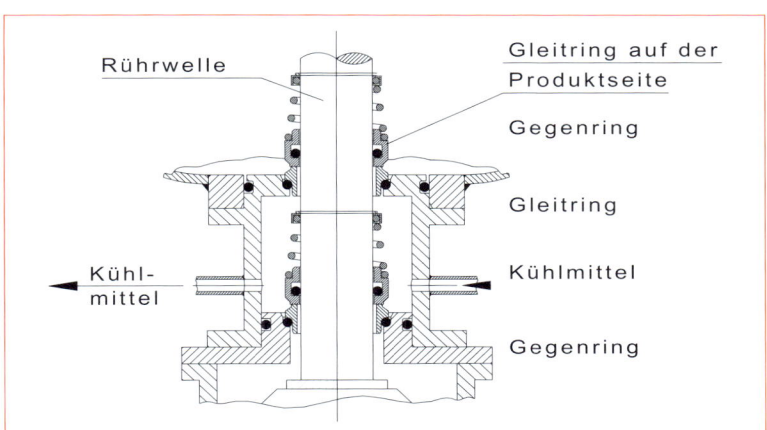

Abb. 8.23 Aufbau einer doppelten Gleitringdichtung in Tandem-Anordnung

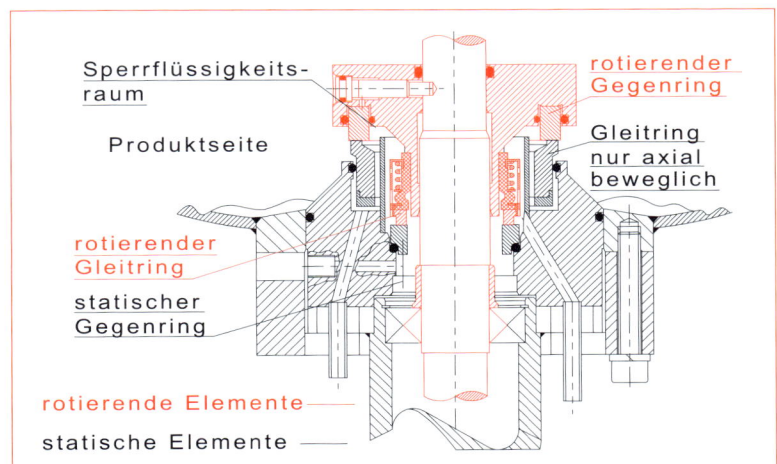

Abb. 8.24 Doppelt wirkende Gleitringdichtung ohne hinterschnittene Konturen auf der Produktseite

wegt sich bei dieser Anordnung der Gegenring, auf den der Flüssigkeitsdruck des Mediums keine Kraftwirkung hat. Die Befederung verbleibt im Sperrflüssigkeitsraum. Zur Atmosphärenseite dichtet z. B. eine (wie in Abb. 8.19 vorgestellte) Standarddichtung ab. Für solche Rührwellenabdichtungen liegen bisher keine systematischen Untersuchungen vor, es ist aber anzunehmen, dass sie der von Wilson und Andrews beschriebenen überlegen sind.

Literatur

Cooney, C.L. (1985): Media Sterilisation. In Murray Moo-Young (ed.): Comprehensive biotechnology; The principles, applications and regulations of biotechnology in industry, agriculture and medicine. Vol. 2. Pergamon Press, Oxford

Crueger, W., Crueger, A. (1989): Biotechnologie-Lehrbuch der Angewandten Mikrobiologie. R. Oldenburg Verlag, München

Deindoerfer, F.H. (1957): Calculation of heat sterilisation times for fermentation media. Appl. Microbiol. 5, 221–228

Deindoerfer, F.H., Humphrey, A.E. (1959): Analytical method for calculating heat sterilisation times. Appl. Microbiol. 7, 256–264

Deindoerfer, F.H., Humphrey, A.E. (1959): Principles of the design of continuous sterilizers. Appl. Microbiol. 7, 264–270

Drummond, D.W., Pflug, I.J. (1970): Dry-heat destruction of *Bacillus subtilis* spores on surfaces: Effect of humidity in an open system. Appl. Microbiol. 5, 805–809

Einsele, A., Finn, R.K., Samhaber, W. (1985): Mikrobiologische und biochemische Verfahrenstechnik: eine Einführung. VCH Verlagsgesellschaft, Weinheim

Rahn, O. (1945): Physical methods of sterilization of microorganisms. Bacteriol. Reviews 9, 1–47

Richards, J.W. (1965): Rapid calculations of heat sterilisations. British Chemical Engineering 10, 166–169

Samhaber, W. (1983): Der automatische Betrieb von Bioreaktoren; Anforderungen und apparative Konzepte. Swiss Biotech. 1, 21

Sittig, W. (1982): The present state of fermentation reactors. J. Chem. Techn. Biotechnol. 32, 47–58

Wilson, J.D., Andrews, T.E. (1983): Current practice in designing bottom-entering fermentor drives. Biotech. Bioeng. 25, 1205

9 Mess- und Regeltechnik an Bioreaktoren[*]

Die Mess- und Regeltechnik an Bioreaktoren umfasst im Wesentlichen drei Bereiche:
- Die Steuerung und Regelung peripherer Funktionen zur Gewährleistung von Funktionsabläufen, die unabhängig vom biologischen Prozess sind, wie das Verschalten von Rohrleitungen für unterschiedliche Betriebsarten.
- Die Messung und Regelung von Zustandsgrößen zur Aufrechterhaltung eines Mikroorganismen spezifischen Milieus, z. B. Betriebstemperatur, Wasserstoffionenkonzentration, O_2- und CO_2-Partialdruck etc.
- Die Messung und Regelung von biologischen Parametern, die den physiologischen Zustand einer Mikroorganismenkultur charakterisieren. Solche lassen sich im Allgemeinen nicht direkt messen, sondern werden aus physikalischen Zustandsgrößen abgeleitet.

Durch Einsatz von Rechnern und Entwicklung geeigneter Schnittstellen (RS 232) zu den Messverstärken können Regler ersetzt werden. Dies bringt dann Vorteile, wenn eine größere Anzahl von Zustandsgrößen geregelt werden muss. Ein einheitliches durchgängiges Grundprinzip bestehend aus Messwertgeber, Messverstärker, Schnittstelle zum Rechner, dann Schnittstelle vom Rechner zum Stellglied wurde bisher nicht vollständig realisiert. Es liegt daran, dass für einen einfachen biotechnologischen Prozess ein einzelner Bioreaktor genügt, der neben der Drehzahlregelung für den Antrieb lediglich eine Temperaturregelung besitzt. Komplexe biotechnologische Produktionsprozesse benötigen umfangreiche Anlagen mit mehren untereinander verschalteten Behältereinheiten mit aufwändiger Instrumentierung zur Messung und Regelung von Zustandsgrößen im Rektor wie pH, Sauerstoff etc. und andererseits zusätzliche externe Analytik aus Proben des Bioreaktorinhalts oder aus dem Abgasstrom. Für jeden Parameter müssten auf der Ebene der Messverstärker sowie auf der Ebene der Stellglieder geeignete Schnittstellen entwickelt werden. Damit bleibt die Instrumentierung von Bioreaktoren eine Mischung aus klassischer Mess- und Regeltechnik und rechnergesteuerten Regelstrecken. Deshalb sollen in diesem Kapitel nur eine Auswahl der wichtigsten Mess- und Regelverfahren besprochen werden.

9.1 Die Betriebsarten Sterilisation und Fermentation

Der Umfang der hand- oder fremdgesteuerten Peripherie eines Reaktors hängt von den Anforderungen des Prozesses ab. Ein Reaktor für eine einfache Batchfermentation ohne den Bedarf an Korrekturmitteln kommt mit ca. 15 Ventilen aus. Eine Anlage mit einem Reaktor, zwei Impffermentern, Korrekturmittelvorlagen und Auffangbehälter hat wenigstens 250 Ventile, die anzusteuern und zu überwachen sind. Der wesentlichste Teil davon wird nur dafür benutzt, um von Sterilisation auf Fermentation umzuschalten. Die zwei folgenden Beispiele zeigen, wie der Aufbau der Leitungsführung in Verbindung mit der Anordnung von Wärmetauscher und Stellventilen, die Ebene der elektronischen Module beeinflusst.

Für die Betriebstemperatur zur Kultivierung der Mikroorganismen (Bereiche ca. 20–50 °C) wird als Heiz- und Kühlmedium thermostatisiertes Wasser verwendet, das mit einer Pumpe über eine externe Rohrschleife durch den Doppelman-

[*] Autor: Harald Schnepple

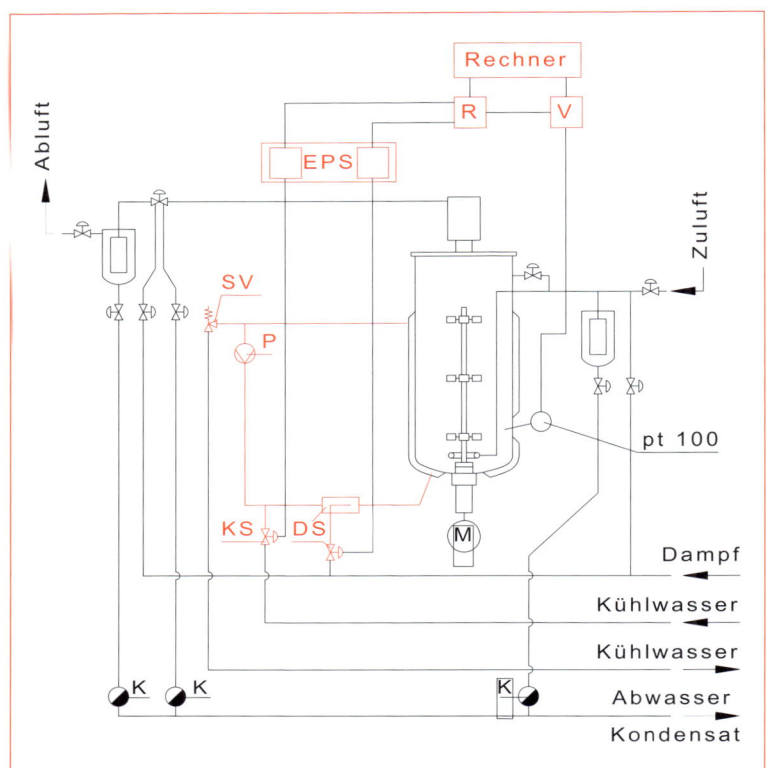

Abb. 9.1 Kreislauf zur Regelung der Fermentations- und Sterilisationstemperatur.
R = Regler, V = Verstärker, EPS = elektropneumatische Schnittstelle, SV= Überströmventil, P = Pumpe, KS = Kühlwasserspeiseventil, DS = Dampfspeiseventil und Dampfinjektor, pt 100 = Temperaturfühler

tel des Reaktors geleitet wird. Bei der in Abb. 9.1 dargestellten Variante besteht die Thermostatisierung aus einem Wasserkreislauf, der durch die Pumpe P angetrieben wird. Zum Aufheizen des Wasserkreislaufs wird Dampf über den Einspritzkondensator DS eingespeist. Ein fremdgesteuertes Ventil dosiert die Dampfmenge. Die Kühlung des Kreislaufs erfolgt durch die Zufuhr von Wasser über das Kühlwasserspeiseventil KS. Die überschüssigen Fluide verlassen den Thermostatisierungskreislauf über ein federbelastetes Ventil, welches den Druck reguliert und gleichzeitig Sicherheitsfunktion hat.

Für den Sterilisationsbetrieb wird, wie in Kap. 8 angedeutet, der Behälter auf 121 °C aufgeheizt. Bei dem vorliegenden System braucht also lediglich die Führungsgröße des Reglers geändert zu werden, um von Fermentationstemperatur auf Sterilisationstemperatur zu wechseln. Das Einspeisen von Kühlwasser während der Sterilisation lässt sich durch elektrisches Verriegeln des Reglerausgangs für KS vermeiden.

Eine andere Möglichkeit zur Änderung der Betriebsarten besteht darin, die Leitungswege für Wasser bzw. Dampf umzusteuern. Dafür besitzt die in Abb. 9.2 dargestellte Anlage die Ventile SPU (3 Wege) und SPO (2 Wege). Im Fermentationsbetrieb sind diese Ventile so geschaltet, dass das Wasser für die Thermostatisierung im Kreislauf durch den Doppelmantel gepumpt wird. Über die Ventile KWG oder KWK eingespeistes Kühlwasser tritt am höchsten Punkt des Kreislaufs an einem Überlauf aus. Der Energieeintrag erfolgt über einen Dampf-Wasser-Wärmetauscher oder auch durch eine elektrische Heizung. Ein PID Regler steuert die entsprechenden Stellglieder für Heizung und Kühlung. Die Wassereinspeisung über zwei Ventile wird dazu benutzt, um im Bedarfsfall unterschiedliche Wassermengen einzuleiten.

Die Thermostatisierung mit Dampf ist ein davon getrennter Regelkreis. Die Ventile SPO und SPU sind dann so geschaltet, dass die Bereiche Pumpe, Überlauf und Wärmetauscher abgekoppelt sind und der Thermostatisierungskreislauf

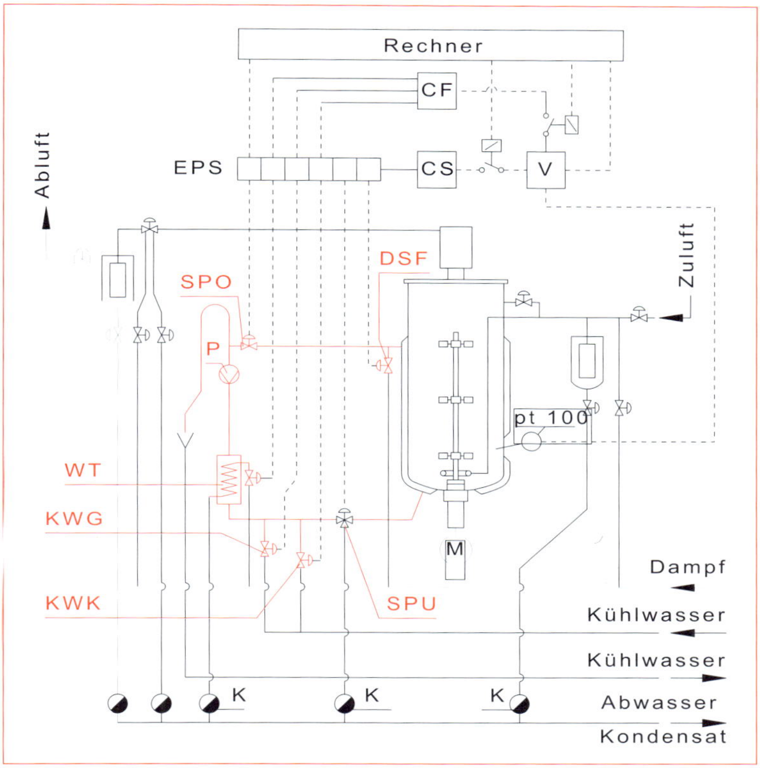

Abb. 9.2 Sterilisation und Fermentation als getrennte Kreisläufe:
CF = Kaskadenregler für Fermentationstemperatur, CS = Regler für Sterilisationstemperatur, V = Verstärker, EPS = elektropneumatische Schnittstelle, SPO und SPU = Ventile zur Abtrennung der Thermostatisierungseinrichtung, P = Pumpe, WT = Wärmetauscher für Dampfheizung, DSF = Dampfspeiseventil, KWG und KWK = Kühlwasserspeiseventile mit großem bzw. kleinem Querschnitt

am tiefsten Punkt (am Ventil SPU) geöffnet ist. Die Dampfeinspeisung erfolgt von oben über Ventil DSF, das an der Behälterwand gebildete Kondensat wird über einen Kondensatabscheider K abgeführt. Diese zweite Lösung ist, wie die Abbildungen zeigen, wesentlich aufwändiger, hat aber den Vorteil des besseren Wirkungsgrades.

9.2 Messung und Regelung von Zustandsgrößen im Reaktor

Neben der optimalen Betriebstemperatur ist die Wasserstoffionenkonzentration ausschlaggebend für die mikrobiologischen Prozesse. Der pH-Regelkreis wird gebildet von einem pH-Messwertgeber, einem Messverstärker und einem Regler, der sterilisierbare Stellglieder ansteuert. Für Laborreaktoren sind die gebräuchlichsten Stellglieder Schlauch- oder Membranpumpen, für größere Anlagen mit festen Rohrleitungen setzt man pneumatisch gesteuerte Membranventile ein.

9.2.1 Aufbau einer pH-Elektrode

Das Prinzip galvanischer Messungen beruht auf der Wechselbeziehung zwischen einem festen Körper und dem ihn umgebenden Fluid. Taucht man z. B. einen Metallstab in eine Salzlösung, so entsteht durch Reduktions- und Oxidationsvorgänge ein Potenzial an der Phasengrenzschicht. Dieses ist abhängig von
1. Der Art des Metalls (seiner Elektronenaffinität)
2. Der Konzentration der Lösung
3. Der Temperatur

Dieser Sachverhalt wird quantitativ durch die **Nernstsche Gleichung** beschrieben:

$$\phi_W = \phi_{W0} + \frac{RT}{nF} \cdot \ln C$$

oder wenn der natürliche Logarithmus durch den dekadischen ersetzt wird:

$$\phi_W = \phi_{W0} + 2{,}3 \frac{RT}{nF} \cdot \log C$$

Dabei ist Φ_{w_0} die Galvanispannung bei Standardbedingungen; R die allgemeine Gaskonstante; T die absolute Temperatur; n die Anzahl der ausgetauschten Elektronen; F die Faradaykonstante; C die Konzentration der Lösung; Faktor $2{,}3 \frac{RT}{nF}$ wird als Nernst-Spannung bezeichnet und ist bei 25 °C 59,2 mV.

Um diesen Betrag vergrößert oder verringert sich das Potenzial, wenn sich die Konzentration des Elektrolyten um den Faktor 10 ändert. Das Potenzial zwischen Metallstab und Lösung kann nur dann gemessen werden, wenn diese Anordnung zu einem galvanischen Element erweitert und damit ein Bezugssystem hergestellt wird. Abb. 9.3 zeigt ein solches Element:

Es besteht aus zwei Metallstäben A und B unterschiedlicher Elektronenaffinität, die in ihre Salzlösungen eintauchen. Die Elektrolyten 1 und 2 stehen untereinander in Kontakt durch ein Diaphragma oder durch einen Flüssigkeitsheber, sie sorgen für den Anionenausgleich (Prinzip der Elektroneutralität). Die Spannung, die mit Hilfe eines geeigneten Messinstrumentes zwischen A und B gemessen werden kann, setzt sich aus den Spannungen zwischen Metall und Elektrolyt sowie der Diaphragmaspannung zusammen.

Als wasserstoffionenselektiv sind verschiedene Systeme bekannt, u. a. die Antimonelektrode und verschiedene Metalloxide. In der Praxis haben sich Glaselektroden bisher am besten bewährt. Sie bestehen aus einem Glasschaft, an dessen unterem Ende eine pH-empfindliche, kationenleitende Glasmembran angeschmolzen ist. Letztere besteht aus einer Mischung aus Silizium-, Kalzium- und einem Metalloxyd, hauptsächlich Natrium- oder auch Lithiumoxid. Die Silizium- und Sauerstoffatome bilden ein dreidimensionales Gerüst, wobei jedes Siliziumatom von 4 Sauerstoffatomen umgeben ist. In diesem unregelmäßigen Netzwerk sind die Zwischenräume mit Kationen besetzt. Bei der Berührung mit Wasser bildet die Glasmembran eine wasserhaltige Quellschicht aus, nach folgendem Prozess

- Si – O Me + H_2O → -Si – OH + Me OH

Das Metall geht als Hydroxid in Lösung, diese Alkaliionen diffundieren aus der Glasoberfläche heraus, die Zwischenräume werden mit Protonen besetzt.

Der Quellvorgang stagniert, wenn eine gewisse Schichtdicke erreicht ist. Die Glasmembran hat dann drei Schichten: eine äußere Quellschicht, den nicht gequollenen Anteil der Glasmembran und eine durch den inneren Elektrolyten erzeugte innere Quellschicht. Die Quellschichten innen und außen sind gleich. Ändert sich die H^+-Konzentration in der Messlösung, so findet ein Wasserstoffionentransport statt, der eine Potenzialänderung bewirkt. Dieses Potenzial kann, wie eingangs gezeigt wurde, durch Vergleich an einem galvanischen Halbelement gemessen werden. Die pH-Messkette ist deshalb, wie Abb. 9.4 zeigt, als Mess- und Bezugselektrode aufgebaut.

Die **Bezugselektrode** besitzt für den Anionenausgleich ein Diaphragma. Als Bezugselektrolyt wird heute hauptsächlich KCl gewählt, als Elektrode dient ein Silberstab. Außerdem enthält sie AgCl als Bodenkörper, so dass ein Vorrat an reduzierbarem Silbersalz vorhanden ist. Die Arbeitselektrode in der **Messelektrode** ist ebenfalls als Ag/AgCl-System aufgebaut, der Grund ergibt sich aus den Nernst-Gleichungen für die Zustände an der Membran:

Die Spannung an der Membranaußenseite wird beschrieben durch

$$\phi_{W_a} = \phi_{W0} + 2{,}3 \frac{RT}{nF} \cdot \log \frac{[H^+] \text{Lösung}}{[H^+] \text{äußere Quellschicht}}$$

und die Spannung an der Membraninnenseite durch

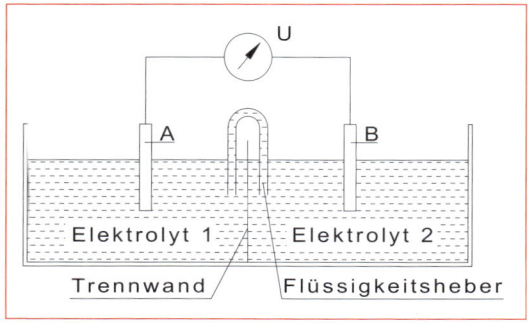

Abb. 9.3 Galvanisches Element

9.2 Messung und Regelung von Zustandsgrößen im Reaktor

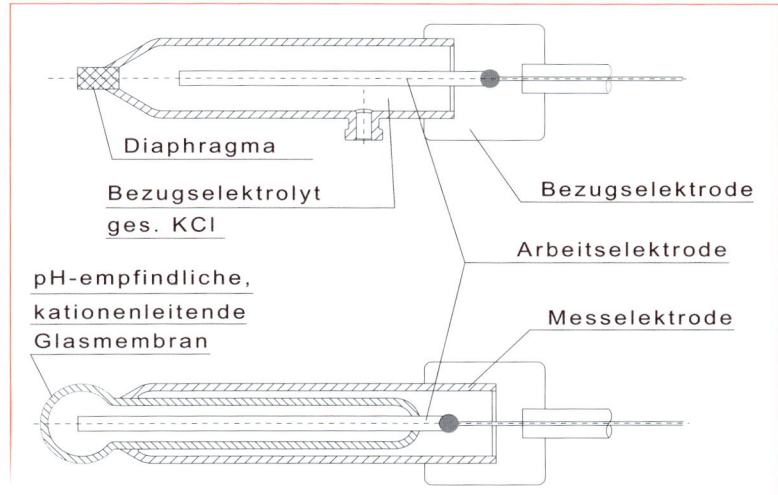

Abb. 9.4 Anordnung von Mess- und Bezugselektroden einer pH-Messkette

$$\phi_{W_i} = \phi_{W_0} + 2{,}3 \frac{RT}{nF} \cdot \log \frac{[H^+]\,\text{Innenelektrolyt}}{[H^+]\,\text{innere Quellschicht}}$$

Die gesamte Membranspannung ergibt sich aus der Differenz der beiden Membranspannungen $\phi_{W_{ges}} = \phi_{W_a} - \phi_{W_i}$

$$\phi_{W_{ges}} = 2{,}3 \frac{RT}{nF} \cdot \log \frac{[H^+]\,\text{Lösung} \cdot [H^+]\,\text{innere Quellschicht}}{[H^+]\,\text{Innenelektrolyt} \cdot [H^+]\,\text{äußere Quellschicht}}$$

Da die innere und äußere Quellschicht gleich aufgebaut sind, hängt das Gesamtpotenzial nur noch vom Verhältnis der Wasserstoffionenkonzentration des Innenelektrolyten zur Messlösung ab. Wählt man für den Innenelektrolyten einen Puffer, dessen Wasserstoffionenkonzentration pH 7 entspricht, dann sind die Potenziale an der Glasmembran ausgeglichen, wenn die Messlösung neutral ist. Ist zudem die Bezugselektrode aufgebaut wie die Arbeitselektrode, so herrscht zwischen diesen auch keine Potenzialdifferenz. Ein Messgerät, das zwischen beide Elektroden geschaltet ist, zeigt also bei pH 7 null Volt an.

Mess- und Bezugselektrode sind für sehr viele Anwendungen als sog. Einstabmesskette kombiniert. Dabei wird die Arbeitselektrode von der Bezugselektrode in Form eines konzentrischen Glasrohres umgeben (Abb. 9.5).

Biologische Flüssigkeiten enthalten Schwefelverbindungen, z. B. als Proteine oder Aminosäu-

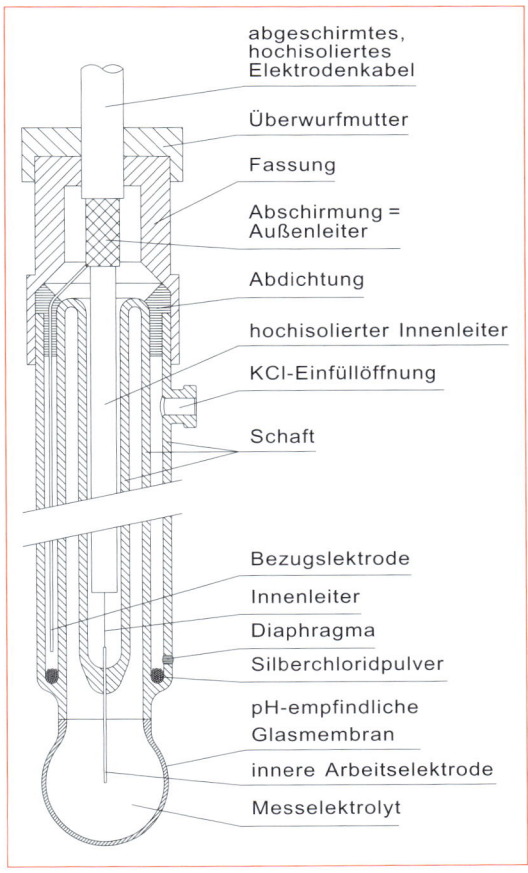

Abb. 9.5 Aufbau einer pH-Einstabmesskette

ren, sie reagieren mit den Silberionen des Elektrolyten zu Silbersulfid. Die Reaktion findet im Diaphragma der Bezugselektrode statt, wo sich die Phasen von Messlösung und Bezugselektrolyt treffen. Das Silber fällt dort als schwerlösliches Salz aus und verändert die Diaphragmaspannung und somit das Messsignal. Um solche Einflüsse zu reduzieren, ist die Bezugselektrode zusätzlich mit einem Glasmantel umgeben (Abb. 9.6), der mit einem silberfreien „Brückenelektrolyt" (Bühler 1985) gefüllt ist, es steht über Diaphragmen mit dem Bezugselektrolyten und der Messlösung in Verbindung.

Für dampfsterilisierbare Elektroden sind die Membrangläser so zusammengesetzt, dass die durch hohe Temperaturen begünstigte Alterung herabgesetzt wird. Eine Armatur zur Beaufschlagung mit Druckluft (Druckkammergeber) ermöglicht den Druckausgleich an den Diaphragmen (Abb. 9.7), dies geschieht entweder mit einer Handpumpe oder über einen am Fermenter eingebauten Differenzdruckgeber.

Anstelle dieser klassischen Elektroden mit flüssigem Elektrolyt verwendet man häufig die sog. „Gelelektroden", sie sind analog der Einstabmesskette (Abb. 9.5) aufgebaut. Sie sind vollkommen geschlossen, besitzen also keine KCl-Einfüllöffnung und sind daher nicht nachfüllbar und damit nicht regenerierbar. Die Elektrolyte sind mit einem Gel verfestigt. Diese Elektroden können ohne Druckkammer in einen *in situ* sterilisierbaren Bioreaktor eingebaut werden.

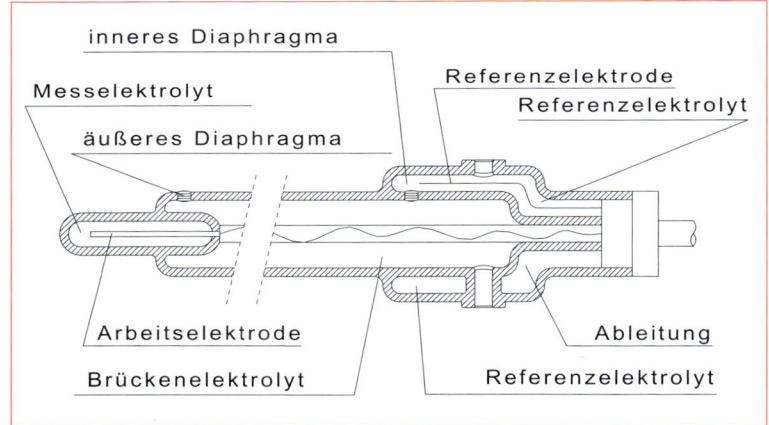

Abb. 9.6 Aufbau einer pH-Elektrode mit Elektrolytbrücke

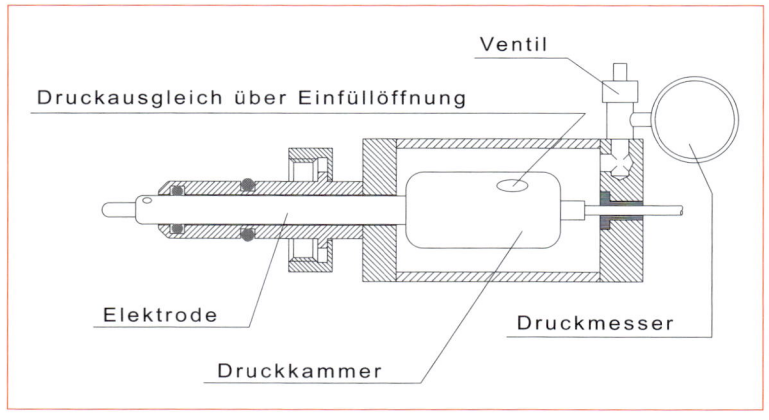

Abb. 9.7 Schematischer Aufbau eines Druckkammergebers

9.2.2 Die Messung des CO_2-Partialdrucks im Medium

Das Messprinzip für die Wasserstoffionenkonzentration erschließt auch die Bestimmung des CO_2-Partialdrucks in Lösung.

Sie beruht darauf, dass CO_2 in wässriger Lösung Kohlensäure bildet, die zu einem Bikarbonatanion und zu einem Proton dissoziiert:

$$CO_2 + H_2O \Leftrightarrow H_2CO_3 \Leftrightarrow H^+ + HCO_3^-$$

man erhält also die Gleichgewichtsbeziehung

$$\frac{[H^+][HCO_3^-]}{[CO_2][H_2O]} = K$$

Das elektrische Potenzial der Elektrode folgt dem CO_2-Partialdruck nach dem Nernstschen Gesetz:

$$\phi_W = \phi_{W0} + 2{,}3 \frac{RT}{nF} \cdot \log\ pCO_2$$

Verschiedene Arbeitsgruppen beschrieben Messwertgeber, die mit membranbedeckten pH-Elektroden arbeiten, Severinghaus (1958) und Midgley (1975). Reproduzierbare pCO_2-Messungen wurden dann erreicht, wenn dafür gesorgt war, dass die Transportwiderstände für das durch die Membran in den Elektrolyten diffundierende Gas konstant blieben. Einen sehr wesentlichen Einfluss hat dabei die Schichtdicke des Elektrolytfilms zwischen dem Membranglas der Elektrode und der gasdurchlässigen Kunststoffmembran. Wegen des Druckwechsels bei der Sterilisation erfordert es besondere Maßnahmen, die Schichtdicke des Elektrolyten konstant zu halten.

Puhar et al. (1980) sowie Shoda und Ishaikawa (1981) stellten dazu technische Lösungen vor (Abb. 9.8). Die Sterilisation des Messwertgebers nach Shoda erfolgt ohne pH-Elektrode. Anstelle dieser wird in die im Bioreaktor verbleibende Armatur ein Blindgeber eingebaut, der die Membran bei Druckanstieg stützt. Anschließend wird eine pH-Elektrode eingeführt, deren Flachmembran mit einer Kunststoffgaze überzogen ist, die für konstanten Abstand zur Kunststoffmembran sorgt. Das Prinzip nach Puhar arbeitet mit einer stahlnetzarmierten Kunststoffmembran, die dem Druckanstieg standhält. Für die Sterilisation wird die pH-Elektrode über einen Gewindetrieb zurückgezogen, so dass der Raum zur Kunststoffmembran vergrößert ist (Position 2b). In dieser Stellung kann nach der Sterilisation die Elektrode mit geeigneten Pufferlösungen, die einem definierten CO_2-Partialdruck entsprechen, geeicht werden, es sind dazu Kapillaren vorhanden, die außerhalb der Armatur enden.

9.2.3 Die pH-Regelung

Die Messung von elektrochemischen Potenzialen erfolgt stromlos mit hochohmigen Messverstärkern, die Messkette bleibt dadurch unverändert.

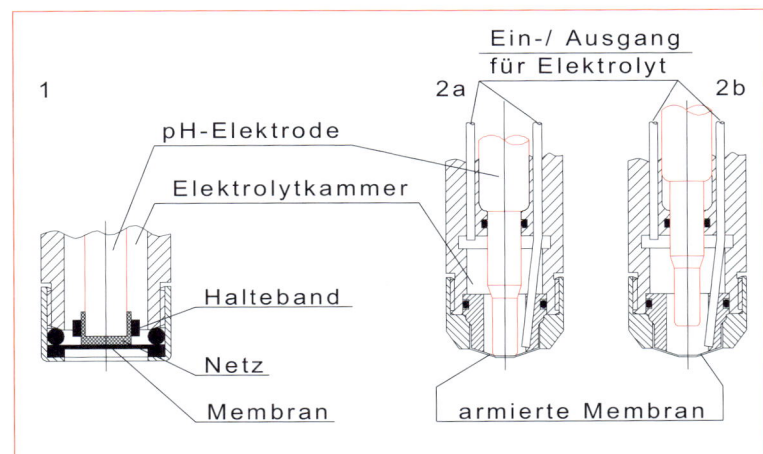

Abb. 9.8 CO_2-Elektroden
1 nach Shoda und Ishaikawa (1981)
2 nach Puhar et al. (1980).
2a Stellung messen, 2b Stellung eichen.

Bei modernen pH-Metern ist der Signaleingang vom Verstärker durch einen Optokoppler getrennt.

Zur Regelung physikalischer Zustandsgrößen werden je nach Anforderung an die Regelgüte P, PI oder PID-Regler eingesetzt. Die I- und D-Anteile des Reglers sind Zeitglieder zur Anpassung an das Übertragungsverhalten einer Regelstrecke. Für den P-Bereich ist die Kennlinie solcher Regler im Allgemeinen linear, d. h. das Stellsignal ist proportional zum Eingangssignal. Eine solche Konfiguration macht Sinn, weil sich physikalische Größen einer Regelstrecke proportional zur Stellgröße ändern (Abb. 9.9).

Die Regelung der Wasserstoffionenkonzentration erfordert davon abweichende Regelalgorithmen, da die Änderung des pH-Werts in Abhängigkeit der zugeführten Korrekturmittelmenge exponentiell verläuft (Abb. 9.9), man erhält eine typische Titrationskurve. Sie wird bestimmt durch die Konzentration und den Dissoziationsgrad der Säuren-Basenpaare. Das bedeutet, der dem P-Bereich eines physikalischen Reglers entsprechende Teil sollte ebenfalls eine dynamische Charakteristik aufweisen. Abb. 9.10 zeigt die Kennlinien eines solchen pH-Reglers. Die unterschiedlichen „Steigungen" der Kurven entsprechen einer Anpassung an das Titrationsverhalten. Bei rechnergestützten Geräten können Titrationskurven programmiert werden und sind in der chemischen Analytik weit verbreitet. Diese Technologie wurde für die Instrumentierung von Bioreaktoranlagen noch nicht übernommen.

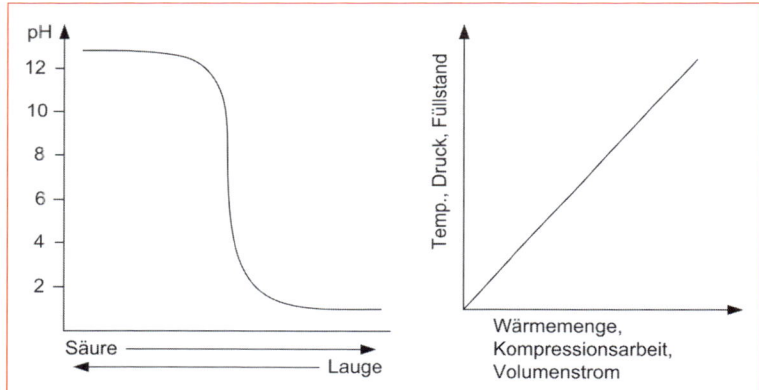

Abb. 9.9 Die Änderung chemischer und physikalischer Regelgrößen in Abhängigkeit der Stellgröße

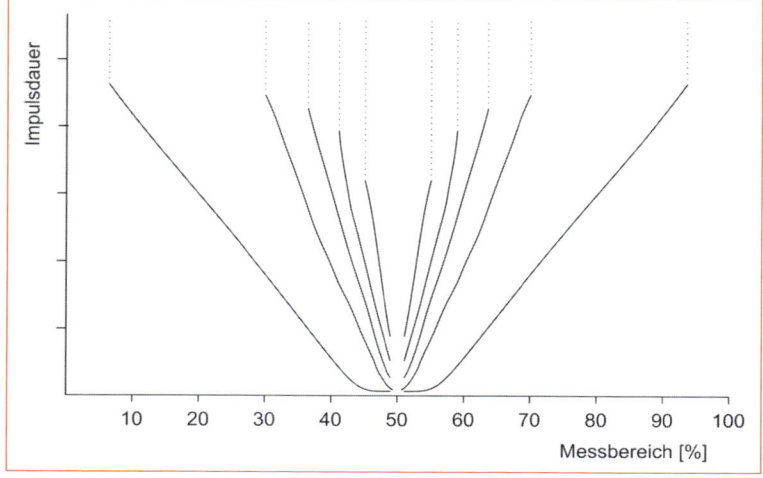

Abb. 9.10 Impulsdauer eines Reglers in Abhängigkeit der Eingangsgröße (Metrohm)

In vielen Fällen trägt die Pufferkapazität dazu bei, Unzulänglichkeiten von Reglern soweit zu kompensieren, dass ein Fermentationsprozess innerhalb eines tolerierbaren pH-Bereiches geführt wird. Nachteilig werden solche Geräte dann, wenn der Korrekturmittelverbrauch bestimmt werden soll.

Für die Prozessführung sind Größen wichtig, die Information über die Stoffwechselaktivität geben. Abb. 9.11 zeigt ein solches Beispiel: den Zusammenhang zwischen pH-Wert und Biomassekonzentration. Kennt man solche empirischen, von sehr vielen Faktoren abhängigen Wechselbeziehungen, ist es oft möglich, auf eine externe Prozessanalytik zu verzichten. Mit der Regelung des pH-Werts geht diese Information zunächst verloren. Sie kann durch verschiedene Methoden der Korrekturmittelverbrauchsmessung zurückgewonnen werden; denn die Korrekturmittelmenge korreliert mit der Menge des vom Mikroorganismus ausgeschiedenen Produkts.

Ein vom Prinzip sehr überschaubares und äußerst genaues System ist die Erfassung der Gewichtsänderung von Korrekturmittelvorlagen. Allerdings muss für *in situ* sterilisierbare Behälter über 20 Liter ein großer technischer Aufwand betrieben werden. Hinzu kommt die Störanfälligkeit solcher Wägeeinrichtungen. Sobald man auf hohe Präzision verzichten kann, wird man andere Wege einschlagen.

Auf sehr einfache Weise kann man z. B. die Umdrehungen einer Schlauchpumpe zählen, deren Summe ein Maß für die verbrauchte Korrekturmittelmenge ergibt. Allerdings arbeiten solche Anordnungen bisher so ungenau, dass es keine Nachteile mit sich bringt, anstelle der Frequenz das Stellsignal des Reglers zu verarbeiten. Dazu wird die Impulsdauer der Impulse von nichtstetigen Reglern über einen vorgegebenen Zeitraum (abhängig von der Länge des Fermentationsprozesses) integriert. Diese Methode hat den Vorteil, dass sie unabhängig von der Art des Stellgliedes arbeitet und so je nach Gegebenheit Pumpen oder auch Ventile nachgeschaltet werden können.

9.2.4 Der Aufbau von Sauerstoffelektroden

Auch die Sauerstoffelektrode leitet sich von einem galvanischen Element ab (Abb. 9.12) Polarisiert man eine Edelmetallelektrode aus Platin oder Gold gegenüber einem Referenzsystem, z. B. Silber/Silberchlorid mit einer negativen Spannung, dann wird der im Elektrolyten befindliche Sauerstoff an der Oberfläche der Kathode reduziert. Dieser Vorgang liefert ein charakteristisches Strom-Spannungs-Diagramm, ein sog. **Polarogramm** (Abb. 9.13). Dabei bilden sich zwischen 0,6 bis 0,8 Volt Stufen aus, auf denen die Stromstärke trotz zunehmender Spannung konstant bleibt und deren Höhe vom Sauerstoffpartialdruck der Messlösung abhängig ist (Lee und Tsao 1979). Wie die Abbildung zeigt, ist diese Abhängigkeit über einen bestimmten Bereich proportional, so dass der Sauerstoffpartialdruck als Stromsignal gemessen werden kann.

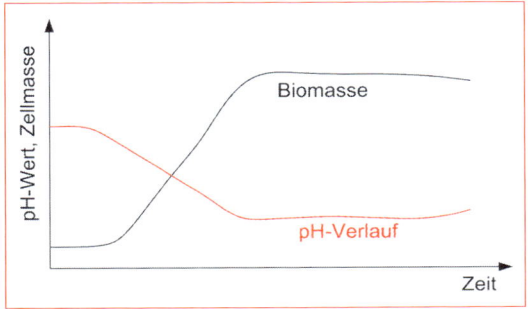

Abb. 9.11 Wechselbeziehung von Biomassekonzentration und pH-Verlauf

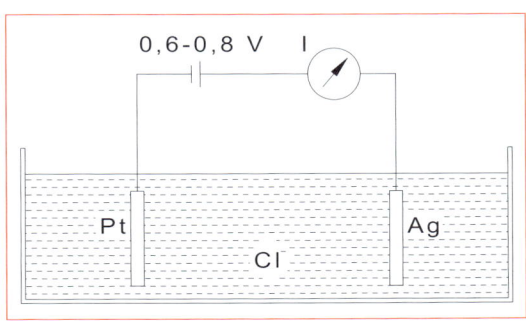

Abb. 9.12 Prinzip der polarographischen Sauerstoffmessung

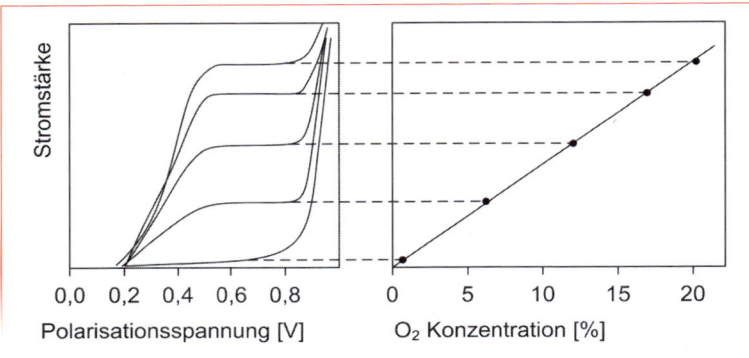

Abb. 9.13 O$_2$-Partialdruck abhängiges Strom-Spannungs-Diagramm (Polarogramm) nach Cobbold (1974)

Der Reduktionsvorgang wird wie folgt gedeutet:

Kathodische Reaktion:
O$_2$ + 2 H$_2$O + 2 e$^-$ → H$_2$O$_2$ + 2 OH$^-$
H$_2$O$_2$ + 2 e$^-$ → 2 OH$^-$

Anodische Reaktion:
Ag + Cl$^-$ → AgCl + e$^-$

Gesamtreaktion:
4 Ag + O$_2$ + 2 H$_2$O + 4 Cl$^-$ → 4 AgCl + 4 OH$^-$

Die Messanordnung wird als polarographisches Prinzip bezeichnet.

Eine davon abweichende Methode ist die **galvanische Messung** (Abb. 9.14), hier lässt sich der Effekt ausnützen, dass bei einer genügend großen Potenzialdifferenz der Sauerstoff an der Kathode spontan reduziert wird. Dies ist gegeben, wenn z. B. als Anode ein unedles Metall wie Blei dient.

Die chemische Umsetzung läuft wie folgt ab:

Kathodische Reaktion:
O$_2$ + 2 H$_2$O + 4 e$^-$ → 4 OH$^-$

Anodische Reaktion:
Pb → Pb^{2+} + 2 e$^-$

Gesamtreaktion:
O$_2$ + 2 Pb + 2 H$_2$O → 2 Pb(OH)$_2$

Der bei dieser Reaktion zwischen den Elektroden fließende Strom wird als Spannung über einem Widerstand abgegriffen.

Wesentlich bei beiden Prinzipien ist die Tatsache, dass die Reduktion des Sauerstoffs an den Kathoden so rasch erfolgt, dass der geschwin-

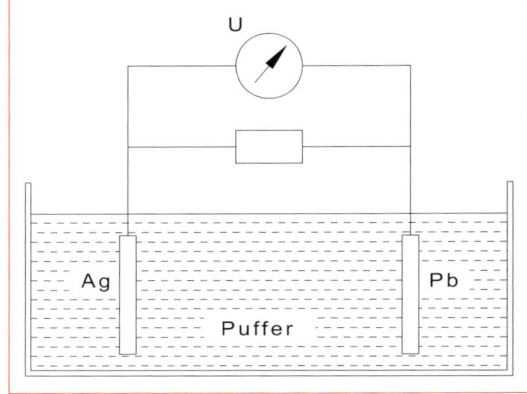

Abb. 9.14 Prinzip eines Blei-Silber-Elementes

digkeitsbestimmende Schritt die Diffusion des Sauerstoffs zur Elektrodenoberfläche ist. Die treibende Kraft für diesen Vorgang ist der Sauerstoffpartialdruck und so wird dieser messbar.

Überzieht man die Kathode mit einer gasdurchlässigen Membran, die die Diffusion anderer reduzierbarer Moleküle ausschließt, kann man den Sauerstoffpartialdruck in Lösungen unterschiedlicher Zusammensetzung erfassen.

Hier stößt man an die Grenzen solcher Anordnungen: Je nach Schichtdicke der Membran ändert sich die Diffusionsstrecke und damit die Ansprechzeit beträchtlich. Verringert man die Schichtdicke, so wird mehr und mehr die Diffusion durch die laminare Schicht vor der Membran zum geschwindigkeitsbestimmenden Schritt und dieser ist von zusätzlichen, während des Prozesses veränderlichen Faktoren abhängig, z. B.:

9.2 Messung und Regelung von Zustandsgrößen im Reaktor

- der Anströmgeschwindigkeit
- der Viskosität
- der chemischen Zusammensetzung der Messlösung

In der Praxis werden deshalb eher dickere Membranen eingesetzt, und man nimmt Ansprechzeiten von über einer Minute in Kauf.

Abb. 9.15 zeigt den Aufbau der polarographischen und galvanischen pO_2-Elektrode. In der praktischen Handhabung unterscheiden sich die beiden Systeme vor allem dadurch: Bei der polarographischen Elektrode verändert sich das Bezugssystem und damit das Referenzpotenzial; Silber fällt als schwerlösliches AgCl aus und OH-Ionen reichern sich an. Bei der galvanischen Elektrode überzieht sich die Bleispirale mit $Pb(OH)_2$ und wird dadurch verbraucht. Trotz dieser Schwierigkeiten ist die O_2-Elektrode ein häufig benütztes Hilfsmittel, denn der Sauerstoffbedarf atmender Organismen ist ein Maß für ihre Stoffwechselaktivität. Dies zeigt sehr deutlich die Änderung des Sauerstoffpartialdrucks während eines Fermentationsprozesses (Abb. 9.16).

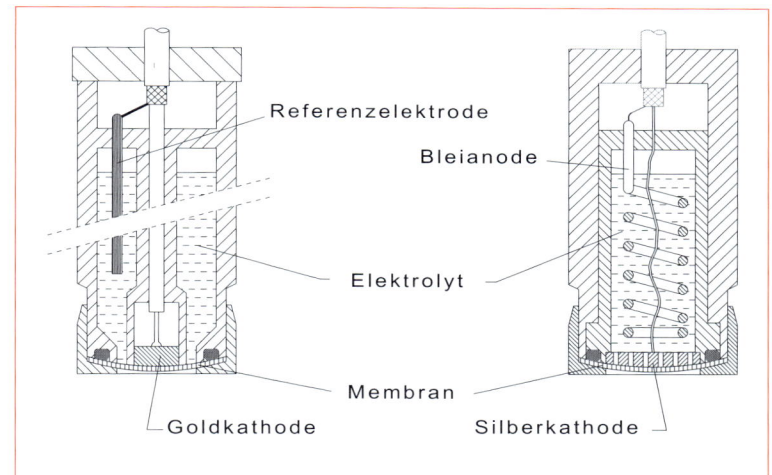

Abb. 9.15 Aufbau von O_2-Elektroden – links polarographisches – rechts galvanisches Prinzip

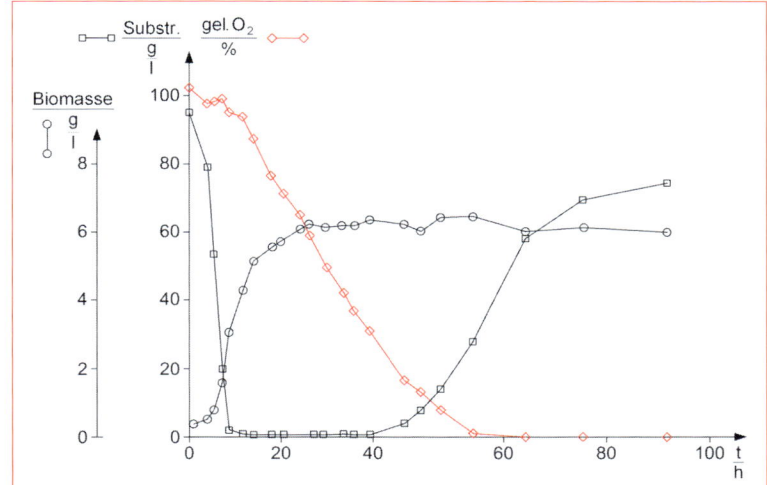

Abb. 9.16 Änderung des O_2-Partialdrucks während einer Biomassefermentation

9.2.5 Die Regelung des Sauerstoffpartialdrucks

Die Regelung des O_2-Partialdrucks erweist sich so oft als notwendig, da nicht nur Sauerstoffmangel, sondern auch eine zu hohe Konzentration im Medium zu Änderungen des Stoffwechsels führen kann. Dazu gibt es verschiedene Methoden (Tab. 9.1).

Die Vielfältigkeit der Methoden deutet bereits darauf hin, dass es kein generell wirksames Verfahren gibt. Die Hauptursachen der Probleme sind die schlechte Löslichkeit des Sauerstoffs, allgemeine Effekte des Gas-Flüssigtransfers und die verhältnismäßig langsame Ansprechzeit der sterilisierbaren Sauerstoffelektroden.

9.2.6 Enzym-Sensoren

In Verbindung mit den elektrochemischen Messungen sind die Enzymelektroden zu erwähnen. Enzyme eignen sich wegen ihrer hohen Substratspezifität zur selektiven und quantitativen Bestimmung von gelösten Stoffen durch Messung des Umsatzes. Das Prinzip wird im Folgenden am Beispiel der **Glucosebestimmung** beschrieben. Die enzymatische Umsetzung von Glucose zu Gluconsäure läuft in zwei Schritten ab:

Der erste Schritt, die Bildung des Gluconolactons, wird durch Glucoseoxidase katalysiert. Mit dieser Umsetzung ist die Reduktion eines Sauerstoffmoleküls zu H_2O_2 gekoppelt. Es wurden deshalb Wege gesucht, den O_2-Verbrauch zu bestimmen.

Chotani und Constantinides (1982) schlugen dazu die in Abb. 9.17 dargestellte Anordnung vor. Bei dieser Methode wird ein Probenstrom aus dem Bioreaktor abgezogen und in einem Mikrofiltrationsmodul filtriert, das partikelfreie Filtrat verdünnt, begast und thermostatisiert und einer Glucoseelektrode zugeführt.

Dazu verwendeten sie eine O_2-Elektrode, auf deren gaspermeablen Teflonmembran Glucoseoxidase immobilisiert war. Nachteile dieser Anordnung wie Abhängigkeit vom O_2-Partialdruck, großer apparativer Aufwand und Messung der Probe außerhalb des Reaktors veranlassten verschiedene Arbeitsgruppen, andere Wege zu suchen.

So entwickelten Cass et al. (1984) eine Ferrocen-gekoppelte Elektrode, die von Brooks und Mitarbeitern (1987) für die Bestimmung von Glucose in Fermentern modifiziert wurde

Tab. 9.1 Methoden zur Regelung des Sauerstoffpartialdrucks

	Methode der Regelgrößenänderung	Stellglied	Regler	Einsatztechnik
1	Impulsweise Dosierung von O_2 bzw N_2 zu einem konst. Luftstrom	Magnetventile	Grenzwertgeber oder 3-Punkt-Schrittregler	Laborfermenter
2	Änderung der Drehzahl	Drehzahlregler mit externer Sollwertvorgabe	PID-Regler mit stetigem Ausgangssignal	Labor- und Pilotfermenter
3	Änderung der Luftdurchflussmenge	Analog öffnendes Stellventil mit Magnet- oder Motorantrieb	PID-Regler mit stetigem, resp. nicht stetigem Ausgangssignal	Labor-, Pilot- und Produktionsfermenter
4	Kombination der Systeme 2 und 3	Stellventil mit magnetischem oder pneumatischem Antrieb	Regler mit stetigem Ausgangssignal	Labor- und Pilotfermenter
5	Änderung der Luftdurchflussmenge und zusätzliche Einspeisung von N_2 bzw. O_2	Stellventil mit Motorantrieb	Regler mit nichtstetigem Ausgangssignal und nachgeschalteter Steuereinrichtung zur Verteilung der Stellsignale	Labor- und Pilotfermenter

9.2 Messung und Regelung von Zustandsgrößen im Reaktor

(Abb. 9.18). **Ferrocen** ist ein Eisen-bis-cyclopentadienyl und dient als Elektronenkoppler. Dieser Eisenkomplex und seine Derivate sind auf Grund ihres Redoxpotenzials in der Lage, als Elektronenakzeptoren für die Glucoseoxidase zu dienen. Glucoseoxidase wurde mit Perjodat oxidiert und an aminierte Graphitplättchen durch Bildung Schiffscher Basen gekoppelt. Das hydrophobe Ferrocen ließ sich durch einfache Adsorption auf der Graphitoberfläche binden. Das Potenzial einer solchen Enzymelektrode ist dann gegen das einer Kalomel-Referenzelektrode amperometrisch messbar. Die Messanordnung besteht aus einer zentrischen Referenzelektrode, um die vier Glucosesensoren angeordnet sind. Sie sitzt in einem mit einer Teflonmembran abgeschlossenen Edelstahlgehäuse, das in die Fermenterflüssigkeit eintaucht. Für den Sterilisationsvorgang des Bioreaktors wird die temperaturempfindliche Messanordnung durch eine Blindarmatur ersetzt.

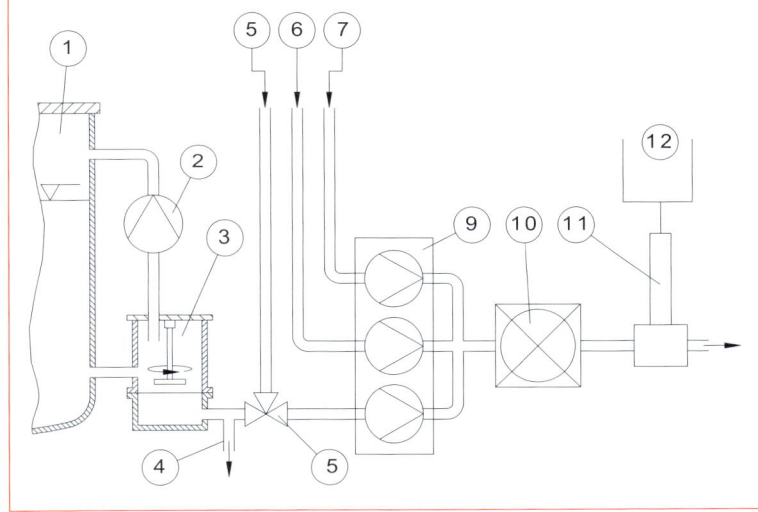

Abb. 9.17 Glucose-Analysator nach Chotani und Constantinides (1982).
1 Bioreaktor,
2 Pumpe,
3 Filtrationsmodul,
4 Auslauf,
5 Eichlösung,
6 Puffer,
7 Begasung,
8 Ventil,
9 Förderpumpen,
10 Thermostatisierung,
11 Enzymelektrode,
12 Messwertverarbeitung

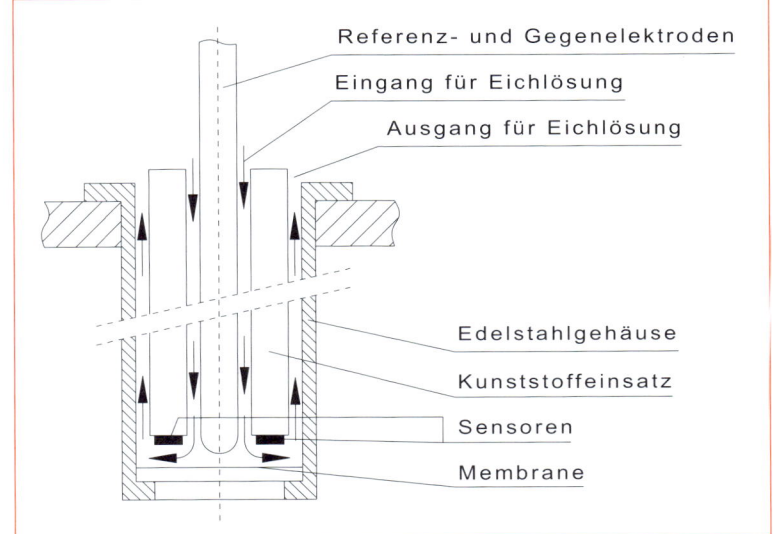

Abb. 9.18 Aufbau eines Glucosesensors nach Brooks et al. (1987)

9.2.7 Bestimmung der Zellmasse

In den vorangegangenen Abschnitten wurde die Zelldichte aus der Wechselbeziehung zwischen den chemischen und physikalischen Größen, pH-Wert, Korrekturmittelverbrauch und Sauerstoffpartialdruck abgeleitet. Die Trübungsmessung ist im Laborbetrieb seit langem ein Routineverfahren, um das Zellwachstum zu verfolgen, und es lag deshalb nahe, dieses für den Bioreaktor zu automatisieren.

Bei der **Absorptionstrübungsmessung** wird die Schwächung, die ein Lichtstrahl durch ein Medium bestimmter Schichtdicke erfährt, gemessen. Die Schwächung ist in bestimmten Grenzen der Teilchendichte und dem Teilchendurchmesser proportional. Eine der Möglichkeiten ist, einen Probenstrom kontinuierlich aus dem Fermenter abzuziehen und diesen durch eine Messzelle zu leiten. Dabei treten folgende Schwierigkeiten auf: Wandwachstum in den Rohrleitungen und in der Küvette. Durch automatische Zudosierung von partikelfreien Lösungen werden diese Probleme teilweise eliminiert und außerdem der Probenstrom verdünnt, und es können Suspensionen auch mit größeren Zelldichten gemessen werden. Nachteil: Der Verlust an Probenvolumen macht sich vor allem in kleineren Fermentern empfindlich bemerkbar.

Eine Variante davon ist die Messung in einer sterilisierbaren Probenschleife wie sie in Abb. 9.19 dargestellt ist.

In einer dampfsterilisierbaren Messzelle befindet sich ein pneumatisch angetriebener Kolben, der die Wände der Glasküvette reinigt. Eine schnell laufende Pumpe wälzt periodisch mit hoher Geschwindigkeit die Zellsuspension um, so dass sich zum Messzeitpunkt eine repräsentative Probe in der Messzelle befindet. Ein Programmgeber, der die Pumpe und die Messzyklen steuert, setzt die Intervalle so, dass das Messmedium eine gewisse Verweilzeit zum Entgasen hat. Nachteil: Bei höheren Zelldichten ist die Lichtschwächung diesen nicht mehr proportional. Das Messsignal muss mit einer durch Vergleichsmessungen erstellten Eichkurve elektronisch linearisiert werden.

Bei einer ebenfalls auf dem Markt befindlichen Messeinrichtung (Metz 1981) ist der Strahlengang durch Lichtleiter in einer geeigneten Einbauarmatur in den Bioreaktor verlegt. Die Messung erfolgt nach dem Vierstrahl-Wechsellicht-Verfahren (Abb. 9.20), bei dem 2 Lichtquellen im Sekundentakt geschaltet werden. Das Licht aus Fenster A durchquert zu den Empfängerfenstern C und D unterschiedlich lange Strecken und wird deshalb

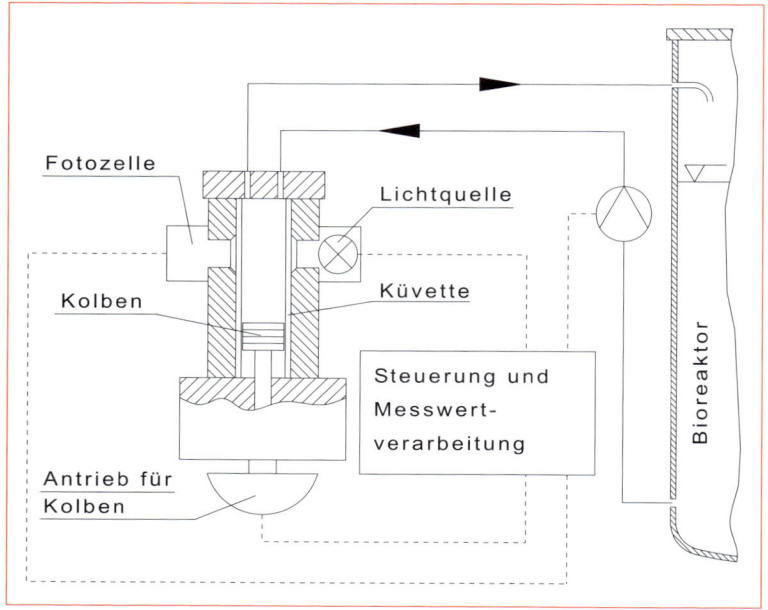

Abb. 9.19 Aufbau eines Fotometers mit sterilisierbarer Küvette (Biolafitte)

entsprechend unterschiedlich geschwächt. Durch Quotientenbildung lassen sich beide Signale an C und D vergleichen, dadurch wird eine Änderung der Eigenschaften der Lichtquelle und Fenster (Verschmutzung) eliminiert. Der analoge Vergleich erfolgt durch Quotientenbildung aus den Signalen des von B ankommenden Lichts. Die Bildung eines dritten Quotienten eliminiert die Empfängereigenschaften und liefert das Messsignal für den Trübungswert. So elegant dieses Verfahren erscheint, ist es bei den sehr unterschiedlichen Anforderungen der biologischen Prozesse ebenfalls nicht universell einsetzbar, z. B. können in belüfteten Reaktoren Gasblasen stören.

9.2.8 Die Messung der Fluoreszenz

Eine Reihe von biologischen Substanzen besitzen fluoreszierende Eigenschaften, sie können (stark vereinfacht) absorbiertes Licht mit einer Verschiebung der Wellenlänge wieder emittieren. Besonders zu erwähnen sind die Pyridinnucleotide NAD und NADP, die wichtigsten „Transportmetabolite" für den Wasserstoff, den sie als NADH, bzw. NADPH übertragen, wobei NAD, bzw. NADH den Hauptteil in Mikroorganismen ausmacht (Beyeler et al. 1981).

Das Verhältnis NAD zu NADH ist abhängig von den Stoffwechselzuständen. Atmen die Mikroorganismen unter Substratmangelbedingungen, wird durch die „Endoxydation", die Übertragung des Wasserstoffs auf den Luftsauerstoff, NADH verbraucht. Bei der Gärung – also unter anaeroben Bedingungen – häuft sich der Wasserstoff in Form gebildeter NADH-Moleküle an.

Bereits 1957 stellten Duysens und Amesz fest, dass die NADH-abhängige Fluoreszenz in ganzen Zellen gemessen werden kann. Aufbauend auf diesem Befund arbeiteten verschiedene Gruppen daran, die Fluoreszenzmessung in Bioreaktoren einzusetzen.

Später konnte gezeigt werden, dass bei konstanten Stoffwechselbedingungen in der Zelle die in einer Kultur gemessene Fluoreszenz mit der Zellmasse korreliert (Einsele et al. 1979) (Abb. 9.21). Dies veranlasste Beyeler et al. (1981),

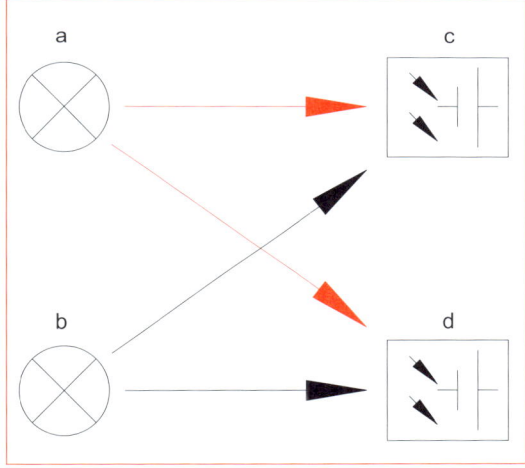

Abb. 9.20 Vierstrahl-Wechsellicht-Verfahren

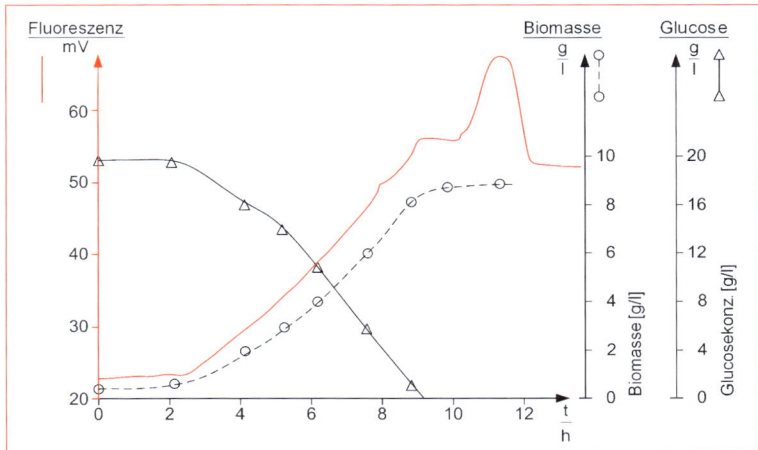

Abb. 9.21 Das Fluoreszenzsignal im Vergleich zur Biomassekonzentration bei einer Batch-Fermentation von *Candida tropicalis* (Einsele et al. 1979)

eine für den technischen Einsatz im Bioreaktor geeignete Sonde zu entwickeln (Abb. 9.23). Mit dieser Messtechnik zeigten sie den Zusammenhang zwischen dem Fluoreszenzsignal und dem Sauerstoffangebot für die Zelle (Abb. 9.22).

Aufbau der Sonde (Abb. 9.23): Das UV-Licht der Lampe (14) passiert ein Filter (12) durchlässig für eine Wellenlänge von 366 nm, wird anschließend von der Linse (5) gebündelt, über einen dichromatischen Spiegel (10) umgelenkt und über ein Linsensystem (6, 7, 8, 9) ins Medium emittiert. Die gleiche Linsenanordnung erfasst das Fluoreszenzlicht, das im rückwärtigen Verlauf den dichromatischen Spiegel passiert, von Linse 4 gebündelt wird und nach Verlassen eines 460 nm Filters (3) sowie eines Choppers (2) am Fotodetektor (1) ein entsprechendes elektrisches Signal auslöst.

Schwankungen der Lichtintensität werden eliminiert durch Vergleich mit dem Messsignal aus dem der Lampe nachgeschalteten Fotodetektor. Alle optischen Systeme haben den Nach-

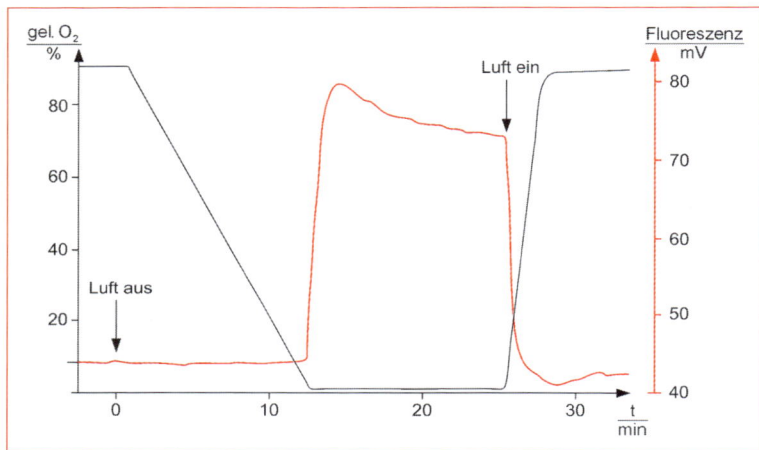

Abb. 9.22 Fluoreszenzmessung bei einer kontinuierlichen Fermentation von *Candida ropicalis* im Wechsel von aeroben und anaeroben Bedingungen (Beyeler 1981)

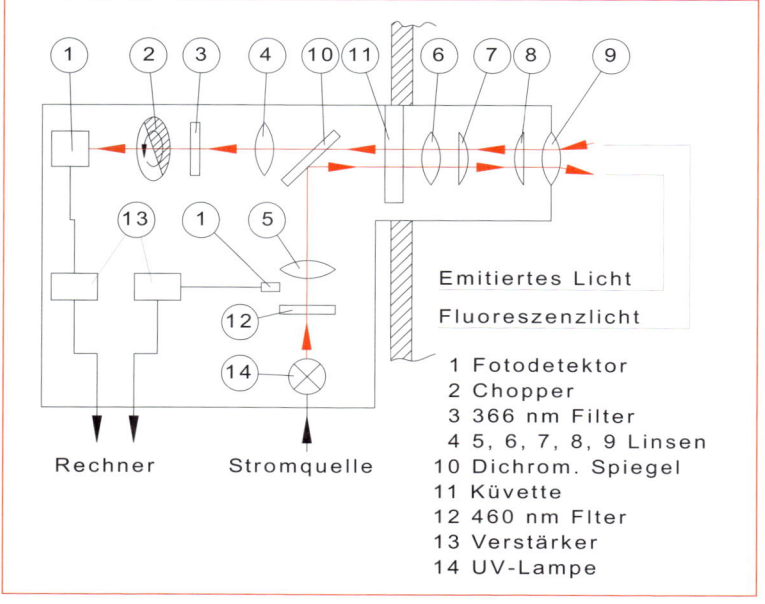

Abb. 9.23 Aufbau eines Fluorometers

teil, dass Partikel im Medium die Messungen unmöglich machen. Feststoffe sind aber wegen der Nährstoffansprüche der Mikroorganismen in vielen Prozessen vorhanden; in solchen Fällen kann dann nur mit externer Analytik gearbeitet werden.

9.3 Analytik außerhalb des sterilen Bereichs

Die Möglichkeiten, Zustandsgrößen im Bioreaktor durch sterilisierbare Sonden zu messen, sind z. Zt. auf die vorangegangenen Beispiele beschränkt, wobei anzumerken ist, dass sich der Enzymsensor für den technischen Einsatz noch im Entwicklungsstadium befindet und die enzymatische Umsetzung wegen der Temperaturempfindlichkeit im insterilen Bereich stattfinden muss.

Um physiologische Eigenschaften durch die Bilanzierung von Stoffumsätzen ermitteln zu können, ist man darauf angewiesen, die Messmethoden mit der externen Analytik zu erweitern.

9.3.1 Die Hochleistungs-Flüssigchromatographie

Mit dem Glucosesensor und der Trübungsmessung wurden bereits Verfahren der externen Analytik vorgestellt. Sie können ergänzt werden durch nassanalytische Methoden zur Bestimmung von Substrat- und Produktkonzentrationen. Eine Möglichkeit der Prozessanalytik außerhalb des Bioreaktors bietet die Hochdruck-Flüssigchromatographie (Engelhardt 1979, Meyer 1986). Sie verbindet die Möglichkeiten der klassischen Chromatographietechnik mit dem Vorteil hoher Analysengeschwindigkeit. Manche Stoffe lassen sich bereits in weniger als 10 Minuten trennen und quantitativ bestimmen. Man erhält damit eine zur Kontrolle des biologischen Prozessablaufs hinreichende Frequenz der Messdaten. Den Aufbau eines Chromatographen zeigt Abb. 9.24. Wesentliche Funktion für den automatisierten Ablauf ist die Probenaufgabe durch ein fremdgesteuertes Mehrwegeventil sowie die Aufbereitung einer partikelfreien Lösung mit Hilfe eines Membranmoduls. Die Probenaufgabe ist ein generelles Problem der Chromatographietechnik, vor allem in Bezug

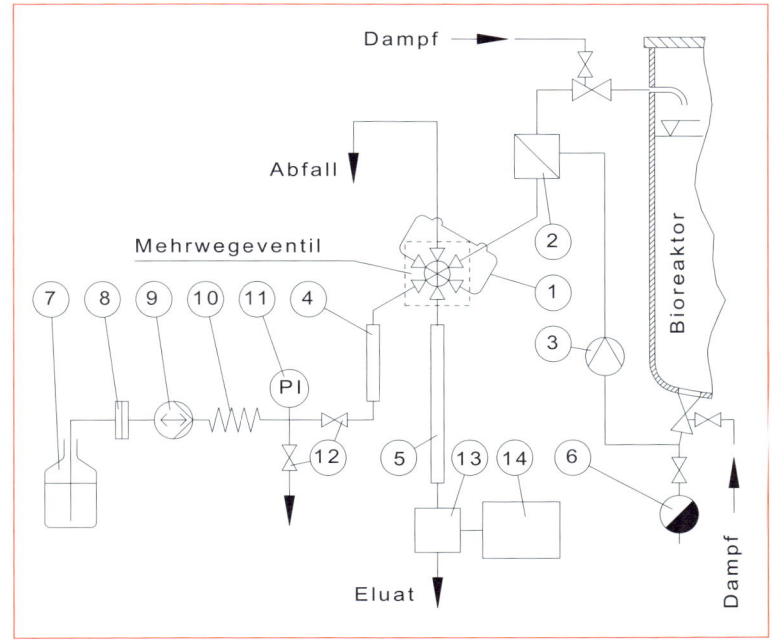

Abb. 9.24 Hochdruck-Flüssigchromatographie am Bioreaktor
 1 Probenschleife,
 2 Membranmodul,
 3 Förderpumpe für externen Mediumskreislauf,
 4 Vorsäule,
 5 Chromatographiesäule,
 6 Kondensatableiter,
 7 Vorratsbehälter für Puffer,
 8 Fritte,
 9 Hochdruckpumpe zur Förderung des Puffers,
 10 Pulsationsdämpfer,
 11 Druckmesser,
 12 Steuerventile für den Spülvorgang,
 13 Detektor,
 14 Messwertaufnahme und Datenverarbeitung

auf Trennschärfe und damit auf die Empfindlichkeit des Nachweises. Die Probenaufgabevorrichtungen sind deshalb bereits recht gut optimiert.

Für den Betrieb am Bioreaktor ist das Abziehen und Aufbereiten des Mediums ebenfalls eine allgemein bekannte Forderung für viele analytische Zwecke. Durch die Notwendigkeit der Dampfsterilisation sind die Ausführungsmöglichkeiten eingeschränkt. Das in Abb. 9.24 aufgezeigte Beispiel zeigt deshalb nur einen Vorschlag aber keine universelle Lösung.

9.4 Messungen in der Gasstrecke des Bioreaktors

Wegen der angedeuteten Schwierigkeiten bei der Probenaufarbeitung und teilweise nur diskontinuierlicher Messwerterfassung, die für Regelungszwecke weniger geeignet ist, wird man nach Möglichkeit auf die Analytik im Gasstrom ausweichen. Der hohe Gehalt an Wasser und anderen Aerosolen macht die Aufarbeitung des Fermenterabgases verhältnismäßig aufwändig; sie ist aber in jedem Fall technisch realisierbar. Die Bedeutung der Gasanalytik erkennt man sofort, bringt man sie in Zusammenhang mit physiologischen Parametern wie Sauerstoffaufnahmerate und Respirationskoeffizient.

9.4.1 Die Bestimmung des Gasdurchsatzes

Eine einfache Anordnung, mit der die Änderung der Sauerstoffaufnahme verfolgt werden kann, lässt sich in Verbindung mit der Regelung für den Sauerstoffpartialdruck realisieren: Man verwendet für die Gasdosierung genaue, linear arbeitende Stellventile, deren Stellhub mit einem Folgepotenziometer abgegriffen und in ein elektrisches Signal umgesetzt wird. Dieses Signal ist dem Gasdurchsatz in gewissen Grenzen proportional, wenn das System bei konstanten Umgebungsbedingungen (Druck, Temperatur) arbeitet.

Unabhängig davon setzt man für die quantitative Bestimmung Massendurchflussmesser ein.

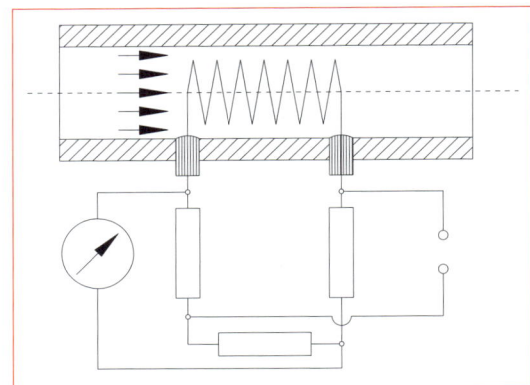

Abb. 9.25 Aufbau eines Hitzdrahtanemometers

Für Gase eignen sich besonders solche, die nach dem thermischen Prinzip arbeiten. Bei diesen verwendet man als Messgröße eine Temperatur, eine Temperaturdifferenz oder eine davon abgeleitete Größe (Bonfig 1984). Das Prinzip sei am Hitzdrahtanemometer erläutert (Abb. 9.25).

In einer vom Gas durchströmten Messzelle befindet sich ein elektrisch beheizter Metalldraht (z. B. Platin), dessen Widerstand sich mit der Temperatur ändert. Die Temperaturänderung ist eine Folge der abgegebenen Wärmemenge, die dem Massenstrom proportional ist. Zur Bestimmung der Temperatur wird der Platindraht mit drei weiteren Widerständen zu einer Wheatstoneschen Brücke verschaltet und der bei konstanter Heizspannung über das Galvanometer fließende Strom gemessen. Eine andere Möglichkeit ist, die Heizspannung oder den Strom so nachzuregeln, dass der Widerstand des Hitzdrahtes konstant bleibt. Die Heizspannung bzw. der nachgeführte Strom sind dann dem Massendurchfluss proportional. Massendurchflussmesser erfuhren eine erhebliche Verbesserung, so dass sie heute auch für die Messung sehr kleiner Volumenströme geeignet sind.

9.4.2 Die paramagnetische Sauerstoffmessung

Als paramagnetisch werden solche Stoffe bezeichnet, die in ein inhomogenes Magnetfeld hineingezogen werden. Sauerstoff zeichnet sich mit einer sehr hohen spezifischen Suszeptibilität von

$107{,}78 \times 10^9$ besonders aus. Nur noch NO mit $48{,}7 \times 10^9$ und NO_2 mit $3{,}26 \times 10^9$ sind paramagnetisch. Die meisten Gase zeigen eher schwach diamagnetisches Verhalten.

Die Technik, wie diese physikalische Eigenschaft zur Konzentrationsmessung eingesetzt werden kann, zeigen die zwei nachfolgenden Beispiele (Schäfer 1984, Jaenicke 1980).

Beim magnetomechanischen Prinzip (Abb. 9.26) wird die durch das Magnetfeld hervorgerufene Dichteänderung dazu benutzt, um Körper zu verdrängen und die auf den Körper wirkende Kraft zu messen. Die Verdränger sind zwei sehr leichte, zu einer Hantel verbundene Glaskugeln, die, an einem Torsionsfaden befestigt, horizontal ausgelenkt werden können. Die Kugeln befinden sich in Ruhelage im Bereich der größten Feldliniendichte der beiden keilförmigen Magnetpole (Beispiel Servomex Analysator nach Tipping 1970). Das inhomogene Magnetfeld bewirkt bei Anwesenheit von Sauerstoff eine unterschiedliche Dichteverteilung der Gasmischung, was zur Folge hat, dass die Kugeln verdrängt werden. Das dabei erzeugte Drehmoment ist extrem klein, in der Größenordnung von etwa 10^{-10} Nm und erfordert deshalb für seine Messung eine besondere Technik. Im dargestellten Beispiel sind um die Kugeln Drahtschleifen geführt. Am Torsionsfaden befindet sich außerdem ein Spiegel, der den Strahlengang einer Lichtquelle, je nach Hantelstellung, ablenkt. Die gegenüberliegenden Differenzphotozellen werden deshalb mit unterschiedlicher Intensität beleuchtet. Der dabei abgegebene Strom wird verstärkt und erzeugt in der Drahtschleife ein Magnetfeld, das der Auslenkung entgegenwirkt und die Hantel in Ruhelage bringt. Der für die Rückstellkraft erforderliche Strom ist ein Maß für die Sauerstoffkonzentration.

Beim magnetopneumatischen Verfahren erzeugt der durch das Magnetfeld festgehaltene Sauerstoff einen Strömungswiderstand. Dieser führt in einem Hilfsgas, das als pneumatischer Mittler wirkt, entweder zu einer Strömungs- oder Druckänderung, was gemessen werden kann. Im Folgenden wird dazu eine von Luft und Mohrmann (1967) beschriebene Methode vorgestellt (Abb. 9.27).

Ein Hilfsgasstrom mit konstantem Druck wird vor einer Messkammer mit Wheatstonescher Brücke geteilt. Zwei Hilfskanäle leiten es durch zwei gegenüberliegende Blenden in das Messgasführende Rohr. Der Strömungswiderstand beider Kanäle ist so eingestellt, dass die Strömungsge-

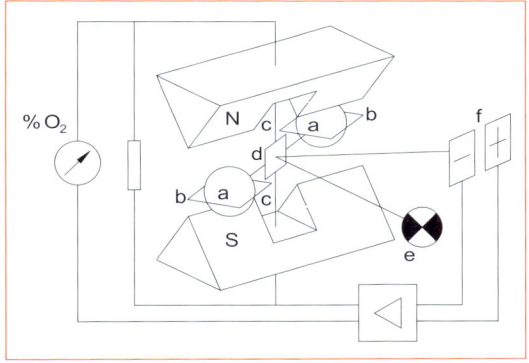

Abb. 9.26 Messkammer des Servomex Sauerstoffanalysators
a Drehwaage (Hantel), b Drahtschleife, c Torsionsband, d Spiegel, f Differenzial-Photoelement, N, S Polschuhe

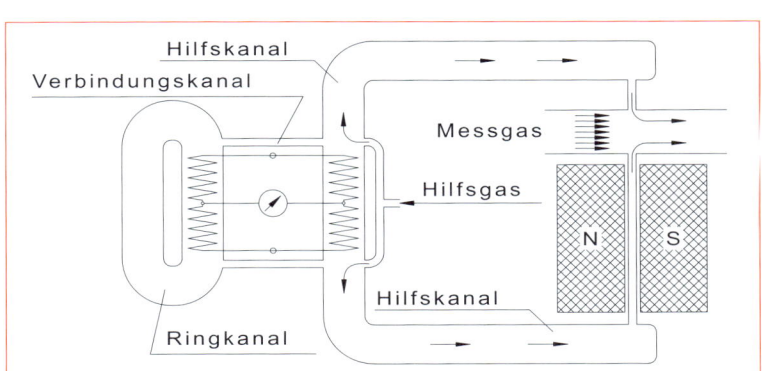

Abb. 9.27 Aufbau eines Sauerstoffanalysators nach dem magnetopneumatischen Prinzip (Oxygor, Maihak)

schwindigkeiten nach der Teilung gleich sind. An einer der Blenden zur Messgasleitung befindet sich ein starkes Magnetfeld, das auf dieser Seite den Sauerstoff zurückhält. Dies behindert das Einströmen des Hilfsgases in die Messgasleitung und führt zu einer Geschwindigkeitsdifferenz in den Hilfskanälen, die eine Strömung im Verbindungskanal erzeugt, auf welche die Wheatstonesche Brücke reagiert.

9.4.3 Die Kohlendioxidmessung im Abgasstrom

CO_2 ist ein infrarotaktives Gas, es absorbiert elektromagnetische Strahlung im Bereich der Wellenlängen von 3–4 µm. Die für die Online-Messung konzipierten Geräte gehören zu den nicht-dispersiven Infrarot-Photometern. Es sind Zweistrahl-Geräte, die ohne dispersive oder abbildende optische Elemente arbeiten (Melzer 1980, Oelichmann und Freitag 1984). Das Licht der Strahlungsquelle wird durch eine Mess- und Vergleichsküvette gelenkt und von einer Empfängerkammer aufgenommen, die mit der Messkomponente (in diesem Falle CO_2) gefüllt ist. In dem Strahlengang befindet sich eine Radlochblende, so dass auf das Empfängerfenster abwechselnd Licht aus der Mess- und der Vergleichsküvette fällt. Die Blende ist je nach Fabrikat zwischen Lichtquelle und Küvette oder auch zwischen Küvette und Empfänger geschaltet. Der alternierende Druckwechsel im Empfänger wird entweder als Strömungsänderung zwischen Empfänger und Ausgleichskammer (z. B. Binos von Leybold-Heraeus) in ein elektrisches Signal umgesetzt (vgl. Sauerstoffmessung) oder in der nachfolgend beschriebenen Variante als Druckimpuls gemessen.

Der Empfänger des abgebildeten Geräts (Abb. 9.28) arbeitet nach einem speziellen Verfahren der negativen Filterung (Luft et al. 1967). Er besteht aus zwei hintereinandergeschalteten Absorptionskammern. Die vordere mit geringer Schichtdicke absorbiert bevorzugt die Energiezentren der Infrarotstrahlung. Die hintere nimmt die volle Bandbreite auf, also in diesem Fall die Energiemenge, die durch die vordere Absorptionskammer und die Messküvette nicht absorbiert wurde. Die beiden Absorptionskammern des Empfängers sind nun so dimensioniert, dass ein nicht selektiv abgeschwächter Strahl an beide Kammern die gleiche Energiemenge abgibt. Die Wärmeausdehnung ist dann in beiden Kammern gleich, die Lage der Kondensatormembran ändert sich nicht. Dieser Zustand herrscht, wenn der IR-Strahl durch die Küvettenreferenzseite gelenkt wird, bzw. in der Messseite kein IR-aktives Gas ist. Wird durch entsprechende Anteile im Messgas eine Energiemenge selektiv vorabsorbiert, d. h. die Energiezentren davon, so dehnt sich das Gas in der vorderen Absorptionskammer infolge geringerer Wärmeentwicklung weniger aus als in der hinteren. Die Membran des Kondensators wird ausgelenkt. Durch den durch den Chopper erzeugten Wechsel des Strahlengangs entsteht ein gepulstes Signal, welches durch einen Wechselspannungsverstärker in einen eingeprägten Strom umgewandelt wird.

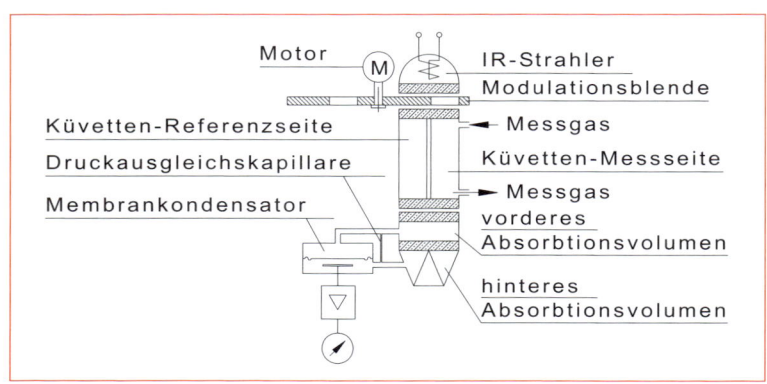

Abb. 9.28 CO_2-Analysator (Unor, Maihak)

9.4.4 Massenspektrometrie

In einem Massenspektrometer werden Moleküle oder Atome ionisiert. Auf die nunmehr positiv geladenen Ionen können Kraftfelder wirken, die ihre zunächst gleichförmige, geradlinige Bewegung ändern (Henneberg 1980). Die Eigenschaft, dass man damit einen ganzen Bereich unterschiedlicher Massen erfassen kann, macht die Massenspektrometrie zu einer sehr eleganten Analysenmethode.

Funktion: Der Funktionsablauf ist durch mehrere Teilschritte charakterisiert: Probeneinlass, Ionisation, Massentrennung und Ionennachweis.

Probeneinlass: Für den Probeneinlass gibt es in der klassischen Massenspektrometrie eine ganze Reihe von Verfahren. Im Einsatz für die Biotechnologie verwendet man in vereinfachter Form den so genannten Batch-Einlass, bei dem durch Strömungsdrosseln verschiedenster Bauart ein Probenstrom in die Ionisationskammer gelangt.

Ionisation: Die Ionisation erfolgt in der Regel dann durch Elektronenstoß-Ionisation. Eine Glühkathode emittiert Elektronen, die in der Ionisationskammer auf dem Probenstrom auftreffen und dabei einzelne Moleküle oder Atome ionisieren. Die Empfindlichkeit der Analyse hängt u. a. von der Ionenausbeute ab. Für den Ionenstrom I^+ gilt folgende Beziehung:

$$I^+ = i^- \cdot l \cdot s \cdot p \; [A]$$

dabei ist i^- der ionisierende Elektronenstrom [A]; l die mittlere Weglänge der Elektronen [cm]; s die differenzielle Ionisierung [cm^{-1} mbar^{-1}], sie gibt die Zahl der Ionen an, die von einem Elektron auf 1 cm Weg unter Standardbedingungen erzeugt werden, und p der Partialdruck des Gases.

Magnetische Hilfsfelder (Führungsfelder) im Ionisierungsraum sorgen für die Ausrichtung des Elektronenstrahls und der Ionen, letztere werden außerdem auch durch Blenden geführt.

Massentrennung: Für die Massentrennung werden in der Analytik nahezu ausschließlich das elektromagnetische Quadrupolmassenfilter oder magnetische bzw. elektrische Felder benutzt.

Quadrupolmassenfilter: Der wesentlichste Teil ist ein Quadrupolfeld, das meistens durch hyperbolische Zylinder erzeugt wird, s. Abb. 9.29. An die jeweils gegenüberliegenden Elektroden wird eine um 180° phasenverschobene Hochfrequenzspannung mit je einer Gleichspannung entgegengesetzter Polarität angelegt. Das Quadrupolfeld zwingt den eintretenden Ionen Schwingungen auf, die je nach Masse/Ladungsverhältnis stabil oder instabil sind. Ionen mit stabiler Schwingung passieren das Massenfilter, instabile Schwingungen schaukeln sich auf, bis das Ion die Elektrodenwand berührt und dort entladen wird. Durch kontinuierliche Änderung der Feldparameter werden unterschiedliche Ionen angeregt und so die Massen zeitlich getrennt.

Magnetische Massenspektrometer: Ionen werden im Magnetfeld unterschiedlich abgelenkt. Der Zusammenhang zwischen Masse m und Ladung e, Beschleunigungsspannung U, magnetische Feldstärke H und Ablenkradius r ist durch nachfolgende Gleichung gegeben:

$$r = \frac{\sqrt{2mU}}{eH^2}$$

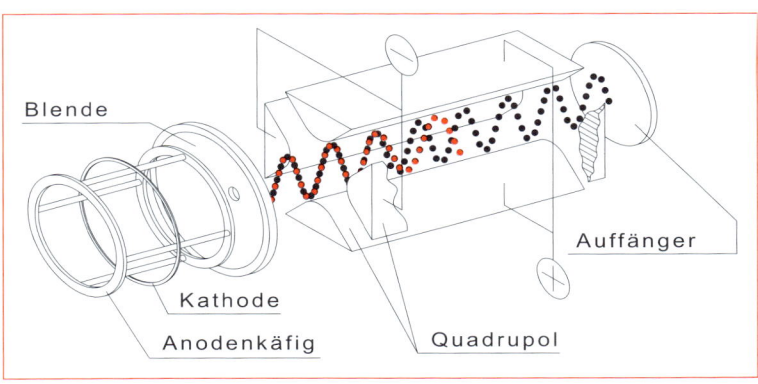

Abb. 9.29 Quadrupolfilter

Ionen mit größerer Masse und Energie werden weniger abgelenkt als solche mit kleiner Masse und weniger Energie. Dies hat zur Folge, dass ein Sektorfeld auf Ionen unterschiedlicher Masse und Energie dispergierend wirkt und auf einen divergent eintretenden Ionenstrahl gleicher Masse und Energie fokussierend wirkt (Abb. 9.30).

Sehr oft wird eine Doppelfokussierung eingesetzt, wie sie Abb. 9.31 zeigt. Nach der Ionisation werden die Ionen fokussiert, so dass ein gerichteter Strahl in das Sektorfeld eintritt.

Ionennachweis: Der Ionennachweis erfolgt entweder durch Faraday-Auffänger, wie beim Sektorfeldmassenspektrometer, oder durch Sekundärelektronenverstärker beim Quadrupolfilter. Am Faraday-Auffänger wird die Entladungsspannung über einen Widerstand gemessen. Bei sehr kleinen Strömen ist ein entsprechend hoher

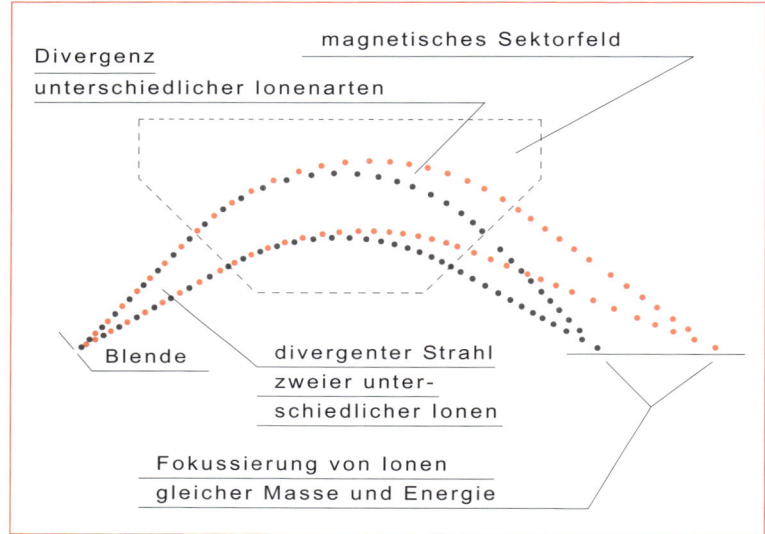

Abb. 9.30 Wirkungsweise eines Magnetischen Sektorfeldes

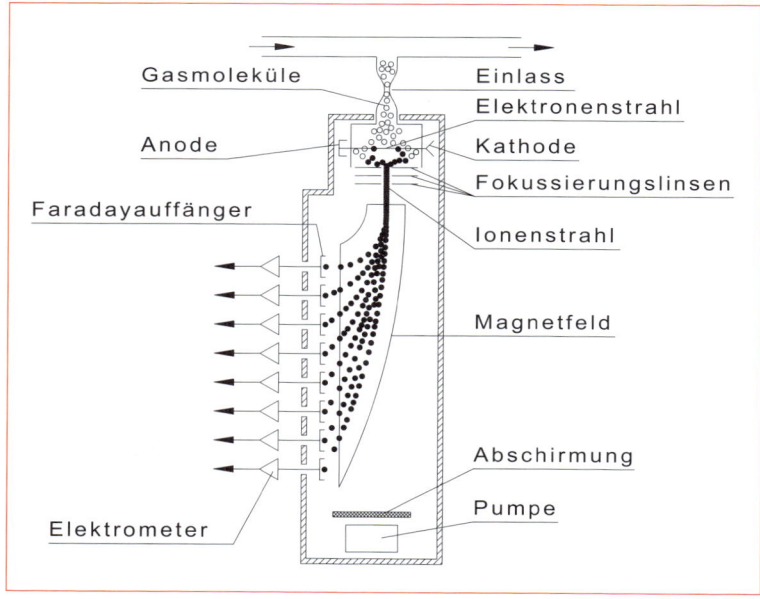

Abb. 9.31 Sektorfeld-Massenspektrometer doppelt fokussierend

Widerstand notwendig: 10^9–10^{12} Ohm, so dass entsprechend lange Zeitkonstanten entstehen. Eine schnelle Registrierung eines kompletten Spektrums ist damit unmöglich. Der Nachteil des Sekundärelektronenvervielfachers ist seine Drift, denn der Verstärkungsfaktor nimmt im Laufe des Betriebs ab, so dass ständig nachgeeicht werden muss. Für den Einsatz in der Biotechnologie sind sie unterschiedlich zu bewerten. Quadrupolfilter sind ungenauer, dafür schneller in der Analyse und preisgünstiger. Sektorfeldmassenspektrometer sind sehr genau, langsam und teuer. Es wird also von der Aufgabenstellung abhängen, welchem der beiden Prinzipien der Vorzug zu geben ist.

Literatur

Beyeler, W., Einsele, A., Fiechter, A. (1981): On-line measurements of culture fluorescence: method and application. Eur. J. Appl. Microbiol. Biotechnol. 13, 10–14

Bonfig, K.W. (1984): Durchflußmessung, in Handbuch der Industriellen Meßtechnik. Herausg. P. Profos, Vulkan-Verlag-Essen

Brooks, S.L., Ashby, R.E., Turner, A.P.F., Calder, M.R., Clark, D.J. (1987/88): Development of an on-line glucose sensor for fermentation monitoring. Biosensors 3, 45–47

Bühler, H. (1985): Messen in der Biotechnologie. Hüthig-Verlag Heidelberg

Cass, A.E.G., Davis, G., Francis, G.D., o'Hill, H.A., Aston, W.J., Higgins, I.J., Plotkin, E., Scott, L.D.L., Turner, A.P.F. (1984): Ferrocene-mediated enzyme electrode for amperometric determination of glucose. Anal. Chemistry 56, 667–671

Chotani, G., Constantinides (1982): On-line glucose analyzer for fermentation applications. Biotechnol. Bioeng. 24, 2743–2745

Cobbold, R.S.C. (1974): Transducers for Biomedical Measurements. John Wiley and Sons, New York

Duysens, L.N.M., Amesz, J. (1957): Fluorescence spectrometry of reduced phosphopyridine nucleotide in intact cells in the near ultraviolet and visible region. Biochim. Biophys. Acta 24, 19–26

Einsele, A., Ristroph, D.L., Humphrey, A.E. (1979): Substrate uptake mechanisms for yeast cells. A new approach utilizing a fluorometer. Eur. J. Appl. Microbiol. Biotechnol. 6, 335–339

Engelhardt, H. (1979): High Performance Liquid Chromatography. Springer Verlag Berlin

Henneberg, D. (1980): Massenspektrometrie, in Ullmanns Enzyklopädie der technischen Chemie Bd. 5 Analysen und Meßverfahren. Verlag Chemie Weinheim

Jaenicke, D. (1980): Prozeßanalytik, in Ullmanns Enzyklopädie der technischen Chemie Bd. 5 Analysen und Meßverfahren. Verlag Chemie Weinheim

Lee, Y.H., Tsao, G.T. (1979): Dissolved Oxygen Electrodes, in Advances in Biochemical Engineering Vol. 13, 39. Editors: Ghose, Fiechter, Blakebrough. Springer-Verlag Berlin, Heidelberg, New York

Luft, K.F., Mohrmann, D. (1967): New apparatus for paramagnetic oxygen measurement. Chemie-Ing.-Technik 39, 575–578

Luft, K.F., Kessler, G., Zorner, K.H. (1967): Nondispersive infrared gas analysis with the UNOR. Chemie-Ing.-Technik 39, 937–945

Melzer, W. (1980): Prozeßanalytik, in Ullmanns Enzyklopädie der technischen Chemie Bd. 5 Analysen und Meßverfahren. Verlag Chemie Weinheim

Metz, H. (1981): Kontinuierliche Trübungsmessung in Bioreaktoren. Chemie Technik 10, 691–696

Meyer, V. (1986): Praxis der Hochleistungs-Flüssig-Chromatographie. Verlag Disterweg-Salle, Frankfurt, Berlin, München

Midgley, D. (1975): Use of gas sensing membrane electrodes for determination of carbon dioxide in power station waters. Analyst 100, 386–399

Oelichmann, J., Freitag, C. (1984): Infrarot- und Ramanspektroskopie, in Handbuch der Industriellen Meßtechnik. Herausg. P. Profos, Vulkan-Verlag Essen

Puhar, A., Einsele, H., Ingold, W. (1980): Steam-sterilizable pCO_2 electrode. Biotechnol. Bioeng. 22, 2411–2416

Schäfer, D. (1984): Verschiedene physikalische Methoden zur Gasanalyse, in Handbuch der Industriellen Meßtechnik Herausg. P. Profos, Vulkan-Verlag Essen

Severinghaus, J.W., Bradley, A.F. (1958): Electrodes for blood dO_2 and dCO_2 determination. J. Appl. Physiol. 13, 515

Shoda, M., Ishaikawa, Y. (1981): Carbon dioxide sensor for fermentation systems. Biotechnol. Bioeng. 23, 461

Tipping, F. (1970): Measurement of oxygen content in gases. Measurem. Control 3, 5, 145–152

10 Aufarbeitung (Downstream Processing)*

Biokatalysatoren – gleichgültig, ob in Form von Enzymen, Protocyten oder Eucyten – haben sich als wesentlich spezifischer und damit wirkungsvoller als irgendein anorganischer Katalysator erwiesen. Wegen ihres begrenzten Temperatureinsatzbereiches – für die meisten von ihnen wirken Temperaturen über 50 °C bereits deaktivierend – und weil sie in der Regel nur in verdünnten wässrigen Systemen agieren, büßen sie aber einen großen Teil dieses Vorteils wieder ein. Hohe Kosten (für Enzyme) bzw. geringe Wachstumsgeschwindigkeiten (bei Protocyten und insbesondere Eucyten) tun ein Übriges.

Ein wesentlicher Nachteil biotechnischer Prozesse ist schließlich, dass das Produkt in verdünnter wässriger Lösung anfällt, und dass es häufig bereits in relativ geringer Konzentration inhibierend wirkt.

Soll unter diesen Umständen der biotechnische Prozess mit dem chemischen konkurrenzfähig sein, so müssen diese Randbedingungen berücksichtigt werden. In der Regel wird daher wenn möglich eine *repeated fed batch* oder kontinuierliche Verfahrensweise angestrebt, und die Betrachtung darf sich keinesfalls auf den Bioprozess beschränken. Vielmehr muss die Optimierung sich über den Gesamtprozess erstrecken, dazu gehören u. a. die Medienvorbereitung, die Sterilfiltration, das Abwasser- und Abfallproblem und insbesondere die Produktaufarbeitung (siehe schematische Darstellung in Abb. 10.1).

Im Englischen haben sich hierfür die Termini *upstream* und *downstream processing* eingebürgert.

Die Produktaufarbeitung mit den Schritten
- Zellabtrennung
- Zellaufschluss (wenn Produkt intrazellulär vorliegt)
- Produktgewinnung und Produktkonzentrierung
- Produktreinigung und
- Konfektionierung

hat in der Regel einen Anteil, der mehr als die Hälfte der Gesamtproduktkosten beträgt.

Die Wahl der geeigneten Aufarbeitungsverfahren richtet sich nach der Art und Weise, in der das Produkt anfällt. Handelt es sich um einen enzymatischen Prozess oder um ein extrazelluläres Produkt, so sollte der Biokatalysator im Reaktor

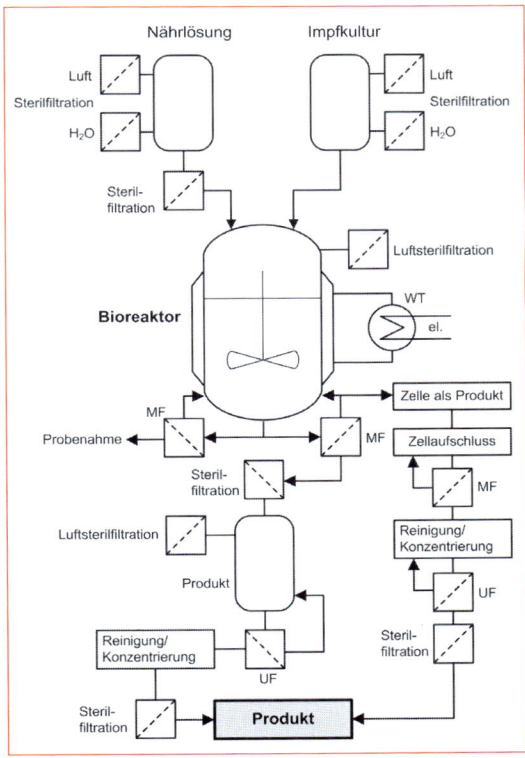

Abb. 10.1 Verfahrensschema eines Bioprozesses

* Autor: Horst Chmiel

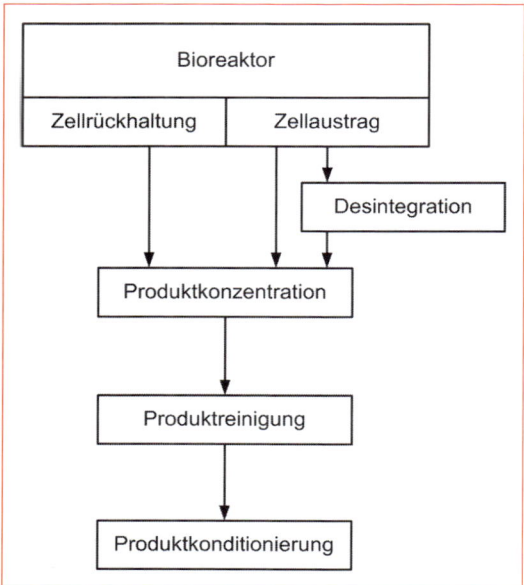

Abb. 10.2 Schema für die Bioproduktaufarbeitung

verbleiben, d. h. das entstehende Produkt kontinuierlich möglichst selektiv entfernt werden.

Liegt das Produkt dagegen intrazellulär vor, erfolgt zunächst die Zellernte. Das intrazelluläre Produkt (in der Regel ein Protein) muss durch Zellaufschluss freigelegt und die Zelltrümmer abgetrennt werden, bevor die Aufarbeitung analog der der extrazellulären Produkte erfolgen kann (s. Abb. 10.2).

10.1 Zellernte

Grundsätzlich kann die Abtrennung der Zellen aus der Fermentationsbrühe auf verschiedene Weise erfolgen, nämlich durch
- Sedimentation
- Zentrifugation
- Filtration.

Die beiden erstgenannten haben als Trennprinzip den Dichteunterschied zwischen fester und flüssiger Phase, wobei man die Sedimentation als Sonderfall der Zentrifugation ansehen kann. Sie sollen daher gemeinsam behandelt werden.

10.1.1 Sedimentation / Zentrifugation

Zur Beschreibung von Sedimentationsvorgängen wird das **Stokes'sche Gesetz** herangezogen. Danach errechnet sich die Sinkgeschwindigkeit v_s von kugeligen Partikeln im Bereich niedriger Reynoldszahlen (< 1) zu

$$v_s = \frac{d_p^2 \cdot \Delta\rho \cdot g}{18\,\eta} \qquad (10.1)$$

und unter Einfluss einer Zentrifugalbeschleunigung $r\omega^2$ ist

$$v_z = \frac{d_p^2 \cdot \Delta\rho}{18\,\eta} \cdot r\omega^2 \qquad (10.2)$$

d_p = Partikeldurchmesser;
$\Delta\rho$ = Dichtedifferenz;
g = Erdbeschleunigung;
η = dynamische Viskosität der Trägerflüssigkeit;
r = Abstand des beschleunigten Teilchens von der Drehachse;
ω = Winkelgeschwindigkeit der Zentrifugentrommel.

Man erkennt daraus die Bedeutung der beiden Parameter Dichtedifferenz zwischen Trägerflüssigkeit und abzuscheidender Partikel sowie Partikeldurchmesser. Je kleiner die Dichtedifferenz bzw. der Partikeldurchmesser, umso geringer wird die Sedimentationsgeschwindigkeit und umso schwieriger wird die Abscheidung.

Insbesondere für die Abscheidung von Mikroorganismen im Bereich biotechnologischer Aufarbeitungsverfahren scheidet die Sedimentation im Erdschwerefeld in der Regel aus. Statt Sedimentationsgeschwindigkeiten in der Größenordnung von 1–10 mm in 24 Stunden nutzt man das Zentrifugalfeld zur Beschleunigung des Absetzvorganges um das 10^3–10^4-fache analog dem Verhältnis

$$Z = \frac{r\,\omega^2}{g} \qquad (10.3)$$

für eine effektive Zellabscheidung.

Brunner (1979) hat den Absetzvorgang von Partikeln im Spalt von **Tellerseparatoren** untersucht. Unter einer Reihe von vereinfachenden Annahmen zur Hydrodynamik im Spalt, der Form der Partikel und eines schlupffreien Transports in der Strömung sowie der Überlegung, dass Partikel dann sicher abgeschieden sind, wenn ihre Aufenthaltszeit im Tellerspalt größer/gleich ihrer Sedimentationszeit (h = Tellerabstand) ist, lässt sich für einen bestimmten Partikeldurchmesser d_p der maximale Durchsatz $\dot{Q}$ bei vollständiger Abscheidung folgendermaßen berechnen. Ist das Gesamtvolumen aller Tellerspalte $V_T = A_T \cdot h \cdot N_T$ mit der Mantelfläche

$$A_T = \frac{2\pi(r_a^3 - r_i^3)}{3 r_a \tan \Theta}$$

wobei r_a = äußerer Tellerradius, r_i = innerer Tellerradius, Θ = halber Öffnungswinkel des Tellerkonus, N_T = Zahl der Tellerspalte, dann ergibt sich für die Verweilzeit

$$\tau = \frac{V_T}{\dot{Q}} \quad \text{und}$$

bei einer Betrachtung des Einzelspalts für die Sedimentation

$$t = \frac{h}{v_z} \quad (10.4)$$

Gleichsetzen von t und τ und Übertragung auf das Tellerpaket mit N_t Tellern liefert die Beziehung:

$$\dot{Q} = \underbrace{\frac{2\pi(r_a^3 - r_i^3) \cdot N_T}{3 \cdot r_a \cdot \tan \Theta}}_{A_T} \underbrace{\frac{r_a \omega^2}{g}}_{Z} \underbrace{\frac{d_p^2 \cdot \Delta\rho \cdot g}{18\eta}}_{v_s} \quad (10.5)$$

Hierin ist $A_T \cdot Z$ die so genannte äquivalente Klärfläche, die alle apparatespezifischen Parameter enthält; im Gegensatz zu der Sedimentationsgeschwindigkeit v_s, die alle produktbezogenen Parameter einschließt.

Aus Gleichung (10.5) lässt sich errechnen, dass z. B. im Vergleich zu einer *E-coli*-Suspension ($d_{p,min}$ = 0,8 μm) eine Hefesuspension ($d_{p,min}$ = 2,4 μm) in der gleichen Zentrifuge mit neunfachem Durchfluss gefahren werden kann (Brunner 1979).

Die äquivalente Klärfläche dient zur Maßstabsübertragung bei der Zentrifugenauslegung bei konstanten Produkteigenschaften.

In Abb. 10.3 sind einige Grundformen von Zentrifugentrommeln dargestellt. Dabei besitzt die **Röhrentrommel** (10.3a) die geringste Klärfläche, während die **Tellertrommel** (Abb.10.3c) durch die Vielzahl der im Abstand von 0,3–2 mm angeordneten Teller nicht nur große Klärflächen ermöglicht, sondern durch die konische Gestaltung die Voraussetzung für den kontinuierlichen Feststoffaustrag schafft.

Der Tellerseparator ist heute in der Biotechnologie die für die Zellernte am häufigsten verwendete Zentrifuge, mit wirksamen Klärflächen bis zu 300 000 m² und einem Durchfluss für *E. coli* bis zu 8 m³/h (Brunner 1988).

Der **Dekanter**, eine horizontal gelagerte Schneckenzentrifuge mit zylindrisch-konischer Vollmanteltrommel (Abb. 10.3d), erreicht den kontinuierlichen Austrag der abzentrifugierten Zellen durch eine Differenzdrehzahl der Förderschnecke gegenüber der der Trommel. Wegen seines vergleichsweise geringen Beschleunigungsverhältnisses Z wird er nur zur Aufkonzentrierung von geflockten Zellsuspensionen eingesetzt (hier wurden die Zellen durch mehrwertige Ionen wie Ba^{2+} oder durch Polymere wie Polyacrylamid miteinander vernetzt und bilden so Flocken = Flockulation).

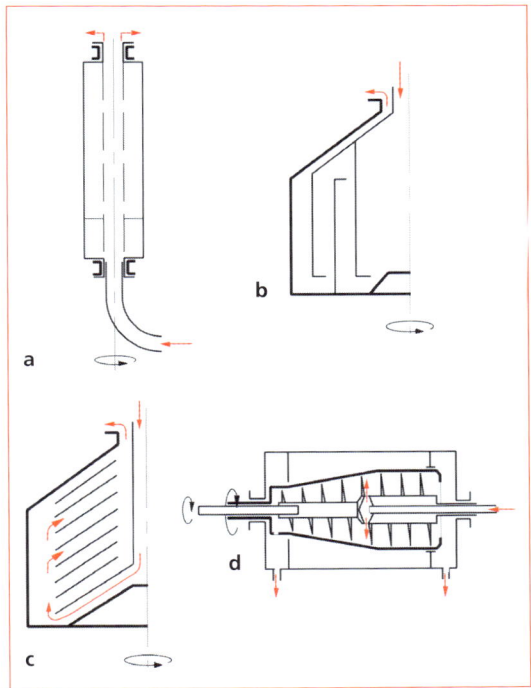

Abb. 10.3 Separatoren: a) Röhrentrommel; b) Kammertrommel; c) Tellerseparator; d) Dekanter

In Abb. 10.4 ist der Verfahrensablauf für die *single cell*-Proteingewinnung auf Methanolbasis dargestellt. In einem so genannten **Düsen-Separator**, einer Tellerzentrifuge, bei der der Feststoffaustrag kontinuierlich über Düsen erfolgen kann, werden die geernteten Zellen auf eine Trockensubstanzkonzentration (TS) von 6 % eingestellt, wobei die geklärte Flüssigkeit in den Fermenter zurückgeführt wird. Nach einer thermischen Flockung wird die Biosuspension in einem Dekanter auf 30 % TS konzentriert. Die in der Flüssigphase noch befindlichen Zellen werden über einen selbstentleerenden Separator abgetrennt und – wie bereits das Zellkonzentrat des Dekanters – getrocknet. Die für alle in der Produktaufarbeitung verwendeten Apparate geforderte Sterilisierbarkeit wird von einer ganzen Reihe von Zentrifugen bereits erfüllt. Sie sind dampfsterilisierbar.

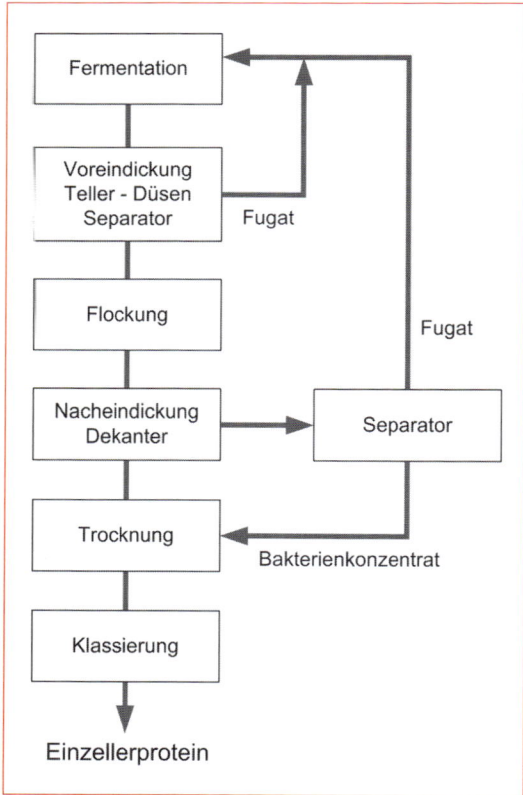

Abb. 10.4 Fließschema für die Gewinnung von Einzeller-Protein auf Methanbasis (Brunner 1988)

10.1.2 Filtration

Die Abtrennung von Partikeln aus einer fluiden Phase (Gas und Flüssigkeit) mittels poröser Gebilde bezeichnet man bekanntlich als Filtration. Die vielfältigen Filtrationsverfahren versucht Scheuermann (1989) nach verschiedenen Unterscheidungskriterien zu ordnen, wie z. B. nach

- der trennenden Kraft (Über- und Unterdruck);
- der Teilchengröße (Fein- oder Grobfiltration);
- dem Abscheidemechanismus (Sieb- oder Tiefenfiltration);
- dem Verfahren (statische oder dynamische Filtration);
- der Aufgabe (Vor- oder Sterilfiltration);

In der Tat begegnen einem in der biotechnischen Fachliteratur all diese Begriffe; es sei nur auf die verschiedenen **Sterilfilter** *up*- und *downstream* des Bioprozesses (Abb. 10.1) hingewiesen. Für die Abtrennung von Zellen mit dem Ziel der Produktgewinnung (Zellernte) muss eine hohe Zelldichte erreicht werden (weitgehende Entfernung der wässrigen Phase). Hierfür ist die Filtration dann der Zentrifuge überlegen, wenn der Dichteunterschied zwischen abzutrennenden Schwebstoffen und flüssiger Phase gering (Energiekosten) oder der zu behandelnde Flüssigkeitsstrom klein ist (Investitionskosten).

Für die Abtrennung von Partikeln (Zellen oder Zell-Debries) aus der flüssigen Phase, wird gemäß oben genannter Abscheidungsmechanismen unterschieden:

Bei der **Siebfiltration** übernimmt ein Sieb, Vlies oder Gewebe, mit Poren kleiner oder gleich dem Durchmesser der Partikel, die Aufgabe der Rückhaltung. Sie kommt hauptsächlich für die Abscheidung geringer Partikelmengen – also beispielsweise für die Vorfiltration – zum Einsatz.

Ist die Konzentration an abzutrennenden Partikeln in der Suspension hoch, so bildet sich auf dem Sieb eine Schicht. Der Fluss durch den Filter nimmt – bei konstant gehaltener treibender Kraft (z. B. Druckdifferenz beiderseits des Filters) – mit zunehmender Betriebsdauer rasch ab (s. Abb. 10.5a). Die sich auf dem Sieb ablagernden Partikel bilden Hohlräume, in denen sich auch kleinere Partikel ablagern. Die Siebfiltration geht in eine **Tiefenfiltration** über.

10.1 Zellernte

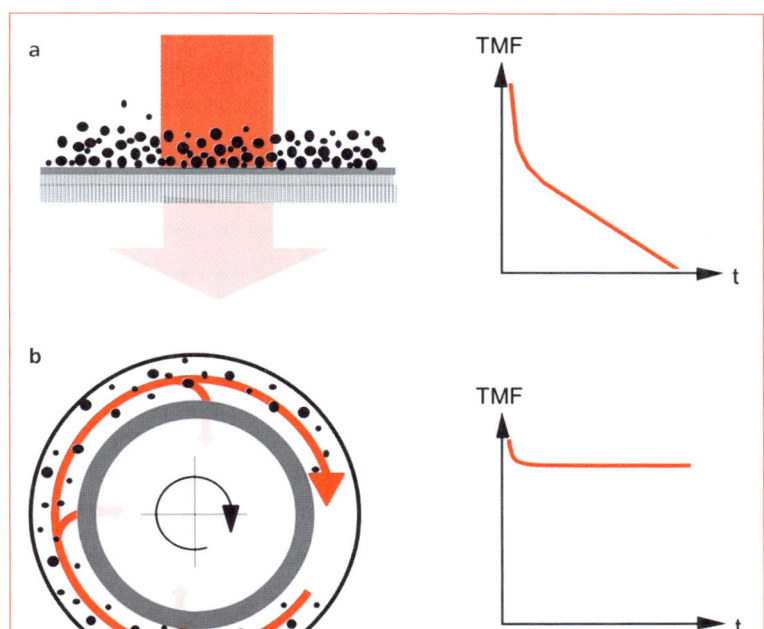

Abb. 10.5 Verschiedene Formen der Filtration:
a) Dead-End-Filtration;
b) Rotationsfiltration

Für die Biomassegewinnung ist die Tiefenfiltration erwünscht. Um von Anfang an definierte Filtrationsbedingungen zu erzielen, wird auf die poröse Unterstruktur zunächst ein Filterhilfsmittel (z. B. Kieselgur) angeschwemmt, das – über die gewählte Körnung – für die eigentliche Filterwirkung sorgt. Derartige Anschwemmfilter arbeiten in der Regel diskontinuierlich und im so genannten Dead-End-Modus (s. Abb. 10.5a), d. h. die Strömungsrichtung ist orthogonal oder quasi orthogonal zur Filterfläche.

Eine kontinuierliche Arbeitsweise kann durch eine rotierende Filtertrommel erzielt werden, auf der der sich bildende Filterkuchen über ein Schälmesser abgetragen und dadurch auf konstanter Dicke gehalten werden kann.

Alternativ befindet sich die Biosuspension gemäß Abb. 10.5b im – von zwei Zylindern gebildeten – Ringspalt. Der mit einem Edelstahlgewebe ausgerüstete Innenzylinder rotiert. Der Permeatfluss ist – nach kurzer Anfahrzeit – konstant. Wegen der relativ groben Porenstruktur ist allerdings das Permeat nicht zellfrei und die Zellkonzentration des aus dem Ringspalt kontinuierlich abgeführten Retentats (Konzentrat) ist vergleichsweise gering.

Eine Variante der Tiefenfiltration besteht darin, dass als Filterhilfsmittel Partikel mit einer – unter Betriebsbedingungen – negativen elektrischen Ladung gewählt werden (Mavrov et al. 2003). Bei der Filtration lagern sich die ebenfalls negativ geladenen Zellen locker in den Hohlräumen zwischen den Partikeln ein, so dass ein kurzer Rückspülimpuls genügt, um sie in hoher Konzentration wieder frei zu setzen. Dies bedeutet zwar eine gewisse Konzentrationsverdünnung, kann aber – durch geeignete Wahl des Rückspülmediums – als Schritt zur Zellwäsche genutzt werden.

Ebenfalls elektrische Kräfte zur Unterstützung der Filtration nutzt die so genannte Elektropressfiltration (s. Abb. 10.6, Hofmann et al. 2003). Durch Anlegen einer Gleichspannung erhält die Filterfläche eine negative Ladung, die auf die negativ geladenen Zellen eine repulsive Wirkung ausübt und damit den Durchtritt der wässrigen Phase durch die Filterfläche erleichtert (Ghirisan et al. 2005).

Bei allen bisher genannten Filtrationsverfahren – übrigens auch bei den Zentrifugenverfahren – ist die Biomassekonzentration im Retentat für die nachfolgende Zelllyse oft noch zu niedrig, so dass sich eine weitere Aufkonzentrierung in einer so genannten Rahmenfilterpresse (s. Abb. 10.7) empfiehlt. In die Hohlräume, die ein Filtertuch bildet, das über Platten und Rahmen gespannt ist, wird die Biosuspension unter hohem Druck eingepresst. Am Ende des Filtrationsvorgangs können die Platten auseinander gefahren und die – gegebenenfalls mehrfach gewaschene und entwässerte – Biomasse entnommen werden.

Nicht zum Thema „Aufkonzentrierung der Biomasse", wohl aber zur Filtration gehörend,

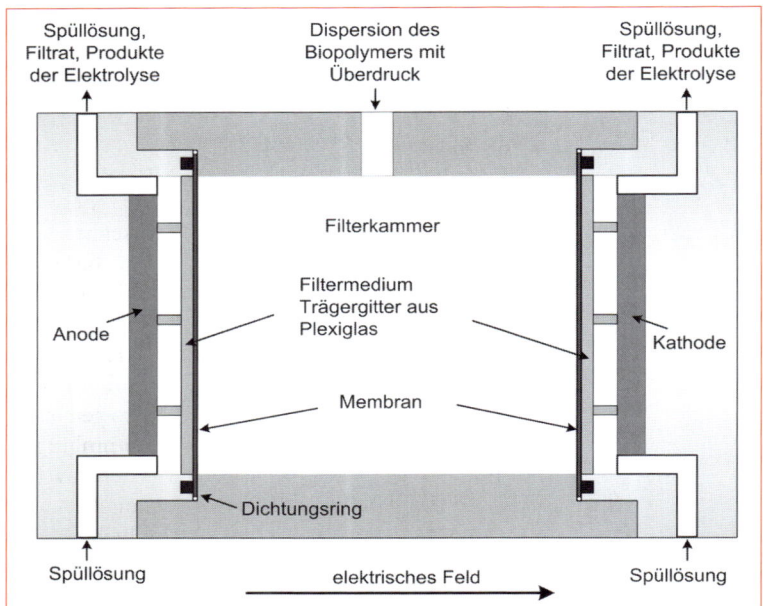

Abb. 10.6 Elektrischer Druckfilter (Hofmann et al. 2003)

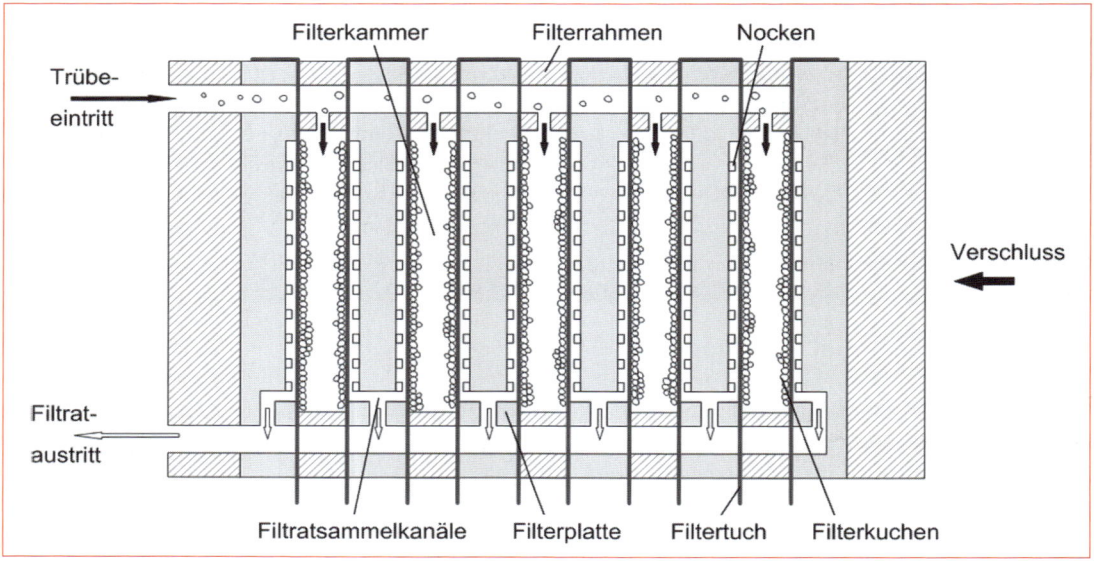

Abb. 10.7 Schematische Darstellung einer Rahmenfilterpresse

10.2 Zellaufschluss

Die Zerstörung der Zellwand – der Zellaufschluss – ist ein wichtiger Verfahrensschritt bei der Gewinnung intrazellulärer Produkte. Bei der Wahl geeigneter Verfahren ist – neben dem allgemeinen Aspekt der Wirtschaftlichkeit – zu berücksichtigen, dass es sich um biologisch aktive Moleküle handelt. Der Aktivitätsverlust sollte so gering wie möglich gehalten werden. Tab. 10.1 gibt einen Überblick über Verfahren, die für den Zellaufschluss Verwendung finden.

Bei den mechanischen Verfahren haben sich Ultraschall und Gefrierdispersion vor allem im Labormaßstab bewährt. Für den Aufschluss von Hefen im Produktionsmaßstab werden aber nach wie vor fast ausschließlich Rührwerkskugelmühlen und Hochdruckhomogenisatoren verwendet. In dem Maße, in dem Bakterien (z. B. *Escherichia coli*) als „Gastzellen" für die Produktion von z. B. Penicillin acylase, Plasmid DNA oder so genannte *inclusion bodies*, das sind Proteinansammlungen in hoher Konzentration, genutzt werden, wächst aber die Bedeutung von physiko-chemischen und enzymatischen Lyseverfahren. Einzelheiten hierzu sind unter Abschn. 10.2.3 nachzulesen.

10.2.1 Rührwerkskugelmühlen

Kugelmühlen sind in der Verfahrenstechnik zur Zerkleinerung von Feststoffen seit vielen Jahrzehnten bekannt. Im Innern eines horizontal gelagerten, rotierenden Hohlzylinders werden die **Mahlkörper** (Kugeln) durch Reibungs- und Trägheitseffekte auf eine gewisse Höhe mitgenommen und prallen dann auf das zu zerkleinernde Gut. Die Drehzahl und damit die Fallhöhe kann aber verständlicher-

soll abschließend noch die Sterilfiltration erwähnt werden. Hierfür wird nochmals Abb. 10.1 zitiert:

Neben den diversen Zu- und Abluftfiltern am Bioreaktor, dem Nährlösungstank und dem Impfkulturbehälter gibt es eine große Zahl von Sterilfiltrationsschritten in der wässrigen Phase, z. B. bei der Produktgewinnung, Produktreinigung und Konfektionierung (Kalyanpur 2002). Insbesondere bei der Bioproduktion parenteraler Pharmaka reichen die Bedingungen der *good manufacturing practice* (GMP 1989) nicht aus. Wegen ihrer thermischen Labilität können diese Produkte nicht Hitze sterilisiert werden. Gemäß den Vorschriften der U.S. Food and Drug Administration (1987) ist jedoch eine Sterilisation mittels 0,2 μm Filter, wie er in Abb. 10.8 schematisch dargestellt ist, zulässig. Auf den Einsatz von Mikrofiltrations- und Ultrafiltrationsmembranen zur Sterilisation wird in Kap. 10.3.3 eingegangen.

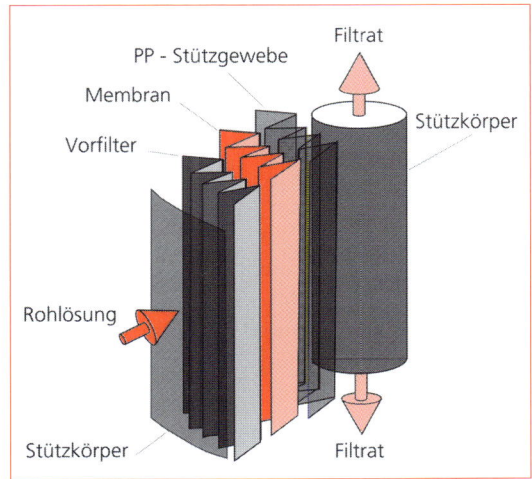

Abb. 10.8 Ausschnitt aus einer plissierten Filterkerze (schematisch)

Tab. 10.1 Verfahren zum Zellaufschluss

mechanische Verfahren	physiko-chemische Verfahren	biologische Verfahren
Ultraschall	Osmotischer Druck	Einwirkung von
Nassmahlen in Kugelmühlen	Gefrieren und Auftauen	• Viren
Hochdruckhomogenisation	Gefriertrocknung	• Phagen
	Lösungsmittel, Säuren, Basen	• Antibiotika
	Detergentien	• lytischen Enzymen

weise nicht beliebig erhöht werden, da dann die Zentrifugalkraft die Mahlwirkung aufhebt.

Bereits im Jahre 1928 schlug daher Szegvari vor, die Mahlkörper – statt durch Rotation des Hohlzylinders – durch ein Rührwerk zu bewegen. 1948 setzte du Pont diesen Gedanken mit der so genannten *sand mill*, einer vertikal angeordneten Rührwerksmühle, um. Das **Mahlgut** wurde unten zugeführt und oben aus der offenen Mühle über ein Sieb ausgetragen. Über den Einsatz von Rührwerkskugelmühlen zum Aufschluss von Mikroorganismen berichteten erstmals Rehacek et al. (1969). Heute werden schnelllaufende Rührwerke geschlossener Bauart – sowohl in vertikaler als auch in horizontaler Anordnung – in den unterschiedlichsten Industriebereichen zur Nasszerkleinerung eingesetzt. Dabei wird eine Fülle verschiedenartiger Rührwerke angeboten. So können die Antriebswellen mit Stiften oder Scheiben bestückt sein. Letztere können zentrisch oder exzentrisch angeordnet und mit Bohrungen oder Schlitzen versehen sein (Abb. 10.9).

Durch die radiale Beschleunigung der Mahlkörper und deren Relativbewegung gegeneinander und gegenüber dem feststehenden Zylinder wirken auf das Mahlgut – in diesem Fall die Zellen – sowohl Scher- als auch Normalkräfte. Dies ist der Grund, warum die spezifische Leistung, das ist die auf das Mahlraumvolumen bezogene installierte Leistung, bei Rührwerkskugelmühlen um den Faktor 100 größer ist als bei konventionellen Kugelmühlen. Als Mahlkörper werden für den Zellaufschluss meist bleifreie Hartglasperlen (zur Vermeidung von Aktivitätsverlusten beim Produkt) mit einem Durchmesser von etwa 0,1–1 mm eingesetzt. Für hochviskose Medien werden zwar auch Kugeln höherer Dichte, z. B. aus Zirkonoxid oder Stahl, eingesetzt, doch wiegt ein eventuell besseres Mahlergebnis nur in seltenen Fällen den wesentlich höheren Preis und die schlechtere Verfügbarkeit auf. Dies macht deutlich, welche konstruktiven Anforderungen an die Mahlgut-Mahlkörper-Separation gestellt werden, die in Form von Siebpatrone, rotierendem Spaltsieb oder im Lagergehäuse integriertem Ringspalt realisiert wird. Im Folgenden sollen einige Parameter bezüglich ihres Einflusses auf den Zellaufschluss untersucht werden.

Die Drehzahl des Rührwerks ist zwar keine unmittelbare Kenngröße, bestimmt aber – bei bekannter Geometrie – die **mittlere Umfangsgeschwindigkeit**. Mit steigender Umfangsgeschwindigkeit nehmen Kollisionshäufigkeit der Mahlkörper und Schergeschwindigkeit zu. In gleichem Maße erhöhen sich aber die Temperatur im Mahlgut, die notwendige Antriebsleistung sowie der Verschleiß der Mahlkörper. Eine Optimierung im Hinblick auf die Effektivität der Produktfreisetzung ist daher empfehlenswert. Beispielsweise zeigen die Ergebnisse von Zellaufschlussuntersuchungen von Schütte et al. (1986) ein optimales Aufschlussergebnis für Bäckerhefe bei einer Drehzahl von 1 500 min^{-1} und für Bakterien bei 1 900 min^{-1} für die gleiche Rührwerkskugelmühle. Höhere Drehzahlen werden im Wesentlichen in Erwärmung des Mahlgutes umgesetzt.

Der optimale **Mahlkörperfüllungsgrad**, das Verhältnis von tatsächlichem zu maximal mög-

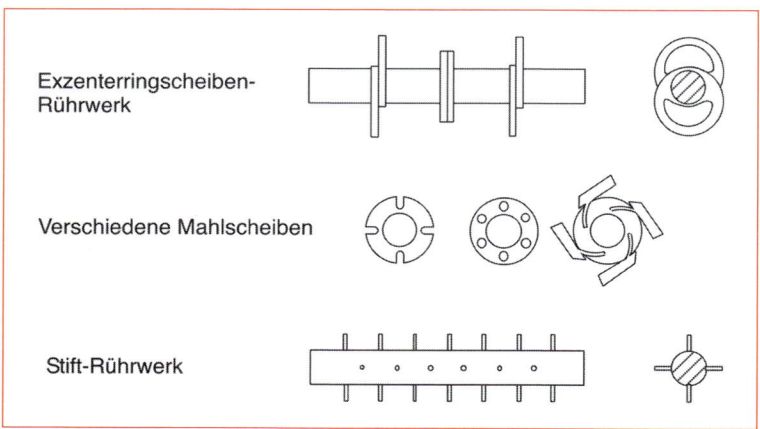

Abb. 10.9 Rührwerke

10.2 Zellaufschluss

lichem Mahlkörperschüttvolumen des Mahlraumes, ist vom Kugeldurchmesser abhängig, liegt aber bei 80 % für 0,5 mm bzw. 85 % bei 1 mm Kugeldurchmesser. Bei einem Füllungsgrad unter dem Optimum nimmt die Aufschlusseffektivität deutlich ab, über dem Optimum steigen Erwärmung und Verschleiß der Glaskugeln.

Der Einfluss der **Suspensionskonzentration** auf die Effektivität wird in der Literatur allgemein als gering angegeben (Mogren et al. 1974, Schütte et al. 1983).

Die **Mahlguttemperatur** sollte so niedrig wie möglich gehalten werden. Einerseits wird während des Zerkleinerungsvorgangs erhebliche Energie in Wärme umgesetzt, andererseits beginnt die Denaturierung der aus der Zelle freigesetzten Proteine oft schon sehr früh. Die Beobachtungen von Curie et al. (1972), dass die Aufschlussgeschwindigkeitskonstante K

$$K = \lg \frac{Rm/(Rm - R)}{t} \quad (10.6)$$

Rm = maximal freisetzbarer Proteingehalt
R = Proteingehalt zur Zeit t

von Bäckerhefe bei 5 °C um 20 % höher ist als bei 40 °C, legen daher nahe, das Mahlgut auf 5 °C herunterzukühlen, bevor man es der Rührwerkskugelmühle zuführt. Dies vermindert auch das Kühlproblem innerhalb der Mühle.

Es ist zu erwarten, dass der größte Einfluss auf das Mahlergebnis von der **Rührwerksgeometrie** ausgeht. Vergleichende Untersuchungen verschiedener Rührwerke findet man in der Literatur nur wenige (Limon-Lason et al. 1983, Mölls et al. 1971, Kula et al. 1990). Von Stehr und Schwedes (1983) durchgeführte verfahrenstechnische Untersuchungen an Rührwerkskugelmühlen haben ergeben, dass
- man es in der Regel mit einem voll turbulenten Strömungszustand zu tun hat;
- die mittlere Verweilzeit des Mahlgutes näherungsweise mit der so genannten idealen Füllzeit

$$t_f = \frac{V_{Mahlraum} - V_{Mahlkörper}}{\dot{Q}_{Mahlgut}} \quad (10.7)$$

gleichgesetzt werden kann ($Q_{Mahlgut}$ = Volumenstrom des Mahlgutes durch die Mühle);

- die Verweilzeitverteilung so eng wie möglich gehalten werden müsste, um ein gutes Mahlergebnis zu erzielen. D. h., die Rückvermischung, die eine erhöhte Aufenthaltsdauer eines Teils des Mahlgutes mit entsprechender Erwärmung und der damit verbundenen Gefahr der Produktinaktivierung bedeutet, sollte möglichst vermieden werden.

10.2.2 Hochdruckhomogenisatoren

Das Arbeitsprinzip des Hochdruckhomogenisators besteht im Aufbau eines hohen Flüssigkeitsdruckes von z. B. 500 bar mittels Kolbenpumpen, der durch Öffnen eines Ventils für einige Millisekunden durch geeignete Strömungsführung auf kurzer Strecke abgebaut wird. Beispielsweise wird die Flüssigkeit in Abb. 10.10 am Ventilkörper um 90° umgelenkt, gegen einen Prallring geschleudert und verlässt anschließend – mit einer mittleren Strömungsgeschwindigkeit von etwa 300 m/s (Brookman 1974) – über einen Ringspalt das Ventil. Dieses ursprünglich zur Homogenisierung von Flüssigkeiten (insbeson-

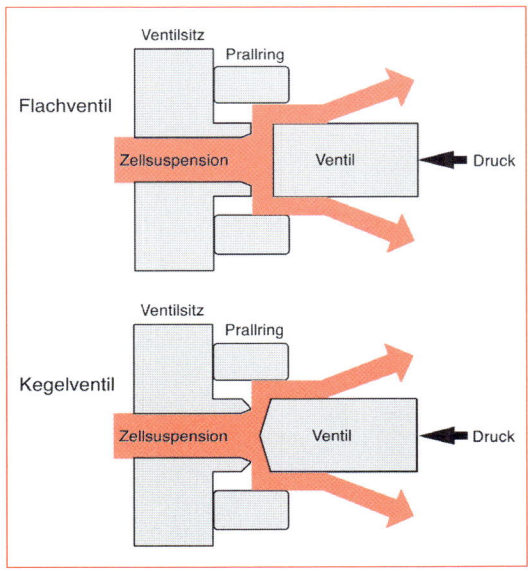

Abb. 10.10 Hochdruckhomogenisierventile

dere Emulsionen) entwickelte Verfahren wird zunehmend auch zum Zellaufschluss verwandt.

Die Beanspruchung der Zelle während der Passage des Ventils ist komplex. Scher-, Normal- und Dehnbeanspruchungen lösen sich ab, bzw. überlagern sich; örtlich hohe Energiedichten durch Turbulenz und eventuell auch Kavitation leisten ein Übriges. So ist es nicht verwunderlich, dass exakte Angaben über die Schädigungsmechanismen nicht bekannt sind und eine Optimierung des Aufschlussergebnisses dem Experiment überlassen bleibt. Zwar ist die Zahl der variierbaren Parameter für vorgegebene Geometrie mit den Größen Homogenisierdruck, Konzentration der Zellsuspension und deren Temperatur kleiner als bei der Rührwerkskugelmühle, aber bereits geringfügige konstruktive Änderungen am Ventil zeigen eine große Wirkung auf das Aufschlussergebnis, wie Abb. 10.11 beweist.

Neben dem **Design des Homogenisierventils** hat ohne Zweifel der **Homogenisierdruck** den größten Einfluss auf die mechanische Zell-Lyse. Analog der Nassvermahlung entspricht auch der Aufschluss mittels Hochdruckhomogenisator einer Kinetik erster Ordnung und lässt sich durch einen Ansatz der Form

$$\lg \frac{Rm}{(Rm - R)} = K \cdot N \cdot p^a \qquad (10.8)$$

beschreiben mit N = Zahl der Passagen durch das Hochdruckhomogenisierventil, p = Homogenisierdruck, und der Exponent a ist abhängig von der Art der aufzuschließenden Mikroorganismen und liegt zwischen 1 und 3 (beispielsweise bestimmten Hetherington et al. (1971) für Bäckerhefe einen Exponenten von 2,9). Schütte et al. (1986) finden für Bäckerhefe bei 550 bar dreimal mehr Enzym im Überstand als bei 300 bar, und empfehlen, zu noch höheren Drucken zu gehen, da eine einmalige Passage des Homogenisierventils selbst bei 550 bar nur 45 % der an sich möglichen Enzymmenge freisetzt.

Dem steht allerdings die steigende mechanische Beanspruchung und damit verbundene Abnutzung des Ventils gegenüber.

Selbst Ventile aus Wolfram-Carbid zeigen nach kurzer Zeit einen Verschleiß an den Flächen, an denen die Zellsuspension auftrifft. Auch die Erwärmung, die in der Literatur allgemein mit ca. 8,5 °C pro 100 bar angegeben wird, setzt für temperaturempfindliche Enzyme Grenzen. Deshalb ist auch die Tatsache, dass die Aufschlussgeschwindigkeitskonstante mit steigender **Temperatur** zunimmt und dadurch nach Hetherington et al. (1971) das Aufschlussergebnis für Bäckerhefe bei 30 °C 40 % besser ist als bei 5 °C, nur eingeschränkt zu nutzen.

Dagegen spielt die **Konzentration der Zellsuspension** nach Brookman (1974) zwischen 10 % und 80 % für das Aufschlussergebnis keine Rolle.

Eine Verfahrensvariante des Hochdruckhomogenisators in Form einer **Staustrahlströmung** wird von Krämer und Bomberg diskutiert (Krämer et al. 1990).

Die Suspension der aufzuschließenden Mikroorganismen strömt unter hohem Druck gemäß Abb. 10.12 über zwei Düsen direkt koaxial gegeneinander. Bei einem Abstand der Düsen, der dem zwei- bis vierfachen des Düsendurchmessers entspricht, exakter Zentrierung der gegeneinander strömenden Fluidstrahlen und Relativgeschwindigkeiten von 300 m/s – dies entspricht einer mittleren Strömungsgeschwindigkeit von 150 m/s in jeder Düse – wurden bessere Aufschlussergebnisse erzielt, als sie beispielsweise von Engler und Robinson für das so genannte **Impingement-Verfahren** (Flüssigkeitsstrahl senkrecht auf ebene Platte) beschrieben wurden. Vergleiche mit der üblichen Hochdruckhomogenisation fehlen jedoch.

Zusammenfassend lässt sich bemerken, dass – mit Ausnahme solcher Mikroorganismen, die

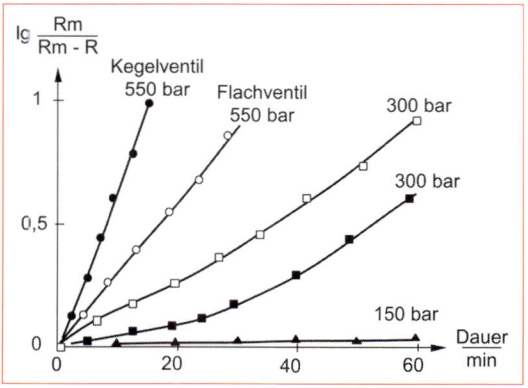

Abb. 10.11 Freisetzung von Enzymen in einem Kreislaufexperiment in Abhängigkeit vom verwendeten Homogenisierventil (Schütte et al. 1986)

10.3 Produktisolation, -konzentrierung und -reinigung

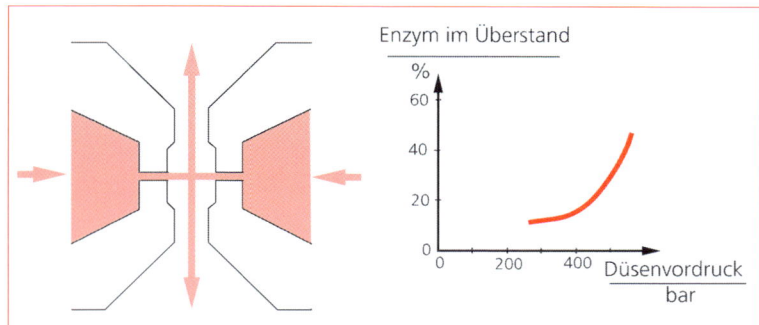

Abb. 10.12 Schematische Darstellung der Hochdruckhomogenisation nach dem Prinzip der Staustrahl-Strömung (Krämer et al. 1990)

wegen besonders kleinem Zelldurchmesser und stark ausgebildeten Zellwänden, wie z. B. *Brevibacterium*, *Micrococcus* und *Nocardia* vom Hochdruckhomogenisator weniger gut aufgeschlossen werden – sowohl Rührwerkskugelmühlen als auch Hochdruckhomogenisatoren für den Aufschluss von Zellen im industriellen Maßstab geeignet sind, wobei bei einem Aufschlussgrad von 85 % mit Energiekosten von 0,02 bis 0,1 €/kg Mikroorganismenfeuchtmasse gerechnet werden kann.

Middleberg (2000) gibt einen guten Überblick über Hochdruckhomogenisatoren.

10.2.3 Physiko-chemische und enzymatische Zelllyse

Über einen verbesserten mechanischen Aufschluss von Mikroorganismen nach Vorbehandlung mit lytischen Enzymen berichten mehrere Autoren (Vogels und Kula 1992; Baldwin und Robinson 1994). Auch die Vorbehandlung mit einer Mischung von EDTA und Lysozym erleichtert den mechanischen Aufschluss (Lutzer et al. 1994). Man muss sich aber bewusst sein, dass jede zugesetzte Komponente die anschließende Produktreinigung kompliziert. Andererseits kann ein Bioprodukt, das empfindlich für thermische oder mechanische Beanspruchung ist, durch physiko-chemische oder enzymatische Lyse mit geringerem Aktivitätsverlust freigesetzt werden. Fonseca und Cabral (2002) haben die Gewinnung von Penicillin acylase aus *Escherichia coli* mittels Hochdruckhomogenisation und osmotischem Schock miteinander verglichen.

Die Zelllyse durch osmotischen Schock erfolgt in drei Schritten:
- Zentrifugation und Waschen in einem 0,1 mol/l Tris. HCl-Puffer bei pH 8,0 und 0,05 mol/l NaCl für 15 min.
- Equilibrierung in hypertoner Lösung (0,25 mol/l Tris. HCl-Puffer, pH 8,0, 0,0125 mol/l EDTA und 20 g/l Sucrose) für 20 min.
- Osmotischer Schock; die Zellsuspension wird für 15 min. bei 5 °C mit 11 300 g zentrifugiert. Das Zellkonzentrat wird anschließend für 10 min. in destilliertem Wasser resuspendiert.

Die so gewonnene Penecillin acylase hatte eine um ein Vielfaches höhere spezifische Aktivität, verglichen mit derjenigen mittels Hochdruckhomogenisation. Ähnlich erfolgreich waren Wahlund et al. (2004) bei der Gewinnung von Plasmid DNA und Chae et al. (2002) bei der Freisetzung so genannter „Inclusion bodies" (große Proteinaggregate) jeweils aus Escherichia coli mit einer leicht abgewandelten Methode des osmotischen Schocks.

10.3 Produktisolation, -konzentrierung und -reinigung

Die bisher beschriebenen Schritte der Aufarbeitung beschränkten sich auf solche Produkte, die intrazellulär anfallen (der Sonderfall, bei dem die Zelle selbst das Produkt darstellt, soll nicht verfolgt werden).

Nach dem Freisetzen des Produktes und der Abtrennung der Zelltrümmer laufen die weiteren Aufarbeitungsschritte für intra- und extrazelluläre Produkte analog.

10.3.1 Präzipitation

In Abschnitt 10.1.1 wurde die Sedimentation als einfachste Art der Abtrennung von Zellen aus der Fermentationsbrühe beschrieben. Nach dem Stokes'schen Gesetz (Gl 10.1) wächst die Sinkgeschwindigkeit proportional mit dem Dichteunterschied zwischen Partikel und fluider Phase aber mit dem Quadrat des Partikeldurchmessers.

Die **Präzipitation** nutzt diese Gesetzmäßigkeit. Sie ist im Folgenden so definiert, dass durch geeignete Maßnahmen Makromoleküle (z. B. Proteine) aus der Lösung in Partikel (oder Aggregate, Flocken etc.) überführt werden und dadurch sedimentieren. Nach dieser Definition unterscheidet sich die Präzipitation von der Kristallisation, bei der sich aus einer ionischen Lösung (Salz-) Kristalle bilden.

Einige Autoren wie z. B. Harrison et al. (2003) sprechen auch bei Proteinausfällung von „Kristallisation", wenn es sich um „reine" Aggregate handelt. Die Grenze ist aber unscharf, weshalb in diesem Kapitel auf eine Unterscheidung verzichtet wird.

Für den ersten Schritt der Reinigung von Proteinen im großtechnischen Maßstab bietet sich die Präzipitation an. Sie wird bereits seit vielen Jahren zur Proteinfraktionierung von Blutplasma verwendet.

Die Präzipitation stellt das älteste Verfahren zur Reinigung und Aufkonzentrierung von Proteinen dar. Auch heute noch wird sie fast regelmäßig zur Vorreinigung, vor chromatographischen Schritten und zur Konzentrierung sowohl im Labor- als auch im industriellen Maßstab eingesetzt. Hochgereinigte Proteine lassen sich, abgesehen von wenigen Ausnahmen, nur durch mehrstufige Prozesse erreichen, die eine Kombination von Fällungsschritten mit chromatographischen Verfahren darstellen.

Die Präzipitation von Proteinen erfolgt durch Zusatz von Salzen, organischen Lösungsmitteln oder wasserlöslichen Polymeren, durch Veränderung des pH-Wertes oder der Temperatur. Dabei wird die Löslichkeit für Proteine vermindert. In der übersättigten Lösung aggregieren Proteine und fungieren als Kristallisationskeime für das Ausfällen weiterer Proteine. Die Präzipitation kann nur in den wenigsten Fällen so spezifisch gestaltet werden, dass selektiv nur ein bestimmtes Protein ausfällt. Vielmehr liegen durch die Zugabe von Fällungsmitteln in der Lösung Bereiche mit hoher Übersättigung vor, in denen unterschiedliche Proteine sehr schnell und unspezifisch aggregieren.

Verunreinigungen der Proteinpräparationen mit Nukleinsäuren, also DNA und RNA, können insbesondere bei Rohextrakten aus Bakterien Probleme durch hohe Viskositäten verursachen. Diese Verunreinigungen werden ausgefällt oder durch Zusatz von Nukleasen enzymatisch abgebaut.

Zur Präzipitation werden das Antibiotikum Streptomycinsulfat, wasserlösliche Polymere wie Polyethylenimin oder Protaminsulfat (ein Gemisch natürlicher Polypeptide mit terminalen Argininresten, d. h. positiv geladene Polyelektrolyte, die mit der negativ geladenen Nukleinsäure unlösliche Salze bilden) aber auch Mangansalze eingesetzt. Beliebt ist auch das „Aussalzen" mit Ammoniumsulfat.

Das Präzipitat stellt in der Regel keine reine Phase dar, es handelt sich vielmehr um Aggregate verschiedener Proteine, die in „frühen" Reinigungsstufen häufig noch Nucleinsäuren, Zellwandbruchstücke und andere Partikel einschließen. Nur noch von historischem Interesse ist die Tatsache, dass Proteine ursprünglich aufgrund ihrer Löslichkeit charakterisiert wurden. So sind **Globuline** beispielsweise definiert als „unlöslich in schwach ionischen Lösungen" (bei niedriger Ionenstärke), **Albumine** als „löslich in stark verdünnten Lösungen".

Die Verteilung hydrophiler (polare) und hydrophober (unpolare) Seitengruppen der Polypeptidstruktur, die Größe und die Nettoladung bestimmen die Löslichkeit der Proteine. Glycoproteine, die kovalent gebundene Kohlenhydrate enthalten, sind in wässrigen Lösungen gut löslich, während bei Lipoproteinen – das sind nicht kovalente Proteinkonjugate mit Lipiden – die Löslichkeit durch die hydrophoben Anteile beeinträchtigt wird.

Native Proteine sind besser wasserlöslich als denaturierte, bei denen oft hydrophobe Aminosäurereste aus dem Proteininneren an die Oberfläche und in Kontakt mit dem Wasser kommen.

Negative Ladungen werden in die Polypeptidstruktur durch die Carboxylgruppen der sauren Aminosäuren Asparagin- und Glutaminsäure, positive durch die basischen Aminosäuren Lysin, Arginin und Histidin eingeführt, während die unpolaren Aminosäuren Alanin, Valin, Leucin, Isoleucin, Prolin, Phenylalanin, Tryptophan und Methionin dem Protein hydrophobe Eigenschaften verleihen. Von Bedeutung für die Löslichkeit der Proteine ist die Faltung und Assoziation der Proteinmoleküle in der wässrigen Lösung, also die Sekundär- und Tertiärstruktur. Die Polypeptidkette wasserlöslicher Proteine faltet sich so, dass die Seitenketten hydrophiler Aminosäuren vorwiegend nach außen, hydrophobe nach innen orientiert sind. Die Oberfläche eines typischen globulären Proteins ist mit etwa 45 % hydrophoben Aminosäureresten belegt. Für die Assoziation und Fällung von Proteinen ist zudem die Hydrathülle (fest gebundenes Wasser) von Bedeutung. Die Wechselwirkungen der Proteine untereinander und mit anderen gelösten Stoffen werden also durch viele Faktoren bestimmt.

Vereinfacht dargestellt, kann man die Wechselwirkungen zweier voneinander entfernter, gleichsinnig geladener Proteinmoleküle auf **elektrostatische** (abstoßende) und **Van-der-Waals'sche** (anziehende) **Kräfte** reduzieren. In der Abb. 10.13 sind die Energien für niedrige (1) und hohe (2) Salzkonzentrationen qualitativ dargestellt. Man erkennt deutlich, dass bei hoher Ionenstärke die Reichweite der elektrostatischen Abstoßung und dadurch die Aktivierungsenergie der Assoziation vermindert wird. Das bei der Kurve 2 zusätzlich vorhandene Minimum führt zur Bildung lockerer Aggregate.

10.3.1.1 Methoden der Proteinfällung

Die verschiedenen Methoden der Präzipitation können in 3 Gruppen unterteilt werden:
a) Änderung der Eigenschaften des Solvents durch Zugabe organischer Lösungsmittel oder Salze. Verminderung der Wasseraktivität durch hohe Konzentrationen.

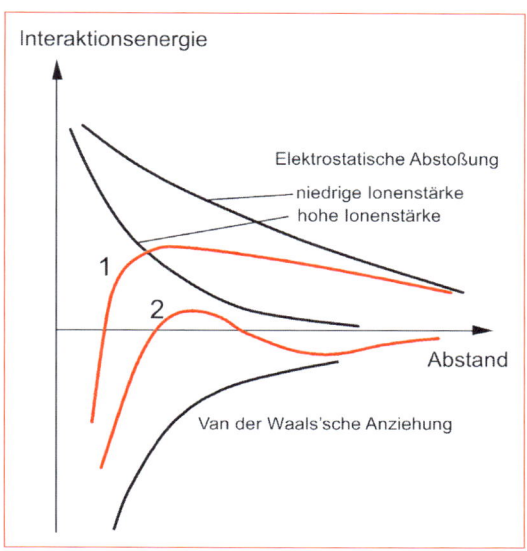

Abb. 10.13 Interaktionsenergien zwischen geladenen Teilchen als Funktion des Abstands für niedrige (1) und hohe (2) Salzkonzentrationen (Bell et al. 1983)

b) Änderung der Proteineigenschaften etwa durch Neutralisation der effektiven Oberflächenladung der Proteine und damit Verminderung der Löslichkeit durch Zugabe geringer Mengen Säure oder Basen.
c) Affinitätspräzipitation, wobei das Protein zunächst in Lösung einen spezifischen Affinitätskomplex mit einem geeigneten Liganden bildet, der dann durch Quervernetzung (bifunktioneller Ligand, Affinitätspräzipitation erster Ordnung) oder durch Aufgabe eines geeigneten Stimulus (*stimuli-responsive materials*, Affinitätspräzipitation zweiter Ordnung) zur Präzipitation gebracht wird. Im Gegensatz zu allen anderen Präzipitationsverfahren ist die Affinitätspräzipitation daher hochspezifisch.

10.3.1.2 Aussalzen

Dies ist die bis heute am häufigsten benutzte Methode der Enzymreinigung. Man geht davon aus, dass die Wirkung in hohem Maße von der Hydrophobie des Proteinmoleküls abhängt. Beim Aussalzen wird das Kräftegleichgewicht in Richtung der hydrophoben Wechselwirkungen verschoben.

Die Löslichkeit eines Proteins wird stark durch die Nettoladung, das ist die Summe der positiven und negativen Ladungen, beeinflusst. In der Regel ist die Löslichkeit am **isoelektrischen Punkt** (IP) minimal (Abb. 10.14a), das ist der pH-Wert, bei dem das Proteinmolekül eine Nettoladung von 0 hat.

Ein weiterer Parameter ist die Ionenstärke (Abb. 10.14b). Sie ist definiert als:

$$I = \frac{1}{2} \sum c_i Z_i^2 \quad (10.9)$$

c_i = Konzentration des Ions i; Z_i = Ladung des Ions i

Bei niedriger Ionenstärke beobachtet man häufig, wie auch in Abb. 10.14b gezeigt, einen so genannten **Einsalzeffekt** (*salting in*), bei hoher Ionenstärke einen **Aussalzeffekt** (*salting out*). Als Fällungsmittel für Proteine wird bevorzugt Ammoniumsulfat $(NH_4)_2SO_4$ eingesetzt, da es billig ist und mit hoher Reinheit als Nebenprodukt organischer Synthesen anfällt. Zudem hat es einen stabilisierenden Einfluss auf die Proteinkonformation. Die Präzipitation mit Ammoniumsulfat kann besonders vorteilhaft mit der in Kap. 10.3.6.5 beschriebenen Hydrophobic-Interaction-Chromatographie kombiniert werden. Bei der Fällung mit Ammoniumsulfat ist zu beachten, dass bei hohen pH-Werten Ammoniak freigesetzt wird, und dass es in Lebensmitteln und pharmazeutischen Zubereitungen nicht enthalten sein darf. Zudem ist es korrosiv und schwierig zu entsorgen. Natriumsulfat und Phosphate sind dagegen bei Temperaturen unter 40 °C schlecht löslich. Die Abb. 10.14b zeigt aber auch, dass in manchen Fällen Salze (hier NaCl) selbst bei hoher Ionenstärke keinen Aussalzeffekt bewirken.

Für die Löslichkeit eines Proteins gilt, wie die Abb. 10.14b zeigt, für höhere Ionenstärken in erster Näherung folgende empirische Beziehung (Cohn 1932):

$$\log S = \beta - K\,I \quad (10.10)$$

S = Löslichkeit des Proteins; β = Konstante (aber abhängig von Temperatur und pH-Wert, Logarithmus der hypothetischen Löslichkeit bei einer Ionenstärke von 0); K = Aussalzkonstante; I = Ionenstärke

In der Regel präzipitieren Proteine mit hoher Molmasse leichter als solche mit niedriger Molmasse. Bei der Art und Menge der zugesetzten Salze ist darauf zu achten, dass

- das Salz anschließend wieder entfernt werden muss,
- zuviel an Salz nicht nur unerwünschte Nebenprodukte mitpräzipitiert, sondern auch zu Konformationsänderungen und damit zu einem Aktivitätsverlust des betreffenden Proteins führen kann,
- Salze nicht nur die Löslichkeit *eines* Proteins reduzieren, d.h., dass eine *vollständige* Fällung *eines* Proteins aus einem Proteingemisch (Fraktionierung) nicht möglich ist, was besonders bei verdünnten Lösungen dazu führen kann, dass kein Protein gefällt wird,
- Salzpräzipitate über lange Zeit stabil sind, d.h. vor proteolytischer Wirkung und Bakterienwachstum geschützt sind (konservierende Wirkung).

Für den großtechnischen Maßstab ist die Salzpräzipitation allerdings nur noch geeignet, wenn das Salz in möglichst reiner Form wiedergewonnen und wiederverwendet werden kann.

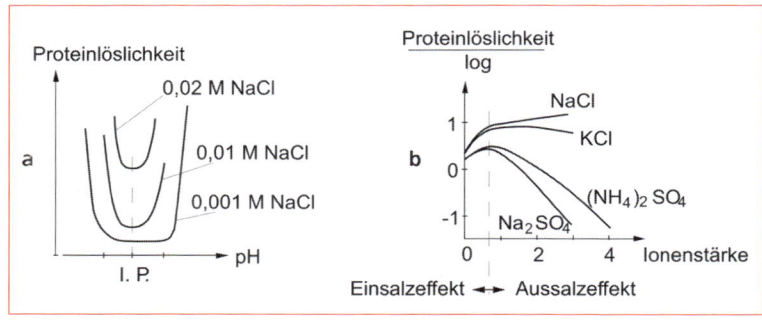

Abb. 10.14 Einfluss des pH-Wertes (a) und der Ionenstärke (b) auf die Löslichkeit von Proteinen (M = mol/l)

10.3.1.3 Präzipitation mittels organischer Lösungsmittel

Es gibt eine Reihe von Beispielen für die großtechnische Präzipitation von Proteinen mittels Zugabe wasserlöslicher organischer Lösungsmittel. Hierzu gehören z. B. die Fraktionierung von Blutplasmaproteinen durch Ethanol und einige industriell produzierte Enzyme wie Invertase durch Aceton. Die Anwesenheit eines organischen Lösungsmittels hat eine Verminderung der Löslichkeit zur Folge. Die zur Fällung benötigte Lösungsmittelmenge ist am isoelektrischen Punkt am geringsten. Analog zum Aussalzen gilt auch bei der Präzipitation durch Reduktion der Lösungsmittel-Dielektrizitätskonstante, dass, je größer das Proteinmolekül, umso geringer die benötigte Menge an Lösungsmittel. Die wichtigste Wirkung dürfte in der Erniedrigung der Aktivität des Wassers liegen. Die so genannte **Lösungsmittel-Präzipitation** sollte bei niedrigen Arbeitstemperaturen erfolgen (unter 10 °C bis – 10 °C), um die Proteindenaturierung möglichst gering zu halten.

Aus Gründen des Arbeitsschutzes und wegen Explosionsgefahr müssen geschlossene Anlagen verwendet werden, was die Anlagekosten erhöht. Die Auswahl an geeigneten Lösungsmitteln ist gering. Benutzt werden bevorzugt Ethanol, Polyethylenglycol (PEG), iso-Propanol und Aceton, weil sie die Kriterien „unbegrenzte Löslichkeit in Wasser" und „nicht mit dem Protein reagierend" erfüllen. Sie sind darüber hinaus gut verfügbar und können – mit Ausnahme von PEG – für eine Wiederverwendung redestilliert werden. Höhere aliphatische Alkohole sind weniger gut geeignet (Siedelage >100 °C) und wirken stärker denaturierend auf Proteine.

Während der Zugabe organischer Lösungsmittel zu wässrigen Lösungen können beträchtliche (Lösungs-)Wärmemengen freigesetzt werden. Batch-Präzipitationen erfordern daher sorgfältiges Rühren und Kühlen, da mit einer Temperaturerhöhung nicht nur die Wahrscheinlichkeit einer Proteindenaturierung zunimmt, sondern – wegen der Temperaturabhängigkeit der Dielektrizitätskonstante auf die Löslichkeit – auch die benötigte Menge an Lösungsmittel. Wenn die Effekte von Lösungsmittelzugabe und Änderung von pH, Temperatur und Ionenstärke gut aufeinander abgestimmt sind, ist eine fraktionierte Präzipitation aus einer Mischung gelöster Proteine möglich. Schließlich haben Alkohole in den Konzentrationen, in denen sie für die Präzipitation benötigt werden (> 10 %) bakterizide Wirkung. Dies ist einer der Gründe, warum für die Proteinfraktionierung von Blutplasma stark gekühltes Ethanol verwendet wird; man erhofft sich davon die Zerstörung eventuell vorhandener Hepatitis-Viren. Copräzipitation von Partikeln wie Ribosomen, Membranfragmenten und Lipiden, führt darüber hinaus zu klaren Lösungen als einer Voraussetzung für nachfolgende chromatographische Reinigungsschritte.

10.3.1.4 Ausfällen am isoelektrischen Punkt

Dies ist eine der einfachsten und billigsten Methoden der Präzipitation. Der isoelektrische Punkt ist, wie bereits erwähnt, der pH-Wert, bei dem das Protein keine Nettoladung mehr besitzt. Die repulsiven Kräfte verschwinden und die attraktiven Kräfte überwiegen mit der Folge erhöhter Aggregatbildung und verminderter Löslichkeit der Proteine. Ein Vorteil der **isoelektrischen Präzipitation** ist, dass zur pH-Einstellung Mineralsäuren, wie z. B. Phosphorsäure, verwendet werden können. Sie sind billig, werden in geringen Konzentrationen verwendet und sind für die Verwendung in pharmazeutischen und Lebensmittelprozessen zugelassen. Falls notwendig, kann das Verfahren durch Zugabe von organischen Lösungsmitteln bzw. Salzen unterstützt werden. Die Säurezugabe muss kontrolliert und unter starkem Rühren erfolgen, um Proteindenaturierung zu vermindern. Außerdem tritt Lösungswärme auf, die abgeführt werden muss.

10.3.1.5 Kryopräzipitation und Hitzebehandlung

Für die Reinigung hitzestabiler Proteine lassen sich durch eine so genannte **Hitzebehandlung** des Rohextrakts hitzelabilere Fremdproteine denaturieren und ausfällen. Die Methode beruht auf den hohen Temperaturkoeffizienten der thermischen Denaturierung und definierten Denaturierungstemperaturen der Proteine. Zusätze von Substrat und/oder Coenzym steigern häufig spezifisch die Hitzestabilität und erlauben durch höhere Temperaturen und damit höhere Anreicherungsfaktoren. Zu beachten ist die Tatsache, dass durch die erhöhten Temperaturen vermehrte Proteolyse durch Proteasen beobachtet wird. Aus diesem Grund wird häufig vor dem Hitzeschritt Ammoniumsulfat zugesetzt, das Proteasen unspezifisch (Ionenstärke) hemmt. Die so genannte **Kryopräzipitation**, das ist ein Ausfällen von Proteinen bei Temperaturen um den Gefrierpunkt, wird heute praktisch nur noch bei der Fraktionierung von Blutproteinen eingesetzt. Sie wird z. B. als erste Stufe bei der Produktion von Antihaemophilie-Faktor VIII angewandt.

10.3.1.6 Präzipitation durch nichtionogene Polymere

Die Entdeckung, dass **nichtionogene Polymere** die Löslichkeit von Makromolekülen reduzieren können, wurde Ende der 60er Jahre gemacht, was die noch seltene großtechnische Anwendung dieses Verfahrens erklärt. Es wird vermutet, dass die Wirkung ähnlich der organischer Lösungsmittel ist. Große Moleküle vermindern die Löslichkeit der Proteine, indem sie deren solvatisiertes Wasser reduzieren. Die Beobachtung, dass geringe Konzentrationen an Polyethylenglykol (5–10 % Gew. PEG) benötigt werden, um hochmolekulare Proteine (z. B. Viruspartikel) auszufällen, während höhere Konzentrationen (bis zu 20 %) notwendig sind, um niedrigmolekulare Proteine zu präzipitieren, stützen den zur Erklärung benutzten Mechanismus.

Ein Nachteil ist die hohe Viskosität des als 40–50 %ige Lösung benutzten PEG und die damit verbundenen Schwierigkeiten beim Rühren. PEG-Fällung wird häufig als konkurrenzfähiges Verfahren bei der Blutfraktionierung und der industriellen Gewinnung der Asparaginase eingesetzt. Obwohl in einigen Ländern für die Anwendung bei Humanproteinen zugelassen, ist bekannt, dass Spuren von PEG in der Proteinfraktion verbleiben und nachfolgende Prozessschritte beeinflussen. Diese Methode kann mit der wässrigen Zweiphasenextraktion und mit der Verteilungschromatographie kombiniert werden. Ein Vorteil gegenüber dem Aussalzen ist die Möglichkeit, Präzipitat und Überstand direkt – ohne Entsalzen – an Ionenaustauschern zu fraktionieren. Damit kann das nicht geladene PEG von den geladenen Proteinen abgetrennt werden.

10.3.1.7 Präzipitation mittels Polyelektrolyten

Die Präzipitation auf der Basis unlöslicher Polyelektrolytkomplexe wird in der Literatur als sehr effektiv bezeichnet. So berichten Wahlund et al. (2004) über den Einsatz des Polykations Poly (N, N'-dimethyldiallyl-ammonium) chlorid (PDMDAAC) als erstem Schritt zur Entfernung von Verunreinigungen von durch Zelllyse gewonnener Plasmid DNA (s. Abschnitt 10.2.3). Unter optimalen Bedingungen bleiben RNA und Proteine im Überstand und können entfernt werden.

Eine quasi umgekehrte Reinigung einer Pflanzenperoxidase durch Präzipitation mittels Carboxymethylcellulose + $CaCl_2$ + PEG beschreiben Aruna und Lali (2001). Die verunreinigenden Proteine werden gefällt, während die Peroxidase in Lösung bleibt.

Polyacrylsäure wurde erfolgreich zur Reinigung einer Reihe von Enzymen, wie z.B. Amyloglucosidase, verwendet. Der Mechanismus der Polyelektrolytpräzipitation wird teilweise analog dem des Aussalzens, teilweise dem nichtionogener Polymere erklärt.

10.3.1.8 Präzipitation mittels Tensiden

Den Einsatz von Grenzflächen aktiven Stoffen zur selektiven Präzipitation schlagen Shin et al. (2004) vor. Mittels Natrium di-(2-ethylhexyl)sulfosuccinat (AOT) wird Xylanase selektiv aus einem Gemisch mit verschiedenen Cellulasen gefällt. Xylanase kann im großtechnischen Maßstab in der Papierproduktion zum Bleichen (Delignifizierung) verwendet werden, wobei die Cellulasen – wegen ihrer schädigenden Wirkung auf die Cellulosefasern – stören.

Die gefällten, d.h. mittels Zentrifuge abgetrennten – Xylanaseagglomerate werden durch Ethanol (in einem Natriumacetatpuffer) vom AOT befreit.

10.3.1.9 Affinitätspräzipitation*

Bei den bisher beschriebenen Verfahren zur Präzipitation von Proteinen erfolgte diese recht unspezifisch, ohne die speziellen biologischen Funktionen wie etwa Substrat- und Coenzymspezifität bei Enzymen oder andere biospezifische Wechselwirkungen wie Antikörper-Antigen, Zucker-Lectin, Hormon-Rezeptor zu nutzen. In jüngster Zeit konnten zudem durch chemische (kombinatorische Chemie) oder biologische (Phage Display Technologie) spezifische Liganden für viele Proteine gezielt produziert und so die Palette möglicher Affinitätsliganden erweitert werden. Derartige spezifische Wechselwirkungen können, ähnlich wie bei den später behandelten Trennverfahren Affinitätschromatographie und Affinitätsverteilung, auch bei der Präzipitation genutzt werden.

Man unterscheidet bei der Affinitätspräzipitation zwei Prinzipien. Die so genannte Affinitätspräzipitation erster Ordnung stellt einen Spezialfall dar, der sich unter anderem dadurch auszeichnet, dass das Zielprotein mindestens zwei spezifische Bindungsstellen haben muss. Das Zielprotein wird dann in Kontakt mit einem ebenfalls bifunktionellen Affinitätsliganden gebracht und es kommt zur Bildung eines quervernetzten Affinitätskomplexes, der ab Erreichen einer gewissen Größe präzipitiert. Hilbrig und Freitag (2003) beschreiben beispielsweise in einem Übersichtartikel zum Thema „Affinitätspräzipitation" die präparative Isolation von Lactatdehydrogenase aus einer Rohlösung mittels bifunktionaler N_2, N'_2-adipodihydrazido–bis–(N^6-carbonylmethyl-NAD) (Bis – NAD). Ein Beispiel für eine Primäreffektpräzipitation ist auch die Immunpräzipitation, bei der Proteine durch ihre Antikörper präzipitiert werden. Das sich bildende gelförmige Präzipitat wird mittels Zentrifugation, Filtration oder Flotation (s. Abschnitt 10.3.2) abgetrennt. Nachteile der Affinitätspräzipitation erster Ordnung sind der eingeschränkte Anwendungsbereich (die Zielproteine müssen bifunktionell sein, Zielprotein und Affinitätsligand müssen in etwa gleichen Molverhältnis eingesetzt werden) sowie die Schwierigkeit das Präzipitat wieder aufzulösen etwa um das Zielprotein freizusetzen. Der Einschluss von Verunreinigung in das makromolekulare Netzwerk ist offensichtlich unvermeidbar und erfordert einen aufwändigen, nachgeschalteten Waschprozess, wodurch ein Großteil des Vorteils einer derart selektiven Fällung wieder verloren geht.

Bei der Affinitätspräzipitation zweiter Ordnung werden dagegen so genannte **Affinitätsmakroliganden** (AML) eingesetzt. Das sind Biokonjugate, die aus dem eigentlichen Affinitätsliganden und einem stimulierbaren Polymer bestehen. Stimulierbare Polymere zeichnen sich dadurch aus, dass sie in Folge einer relativ geringfügigen Änderung eines Umgebungsparameters ihr Löslichkeitsverhalten in Wasser grundlegend ändern. Auslösende Stimuli können z. B. die Temperatur, der pH-Wert, elektrische Felder oder Licht sein. Entsprechende Polymere sind z. B. bei einer bestimmten Temperatur gut wasserlöslich um bei einer um wenige Grad höheren Temperatur quantitativ zu präzipitieren. Der Vorgang kann durch anschließende Erniedrigung der Temperatur wieder umgekehrt werden. Auf stimulierbaren Polymeren beruhende AML binden in Lösung spezifisch an das Zielprotein (bei beiden Reaktionspartnern ist in diesem Fall eine einzige Interaktionsfunktion ausreichend). Der Affinitätskomplex wird anschließend präzipitiert und das Zielprotein so abgetrennt. Der Komplex kann durch wiederholtes Auflösen/Wiederpräzipitieren (Temperaturzyklus) unter bindenden Bedingungen „gewaschen" und von mitgerissenen Verunreinigungen befreit werden. Das Zielprotein kann anschließend direkt aus dem Präzipitat oder nach Wiederauflösen in Elutionspuffer freigesetzt und vom AML abgetrennt werden. Neben der Aufreinigung von Proteinen wurde die Affinitätspräzipitation zweiter Ordnung auch erfolgreich für die Isolierung von Plasmid DNA aus bakteriellen Lysaten eingesetzt. Gegenüber den konkurrierenden Verfahren der Affinitätschromatographie (s. Abschnitt 10.3.6.7) ist die Affinitätspräzipitation leichter in einen größeren Maßstab zu übertragen. Die Affinitätspräzipitation ist zudem mit der Affinitätsextraktion in wässrigen Zweiphasensystemen kombiniert worden.

* von Ruth Freitag überarbeitet

10.3.1.10 Auswahl des Fällungsmittels

Die Auswahl des geeigneten Fällungsmittels hängt beim kommerziellen Prozess von einer Reihe von Faktoren ab, wie
- Kosten;
- Möglichkeiten des Recyclings: Rückgewinnung und Wiederverwendung des Präzipitanten ist im industriellen Maßstab eine zwingende Notwendigkeit;
- leichte Handhabbarkeit: organische Lösungsmittel erfordern „Flammen sichere Arbeitsweise" und niedrige Arbeitstemperaturen;
- Zulassung für das Produkt: Ammoniumsulfat ist beispielsweise für die Anwendung in der Lebensmittelindustrie zugelassen;
- Produktstabilität: manche Präzipitanten denaturieren Proteine bereits bei geringem Überschuss;
- Eignung für einen kontinuierlichen Prozess: Tendenz geht in Richtung kontinuierlicher Prozess;
- Eignung für die Kombination mit anderen Aufarbeitungsprozessen: Bei der Auswahl der Fällungsmittel muss berücksichtigt werden, dass Fällungsmittelrückstände nachfolgende Reinigungsschritte beeinflussen. So können Salzrückstände in der Proteinpräparation das Elutionsverhalten bei der Ionenaustauscher- und der Affinitätschromatographie nachhaltig verändern.

Obwohl die Präzipitation im großtechnischen Maßstab hauptsächlich mit dem Ziel der Produktkonzentration (Volumenreduzierung) angewendet wird, besteht die Tendenz, die Wirtschaftlichkeit des Verfahrens dadurch zu erhöhen, dass Reinigungswirkung bzw. Selektivität verbessert werden; denn diese bestimmen den Aufwand, der für die nachfolgenden Reinigungsschritte betrieben werden muss.

Es gibt aber eine Reihe von Gründen, warum bei der Präzipitation im industriellen Maßstab schlechtere Ergebnisse erzielt werden als im Labormaßstab:
- schlechteres Mischen und – damit verbunden – längere Mischzeiten führen zu Überpräzipitation, d. h. Copräzipitation unerwünschter Proteine;
- höherer Wärmeeintrag beim Mischen und schlechtere Wärmeabfuhr führen zu thermischer Denaturierung;
- stärkere Schwankungen beim aufzuarbeitenden Rohstoff führen zu nicht optimalen Bedingungen bei der Präzipitation und damit schlechter Reproduzierbarkeit.

10.3.2 Flotation und Schaumseparation

In Kapitel 7 war bereits über den Störfaktor „Schaum" während der Fermentation und dessen Eliminierung berichtet worden. Bewegt sich eine Gasblase durch eine **grenzflächenaktive Substanzen** enthaltende wässrige Lösung (also z. B. die Fermentationslösung), so wandern diese Substanzen an die Phasengrenzfläche Gas/Flüssigkeit und reichern sich dort an (adsorbieren). Dabei orientieren sich die Moleküle so, dass die hydrophile Gruppe mit dem Wasser in Kontakt bleibt, die hydrophobe Gruppe hingegen aus der wässrigen Umgebung herausragt. Verlässt die Gasblase dann die Flüssigkeitsoberfläche, so umgibt sie sich mit einer zweiten Adsorptionsschicht; es bildet sich eine Lamellenblase. Unter realen Bedingungen wandern viele Gasblasen durch die Flüssigkeit (Begasen) und bilden beim Durchtritt durch die Flüssigkeitsoberfläche einen Schaum. Dieser ist zunächst, wie Abb. 10.15a zeigt, kugelförmig. Das in den Schaumlamellen befindliche Wasser fließt aber – anfangs überwiegend als Folge der Schwerkraft, später zusätzlich durch die so genannte „Saugwirkung der **Plateau-Borders**" (Lemmlich 1972) – nach unten ab. Diese Drainage führt zu einer Formänderung des Schaums (s. Abb. 10.15a). Der Kugelschaum geht über Wabenschaum in Polyederschaum über. In der Vergrößerung des Polyederzwickels (s. Abb. 10.15b) lässt sich auch die durch Grenzflächenspannungen bedingte und von dem belgischen Forscher Plateau beschriebene Drainage als Folge der Saugwirkung der Plateau-Borders zumindest erahnen.

Jedenfalls ist in der auf diese Weise entwässerten Schaumlamelle die Konzentration an grenzflächenaktiver Substanz erheblich größer als bei der Entstehung. Es liegt daher nahe,

10.3 Produktisolation, -konzentrierung und -reinigung

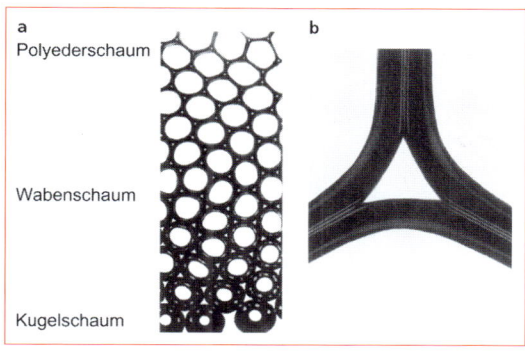

Abb. 10.15 Die verschiedenen Phasen des Schaumes: a) Schaumsäule mit den verschiedenen Phasen: Kugelschaum; Wabenschaum; Polyederschaum; b) Plateau-Border (Manegold 1953)

diesen Konzentrationseffekt zur Produktgewinnung bzw. -anreicherung zu nutzen. Das so ausgetragene Produkt kann entweder selbst eine grenzflächenaktive Substanz sein (man nennt dies Schaumfraktionierung) oder als partikulärer Stoff so an diese Substanz angelagert sein, dass er mitgerissen wird (Flotation). Beide Fälle sind für die Bioproduktaufarbeitung interessant. Im ersten Fall können dies z. B. Proteine oder sog. Biotenside sein, im zweiten Fall sind es Zellen. Um Schaumfraktionierung bzw. Flotation für die Aufarbeitung zu nutzen, müssen allerdings die den Schaum beeinflussenden Parameter bekannt sein. Dabei ist zwischen fundamentalen Faktoren und abhängigen Faktoren zu unterscheiden (Schultze 1989). Zu den fundamentalen Faktoren gehören beispielsweise Art und Konzentration der Materialien (Lösungsmittel, gelöster Stoff, Gas); Temperatur; pH-Wert; Druck; Anlagedesign. Abhängige Faktoren sind:

- Löslichkeit
- Oberflächenspannung und -viskoelastizität
- Viskosität und Viskoelastizität der Flüssigkeit
- Gleichgewichtsverteilung
- Kinetik der Adsorption
- Bildung und Struktur des Schaumes
- Schaumstabilität
- Schaumdrainage
- Schaumdichte (bzw. Schaumgehalt)
- Größe, Größenverteilung und Gestalt der Blasen

- Verdampfungsenthalpie von Gelöstem und Lösungsmittel
- Fließverhalten des Schaums

Bei den genannten abhängigen Faktoren Viskoelastizität (der Flüssigkeit) und Oberflächenviskoelastizität ist zu bedenken, dass es sich bei der Blasen- und Schaumbildung um dynamische Vorgänge handelt.

Im Folgenden soll der Einfluss einiger Parameter auf den **Anreicherungsfaktor** $E = c_{sch}/c_{vor}$ am Beispiel der Produktion eines Biotensids aufgezeigt werden. Dabei ist c_{vor} die Konzentration in g/l Tensid der Vorlageflüssigkeit (also z. B. in der Fermentationsbrühe oder, wie in diesem Beispiel, in der reinen Tensidlösung); c_{sch} ist die entsprechende Tensidkonzentration in der Schaumlamelle (bzw. der Flüssigkeit, die beim Zerstören des Schaums gewonnen wird).

Abb. 10.16a zeigt den großen Einfluss der **Tensidkonzentration** der Vorlage auf den Anreicherungsfaktor. Unter Berücksichtigung der Tatsache, dass bei jeder Tensidlösung eine Mindestkonzentration c_{vor} erforderlich ist, um überhaupt einen stabilen Schaum zu erzeugen (im Beispiel etwa bei $c_{vor} = 0{,}05$ g/l) liegt der interessante Anwendungsbereich der Schaumfraktionierung hier bei $c_{vor} = 0{,}05$ g/l bis 0,25 g/l.

Parameter in Abb. 10.16a ist der **Gasdurchsatz**, eine weitere wichtige Einflussgröße, die offensichtlich Blasengröße und Drainagezeit beeinflusst. Der Gasdurchsatz muss niedrig sein für einen hohen Anreicherungsfaktor; er muss hoch sein, wenn möglichst viel Tensid pro Zeiteinheit ausgetragen werden soll (Abb. 10.16c).

Die Tensidkonzentration wächst überproportional mit der Temperatur; offensichtlich ein Ergebnis der sinkenden Viskosität der zu drainierenden Flüssigkeit. Die Schaumbildung ist bekanntlich in der Nähe des isoelektrischen Punktes stark pH-abhängig und hat dort ihr Minimum.

Die Daten in Abb. 10.16a waren mit reinen wässrigen Tensidlösungen gefunden worden. Sie wurden aber analog Abb. 10.16b durch Messungen an realen, d. h. Proteine enthaltenden Fermentationslösungen qualitativ bestätigt (Schultze 1989).

In vielen Punkten analoge Ergebnisse findet man bei der Flotation von Mikroorganismen aus dem Fermenter.

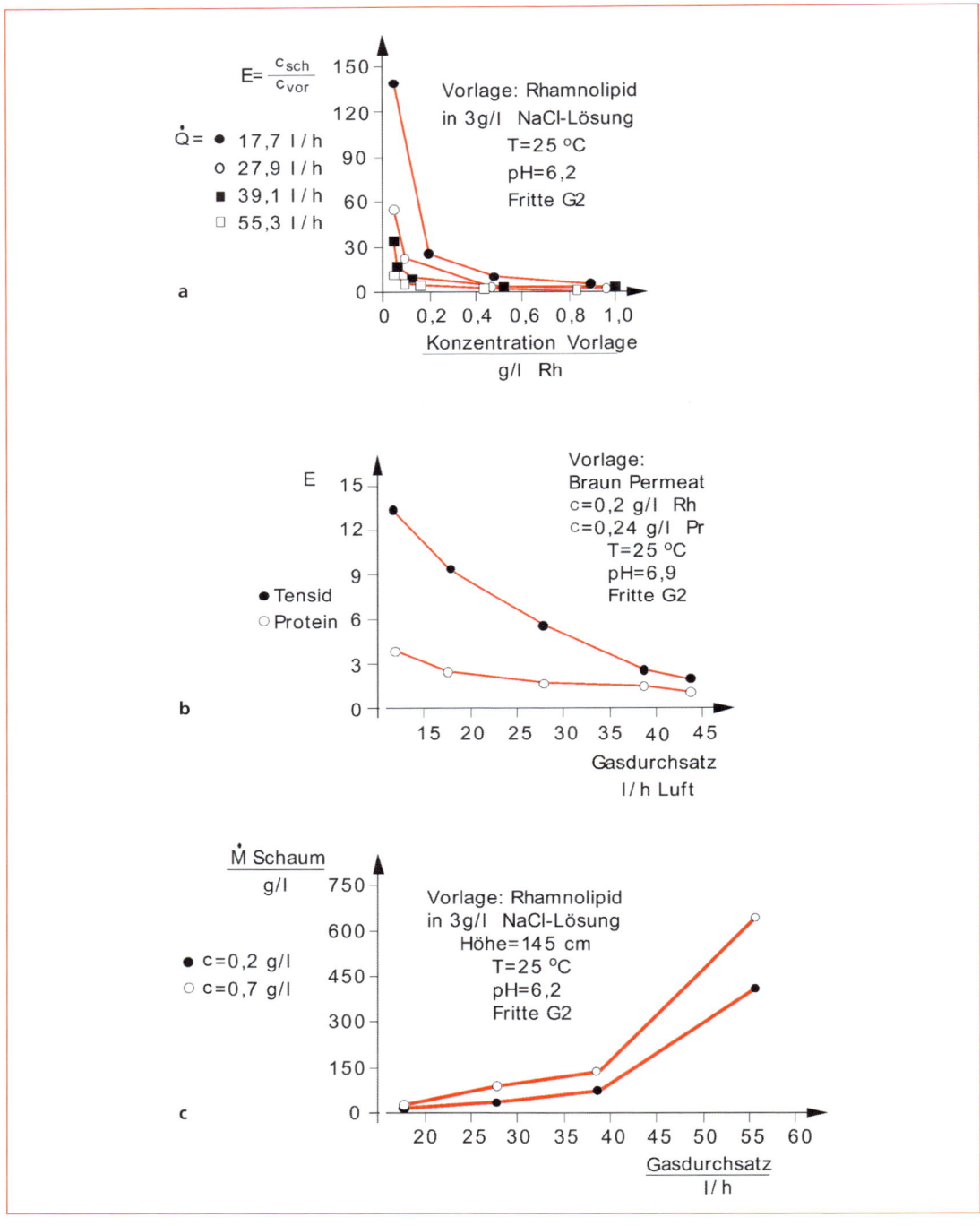

Abb. 10.16 nach Schultze (1989)
a) Anreicherungsfaktor als Funktion der Vorlagenkonzentration für verschiedene Gasdurchsätze (Probennahmehöhe 145 cm)
b) Anreicherungsfaktor für Tensid und Protein in Abhängigkeit vom Gasdurchsatz
c) Tensidaustrag aus der Säule als Funktion des Gasdurchsatzes für die Konzentrationen der Vorlage 0,2 und 0,7 g/l

10.3.3 Membranseparation

Die beste Definition einer Membran liefert uns die Natur, wo biologische Membranen ubiquitär sind. Sie ermöglichen den selektiven Transport von Wasser und Gelöstem in die Zelle (Nährstoffe) und aus der Zelle heraus (Endprodukte). In diesem Context ist eine Membran eine dünnwandige Struktur, die die einzelnen Komponenten einer Flüssigkeitsmischung (Lösung oder Suspension) selektiv passieren lässt. Eine weitere wichtige Forderung ist, dass dieser Transport – im Gegensatz zur Filtration – kontinuierlich oder quasi kontinuierlich erfolgt.

Bedenkt man, dass in der Natur – angefangen von Mikroorganismen, über Pflanzen, Tiere, bis zum Menschen – bei nahezu jedem Stofftrennprozess Membranen involviert sind, so fragt man sich, warum in der Biotechnologie und insbesondere beim Downstream-Processing der Einsatz synthetischer Membranen vergleichsweise begrenzt ist. Die Antwort könnte trivial lauten: weil synthetische Membranen in ihrer Leistungsfähigkeit noch zu weit von derjenigen biologischer Membranen entfernt sind und weil sie darüber hinaus zu teuer sind. Beides mag richtig sein; die Entwicklung ist aber so rasant (Steigerung der Leistungsfähigkeit und Senkung der Membrankosten), dass es sich lohnt, Neuentwicklungen auf ihre Tauglichkeit für Bioseparationsprozesse zu untersuchen.

Ein Mangel synthetischer Membranen, der diese in der Vergangenheit in Misskredit gebracht hat, ist die Tatsache, dass sie unter realen Bedingungen ihre Trenneigenschaften mit der Betriebszeit verändern. Dieser – unter dem Begriff **Membranfouling** – subsumierte Effekt gilt für alle Membrantrennverfahren und soll daher im Folgenden näher untersucht werden.

10.3.3.1 Adsorption, Konzentrationspolarisation und Fouling

In Abb. 10.17 sind die zu filtrierende Rohlösung mit 1, die Membran mit 2 und das Filtrat mit 3 bezeichnet. Bereits zum Zeitpunkt 0, d.h. dem Augenblick, in dem die Rohlösung mit der Membran in Kontakt gebracht wird, aber noch keine Filtration stattfindet (Abb. 10.17a), beginnt auf Grund adsorptiver Wechselwirkungen zwischen den Bestandteilen der Rohlösung und der Membran ein Stofftransport J_A. Diese Wechselwirkungen sind von Komponenten und Konzentration abhängig. Grenzflächen aktive Stoffe, wie z. B. Proteine, adsorbieren besonders heftig und bilden innerhalb kürzester Zeit auf der Membran einen Belag. Beginnt nun der eigentliche Filtrationsvorgang, so wandern mit dem diffusiven und konvektiven Stofftransport ($J_D + J_K = J$) sowohl Komponenten, die die Membran permeieren, als auch solche, die von ihr zurückgehalten werden in Richtung Membran. Ist J groß genug, so können die zurückgehaltenen Komponenten nicht schnell genug zurückdiffundieren (J_B). Es kommt an der Membran zu einer Konzentrationsüberhöhung der zurückgehaltenen Komponenten der so genannten **Konzentrationspolarisation** (Abb. 10.17b). Die erhöhte Konzentration in Membrannähe bedeutet verstärkte Adsorption. Der Membranbelag wächst, übrigens bis in die Pore hinein. Gleichzeitig verändert sich das Rückhaltevermögen der Membran hin zu kleineren Teilchen, bzw. Molekülen. Komponenten, die ursprünglich die Membran passierten, werden nun ebenfalls zurückgehalten. Dieser Circulus vitiosus kann so weit gehen, dass die Löslichkeitsgrenzen einzelner Komponenten überschritten werden. Es bildet sich dann auf der Membran

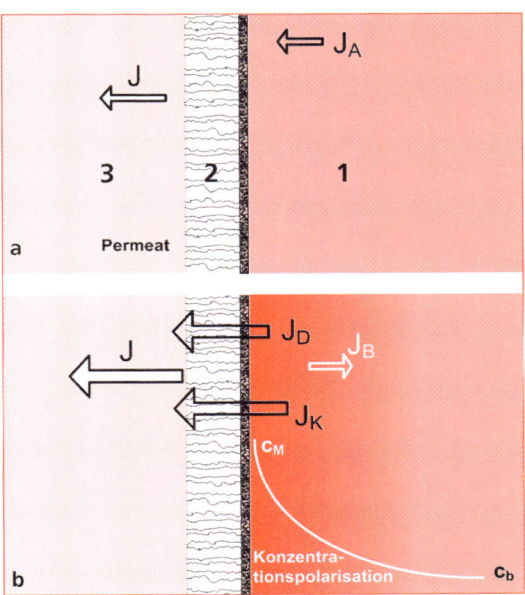

Abb. 10.17 Konzentrationspolarisation

eine Gelschicht. Dieser als **Fouling** bezeichnete Effekt ist bei Anwesenheit von Mikroorganismen besonders dramatisch, weil sie dann auf der Membran aufwachsen (Biofouling). Die Konsequenz ist ein monotoner Abfall des transmembranen Flusses TMF mit der Filtrationszeit analog Abb. 10.5a (Filtration) bzw. Abb. 10.18.

Welche Maßnahmen sind zu ergreifen:
- die Anströmung der Membran erfolgt tangential (sog. *cross-flow*) bzw. durch rotierende Membran (gem. Abb. 10.5b) statt orthogonal
- die Durchströmung der Membran wird zyklisch umgekehrt (Rückspülung evtl. auch mit reinem Wasser und Reinigungsmitteln gem. Abb. 10.18)
- der transmembrane Fluss wird niedriger gewählt, um die Konzentrationspolarisation zu reduzieren
- es wird ein Membranmaterial gewählt, das mit den Komponenten der Rohlösung möglichst wenig interagiert.

Neben diesen, für alle Membranverfahren geltenden Maßnahmen, gibt es spezielle Strategien, die im Einzelnen später erläutert werden. Abb. 10.18 zeigt für zwei im Folgenden erläuterte, druckgetriebene Membranprozesse die Wirkung von Fouling und zyklischem Rückspülen.

10.3.3.2 Druckgetriebene Membrantrennverfahren

In der Biotechnologie sind Membrantrennprozesse, bei denen der Transport durch die Membran auf Grund einer Druckdifferenz erfolgt, am meisten verbreitet.

Anhand von Abb. 10.19, die schematisch ein von einem zwei-Komponenten-Gemisch tangential angeströmtes Membranelement darstellt, sollen die wichtigsten Membran-Parameter definiert werden. Der in das Membranelement pro Zeiteinheit mit dem Druck p_F und der gelösten Komponenten c_F eintretende Volumenstrom $\dot{Q}_F$ – Feed genannt – tritt zum Teil als Permeat $\dot{Q}_P$ durch die Membran, zum anderen Teil wird er von der Membran als so genanntes Retentat $\dot{Q}_R$ zurückgehalten.

Teilt man $\dot{Q}_P$ durch die mittlere transmembrane Druckdifferenz $\Delta p = (p_F + p_R)/2 - p_P$ und die Membranfläche A_M, so erhält man eine charakteristische Größe der Membran, die Permeabilität

$$P = \frac{\dot{Q}_P}{A_M \cdot \Delta p} \qquad (10.11)$$

Die beiden wichtigsten – voneinander abhängigen – Größen einer Membran sind jedoch Selektivität S und Rückhaltung R. Die Selektivität S ist das Verhältnis der Konzentrationen der gelösten Komponente in Permeat und Feed

$$S = \frac{c_P}{c_F} \qquad (10.12)$$

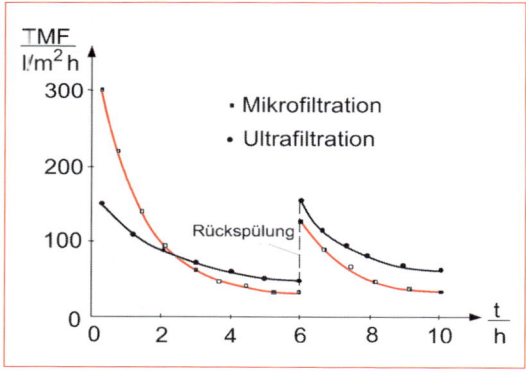

Abb. 10.18 Transmembranfluss (TMF) über der Zeit für eine Hefesuspension mit einer Ultrafiltrations- und einer Mikrofiltrationsmembran (rote Kurve) (Strathmann 1987)

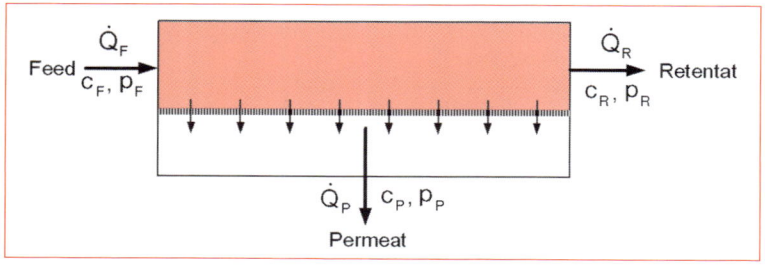

Abb. 10.19 Schematische Darstellung eines Membranprozesses

Häufiger wird die Rückhaltung R benutzt

$$R = 1 - c_P / c_F \qquad (10.13)$$

Das Rückhaltevermögen einer Membran kann experimentell auf folgende Weise bestimmt werden: Man mischt ein Lösungsmittel (in der Regel Wasser) mit Partikeln bzw. Molekülen unterschiedlicher, jedoch bekannter Größe. In Filtrationsversuchen bestimmt man dann den Anteil der jeweiligen Partikel – bzw. Molekülgröße, der die Membran passiert hat. Abb. 10.20 zeigt schematisch das Ergebnis für zwei verschiedene Membranen. Bei einem Rückhalt von 90 % – Trenngrenze bzw. cut-off genannt – sind beide nahezu gleich. Sie unterscheiden sich jedoch deutlich in der Neigung der Kurven, die unmittelbar von der Porenverteilung abhängen. Eine enge Porenverteilung bedeutet eine steile Rückhaltekurve und damit eine (erwünscht) hohe Selektivität. Die flache Rückhaltekurve ist – wegen ihrer geringen Selektivität – für die Produktkonzentrierung nicht geeignet.

Wenn man die Highlights der Membranentwicklung der letzten 10 Jahre auf einen Nenner bringt, so sind dies die Verbesserung der thermischen und chemischen Stabilität sowie die Erhöhung der Selektivität durch engere Porenverteilung der Membranen.

Weitere wichtige Parameter, die vor allem die Wirtschaftlichkeit von druckgetriebenen Membranprozessen wesentlich beeinflussen, sind **transmembraner Fluss (TMF),** das ist der Fluss in l, der je m² und Stunde die Membran passiert und die **Permeabilität**, das ist der TMF, auf ein bar transmembrane Druckdifferenz bezogen, hat also die Dimension l/m²h bar.

In Tab. 10.2 sind die heute verwendeten druckgetriebenen Membrantrennverfahren mit ihren Trenngrenzen und ihren biotechnischen Applikationen zusammengestellt. Mit Ausnahme der Umkehrosmose stehen für alle druckgetriebenen Verfahren neben organischen Polymermembranen auch solche auf anorganischer Basis insbesondere Aluminium-, Titan- und Zirkonoxid sowie Siliziumkarbid kommerziell zur Verfügung. Neben den bereits erwähnten Vorteilen der chemischen (z. B. Säure, Lauge und organische Lösungsmittel) und thermischen (Sterilisation) Stabilität zeichnen anorganische Membranen sich durch enge Porenverteilung und damit scharfe Trenngrenzen aus.

Die **Mikrofiltration (MF)** – mit Membranporendurchmessern >50nm und transmembranen

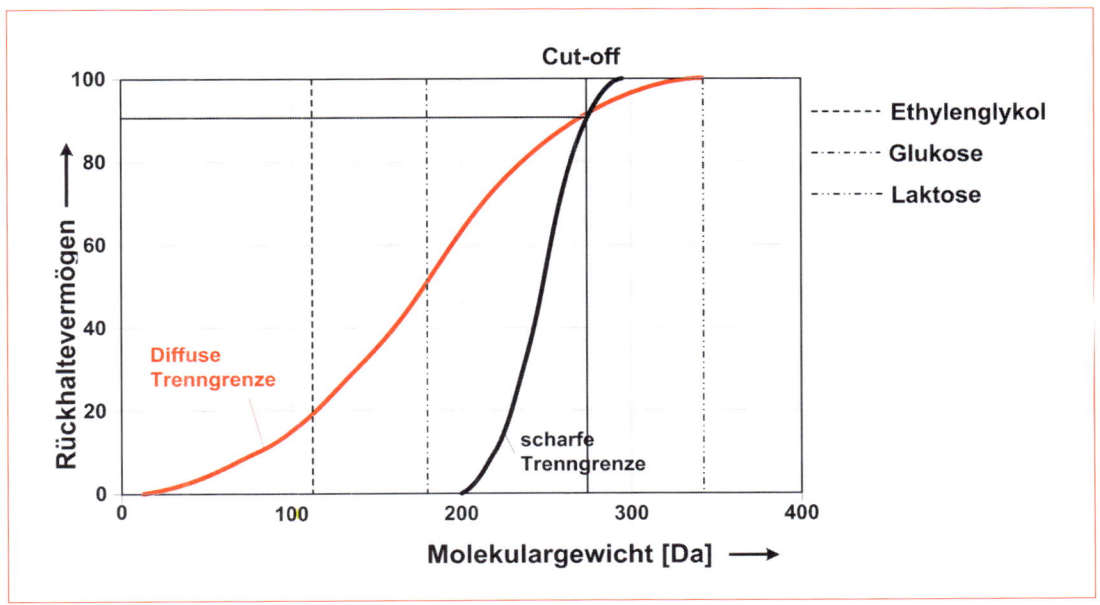

Abb. 10.20 Vergleich des Trennverhaltens von zwei unterschiedlichen Nanofiltrationsmembranen (links diffus; rechts scharf)

Druckdifferenzen <2 bar – ist das im Bioreaktor zum Austrag von sekretierten Produkten bzw. toxischen oder inhibierenden Substanzen bei gleichzeitigem Zellrückhalt am häufigsten verwendete Verfahren. Abb. 10.21 zeigt dies schematisch am Beispiel eines externen Kreislaufs. Die Mikrofiltrationsmembran kann auch unmittelbar im Bioreaktor integriert sein. Allerdings ist dann die verfügbare transmembrane Druckdifferenz (TMP) in der Regel <1 bar. In der aeroben biologischen Abwasserreinigung ist diese Technik unter dem Begriff **submerse membrane bioreactor** (**SMB**) weit verbreitet (s. Abb. 10.22 links). Für Produktionszwecke muss die integrierte Membran allerdings sterilisierbar sein. Neue keramische Membranen, wie z. B. die in Abb. 10.22 rechts gezeigten, machen dies möglich.

Aber nicht nur die Integration in den Bioprozess, sondern auch Reinigungsschritte, wie z. B. das Abfiltrieren des Überstands nach Zelllyse und

Tab. 10.2 Druckgetriebene Membranprozesse (oben) und Lösungs-Diffusions-Membranprozesse (unten)

Membrantrennprozess	transmembrane Druckdifferen (bar) (10^{-2} kPa)	Porendurchmesser [nm] / (molekulare Trenngrenze kDa)	häufigste, in der Biotechnologie verwendete Materialien / Modulform / Modulgeometrie	biotechnische Applikation
Mikrofiltration	< 2	> 50 nm		Entfernung makromolekularer Produkte aus dem Bioreaktor / Abtrennung suspendierter Stoffe
Ultrafiltration	2–10	50–5 nm (200–2)		Entfernung niedermolekularer Stoffe aus dem Bioreaktor / Konzentrierung von markomolekularen Lösungen
Nanofiltration	5–20	5–0,5 nm (2–0,2)		Trennung organischer und anorganischer Komponenten (Salze unterschiedlicher Valenz mittels Donnan-Effekt, organische Komponenten in wässriger Lösung)
Umkehrosmose	10–100 (200)	< 0,5 nm (< 0,2)		Konzentrierung von Stoffen mit niedrigem Molekulargewicht
Membrantrennprozess	Treibende Kraft für den Stofftransport	Trennprinzip	Biotechnische Applikation	
Dialyse	Konzentrationsdifferenz	symmetrische Porenmembran	Abtrennung von inhibierenden Stoffen mit niedrigem Molekulargewicht	
Pervaporation	Patrialdruckdifferenz	Löslichkeitsmembran	Entfernung leicht flüchtiger Komponenten	
Gastrennung	Partialdruckdifferenz	Löslichkeitsmembran	Trennung von Gas- und Dampfgemischen	
Pertraktion	Partialdruckdifferenz	Löslichkeitsmembran	Trennung von Flüssigkeitsgemischen	
Flüssigmembrantechnik	Konzentrationsdifferenz	flüssige Stoffe		

10.3 Produktisolation, -konzentrierung und -reinigung

Präzipitation und die nachfolgende Elimination der Zell-Debries mittels keramischer MF-Membran (Lee et al. 2004), die Aufkonzentrierung bei der Schaumseparation (Matis et. al. 2003) oder die Gewinnung von Exopolysacchariden mittels der in Abb. 10.22 rechts gezeigten keramischen Flachmembran mit Rückführung der retentierten Zellen in den Bioreaktor, sind Beispiele für den sinnvollen Einsatz der Mikrofiltration in der Biotechnologie.

Die in den Bioreaktor integrierten Membranen werden allerdings *dead-end* oder quasi *dead-end* betrieben. Um das Membranfouling zu beherrschen, muss die Membran zyklisch rückgespült werden (s. Abb. 10.18). Dies geschieht hier in der Regel mit Permeat. Die Effektivität dieses Rückspülvorgangs (möglichst geringer Rückspüldruck und geringes Rückspülvolumen) wird ganz erheblich von der Porenverteilung beeinflusst. Dies soll im Folgenden gezeigt werden.

Ausgangspunkt der Betrachtung ist die Tatsache, dass für die Entfernung von Ablagerungen an der Porenwand eine Mindestwandschubspannung τ_w erforderlich ist. Diese ist gemäß Gl. 5.6 proportional der Druckdifferenz Δp. Umgekehrt proportional zur notwendigen Druckdifferenz ist dagegen der Porenradius (s. Abb. 10.23 oben). Ist z. B. der Radius der kleinsten noch freizuspülenden Pore halb so groß wie der mittlere Porendurchmesser, so ist hierfür die doppelte transmembrane Druckdifferenz notwendig. Daraus resultiert eine mögliche Erklärung für Abb. 10.18. Ist die Porenverteilung der MF-Membran deutlich breiter als die der UF-Membran und sind die Rückspüldrucke in beiden Fällen nur knapp über demjenigen für den mittleren Porendurchmesser eingestellt, so nimmt die freie Porenfläche der MF-Membran mit der Betriebsdauer schneller ab, als diejenige der UF-Membran.

Andererseits wächst gemäß Abb. 10.23 unten für vorgegebenen Rückspüldruck das notwendige Rückspülvolumen überproportional mit der größten Pore. Eine enge Porenverteilung ist also essenziell für einen wirtschaftlichen Betrieb rückzuspülender Membranen. Keramische Membranen schneiden hier wegen ihrer in der Regel engeren Porenverteilung besser ab, als Polymermembranen.

Die transmembrane Druckdifferenz bei der **Ultrafiltration (UF)** liegt bei 2–10 bar. Die asymmetrischen Membranporen haben Durchmesser von 5–50 nm. Damit ist die Ultrafiltration vor allem für die Aufkonzentrierung makromolekularer Lösungen wie z. B. Polysacchariden – hier z. B. auch in Verbindung mit der bereits in 10.1.2 beschriebenen Presselektrofiltration (Hofmann et al. 2003) – oder Proteinlösungen geeignet. Aber auch zur Abtrennung von Antibiotika und anderen niedermolekularen Komponenten aus dem Bioreaktor und zur Rückhaltung der Enzyme im Membranreaktor wird die UF eingesetzt.

Die **Nanofiltration (NF)** hat eine Besonderheit. NF-Membranen tragen an ihrer Oberfläche elektrische Ladungen (Festionen). Dadurch und durch ihre sehr kleinen Poren von etwa 1 nm sind sie in der Lage, verschiedene niedermolekulare

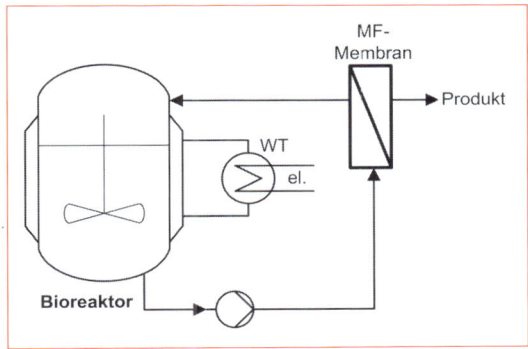

Abb. 10.21 Bioreaktor

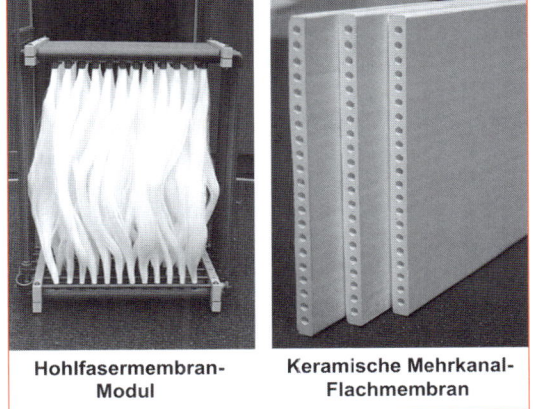

Abb. 10.22 Hohlfasermembran-Modul (links) und Keramische Flachmembranen (rechts) für die Integration in den Bioreaktor (SMB) (Blöcher 2004)

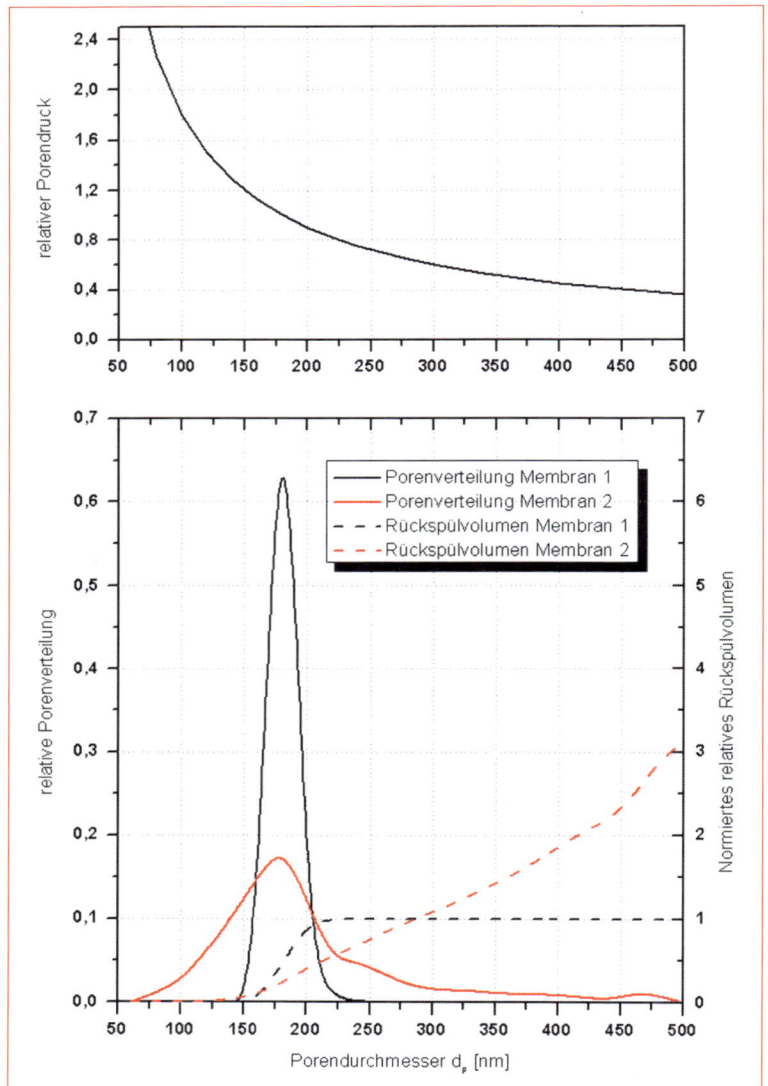

Abb. 10.23 Relativer Porendruck (oben) und relative Porenverteilung als Funktion des Porendurchmesser d_p für zwei verschiedene Mikrofiltrationsmembranen

Stoffe, aber auch mehrwertige von einwertigen Ionen zu trennen. Voraussetzung dafür ist aber eine scharfe Trenngrenze. In Abb. 10.24 haben die Toray SU 600 und Film Tec NF40 die geforderte Trenncharakteristik. Beide sind in der Lage, Glucose aus einer wässrigen Lösung fast vollständig (>85 %) zurückzuhalten. Negativ geladene NF-Membranen lassen Aminosäuren unterhalb ihres isoelektrischen Punktes fast vollständig permeieren, oberhalb des isoelektrischen Punktes werden sie mehr oder weniger zurückgehalten (bei pH 12: L-Asparaginsäure ca. 80 %; L-Isoleucin ca. 50 %). Da die meisten Proteine in der Nähe pH 7 negativ geladen sind, eignen sich negativ geladene NF-Membranen und insbesondere keramische NF-Membranen gut zu deren Aufkonzentrierung. Abb. 10.25 zeigt das Schema und eine REM-Aufnahme einer keramischen NF-Membran mit asymmetrischem Schichtenaufbau. Dadurch kann die (oberste) selektive Schicht extrem dünn sein; eine Voraussetzung für eine hohe Permeabilität.

Näheres hierzu und die Modellierung der Transportvorgänge durch derartige Membranen können bei Chmiel et al. (2005) nachgelesen werden.

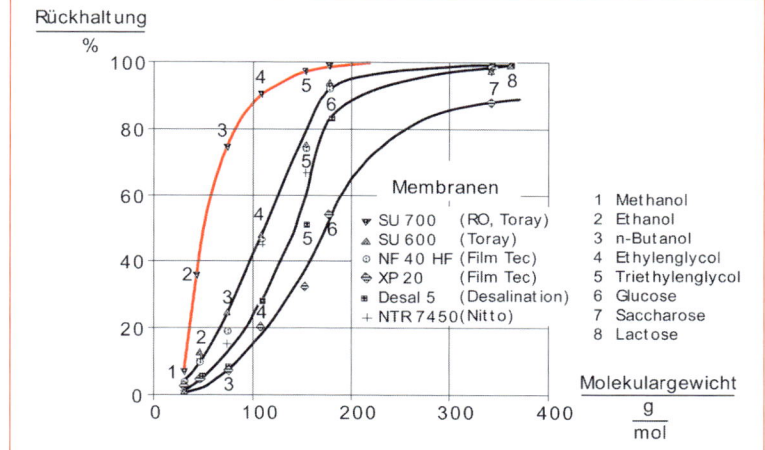

Abb. 10.24 Rückhaltevermögen einer RO-Membran (rot) im Vergleich zu verschiedenen kommerziell verfügbaren NF-Membranen für verschiedene organische Komponenten (Rautenbach et al. 1990)

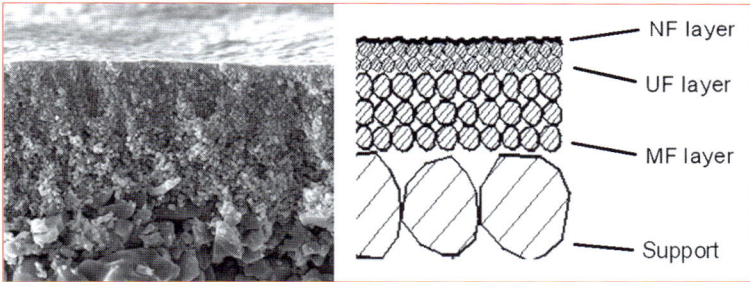

Abb. 10.25 REM-Aufnahme und schematische Darstellung einer keramischen Membran

Membranen mit molekularen Trenngrenzen <200 Dalton werden der **Umkehrosmose (RO)** zugerechnet. Sie halten Salze fast vollständig zurück. Methanol und Ethanol permeieren aber – wie aus Abb. 10.24 (rote Kurve) hervorgeht – diese Membranen weitgehend. RO-Membranen können mit transmembranen Druckdifferenzen von mehr als 200 bar betrieben werden.

10.3.3.3 Membran- und Modulgeometrien für druckgetriebene Membrantrennprozesse

Die technische Anordnung von Membranen wird als **Modul** bezeichnet. Im Modul sollen für die jeweilige Anwendung optimierte Bedingungen für den Membrantrennprozess realisiert werden. Die Optimierung bei der Entwicklung von Modulen stellt zumeist einen Kompromiss dar, da einige der im Folgenden angeführten Anforderungen im Widerspruch zueinander stehen, wie z. B.:

- gute, gleichmäßige Überströmung der Membran
- geringe Druckverluste
- große Packungsdichte
- mechanische, chemische und thermische Stabilität
- kostengünstige Fertigung
- gute Reinigungsmöglichkeit

Im Wesentlichen sind die zur Zeit erhältlichen Module entweder mit Schlauchmembranen oder mit Flachmembranen bestückt (Tab. 10.3). Abb. 10.26 zeigt Beispiele für Module mit Schlauchmembranen und zwar einen Hohlfasermodul (links) und zwei Rohrmodule (rechts); Abb. 10.27 gibt Beispiele für Module mit Flachmembranen u. zwar einen Plattenmodul (links) und einen Wickelmodul (rechts, schematisch).

Vor- und Nachteile der verschiedenen Module und typische Applikationen in der Biotechnologie sind in Tab. 10.3 zusammengestellt.

Tab. 10.3 Modulübersicht

	Beschreibung	Vorteile	Nachteile	Einsatzgebiete
Module mit Schlauchmembranen				
Rohrmodule	• druckfestes Stützrohr, Membran innen aufgebracht • d = 6–24 mm • innen durchströmt, Permeatfluss von innen nach außen • Packungsdichte: < 80 m²/m³	• geringer Druckverlust • unempfindlich gegen Verstopfung • einfache Reinigung	• geringe Packungsdichte • großer Feedvolumenstrom pro Membranfläche	Mikro-, Ultrafiltration
Kapillarmodule	• Selbsttragend, aktive Membranfläche innen • d = 0,5–6 mm • innen durchströmt, Permeatfluss von innen nach außen • Packungsdichte: < 10 000 m²/m³	• kostengünstige Fertigung • hohe Packungsdichte	• geringe Druckfestigkeit • meist nur laminare Strömung (schlechter Stoffaustausch)	Ultrafiltration
Hohlfasermodule	• Selbsttragend, aktive Membranfläche innen oder außen • d = 40–500 μm • innen oder außen durchströmt • Packungsdichte: < 10 000 m²/m³	• hohe Druckstabilität • sehr hohe Packungsdichte • relativ niedrige Membrankosten	• empfindlich gegen Verstopfung • hoher Druckverlust in den Fasern	Mikro-, Ultrafiltration
Module mit Flachmembranen				
Plattenmodule	• Flachmembranen mit innenliegender Platte zur Stabilisierung • Membranfläche außen • Permeatfluss von außen nach innen • Packungsdichte: < 400 m²/m³	• wenig verschmutzungsanfällig • einfach zu reinigen • geringer Druckverlust	• relativ geringe Packungsdichte	Mikro-, Ultrafiltration
Kissenmodule	• Flachmembranen mit innenliegendem Permeatspacer • Membranfläche außen • Permeatfluss von außen nach innen • Packungsdichte: < 400 m²/m³	• wenig verschmutzungsanfällig • geringer Druckverlust	• relativ geringe Packungsdichte • Membran muss verschweiß- oder klebbar sein	Mikro-, Ultra-, Nanofiltration, Umkehrosmose
Wickelmodule	• Flachmembranen mit innenliegendem Permeatspacer • aufgerollt mit zusätzlichem Feedspacer • Feedabführung durch innenliegendes Stützrohr • Packungsdichte: < 1000 m²/m³	• hohe Packungsdichte • guter Stoffaustausch durch Feedspacer	• schlechte Reinigungsfähigkeit • Membran muss verschweiß- oder klebbar sein	Nanofiltration, Umkehrosmose

10.3 Produktisolation, -konzentrierung und -reinigung

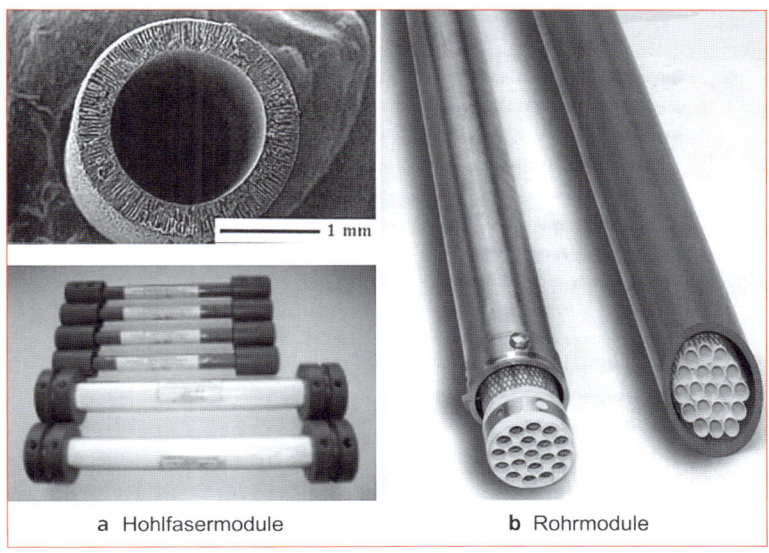

Abb. 10.26a oben) REM-Aufnahme einer asymmetrischen Hohlfaser-Ultrafiltrationsmembran; unten) Hohlfasermodul
Abb. 10.26b Rohrmodule

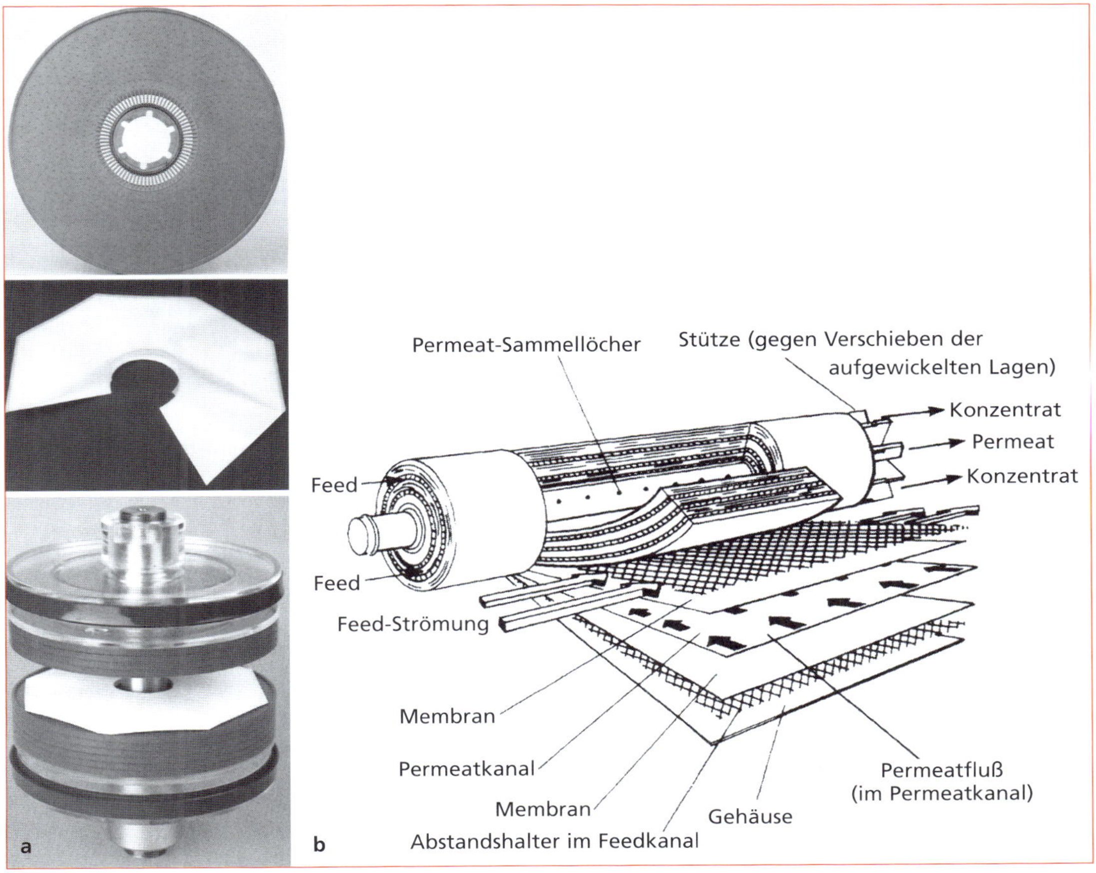

Abb. 10.27 Module mit Flachmembranen a) Plattenmodul, b) Wickelmodul

10.3.3.4 Elektrisch getriebene Membrantrennprozesse

Die **Elektrodialyse** ist ein Prozess, bei dem ionogene Bestandteile einer wässrigen Lösung von nichtgeladenen Komponenten mit Hilfe elektrisch geladener Membranen und einer elektrischen Potenzialdifferenz als treibender Kraft getrennt werden (Strathmann et al. 1984).

In Abb. 10.28 ist eine Elektrodialyse-Anlage schematisch dargestellt. Sie besteht aus einer Vielzahl von Zellen, die – alternierend von **Anionen**- und **Kationenaustauscher-Membran** begrenzt – zwischen einer Anode und einer Kathode angeordnet sind. Füllt man die einzelnen Zellen mit einer Elektrolytlösung, so wandern die Ionen unter der treibenden Kraft eines elektrischen Feldes zu den Elektroden, und zwar die Anionen in Richtung der Anode und die Kationen in Richtung der Kathode. Da jedoch die Zellen alternierend von Kationen- bzw. Anionentauscher-Membranen begrenzt werden, wechseln in der Reihe Zellen mit Verarmung und Anreicherung ionogener Bestandteile.

War das Haupteinsatzgebiet der Elektrodialyse bisher die Brackwasserentsalzung, so findet sie heute zunehmend in der Bioprozesstechnik, der Lebensmittel- und der Pharmaindustrie Verwendung.

Eine in der Bioprozesstechnik besonders vielseitig einsetzbare Variante der Elektrodialyse ist die Verwendung **bipolarer Membranen**. Deren Grundprinzip – die **elektrodialytische Wasserspaltung** – geht aus Abb. 10.29 hervor (Bauer et al. 1988).

Bringt man eine Elektrolytlösung zwischen eine Anionen- und eine Kationenaustauschermembran, so wird unter der treibenden Kraft des elektrischen Feldes eine Überführung der geladenen Teilchen aus dem Zwischenraum erzwungen. Sinkt dabei deren Konzentration auf den Bereich des Ionenproduktes von Wasser ab, d.h. auf ca. 10^{-6} bis 10^{-7} mol/l, so erfolgt der Ladungstransport unter Dissoziation von Wasser auf Grund der höheren Beweglichkeit ausschließlich unter Wanderung von Protonen und Hydroxid-Ionen. Daraus resultiert – unter Diffusion von Wasser in den Zwischenraum – die Bildung einer Säure auf der kationenselektiven Seite und einer alkalischen Lösung auf der anionenselektiven Seite der bipolaren Membran. Auf diese Weise lässt sich – ohne Zudosierung einer Säure oder Lauge – in einer Kammer eines Elektrodialysemoduls gezielt ein bestimmter pH-Wert einstellen. Am Beispiel der Produktaufarbeitung einer **enzymatischen Racematspaltung** soll der Vorteil dieser Trenntechnik demonstriert werden (Koberstein et al. 1986).

Ein Produktgemisch aus **L(-)-Methionin**, D(+)-N-Acetylmethionin und Natriumacetat wird als Feed-Lösung einem mit bipolaren Membranen ausgerüsteten Elektrodialysemodul zugeführt. Der pH-Wert dieser Lösung wird auf den isoelektrischen Punkt des L-Methionins eingestellt. Unter der treibenden Kraft der angelegten elektrischen Gleichspannung wandern nun D(+)-N-Acetylmethionin und Acetationen in das saure Konzentrat und Na^+-Ionen unter Bildung von Natronlauge in das basische Konzentrat, während das reine (nichtgeladene) L-Methionin zunächst in der Kammer verbleibt (Abb. 10.30). Das Verfahren

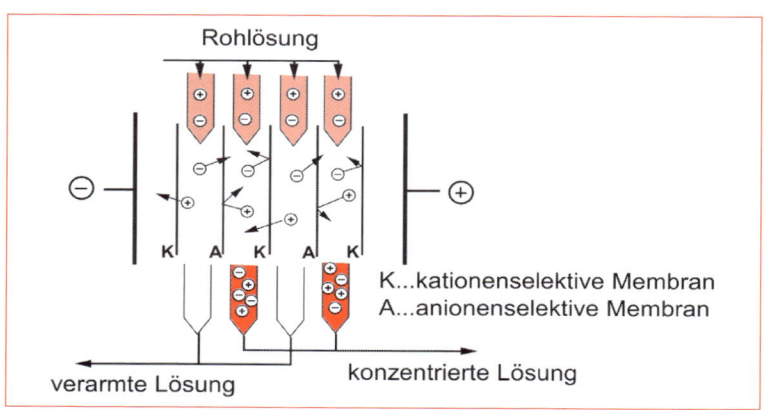

Abb. 10.28 Schematische Darstellung einer Elektrodialyseanlage

10.3 Produktisolation, -konzentrierung und -reinigung

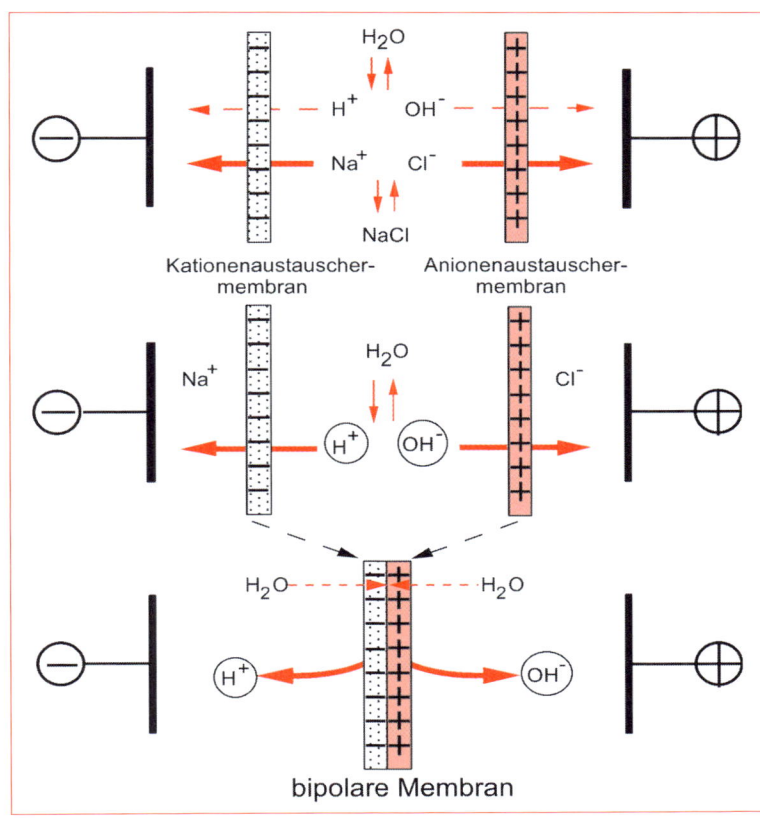

Abb. 10.29 Grundprinzip der elektrodialytischen Wasserspaltung (Bauer et al. 1988)

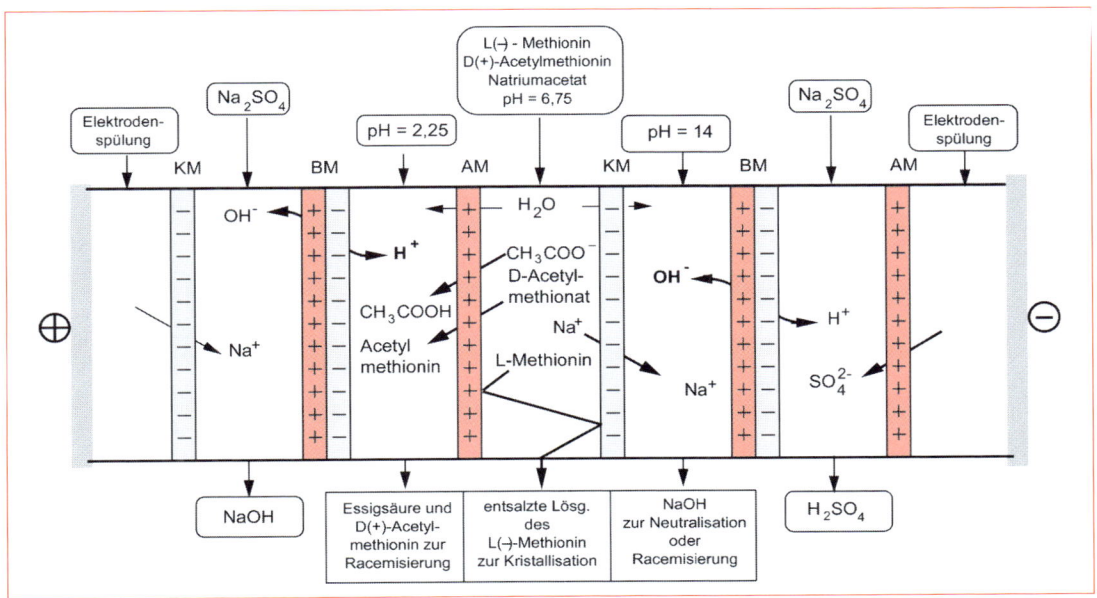

Abb. 10.30 Verfahren zur Isolierung von L-Methionin aus einem Gemisch mittels bipolarer Membranen (Bauer et al. 1991)

bietet damit die Möglichkeit, neben einer Isolierung des reinen L-Methionins eine Rückführung von D(+)-N-Acetylmethionin, Essigsäure und Natronlauge zu realisieren. Ein weiteres Beispiel für die Verwendung derartiger **Hybridverfahren** in der Produktaufarbeitung, stellt die Pyruvatproduktion im repeated-feed-bach-Verfahren mittels rekombinanter *Escherichia coli* dar. Zelić et al. (2004) berichten über die Kombination von UF und ED zur integrierten Produktaufarbeitung.

Eine gute Übersicht über elektrisch getriebene Membranprozesse gibt Strathmann (2004)

10.3.3.5 Membranen zur Gastrennung und Pervaporation

Gastrennung und **Pervaporation** (Tab. 10.2 unten) sind zwei Membranprozesse mit einigen Gemeinsamkeiten:
- die treibende Kraft für den Stofftransport ist eine Partialdruckdifferenz,
- das Produkt wird in gasförmiger Phase erhalten,
- die selektive Schicht der Membran besteht aus einem porenfreien Polymerfilm und
- die die Membran permeierenden Komponenten werden im gasförmigen Zustand im Polymerfilm gelöst und verlassen diesen auch im gasförmigen Zustand.

Aus der letztgenannten Gemeinsamkeit lässt sich aber auch der Unterschied der beiden Prozesse ableiten: Während bei der Gastrennung die permeierenden Komponenten ihren Aggregatszustand nicht ändern, müssen sie bei der Pervaporation zunächst vom flüssigen in den dampfförmigen Zustand überführt werden. Dieser Unterschied ist vom wirtschaftlichen Gesichtspunkt her äußerst bedeutsam.

Das Polymer der selektiven Schicht ist so zu wählen, dass die voneinander zu trennenden Komponenten sich in ihrer Löslichkeit und ihrem Diffusionskoeffizienten möglichst stark voneinander unterscheiden. Die Wunschvorstellung, dass die daraus resultierende Selektivität für die durch die Membran hindurchtretende Komponente und deren Permeabilität beide möglichst groß sind, lässt sich leider nur sehr unvollkommen realisieren. Die Erfahrung zeigt vielmehr, dass mit wachsender Selektivität die Permeabilität immer geringer wird. In der Regel sind Pervaporationsmembranen als Komposit aufgebaut. Auf die Innenwand einer mikroporösen Membran wird eine selektive Schicht, in diesem Fall ein wenige μm dicker Polysiloxan-Film, aufgetragen (s. Abb. 10.31). Einige hundert dieser Hohlfasern werden – durch ein spezielles Gießverfahren – zu einem Membranmodul verbunden. Das zu trennende Lösungsmittelgemisch strömt durch das Innere der Hohlfasern.

Die für den Stofftransport erforderliche Partialdruckdifferenz kann auf drei verschiedene Arten realisiert werden (s. Abb. 10.32):
1. durch Anlegen eines Vakuums;
2. durch Spülen der Permeatseite mit einem Gas;
3. durch den Aufbau einer Temperaturdifferenz.

Zur Auslegung von Pervaporationsprozessen wird auf Harasek (1999) verwiesen.

Lipnizki et al. (2000) geben eine Übersicht über den Einsatz der Pervaporation bei der Bioproduktion von Lösungsmitteln. Zur Vermeidung einer Inhibierung ist für die kontinuierliche Fermentation die integrierte Produktentfernung Voraussetzung. Schügerl (2000) sieht den Vorteil der integrierten Produktentfernung bei der

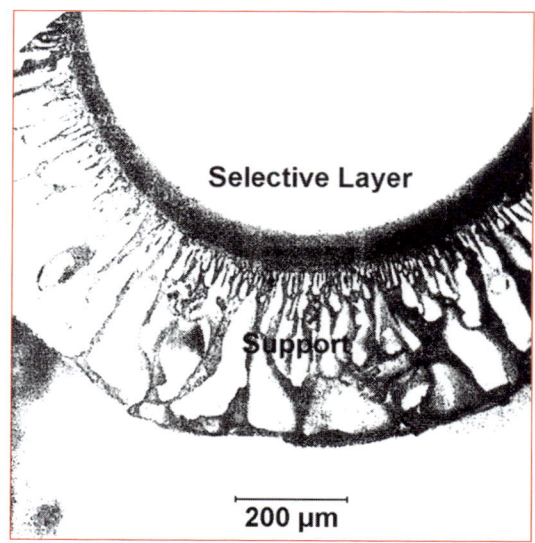

Abb. 10.31 Als Komposit aufgebaute Pervaporationsmembran; auf die poröse Unterstruktur ist eine selektive Schicht aus PDMS aufgebracht

Fermentation von Lösungsmitteln wie Ethanol und Aceton-Butanol mittels Pervaporation im Vergleich zu anderen – später vorzustellenden – Verfahren, wie Extraktion und Adsorption, hauptsächlich in der Energieeinsparung.

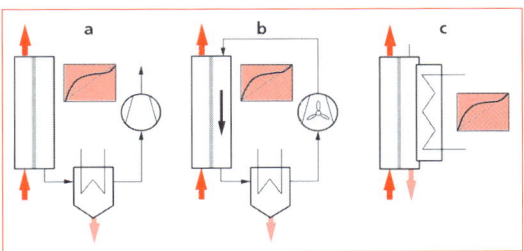

Abb. 10.32 Modi der Pervaporation: a) Vakuum-Pervaporation; b) Spülgas-Pervaporation; c) Thermo-Pervaporation

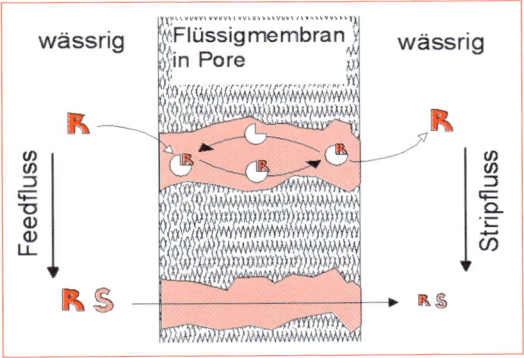

Abb. 10.33 Schematische Darstellung einer trägergestützten Flüssigmembran (Maximini 2004)

10.3.3.6 Trägergestützte Flüssigmembrantrennung

Abb. 10.33 zeigt das Prinzip der trägergestützten Flüssigmembrantrennung. Eine hydrophobe poröse Membran ist mit einer ebenfalls hydrophoben flüssigen Phase gefüllt. Diese enthält den eigentlichen Koppler. Auf der einen Seite der Membran strömt die Rohlösung (das Feed), auf der anderen Seite die Aufnehmungsphase. Die beiden wässrigen Phasen unterscheiden sich deutlich in pH-Wert und Ionenstärke. Bei geeigneter Wahl des Kopplers gelingt in einem mehrstufigen Verfahren die sehr reine Trennung (>99,9 %) racemischer Gemische (Maximini 2004).

Allerdings müssen die Strömungsbedingungen sehr sorgfältig gewählt werden. Zu hohe Strömungsgeschwindigkeiten (gleiche Strömungsrichtung) oder Druckdifferenzen führen zum Auswaschen der organischen Phase. Da dies nie vollständig vermieden werden kann, darf die organische Phase nicht toxisch sein.

10.3.3.7 Pertraktion

Das o. g. Verfahren ist nur für die Reinigung von Produkten mit hoher Wertschöpfung wirtschaftlich. Für Niedrigpreis-Produkte empfiehlt sich die Variante der so genannten Pertraktion mittels **Kontaktoren** (s. Abb. 10.34). Die hydrophobe poröse Membran trennt die Rohlösung von einer (billigen) organischen Phase. Für die Produktgewinnung sind dann mindestens zwei Kontaktoren notwendig. Demirci et al. (2003)

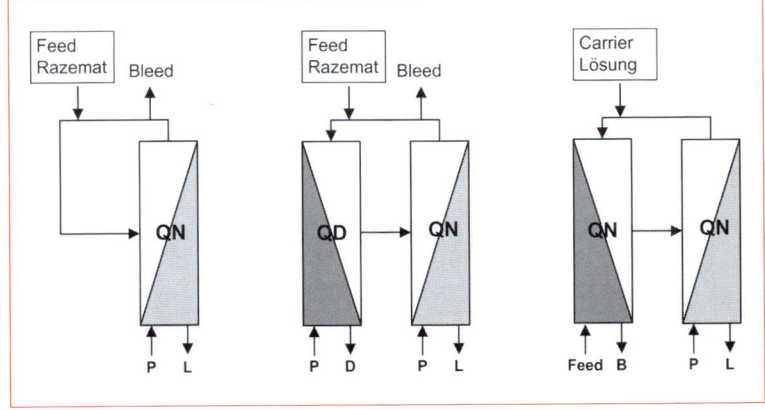

Abb. 10.34 Schematische Darstellung von Hohlfaserkontaktoren. Links: klassischer TFM-Prozess mit einem Hohlfasermodul; Mitte: Prozess mit zwei Hohlfasermodulen belegt mit Carrier gegensätzlicher Selektivität (QD = Quinidin und QN = Quinin); Rechts: Prozess mit zwei Hohlfaserkontaktoren P = Permeatlösung, L = L-angereicherte Enantiomerenlösung, D = D-angereicherte Enantiomerenlösung (Maximini 2004)

schlagen dieses Verfahren für die Gewinnung von Milchsäure vor. Im Grunde handelt es sich hierbei aber um die im nächsten Abschnitt behandelte **Extraktion.**

10.3.4 Solventextraktion

Als Solventextraktion bezeichnet man den Übergang eines Stoffes (des Extraktstoffes) von einer flüssigen Phase (Abgeber genannt) in eine zweite fluide Phase (dem Aufnehmer, auch **Extraktionsmittel**, Lösungsmittel oder Solvent genannt), die mit der ersten nicht oder nur gering mischbar ist.

Nach Einstellung eines Gleichgewichts – unter der Voraussetzung niedriger Konzentrationen sowie für konstanten Druck, Temperatur und pH – gilt für die Verteilung des **Extraktstoffes** in Abgeber (nun **Raffinat** genannt) und **Aufnehmer** (dem **Extrakt**) der Nernst'sche Verteilungssatz

$$c_E / c_R = K_E = \text{konst.} \qquad (10.14)$$

d. h., die Konzentrationen des Extraktstoffes im Extrakt c_E und Raffinat c_R stehen in einem festen Verhältnis, dem Verteilungskoeffizienten K_E.

Sind Abgeber und Aufnehmer merklich ineinander löslich, so empfiehlt sich die Darstellung des Löslichkeitsverhaltens im **Dreiecksdiagramm** (s. Abb. 10.35a). Daneben wird häufig auch das **Gleichgewichtsdiagramm** mit rechtwinkligen Koordinaten verwendet (Abb. 10.35b). Dreiecksdiagramme geben das Verhalten von **Dreistoffsystemen** bei konstantem p, T und pH wieder. Die reinen Komponenten P (Extraktstoff), A (Abgeber) und S (Extraktionsmittel oder Solvent) stellen die Ecken, Zweistoffgemische Punkte auf den Dreiecksseiten dar. Ternäre Gemische (z. B. M) werden durch Punkte innerhalb der Dreiecksflächen repräsentiert.

Das homogene Einphasengebiet, in dem Abgeber, Extraktstoff und Aufnehmer ineinander löslich sind, wird durch die **Binodale** (Löslichkeitskurve) vom heterogenen Zweiphasengebiet getrennt. Liegt der Zustandspunkt also im Zweiphasengebiet, zerfällt die Mischung in die Gleichgewichtsphasen R (**Raffinat**) und E (**Extrakt**), die im Zustandsdiagramm durch eine **Konode** verbunden sind. Der kritische Punkt K, der auf der Binodale liegt, und bei dem die Länge der Konoden gegen Null geht, unterteilt die Binodale in zwei Äste, die in unserer Darstellung links die Zusammensetzung des Raffinats und rechts des Extrakts charakterisieren.

Für weitere Erläuterungen wird auf die Fachliteratur verwiesen (z. B. Schlünder et al. 1986).

10.3.4.1 Extraktionsmittel

Bei der Wahl des Extraktionsmittels sind eine Reihe von generellen Forderungen zu beachten, die sich zum Teil widersprechen:
- möglichst geringe Mischbarkeit von Abgeber und Aufnehmer
- möglichst hohe Selektivität, d. h. es soll möglichst nur der Extraktstoff im Extraktionsmittel gelöst werden
- große Kapazität für den aufzunehmenden Extraktstoff
- große Dichtedifferenz zwischen Aufnehmer und Abgeber erleichtert die Phasentrennung

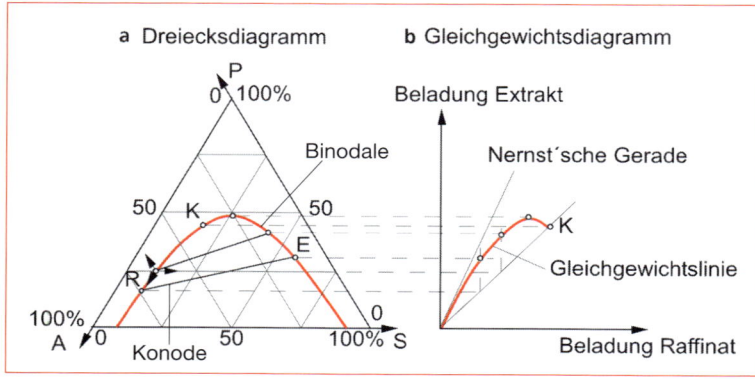

Abb. 10.35 Dreiecksdiagramm (a) und Gleichgewichtsdiagramm (b) eines Dreistoffsystems mit Mischungslücke, K = kritischer Punkt

- hohe Grenzflächenspannungen zwischen Aufnehmer und Abgeber verhindern die Bildung stabiler Emulsionen, erschweren aber auch das Dispergieren der Phasen (Erzeugung großer Austauschflächen)
- geringe Viskosität, um die Druckverluste klein zu halten und guten Wärme- und Stoffübergang zu erzielen
- niedrige Siedetemperaturen und Verdampfungsenthalpien sowie chemische und thermische Beständigkeit des Extraktionsmittels erleichtert die Rückgewinnung
- schlechte Brennbarkeit erhöht die Betriebssicherheit
- niedriger Preis des Extraktionsmittels vermindert die Kosten für die Substitution des verlorengegangenen Extraktionsmittels
- niedriger Dampfdruck bei Arbeitstemperatur vermindert andererseits die Verluste durch Verdunstung
- geringe Korrosionswirkung des Extraktionsmittels hält die Anlagekosten gering
- geringe Toxizität für Mensch und Umwelt.

Neben diesen generellen Auswahlkriterien gibt es noch für die Bioproduktaufarbeitung spezifische Forderungen:
- geschieht die Extraktion aus dem zellfreien Abstrom, so muss das Extraktionsmittel so gewählt werden, dass es das Produkt nicht schädigt (z. B. deaktiviert)
- erfolgt die Extraktion unmittelbar im Bioreaktor, so darf das Extraktionsmittel zusätzlich nicht toxisch für den Biokatalysator sein.

Die meisten organischen Lösungsmittel sind jedoch toxisch. Schügerl (2000) sieht deren Einsatz – nach Abtrennung der Mirkoorganismen – vorteilhaft für die Gewinnung von Antibiotika. Für die in situ-Anwendung empfiehlt er aber **wässrige Zweiphasensysteme**.

10.3.4.2 Die wässrige Zweiphasenextraktion

Werden zwei Polymere wie z. B. Polyethylenglykol (PEG) und Dextran in Wasser gelöst, so bilden sie nach Überschreiten gewisser Grenzkonzentrationen zwei Phasen. Diese Phasenbildung basiert auf der so genannten Unverträglichkeit von Polymeren: Die Wechselwirkung der jeweiligen Polymerspecies unter sich ist günstiger als die Wechselwirkung zwischen den beiden Polymeren. Der hohe Wasseranteil in beiden Phasen erlaubt eine schonende Extraktion mit Erhalt der biologischen Aktivität der Proteine. Dies ist ein wesentlicher Vorteil gegenüber der Extraktion mit organischen Lösungsmitteln, deren Anwendung in der Biotechnik, wie oben gezeigt, auf Sonderfälle beschränkt bleibt.

Abb. 10.36 zeigt das Dreiecksdiagramm eines PEG/Dextran/Wasser-Systems. Die unterste Kurve – die so genannte Binodale – trennt das darunter liegende Gebiet der einphasigen, homogenen Lösung von dem darüber liegenden Zweiphasensystem. Beim Vergleich mit Abb. 10.35a ist aber zu beachten, dass in Abb. 10.35b bereits Abgeber und Aufnehmer ein Dreiecksdiagramm benötigen. Die Verteilung des Produkts in den beiden Phasen hätte eine räumliche Darstellung erforderlich gemacht. Überlässt man dieses System der Schwer- oder Zentrifugalkraft, so bildet sich eine PEG-reiche Oberphase und eine Dextran reiche Unterphase.

PEG wird aus Ethylenoxid in unterschiedlicher Kettenlänge hergestellt, wobei Molmassen zwischen 1 000 und 20 000 eingesetzt werden. Dextran ist ein biotechnologisch hergestelltes Polysaccharid aus Glucoseeinheiten. Aufgrund des relativ hohen Preises für Dextran wurde schon früh nach alternativen Polymeren gesucht. Ein Beispiel hierfür ist derivatisierte Stärke.

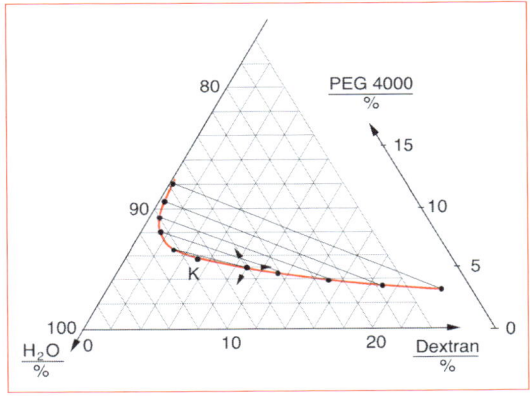

Abb. 10.36 Dreiecksdiagramm eines PEG/Dextran/Wasser-Systems; K = kritischer Punkt (modifiziert nach Hustedt et al. 1987)

Durchgesetzt haben sich diese alternativen Polymere aber noch nicht.

Breitere Anwendung in der Proteinreinigung hat das PEG/Salz-System gefunden, da dieses System billiger ist und zudem häufig auch bessere Reinigungen erzielt. Als Salze werden vor allem solche mit hoher Aussalzkapazität verwendet, wie Phosphat oder Sulfat. Bei der Phasentrennung verteilt sich PEG überwiegend in die Oberphase, Kaliumphosphat überwiegend in die Unterphase. Zellen, Zellbruchstücke, Proteine und Nukleinsäuren verteilen sich auf Grund spezifischer Wechselwirkungen mit den Systemkomponenten zwischen den zwei Phasen. Diese Wechselwirkungen sind vor allem ionischer und hydrophober Natur und van-der-Waals'sche Wechselwirkungen.

Das Verteilungsverhalten der Moleküle wird durch den schon definierten Verteilungskoeffizienten K_E angegeben. Der Verteilungskoeffizient kann auch durch die Brönstedt-Gleichung beschrieben werden:

$$\ln K_E = \frac{\lambda A}{kT} \qquad (10.15)$$

Dabei sind K_E = Verteilungskoeffizient
 A = Oberfläche des Moleküls
 k = Boltzmann-Konstante
 T = absolute Temperatur
 λ = Summe der molmasseunabhängigen Wechselwirkungen

Aus der exponentiellen Abhängigkeit des Verteilungskoeffizienten von der Oberfläche und damit indirekt auch von der Molmasse ergibt sich für Partikel mit hoher Molmasse, wie z. B. Zellen und Zellbruchstücke, eine einseitige Verteilung, d. h. Verteilungskoeffizienten von nahezu 0 oder unendlich. Aus diesem Grund ist das Zweiphasensystem zur **Zelltrümmerabtrennung** besonders gut geeignet, da sich diese leicht quantitativ in die Unterphase verteilen lassen. Für Proteine liegen die Verteilungskoeffizienten zwischen 0.01 und 100, für niedermolekulare Stoffe wie Aminosäuren oder Salze um 1. Das Ziel der wässrigen Zweiphasenextraktion ist es, das gewünschte Produkt in eine Phase, die Fremdproteine und Zellbruchstücke in die andere Phase zu verteilen. Das Verteilungsverhalten von Biopolymeren lässt sich generell durch folgende Bedingungen beeinflussen:

- Art der phasenbildenden Polymere
- Molmasse und Molmasseverteilung der Polymere
- Entfernung vom kritischen Punkt, d. h. Konodenlänge
- Gegenwart von Ionen
- pH-Wert
- Temperatur
- Einführung spezifischer Liganden: siehe Affinitätsextraktion

Es ist bis heute noch nicht möglich, die Verteilung von Proteinen genau vorherzusagen, um optimale Verteilungskoeffizienten zu erzielen. Es lassen sich jedoch einige Tendenzen aufzeigen.

- Mit steigender Molmasse eines Polymers werden die Proteine in die andere Phase gedrängt, wenn dort die Molmasse des Polymers konstant gehalten oder erniedrigt wird.
- Mit steigendem pH-Wert steigt auch der Verteilungskoeffizient für das Gesamtprotein.
- Bei hohen Salzkonzentrationen werden die Proteine in die Oberphase verteilt.

Ein allgemeines Verfahrensschema für die Aufarbeitung von Enzymen mit dem wässrigen Zweiphasensystem – mit PEG und Phosphat als phasenbildende Komponenten – ist in der Abb. 10.37 gezeigt.

Das Zellhomogenat (20–25 % Endkonzentration an Biofeuchtmasse) wird im ersten Extraktionsschritt mit Phosphat und PEG versetzt und nach kurzer Mischzeit (1 min) in Ober- und Unterphase bzw. PEG- und Salzphase getrennt. Die Bedingungen werden so gewählt, dass Zellbruchstücke und der überwiegende Teil der kontaminierenden Proteine in die Salzphase verteilt werden, das Produkt jedoch in die PEG-Phase. In dem zweiten Extraktionsschritt wird dann das Produkt in die Unterphase verteilt und so vom PEG getrennt. Ein Teil der Fremdproteine und Farbstoffe verbleiben in der Oberphase. Nach diesem Verfahrensschema wurden eine Reihe von Enzymen gereinigt und konnten ohne weitere Aufarbeitungsschritte als technische Enzyme eingesetzt werden (Tab. 10.4). In allen Fällen betrug die Ausbeute um die 80 %, die **Anreicherungsfaktoren** lagen zwischen 1,9 und 33. Eine Übersicht über die wässrige Zweiphasenextraktion gibt Kula (1990). Der in Tab. 10.4 für β-In-

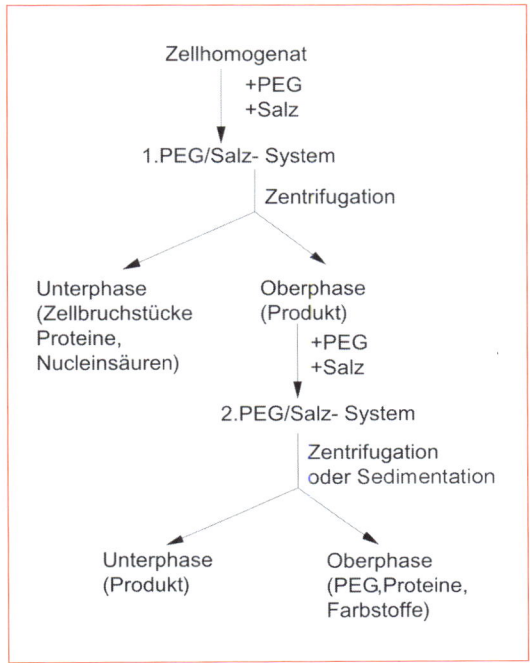

Abb. 10.37 Verfahrensschema zur extraktiven Enzymaufarbeitung mit dem wässrigen Zweiphasensystem. Phasenbildende Komponenten sind PEG und Kaliumphosphat (modifiziert nach Hustedt et al. 1985).

terferon erreichte Anreicherungsfaktor von 350 gelang durch Modifikation des PEG im Sinne der Affinitätsextraktion.

10.3.4.3 Affinitätsextraktion

Durch Einführung eines Liganden, der spezifisch nur das Zielsystem oder eine Enzymgruppe erkennt, kann die Selektivität und damit der Verteilungskoeffizient drastisch erhöht werden.

Diese Affinitätsextraktion oder -verteilung ist in der Wirkung zu vergleichen mit der Affinitätschromatographie (s. Abschnitt 10.3.6.7) und der Affinitätspräzipitation (Abschn. 10.3.1.9). In der Regel kann die Affinitätsextraktion nur in einem Polymer-Polymer-System durchgeführt werden, da hohe Salzkonzentrationen die Interaktion zwischen Ligand und Protein herabsetzen. Bei Verwendung von PEG und Dextran wird der Ligand meistens an die terminale Hydroxylgruppe des PEG gekoppelt, es gibt jedoch auch Beispiele der Kopplung an Dextran. Als Liganden können u. a. Substrate, Inhibitoren oder Cofaktoren eingesetzt werden. In Abb. 10.38 sind die Verteilungskoeffizienten von verschiedenen Dehydrogenasen in Abhängigkeit des Anteils an PEG-NADH in einem

Tab. 10.4 Proteine, die durch mehrere Extraktionsschritte gereinigt wurden (nach Hustedt et al. 1985)

Protein	Organismus	Anzahl der Extraktionsschritte	Gesamtausbeute (%)	Gesamtreinigungsfaktor
L–2-Hydroxyisocaproat-Dehydrogenase	Lactobacillus confusus	2	24	80
D–2-Hydroxyisocaproat-Dehydrogenase	Lactobacillus casei	2	7	85
Fumarase	Brevibacterium ammoniagenes	2	22	75
Aspartase	Escherichia coli	3	18	82
Leucin-Dehydrogenase	Bacillus sphaericus	2	3.1	87
Formiat-Dehydrogenase	Candida boidinii	3	4.2	78
D-Lactat-Dehydrogenase	Lactobacillus confusus	2	1.9	91
Penicillin Acylase	Escherichia coli	2	10	78
Pullulanase	Klebsiella pneumoniae	4	6.3	70
Glucose Dehydrogenase	Bacillus species	3	33	83
Glucose-6-Phosphat-Dehydrogenase	Leuconostoc species	2	5	80
Fumarase	Saccharomyces cerevisiae	2	13	77
β-Interferon	Human-Fibroblasten	1	350	–

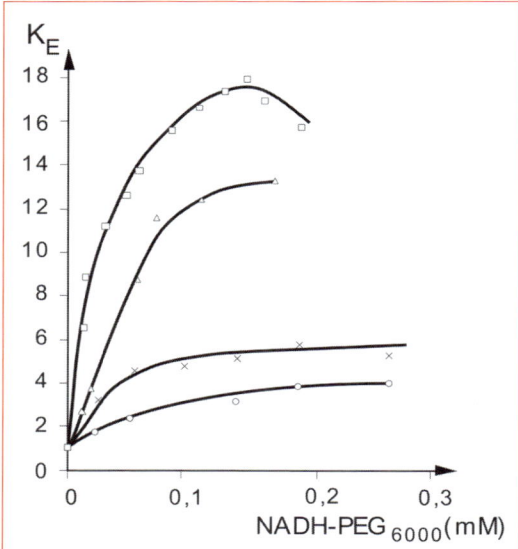

Abb. 10.38 Verteilungskoeffizient K_E von verschiedenen Dehydrogenasen als Funktion der PEG$_{6000}$-NADH-Konzentration in einem PEG$_{4000}$/ Dextran T-500-System. Systembedingungen: 7 % (w/w) PEG$_{4000}$; 6 % (w/w) Dextran T-500; 0,05 M Kaliumphosphat, pH 7,5 und 0,1 mm β-Mercaptoethanol (20 °C) (nach Kula et al. 1982).
(□) Laktat-Dehydrogenase (Kaninchenmuskel)
(△) Alkohol-Dehydrogenase (Hefe) (*Saccharomyces cervisae*)
(X) Formiat-Dehydrogenase (*Candida boidinii*)
(O) Formaldehyd-Dehydrogenase (*Candida boidinii*)

PEG 4000/Dextran T-500-System gezeigt. Mit steigender Konzentration des Liganden tragenden PEG ergeben sich typische Sättigungskurven. Je nach Enzym wird der Verteilungskoeffizient bis zu 20fach gesteigert. Da NADH als Ligand zu teuer ist, wurden schon früh alternative Liganden gesucht und in den Triazinfarbstoffen gefunden, die hohe Affinitäten zu Dehydrogenasen zeigen. Für die Phosphofructokinase aus *Saccharomyces cerevisiae* konnte der Δlog K-Wert um den Faktor 3 gesteigert werden (Johansson et al. 1983).

Diese hohen Verteilungskoeffizienten tragen jedoch nur zur Reinigung bei, wenn der Verteilungskoeffizient der kontaminierenden Proteine nahezu unverändert bleibt. In den meisten Veröffentlichungen, so auch in dem obigen Beispiel, werden vorgereinigte oder homogene Enzymsysteme eingesetzt. (Schustolla et al. 1989) zeigten,

dass die Steigerung des Δlog K-Wertes bei Einsatz von Zellhomogenat, also direkt aus der aufgeschlossenen Zellbrühe, weit geringer ausfällt. Andere Verbesserungen der Selektivität sind z. B. die Einführung von geladenen Gruppen wie quartäres Amin oder eine Sulfonsäuregruppe, Phosphatester oder polymergebundene Fettsäuren.

Zusammenfassend kann festgestellt werden: Das wässrige Zweiphasensystem zeichnet sich durch folgende Punkte aus:
- verfahrenstechnische Einfachheit in jedem Maßstab
- einfaches und präzises Scale up
- hohes Potenzial für eine kontinuierliche Prozessführung
- niedrige Investitionskosten
- hohe Produktausbeuten

Von Nachteil sind jedoch die relativ hohen Chemikalienkosten, weswegen ein Recycling der Systemkomponenten besonders interessant ist. Hustedt und Mitarbeiter (1986) konnten anhand der Fumarase aus der Bäckerhefe zeigen, dass das PEG bis zu viermal wiederverwendet werden kann, ohne dass dadurch die spezifische Aktivität oder die Ausbeute nennenswert absinkt.

Bei Verwendung eines PEG-Salz-Systems bringt die Entsorgung des Salzes, insbesondere des Phosphates, erhebliche Umweltprobleme. Schon aus diesem Grund sind anschließende Schritte zur Rückgewinnung des Salzes notwendig (Greve und Kula 1991).

10.3.4.4 Hochdruckextraktion (HDE)

Seit langem ist bekannt, dass verflüssigte und **überkritische Gase** als Extraktionsmittel im Sinne einer Solvextraktion benutzt werden können. Die Diffusionskoeffizienten liegen für überkritische Gase um ca. zwei Zehnerpotenzen unter denen der Gasphase, und ca. 1,5 Zehnerpotenzen über denen der flüssigen Phase. Ebenso liegt die Viskosität überkritischer Gase zwischen dem flüssigen und dem gasförmigen Zustand. Daraus resultieren im Vergleich zur Flüssig-Flüssig-Extraktion sehr günstige Transporteigenschaften im überkritischen Zustand.

Die Löslichkeit ist in der Regel in überkritischen Gasen im Vergleich zu organischen Lösungsmitteln wesentlich niedriger. Überkritische

Gase verhalten sich wie unpolare Lösungsmittel und eignen sich aus diesem Grunde bevorzugt für unpolare Substanzen. Ionisierte Stoffe lösen sich ebenso wenig wie Polysaccharide und einfache Zucker. Die Löslichkeit polarer Stoffe, das sind solche, die polare Substituenten wie Hydroxyl-, Amino- oder Carboxyl-Gruppen enthalten, ist wesentlich geringer als die der vergleichbaren Grundkörper. Leicht löslich, und damit für die Extraktion geeignet, sind die völlig unpolaren Kohlenwasserstoffe, viele Ether, Ester, Lactone und Triglyceride (Fette).

Eine der wichtigsten technischen Anwendungen ist die Entasphaltierung von Erdöl. Aber auch in der Lebensmitteltechnik wird die Hochdruckextraktion z. B. zur Gewinnung von Aromastoffen oder zur Entkoffeinierung von grünem Kaffee eingesetzt. Über den Einsatz in der Biotechnik berichtet Willson (1985). Als Lösungsmittel wird überwiegend CO_2 verwendet. Dieses besitzt zahlreiche Vorteile:

- Sein kritischer Punkt liegt – wie aus dem Zustandsdiagramm in Abb. 10.39 hervorgeht – mit 31 °C und 73 bar in einem technisch gut beherrschbaren Bereich. Auf Grund der niedrigen kritischen Temperatur lassen sich auch empfindliche Stoffe extrahieren oder voneinander trennen, die in anderen Verfahren, wie z. B. der Destillation, thermisch geschädigt würden. Wegen der niedrigen Prozesstemperaturen können die Heizkosten niedrig gehalten werden.
- Es ist nicht brennbar, i. Allg. nicht korrosiv sowie billig auch in großen Mengen und großer Reinheit zu beziehen.
- Es ist physiologisch völlig unbedenklich; auf Grund seines hohen Dampfdruckes verflüchtigt es sich aus den Extrakten vollkommen rückstandsfrei. Diese Eigenschaften machen es insbesondere für die Nahrungs- und Genussmittelverarbeitung interessant.

Anhand von Abb. 10.40 sollen HDE-Prozesse in ihren wesentlichen Elementen beschrieben werden: Das Einsatzgut wird in den thermostatisierten Extraktionsbehälter gebracht und dort von dem überkritischen Lösungsmittel durchströmt. Dieses belädt sich, abhängig von der Temperatur, dem Druck, der Verweilzeit und den Strömungsbedingungen, mit verschiedenen Komponenten

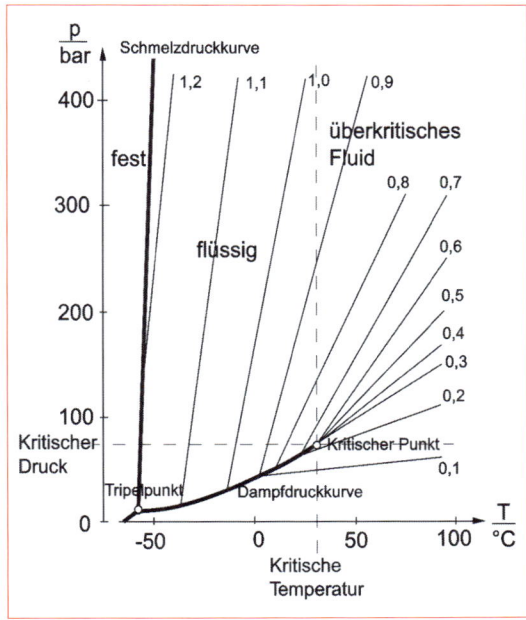

Abb. 10.39 Zustandsdiagramm für CO_2, die dünnen Linien sind Isochoren (Dichten von 0,1–1,2 g/ml)

des Einsatzgutes; die beladene Extraktphase wird am Kopf des Druckbehälters abgezogen. Wird das Extraktionsmittel auf einen unterkritischen Druck entspannt, verliert es seine Lösungseigenschaften nahezu vollständig, und die gelösten Stoffe fallen aus. Als Abscheideorgan ist deshalb in der Abb. 10.40a) ein Drosselventil eingezeichnet; die abgeschiedenen Extraktstoffe werden in einem zweiten thermostatisierten Druckbehälter aufgefangen. Das Trägergas wird über einen Wärmetauscher, wo es je nach Betriebsbedingungen entweder geheizt oder gekühlt werden muss, und einen Kompressor wieder dem Extraktionsbehälter zugeführt.

Abhängig von der Art des Einsatzgutes, des verwendeten Trägergases und verschiedener Prozessparameter (z. B. geforderter Abscheidegrad) können Trägergas und Extrakt auch durch Temperaturänderung oder durch Adsorption voneinander getrennt werden; an die Stelle der Drossel tritt in diesem Fall ein weiterer Wärmetauscher (s. Abb. 10.40b) oder ein Adsorber (Abb. 10.40c). Durch eine Drosselung oder Temperaturänderung in mehreren Stufen lassen sich die Extraktstoffe unter Umständen auch fraktionieren. Wird das Trägergas nach dem Abscheideschritt verflüssigt, kann der Kompressor durch eine Flüssigkeitspumpe ersetzt werden. Durch Zugabe von geringen Mengen eines so genannten Schleppmittels konnte die Löslichkeit der Extraktsubstanzen im Trägergas für bestimmte Substanzen um mehrere Zehnerpotenzen gesteigert werden;

als Schleppmittel eignen sich nach dem derzeitigen Kenntnisstand vor allem leichtflüchtige Flüssigkeiten wie Alkohole, Aceton oder kurzkettige Alkane, teilweise auch Wasser. Um beurteilen zu können, welche der zahlreichen möglichen, hier nur kurz angeschnittenen Prozessvarianten für ein gegebenes Trennproblem am besten geeignet ist, sind detaillierte Kenntnisse über das Verhalten der beteiligten Gemische nötig. Diese sind beim derzeitigen Stand der Technik nur durch Experimente zu gewinnen.

Die Vorteile, die diese Trennmethode gegenüber den herkömmlichen Verfahren der Destillation und Extraktion mit organischen Lösungsmitteln aufzuweisen hat, sind: große Variabilität im Lösungsbereich des Extraktionsmittels durch Regelung von Temperaturen und Druck, Trennung auch schwerflüchtiger Stoffe bei relativ niedrigen Temperaturen, lösungsmittelfreie Produkte, nichttoxisch, nicht entflammbar, hoher Reinheitsgrad, einfache Regenerierung des Lösungsmittels, keine Umweltschutzprobleme, chemisch reaktionsträge. Dem stehen aber gravierende Nachteile gegenüber: hohe Investitionskosten durch teure Hochdruckapparatur, relativ niedrige Beladung des Lösungsmittels, schlechte Löslichkeit für polare Substanzen (R. M. Smith, S. B. Hawthorne, 1997).

10.3.4.5 Solventextraktion im technischen Maßstab

Die Extraktion beginnt mit dem Dispergieren des Extraktionsmittels in die abgebende Phase. Dabei sollte eine möglichst große Austauschfläche erzeugt werden, um den Stoffaustausch zu verbessern. Anschließend müssen die beiden Phasen wieder voneinander getrennt werden. Diese beiden Stufen (s. Abb. 10.41a) sind daher in jedem Extraktionsprozess in irgendeiner Form vorhanden. Da die Phasentrennung häufig der limitierende Schritt ist, wird sie, wie in Abb. 10.41b dargestellt, durch den bereits früher beschriebenen, kontinuierlich arbeitenden Tellerseparator beschleunigt. Durch diesen Tellerseparator findet auch die Trennung des wässrigen 2-Phasensystems statt, insbesondere wenn die Unterphase mit Zellbruchstücken beladen ist.

Die in Abb. 10.41c im Ausschnitt schematisch dargestellte Siebbodenkolonne bedeutet im Grunde genommen die Aneinanderreihung

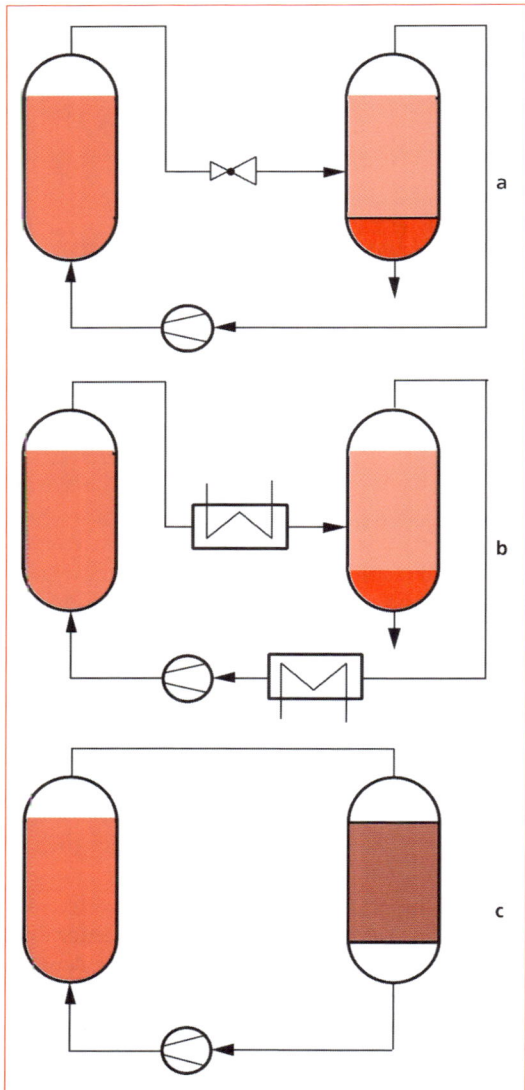

Abb. 10.40 Hochdruckextraktabscheidung durch a) Druckänderung; b) Temperaturänderung; c) Adsorption. Links: Extraktionsstufe, rechts: Entmischungsstufe

10.3 Produktisolation, -konzentrierung und -reinigung

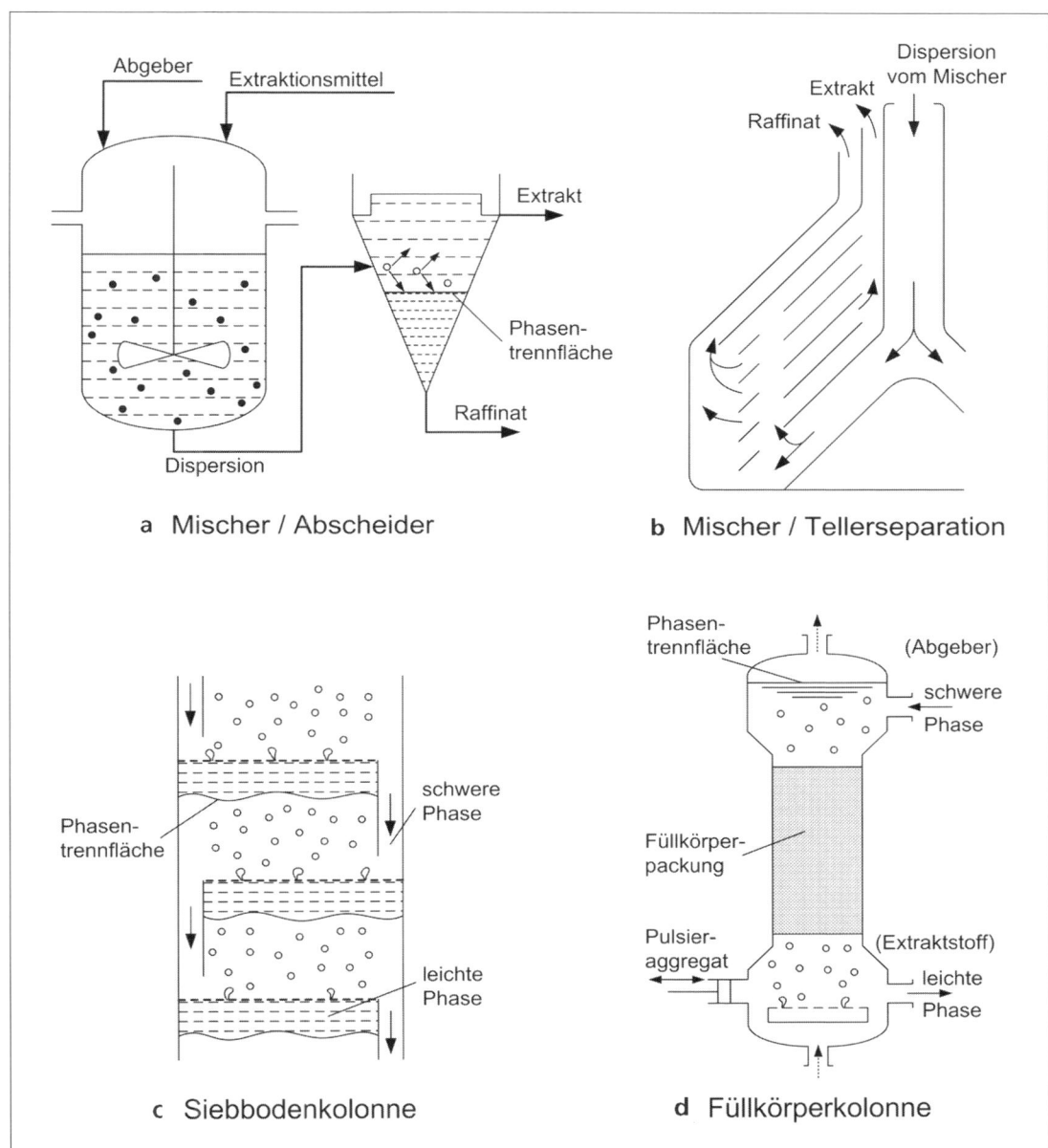

Abb. 10.41 Schematische Darstellung einiger Extraktionsapparate

mehrerer Mischer/Abscheider, allerdings im Gegenstrom betrieben. In Abb. 10.41d wird die große Austauschfläche durch Füllkörper erreicht. Siebboden- und Füllkörperkolonne werden häufig auch pulsierend betrieben. In kontinuierlichen Prozessen wird das Produkt ständig aus der Extraktphase entfernt und das Extraktionsmittel wiederverwendet. Neben den gezeigten Beispielen haben sich in der industriellen Anwendung eine Fülle von Varianten etabliert. Cunha und Aires-Barros (2002) haben diese Varianten an Anwendungsbeispielen und mit einer großen Zahl von Literaturzitaten diskutiert. Eine dieser Varianten ist die von Wyss et al. (2004) beschriebene Enkapsulierung des Extraktionsmittels in einen Polymerfilm. Im o. g. Beispiel wird eine hydrophobe Flüssigkeit (das Extraktionsmittel) so in einen Film aus vernetztem Acrylamid/Alginat eingeschlossen, dass sich nahezu monodisperse, mit dem Extraktionsmittel gefüllte, Kugeln von ca. 1 mm Durchmesser bilden. Diese können dann zur *in situ*-Extraktion des Produkts (z. B. Penicillin G) eingesetzt werden.

10.3.5 Elektrokinetische Trennverfahren

Bekanntlich wandern elektrisch geladene Teilchen, wenn sie in einem Elektrolyten suspendiert sind, beim Anlegen eines elektrischen Feldes zur entgegengesetzt geladenen Elektrode. Dieser Vorgang wird **Elektrophorese** genannt (s. Abb. 10.42).

Die im stationären Zustand sich einstellende Geschwindigkeit $w^\pm$ des Teilchens wird im Wesentlichen von zwei Kräften bestimmt
- der treibenden Kraft, als Produkt aus effektiver Ladung des Teilchens e_{eff} und elektrischer Feldstärke $E = U/l$ (Länge auf der der Spannungsabfall U stattfindet) und
- der der Bewegung entgegengesetzt gerichteten Reibungskraft, die sich aus der Relativbewegung des Teilchens zur umgebenden Flüssigkeit ergibt und für kugelförmige Teilchen näherungsweise dem Stokes'schen Gesetz gehorcht, d. h.

$$w^\pm = \frac{e_{eff} \cdot E}{6 \cdot \pi \eta r} \qquad (10.16)$$

mit r = Teilchenradius,
und η = dynamische Viskosität der Flüssigkeit.

Statt der Geschwindigkeit des Teilchens wird häufig auch dessen **Beweglichkeit** $u^\pm = w^\pm/E$ verwendet. Aus Gl. 10.16 lassen sich bereits unmittelbar wichtige, die Wanderungsgeschwindigkeit beeinflussende Parameter ableiten. Sie nimmt mit zunehmender Ladung des Teilchens und mit der Feldstärke zu und verringert sich mit zunehmender Viskosität und mit der Teilchengröße. Der Einfluss anderer Parameter, wie z. B. der Ionenstärke oder des pH-Wertes auf die Teil-

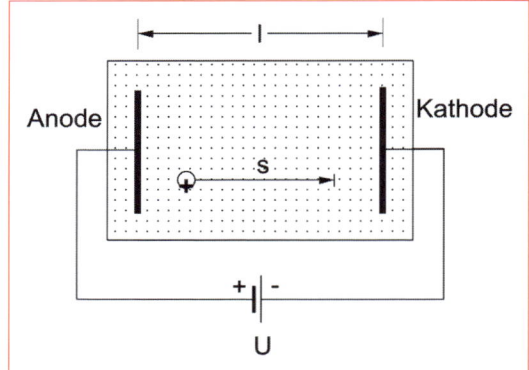

Abb. 10.42 Schema der Elektrophorese; punktierte Fläche = Grundelektrolyt; S = Wanderungsstrecke eines Kations in der Zeit t; l = Abstand der Elektroden

chenbeweglichkeit ist komplexer (Debye-Hückel-Theorie). Hier wird auf die einschlägige Literatur verwiesen (z. B. Wagner et al. 1989). Mit Hilfe der Elektrophorese können Komponenten aus fast allen Stoffklassen, die in Lösung mindestens teilweise geladen vorliegen, aufgetrennt werden. Die Hauptanwendungsgebiete sind in der klinischen Chemie und der Biochemie zu finden, um Makromoleküle (Polypeptide, Proteine, Hormone, Nukleinsäuren, Antikörper, Organellen, Viren oder Zellen usw.) zu trennen und aufzureinigen. Diagnostische Bedeutung für die Medizin hat die Elektrophorese zur Aufreinigung von Serumproteinen erlangt. Die Elektrophorese wird hauptsächlich im analytischen Maßstab eingesetzt.

Ein präparatives, kontinuierliches Verfahren stellt die so genannte Free-Flow-Elektrophorese dar, wobei in der Grundbauart auf jegliche Einbauten innerhalb der Trennkammer verzichtet wird.

Bei den kontinuierlich arbeitenden präparativen Elektrophoreseprozessen besteht in der Regel die Elektrophoresekammer aus einem flachen, rechtwinkligen Kanal.

Die Trennkammer wird vom zu trennenden Flüssigkeitsgemisch (Probe) in Längsachse laminar durchströmt. Das senkrecht zur Strömungsrichtung angelegte elektrische Feld (s. auch Abb. 10.43) sorgt für eine unterschiedliche Ablenkung der geladenen Teilchen und damit für die Bildung von Fraktionen, die am Ende der Kammer in einem Fraktionssammler aufgefangen werden.

10.3 Produktisolation, -konzentrierung und -reinigung

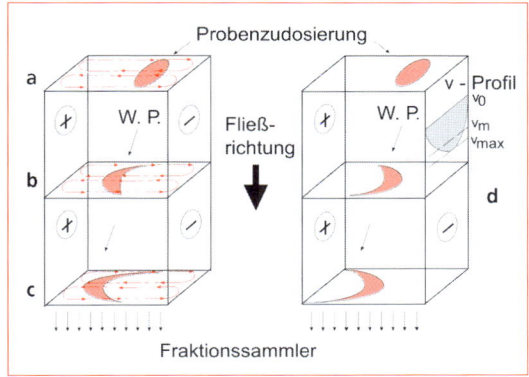

Abb. 10.43 Störfaktoren bei der Free-Flow-Elektrophorese (nach Wagner 1989): a) bewegliche diffuse Doppelschicht; b) Umlaufströmung durch Elektroosmose und c) deren Wirkung als sichelförmige Bandenverbreiterung; d) sichelförmige Bandenverbreiterung durch parabolisches Geschwindigkeitsprofil

Über die rückwärtige Platte der Trennkammer erfolgt, von einem Temperaturfühler kontrolliert, der Abtransport der durch den elektrischen Strom erzeugten Wärme. Zur Dosierung der Elektrolyte, zur Fraktionierung der Proben und zur Umwälzung der Elektrodenraumelektrolyte dienen Schlauchpumpen. Spannungen bis 3 000 V sind möglich.

10.3.5.1 Störfaktoren

Das theoretisch mögliche Trennergebnis wird bei der **Free-Flow-Elektrophorese** durch eine Reihe von Faktoren beeinträchtigt, die von Hannig et al. (1975) analysiert wurden.

So bildet sich an der Grenzfläche des Trennspaltes zwischen Kammerwand und der wässrigen Elektrolytlösung eine bewegliche **diffuse Doppelschicht**, die gemäß Abb. 10.43a in Richtung Kathode driftet. Sie führt im Trennspalt zwangsläufig zu einer störenden Umlaufströmung. Dieser als **Elektroosmose** bezeichnete Effekt führt, wie in Abb. 10.43b dargestellt, zu einer sichelförmigen Bandenverbreiterung (Abb. 10.43c).

Eine analoge Wirkung erzeugt das parabolische Geschwindigkeitsprofil (Abb. 10.43d). Ein Flüssigkeitselement in Wandnähe hat eine wesentlich größere Verweilzeit im Trennspalt und legt daher im elektrischen Feld eine größere Strecke zurück, als ein entsprechendes Flüssigkeitselement in der Strömungsmitte.

Bei anionischer Wanderung der Probe wirken die beiden Effekte gegenläufig, so dass sie sich gegenseitig im Idealfall aufheben; bei kathodischer Wanderung addieren sie sich und führen zu einer verstärkten **Bandenverbreiterung**.

Schließlich ist zu beachten, dass die in den Trennspalt eingebrachte elektrische Energie im Wesentlichen in Wärme umgewandelt wird. Dies bedeutet eine ausgeprägte **Thermokonvektion**, d. h. eine Störung der gewünschten ebenen Schichtenströmung.

Bei der Nutzung der Free-Flow-Elektrophorese zur präparativen Abtrennung und Aufreinigung von Bioprodukten differenziert man im Wesentlichen zwischen vier Trennprinzipien, die jedoch auch im analytischen Maßstab Gültigkeit haben (Abb. 10.44):

- Zonenelektrophorese (ZE)
- Isotachophorese (ITP)
- Isoelektrische Fokussierung (IEF)
- Feldsprungelektrophorese (FSE)

10.3.5.2 Zonenelektrophorese (ZE)

Eine Pufferlösung, der so genannte **Grundelektrolyt**, durchströmt gleichmäßig die Trennkammer und dient hier in der Regel auch als Elektrodenlösung. An einer eng begrenzten Stelle wird die zu fraktionierende Probe ebenfalls kontinuierlich zudosiert (s. Abb. 10.44). Die Probenkomponenten (im Beispiel der Abb. 10.44a sind es zwei) werden im elektrischen Feld auf Grund ihrer unterschiedlichen Beweglichkeit um unterschiedliche Winkel abgelenkt. Es entstehen einzelne Zonen, die sich infolge Diffusion mit zunehmender Weglänge verbreitern. Dies bedeutet eine starke Verdünnung der Probe und eine – verglichen mit anderen Free-Flow-Elektrophoresetechniken – schlechte Auflösung.

Die ZE ist daher in erster Linie geeignet für die Reinigung und Isolierung von Zellen und Zellorganellen, weniger für die Proteinreinigung.

10.3.5.3 Isotachophorese (ITP)

Am Kopf der Trennkammer werden gemäß Abb. 10.44b drei Lösungen aufgegeben: ein **Leitelektrolyt** (*leading electrolyte*), die zu trennende

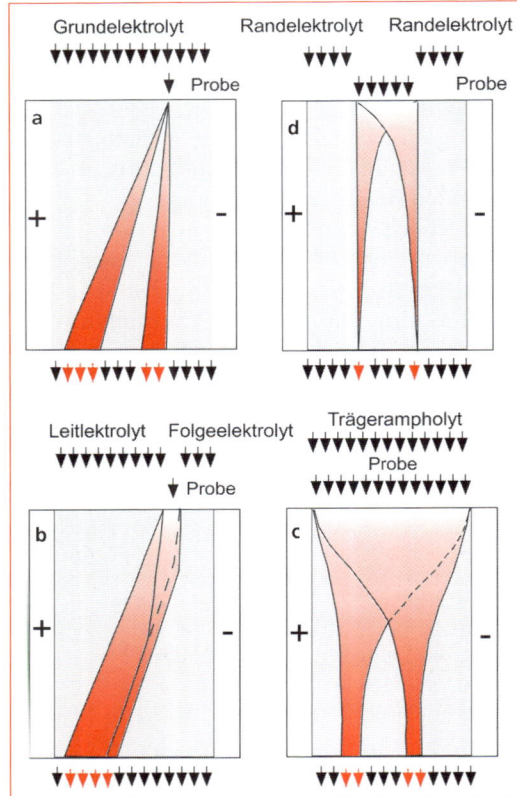

Abb. 10.44 Verschiedene Free-Flow-Elektrophoreseverfahren: a) Zonenelektrophorese; b) Isotachophorese; c) Isoelektrische Fokussierung; d) Feldsprungelektrophorese

10.3.5.4 Isoelektrische Fokussierung (IEF)

Bei der isoelektrischen Fokussierung in pH-Gradienten wandern **Ampholyte** an diejenige geometrische Stelle, an der ihre Nettoladung verschwindet. Der pH-Wert an dieser Stelle muss demzufolge identisch mit dem isoelektrischen Punkt (IP) der Probenkomponente sein. Es gibt zwei Arten der IEF.

Bei der IEF im linearen pH-Gradienten (s. Abb. 10.44c) werden als Trägerampholyte Gemische synthetischer Polyamino-polycarbonsäuren bzw. -polysulfonsäuren verwendet, deren pI-Wert den interessierenden pH-Bereich abdeckt. Unter Miteinbeziehung der Elektrolyseprodukte an den Elektroden entsteht bei Stromfluss ein mehr oder weniger stabiler, monotoner pH-Verlauf. Die andere Möglichkeit ist die Erzeugung eines stufenförmigen pH-Verlaufes.

Die IEF eignet sich vor allem für die Trennung von Aminosäuren, Peptiden und Proteinen.

10.3.5.5 Feldsprungelektrophorese (FSE)

Bei der FSE wird die Probe als breite Zone zwischen zwei Randlösungen auf die Trennkammer aufgegeben (s. Abb. 10.44d). Die Randlösungen müssen im Vergleich zur Probelösung eine etwa 20fach höhere Leitfähigkeit besitzen (Hoffstetter-Kuhn 1989). Bei angelegter Spannung stellt sich ein **Feldstärkesprung** ein, mit sehr niedriger Feldstärke im Anoden- und Kathodenbereich und hoher Feldstärke im Probenbereich. Daher wandern die Probeionen mit hoher Geschwindigkeit in Richtung Kathode bzw. Anode. An der Grenzfläche werden sie wegen des Feldstärkesprunges erheblich abgebremst, so dass sie dort aufkonzentriert werden. Mit zunehmender Verweilzeit wandern allerdings die konzentrierten Komponenten in die Randlösung hinein.

Wegen der Möglichkeit hoher Probendurchsätze eignet sich die FSE für die Vorreinigung biotechnischer Produkte (Aminosäuren, Peptide, Proteine, Viren, Zellen etc.).

Einschlägige Übersichtsartikel (z. B. Issaq 2002 und Chartogne 2002) zeigen, dass die Fortentwicklung elektrokinetischer Trennverfahren hauptsächlich im analytischen Bereich geschieht.

Probe und ein **Folgeelektrolyt** (*terminating electrolyte*). Das Leition muss die größte, das Folgeion die kleinste Ionenbeweglichkeit besitzen. Die Beweglichkeiten der zu trennenden Ionen müssen dazwischen liegen. Die unterschiedlichen Ionenbeweglichkeiten haben einen stufenförmigen Verlauf der Leitfähigkeit und damit der Feldstärken zur Folge. Dadurch werden die Komponenten derart getrennt, dass sie diskrete Zonen homogener Konzentration bilden. Das System erreicht einen stationären Zustand, in welchem die Zonen sich mit konstanter Geschwindigkeit bewegen (daher der Name Isotachophorese).

Wegen ihrer hohen Auflösung ist die ITP als letzter Schritt der Proteinreinigung geeignet. Sie wird insbesondere zur Isolierung monoklonaler Antikörper eingesetzt.

10.3 Produktisolation, -konzentrierung und -reinigung

Für die präparativen elektrokinetischen Verfahren muss festgestellt werden, dass sie – nicht zuletzt wegen der o. g. Störfaktoren – keine besseren Trennleistungen bieten als die im Folgenden beschriebenen chromatographischen Trennverfahren und sich wegen der vergleichsweise hohen Kosten und der begrenzten Scale-up-Möglichkeiten nicht durchgesetzt haben.

10.3.6 Adsorptive / Chromatographische Trennverfahren*

Bei der Reinigung von Substanzen mittels **Adsorption / Chromatographie** nutzt man den Effekt, dass verschiedene Komponenten einer Lösung, wenn sie ein Festbett durchströmen, mit der Oberfläche der Feststoffpartikel verschieden stark interagieren. Die daraus resultierenden unterschiedlichen Verweilzeiten führen zu einer Komponententrennung, d. h. die einzelnen Komponenten verlassen mit einer zeitlichen Verschiebung gegeneinander das Festbett analog Abb. 10.45. In der Regel sind die Feststoffpartikel in eine Säule gefüllt. Das Bioproduktmolekül, im Folgenden R-Molekül genannt, kann verschiedenartige aktive Gruppen besitzen, die unterschiedliche Interaktionen mit den entsprechenden aktiven Gruppen der Feststoffoberfläche eingehen können. Bei geeigneter Wahl von stationärer und mobiler Phase zeichnen sich die chromatographischen Verfahren nicht nur durch ihre schonende Trennung (niedrige Scherkräfte, Raumtemperatur, gepufferte Lösungen), sondern auch durch ihre hohe Selektivität aus. Damit sind sie besonders interessant für die Reinigung von Bioprodukten.

Die chemischen Oberflächeneigenschaften der Feststoffpartikel – **stationäre Phase** genannt – bestimmen, zusammen mit dem durchströmenden Flüssigkeitsgemisch – **mobile Phase** genannt – das spezifische chromatographische Trennverfahren. Während niedermolekulare Substanzen sich unter solchen Bedingungen oft genügend stark in ihrem Wechselwirkungsverhalten unterscheiden und so 'isokratisch', d. h. ohne Wechsel

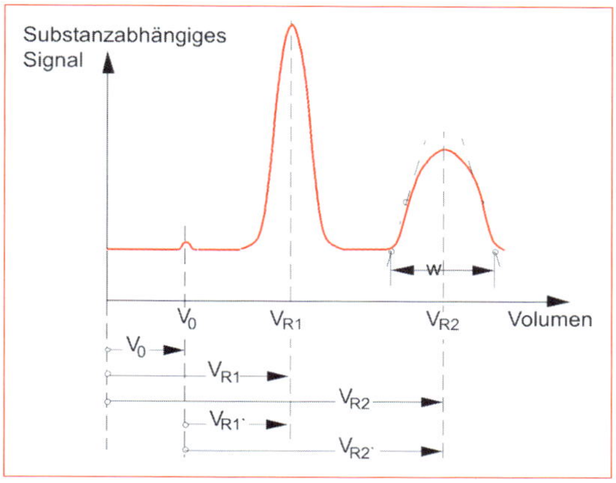

Abb. 10.45 Das Chromatogramm und seine Kenngrößen.
V_0 Totvolumen (definert als Volumen der mobilen Phase in der Säule)
w Basisbreite eines Peaks (in diesem Fall Volumen des durch seine Wendetangenten begrenzten Peaks)
V_{Ri} Retentionsvolumen der Substanz i
$V_{Ri'}$ Nettoretentionsvolumen der Substanz i
$V_{Ri'} = V_{Ri} - V_0$

der mobilen Phase aufgetrennt werden können ist dies bei Biomakromolekülen wie Proteinen oft nicht der Fall. Proteine zeichnen sich für eine bestimmte Kombination von stationärer und mobiler Phase oft durch ein 'Alles-oder-Nichts'-Bindungsverhalten aus. In solchen Fällen ist es üblich die Stärke der mobilen Phase während der chromatographischen Trennung graduell zu erhöhen um so zunächst die schwach bindenden und dann die stärker bindenden Moleküle zu eluieren (Gradientenelution). Neben den linearen sind in der präparativen Chromatographie vor allem Stufengradienten üblich. Die unten aufgeführten theoretischen Grundlagen beziehen sich auf den isokratischen Fall.

10.3.6.1 Theoretische Grundlagen der Chromatographie

Um den chromatographischen Trennprozess zu beschreiben, werden im Folgenden einige grundlegende Definitionen eingeführt. In einem idealisierten Chromatogramm (Abb. 10.45) wird der zeit- bzw. volumenabhängige Austritt der Substanzen aus der Säule gezeigt. Dabei ist als

* von Ruth Freitag überarbeitet

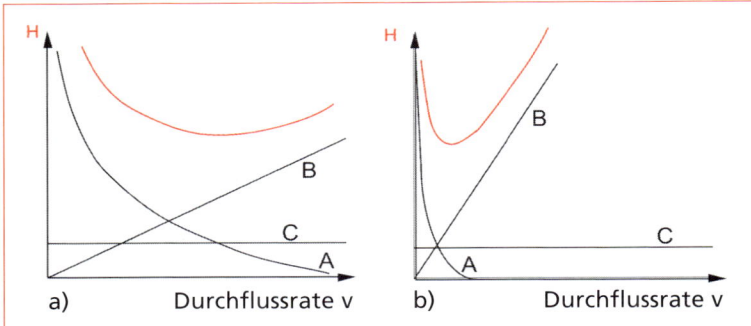

Abb. 10.46 Abhängigkeit der Höhe H eines theoretischen Bodens (als Summe von A, B und C) von der Durchflussrate a) für kleine Moleküle; b) für große Moleküle

y-Achse ein substanzabhängiges (hier konzentrationsabhängiges) Signal (Peak) wie etwa die UV-Absorption, als x-Achse die Zeit (**Elutionszeiten**) oder das Volumen der mobilen Phase (**Elutionsvolumen**) aufgetragen.

Daraus wird als reduzierte, von der Säulendimension unabhängige Größe der **Kapazitätsfaktor K'** berechnet:

$$K' = \frac{V_{R'}}{V_o} = \frac{V_R - V_o}{V_o} \qquad (10.17)$$

Zwei Komponenten einer Mischung werden nur dann getrennt, wenn sie unterschiedliche Elutionsvolumina und damit unterschiedliche Kapazitätsfaktoren haben. Ein Maß dafür ist die relative Retention α, die auch **Trennfaktor** oder **Selektivität** genannt wird, wodurch die Trennfähigkeit einer Chromatographiesäule beschrieben wird

$$\alpha = \frac{K'_2}{K'_1} = \frac{V_{R2} - V_o}{V_{R1} - V_o} \qquad (10.18)$$

Um eine gute Trennung der Stoffe zu gewährleisten, müssen sich aber nicht nur die Kapazitätsfaktoren unterscheiden. Wesentlich ist auch, in welchem Volumen die Substanzen eluieren, d. h. die Breite der Elutionspeaks, die sich möglichst nicht überlappen sollen. Aus der Breite der Peaks und dem Elutionsvolumen wird die dimensionslose **Trennstufen-** oder **Bodenzahl** (von einigen Autoren auch Leistung genannt) nach folgender Gleichung berechnet:

$$N = 16 \left(\frac{V_R}{w} \right)^2 \qquad (10.19)$$

Häufig wird zur Berechnung nicht die Basisbreite sondern die Peakbreite w auf halber Höhe ($w_{1/2}$) zur Berechnung herangezogen.

$$N = 5{,}54 \left(\frac{V_R}{w_{1/2}} \right)^2 \qquad (10.20)$$

Werden Leistung und Selektivität miteinander verknüpft, so erhält man die **Auflösung** (R_s) einer Chromatographiesäule. Diese drei Begriffe sind in der nächsten Gleichung miteinander verknüpft.

$$R_s = \sqrt{N} \left(\frac{\alpha - 1}{\alpha} \right) \left(\frac{K'_2}{1 + K'_1} \right) \qquad (10.21)$$

Zu beachten ist die Konsequenz, dass die Auflösung proportional zur Wurzel der Bodenzahl und damit proportional zur Wurzel aus der Säulenlänge ist. Die Anzahl an **theoretischen Böden** (N) ist gleich dem Quotienten aus Säulenlänge und der Höhenäquivalenz eines theoretischen Bodens H oder Trennstufenhöhe und damit proportional zur Säulenlänge. Damit berechnet sich H als

$$H = L/N \qquad (10.22)$$

Die Höhenäquivalenz eines theoretischen Bodens wird von 3 Parametern bestimmt (Abb. 10.46), die in der **Van Deemter Gleichung** zusammengefasst sind:

$$H = A + B/v + Cv \qquad (10.23)$$

Die Van Deemter Gleichung wird in der Regel in der reduzierten Form dargestellt,

H/d_p

wobei d_p der Partikeldurchmesser ist.

A: **Säulenqualitätsfaktor** (Eddy-Diffusion). Unabhängig von der Flussrate. Hier kommen Faktoren hinein wie Säulenpackung, Partikelgröße und -form. Bei einer gut gepackten Säule sollte A nicht viel größer als das Dreifache des Partikeldurchmessers d_p sein.

B: **Axialdiffusion**. Da die Diffusion der Substanz der Trennung entgegenwirkt, d. h. zur Bandenverbreiterung führt, ist eine genügend schnelle Trennung wichtig, um diese Diffusion so klein wie möglich zu halten. Wegen der geringen Diffusionsgeschwindigkeit von Proteinen spielt der B-Term bei der Proteinchromatographie normalerweise keine Rolle.
C: **Non-Equilibrium-Term** (diffuser Massentransfer zur Oberfläche der stationären Phase). Dieser Term steigt mit zunehmender Flussrate an. Um C gering zu halten, muss eine langsame Flussrate gewählt werden.
v: **Flussrate**.

In der Abb. 10.46 ist die van-Deemter-Gleichung grafisch für kleine (a) und für große Moleküle (b) dargestellt, und zwar die Abhängigkeit der Höhenäquivalenz eines theoretischen Bodens (H) in mm von der Flussrate und der Anteil der drei oben genannten Parameter. Die Axialdiffusion trägt vor allem bei kleinen Molekülen (Abb. 10.46 a) zur Bandenverbreiterung bei, deshalb sind für die Trennung kleinerer Moleküle schnelle Flussraten zu empfehlen. Bei großen Molekülen ist dieser Term dagegen fast vernachlässigbar. Hier spielt der C-Term die wichtigste Rolle, da auf Grund der langsamen Diffusion das Erreichen des Gleichgewichtes zum entscheidenden Parameter wird. Aus der Abbildung ist zu erkennen, dass es für jedes Molekül eine optimale Flussrate gibt.

Wegen der Dominanz des C-Terms bei typischen chromatographischen Trennungen von Proteinen und anderen Biomakromolekülen spricht man in diesem Zusammenhang auch vom Dilemma der Biochromatographie, d. h. der Schwierigkeit bei solchen Trennungen Kapazität, Geschwindigkeit und Auflösung zu vereinen. Eine hohe Kapazität setzt eine poröse stationäre Phase voraus. In diese Poren müssen die Proteine durch Diffusion gelangen, eine schnelle Trennung bedingt dann einen hohen C-Term und damit eine geringe Säuleneffizienz bzw. schlechte Auflösung. Eine Lösung stellen so genannte monolithische stationäre Phasen wie die UNO-Säulen der Firma BioRad oder die CIM-Disks der Firma BIA Separations dar. Derartige Säulen bestehen nicht aus Partikeln sondern aus einem hochporösen Polymerblock, der von der mobilen Phase durchströmt wird. In solchen Säulen erfolgt der Massentransport bis auf die Grenzschichtdiffusion rein konvektiv, der C-Term, d. h. der Anstieg der Bodenhöhe zu hohen Flussraten hin, ist auch bei großen Flussraten gering. Leider lassen sich solche Monolithe derzeit noch nicht im Maßstab typischer präparativer Säulen für die Biochromatographie herstellen.

10.3.6.2 Chromatographische Trenntechniken

An die Feststoffpartikel, Trägermaterial oder stationäre Phase genannt, sind folgende Anforderungen zu stellen:
- Das Grundgerüst der Matrix sollte möglichst wenig **unspezifische Interaktionen** mit dem zurückzuhaltenden Molekül R eingehen. Diese Interaktionen und damit die Spezifität des Adsorbens soll durch eingebaute Gruppen gegeben sein.
- Gute mechanische und chemische Eigenschaften (in der Biochromatographie sind auch die Eignung für Reinigungsprozeduren (CIP/SIP, *clean / sanitize in place*) wichtig).
- Kleine Partikelgröße (mit enger Größenverteilung). Eine geringe Partikelgröße verringert auch den A-Term in der van Deemter-Gleichung. Gleichzeitig steigt aber auch der Druckabfall der Säule an. Der Partikeldurchmesser sollte also auch nicht zu gering sein. Um für einen gegebenen mittleren Partikeldurchmesser den geringsten Druckabfall zu erzeugen, sollte die Verteilung der Partikeldurchmesser in der Säulenpackung möglichst eng sein.

Für die einzelnen Chromatographie-Verfahren werden darüber hinaus noch spezifische Anforderungen an das Trägermaterial gestellt.

10.3.6.3 Normalphasenchromatographie (ADC)

Adsorbentien können aus organischen Materialien bestehen, wie z. B. Aktivkohle, Polymere oder es sind anorganische Substanzen, wie z. B. Kieselgel (Silicagel), Aluminium- oder Magnesiumoxid. Ihre adsorptive Wirkung beruht auf aktiven Stellen. Diese sind z. B. im Falle

des Kieselgels die Silanolgruppen (SiOH), beim Aluminiumoxid die Al^{3+}-Zentren, aber auch die verbindenden O^{2-}-Atome. Sie gehen mit in der Nähe befindlichen Molekülen schwache Wechselwirkungen ein. Das „Knüpfen" der schwachen Bindung nennt man Adsorption, das Lösen derselben Desorption. Daraus lassen sich folgende Schlüsse ziehen:
a) Das Lösungsmittel (die mobile Phase) besetzt alle aktiven Stellen mehr oder weniger stark. Das Molekül, welches zurückgehalten werden soll (R-Molekül), kann nur dann adsorbiert werden, wenn seine Wechselwirkung mit dem Adsorbens stärker ist als diejenige des Lösungsmittels.
b) Die Stärke der Wechselwirkung hängt nicht nur von den funktionellen Gruppen der R-Moleküle, sondern auch von räumlichen Gegebenheiten ab. Moleküle, die sich in ihrer sterischen Struktur unterscheiden, d.h. Isomere, lassen sich gut mit Adsorptions-Chromatographie trennen.

In der Regel verwendet man in der ADC als stationäre Phase polare Materialien mit möglichst großer Oberfläche. Die mobile Phase ist unpolar. **Eluieren**, d.h. von der Adsorbensoberfläche verdrängen, lässt sich dann das R-Molekül durch polare **Elutionsmittel**, wie z.B. Wasser. Die ADC ist hauptsächlich für niedermolekulare Produkte geeignet, da höhermolekulare Substanzen, wie z.B. Proteine, häufig irreversibel binden.

10.3.6.4 Reversed-Phase-Chromatographie (RPC, Umkehrphasenchromatographie)

Von RPC spricht man immer dann, wenn die stationäre Phase weniger polar ist als die mobile. Dabei werden die **hydrophoben Wechselwirkungen** zwischen dem R-Molekül und der stationären Phase genutzt. Das Grundgerüst für die RPC ist vorwiegend Kieselgel, eine stark hydrophile Matrix. Die OH-Gruppen werden durch Alkylgruppen ausgetauscht (Si-R). Durch diese Derivatisierung erhält die zuvor stark polare Matrix einen stark hydroben Charakter. Proteine binden meistens sehr fest an diese stationäre Phase und können nur durch hohe Konzentrationen an organischen Lösungsmitteln (z.B. Acetonitril oder Methanol) eluiert werden. Diese Elutionsbedingungen führen oft zur Denaturierung der Proteine. Das Einsatzgebiet für die RPC ist deshalb auf folgende Anwendungen beschränkt:
- Analytische Qualitätskontrolle
- Fraktionierung von synthetischen oder physiologischen Peptiden oder Hormonen
- Trennung von Aminosäuren und Nukleotiden

Bei Biomolekülen, insbesondere solchen mit höheren Molmassen, sind isokratische Trennsysteme (konstante Laufmittelzusammensetzung) in der RPC unpraktikabel, da die Unterschiede in der Hydrophobizität der Moleküle zu ausgeprägt sind. In diesen Fällen wird die Zusammensetzung des Laufmittels verändert (Gradientenelution), um die Retentionszeiten für sehr hydrophobe Substanzen herabzusetzen.

10.3.6.5 Hydrophobic-Interaction-Chromatographie (HIC)

Im Gegensatz zur Reversed Phase Chromatographie stellt die Hydrophobe Interaktionschromatographie eine beliebte Methode zur präparativen Aufreinigung von Proteinen dar. Die Methode beruht ebenfalls auf hydrophoben Wechselwirkungen. Im Gegensatz zur RPC sind diese jedoch nicht stark genug um eine Denaturierung der Proteine zu bewirken. Die Matrix des Adsorbens besteht bei dieser Methode aus einem hydrophilen Material, in das lediglich schwach hydrophob interagierenden Liganden eingebaut werden. Die hydrophoben Wechselwirkungen werden durch eine hohe Salzkonzentration in der mobilen Phase erzwungen, die Elution erfolgt in der HIC daher in einem Gradienten abnehmender Salzkonzentration. Aus diesem Grunde ist die HIC auch eine gern eingesetzte (orthogonale) Trennoperation nach einer Salzpräzipitation oder einer auf elektrostatischen Wechselwirkungen beruhenden Ionentauschchromatographie (**Elution im Gradienten steigender Salzkonzentration**, s. unten). Neben der Salzkonzentration sind aber auch die Salzart (Stellung in der Hofmeister Serie), der pH-Wert der mobilen Phase sowie die Kettenlänge und die Dichte der Liganden der stationären Phase von Einfluss auf die Selektivität.

10.3.6.6 Ionenaustausch-Chromatographie (IEC)

Bei den bisher behandelten (Adsorptions-) chromatographischen Verfahren wechselwirken die verschiedenen „aktiven Stellen" mit den in der Nähe befindlichen Molekülen. Dabei konkurrieren R-Moleküle und Lösungsmittelmoleküle untereinander um die Adsorption.

Bei der IEC trägt dagegen die stationäre Phase elektrische Ladungen an der Oberfläche. In das Harz oder Gel sind ionische Gruppen eingebaut. Die Ladungen sind durch bewegliche Gegenionen neutralisiert. Ionen dieser mobilen Phase und ionische R-Moleküle konkurrieren miteinander um einen Platz auf der stationären Phase.

Man unterscheidet zwischen Kationen (sauren) und Anionen (basischen) Austauschern. Beide kommen in schwacher und starker Form vor. Schwache Ionenaustauscher haben eine pH-abhängige Ladungsdichte, starke Ionenaustauscher sind praktisch pH-unabhängig.

Abb. 10.47 zeigt einen **Kationenaustauscher**, wie er mit Kationen eine elektrostatische Bindung eingeht. Ein Harz mit SO_3^--Gruppen ist ein stark saurer Kationenaustauscher, ein COO^--Harz dagegen ein schwach saurer. Ein **Anionenaustauscher** trägt beispielsweise NR_3^+- (stark basisch) oder NH_3^+-Gruppen (schwach basisch). Er geht mit den negativ geladenen Anionen elektrostatische Wechselwirkungen ein.

Die Ionenaustauschreaktion, bei der das positiv geladene Gegenion A^+ gegen das ebenfalls positiv geladene Proteinmolekül P^+ ausgetauscht wird, läuft nach folgendem Schema ab:

$$M^- \ A^+ \quad + \quad P^+ \quad \rightleftarrows \quad M^- \ P^+ \quad + \quad A^+$$

| (Ionenaus-tauscher) | (Protein in Lösung) | (Protein adsorbiert) | (Ion in Lösung) |

Bei diesem Schema muss allerdings berücksichtigt werden, dass Proteine wegen ihrer Größe neben einem stöchiometrischen Austausch mit einer ihrer Ladung entsprechenden Zahl niedermolekularer Gegenionen (charakteristische Ladung) auch eine gewisse Zahl von Ladungen auf der Oberfläche der stationären Phase überdecken (sterischer Faktor), die dann nicht mehr für den Austausch zur Verfügung stehen. Sowohl die charakteristische Ladung als auch der sterische Faktor sind charakteristische Größen eines Proteinmoleküles. Brooks und Cramer (1992) haben mit dem Steric Mass Action Model einen Formalismus zur Beschreibung von Proteinionentauschchromatographie entwickelt, der diese Phänomene berücksichtigt.

Der Unterschied in den Ladungseigenschaften verschiedener Proteine und anderer biologischer Substanzen in gleicher physiko-chemischer Umgebung (gleicher pH, gleiche Ionenstärke etc.) bestimmt, welches Protein wie stark am Ionenaustauscher adsorbiert wird. Die Elution erfolgt anschließend durch kontinuierliche Erhöhung von A^+ im Eluenten, also Erhöhung der Salzkonzentration (unspezifische Verdrängung), kann aber auch durch Änderung des pH-Wertes (Änderung der Nettoladung des Proteins) erfolgen. Die IEC ist die am häufigsten eingesetzte Chromatographieart zur Reinigung von Proteinen und findet sich fast in jedem präparativen Reinigungsschema wieder.

10.3.6.7 Affinitätschromatographie (AFC)

Die AFC ist die Trennmethode mit der größten Spezifität. Die Wechselwirkung ist spezifischer Art, z.B. Antigen ↔ Antikörper; Enzym ↔ Inhibitor, Cofaktor, Substrat oder Substratanaloges; Nucleinsäure ↔ komplementäres Oligonucleotid. Die hohe Spezifität dieser Wechselwirkung kommt dadurch zustande, dass die beiden be-

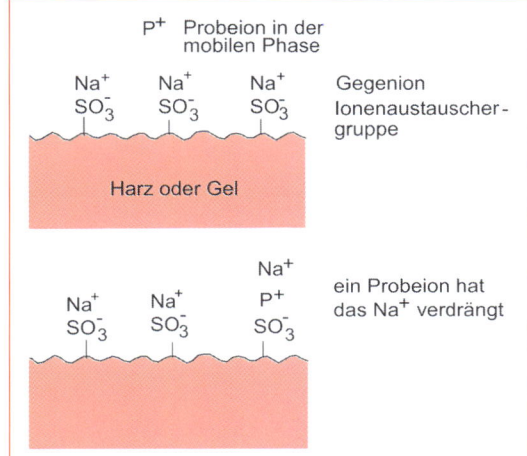

Abb. 10.47 Funktion eines Kationenaustauschers

- Dissoziationskonstante $< 10^{-3}$ M bzw. Bindungskonstante $> 10^3$ M^{-1}
- Bifunktionalität, d. h. er muss sowohl an das Trägermaterial als auch an den Liganden binden
- er sollte über einen Spacer-Arm (auch Koppler genannt) an den Träger gebunden sein. Dies erhöht die Flexibilität und Mobilität des Liganden, der dadurch weiter in die mobile Phase hineinreichen kann und den ungehinderten Zugang zum R-Molekül ermöglicht.
- Mehr und mehr werden auch ‚biospezifische' niedermolekulare Liganden chemisch (kombinatorische Chemie) oder biologisch (*phage display*) erzeugt.

Ein Problem bei der Affinitätschromatographie stellt die Elution dar. Da die starke Wechselwirkung auf dem räumlichen Zusammenpassen von Ligand und Zielmolekül beruhen, ist für die Elution fast immer eine (leichte) Denaturierung eines oder beider Partner erforderlich, was zu Verlusten an biologischer Aktivität von Ligand und/oder Zielmolekül führen kann.

Es werden auch so genannte „generelle Liganden" verwendet, die für eine funktionelle Klasse von z. B. Enzymmolekülen wirksam sind, wie etwa die Triazinfarbstoffe, oder Protein A (letztere für Antikörper).

Besondere Beachtung muss bei der AFC der Elution geschenkt werden. Wegen der starken Bindungskräfte sind oft drastische Desorptionsbedingungen erforderlich. Dabei kann das zu gewinnende biologische Material leicht deaktiviert werden. Die Regeneration und Säuberung von biologischen Affinitätsliganden ist ebenfalls problematisch (CIP/SIP). Nach der Ionenaustauschchromatographie ist die AFC die am häufigsten angewendete Chromatographieart.

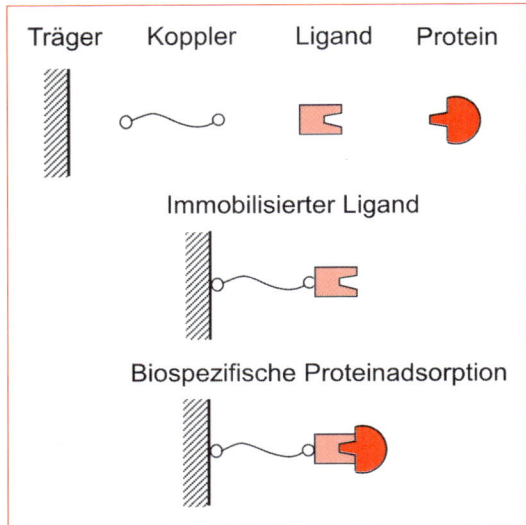

Abb. 10.48 Hochspezifische Reinigung von Proteinen mittels der Affinitätschromatographie

teiligten Stoffe räumlich genau zueinander passen. Die eine Komponente (Ligand) ist dabei an den Träger gebunden, die andere (das R-Molekül) wird aus der Lösung reversibel adsorbiert (s. Abb. 10.48). Vom Träger (Matrix oder Grundmaterial) muss dabei gefordert werden:
- keine Wechselwirkungen mit dem R-Molekül (Proteinmolekül), d. h. unspezifische Adsorption muss verhindert werden;
- ausreichende Zahl aktiver Gruppen, damit eine nennenswerte Kapazität zustande kommt;
- alle übrigen Eigenschaften chromatographischer Träger, wie gute mechanische und chemische Eigenschaften, hohe Porosität, kleine Partikelgröße etc.

Als Trägermaterial für AFC werden derivatisierte Kieselgele, Cellulose, Agarose, Dextrane und Polyacrylamide verwendet. Gelegentlich werden poröse Glaskugeln eingesetzt. Sie besitzen neben der großen Porosität eine hohe Festigkeit, sind aber im alkalischen Medium chemisch nicht stabil, haben eine geringere Bindungskapazität als beispielsweise Agarose und erzeugen unspezifische Proteinadsorption.

Neben den allgemein gültigen Kriterien für ein gutes Trägermaterial sind auch an den Liganden eine Reihe von Forderungen zu stellen:

10.3.6.8 Metall-Chelat-Chromatographie (MCC); *immobilised metal affinity chromatography* (IMAC)

In der MCC (auch Ligand-exchange-Chromatographie genannt) werden di- oder trivalente Metallionen (Zn^{2+}, B^{3+}, Al^{3+}, Ga^{3+}, In^{3+} oder Ti^{3+}), die an einen Kationenaustauscher (oft auch chelatisierende Gruppen) gebunden wurden, benutzt, um wiederum Liganden, wie z. B.

Amine, Aminosäuren, Proteine, Nucleoside, Nucleotide oder Phenolverbindungen zu binden. Diese bilden mit dem Metall Komplexe. Bei einem pH von 7 und darüber zeigen sie einen hohen Grad an Selektivität, jedoch mit variierendem Affinitätsprofil.

Besondere Bedeutung hat in diesem Zusammenhang die Interaktion mit immobilisierten Nickelionen. Die Aminosäure Histidin (His) zeigt eine besonders hohe Affinität zu solchen stationären Phasen. Ein weit verbreiteter gentechnischer Ansatz zur Erleichterung der Aufreinigung rekombinanter (gentechnisch produzierter) Proteine besteht darin, das Protein gleich mit einem Histidinschwanz zu produzieren (häufig ein (His)$_6$-tag, also sechs Histidinreste in Folge). Ein solches Protein hat eine höhere Affinität zu einer Nickelsäule als die meisten natürlichen Proteine und kann daher leicht abgetrennt und angereichert werden. Die Elution erfolgt z. B. in einem Imidazolgradienten. Falls gewünscht kann der His-Tag über eine spezifische Protease (Schnittstelle wird ebenfalls in das rekombinante Protein eingebaut) anschließend wieder vom Produkt abgespalten werden.

10.3.6.9 Verteilungschromatographie (*liquid-liquid partition chromatography* LLPC)

Bei der LLPC ist die stationäre Phase ein dünner Flüssigkeitsfilm auf einem porösen Träger. Dieser Flüssigkeitsfilm besteht aus der einen Phase eines flüssigen Zweiphasensystems. Die mobile Phase besteht aus der zweiten Phase des gleichen Systems. Die Trennwirkung, die beim Durchwandern einer Probe durch eine solche Säulenpackung erzielt wird, hängt in erster Linie von den Unterschieden in den Verteilungskoeffizienten der einzelnen Komponenten in der Probe sowie von der Menge an stationärer Phase in der Säule ab. Im Wesentlichen gelten bei dieser chromatographischen Methode die Gesetzmäßigkeiten der Gegenstromverteilung. Sollen Biopolymere durch LLPC getrennt werden, so lassen sich nur wässrige Zweiphasen-Polymersysteme als Phasenpaare verwenden. Die große Ähnlichkeit der beiden Phasen hinsichtlich Polarität erfordert besondere Trägermaterialien, deren Oberfläche durch gezielte Modifikation inkompatibel zu einem der beiden Phasenpolymeren gemacht wurde. Der Träger wird dann nur von der zweiten Phase benetzt und hält diese Phase stets als Abschirmung gegen erstere fest. Die besten Auflösungen erhält man beim Verhältnis von stationärer zu mobiler Phase um 1 bei einem Verteilungskoeffizienten der Zielkomponente um 3 zugunsten der stationären Phase. Die Löslichkeit der Komponenten soll in beiden Phasen ausreichend hoch sein (>3 mg/ml), damit keine Störeffekte durch Aggregationen („tailing" oder multiple Banden) auftreten. Die meist beträchtliche Viskosität der Phasen erfordert meist kleine Flussraten, erhöhte Temperaturen (zur Viskositätssenkung und Erhöhung des Massentransfers) sowie kleine Partikeldurchmesser des Trägermaterials. Letzteres sollte so frei wie möglich von unspezifischen Adsorptionseigenschaften sein.

10.3.6.10 Gelfiltration (Molekularsiebchromatographie, Gelchromatographie, MSC)

Die MSC („**Gelchromatographie**", **Gelfiltration**", „**Größenausschlusschromatographie**" genannt) unterscheidet sich grundsätzlich von allen übrigen chromatographischen Verfahren darin, dass die Trennung nicht durch Wechselwirkungen zwischen der stationären Phase und dem R-Molekül bzw. der mobilen Phase erfolgt, sondern einfach durch **Klassierung** nach der Molekülgröße.

Die stationäre Phase besteht aus mikroporösen Partikeln (Gelen), deren Porendurchmesser bestimmt, welche Moleküle per Diffusion in die Poren „eindringen" können und damit gegenüber den „ausgeschlossenen" Molekülen eine verlängerte Verweilzeit im durchströmten Festbett haben (s. Abb. 10.49).

Eine wesentliche Bedingung für das Trennverfahren ist eine Gelstruktur der stationären Phase. Daraus resultierte in der Vergangenheit eine starke Kompressibilität des Festbettes und damit eine limitierte Anwendung für technische Prozesse. Moderne Polymerträger für die MSC zeigen diesen Nachteil nicht mehr. Es wird heute eine Fülle von Gelen aus verschiedenen organischen Materialien angeboten, wie z. B. Polyacrylamid,

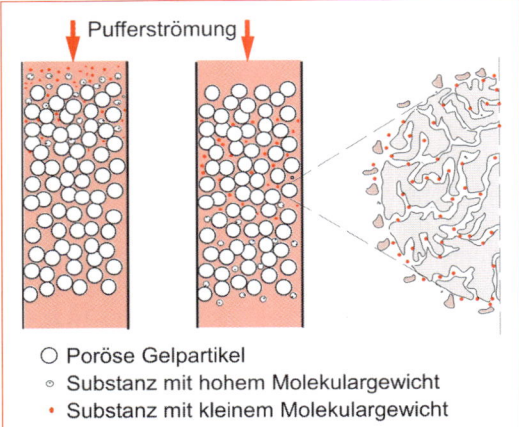

Abb. 10.49 Schema der Gelfiltration

Agarose, Dextrane, Vinylpolymere etc., mit denen auch Proteine bis zu einem MG von ca. 500 000 und größer getrennt werden können. Als weiterer Nachteil ist die geringe Selektivität zu nennen; denn die Poren haben herstellungsbedingt eine Porenverteilung, die die Trennschärfe reduziert. Die MSC wird wegen der geringen Durchsätze [30 ml/(h · cm^2)] derzeit überwiegend im Labormaßstab und vorzugsweise für die letzte Reinigungsstufe eingesetzt, aber auch zum Entsalzen von Proteinlösungen, z. B. nach Ionenaustausch. Ein Beispiel für den technischen Einsatz ist die Produktion von Insulin, wo die Gelfiltration als letzter Reinigungsschritt eingesetzt wird.

10.3.6.11 Präparative Chromatographie im technischen Maßstab

Schon aus Kostengründen ist die Festbettchromatographie normaler Weise der letzte Reinigungsschritt für Bioprodukte.

Für ein Scale up sind die mittels Labor- und Pilotversuchen ermittelten Prozessparameter so wenig wie möglich zu ändern. Entscheidende Faktoren wie Chromatographiematerial, Partikelgröße, lineare Flussrate, Betthöhe und Pufferzusammensetzung sollten konstant bleiben. Ferner sollte bei den adsorptiven Chromatographietechniken das Verhältnis von Produktmasse zu Adsorbermasse konstant bleiben, bei der Gelfiltration die Zonenbreite (des Produktes beim Auftrag) zur Säulenlänge. Dies bedeutet, dass ein Scale up bevorzugt durch eine Verbreiterung des Säulendurchmessers erreicht wird. Diese Säulenverbreiterung ist gerade mit nicht druckstabilen Materialien jedoch nicht unproblematisch, da die mechanische Stütze durch die „Säulenwand" mit zunehmendem Durchmesser vernachlässigbar ist. Durch Bettinstabilitäten kann es zu Inhomogenitäten kommen. Ab einer gewissen Größe werden die meisten präparativen chromatographischen Säulen daher radial oder axial komprimiert und so zusätzlich stabilisiert.

Ein weiterer Unterschied ist, dass in technischem Maßstab vorwiegend Stufengradienten zur Elution der Substanzen eingesetzt werden, da dies technisch viel einfacher durchführbar ist. Die Auflösung ist jedoch geringer als bei der in analytischem Maßstab eingesetzten linearen Gradientenelution.

Die übliche Chromatographie im technischen Maßstab erfolgt *batch-wise* im Satzbetrieb und setzt eine gründliche Vorreinigung (insbesondere die Entfernung von Schwebstoffen) voraus. Es gibt aber Neuentwicklungen, die von diesem Standardverfahren abweichen. Sie sollen im Folgenden vorgestellt werden.

Bei der **Fließbettadsorption** (*expanded bed adsorption*) ist die Strömungsrichtung der Schwerkraft der Adsorberpartikel entgegengerichtet und die Geschwindigkeit so gewählt, dass diese schweben. Dies ermöglicht die Applikation für Rohlösungen, also z. B. die Produktisolation aus der Zellsuspension oder dem Zellhomogenat. Wichtig dabei ist, dass nur das Bioprodukt (Zielprotein), nicht aber die Zellen oder Zell-Debries vom Adsorbermaterial zurückgehalten werden; d. h. die Interaktionen zwischen Adsorberpartikeln und Zellen bzw. Zell-Debries sollten so gering wie möglich sein. Lin et al. (2003) weisen darauf hin, dass wegen der Dominanz elektrostatischer Interaktionen und der Tatsache, dass die überwiegende Zahl der Biomoleküle, intakter Zellen und Zell-Debries bei einem neutralen pH eine negative Ladung tragen, sowohl das Zielprotein als auch Zellen bzw. Zell-Debries mit einem negativ geladenen Adsorbermaterial stark interagieren. Anhand von detaillierten Zetapotenzial-Messungen konnten sie zeigen, dass für den Rückhalt von Biomasse in einem negativ geladenen Fließbettadsorber drei Parameter von Bedeutung sind: Zetapotenzial Adsorber, Zetapotenzial Biomasse und Partikeldurchmesser der Biomasse. Hier gibt es einen Grenzwert, unterhalb dessen die Fließbettadsorption für die Produktisolation Biomasse enthaltender Rohlösung angewendet werden kann. Zur technischen Auslegung (Zusammenhang zwischen Betthöhe und Fließgeschwindigkeit und der daraus resultierenden Limitierung) wird auf Kap. 7.3.4 (*fluidized bed reactor*, Abb. 7.16) verwiesen.

Aus den Bemühungen, die Chromatographie kontinuierlich zu betreiben, resultiert die **simulated moving bed chromatography** (**SMB**). Zu Grunde liegt das Konzept, die stationäre Phase einer Chromatographiesäule im Gegenstrom zur Flüssigphase zu führen. Da dies aus technischen Gründen nicht praktikabel ist, wird dieser Vorgang simuliert. Eine große Zahl von Chromatographiesäulen (4–24) sind in einer Kreisschaltung gemäß Abb. 10.50 angeordnet. Durch periodisches Weiterschalten der Zu- und Abflüsse gelingt eine quasi kontinuierliche Trennung des Gemisches AB (Feed) in zwei Komponenten A + B.

In Abb. 10.50 wird das Feed zunächst zwischen Zone II und III eingegeben und wandert gemeinsam mit der mobilen Phase in Zone III. Die schwächer adsorbierende Komponente B verlässt am Ende der Zone III als Raffinat den Kreislauf, die stärker adsorbierende Komponente A reichert sich in Richtung des Extraktabzugs an. Durch die periodischen Schaltvorgänge erreicht der Prozess einen stationären Zustand.

Imamoglu (2002) gibt einen guten Überblick über die Anwendung dieses Verfahrens, das bereits seit 30 Jahren in sehr großem Maßstab in der petrochemischen Industrie angewandt wird. Dort wird auch der theoretische Hintergrund erläutert und es werden Beispiele für die biotechnologische Anwendung gegeben.

Wekenborg et al. (2004) wenden die SMB als Ionenaustauschchromatographie für die Trennung der beiden ß-Lactoglobuline A und B an. Statt mit konstanter Zusammensetzung der fluiden Trägerphase (d. h. isokratisch) schlagen sie die Solvent-Gradienten-SMB-Technologie vor, d. h. das Lösungsmittel wird mit unterschiedlicher Elutionsstärke (nicht-isokratisch) zugeführt.

Die SMB-Chromatographie hat gegenüber der Batch-Chromatographie die Vorteile: geringerer Eluentenverbrauch sowie maximale Produktivität der Chromatographie. Dem steht der Nachteil der strikten Prozesskontrolle bei verminderter Prozessflexibilität gegenüber (Imamoglu 2002).

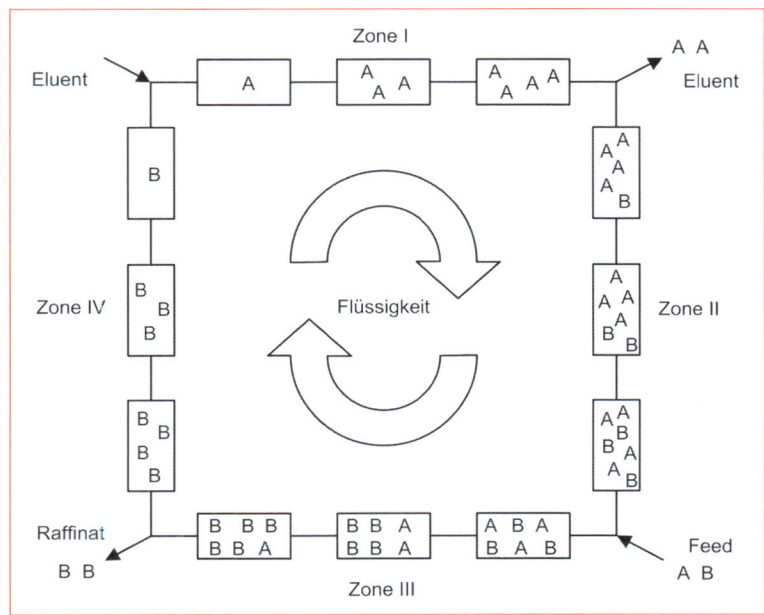

Abb. 10.50 Prinzip der SMB-Chromatographie (Imamoglu 2002)

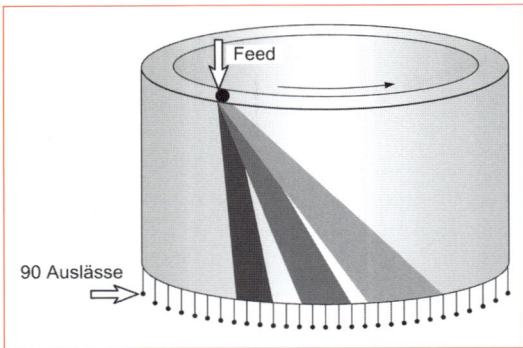

Abb. 10.51 Auftrennung eines Stoffgemisches im annularen Ringspalt

Wirklich kontinuierlich trennt die präparative **kontinuierliche annulare Chromatographie (CAC)**. In Abb. 10.51 sind der Aufbau und das Trennprinzip schematisch dargestellt (Schmidt et al. 2003, review Hilbrig und Freitag 2003).

Das Chromatographiematerial ist nicht – wie sonst üblich – in eine Zylinderform, sondern in einen konzentrischen Ringspalt gepackt. Selbst bei relative großen Säulenvolumina ist so die Bettstabilität durch den Wandeffekt gesichert. Das Säulenbett im Ringspalt wird ständig von mobiler Phase durchströmt. Gleichzeitig rotiert es langsam (<1 h^{-1}) an verschiedenen feststehenden Einlässen vorbei über die die Säule mit Feed und weiteren Elementen (Stufengradienten, Verdränger, Regenerierungs- und Reinigungslösungen) beaufschlagt wird. Die Trennung der Substanzmischung erfolgt wie bei der konventionellen Chromatographie entlang der Flussrichtung der mobilen Phase und damit orthogonal zur Bewegungsrichtung der festen Phase (Kreuzstromchromatographie). Je nach Retentionszeit benötigen die Substanzen unterschiedlich lang um das untere Ende des Säulenbettes zu erreichen. Die zeitliche Auflösung der Satzchromatographie wird in der kontinuierlichen Annularen Chromatographie somit zu einer räumlichen Auflösung entlang des Ringspaltes. Am unteren Ende ist der rotierende Ringspalt – über eine Gleitringdichtung – mit einer Vielzahl stationärer Auslässe verbunden, die die austretende Flüssigkeit in einen Fraktionssammler leiten. Sobald der stationäre Zustand erreicht ist – in der Regel nach einer Umdrehung – kann das Produkt kontinuierlich an einem fixen Auslass gewonnen werden. Mit Ausnahme der Elutionschromatographie im linearen Gradienten wurden fast alle Modi der präparativen Chromatographie auf die annulare Chromatographie übertragen, so die Gelfiltration, die Affinitätschromatographie, die Elutionschromatographie im Stufengradienten und die Verdrängungschromatographie (s. unten). In jedem Fall war die direkte Übertragung einer auf einer kleinen ml-Säule entwickelten Trennung auf eine um Größenordnungen größere annulare Säule (l-Volumen) möglich. Bei der Übertragung hat sich das Loading-Faktor (LF) Konzept bewährt, wobei gilt:

Satzsäule: $\mathrm{LF}[-] = \dfrac{\dot{Q}_T \,[\mathrm{cm^3 min^{-1}}] \, t_l [\mathrm{min}]}{H[\mathrm{cm}] \, S[\mathrm{cm^2}]}$ (10.24)

und annulare Säule

$\mathrm{LF}[-] = \dfrac{\dot{Q}_T \,[\mathrm{cm^3 min^{-1}}] \, 360[°]}{H[\mathrm{cm}] \, S[\mathrm{cm^2}] \, w[° \, \mathrm{min}^{-1}]}$ (10.25)

Schmidt et al. (2003) haben eine erste Pilotanlage (144 l/d) für die Aufkonzentrierung von kontinuierlich produziertem rekombinanten Faktor VIII getestet. Als Chromatographiematerial diente Fractogel, das hinsichtlich Packtechnik und Quellung vergleichsweise gute Eigenschaften hat. Als Eluent wurde eine konzentrierte Salzlösung verwendet. Neben technischen Problemen, wie – im Vergleich zur üblichen Säule – ungleichmäßiger Packungsdichte, Undichtigkeit an der Schleifringdichtung und fehlende Sterilisierbarkeit, stellten sie fest, dass die interessierende Komponente über sechs Ausläufe verteilt austrat, wobei gewisse Schwankungen im Austrittsbereich zu beobachten waren ('peak wobbling'). Diese Technik ist also noch verbesserungsfähig, aber durchaus vielversprechend.

Im Gegensatz zu den bislang auf geführten Methoden stellt die **Verdrängungschromatographie** ein rein präparatives und in hohem Maße nichtlineares Verfahren dar (s. Abb. 10.52). Bei diesem Verfahren wird die Säule zunächst unter guten Bindungsbedingungen bis fast zum Erreichen der Kapazität mit der zu trennenden Substanzmischung beladen. Anschließend wird die Säule mit der Verdrängerlösung beaufschlagt.

10.3 Produktisolation, -konzentrierung und -reinigung

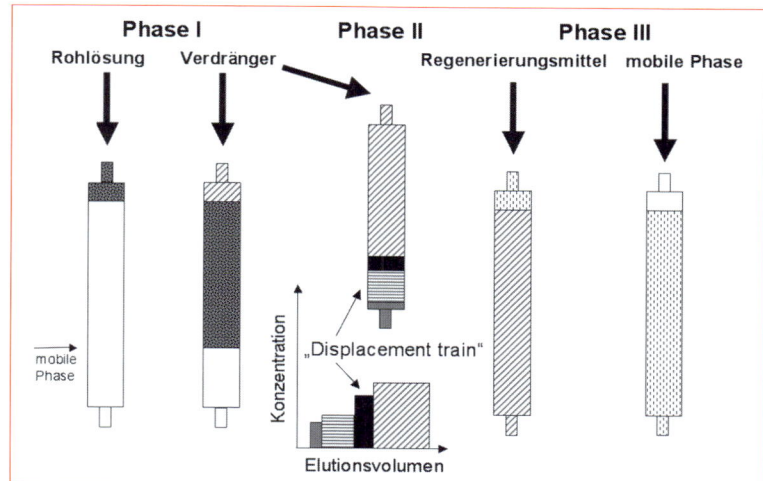

Abb. 10.52 Schematische Darstellung einer Verdrängungschromatographie

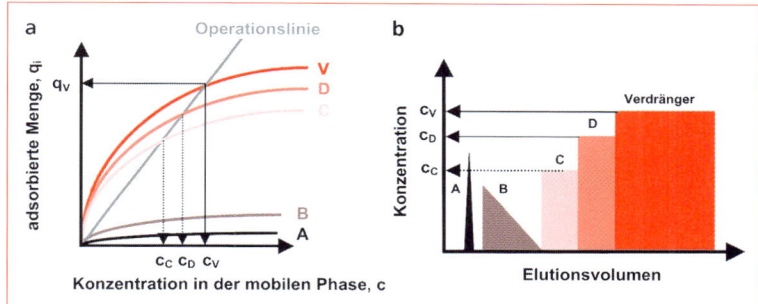

Abb. 10.53 a) Adsorptionsisothermen für vier verschiedene Substanzen (A – D) eines Gemisches und derjenigen des Verdrängers V, b) Displacement Train

Ein geeigneter Verdränger ist dabei eine Substanz, die besser als die Feedkomponenten an die stationäre Phase bindet. Dieser Verdränger reduziert daher die für die Adsorption zur Verfügung stehenden Bindungsplätze; das Resultat ist eine Konkurrenz der Feedkomponenten um die verbleibenden Plätze wobei die stärker bindenden Komponenten die schwächer bindenden zunehmend verdrängen. Das Resultat ist eine Auftrennung der Komponenten in aufeinanderfolgende Zonen der reinen Substanzen, den so genannten 'Displacement-Train'.

Die Konzentration in den einzelnen Substanzzonen wird dabei von der Verdrängerkonzentration und der Verdrängerisothermen bestimmt. Für die Geschwindigkeit einer durch eine chromatographische Säule wandernden Front – hier die des Verdrängers V – gilt:

$$u_V = \frac{u_o}{1 + \phi(\partial q_V / \partial c_V)} \quad (10.26)$$

Mit u_o: Fließgeschwindigkeit der mobilen Phase, ϕ: Phasenverhältnis, q: adsorbierte Menge, c: Konzentration in Lösung.

Da die Geschwindigkeit der Verdrängerfront die Geschwindigkeit des Displacement Trains bestimmt, gilt $u_D = u_{S1} = u_{S2} = ...$

Damit lässt sich die Konzentration der Einzelsubstanzen aus dem Schnittpunkt der Einzelsubstanzisothermen mit einer durch den Nullpunkt und den durch die Verdrängerkonzentration bestimmten Schnittpunkt mit der Verdrängerisothermen gegebenen Operationslinie bestimmen (s. Abb. 10.53a). Substanzen, deren Isothermen von der Operationslinie nicht geschnitten werden, eluieren vor dem Displacement-Train (s. Abb. 10.53b).

10.4 Bioprozesse mit integrierter Produktaufarbeitung

Die Integration der bisher vorgestellten Aufarbeitungsverfahren in einen Bioproduktionsprozess wird im Englischen **integrated downstream processing** oder **in situ product removal** (**ISPR**) genannt. Verallgemeinert versteht man darunter die Integration der Produktentfernung in den Bioprozess oder die zeitnahe Abtrennung des entstehenden Produkts vom Biokatalysator. Obwohl diese allgemeine Definition sowohl zelluläre als auch in Lösung befindliche Biokatalysatoren beinhaltet, beschränken sich die folgenden Beispiele auf Erstere, weil den „freien" Enzymen ein eigenes Kapitel (12) gewidmet ist. Als Motivation für die schnelle Entfernung des entstehenden Produkts aus dem Bioreaktionsraum werden in der Literatur (z. B. Takors 2004 a) genannt:

- Erhöhung der Biokatalysatorenkonzentration (Zelldichte) und dadurch bedingte Steigerung der Produktivität
- Vermeidung der Produktinhibierung
- Elimination toxischer Komponenten
- Vermeidung von Produktabbau
- Verringerung der Aufarbeitungsschritte

Dem stehen folgende Bedenken gegenüber:
- hohe Anlagenkomplexität und Investitionskosten
- erhöhte Kontaminationsgefahr
- potenzielle sicherheitstechnische und entsorgungstechnische Probleme
- GMP-Richtlinien

Vor- und Nachteile der ISPR müssen also in jedem Einzelfall gegeneinander abgewogen werden.

Die folgenden Beispiele wurden exemplarisch für typische ISPR-Applikationen gewählt.

10.4.1 Produktion rekombinanter Proteine

Die häufigste Anwendung der Mikrofiltration in der Biotechnologie ist die integrierte Entfernung des Produkts aus dem Bioreaktor bei gleichzeitigem Rückhalt des zellulären Biokatalysators.

Cornelissen et al. (2003) beschreiben die Herstellung rekombinanter Proteine mit Pichia pastoris mit integrierter Produktaufarbeitung gemäß Fließschema in Abb. 10.54.

Zunächst wird mit dem Substrat Glycerol Zellmasse produziert, bevor durch Zugabe von Methanol die Produktion von Alkoholoxidase induziert wird. Das aus der Zelle sekretierte Produkt wird mittels Mikrofiltration über einen externen Kreislauf entfernt.

Die nachgeschalteten Reinigungsschritte wie Proteinaufkonzentrierung mittels Ultrafiltration und Chromatographie sind durch einen Permeattank nach der ersten Stufe vom eigentlichen Produktionsprozess entkoppelt. Der messtech-

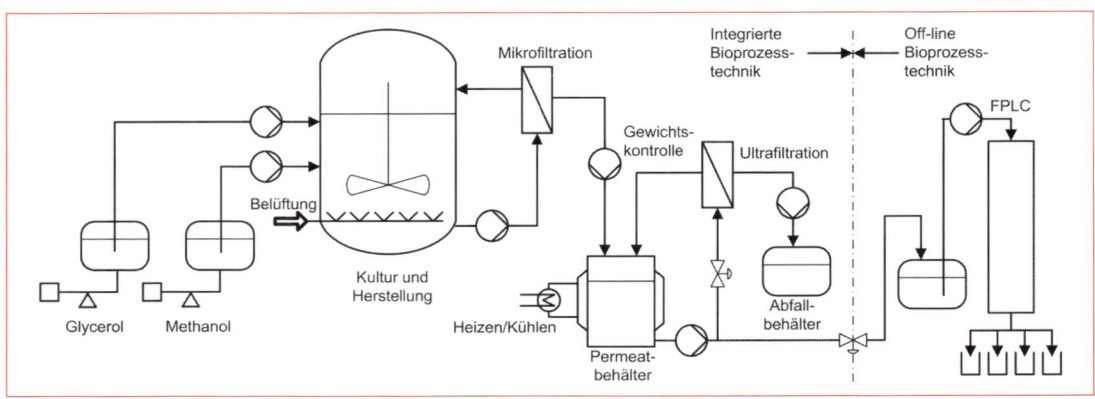

Abb. 10.54 Schema einer integrierten Prozessführung zur Herstellung von Pharmaproteinen (Cornelissen et al. 2003)

10.4 Bioprozesse mit integrierter Produktaufarbeitung

nische Aufwand (Online-Messung von Glycerol, Methanol, pH, pO_2, Redox, Druck, Temperatur und Trübung) zur automatisierten Prozessführung ist beträchtlich.

In eigenen Arbeiten (Antranikian, Chmiel – bisher unveröffentlicht) wird die Mikrofiltrationsmembran für den Zellrückhalt – hier eine keramische Mehrkanal-Flachmembran (s. Abb. 10.22 rechts) – in den Bioreaktor integriert, wodurch der externe Kreislauf entfällt (Abb. 10.54). Die nachfolgenden Aufarbeitungsschritte, also Ultrafiltration zur Lipase-Aufkonzentrierung und Chromatographie zur Produktreinigung erfolgen analog zu denen in Abb. 10.54.

10.4.2 Biotechnische Herstellung organischer Säuren

Die Herstellung organischer Säuren als ISPR-Prozess ist Gegenstand vieler wissenschaftlicher Publikationen (Pai, 2002). Dominierend ist dabei die mikrobielle Produktion von **Milchsäure** auf Basis verschiedener Zucker (Börgardts, 1996; Demirci, 2003; Richter und Nottelmann, 2004). Hintergrund ist das wachsende Interesse für diesen Rohstoff zur Herstellung biologisch abbaubarer Polymere (Polylactate).

Wegen der enormen Mengen Molke, die jährlich weltweit bei der Produktion von Käse anfallen (9 kg Molke je kg Käse), ist das durch Ultrafiltration vom wertvollen Milcheiweiß befreite Molkepermeat ein äußerst günstiges Substrat. Börgardts et al. (1998) haben sich mit den Problemen des Scale up der kontinuierlichen, mikrobiellen Umwandlung von Lactose in Milchsäure und der dabei erforderlichen Integration der Produktaufarbeitung (Produktinhibierung) bis in den industriellen Maßstab beschäftigt. Abb. 10.55 zeigt das Fließschema des entwickelten ISPR-Prozesses.

Das üblicherweise durch Ultrafiltration der Molke gewonnene Milchprotein wird im vorliegenden Fall hydrolysiert und dem Medium (45 g/l Lactose) als Stickstoffquelle zugegeben, wodurch Hefeextrakt eingespart wird.

Mit einem speziellen Lactobacillus-Stamm (Lc2) wird die Lactose im Rührreaktor unter anaeroben Bedingungen vollständig umgesetzt. Um maximale Produktivität (17 g/lh) zu erzie-

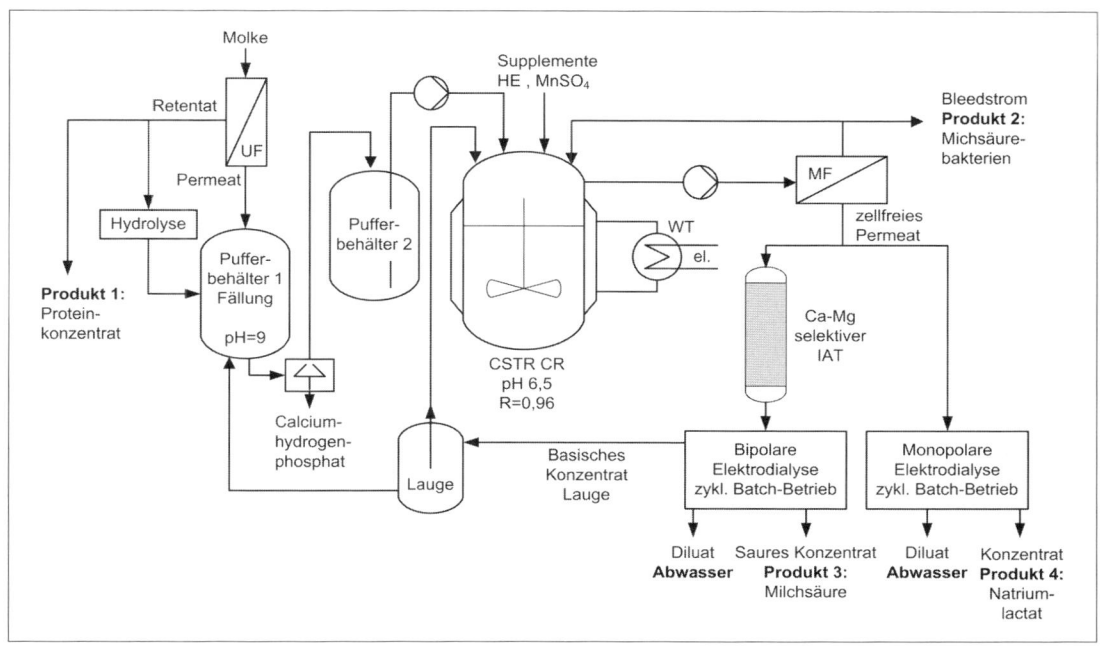

Abb. 10.55 Gesamtprozess zur kombinierten Produktgewinnung und Abwasserreinigung am Beispiel der Milchsäureproduktion aus Molke (nach Börgardts, 1996)

len, wird die Biomassekonzentration mittels Mikrofiltration im externen Kreislauf auf 30 g/l aufkonzentriert (R = 98 %), wodurch eine Milchsäurekonzentration im Ablauf (Permeat) von 41 g/l erzielt wird.

Als Mikrofiltrationsmembran wurde eine Zirkonoxid-Rohrmembran mit einem Innendurchmesser von 3 mm und einer Porenweite von 0,2 μm gewählt. Zur Minimierung des Membranfoulings beim Betriebs-pH = 6,5 wurde dem Molkepermeat durch Fällung Calziumphosphat entzogen und die Membran alle 10 min. für 2 s mit 1,5 bar rückgespült. Dadurch konnte bei 1 bar ein mittlerer Permeatfluss von 60 l/m²h erreicht werden.

Das Permeat wurde über eine Elektrodialyse mit bipolaren Membranen im zyklischen batch-Betrieb geführt, wodurch ein Konzentratstrom (Produkt) mit 200 g/l freier Milchsäure und ein Diluatstrom (Abwasser) mit < 1 g/l Milchsäure erzielt werden konnte.

10.4.3 Mikrobielle Aminosäureproduktion

Zur Vermeidung einer Produktinhibierung empfiehlt sich bei der Herstellung von Aminosäuren die ISPR-Anwendung. Beispielhaft wird dies an Hand der *Escherichia coli* basierten Herstellung von L-Phenylalanin demonstriert (Rüffer et al. 2004).

Wie aus dem Fließbild in Abb. 10.56 hervorgeht, erfolgt in diesem Fall die Produktabtrennung über eine externe zwei-stufige Ultrafiltration. Das zell- und proteinfreie Permeat dieses mit Glucose als Kohlenstoffquelle fermentativ betriebenen Fed-Batch-Prozesses wird einer Reaktivextraktion unterzogen.

Die organische Phase besteht aus Kerosin und 10 % v/v D_2 EHPA zur Kationen-selektiven Abtrennung der aromatischen Aminosäuren (1. Stufe, Extraktion), während die wässrige Aufnehmerphase 1 M Schwefelsäure als Protonendonator enthält (2. Stufe, Rückextraktion). Für die Phasentrennung der beiden Stufen wird je eine flüssig/flüssig-Zentrifuge eingesetzt. Der turbulente Stoffaustausch in diesen Zentrifugen hatte sich gegenüber einer Trennung mittels zweier Membrankontaktoren (s. Abb. 10.57, Takors 2004 b), in denen der Stoffaustausch aus der laminaren Strömung heraus erfolgt, als vorteilhaft erwiesen.

Das hier beschriebene ISPR-Verfahren zeigte sich im Vergleich zur fermentativen L-Phenylalaninproduktion ohne ISPR als die wirtschaftlichere Variante (Takors 2004 b).

10.4.4 Mikrobielle Produktion von Biotensiden

Unter dem Gesichtspunkt des Umweltschutzes wächst das Interesse an biologisch abbaubaren Tensiden. Gruber et al. (1991) hatten erstmals

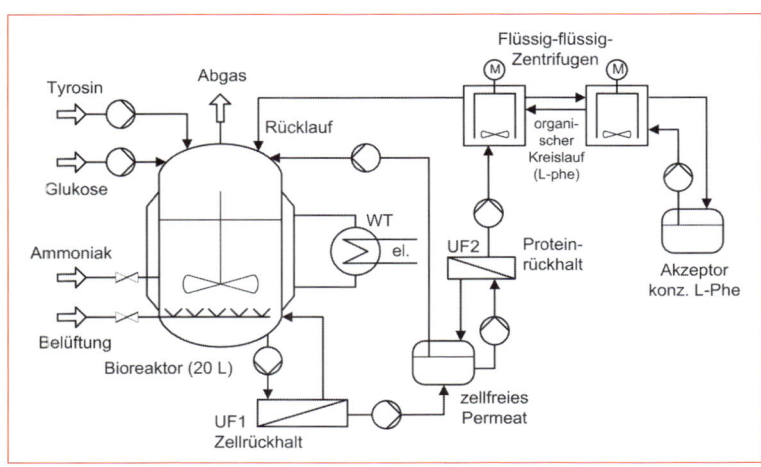

Abb. 10.56 Entfernung und Aufkonzentrierung von L-Phenylalanin durch einen fermentativ betriebenen Fed-Batch-Prozess mit *E. coli* (Rüffer et al. 2004)

10.4 Bioprozesse mit integrierter Produktaufarbeitung

im Pilotmaßstab mit *Pseudomonas aeroginosa* aus einer wässrigen Glukoselösung (20 g/l) und Nitrat als Stickstoffquelle kontinuierlich **Rhamnolipide** produziert.

Wie aus dem Fließbild in Abb. 10.58 ersichtlich, wurde das Problem des sehr hohen Sauerstoffbedarfs und der damit verbundenen Schaumbildung im Bioreaktor (freigesetztes CO_2) durch die Integration einer Gasaustauschmembran in einen externen Kreislauf gelöst. Bei der Membran handelte es sich um eine Polysulfon-Hohlfasermembran von 1 mm Innendurchmesser, die auf ihrer Innenseite mit einer ca. 2–4 µm dicken Polysiloxanschicht versehen war.

Die Selektivität dieser Polysiloxanschicht für CO_2 ist so hoch, dass deren Fluss durch die Membran bei gleichem Partialdruck gegenüber Stickstoff ca. 65 mal und gegenüber Sauerstoff ca. 30 mal höher ist.

Auf diese Weise konnte die Schaumbildung im Bioreaktor bei Begasung mit reinem Sauerstoff bzw. Sauerstoff angereicherter Luft vollständig unterdrückt werden. Probleme bereitete dagegen der kontinuierliche Produktaustrag. Die

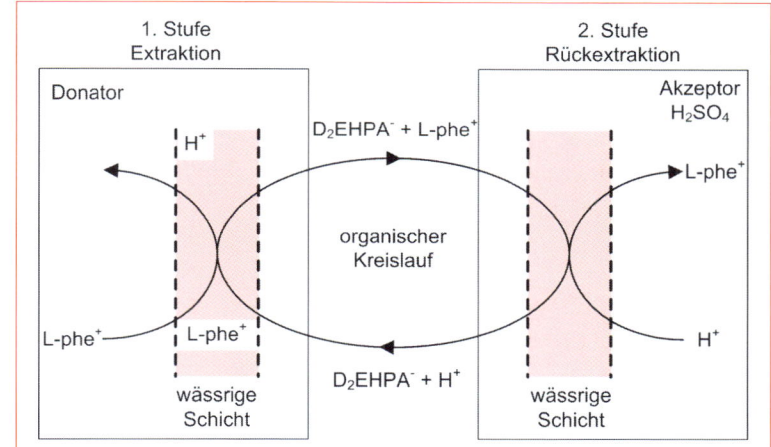

Abb. 10.57 Prinzip der reaktiven Extraktion (Takors 2004)

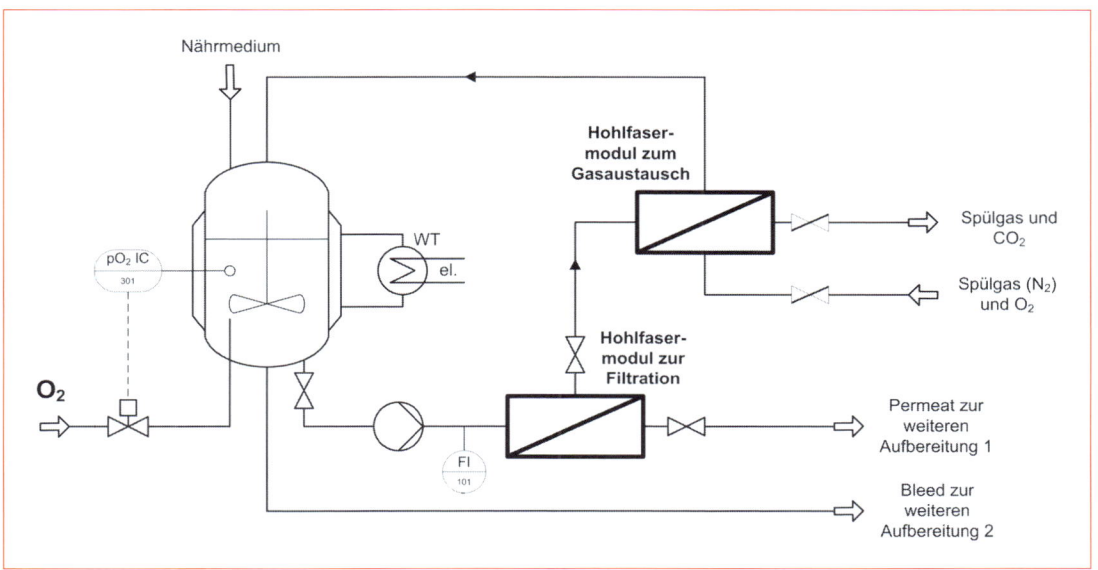

Abb. 10.58 Fließschema für die kontinuierliche Produktion von Rhamnolipiden (Gruber et al. 1993)

für die Zellrückhaltung (Zelltrockengewicht 13,5 g/l) eingesetzte Mikrofiltrationsmembran hielt auch einen großen Teil des im Bioreaktor produzierten Rhamnolipids zurück. Ursache hierfür ist die Bildung von Tensid/Proteinaggregaten, die nahezu Zellgröße erreichen. Daher war es notwendig, das im Bleed angereicherte Rhamnolipid einer nachgeschalteten Produktisolation mittels Adsorption zu unterziehen.

In aktuellen, bisher nicht veröffentlichten Arbeiten, wird als Kohlenstoffquelle im Substrat Rapsöl statt Glukose verwendet. Da das Öl polymere Membranmaterialien aufweicht, werden sowohl für die Mikrofiltration als auch für die Unterstruktur der CO_2-selektiven Membran keramische Werkstoffe verwendet; als selektive Schicht dienen Polysiloxan bzw. alternativ Teflon (s. Abb. 10.59).

Abb. 10.59 Keramische Hohlfaser
a) + b) Keramische Hohlfaser, mittlerer Porendurchmesser 100nm, c) Teflonbeschichtung, d) PDMS-Beschichtung

10.4.5 Mikrobielle Produktion von Aromastoffen

Viele Aromen sind **Mehrkomponentengemische**, die bei Gärung und Reifung durch Stoffwandlungen gebildet werden. Bei mikrobiellen Prozessen liegen in der Mehrzahl der Fälle Mischpopulationen vor, deren einzelne Gruppen vielfach in wechselseitiger Abhängigkeit hinsichtlich Wachstum und Metabolismus stehen.

Obwohl seit mehr als einem Jahrzehnt in der Diskussion (z. B. Böddeker 1994), scheiterte die biotechnische Produktion von Aromastoffen an der Unwirtschaftlichkeit. Hauptursache ist auch hier die frühe – d. h. bei geringer Konzentration einsetzende – Produktinhibierung.

Die ISPR – in diesem Fall unter Anwendung der Pervaporation – bietet sich geradezu an. Beispiele hierfür sind diverse Alkohole und Acetate. So berichtet beispielsweise Stefer (2004) gleich über acht verschiedene, vom Schimmelpilz *Ceratocytis fimbriata* in Submerskultur sekretierte Aromen. Die Produktinhibierung wurde durch eine Pervaporation mittels einer am Boden des Bioreaktors integrierten PDMS-Kompositmembran verhindert. Die verschiedenen Einflussparameter auf Permeatfluss und -zusammensetzung wurden untersucht. Die im Labormaßstab durchgeführte Arbeit lieferte wichtige Informationen zur Integration der Pervaporation in die mikrobielle Produktion von Aromastoffen; die Maßstabsübertragung der im Reaktor integrierten Membran dürfte aber aus verschiedenen Gründen schwierig sein.

Ein ähnliches Ziel, nämlich die mikrobielle Konversion von L-Phenylalanin zu den Aromastoffen 2-Phenylethanol (2-PE) und 2-Phenylethylacetat (2-PEA) unter Einsatz von zwei Hefen der Gattung *Kluyveromyces marxianus* durch Integration einer Pervaporation zur kontinuierlichen Produktentfernung – hier aber im externen Kreislauf (s. Abb. 10.60) – wurde von Maltzahn (2005) verfolgt. Als Pervaporationsmembran wurde eine trennaktive Schicht aus Polyoctylmethylsiloxan (POMS) auf einem mikroporösen Träger aus Polyetherimid (PEI) in einem Plattenmodul (analog Abb. 10.27a) verwendet. Der Versuch der Maßstabsübertragung vom 2l- in den 200l-Reaktor war zwar nicht ganz erfolgreich (u. a. wegen eines zu geringen Verhältnisses Reaktorhöhe/Reaktordurchmesser und mangelnder Sterilisierbarkeit des Pervaporationsmoduls), jedoch zeigen die Ergebnisse z. B. die Optimierung des Verhältnisses von Reaktorvolumen zur Membranfläche, der Temperatur, der Medienzusammensetzung etc. den Weg auf. Z. B. erwies es sich als notwendig, neben den Aromastoffen auch das entstehende Ethanol zu entfernen. POMS zeigte dabei Vorteile gegenüber PDMS als selektive Schicht. Für die hier vorliegende Problematik – der Entfernung von flüchtigen organischen Komponenten aus Wasser mittels Pervaporation – wird auf die Arbeit von Baker et al. (1997) verwiesen.

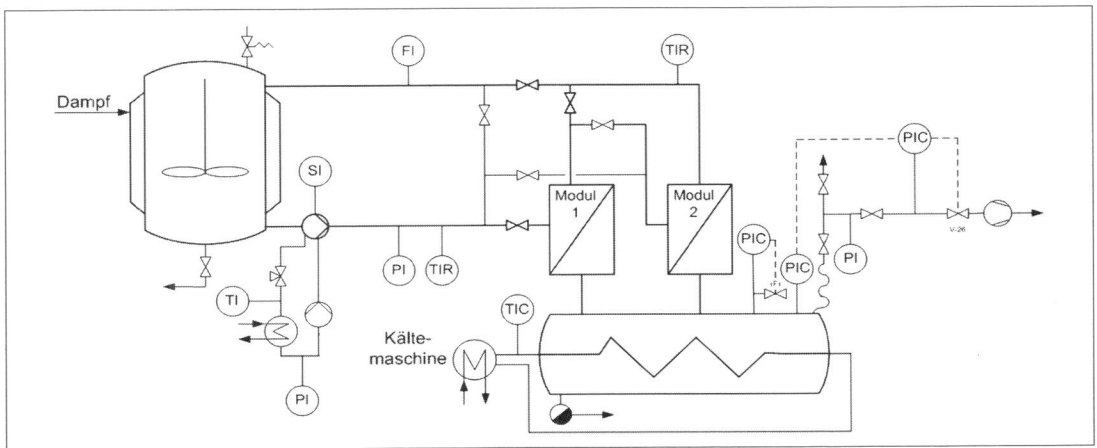

Abb. 10.60 Verfahrenstechnisches Fließbild der Technikumsanlage nach Maltzahn (2005)

Literatur

Aruna, N., Lali, A. (2001): Purification of a plant peroxidase using reversibly soluble ion-exchange polymer, Process Biochem. 37, 431–437

Baker, R.W., Wijmans, J.G., Athayde, A.L. (1997): The effect of concentration polarisation of volatile organic compounds from water by pervaporation, Journ. of Membr. Science 137, 159–172

Baldwin, C.V. and Robinson, C.W. (1994): Enhanced disruption of Candida utilis using enzymatic pretreatment and high pressure homogenization Biotechnol., Bioeng. 43, 46–56

Bauer, B., Gerner, F.J., Strathmann, H. (1988): Development of Bipolar Membranes. Desalination 68, 279

Bauer, B., Chmiel, H., Menzel, T., Strathmann, H. (1991): Separation of Bioreactor Constituents by Electrodialysis with Bipolar Membranes. Proc. II. Congr. f. Biochem. Eng. Gustav Fischer Verlag Stuttgart

Bell, Hoare, Dunhill (1983): Advances in Biochemical Engineering. Springer-Verlag Vol. 26, 1–72

Blöcher, C. (2004): Einsatz getauchter keramischer Mehrkanal-Flachmembranen in Bioreaktoren, upt Schriftenreihe, Band 1

Böddeker, K.W. (1994): Recovery of volatile bioproducts by pervaporation, Proceed. of the NATO Advanced Study Institute Kluwer Academic Publisher, Chapter 1.10

Börgardts, P. (1996): Prozessentwicklung zur kombinierten Produktgewinnung und Abwasserreinigung am Beispiel der Milchsäureproduktion aus Molke, Fraunhofer IRB-Verlag

Börgardts, P., Krischke, W., Trösch, W., Brunner, H. (1998): Integrated bioprocess for the simultaneous production of lactic acid and dairy sewage treatment, Bioprocess Engineering 19, 321–329, Springer Verlag

Brookmann, J.S.G. (1974): Mechanism of cell disintegration in a high pressure homogenizer. Biotechnol. Bioeng. 16, 371–383

Brooks, C. A., Cramer, St. M. (1992): Steric mass-action ion exchange: Displacement profiles and induced salt gradients, AIChE Journal, Volume 38, Issue 12, Pages: 1969–1978

Brou, A., Jaffrin, M.Y., Ding, L.H., Courtois, J. (2003): Microfiltration and Ultrafiltration of polysaccharides produced by fermentation using a rotating disc dynamic filtration system

Brunner, K.-H. (1988): Sterildesign und -betrieb von Zentrifugalseparatoren. DECHEMA-Monographien Band 113 VCH

Brunner, K.-H (1979): Theoretische und experimentelle Untersuchung der Feststoffabscheidung in Tellerseparatoren. Dissertation Erlangen

Chartogne, A., Reeuwijk, B., Hofte, B., Heijden, R., Tjaden, U.R. and Greef, J. (2002): Capillary electrophoretic separations of proteins using carrier ampholytes, J. Chromatogr. A, 959, 289–298

Chae, Y.K., Jeon, W. and Cho, K.S. (2002): Rapid and simple method to prepare functional pfu DNA polymerase expressed in Escherichia coli periplasm., J. Microbiol. Biotech. 12, 841–843

Chmiel, H., Lefebvre, X., Mavrov, V., Noronha, M., Palmeri, J., (2005 in press): Handbook of Theoretical and Computational Nanotechnology / Kapitel: Computer Simulation of Nanofiltration Membranes and Processes

Cohn, E.J. (1932): Naturwissensch. 20, 663

Commission of the European Communities (1989): Guide to good manufacturing of medicinal products

Cornelissen, G., Bertelsen, H.-P., Hahn, B., Schultz, M., Scheffler, U., Werner E., Leptien, H., Krüß, S., Jansen, A.-K., Gliem, T., Hielscher, M., Wilhelm, B.-U., Sowa, E., Radeke, H.H., Luttmann, R., (2003): Herstellung rekombinanter Proteine mit Pichia pastoris in integrierter Prozessführung, Chem. Ing. Techn. (75), 281–290

Cunha, T. and Aires-Barros, R. (2002): Large scale extraction of proteins, Molecular Biotechnol. 20, 29–40

Curie, J.A., Dunnill, P., Lilly, M.D. (1972): Release of protein from baker's yeast by disruption in an industrial agitator mill; Biotechnol. Bioeng. 14, 725–736

Demirci, A., Cotton, J.C., Pometto, A.L., Harkius, R.K. and Hinz, P.N. (2003): Resistance of Lactobacillus casei in plastic-composite-support biofilm reactors during Liquid-membrane extraction and optimization of the lactic acid extraction system, Biotechnol. Bioeng. 83, 749–759

Fonseca, L.P. and Cabral J.M.S. (2002): Penicillin acylase release from Escherichia coli cells by mechanical cell disruption and permeabilization, J. Chem. Technol. Biotechnol. 77, 159–167

Ghirisan, Adina, Hofmann, Ralph, Posten, Clemens (2005): Press- und Presselektrofiltration einer Hefesuspension, Filtrieren und Separieren

Greve, A. and Kula, M.R. (1991): Recycling of salts in partition protein extraction process, J. Chem. Techn. Biotechnol. 50, 27–42

Gruber, T. (1991): Verfahrenstechnische Aspekte der kontinuierlichen Produktion von Biotensiden am Beispiel der Rhamnolipide, Dissertation Universität Stuttgart

Gruber, T., Chmiel, H., Käppeli, O., Sticher, P., Fiechter, A. (1993): Integrated Process for Continuous Rhamnolipid Biosynthesis, Surfact.Sci.Ser., Vol. 48, Biosurfactants, 157–173

Hannig, K., Wirth, H., Meyer, B., Zeiller, K. (1975): Free-Flow Electrophoresis I. Theoretical and Experimental Investigations. Hoppe Seyler's Z. Physiol. Chem. 356, 1209

Harasek, M. (1999): Pervaporation and membrane destillation for the removal of organic compounds from aqueous mixtures, Dissertation Technische Universität Wien

Harrison, R.G., Todd, P., Rudge, S.R., Petrides, D.P. (2003): Bioseparation Science and engineering, Oxford University Press, New York, Oxford

Hetherington, P.J., Follows, M., Dunnill, P., Lilly, M.D. (1971): Release of protein from baker's yeast by disruption in an industrial homogenizer. Trans. Inst. Chem. Eng. 49, 142–148

Hilbrig, F. and Freitag, R. (2003): Protein purification by affinity precipitation, J. Chromatogr. 790, 79–90

Hofmann, R., Posten, C. (2003): Improvement of dead-end filtration of biopolymers with pressure electrofiltration; Chemical Engineering Science 58 3847 - 3858

Hoffstetter-Kuhn, S. (1989): Untersuchungen zum Scale-up der Free-Flow-Elektrophorese am Beispiel der Anreicherung von Alkoholdehydrogenase aus Saccharomyces cerevisiae. Dissertation Saarbrücken 1989

Hustedt, H., Kroner, K.H., and Kula, M.-R. (1985): Applications of Phase Partitioning in Biotechnology in: Partitioning in Aqueous Two-Phase Systems (Walter, H.; Brooks, D.E., and Fisher, D., Hrsg.) Academic Press, Inc. Orlando, 529–587

Hustedt, H. (1986): Extractive Enzyme Recovery With Simple Recycling of Phase Forming Chemicals, Biotechnology letters 8, 791–796

Hustedt, H., Kroner, K.-H., Papamichael, N., Menge, U. (1987): Verteilung zwischen wäßrigen Phasen unter Mikrogravität. Bio-Engineering 1, 12–29

Imamoglu, S. (2002): Simulated moving bed chromatography (SMB) for applications in bioseparation, Adv. Biochem. Eng. /Biotechn. 76, 211–231

Issaq, H.J., Conrads, T.P., Janini, G.M. and Veenstra, T.D. (2002): Methods for fractionation, separation and profiling of proteins and peptides, Electrophoresis 23, 3048–3061

Johansson, G., Kopperschläger, G., Albertsson, P.A. (1983): Affinity Partitioning of Phosphofructokinase from Baker's Yeast Using Polymer-Bound Cibacron Blue F3 G-A. Eur. J. Biochem. 131, 589–594

Kalyanyur, M. (2002): Downstream Processing in the Biotechnology Industry, Molecular Biotechnology 22, 87–98

Koberstein, E., Lehmann, E.: Europ. Patent 0232386 A1 (1986)

Krämer P., Bomberg A. (1990): Neuere Anwendung von Staustrahlströmungen in der Aufarbeitung von Bioprodukten. Chem. Ing. Tech. 62, Nr. 2, 126–127

Kula, M.-R., Kroner, K.H., Hustedt, H. (1982): Purification of Enzymes by Liquid-Liquid Extraction in: Adv. Biochem. Eng., Vol. 24 (A. Fiechter, Hrsg.), Springer Verlag, Berlin Heidelberg New York, 73–118

Kula, M.-R., Schütte, H., Vogels, C., and Frank, A. (1990): Food Biotechnol. 4, 169–183

Kula, M.R. (1990): Trends and future of aqueous two-phase extraction, Bioseparation, 1, 181- 189

Lee, C.T., Movreale, G., Middelberg, A.P.J. (2004): Combined infermenter extraction and cross-flow microfiltration for Improved inclusion body processing, Biotechn. Bioeng. 85, 103–113

Lemmlich, R. (1972): Adsorptive bubble separation technique. Academic Press New York and London

Limon-Lason, J., Haare, J., Orsborn, C.B., Doyle, D.J., Dunnill, P. (1983): Experiences with a 20 litre industrial bead mill for the disruption of microorganisms. Enzyme Microb. Technol. 5, 143–148

Lin, D.-Q., Brixius, P.J., Hubbuch, J.J., Thömmes, J. and Kula, M.R. (2003): Biomass/adsorbent electrostatic interactions in expanded bed adsorption: a zeta potential study, Biotechnol. Bioeng. 83, 149–157

Lipnizki, F., Hausmann, S., Laufenberg, G., Field, R. and Kunz, B. (2000): Use of pervaporation-bioreactor hybrid process in biotechnology, Chem. Eng. Technol. 23 (2000) 7, 569–577

Lutzer, R.G., Robinson, C.W. and Glick, B.R. (1994): Two stage process for increasing cell disruption of E.coli for intracellular products recovery, in Proceedings of the 6th European Congress of Biotechnology, Elsevier Sciences B.V., Amsterdam, 111–121

Maltzahl, B. (2005) Design und Modellierung eines integrierten Bioprozesses zur Produktion natürlicher Aromastoffe, Dissertation Universität Erlangen

Matis, K.A., Blöcher, C., Mavrov, V., Chmiel, H. und Lazaridis, N., Patent DE 102 14 457.5 (2003): Verfahren und Vorrichtung zur membranunterstützten Flotation

Manegold, E., Schaum (1953): Straßenbau, Chemie und Technik. Verlagsgesellschaft Heidelberg

Mavrov, V., Chmiel, H., Kaschek, M.: Patent DE 100 15 113.2 (2003) Verfahren zur Entfernung von Bestandteilen, wie Schwebstoffen und kolloidalen Verbindungen aus wässrigen Lösungen

Maximini, A., Dissertation Universität Saarbrücken, LS für Prozesstechnik (2004): Trägergestützte Flüssigkeitsmembranen zur Trennung von Enantiomeren am Beispiel N-geschützter Aminosäurederivate

Middleberg, A.P.J. (2000): Microbial cell disruption by high pressure homogenization Methods in Biotechnology, Vol. 9; Downstream Processing of Proteins: Methods and Protocols (M.A. Dessai, Ed.) Pub. Humana Press Inc., Totowa N.Y.

Mogren, H., Lindblom, M., Hedenskoy, G. (1974): Mechanical disintegration of microorganisms in an industrial homogenizer. Biotechnol. Bioeng. 16, 261–274

Mölls, H., Hörnle, R. (1971): Wirkungsmechanismus der Naßzerkleinerung in der Rührwerkskugelmühle. Dechema-Monographie 69, Tl. 2, 631–661

Pai, R., Doherty, M., Malone, M. (2002): Design of reactive extraction systems for bioproduct recovery, AICHE J. 48, 514–526

Rautenbach, R., Gröschl, A. (1990): Separation Potential of Nanofiltration Membranes. Desalination 77, 73–84

Rehacek, J., Beran, K., Bicik, V. (1969): Disintegration of microorganisms and preparation of yeast cell walls in a new type of disintegrator. Appl. Microbiol. 17, 462–466

Richter, K., Nottelmann, S. (2004): An empiric steady state model of lactate production in continuous fermentation with total cell retention, Eng. Life Sci 4, 426–432

Rüffer, N., Heidersdorf, U., Kretzers, I., Sprenger, G.A., Raeven, L., Takors, R. (2004): Fully integrated L-phenylalanine separation and concentration using reactive-extraction with liquid-liquid centrifuges in a fed-batch process with E.coli, Bioprocess Biosyst. Eng., 26, 239–248

Scheuermann, E.A. (1989): Filtrieren und Separieren: Versuch einer Eingrenzung. Filtr. & Separ. 2, 260

Schlünder, Thurner (1986): Destillation, Absorption, Extraktion. Georg Thieme Verlag Stuttgart New York

Schmidt, S., Wu, P., Konstantinov, K., Kaiser, K., Kauling, J., Henzler, H.-J. und Vogel, J.H. (2003): Kontinuierliche Isolierung von Pharmawirkstoffen mittels annularer Chromatographie, Chem. Ing. Techn. 75, 302–305

Schügerl, K. (2000): Integrated processing of biotechnology products, Biotechn. Advanc. 18, 581–599

Schütte, H., Kroner, K.H., Kula, M.-R. (1983): Experiences with a 20 litre industrial bead mill for the disruption of microorganisms. Enzyme Microb. Technol. 5, 143–148

Schütte, H., Kula, M.-R. (1986): Einsatz von Rührwerkskugelmühlen und Hochdruckhomogenisatoren für den technischen Aufschluß von Mikroorganismen. Biotech-Forum 3, Heft 2

Schultze, B. (1989): Schaumfraktionierung von Biotensiden. Diplomarbeit Stuttgart 1989

Schustolla, D., Ledoux, C., Papamichael, N., Hustedt, H. (1989): Reactive (Affinity) Extraction of Enzymes from Biomass. Ber. Bunsenges. Phys. Chem. 93, 971–975

Shin, Y.O., Wahnon, D., Weber, M.E. and Vera, J.H. (2004): Selective precipitation and recovery of xylanase using surfactant and organic solvent, Biotechn. and Bioeng. 88, 698–706

Smith, R.M., Hawthorne, S.B. (1997): Supercritical fluids in chromatography and extraction, Elsevier Spektrum-Verlag, Heidelberg

Stefer B. (2004) Bioprozesstechnische Charakterisierung eines organophilen Pervaporation-Bio-Hybridreaktors am Beispiel einer Aromabiosynthese, Dissertation Universität Bonn, Fortschritt-Berichte VDI, Reihe 3, Nr 814

Stehr, N., Schwedes, J. (1983): Verfahrenstechnische Untersuchungen an einer Rührwerkskugelmühle. Aufbereitungs-Technik 10, 597–604

Strathmann, H., Chmiel, H. (1984): Die Elektrodialyse – ein Membranverfahren mit vielen Anwendungsmöglichkeiten. Chem. Ing. Tech 56, 214

Strathmann, H. (2004): Ion-exchange membrane separation processes, Elsevier Spektrum-Verlag, Heidelberg

Takors, R. (2004a) Ganzzell – ISPR – Prozessentwicklung: Chancen und Risiken, Chem. Ing. Techn. 76, 1857–1864

Takors, R. (2004b), Model-Based Analysis and Optimization of an ISPR Approach Using Reactive Extraction for Pilot-Scale L-Phenylalanine Production, Biotechnol. Prog. 20, 57–64

U.S. Food and Drug Administration, Center for Drugs, Biologics, Devices and Radiologic Health (1987): Guidlines on general principles of process validations, Rickville, MD.

Vogels, G. und Kula, M.R. (1992): Combination of enzymatic and/or thermal pretreatment with mechanical cell disintegration, Chem. Eng. Sci. 47, 127–131

Wagner, H., Blasius, E. (1989): Praxis der elektrophoretischen Trennverfahren. Springer-Verlag Berlin-Heidelberg

Wahlund, P.O., Gustavson, P.E., Izumrudov, V.A., Larsson, P.O. and Galaev, I.Y. (2004): Precipitation by polycation as capture step in purification of plasmid DNA from a clarified lysate, Biotechn. and Bioeng. 87, 675–684

Wekenborg, K., Susanto, A., Fredriksen, S.S. und Schmidt-Traub, H. (2004): Nichtisokratische SMB-Trennung von Proteinen mittels Ionenaustauschchromatographie, Chem. Ing. Techn. 76, 815–819

Willson, R.C. (1985): Supercritical Fluid Extraction in: Comprehensive Biotechnology, Vol. 2, 567–574

Wyss, A., von Stockar, V., Marison, I.W. (2004): Production and Characterisation of liquid-core capsules made from cross-linked Acrylamid copolymers for biotechnological applications. Biotechnol. Bioeng. 5, 563–572

Zelić, B., Gostović, S., Vuorilehto, K., Vasić-Rački, D. and Takovs, R. (2004): Process Strategies to enhance pyruvate production with recombinant Escherichia coli: from repetitive fed-batch to in situ product recovery with fully integrated electrodialysis, Biotechn. Bioeng. 85, 638–646

11 Kultur von Tierzellen*

Die Kultivierung von Tierzellen hat in Verbindung mit der industriellen Anwendung der Gen- und Biotechnik eine große medizinische und wirtschaftliche Bedeutung erlangt. Viele hundert Gene für Proteine wurden kloniert, in tierischen Zellen exprimiert und die Proteine auf ihre Eignung als Arzneimittel geprüft. Im Jahr 1987 wurde Actilyse® für die Therapie des Herzinfarktes in den Markt eingeführt, als eines der ersten Medikamente dieser Art, das aus tierischen Zellkulturen gewonnen wurde. Seitdem wurden viele weitere Proteine als **Medikamente** zur Therapie von Krankheiten in hochreiner Form und in großen Mengen aus Zellkulturen hergestellt (Tab. 11.1). Auch die **Diagnose**-Möglichkeiten konnten durch gentechnische Verfahren erheblich erweitert werden. Viele Substanzen, die zuvor aufwändig und meist unwirtschaftlich aus tierischen und menschlichen Geweben extrahiert werden mussten, können inzwischen gezielt und sicher aus tierischen Zellkulturen hergestellt werden. Gentechnisch erzeugte **Impfstoffe** ermöglichen die maßgeschneiderte Herstellung nur der für die Immunisierung erforderlichen Substanzen (Antigene), so dass Nebenwirkungen der Impfung verringert werden. Für zahlreiche Krankheiten, bei denen es noch keine kausale Therapiemöglichkeiten gibt, können mit Hilfe der Tierzellkultur die Schlüsselmoleküle, die Krankheiten auslösen oder steuern, isoliert und auf ihre Wirksamkeit getestet werden. In diesem Kapitel wird im Besonderen auf die Herstellung therapeutischer Wirkstoffe aus tierischen Zellkulturen eingegangen. Der Fokus liegt dabei auf der qualitativen Darstellung. Für die Beschreibung der unterschiedlichen Ansätze zur Modellierung wird auf die Fachliteratur verwiesen (Biener et al. 1996, Sidoli et al. 2004).

11.1 Eigenschaften von Tierzellen

Die meisten Bakterien und Pilze, die in der Biotechnologie verwendet werden, kommen ***in vitro,*** d.h. im Reagenzglas bzw. im Bioreaktor als Einzelzellen vor und durchlaufen meist keine Differenzierung. Im Gegensatz hierzu haben die Keimzellen von Tieren und Pflanzen die Fähigkeit, aus einer einzigen Zelle einen differenzierten Organismus zu bilden. Im lebenden System (***in vivo***) kommen Tierzellen bzw. Pflanzenzellen in Gemeinschaft vor und bilden Gewebe, d.h. größere abgegrenzte Verbände von gleichartig differenzierten Zellen mit gleicher Funktion. Tierzellen sind meistens **hochspezialisiert**: Nervenzellen übertragen elektrische Impulse, Leberzellen können Proteine, Fette und Zucker umbauen, Muskelzellen kön-

Tabelle 11.1: Biopharma-Produkte (Wood Mackenzie, Dezember 2004)

Top 10 Produkte	Rangfolge	US $ (Mill)
EPO Produkte	1	10.685
Insulin Produkte	2	6.162
Remicade	3	2.985
MAbThera	4	2.527
Enbrel	5	2.450
Lovenox	6	2.211
Neulasta	7	1.800
Avonex	8	1.395
Peg-Intron	9	1.210
Rebif	10	1,100

* Autoren: Michael Howaldt, Franz Walz, Ralph Kempken

nen sich zusammenziehen und ausdehnen, Knochenzellen scheiden eine Knochensubstanz aus Collagen und Calciumsalzen aus. Tierzellen der Haut, des Herzmuskels, der Leber, des Rückenmarks unterscheiden sich stark in ihrem Aufbau und in ihrer Funktion. Werden ausdifferenzierte Gewebezellen aus Pflanzen entnommen und auf geeigneten Nährböden kultiviert, können sie sich wieder zu embryonalen (totipotenten) Zellen entdifferenzieren. Dagegen behalten ausdifferenzierte tierische Zellen auch in der Zellkultur ihren Differenzierungsstatus bei. Tierzellkulturen entstehen also in den meisten Fällen aus Einzelzellen von bestimmten Geweben.

11.1.1 Kultur von Primärzellen

Primärkulturen sind *in vitro*-Züchtungen von Organen, Geweben oder Zellen, die direkt aus einem Organismus entnommen wurden.

Bei der **Organkultur** sollen die Struktur und Organisation der einzelnen Zellen und Gewebe des Organs möglichst gut erhalten werden. Organkulturen *in vitro* können zur Prüfung pharmakologischer, physiologischer oder toxikologischer Fragestellungen angewendet werden. Sie werden hauptsächlich für Kurzzeit-Experimente eingesetzt und bilden meistens einen Kompromiss zwischen der Kompliziertheit eines Organismus' und der Einfachheit einer Zellkultur. Besonders schwierig ist jedoch die Aufrechterhaltung von geeigneten Umgebungsbedingungen. Der Zustand des kultivierten Organs kann fast nur mit indirekten Methoden nachverfolgt werden. Je nach Organ bzw. Tierspezies können die Verbrauchs- und Bildungsraten von Nährstoffen bzw. Stoffwechselprodukten im Medium gemessen und zur Abschätzung des Zustandes des Organs verwendet werden. Beispiele für Stoffwechselprodukte sind Glucose, Lactat, Ammonium, Harnstoff, LDH = Lactatdehydrogenase. Für eine erfolgreiche Kultivierung von Organen ist es in der Regel notwendig, von Zeit zu Zeit einen Mediumwechsel vorzunehmen oder eine Perfusion durchzuführen (d. h. kontinuierliche Entnahme von verbrauchtem Medium und Ersatz des entnommenen Volumens durch frisches Nährmedium, Kap. 11.5.3). Dadurch werden auch Stoffwechselprodukte entfernt, ehe sie im Medium stark angereichert und somit zu Schadstoffen werden. Solche Mediumwechsel sollten aber nicht zu häufig erfolgen, weil aus dem Organ oder dem Gewebe oder den Zellen auch Substanzen mit fördernden Eigenschaften für Zellwachstum und Überlebensfähigkeit in das umgebende Medium ausgeschieden werden können (konditioniertes Medium).

Bei der **Gewebekultur** wird ein Teil oder eine Probe eines Organs entnommen (Biopsie) und kleine Stücke der entnommenen Probe in sterilen Kulturmedien gezüchtet.

Bei **Primärzellkulturen** wird die entnommene Gewebeprobe durch mechanische oder enzymatische Einwirkung in Einzelzellen dissoziiert. Folgende Enzyme sind gebräuchlich: Trypsin, Collagenase, Dispase, Pronase, Elastase, Hyaluronidase, DNAse (Lindl 2002). Zum Ende der enzymatischen Dissoziierung sollten die Primärzellen gewaschen (d. h. Zentrifugieren der Zellen und Aufnahme der sedimentierten Zellen in frisches Medium) und die Kultivierung bei wesentlich höherer Einsaatdichte begonnen werden als sie bei normaler Subkultur von etablierten Zelllinien üblich ist.

Primärzellkulturen, die nicht aus Tumorgewebe oder aus Blutzellen stammen, benötigen geeignete feste Substrate für ihre Anheftung. Normale Zellen vermehren sich ohne Zugabe von Mitogenen (Substanzen zur Stimulation der Zellproliferation und Zellvermehrung) nur nach ihrer Spreitung auf Oberflächen (Kapitel 11.4).

Die Kultivierung von Hautgewebe *in vitro* wurde für medizinische Anwendungen, vor allem zur Transplantation nach großflächigen Verbrennungen und zur Beschleunigung der Wundheilung, aus Primärgewebe erfolgreich durchgeführt. Je nach Herkunft bezeichnet man das transplantierte Hautgewebe als homolog (= vom gleichen Organismus), als allogen (= von einem anderen Individuum der gleichen Spezies) oder als heterolog (= von einer anderen Spezies).

Die Kultivierung von Bindegewebszellen (Fibroblasten) *in vitro* ist aufgrund ihres geringen Differenzierungsgrades relativ einfach möglich. Menschliche Fibroblasten können als Primärzellkulturen *in vitro* etwa bis zu 50 Zellteilungen vollziehen und sterben danach ab.

Die Kultivierung von Leberzellen (Hepatozyten) *in vitro* ist aufgrund ihres komplexen bipolaren Aufbaus schwierig. In Suspensionskultur verlieren Hepatocyten ihre natürliche Funktion innerhalb weniger Stunden (Gerlach 1989). Bei Oberflächenkulturen (adhärente Kultivierung, Kapitel 11.4), z. B. in Hohlfaser-Ultrafiltrations-Modulen bzw. Dialyse-Modulen, wird das Überleben und die natürliche metabolische Funktion der Hepatozyten erheblich verlängert. Noch geeigneter ist die Kultivierung der Leberzellen in so genannten Kapillarmembranreaktoren (Gerlach 1997). Hier bilden die Hepatozyten kleine Zellaggregate (Spheroide) und werden zum Teil an den Kapillarmembranen immobilisiert. Infolgedessen reorganisieren sie sich zu dreidimensionalen Strukturen, die in Struktur und Funktion den Hepatozyten *in vivo* ähneln. Elektronenmikroskopische Untersuchungen haben gezeigt, dass Monolayer-Kulturen von Leberzellen ihre Polarität verlieren und dass Leberzellen in Multilayer-Kulturen eine Selbst-Aggregation vollziehen, die zu einer dreidimensionalen Zellstruktur, einer Rekonstitution der Gallenkanäle und der Polarität der Zellen sowie zu einer Reorientierung der Zellorganellen führt (Kleinig 1999).

11.1.1.1 Differenzierung von Zellen

Ein Beispiel für die vielfältigen Entwicklungsmöglichkeiten und das Verhalten normaler tierischer Zellen ist die Differenzierung der Zellen des Immunsystems. Diese Zellen sind darauf spezialisiert, körperfremde Antigene und Mikroorganismen zu erkennen und zu eliminieren.

Alle Zellen des tierischen und des menschlichen Immunsystems stammen von pluripotenten haematopoetischen Stammzellen aus dem Knochenmark ab. Das bedeutet: Diese Stammzellen können sich zu vielen verschiedenen Blutzellen entwickeln, wenn sie geeigneten Bedingungen ausgesetzt werden (Roitt 2001). Die Differenzierung erfolgt zunächst in die myelotischen und die lymphoiden Vorläuferzellen. Aus den myelotischen Zellen entwickeln sich Zellen, die körperfremde Zellen oder Teile davon einschließen, verdauen oder anderweitig eliminieren können (Monozyten, Thrombozyten, Makrophagen, Mastzellen, Neutrophile, Basophile, Eosinophile). Aus den lymphoiden Zellen entwickeln sich die T-Zellen (im Thymus) und die B-Zellen (in der Leber bzw. bei Säugetieren im reifen Knochenmark). In diesen Organen erwerben die T- und B-Zellen ihre Fähigkeit zur Erkennung von Antigenen und vermögen eine enorme Vielfalt spezifischer Antikörper gegen diese Antigene auszubilden. Die Antikörper erkennen körperfremde Zellen und Antigene, binden an die spezifischen Rezeptoren an der Oberfläche dieser fremden Strukturen und sorgen, ggf. mit Unterstützung anderer Zellen des Immunsystems, für deren Eliminierung. Die genetische Unterschiedlichkeit der lymphoiden Zellen wird durch ein hohes Maß an somatischer Genrekombination und Mutation während der Differenzierung der Zellen und ihrer Antigen-erkennenden Moleküle erreicht (Schwartz 2003).

Die Transplantation von Knochenmark-Zellen wird bereits erfolgreich für die Therapie von Leukämie-Patienten angewendet. Hierbei wird dem Patienten Knochenmark-Substanz entnommen und von leukämischen Zellen gereinigt. Durch eine Ganzkörperbestrahlung, teilweise in Kombination mit einer Chemotherapie, werden dann alle leukämischen Zellen im Körper des Patienten zerstört. Weil außer den Krebszellen auch die Stammzellen und Zellen des Blutsystems empfindlich auf radioaktive Strahlung reagieren, ist eine Transfusion der entnommenen Knochenmark-Zellen in den Patienten notwendig, damit die Entwicklung von Blutzellen (Hämatopoese) weiterhin stattfinden kann. Für Forschungszwecke zur Krebstherapie und für mögliche Anwendungen zur Gentherapie wird die Kultivierbarkeit von pluripotenten Stammzellen und die Erforschung und Steuerung der Differenzierungsvorgänge dieser Zellen untersucht (Koller 1993).

Im Gegensatz zu Primärkulturen aus anderen Geweben können Blutzellen in Suspension, d.h. ohne ein festes Substrat zur Anheftung der Zellen, kultiviert werden. Prinzipiell sterben Blutzellen in Kultur relativ schnell ab. Um diese *in vitro* normalerweise nicht proliferierenden Zellen zur Teilung anzuregen, werden die Blutzellen mit Mitogenen stimuliert. Nach Zugabe der Mitogene teilen sich Blutzellen einige Male und sterben danach meist ab. Die erfolgreiche Kurzzeit-Kultivierung primärer tierischer Zellen ist fast nur in serumhaltigen Vollmedien möglich (Kapitel 11.3).

11.1.2 Etablierung von Zelllinien

Normale Zellen in Kultur haben eine begrenzte Lebensdauer (Hayflick 1997). Manchmal erhalten Zellen in Kultur die Fähigkeit zu permanenter Zellproliferation, insbesondere wenn sie aus Tumorzellen stammen. Daraus können Zelllinien mit relativ homogener Zellpopulation entstehen, die sich **permanent** vermehren und bei geeigneten Umgebungsbedingungen potenziell unbegrenzt lange *in vitro* subkultiviert werden können. Etablierte Zelllinien mit homogener Zellpopulation, möglichst ausgehend von einem Zellklon, sind für die industrielle Anwendung der Zellkulturtechnik von essenzieller Bedeutung.

11.1.2.1 Transformation von tierischen Zellen

Zellen, die der homöostatischen Kontrolle (Feedback Regulation) dauerhaft nicht mehr folgen, werden als „abnorme" Zellen (Tumor- oder Krebszellen) bezeichnet. Den Übergang von einer normalen Zelle in eine abnormale Zelle nennt man **Transformation**. Die Zelle verliert ihr zellkooperatives Verhalten im Zellverband, unterliegt nicht mehr der Kontaktinhibition und den Feedback-Regulationsmechanismen, sondern sie wächst in vivo über die Gewebegrenzen und *in vitro* über die Monolayer-Anordnung der statischen Kultur hinaus.

Die Transformation einer Zelle ist kein einstufiger Prozess. Sie ist eine Abfolge von zellulären Veränderungen, die den Phänotyp und auch den Genotyp betreffen können. Verschiedene Phasen der Transformation ähneln Reaktionen, die auch bei normalen Zellen bei der Differenzierung und Reifung durchlaufen werden. Die **Zelldifferenzierung** ist ein Vorgang, bei dem Veränderungen von Zellstrukturen und -funktionen durch das An- und Abschalten von Genen entstehen. Unter **Zellreifung** versteht man Veränderungen des Phänotyps der Zelle im Laufe ihrer ohne Zellteilung erfolgenden Alterung. Die Transformation wird mit einer „Entdifferenzierung" der Zelle verglichen: Die tierische Zelle wird pluripotent, d. h. sie erlangt die Fähigkeit, vielfältige Funktionen auszuüben, und sie entwickelt bioaktive Strukturen, die denen normaler embryonaler Zellen gleichen oder ähnlich sind.

11.1.2.2 Zellfusion und Hybridzellen

Abnorme Zellen sind für die Zellkulturtechnik wegen ihrer potenziellen Immortalität, ihrer relativ problemlosen Handhabbarkeit und ihrer vielfältigen Verwendbarkeit von großer Bedeutung. Ein klassisches Beispiel ist die Herstellung von Hybridzellen zur Produktion von Antikörpern.

Hybridoma-Technik

Dies ist ein Zellfusionsverfahren zur Gewinnung von Hybridzellen, die Eigenschaften beider Elternzellen aufweisen. Dabei wird eine normale Zelle von begrenzter Lebensdauer und Teilungsfähigkeit, aber mit der besonderen Eigenschaft der Expression z. B. eines Antikörpers, mit einer Tumorzelle fusioniert, z. B. durch Zugabe von Polyethylenglycol, PEG 1500. Die Tumorzelle besitzt als potenziell immortale Zelle eine ständige Proliferationsaktivität. Durch die Fusion entsteht zunächst eine Zelle mit 2 Zellkernen (Heterokaryon), die dann in eine einkernige Zelle mit zwei verschiedenen Chromosomensätzen übergeht (Synkaryon). Bei den folgenden Zellteilungen verlieren die Hybridzellen einzelne Chromosomen, bis sie nur noch ein Chromosom einer der elterlichen Zellen enthalten. Es entsteht eine Population verschiedener Hybridzellen, die sich dadurch unterscheiden, welche Chromosomen von welcher Eltern-Zelle in der Zelle verblieben sind. Diejenigen Zellen, die die gewünschten Eigenschaften der normalen Produktionszelle (hier: Expression eines Antikörpers) mit der dauerhaften Proliferation der Tumorzelle in sich vereinigen, werden selektioniert (vereinzelt heraussortiert). Sie werden dann als Zellklon, d. h. als genetisch identische Zellen, weiter gezüchtet (Abb. 11.1) oder als Zellbank eingefroren (Kapitel 11.2). Diese Zellen werden als **Hybridoma-Zellen** (*hybridoma*) bezeichnet, mit deren Hilfe **monoklonale Antikörper** (*monoclonal antibodies*) erzeugt werden.

HAT-Selektion

Eine bewährte Vorgehensweise für die **Selektion von Zellhybriden** bzw. Hybridoma-Zelllinien ist die HAT-Selektion (Ruddle 1974). Man verwendet ein Selektionsmedium, das **H**ypoxantin, **A**minopterin und **T**hymidin enthält (HAT-Medium). Wenn bei der einen Elternzelle (1) für die Hybridzelle die Fähigkeit zur Bildung von Thyminkinase fehlt (TK-) und bei der anderen Elternzelle (2) die Fähigkeit zur Bildung des Enzyms **H**ypoxanthin-**G**uanin-**P**hospho**r**ibosyl**t**ransferase (HGPRT) fehlt (HGPRT-), dann können im HAT-Medium die fusionierten Zellen vom gleichen Typ sowie die nicht-fusionierten Zellen nicht überleben. Es überleben jedoch diejenigen fusionierten Zellen, die aus den zwei verschiedenen Chromosomensätzen das HGPRT-Gen der Elternzelle 1 und das TK-Gen der Elternzelle 2 übernommen haben. Das Enzym HGPRT ermöglicht tierischen Zellen die Nutzung der Purin-Base Hypoxanthin für den Nucleinsäure-Stoffwechsel. Bei Zellen ohne HGPRT ist daher in HAT-Medium keine ausreichende Bildung von Nucleinsäuren zur DNA-Synthese möglich, wodurch die Zellteilung dieser Zellen selektiv gehemmt wird. Infolgedessen sterben diese Zellen ab.

11.1.2.3 Rekombinante DNA-Technologie

Die Grundlage für viele gentechnische Verfahren ist der Einbau eines fremden Gens in einen Expressionsvektor sowie die stabile Integration dieser Expressionsvektoren in die tierischen Zellen (**Wirts-Zelllinie**) und die Optimierung der Kulturbedingungen dieser Zellen zur Herstellung des Produktes, für das das „fremde" (heterologe) Gen codiert. Dieses Produkt kann zum Beispiel ein therapeutisch wirksames Protein sein. Auf diese Weise können wertvolle biologische Substanzen relativ kostengünstig und in großen Mengen (viele Kilogramm pro Jahr) produziert werden.

Die DNA-Sequenz für das gewünschte Produkt wird zuerst in eine dazu passende, komplementäre mRNA umgeschrieben (Abb. 11.2). Diese mRNA wird extrahiert und *in vitro* wieder zurück in komplementäre DNA-Stücke (cDNA = *complementary DNA*) geschrieben. Die cDNA wird dann in Vektoren eingebaut, die sich in Bakterienzellen vermehren können. Eine cDNA lässt sich so beliebig vervielfältigen (klonieren).

Diese klonierten Kopien der cDNA werden dann *in vitro* in einen Expressionsvektor eingebaut. Vektoren sind Nucleinsäuren, die als Träger von Fremd-DNA dienen und die diese Fremd-DNA in den Wirtszellen exprimieren lassen können. Ein solcher Vektor enthält vor allem folgende genetische Elemente: Replikations-Origin, Enhancer, Promotor, Restriktionsschnittstellen (zum Einbau der Fremd-DNA durch Rekombination), Terminator, ein oder mehrere Selektions-Marker-Gene. Der Vektor ermöglicht die Rekombination fremder DNA an einer Restriktionsschnittstelle, die den Vektor so schneidet, dass seine Replikation nicht beeinflusst wird.

Anschließend wird der Expressionsvektor in den Wirtsorganismus eingeführt (Transformation). Die Übertragung (Transfer) von Expressionsvektoren in die aufnehmende tierische Zelle (Wirts-Zelllinie) kann ausgelöst werden durch:
- chemische Hilfssubstanzen (z. B. Calciumphosphatpräzipitation, DEAE-Dextrane, Polyethylenglycol-Schock),
- Microkapseln (Vesicles), z. B. rekonstituierte Virushüllen (Envelopes), Liposomen,
- Zellfusion,
- Elektroporation,
- virale oder bakterielle Vektoren (Retroviren, Ti-Plasmid von Agrobacterium),
- physikalische Kräfte (Elektroporation, direkte Mikroinjektion).

Auf diese Weise können DNA-Abschnitte, ein Expressionsvektor oder auch andere Makromoleküle in Tierzellen eingeschleust und ihre Wirkungen auf definierte Bereiche der inneren Zellstrukturen untersucht werden.

Schließlich muss der aufgenommene Expressionsvektor in das Genom der Wirts-Zelllinie stabil eingebaut werden, vorzugsweise an Stellen, die eine sehr hohe Transkriptionsaktivität aufweisen. Dies bewirkt eine intensive Ablesung der genetischen Information zu mRNA, die dann nach den Regeln des genetischen Codes in die Aminosäure-Sequenz des Proteins umgesetzt wird. Die Stabilität des Vektors, die Anzahl der Kopien der rekombinanten DNA pro Zelle und die Transkriptionsaktivität sind entscheidend für die Expression des gewünschten Proteins. Ein gezielter Einbau des Vektors in vordefinierte Stellen in bestimmten Chromosomen der Wirtszellen (*targeted integration*) ist noch nicht verlässlich möglich, so dass in der Regel eine Population von transfizierten Zellen entsteht, die stark variierende Eigenschaften aufweisen.

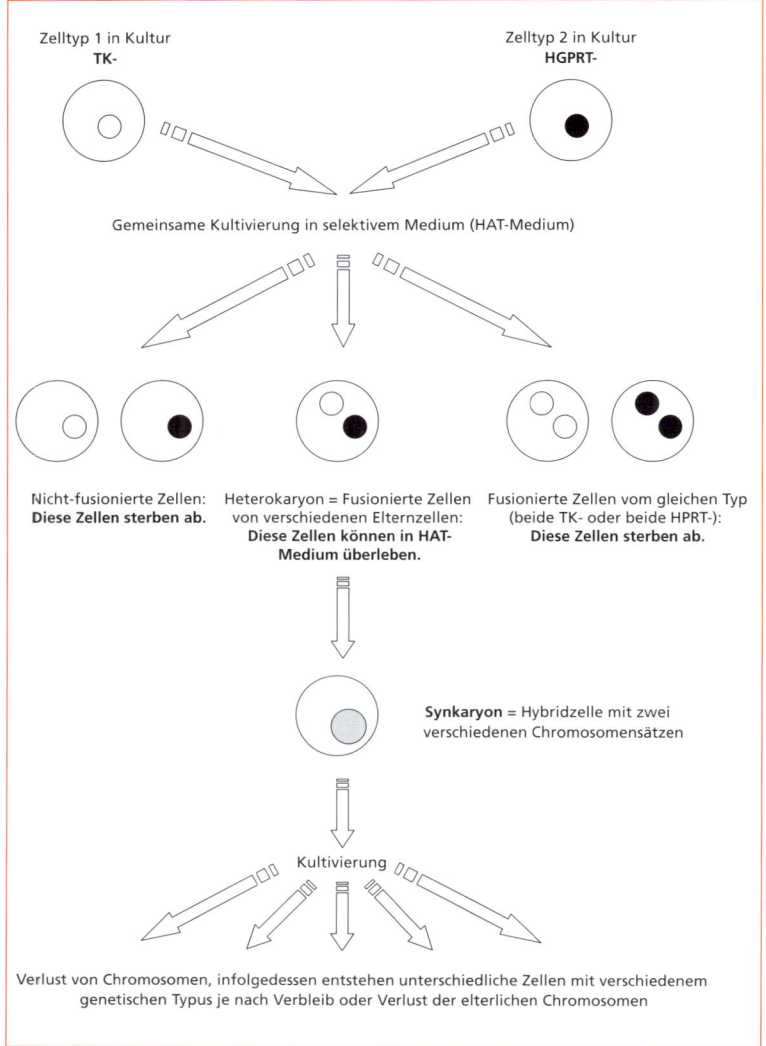

Abb. 11.1 Hybridoma-Technik

Durch **Selektion** müssen aus der großen Zahl der transfizierten Zellen diejenigen herausgesucht werden, die eine hohe Transkriptionsaktivität aufweisen, eine große Anzahl an Kopien der rekombinanten DNA im Genom der Wirtszellen integriert haben (an Orten, an denen dieser Eingriff keine negative Folgen für die Wirtszell-Funktionen hat) und die diese Kopien stabil integriert besitzen. Für die Isolierung der bestgeeigneten Zellen und zur Aufrechterhaltung des Selektionsdruckes bei Langzeit-Kultivierungen können geeignete Selektionsmechanismen eingesetzt werden (Abb. 11.2). Zwei bekannte Mechanismen zur Selektion und Amplifikation (d. h. Vervielfachung der Kopienzahl der rekombinanten DNA) werden im Folgenden vorgestellt.

Selektion mit Hilfe von DHFR und Methotrexat
Dies ist die am häufigsten angewendete Methode zur Selektion und Gen-Amplifikation bei CHO-Zelllinien. Das Enzym **Di**hydro**f**olat**r**eductase (DHFR) katalysiert die Umwandlung von Folat zu Tetrahydrofolat, einem Katalysator für die Synthese von Glycin, Thymidin-Monophosphat und Purinen. Wenn CHO-Zellen durch chemische Mutagenese die Fähigkeit zur Expression

11.1 Eigenschaften von Tierzellen

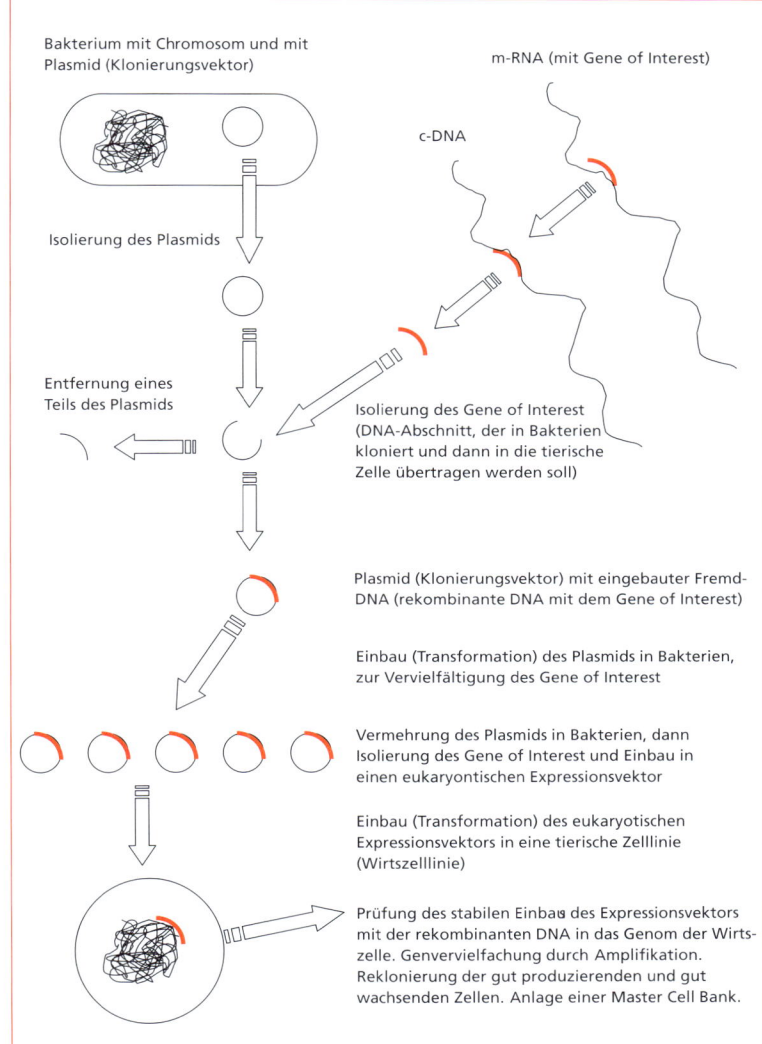

Abb. 11.2 Rekombinante DNA-Technologie

von DHFR verlieren (Urlaub 1980), dann können sie nicht mehr in Zellkulturmedien wachsen, die keine Nucleoside enthalten. Wenn sie ein funktionelles DHFR-Gen durch Transfektion erwerben, erlangen sie diese Fähigkeiten wieder. In dieser Weise transfizierte Zellen können weiter selektioniert werden auf **Amplifikation** (Vervielfältigung) des DHFR-Gens durch schrittweise Erhöhung der Konzentration von Methotrexat (MTX) im Medium.

MTX ist ein Folsäure-Analogon. Es bindet an das Enzym DHFR und inhibiert es dadurch stöchiometrisch. Deswegen zwingt MTX die transfizierten Zellen zu Gen-Rearrangements und Amplifikation, damit diese in Gegenwart von MTX überleben können. Durch mehrere Stufen der Selektion mit steigender MTX-Konzentration kann man Zellpopulationen erhalten, die bis zu mehrere hundert Kopien des DHFR-Gens besitzen.

Eine gemeinsame Transfektion und Integration von Plasmiden, die den DHFR-Marker bzw. das Gen für das gewünschte Produkt (*Gene of Interest*) tragen, an der gleichen Stelle im Genom führt zur Co-Amplifikation beider Gene und damit zur Produktion einer großen Menge des heterologen (d. h. andersartigen) Proteins in der co-transfizierten Zelllinie (Kaufman 1985). Ob der hohe Expressionsgrad dann auch ohne MTX, d. h. in Abwesenheit des Selektionsdruckes, beibehalten werden kann, ist durchaus unterschiedlich für jede transfizierte Zelle und ist vor allem abhängig von der Klonalität der Zellpopulation und vom Integrationsort der amplifizierten heterologen Gensequenzen (Pallavicini 1990, Kim 1998). Daher ist eine sorgfältige Auswahl, Prüfung und Charakterisierung der Produktionszelle aus den Pools der transfizierten und amplifizierten Zellen sehr wichtig, um eine stabile und hochproduzierende Zelllinie zu etablieren.

Die Häufigkeit und die Konsistenz der Expression kann gesteigert werden, indem das DHFR-Gen gemeinsam mit dem *Gene of Interest* in die gleiche Expressions-Kassette (d. h. in dasselbe Genfragment) eingebaut wird statt zwei einzelne Plasmide zu co-transfizieren. Wenn nach erfolgreicher Integration ein solcher Expressionsvektor abgelesen wird (Transkription), wird eine bicistronische mRNA erzeugt und daher die Produktion des gewünschten Protein-Produktes eng an die MTX-Resistenz gekoppelt (Kaufman 1982).

Eine hochexprimierende Zelllinie wird von transfizierten und anschließend amplifizierten Zell-Pools erhalten. Wenn die maximale Stufe der Amplifikation erreicht ist, d. h. wenn der Produkttiter durch weitere Erhöhung der MTX-Konzentration nicht mehr gesteigert werden kann, werden die Zellen rekloniert. Bei der **Reklonierung** werden aus der Mischung der genetisch nicht identischen Zellpopulation einzelne Zellen isoliert. Methoden für diese Isolation sind:
- Picken von Klonen mit einer fein ausgezogenen Pipette,
- *limiting dilution* (starke Verdünnung der Zellen und Verteilung auf 96-Loch-Mikrotiterplatten, so dass sich mit hoher Wahrscheinlichkeit in jeder Vertiefung der Platte maximal eine Zelle befindet),
- maschinelle Sortierung über Durchflusscytometrie (*FACS* = *fluorescence activated cell sorting*).

Die isolierten Einzelzellen werden dann separat von den anderen Zellen und meistens unter geringem Selektionsdruck (z. B. 1/10 der beim Amplifizieren verwendeten MTX-Konzentration) vermehrt, und so entsteht ein Zellklon (*cell clone*), eine Zellpopulation mit genetisch identischen Zellen. Die vermehrten klonalen Zellen werden dann als Master-Zellbank (MCB) angelegt (Kapitel 11.2.1) und dienen so als reproduzierbarer Startpunkt für Forschungs- und Produktionszwecke mit diesen Zellen.

Selektion mit Hilfe von Glutaminsynthetase
Dies ist eine elegante und häufig angewendete Methode zur Selektion und Gen-Amplifikation bei NS0-Zelllinien. Das Enzym **G**l**u**tamin**s**ynthetase (GS) katalysiert die Bildung von Glutamin aus Glutaminsäure und Ammonium. Dies ist für tierische Zellen der einzige Stoffwechselweg für die Synthese von Glutamin. Wenn also Glutamin im Zellkulturmedium fehlt, dann ist GS ein essenzielles Enzym für das Überleben der Zelle.

Einige tierische Zelllinien, z. B. Maus-Myelom-Zelllinien wie NS0, exprimieren nicht genügend GS, um ohne Glutamin im Zellkulturmedium überleben zu können. Für diese Zelllinien kann ein transfiziertes GS-Gen als ein selektiver Marker verwendet werden, weil damit ein Wachstum in Glutamin-freien Medien ermöglicht wird (Bebbington 1992).

Andere tierische Zelllinien, z. B. CHO-Zelllinien, besitzen genügend aktive GS, um in Glutamin-freien Zellkulturmedien überleben zu können. Für diese Zellen muss ein spezifischer GS-Inhibitor, MSX (**M**ethionin **S**ulpho**x**imin), in das Zellkulturmedium zugegeben werden. MSX inhibiert die zelleigene GS-Aktivität, so dass nur die transfizierten Zellen mit zusätzlicher GS-Aktivität in Glutamin-freien Medien überleben können (Bebbington 1987).

Dieses System hat seine Effizienz und Eignung bereits im industriellen Maßstab bewiesen. Bei einem gemeinsamen Einbau des GS-Gens mit dem *Gene of Interest* in die gleiche Expressions-Kassette sind bereits wenige erfolgreich integrierte Kopien des GS-Expressionsvektors im Genom der Wirtszelllinie ausreichend für eine hohe Expression des heterologen (d. h. andersartigen) Produktes. Das bedeutet auch, dass wenig Aufwand für Amplifizierung (Steigerung der Kopien-Anzahl des integrierten Vektor-Konstruktes) erforderlich ist, um hohe Produkt-Titer zu erreichen.

11.2 Zellcharakterisierung

11.2.1 Herstellung von Zellbänken

Für Forschungs- und Entwicklungszwecke ist es vorteilhaft und für die Produktion von Biopharmazeutika ist es ausdrücklich vorgeschrieben, dass ein reproduzierbarer Startpunkt für die verwendete tierische Zelllinie in Form einer **Zellbank** etabliert wird.

Zellbänke für tierische Zellen werden meist aus selektionierten und reklonierten Zelllinien angelegt, d. h. von einem Zellklon. Man unterscheidet SCBs (*safety cell banks*), MCBs (*master cell banks*), WCBs (*working cell banks*) und PPCBs (*post-production cell banks*). Zellklone mit guten Wachstums- und Produktbildungseigenschaften können als SCBs angelegt werden. Wenn einer der besten Zellklone als Kandidat für die MCB ausgewählt wird, dann wird aus dessen SCB eine Kultivierung begonnen, um die Zellen zu vermehren, und meist schon nach wenigen Passagen eine MCB mit etwa 100 bis 300 Vials oder Ampullen angelegt. Aus einem oder wenigen Vial(s) der MCB wird jeweils eine WCB mit wiederum etwa 100 bis 300 Vials angelegt. Die Produktion von biopharmazeutischen Wirkstoffen startet jeweils von einer WCB.

Zum Einfrieren der Zellen werden die herangewachsenen Zellen meist gepoolt, die Zellen durch Zentrifugation vom Kulturmedium getrennt und die sedimentierten Zellen in einem Einfriermedium resuspendiert, so dass die Zelldichte meist bei etwa 10 bis 40 Millionen Zellen pro ml liegt. Diesem Einfriermedium wird etwa 10 % DMSO (**Di**methyl**s**ulf**o**xid) als *cryoprotective agent* zugegeben. DMSO erniedrigt den Gefrierpunkt, bewirkt eine langsamere Abkühlung der Zellsuspension, schützt die Zellen vor Schäden durch Eiskristalle, Dehydrierung, zu hoher Konzentration von Elektrolyten, pH-Änderungen und Denaturierung von Proteinen. Früher wurde zusätzlich Serum oder BSA (*bovine serum albumin*) zugegeben. Inzwischen ist es bei vielen Zelllinien möglich, nicht-bovine Substanzen wie Glycerin, Methylcellulose oder auch konditioniertes Medium als Ersatz für Serum oder BSA zu verwenden. Die Zellen werden dann in spezielle sterile Einfriergefäße (*cryo-vials*) oder Ampullen pipettiert, meist etwa 1 bis 2 mL Zellsuspension je Gefäß, und eingefroren. DMSO ist toxisch für tierische Zellen, daher müssen die Arbeitsschritte von der DMSO-Zugabe bis zum Einfriervorgang relativ rasch ablaufen. Zum Einfrieren können die Zellen in einem Styroporbehälter bei −70 °C für etwa einen Tag eingefroren und dann in einen Zellbank-Lagerbehälter überführt werden. Alternativ werden die Zellen mit einem Einfriergerät eingefroren, wobei die Cryo-Vials um etwa 1 °C je Minute abgekühlt werden. Wenn die Vials auf etwa −40 °C abgekühlt sind, werden sie in einen Zellbank-Lagerbehälter überführt. Hier können die Zellen praktisch unbegrenzt in der Gasphase über flüssigem Stickstoff, d. h. bei ca. −130 °C bis −196 °C, aufbewahrt werden.

11.2.2 Freigabe und Charakterisierung von Zellbänken

MCBs und WCBs werden umfangreich geprüft und charakterisiert. Hierzu gehören Prüfungen zur Identität der Zelllinie, zur Abwesenheit von Kontaminanten wie z. B. Mikroorganismen oder Viren, zur Kultivierbarkeit (so genannte „Auftaukontrollen"), zur Langzeit-Stabilität (*phenotypic stability*) z. B. für 4 Wochen oder 16 Wochen, je nachdem wie lange man die Zellen nach dem Auftauen eines Zellbank-Vials stabil *in vitro* kultivieren möchte. Die Tests und die erwarteten Resultate für eine Freigabe der MCB sind in Tab. 11.2 aufgeführt.

Wenn eine Zellbank als Ausgangspunkt zur Herstellung biopharmazeutischer Produkte verwendet werden soll, dann wird im Rahmen der Zulassungsdokumentation (Kapitel 11.6.2.1) eine genetische Charakterisierung (*genetic stability*) der Zellbank gefordert. Hierbei wird mit molekularbiologischen Methoden nachgewiesen, ob der Expressionsvektor korrekt in das Wirtszell-Genom integriert wurde (mittels Nucleotidsequenz-Analyse), ob das RNA-Transkript die erwartete Größe besitzt (mit Northern-Blot-Analyse), welche ungefähre Kopien-Anzahl der rekombinanten Gene pro Wirtszelle auftreten und ob die Anzahl der Gen-Kopien sowie die Integrationsorte bei unterschiedlichem Zellalter etwa stabil bleiben (mit Southern-Blot-Analyse).

Tabelle 11.2: Tests für Zellbänke (MCBs)

Parameter	Testergebnisse
Identität	Isoenzym-Muster entspricht der Referenz-Zelle (z. B. Hamster oder Maus)
Sicherheitsprüfung	Sterilität (Test gemäß Arzneibuch), – keine Mycoplasmen nachweisbar, – keine Viren gemäß Adventitious Virus Test (AVA) *in vitro*
Erweiterte Sicherheitsprüfung	HAP = Hamster Antikörper Test oder MAP = Maus Antikörper Test, – keine Viren gemäß Adventitious Virus Test (AVA) *in vivo*, – keine infektiösen Viren gemäß S+L- Test sowie XC Plaque Test, – keine RT (Reverse Transcriptase) Aktivität, – keine Kontaminanten (außer VLP = virus-like particles) sichtbar gemäß Elektronenmikroskopie
Stabilität (*phenotypic stability*)	Zellwachstum, Zellvitalität, Produktbildung
Zusätzliche Untersuchungen für die Produktionsverfahren	Langzeit-Stabilität: siehe Text in Kapitel 11.2.2 Zulassung von Genetische Charakterisierung: siehe Text in Kapitel 11.2.2

Für die genetische Charakterisierung von MCBs, die für biopharmazeutische Produktionsprozesse eingesetzt werden, können so genannte PPCBs angelegt werden. Hierfür wird ganz am Ende der Produktionsstufe eine kleine Menge Zellsuspension entnommen, diese gegebenenfalls noch einige Male weiter passagiert (bis eine ausreichend hohe Zellvitalität erreicht ist, um erfolgreich eine Zellbank anlegen zu können) und als PPCB eingefroren. Die Einfriermethode ist die gleiche wie für MCBs und WCBs (Kapitel 11.2.1). Mit Hilfe der PPCB lässt sich nachweisen, ob die genetische Information und die Kopienzahl des heterologen Gens sowie die Integrationsorte im Genom der Wirtszelle am Ende der Produktionsphase noch die gleichen sind wie in der MCB.

11.2.3 Wirtszelllinien

Als **Wirtsorganismen für rekombinante Produkte** sollten tierische Zellen folgende Eigenschaften haben: Schnelles Zellwachstum, Wachstum in preiswerten und möglichst chemisch-definierten Kulturmedien, Aufnahme von Expressionsvektoren und deren Beibehaltung in Kultur, keine schädlichen oder pathogenen Eigenschaften. Ein Vorteil der eukaryotischen Zellen ist, dass sie schon die komplexen RNA- und posttranslationalen Prozessierungssysteme besitzen, welche an der Synthese von Genprodukten in höheren Organismen beteiligt sind. Für die industrielle Herstellung biopharmazeutischer Wirkstoffe haben sich vor allem die Zelllinien CHO, BHK, NS0 und SP2/0 bewährt.

11.2.3.1 Säugetierzelllinien

CHO-Zellen (*Chinese hamster ovary*). Dies ist eine dauerhafte Zelllinie, die im Jahr 1957 durch Biopsie (Gewebeentnahme) aus dem Ovar eines Chinesischen Hamsters entstanden ist. Sie wurde als CHO-K1 Zelllinie etabliert. Aus der CHO-K1 Zelllinie entstand die CHO-dhfr-Zelllinie, die von den Wissenschaftlern Urlaub und Chasin durch Mutagenese etabliert wurde (Urlaub 1980). Bei dieser Zelllinie sind beide Allele des Gens für das Enzym Dihydrofolatreductase (DHFR) inaktiviert. Die CHO-dhfr-Zelllinie ist bis heute die wichtigste und am häufigsten verwendete Wirtszelllinie für die Produktion rekombinanter Proteine, denn mit Hilfe eines Expressionsplasmides, das ein funktionelles DHFR-Gen enthält, und mit Hilfe eines Selektionsmediums, das Guanidin, Hypoxanthin und Thymidin (GHT) enthält (Kapitel 11.1.2.2), entsteht ein effizientes Selektionssystem. Für viele rekombinante Proteine aus CHO-Zellen wurde gezeigt, dass ihre Glycosilierung derjenigen des humanen Produktes entspricht bzw. sehr nahe kommt. CHO-Zellen haben deshalb eine hohe Akzeptanz für die Produktion rekombinanter Glycoproteine zur Anwendung am Menschen.

11.2 Zellcharakterisierung

NS0-Zellen und SP2/0-Zellen sind Myelomzellen der Maus. Myelome sind Krebszellen, die aus B-Lymphozyten entstanden sind. B-Lymphozyten vermögen Antikörper in großen Mengen ins Kulturmedium auszuscheiden. Maus-Myelomzelllinien sind daher als „professionelle" sekretorische Zellen für die Expression von monoklonalen Antikörpern und auch von Glycoproteinen gut geeignet. Die Glycosilierung (das ist der Kohlehydrat-Anteil an der Aminosäure-Kette des Proteins, der vor allem für die Wirksamkeit und Verweilzeit vieler Proteinwirkstoffe in vivo wichtig ist) von Produkten aus Maus-Zelllinien unterscheidet sich allerdings meist wesentlich von der Glycosilierung von Produkten aus Hamster-Zelllinien.

BHK-Zellen (*baby hamster kidney*). Dies ist eine dauerhafte Zelllinie, die aus den Nieren eintägiger Goldhamster abgeleitet ist. Es wurde ein Zellklon mit kontinuierlicher Proliferationsaktivität isoliert und als Zelllinie BHK-21 C13 angelegt. Mit BHK-Zellen begann die Kultivierung von Säuger-Zelllinien im industriellen Maßstab. Seit 1967 wird sie vor allem für die Herstellung von Impfstoffen gegen Maul- und Klauenseuche (MKS) verwendet. Die BHK-21 Zelllinie ist auch eine wichtige Wirtszelle für die Produktion rekombinanter Proteine, denn sie ist effizient transfizierbar und gestattet eine hohe Expression.

HEK-293-Zellen (*human embryonic kidney*). Die HEK-293-Zelllinie wurde aus transformierten embryonalen menschlichen Nierenzellen gewonnen und als Zellklon etabliert (Graham 1977, Harrison 1977). HEK-293-Zelllinien werden häufig für die transiente Expression von Glycoproteinen verwendet, d. h. der Expressionsvektor wird nicht stabil in die Wirtszelllinie eingebaut, sondern der Vorgang der Transfektion bzw. Aufnahme des Expressionsvektors in die Wirtszelle erfolgt bei jeder Fermentation von neuem. Auf diese Weise können sehr schnell und mit geringem Aufwand geringe bis mittlere Mengen von Proteinen für Forschungs- und Entwicklungszwecke erzeugt werden. Diese Vorgehensweise wurde bis zum 100 Liter Maßstab in Bioreaktoren erfolgreich eingesetzt (Girard 2002).

COS-Zellen (*CV1 origin SV40*). Die COS-Zelllinie ist aus der Affennierenzelllinie CV1 hervorgegangen. Sie besitzt einen SV40 Provirus mit defektem Replikationsursprung (*Origin*). SV40 (*Siminan Virus 40*) ist ein DNA-Tumorvirus, das in Hamstern Tumore induziert. Modifizierte SV40 Viren werden häufig als Vektoren in der Gentechnik eingesetzt. COS-Zellen sind empfindlich für Infektionen mit SV40 und ermöglichen Vermehrungszyklen für SV40 Viren mit früher Genexpression und anschließender Lyse der Zellen. COS-Zellen sind daher Wirtszellen für SV40-Vektoren, deren frühe Region, d. h. die Genabschnitte, die nach der Virusinfektion zuerst abgelesen und exprimiert werden, durch heterologe DNA ersetzt ist (Edwards 1993, Blasey 1996). Es handelt sich also um eine transiente Expression (siehe oben).

HELA-Zellen. Die HELA-Zelllinie ist eine menschliche Tumorzelle, die aus einem Cervix-Carcinom (d. h. aus Gebärmutterhals-Krebszellen) isoliert und als Zelllinie etabliert wurde. Sie wurde für viele Arbeiten in der Tumorforschung verwendet, so dass eine Vielzahl von Zellstämmen mit speziellen Eigenschaften erzeugt wurde. Für die Herstellung rekombinanter Proteine hat diese Zelllinie keine Bedeutung.

11.2.3.2 Insektenzelllinien

Die Insektenzelllinien können ebenso wie Säugerzelllinien *in vitro* kultiviert werden. Die Kultivierungsbedingungen sind allerdings aufgrund ihrer Herkunft anders als bei den Säugetierzelllinien. Die optimale Kultivierungstemperatur für Insekten-Zelllinien liegt bei etwa 28 °C und das pH-Optimum bei ca. 6,2. Die Kulturmedien sind der Insektenhämolymphe nachempfunden. Sie enthalten eine etwa 10-fach höhere Konzentration der Aminosäuren gegenüber Medien für Säugerzellkulturen, das Verhältnis der Natrium- und Kalium-Ionen ist nahezu ausgeglichen, für die Pufferung der Medien wird Phosphatpuffer anstelle des CO_2-/Bicarbonatpuffers verwendet. Ein weit verbreitetes Medium für Insektenzellen ist das Grace Medium (Kapitel 11.3).

Häufig verwendete Insektenzelllinien sind die **Sf9-Zellen** und die **Sf21-Zellen**. Beide Zelllinien wurden aus Ovarien des Puppenstadiums des Insektes Spodoptera frugiperda gewonnen und als Zellklon etabliert.

Insektenzelllinien werden am häufigsten in Verbindung mit dem Baculovirus-Expressionssystem zur Gewinnung von rekombinanten Proteinen verwendet. Dabei werden zunächst die Insektenzellen als Suspensionskulturen in Bioreaktoren vermehrt. Die Produktion des rekombinanten Protein-Produktes wird erst dadurch begonnen, dass der Insektenzellkultur noch während der logarithmischen Wachstumsphase der Zellen ein rekombinanter Baculovirus zugegeben wird (etwa 1 bis 5 mg Virus pro Liter Insektenzellsuspension). Im Virus-Genom wurde das Gen für das gewünschte Produkt integriert. Die Viren befallen die Insektenzellen und lassen diese eine große Menge des rekombinanten Produktes produzieren. Es handelt sich also um eine transiente Expression. Viele der post-translationalen Modifizierungsmechanismen für Glycoproteine aus Säugetierzellen gibt es auch bei den Insektenzellen, so dass die Produkte aus Insektenzellen den nativen humanen Proteinen sehr ähnlich sind (Schlaeger 1996), im Detail aber durchaus Unterschiede aufweisen (Jarvis 2003). Die immer wiederkehrende, ebenfalls transiente, Erzeugung der rekombinanten Viren und deren Lagerung bedeuten einen erheblichen Aufwand für industrielle Anwendungen. Beides kann zu einer höheren Heterogenität der Herstellverfahren mit Insektenzellen führen.

Die rekombinanten Viren entstehen durch Einbau eines Vektors, der das *Gene of Interest* enthält, in die lineare DNA des Baculovirus-Genoms, die anschließende Transfektion von Insektenzellen (Sf9, Sf21, u. ä.) mit diesem Genkonstrukt und die Ernte der rekombinanten Baculoviren aus den Zellen.

11.2.3.3 Design neuer Wirtszelllinien

Es gibt nach wie vor eine starke Tendenz, auf den bisher etablierten Wirtszelllinien zu beharren, denn es gibt aus den letzten Jahrzehnten viele Kenntnisse und Erfahrungen, dass diese Zelllinien keine besonderen Risiken für Mensch, Umwelt oder Produkte bergen. Dennoch gibt es Bestrebungen und auch konkrete Vorhaben, neue Wirtszelllinien und modifizierte Expressionssysteme zu entwickeln. Diese reichen von ganz neuen, nicht aus Tumorgewebe stammenden Zelllinien, z. B. humane Retinazellen, bis zur verbesserten Möglichkeit der Transformation und Integration von Expressionsvektoren in tierischen Zelllinien. Beispiele hierfür sind künstliche Chromosomen oder molekulargenetische Methoden zum gezielten ortsspezifischen Einbau der rekombinanten DNA im Genom der Wirtszelle (*targeted integration*, siehe Kapitel 11.1.2.3).

11.2.3.4 Alternative Wirtszellen und Organismen

In Ergänzung, teilweise auch als Konkurrenz, zur klassischen Produktion aus der Kultur von Tierzellen können Wirkstoffe auch aus alternativen Quellen bzw. durch alternative Technologien erzeugt werden, z. B. aus Prokaryoten (Bakterien), aus Hefen, aus transgenen Pflanzen oder aus transgenen Tieren.

Mit Hilfe von **Bakterien** können ebenfalls rekombinante Wirkstoffe gewonnen werden, falls die Wirkstoffe relativ klein und einfach aufgebaut sind und keine post-translationalen Prozessierungen wie z. B. Glycosilierung erforderlich sind. Beispielsweise wird rekombinantes Insulin (MW = 11,5 kD als Zink-Komplex, zwei Peptidketten mit 30 bzw. 20 Aminosäuren, drei Disulfidbrücken, keine Glycosilierung) aus Bakterien und aus Hefen gewonnen. Interferon α, Interferon β, Interferon γ und humaner Wachstumsfaktor sind weitere bekannte rekombinante Wirkstoffe aus Bakterien, wobei meist E. coli (Escherichia coli) als Produktionsorganismus eingesetzt wird.

Hefen als Produktionsorganismen bieten eine weitere Alternative zu tierischen Zellen und Bakterien. Hefen stellen, ähnlich wie Bakterien, relativ geringe Ansprüche an die Kultivierung und die Nährstoffe. Sie sind aber als eukaryotische Organismen prinzipiell befähigt, Proteine zu glycosilieren. Die Hefeart Pichia pastoris wird als Wirtszelle für die Herstellung rekombinanter Proteine bevorzugt erforscht aufgrund ihrer Befähigung, die erzeugten rekombinanten Proteine zu sezernieren (d. h. in das Kulturmedium auszuscheiden). Für Pichia, Hansenula, Saccharomyces und andere Hefegattungen muss jedoch noch ein entscheidender Nachteil überwunden werden: Hefen glycosilieren Proteine mit extrem vielen Mannose-reichen Glycanen (*Hyperglycosylation*). Diese Produkte entsprechen daher nicht den „nativen" menschlichen Proteinen und würden beim Menschen möglicherweise eine Immunantwort hervorrufen. Erhebliche Änderungen des Glycosilierungs-Stoffwechsels sind auf genetischer Ebene erforderlich, um Glycoproteine aus Hefen mit vergleichbarer komplexer Glycan-Struktur wie beim Menschen herzustellen.

Transgene Pflanzen bieten prinzipiell eine kostengünstige und leicht skalierbare Quelle zur Herstellung rekombinanter Produkte (Twyman 2003). Bisher werden folgende Quellen betrachtet: Die Blätter von Tabakpflanze, Sojabohne und Salat; die Samen von Reis, Weizen, Mais, Erbse und Sojabohne; die Früchte von Tomaten, Bananen und Raps. Es gibt allerdings noch erhebliche Schwierigkeiten zu überwinden, bis Produkte aus transgenen Pflanzen als Alternative zu entsprechenden Produkten aus Zellkulturen akzeptabel sind. Dies sind: Unterschiede bei den post-translationalen Modifikationen von Glycoproteinen (z. B. in den Glycan-Strukturen) gegenüber den Glycoproteinen aus tierischer Quelle, unzureichende oder unvollständige Sekretion in die Speicherorgane, Abbau oder Teilverdau der gebildeten Produkte noch in den Pflanzen, Variabilitäten aufgrund schwankender Umwelteinflüsse, insbesondere Bodenbeschaffenheit, Feuchtigkeit, Klima, Jahreszeiten, Einfluss von Pflanzenkrankheiten und -schädlingen.

Transgene Tiere sind Tiere, deren Genom in der frühen Embryonalentwicklung verändert wurde, indem entweder ein heterologes Gen hinzugefügt wurde (additiver Gentransfer) oder ausgeschaltet wurde (z. B. bei Knock-out-Mäusen). Transgene Tiere mit additivem Gentransfer sind prinzipiell eine effiziente Quelle zur Herstellung rekombinanter Produkte (Young 1997). Das gewünschte Produkt (Glycoprotein), z. B. ein monoklonaler Antikörper für therapeutische oder diagnostische Zwecke, wird in der Milch der transgenen Tiere ausgeschieden. Diese Technik wurde bei den Labortierarten Maus, Ratte, Kaninchen und bei den landwirtschaftlichen Nutztieren Schaf, Ziege, Rind erfolgreich angewendet.

Transgene Tiere, die ein heterologes Protein in ihrer Milch herstellen, werden erzeugt durch Mikroinjektion des rekombinanten Genkonstruktes (**Transgen**) in befruchtete, reife Oocyten. Das Transgen ist ein Genabschnitt mit der genetischen Information für das gewünschte Protein, gekoppelt mit einem Milch-Promotor-Gen, welches die Bildung und Ausschleusung des Proteins in die Milchdrüsen vermittelt. Der einzellige transgene Embryo wird dann in ein weibliches Empfänger-Tier (*recipient female*) implantiert und von dieser „Leihmutter" bis zur Geburt ausgetragen. Wenn das Transgen in das Genom des Embryos integriert wurde, was bei etwa 5 bis 10 % der mikroinjizierten Oocyten geschieht, dann wird das Transgen zu einem dominant vererbten Gen, das von dem ursprünglichen transgenen Tier an seine Nachkommenschaft weitergegeben wird. Infolgedessen produzieren das herangewachsene transgene Tier und seine weibliche Nachkommenschaft, welche das Transgen besitzen, das rekombinante Protein in Mengen von mehreren Gramm pro Liter Milch.

Ziegen und Kühe sind besonders effiziente transgene „Produktionssysteme" wegen
- des hohen Proteingehalts ihrer Milch,
- ihrer großen und konstanten Milchproduktion,
- der gut etablierten Techniken zur Milchgewinnung,
- der einfachen Tierhaltung in Herden.

Nachteile der transgenen Tiere sind
(A) die lange „Entwicklungszeit" von mehreren Jahren von der Mikroinjektion bis zur fertigen Etablierung einer gesunden Herde reifer, d. h. Muttermilch mit Produkt produzierender transgener Tiere,
(B) regulatorische Herausforderungen zum gesamten Konzept, wenn cGMP-Anforderungen (Kapitel 11.6.2.1) aus der Zellkultivierung in Bioreaktoren in analoger Weise für transgene Tiere gelten und angewendet werden sollen.

Das Potenzial transgener Pflanzen und Tiere zur Senkung der Herstellkosten rekombinanter Produkte sollte nicht überschätzt werden. Nach Erzeugung des Proteins bleiben die Schritte für die weitere Prozessierung des Rohproduktes, nämlich die proteinchemische Reinigung, Formulierung, Abfüllung und Verpackung und die hiermit verbundenen Aufwendungen und Kosten bestehen.

Sehr komplexe Wirkstoffe können *ex vivo* nur mit Hilfe tierischer Zellkulturen hergestellt werden. Ein bekanntes Beispiel ist das Gycoprotein

Faktor VIII mit 2332 Aminosäuren und einer relativ instabilen Konsistenz (Vehar 1984). Rekombinantes t-PA (*tissue plasminogen activator*, MW = 65 kD, eine Polypeptidkette mit 527 Aminosäuren, 17 Disulfidbrücken, drei Bindungsstellen für Oligosaccharidketten) wird als vollständiges Molekül ebenfalls aus tierischen Zellen gewonnen (Werner 1989). Eine Variante des humanen t-PA wird in *E. coli* hergestellt (Sarmientos 1989).

Bei Antikörpern besteht die Möglichkeit, Antikörper-Fragmente mit den variablen Bereichen der schweren Kette V_H und der leichten Kette V_L, also die kleinsten Antigen-bindenden Einheiten der Antikörper, in Bakterien zu exprimieren. Man kann „domain antibodies" (MW = ca. 15 kDa) herstellen sowie einkettige Fragmente „scFv" (MW = ca. 40 kDa), bei denen die V_H Domäne mit der V_L Domäne mittels Polypeptid-Linker fusioniert wurden (Holt 2003). Es gibt jedoch zahlreiche Anwendungen, die vollständige Antikörper benötigen, vor allem wenn infolge der Antigen-Bindung an der Domäne V_H und V_L eine durch den F_C-Teil des Antikörpers vermittelte Effektorfunktion ausgelöst wird. Prominentes Beispiel ist die Antikörper-abhängige zelluläre Cytotoxizität (= *ADCC* = *a*ntibody-*d*ependent *c*ellular *c*ytotoxicity), die eine wichtige Rolle bei der Vernichtung von zellulären Infektionserregern, Virus-infizierten Zellen und Tumorzellen einnimmt (Sedlacek 1992).

11.3 Die Umgebung von Zellen in Kultur

Tierzellen in Kultur sind von vielen äußeren Faktoren abhängig, die wichtig sind für die Erhaltung ihrer Lebensfunktionen, ihrer spezifischen genetischen, morphologischen, physiologischen Eigenschaften sowie für die Expression von eigenen und ggf. transgenen Substanzen. Die wichtigsten dieser Faktoren sind: Temperatur, osmotischer Druck, pH-Wert, Nähr- und Puffersalze, essenzielle Nährstoffe und Stoffwechsel-Zwischenprodukte (z. B. Kohlenhydrate, Aminosäuren, Peptide, Proteine, Fette, Fettsäuren, Coenzyme, Nucleoside, Nucleotide), gelöste Gase, Hormone, Wachstumsfaktoren, gegebenenfalls eine Matrix, auf der die Zellen wachsen.

Die meisten dieser Faktoren werden in den Eigenschaften des Zellkulturmediums festgelegt. Das Zellkulturmedium hat daher eine entscheidende Bedeutung für den Zellkulturprozess.

11.3.1 Zellkulturmedien

Ein gutes Kulturmedium (Nährmedium, Züchtungsmedium) soll die wesentlichen Rohstoffe und die Umgebungsbedingungen für die kultivierten Zellen zur Verfügung stellen, die den natürlichen Zellen im Körperverband möglichst ähnlich sind. Die Verhältnisse *in vivo* können von Zelle zu Zelle sehr verschieden sein und können sich auch zeitabhängig verändern, z. B. beim pH-Wert oder beim Hormonspiegel in der Zellumgebung. Verständlicherweise gibt es daher kein universelles oder „generisches" Kulturmedium für Tierzellen, sondern eine Vielfalt von Kulturmedien.

Das Medium muss, in Verbindung mit Zugaben (*feedings*) während der Kultivierung, trotz seiner konstanten und möglichst definierten Zusammensetzung eine ausreichende Anpassungs- bzw. Pufferungsfähigkeit haben gegenüber Änderungen infolge der andauernden Kultivierung der Zellen z. B. infolge von Zellvermehrung, -Induktion, -Alterung, -Differenzierung, Expression und Sezernierung von Metaboliten und Produkten.

Bei der Herstellung rekombinanter Produkte kann es nützlich sein, für die Anzuchtstufen ein gutes Wachstumsmedium zu wählen, aber in der Produktionsstufe ein Medium mit anderen Eigenschaften einzusetzen, das die Zellen z. B. durch osmotischen Stress, Temperatur- oder pH-Wechsel oder durch die Zugabe bestimmter Substanzen zu vermehrter Produktbildung anregt. Dabei kann es durchaus akzeptiert werden, dass die Zellen unter diesen Bedingungen nicht lange kultivierbar oder subkultivierbar sein können.

11.3.1.1 Serumhaltige Zellkulturmedien

Die ersten Kulturmedien ähnelten noch weitgehend dem Blutserum. Ab Ende der fünfziger Jahre gab es etliche Basalmedien, beispielsweise:
- MEM = Minimum Essential Medium (Eagle 1959),

- DMEM = Dulbecco's Modifiziertes Eagle Medium (Dulbecco 1959),
- Glasgow MEM (Macpherson 1962),
- Grace's Medium (Grace 1962),
- NCTC-135 (Evans 1964),
- BME = Basal Medium Eagle (Eagle 1965),
- Ham's F-12 Nutrient Mixture (Ham 1965),
- RPMI 1640 (Moore 1967),
- IMDM = Iscove's Modifiziertes Dulbecco Medium (Iscove 1978).

In Tab. 11.3 ist die Zusammensetzung des Basalmediums DMEM/Ham's F12 (1:1) wiedergegeben, das für die Kultivierung einer ganzen Reihe von Tierzellen sehr erfolgreich eingesetzt wurde. Diese Basalmedien enthalten bereits etwa 30 bis 80 Komponenten, vor allem anorganische Salze, Aminosäuren, Peptide, Vitamine, Coenzyme, Fettsäuren, Zuckerquelle, Eisenquelle, Spurenelemente, Puffersubstanzen und ggf. weitere Komponenten.

Die unterschiedlichen Basalmedien benötigen allerdings noch einen hohen Anteil von ca. 10 bis 20 % an Blutserum, um eine gute Zellkultivierung *in vitro* zu ermöglichen. Fötales Kälberserum (*fetal calf serum = FCS*), Serum aus neugeborenen Kälbern (*newborn calf serum = NCS*), stammt von Tieren bis zu einem Alter von wenigen Wochen; Rinderserum, Pferdeserum und Serum von anderen Tierarten (Ziegen, Hühner, Schweine, Lämmer, Kaninchen) enthalten wertvolle Wachstumsfaktoren für Zellen in Kultur. Aufgrund der biologischen Variabilität der Spendertiere, ihrer Ursprungs- und Ernährungsbedingungen, ihrer Gesundheits- und Umwelteinflüsse ist es nahezu unmöglich, eine standardisierte Qualität und Zusammensetzung von Serum zu erhalten. Daher werden Seren für Zellkulturmedien meist von ausgewählten Herden gesunder Spendertiere und aus wenigen geographischen Regionen gewonnen. Dies ist sowohl für eine gleichbleibende Qualität der Serum-Chargen als auch als Vorsichtsmaßnahme gegenüber BSE (*bovine spongiforme encephalopathie*) und anderen möglichen Krankheitserregern vorteilhaft. Anwender, die auf eine sehr gute Vergleichbarkeit der Zellkultur-Ergebnisse mit serumhaltiger Kultivierung angewiesen sind, können sich große Mengen von Serum aus einer Charge reservieren zu lassen. Es ist auch möglich, sich vor einem Chargen-Wechsel vorab Muster von neuen Serum-Chargen für vergleichende Prüfungen mit Zellkulturen liefern zu lassen. Für viele Anwendungen ist es üblich, jede Serum-Charge vor Einsatz auf ihre Eignung zu testen.

Auf Verlangen der biopharmazeutischen Industrie und der Gesundheitsbehörden führen die Serum-Hersteller eine lückenlose Dokumentation über den Ursprung des Serums (*serum audit trail*), mit veterinärärztlichem Zertifikat über die Tiergesundheit und den Ursprung des Rohserums, mit den Schritten der Prozessierung des Rohserums bis zum Endprodukt, der Vergabe der Chargennummer, der Freigabe der Chargen.

Die Gewinnung von FCS beginnt mit der Entnahme des Blutes durch Herzpunktion. Man lässt das Blut gerinnen und trennt dann durch Zentrifugation das Blutplasma vom Blutserum. Die Blutserum-Portionen werden zu einer Charge vereinigt, sterilfiltriert und in kleinen Portionen, z. B. 500 ml Gebinden, abgefüllt.

Für besondere Anforderungen kann das Serum weiterbehandelt werden. Beispielsweise kann Serum mit Hilfe von Membranen mit Ausschlussgrößen von ca. 10 000 bis 50 000 Dalton gegen Salzlösungen dialysiert werden, um niedermolekulare Substanzen aus dem Serum zu entfernen. Wenn Serum von jungen oder erwachsenen Tieren für die Produktion von Antikörpern eingesetzt wird, kann die Anwesenheit von Immunglobulinen, vor allem IgG, im Serum Probleme bei der Aufarbeitung hervorrufen. Mit Hilfe chromatographischer Verfahren können Immunglobuline aus dem Serum entfernt werden.

Zur Inaktivierung von möglichen Krankheitserregern, die als Verunreinigungen (Kontaminanten) im Serum enthalten sein könnten, werden viele Seren zusätzlich zur Sterilfiltration mit Hitze behandelt. Eine Hitze-Inaktivierung wird meist für ca. 30 Minuten bei über 50 °C durchgeführt. Zur Inaktivierung von Viren ist vor allem die Gamma-Bestrahlung des Serums geeignet. Mit Virus-Spike-Experimenten wurde nachgewiesen, dass eine Dosis von etwa 25 bis 35 kGy für eine verlässliche Inaktivierung einer großen Vielfalt von Viren um etwa sechs Log-Stufen ausreicht (Purtle 2003).

Die komplexe und variable Zusammensetzung, das Restrisiko von Krankheitserregern, die begrenzte Verfügbarkeit und die hohen Preise für Serum führten zu Anstrengungen, Serum zu ersetzen. Eine einfache, aber zeitraubende und nicht immer ausreichend reproduzierbare

Möglichkeit war die Anpassung (Adaptation) der kultivierten Zellen an serumreduzierte Medien. Hierdurch konnten viele Zellen durch schrittweise Ausdünnung von Serum in Medien mit 2 % bis zu 0,1 % Serumgehalt stabil kultiviert werden.

11.3.1.2 Serumfreie Zellkulturmedien

Eine wesentliche Weiterentwicklung wurde aber erst möglich durch die Verwendung von Serum-Ersatzstoffen wie Human- oder Rinder-Transferrin, Rinderserumalbumin (**b**ovine **s**erum **a**lbumin = BSA), Rinder-Insulin, Rinder-Lipoproteine. Transferrin dient als Transportprotein für Eisen (Aisen 1980). Serumalbumin ist ein Transportprotein für Fettsäuren, Lipide, Peptide, Steroide, Hormone und Spurenelemente (Yamane 1978). Zusätzlich wirkt es auf die Zellen durch Bindung von Detergenzien und Endotoxinen. Insulin stimuliert die Glucoseaufnahme, die Fettsäuresynthese und die DNA-Synthese. Insulin und IGF-1 (**i**nsulin-like **g**rowth **f**actor 1) binden an IGF-1-Rezeptoren auf der Zelloberfläche und stimulieren die DNA-Synthese (Rinderknecht 1978). Lipoproteine dienen als Transportproteine für Phospholipide und Cholesterin (Smith 1978) und erfüllen eine Vielzahl von regulatorischen Funktionen (Owen 1984).

Durch die Substitution des Serumanteils im Zellkulturmedium durch definierte Substanzen konnte der Protein-Anteil von etwa 20 g/l auf etwa 0,5 g/l reduziert werden (Tab. 11.4). Die Entwicklung der serumfreien Medien in den 80er Jahren wurde dann in den 90er Jahren erfolgreich in Forschung und Industrie für die Kultivierung von Tierzellen angewendet.

Es gelang sogar, das gebrauchte Medium von Säugerzellkulturen (nach Analyse und Supplementierung der verbrauchten Nährstoffe) zu recyklieren, d. h. für dieselbe Bioreaktor-Kultivierung wiederzuverwenden (Kempken 1992). Dies wurde zum Recycling wertvoller Serum-Substitute und Mediumkomponenten und zur Reduktion der Mediumkosten angestrebt. Aufgrund der im Folgenden beschriebenen Weiterentwicklung der Medien sind solche Maßnahmen nicht mehr nötig. Das Mediumrecycling-Konzept bietet jedoch eine gute Möglichkeit, die Effekte von Zellwachstumsfaktoren, Zellreifungsfaktoren und Stoffwechselprodukten, die von den Zellen selbst gebildet und in das Kulturmedium abgegeben werden, zu untersuchen (Büntemeyer 1997).

11.3.1.3 Chemisch definierte Zellkulturmedien

Der entscheidende Schritt auf dem Weg zu Medien, die chemisch definiert sind und keine direkt aus tierischer Quelle enthaltenen Substanzen mehr aufweisen, wurde durch folgende Weiterentwicklungen erreicht: Substitution der Proteine Transferrin, BSA, Insulin, Lipoproteine durch Eisensalze oder Eisen-Komplexe, durch IGF-1, durch chemisch-definierte Lipid-Konzentrate, durch gezielte Zugabe von Vorstufen (*precursors*) oder stimulierenden Substanzen wie Fettsäuren, Biotin, Cholin, Glycerin, Ethanolamin, Thiole, Hormone und Vitamine. Für viele Zelllinien ist der Zusatz von Substanzmischungen aus definierter und nicht-tierischer Quelle hilfreich, z. B. Protein-Hydrolysate (Peptone) oder Hefeextrakt. Am Ende dieser Entwicklung stehen aktuell die chemisch definierten Zellkulturmedien. Sie enthalten gar keine oder nur sehr geringe Protein-Anteile (≤ 0,01 g/l). Anstelle der nur teilweise bekannten und in ihrer Konzentration chargenabhängigen Serumbestandteile werden definierte, hochreine, in ihrer Art und Qualität reproduzierbare, seitens Ursprung und Stoffklasse unproblematische Rohstoffe als Einzelsubstanzen eingesetzt.

Inzwischen ist eine Vielzahl von käuflichen Standardmedien und von individuell auf spezifische Forschungs- oder Produktions-Zelllinien optimierten Kulturmedien für Tierzellen etabliert, welche aus den Katalogen der Medienhersteller bezogen werden können (Fletcher 2005). Die meisten Medien sind in Pulverform erhältlich und werden in hochreinem, entionisiertem Wasser gelöst. Eine Weiterentwicklung der klassischen Pulvermedien sind Granulate (Fike 2001, Radominski 2001). Für Laboratorien, die nicht über eigene Ressourcen zur Medien-Einwaage, -Herstellung und -Sterilfiltration verfügen, sind auch Flüssigmedien in Medienbeuteln (*bags*) in Größen von ca. 5 l bis 1 000 l lieferbar. In Tab. 11.4 zeigt die Entwicklung von Zellkultur-Medien für Suspensions-Kulturen von serumhaltigen bis zu chemisch definierten Medien.

Für die Kultivierung von Primärzellen, für Grundlagenforschung mit Zellkulturen und für

11.3 Die Umgebung von Zellen in Kultur

Tab. 11.3 Zusammensetzung des Mediums DMEM / F12 (1:1)

Bestandteil:	Konzentration [mg/L]	Bestandteil:	Konzentration [mg/L]
AMINOSÄUREN		KCl	311,8
L-Alanin	4,45	$MgCl_2$	28,64
L-Arginin • HCl	147,5	$MgSO_4$	48,84
L-Asparagin • H_2O	7,5	NaCl	6995,5
L-Asparaginsäure	6,65	NaH_2PO_4 • H_2O	62,5
L-Cystein HCl • H_2O	17,56	Na_2HPO_4	71,02
L-Cystin • 2HCl	31,29	$ZnSO_4$ • $7H_2O$	0,432
L-Glutaminsäure	7,35	**VITAMINE**	
L-Glutamin	365,0	Biotin	0,0035
Glycin	18,75	D-Ca Pantothenat	2,24
L-Histidin HCl • H_2O	31,48	Cholinchlorid	8,98
L-Isoleucin	54,47	Folsäure	2,65
L-Leucin	59,05	i-Inositol	12,6
L-Lysin HCl	91,25	Niacinamid	2,02
L-Methionin	17,24	Pyridoxal HCl	2,031
L-Phenylalanin	35,48	Riboflavin	0,219
L-Prolin	17,25	Thiamin HCl	2,17
L-Serin	26,25	Thymidin	0,365
L-Threonin	53,45	Vitamin B12	0,68
L-Tryptophan	9,02	**WEITERE BESTANDTEILE**	
L-Tyrosin • 2Na • $2H_2O$	55,79	D-Glucose	3 151,0
L-Valin	52,85	Na Hypoxanthin	2,39
SALZE		Linolsäure	0,042
$CaCl_2$	116,6	DL-68-Thiocitinsäure	0,105
$CuSO_4$ • $5H_2O$	0,0013	Phenolrot	8,1
$Fe(NO_3)_3$ • $9H_2O$	0,05	Na Putrescin • H_2O	0,081
$FeSO_4$ • $7H_2O$	0,417	Natriumpyruvat	55,0
▼			

Tabelle 11.4: Entwicklung von Zellkulturmedien für Suspensions-Kulturen

Zeitraum	Produkt-Konzentration	Typische Bestandteile dieser Zellkultur-Medien	Proteingehalt der Medien
1985 bis 1990	20 bis 200 mg/L	Serum	20 g/L
1990 bis 1995	50 bis 500 mg/L	Serum-Ersatzstoffe aus tierischer Quelle	0,5 g/L
1995 bis 2000	300 bis 1 000 mg/L	Protein-Hydrolysate	0,01 g/L
2000 bis 2005	1 000 bis 5 000 mg/L	Chemisch definierte Substanzen	0 g/L

die Herstellung von Impfstoffen sind noch immer relativ komplexe Kulturmedien üblich bzw. bisher nicht ersetzbar. Für die Kultivierung von Zelllinien und für die biopharmazeutische Produktion mit Zellkulturen hat sich jedoch der Trend zu serumfreien, bovin-freien und chemisch definierten Kulturmedien eindeutig durchgesetzt.

11.4 Zell-Kultivierungsmethoden

Die Auswahl der geeigneten Methode für die Kultivierung von Säugerzellen richtet sich nach der Art der Zelle und dem Zweck der Kultivierung. Grundsätzlich werden die Zellarten unterschieden in adhärent- oder in Suspension wachsende Zellen. Entsprechend ihres Verwendungszwecks werden sie in ganz unterschiedlichen Maßstäben gezüchtet, von der Mikrotiterplatte für biologische Tests bis zu 20 000 l Reaktoren zur Herstellung von therapeutischen Proteinen für die Humananwendung.

Adhärent wachsende Kulturen (*anchorage-dependent cells*) haften und vermehren sich nur auf geeigneten Oberflächen (Oberflächenkulturen), die den natürlichen Oberflächen im Zellgewebe (in vivo) möglichst ähnlich sein sollten. Dabei werden die Zellen von dem jeweils spezifischen flüssigen Nährmedium umspült. Die Zellen aller Wirbeltiere tragen auf ihrer Oberfläche ungleichmäßig verteilte negative Ladungen.

Geeignete Oberflächen sind zum Beispiel Dextrane, Glas, Kunststoffe und Metall, die häufig noch spezifisch modifiziert sind. Sie dürfen keine toxischen Gruppen (z. B. Schwermetalle) enthalten, müssen eine verteilte, aber nicht zu dichte elektrische Ladung aufweisen und hydrophil sein. Um eine effiziente Anhaftung zu gewährleisten, können die Oberflächen mit Anhaftungsfaktoren (*adhesion factors*) wie z. B. Kollagen, Fibronectin, Globulinen, Glycoproteinen oder Serum vorbehandelt werden. Die Anhaftung von adhärenten Zellen ist ein komplexer Prozess und erfolgt über die Stufen Adsorption, Kontakt, Anhaftung und Spreitung (*spreading*). Unter geeigneten Kultivierungsbedingungen vermehren sich die Zellen je nach Zelltyp als Monolayer bei Kontaktinhibition oder als Polylayer.

Zur Kultivierung von adhärenten Zellkulturen werden je nach Zweck und Zelltyp verschiedene Kultivierungssysteme eingesetzt. Werden die Zellen z. B. für die Herstellung von Proteinen oder Viren eingesetzt, kommen im kleinen Maßstab häufig T-Flaschen (*t-flasks*) oder Roller-Flaschen (*roller bottles*) zum Einsatz. Die normalerweise hydrophobe Oberfläche wird durch Vorbehandlung polar und hydrophiler. Gebräuchlich sind Plastik-Gefäße aus Polystyrol, Polykarbonat, Polyethylen, Polypropylen, PTFE (Polytetrafluorethylen), Polyacrylamid als Einmal-Artikel. Im größeren Maßstab erfolgt die Zellzüchtung auf Microcarriern (massive oder poröse Kugeln von etwa 50 bis 300 μm Durchmesser) in Suspension bzw. als *fluidized bed* oder in Festbettreaktoren in kontinuierlicher Kultur (Abb. 11.3a). Auf der Oberfläche der Microcarrier, bei porösen Microcarriern auch in den Poren, können die adhärenten Zellen zu beinahe gewebeähnlichen Zelldichten heranwachsen. Für Festbettreaktoren kommen je nach Maßstab vor allem Hohlfaser- oder auch Keramikmodule in Frage. Ist die Zelle das Produkt wie z. B. bei der Züchtung von Hautzellen zur Behandlung von Brandverletzungen, werden diese auf speziellen Trägern in geeigneten Kunststoffschalen vermehrt.

Meistens muss vor der Subkultivierung der Zellverband durch die Zugabe von Trypsin aufgelöst werden. Die Züchtung von adhärenten Zellen ist daher prozesstechnisch aufwändig und vom Scale up her begrenzt. Dieser Zelltyp wird im Allgemeinen nur für spezifische Anwendungen eingesetzt.

Industriell von derzeit größerer Bedeutung sind die **Suspensionskulturen**, die als Einzelzellen oder in kleinen Aggregaten direkt im Nährmedium gezüchtet werden (Abb. 11.3b). Für die Herstellung von Glycoproteinen werden fast ausschließlich Suspensionszellen eingesetzt, es sei denn, das Produkt ist wie z. B. bei Faktor VIII sehr empfindlich gegenüber einem proteolytischen Abbau. In den meisten Fällen kommen rekombinante Zellen wie die CHO- oder NS0-Zellen zum Einsatz, die „unsterblich" sind und unbegrenzt vermehrt werden können, soweit es deren genetische Stabilität zulässt. Für die Vermehrung von Volumen unter 10 l kommen neben Spinner-Flaschen und zunehmend Schüttelkolben vor allem Rührkesselreaktoren (CSTR – *continuous stirred tank reactor*) zum Einsatz. Im Maßstab über 1 000 l werden fast ausschließlich CSTR eingesetzt, weil sie die

11.4 Zell-Kultivierungsmethoden

11.4.1.1 Begasung und Rührung

Obwohl der Sauerstoffbedarf der Säugerzellkulturen mindestens um den Faktor 10 geringer ist als beispielsweise der einer Hefekultur, werden besondere Anforderungen an die Rührung und Begasung gestellt. Dabei müssen folgende Faktoren berücksichtigt werden (Marks 2003):
- Faktoren, die eine physikalische Schädigung der Zellen verursachen können,
- Konzentrationsgefälle aufgrund ungenügender Durchmischung,
- Probleme im Zusammenhang mit einem unzureichenden gas-flüssig Stoffübergang.

Da Säugerzellen keine feste Zellwand besitzen, sind sie relativ scherempfindlich gegenüber der hydrodynamischen Scherung und Schädigungen durch Luftblasen. Dieser Eigenschaft lässt sich durch eine für jede Zelllinie spezifische Medienzusammensetzung und Prozessführung in den verschiedenen Maßstäben beggenen. Das Ausmaß einer potenziellen Zellschädigung hängt ab vom Reaktordesign, der Begasungsart und auch vom physiologischen Status der Zellen.

Durch die Zugabe von Pluronic F68, einem nicht-ionischen oberflächenaktiven Co-Polymer, lassen sich Zellschädigungen durch Blasen minimieren, was besonders unter serumfreien Bedingungen von Bedeutung ist. Durch Zugabe von Serum lässt sich eine ähnliche Schutzwirkung erzielen. Obwohl die Zellrespiration von Säugerzellen gering ist und sie deshalb im CSTR mit im Vergleich zu Mikroorganismen geringen Luftmengen begast werden, ist trotzdem eine ausreichende Begasung u. a. zum Austreiben des von den Zellen gebildeten CO_2 erforderlich (CO_2-stripping). In kleinen Reaktoren kann unter Umständen der Gasstrom durch die Luftbegasung zu gering sein, um genügend CO_2 auszutreiben, so dass ein zusätzlicher Begasungsstrom mit Stickstoff erforderlich wird. Durch die Zuführung von reinem Sauerstoff zur Luftbegasung wird die Versorgung bei großen Reaktoren oder bei Hochdichte-Zellkulturen wesentlich verbessert bei noch tolerierbaren Begasungsraten.

In den industriell eingesetzten CSTR werden für die Gasverteilung meist Begasungsrohre (*point- oder open tube sparger*) oder Begasungsringe eingesetzt, vereinzelt auch Fritten aus ge-

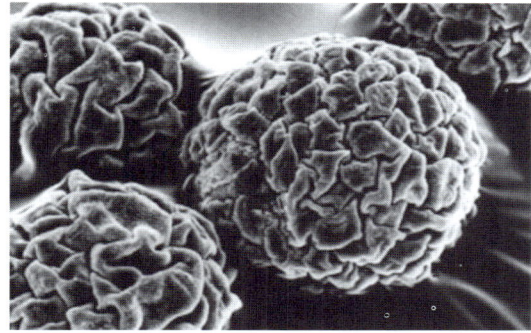

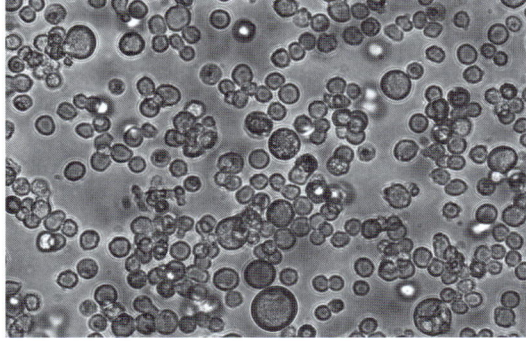

Abb. 11.3 Zellen, die a) auf Microcarriern (oberes Bild) bzw. b) in Suspension (unteres Bild) wachsen

vielfältigen Anforderungen, die sich aus den verschiedenen industriellen Anwendungen ergeben hinsichtlich Flexibilität, Anforderungen an Sterildesign, Maßstabsvergrößerung (*upscaling*), variable Prozessführung und schnelle Entwicklungszeiten, immer noch am besten erfüllen.

11.4.1 Rührkesselreaktoren (CSTR)

Obwohl die Zellkultivierung in CSTR im Wesentlichen mit der Fermentation von Mikroorganismen vergleichbar ist, gibt es doch spezifische Anforderungen für den Einsatz bei Säugerzellen. Sie unterscheiden sie sich von Mikroorganismen vor allem durch ihr vergleichsweise langsames Wachstum (12–24 Stunden Verdopplungszeiten) bei normalerweise geringen maximal erreichbaren Zelldichten, durch die hohen Ansprüche an das Nährmedium (Kapitel 11.3.1) und die Empfindlichkeit gegenüber äußeren Einflüssen.

sintertem Edelstahl. Der Stoffübergang mittels Frittenbegasung ist durch die sehr kleinen Blasen zwar hervorragend und das Optimum zwischen Sauerstofftransfer und CO_2 *stripping* kann über die Porengröße im Bereich von 2–5 μm eingestellt werden. Allerdings wird sie wegen der schwierigen Reinigbarkeit unter cGMP-Bedingungen (Kapitel 11.6.2.1) und dem Risiko einer stärkeren Schaumbildung kaum eingesetzt. Am weitesten verbreitet ist das Begasungsrohr, weil es am besten zu reinigen und zu sterilisieren ist, obwohl die Blasengröße kaum zu steuern und der Sauerstoffeintrag relativ ineffizient ist. Durch die Begasung mittels Begasungsring wird zwar die für den Gasaustausch nötige Oberfläche vergrößert. Allerdings ist der Wirkungsgrad häufig nicht um soviel höher, dass dies die höheren Risiken kompensiert, die bei der Reinigung bzw. Sterilisation entstehen.

Die Rührung in Bioreaktoren ist von erheblicher Bedeutung und mit zunehmender Reaktorgröße schwieriger optimal zu bewerkstelligen. Es werden im Allgemeinen schonende Rührorgane verwendet, um die Scherbeanspruchung und den Energieeintrag möglichst klein zu halten. Dazu eignen sich Marine- und Rushtonimpeller sowie spezielle Schrägblattrührer („Elefantenohr") die je nach Reaktortyp und -größe einzeln oder in Kombination eingesetzt werden (Abb. 11.4). In der Regel beträgt der Rührerdurchmesser ein Drittel bis die Hälfte des Reaktordurchmessers.

Mit diesen Rührern können lokale turbulente Strömungen und Mikrowirbel, die bevorzugt an den Rührblättern entstehen und potenziell zellschädigend sind, minimiert werden. Allerdings muss die Durchmischung effektiv genug sein, um möglichst keine Nährstoff-, pH und Sauerstoffgradienten entstehen zu lassen. Dies ist zwar mit zunehmendem Reaktorvolumen und hohen Zelldichten immer schwieriger zu erreichen. Studien mit industriell verwendeten Zelllinien haben jedoch gezeigt, dass die Zellen doch nicht so Scherstress empfindlich sind wie ursprünglich angenommen (Christi 1993). Die Durchmischung kann verbessert werden durch
- die Erhöhung der Rührerdrehzahl,
- die Verwendung von zusätzlichen Rührorganen,
- die Vergrößerung des Rührerdurchmessers,
- den Einbau von Strömungsbrechern.

11.4.1.2 Stoffübergang

Außer der beschriebenen Submersbegasung kann der Stoffübergang in CSTR auch durch Oberflächenbegasung oder die Verwendung von gaspermeablen Membranen zur blasenfreien Begasung erreicht werden, wodurch blasenbedingte Zellschädigungen vermieden werden. Die Oberflächenbegasung beruht auf der Diffusion an der Grenzfläche zwischen der Luft im Kopfraum des Reaktors und der Flüssigkeit. Der Stoffübergang ist proportional zur Grenzfläche Luft-Flüssigkeit

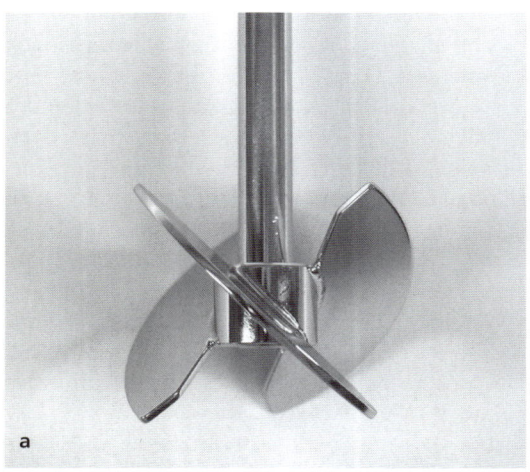 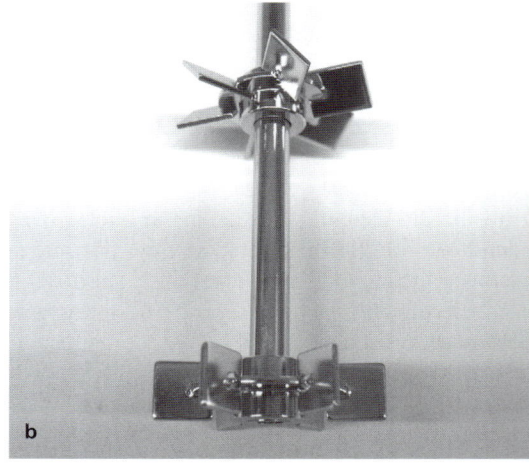

Abb. 11.4 Beispiel für a) einen speziellen Schrägblattrührer („Elefantenohr") und b) eine Kombination aus Schrägblattrührer (oben) und Rushtonimpeller (unten)

und wird mit zunehmendem Reaktorvolumen ineffizienter. Daher ist die Oberflächenbegasung nur in kleinen Kultivierungssystemen wie T-Flaschen, Roller-Flaschen, Spinnern (<1 l) oder Schüttelkolben ausreichend. Obwohl die Membranbegasung bis zu einem Maßstab von 150 l nachweislich möglich ist (Vorlop und Lehmann 1989), konnte sie sich wegen der kaum möglichen Maßstabsvergrößerung und des hohen technischen Aufwandes für die industrielle Anwendung nicht durchsetzen.

Rührkesselreaktoren müssen so ausgelegt sein, dass sie mindestens die Sauerstofftransferrate (OTR – *oxygen transfer rate*) erreichen, die erforderlich ist, um die Sauerstoffaufnahmerate der Zellen (OUR – *oxygen uptake rate*) bei maximaler Zellmasse abzudecken. Die OTR ist direkt proportional zum Stoffübergangskoeffizient $k_L a$ und abhängig von der Reaktorgeometrie, Gasverteilung, Rührung, dem Reaktordruck und der Nährmedienzusammensetzung.

Aufgrund der spezifischen Eigenschaften und Anforderung von Säugerzellen haben sich beim industriell eingesetzten CSTR die erwähnten Marineimpeller und/oder Schrägblattrührer sowie Rushtonimpeller als Rührorgane durchgesetzt. Gleichzeitig wird die Begasungsrate relativ gering gehalten und bei Bedarf mit Sauerstoff angereichert. Damit lässt sich auch die Schaumbildung in Grenzen halten, die bei Bedarf noch mit geringen Mengen an Antischaummittel, meist auf Silikon-Basis, beseitigt werden kann.

11.4.2 Weitere Reaktoren

Obwohl kontinuierlich neue Reaktortypen entwickelt werden, wie z. B. der Wave Bioreactor® (Pierce und Shabram 2004), bei dem die Zellen in einem Einweg-Plastikbeutel in einer langsam schwingenden Wanne kultiviert werden, wird der Rührkesselreaktor nach wie vor am häufigsten eingesetzt.

Daneben gibt es noch eine Reihe anderer Reaktortypen, die aber meist nur für spezifische Anwendungen eingesetzt werden. Hier sind Airlift-Fermenter, Membranreaktoren, Wirbelschichtreaktoren (*fluidized bed reactor*) oder verschiedene Varianten von Festbettreaktoren zu nennen.

Beim **Wirbelschichtreaktor** werden die Zellen, die entweder in Form von Aggregaten wachsen oder an Oberflächen bzw. in porösen Partikeln haften, durch die Anströmung mit der Nährlösung in Schwebe gehalten. Bei Einsatz poröser Träger muss das Trägermaterial eine hohe Porosität mit genügend großen Poren aufweisen, um die innen wachsenden Zellen ausreichend mit Nährstoffen und Sauerstoff zu versorgen und die Stoffwechselendprodukte zu entfernen. Hierfür eignen sich Materialien aus Kollagen, Keramik, offenporigem Glas oder verschiedenen Polymeren. Sie müssen eine möglichst große Oberfläche bieten und eine solche spezifische Dichte besitzen, dass sie leicht in Schwebe zu halten sind. Kommerzialisiert wurde das Verax®-System, bei dem die Zellen in so genannten *microspheres* aus Rinder-Kollagen gezüchtet werden (Runstadler et al. 1990).

Zellen, die in **Festbettreaktoren** kultiviert werden, sind auf einem Trägermaterial fixiert und werden durch das vorbeiströmende Nährmedium versorgt. Damit können zwar hohe Zelldichten pro Volumen erreicht werden, allerdings ist die Versorgung der innen liegenden Zellen aufgrund von Gradienten und Inhomogenitäten stark limitiert. Neben keramischen Matrices (Berg und Bödecker 1988) und Edelstahlspiralen (Werner er al. 1988) kommen vor allem Hohlfasermodule aus Membranfasern mit einem *cut-off* von 10–100 kDa zum Einsatz. Während bei Oberflächenreaktoren die Zellen direkt mit Medium überströmt werden, wachsen die Zellen bei Hohlfasermodulen auf der Außenseite und sind durch die semipermeable Membran vom mit Sauerstoff angereicherten Nährmedium getrennt (Abb. 11.5).

Solche Einweg-Hohlfasermodule werden für die schnelle und flexible Herstellung von kleineren Mengen an Proteinen (Chu und Robinson 2001) oder für den Einsatz als künstliches Organ (Siclaff et al. 1995) eingesetzt.

Sowohl Wirbelschicht- als auch Festbettreaktoren werden meist im kontinuierlichen Betrieb

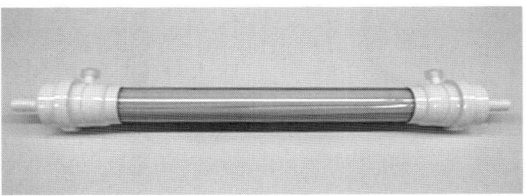

Abb. 11.5 Hohlfasermodul aus Membranfasern

gefahren. Beiden Reaktortypen ist gemeinsam, dass ein upscaling nur in einem begrenzten Umfang möglich ist und die Prozessführung aufgrund der Gradienten, der Inhomogenitäten und der nur eingeschränkt möglichen Prozesskontrolle schwierig ist.

11.4.3 Systeme zur Zellrückhaltung

Um die Zelldichten von Suspensionskulturen auf mehr als 10 Mio Zellen/ml zu erhöhen, können verschiedene Systeme zur Zellrückhaltung eingesetzt werden. Hierbei werden die Zellen permanent mit frischem Nährmedium versorgt und im Gegenzug die gleiche Menge an Zellkulturüberstand abgenommen (Perfusionskultur, *perfusion culture*). Dieser enthält neben dem Produkt zum Teil toxische Metabolite und ist verarmt an Nährstoffen.

Verbreitet eingesetzt werden externe an den Reaktor angeschlossene **Membranmodule** (Hohlfaser- oder Flachbettmembranen), die als Crossflow- oder Tangential-Fluss-Filtration (TFF) betrieben werden. Dabei wird die Zellkultur mittels Pumpe permanent rezirkuliert und die Zellkulturflüssigkeit im Membransystem abgetrennt.

Neuere Entwicklungen basieren auf der Zellretention mittels Ultraschall. Das derzeit auf dem Markt befindliche BioSep®-System nutzt Ultraschallwellen im Megahertz-Bereich zur Sedimentation („akustischer Filter") und hat je nach Modell eine Leistung von 1 bis 150 l pro Tag (Zhang et al. 1998).

11.5 Prozessführung bei Säugerzellkulturen

Um Säugerzellen optimal kultivieren zu können, müssen bestimmte Rahmenbedingungen hinsichtlich des Reaktors und der Prozessführung eingehalten werden. Dies gilt im besonderen Maße für die großtechnische Herstellung von Proteinen oder Impfstoffen unter cGMP-Bedingungen für die Anwendung am Menschen.

11.5.1 Sterilisation

Da Säugerzellen sehr langsam wachsen und nährstoffreiche Medien benötigen, besteht immer ein Risiko der Kontamination mit Mikroorganismen. Daher kommt der sterilen Prozessführung eine sehr große Bedeutung zu. Bei der Zellzüchtung im Labormaßstab ist vor allem das sterile Arbeiten unter der Sterilwerkbank sowie die Verwendung von sterilen oder autoklavierten Materialien essenziell. Im Großmaßstab (*large scale*) sind das aseptische Design der Bioreaktoren einschließlich der gesamten Peripherie sowie die angewandten Verfahren zur Reinigung, Sterilisation und Prozessführung entscheidend.

11.5.2 Medienfiltration

Die üblichen Zellkulturnährlösungen müssen steril filtriert werden, da einige Komponenten wie Vitamine, bestimmte Aminosäuren oder Proteine thermolabil sind und nicht mit Hitze sterilisiert oder autoklaviert werden können. Hierzu werden sterilisierte Membranfilter mit einer Porenweite von maximal 0,2 µm verwendet, die in verschiedenen Filtergrößen, Membrantypen und -materialien wie Polyethersulfon (PES), Nylon, Polyvinyldifluorid (PVDF) und Celluloseacetat erhältlich sind. Mittlerweile werden zunehmend 0,1 µm Sterilfilter eingesetzt, um auch das Risiko einer Mycoplasmenkontamination zu minimieren. Die Filterkonfiguration muss für die jeweilige Filtration angepasst sein, um sicherzustellen, dass die Filter nicht verblocken, keine Nährstoffe adsorbiert werden und die Filtration auch von großen Medienvolumina (bis zu 20 000 l) innerhalb von wenigen Stunden durchzuführen ist.

11.5.3 Zellkultivierungsmethoden

Säugerzellen werden sowohl im batch-, fedbatch- als auch kontinuierlichem Betrieb gezüchtet. Im **batch**-Verfahren werden zu Beginn

Nährmedium und Zellen in ein Kultivierungssystem gegeben und unter geeigneten Bedingungen ohne weitere Manipulationen bis zum Ende der Kultivierung inkubiert. Diese Verfahrensweise ist relativ einfach und risikoarm und wird deswegen in vielen Fällen als Standardverfahren bei der großtechnischen Vermehrung von Suspensionszellen eingesetzt. Dabei durchlaufen die Zellen die typischen Wachstumsphasen: Lag-, log-, stationäre- und Absterbephase. Die Kultivierungszeit beträgt bei batch-Verfahren mit den industriell verwendeten Zelllinien in der Regel 2 bis 4 Tage. Wegen der systembedingten Beschränkungen aufgrund von Nährstofflimitierungen und/oder Anreicherung von toxischen Stoffwechselprodukten sind die zu erreichenden Zelldichten und Produktkonzentrationen (**Titer**) beschränkt. Sie liegen im Bereich von etwa 1 bis 5 Millionen Zellen/ml und erreichen in der Regel einen Titer bis maximal 200 mg/l.

Eine bessere Kontrolle der Kulturführung erreicht man über **fed-batch-Verfahren,** bei denen während der Kultivierung zusätzlich Nährstoffe, Wachstumsfaktoren oder die Produktbildung steigernde Substanzen aseptisch zugegeben werden. Damit lassen sich z. B. die Bildung von wachstumshemmenden Metaboliten wie Laktat oder Ammonium minimieren, indem z. B. die Anfangskonzentration von Glucose bzw. Glutamin verringert und diese Substanzen im Laufe der Kultivierung nach Bedarf zugegeben werden. Außerdem kann die Nährstofflimitierung durch Zugabe von Glucose und Aminosäuren vermieden werden und damit besseres Wachstum, höhere Zelldichten und eine Verlängerung der Kultivierungszeit erreicht werden. Durch Zugabe von Buttersäure kann die spezifische Produktivität der Zellen (Menge Produkt pro Zelle und Tag) signifikant gesteigert werden. Mit optimierten fed-batch-Verfahren für die Herstellung von monoklonalen Antikörpern lassen sich Zelldichten bis zu 10 Mio Zellen/ml und mittlerweile Titer von 3 g/l und mehr erreichen bei Kultivierungszeiten von bis zu 3 Wochen. Diese Verfahren sind dementsprechend weit verbreitet bei der Produktion von Proteinen.

Im Gegensatz zur fed-batch Kultivierung wird bei den **kontinuierlichen Verfahren** permanent oder sequenziell in dem Maße Zellkulturlösung entnommen, wie frische Nährlösung zugegeben wird, wobei das Reaktorvolumen konstant bleibt und die Zellen im Reaktor verbleiben. Diese als **Perfusion** bezeichnete Betriebsweise ermöglicht optimale und konstante Kultivierungsbedingungen über die gesamte Laufzeit, die bis zu mehreren Monaten betragen kann. Mit Perfusionskulturen können die höchsten Zelldichten (bis über 100 Mio Zellen/ml) und Produktmengen pro Volumen und Zeit erreicht werden. Sie sind die Regel bei Produktionsverfahren mit adhärenten Zellen (Kapitel 11.4). Suspensionskulturen können nur mit Hilfe von geeigneten Verfahren der Zellzurückhaltung im Perfusionsmodus betrieben werden (Kapitel 11.4.3). Aufgrund der hohen Zelldichten können die Reaktoren kleiner dimensioniert werden. Perfusionskulturen kommen zum Einsatz bei der Produktion von labilen Proteinen (z. B. Faktor VIII) oder wenn hohe Zelldichten benötigt werden.

Bei fast allen Verfahren die heute in der Herstellung von rekombinanten Proteinen Anwendung finden, hat sich das fed-batch-Verfahren durchgesetzt. Die Vorteile sind:
- Schnell zu entwickeln (*time to market* ist ökonomisch bedeutend),
- flexible Produktion möglich vor allem in einer Mehrproduktanlage,
- hohe Produktkonzentration (teure Medien werden genutzt und die initiale Aufarbeitung ist effizient),
- Prozessvalidierung vergleichsweise einfach und schnell,
- Verfahren sind auch im großtechnischen Maßstab robust genug.

11.5.4 Prozessparameter und Prozessmonitoring

Säugerzellen sind ein äußerst komplexes biologisches System und werden dem entsprechend von vielen Faktoren beeinflusst. Die Grundvoraussetzung für die Vermehrung von Säugerzellen sind geeignete Nährmedien (Kapitel 11.3.1) und biophysikalische Umgebungsbedingungen, deren Einhaltung besonders wichtig ist, wenn serum- oder gar proteinfreie Nährmedien eingesetzt werden.

11.5.4.1 Prozessparameter

Zu Beginn einer Kultur muss im Gegensatz zu Mikroorganismen mit einer relativ hohen **Einsaatdichte**, in der Regel mindestens 10^5 Zellen/ml, inokuliert werden, um vor allem unter serumfreien Bedingungen ein sicheres Anwachsen der Kultur zu gewährleisten. Es wird angenommen, dass hier die von den Zellen selbst gebildeten Wachstumsfaktoren eine Rolle spielen und deshalb eine Mindestmenge an konditioniertem Medium mitgeführt werden muss.

Da Säugerzellen keine stabile Zellwand, sondern nur eine empfindliche Zellmembran besitzen, ist der **osmotische Druck** des Mediums ein wichtiger Parameter. Ohne spezielle osmo-protektive Substanzen liegt die Osmolalität meist im Bereich von 250 bis 400 mOsm. Eine Erhöhung der Osmolalität vermindert häufig das Wachstum, kann aber bei bestimmten Zellen die Produktivität steigern.

Zellen wachsen in der Regel bei einer **Temperatur** von 37 °C am besten. In manchen Produktionsverfahren wird die Temperatur zu Beginn oder im Verlauf um mehrere Grad Celsius gesenkt (Temperaturshift). Damit wird das Wachstum verlangsamt bzw. gestoppt und der Metabolismus in Richtung Produktbildung verlagert. Schon geringfügige Abweichungen von weniger als 1 °C von der Solltemperatur können einen nachweislichen Effekt auf das Wachstum und die Produktivität haben.

Der **pH-Wert** muss sich ebenfalls in einem relativ engen Band von ca. 6,7 bis 7,4 bewegen, um ein Zellwachstum zu ermöglichen. Das von den Zellen während der Kultivierung in unterschiedlichen Phasen und Konzentrationen gebildete CO_2, Laktat und Ammonium beeinflussen den pH-Wert entsprechend. Bei Kulturen, die nicht pH-kontrolliert werden, muss die Pufferkapazität des Mediums ausreichend sein oder aber die Inkubation bei einem Luft/CO_2-Gemisch von 90/10 bzw. 95/5 erfolgen. Dies ist in der Regel im *small scale* bei T-Flaschen, Schüttel- und Spinnerkulturen der Fall. In geregelten Bioreaktoren wird der pH-Wert durch die Zugabe von CO_2 und Carbonat in den vorgegebenen Grenzen gehalten.

Ohne eine ausreichende Versorgung mit **Sauerstoff** können die Zellen nicht wachsen. Obwohl sie nur eine relativ niedrige Sauerstoffaufnahmerate (OUR) haben, ist die ausreichende Versorgung mit Sauerstoff wegen der Scherempfindlichkeit vor allem bei *large scale* Bioreaktoren nicht trivial. Der Sauerstoffgehalt in den Kulturen kann variieren und wird je nach Maßstab und Reaktor mittels Oberflächen- oder Submersbegasung mit Luft oder zusätzlichem Sauerstoff sichergestellt (Kapitel 11.4.1). Wie beim pH wird auch die Sauerstoffkonzentration in geregelten Systemen konstant gehalten.

Alle hier aufgeführten Parameter beeinflussen sich gegenseitig und müssen bei der Prozessoptimierung möglichst optimal austariert werden.

11.5.4.2 Prozessmonitoring

Um die Kultivierung von Säugerzellen konsistent bewerkstelligen zu können, kommt der Prozessüberwachung (*process monitoring*) und Prozesskontrolle eine entscheidende Bedeutung zu. Dabei gilt es, die in Abschnitt 11.5.4.1 beschriebenen Parameter zuverlässig zu messen und in definierten Grenzen (*process operating ranges*) zu halten.

Am besten gelingt dies mit **on-line** zu messenden Parametern wie Temperatur, pH und pO_2. Während die Temperaturmessung über Pt100 ausreichend präzise und zuverlässig unter den erforderlichen Sterilbedingungen ist, haben die pH- und pO_2-Sonden ein gewisses Ausfallsrisiko bzw. können driften und falsche Messwerte anzeigen. Deshalb werden diese Sonden vor allem in large scale Reaktoren entweder redundant oder mit Wechselarmaturen eingesetzt. Inzwischen sind auch ausgereifte Sonden für die Messung des pCO_2 verfügbar.

Für die on-line Messung der Parameter pH und pO_2 gibt es inzwischen auch optische Sensoren, die vor allem für Screening Assays interessant sind (John et al. 2003, Deshpande und Heinzle 2004). Spezifische Fluorophore werden am Boden von transparenten Kulturgefäßen fixiert, die in Abhängigkeit vom jeweils zu bestimmenden Parameter ihre Fluoreszenz ändern und damit on-line bestimmt werden können.

Andere Parameter können derzeit nur **off-line** sicher gemessen werden. Die Bestimmung der Zelldichte und Vitalität erfolgt mittels mikroskopischer Zählung in einer Zählkammer bei entsprechender Verdünnung, wobei die Zugabe eines Farbstoffs wie z. B. Trypanblau die Unterscheidung zwischen lebenden und toten Zellen ermöglicht. Diese Messung ist entsprechend ungenau und kann im Einzelfall bis zu ±20 % variieren. Inzwischen stehen automatisierte bildgestützte Zellzählsysteme wie z. B. CEDEX zur Verfügung. Der Einsatz von Trübungs- und Radiosonden hat den Eingang in die Routine nur vereinzelt gefunden, weil die Korrelation zur Zellzählung oft nicht gegeben ist und die Messung von Partikeln oder Luftblasen gestört wird. Um Informationen zum Grad der Apoptose oder der Zellzyklusverteilung zu erhalten, kann die Durchfluss-Cytometrie (*flow cytometry*) eingesetzt werden. Durch entsprechende Probenaufbereitung kann mit dieser vielseitigen Methode u. a. auch der intrazelluläre pH-Wert, die Proteinsekretion, der Ionenfluss und die Chromosomenzahl bestimmt werden. Diese Messtechnik ist jedoch relativ aufwändig und damit für ein Routine-Monitoring nur bedingt geeignet.

Die für das Prozessmonitoring bzw. die Kulturführung relevanten Nährstoffe und Stoffwechselprodukte können ausreichend genau und zuverlässig off-line mittels enzymatischer und photometrischer Methoden bestimmt werden. Dazu werden Analysenautomaten eingesetzt, die für klinisch-chemische Routinetests entwickelt wurden wie z. B. Blutgasanalysatoren (für CO_2, O_2) und Analyzer für Glucose, Laktat, Glutamin, Ammonium und andere Metabolite.

Die Bestimmung des Titers erfolgt mit spezifischen immunologischen Methoden wie ELISA (***e***nzyme-***l***inked ***i***mmunosorbent ***a***ssay) und chromatographischen Methoden wie HPLC.

Da die verfügbare on-line Messtechnik nach wie vor ungenügend ist, um einen Zellkulturprozess ausreichend genau und zeitnah zu analysieren, wird an der Entwicklung von neuen Biosensoren gearbeitet (Ulber et al. 2003). Vor allem im Bereich der UV-, Fluoreszenz- und NIR-Spektroskopie gibt es viel versprechende Ansätze. Ein großes Potenzial wird auch der Terahertz-Spektroskopie für die Identifizierung und Quantifizierung von Biomolekülen zugeschrieben (Zhang 2002).

Das sich in der Entwicklung befindliche *in situ*-Mikroskop kann in einen Reaktorstutzen eingebaut werden und soll es ermöglichen, online die Zellzahl, Zellgröße und den Aggregationsgrad der Zellkultur zu bestimmen (Joeris et al. 2002)

Beim Einsatz von Sonden zur on-line Messung muss allerdings der Nutzen für die Prozesskontrolle mit dem damit verbundenen höheren Kontaminationsrisiko und Aufwand abgewogen werden.

11.5.5 Methoden der Zellabtrennung

Für die Abtrennung der Zellen von der produkthaltigen Zellkulturflüssigkeit werden bei Suspensionskulturen hauptsächlich die Filtration und zunehmend auch die Zentrifugation eingesetzt. Je nach Kultivierungsmaßstab werden disponible Membran- oder Tiefenfilter (bis ca. 1 000 l) oder mehrfach verwendbare Mikrofiltrationssysteme eingesetzt. Dabei kommen verschiedene Membrantypen aus Polymeren wie z. B. Propylen, PVDF oder aus Keramik (Kapitel 10) zum Einsatz. Die Produktausbeuten sollten bei allen Verfahren bei über 90 % liegen.

Die **Tiefenfilter** werden als Dead-End-Filtration betrieben, wobei die Filtertypen hinsichtlich Abscheiderate und Filterfläche prozessspezifisch ausgewählt werden müssen. Bei den **Mikrofiltersystemen** werden sowohl Hohlfasermodule als auch Flachbettkassetten im Tangential Fluss-Modus mit Porenweiten zwischen 0,2 und 0,65 µm eingesetzt (Abb. 11.6). Die Filterfläche richtet sich nach dem Erntevolumen und liegt im Bereich von ca. 10–15 m^2 pro m^3 Kulturvolumen.

Abb. 11.6 Zellernte-System

Meist folgt noch eine Klärfiltration mit Tiefen- und Membranfiltern, um die Partikellast für den initialen Aufarbeitungsschritt zu minimieren.

Die Zellabtrennung bei Hochzelldichtekulturen oder bei Kulturen mit geringer Vitalität stößt zunehmend an die Grenzen der Leistungsfähigkeit der Mikrofiltration und kann zu Ausbeuteverlusten führen. Deshalb wird vermehrt auf die **Zentrifugation** übergegangen. Dies wurde möglich durch die Entwicklung von speziellen und besonders zellschonenden Zentrifugen, die inzwischen für alle relevanten Maßstäbe erhältlich sind. Neben der größeren Leistungsfähigkeit bietet die Zentrifuge den Vorteil, dass sie besser zu reinigen ist, sterilisiert werden kann und die Zellen im *once-through*-Modus nur einmal die Zentrifuge durchlaufen und damit das Risiko der Zellschädigung und Verkeimung geringer ist. Bevor das produkthaltige Zentrifugat aufgereinigt werden kann, muss auch hier die Partikelfracht mittels Klärfilter reduziert werden.

Eine spezielle Technologie ist die **EBA-Chromatographie** (*expanded bed adsorption chromatography*) (Kapitel 10). Sie vereinigt die Zellabtrennung und initiale Proteinreinigung in einem einzigen Prozessschritt. Dabei wird die Zellkultur von unten durch eine mit einem spezifischen Adsorber gefüllte Chromatographiesäule im *fluidized bed*-Modus geleitet. Während das Produkt an den Adsorber bindet, werden die Zellen ausgewaschen. Anschließend wird der Adsorber sedimentiert und das Produkt eluiert (Birger Anspach et al. 1999). Diese Methode hat sich derzeit noch nicht im Großmaßstab durchgesetzt.

11.6 Großtechnische biopharmazeutische Produktion

Der großtechnische Einsatz der Säugerzelltechnik konzentriert sich auf die pharmazeutischen Anwendungen, im Wesentlichen die Herstellung von Arzneimitteln und Impfstoffen. In Abb. 11.7 ist die Prozesskette zur Produktion eines Arzneimittels dargestellt, die aus den zwei großen Blöcken Herstellung des Wirkstoffes und Herstellung des pharmazeutischen Endproduktes besteht Dieses Kapitel beschreibt Aufbau und Betrieb einer großtechnischen Wirkstoffanlage zur Produktion von Proteinen für den therapeutischen Einsatz und adressiert dabei die relevanten technischen und regulatorischen Aspekte.

Jede großtechnische Produktion muss im Hinblick auf Umweltverträglichkeit und Risiken bewertet werden. Die Herstellung von Wirkstoffen *in vitro* mit Hilfe tierischer Zellkulturen ist eine ausgesprochen **umweltfreundliche Technologie**. Die Zellen können aufgrund ihrer natürlichen Eigenschaften nur in sauberer, schadstoffarmer und physiologisch verträglicher Umgebung kultiviert werden. Daher sind in der Regel sowohl die Rohstoffe als auch die Erzeugnisse und Reststoffe (Abgas, Abwasser, Zellmasse) der Zellkultivierung nicht Umwelt belastend. Durch Verwendung von Wirtszellen und Vektorsystemen ohne Gefährdungspotenzial für Mensch und Umwelt, z. B. entsprechend der

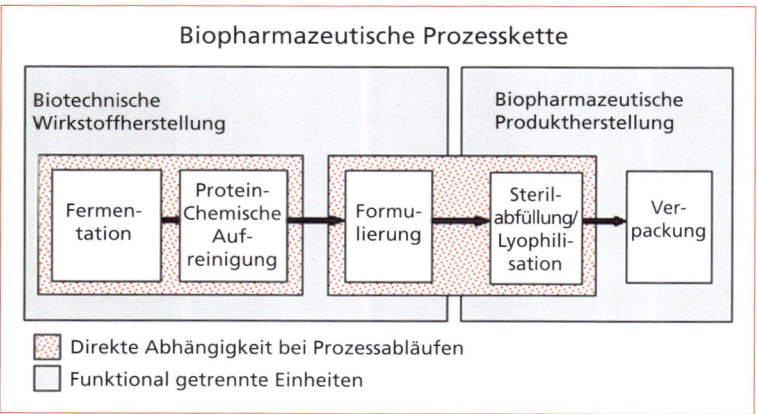

Abb. 11.7 Prozesskette zur Herstellung eines biotechnischen Wirkstoffes und Weiterverarbeitung zum pharmazeutischen Endprodukt

11.6 Großtechnische biopharmazeutische Produktion

Sicherheitsstufe 1 gemäß dem deutschen Gentechnikrecht, trifft dies auch für die gentechnisch veränderten Zellen selbst zu.

11.6.1 Aufbau und Organisation einer großtechnischen biotechnischen Produktionsanlage

In Abb. 11.8 ist schematisch der Ablauf einer konventionellen Fed-Batch-Produktion mit tierischen Zellen in Suspensionskultur dargestellt. Der Produktionsbereich ist aufgeteilt in verschiedene, räumlich voneinander getrennte Bereiche, die jeder im Wesentlichen einer Hauptfunktion dienen.

Die **Fermentation** (*fermentation; upstream processing*) besteht aus den Kernbereichen Zellbank (*cell bank*), Inoculum (*inoculum*), Fermentation (*fermentation*) und Zellernte (*cell harvest*). Periphere Produktions-Bereiche sind Medieneinwaage (*media weighing/dispensing*), Medienherstellung (*media preparation; media batching*), und IPC Fermentation (*IPC fermentation*).

Die **proteinchemische Aufreinigung** (*protein purification; downstream processing*) besteht aus den Kernbereichen proteinchemische Aufarbeitung (*protein purification*) und Formulierung (*formulation*). Periphere Produktions-Bereiche sind Puffereinwaage (*buffer weighing/dispensing*), Pufferherstellung (*buffer preparation; buffer batching*), und IPC Proteinchemie (*IPC protein chemistry, IPC downstream processing*).

Des Weiteren existieren Bereiche für die Gebäudetechnik (Klima, Strom), Lager sowie die sog. Prozess-Utilities, in denen Reinstwasser WfI (*water for injection*), Reinstdampf (*clean steam*), gereinigtes Wasser GW (*purified water PW*), CIP-Anlagen (*cleaning in place*) untergebracht sind und die die verschiedenen Produktionsbereiche über komplexe Rohrleitungssysteme versorgen.

11.6.1.1 Fermentation

Sämtliche Medien werden zunächst in der **Medieneinwaage** gemäß den vorgegebenen Rezepturen für die verschiedenen Prozessschritte abgewogen. In der **Medienherstellung** werden die abgewogenen Medien in die Medienansatz-

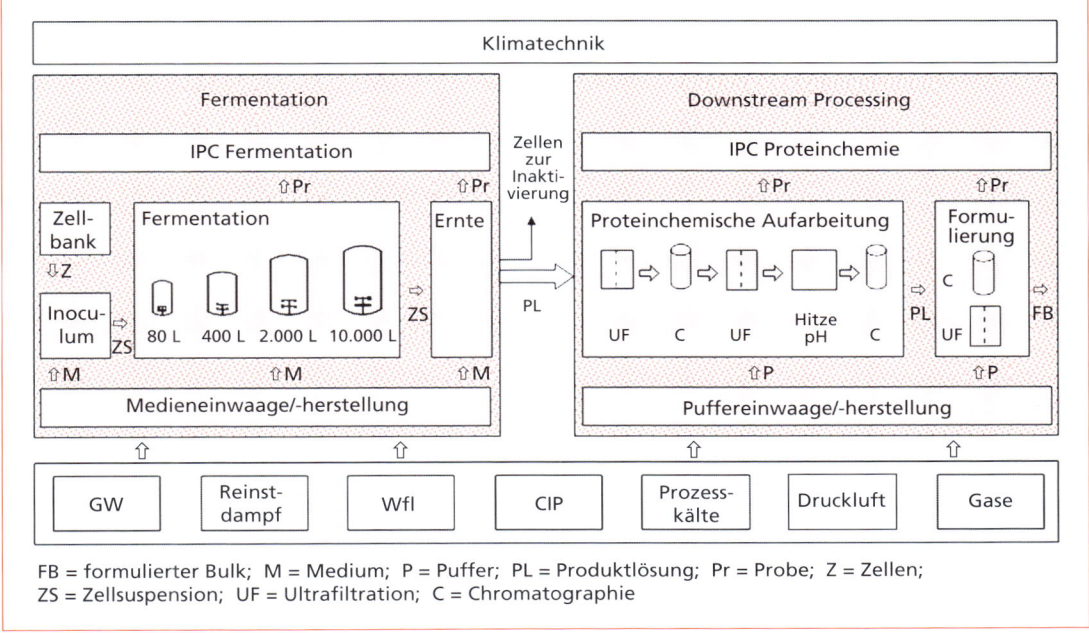

Abb. 11.8 Hauptbereiche einer großtechnischen Anlage zur biotechnischen Wirkstoffherstellung im 10000L-Maßstab

behälter eingebracht, in WfI oder GW gelöst und ggf. physikalische Parameter wie pH-Wert, Ionenstärke, Osmolarität etc. justiert.

Im **Inoculum** werden die Zellen zunächst in einfachen Kultivierungsgefäßen wie Kunststoff- oder Glasbehältern kultiviert. Zunächst wird ein Aliquot aus der **Arbeits-Zellbank WCB** (Kapitel 11.2.1) entnommen, aufgetaut und in einer T-Flasche oder einem Spinner im Brutraum kultiviert. In der Regel nach 2–5 Tagen werden die Zellen dann in den nächst größeren Spinner transferiert, bis ca. zur Größenordnung von 10 Liter-Spinnern oder Bioreaktoren.

Der 10 l-Spinner wird verwendet, um die Kultivierung im Edelstahlfermenter fortzusetzen. Die in Abb. 11.8 gezeigte Anlage besteht aus den **Anzuchtfermentern** mit 80 l, 400 l und 2 000 l Nennvolumen sowie **Produktionsfermentern** mit 10 000 l Nennvolumen, d. h. es liegt ein Scale-Faktor von ca. 5 vor. Die mögliche Verdünnung wird maßgeblich durch die Einsaatdichte bestimmt, wobei bei vielen Zelllinien eine Dichte von $<10^5$ Zellen/ml als kritisch betrachtet wird. Bei vielen Anlagen für Säugerzellen variiert der Scale-Faktor zwischen 3 und 10.

Die Anzuchtfermenter dienen allein dem Zweck, möglichst schnell hohe Zellzahlen bei hoher Vitalität zu erzeugen, damit der Produktionsfermenter nach möglichst kurzer Zeit mit einer hohen Einsaatdichte inokuliert werden kann. Im Produktionsfermenter steht hingegen die Produktgewinnung im Vordergrund, und die Zellzahl ist nur insofern von Bedeutung, dass bei gleich bleibender spezifischer Produktivität höhere Zellzahlen zu höheren Titern führen. In einigen Prozessen wird die letzte Stufe vor dem Produktionsfermenter als Perfusionsprozess gefahren, um die Zellzahlen über das Maß hinaus zu erhöhen, was mit einem reinen Fed-Batch-Betrieb möglich ist. Teilweise erfolgt direkt vor dem Transfer in den Produktionsfermenter ein Medientausch, falls Bestandteile des Wachstumsmediums oder Stoffwechselprodukte der Zellen nicht in die Produktionsstufe transferiert werden sollen.

In der **Zellernte** werden die Zellen vom Medium abgetrennt. Hier kommen Membranverfahren wie Tangentialfluss-Filtration und teilweise auch Dead-End-Filtration sowie Zentrifugation zum Einsatz. Andere Methoden wie EBA haben sich bisher auf breiter Front nicht etabliert. Wichtig ist eine schonende Abtrennung der Zellen, damit der Zellüberstand nicht zusätzlich mit intrazellulären Proteinen verunreinigt wird, denn all diese Verunreinigungen müssen im nachgeschalteten Downstream Processing wieder entfernt werden.

11.6.1.2 Proteinchemische Aufreinigung und Formulierung

In der **proteinchemischen Aufreinigung** erfolgt der überwiegende Teil der Reinigung bis hin zu Reinheitsgraden von weit über 99 %. In Abb. 11.8 ist schematisch ein Aufreinigungsprozess mit den unterschiedlichen Verfahrensschritten dargestellt, im Wesentlichen Chromatographie- und Filtrationsschritte (Kapitel 10). Des Weiteren enthält jeder Aufreinigungsprozess eines biopharmazeutischen Produktes virusabreichernde bzw. virusinaktivierende Schritte, damit potenziell im Zellüberstand enthaltene Viren sicher abgereichert bzw. inaktiviert werden und damit die Sicherheit des Produktes gewährleistet ist. Trotz dieser wirkungsvollen Maßnahme zur Arzneimittelsicherheit ist es nicht zulässig, Fermentationsläufe für die Wirkstoffproduktion zu verwenden, bei denen tatsächlich Virus nachgewiesen wurde. Sollte daher der Zellüberstand vor Ernte im so genannten *Adventitious Virus Test* einen positiven Befund zeigen, so kann der gesamte Lauf nicht verwendet werden, unabhängig davon, wie hoch die Viruskonzentration und wie stark die Virusabreicherung in der Aufarbeitung ist.

Aufarbeitungsverfahren für Proteine aus Säugerzellen enthalten in der Regel als initialen Aufarbeitungsschritt eine Konzentrierung, um die relativ geringe Produktkonzentration zu erhöhen und die Flüssigkeits-Volumina zu reduzieren. Da Säugerzellen-Proteine in vollem Umfang und in der korrekt gefalteten Form aktiv ins Medium sezernieren, entfällt der bei Bakterien üblicherweise notwendige Schritt des Zellaufschlusses. Die Hauptreinigungsschritte sind säulenchromatographische Verfahren; die gängigsten sind Ionenaustausch-, Affinitäts-, Hydrophobe Interaktions- (HIC)- und Gelfiltrationschromatographie. Als Filtrationsverfahren kommt die Ultrafiltration zum Einsatz, die als Tangential-Fluss-Filtration mit unterschiedlichem *cut-off* der Membranen (zwischen 10 und 300 kDa) betrieben wird. Sie wird meist zur Konzentrierung und Umpufferung eingesetzt. Außerdem werden spezielle Einmal-Membranfilterkerzen mit Porengrößen bis hinunter zu 20 kDa zur Abreicherung von potenziell vorhandenen Viren eingesetzt (Kalyanpur 2002).

Die **Formulierung** ist ein von der Aufreinigung abgetrennter Bereich, in dem das Protein in die endgültige Konzentration und den endgültigen Puffer gebracht wird. Meist wird eine Ultra-Diafiltration eingesetzt, teilweise auch ein Chromatographieschritt. Alle Virus abreichernden Schritte sollten bereits vor der Formulierung erfolgt sein.

11.6.1.3 Aufteilung in Bereiche

Jedem Raum ist eine Reinheitsklasse zugewiesen, die sich aus den prozesstechnischen Anforderungen ableitet und deren Einhaltung messtechnisch überprüft wird. So stellen beispielsweise die Edelstahlfermenter geschlossene Systeme dar, die *in situ* gereinigt (CIP) und sterilisiert (SIP *sterilisation in place*) werden können. Im Inoculum hingegen werden Arbeiten am offenen System durchgeführt. Als Konsequenz aus dem Unterschied offenes – geschlossenes System folgt, dass im Inoculum höhere Reinheitsanforderungen an die Umgebung allgemein und insbesondere an die Arbeiten am offenen System, nämlich unter einer Sterilwerkbank (*lamiar flow unit* – LF), gestellt werden. Unter einer Sterilwerkbank herrscht die höchste in der Biopharmazie übliche Reinheitsklasse vor: Klasse A gemäß EU-Einteilung; Klasse 100 gemäß FDA-Einteilung.

Neben den prozesstechnischen Gründen spielen aber auch gesetzliche und regulatorische Vorgaben eine große Rolle für die Auftrennung in Bereiche, insbesondere:
- Pharmazeutische Sicherheit (AMG, PharmBetrV),
- Biologische Sicherheit (GenTG),
- Arbeitssicherheit (ArbSchG, BetrSichV),
- Umweltsicherheit (BImSchG).

Beispielsweise fordert das Gentechnikgesetz eine Kennzeichnung und Meldung der Bereiche, in denen mit gentechnisch veränderten Organismen gearbeitet wird. Dies sind in der Regel die Zellbank, das Inoculum, die Fermenter-Bereiche, die Ernte und die Zellinaktivierungsanlage. Alle anderen Bereiche, auch die zum Fermentationsbereich gehörende Medieneinwaage und Medienherstellung, fallen nicht unter das GenTG. Eine klare räumliche Trennung erleichtert die Kennzeichnung und Registrierung.

11.6.1.4 Einsatz von Flüssigmedien in Einmal-Behältnissen

Die in diesem Kapitel 11.6.1 beschriebene Fed-Batch-Produktion besitzt ein konventionelles Design in dem Sinne, dass ein hohes Maß an vertikaler Integration vorliegt, also weitgehende Eigenfertigung von Medien und Puffern und wenig Zukauf von fertigen flüssigen Einsatzstoffen. In letzter Zeit gibt es einen Trend, insbesondere bei kleineren Anlagen, dass fertige Medien und Puffer von darauf spezialisierten Herstellern in Einmal-Behältnissen wie Beuteln (*bags*) hinzugekauft und zeitnah zum Einsatz geliefert werden. Bei konsequenter Umsetzung dieses Prinzips können nicht nur Einwaage-, Puffer- und Medienherstellungsbereiche signifikant verkleinert werden, sondern es entfallen viele Rohrleitungen, da die Beutel direkt an den Ort ihres Einsatzes gebracht und die Flüssigkeit über an den Beuteln befestigte Einmal-Schläuche transferiert wird. Damit verringert sich der Aufwand für CIP- und SIP-Operationen signifikant und die Automatisierung wird wesentlich einfacher, so dass solche Anlagen in der Regel kostengünstiger erstellt werden können als Anlagen im traditionellen Design. Dem entgegenzurechnen sind die in der Regel höheren Kosten für die hinzu gekauften Medien und Puffer sowie die starke Abhängigkeit von einem externen Lieferanten. Außerdem sind die gängigen Bags derzeit auf 1 m³ begrenzt, so dass bei Bedarf größerer Mengen viele Bags gehandhabt werden müssen, was neben dem erhöhten Aufwand auch ein erhöhtes Risiko birgt.

Die Entwicklung hin zu „high-titer"-Prozessen mit Titern von mehr als 2 g/l bringt die derzeitig verfügbare Aufarbeitungstechnologie an ihre Grenzen. Die begrenzte Löslichkeit der Proteine führt zwangsläufig zu entsprechend großen Prozessvolumina und Säulendimensionen (bis zu

2 m im Durchmesser). Der erforderliche Pufferbedarf ist beträchtlich (für eine Fermentationscharge bis zu 100 000 l) und die daraus resultierenden längeren Prozesszeiten können einen signifikanten Einfluss auf die Anlagenkapazität haben (Kapitel 11.6.3). In wie weit dieser steigende Pufferbedarf dazu führt, dass der Einsatz von Bags wieder abnimmt, kann derzeit nicht beurteilt werden.

11.6.2 Biopharmazeutische Prozesse

11.6.2.1 Registrierung

Pharmazeutische Produktionsprozesse unterliegen strengen Kontrollen und Auflagen, die im Sinne der Arzneimittelsicherheit einzuhalten sind und deren Einhaltung regelmäßig durch die Überwachungsbehörden im Rahmen von Inspektionen überprüft wird. Um die Vertriebserlaubnis für ein bestimmtes Produkt zu erhalten, muss ein Behördendossier (*MAA* – *M*arketing *A*uthorization *A*pplication in Europa bzw. *BLA* – *B*iologics *L*icense *A*pplication in USA) erstellt und bei den Behörden eingereicht werden. Darin sind u. a. das Produkt, der Herstellprozess, die Produktcharakterisierung inkl. analytischer Methoden, die Validierung sämtlicher Systeme, Methoden und Prozesse und die Ergebnisse der klinischen Prüfungen in einem hohen Detaillierungsgrad darzustellen. Der Aufwand hierfür ist hoch und bindet signifikante Ressourcen. Im Folgenden wird auf die produktionsrelevanten Aspekte eingegangen, die sich unter dem Schlagwort cGMP (*c*urrent *G*ood *M*anufacturing *P*ractice) zusammenfassen lassen. Sowohl die FDA (*F*ood and *D*rug *A*dministration) als auch die EU haben ihre Version der cGMP-Richtlinien herausgegeben (FDA: CFR (*C*ode of *F*ederal *R*egulations, EU: Guide to Good Manufacturing Practice).

11.6.2.2 Spezifikationen und Prozessgrenzen

In dem Behördendossier sind die Produktspezifikationen, IPC-Spezifikationen und Prozessgrenzen angegeben. Die relevanten analytischen **Produktspezifikationen** finden sich im Analysenzertifikat (*CofA* – *C*ertificate *of* *A*nalysis); **Prozessgrenzen** können z. B. die Dauer des Fermentationsprozesses (z. B. von 9 bis 11 Tage) oder die maximale Beladungsdichte eines Chromatographie-Gels (z. B. max. 15 mg Produkt /ml Gel) sein. Wenn eine Produktionscharge die Spezifikationen nicht trifft, kann das Produkt nicht freigegeben werden. Wenn Prozessgrenzen überschritten werden, generiert dies zunächst eine Abweichung. Abhängig von der Auswirkung auf die Produktqualität muss entschieden werden, ob diese Charge für die Verwendung freigegeben werden kann oder gesperrt wird.

11.6.2.3 Arbeitsanweisungen und Dokumentation

Analog zu den strengen Regelungen bei der Zulassung eines (bio)pharmazeutischen Produktes unterliegt auch die Herstellung des Wirkstoffes und des Endproduktes strengen Auflagen. Alle Produktionsschritte und relevanten Handhabungen sind in Arbeitsanweisungen (*SOPs* – *S*tandard *O*perating *P*rocedures) festgeschrieben. Für jede Produktionscharge wird der Herstellbericht (*batch record*) produktionsbegleitend ausgefüllt, so dass alle relevanten Produktionsschritte korrekt und aussagekräftig dokumentiert sind. Die korrekte Dokumentation hat einen hohen Stellenwert.

11.6.2.4 Prozessvalidierung

Eine erfolgreiche Prozessvalidierung ist Voraussetzung dafür, dass ein pharmazeutischer Prozess marktfähiges Produkt produziert. Deshalb seien zunächst zwei Definitionen vorab gestellt:

„Process validation is the documented evidence that the process, operated within established parameters, can perform effectively and reproduceably to produce an intermediate or API (*active pharmaceutical ingredient*) meeting its pre-determined specifications and quality attributes" (ICH Q7A 2000).

„Establishing documented evidence which provides a high degree of assurance that a specific process will consistently produce a product meeting its pre-determined specifications and quality attributes" (FDA 1987).

Der Leitgedanke der Validierung besteht darin, dass ein validierter Prozess ein hohes Maß an

Sicherheit liefert, dass der Prozess bestimmungsgemäß abläuft und reproduzierbar zum erwarteten Ergebnis führt. Eine Validierung muss für alle relevanten Prozesse durchgeführt werden, also neben dem eigentlichen Produktionsprozess auch für die verwendeten analytischen Methoden, die Process Utilities (WfI, GW, CIP), die eingesetzten Reinigungs (CIP)-Prozeduren, die Standzeiten von Gelen und Filtern, kritische Rohstoffe, die Virusabreicherung, um nur einige der wesentlichen Prozesse und Systeme zu nennen. Die Validierung kann nur in qualifizierten Systemen und Anlagen durchgeführt werden, man spricht hier von Design-Qualifizierung (*DQ* – *D*esign *Q*ualification), Installations-Qualifizierung (*IQ* – *I*nstallation *Q*ualification), Funktions-Qualifizierung (*OQ* – *O*perational *Q*ualification) und Verfahrens-Qualifizierung (*PQ* – *P*erformance *Q*ualification). Die Planung und Durchführung der Qualifizierung und Validierung ist komplex und zeitaufwändig.

Die derzeitige Interpretation dieser Forderungen geht dahin, dass ein Prozess drei Mal in Folge erfolgreich durchzuführen ist; dann ist die Validierung erfolgreich. Aus dieser Interpretation entstand die Kurzform „n=3".

Der Großteil der Prozessvalidierung wird, basierend auf den Daten und Erkenntnissen aus der Prozessentwicklung, normalerweise im Produktionsmaßstab durchgeführt, wenn die so genannten Registrierungschargen hergestellt werden, also die Chargen, deren Daten für die Registrierung bei den Behörden eingereicht werden sollen. Einige Validierungsaktivitäten können aus technischen Gründen nicht im Produktionsmaßstab durchgeführt werden. In diesen Fällen finden die Validierungen im Labor- oder Pilot-Maßstab statt (Beispiel Validierung der Virus- oder DNA-Abreicherung).

Neben der Prozessvalidierung kommt der Reinigungsvalidierung hohe Bedeutung zu. Sie soll sicherstellen, dass die Anlagen nach Benutzung reproduzierbar gereinigt werden können und somit kein Risiko einer Verschmutzung oder Kontamination vor Beginn der nachfolgenden Produktion besteht. In Multi-Produktanlagen kommt der Reinigungsvalidierung zusätzliche Bedeutung zu, da hier eine Kreuz-Kontamination, d.h. Verunreinigung eines Produktes oder Ausgangsstoffes mit einem anderen Material oder Produkt, vermieden werden muss (ICH Q7A 2000).

Damit die Validierung erfolgreich ist, muss bereits während der Prozessentwicklung entsprechendes Augenmerk auf die Robustheit der Prozesse gerichtet werden. Die Forderung nach Robustheit betrifft sowohl die Durchführung des eigentlichen Prozesses als auch die analytische Qualität des mit diesem Prozess erzeugten Produktes. Robustheit ist ein weiter und nicht genau definierter Begriff; er umfasst Faktoren wie:

- Stabile WCB's, die sich leicht und reproduzierbar auftauen und kultivieren lassen,
- Unempfindlichkeit des Prozessverlaufs gegenüber geringfügigen Schwankungen bei der Prozessführung innerhalb eines definierten Bereichs,
- Medien und Puffer, die sich leicht in reproduzierbarer Qualität herstellen lassen,
- konstante Produktqualität auch bei leicht variablen Prozessverläufen, konstante Ausbeuten, definierte Medien mit konstanter, kontrollierter Qualität,
- Gele und Filter, die langzeitstabil sind, unempfindlich gegenüber Reinigungen und mechanischen Beanspruchungen,
- Prozessformate, die wenig Möglichkeiten für Fehler sowohl menschlicher als auch technischer Art bieten,
- Einsatz bewährter Technologien bzw. Einsatz neuer Technologien nur dann, wenn der resultierende Vorteil das Risiko rechtfertigt, das mit dem Einsatz einer nicht erprobten Technologie einhergeht.

11.6.2.5 Abweichungen

Im Abschnitt Prozessspezifikationen und Prozessgrenzen ist bereits kurz auf Abweichungen eingegangen worden. Vor dem Hintergrund des Leitgedankens der Validierung muss jede Abweichung vom definierten Verfahren bewertet werden.

Beispiel Abweichung im Upstream:
Der Produktionsfermenter wird im Fed-Batch-Modus betrieben; an den Tagen 2, 5 und 8 wird die Feedlösung A dazu gegeben, die Fermentation endet am Tag 10 mit der Zellernte. Augrund eines Mitarbeiterfehlers ist am Tag 5 nur ca. 30 %

der Feedlösung zugegeben worden. Die Zellen erreichen im weiteren Verlauf der Fermentation eine ca. 20 % niedrigere Zellzahl, und die Vitalität beträgt am Erntetag nur 30 % statt der sonst üblichen 50 %.

Beispiel Abweichung im Downstream:
Das Eluat der Protein-A-Säule eines Prozesses zur Herstellung eines monoklonalen Antikörpers wird für 90 Minuten einer Säurebehandlung bei pH 3 zur Virusinaktivierung unterzogen. Nach den 90 Minuten wird die Produktlösung wieder auf einen neutralen pH-Wert eingestellt. Aufgrund eines technischen Problems wird die maximal zulässige Einwirkzeit bei pH 3 um 120 Minuten überschritten.

Die Bewertung einer Abweichung muss jeden möglichen Einfluss auf den Prozessverlauf und damit letztlich auf die Produktqualität abdecken. In beiden beschriebenen Abweichungen wird der Fokus auf der Produktqualität liegen. Voraussichtlich sind weitere analytische Untersuchungen nötig; eventuell müssen die Chargen auf Stabilität gelegt werden, um potenzielle negative Einflüsse von durch die Abweichung möglicherweise hervorgerufenen Kontaminanten wie Proteasen ausschließen zu können.

11.6.3 Betrieb einer großtechnischen Produktionsanlage – Wechselwirkungen zwischen Prozessformat und Anlagendesign

Kapitel 11.6.1 und 11.6.2 geben einen Eindruck von der Komplexität großtechnischer Anlagen zur Herstellung eines pharmazeutischen Wirkstoffes. Solche Anlagen sind in der Regel automatisiert, d. h. die Prozessführung erfolgt über ein PLS Prozessleitsystem (*DCS – **D**istributed **C**ontrol **S**ystem*). Komplexität und Grad der Automatisierung variieren stark, da hier unterschiedliche Philosophien möglich sind: Von „alles automatisiert und daher bestmöglich kontrolliert und reproduzierbar" bis zu „KISS" (*Keep it safe and simple*), d. h. so wenig Automatisierung wie möglich, damit die Komplexität reduziert wird und gleichzeitig die Anlage flexibel bleibt. Auch das

Prozessleitsystem muss qualifiziert bzw. der Gesamtprozess mit PLS muss validiert werden, und der Validierungsaufwand steigt mit zunehmender Komplexität des Automatisierungskonzeptes.

Wie in Kapitel 11.5.4 erläutert, sind neben den on-line gemessenen Größen auch off-line erzeugte Daten nötig zur Kontrolle und Bewertung eines Produktionsprozesses. Bei den off-line Daten wird zwischen zeitkritischen Daten unterschieden, die zur Steuerung des Prozesses benötigt werden (Beispiele sind die Zellzahlen, die z. B. für das Einleiten eines Transfers von Zellsuspension in den nächst größeren Fermenter benötigt werden, oder Titerbestimmungen, die für die Berechnung des Beladungsvolumens auf Chromatographiesäulen erforderlich sind) und den Daten, die zwar zur Bewertung eines Produktionslaufes benötigt werden, die aber nicht Prozess steuernd sind. Beispiele hierfür sind die Titer an den verschiedenen Tagen im Produktionsfermenter oder die SDS-Gele auf Prozess-Zwischenstufen im Downstream. Die IPC-Labors für die Prozesssteuernde off-line Analytik befinden sich deshalb in der Regel in der Nähe der Produktion, um lange Transportwege zu vermeiden.

11.6.3.1 Anlagenauslastung, Prozessformat und Anlagendesign

Voraussetzung für eine wirtschaftliche Produktion ist eine hohe Anlagenauslastung, d. h. die Produktionskapazitäten der verschiedenen Produktionsbereiche müssen aufeinander abgestimmt sein: dies gilt innerhalb der Wirkstoffherstellung für die drei Bereiche Fermentation, Aufarbeitung, Formulierung, aber auch für die beiden großen Bereiche Wirkstoff-Herstellung und Endprodukt-Herstellung. Prozessformat und Anlagen-Design müssen zueinander passen. Folgendes Beispiel soll die Abhängigkeiten verdeutlichen:

Die Anlage enthält zwei Produktionsfermenter, die zwei Wochen Turn-around-Zeit haben, d. h. alle zwei Wochen wird ein neuer Produktionsfermenter gestartet. Die Turn-Around-Zeit umfasst sowohl die Zeit für die Vorbereitung der Fermentation, die eigentliche Fermentationszeit als auch die Zeit für die Nachbereitung. Die beiden Fermenter werden mit einer Woche Zeitversatz betrieben, so dass pro Woche eine Ernte stattfindet. Um den Wirkstoff aus dem Fermenterüberstand aufzureinigen, steht somit ebenfalls eine Woche zur Verfügung. Wenn die Turn-Around-Zeit des Produktionsfermenters nur eine Woche beträgt, stehen für die Aufreinigung nur 3,5 Tage zur Verfügung oder es muss ein zweiter, unabhängiger Aufarbeitungsbereich etabliert werden. Für die Betrachtung der Anlagenkapazität ist die Formulierung in der Regel unkritisch, da sie meist kürzer als die Aufarbeitung dauert und deshalb nicht limitierend ist.

Die Zahlen in diesem Beispiel lassen sich vielfältig variieren, und je nach Kombination befindet sich der zeitbestimmende Engpass (*bottle-neck*) entweder im Upstream oder im Downstream. Durch Anpassung der Schichtmodelle der Produktionsmitarbeiter können die Auswirkungen von bottle-necks verringert werden. So kann die effektive Kapazität der Aufarbeitung verdreifacht werden, wenn vom Ein-Schicht-Modell auf das Drei-Schicht-Modell gewechselt wird.

Aufgrund dieser Betrachtung ergeben sich interessante Konsequenzen auf die Prozessentwicklung. In der Literatur wird teilweise von Titern von 3 oder sogar 5 g/l berichtet, für Säugerzellen hohe Werte. Die Angabe des erzielten Titers ist jedoch in Bezug auf Anlagenproduktivität und niedrige Herstellkosten nur die halbe Wahrheit: Die zur Erreichung des Titers erforderliche Prozesszeit ist ebenso wichtig wie das Design der Produktionsanlage, in der der Prozess realisiert werden soll. Letztendlich lässt sich die Güte einer Prozessentwicklung nicht am Titer, sondern an der sog. „Raum-Zeit-Ausbeute" der Produktionsanlage bzw. letztendlich anhand der Herstellkosten bewerten. Die Raum-Zeit-Ausbeute beschreibt, wie viele kg Produkt pro Zeiteinheit in dem verfügbaren Produktionsvolumen (Fermentervolumen) hergestellt werden.

In der Fermentation stellt die Produktbildungskinetik einen wichtigen Parameter zur Optimierung der Raum-Zeit-Ausbeute dar: Wenn diese über die gesamte Fermentationsdauer linear ist, dann sind lange Fermentationszeiten sinnvoll. Wenn jedoch zum Ende der Fermentation die Produktbildungsrate abnimmt, weil z. B. die Vitalität der Zellkultur abnimmt, dann kann eine kürzere Fermentationsdauer zu einer höheren Raum-Zeit-Ausbeute führen, weil im gleichen Zeitraum mehr Fermentationen gestartet werden können. In Abb. 11.9 sind diese beiden Fälle veranschaulicht: Bei der nicht-linearen Produktbildungskinetik ist es günstiger, den Prozess nach 14 Tagen mit 4 g/l zu beenden als ihn 21 Tage laufen zu lassen, um 5 g/l zu erreichen. In Bezug auf sechs Wochen Produktionszeit ergäbe dies bei einem 1000l-Produktionsfermenter 12 kg Produkt im Fermenter beim 14-Tage-Prozess vs. 10 kg Produkt beim 21-Tage-Prozess. Diese Betrachtung ist vereinfacht, da die Zeiten für Vor- und Nachbereitung des Fermenters vernachlässigt wurden; das Grundprinzip gilt nach wie vor. Je nach Effektivität der entsprechenden Produktionsanlage kann der Zeitraum für Vor- und Nachbereitung jeweils zwischen 1, 2, 3 oder noch mehr Tagen betragen. Je länger der Zeitraum für Vor- und Nachbereitung ist, desto günstiger werden Prozesse mit langer Fermentationszeit in Bezug auf die Optimierung der Raum-Zeit-Ausbeute.

Wenn eine existente Produktionsanlage genutzt werden soll, dann ist die Verfahrensentwicklung gefordert, Prozesse so zu entwickeln, dass die vorhandenen Kapazitäten optimal genutzt werden. Wenn hingegen eine neue Anlage gebaut werden soll, dann muss im Vorfeld das Prozessformat der Prozesse festgelegt werden, die in dieser Anlage gefahren werden sollen, und dann das Anlagendesign entsprechend erfolgen.

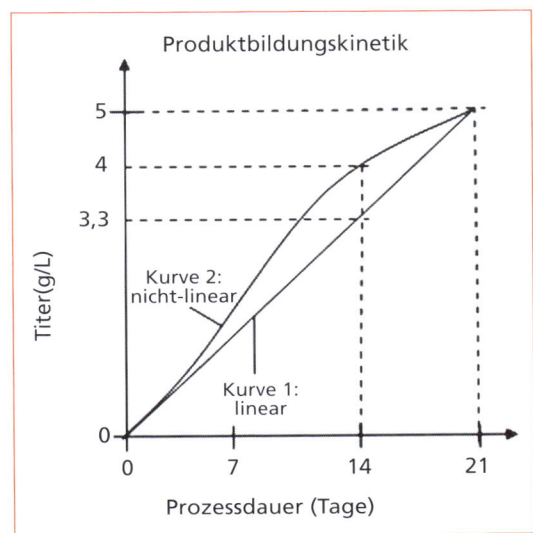

Abb. 11.9 Einfluss der Produktbildungskinetik auf die Raum-Zeit-Ausbeute

11.6.3.2 Kampagnen-Produktion mit Rüstwechseln

Bei Säugerzell-Prozessen beansprucht die Aufarbeitung meist wesentlich weniger Zeit als die Fermentation, so dass in vielen Anlagen, speziell den größeren Anlagen, mehrere Produktionsfermenter einem Aufarbeitungsbereich zugeordnet sind. Während die Fermentation von Produkt zu Produkt im Wesentlichen in den gleichen Fermentern durchgeführt wird, gilt für die Aufarbeitung nahezu das Gegenteil: Nicht nur können sich die Aufarbeitungsprozesse für unterschiedliche Produkte signifikant voneinander unterscheiden, sondern aus GMP-Gründen dürfen Chromatographie-Gele und Filterkerzen/Filterkassetten nicht für verschiedene Produkte verwendet werden; man spricht von *dedicated matrices*, da sie einem bestimmten Produkt gewidmet sind. Jeder Produktwechsel bedingt also eine größere Rüstaktion, bei der Chromatographiesäulen aus der Aufarbeitung entfernt, neu gepackt und dann wieder neu aufgestellt werden. Gleiches gilt für die Filter in der Aufarbeitung und Formulierung, aber auch für die Filter, die in der Ernte mit Tangentialfluss-Filtrations-Technik eingesetzt werden. Zusätzlich erfolgt üblicherweise bei jedem Produktwechsel durch Probenahme und entsprechende Analytik der Nachweis, dass die Anlage sauber ist und kein Kreuz-Kontaminationsrisiko des Folgeproduktes durch das Vorgängerprodukt besteht.

Filter und Gele dürfen nicht unbegrenzt eingesetzt werden. Zum einen gibt es die Haltbarkeitsvorgaben des Herstellers, zum anderen muss der Anwender den Einsatz für jeden einzelnen Prozess **validieren**. Damit muss der Anwender in dem realen Prozess nachweisen, dass z. B. ein Chromatographie-Gel 20, 50, 100 oder 200 Mal eingesetzt werden kann, ohne dass die Qualität des Produktes negativ beeinflusst wird. Bei Erreichen der Einsatzgrenze wird das Gel/der Filter verworfen.

Aus all diesen Gründen wird eine Multi-Produktanlage sinnvoller Weise in Kampagnen gefahren, d. h. auf 10 Produktionsläufe mit Produkt A folgen 30 Läufe mit Produkt B, dann 3 Läufe mit Produkt C, darauf wieder 10 Läufe mit Produkt A usw. Um die optimale Betriebsweise einer Multi-Produktanlage festzulegen, müssen alle in diesem Kapitel erwähnten Effekte berücksichtigt werden. Zur Optimierung der Raum-Zeit-Ausbeute sind deshalb möglichst wenige, lang andauernde Kampagnen mit der optimalen Prozesszeit (Fermentation und Aufarbeitung) sinnvoll, da so Effektivitätsverluste durch Rüstwechsel vermieden werden. Wenn hingegen auch die Minimierung der Lagerbestände ein Ziel ist, dann sind viele kurze Kampagnen sinnvoller als wenige lange Kampagnen. Letztendlich muß für jede Anlage und jeden Produkt-Mix die optimale Produktions-Strategie ermittelt werden.

11.6.4 Entwicklung eines Folgeprozesses und daraus resultierender Änderungsaufwand

In Kapitel 11.6.2.4 sind die wesentlichen Anforderungen an eine Prozessentwicklung aufgeführt. Idealerweise ist bereits der Originalprozess so ausgereift, dass es keinerlei Änderungsbedarf gibt. In der Realität hingegen gibt es eine Vielzahl von Gründen, die zu einer Prozessänderung führen können (Tab. 11.5). Aus Sicht der Behörden sind solche Änderungen zu bevorzugen, die die Produktqualität z. B. im Sinne von Konstanz bzw. Verringerung von Kontaminanten bzw. die Robustheit des Prozesses verbessern. Die pharmazeutische Firma hat neben diesen regulatorischen Aspekten ebenfalls die Wirtschaftlichkeit im Fokus, also Verbesserung der Ausbeute bzw. Senkung der Herstellkosten.

Wenn ein Folgeprozess (*second generation process*) entwickelt wird, steht zusätzlich zu den in Kapitel 11.6.2.4 genannten Anforderungen an oberster Stelle die Forderung nach vergleichbarer Produktqualität. Alle Änderungen in der Produktqualität bergen das Risiko, dass klinische Prüfungen wiederholt werden müssen. Im besten Fall ist dies eine so genannte *bridging study*, bei der in einer Studie mit einer geringen Patientenzahl nachgewiesen wird, dass die Eigenschaften im Patienten vergleichbar sind. Im anderen Extrem bedeutet dies eine Wiederholung der gesamten klinischen Entwicklung, die mit entsprechend hohen Kosten und Zeitverlusten verbunden ist.

Anhand dieser Punkte wird deutlich, dass jede Änderung eines registrierten Prozesses mit

Tab. 11–5: Beispiele für Gründe, die zu Änderungen des zugelassenen Prozesses bzw. der Methoden führen

Regulatorische Gründe	Auflagen der Behörden wie z. B. der Ersatz von Serum oder anderen bovinen Rohstoffen zur Minimierung des BSE-Risikos. Da die Qualität des Produktes durch die Art und Qualität der eingesetzten Rohstoffe signifikant beeinflusst werden kann, kann dies eine wesentliche Änderung sein.
	Post-Approval Commitments; das sind Auflagen, die im Rahmen der Erteilung der Zulassung der produzierenden Firma auferlegt werden. Beispiele hierfür sind Einführung verbesserter analytischer Methoden oder die Durchführung produktionsbegleitender Validierungsstudien z. B. zur Standzeit von Gelen.
	Signifikante Änderungen an der genehmigten Anlage, z. B. Veränderungen des WFI-Systems
	Verlagerung der Produktion von einer Anlage in eine andere Anlage
	Verbesserung der Produktqualität z. B. durch Einführen eines weiteren Chromatographieschrittes
Wirtschaftliche Gründe	Erhöhung der Ausbeute (höherer Titer in gleicher Zeit oder gleicher Titer in kürzerer Zeit), die durch außerhalb der Zulassung liegende Änderungen der Prozessbedingungen erreicht werden
Technologische Gründe	Veränderung der Technologie, z. B. Zellernte mit Zentrifuge statt mit Querstromfiltration
	Verwendung eines alternativen Chromatographie-Gels

erheblichem Aufwand, Risiko und Kosten verbunden ist. Je besser das Verständnis der eingesetzten Zellen, Vektoren, Medien, Reaktoren, Reinigungstechnologien und der Produkteigenschaften, desto höher ist die Wahrscheinlichkeit, dass Prozessänderungen erfolgreich sind. Andererseits muss berücksichtigt werden, dass trotz der erheblichen Fortschritte der letzten Jahre im Bereich Zellkulturtechnik viele Aspekte des komplexen Wechselspiels Zelle – Zellumgebung noch nicht vollständig verstanden sind. Hier weitere Fortschritte zu erzielen ist eine der großen Herausforderungen, die gleichzeitig die Faszination der Säugerzelltechnologie ausmacht.

Literatur

Aisen P, Listowsky I (1980): Iron Transport and Storage Proteins. Ann. Rev. Biochem. 49, 357–393
AMG (Arzneimittelgesetz): Gesetz über den Verkehr mit Arzneimitteln. 11.12.1998 (BGBl. I S. 3586). 14. Artikel 1 Zwölftes ÄndG vom 30.06.2004 (BGBl. I, Nr. 41, S. 2031)
ArbSchG: Gesetz über die Durchführung von Maßnahmen des Arbeitsschutzes zur Verbesserung der Sicherheit und des Gesundheitsschutzes der Beschäftigten bei der Arbeit (Arbeitsschutzgesetz) vom 07.08.1996 (BGBl. I S. 1246). Letzte Änderung vom 21.06.2002 (BGBl. I S. 2167).
Bebbington CR, Renner G, Thomson S, King D, Abrams D, Yarranton GT (1992): High-level expression of a recombinant antibody from myeloma cells using a glutamine synthetase gene as an amplifiable selectable marker. Bio-Technology 10: 169–175
Bebbington CR Hentschel CCG (1987): The use of vectors based on gene amplification for the expression of cloned genes in mammalian cells. In DNA cloning Vol III A Practical Approach, Glover DM Ed., Academic Press, San Diego, pp 163–180
Berg GJ und Bödecker BGD (1988): Employing a ceramic matrix for the immobilization of mammalian cells in culture. In: Animal Cell Biotechnology. Eds. R.E. Spier and J.B. Griffith, Academic Press, London Vol. 3, 322–335
BetrSichV: Verordnung über Sicherheit und Gesundheitsschutz bei der Bereitstellung von Arbeitsmitteln und deren Benutzung bei der Arbeit, über Sicherheit beim Betrieb überwachungsbedürftiger Anlagen und über die Organisation des betrieblichen Arbeitsschutzes (Betriebssicherheitsverordnung) vom 27.02.2002 (BGBl. I 2002, S. 3777) geändert 23.12.2004 (BGBl. I 3758)
Biener RK, Waldraff W, Noe W, Haas J, Howaldt M, Gilles ED. (1996): Modellbildung und Simulation tierischer Zellkulturen. Chemie-Ingenieur-Technik 68, 158–161
BImSchG: Gesetz zum Schutz vor schädlichen Umwelteinwirkungen durch Luftverunreinigungen, Geräusche, Erschütterungen und ähnliche Vorgänge (Bundes-Immissionsschutz-Gesetz). Fassung vom 26.9.2002 (BGBl. I S. 3830)
Birger Anspach F, Curbelo D, Hartmann R, Garke G and Deckwer WD (1999): Expanded-bed chromatography in primary protein purification. J. Chromatogr. A 865: 129–144

Blasey HD, Aubry JP, Mazzei GJ, Bernard AR (1996): Large scale transient expression with COS cells. Cytotechnology 18, 183–192

Büntemeyer H, Siwiora S, Lehmann J (1997): Inhibitors of cell growth: accumulation and concentration. In: Carrondo MJT, Griffiths B, Moeira LP Eds. Animal Cell Technology, Kluwer Academic Publishers, Dordrecht, 651–655

Christi Y (1993): Animal cell culture in stirred bioreactors: Observations on scale-up. Bioprocess Eng 9: 191–196

Chu, L and Robinson DK (2001): Industrial choices for protein production by large-scale cell culture. Curr. Opin Biotechnol. 12: 180–187

Deshpande RR, Heinzle E (2004): On-line Oxygen Uptake Rate and Culture Viability Measurement of Animal Cell Culture Using Microplates with Integrated Oxygen Sensors. Biotechnol Lett, 26: 763–767.

Dulbecco R, Freeman G (1959): Plaque production by the polyoma virus. Virology 8, 396–397

Eagle H. (1959): Amino acid metabolism in mammalian cell cultures. Science 130, 432–437

Eagle H. (1965): Propagation in a fluid medium of a human epidermoid carcinoma, Strain KB. (21811) Proc Soc Exp Biol Med 89, 362–364

Edwards CP, Aruffo A (1993): Current applications of COS cell based transient expression systems. Curr Opinion Biotechnol 4, 558–563

EMEA: European Medicines Agency. http://www.emea.eu.int

Evans V J, Bryant JC, Kerr HA, Schilling EI (1964): Chemically defined media for cultivation of long-term cell strains from four mammalian species. Exp Cell Res 36, 439–474

FDA: U.S. Food and Drug Administration. http://www.fda.gov

FDA CBER: Guidance for Industry Sterile Drug Products Produced by Aseptic Processing – Current Good Manufacturing Practice.

FDA (1987): Guideline on general Principles of Process Validation

Fike R, Dadey B, Hassett R, Radominski R, Jayme D, Cady D (2001): Advanced granulation technology: an alternative format for serum-free, chemically defined and protein-free cell culture media. Cytotechnology 36, 33–39

Fletcher T (2005): Designing culture media for recombinant protein production. BioProcess January 2005, 30–36

GenTG: Gesetz zur Regelung der Gentechnik (Gentechnikgesetz) vom 16.12.1993 (BGBl. I 1993 S. 2066; 1994 S. 1416; 1997 S. 2390 ; 2000 S. 1478; 2001 S. 2702, 29.10.2001 S. 2785 Art. 31; 19.7.2002 S. 2674; 16.8.2002 3220)

Gerlach J, Schauwecker HH, Klöppel K, Tauber R, Müller C, Bücherl E (1989): Use of hepatocytes in adhesion and suspension cultures for liver support bioreactors. Int J Artif Org 12: 788–793

Gerlach J (1997): Bioreactor for a hybrid liver support. In: Carrondo MJT, Griffiths B, Moreira LP Eds. Animal Cell Technology, Kluwer Academic Publishers, Dordrecht, 543–555

Girard P, Derouazi M, Baumgartner G, Bourgeois M, Jordan M, Jacko B, Wurm F (2002): 100-liter transient transfection. Cytotechnology 38, 15–21

Grace TDC (1962): Establishment of four strains of cells from insect tissues grown in vitro. Nature 195, 788–789

Graham FL, Smiley J, Russell WC, Nairn R (1977): Characteristics of a human cell line transformed by DNA from human adenovirus type 5. J Gen Virol 36, 59–74

Ham RG (1965): Clonal growth of mammalian cells in a chemically defined, synthetic medium. Proc Nat Acad Sci 53, 288–293

Harrison T, Graham F, Williams J (1977): Host-range mutants of adenovirus type 5 defective for growth in HeLa cells. Virology 77, 319–329

Hayflick L (1997): Mortality and immortality at the cellular level. A review. Biochemistry (Moscow) 62, 1180–1190

Holt LJ, Herring C, Jespers LS, Woolven BP, Tomlinson IM (2003): Domain antibodies: proteins for therapy. Trends in Biotechnology 21, 484–490

International Conference on Harmonisation (ICH), 2000: Q7A Good Manufacturing Practice Guidance for Active Pharmaceutical Ingredients

ICH Q7A (2000): Q7A Good Manufacturing Practice Guidance for Active Pharmaceutical Ingredients, Abschnitt 18.3

Iscove NN, Melchers F (1978): Complete replacement of serum by albumin, transferrin, and soybean lipid in cultures of lipopolysaccharide-reactive B lymphocytes. J Exp Medicine 147, 923–933

Jarvis DL (2003): Developing baculovirus-insect cell expression systems for humanized recombinant glycoprotein production. Virology 310, 1–7

John GT, Goelling D, Klimant I, Schneider H, Heinzle E (2003): pH-Sensing 96-well microtitre plates for the characterization of acid production by dairy starter cultures. J Dairy Research 70: 327–333

Joeris K, Frerichs JG, Konstantinov K and Scheper T (2002): In situ microscopy: Online process monitoring of mammalian cell cultures. Cytotechnology 38: 129–134

Kalyanpur M. (2002): Downstream processing in the biotechnology industry. Mol Biotechnol 22: 87–98

Kaufman RJ, Sharp PA (1982): Amplification and expression of sequences cotransfected with a modular dihydrofolate reductase complementary DNA gene. J Mol Biol 159, 601–621

Kaufman RJ, Wasley LC, Spiliotes AJ, Gossels SD, Latt SA, Larsen GR, Kay RM (1985): Coamplification and coexpression of human tissue-type plasminogen activator and murine dihydrofolate reductase sequences in chinese hamster ovary cells. Mol Cell Biol 5, 1750–1759

Kempken R, Büntemeyer H, Lehmann J (1992): Long term application of medium recycling for economic antibody production. In: Spier RE, Griffiths JB, MacDonald C Eds. Animal Cell Technology, Butterworth-Heinemann Ltd, Oxford, pp264–267

Kim NS, Kim SJ, Lee GM (1998): Clonal variability within dihydrofolate reductase-mediated gene amplified Chinese hamster ovary cells: stability in the absence of selective pressure. Biotechnol Bioeng 60, 679–688

Kleinig H, Maier U (1999): Zellbiologie. 4. Aufl. Fischer, Stuttgart

Koller MR, Palson BO (1993): Tissue engineering: Reconstitution of human hematopoesis ex vivo. Biotechnol Bioeng 42, 909–930

Lindl T (2002): Zell- und Gewebekultur. 5. Aufl. Spektrum Akademischer Verlag, Heidelberg

Marks DM (2003): Equipment design considerations for large scale cell culture. Cytotechnology 42, 21–33

Macpherson I, Stoker M (1962): Polyoma transformation of hamster cell clones – an investigation of genetic factors affecting cell competence. Virology 16, 147–151

Moore GE, Gerner RE, Franklin HA (1967): Culture of normal human leukocytes. J Am Medical Assoc 199, 87–92

Owen JS, McIntyre N, Gillett MPT (1984): Lipoproteins, cell membranes and cellular functions. Trends Biochem Sci 9, 238–242

Pallavicini MG, DeTeresa PS, Rosette C, Gray JW, Wurm FM (1990): Effects of methotrexate on transfected DNA stability in mammalian cells. Mol Cell Biol 10, 401–404

PharmBetrV: Betriebsverordnung für pharmazeutische Unternehmer vom 08.03.1985 (BGBl. I S. 546), geändert durch 9. Artikel 1 der Dritten Verordnung zur Änderung der Betriebsverordnung für pharmazeutische Unternehmer vom 10.08.2004 (BGBL S. 2155)

Pierce LN and Shabram PW (2004): Scalability of a disposable bioreactor from 12L – 500L run in perfusion mode with a CHO-based cell line: A tech review. BioProcessing J 3(4), 1–6

Purtle DR, Festen RM, Etchberger KJ, Caffrey MB, Doak JA (2003): Validated gamma radiated serum products. JRH Biosciences Research Report No. R013, 1–4 (jrhbio.com)

Radominski R, Hassett R, Dadey B, Fike R, Cady D, Jayme D (2001): Production-scale qualification of a novel cell culture medium format. BioPharm July 2001, 34–39

Rinderknecht E, Humbel RE (1978): The amino acid sequence of human insulin-like growth factor I and its structural homology with proinsulin. J Biol Chem. 253, 2769–2776

Roitt IM, Brostoff J, Male D (2001): Immunology. 6th Edition, Mosby, Edinburgh

Ruddle FH, Kucherplati RS (1974): Hybrid cells and human genes. Sci Amer 231, 36–49

Runstadler PW, Tung AS, Hayman EG, Ray NG, Sample JG, DeLucia DE (1990): Continuous culture with macroporous matrix, fluidized bed systems. Bioprocess Technol 10: 363–391

Sarmientos P, Duchesne M, Denefle P, Boiziau J, Fromage N, Delporte N, Parker F, Lelievre Y, Mayaux JF, Cartwright T (1989): Synthesis and purification of active human tissue plasminogen activator from Escherichia coli. Bio/Technology 7, 495–501

Schlaeger E-J (1996): Medium design for insect cell culture. Cytotechnology 20, 57–70.

Schwartz RS (2003): Diversity of the immune repertoire and immunoregulation. New Eng J Med 348: 1017–1026

Sedlacek HH, Seemann G, Hoffmann D (1992): Antibodies as carriers of cytotoxicity. Monographie „Beiträge zur Onkologie" Vol. 43, Karger, Basel

Siclaff TD, Hu MY, Amiot B, Rollins MD, Rao S, McGuire B, Bloomer JR, Hu WS, Cerra FB (1995): Gel-entrapment bioartificial liver therapy in galactosamine hepatitis. J Surg Res 59: 179–184

Sidoli FR, Mantalaris A, Asprey SP (2004): Modelling of mammalian cells and cell culture processes. Cytotechnology 44, 27–46

Smith LC, Pownall HJ, Gotto Jr. AM (1978): The plasma lipoproteins: structure and metabolism. Ann Rev Biochem 47, 751–777

Storhas W (1994): Bioreaktoren und periphere Einrichtungen. 1. Auflage. Vieweg Verlag GmbH, Braunschweig.

Twyman RM, Stoger E, Schillberg S, Christou P, Fischer R (2003): Molecular farming in plants: host systems and expression technology. Trends Biotechnol 21, 570–578

Ulber R, Frerichs JG, Beutel S (2003): Optical sensor systems for bioprocess monitoring. Anal Bioanal Chem 376: 342–348

Urlaub G, Chasin LA (1980): Isolation of chinese hamster cell mutants deficient in dihydrofolate reductase activity. Proc Natl Acad Sci USA 77, 4216–4220

Verhar GA, Keyt B, Eaton D, Rodriguez H, O'Brien DP, Rotblat F, Oppermann H, Keck R, Wood WI, Harkins RN, Tuddenham EGD, Lawn RM, Capon DJ (1984): Structure of human factor VIII. Nature 312, 337–342

Vorlop J, Lehmann J (1989): Oxygen transfer and carrier mixing in large scale membrane stirred culture reactors. In: Spier RE, Griffith JB, Stephenne J, Crooy PJ: Advances in Animal Cell Biology and Technology for Bioprocesses. Butterworths, Svenoaks, UK, 366–369

Werner RG, Merk W, Walz F (1988): Fermentation with Immobilized Cell Cultures. Arzneimittelforschung 38 (2): 320–325

Werner RG, Hoffmann H (1989): Biotechnische Produktion einer neuen Generation von Arzneimitteln: Therapie mit körpereigenen Wirkstoffen. Praxis der Naturwissenschaften / Chemie 38, 3–12

Yamane I. (1978): Role of bovine serum albumin in a serum-free culture medium and its application. Natl Cancer Inst Monogr. 48, 131–133

Young MW, Okita WB, Brown EM, Curling JM (1997): Production of biopharmaceutical proteins in the milk of transgenic dairy animals. BioPharm June 1997, 34–38

Zhang WJ, Collins A, Knyazev I, Gentz R (1998): High-Density perfusion culture of insect cells with a BioSep ultrasonic filter. Biotechnol and Bioeng 59: 351–359

Zhang XC (2002): Terahertz wave imaging: Horizons and hurdles. Phys Med Biol 47(21): 3667–3677

12 Enzymatische Prozesse[*]

Nachdem in Kapitel 3 bereits die Grundlagen der Enzymkinetik erläutert wurden, beschäftigt sich dieses Kapitel mit der technischen Nutzung von Enzymen.

Die Geschichte **enzymatischer Prozesse** beginnt schon vor mehreren tausend Jahren. Seit ca. 7000 Jahren wird z. B. das Enzym Chymosin zur Käseherstellung genutzt. Die wissenschaftliche Behandlung dieses Themas geht allerdings nur etwa zwei Jahrhunderte zurück. 1858 führte Pasteur die erste mikrobielle Racematspaltung von Weinsäuren mit Hilfe des Schimmelpilzes *Penicillium glaucum* durch (Pasteur 1858). In den folgenden 70 Jahren wurde vereinzelt über neue enzymatische Prozesse berichtet, so gelang es 1880 in den USA, das wohl erste chirale Produkt, Milchsäure, durch Fermentation zu produzieren (Sheldon 1993). Ab 1926, als Sumner das erste Enzym kristallisierte und den endgültigen Beweis führte, dass Enzyme rein chemische Substanzen sind, wurde das Potenzial der Enzyme für die technische Verwendung erkennbar (Summer 1926). So setzte der Chemiker Otto Röhm kurze Zeit später Enzyme aus der Bauchspeicheldrüse als Beize für die Gerberei in der Lederindustrie ein und löste damit das unhygienische Verfahren mit Hundekot oder Taubenmist ab (Buchholz & Kasche 1997).

Aber erst durch die Entwicklungen der „Rekombinanten DNA-Technologie" in den Fünfziger Jahren des letzten Jahrhunderts war es möglich, die quantitative Verfügbarkeit von Enzymen wesentlich auszudehnen. Neben der Möglichkeit nun unterschiedliche Enzyme kostengünstig in Bakterien und Pflanzen in großen Mengen herzustellen, wurden Methoden entwickelt, die die Erforschung der Reaktionsmechanismen und die direkte Manipulation der Enzymeigenschaften erlauben.

Das Potenzial der Enzyme in industriellen Prozessen besteht darin, dass Enzyme eine einzige definierte Reaktion bzw. eine Klasse von Reaktionen katalysieren. Im Vergleich zu anorganischen Katalysatoren laufen enzymatisch katalysierte Reaktionen unter milden Reaktionsbedingungen in Bezug auf pH, Temperatur und Druck ab (vgl. Kap. 3). Enzyme katalysieren genau eine definierte Einzelreaktion, bei der meistens keine Verunreinigungen der Produkte durch Nebenreaktionen auftreten. Die Reaktionsmedien, bestehend aus einigen wenigen Komponenten, haben meist eine genau definierte Zusammensetzung, so dass die Aufreinigung verhältnismäßig geringe Kosten verursacht. Durch Kopplung mehrerer enzymatischer Reaktionen lassen sich Reaktionssequenzen aufbauen, um so auch komplexe Verbindungen synthetisieren zu können, doch steigen in der Praxis mit der Anzahl der Stufen einer solchen Reaktionssequenz die Probleme bei der technischen Realisierung überproportional.

Ein besonderer Vorteil von Enzymen ist ihre Stereo- und Regiospezifität, da sie meistens nur ein Enantiomer chiraler Substrate transformieren bzw. nur ein Enantiomer chiraler Produkte erzeugen, was gerade in der Produktion von Feinchemikalien und Vorprodukten für die Pharmazeutische Industrie von großer Bedeutung ist. Daher gewinnen Enzyme auf Grund ihrer hohen Selektivität, Spezifität und katalytischen Effizienz zunehmende Bedeutung.

Enzyme werden in industriellen Prozessen in unterschiedlicher Form eingesetzt. In modernen Prozessen werden meistens isolierte Enzyme verwendet, die in bakteriellen, pflanzlichen oder tierischen Zellen produziert und aus diesen in oftmals aufwändigen Prozessen isoliert werden. Diese Zellen können allerdings auch direkt im enzymatischen Prozess genutzt werden. Optisch aktive Cyanohydrine lassen sich z. B. mit Hilfe von

[*] Autoren: Sebastian Briechle, Michael Howaldt, Thomas Röthig, Andreas Liese

gemahlenen Bittermandeln durch das mandeleigene Enzym Hydroxynitrilase synthetisieren.

Ein Überblick über die Enzyme, die in industriellen Prozessen eingesetzt werden, gibt Abb. 12.1. Die Hauptanwendungsgebiete für industrielle Enzyme sind die Lebensmittelindustrie und die Verwendung als Detergentien. Als potenzielle Wachstumsgebiete erscheinen besonders die Pharmaindustrie sowie der Bereich des Umweltschutzes und in diesen Bereichen vor allem der Einsatz von speziellen Biokatalysatoren, da diese ein breites Anwendungsspektrum aufweisen.

In diesem Kapitel werden die Grundlagen zu Auslegung, Berechnung und Betrieb von enzymatischen Prozessen diskutiert. Im Vordergrund steht die technische Nutzung von Enzymen. Um enzymatische Transformationsprozesse beurteilen zu können, werden neben der mathematischen Beschreibung idealer Reaktortypen die Vor- und Nachteile freier und chemisch/physikalisch modifizierter (immobilisierter) Enzyme diskutiert. Unterschiedliche Prozessführungen werden beschrieben, sowie auf unterschiedliche Reaktionsmedien, wässrige oder nichtkonventionelle, wie organische Lösungsmittel, überkritische Fluide und ionische Flüssigkeiten, eingegangen. Für eine ausführlichere Darstellung wird auf die Fachliteratur über Enzymtechnik, Biotransformation und Reaktionstechnik verwiesen. Zur Vereinfachung der Darstellung wird nur auf Enzyme mit einer hyperbolischen Kinetik eingegangen – also Enzyme, die sich durch eine Geschwindigkeitsgleichung vom Typ der Michaelis-Menten-Gleichung beschreiben lassen –, während allosterische Enzyme (vgl. Kapitel 3) nicht berücksichtigt werden.

12.1 Mathematische Beschreibung idealer Reaktortypen

In diesem Abschnitt werden die Grundlagen zur Berechnung von idealen Reaktortypen diskutiert. Betrachtet wird hier nur die Änderung der Masse bzw. Stoffmenge der an einer Reaktion teilnehmenden Substanzen. Die Berechnung der Änderungen der Energie wird nicht diskutiert. In Kapitel 4 und in Kapitel 11 sind Prozesse zur Fermentation von Zellen beschrieben. Die mathematischen Grundlagen sind identisch zu den Grundlagen zur Berechnung enzymatischer und chemischer Prozesse. Zum besseren Verständnis sind die Herleitungen der Berechnungsgleichungen hier allgemein gehalten und die Gleichungen sind sowohl für enzymatisch als auch für chemisch katalysierte Reaktionen gültig. Man kann drei ideale Reaktortypen unterscheiden:

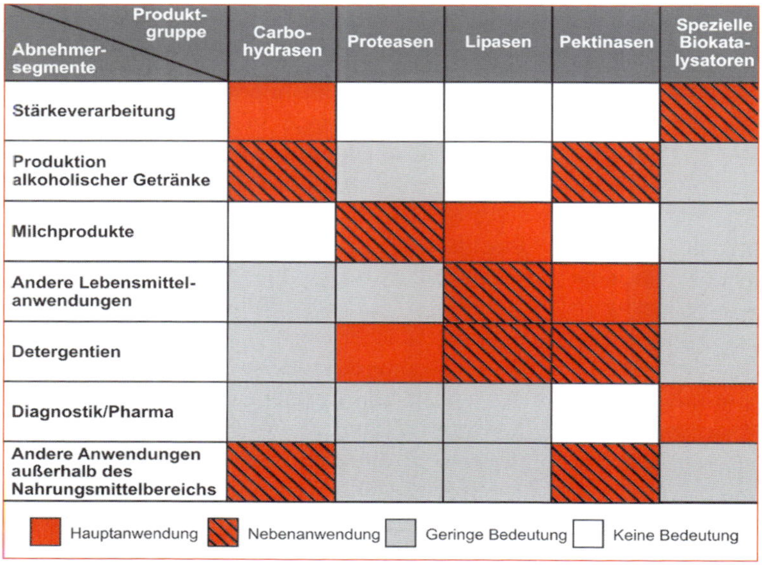

Abb. 12.1 Industrielle Enzyme in der Chemie- und Nahrungsmittelindustrie (Frost & Sullivan 2003)

12.1 Mathematische Beschreibung idealer Reaktortypen

- Rührkessel mit völliger Durchmischung (Idealer Rührkessel), diskontinuierlich betrieben (Satz- bzw. Batchreaktor)
- Rührkessel mit völliger Durchmischung (Idealer Rührkessel), kontinuierlich betrieben (*continuously operated stirred tank reactor*, CSTR)
- Strömungsrohr mit Propfenströmung (Idealer Rohrreaktor), kontinuierlich betrieben (*plug flow reactor*, PFR)

Der Batchreaktor zeichnet sich dadurch aus, dass während des Betriebes des Reaktors keine Massenströme in den Reaktor ein- oder austreten; es ist also ein abgeschlossenes System bzw. ein diskontinuierlicher Prozess. Im Gegensatz dazu sind die kontinuierlich betriebenen Reaktoren – CSTR und PFR – offene Systeme (Kapitel 4), da hier während des Betriebes Massenströme ein- und austreten.

Das wesentliche Merkmal der idealen Rührkessel ist die homogene Durchmischung des Kesselinhaltes zu jedem Zeitpunkt, was bedeutet, dass keine Temperatur-, Druck-, oder Konzentrationsunterschiede im Reaktionsvolumen vorliegen (s. Kap. 7).

Das Hauptmerkmal des idealen Rohrreaktors ist das pfropfenförmige Geschwindigkeitsprofil im Strömungsrohr (*plug* = Pfropfen). Alle Fluidelemente passieren das Reaktionsvolumen mit der gleichen Geschwindigkeit. Eine Mischung in Bewegungsrichtung, d. h. entlang der Rohrachse, ist daher auszuschließen.

Die Grundlage zur Berechnung sind die Massenbilanzgleichungen, wie sie schon im Kapitel 4 eingeführt worden sind. Zur Berechnung werden die Gesamtmassenbilanz des Systems, die Bilanzen der unterschiedlichen Stoffe (Substrate und/oder Produkte) und die (enzym-)kinetischen Gleichungen (Kapitel 3) herangezogen. Zum Aufstellen der Bilanzgleichungen zieht man eine gedachte Bilanzgrenze um ein definiertes Volumen; dies kann das gesamte Volumen des Reaktors, aber auch ein beliebig kleines Volumen sein, und betrachtet die über die Bilanzgrenze ein- und austretenden Massenströme sowie die im Bilanzvolumen stattfindenden Reaktionen der bilanzierten Größe. Die Summe der Ströme und der Reaktionen beschreibt dann die zeitliche Änderung der bilanzierten Größe. Formel 12.1 stellt eine Bilanzgleichung in Worten dar.

$$\begin{pmatrix} \text{Zeitliche Änderung} \\ \text{der Bilanzgröße} \end{pmatrix} = \sum \begin{pmatrix} \text{Eintretende Ströme} \\ \text{der Bilanzgröße} \end{pmatrix} - \sum \begin{pmatrix} \text{Austretende Ströme} \\ \text{der Bilanzgröße} \end{pmatrix} + \sum \begin{pmatrix} \text{Reaktionen} \\ \text{der Bilanzgröße} \end{pmatrix}$$

(12.1)

Mathematisch folgt daraus die Gesamtmassenbilanz (12.2); bei der Betrachtung der gesamten Masse wird der Reaktionsterm gleich null, da keine Masse produziert bzw. vernichtet werden kann:

$$\frac{dm_R}{dt} = \sum_i \dot{m}_{i,ein} - \sum_i \dot{m}_{i,aus} \qquad (12.2)$$

mit

m_R: Gesamtmasse des bilanzierten Volumens [kg]
$\dot{m}_{i,ein\,bzw.\,aus}$: Summe aller ein- bzw. austretenden Massenströme [kg s^{-1}]
i: Indizes für die ein- und austretenden Massenströme

und die Bilanz für eine Komponente j:

$$\frac{dm_j}{dt} = \sum_i \dot{m}_{j,i,ein} - \sum_i \dot{m}_{j,i,aus} + r_j V_R \qquad (12.2a)$$

mit

m_j: Masse des bilanzierten Stoffes [kg]
$\dot{m}_{i,ein\,bzw.\,aus}$: ein- bzw. austretender Massenströme des bilanzierten Stoffes [kg s^{-1}]
V_R: Bilanzvolumen [m^3]
r_j: Massenbezogene Reaktionsgeschwindigkeit des bilanzierten Stoffes [kg s^{-1} m^{-3}]
j,i: Indizes für den bilanzierten Stoff, bzw. für die ein- und austretenden Massenströme

Mit $m_j = M_j \cdot n_j$ und $r_j = M_j \cdot R_j$ lässt sich die Massenbilanz für eine Komponente j in die Stoffbilanzgleichung überführen:

$$\frac{dn_j}{dt} = \sum_i \dot{n}_{j,i,ein} - \sum_i \dot{n}_{j,i,aus} + R_j \cdot V_R \qquad (12.2.b)$$

mit

n_j: Stoffmenge des bilanzierten Stoffes [mol]
$\dot{n}_{j,i\,ein\,bzw.\,aus}$: ein- bzw. austretende Molströme [mol s^{-1}]
M_j: Molare Masse des bilanzierten Stoffes [kg mol^{-1}]
R_j: Molbezogene Reaktionsgeschwindigkeit [mol s^{-1} m^{-3}]

Als weitere Vereinfachung zur Berechnung wird angenommen, dass die Dichte des Systems konstant ist, wie es bei Reaktionen in flüssiger Phase in der Regel der Fall ist.

12.1.1 Der Batchreaktor

Der **Batchreaktor** ist in Abbildung 12.2 dargestellt. Er besitzt weder Zu- noch Abfluss. Zu Beginn der Reaktion wird der Reaktor mit allen nötigen Reaktanden befüllt und die Reaktion wird durch Zugabe des Katalysators (Enzyms) oder eines Substrates gestartet. Sobald der gewünschte Umsatz erreicht worden ist, wird die Reaktion abgebrochen. Der Abbruch kann z. B. durch Inaktivieren des Katalysators (Enzym) herbeigeführt werden, indem der pH-Wert oder die Temperatur verändert werden. Alternativ kann der Katalysator (Enzym) von dem Produkt-Substrat-Gemisch durch Filtration abgetrennt werden.

Die Veränderungen der Reaktionsbedingungen mit der Zeit und dem Ort sind in Abbildung 12.2 dargestellt: Die Reaktion beginnt mit hohen Substrat- und niedrigen Produktkonzentrationen, während gegen Ende der Reaktion der umgekehrte Fall vorliegt. Im Batchreaktor stellt sich also kein stationärer Zustand ein.

Die Funktionen, die die Kurvenverläufe beschreiben, sind im Folgenden hergeleitet: Da es sich um ein geschlossenes System handelt, ohne Zu- oder Abflüsse, ist die Masse des Systems konstant und die Massenbilanzen vereinfachen sich zu

$$\frac{dm_R}{dt} = 0: \quad \text{Gesamtmasse} \quad (12.3)$$

$$\frac{dn_j}{dt} = R_j \cdot V_R : \text{Bilanzierte Komponente} \quad (12.4a)$$

Auf Grund der konstanten Dichte ist auch das Reaktionsvolumen V_R konstant. Durch Teilen der Gleichung 12.4a durch V_R lässt sich die Bilanzgröße als Konzentration angeben:

$$\frac{dc_j}{dt} = R_j \quad (12.4b)$$

R_j ist die spezifische Reaktionsgeschwindigkeit bezüglich der Komponente j. Die Reaktionsgeschwindigkeiten bezüglich der einzelnen Komponenten sind über die stöchiometrischen Faktoren miteinander verknüpft (Kapitel 3.2):

$$\frac{d\xi}{dt} = R = v_j^{-1} \frac{dn_j}{dt} = \frac{R_j}{v_j} \quad (12.5)$$

In Kapitel 3 wurde die Berechnung der Reaktionsgeschwindigkeit basierend auf der Enzymkinetik beschrieben. Die Reaktionsgeschwindigkeit einer enzymatischen Reaktion wird in der Regel mit v bezeichnet. Für eine einfache, irreversible, enzymkatalysierte Reaktion S → P beschreibbar mit der Michaelis-Menten-Kinetik ohne Inhibierung folgt:

$$\frac{d\xi}{dt} = R = \frac{dc_P}{dt} = R_P = -\frac{dc_S}{dt} = -R_S = v = \frac{v_{max} \cdot c_s}{K_m + c_s}$$
$$(12.6)$$

K_m and v_{max} sind die Michaelis-Konstante bzw. die maximale Reaktionsgeschwindigkeit. Zu be-

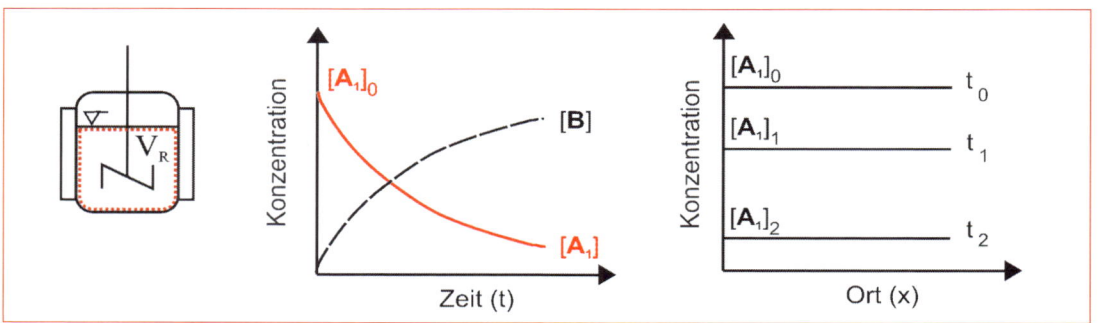

Abb. 12.2 Symbolische Darstellung eines Batchreaktors und schematische Darstellung der Konzentrationsprofile als Funktion der Zeit und des Ortes. Die Bilanzgrenze zur Aufstellung der Bilanzgleichungen ist rot eingezeichnet.

achten ist der Vorzeichenwechsel, der durch die stöchiometrischen Faktoren, je nachdem ob man die Bilanzgleichung für das Produkt (+) oder Substrat (-) aufstellt, eingeführt wird.

Durch Integration der Gleichung 12.6 kann der zeitliche Verlauf der Substrat- bzw. Produktkonzentration bzw. der zeitliche Verlauf hiervon abgeleiteter Größen wie Umsatz, Selektivität oder Ausbeute berechnet werden.

$$\int_{t_0}^{t_1} dt = t_1 - t_0 = -\int_{c_{S,t_0}}^{c_{S,t_1}} \frac{dc_S}{v} = -\int_{c_{S,t_0}}^{c_{S,t_1}} \frac{K_m + c_S}{v_{max} \cdot c_S} \cdot dc_S \quad (12.7)$$

$$v_{max} \cdot t = K_m \cdot \ln\left(\frac{c_{S,t_0}}{c_{S,t_1}}\right) + \left(c_{S,t_0} - c_{S,t_1}\right) =$$
$$-K_m \cdot \ln(1-\chi) + c_{S,t_0} \cdot \chi \quad (12.8)$$

wobei der Umsatz χ als

$$\chi = \frac{c_{S,t_0} - c_{S,t_1}}{c_{S,t_0}} \quad (12.9)$$

definiert ist.

12.1.2 Kontinuierliche Reaktoren

In einem **idealen kontinuierlich betriebenen Rührkesselreaktor** (Abb. 12.3) sind analog zum ideal durchmischten Batchreaktor keinerlei Gradienten innerhalb des Reaktors vorhanden. In einem solchen **CSTR** stellt sich ein Fließgleichgewicht (Kap. 3.2) ein. Das Fehlen von Gradienten und die Existenz eines Fließgleichgewichtes bedeuten, dass ein CSTR unter Auslaufbedingungen arbeitet. Mit Auslaufbedingungen sind die Bedingungen gemeint, die im Austritt bzw. Ausfluss des Reaktors vorliegen. Die Konzentrationen aller Komponenten fallen mit dem Eintritt in den Reaktor augenblicklich von den Werten im Zustrom auf die Werte im Austritt ab (Abb. 12.3).

Durch die Annahme eines Fließgleichgewichts vereinfacht sich die Gesamtmassenbilanz zu:

$$0 = \sum_i \dot{m}_{i,ein} - \sum_i \dot{m}_{i,aus} \quad (12.10a)$$

und die Bilanzgleichung der einzelnen Komponente

$$0 = \sum_i \dot{n}_{j,i,ein} - \sum_i \dot{n}_{j,i,aus} + R_{j,c_{j,aus}} \cdot V_R \quad (12.10b)$$

mit

$R_{j,c_{j,aus}}$: Reaktionsgeschwindigkeit der Komponente j bei der am Reaktoraustritt vorliegenden Konzentration $c_{j,aus}$

Unter der Annahme der konstanten Dichte folgt aus Gleichung 12.10a, dass die Summe der Volumenströme am Eingang gleich der des Ausganges ist.

$$\dot{Q}_F = \sum_i \dot{Q}_{ein,j} = \sum_i \dot{Q}_{aus,j} \quad (12.11)$$

mit

$\dot{Q}$: Volumenstrom [m³ s⁻¹]

$\dot{Q}_F$: Summe der Volumenströme des Feedes [m³ s⁻¹]

Durch die Einführung der Volumenströme lassen sich die Molströme in Gleichung 12.10b auch als Konzentrationen ausdrücken:

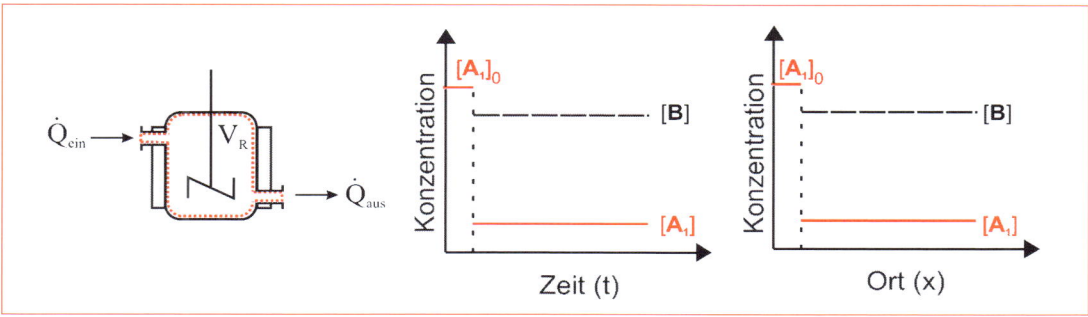

Abb. 12.3 Symbolische Darstellung eines CSTR und schematische Darstellung der sprunghaften Konzentrationsänderung am Eintritt in den Reaktor (Überschreitung der gestrichelten senkrechten Linie). Die Bilanzgrenze zur Aufstellung der Bilanzgleichungen ist rot eingezeichnet.

$$0 = \sum_i \dot{Q}_{ein,j} \cdot c_{j,i,ein} - \sum_i \dot{Q}_{aus,j} \cdot c_{j,i,aus} + R_{j,c_{j,aus}} \cdot V_R \quad (12.12)$$

In einem Reaktor mit nur einem Zulauf und einem Ablauf sowie der Einführung der mittleren Verweilzeit (Gleichung 12.14) vereinfacht sich Gleichung 12.12 zu:

$$\tau = \frac{(c_{j,aus} - c_{j,ein})}{R_{j,c_{j,aus}}} \quad (12.13)$$

wobei die mittlere Verweilzeit τ definiert ist als:

$$\tau = \frac{V_R}{\dot{Q}_F} : \text{mittlere Verweilzeit [s]} \quad (12.14)$$

Die mittlere Verweilzeit beschreibt die Zeit wie lange ein kleines Flüssigkeitsvolumen im Mittel im Reaktor verweilt.

Die spezifische Reaktionsgeschwindigkeit $R_{j,c_{j,aus}}$ lässt sich analog zum Batchreaktor mit der in Kapitel 3 beschriebenen Enzymkinetik beschreiben. Mit der Definition des Umsatzes χ lässt sich so für eine enzymkatalysierte Reaktion die erforderliche Verweilzeit τ für einen gewünschten Umsatz χ bestimmen (Gleichung 12.15).

$$\tau = c_{S,ein} \cdot \frac{\chi}{v|_{c=c_{S,aus}}} \quad (12.15)$$

In einem **idealen Rohrreaktor** fließt die Reaktionslösung als Pfropfen durch das Rohr. In einem **PFR** bilden sich weder laminare noch turbulente Strömungsprofile aus noch tritt eine Rückvermischung auf; d.h., jedes Flüssigkeitselement verbringt die gleiche Zeit im Reaktor und bewegt sich mit der mittleren Geschwindigkeit v_x durch den Reaktor.

Bildlich kann man sich den PFR so vorstellen, dass unendlich viele kleine, ideale Batchreaktoren mit der Geschwindigkeit

$$v_x = \dot{Q} \cdot \frac{L_R}{V_R}$$

und dem Volumen dV_R durch das Rohr „wandern" (Abb. 12.4). Alle diese kleinen Batchreaktoren verbringen genau gleich viel Zeit im Rohrreaktor. Diese Reaktionszeit entspricht der Verweilzeit τ im Rohrreaktor. Deshalb sind auch die mathematische Beschreibung des Batchreaktors und des PFRs identisch, nur dass die Reaktionszeit t durch die Verweilzeit τ ersetzt werden muss, d.h. die Dimensionen sind vertauscht. Im Vergleich zum Batchreaktor ändert sich also die Konzentration nicht über die Zeit sondern entlang der Länge des Reaktors, während an einem festen Ort x_n die Konzentration über die Zeit konstant ist.

Für einen stationären Betrieb resultiert daher aus der Massenbilanz:

$$\int_0^\tau d\tau^x = \tau = -\int_{c_{S,ein}}^{c_{S,aus}} \frac{dc_S}{v} = c_{S,ein} \cdot \int_0^\chi \frac{d\chi^*}{v} \quad (12.16)$$

Um die für einen gewünschten Umsatz χ erforderliche Verweilzeit τ zu bestimmen, muss beim PFR also die Gleichung 12.16 analog zum Batchreaktor integriert werden, nachdem die Gleichung für die Reaktionsgeschwindigkeit eingesetzt worden ist.

In Tab. 12.1 sind die Auslegungsgleichungen für den PFR und den CSTR für verschiedene Enzymkinetiken dargestellt. Die Ergebnisse für

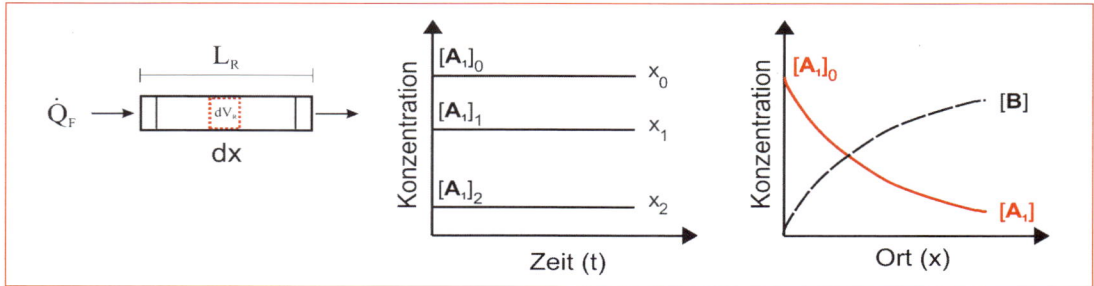

Abb. 12.4 Symbolische Darstellung eines PFR und schematische Darstellung der Konzentrationsprofile als Funktion der Zeit und des Ortes. Das Volumen dV_R kennzeichnet einen kleinen Batchreaktor, der mit der Geschwindigkeit v_x durch den Rohrreaktor „wandert".

12.1 Mathematische Beschreibung idealer Reaktortypen

den PFR gelten ebenfalls für den Batchreaktor, wobei statt der Verweilzeit τ die Reaktionszeit t zu setzen ist.

Mit Hilfe dieses vorgestellten mathematischen Modells lassen sich unterschiedliche Bauarten von Reaktoren beschreiben. Die Idealisierung der Reaktoren ist allerdings eine Modellvorstellung, die in der Realität niemals erreicht werden kann. Häufig sind aber – insbesondere im kleinen Maßstab – die Abweichungen vom idealen Zustand so klein, dass der reale Reaktor als ideal durchmischt bzw. mit Propfenströmung betrachtet werden kann.

Durch Kombinationsschaltungen der idealen Einzelreaktoren lassen sich auch komplexere Bauarten beschreiben. Der **Festbettreaktor** kann bei niedrigen Strömungsgeschwindigkeiten und keiner Stofftransportlimitierung als idealer Rohrreaktor betrachtet werden. Beim Festbettreaktor sind die Träger dicht gepackt und werden vom Reaktionsmedium umspült (Abbildung 12.5a). Bei einem **Wirbelschichtreaktor** hingegen werden die Träger durch den Flüssigkeitsstrom aufgewirbelt (Abbildung 12.5b). Es kommt zu einer Rückvermischung entlang der Längsachse des Reaktors. Die Charakteristik des Wirbelschichtreaktors liegt je nach Grad der Rückvermischung zwischen der des PFR und der des CSTR. Daher lässt sich das Verhalten durch eine Kombinationsschaltung von PFRs und CSTRs beschreiben.

Tab. 12.1 Vergleich der Reaktionsgeschwindigkeit im CSTR und im PFR als Funktion der Verweilzeit. Im Fall des Batchreaktors ist τ durch Reaktionszeit t und $c_{S,ein}$ und $c_{S,aus}$ durch die Substratkonzentration am Anfang bzw. Ende der Reaktion zu ersetzen.

	PFR, bzw. Batchreaktor	CSTR
Einfache Michaelis-Menten-Kinetik (MMK) $$v = \frac{v_{max} \cdot c_S}{K_m + c_S}$$	$$v_{max} \cdot \tau = K_m \cdot \ln\left(\frac{c_{S,ein}}{c_{S,aus}}\right) + (c_{S,ein} - c_{S,aus})$$ $$= -K_m \cdot \ln(1-\chi) + c_{S,ein} \cdot \chi$$	$$v_{max} \cdot \tau = \frac{(c_{S,ein} - c_{S,aus}) \cdot (K_m + c_{S,aus})}{c_{S,aus}}$$ $$= K_m \cdot \frac{\chi}{1-\chi} + c_{S,ein} \cdot \chi$$
MMK mit Substratüberschussinhibierung $$v = \frac{v_{max} \cdot c_S}{K_m + c_S \cdot (1 + \frac{c_S}{K_{iS}})}$$	$$v_{max} \cdot \tau = K_m \cdot \ln\left(\frac{c_{S,ein}}{c_{S,aus}}\right) + (c_{S,ein} - c_{S,aus})$$ $$+ \frac{c_{S,ein}^2 - c_{S,aus}^2}{2 \cdot K_{iS}}$$ $$= -K_m \cdot \ln(1-\chi) + c_{S,ein} \cdot \chi$$ $$+ \frac{c_{S,ein}^2}{2 \cdot K_{iS}} \cdot \chi \cdot (2-\chi)$$	$$v_{max} \cdot \tau = \frac{(c_{S,ein} - c_{S,aus}) \cdot \left(K_m + c_{S,aus} + \frac{c_{S,aus}^2}{K_{iS}}\right)}{c_{S,aus}}$$ $$= K_m \cdot \frac{\chi}{1-\chi} + c_{S,ein} \cdot \chi + \chi \cdot (1-\chi) \cdot \frac{c_{S,ein}^2}{K_{iS}}$$
MMK mit kompetitiver Produktinhibierung $$v = \frac{v_{max} \cdot c_S}{K_m \cdot (1 + \frac{c_P}{K_{iP}}) + c_S}$$	$$v_{max} \cdot \tau = K_m \cdot \left(1 + \frac{c_{S,ein}}{K_{iP}}\right) \cdot \ln\left(\frac{c_{S,ein}}{c_{S,aus}}\right)$$ $$+ \left(1 - \frac{K_m}{K_{iP}}\right) \cdot (c_{S,ein} - c_{S,aus})$$ $$= -K_m \cdot \left(1 - \frac{c_{S,ein}}{K_{iP}}\right) \cdot \ln(1-\chi)$$ $$+ \left(1 - \frac{K_m}{K_{iP}}\right) \cdot c_{S,ein} \cdot \chi$$	$$v_{max} \cdot \tau = \frac{(c_{S,ein} - c_{S,aus}) \cdot \left(c_{S,aus} + K_m \cdot \left(1 + \frac{c_{S,ein} - c_{S,aus}}{K_{iP}}\right)\right)}{c_{S,aus}}$$ $$= K_m \cdot \frac{\chi}{1-\chi} + c_{S,ein} \cdot \chi$$ $$+ c_{S,ein} \cdot \frac{K_m}{K_{iP}} \cdot \frac{\chi^2}{(1-\chi)}$$

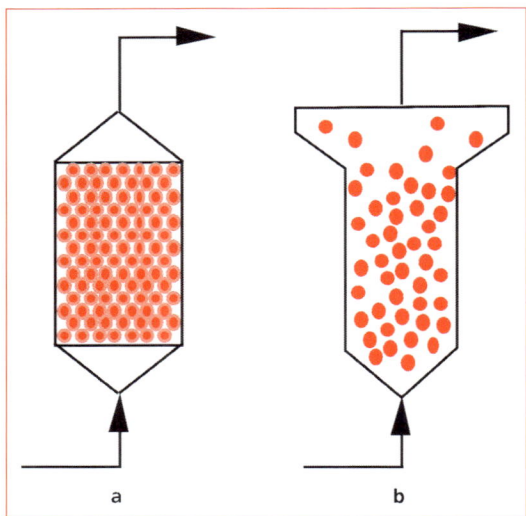

Abb. 12.5 Schematische Darstellung des Festbettreaktors (12.5a) und des Wirbelschichtreaktors (12.5.b). Die Katalysatorpartikel sind rot dagestellt.

12.1.3 Reaktorwahl

Die Enzymkinetik beeinflusst die in den verschiedenen Reaktoren erzielbaren Umsätze in unterschiedlicher Weise. Wie die Herleitung zeigt, können der Batchreaktor und der PFR mit den gleichen Auslegungsgleichungen beschrieben werden, daher verhalten sich diese beiden Reaktoren unter Einbezug der Enzymkinetik gleich. Die Leistung eines Batchreaktors hängt somit vor allem von den Rüstzeiten ab, je größer der Anteil der Rüstzeiten am Gesamtprozess ist, desto geringer ist die Leistung des Batchreaktors. Bei vernachlässigbaren Rüstzeiten sind die Leistungen des Batch- und Plug-Flow-Reaktors gleich.

Aus der Reaktionstechnik kann abgeleitet werden, dass bei gleichem Umsatz substratüberschussinhibierte Reaktionen vorteilhafter im CSTR und produktinhibierte Reaktionen vorteilhafter im Batchreaktor bzw. PFR ablaufen. Dies hängt damit zusammen, dass überall im CSTR Auslaufbedingungen vorliegen, somit in Abhängigkeit von den Reaktionsbedingungen niedrige Substrat- und hohe Produktkonzentrationen vorliegen. Im Batchreaktor hingegen baut sich die Produktkonzentration erst im Verlauf der Reaktion auf.

Entsprechend herrschen beim Eintritt in den PFR hohe Substratkonzentrationen vor, und erst mit der Passage durch den Reaktor wird Substrat in Produkt umgewandelt, so dass in Abhängigkeit von der axialen Koordinate unterschiedliche Substrat- und Produktkonzentrationen vorliegen.

Weiterhin ist aus der Reaktionskinetik bekannt, dass alle Reaktionen mit Reaktionsordnungen größer 0 schneller im PFR als im CSTR ablaufen. Enzyme katalysieren im Bereich hoher Substratkonzentrationen eine Reaktion 0ter Ordnung, während im Bereich niedriger Substratkonzentrationen eine Reaktionskinetik 1ter Ordnung vorliegt (Abb. 3.3). Der Übergangsbereich wird durch die Michaelis-Menten-Gleichung beschrieben.

Ein wesentlicher Parameter bei der Beurteilung der Reaktorwahl ist somit $r_{S_0}K_m$, das Verhältnis der anfänglichen Substratkonzentration $c_{S,t=t_0}$ zum K_m-Wert des Enzyms,

$$r_{S_0}K_m = \frac{c_{S,t_0}}{K_m} \tag{12.17}$$

Wenn die Bedingung $r_{S_0}K_m \gg 1$ (d. h., $S \gg K_m$) über den gesamten Reaktionsbereich erfüllt ist, befindet sich im Fall einer einfachen Michaelis-Menten-Kinetik die Reaktion stets im Bereich 0ter Ordnung, und es werden identische Umsätze im CSTR und im PFR erzielt. Diese Situation liegt vor, wenn z. B. die K_m-Werte klein sind bzw. kein hoher Umsatz angestrebt wird. Falls diese Bedingung nicht erfüllt ist, dann ist bei gleicher Verweilzeit der Umsatz im CSTR kleiner als der im PFR.

In den Abb. 12.6 bis 12.8 wird der Enzymbedarf im PFR und CSTR verglichen. Hierbei ist e_{CSTR} die absolute Enzymmenge bzw. Enzymaktivität, die in einem CSTR erforderlich ist, um den gewünschten Umsatz zu erreichen. Der Enzymbedarf in verschiedenen Reaktoren lässt sich vergleichen, indem das Verhältnis e_{CSTR}/e_{PFR} gegen den gewünschten Umsatz aufgetragen wird. Aus den in Tab. 12.1 dargestellten Gleichungen ist ersichtlich, dass eine Verdopplung der Enzymaktivität v_{max} den gleichen Effekt hat wie eine Verdopplung der Verweilzeit τ. Damit gilt also $e_{CSTR}/e_{PFR} = \tau_{CSTR}/\tau_{PFR}$.

In Abb. 12.6 ist e_{CSTR}/e_{PFR} für eine einfache Michaelis-Menten-Kinetik und unterschiedliche $r_{S_0}K_m$-Werte aufgetragen. Bei einem $r_{S_0}K_m$-Wert von 100 ist die Reaktion über weite Umsatzbereiche 0ter Ordnung. Erst in der Nähe des vollständigen Umsatzes ist die Substratkonzentration so gering geworden, dass die Kinetik zunächst in den Übergangsbereich und dann in den Bereich 1ter Ordnung gelangt. Dementsprechend treten Unterschiede zwischen CSTR und PFR erst bei sehr hohen Umsätzen auf. Je niedriger der $r_{S_0K_m}$-Wert ist, bei desto geringeren Umsätzen weicht das Verhältnis e_{CSTR}/e_{PFR} vom Wert 1 ab. Bei dem kleinen Wert $r_{S_0K_m} = 0{,}1$ befindet sich die Reaktion von Anfang an im Bereich 1ter Ordnung, so dass der CSTR bereits bei geringen Umsätzen mehr Enzym als der PFR benötigt, um den gleichen Umsatz zu erreichen.

In Abb. 12.7 ist e_{CSTR}/e_{PFR} für ein Enzym mit **Substratüberschussinhibierung** wiedergegeben. Hier ist ein konstanter $r_{S_0K_m}$-Wert von 10 gewählt, und der Parameter der Kurven ist $r_{K_{iS}}$, das Verhältnis des K_{iS}- und des K_m-Wertes:

$$r_{K_{iS}} = \frac{K_{iS}}{K_m} \qquad (12.18)$$

Bei starker Substratüberschussinhibierung – d. h. kleinem $r_{K_{iS}}$ – ist der CSTR bis zu hohen Umsätzen dem PFR überlegen. Wenn die Reaktion nur geringfügig substratüberschussinhibiert ist, dann ist bei niedrigen Umsätzen der CSTR, bei hohen Umsätzen der PFR vorteilhafter.

Abb. 12.8 gibt die Verhältnisse für eine Enzymkinetik mit **kompetitiver Produktinhibierung** wieder, wobei wie in Abb. 12.6 $r_{S_0K_m} = 10$ gewählt wurde und $r_{K_{iP}}$ der Parameter ist:

$$r_{K_{iP}} = \frac{K_{iP}}{K_m} \qquad (12.19)$$

Im Fall der Produkthemmung ist der PFR dem CSTR in allen Fällen überlegen: bei großen $r_{K_{iP}}$-Werten – also kleiner Hemmung durch das Produkt – überwiegt der Einfluss der Michaelis-Menten-Kinetik bzw. der Reaktion 1ter Ordnung, während bei kleinen K_{iP}/K_m-Werten der Einfluss der Produktinhibierung den PFR bei allen Umsätzen begünstigt.

Allgemein gilt, dass nur bei Werten $r_{K_{iP}} > 1$ die Reaktion effizient durchgeführt werden kann. Bei Werten $r_{K_{iP}} < 1$ ist die Reaktion zu sehr gehemmt, um hohe Umsätze zu erreichen. (Lee und Whitesides 1985) Da die kinetischen Parameter einer Reaktion nicht verändert werden können, ist es nur möglich, hohe Umsätze zu erreichen, wenn durch ein entsprechendes Prozessdesign die Produktkonzentration niedrig gehalten werden kann. Dieses kann zum Beispiel durch selektiven Austrag des Produktes geschehen (Liese 1996).

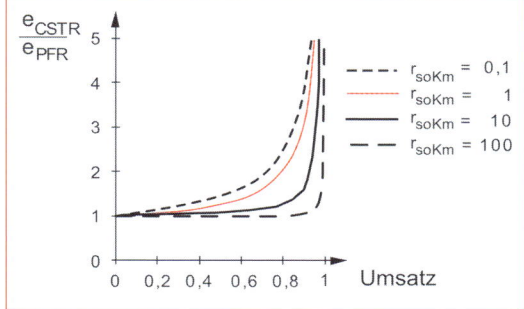

Abb. 12.6 Vergleich des Enzymbedarfs im CSTR und im PFR für ein Enzym mit einfacher Michaelis-Menten-Kinetik

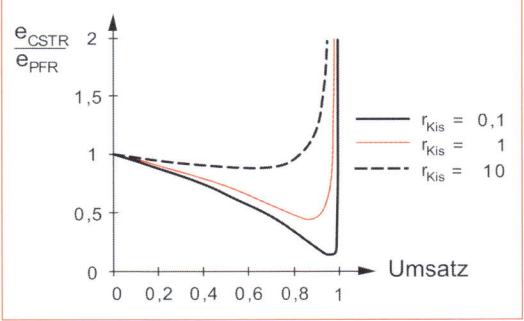

Abb. 12.7 Vergleich des Enzymbedarfs im CSTR und im PFR für ein Enzym mit Substratüberschussinhibierung

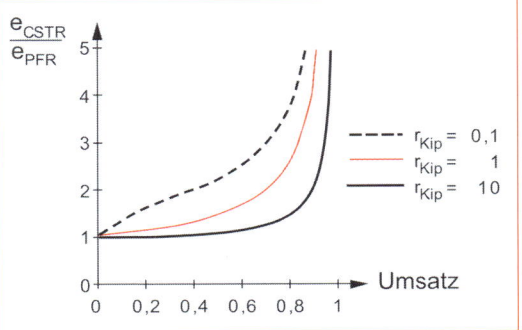

Abb. 12.8 Vergleich des Enzymbedarfs im CSTR und im PFR für ein Enzym mit kompetitiver Produktinhibierung

Bei industriellen Prozessen interessiert im Wesentlichen der Bereich von Umsätzen $\chi \geq 0{,}8$ bis in die Nähe des vollständigen Umsatzes. Aus den Abb. 12.6 bis 12.8 ist ersichtlich, dass gerade in diesem Bereich die größten Änderungen im Verhältnis e_{CSTR}/e_{PFR} auftreten. Die Wahl des geeigneten Reaktors kann damit die Effektivität des Prozesses entscheidend beeinflussen.

Falls das **Reaktionsgleichgewicht** auf Seite des Substrates liegt oder das Produkt hemmend auf die Enzymaktivität wirkt, dann kann ein **selektiver Produktaustrag** die Produktivität des Reaktionssystems vergrößern. Dies ist z. B. möglich, indem eine selektive Membran eingesetzt wird, die nur Produkt, nicht aber Enzym oder Substrat passieren lässt. In solchen Situationen bieten sich kontinuierlich betriebene Reaktoren an.

Die Steigerung des Umsatzes durch kontinuierlichen Produktaustrag soll an einem einfachen Enzymprozess demonstriert werden, der in einem CSTR (Abb. 12.3) abläuft. Die Reaktion ist eine irreversible Ein-Substrat Reaktion mit kompetitiver Produkthemmung S -> P (Gl. (3.50b)):

$$v = \frac{v_{max} \cdot c_s}{K_m \left(1 + \frac{c_P}{K_{iP}}\right) + c_S} \qquad (12.20)$$

und die Selektivitäten der Produktabtrennstufe für Substrat und Produkt werden durch β_S und β_P beschrieben:

$$\beta_S = \frac{c_{S,aus}}{c_{S,R}} \qquad (12.21a)$$

$$\beta_P = \frac{c_{P,aus}}{c_{P,R}} \qquad (12.21b)$$

wobei $c_{S,aus}$, $c_{P,aus}$, $c_{S,R}$ und $c_{P,R}$ die Substrat- bzw. Produktkonzentration am Prozessausgang bzw. im Rührkesselreaktor sind. Für $\beta_S = \beta_P = 1$ verhält sich der Reaktor wie ein klassischer Rührkesselreaktor, in dem Substrat und Produkt in gleichem Maße abgetrennt werden.

Im stationären Zustand lauten die Massenbilanzen für Substrat und Produkt:

$$\dot{Q}_{ein} = \dot{Q}_{aus} = \dot{Q}_F \qquad (12.22a)$$

$$0 = \dot{Q}_F \cdot c_{S,ein} - \dot{Q}_F \cdot c_{S,aus} + v\big|_{c=c_{S,R}} \cdot V_R \qquad (12.22b)$$

$$0 = -\dot{Q}_F \cdot c_{P,aus} + v\big|_{c=c_{S,R}} \cdot V_R \qquad (12.22c)$$

wobei V_R für das Reaktorvolumen und $c_{S,ein}$ für die Substratkonzentration im Zulauf steht. Durch Gleichsetzen von (12.22b) und (12.22c) ergibt sich:

$$c_{P,aus} = c_{S,ein} - c_{S,aus} \qquad (12.23)$$

Durch Einsetzen der Gleichungen (12.21) in (12.23) und durch Einsetzen von (12.20) in (12.22c) kann $c_{P,R}$ eliminiert werden. Nach einigen Umformungen erhält man die Reaktorkonzentration $c_{S,R}$ als Funktion der kinetischen Konstanten, der Selektivitäten und der Verweilzeit im Reaktor:

$$c_{S,R} = \frac{b}{2 \cdot a} \pm \sqrt{\frac{b^2}{4 \cdot a^2} - \frac{c}{a}} \qquad (12.24)$$

mit:

$$a = \frac{K_m \cdot \beta_S^2}{K_{iP} \cdot \beta_P} - \beta_S \qquad (12.25a)$$

Da a sowohl positiv als auch negativ sein kann, muss der Vorzeichenwechsel in 12.24 beachtet werden.

$$b = 2 \cdot \frac{K_m}{K_{iP}} \cdot \frac{\beta_S}{\beta_P} \cdot c_{S,ein} + K_m \cdot \beta_S + v_{max} \cdot \tau - c_{S,ein} \qquad (12.25b)$$

$$c = K_m \cdot c_{S,ein} \cdot \left(1 + \frac{c_{S,ein}}{K_{iP} \cdot \beta_P}\right) \qquad (12.25c)$$

Abb. 12.9 gibt die Steigerung des Umsatzes in einem Rührkesselreaktor bei konstanter Verweilzeit τ, verschieden stark ausgeprägten Produktinhibierungen $r_{K_{iP}}$ und variierender Selektivität des Produktaustrages β_P an. Aus Abb. 12.9 ist ersichtlich, dass die Produktivität des Reaktors durch selektiven Produktaustrag erheblich gesteigert werden kann. Die Erhöhung des Umsatzes fällt umso gewichtiger aus, je stärker das Ausmaß der Produktinhibierung ist.

Neben den Vor- und Nachteilen der unterschiedlichen Reaktoren bei unterschiedlichen Enzymkinetiken ist die Kontrolle z. B. des pH-Wertes auf Grund der besseren Durchmischung bei Rührkesseln einfacher. Gleiches gilt für die Sauerstoffversorgung bei Einsatz von Oxidasen, die Sauerstoff als ein Substrat benötigen. Weitere Aspekte sind die Investitions- und Lohnkosten beim Betrieb. Die niedrigen Investitionskosten und hohe Flexibilität des Batchreaktor werden erkauft durch hohe Lohnkosten, da ein diskontinuierlicher Prozess schlechter automatisiert werden kann im Vergleich zu kontinuierlich betriebenen Prozessen. Der hohe Regelaufwand und der hohe Automatisierungsgrad von kontinuierlichen Prozessen treiben die Investitionskosten nach oben, allerdings kann eine gleichbleibende Produktqualität bei gleichzeitig hohen Raum-Zeit Ausbeuten erreicht werden. Die Vor- und Nachteile der unterschiedlichen Reaktoren sind in Tab. 12.2 zusammengefasst.

12.1.3.1 Reaktorwahl anhand eines Beispiels

Abschließend zur theoretischen Betrachtung der idealen Reaktoren soll die Reaktorwahl anhand der enzym-katalysierten Synthese von chiralen Cyanhydrinen diskutiert werden. (R)-Hydroxynitrillyase ((R)-HNL), (R)-Oxynitrilase) katalysiert die enantioselektive Addition von Blausäure (HCN) an Benzaldehyd und andere Aldehyde (Gregory 1999). Allerdings vermindert eine konkurrierende nicht-enzymatische Parallelreaktion den Enantiomerüberschuss des Produktes (Kragl 1990), Abb. 12.10.

Betrachtet man nun die Reaktionsgeschwindigkeiten der beiden Reaktionen in Abhängigkeit von der Benzaldehydkonzentration, ergibt sich folgendes Bild: Die enzymatische Reaktion verhält sich gemäß der Michaelis-Menten-Kinetik und die maximale Reaktionsgeschwindigkeit

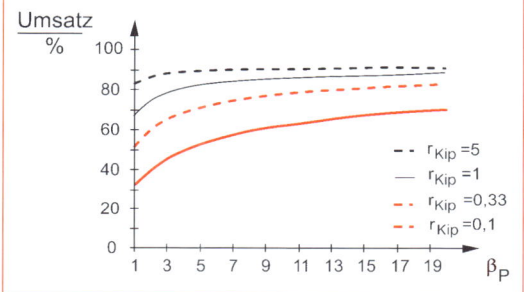

Abb. 12.9 Steigerung des Umsatzes eines Enzymreaktors durch selektiven Produktaustrag. Die Parameter für die Simulation wurden auf folgende Werte gesetzt: $r_{S_0} k_m = 10$; $v_{max} \tau = 15$; $\beta_s = 0{,}5$.

Tab. 12.2 Vergleich der idealen Reaktoren

	Vorteile	Nachteile
Batchreaktor	• Hohe Flexibilität • Hoher Umsatz • Niedrige Investitionskosten wegen meist geringerem Regelaufwand • Einfache pH-Kontrolle und Sauerstoffversorgung (Oxidasen)	• Diskontinuierlich • Schlechteste Raum-Zeit Ausbeute auf Grund von Stand- und Rüstzeiten • Hohe Lohnkosten durch höheren Personalaufwand • Hohe Substratkonzentrationen – Substratüberschussinhibierung
PFR	• Höchste Raum-Zeit Ausbeute • Weitgehende Automatisierung • Geringe Lohnkosten • Kleine Reaktorvolumina • Gleichbleibende Produktqualität	• Geringe Flexibilität • Kontrolle der Reaktionsbedingungen wie pH oder pO$_2$ schwierig bzw. unmöglich • Hohe Investitionskosten • Hoher Regelaufwand • Hohe Substratkonzentrationen – wenig geeignet bei Substratüberschussinhibierung
CSTR	• Einfache pH-Kontrolle und Sauerstoffversorgung (Oxidasen) auf Grund der idealen Durchmischung • Kontrolle der Reaktionsgeschwindigkeit • Weitgehende Automatisierung • Geringe Lohnkosten • Kleine Reaktorvolumina • Gleichbleibende Produktqualität	• Geringe Flexibilität • Hohe Investitionskosten • Hoher Regelaufwand • Hohe Produktkonzentration – wenig geeignet bei Produktinhibierung • Niedrigerer Umsatz für Reaktionen 1ter und höherer Ordnung

ist erreicht bei einer Substratkonzentration von ca. 5 mmol l^{-1} (HCN-Konzentration 1,0 mol l^{-1}). Die Reaktionsrate der chemischen Reaktion steigt linear mit der Substratkonzentration (1te Ordnung). Als Konsequenz ist die enzymatische Reaktion dominierender bei geringen Benzaldehydkonzentrationen, vgl. Abb. 12.11. Für das zweite Substrat HCN gilt die analoge Überlegung.

Aus der Betrachtung der Verläufe der enzymkatalysierten Hauptreaktion und der stöchiometrischen Nebenreaktion kann festgestellt werden, dass die Selektivität bezüglich des gewünschten Enantiomer bei niedrigen Substratkonzentrationen am größten ist. Da in einem CSTR am stationären Betriebspunkt Konzentrationen konstant gehalten werden können und die gewünschte Konzentration über die Verweilzeit, bzw. Katalysatormenge, eingestellt werden kann, wird in diesem Beispiel ein solcher Reaktor favorisiert. Der K_m-Wert bezüglich HCN ist allerdings mit 711 mmol l^{-1} im Vergleich zum K_m-Wert

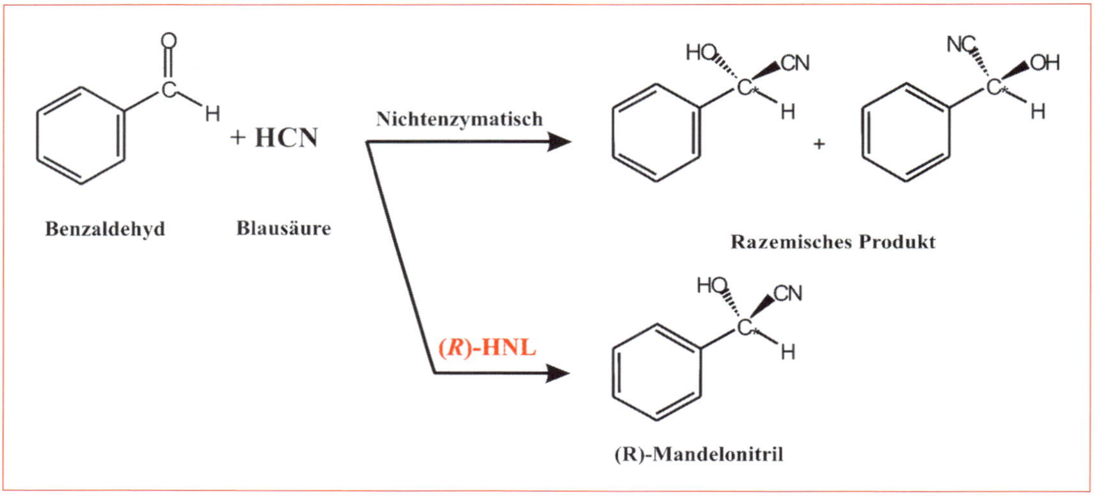

Abb. 12.10 Enzymkatalysierte Addition von Blausäure an Benzaldehyd und Parallelreaktion

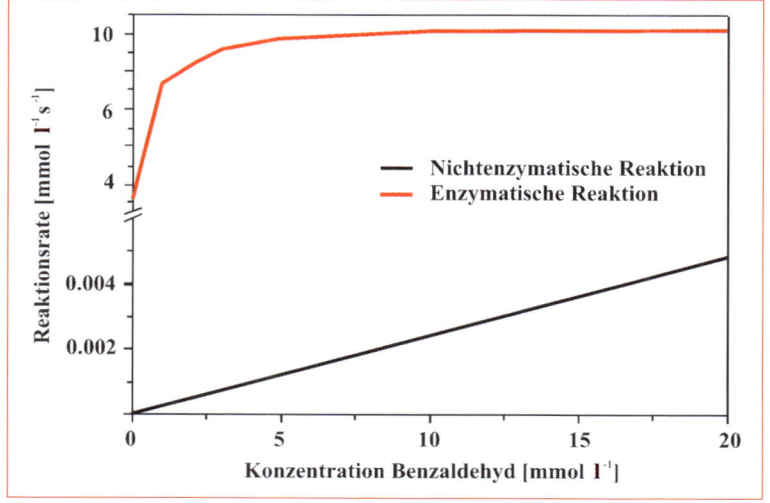

Abb. 12.11 Kinetik der enzymkatalysierten Addition von Blausäure an Benzaldehyd und der Parallelreaktion als Funktion der Benzaldehydkonzentration

für Benzaldehyd mehr als 1500-fach erhöht (K_m Benzaldehyd = 0,46 mmol l^{-1}). Stellt man den stationären Betriebspunkt im CSTR bei einem hohen Umsatz ein, resultiert aufgrund der Auslaufbedingungen eine niedrige Substratkonzentration; d.h. für die enzymkatalysierte Reaktion resultiert eine Reaktionsordnung > 0 und somit eine niedrige Reaktionsgeschwindigkeit. Man betreibt den Reaktor also bei Konditionen, bei denen $r_{S0}K_{m,HCN} << 1$ ist.

Bei kleinen $r_{S0}K_m$-Werten ist der CSTR dem PFR jedoch deutlich unterlegen (Abb. 12.6). Um hohe Umsätze im CSTR zu erreichen, müsste daher die Katalysatormenge oder das Reaktorvolumen erhöht werden, was zu erhöhten Prozesskosten führen würde. Hier könnte also ein PFR von Vorteil sein.

Dieses Beispiel ist ein typisches Optimierungsproblem, welches häufig bei industriellen Prozessen auftritt. Es muss abgewogen werden zwischen der gewünschten Reinheit des Produktstroms nach der Reaktion und den dadurch entstehenden Mehrkosten. Die Wahl des besten Reaktortyps und der optimalen Reaktionsbedingungen ist in diesem Fall nicht nur auf Basis der Reaktionskinetik zu treffen, sondern bedarf eines Simulationsmodells basierend auf den Massenbilanzen, mit dem sich Faktoren wie Produktionsvolumen, Katalysatorkosten, Stabilität des Katalysators und Kosten für die Aufarbeitung des Produktes abschätzen und optimieren lassen. Alle diese Aspekte beeinflussen die Reaktorwahl und müssen für jeden Prozess neu betrachtet werden.

12.2 Technischer Einsatz von freien und immobilisierten Enzymen

Nachdem in den vorgehenden Kapiteln die Reaktoren und deren Vor- und Nachteile theoretisch diskutiert wurden, stellt sich nun die Frage des technischen Einsatzes von Enzymen. Hierbei gilt es zu klären, ob **freie unmodifizierte Enzyme** oder **chemisch/physikalisch modifizierte** Enzyme eingesetzt werden. Die chemische/physikalische Modifikation von Enzymen kann auf unterschiedliche Art erfolgen (Abb. 12.12):
- Einschließen des Enzyms in (Gel-)Kapseln oder Fasern
- Kovalente, ionogene oder adsorptive Bindung des Enzyms an Trägermaterialien
- Quervernetzung der einzelnen Enzyme (Crosslinking), bzw. der einzelnen Enzyme und Trägerpartikel (Co-Crosslinking) zur Bildung eines stabilen Enzymaggregates.

Die Entscheidung, ob nicht-modifizierte oder modifizierte Enzyme verwendet werden sollen,

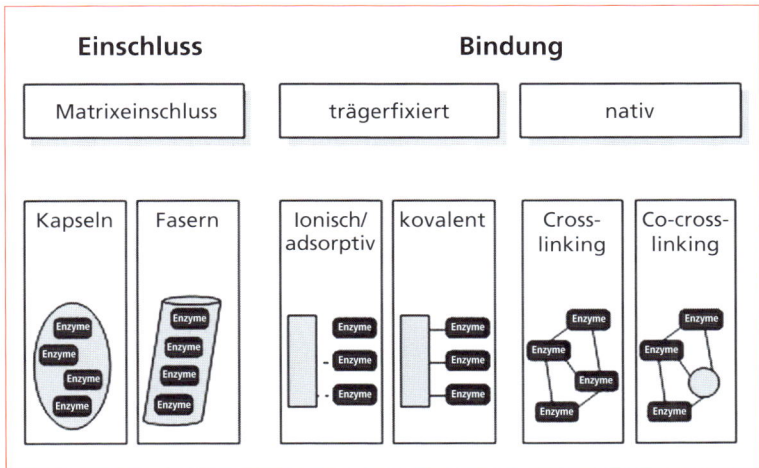

Abb. 12.12 Arten der chemisch/physikalischen Modifikation von Enzymen

Tab. 12.3 Vergleich der Vor- und Nachteile nicht-modifizierter und modifizierter Enzyme

Nicht-modifizierte Enzyme	Modifizierte Enzyme
• Geringe Kosten • Homogene Katalyse • Häufig eingeschränkte Stabilität • Unveränderte Aktivität • Unveränderte kinetische Konstanten • Erschwerte Separation vom Reaktionsmedium und Katalysator • Erschwerte Wiederverwendung • Feste Substrate möglich	• Hohe Kosten • Geringe Aktivitätsausbeute durch die Modifizierung • Heterogene Katalyse bei trägergebundenen Enzymen, d. h. unter Umständen Stofftransportlimitierung • Erhöhte Stabilität • Veränderte kinetischen Konstanten • Einfache Separation vom Reaktionsmedium und Katalysator • Einfache Wiederverwendung • Nur lösliche Substrate

wird von vielen Faktoren beeinflusst und muss für jeden Anwendungsfall gesondert getroffen werden. In Tab. 12.3 sind Vor- und Nachteile dieser beiden Verfahren zusammengefasst.

Während freie Enzyme nur in Lösung eingesetzt werden können und meist mit aufwändigen Ultrafiltrationen vollständig von dem Reaktionsmedium abgetrennt werden müssen, siehe Kapitel 12.5, erweitert sich das Anwendungsspektrum durch die Modifikation von Enzymen. So lassen sich einfacher kontinuierliche Prozesse realisieren, wie z. B. Festbett- oder Wirbelschichtreaktoren, wofür die Fixierung (Immobilisierung) des Enzyms an einen Träger notwendig ist. Da kleine Träger und Kapseln in Lösungen suspendiert werden können, kann auch eine quasi „homogene" Katalyse realisiert werden. Dieses gilt aber nur, wenn die Diffusionslimitierung aufgrund des kleinen Partikeldurchmessers in der Größenordnung des K_m-Wertes liegt. Durch die Vergrößerung des mittleren Partikeldurchmessers gegenüber dem freien Enzyms reduziert sich allerdings der Aufwand bei der Abtrennung von Feststoff und Reaktionsmedium.

Ein wesentlicher Faktor, der die Entscheidung zum Einsatz von modifizierten Enzymen beeinflusst, sind die Kosten für das Enzym. Bei preiswerten Enzymen lohnt sich der Aufwand für die Modifikation nicht; solche Enzyme werden nur einmal eingesetzt und am Ende des Prozesses verworfen. Werden die Produktionskosten jedoch wesentlich von den Enzymkosten bestimmt, so kann durch Modifikation, Rezirkulierung und Rückhalt des Enzyms im Reaktor die Turnover-Zahl für das Enzym (Mol erzeugtes Produkt je Mol verbrauchtes Enzym) erhöht und damit der relative Anteil der Enzymkosten an den Gesamtkosten gesenkt werden. Falls durch Modifikation die Stabilität des Enzyms wesentlich erhöht werden kann, resultieren längere Standzeiten des kontinuierlichen Prozesses.

12.3 Prozessvarianten

Der einfachste Prozess ist der Einsatz von freien Enzymen. Die unmodifizierten Enzyme werden am Anfang des Prozesses zugesetzt und nach Ablauf der Reaktion verworfen. Solch ein Prozess kann ein Batchprozess sein, es kommen aber auch CSTR oder PFR zum Einsatz. In allen Fällen handelt es sich um eine homogene Katalyse, bei der das Enzym in der Regel am Ende des Prozesses inaktiviert wird. Je nach Anwendungsfall verbleibt das (inaktivierte) Enzym in der Produktlösung oder wird im Zuge der Produktaufarbeitung entfernt. Solch eine Prozessführung ohne Rückhaltung, Wiederverwendung bzw. Rezirkulierung des Katalysators ist nicht nur auf unmodifizierte Enzyme beschränkt; suspendierbare immobilisierte Enzyme sowie quervernetzte Enzyme könnten ebenfalls eingesetzt werden, allerdings sind die Kosten der chemisch/physikalischen Modifikation meist zu hoch und die Vorteile zu gering, als dass sich solch ein Aufwand lohnt. Werden daher teure oder modifizierte Enzyme eingesetzt, müssen diese vielfach rezykliert werden, um den resultierenden Prozess ökonomisch zu gestalten. Zwei grundlegende Prozessvarianten sind hier denkbar:

- Immobilisieren des Enzyms in Kapseln, Fasern oder auf makroskopische Träger, die dann in Festbett-, bzw. Wirbelschichtreaktoren eingesetzt werden können (Abb 12.5). Es handelt sich um eine heterogene Katalyse. Das Enzym verbleibt ortsfest im Reaktor und wird vom Reaktionsmedium umspült, ohne dass es vom Produktstrom aus dem Reaktor getragen wird. Oft wird dem Enzym durch die Bindung an feste Träger zusätzlich Stabilität verliehen, wobei häufig ein wesentlicher Nachteil die auftretenden Stofftransportlimitierungen sind (Kapitel 12.4).
- Lösliche, freie bzw. suspendierbare, modifizierte Enzyme werden mit kontinuierlich betriebenen Separationsmodulen – vorwiegend Membranfiltern – am Verlassen des Prozesses gehindert. Separationsmodule können im Reaktionsgefäß direkt integriert sein (Abb. 12.13 a, c) oder räumlich getrennt sein (Abb. 12.13 b, d). Durch diese Art der Prozessführung lassen sich die Vorteile der heterogenen Katalyse in einem kontinuierlichen Prozess realisieren. Membranreaktoren sind die bekannteste technische Lösung und werden im Kapitel 12.5. diskutiert.

Der Produktstrom aus einem Reaktor mit immobilisierten Enzymen bzw. mit Rückhaltung des Enzyms ist weitgehend frei von Enzymverunreinigungen, so dass die Immobilisierung als erster Schritt der Produktaufarbeitung (Downstream Processing, s. Kap. 10) betrachtet werden kann. Dies ist insbesondere dann vorteilhaft, wenn reine Produkte gewünscht sind.

Bei den vorher genannten Prozessvarianten handelt es sich in der Regel um einphasige, vorwiegend wässrige Systeme. Lange Zeit wurde angenommen, dass die Biokatalyse auf rein wässrige Medien und daher auch auf wasserlösliche Substrate und Produkte beschränkt sei. Tatsächlich arbeiten viele Enzyme jedoch natürlicherweise in nicht wässrigen Umgebungen, zum Beispiel in Zellmembranen. Bereits 1936 führte Sym Estersynthesen katalysiert durch Lipasen in einem organischen Lösungsmittel, Benzol, durch. Die Entdeckung, dass Biokatalysatoren auch in nicht rein wässriger Umgebung arbeiten, hat der Biotechnologie eine neue Reaktionsführung erschlossen. Viele organische Produkte, die heute in der chemischen, pharmazeutischen oder Lebensmittelindustrie hergestellt bzw. als Grundsubstanzen benötigt werden, sind nicht oder nur gering wasserlöslich, oder sie sind instabil im wässrigen Milieu. Diese Produktklasse und viele neuartige Produkte können mit biotechnologischen Methoden durch die Nutzung von nicht-konventionellen Reaktionsmedien hergestellt werden. Als nicht-konventionelle Reaktionsmedien werden Systeme bezeichnet, die entweder hauptsächlich aus **organischen Verbindungen** (Lösungsmittel, Substrat, Produkt), **überkritischen oder ionischen Flüssigkeiten** bestehen. Auch **gasförmige Reaktionssysteme** werden zu den nicht-konventionellen Reaktionsmedien gezählt. Gemeinsam ist diesen Systemen ein im Vergleich zu konventionellen Reaktionsmedien reduzierter Wasseranteil. Ein weiterer wichtiger Vorteil vieler nicht-konventioneller Reaktionsmedien ist ein gutes Lösungsvermögen für hydrophobe, in Wasser schwerlösliche Verbindungen. Ein Vergleich der Vor- und Nachteile nicht-konventioneller Reaktionssysteme ist in Tabelle 12.4 gegeben. Die unterschiedlichen nicht-konventionellen Reaktionsmedien werden in Kapitel 12.6 diskutiert.

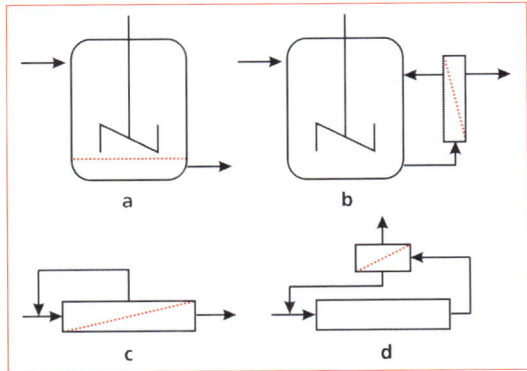

Abb. 12.13 Unterschiedliche Konfigurationen bei konvektiv betriebenen Membranreaktoren. a) Kontinuierlich betriebener Rührkessel mit integrierter Flachmembran; b) kontinuierlich betriebener Rührkessel mit externem Filtrationsmodul; c) Schlaufenreaktor; d) kontinuierlich betriebener Rohrreaktor mit externem Filtrationsmodul. Die Membran ist jeweils rot dargestellt.

Tab. 12.4 Vergleich der Vor- und Nachteile nicht-konventioneller Reaktionsmedien

Vorteile	Nachteile
• Erhöhte Konzentration von gering wasserlöslichen Substraten/Produkten • Erleichterte Produktaufarbeitung durch Phasentrennung (Trennung Produkt/Katalysator, Rückhaltung des Katalysators) • Verschiebung des Reaktionsgleichgewichtes zu höheren Umsätzen durch Produktextraktion • Reversion einer hydrolytischen Reaktion durch Verringerung der Wasseraktivität	• Proteindenaturierung in unnatürlichen Medien und an der Phasengrenzfläche durch Grenzflächeneffekte • Diffusionslimitierung (Stofftransport über die Phasengrenzfläche) • Aufwändige Prozessführung • Hohe Prozessdrücke beim Einsatz von überkritischen Lösungsmitteln • Toxizität und Brennbarkeit von organischen Lösungsmitteln • Weniger erforscht

12.4 Stofftransportlimitierung bei trägerimmobilisierten Enzymen

Wie bereits erwähnt kann es bei trägerimmobilisierten Enzymen zu Stofftransportlimitierungen kommen. Zur Beurteilung immobilisierter Enzyme wird der Wirkungsgrad η verwendet, der in der Gleichung (12.26) definiert ist.

$$\eta = \frac{\text{Spezifische Reaktionsgeschwindigkeit des immobilisierten Enzyms}}{\text{Spezifische Reaktionsgeschwindigkeit des freien Enzyms}} = \frac{v_{imm.}}{v_{frei}} \quad (12.26)$$

Der Wirkungsgrad η ist eine Funktion verschiedener Parameter. Wenn die durch die Immobilisierung hervorgerufenen Änderungen der Enzymeigenschaften vernachlässigt werden, dann wird die Reaktionsgeschwindigkeit im Wesentlichen durch die Konzentration der Substanzen bestimmt, die sich in unmittelbarer Nähe des Enzyms befinden. Diese Konzentrationen werden von externen und internen Stofftransporteffekten beeinflusst, wobei die externen Effekte durch die Umströmung des Trägers (Konvektion) und die internen Effekte durch die in den Poren eines porösen Trägers (Diffusion) auftretenden Transportphänomene bewirkt werden (vgl. auch Abschnitt 6.3.3). In Abbildung 12.14 sind schematisch die Verhältnisse dargestellt, die beim Einsatz immobilisierter Enzyme auftreten.

Die Michaelis-Menten-Gleichung eines immobilisierten Enzyms lautet damit:

$$v_{app} = \frac{\eta \cdot v_{max} \cdot c_{S,Bulk}}{K_m + c_{S,Bulk}} \quad (12.27)$$

bzw. in der Lineweaver-Burk-Form:

$$\frac{1}{v} = \frac{K_m}{\eta \cdot v_{max}} \cdot \frac{1}{c_{S,Bulk}} + \frac{1}{\eta \cdot v_{max}} = \frac{K_{m,app}}{v_{max}} \cdot \frac{1}{c_{S,Bulk}} + \frac{1}{v_{max,app}} \quad (12.28)$$

Die Konzentration $c_{S,Bulk}$ ist hierbei die im Kern der Lösung (eng. = bulk) vorliegende Konzentration. In Abb. 12.15 wird am Beispiel der einfachen Michaelis-Menten-Kinetik unter Verwendung des Lineweaver-Burk-Diagramms gezeigt, wie η die beobachtete Enzymkinetik beeinflussen und zu Fehlschlüssen bezüglich der Enzymkinetik führen kann.

Bei hohen Substratkonzentrationen wird der Einfluss des Stofftransports vernachlässigbar, und die Lineweaver-Burk-Auftragung ergibt die korrekten Werte für K_m und v_{max}. Bei niedrigen Substratkonzentrationen hingegen wird die Kinetik immer stärker vom Stofftransport beeinflusst, und der aus der Lineweaver-Burk-Auftragung ermittelte Wert für $K_{m,app}$ ist ein Scheinwert (engl.: app. = *apparent*, scheinbar), der nicht dem wahren Wert K_m entspricht. Der Wirkungsgrad η nimmt bei $c_{S,Bulk} = 0$ seinen geringsten Wert an.

12.4 Stofftransportlimitierung bei trägerimmobilisierten Enzymen

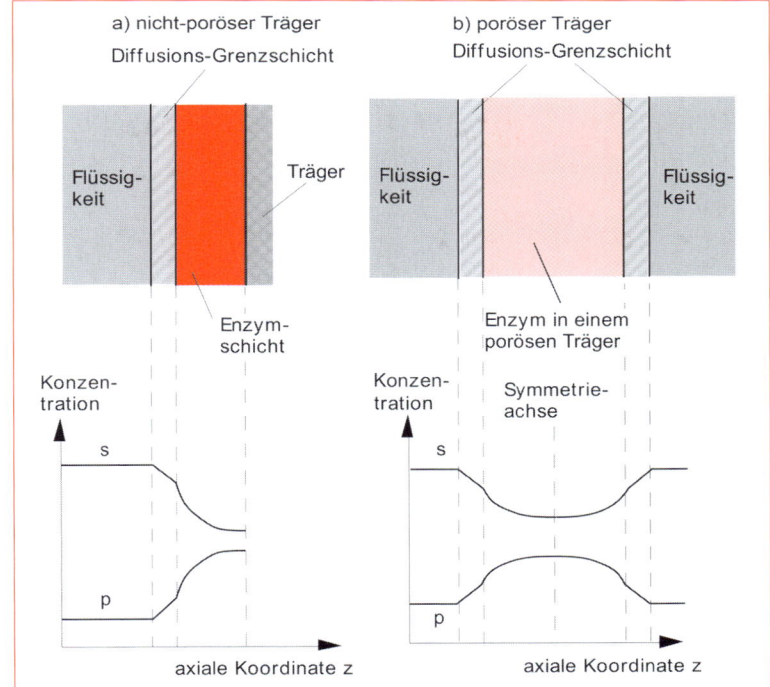

Abb. 12.14 a) Konzentrationsprofil an einem nicht-porösen Träger, der mit Enzym beladen ist und von Substratlösung umströmt wird; b) Konzentrationsprofil an einem porösen Träger, der in den Poren mit Enzym beladen und von Substratlösung umgeben ist.

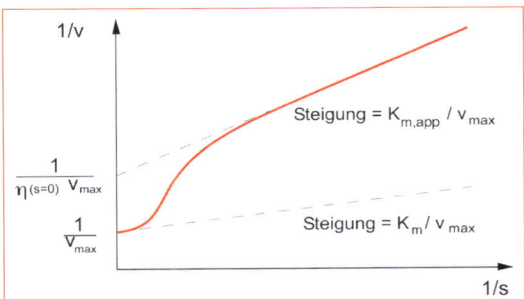

Abb. 12.15 Einfluss des Stofftranzportes auf die Kinetik immobilisierter Enzyme (nach Prenosil 1987)

12.4.1 Externe Stofftransportlimitierung

Zur Erläuterung der externen Stofftransportlimitierung wird ein nicht-poröses Partikel betrachtet, bei dem alles Enzym auf der Oberfläche immobilisiert ist (Abb. 12.14a). In der Lösung liegt Substrat S der Konzentration $c_{S,Bulk}$ vor, das aus dem Kern der Strömung durch Konvektion an die Grenzschicht gebracht wird. In der Grenzschicht stellt der Konzentrationsgradient die einzige treibende Kraft dar, und das Substrat bewegt sich durch Diffusion bis zum Enzym. Im stationären Zustand muss das pro Zeiteinheit zum Enzym transportierte Substrat gleich dem dort pro Zeiteinheit verbrauchten Substrat sein. Für eine einfache Michaelis-Menten-Kinetik ist damit die apparente Reaktionsgeschwindigkeit v_{app} durch Gleichung (12.29) gegeben:

$$v_{app} = k_{ls} \cdot \left(c_{S,Bulk} - c_S\right) = \frac{v_{max} \cdot c_S}{K_m + c_S} \quad (12.29)$$

wobei k_{ls} der Stoffübergangskoeffizient von der flüssigen zur festen Phase und c_S die am Enzym vorliegende Substratkonzentration sind. Man beachte die Analogie zwischen dieser Gleichung und Gleichung (6.40), die für den Sauerstoffübergang von der gasförmigen in die flüssige Phase und den anschließenden Sauerstoffverbrauch durch Mikroorganismen hergeleitet wurde.

In Kapitel 6 ist die Ähnlichkeitstheorie eingeführt worden, die zur Maßstabsübertragung dimensionslose Größen verwendet. Auf dieses Konzept wird hier zurückgegriffen. Die hier verwendeten dimensionslosen Größen sind im Kapitel 6 beschrieben.

Unter Verwendung der dimensionslosen Größen,

$$\chi = \frac{c_S}{c_{S,Bulk}} \qquad (12.30a)$$

$$\kappa = \frac{K_m}{c_{S,Bulk}} \qquad (12.30b)$$

und der Damköhlerzahl Da lässt sich Gleichung (12.29) vereinfachen:

$$\frac{1-\chi}{Da} = \frac{\chi}{\kappa + \chi} \qquad (12.31)$$

Dabei ist die physikalische Bedeutung der Damköhlerzahl von Bedeutung:

$$Da = \frac{v_{max}}{k_{ls} \cdot c_{S,Bulk}} = \frac{\text{maximale Reaktionsgeschwindigkeit}}{\text{maximale Stoffübergangsgeschwindigkeit}} \qquad (12.32)$$

Falls $Da \ll 1$ gilt, dann wird v_{app} durch die Reaktionsgeschwindigkeit bestimmt. Umgekehrt wird für $Da \gg 1$ die apparente Reaktionsgeschwindigkeit durch den Stoffübergangswiderstand bestimmt. Diese beiden Grenzfälle werden als **reaktionslimitierter Bereich** bzw. **diffusionslimitierter Bereich** bezeichnet.

χ erhält man durch Auflösen von Gleichung (12.31):

$$\chi = -\frac{c}{2} \pm \sqrt{\frac{c^2}{4} + \kappa} \qquad (12.33)$$

mit $c = Da + \kappa - 1$ (12.34)

Die externe Stofftransportlimitierung wird durch die Strömungsbedingungen beeinflusst und ist durch die dimensionslose **Sherwood-Zahl Sh** gekennzeichnet:

$$Sh = \frac{k_{ls} \cdot d}{D} \qquad (12.35)$$

wobei d den Partikeldurchmesser und D den Diffusionskoeffizienten darstellen. Für Festbett- und Wirbelschichtreaktoren gilt die folgende Korrelation:

$$Sh = b \cdot Re^{n_1} \cdot Sc^{n_2} \qquad (12.36)$$

Re ist die **Reynolds-Zahl**, Sc die **Schmidt-Zahl** und b eine Konstante, und die Exponenten n_1 und n_2 werden von den Strömungsbedingungen bestimmt. Die Analogie zwischen Stoff- und Wärmeübergang wird deutlich, wenn man die Gleichungen (12.36) und (6.63) vergleicht.

Im Rührkesselreaktor wird die Vorhersage des Stoffübergangs dadurch erschwert, dass die Geschwindigkeit der Flüssigkeit ortsabhängig ist und dass nicht die absolute Geschwindigkeit, sondern die relative Geschwindigkeit zwischen Flüssigkeit und Partikeln den Stoffübergang bestimmt. In verschiedenen Korrelationen wird k_{ls} als Funktion des Leistungseintrags oder der Reynoldszahl des Rührers angegeben. Weitere Korrelationen nehmen die Form von Gleichung (6.54) an.

12.4.2 Interne Stofftransportlimitierung

Um die pro Träger immobilisierte Menge an Enzym zu maximieren, werden meist poröse Träger verwendet, bei denen sich das Enzym auch auf den inneren Oberflächen befindet. Die innere Oberfläche eines solchen Partikels kann das Vielfache der äußeren Fläche betragen. Das Konzentrationsprofil des Substrates im Inneren des Trägers wird von der Diffusion und der Reaktion im Partikel bestimmt. Für einen kugelförmigen Träger gilt im stationären Zustand folgende Massenbilanz, wobei eine einfache Michaelis-Menten-Kinetik angenommen wurde:

$$D_{eff} \cdot \left(\frac{d^2 c_S}{dr^2} + \frac{2}{r} \cdot \frac{dc_S}{dr} \right) = \frac{v_{max} \cdot c_S}{K_m + c_S} \qquad (12.37)$$

mit den Randbedingungen:

$$d\frac{c_S}{dr}\Big|_{r=0} = 0 \; ; \; c_S\Big|_{r=R} = c_{S_0} \qquad (12.38)$$

Dieses Problem wurde bereits im Abschnitt 6.3.3 am Beispiel der Diffusion des Sauerstoffs in ein kugelförmiges Agglomerat aus Biomasse behandelt (Gleichungen (6.41 und 6.42)). Der effektive Diffusionskoeffizient D_{eff} wird unter anderem von der Porosität des Trägers, der Tortuosität („Verwickeltheit") der Porengänge und der Größe der Poren im Vergleich zur Größe des diffundierenden Partikels beeinflusst. D_{eff} ist deshalb schwierig zu berechnen und wird häufig unter Verwendung eines mathematischen Modells aus den experimentellen Daten ermittelt. Analog zu Abschnitt 6.3.3 kann auch hier ein Thielemodul ϕ definiert werden (siehe Gleichung (6.46)), der ein Maß für das Verhältnis des Stoffstroms mit Substratverbrauch zum Stoffstrom des Substrats durch reine Diffusion ist.

In der Herleitung von (12.37) wurde angenommen, dass die Enzymbeladung entlang der Poren einheitlich ist. Da aber auch die Beladung des Trägers mit Enzym ein kinetischer Prozess ist, bei dem das Enzym in die Poren diffundieren und dort mit der Matrix reagieren muss, tritt häufig eine uneinheitliche Enzymverteilung auf, so dass v_{max} in Gleichung (12.37) eine Funktion des Radius' ist.

Zusätzlich zu der externen Stofftransportlimitierung tritt also eine interne Stofftransportlimitierung auf, die den Wirkungsgrad η des immobilisierten Katalysators herabsetzt. Das Verhältnis von externem zu internem Stoffstrom wird durch die **Biot-Zahl Bi** charakterisiert, die in Gleichung (6.60) bereits für den Wärmetransport beschrieben wurde:

$$Bi = \frac{\text{externer Stoffstrom}}{\text{interner Stoffstom}} = \frac{k_{ls} \cdot d}{D_{eff}} \qquad (12.39)$$

Aus der Biot-Zahl kann entnommen werden, ob Diffusionslimitierungen überwiegend durch externe oder durch interne Limitierungen verursacht werden.

Die Beschreibung der kinetischen Eigenschaften von Enzymen, die auf bzw. in Trägern immobilisiert sind, wird durch eine Reihe anderer Faktoren erschwert, die unter dem Überbegriff Mikroumgebung zusammengefasst werden können. Mit Mikroumgebung ist die direkte Umgebung des immobilisierten Enzyms gemeint. Die Bedingungen in der Mikroumgebung können sich von den Bedingungen im Kern der Lösung unterscheiden. So kann eine Nettoladung des Trägers dazu führen, dass sich die Verteilung von H^+- und OH^--Ionen an der Oberfläche des Trägers von dem Verhältnis in freier Lösung unterscheidet, wodurch sich der pH in der Mikroumgebung des Proteins ändert. Ebenso kann sich $K_{m,app}$ verändern, wenn ein geladenes Substrat durch ein auf einer geladenen Matrix immo-

bilisiertes Enzym umgesetzt wird. Analoges gilt für hydrophobe Wechselwirkungen. Ein weiterer möglicher Grund für veränderte kinetische Eigenschaften kann darin liegen, dass das Enzym durch eine kovalente Bindung an einen Träger immobilisiert wurde und dass dadurch geladene Gruppen des Enzyms neutralisiert und damit die Struktur des Enzyms geändert wird. Die Einflüsse der Mikroumgebung auf die Enzymkinetik sind der Grund, warum immobilisierte Enzyme häufig andere kinetische Eigenschaften aufweisen als die freien Enzyme.

12.4.3 Experimentelle Bestimmung der Stofftransportlimitierung

Zur Untersuchung, ob ein System diffusionslimitiert ist, wird der Integralreaktor genutzt. Beim Integralreaktor handelt es sich um einen Festbettreaktor. Man verwendet Festbettreaktoren mit unterschiedlichen Reaktorvolumina bzw. Katalysatormassen.

Zwei unterschiedliche Experimentaltechniken werden genutzt, vgl. Abb. 12.16:
a) Im ersten Fall wird das Katalysatorvolumen variiert, allerdings die Verweilzeit konstant gehalten.
b) Im zweiten Fall wird sowohl das Katalysatorvolumen als auch die Verweilzeit variiert.

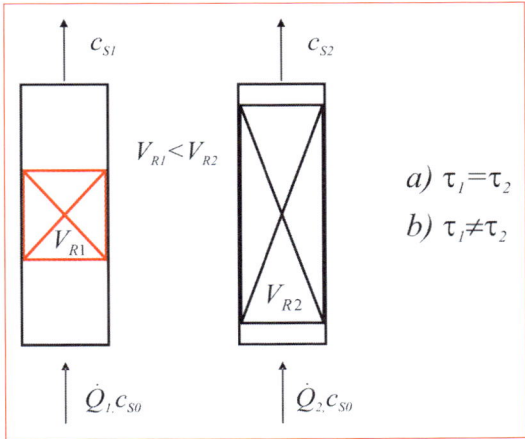

Abb. 12.16 Integralreaktor zur Untersuchung von Stofftransportlimitierung.

Da im Fall a) die Verweilzeit beim Durchgang durch die unterschiedlichen Rohrreaktoren konstant gehalten wird, gilt:

$$\tau = \frac{V_{R1}}{\dot{Q}_1} = \frac{V_{R2}}{\dot{Q}_2} \qquad (12.40)$$

Man misst nun in den unterschiedlichen Reaktoren den Umsatz χ und trägt diesen als Funktion des Volumenstroms $\dot{Q}$ auf. Damit erhält man schematisch das folgende Bild (Abb. 12.17):

Nimmt der Umsatz trotz konstanter Verweilzeit mit zunehmender Strömungsgeschwindigkeit zu, so liegt zumindest bei hohen Strömungsgeschwindigkeiten Diffusionslimitierung vor. Bleibt dagegen der Umsatz unabhängig von der Strömungsgeschwindigkeit so liegt ein Fall von Reaktionslimitierung vor.

Der Einfluss der Strömungsgeschwindigkeit bei konstanter Verweilzeit kann auch aus der Damköhlerzahl abgelesen werden.

$$Da = \frac{v_{max}}{k_{ls} \cdot c_{S,Bulk}} \qquad (12.41)$$

da gilt

$$\frac{v_{max}}{c_{S,Bulk}} \neq f(\dot{Q}) \text{ und } k_{ls} = f(\dot{Q})$$

Bei unterschiedlichen Strömungsgeschwindigkeiten bleibt $v_{max}/c_{S,Bulk}$ unverändert, k_{ls} steigt allerdings mit der Strömungsgeschwindigkeit, wodurch Da erniedrigt wird. Liegt allerdings Da selbst bei hohen Strömungsgeschwindigkeiten oberhalb von eins, ist die Reaktionsgeschwindigkeit durch den Stoffübergangswiderstand bestimmt.

Im zweiten Fall wird das Reaktorverhalten bei unterschiedlichen Verweilzeiten charakterisiert und die Funktion des Umsatzes von der Verweilzeit $\chi = f(\tau)$ für die beiden unterschiedlichen Bettvolumina untersucht. Trägt man nun den Umsatz als Funktion der Verweilzeit auf, lassen sich prinzipiell zwei Fälle unterscheiden, vgl. Abb. 12.18.

Im reaktionsbestimmten Fall lassen sich die Messwerte aus beiden Reaktoren als Funktion der Verweilzeit in einem Kurvenzug interpolieren. Im diffusionsbestimmten Fall ist bei gegebener Verweilzeit der Umsatz in dem Reaktor mit der höheren Strömungsgeschwindigkeit jeweils größer.

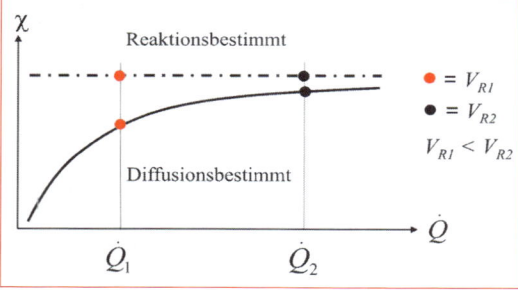

Abb. 12.17 Vergleich des Umsatzes in zwei PFR bei unterschiedlichen Katalysatormengen und gleicher Verweilzeit. Liegt keine Stofflimitierung vor ist der Umsatz in beiden Reaktoren gleich, obere Kurve.

12.5 Membranreaktoren

Bei diesem Verfahren werden die Katalysatoren durch eine Membran am Verlassen des Reaktorraumes gehindert. Membranen können diffusiv oder konvektiv betrieben werden. Im Diffusionsreaktor wird das Substrat an der

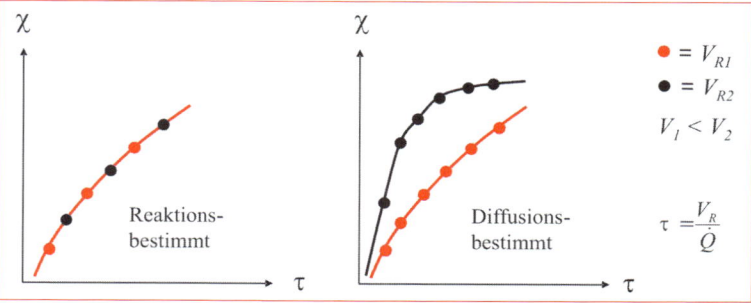

Abb. 12.18 Vergleich des Umsatzes als Funktion der Verweilzeit in zwei PFR mit unterschiedlichen Katalysatormengen. Ist das System nicht stofftransportlimitiert, liegen die Umsätze in beiden Reaktoren auf einem Kurvenzug.

Membran vorbeigeführt, diffundiert durch die Membran zur Enzymlösung, wird dort umgesetzt und diffundiert als Produkt zurück in den Zulauf (Abb. 12.19). Die Diffusion bietet Vorteile, wenn scherempfindliche Katalysatoren wie z. B. Zellen eingesetzt werden. Diffusion ist allerdings ein sehr langsamer Prozess, daher lassen sich hohe Produktivitäten nur in konvektiv betriebenen Membranreaktoren erzielen, bei denen das Substrat in den Reaktor, in dem sich das Enzym befindet, geleitet wird, dort reagiert und als Produktlösung abfiltriert wird (Abb. 12.13). Im Folgenden werden daher nur konvektiv betriebene Membranreaktoren diskutiert.

Um geringe Verweilzeiten und damit hohe Raum-Zeit-Ausbeuten zu erzielen, werden im Allgemeinen konzentrierte Enzymlösungen im Membranreaktor eingesetzt. Da bei der Filtration konzentrierter Proteinlösungen der erzielbare Transmembranfluss weit geringer als der vergleichbare Fluss mit Wasser ist, können nur in Ausnahmefällen (z. B. bei hohen Verweilzeiten und bei Verwendung von Enzymen mit einer hohen spezifischen Aktivität) einfache Filtrationszellen mit integrierter Membran, wie sie in Abb. 12.13a dargestellt sind, als kontinuierliche Rührkesselreaktoren eingesetzt werden. Meist ist ein separates Membranmodul mit einer größeren Membranfläche erforderlich (Abb. 12.13b und 12.13d). Mit Ausnahme derjenigen Situationen, in denen das Substrat eine wesentlich höhere Molmasse als das Produkt besitzt, sind alle konvektiv betriebenen Membran-Rohrreaktoren nur in den in den Abb. 12.13b und 12.13d dargestellten Konfigurationen sinnvoll.

In einem konvektiv betriebenen Membranreaktor können unmodifizierte, lösliche Enzyme aber auch auf Trägern fixierte, in Kapseln eingeschlossene oder auch quervernetzte Enzymaggregate eingesetzt werden, sofern diese im Reaktionsmedium suspendiert werden können.

12.5.1 Konvektiv betriebene Membranreaktoren

Die Membrantechnik ist ein Teilgebiet der Filtration. Die Grundlagen der Filtration sind in Kapitel 10 näher beschrieben. Membranreaktoren werden vor allem *cross-flow* betrieben. Der Aufbau eines Crossflow-Filtermoduls ist in Abbildung 12.20 dargestellt.

Bei der Crossflow-Filtration strömt der Zulauf (Feed) über die Membran. Bei ausreichender Strömungsgeschwindigkeit werden Teilchen durch Turbulenzen und Wirbel wieder zurück in die Strömung transportiert. Dadurch wird die Deckschichtbildung vermieden (s. Kap. 10). Die filtrative Stofftrennung erfolgt mit Membranen als Filtermedium. Die treibende Kraft der Membranfiltration ist ausschließlich der Druckgradient. Die Trennwirkung wird im Wesentlichen von der mittleren Porengröße bestimmt. Die Membrantechnik ermöglicht eine Trennung bis hin in den molekularen Bereich und ist daher auch zur Abtrennung von Enzymen geeignet. Am Ende des Filtrationsvorganges resultieren immer zwei Flüssigkeiten, das Filtrat (Permeat) und das Konzentrat (Retentat). Unterschieden wird in der Membranfiltration nach Trennbereichen, vgl. Abb 12.21.

Ein wichtiger Parameter zur Bewertung von Membranprozessen ist das Rückhaltevermögen (Retention) der Membran.

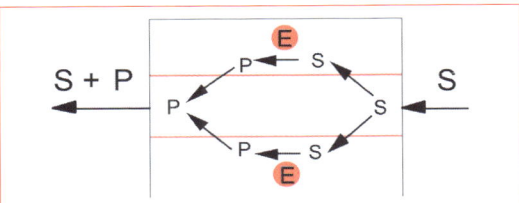

Abb. 12.19 Das Prinzip des Membran-Diffusions-Reaktors. S = Substrat, P = Produkt, E = Enzym. Die Membran ist rot dargestellt.

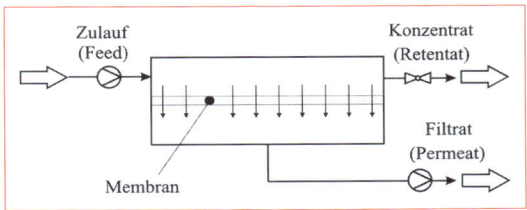

Abb. 12.20 Prinzipieller Aufbau eines *crossflow*-betriebenen Membranmoduls

Die Retention ist definiert als:

$$R = 1 - \frac{c_P}{c_R} \quad (12.42)$$

wobei c_P bzw. c_R die Konzentrationen der zurückgehaltenen Komponente im Permeat bzw. Retentat darstellen.

In Abbildung 12.22 ist die spezifische Konzentration der zurückgehaltenen Komponente (Katalysator) über die Zahl der mittleren Verweilzeit $N = \frac{t}{\tau}$ in einem kontinuierlich betriebenen Membranreaktor dargestellt. Es ist deutlich zu sehen, dass für eine kontinuierliche Prozessführung die Retention einen Wert von deutlich über 99 % annehmen muss, um eine effektive Rückhaltung des Katalysators zu gewährleisten, da selbst bei einer Retention von R = 99 % nach ca. 70 Verweilzeiten die Hälfte des Katalysators über die Membran ausgetragen wurde.

Das Retentionsvermögen einer Membran kann durch zwei Arten der Versuchsdurchführung bestimmt werden, vgl. Abb. 12.23.

Bei der **Gleichgewichtsbestimmung** wird eine bekannte Menge der zu vermessende Substanz in das geschlossene System gegeben. Das Filtrationsmodul wird nun als diskontinuierlicher Filter betrieben, indem die Retentatseite verschlossen wird. Das Permeat wird solange rezirkuliert, bis sich ein Gleichgewicht einstellt. Danach wird sowohl auf der Permeat- als auch auf der Retentatseite die Konzentration der zu vermessenden Komponente bestimmt, wodurch direkt auf die Retention geschlossen werden kann.

Bei der **gravimetrischen Methode** wird eine bekannte Menge der zu vermessende Substanz in das Membranmodul eingepumpt. Auch in diesem Fall wird das Filtrationsmodul als diskontinuierlicher Filter betrieben und die Retentatseite verschlossen. Substratfreie Flüssigkeit wird nun mit einem konstanten Volumenstrom durch das Modul gepumpt und die Konzentration der zu vermessenden Komponente wird am Auslass überwacht. Die über den Versuchzeitraum durch

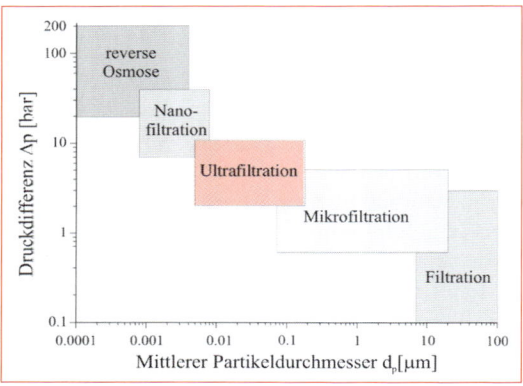

Abb. 12.21 Trennbereiche und Druckdifferenz über die Membran der unterschiedlichen Membranfiltrationenbereiche.

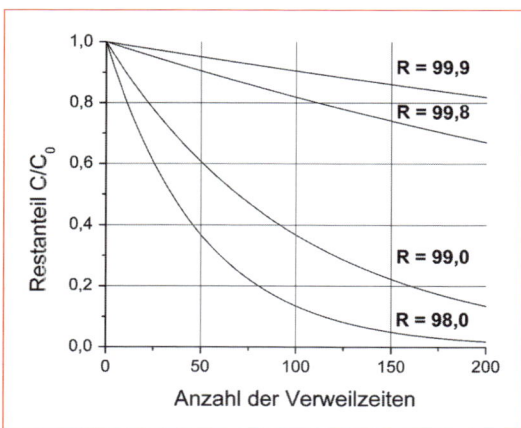

Abb 12.22 Verlust an Katalysator über die Membran in einem kontinuierlich betriebenen Membranreaktor bei unterschiedlichen Rückhaltevermögen R

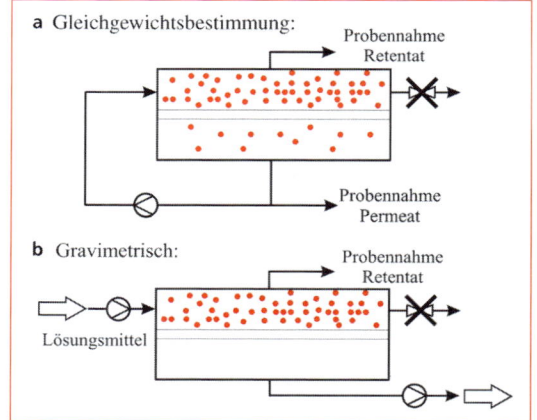

Abb. 12.23 Bestimmung des Retentionsvermögens einer Membran mit der a) Gleichgewichtsbestimmung und b) Gravimetrischen Methode. Die zu vermessende Substanz ist in rot dargestellt.

12.5 Membranreaktoren

die Membran gelangte Menge der vermessenen Komponente wird bestimmt, wodurch sich der Grad des Rückhaltevermögens zu einer bekannten Verweilzeit τ bestimmen lässt. Alternativ wird nach einer definierten Anzahl von Verweilzeiten das Retentatvolumen des Filtrationsmoduls entnommen und gravimetrisch analysiert.

12.5.2 Prozesse mit separater Filtrationseinheit

In der folgenden Ableitung, die eine Erweiterung der Herleitung von Flaschel (1983) darstellt, wird das Verhalten eines Enzymreaktors mit externem Filtrationsmodul beschrieben.

In Abb. 12.24 ist schematisch ein in drei Segmente unterteilter Rohrreaktor gezeigt: Das gesamte System besteht aus dem eigentlichen Reaktor (Volumen V_R) mit dem Volumenstrom $\dot{Q}_R$, dem Membranmodul (Volumen V_M) mit dem Volumenstrom $\dot{Q}_M$ und dem Rücklauf (Volumen V_{RL}) mit dem Volumenstrom $\dot{Q}_{RL}$. Das **Rücklaufverhältnis**

$$R_v = \frac{\dot{Q}_{RL}}{\dot{Q}_F}$$

ist ein Maß für die interne Rückvermischung, wobei $\dot{Q}_F$ der Feedstrom ist.

Bei vernachlässigbar kleinem Volumen des Rücklaufs und der Membraneinheit lässt sich die bekannte Gleichung für Rohrreaktoren mit Rücklauf anwenden (Hill 1977):

$$\tau = (R_v + 1) \cdot c_{S,ein} \int_{\frac{R_v \cdot \chi}{1+R_v}}^{\chi} \frac{d\chi}{v} \qquad (12.43)$$

Für $R_v \to 0$ beschreibt Gleichung (12.43) das Verhalten eines PFRs, und für $R_v \to \infty$ das eines idealen Rührkesselreaktor.

In Abb. 12.25 ist am Beispiel einer substratüberschussinhibierten Michaelis-Menten-Kinetik der Einfluss des Rücklaufverhältnisses auf das Verhältnis e_{CSTR}/e_{PFR} dargestellt, wobei ein $r_{S_0K_m}$-Wert von 10 und eine durch das Verhältnis $r_{K_iS} = 1$ gegebene starke Substratüberschussinhibierung vorliegt. Die Kurven für $R_v = 0$ in Abb. 12.25 und für $r_{K_iS} = 1$ in Abb. 12.6 entsprechen einander.

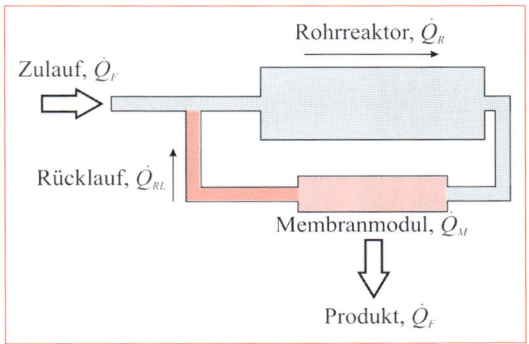

Abb. 12.24 Aufteilung des Membranreaktors in drei Segmente. Grau: Reaktor; hellrot Membranmodul, dunkelrot: Rücklauf.

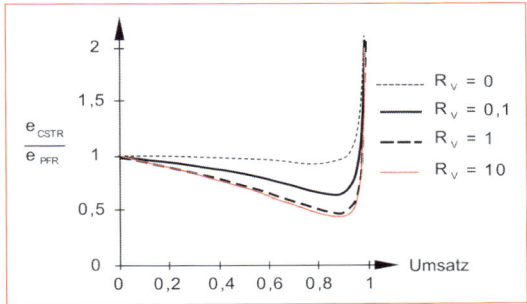

Abb. 12.25 Eignung des Rohreaktors mit Rücklauf und des Rührkesselreaktors für ein Enzym mit Substratüberschussinhibierung. Parameter ist das Rücklaufverhältnis R_v.

Mit zunehmendem Rücklaufverhältnis vermindert sich der Unterschied zwischen dem Rohrreaktor und dem Rührkesselreaktor.

12.5.2.1 Konzentrationsverteilung in den drei Segmenten Reaktor, Membranmodul und Rücklauf

In realen Reaktoren ist die Vernachlässigung der Volumina V_M und V_{RL} in der Regel nicht zulässig. Da die Enzyme nicht immobilisiert und damit frei beweglich im Reaktor sind, werden sie während der Passage des Membranmoduls konzentriert und als hochkonzentrierte Lösung über den Rücklauf dem Reaktor wieder zugeführt. Damit ergibt sich die Konzentration der Katalysatoren in den drei Segmenten als eine Funktion des Rücklaufverhältnisses R_v und der Volumina V_R, V_M und V_{RL}.

In dieser Ableitung wird von einer ideal semipermeablen Membran ausgegangen, die alles Enzym vollständig zurückhält, während das Reaktionsmedium die Membran ungehindert passieren kann. Die gesamte Enzymmenge E_{ges} im Reaktionssystem verteilt sich auf die drei Einzelvolumina V_R, V_M und V_{RL}:

$$E_{ges} = V_R \cdot c_{E,R} + V_M \cdot c_{E,M} + V_{RL} \cdot c_{E,RL} \quad (12.44)$$

wobei $c_{E,R}$, $c_{E,M}$ und $c_{E,RL}$ die Enzymkonzentrationen im Reaktor, im Membranmodul und im Rücklauf darstellen. An jedem Ort im Reaktor gilt die Kontinuitätsgleichung:

$$\dot{Q}_R \cdot c_{E,R} = \dot{Q}_M(x) \cdot c_{E,M}(x) = \dot{Q}_{RL} \cdot c_{E,RL} \quad (12.45)$$

Die Konzentrationen im Reaktor und im Rücklauf sind konstant, während sich die Konzentration im Membranmodul ändert. Unter der Annahme eines über die Länge des Membranmoduls konstanten Filtratstroms ist der Retentatstrom im Modul nur eine Funktion der axialen Koordinate (vgl. Abb. 12.26):

$$\dot{Q}_M(x) = \dot{Q}_R - \frac{\dot{Q}_F}{L} \cdot x = \dot{Q}_F \cdot \left(1 + R_v - \frac{x}{L}\right) \quad (12.46)$$

Die Annahme eines konstanten Filtratflusses über die Länge der Membran ist dann gültig, wenn die durch die Aufkonzentrierung hervorgerufene höhere Konzentration der gelösten Substanzen nur vernachlässigbaren Einfluss auf die Membranpermeabilität und den osmotischen Druck hat. Die mittlere Konzentration im Membranmodul ergibt sich damit zu:

$$\overline{c_{E,M}} = \frac{1}{L} \int_0^L \frac{\dot{Q}_R \cdot c_{E,R}}{\dot{Q}_M(x)} \cdot dx = \frac{(1+R_v) \cdot c_{E,R}}{L} \int_0^L \frac{1}{1+R_v - \frac{x}{L}} \cdot dx \quad (12.47)$$

$$\overline{c_{E,M}} = c_{E,R} \cdot (1+R_v) \cdot \ln \frac{1+R_v}{R_v} \quad (12.48)$$

Mit (12.44) und (12.45) folgt für die Konzentrationen im Reaktor und im Rücklauf:

$$c_{E,R} = \frac{E_{ges}}{V_R + V_M \cdot (1+R_v) \cdot \ln \frac{1+R_v}{R_v} + V_{RL} \cdot \frac{1+R_v}{R_v}} \quad (12.49)$$

$$c_{E,RL} = \frac{1+R_v}{R_v} \cdot c_{E,R} \quad (12.50)$$

Bei Rührkesselreaktoren kann das Rücklaufverhältnis beliebig verändert werden, ohne dass sich

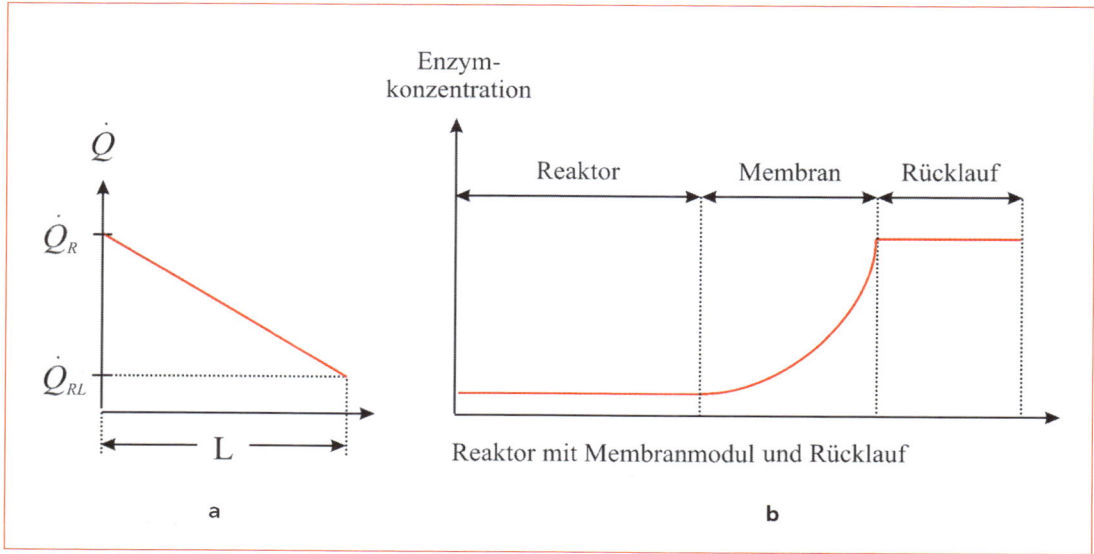

Abb. 12.26 Schematische Darstellung der Abnahme des Volumenstroms im Membranmodul (a) und der daraus resultierenden Aufkonzentrierung des Enzyms im Reaktor, im Membranmodul und im Rücklauf (b)

die Charakteristik des Reaktors ändert. Damit kann durch Erhöhung des Rücklaufverhältnisses eine gleichmäßige Enzymverteilung im gesamten Reaktor erreicht werden ($c_{E,R} = c_{E,M} = c_{E,RL}$). Da sich der Rohrreaktor mit steigendem Rücklaufverhältnis immer mehr der Charakteristik des Rührkesselreaktors nähert, bei niedrigem R_v aber die im Reaktor vorliegende Enzymkonzentration wesentlich geringer als die auf das gesamte Reaktorvolumen $V_{ges} = V_R + V_M + V_{RL}$ bezogene Enzymkonzentration ist, muss für jede Geometrie das optimale Rücklaufverhältnis gefunden werden. Abb. 12.27 stellt das Verhältnis der Enzymkonzentration e_R^{real} in einem Reaktor mit externer Filtereinheit (Abb. 12.13) zu der Enzymkonzentration e_R^∞ in einem Reaktor mit integrierter Membran (vgl. Abb. 12.13a) bzw. in einem Reaktor mit externer Filtrationseinheit und unendlichem Rücklaufverhältnis dar. Parameter sind das Rücklaufverhältnis und die drei Volumina V_R, V_M und V_{RL}. Man erkennt, dass sich bei geringem Rücklaufverhältnis das meiste Enzym im Rücklauf bzw. im Membranmodul aufhält.

12.6 Nicht konventionelle Reaktionsmedien

Wie bereits erwähnt sind die meisten eingesetzten nicht konventionellen Reaktionsmedien organische Lösungsmittel. Hierbei muss man unterscheiden zwischen dem Einsatz von **reinem Lösungsmittel (Kapitel 12.6.1)** und **wässrigen Mehrphasen-Systemen** (Kapitel 12.6.2). Ein flüssiges Mehrphasen-System ist ein System bestehend aus mindestens zwei nicht miteinander mischbaren Phasen. Man unterscheidet bei den flüssigen Mehrphasen-Systemen je nach der Zusammensetzung der Phasen **wässrig/wässrige Zweiphasen-Systeme** und **wässrig/organische Zweiphasen-Systeme.** Wässrig/wässrige Mehrphasen-Systeme bestehen aus zwei ineinander unlöslichen wässrigen Phasen. Diese treten z. B. bei Polymer/Polymerlösungen oder Polymer/Salzlösungen unter bestimmten Bedingungen auf (vgl. Abschnitt 10.3.4). Für die Biokatalyse spielen die wässrig/wässrigen Zweiphasen-Systeme allerdings eine untergeordnete Rolle, sie werden jedoch zur Aufarbeitung von Enzymen industriell eingesetzt.

Von wachsender Bedeutung für die Biokatalyse sind wässrig/organische Zweiphasen-Systeme; sie sollen daher hier näher diskutiert werden. Ein solches Reaktionssystem besteht aus einer wässrigen und einer wasserunlöslichen organischen Phase. Die organische Phase besteht in diesen Systemen aus einem organischen Lösungsmittel, das als Trägerphase fungiert und in dem das Substrat bzw. das Produkt gelöst ist, oder im Extremfall aus einer reinen Lösungsmittel-, Substrat- bzw. Produktphase. Eine Einteilung kann auf Grund unterschiedlicher Volumenverhältnisse von organischer und wässriger Phase erfolgen.

Für nicht-konventionelle Reaktionsmedien mit organischen Lösungsmitteln können folgende Fälle unterschieden werden (Abb. 12.28).
- Rein organisch
- Emulsionen
- Mikroemulsion und revers micellare Systeme

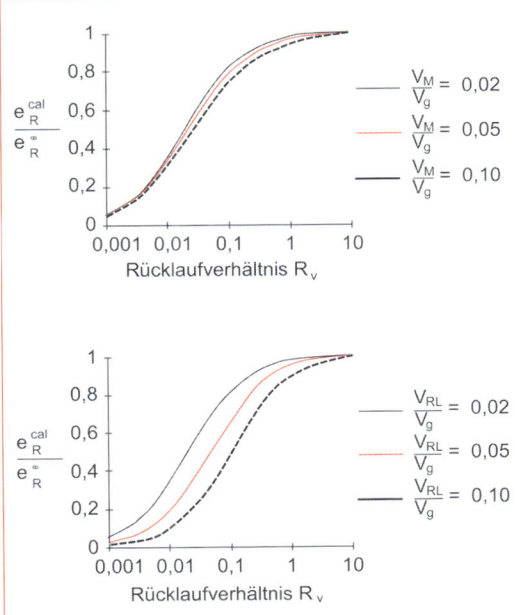

Abb. 12.27 Die Enzymkonzentration in einem Reaktor mit externer Filtrationseinheit im Verhältnis zu der Enzymkonzentration eines Reaktors bei unendlichem Rücklaufverhältnis als Funktion des Rücklaufverhältnisses R_v und der Volumina der Reaktorkomponenten. a) Parameter der beiden Kurven ist V_M/V_g mit $V_{RL}/V_g = 0{,}02 = const$; b) Parameter bei den Kurven ist V_{RL}/V_g mit $V_M/V_g = 0{,}02 = const$.

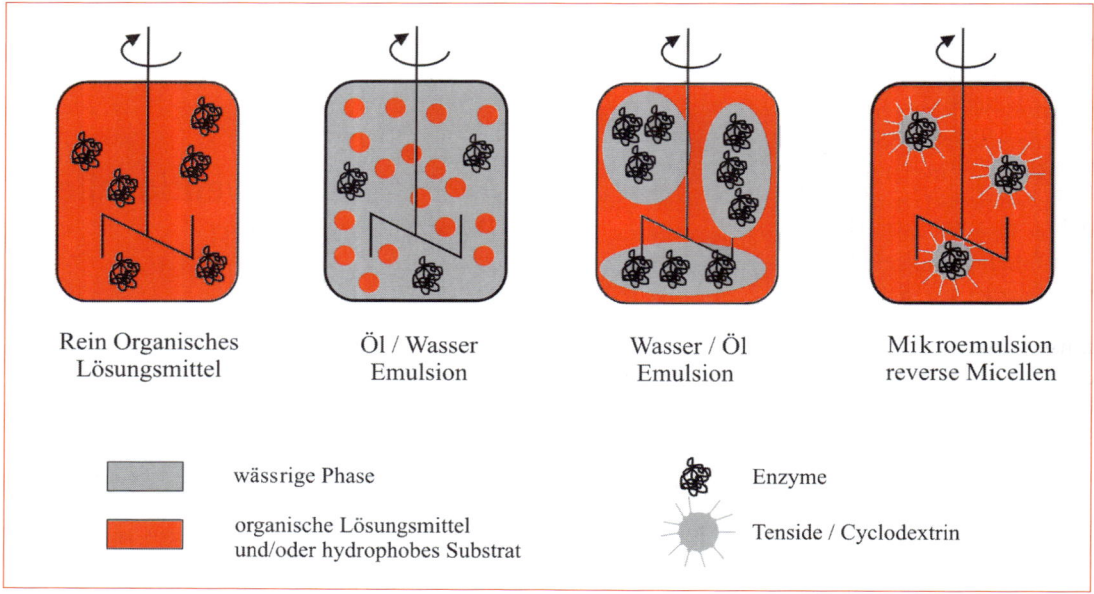

Abb. 12.28 Klassifizierung organisch / wässriger Systeme

12.6.1 Rein organische Systeme

Bei diesem Reaktionssystem wird das Enzym in der organischen Phase suspendiert (als Lyophilisat oder auf Trägern immobilisiert). Der Wassergehalt ist in diesem Fall auf das „Strukturwasser" reduziert, das auf der Enzymoberfläche gebunden vorliegt und auch durch Lyophilisation nicht entfernt werden kann (Faber 2000). Obwohl diese Systeme in der Literatur als *low water media* bzw. *anhydrous solvent* bezeichnet werden, ist die Wasseraktivität in solchen Systemen von entscheidender Bedeutung für die Enzymaktivität. Enzyme sind nur in ihrer natürlichen Konformation katalytisch aktiv. Diese Konformation wird u. a. durch elektrostatische und hydrophobe Wechselwirkungen, durch Wasserstoffbrückenbindungen und durch van der Waals Kräfte erzeugt. Wasser beeinflusst diese Wechselwirkungen, Enzyme ändern daher in Abwesenheit von Wasser ihre Konformation und sind in der Regel nicht aktiv. Die Menge an Wasser, die ein Enzymmolekül benötigt, um seine Tertiär- bzw. Quartärstruktur zu erhalten, kann jedoch erstaunlich gering sein; häufig nur 50...500 Moleküle. Um die katalytische Aktivität von Enzymen in organischen Lösungsmitteln zu gewährleisten, muss dem organischen Lösungsmittel deshalb Wasser zugesetzt werden. Manche Enzyme (z. B. Schweine-Pankreas-Lipase) haben jedoch Wasser, auch im lyophilisierten Zustand, so fest gebunden, dass sie in beinahe „trockenen" organischen Lösungsmitteln aktiv sind. In der Regel liegt das hydratisierte Enzym dabei als feste Phase suspendiert in der organischen Phase vor. Wegen der verschwindend geringen Menge des in diesen Reaktionssystemen vorhandenen Wassers wird häufig der Begriff der „reinen" organischen Lösungsmittel für die Reaktionsphase verwendet, obwohl dies streng genommen nicht korrekt ist, da organische Lösungsmittel teilweise Wasser enthalten. Die Wassermenge, die nötig ist, um die höchste Aktivität des Enzyms zu erreichen, muss für jedes Reaktionssystem neu bestimmt werden. Sie ist für jedes Enzym unterschiedlich und wird stark vom Lösungsmittel beeinflusst. Erschwerend kommt hinzu, dass eine genaue Systematik zur Bestimmung der notwendigen Wassermengen noch nicht besteht. Ein weiterer Nachteil ist, dass das Einstellen der Wasseraktivität im Lösungsmittel (und damit auch am Enzym) nur über Umwege möglich ist, was zu weiteren Additiven im System und zusätzlichem apparativen Aufwand führt.

Viele Enzyme sind nicht ausreichend stabil in reinen organischen Lösungsmitteln. Die Stabilität kann in vielen Fällen jedoch dramatisch erhöht werden, wenn das Enzym auf einem Träger immobilisiert oder quervernetzt wird. Es gibt allerdings auch Beispiele, in denen die Thermo- und Langzeitstabilität in organischen Lösungsmitteln höher ist als in wässrigen Medien. Die geringe Solvatisierung der Enzyme in einem rein organischen Lösungsmittelsystem führt zu einer starren Konformation der Proteinmoleküle. Diese Einschränkung der Proteinbeweglichkeit sowie die Reduzierung der Reaktion der Proteinmoleküle mit Wasser – z. B. OH^-- oder H^+-katalysierte Hydrolyse von Peptidbindungen und Zerstörung von Disulfidbindungen, die zu einer irreversiblen Desaktivierung des Enzyms führen, vgl. Kap. 3 – können zu einer Steigerung der Stabilität des Enzyms im Vergleich zu wässrigen Medien führen. Auf Grund der Einschränkung der Proteinbeweglichkeit in rein organischen Medien hängt der Zustand des Enzyms von seiner Vorbehandlung ab. Es hat immer die Konformation, in der es zur Zeit der Lyophilisierung vorlag (sog. *molecular memory effect*) (Griebenow & Klibanov 1996, Klibanov 2001). Das Enzym hat in seiner Konformation und seiner Hydrathülle den Zustand aus dem wässrigem Medium (pH etc.) gespeichert und verhält sich in dem organischen Lösungsmittel ähnlich wie in dem wässrigen Medium, aus dem es lyophilisiert wurde.

Da es sich bei einem rein organischen System um ein Einphasen-System handelt, können die oben beschriebenen Reaktoren (Batchreaktor, CSTR, PFR) und Prozessvarianten (Immobilisierung im Festbett und Wirbelschichtreaktor oder Membranreaktoren) eingesetzt werden.

12.6.2 Wässrig/organische Zweiphasen-Systeme

Bei wässrig/organischen Zweiphasen-Systemen befindet sich der Biokatalysator in der wässrigen Phase. Es wird die natürliche Affinität des Produktes zur organischen Phase ausgenutzt, um das Produkt vom Biokatalysator zu trennen. Zusätzlich wird der Einfluss einer eventuell existierenden Produktinhibierungen vermindert, da das Produkt in die organische Phase extrahiert wird und das Enzym nur eine geringe Produktkonzentration „wahrnimmt". Zweiphasen-Systeme bieten sich daher für Reaktionen an, deren Substrate hydrophil und deren Produkte hydrophob sind, da in der das Enzym enthaltenden wässrigen Phase stets eine hohe Substratkonzentration verfügbar ist, jedoch nur wenig Produkt vorliegt. Dies führt zu Reaktionsgeschwindigkeiten, die wesentlich höher als die bei rein wässrigen Systemen erzielbaren Reaktionsgeschwindigkeiten liegen. Reaktionsgleichgewichte können durch die Verschiebung der Gesamtkonzentrationen verlagert werden, Reaktionen können sogar entgegen ihrer im Wasser vorherrschenden Reaktionsrichtung ablaufen (siehe Veresterungen). Die Produktaufarbeitung kann für hydrophobe Produkte vereinfacht werden, da ein Aufarbeitungsschritt – die Extraktion – bereits im Reaktor integriert ist. Außerdem ist die Gefahr mikrobieller Kontaminationen durch den Zusatz einer organischen Phase verringert, da die meisten Mikroorganismen in organischen Lösungsmitteln nicht überleben können.

12.6.2.1 Emulsionen

Emulsionen sind Systeme von zwei nicht oder nur begrenzt miteinander mischbaren flüssigen Phasen. Man unterscheidet i. Allg. zwischen Wasser in Öl Emulsionen (W/O) oder Öl in Wasser Emulsionen (O/W), je nach dem, welche die kontinuierliche und welche die dispergierte Phase ist (Abb. 12.28). Um eine gute Verteilung der dispergierten Phase innerhalb der kontinuierlichen Phase zu erhalten, werden die Phasen durch starke Scherkräfte intensiv vermischt. Auf diese Weise entstehen kleine Emulsionströpfchengrößen (Durchmesser $\approx$ 1 µm), wie z. B. in der Milch. Emulsionen, die eine nur grob dispergierte Phase enthalten, sind aber in der Regel nicht langzeitstabil. Durch die unterschiedliche Dichte der Phasen und durch Grenzflächeneffekte neigen die Tröpfchen zum Zusammenfließen, und die Phasen trennen sich nach einiger Zeit makroskopisch. Um eine Emulsion aufrecht zu erhalten, muss daher permanent Energie durch z. B. Rühren eingetragen oder die Emulsion durch Zugabe von **Emulgatoren** stabilisiert werden. Emulgatoren vereinfachen außerdem die feine Verteilung der beiden Phasen ineinander. Emulgatoren sind grenzflächenaktive Stoffe, die z. B. die Grenzflächenspannung herabsetzen. Sie bestehen aus einem hydrophoben „Schwanz" und einem hydrophilen „Kopf" und richten sich entsprechend an Phasengrenzflächen aus. Der hydrophobe Schwanz hält sich dabei im organischen Lösungsmittel auf, der hydrophile Kopf in der wässrigen Phase (Abb. 12.28 und 12.29).

12.6.2.2 Mikroemulsionen und reverse Micellen

Als besondere Klasse der Emulsionen werden die Mikroemulsionen und die reversen Micellen betrachtet, Abb. 12.29. Zur Erzeugung und Stabilisierung dieser Emulsionen werden dem System in der Regel **Tenside** zugesetzt. Mikroemulsionen sind Emulsionen mit sehr kleinen Tröpfchendurchmessern. Reverse Micellen bestehen aus Aggregaten von Tensiden mit noch geringeren Durchmessern (15–20 Å). Sie sind in der Lage, hydrophile Substanzen (z. B. Enzyme) in ihrem Inneren einzuschließen und so zu lösen. Die Durchmesser der Tröpfchen sind so gering, dass die Lösungen optisch transparent erscheinen und Phasengrenzflächen von bis zu 100 m^2/ml Lösung erhalten werden. Der Übergang von reversen Micellen zu Mikroemulsionen ist nicht eindeutig definiert und wird nach der Micellgröße festgelegt.

Je nach dem Grad der Hydrophilität des Enzyms hält sich das Enzym entweder völlig in der Micelle (Abb. 12.29a), in der Zwischenphase (Abb. 12.29b) oder teilweise im organischen Lösungsmittel auf (Abb. 12.29c). Die reversen Micellen geben dem Enzym also die Möglichkeit, sich seine optimalen Umgebungsbedingungen, die häufig dem Zustand in der lebenden Zelle entsprechen, selbst zu schaffen.

Mikroemulsionen und reverse Micellen zeichnen sich gegenüber herkömmlichen Zweiphasen-Systemen besonders durch ihre thermodynamische Stabilität aus; die Tröpfchen neigen nicht zum Zusammenfließen, und die beiden Phasen sind ineinander fein verteilt. Ein Vorteil dieser Systeme gegenüber einfachen Emulsionen liegt daher in der großen Phasengrenzfläche und dem damit verbesserten Stofftransport zwischen den zwei Phasen. Zusätzlich bieten Mikroemulsionen und reverse Micellen den Vorteil, dass ein hydrophiles Enzym durch die Anordnung der Tenside an der Phasengrenzfläche nicht in direkten Kontakt mit der organischen Phase kommt. Da viele Enzyme an der Phasengrenzfläche Wasser/organisches Lösungsmittel durch Grenzflächenkräfte denaturiert werden, tritt in reversen Micellen und Mikroemulsionen häufig eine im Vergleich zu anderen wässrig/organischen Systemen erhöhte Stabilität des Enzyms auf.

Mikroemulsionen und reverse Micellen sind also Systeme, die sich im Wesentlichen aus drei Komponenten zusammensetzen. Sie sind thermodynamisch stabil, und ihre Zusammensetzung kann im ternären Phasendiagramm (Abb. 12.30) abgelesen werde. Der rote L$_2$-Bereich in Abb. 12.30 gibt den Bereich an, in dem reverse Micellen auftreten.

Die Größe der reversen Micellen hängt von dem **Verhältnis der Wasserkonzentration zur Tensidkonzentration (w_0)** ab.

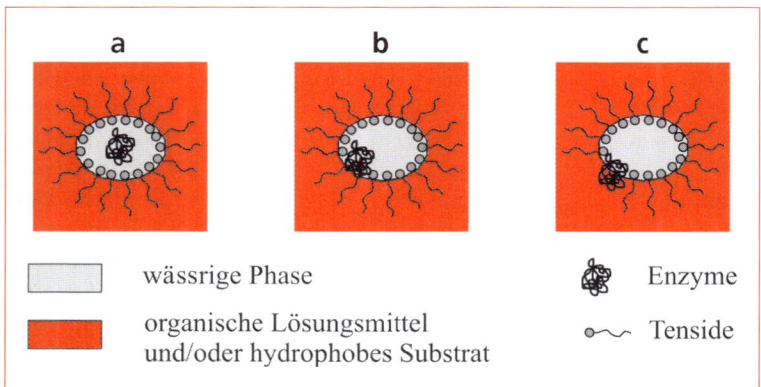

Abb. 12.29 Aufbau von Mikroemulsionen bzw. reversen Micellen (nach Khmelnisky et al. 1988); a) Hydrophiles Enzym, b) grenzflächenaktives Enzym, c) hydrophobes Enzym

12.6 Nicht konventionelle Reaktionsmedien

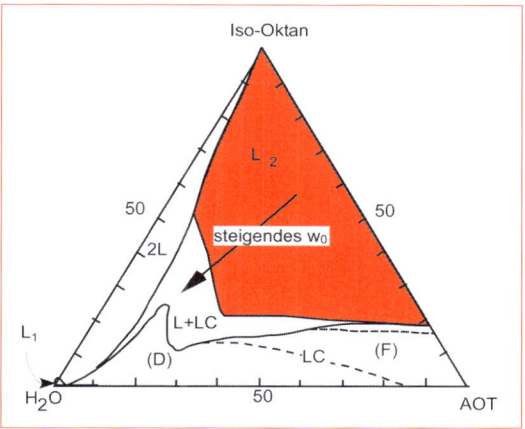

Abb. 12.30 Dreiecksdiagramm des Systems AOT (Natrium-bis(2-ethylhexyl)-sulfosuccinat)/Iso-Oktan /Wasser (Tamamushi et al. 1980), L1: normale Micellen, L2: reverse Micellen, 2L: Oktan/Wasser Emulsion, D und F: flüssigkristalline Mesophasen mit lamellarer und reverser hexagonaler Struktur, L+LC: flüssige Phase und flüssigkristalline Mesophase

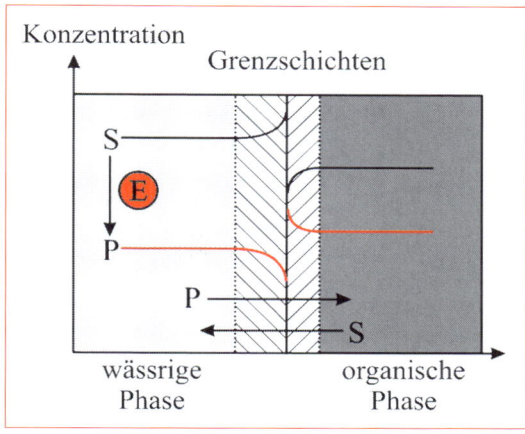

Abb. 12.31 Konzentrationsverläufe an den Phasengrenzflächen einer Emulsion mit hydrophilem Substrat S und hydrophoben Produkt P, bei der die Reaktion in der wässrigen Phase stattfindet.

$$w_0 = \frac{[H_2O]}{[Tensid]} \qquad (12.51)$$

Als weitere Einflussgrößen sind Temperatur, Ionenkonzentrationen und Art und Menge weiterer gelöster Stoffe zu berücksichtigen. Bei geringen Verhältnissen von Wasser- zu Tensidkonzentrationen halten sich nur ein Enzymmolekül und einige Dutzend Wassermoleküle pro Micelle auf.

Durch Einsatz von z.B. kurzkettigen Alkoholen anstatt von Tensiden können auch stabile Mikroemulsionen ohne Tenside erzeugt werden, was die Produktaufarbeitung unter Umständen wesentlich vereinfacht.

12.6.3 Reaktionsgleichgewichte in Zweiphasen-Systemen

Aufgrund der unterschiedlichen Beschaffenheit der beiden Phasen stellen sich in einem Zweiphasen-System nach dem **Nernstschen Verteilungssatz** für eine gelöste Substanz unterschiedliche Gleichgewichtskonzentrationen in den Phasen ein (vgl. Abschnitt. 10.3.4). Die Bedingung für das **thermodynamische Gleichgewicht** ist dann erfüllt, wenn das chemische Potenzial in beiden Phasen identisch ist. Findet in einer der beiden Phasen eine Reaktion statt, so muss für das verbrauchte Substrat und das entstehende Produkt deshalb ein Stofftransport zwischen den Phasen zustande kommen. Dieser Konzentrationsausgleich erfolgt durch Diffusion der Substanzen von der einen in die andere Phase. Dabei entsteht das in Abb. 12.31 dargestellte Konzentrationsprofil für Substrat S und Produkt P.

Die Geschwindigkeit des Stofftransportes wird durch physikalische Konstanten, wie z.B. den Diffusionskoeffizienten der transportierten Moleküle in den beiden Phasen, aber auch durch die Dicke der Grenzschichten und Größe der Phasengrenzfläche bestimmt. Läuft eine Reaktion nun vergleichsweise schnell zum Stofftransport ab, so liegt Diffusionslimitierung (Da >> 1, vgl. Kap. 12.4.1) vor, d.h. die Reaktionsgeschwindigkeit wird durch den Stofftransport bestimmt. Um diesen Zustand zu vermeiden, wird eine möglichst feine Verteilung der beiden Phasen (d.h. geringe Tröpfchengrößen) angestrebt, damit die Phasengrenze groß ist und der Stofftransport schnell vonstatten geht. Wegen der Scherempfindlichkeit von Enzymen sind dem Erzeugen einer beliebig feinen Dispersion durch Erhöhen der Rührintensität jedoch Grenzen gesetzt, so dass beim Einsatz dieser Systeme die Reaktion in der Regel im diffusionslimitierten Bereich stattfindet.

Das Gleichgewicht einer Reaktion eines Substrates S zum Produkt P ist durch eine **thermodynamische Gleichgewichtskonstante** K_{eq} festgelegt. Sie gibt das Verhältnis der Aktivitäten von Produkt und Substrat im Reaktionsmedium an (γ_S und γ_P sind die Aktivitätskoeffizienten von Substrat und Produkt).

$$S \xrightleftharpoons{K_{eq}} P \tag{12.52}$$

$$K_{eq} = \frac{c_{P,eq}}{c_{S,eq}} \cdot \frac{\gamma_{P,eq}}{\gamma_{S,eq}} \tag{12.53}$$

Der **Verteilungskoeffizient** K_S^* eines gelösten Substrates S in einem Zweiphasen-System ist ebenfalls eine thermodynamische Gleichgewichtsgröße und hängt im Wesentlichen von der Zusammensetzung der beteiligten Phasen und der Temperatur ab. Er beschreibt die Verteilung des Substrates zwischen zwei nicht mischbaren Phasen und ist gemäß Gl. (12.54) definiert.

$$K_S^* = \frac{x_S^{org} \cdot \gamma_S^{org}}{x_S^{w} \cdot \gamma_S^{w}} \tag{12.54}$$

x_S^{org} ist der Molanteil des Substrates in der organischen Phase und x_S^w der Molanteil des Substrates in der wässrigen Phase. γ_S^{org} und γ_S^w sind die Aktivitätskoeffizienten des Substrates in der organischen bzw. der wässrigen Phase.

Bei sehr großer Verdünnung des Substrates S gilt $\gamma_S^w \to 1$ und $\gamma_S^{org} \to 1$ und somit (vgl. Abschnitt 10.3.4):

$$K_S^* = \frac{x_S^{org}}{x_S^w} = \frac{c_S^{org} \cdot v_m^{org}}{c_S^w \cdot v_m^w} = K_S \cdot \frac{v_m^{org}}{v_m^w} \tag{12.55a}$$

mit dem in der Biotechnologie häufig benutzten Verteilungskoeffizienten des Substrates auf Konzentrationsbasis K_S und dem Molvolumen v_m^{org} der organischen bzw. v_m^w der wässrigen Phase:

$$K_S = \frac{c_S^{org}}{c_S^w} \tag{12.55b}$$

Analog gilt gemäß Gleichung (12.53) für $\gamma_S^w \to 1$ und $\gamma_S^{org} \to 1$:

$$K_{eq} = \frac{c_{P,eq}}{c_{S,eq}} \tag{12.56}$$

Der Verteilungskoeffizient K_P für das Produkt P ist analog zu Gleichung (12.54) bzw. Gleichung (12.55b) definiert.

12.6.3.1 Verschiebung des Reaktionsgleichgewichtes durch Produktextraktion

Betrachtet man ein Zweiphasen-System als ein homogenes Gesamtsystem, so lässt sich für dieses System analog zu Gl. (12.56) eine Gleichgewichtskonstante K_{eq}^{Ges} definieren:

$$K_{eq}^{Ges} = \frac{c_{P,eq}^{Ges}}{c_{S,eq}^{Ges}} \tag{12.57}$$

Diese Gleichgewichtskonstante des Gesamtsystems wird von der Gleichgewichtskonstanten der Reaktion in der wässrigen Phase K_{eq}^W und den Verteilungskoeffizienten des Substrates K_S und des Produktes K_P bestimmt, vgl. Abb. 12.32.

Die Gesamt-Produkt- und Gesamt-Substratkonzentration setzt sich aus der in der organischen und der in der wässrigen Phase vorhandenen Produkt- bzw. Substratmenge zusammen.

$$K_{eq}^{Ges} = \frac{c_P^W \cdot V^W + c_P^{org} \cdot V^{org}}{c_S^W \cdot V^W + c_S^{org} \cdot V^{org}} \tag{12.58}$$

Durch Erweitern der Gleichung (12.58) mit $c_P^W \cdot V^W / c_S^W \cdot V^W$ und durch Einsetzen von Gleichung (12.56) und (12.55b) erhält man (Martinek et al. 1981):

$$K_{eq}^{Ges} = K_{eq}^W \cdot \frac{1 + K_P \cdot \alpha}{1 + K_S \cdot \alpha} \tag{12.59}$$

mit α als dem Verhältnis des Volumens der organischen Phase V^{org} zu dem Volumen der wässrigen Phase V^W.

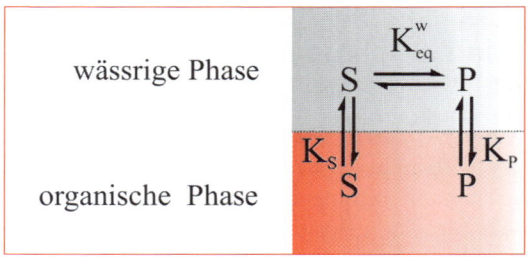

Abb. 12.32 Reaktionsgleichgewicht im Zweiphasen-System

12.6 Nicht konventionelle Reaktionsmedien

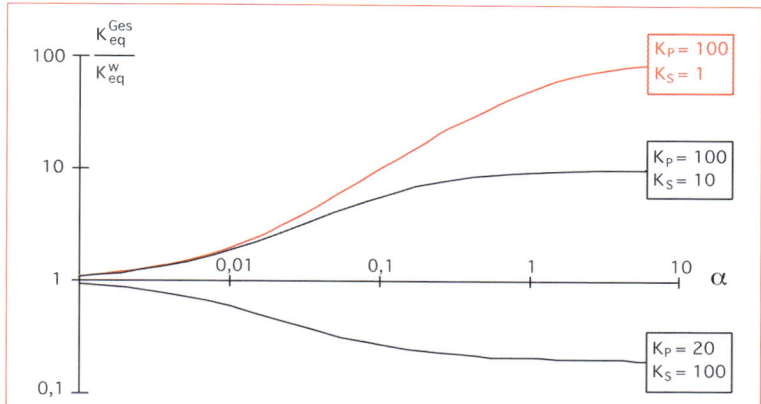

Abb. 12.33 Reaktionsgleichgewicht als Funktion der Verteilungskoeffizienten und der Phasenzusammensetzung α

$$\alpha = \frac{V^{org}}{V^{W}} \qquad (12.60)$$

Abb. 12.33 stellt den aus Gl. (12.59) resultierenden Verlauf der Gleichgewichtskonstante K_{eq}^{Ges} für verschiedene α dar. Man erkennt, dass bei großen Verhältnissen von Volumen der organischen zur wässrigen Phase die Gleichgewichtskonstante des Gesamtsystems um einige Zehnerpotenzen gegenüber der Gleichgewichtskonstante im wässrigen System verschoben werden kann, wenn die Verteilungskoeffizienten von Produkt und Substrat sich stark unterscheiden.

Analog erhält man für eine Zwei-Substrat-Zwei-Produkt-Reaktion gemäß Abb. 12.34 die Gleichgewichtskonstante für das Zweiphasen-System.

$$K_{eq}^{Ges} = K_{eq}^{W} \cdot \frac{(1+K_P \cdot \alpha) \cdot (1+K_Q \cdot \alpha)}{(1+K_A \cdot \alpha) \cdot (1+K_B \cdot \alpha)} \qquad (12.61)$$

mit

$$K_{eq}^{W} = \frac{c_P^{w} \cdot c_Q^{w}}{c_A^{w} \cdot c_B^{w}} \qquad (12.62)$$

Aus Abb. 12.35 wird ersichtlich, dass die Gleichgewichtskonstante einer Zwei-Substrat-Zwei-Produkt-Reaktion in einem Zweiphasen-System ebenfalls stark von dem Verhältnis der Volumina von organischer zu wässriger Phase abhängt. Durch geeignete Wahl von α in einem Zweiphasen-System kann man sowohl eine Verringerung als auch eine Erhöhung des Gleichgewichtsumsatzes herbeiführen. Ist der Verteilungskoeffizient

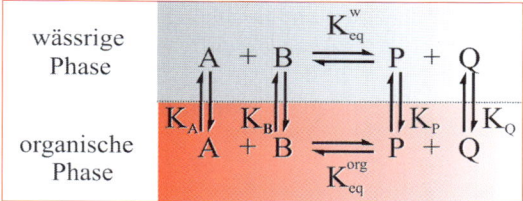

Abb. 12.34 Modellzusammenhänge für eine Zwei-Substrat-Zwei-Produkt-Reaktion in einem Zweiphasen-System

für das Substrat A und das Produkt Q identisch, so erhält man den in Abb. 12.33 dargestellten Verlauf der Gleichgewichtskonstanten.

Wird das Produkt mit der organischen Phase zur weiteren Aufarbeitung abgezogen, so ist jedoch nicht die Zusammensetzung des Gesamtsystems von Interesse, sondern der erreichbare Umsatz in der organischen Phase.

Für diesen Fall lässt sich in Analogie zu Gl. (12.62) eine Gleichgewichtskonstante für die organische Phase definieren.

$$K_{eq}^{org} = \frac{c_P^{org} \cdot c_Q^{org}}{c_A^{org} \cdot c_B^{org}} \qquad (12.63)$$

Durch Einsetzen von Gln. (12.55b) und (12.62) in (12.63) erhält man Gl. (12.64).

$$\frac{K_{eq}^{org}}{K_{eq}^{W}} = \frac{K_P \cdot K_Q}{K_A \cdot K_B} \qquad (12.64)$$

Das Verhältnis der Gleichgewichtskonstanten ist dann proportional zu dem Verhältnis der Vertei-

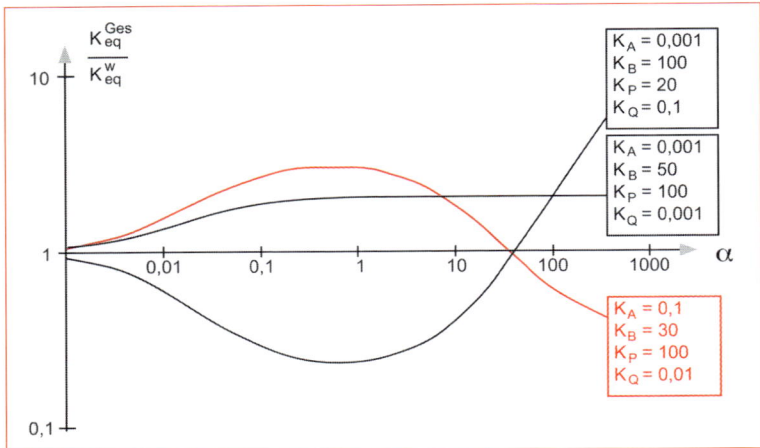

Abb. 12.35 Reaktionsgleichgewicht als Funktion der Verteilungskoeffizienten und der Phasenzusammensetzung α.

lungskoeffizienten und unabhängig vom Verhältnis der Volumina von organischer zu wässriger Phase.

In logarithmischer Schreibweise lautet Gl. (12.64):

$$log \frac{K_{eq}^{org}}{K_{eq}^{W}} = log K_P + log K_Q - (log K_A + log K_B)$$
(12.65)

Durch Kenntnis der Verteilungskoeffizienten von Substrat und Produkt lässt sich mit Gl. (12.65) das scheinbare Gleichgewicht in der organischen Phase berechnen.

Sind keine experimentellen Daten über Verteilungskoeffizienten von Substraten und Produkten vorhanden, so lassen sie sich aus der chemischen Struktur der Substanzen abschätzen. Dabei wird das Molekül in seine Bestandteile (Gruppen) zerlegt und als Summe dieser Bestandteile interpretiert. Spezifische Stoffdaten für diese Bestandteile und Wechselwirkungen zwischen Bestandteilen des Moleküls kann man der Literatur entnehmen (Rekker 1977 oder Hansch et al. 1979). Da sich bei der Umwandlung eines Substrates in ein Produkt nur gewisse Gruppen am Molekül ändern, folgt, dass sich die Verteilungskoeffizienten von Substrat und Produkt auch nur in den Beiträgen der Stoffdaten dieser Gruppen unterscheiden können. Da andere Teile des Moleküls durch die Reaktion nicht beeinflusst werden, ändern sich die Beiträge dieser Gruppen zur Berechnung des Verteilungskoeffizienten des Moleküls nicht. Daraus folgt gemäß Gl. (12.65), dass das Verhältnis der Gleichgewichtskonstanten nur durch die Beiträge der reagierenden Gruppe bestimmt wird, wobei Wechselwirkungsparameter mit anderen Gruppen des Moleküls berücksichtigt werden müssen.

$$log \frac{K_{eq}^{org}}{K_{eq}^{W}} = \sum \text{Gruppenparameter für nur in Produkten vertretene Gruppen}$$

$$- \sum \text{Gruppenparameter für nur in Substraten vertretene Gruppen}$$

Aus diesem Zusammenhang lässt sich das Verhältnis der Gleichgewichtskonstanten für Reaktionstypen in verschiedenen Mehrphasen-Systemen nach den Daten von Rekker (1977) vorhersagen (Halling 1990). Dabei sollte allerdings berücksichtigt werden, dass die Berechnungsmethode nach Rekker oder Hansch nicht alle Wechselwirkungen der Molekülbestandteile berücksichtigt und bei einigen Substanzen daher nur Abschätzungen über die Verschiebung der Gleichgewichtskonstanten in einem Zweiphasen-System zulässt.

Tabelle 12.5 gibt eine Übersicht über das Verhältnis der Gleichgewichtskonstanten verschiedener enzymatisch katalysierter Reaktionstypen in Zweiphasen-Systemen, die sich aus unterschiedlichen organischen Lösungsmitteln zusammensetzen. Dabei wurde angenommen, dass es sich bei der Oxidation von Alkoholen um eine Ein-Substrat-Reaktion handelt, obwohl dies streng genommen nicht korrekt ist. Zur Oxidation von Alkoholen muss ein Oxidations-

12.6 Nicht konventionelle Reaktionsmedien

Tabelle 12.5 Verhältnis der Gleichgewichtskonstanten log ($K_{eq}^{org} / K_{eq}^{W}$) in verschiedenen Zweiphasen-Systemen für unterschiedliche Reaktionstypen. Werte für Veresterung aliphatischer Moleküle basieren auf Gruppenparametern nach Rekker (1977), weitere Daten basieren auf experimentell ermittelten Verteilungskoeffizienten (nach Halling 1990).

	Lösungsmittel	Gruppenparameter für			log (K^{org}/K^w)
		aliphatischer Alkohol	aliphatischer Ester	aliphatische Carbonsäure	
Veresterung aliphatischer Alkohole	n-Octanol	–1,47	–0,938	1,251	1,16
	Ether	–1,879	–1,238	–1,553	1,56
	Benzol	–3,128	–2,898	–1,51	4,52
	CCl$_4$	–3,19	–3,30	–1,44	5,05
	Öle	–2,861	–2,253	–1,93	3,18
		log K Werte für			
	Lösungsmittel	Propan–2-ol	Aceton		log (K^{org}/K^w)
Oxidation von Propan-2-ol	n-Octanol	0,05	–0,24		–0,29
	Ether	–0,26	–0,21		0,05
	Benzol	–0,94	–0,05		0,89
	CCl$_4$	–1,09	–0,30		0,79
	Öle	–1,19	–0,81		0,38
	Lösungsmittel	Benzylalkohol	Benzaldehyd		log (K^{org}/K^w)
Oxidation von Benzylalkohol	n-Octanol	1,10	1,45		0,35
	Cyclohexan	–0,62	1,23		1,85
	n-Hexan	–0,76	1,11		1,87

mittel (z. B. NADP$^+$) eingesetzt werden, das als zweites Substrat auftritt und während der Reaktion reduziert wird (zu NADPH). Die Berechnung der Gleichgewichtskonstanten in Tab. 12.5 impliziert also, dass die Verteilungskoeffizienten für das zweite Substrat und das zweite Produkt (NADP$^+$ und NADPH) identisch sind und daher keinen Einfluss auf die Gleichgewichtskonstante K_{eq}^{org} haben. Für NADP$^+$ als Oxidationsmittel ist diese Annahme zulässig, da sowohl NADP$^+$ als auch NADPH sich ausschließlich in der wässrigen Phase aufhalten.

Für die Herleitung von Gl. (12.62) und die Berechnung der in Tab. 12.5 angegebenen Werte wurde angenommen, dass die Substrate und Produkte in unendlicher Verdünnung vorliegen und die Aktivitätskoeffizienten eins sind. Für höhere Konzentrationen ist diese Annahme nicht zulässig.

Durch die UNIFAC Methode lassen sich durch Gruppenparameter auch Aktivitätskoeffizienten nach der chemischen Strukturformel berechnen. Das Verhältnis der Gleichgewichtskonstanten einer Zwei-Substrat-Zwei-Produkt-Reaktion wird ebenfalls durch Gleichung (12.64) angegeben, wobei berücksichtigt werden muss, dass die Gleichgewichtskonstanten und Verteilungskoeffizienten gemäß Gleichung (12.53) und (12.54) Funktionen der Aktivitätskoeffizienten sind. Somit lassen sich auch Vorhersagen über das Verhältnis der Gleichgewichtskonstanten in Zweiphasen-Systemen treffen, die Substrate und Produkte in höheren Konzentrationen enthalten.

12.6.3.2 Reversionsreaktionen

In vielen Reaktionen ist Wasser ein Reaktionspartner. Enzyme, die solche Reaktionen katalysieren, sind die Hydrolasen. Beispiele für diese Enzyme sind die Lipasen oder Esterasen (Abb. 12.36). Lipasen sind grenzflächenaktive Enzyme, die in wässriger Umgebung Ester hydrolytisch spalten

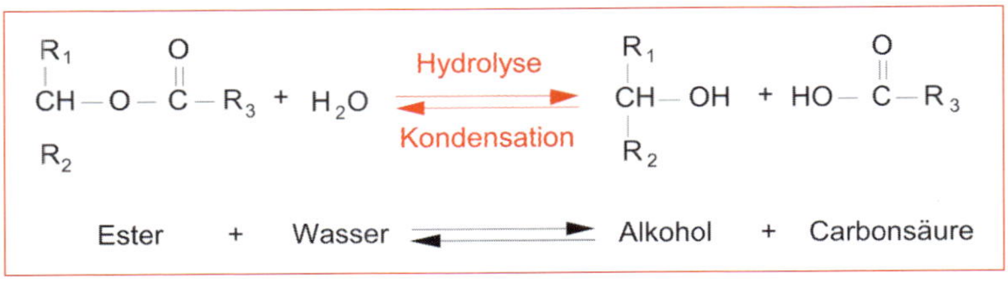

Abb. 12.36 Reaktionsschema der Lipase-katalysierten Hydrolyse bzw. Veresterung

und in Emulsionen Veresterungen oder Umesterungen ermöglichen (vgl. Tab. 12.5).

Wegen ihrer günstigen Verfügbarkeit, ihrer hohen Stereo- und Regiospezifität haben Lipasen mehrere industrielle Anwendungen gefunden.

Bei der Hydrolyse in wässrigen Systemen wird die Konzentration des Wassers in der Regel als konstant (55,5 mol/l) angenommen und die Wasseraktivität zu eins gesetzt. Ist die Wasseraktivität kleiner als eins, so kann jedoch das Gleichgewicht einer Reaktion z.B. von der Hydrolyse zu einer Kondensation verschoben werden.

Neben der Erhöhung des Umsatzes von Veresterungsreaktionen durch Einsatz eines Zweiphasen-Systems und Produktextraktion kann man den Umsatz durch Verringerung der Wasseraktivität steigern. Ist nur wenig Wasser vorhanden, so wird die Kondensationsreaktion die Hydrolyse überwiegen. Um die Reaktion durch Verringerung der Wasseraktivität zu vollständigem Umsatz zu treiben, muss deshalb das durch die Reaktion entstandene Wasser während der Reaktion stetig entfernt werden. Dies kann z.B. durch Vakuumdestillation, Trocknung der organischen Phase über Molekularsiebe oder auch über Pervaporation mit wasserselektiven Membranen erfolgen.

12.6.4 Prozessführungs- und Aufarbeitungsverfahren von Mehrphasen-Systemen

Technische Enzyme sind in der Regel hydrophil und halten sich dann ausschließlich in der wässrigen Phase bzw. an der Phasengrenzfläche auf. Da Zweiphasen-Systeme häufig durch die Diffusion der Substrate und Produkte zwischen den beiden Phasen limitiert sind, wird versucht, die Phasengrenzfläche zu maximieren. Eine feine Dispersion zweier unlöslicher Phasen wird normalerweise durch hohe Rührleistungen erreicht. In biotechnologischen Reaktoren sind dem Leistungseintrag durch Rühren jedoch Grenzen gesetzt, da der Energieaufwand sowie der Investitionsaufwand für den Reaktor stark ansteigen und scherempfindliche Enzyme durch den hohen Energieeintrag zerstört werden könnten. Die Zugabe von stabilisierenden Zusätzen (z.B. Tenside, Emulgatoren) verringert den Aufwand zur Aufrechterhaltung einer Emulsion; allerdings erschweren sie die Aufarbeitung erheblich. Die Entmischung der Emulsion in eine das Enzym enthaltende und eine das Produkt enthaltende Phase erleichtert die Produktaufarbeitung, da die Phasen leicht mechanisch getrennt werden können. Dies geschieht umso schneller, je größer die dispergierten Tröpfchen sind. Hier treten also bei der Auslegung eines Prozesses zwei gegensätzliche Ziele auf: Zum einen muss für einen optimalen Stofftransport im Reaktor ständig gerührt und die dispergierte Phase so fein wie möglich verteilt werden, zum anderen soll für die Aufarbeitung eine möglichst schnelle und einfache Phasentrennung erhalten werden, was durch möglichst grobe Dispersionen erreicht wird. Deshalb müssen bei der Aufarbeitung von Zweiphasen-Systemen je nach Problemfall verschiedene Verfahrenstechniken angewendet werden. Ist der Dichteunterschied der beiden Phasen ausreichend, so kann die Phasentrennung durch Sedimentation erfolgen. Bei geringeren Dichtedifferenzen wird die Zentrifugation eingesetzt (vgl. Abschnitt 10.3.4, Abb. 10.41). Ist die Emulsion durch Zusatz von Tensiden stabilisiert, so lassen sich die beiden Phasen nur schwierig makroskopisch trennen. Hier müssen Emulsionsspaltverfahren, wie z.B. die Membranfiltration, die Elektrokoaleszens oder Flotationsverfahren eingesetzt werden, um eine Trennung der Phasen zu erreichen.

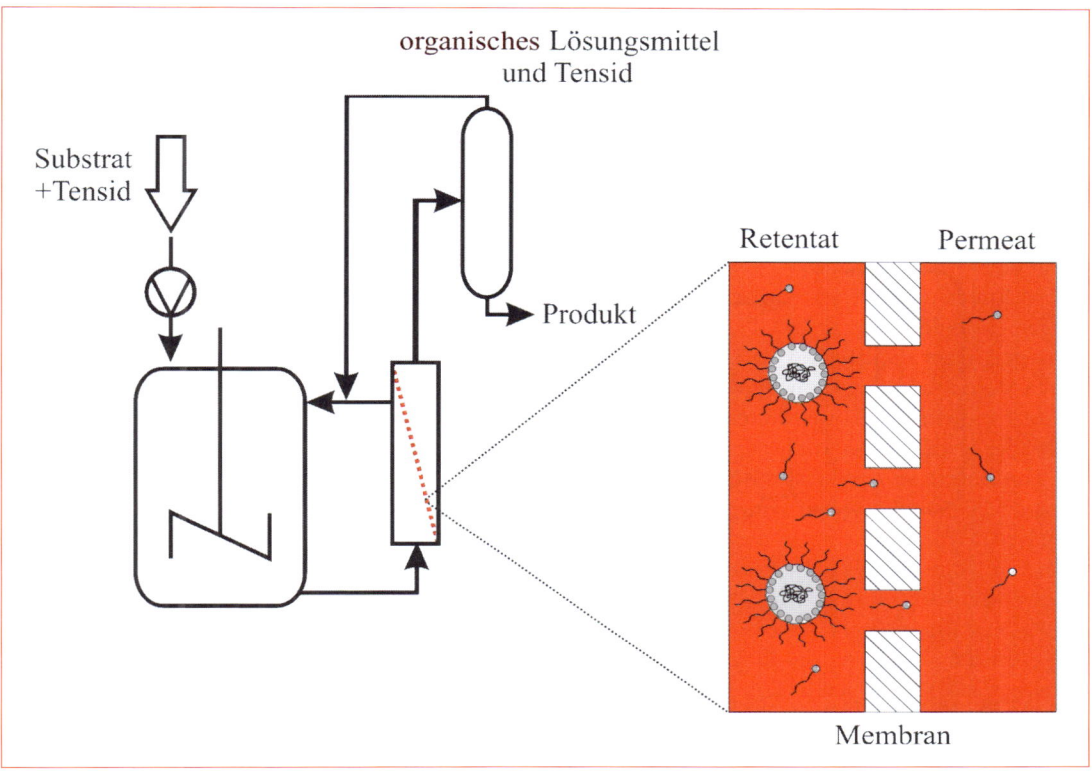

Abb. 12.37 Membranreaktor mit Mikroemulsion bzw. reversen Micellen als Reaktionsmedium, Produktabtrennung über Ultrafiltration und nachgeschaltete Destillation. Symbole vgl. a. Abb. 12.29

Die Aufarbeitung von Mikroemulsionen oder reversen Micellen stellt ein besonderes Problem dar, da die dispergierten Tröpfchen besonders klein und mechanische Trennverfahren nur begrenzt anwendbar sind. Eine komplette Phasentrennung der beiden Phasen ist hier in der Regel nicht möglich, ohne den Biokatalystor zu schädigen. In einigen Mikroemulsionen und revers-micellaren Systemen kann durch Temperaturänderung eine Entmischung herbeigeführt werden. Man erhält dann eine den Biokatalysator enthaltende Phase und eine das Produkt enthaltende Phase. Dieses Vorgehen hängt jedoch stark von der Zusammensetzung des Mehrkomponenten-Systems ab und muss im Einzelfall getestet werden.

Alternativ kann man durch den Einsatz der Ultra- bzw. der Nanofiltration reverse Micellen bzw. Mikroemulsionströpfchen zu einem Großteil im Reaktor zurückhalten und die das Produkt enthaltende organische Phase abtrennen (Abb. 12.37). Das Tensid wird dabei jedoch nicht vollständig durch die Membran zurückgehalten, da nicht alle Tensidmoleküle in Micellaggregaten gebunden sind. In reversen Micellen oder Mikroemulsionen liegt das Tensid sowohl gebunden in Micellaggregaten als auch als gelöstes Monomer vor, das durch die Membran nicht zurückgehalten wird (Lüthi et al. 1984). Deshalb ist der Produktstrom mit Tensid verunreinigt, und dem Reaktor muss ständig neues Tensid zugeführt werden.

Da die Phasentrennung bei Mikroemulsionen und reversen Micellen so schwierig erscheint, haben diese Systeme in der präparativen Biotechnologie bisher nur wenig Einsatz gefunden. Die Trennung der organischen und der wässrigen Phase ist jedoch in vielen Fällen gar nicht not-

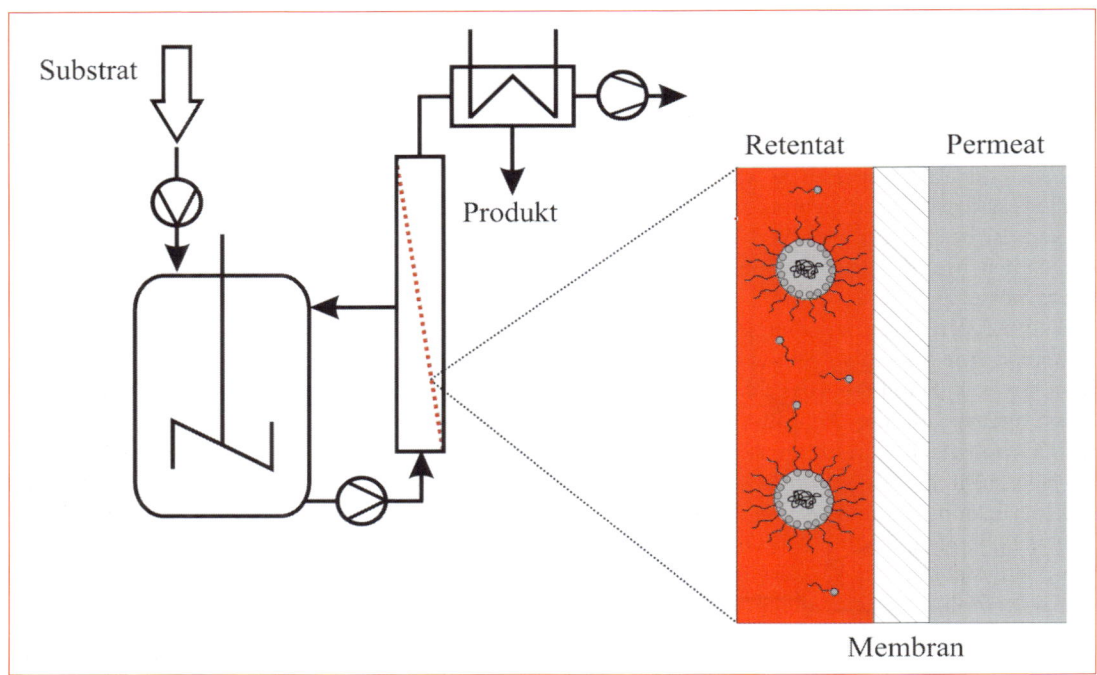

Abb. 12.38 Membranreaktor mit Mikroemulsion bzw. reversen Micellen als Reaktionsmedium, Produktabtrennung über Pervaporation (nach Röthig 1992)

wendig. Häufig ermöglichen die physikalischen Eigenschaften des Produktes auch die Produktentfernung direkt aus dem Zweiphasen-Reaktor. Ist das Produkt z. B. leicht flüchtig, kann es durch Destillation bzw. Pervaporation in gleicher Weise wie aus einem Einphasen-Reaktor abgetrennt werden, ohne dass die Emulsion erst gespalten werden muss. Bei der Pervaporation kann durch den Einsatz von Membranen ein Aufarbeitungsschritt integriert und das Produkt mit erhöhter Selektivität abgetrennt werden, ohne dass Tensid im Produktstrom vorliegt (Abb. 12.38).

12.6.5 Aktivität und Stabilität von Enzymen in Mehrphasen-Systemen

Die bisherigen Ausführungen gingen davon aus, dass das Enzym in Mehrphasen-Systemen sich genauso verhält wie in rein wässrigen Medien. Diverse Ergebnisse belegen jedoch, dass in Mehrphasen-Systemen die spezifische Aktivität, die Substrat-, Stereo- und Regiospezifität und die Stabilität des Katalysators verändert sein können. Dies ist auf molekularer Ebene auf Wechselwirkung der Proteine mit gelösten Substanzen und den Einfluss von Grenzflächenkräften auf die tertiäre und quartäre Struktur der Enzyme zurückzuführen. Wie bei trägerimmobilisierten Enzymen kann sich auch die Mikroumgebung verändern; so können sich in feinen Emulsionstropfen die pH-Werte verschieben oder sich Substrat- und Produktkonzentrationen bzw. Ionenstärken verändern. Diese Einflussgrößen sind wegen der geringen Abmessungen der feinen Emulsionstropfen jedoch nur schwer und meist nur indirekt zugänglich.

Manche Enzyme zeigen in Mehrphasen-Systemen erhöhte Aktivitäten, so wurde z. B. für Peroxidase in reversen Micellen eine gegenüber wässrigen Lösungen zwanzigfach höhere Aktivität festgestellt (Khmelnitsky et al. 1988). Die meisten bisher in Zweiphasen-Systemen untersuchten Enzyme zeigen jedoch Aktivitäten, die vergleichbar oder unterhalb der in Wasser gemessenen Werte liegen. Die Abweichungen des Enzymverhaltens in Mehrphasen-Systemen sind erst dann prägnant, wenn die Wasserkonzentration gering wird, wie das z. B. in reversen Micellen der Fall ist. Dieses ist wiederum auf die Änderung der Mikroumgebung zurückzuführen, so verschiebt sich der pH-Wert in den Emulsionstropfen bei Einsatz von ionischen Tensiden (Martinek et al. 1982).

Die meisten Enzyme haben in Mehrphasen-Systemen eine gegenüber rein wässrigen Medien herabgesetzte Stabilität. Dies ist in Emulsionen insbesondere auf die Auffaltung der Enzyme durch Grenzflächenkräfte an der Phasengrenze zurückzuführen. Wie schon bei den rein organischen Lösungsmitteln gezeigt, kann die Stabilität jedoch auch erhöht sein. Dieses hängt von der Menge des freien Wassers in dem Emulsionstropfen ab, je kleiner der Tropfen ist, desto mehr nähern sich die Verhältnisse dem rein organischen Lösungsmittel an. Die erhöhte Stabilität von Enzymen in Mehrphasen-Systemen kann somit durch verringerte Proteinbeweglichkeit und verringerte Menge an freiem Wasser z. B. in Mikroemulsionstropfen erklärt werden. In Mehrphasen-Systemen können auch erhöhte Langzeitstabilitäten von Enzymen gefunden werden, wenn weitere Effekte, die zur Desaktivierung des Enzymes führen, unterbunden werden. So können z. B. in reversen Micellen die Grenzflächeneffekte nur noch in verringertem Maße zur Auffaltung des Enzyms führen. Die Proteinaggregation, die zur Desaktivierung führen kann, ist in reversen Micellen auch verringert, da reverse Micellen aufgrund ihrer geringen Abmessungen nur ein Proteinmolekül aufnehmen können.

12.6.6 Wahl des geeigneten organischen Lösungsmittels

Ein wichtiger Faktor bei der Biokatalyse in reinen organischen Lösungsmitteln und organisch/wässrigen Zweiphasen-Systemen ist die Wahl des adäquaten Lösungsmittels. Es wurde lange angenommen, dass die Polarität des organischen Lösungsmittels der entscheidende Faktor für die Wahl des Lösungsmittels ist. Wenn das Enzym in das organische Lösungsmittel gegeben wird, kommt es zu einem „Kampf um Wasser" zwischen allen Komponenten. Das Wasser ist an das Enzym und mögliche Träger zur Immobilisierung gebunden. Es ist gelöst im organischen Lösungsmittel und in der Gasphase oberhalb des Reaktionsmediums. Die Verteilung des Wassers ist abhängig von dessen Löslichkeit im organischen Lösungsmittel. Bei verringerten Wassergehalten entziehen hydrophile organische Lösungsmittel dem Enzym das Wasser. Die Löslichkeit ist vor allem von der Polarität des Lösungsmittels abhängig. Ein Maß für die Polarität eines Lösungsmittels ist der log P Wert, der den Logarithmus des Verteilungskoeffizienten einer Substanz in einem Wasser/Octanol Zweiphasen-System beschreibt. Laane et al. (1985) stellten fest, dass Lösungsmittel mit einem logP < 2 in der Regel nicht als Reaktionsmedium für Biotransformationen geeignet sind. Allerdings konnte der Zusammenhang zwischen Aktivität/Stabilität nicht für alle enzymatischen Reaktionen verallgemeinert werden. Filho et al. (2003) verglichen die Enzymaktivität von isolierter Alkoholdehydrogenase in organisch/wässrigem Zweiphasen-System mit unterschiedlichen Lösungsmitteln. So wies das Enzym die höchste Halbwertzeit, Stabilität und Aktivität auf in einem *tert*-Butylmethylether (MTBE) Zweiphasen-System (log P = 1,0) verglichen mit einem Zweiphasen-System mit sowohl niedrigerem als auch höherem log P-Wert. Sie konnten die Enzymaktivität in den unterschiedlichen organisch/wässrigen Zweiphasen-Systemen wie folgt beschreiben:

$$A_t = A_0 \cdot I \, e^{-k'_{dea} \cdot t} \qquad (12.66)$$

Wobei A_t die zeitabhängige Aktivität, A_0 die Anfangsaktivität, I die sofortige (*instantaneous*) Inhibierung und k'_{dea} die Desaktivierungsrate für das Enzym ist. I kann bestimmt werden, indem die Enzymaktivität in der wässrigen Phase gemessen wird, bevor das organische Lösungsmittel zugegeben wird, und diese verglichen wird mit der Enzymaktivität gemessen 5 Minuten, nachdem das Lösungsmittel zugegeben wurde. Der Vorteil dieser Methode gegenüber dem log P-Wert besteht darin, dass neben der Inhibierung des Enzyms durch die Zugabe des

Lösungsmittels auch die zeitabhängige Desaktivierung, ausgedrückt durch die Desaktivierungsrate k'_{dea}, erfasst wird (Abb. 12.39). Da eine Korrelation zwischen der Polarität und der Enzymaktivität nicht festgestellt werden konnte, nahmen Filho et al. (2003) an, dass die Klasse der Lösungsmittel eine wichtigere Rolle spielt als die Polarität. Es zeigte sich, dass das Enzym im Zweiphasen-System bestehend aus kurzkettigen Ethern wie MTBE (Diethylether, Diisopropylether, und Di-n-buthylether) als organische Phase eine vergleichbare Aktivität zum MTBE-Zweiphasen-System aufweist, trotz unterschiedlicher log P-Werte (Diethylether: log P = 0,8; Diisopropylether: log P = 1,4; Di-n-buthylether: log P = 2,6). Eine allgemeine Systematik ist hier allerdings auch nicht möglich. Auch bei den industriellen Biotransformationen haben organische Lösungsmittel mit log P-Werten < 2 inzwischen Eingang gefunden, so z. B. bei der Hydroxynitrillyase katalysierten Addition von Blausäure an einen Aldehyd zur Synthese eines Pyrethroids (Groger 2001).

Der Einfluss des Lösungsmittels hängt von mehreren Faktoren ab und kann mit einem einzelnen Parameter nicht erfasst werden. Da eine systematische Wahl des Lösungsmittels allerdings ein wichtiger Faktor für die Etablierung enzymatischer Prozesse in der Industrie ist, bedarf es auf diesem Gebiet weiterer Untersuchungen.

12.6.5 Überkritische Fluide

Neuerdings werden auch **überkritische Fluide** als Reaktionsmedien für enzymatische Synthesen eingesetzt. Der kritische Punkt einer Substanz ist durch eine kritische Temperatur und einen kritischen Druck charakterisiert, Abb 12.40. Der überkritische Zustand ist demzufolge erreicht, wenn sowohl Temperatur als auch Druck oberhalb der kritischen Werte dieser Substanz liegen. Beim Übergang vom flüssigen oder gasförmigen Zustand in den überkritischen Zustand wird keine Phasengrenze überschritten, und damit findet keine sprunghafte, sondern eine kontinuierliche Änderung der physikalischen Eigenschaften statt. Die physikalischen Eigenschaften eines überkritischen Fluids liegen zwischen denen von Gasen und Flüssigkeiten. Kleine Variationen der Temperatur oder des Drucks können zu großen Veränderungen der Viskosität, Diffusivität und Löslichkeit von unterschiedlichen Komponenten im überkritischen Fluid führen, was eine gute Anpassung der physikalischen Eigenschaften des Reaktionsmediums ermöglicht; das Reaktionsmedium kann maßgeschneidert werden für bestimmte Reaktionen. Das am meisten genutzte System ist überkritisches Kohlendioxid, kritischer Punkt bei 31 °C und 73 bar. Weitere Fluide sind Fluorkohlenwasserstoffe (CHF_3), Hydrocar-

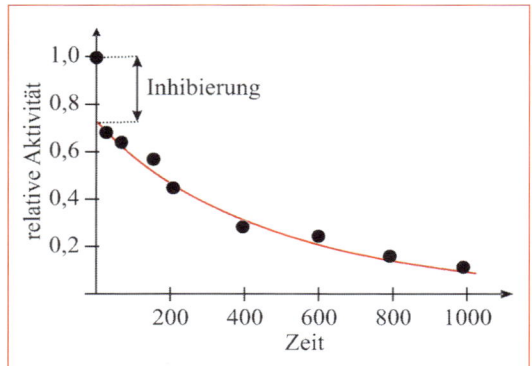

Abb. 12.39 Relative Aktivität eines Enzyms als Funktion der Zeit in einem wässrig/organischen Zweiphasen-System. Sofortige Inhibierung des Enzyms am Anfang nach Zugabe des Enzyms.

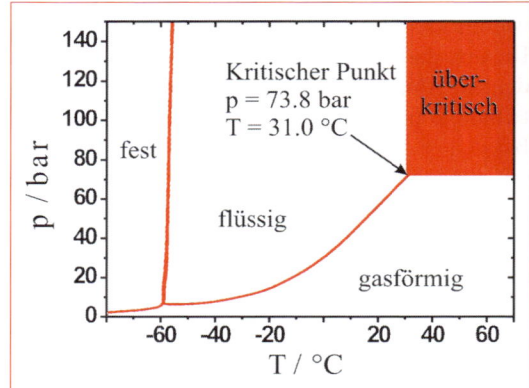

Abb. 12.40 Phasendiagram für Kohlendioxid. Im kritischen Punkt verschwinden die Flüssig- und Gasphase und gehen in eine überkritische Phase über.

bonate (Ethan, Ethen, Propan) oder anorganische Substanzen (SF_6, N_2O). Die Eigenschaften bezüglich der Biokatalyse sind ähnlich zu unpolaren Lösungsmitteln wie z. B. Hexan.

Der größte Vorteil überkritischer Fluide sind die hohen Diffusionsraten, d. h. geringe Diffusionslimitierungen, was zur Minimierung von Stofftransportlimitierungen führen kann. Überkritische Fluide wie z. B. CO_2 sind nicht toxisch und lassen sich am Ende der Reaktion einfach abtrennen. Ein großer Nachteil ist der erhöhte apparative Aufwand, da die Reaktoren für den hohen Druck ausgelegt sein müssen, was zu hohen Investitionskosten führt.

Alternativ zu überkritischen Fluiden konnten Ferloni et al. zeigen, dass sogar enantioselektive Reduktionen katalysiert durch Alkoholdehydrogenasen in der Gasphase mit Raum-Zeit Ausbeuten $> 100\ g\ l^{-1}\ d^{-1}$ ablaufen können (Ferloni 2004).

12.6.6 Ionische Flüssigkeiten

Der Einsatz von **ionischen Flüssigkeiten** in der Biokatalyse wurde in den letzten Jahren verstärkt untersucht (Wasserscheid 2002). Ionische Flüssigkeiten sind niedrig schmelzende Salze, die bei Raumtemperatur flüssig sind. Sie sind ausschließlich aus Ionen aufgebaut und daher hoch polar. Der Dampfdruck solcher ionischen Flüssigkeiten ist vernachlässigbar klein, was bei der Abtrennung von leicht flüchtigen Produkten von großem Vorteil ist, um so das Reaktionsgleichgewicht in Richtung des Produktes zu verschieben. Da eine große mögliche Anzahl von Gegenionen denkbar ist, können die Löslichkeitseigenschaften der ionischen Flüssigkeiten über einen weiten Bereich leicht verändert werden, so dass unterschiedliche Substanzen in ionischen Flüssigkeiten gelöst werden können. Die Erforschung der ionischen Flüssigkeiten als Reaktionsmedium für die Biokatalyse steht noch am Anfang und derzeit ist kein industrieller Prozess realisiert, allerdings konnten in unterschiedlichen Arbeiten die Vorteile des Einsatzes von ionischen Flüssigkeiten gezeigt werden (Rantwijk 2003, Kragl 2002). So zeigten Lipasen eine verbesserte Reaktionsrate, Selektivität und Stabilität in ionischen Flüssigkeiten für unterschiedliche Reaktionen (Krieger

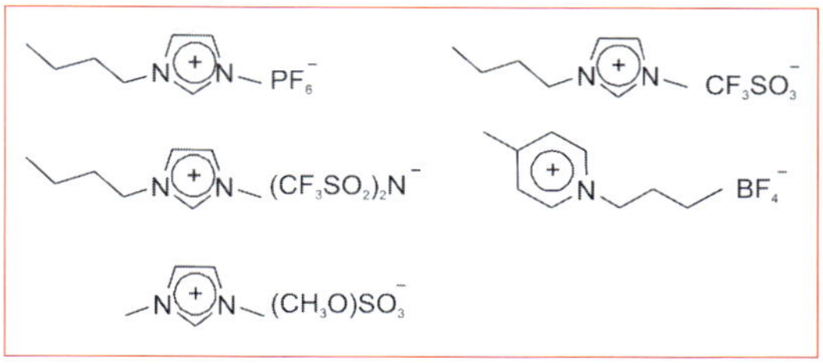

Abb. 12.41 Typische ionische Flüssigkeiten in der Biokatalyse

2004). Die am meisten untersuchten ionischen Flüssigkeiten sind Imidazolium-basierende ionische Flüssigkeiten (Abb. 12.41). Der größte Nachteil beim Einsatz von ionischen Flüssigkeiten ist der derzeitig noch bis zu 800-mal höhere Preis im Vergleich zu organischen Lösungsmitteln.

12.7 Prozessbeispiele

Im Folgenden werden exemplarisch einige industrielle Biotransformationen – unterteilt nach dem Einsatz von „freien Enzymen" und „immobilisierten Enzymen" – vorgestellt. Für eine umfassende Zusammenstellung von industriellen Biotransformationen sei auf folgende Publikationen verwiesen (Liese 2000, Liese 2002, Schmid 2001). Bei den hier angeführten Beispielen wird, soweit möglich, ein Vergleich zu den alternativen chemischen Produktionsverfahren gezogen.

12.7.1 Freie Enzyme

12.7.1.1 Epimerisierung von Glucosamin

N-Acetyl-D-mannosamin wird als *in situ* generiertes Substrat für die Synthese von N-Acetylneuraminsäure (Neu5Ac) verwendet (Abb. 12.42). Da es sich bei N-Acetyl-D-mannosamin um eine hochpreisige Verbindung handelt, wird es ausgehend von dem preiswerten N-Acetyl-D-glucosamin durch Epimerisierung an dem C_2-Kohlenstoff katalysiert durch die N-Acylglucosamin-2-Epimerase aus *E. coli* (EC 5.1.3.8) (Kragl 1991, Maru 1998, Maru 1996) gewonnen. Diese Biotransformation ist der erste Schritt der industriellen Produktion von *N*-Acetylneuraminsäure (Neu5Ac).

Die Epimerase wird für die *in situ*-Synthese von *N*-Acetyl-D-mannosamin (ManNAc) genutzt. Da das Gleichgewicht des Epimerisierungsschrittes deutlich auf Seiten des Eduktes liegt, wird die Epimerisierung durch die als Folgereaktion ablaufende Biotransformation von ManNAc mit Pyruvat zu Neu5Ac angetrieben. Hierdurch wird gemäß den Gesetzmäßigkeiten von Le Chatelier das Gleichgewicht des ersten Reaktionsschrittes verschoben.

Die *N*-Acylglucosamin-2-epimerase wurde aus Schweinenieren kloniert, transformiert und in *E. coli* überexprimiert. Um die maximale Enzymaktivität zu erzielen, müssen ATP und Mg^{2+} zugesetzt werden. Da die gesamte Reaktionssequenz reversibel ist, werden hohe GlcNAc-Konzentrationen etabliert.

1 = *N*-Acetyl-D-glucosamin
2 = *N*-Acetyl-D-mannosamin
E = GlcNAc 2-Epimerase aus *Escherichia coli*

Abb. 12.42 Biokatalytische Epimerisierung von Glucosamin zu Mannosamin (Marukin Shoyu)

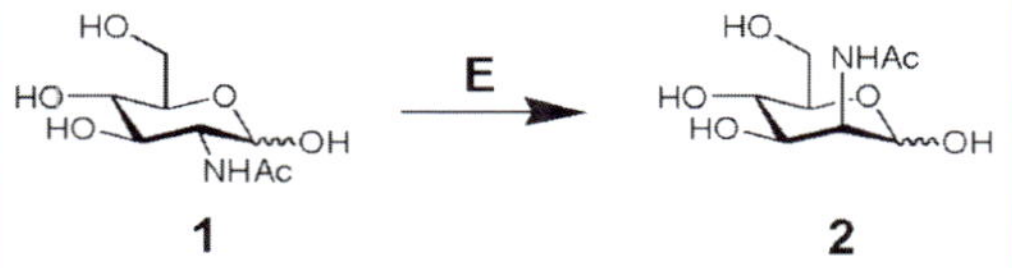

Alternativ kann die Epimerisierung von GlcNAc auch chemisch durchgeführt werden, wie bei Glaxo etabliert. Das Gleichgewicht der chemischen Epimerisierung liegt auf Seiten des *N*-Acetyl-D-glucosamin und es wird ein Verhältnis von GlcNAc:ManNAc = 4:1 erzielt. Nach Neutralisation und Zusatz von Isopropanol präzipitiert GlcNAc. In der zurückbleibenden Lösung resultiert ein Verhältnis von GlcNAc:ManNAc = 1:1. Nach Evaporation zur Trockene und Extraktion mit Methanol wird ein finales Verhältnis von GlcNAc:ManNAc = 1:4 erreicht.

12.7.1.2 Produktion von L-Methionin durch kinetische Razematspaltung

Ausgehend von razemischem Acetyl-D,L-Methionin mittels einer kinetischen Razematspaltung katalysiert durch die Aminoacylase aus *Aspergillus oryzae* (EC 3.5.1.14) wird L–Methionin gewonnen (Bommarius 1992, Leuchtenberger 1984, Wandrey 1979, Wandrey 1981) (Abb. 12.43). Neben der zuvor genannten Verbindung werden von Degussa verschiedene proteinogene und nicht-proteinogene Aminosäuren nach dem gleichen Verfahren produziert. Hierzu zählen z. B. L-Alanin, L-Phenylalanin, α-Aminobuttersäure, L-Valin, L-Norvalin und L-Homophenylalanin. Die entsprechenden acylierten Ausgangsverbindungen, *N*-Acetyl-D,L-Aminosäuren, sind bequem durch Acetylierung der D,L-Aminosäuren mit Acetylchlorid oder Essigsäureanhydrid in einer Schotten-Baumann Reaktion oder über Ami-

1 = *N*-Acetyl-D,L-Methionin
2 = *N*-Acetyl-D-Methionin
3 = L-Methionin
4 = Essigsäure
E = Aminoacylase aus *Aspergillus niger*

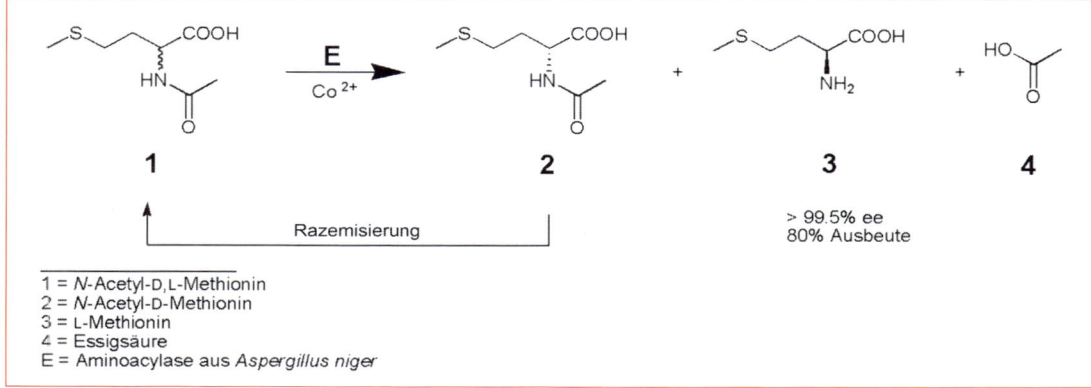

Abb. 12.43 Biokatalytische Produktion von L-Methionin (Degussa)

docarbonylierung zugänglich (Beller 1999). Das nicht umgesetzte Acetyl-D-Methionin wird durch den Zusatz von Essigsäureanhydrid in alkalischer Lösung rerazemisiert und als Ausgangsverbindung erneut eingesetzt. Alternativ dazu kann die Razemisierung auch durch eine Razemase durchgeführt werden. Um die Betriebsstabilität der Acylase zu erhöhen, wird Co^{2+} als Effektor dem Reaktionsmedium zugesetzt.

Die Produktaufarbeitung wird im Fall von L-Methionin mittels Kristallisation durchgeführt. Hierbei wird ausgenutzt, dass L-Methionin eine deutlich geringere Löslichkeit als das acylierte Substrat aufweist.

Die Produktion wird in einem kontinuierlich betriebenen Rührkesselreaktor durchgeführt, wobei das Enzym durch eine Ultrafiltrationsmembran aus Polyamid mit einer nominellen Ausschlussgrenze von 10 000 Dalton retentiert wird. Hierdurch werden die Verweilzeiten des Biokatalysators und der Reaktanden entkoppelt, wodurch der Katalysatorverbrauch gesenkt bzw. die Produktivität erhöht wird. L-Methionin wird mit einem Enantiomeren Überschuss > 99,5 %, einer Ausbeute von 80 % und mit einer Kapazität von > 300 t a^{-1} von Degussa produziert.

12.7.1.3 Produktion von Glycidylmethylestern

Analog zu L-Methionin wird auch der *trans-(2R,3S)-(4-Methoxyphenyl)-glycidylmethylester*, welcher eine Vorstufe für das Pharmazeutikum Diltiazem, einem Calciumkanalblocker, ist, durch kinetische Razematspaltung – katalysiert durch eine Lipase – aus *Serratia marcescens* (EC 3.1.1.3) gewonnen (Lopez 1991, Matson 1987, Matsumae 1994). Die weltweite Produktion beträgt 100 t·a^{-1}. Im Gegensatz zum Produktionsverfahren von L-Methionin wurde hier ein grundsätzlich anderes Produktionsverfahren etabliert, welches im Folgenden beschrieben wird.

Durch die Anwendung des biokatalytischen Schrittes konnte die Gesamtsynthesesequenz um 4 Stufen von 8 auf 4 verkürzt werden (Abb. 12.44). Zudem wurde hierdurch der anfallende Abfall deutlich reduziert, da die Razematspaltung zu einem früheren Zeitpunkt mit einer niedermolekulareren Verbindung durchgeführt wird. Basierend auf der Biotransformation wurde eine neue Syntheseroute entwickelt, welche eine Reduzierung der Herstellkosten auf zwei drittel im Vergleich zum etablierten Verfahren mit einer Razematspaltung durch Diastereomerenkristallisation zur Folge hatte (Shibatani 2000).

Die Lipase aus *Serratia marcescens* weist eine hohe Enantioselektivität ($E = 135$) für den *(2R,3S)-(4-Methoxyphenyl)glycidylmethylester* auf, welcher gleichzeitig einen kompetitiven Inhibitor darstellt. Das gebildete Hydroluseprodukt, die (+)-Methoxyphenylglycidat, ist chemisch instabil und decarboxyliert *in situ* zu 4-Methoxyphenylacetaldehyd. Dieses chemische Folgeprodukt der enzymkatalysierten Hydrolyse stellt einen starken Inhibitor der Lipase dar und führt gleichzeitig zur raschen Desaktivierung derselben. Der reaktionstechnische Kniff besteht hier in der online Extraktion des Inhibitors in die wässrige Phase durch Bildung eines wasserlöslichen Addukts mit Natriumhydrogensulfit, welches zuvor der wässrigen Phase zugefügt wurde. Letzteres wirkt zudem als Puffersubstanz.

Verfahrenstechnisch realisiert wurde die online Hydrolyseproduktabtrennung durch Entwicklung eines wässrig-organischen Zweiphasen Reaktors (Toluol / Wasser). Hierbei werden die beiden Phasen in einem Hohlfasermembranreaktor in den Poren der hydrophilen Membran (Polyacrylnitril) kontaktiert. Die Lipase ist in den Poren der Membran immobilisiert. Die Raum-Zeit Ausbeute an *trans-(2R,3S)-(4-Methoxyphenyl)glycidylsäuremethylester* beträgt 40 kg m^{-3} a^{-1}. Dieser Prozess wird seit 1993 betrieben.

12.7.2 Immobilisierte Enzyme

12.7.2.1 Produktion von High Fructose Corn Syrup (HFCS)

Der Prozess der Stärkeverflüssigung ist der Grundschritt der Produktion des *high fructose corn syrup* (HFCS), welcher als Süßungsmittel unter anderem in Cola-Getränken eingesetzt wird. Die Stärkeverzuckerung stellt einen dreistufigen Prozess dar. Zuerst findet eine partielle Hydrolyse der Stärke zu Dextrin in einem Rührkessel statt. Dieser Schritt wird durch eine α-Amylase

(EC 3.2.1.1) aus *Bacillus licheniformis* katalysiert (95 °C, endo-Spaltung von 1,4-Verknüpfungen). Im zweiten Schritt der Verzuckerung wird das Dextrin weiter zu Glucose gespalten, katalysiert durch eine Amyloglucosidase aus *Aspergillus niger* (EC 3.2.1.3) (60 °C, exo-Spaltung von 1,4- und 1,6-Verknüpfungen) (Holm 1983, Kainuma 1998, Labout 1985). Der letzte Schritt der industriellen Verzuckerung ist die Isomerisierung von Glucose zur Fructose, welche in einem Festbett-Reaktor mit immobilisierter Glucose-Isomerase (EC 5.3.1.5) aus *Streptomyces murinus* durchgeführt wird (60 °C) (Abb. 12.45). Der systematische Name der Glucose-Isomerase ist D-Xylose Ketol-

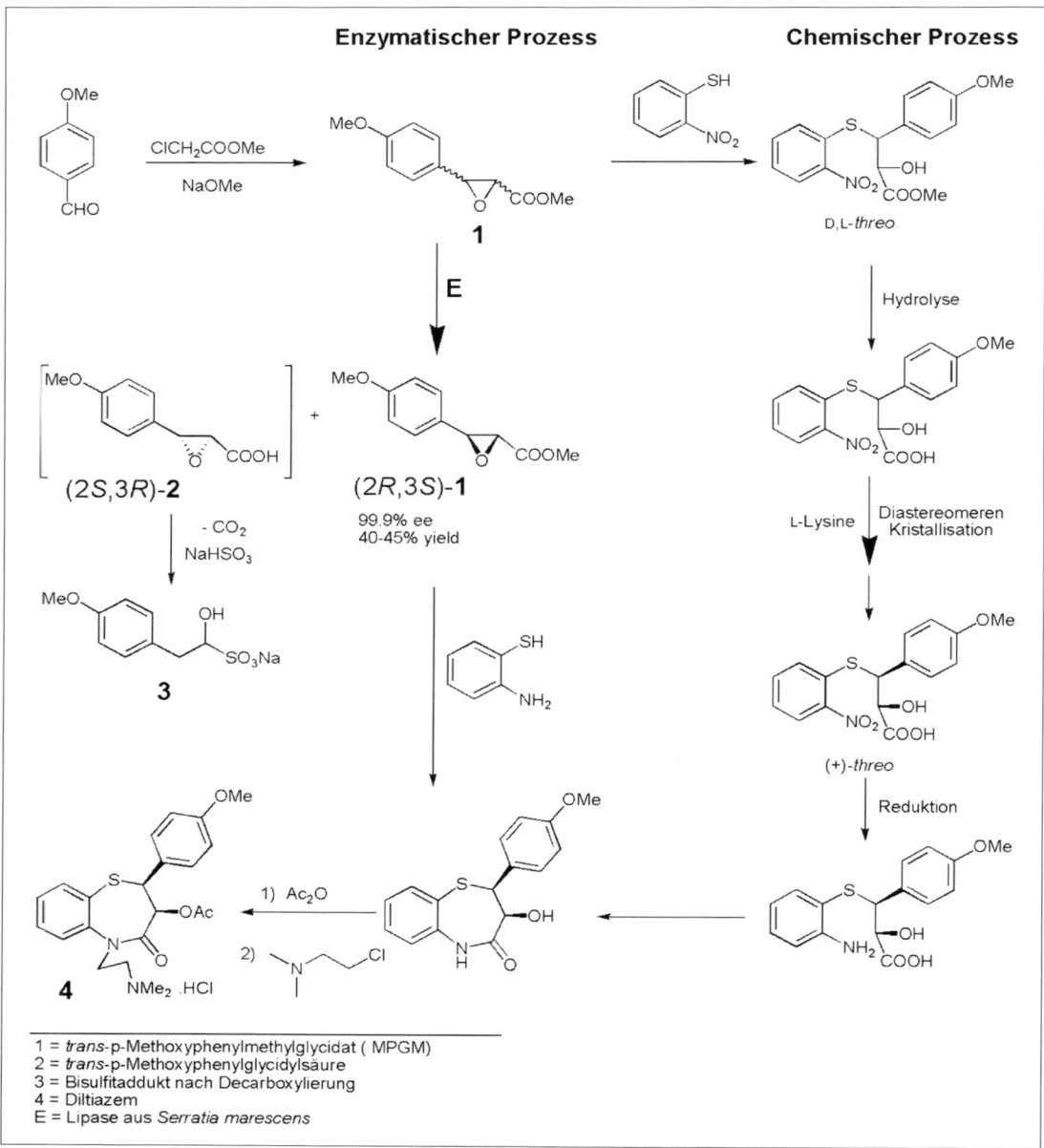

Abb. 12.44 Vergleich der chemischen und biokatalytischen Route zu Diltiazem (Tanabe Seiyaku Co., Ltd.)

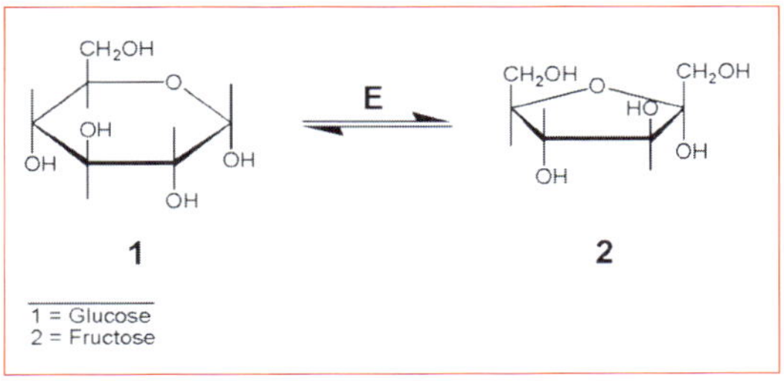

12.7 Prozessbeispiele

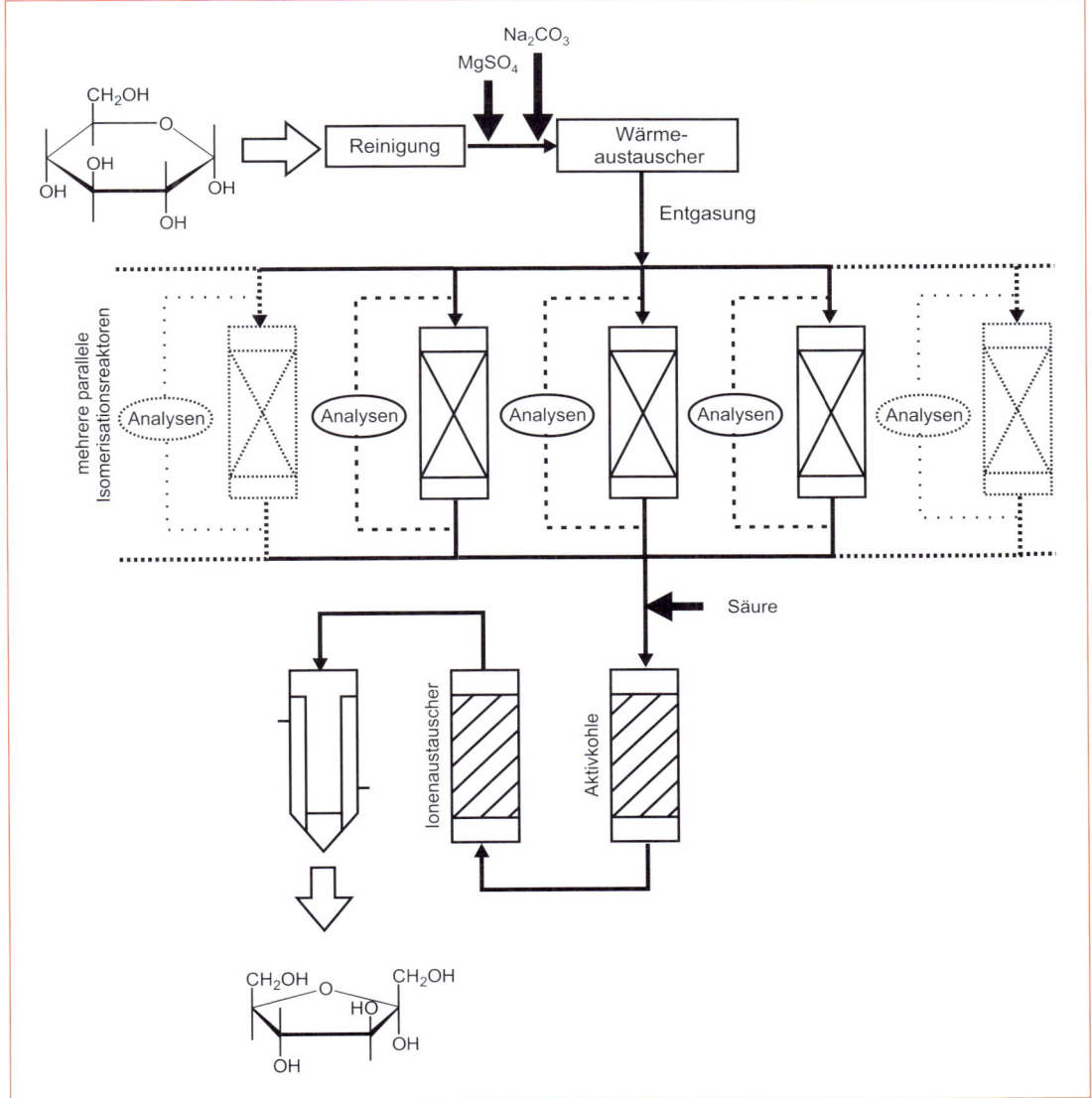

Abb. 12.45 Isomerisierung von Glucose zu Fructose

Isomerase, welches zeigt, dass das natürliche Substrat Xylose ist. Da diese Isomerase zu der Gruppe der Metalloenzyme gehört, werden Co^{2+} und Mg^{2+} als Effektoren benötigt.

Im Gleichgewicht wird eine finale Produktzusammensetzung von ca. 50 % Glucose und 50 % Fructose erreicht (55 °C). Das genaue Verhältnis ist von den Betriebsbedingungen und dem eingesetzten Enzym abhängig. Bei der Produktion werden verschiedene Festbettreaktoren parallel oder in Se-

Abb. 12.46 Fließbild der Isomerisierung von Glucose zu Fructose

rie betrieben, wobei verschiedene Reaktoren Enzyme verschiedenen Alters enthalten. Das Edukt muss eine hohe Reinheit aufweisen (Filtration, Adsorption an Aktivkohle, Ionenaustausch), um eine zu schnelle Deaktivierung und Verblockung des Katalysatorfestbettes zu verhindern. Fabriken, die mehr als 1000 t HFCS pro Tag produzieren, nutzen in der Regel mehr als 20 Reaktoren parallel (Abb. 12.46). Die eingesetzten Glucose Isomerasen haben in der Regel eine Halbwertszeit von mehr als 100 Tagen. Um eine ausreichend hohe Aktivität sicherzustellen wird das Enzym nach Deaktivierung um 12,5 % ersetzt. Die Strömungsrohrreaktoren werden mit einer Verweilzeit von 0,17–0,33 h betrieben. Das Produkt HFCS enthält vor der Produktaufarbeitung 42 % Fructose (53 % Glucose) und nach einem zusätzlichen chromatographischen Schritt 55 % Fructose (41 % Glucose).

12.7.2.2 Enantioselektive Acylierung von razemischen Aminen

Die Lipase aus *Burkholderia plantarii* (EC 3.1.1.3) katalysiert die enantioselektive Acylierung von razemischen Aminen (Balkenhohl 1995, Balkenhohl 1997, Reetz 1996), wie z. B. 1-Phenylethylamin (Abb. 12.47). Die Produkte werden als Intermediate bei der Produktion von Pharmazeutika und Pestiziden eingesetzt. Zudem dienen sie als chirale Synthone in der asymmetrischen Synthese. Als Acylierungsreagenz wird Ethylmethoxyacetat verwendet. Die resultierende Reaktionsgeschwindigkeit ist ca. 100-mal höher als mit dem häufig eingesetzten Butylacetat. Dieses ist wahrscheinlich in der erhöhten Carbonylaktivität begründet, welche durch den aktivierenden Effekt der Methoxygruppe ausgelöst ist. Die Lipase wird auf Polyacrylatträgern immobilisiert und die Biotransformation in einem kontinuierlich betriebenen Strömungsrohr durchgeführt (Abb. 12.48). Die verringerte Aktivität aufgrund des Einsatzes der Lipase in dem organischen Lösungsmittel *tert*-Methylbutylether (MTBE) kann um den Faktor 1000 erhöht werden, indem die Lipase in Gegenwart von Fettsäuren (z. B. Ölsäure) gefriergetrocknet wird. Der Vorteil des organischen Lösungsmittels als Reaktionsmedium stellt sich in der hohen etablierbaren Ausgangskonzentration der razemischen 1-Phenylethylamin mit 1,65 M dar. Die Enantioselektivität der Lipase bezüglich 1-Phenylethylamin ist größer 500. Das gebildete (R)-Phenylethylmethoxyamid wird in einem einfachen Schritt zu (R)-Phenylethylamin hydrolysiert. Das nichtumgesetzte (S)-Enantiomer wird mit einem Palladium-Katalysator rerazemisiert.

12.7.2.3 Hydrolyse von Penicillin G

6-Aminopenicillansäure (6-APA) ist die Vorstufe für die Herstellung einer Vielzahl von semisynthetischen Penicillinen und wird durch enzymkatalysierte Hydrolyse von Penicillin G gewonnen (Abb. 12.49). Als Biokatalysator kommt hier die Penicillinamidase aus *Escherichia coli* (EC 3.5.1.11) zur Anwendung (Verweij 1993, Matsumoto 1993). Dieses Verfahren wird von vielen Firmen weltweit angewendet, so z. B. Unifar, Türkei; Asahi Chemicals, Japan; Fujisawa Pharmaceutical Co., Japan; DSM, Niederlande; Novo-Nordisk, Schweden; Pfizer, USA. Das Enzym wird isoliert und immobilisiert eingesetzt, zumeist auf Eupergit®C Trägern (Degussa-Röhm, Germany). Die Produktion wird in einem repetitiven Batch Verfahren ausgeführt, wobei der immobilisierte Biokatalysator mit Sieben retentiert wird. Im Fall der Immobilisierung der Penicillinamidase auf Eupergit®C wird nach 800 wiederholten Batchzyklen immer noch eine Restaktivität von 50 % bezogen auf die eingesetzte Anfangsaktivität erzielt. Dieses hat zur Folge, dass nach 800 Reaktionszyklen die Reaktionszeit einer einzelnen Biotransformation von 60 auf 120 Minuten erhöht ist, um den gleichen Umsatz zu erzielen. Die Raum-Zeit Ausbeute beträgt 445 $g \cdot l^{-1} \cdot d^{-1}$. Nach Abtrennung des immobilisierten Enzyms wird das Hydrolyseprodukt Phenylessigsäure durch Extraktion abgetrennt und 6-APA aus der zurückbleibenden Lösung kristallisiert. In dem letzten Schritt kann die Ausbeute zusätzlich durch eine Konzentrierung der Mutterlösung der Kristallisation mittels Vakuumevaporation oder Reverse Osmose weiter erhöht werden. Die Produktion wird an 300 Tagen im Jahr mit einer durchschnittlichen Produktion von 12,8 Batchzyklen pro Tag (Produktionskampagnen mit 800 Batchzyklen pro Kampagne) durchgeführt. Asahi Chemical setzt eine Penicillinamidase aus *Bacillus megaterium* ein, welche auf aminierten porösen Polyacrylonitrilfasern immobilisiert wurde. Die Produktion wird in einem Umlaufreaktor, bestehend aus 18 parallel betriebenen Säu-

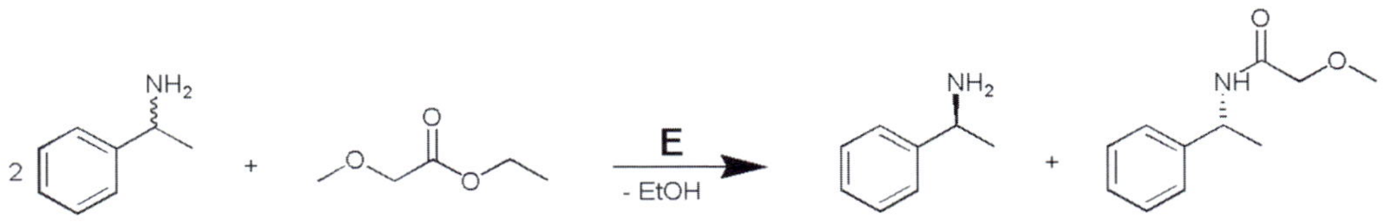

12.7 Prozessbeispiele

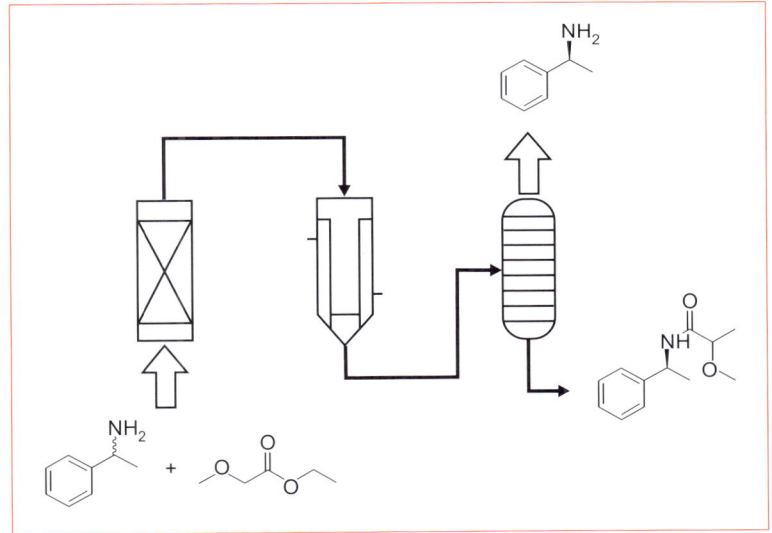

Abb. 12.47 Kinetische Razematspaltung von Phenylethylamin (BASF)

1 = 1-Phenylethylamin
2 = Ethylmethoxyacetat
3 = Phenylethylmethoxyamid
E = Lipase aus *Burkholderia plantarii*

Abb. 12.48 Fließbild der kinetischen Razematspaltung von Phenylethylamin

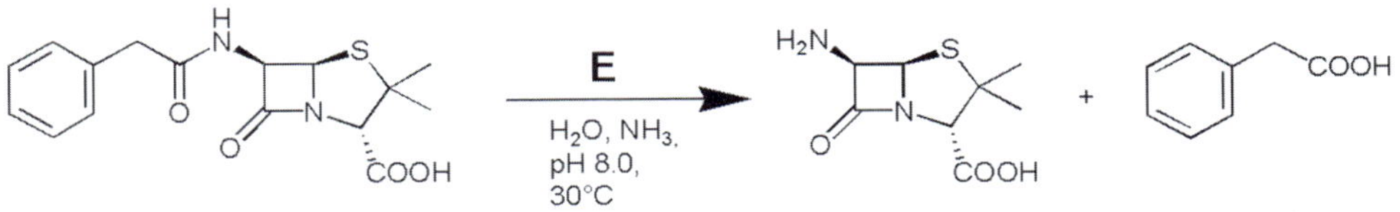

1 = Penicillin-G
2 = 6-Aminopenicillansäure (6-APA)
3 = Phenylessigsäure
E = Penicillinamidase aus *Escherichia coli*

Abb. 12.49 Synthese von 6-Aminopenicillansäure

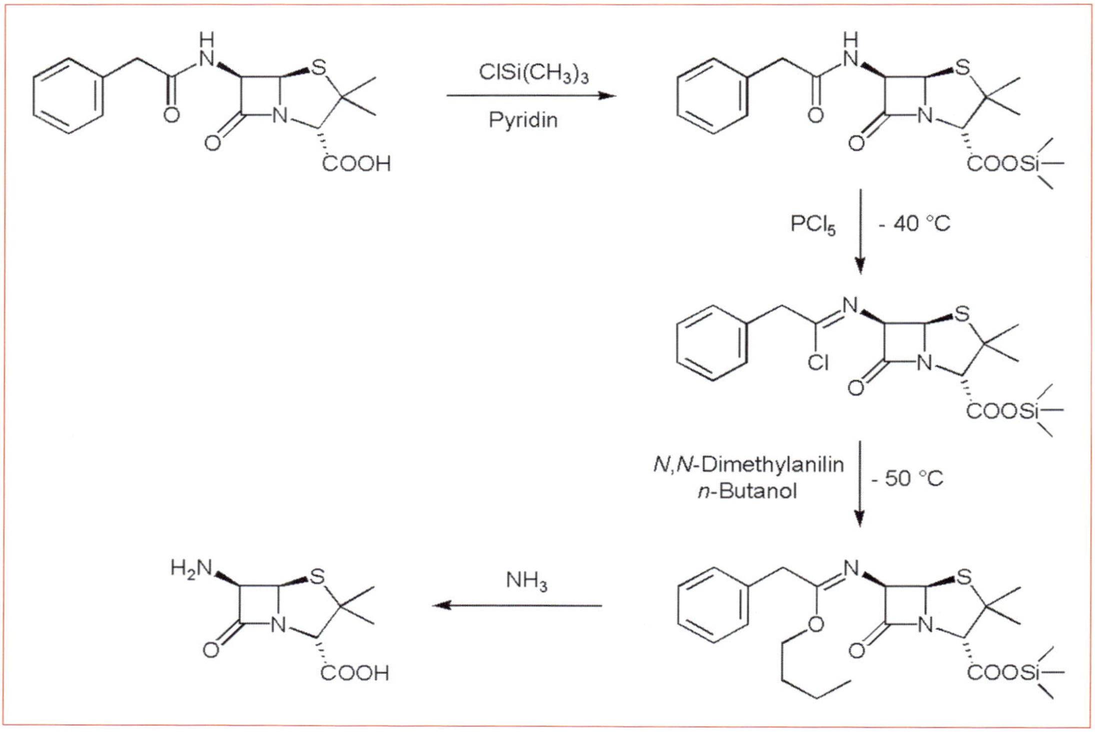

Abb. 12.50 Chemischer Prozess für die Synthese von 6-APA

len mit immobilisertem Enzym betrieben. Jede Säule hat ein Volumen von 30 l. Die Zirkulation der Reaktionslösung wird mit einem Fluss von 6 000 l·h^{-1} durchgeführt. Eine Zykluszeit beträgt 3 Stunden. Die Lebenszeit einer einzelnen Säule beträgt ca. 360 Zyklen. Die Aufreinigung des 6-APA wird durch isolelektrische Ausfällung bei einem pH-Wert von 4,2 mit anschließender Filtration und Waschen mit Ethanol durchgeführt.

Mit der gleichen Technologie wird auch die 7-Aminodesacetoxycephlosporansäure (7-ADCA) produziert.

Im Vergleich zu dem klassischen chemischen Verfahren wird die Anzahl der Reaktionsschritte durch Integration der Biotransformation drastisch reduziert (Abb. 12.50). Organische Lösungsmittel, Thermostatisierung auf –40 °C und die Etablierung von absoluten trockenen Synthesebedingungen entfallen. Diese Punkte waren im klassisch chemischen Verfahren notwendig und komplizierten den Prozess. Die Folge waren sehr hohe Produktionskosten.

Literatur

Balkenhohl, F., Ditrich, K., Hauer, B., Lander, W. (1997): Optisch aktive Amine durch Lipase-katalysierte Methoxyacetylierung, J. prakt. Chem. 339, 381–384.

Balkenhohl, F., Hauer, B., Lander, W., Schnell, U., Pressler, U., Staudemaier, H.R. (1995): Lipase katalysierte Acylierung von Alkoholen mit Diketenen, BASF AG, DE 4329293.

Beller, M., Eckert, M., Moradi, W. (1999): First Amidocarbonylation with Nitriles for the Synthesis of N-Acyl amino acids, Synlett, 108.

Bommarius, A. and B. Riebel (2004): Biocatalysis: Fundamentals and Applications.

Bommarius, A. S., Drauz, K., Klenk, H., Wandrey, C. (1992): Operational stability of enzymes – acylase-catalyzed resolution of N-acetyl amino acids to enantiomerically pure L-amino acids. Ann. N. Y. Acad. Sci. 672, 126–136.

Buchholz, K. und Kasche, V., (1997): Biokatalysatoren und Enzymrechnologie VCH Verlagsgesellschaft mbH, Weihnheim

Drauz, K. and H. Waldmann (2002): Enzyme Catalysis in Organic Synthesis. Weinheim, Wiley-VCH.

Faber, K (2000): Biotransformation in organic chenistry. 4.edn. Berlin,

Ferloni, C., Heinemann, M., Hummel, W., Daussmann, T., Buchs J. (2004): Optimization of Enzymatic Gas-Phase

Reactions by Increasing the Long-Term Stability of the Catalyst Biotechnology progress, 3, 975–978

Filho, M. V., Stillger, T. Müller, M., Liese, A., Wandrey C. (2003): Is logP a convenient criterion to guide the choice of solvents for biphasic enzymatic reactions. Angew. Chem., 115, 3101–3104

Flaschel, E., Raetz, E., Renken, A. (1983): Development of a Tubular Recycle Membrane Reactor for Continuous Operation with Soluble Enzymes, in Lafferty, E. (Hrsg.): Enzyme Technology, Springer Verlag, Berlin, 285–295.

Flaschel, E., Wandrey, C., Kula, M.R. (1983): Ultrafiltration for the Separation of Biocatalysts. Adv. Biochem. Eng. 26, 73–142.

Frost & Sullivan (2003): Advances in Biotechnology for the Manufacture of Chemicals: Part 1 (D481), Technical Insights Internet: www.frost.com, www.technical-insights.frost.com

Frost & Sullivan (2003): Advances in Biotechnology for Chemical Manufacture – Part 2 (D482), Technical Insights Internet: www.frost.com, www.technical-insights.frost.com

Gregory, H. R. J. (1999): Cyanohydrins in nature and the laboratory: biology, preparations, and synthetic applications. Chemical reviews, 99, 3649–3682

Griebenow, K. & Klibanov, A. M. (1996): On protein denaturation in auqeous-organic mixtures but not in pure organic systems. Journal of the American Chemical Society, 118 (47),11695–11700

Groger, H. (2001): Enzymatic routes to enantiomerically pure aromatic á-hydroxy carboxylic acids: a further example for the diversity of biocatalysis, Adv.Synth.Catal. 343, 547–558

Gupta, M. N. (2000): Methods in non-aqueous enzymology, Birkhäuser Verlag, Basel – Boston – Berlin

Halling, J.P. (1990): Solvent Selection for Biocatalysis in mainly organic systems: Predictions of effects on equilibrium position. Biotechn. Bioeng. 35, 691–701

Hansch, C., Leo, A: (1979): Substituent Constants for Correlation Analysis in Chemistry and Biology. Wiley-Interscience, New York

Hartmeier, W. (1986): Immobilisierte Biokatalysatoren. Springer-Verlag, Berlin, Heidelberg.

Holm, J., Bjoerck, I., Eliasson, A.C. (1985): Digestibility of amylose-lipid complexes in vitro and in-vivo, Prog. Biotechnol. 1, 89–92.

Holm, J., Bjoerck, I., Ostrowska, S., Eliasson, A.C., Asp, N.G., Larsson, K., Lundquist, L. (1983): Digestibility of amylose-lipid complexes in vitro and in-vivo, Stärke 35, 294–297.

Hill, C.G. (1977): Chemical Engineering Kinetics and Reactor Design, J. Wiley & Sons, New York.

Kainuma, K. (1998): Applied glycoscience-past, present and future, Food Ingredients J. Jpn. 178, 4–10.

Kainuma, K. (1998): Applied glycoscience-past, present and future, Foods Food Ingredients J. Jpn. 178, 4–10.

Khmelnitsky, Y.L., Levashov, A.V., Klyachko, N.L., Martinek, K. (1988): Engineering biocatalytic systems in organic media with low water content. Enzyme Microb. Technol. 10, 710–724

Klibanov, A.M. (1986): Enzymes that work in organic solvents. CHEMTECH 6, 354–359

Klibanov, A. M. (2001): Improving enzymes by using them in organic solvents. Nature 409, 241–246

Kragl, U. Gygax, D., Ghisalba, O., Wandrey, C. (1991): Enzymatic process for preparing N-acetylneuraminic acid. Angew. Chem. Int. Ed. Engl., 30, 827–828.

Kragl, U., Eckstein, M.; Kaftzik, N. (2002): Biocatalytic reactions in ionic liquids in Wasserscheid, P.; Welton, T. (eds.) Ionic Liquids in Synthesis Wiley-VCH Weinheim, pp. 336–347

Kragl, U.; Niedermeyer, U.; Kula, M.-R; Wandrey, C. (1990): Engineering Aspects of Enzyme Engineering – Continuous Asymmetric C-C Bond Formation in an Enzyme-Membrane-Reactor Ann. N. Y. Acad. Sci. 613, 167–175

Krieger, N., Bhatnagar, T., Baratti, J. C., Baron, A. B., de Lima, V. M., Mitchell, D. (2004): Non-aqueous biocatalysis in heterogeneous solvent systems. Food Technol. Biotechol., 42, 279–286

Laane, C. und J. Tramper (1990): Tailoring the medium and reactor for biocatalysis, CHEMTECH 8, 502–506

Laane, C., Boeren, S., Vos, K. (1985): On optimizing organic solvents in multi-liquid-phase biocatalysis, Trends in Biotechnology 3, 251–252

Labout, J.J.M. (1985): Conversion of liquefied starch into glucose using a novel glucoamylase system, Stärke 37, 157–161.

Lee, L. G. und Whitesides, G. M. (1985): Enzyme-catalysed organic synthesis: a comparison of strategies for in situ regeneration of NAD from NADH. J. Am. Chem. Soc. 107, 6999–7008.

Leuchtenberger, W., Karrenbauer, M., Plöcker, U. (1984): Scale-up of an enzyme membrane reactor process for the manufacture of L-enantiomeric compounds. Enzyme Engineering 7, Ann. N. Y. Acad. Sci. 434, 78.

Levenspiel, O. (1999): Chemical reaction engineering. New York, John Wiley&Sons, Inc.

Liese, A Karutz, M., Kamohuis, J., Wandrey, C., Kragl, U. (1996): Enzymatic resolution of 1-Phenyl-1,2-ethanediol by enantioselective oxidation: overcoming product inhibition by continuous extraction. Biotechn.Bioeng. 51, 544–550

Liese, A. (2002): Replacing chemical steps by biotransformations: Industrial applications and processes using biocatalysis in Enzyme Catalysis in Organic Synthesis, 2nd edition, (K. Drauz, H. Waldmann, eds.), Wiley-VCH 1419–1460

Liese, A., Seelbach, K., Wandrey, C., (2000): Industrial Biotransformations Wiley-VCH, Weinheim

López, J. L., Matson, S. L. (1991): Liquid-liquid extractive membrane reactors, Bioproc. Technol. 11, 27–66.

Lüthi, P., Luisi, P. (1984): Enzymatic synthesis of hydrocarbon-soluble peptides with reverse micelles. J.Am.Chem. Soc. 106, 7285–7286

Martinek, K., Klyachko, N.L., Kabanov, A.V., Khmelnitsky, Y.L., Levashov, A.V. (1989): Micellar enzymology: its relation to membranology. Biochimica et Biophysica Acta 981, 161–172

Martinek, K., Levashov, A.V., Khmelnitsky, Y.L., Klyachko, N.L., Berezin, I.V. (1982): Colloidal solution of water in organic solvents: A microheterogenous medium for enzymatic reactions, Science 218, 889–891

Martinek, K., Semenov, A.N., Berezin, I.V.(1981): Enzymatic synthesis in biphasic aqueous-organic systems I. Chemical equilibrium shift. Biochim. Biophys. Acta 658, 76–89

Maru, I. Ohnishi, J., Ohta, Y. Tsukada, Y. (1998): Simple and large-scale production of N-acetylneuraminic acid from N-acetyl-D-glucosamine and pyruvate using N-acyl-D-glucosamine 2-epimerase and N-acetylneuraminate lyase. Carb. Res. 306, 575–578.

Maru, I., Ohta, Y., Murata, K., Tsukada Y. (1996): Molecular cloning and indentification of N-acyl-D-glucosamine 2-epimerase from procine kidney as a renin-binding protein. Biol. Chem. 271, 16294–16299.

Matson, S. L. (1987): Method and apparatus for catalyst containment in multiphase membrane reactor systems, PCT WO 87/02381, PCT US 86/02089.

Matsumae, H., Shibatani, T. (1994): Purification and characterization of the lipase from Serratia marcescens Sr41 8000 responsible for asymmetric hydrolysis of 3-phenylglycidic acid esters, J. Ferment. Bioeng. 77, 152–158.

Matsumae, H., Furui, M., Shibatani, T., Tosa, T. (1994): Production of optically active 3-phenylglycidic acid ester by the lipase from Serratia marcescens in a hollow-fiber membrane reactor, J. Ferment. Bioeng. 78, 59–63.

Matsumoto, K., (1993): Production of 6-APA, 7-ACA, and 7-ADCA by immobilized penicillin and cephalosporin amidases, in: Industrial Application of Immobilized Biocatalysts (A. Tanaka, T. Tosa, T. Kobayashi, eds.), Marcel Dekker, New York, 67–88.

Melin, T., Rautenbach, R., (2004): Membranverfahren: Grundlagen der Modul- und Anlagenauslegung. Springer-Verlag, Berlin Heidelberg

Park, S., Kazlauskas, R. (2001): Improved preparation and use of room temperature ionic liquids in lipase-catalyzed enantio- and regioselective acylations. Journal of Organic Chemistry, 66, 8395–8401.

Pasteur, L. (1858): Mémoire sure la fermentation de l'acide tartrque. C.R. Acad. Sci. (Paris), 46, 615–618

Prenosil, J.E., Dunn, I.J., Heinzle E. (1987): Biocatalyst Reaction Engineering, in Rehm, H.-J., Reed, G. (Hrsg.): Biotechnology, Volume 7a. VCH.

van Rantwijk, F.; Madeira Lau, R.; Sheldon, R. A. (2003): Biocatalytic transformations in ionic liquids. Trends in Biotechnology, 21, 131–138

Reetz, M., Wiesenhöfer, W., Francio, G., Leitner, W. (2002): Biocatalysis in ionic liquids: batchwise and continuous flow processes using supercritical carbon dioxide as the mobile phase. Chemical Communications, 992–993.

Reetz, M.T., Schimossek, K. (1996): Lipase-catalyzed dynamic kinetic resolution of chiral amines: use of palladium as the racemization catalyst, Chimia 50, 668.

Rekker, R.F. (1977): The Hydrophobic Fragmental Constant. Elsevier

Röthig, T.R. (1992): Biotechnische Herstellung eines Borkenkäferpheromons mit einer Alkohol Dehydrogenase, Dissertation Universität Stuttgart

Schmid, A., Dordick, J.S., Hauer, B., Kiener, A., Wubbolts, M., Witholt, B. (2001): Industrial biocatalysis today and tomorrow, Nature 409, 258–268.

Sheldon, R. A. (1993): Chirotechnology : Industrial Synthesis of Optically Active Compounds. Marcel Dekker, New York

Shibatani, T., Omori, K., Akatsuka, H., Kawai, E., Matsumae, H. (2000): Enzymatic resolution of diltiazem intermediate by Serratia marcescens lipase: molecular mechanism of lipase secretion and its industrial application J. mol. Cat. B.: Enz. 10, 141–149.

Silverman, R. B. (2002): The organic chemistry of enzyme-catalyzed reactions. Academic Press, San Diego.

Summer, J. B. (1926): The isolation and crystallization of the enzyme urease. Journal of Biological chemistry, 69, 435–441

Tamamushi, B., Watanabe, N. (1980): The formation of molecular aggregation structures in ternary system: Aerosol OT/water/iso-octane. Colloid Polymer Science 258, 174–178

van Rantwijk, F., Madeira Lau, R., Sheldon, R. A. (2003): Biocatalytic transformations in ionic liquids, Trends in Biotechnology, 21, 131

Verweij, J., Vroom, E. de (1993): Industrial transformations of penicillins and cephalosporins, Rec. Trav. Chim. Pays-Bas 112 (2), 66–81.

Vulfson, E. N., Halling P.J., Holland H.L. (2001): Enzymes in nonaqueous solvents, Humana Press Inc., New Jersey

Wandrey, C., Flaschel, E. (1979): Process development and economic aspects in Enzyme Engineering. Acylase L-methionine system. In: Advances in Biochemical Engineering 12 (T. K. Ghose, A. Fiechter, N. Blakebrough, eds.), Springer-Verlag, Berlin, 147–218.

Wandrey, C., Wichmann, R., Leuchtenberger, W., Kula, M.-R. (1981): Process for the continuous enzymatic change of water soluble α–ketocarboxylic acids into the corresponding amino acids, Degussa AG, US 4 304 858

Wasserscheid, P., Keim, W. (2000): Ionic Liquids-New „Solutions" for Transition Metal Catalysis, Angew. Chem. Int. Ed. Engl., 39, 3772.

Wasserscheid, P., van Hal, R., Bösmann, A. (2002): 1-n-Butyl-3-methylimidazolium ([bmim]) octylsulfate–an even 'greener' ionic liquid. Green Chemistry, 4, 400–404.

Symbolverzeichnis

Symbol	Einheit	Bedeutung
A	[m²]	Oberfläche, Austauschfläche, Klärfläche
a'	[m^{-1}]	spezifische Austauschfläche, bezogen auf den Reaktorinhalt
Bi		Biot-Zahl
c	[kg/m³]; [mol/m³]	Konzentration
c_p	[kJ/(kg K)]	spezifische Wärme bei konstantem Druck
D	[s^{-1}]	Dilutionsrate
D, d	[m]	Durchmesser
Da		Damköhlerzahl
De		Deborahzahl
D_{AB}	[m²/s]	Diffusionskoeffizient
D_{eff}	[m²/s]	effektiver Diffusionskoeffizient
$[E]$	[kg/m³]; [mol/m³]	Enzymkonzentration
$[EI]$	[kg/m³]; [mol/m³]	Konzentration des Enzym-Inhibitor-Komplexes
$[ES]$	[kg/m³]; [mol/m³]	Konzentration des Enzym-Substrat-Komplexes
E	[V/m]	elektrische Feldstärke
E_a	[kJ/mol]	Aktivierungsenergie
E_s	[J/mol]	scheinbare Aktivierungsenergie
e_{eff}	[C]; [A s]	effektive Ladung eines Teilchens
F	[C/mol] = [A s/mol]	Faradaykonstante
Fr		Froudezahl
F_a	[N] = [(kg m)/s²]	Auftriebskraft
F_w	[N] = [(kg m)/s²]	Widerstandskraft
f		Reibungsbeiwert
G	[kJ/mol]	Gibbs-Potenzial (freie Enthalpie)
G	[Pa]	elastischer Schermodul
Ga		Galileizahl
Gr		Grashofzahl
G^*	[Pa]	komplexer elastischer Schermodul[1]
G'	[Pa]	Realteil von G^* (Speichermodul)
G''	[Pa]	Imaginärteil von G^* (Verlustmodul)
$\Delta G^{\#}$	[kJ/mol]	Aktivierungsenergie/-enthalpie
$\Delta G^{0/}$	[kJ/mol]	biologisch verfügbare Energie (Standardbedingungen)
g	[m/s²]	Erdbeschleunigung
H		Henryscher Verteilungskoeffizient
H, h	[m]	Höhe
$[I]$	[kg/m³]; [mol/m³]	Inhibitorkonzentration
I	[mol/m³]	Ionenstärke
IP		Isoelektrischer Punkt
j		Colburnzahl
K		Aussalzungskonstante
K		Aufschlussgeschwindigkeitskonstante
K_E		Verteilungskoeffizient
K_{eq}		thermodynamische Gleichgewichtskonstante
K_i		Gleichgewichtskonstante, Dissoziationskonstante
K_{iP}		Produktinhibierungskonstante
K_{iS}		Substratüberschussinhibierungskonstante
K_l	[m/s]	Gesamtstofftransportkoeffizient
K_m		Michaelis-Menten-Konstante
K_S	[mmol/l]; [g/l]	Sättigungs- oder Affinitätskonstante des Substrats, Parameter im Monod-Modell
K_S		Verteilungskoeffizient des Substrates auf Konzentrationsbasis
K_S^*		Verteilungskoeffizient des Substrates
K'		Kapazitätsfaktor
k		Boltzmann-Konstante
k_g	[m/s]	Stoffübergangskoeffizient gasseitig
k_i		Geschwindigkeitskonstante (für die i-te Komponente), Dimension abhängig vom Grad der Reaktion
k_l	[m/s]	Stoffübergangskoeffizient auf der Flüssigseite
k_{ls}		Stoffübergangskoeffizient von flüssiger zu fester Phase
k_w	[kJ/(m² s K)]	Wärmetransportkoeffizient

[1] Bei den komplexen Größen bezieht sich die Angabe der Einheit auf den Betrag.

Symbol	Einheit	Bedeutung
L	[m]	Länge
M, m	[kg]	Masse
M	[kg/mol]	molare Masse
M	[Nm]	Drehmoment
M^*	[Nm]	komplexes Drehmoment[1]
MAFR	[mol/s]; [l_N/s]	Massenflussrate eines Gases
M_i	[mol/m³]	Molarität der Ionen
$\dot{m}$	[kg/s]	Massenstrom
N		Trennstufen- / Bodenzahl
Ne		Leistungskennzahl (Newtonzahl)
Nu		Nusseltzahl
n	[1/s]	Drehzahl
n		Anzahl ausgetauschter Elektronen
$\dot{n}$	[mol/s]	Molstrom
OD		optische Dichte
OTR	[kg/(m³ s)]	Oxygen Transfer Rate
o	[kg/m³]	Gelöstsauerstoffkonzentration
o^*	[kg/m³]	Sauerstoffsättigungskonzentration
[P]	[kg/m³]; [mol/m³]	Produktkonzentration
P	[W/s]	Leistung
P	[l/(m² h bar)]	Permeabilität
Pe		Pécletzahl
Pr		Prandtlzahl
p	[kg/m³]	Produktkonzentration
p	[Pa]	Druck
Δp	[Pa]	Druckdifferenz
Q		Gasdurchsatzkennzahl
$\dot{Q}$	[m³/s]	Volumenstrom
$\dot{Q}_F$	[m³/s]	Feed-Volumenstrom
$\dot{Q}_P$	[m³/s]	Permeat-Volumenstrom
$\dot{Q}_R$	[m³/s]	Retentat-Volumenstrom
$\dot{Q}_W$	[kJ/s]	Wärmestrom
q	[kg]	adsorbierte Menge
q_{CO_2}	[m³/(kg s)]	spezifische CO_2-Produktionsrate
q_F	[m³/(m² h)]	Klärflächenbelastung
q_G	[m³/s]	Gasstrom
q_{O_2}	[kg/(m³ s)]; [s⁻¹]	spezifischer Sauerstoffverbrauch
$q_{O_2}^+$	[m³/(kg s)]	spezifische Sauerstoffaufnahmerate
q_{O_2}'	[kg/(m² s)]	Sauerstoffstromdichte
q_P	[kg/s]	spezifische Produktbildungsgeschwindigkeit
q_S	[s⁻¹]	spezifische Substratverbrauchsgeschwindigkeit
R	[kJ/(mol K)]	Gaskonstante
R		Rückhaltevermögen einer Membran
R, r	[m]	Radius
Re		Reynoldszahl
Rm		maximal freisetzbarer Proteingehalt
R_v		Rücklaufverhältnis
r	[kg/(m³ s)]; [mol/(m³ s)]	Reaktionsgeschwindigkeit
r	[m]	radiale Ortskoordinate
$r_{K_{is}}$		Verhältnis des K_{is}-Wertes zum K_m-Wert
$r_{K_{ip}}$		Verhältnis des K_{ip}-Wertes zum K_m-Wert
r_P	[kg/(m³ s)]	volumenbezogene Produktbildungsgeschwindigkeit
r_S	[kg/(m³ s)]	Substrataufnahmegeschwindigkeit
$r_{s_0 k_m}$		Verhältnis der anfänglichen Substratkonzentration zum K_m-Wert
r_X	[kg/(m³ s)]	Wachstumsgeschwindigkeit
[S]	[kg/m³]; [mol/m³]	Substratkonzentration
S		Löslichkeit eines Proteins
S		Selektivität
Sc		Schmidtzahl
Sh		Sherwoodzahl
Str		Strouhalzahl
$S^\#$	[kJ/mol]	Energiewert des Substrates im Übergangszustand
S_L		Sterilitätskriterium
s	[kg/m³]	Substratkonzentration
T	[K]	Temperatur
t	[s]	Zeit
t_d	[s]	Verdopplungszeit
t_g	[s]	Generationszeit
U		Umsatz
U	[µmol/min]	Enzymaktivität (unit of activity)
V	[m³]	Volumen
$\dot{V}$	[m³/s]	Volumenstrom
v	[m/s]	(Reaktions-) Geschwindigkeit
v_{max}	[mol/(m³ s)]	maximale Reaktionsgeschwindigkeit
v_m		Molvolumen
v_S	[m/s]	Sinkgeschwindigkeit
$\bar{v}$	[m/s]	mittlere Geschwindigkeit
We		Weberzahl
Wn		Weissenbergzahl
x		axiale Koordinate im Membranmodul
x	[kg/m³]	Konzentration der Zellmasse
x		karthesische Ortskoordinate
x		Molanteil einer Komponente
Y		dimensionslose Kennzahl (Womersley Parameter)
Y_{O_2}	$\left[\dfrac{\text{kg Biomasse}}{\text{kg } O_2}\right]$	gebildete Biomasse pro verbrauchtem Sauerstoff
$Y_{O_2/S}$	$\left[\dfrac{\text{kg Sauerstoff}}{\text{kg Substrat}}\right]$	Masse an Sauerstoffverbrauch pro Masse verbrauchten Substrats

Symbolverzeichnis

Symbol	Einheit	Bedeutung
$Y_{P/S}$	$\left[\dfrac{\text{kg Sauerstoff}}{\text{kg Substrat}}\right]$	Ausbeutekoeffizient, Masse an produziertem Produkt pro Masse verbrauchten Substrats
$Y_{P/X}$	$\left[\dfrac{\text{kg Produkt}}{\text{kg Biomasse}}\right]$	Ausbeutekoeffizient, Masse an produziertem Produkt pro Zunahme an Biomasse
$Y_{X/S}$	$\left[\dfrac{\text{kg Biomasse}}{\text{kg Substrat}}\right]$	Ausbeutekoeffizient, Masse an zuwachsenden Zellen pro Masse verbrauchten Substrats
$Y_{X/S}^{*}$	$\left[\dfrac{\text{kg Biomasse}}{\text{kg Substrat}}\right]$	wahrer Ausbeutekoeffizient (nicht beobachteter)
y	[m]	kartesische Ortskoordinate
z_i		Wertigkeit der Ionen
α		relative Retention (Trennfaktor, Selektivität)
α		Verhältnis vom Volumen der organischen Phase zum Volumen der wässrigen Phase
α		Wärmeübergangszahl
β_P		Selektivität für Produkt
β_S		Selektivität für Substrat
γ	[Grad]	Deformationswinkel
γ		genereller Reduktionsgrad
γ		Scherung
$\dot{\gamma}$	[1/s]	Schergeschwindigkeit
$\dot{\gamma}^{*}$	[1/s]	komplexe Schergeschwindigkeit[1]
ε_L		Flüssigkeitsanteil
$\bar{\varepsilon}$	[m²/s³]	mittlere Energiedissipation
ζ		Widerstandsbeiwert
η	[mPas]	dynamische Viskosität
η		Wirkungsgrad
η_d	[mPas]	Dehnviskosität
η_P		Ausbeute des Produktes
η^{*}	[mPas]	komplexe Scherviskosität[1]
η'	[mPas]	Realteil der komplexen Scherviskosität
η''	[mPas]	Imaginärteil der komplexen Scherviskosität[1]
λ	[kJ/(m² s K)]	Wärmeleitfähigkeit
λ_m	[s]	Spannungsrelaxationszeit
λ_v	[s]	Retardationszeit
μ	[s⁻¹]	spezifische Wachstumsgeschwindigkeit
ν	[m²/s]	kinematische Viskosität
ν		spezifische Teilungsrate
ξ		Reaktionslaufzahl
ϱ	[kg/m³]	Dichte
$\Delta\varrho$	[kg/m³]	Dichtedifferenz
σ	[mN/m]	Oberflächenspannung
σ_{SP}		Selektivität einer Reaktion
σ_x	[Pa]	$= \sigma_{xx} =$ Normalspannung in x-Richtung
σ_y	[Pa]	$= \sigma_{yy} =$ Normalspannung in y-Richtung
σ_z	[Pa]	$= \sigma_{zz} =$ Normalspannung in z-Richtung
τ	[s]	Verweilzeit
τ	[Pa]	Schubspannung
τ^{*}	[Pa]	komplexe Schubspannung
ϕ	[V]	Galvanisierspannung (Standardbedingungen)
χ		Umsatz
ϕ		Thielemodul
ϕ		Phasenverhältnis
φ	[Grad]	Winkel
φ_G		relativer Gasgehalt
ω	[rad/s]	Kreisfrequenz
Ω	[s⁻¹]	Winkelgeschwindigkeit

Indizierung

0	Anfangskonzentration zum Zeitpunkt t_0
app	apparent, scheinbar
E	Eintritt
F	Filtrat
G,g	Gas
Ges	Gesamt, bezogen auf alle Phasen
L,l	Flüssigkeit
M	Membran
org	organische Phase
R	Reaktor
RL	Rücklauf
S,s	Substrat
W	Wand
w	wässrige Phase

Größen mit * betreffen das Gleichgewicht oder stellen komplexe Zahlen dar. Der Realteil einer komplexen Größe wird mit ´, der Imaginärteil mit ´´ gekennzeichnet.

Sachregister

A

Absorptionstrübungsmessung 248
Abtötungscharakteristik 218
Abtötungsgeschwindigkeit 218f
Abweichungen 353
Acylierung 403
Adenosinphosphat 3
Adenosintriphosphat (ATP) 8, 40, 42
adhärent wachsende Kulturen 340
Adsorption 303
Affinitätsextraktion 295
Aktivatoren 57, 84, 89
Aktivität 68
    Katal 68
    katalytische 52, 67f, 91, 386
    Koeffizient 68, 390
    maximale Zykluszahl 68f
    total turnover number 68f
    turnover frequency 68
    unit of activity 68f
Allosterie 2, 30, 91
allosterisches Modell 92
6-Aminopenicillansäure 403, 409
α-Amylase 402
Amyloglucosidase 274, 402
Anabolismus 5, 41, 133
Anlagenauslastung 354
Anlagendesign 354f
Apoptose 17, 347
Arbeitsanweisungen 352
Archaea 7
Arrhenius-Gleichung, Aktivierungsenergie 74
Atmungskette 45, 47

Aussalzen 271, 273f
    am isoelektrischen Punkt 272
    Konformationsänderung 272

B

Bäckerhefe 58, 129, 266ff
Bacteria 7
Baculovirus-Expressionssystem 334
bags 338, 351f
Bakterien 335
Bakteriophagen 14
balanced growth 101
batch
Batchreaktor 364–368, 371
    spezifische Reaktionsgeschwindigkeit 364, 366
    stöchiometrische Faktoren 364
Begasung 165, 341
    blasenfreie 201f, 342
    CO_2-*stripping* 341
    Druck- 201f
    Hohlrührer 202
    Hohlwelle 201
    Oberflächen- 201, 342
Bestimmung der Zellmasse 248
Bezugselektrode 238ff
Biomassekonzentration 116, 121f, 125f
Bioprozessentwicklung 213
Bioreaktor 195
    Homogenisierung 195f
Biotrockenmasse 166, 170
Biotzahl 188
Blasenkoaleszenz 165, 202
Briggs-Haldane-Gleichung 71
Brückenelektrolyt 240

C

charakteristische Zeit 161
chemisches Potenzial 389
Chemostat 104, 117, 142
Chloroplasten 11ff
Chromatin 11
Chromatographie 303ff
    Affinitäts- 275f, 307f
    Anionenaustauscher 307
    Auflösung 304f, 309f
    Gel- 309
    generelle Liganden 308
    Größenausschluss- 309
    Hydrophobic-Interaction- 306
    Ionenaustausch- 307f, 311, 350
    Kationenaustauscher 307f
    Metall-Chelat- 308
    mobile Phase 303ff
    Molekularsieb- 309
    Normalphasen- 305
    reversed-Phase- 306
    stationäre Phase 303, 305ff
    theoretische Böden 304f
    Trennfaktor 304
    Trennstufenzahl 304
    unspezifische Adsorption 308
    Verteilungs- 274, 309
Chromosomen 11, 16, 18f
Cilien 13
Cleland-Terminologie 95
Codon 3, 6
    Anti- 6
    Initiations- 3
    Start- 3
    Terminations- 3
Coenzym 40
    Adenosintriphosphat (ATP) 40, 42, 45

Flavin-Adenin-Dinucleotid
(FAD) 40
Flavinmono-Nucleotid
(FMN) 40
NADP$^+$ 40
Nikotinamid-Adenin-
Dinucleotid (NAD$^+$) 39f
Cofaktor 40f, 295
   anorganischer 41
   Apoprotein 40
   Holoprotein 40
Colburnzahl 189, 192
Contois 137
CO$_2$-Partialdruck 241
Couette-Strömung 149, 154
CSTR 340
Cyanobakterien 9, 12
Cytidinphosphat 3
Cytoplasma 8f, 11ff, 16
Cytoskelett 13
Cytosol 8, 12f

D

Deborahzahl 163f, 176f, 183f
Dehnviskosität 164f
Desaktivierungsrate 397f
Desoxyribonucleinsäure
   (DNA) 2
   Purinbase 2
   Pyrimidinbase 2, 4
   Wasserstoffbrücken-
     bindungen 2
Diffusionsreaktor 380
Diltiazem 401
dilution rate 104, 115
Dimensionsanalyse 174, 177
dimensionslose Größen 173ff, 378
dimensionslose Kennzahl 163, 173ff
diploide Zelle 18f
DNA-Ligase 59f
DNA-Polymerase 16, 20f, 62f, 73
Doppelhelix 3
downstream processing 259ff
druckgetriebene Membran-
   trennverfahren 280f
   Feed 280

Permeabilität 280f
Permeat 280
Retentat 280
Rückhaltung 280
Selektivität 280
transmembraner Fluss 281

E

Eadie-Hofstee-Darstellung 81
eddy diffusivites 191
Effektorkinetik 84
Ein-Substrat-Reaktion 69
   Reaktionslaufzahl 69
elastischer Schermodul 162
Elektrodialyse 288
Elektrophorese 300ff
   diffuse Doppelschicht 301
   Elektroosmose 301
   Feldsprung- 302
   free-flow- 300
   isoelektrische Fokussierung 302
   Isotacho- 301
   Zonen- 301
Elementarzusammensetzung 141
Emulgatoren 387f
Emulsion 387f
   Mikro- 388f, 395f
   Öl in Wasser- 387
   reverse Micellen 388f, 395
   Tenside 388f, 394
   Wasser in Öl- 387
endoplasmatisches Retikulum
   (ER) 11f
Endosporen 9
Endosymbionten-Hypothese 10
Energiedissipation 200, 205
   isoenergetische Linien 200
   lokale 200
Enyzmaktivität 76
   Oberflächenspannung 76
   Schereffekte 76
Enzyme 5, 34
   chemisch/physikalisch modi-
     fizierte 373
   EC-Nummer 35
   extrazelluläre 34, 210

   freie unmodifizierte 373
   intrazelluläre 34
   Klassifizierung 35
Enzymkatalyse 36, 40
   Aktivierungsenergie 36f
   Selektivität 36
   Übergangszustand 36
Enzym-Sensoren 246
Enzym-Substrat-Komplex 69–72, 85ff
ER 11f
   glattes 12
   raues 12
Erhaltungsstoffwechsel 136
Eukaryoten 10
Evolution 16, 19ff
Evolutionstheorie 19ff
   Ur-Eukaryoten 19
   Ur-Prokaryoten 19
Exon 13, 64
exon shuffling 64
Expression 330
   transiente 333f
Expressionsvektor 61, 327, 330–334
Extraktionsapparate 299
   Füllkörperkolonne 299
   Mischer/Abscheider 299
   Siebbodenkolonne 299

F

fed-batch 104, 129, 345
Feedback-Hemmung 52
Fermentation 349
   Anzuchtfermenter 350
   Inoculum 350f
   Medienherstellung 349, 351
   Produktionsfermenter 350, 353ff
   Zellernte 350, 353
Ferrocen 246f
Festbettreaktor 210, 343, 367
filamentös 140f, 168, 171
filamentöse Pellets 168
Filter 223
   Membranfilter 223
   Tiefenfilter 223, 347
Filtration 262
   Elektropressfiltration 263

Filtertrommel 263
Rahmenfilterpresse 264
Siebfiltration 262
Sterilfilter 262
Tiefenfiltration 262
Flagellen 13
Fließbettadsorption 310f
Fließgleichgewicht 41, 70, 114ff
Fließkurve 150
Flotation 211, 275ff
   grenzflächenaktive Substanz 276f
   Grenzflächenspannung 276
fluidized bed reactor 207, 343
Fluoreszenzmessung 249
Flüssigchromatographie 251
Flüssigmedien 338, 351
Folgeprozess 356
Formulierung 350f
Fortpflanzung 16
fötales Kälberserum 337
Froudezahl 175, 177

G

Galileizahl 179
galvanische pO_2-Elektrode 245
Gameten 18f
Gärung 47ff, 249, 319
Gasdurchsatzbestimmung 252
Gasdurchsatzkennzahl 177, 179
Gastrennung 290
Gelelektrode 240
Gen 3
   Strukturen 3, 5, 13, 54ff
Genexpression 9, 16f, 50ff
   polycistronische 9
Genom 11
Gentechnik 8f, 58–61
Gewebekultur 324
Gleichgewichtskonstante 90
Glucosebestimmung 246
Glucose-Isomerase 402
Glykolyse 45
Golgi-Apparat 12
Gram-Färbung 8
Grashofzahl 175, 179
Grenzflächeneffekte 387

großtechnische biopharmazeutische Produktion 348
Guanosinphosphat 3

H

Hanes-Woolf-Darstellung 80f
haploide Zelle 18f
Hefen 336
Henrykoeffizient 180
high fructose corn syrup (HFCS) 401
Hill-Gleichung 91f
   Hill-Koeffizient 92
Hochdruckextraktion 296
   überkritische Gase 296
   überkritisches CO_2 297
Hochdruckhomogenisator 267ff
   Homogenisierdruck 268
   Homogenisierventil 268
   Staustrahlströmung 268
Hochdurchsatzverfahren 213
   Parallelreaktorsystem 213
Homöostase 1, 7
Hormon 52, 56
Hybridoma-Zellen 326
Hydroxynitrillyase 371

I

idealer Rohrreaktor 363, 366
Immobilisierung 374, 387, 397
Impfstoffe 323, 333, 338, 348
Inaktivierungskinetik 219
Inhibierung 369
   Produkt- 369
   Substratüberschuss- 369
Inhibition 123, 137
Inhibitor 84ff, 401
   Dead-End-Komplex 86
   kompetitive Hemmung 84f
   nicht-kompetitive Hemmung 85
   partiell-kompetitive Hemmung 86f
   unkompetitive Hemmung 87
Insektenzelllinien 333f
   Sf9-Zellen 333
   Sf21-Zellen 333

in situ sterilisierbare Reaktoren 225
integrierte Produktaufarbeitung 290, 314
   in situ product removal 314
   integrated downstream processing 314
Intron 13, 64
Ionenstärke 74ff, 270–274
ionische Flüssigkeit 362, 375, 399

K

K_S
k_La' 186
Kampagnen-Produktion 356
Katabolismus 41
Katabolit-Repression 56
Katalase 13
Katalyse
   heterogene 375
   homogene 374
Kationenaustauscher-Membran 288
Kegel-Platte-Strömung 155f, 162, 171
Kegelsitzventil 228
Keimzellen 19
Kinetik
Kinetikparameter, graphische Bestimmung 80
kinetische Konstante 374
   Bestimmung 78
   Mehrsubstratreaktion 97
King-Altman-Methode 96
klassische Mutagenese 21
Klonierung 60–63
   DNA 60
   Vektor 60
Kohlendioxidmessung 254
Kondensatvorlage 232
Konjugation 19
Kontaktoren 291
kontinuierliche annulare Chromatographie 312
kontinuierliche Kultur 104, 118, 120, 125
kontinuierlicher Rührreaktor (CSTR) 114, 340–343, 365–374

Fließgleichgewicht 365
   mittlere Verweilzeit 366
Kooperativität 91f, 94f
Koshland-Nemethy-Filmer-
   Modell 93f
   KNF-Modell 94
Kugelhahn 228

L

Laborreaktor 224, 237
Lambda 14
laminar 152ff
Leistungseintrag 177ff, 196, 200f
Leistungskennzahl 175–179
Letalitätseffekt 219
Limitation 120ff
lineare Viskoelastizität 161–164, 168
Lineweaver-Burk-Darstellung 80f, 85–89, 376
Lipase 401, 403
Log P-Wert 397f
Lysosomen 12
lytische Proteine 14
lytischer Zyklus 15

M

maintenance 137
Massenbilanz 105f, 363
Massenspektrometrie 255
   magnetische 255
   Massentrennung 255
   Quadrupolmassenfilter 255
Maßstabsübertragung 173f
Maxwell-Modell 163, 168, 176
Medienfiltration 344
Medikamente 58, 323
Medium 141
Mehrphasen-Systeme 385, 396f
   wässrig/wässrige Zweiphasen-Systeme 385
   wässrig/organische Zweiphasen-Systeme 385
Mehr-Substrat-Reaktion 96f
Meiose 18f
Membran 288, 380

Anionen- 288
bipolare 288
Kationen- 288
semipermeable 384
Membranbioreaktor 210
Membranfiltration 262, 381
   Crossflow- 381
   Dead-End- 263
   Gleichgewichtskonstante 382
   Retention 382
Membranfouling 279, 283, 316
Membranmodul 285
Membranreaktoren 375, 380–383, 395f
   diffusive 380
   konvektive 380
Membranseparation 279
   Adsorption 279
   Biofouling 280
   Fouling 280
   Konzentrationspolarisation 279
Membranventil 227f
Messelektrode 238
messenger RNA 50
Messtechnik 235, 347
Methode, gravimetrische 382
Michaelis-Menten-Gleichung 69, 72
   Fließgleichgewicht 70
   Ordnung 72
   quasi-stationärer Zustand 71
   Steady-State-Annahme 70
   thermodynamisches Gleichgewicht 70
Micellen 388f, 395
mikrobielle Aminosäure 316
mikrobielle Produktion 316, 319
   Aromastoffe 319
   Tenside 316
Mikrofiltration 281
submerse membrane bioreactor 282
Mikroumgebung 379, 395f
Mischer 195
   Makromischung 199
   Mikromischung 199
   Mischgüte 199
   Mischzeit 199

Mischzeitkennzahl 199
Mitochondrien 11ff, 47
molecular memory effect 387
monoclonal antibodies 326
Monod-Kinetik 106ff
Monod-Wyman-Changeux-Modell 93
   MWC-Modell 93
monoklonale Antikörper 345, 354
Morphologie 165ff
mRNA, monocistronische 13
Multi-Produktanlagen 353, 356
Murein 8, 25
Mutation 20
Mycel 166
Mycoplasma genitalium 2

N

Nährstoffe
Nanofiltration 283, 395
Nernstsche Gleichung 238, 241, 389
Neukombination der Gene 18f, 65
   crossing over 19
Newtonsch 150
nicht konventionelle Reaktionsmedien 375, 385
   Emulsion 385
   Mikroemulsion 385
   revers micellare Systeme 385
nicht-Newtonsch 150
Normalspannungsdifferenz 156f, 176
Nucleolus 11f
Nucleus 11
Nullviskosität 150, 164
Nusseltzahl 189, 191

O

Operon 51f
Ordered-Bi-Bi-Mechanismus 96
Organismen
   autotrophe 42
   heterotrophe 42

Organkultur 324
OTR 131, 183, 343
Oxygentransferrate 183

P

Pasteur-Effekt 57
Pécletzahl 184
Pellet 140f, 166ff
Penetrationsmodell 182f
Penicillin G 300, 403
  Eupergit C 403
Peptidbindung 28
Peroxisomen 12f
Pertraktion 291
Pervaporation 290f, 319
pH 9
Phagen 7
Phasendiagramm, tertiäres 388
pH-Elektrode 237, 240f
  galvanische Messungen 237
  Potenzial 237
  Quellschicht 238
Phosphorylierung 31
pH-Regelung 117, 237, 241
pH-Wert 74
phylogenetische Kriterien 7
Ping-Pong-Mechanismus 95
Plasmid 7, 61
Polarität 309, 325, 397
Polarogramm 243f
polarographische Sauerstoff-
  elektrode 243ff
Poliomavirus 15
Polymerase 59
Polymerasekettenreaktion 62f
Prandtlzahl 189f, 192f
Präzipitation 270, 273
  Affinitäts- 271, 275
  Affinitätsmakroligand 275
  Albumine 270
  Globuline 270
  Hitze 273
  isoelektrische 273
  Kristallisation 270
  Kryo- 273f
  nichtionogene Polymere 274
  organische Lösungsmittel
    270, 273
  pH-Wert 270

Polyelektrolyt 274
Proteolyse 274
Salze 270
Temperatur 270
Tensid 274
wasserlösliche Polymere 270
Primärzellkultur 324
Produktaufarbeitung 259
Produktspezifikationen 352
Proenzym 53
Prokaryoten 7
prosthetische Gruppe 41
Protein 4, 28, 30f, 270
  Denaturierung 31, 33, 76ff,
    273
  isoelektrischer Punkt 32, 272f
  Ladung 32
  Löslichkeit 32
  Modifikation 31, 53
  Primärstruktur 28
  Quartärstruktur 28
  Sekundärstruktur 28
  Tertiärstruktur 28
Proteinbiosynthese 3, 5f
proteinchemische Aufreinigung
  349f
  Chromatographie 350
  Ultrafiltration 350
Proteindesign 63
Proteinkinase 53, 56
Proteinstruktur 26–33
Prozessformat 354f
Prozessgrenzen 352f
Prozessmonitoring 345ff
Prozessparameter 345f
Prozess-Robustheit 353
Prozessvalidierung 345, 353
Puls 119ff

Q

Querstromfiltration 132, 357

R

Random-Bi-Bi-Mechanismus
  95f
Rapid-Equilibrium-Annahme
  71, 92ff

Rapid-Equilibrium-Random-
  Bi-Bi-Mechanismus 96
Raum-Zeit-Ausbeute 355f
Reaktionsgeschwindigkeit 79
  Anfang 79
  Ausbeute 80
  Selektivität 80
  Umsatz 80
  Umsatzkurve 79
Reaktionsgleichgewicht 370,
  387, 389ff
Reaktor, Air-Lift- 205
Reaktortypen 343, 362
  Batchreaktor 363
  CSTR 363
  Festbettreaktor 343, 367
  idealer Rohrreaktor 363, 366
  idealer Rührkessel 363
  PFR 363
  plug flow reactor 363
  Wirbelschichtreaktor 343
Regeltechnik 235
Registrierung 352
Regression 67, 80–83, 97, 112,
  136
  kleinste Fehlerquadrate 82
  Korrelationskoeffizient 83
  Korrelationsrechnung 83
  lineare 81
  nicht-lineare 81
Regulation 50, 52
Reibungsbeiwert 191f
Reinheitsklasse 351
rekombinante Proteine 314
Rekombination 19f, 327
Relaxationsverfahren 78
Relaxationszeit 168f, 176
Replikation von DNA 4f
repräsentative Schergeschwin-
  digkeit 158ff
repräsentative Viskosität 158f,
  176, 179, 183, 189, 191
repräsentativer Radius 158f
respiratorischer Quotient 47,
  135
Restriktionsendonukleasen 59
Retardationszeit 169, 176f
reversible Enzymreaktionen 89
Reversionsreaktion 393
Reynoldszahl 160
Ribonucleinsäure (RNA) 3f

Uracil (U) 4
Ribosom 6, 8, 12f
Ribozym 6, 35
RNA 5
　Aufgabe 6
　mRNA 5
　rRNA 5
　tRNA 5
RNA-Polymerase 51, 54ff, 59
Rotationsviskosimeter 162
Rücklaufverhältnis 383ff
Rührkesselreaktor 197, 340
Rührung 341ff
Rührwellenabdichtung 230
　　Gegenring 231
　　Gleitring 231
　　Sekundärdichtungen 231
Rührwerkskugelmühlen 265–269
　　Mahlgut 266f
　　Mahlguttemperatur 267
　　Mahlkörper 265ff
　　Mahlkörperfüllungsgrad 266
　　Rührwerksgeometrie 267
　　Suspensionskonzentration 267

S

Saccharomyces cerevisiae 16, 35, 58, 101, 135, 296
Sauerstoffelektrode 243, 246
Sauerstofflöslichkeit 181
Sauerstoffmessung 252
　　magnetomechanisches Prinzip 253
　　magnetopneumatisches Verfahren 253
　　paramagnetische 252
Sauerstoffpartialdruck 243–246, 252
Sauerstoffverbrauch 131, 184ff, 377
Säugetierzelllinien 332f
　　BHK-Zellen 333
　　CHO-Zellen 332
　　COS-Zellen 333
　　HEK-293-Zellen 333
　　HELA-Zellen 333
Schaumfraktionierung 211, 277

Schaumseparation 276
　Anreicherung 277
　Gasdurchsatz 277
Scherung 161f, 165, 180, 341
Schlaufenreaktor 204
　Blasensäule 205
　Propeller 204
　Strahl- 207
Schmidtzahl 175, 187
Schubspannung 150
second generation process 356
second messenger 53, 56
Sedimentation 260
　Stokes'sches Gesetz 260
　Tellerseparatoren 260
segregiert 101f
Selektion
　DHFR 328
　Glutaminsynthetase 330
　HAT- 326
　Methotrexat 329
selektive Membran 370
selektiver Produktaustrag 370f
Serin-Protease 38
Sex-Pili 19
Sexualität 18
Sherwoodzahl 175, 180, 183, 187, 378
simulated moving bed chromatography 311
Solventextraktion 292, 296, 298
　Binodale 292
　Extrakt 292
　Extraktionsmittel 292
　Extraktstoff 292
　Konode 292
Spannungsrelaxationszeit 163, 169, 176
Sperrflüssigkeit 231–234
Spleißen 13
Sporenbildner 120, 217
Stabilität 331
　Genetic 331
　Phenotypic 331
Stantonzahl 189ff
steriler Betrieb 217, 224, 230
Sterilisation 217, 344
　Dampfinjektion 222
　Wärmetauscher 222
Sterilisationsgrad 219ff, 224f
Sterilisationsparameter 217, 219

Sterilitätskriterium S_L 219ff
Steriltechnik 217, 224
Stofftransportkoeffizient 174, 182, 187
Stofftransportlimitierung 376–379
　Biot-Zahl 379
　Damköhlerzahl 378, 380
　experimentelle Bestimmung 379
　externe 377f
　interne 378f
　Reynolds-Zahl 378
　Schmidt-Zahl 378
　Sherwood-Zahl 378
　Thielemodul 379
Stoffübergang 342
Stoffwechsel 41
　Glucose 45
　kataboler 43
　strukturiert 101
Substrat
　Konzentration 70ff, 107f, 119ff
Suspensionskulturen 340, 344f
Svedberg-Einheit 8
Systeme 386
　anhydrous solvent 386
　low water media 386
　rein organische 386

T

targeted integration 327
Tenside 388f, 394
Theorell-Chance-Mechanismus 96
Thielemodul 185, 379
Thymidinphosphat 3
Tonoplast 13
trägergestützte Flüssigmembrantrennung 291
Transformation 326
Transgen 334f
transgene Pflanzen 334
transgene Tiere 334f
transient 119f, 142, 333f
Transkription 5, 9, 13, 50, 52
Translation 6, 13, 50, 52, 61
Transposons 20

Sachregister

Triplett 3
Trockengewicht 169f
Turbidostat 117
turbulente Austauschgrößen 191f
turbulente kinematische Viskosität 191
turbulente Strömung 154, 190, 267, 342, 366
turbulente Wärmeleitzahl 191

U

überkritische Fluide 398f
Ultrafiltration 283, 314ff, 350, 374
Umgebungsbedingungen 73, 133, 224
Umkehrosmose 281, 285
Umsatz
UNIFAC-Methode 393
Ur-Zelle 10

V

Vakuole 13
variable Viskosität 150, 160f
Verdopplungszeit 16, 50, 54, 111, 139
Verdrängungschromatographie 312
Verdünnungsrate
Veresterung 394
Verweilzeit 366
Vibrationsmischer 202, 204
Viren 7
Virionen 14
Viskoelastizität 161–164, 166, 168, 170, 176, 183f, 190, 277
Voigt-Modell 169

W

Wachstum 54ff, 99ff
Wachstumsgeschwindigkeit 106ff
Wärmeübergang 188–192
Wasseraktivität 73

Wasserstoffperoxid 13
wässrig/organische Zweiphasen-Systeme 385, 387
wässrige Zweiphasenextraktion 274, 293f
  Zelltrümmerabtrennung 294
Weberzahl 175, 188
Wechselwirkungskräfte 29
  chemische Quervernetzung 29
  Disulfidbrücke 29
  hydrophobe 29
  ionische 29
  Van der Waals 29
  Wasserstoffbrückenbindungen 29
Wechselzahl 68f
Weiße Biotechnologie 213
Weissenbergzahl 176f, 192
Widerstandsverminderung 154, 179
Wirbelschichtreaktor 207–210, 343, 367
  Lockerungspunkt 208
Wirkungsgrad 376
Wirts-Zelllinie 327, 332, 334
Womersley-Parameter 163f

Z

zeitabhängige Desaktivierung 398
Zeitkonstante 49
Zellabtrennung 347f
  EBA-Chromatographie 348
  Mikrofiltersysteme 347
  Tiefenfilter 347
  Zentrifugation 348
Zellatmung 42, 46f
Zellaufschluss 265f, 268
Zellbank 331f, 349
  MCBs (*master cell banks*) 331
  PPCBs (*post-production cell banks*) 331
  SCBs (*safety cell banks*) 331
  WCBs (*working cell banks*) 331
Zellbausteine 23
  Aminosäuren 25

Cholesterin 25
Fettsäuren 25
Glycerin 25
Größenverhältnisse 23
Lipide 25
Phosphat 25
pH-Wert 25
Polysaccharide 25
Proteine 25
Purinbasen 25
Pyrimidinbasen 25
Wasser 24
Zucker 25
Zelldifferenzierung 1, 18, 326
Zelle 1
  offenes System 1
  Plasmamembran 1
Zellernte 260ff
Zellkern 11ff, 16, 326
Zellkultivierungsmethoden 344
  batch-Verfahren 344
  fed-batch-Verfahren 345
  kontinuierliche Verfahren 345
  Perfusion 345
Zellkulturmedien 330, 336ff
  chemisch definierte 338
  serumfreie 337
  serumhaltige 336
Zelllyse 269
  enzymatische 269
  inclusion bodies 269
  physiko-chemische 269
Zellmembran 8, 14, 52, 54, 181
Zellorganellen 12f, 23
Zellpopulation 99ff
Zellrückhaltung 131f, 344
Zellteilung 3, 11, 16–20
  Cytokinese 16f
  Interphase 16f
  Mitose 16f
  Zellzyklus 16f
Zelltypen 7
Zellzyklus 16f, 100f
Zentrifugation 260, 269, 347f
  Beschleunigungsverhältnis 261
  Dekanter 261f
  Röhrentrommel 261
  Tellertrommel 261

Zitronensäurezyklus 45ff
Zufallsmutagenese 63ff
Zulaufverfahren 104f, 129
Zustandsgrößen 235, 237
Zweifilmtheorie 181
Zweiphasen-Systeme 293–296, 385, 387–394, 397f
– Aktivitätskoeffizient 390
– chemisches Potenzial 389
– Nernstscher Verteilungssatz 389
– thermodynamische Gleichgewichtskonstante 390
– thermodynamisches Gleichgewicht 389
– Verteilungskoeffizient 390
Zymomonas mobilis 10

Lesen Sie weiter ...

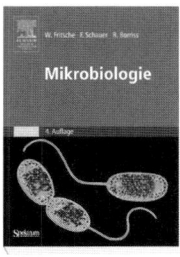

4. Aufl. 2006,
450 S., 250 Abb., kart.
€ 39,50 / sFr 64,–
ISBN 3-8274-1522-5

Wolfgang Fritsche / Frieder Schauer / Rainer Borriss
Mikrobiologie

Dieses Mikrobiologie-Lehrbuch baut auf dem bewährten Taschenbuch von FRITSCHE auf und vermittelt einen Überblick über folgende Teilgebiete dieses Fachs:
- Struktur und Funktion der Mikrobenzelle
- Wachstum, Zellzyklus, Differenzierung
- Physiologie und Biochemie
- Zelluläre Kontrollmechanismen
- Bakteriengenetik und Genomevolution
- Evolution und Taxonomie von Mikroorganismen
- Ökologie
- Mikrobielle Biotechnologie

2. Aufl. 2001,
425 S., 30 Abb.,
Ringheftung
€ 37,– / sFr 60,–
ISBN 3-8274-1072-X

Eckhard Bast
Mikrobiologische Methoden

Dieses verständliche Laborbuch bietet nicht nur präzise und reproduzierbare „Man-nehme"-Vorschriften der wichtigsten mikrobiologischen Methoden, sondern ebenso theoretische Grundlagen und Hinweise zur Auswertung, zur Leistungsfähigkeit und zu den Grenzen der behandelten Arbeitstechniken. Ergänzt wird die Darstellung durch Erläuterungen zu Bau und Funktion der benötigten Geräte und zu den Eigenschaften der eingesetzten Materialien sowie ein ausführliches Bezugsquellenverzeichnis.

1. Aufl. 2006,
250 S., geb.
€ 39,50 / sFr 64,–
ISBN 3-8274-1538-1

Reinhard Renneberg
Biotechnologie für Einsteiger

Die Biotechnologie ist zusammen mit der Mikroelektronik die wichtigste Technologie des 21. Jahrhunderts und greift zunehmend in unser tägliches Leben ein Anschaulich erläutert dieses Buch alle Bereiche der modernen Biotechnologie. Der Bogen spannt sich von der Herstellung von Bier und Wein bis zur Verwendung von Enzymen; vom Genetic Engineering bis zur Wirkungsweise von Bioreaktoren; von Antibiotika bis zu Impfungen und Immunoassays; vom Klonieren bis zu Stammzellen und DNA-Microarrays. Der fortlaufende Text ist unterhaltsam geschrieben und mit Stories, Cartoons und Anekdoten angereichert.

Neben dem Grundtext verwendet das Lehrbuch verschiedene didaktische Elemente:
- Boxen vertiefen das Wissen
- Doppelseiten mit Fotos zeigen wichtige Biotechnologie-Produkte und Prozesse sowie daran beteiligte Wissenschaftler
- Panoramatafeln fassen das Wissen zusammen
- Wichtige Moleküle sind 3dimensional dargestellt
- Fragen am Ende jedes Kapitels erlauben eine Selbstkontrolle

Das Buch vermittelt schon beim Durchblättern die Überzeugung des Autors: **Wissenschaft kann Spaß machen!**

Fachliteratur Biowissenschaften
Wissen was dahinter steckt. Elsevier.